U0211215

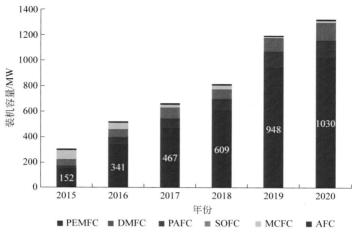

图 1-16　全球不同类型燃料电池装机容量

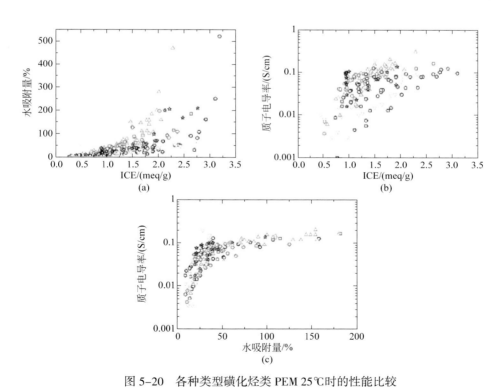

图 5-20　各种类型磺化烃类 PEM 25℃时的性能比较

（a）ICE 值和水吸附量间的关系；（b）ICE 和质子电导率间的关系；（c）水吸附量和质子电导率的关系

注：黑星（Nafion），红星（参考磺化烃类 PEM），蓝圆点（含官能团磺化烃类 PEM），蓝绿色三角形（磺化多嵌段烃类 PEM），黄色倒三角形（接枝和支链的磺化烃类 PEM），暗黄四方形（高 ICE 磺化烃类 PEM），中心有橘黄点的圆（高可磺化单体磺化烃类 PEM）

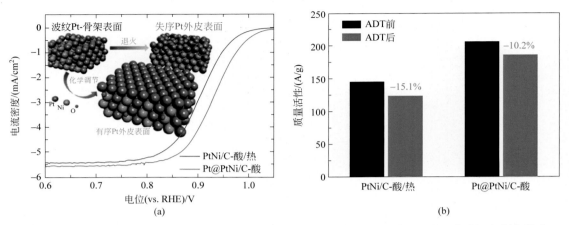

图 6-5　经酸和热处理烧制有 Pt 外皮表面的一般 Pt-Ni 纳米粒子和经酸处理后少量 Pt 化学沉积制备的有 Pt 外皮的化学调节 Pt-Ni 纳米粒子的 ORR 极化曲线（a）和两种催化剂在加速耐用性试验（ADT）前后在 0.9V（vs.RHE）的质量活性变化（b）

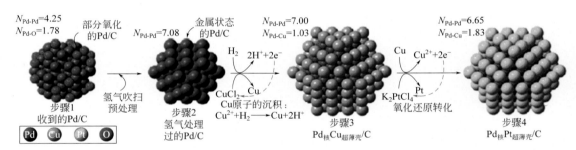

图 6-6　化学镀方法合成 Pd@Pt 核壳纳米粒子策略示意图
N_{Pd-Pd}、N_{Pd-O}、N_{Pd-Cu} 和 N_{Pd-Pt} 分别为中心原子 Pd 和其他组分如 Pd、O、Cu 和 Pt 的配位数目

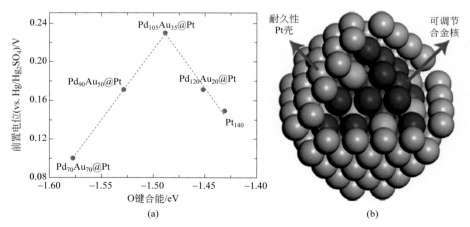

图 6-8　用旋转碟电极（RDE）测量在 PdAu@Pt 核壳纳米粒子上的 ORR 前置电位和与 DFT 计算的对应氧键合能作图（a），以及 PdAu@Pt 核壳纳米粒子的示意图（b）

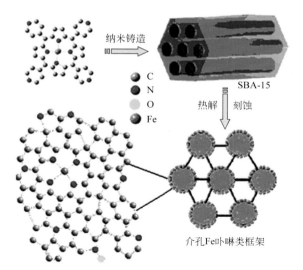

图 6-23　有序介孔 3D 类 FePP Fe–N–C 框架

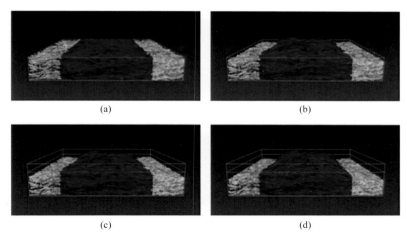

图 7-20　不同速率下因流动场夹紧压缩的非编织 GDL 用同步加速器断层摄影得到的 3D 影像
［纤维位于通道下面（流动场夹紧撕裂）］
（a）0%；（b）10%；（c）20%；（d）30%

PEM Fuel Cell
The Technology of Rapid Commercialization

低温燃料电池
快速商业化技术

陈诵英　陈 桥　王 琴　编著

化学工业出版社

·北京·

内容简介

《低温燃料电池：快速商业化技术》全面详细阐述了快速进入商业化的低温燃料电池技术，重点介绍聚合物电解质燃料电池。书中首先简要描述燃料电池发展历史及其商品和示范产品的应用和市场；接着详细阐述质子交换膜燃料电池组件和构建材料（聚合物膜、催化剂、气体扩散层、双极板等），以及组件的制造技术、商业化挑战及其解决技术；最后介绍了新概念低温燃料电池（可逆再生燃料电池、微生物燃料电池、直接液体燃料电池和直接固体燃料电池）。

本书可作为从事能源、电源电力、材料、化学化工，特别是燃料电池研发、设计和工程技术人员、管理人员的参考资料，也可供高等院校能源、电源电力、材料、化学化工等相关专业研究生、高年级本科生参考学习。

图书在版编目（CIP）数据

低温燃料电池：快速商业化技术 / 陈诵英，陈桥，王琴编著. —北京：化学工业出版社，2022.11
ISBN 978-7-122-41992-7

Ⅰ.①低… Ⅱ.①陈… ②陈… ③王… Ⅲ.①低温燃料电池-研究 Ⅳ.①TM911.46

中国版本图书馆 CIP 数据核字（2022）第 147453 号

责任编辑：成荣霞	文字编辑：向　东
责任校对：宋　玮	装帧设计：王晓宇

出版发行：化学工业出版社（北京市东城区青年湖南街 13 号　邮政编码 100011）
印　　装：北京建宏印刷有限公司
787mm×1092mm　1/16　印张 42¾　彩插 2 页　字数 1067 千字　2024 年 6 月北京第 1 版第 1 次印刷

购书咨询：010-64518888　　　　　　　　售后服务：010-64518899
网　　址：http://www.cip.com.cn
凡购买本书，如有缺损质量问题，本社销售中心负责调换。

定　　价：298.00 元

版权所有　违者必究

笔者爱做梦，一个催化工作者的梦。追梦是一大乐趣。梦想的实现需要持之以恒的付出。笔者自从上海师范大学特聘教授退下来的 2010 年开始，坚持以每天 2000 字的节拍，竟然完成了催化基础和应用的 460 万字的 7 本书的写作出版。

笔者与燃料电池也是有缘分的。在 20 世纪 80 年代末和 90 年代初，于中国科学院煤炭化学研究所筹建"煤转化国家实验室"的远期计划中就写上了要开展燃料电池研究；作为第一届实验室主任身体力行，让研究生开展超细粒子技术制备固体电解质氧化钙稳定氧化锆的研究，结果令人鼓舞。后来在浙江大学工作期间，有机会继续与研究生和国内访问学者一道从事中温固体氧化物电解质的制备和研究。21 世纪初，应台湾大学的邀请，笔者带一位博士后到台湾继续做中温固体氧化物燃料电池电解质材料的制备研究。因此，对燃料电池技术有着某种偏爱和热衷，一直关心其发展。直到几年前，在收集和阅读燃料电池最新文献中，由于国外一作者对我国燃料电池企业存在的疏忽和漠视才激起了笔者编写有关燃料电池技术书籍的冲动和欲望，这得到了化学工业出版社的大力支持并予以正式立项。鉴于过去 20 多年的累积和少量制备研究经验，再加上近 2～3 年中大量阅读有关燃料电池资料和文献，特别是近期的文献，形成了本书的写作基础。

燃料电池是建立未来可再生能源体系的关键技术之一，是可持续的洁净电源技术。可广泛用于固定应用、运输应用和便携式应用的广泛领域。燃料电池发展历史已经超过 200 年，经历了多次高潮和低潮。由于科学家和工程技术人员的努力研究，在燃料电池不同领域取得一个又一个的突破，到 21 世纪已经进入场地试验和商业化。但燃料电池仍然有一些技术障碍需要解决，特别是成本和耐用性问题。

目前国内已经有一些介绍低温质子交换膜燃料电池和高温的固体氧化物燃料电池的书籍，通常都是介绍燃料电池一般技术概念、组件材料和应用，侧重于燃料电池的某一个领域。对燃料电池进入商业化阶段的技术状态似乎没有足够的重视，于是更坚定笔者把着眼点放在商业化发展阶段的燃料电池技术，试图从进入商业化的视角较全面地介绍燃料电池技术。由于燃料电池有多种类型，是综合技术，涉及多个领域和多方面的内容，如燃料电池的应用市场和商业化产品、燃料电池主要部件和材料，以及制造技术和应用潜力、面对的挑战等。撰写进入商业化燃料电池技术原打算包括最重要两类燃料电池，即低温［聚合物电解质燃料电池（PEFC）］和高温燃料电池［固体氧化物燃料电池（SOFC）］。没有料想到，内容意想不到的丰富，因此，作者改变初衷，打算撰写燃料电池三部曲：《低温燃料电池：快速商业化技术》（重点是 PEFC）、《固体氧化物燃料电池技术》和《氢：化学品、能源和能量载体》，本书是其中的第一部，介绍了进入商业化的低温聚合物电解质燃料电池技术。

全书分为九章。在绪论中，不仅简要介绍燃料电池发展的 200 多年历史和燃料电池发展的主要推动力，还介绍了我国的燃料电池技术发展情况。

第 2 章，对燃料电池操作的基础知识做了介绍，包括主要类型、操作原理、特征特色以及燃料电池热力学原理和不同类型燃料电池间的比较。重点对质子交换膜燃料电池（PEMFC）的电化学原理、单元池与电池堆和电池系统以及参数影响等做了介绍和讨论。

接下来的两章详细介绍燃料电池的实际应用。

第 3 章，在详细介绍燃料电池应用的快速增长和重要应用领域，以及能够与热引擎和电池竞争的各类型燃料电池的商业化发展后，较为详细介绍了燃料电池在便携式电子设备（手机、平板电脑、收音机、摄像机、电动玩具、工具、遥控器和应急灯等）中的应用，以及生产便携式燃料电池产品的主要国际公司。再详细介绍作为电源的各种固定应用，如应急电源（EPS）或不间断电源（UPS）、偏远地区的电力系统（RAPS）以及生产这些燃料电池产品的工业企业。特别详细介绍了在与各种热电产品竞争中快速发展的燃料电池热电联产（FC CHP）和冷热电三联产（FC CCHP）商业化产品以及生产这些产品的主要公司，尤其是微热电联产产品及生产厂家。最后介绍燃料电池与其他发电技术的集成以提高燃料的利用效率，降低温室气体排放。

第 4 章，详细介绍燃料电池在运输部门的应用，重点是在车辆中的应用，包括轻载燃料电池车辆、重载燃料电池车辆、氢燃料电池大客车及其在各个国家的发展。也介绍了重要燃料电池公司如 Ballard 和汽车制造商如德国的 Daimler、美国的 Ford 和 GM、日本的 Toyota 和 Honda、韩国的 Hyundai 及中国公司在发展燃料电池汽车中做出的贡献以及它们生产销售的燃料电池汽车。燃料电池在船舶推进、航空器中的应用，以及燃料电池作为辅助功率单元（APU）也做了较详细介绍。

在接下来的三章详细介绍低温聚合物电解质燃料电池的组件，特别是膜电极装配体（MEA）及其构建材料。

第 5 章，详细介绍应用于 MEA 的聚合物电解质膜（PEM）材料，以及它们应满足的一些性质，如尺寸稳定性、优良的物理化学耐用性、电子传导绝缘性和高质子电导率等，以及它们的特点、弱点和制备改性技术。介绍的聚合物膜有：有机聚合物膜、陶瓷聚合物膜、有机-无机复合聚合物膜。在最重要的有机聚合物膜材料中，对全氟化离子交联聚合物如普遍使用的 Nafion、部分氟化聚合物、非氟化聚合物（包括烃类）、非氟化（包括烃类）复合物、有芳烃骨架的非氟化膜和酸碱复合物，都进行了讨论和叙述。除阳离子交换膜外也介绍了阴离子交换膜。

第 6 章，深入地介绍了 MEA 中的阳极催化剂、阴极催化剂、载体材料，及其制备改性方法。为提高铂基催化剂性能，深入探讨了合金化、结构形貌控制以及特殊形状如中空、纳米结构薄膜催化剂的制备和试验。对非铂催化剂和一维催化剂的发展也做了叙述。对燃料电池的催化剂载体，主要对碳载体做了详细介绍，包括炭黑、各种形态碳材料如碳纳米管、石墨烯、碳纳米纤维、介孔碳等。对非碳载体也做了介绍。

第 7 章，讨论了双极板（BP）和气体扩散层材料及燃料电池设计制造技术。介绍了制造 BP 板用热固性和热塑性聚合物及其填充剂和加工方法。接着介绍金属双极板，主要是不锈钢及其防腐涂层材料和制造的冲压和液压方法。然后讨论双极板的设计和制造，包括材料选择和制造技术。对燃料电池核心部件膜电极装配体（MEA）的设计装配和制造做了较详细叙述，涉及膜、催化剂层、气体扩散层的设计和制作以及 MEA 的制造技术。最后介绍聚合物电解质燃料电池的装配和制造，内容包括 MEA、流动场板、气体扩散层、装配压缩工艺（包括模块化压缩）及其影响参数等。对燃料电池性能标准的一些常用方法也做了简要介绍。

第 8 章专门叙述聚合物电解质燃料电池面对的主要挑战，包括高成本、低耐用性、不完善的氢公用设施和商业化壁垒。对聚合物电解质膜燃料电池进行了成本分析，指出降低 MEA 和工厂平衡（BOP）设备成本的重要性。并对为降低燃料电池成本和增加其耐用性在燃料电池材料和组件发展中取得的进展进行了介绍，包括缓解低温燃料电池与水管理相关降解和高温质子交换膜燃料电池降解的方法。

在最后的新概念燃料电池一章中，主要介绍了四种新概念燃料电池：①可逆再生燃料电池，重点是整体集成再生质子交换膜燃料电池（UR-PEMFC）和整体再生固体氧化物燃料电池（UR-SOFC）；②微生物燃料电池及其在利用污水有机物（废物）产生电力和氢中的应用；③直接液体燃料电池，包括直接乙醇、乙二醇、甲酸盐和硼氢化物燃料电池；④直接固体燃料燃料电池，也即直接碳燃料电池，内容包括类型、工作原理、单一电池性能和新体系设计。

衷心感谢中科合成油技术股份有限公司、浙江大学催化研究所和浙江新和成股份有限公司的朋友在写作过程中给予的关心、帮助和支持；同时感谢浙江大学化学系资料室在文献资料收集中给予的方便和帮助；也感谢在资料收集和写作过程中家人给予的帮助、支持和理解。

由于笔者本人的水平和经验所限以及时间相对仓促，不足之处在所难免，敬请同行专家学者以及广大读者批评指正，不胜感谢。

陈诵英
于浙江大学西溪校区

第1章 绪论

人类社会的生存和发展有赖于能源资源（energy resources，可简称能源）的利用；能量是人类生活最基本的需求之一，支配着人类的一切活动。生活水平与能源消耗间有着极强的关联；能源在人类福祉的排序和条件中都是最高的。实现工业化、电气化和网络化必然消耗大量能源。化石能源快速大量消耗会排放大量污染物［包括温室气体（GHG）］，这已经对人类健康和环境带来了严重的影响。当今人类面临的一个巨大挑战是，既要保持足够能量供应又要保持良好的环境。解决的办法只有坚定贯彻可持续发展的发展战略，大力促进和推动发展及利用低碳（或零碳）技术和可再生能源资源。在一定意义上，人类社会发展的历史就是人类有效利用能源资源的历史。

随着人类社会科学技术的发展，人们逐渐认识到能量有多种形式，如热能、电能、磁能、机械能、化学能、光能、声能等。在很大程度上它们是可以相互转换的，如热能通过机器转化为机械能，机械能可以转换为电能，而电能可以转换为几乎所有形式的能量，包括热能、光能、机械能、声能、化学能等。因此，最方便利用和转化并普遍使用的能量形式是电能。除了电能外，人类最频繁使用的能量形式还有热能，一般由燃料，包括气体、液体和固体燃料，直接燃烧产生。而高效的交通运输工具消耗着大量液体燃料。总之，人们的衣食住行都需要有能量（能源）的支持，以能量消耗为代价，生活水平愈高消耗的能量愈多。

衡量一个国家发达程度最主要的指标是所谓国内生产总值（GDP）和人均GDP。而GDP直接关系到能源（资源）消耗。发达国家的人均GDP要高于发展中国家，因此发达国家的人均能耗也高于发展中国家。同样，如果以工业生产率、农业丰收、洁净水、运输方便和人类舒适与健康作为人们的生活衡量标准，则更能说明生活质量与能耗之间的强关联。数据指出，发达国家的人均能量消费要比发展中和贫困国家高若干数量级。

问题是，如何高效利用能源的同时把对环境的影响降至最小，这是世界各国面对的最重大挑战。环境影响、能源脆弱性和化石燃料消耗三大因素是导致国际能源署（IEA）多次重申如下倡议：能源需要革命，推进实施低（零）碳技术和鼓励重新思考能源使用的模式，推进和发展可持续的能源技术和战略。因此，提高能源利用效率和加速可再生能源替代化石能源的进程是必须的。尽管仍然存在这样那样的困难，但持续增大可再生能源利用的趋势是不可避免的。最近20年中可再生能源电力在总电力生产中的占比持续上升，这为最终缓解和完全解决大量化石能源消耗引发的环境问题（GHG排放和全球变暖等）带来了机遇。

1.1　能源资源利用及发展趋势

1.1.1　能源资源

能量资源和能源生产是极其重要的。前者指能源的储量，例如地球上可利用的化石燃料就属于能源资源。地球上有巨大的能源资源，包括太阳、水力、生物质、海洋和地热以及化石燃料。人类应用其思想和新兴技术，一直以来以有效方式从这些能源资源中获取能量并加以利用，满足人类社会的需求。地球上有限（不可再生）和可再生（无限）能源资源以及从这些能源资源可回收的能量示于图 1-1 中。

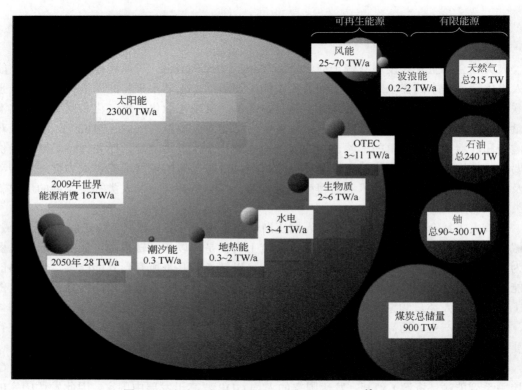

图 1-1　地球上有限和可再生能源（1TW=10^{12}W）

对有限能源，用总可恢复储量表示；对可再生能源表示成年潜力。OTEC—海洋热能转换

从图 1-1 中可清楚看到，不可再生化石燃料可利用能源的总储量每年近似约为 2000 TW；可再生的太阳能可利用的能量最多，完全能够满足人们未来对能量的需求；核能可利用储量比较少，虽然可帮助满足能源过渡中期的能源需求，但从长期能源供应看，核燃料存在有环境危险因素和不安全条件。

有预测指出，一直到不远的将来，人类对化石能源需求会继续增长（图 1-2）。但人们已经认识到，化石能源的大量使用和快速消耗产生大量污染物和碳排放，同时还带来其他环境危险因素。因此，近些年来对增加可再生能源资源利用的兴趣快速增长（见图 1-3）。利用可再生能源资源生产电力能够大幅降低污染物排放甚至是零排放（见图 1-4）。

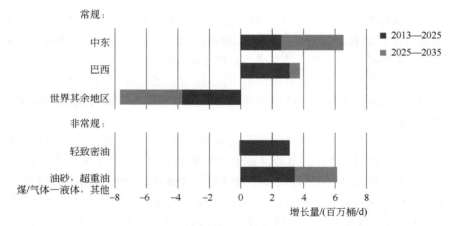

图1-2　预测的全球石油增长贡献者

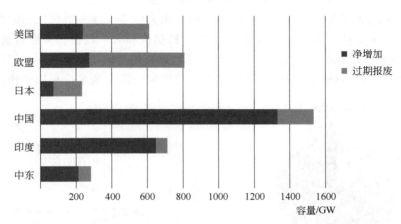

图1-3　对2013—2035年全球新增和过期报废发电容量的预测

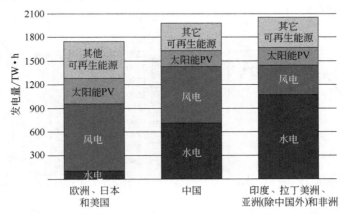

图1-4　2011—2035年可再生能源发电的增长

PV—光伏

1.1.2　全球能源需求和消费

国际能源署和国际能源展望报告指出：经济合作与发展组织（OECD）国家的煤炭和石

油消费已经稳定或缓慢下降，因加大了对可再生和其他非化石燃料基能源资源的利用。自2007年以来世界能源消费市场持续以每年1.4%的速率增加，总计已达49%。全球能源生产和消费间的不平衡加剧。美国和中国在世界能源消费中的份额分别下降和上升，印度稍有上升。降低因能源利用产生的总二氧化碳排放方法是，在能源生产、分布和消费各个阶段（领域）以及顾及环境利益的条件下，降低能耗和提高能源使用效率以及大幅提高可再生能源在能量消费中的份额。

除了上述权威国际组织提供统计数据和对世界能源生产与消费进行预测外，也有以不同方式（主要基于人口预测）进行的全球能源生产和消费的预测（图1-5）。全球能源需求-消费的预测已被公式化：在2100年后每人每年能源消费250 GJ；能源需求-消费不同（历史）时期已被区分为化石时代（碳基能源时代）、过渡时代（氢碳基能源时代）和化石后时代（氢基能源）。世界能源需求-消费在一定时期遵循随世界人口增加而增加的趋势。把1950—2010年设置为碳基能源时代，占优势的化石燃料（能源）对世界各国经济产生了巨大影响和积极作用。用非化石能源如可再生能源（太阳能、风能、水力能等）逐步替代化石能源的时期就是过渡时代（碳基和氢基能源并存），原因是化石燃料供应和大多数核燃料储量将在21世纪结束或22世纪开始时段耗尽。在这一过渡时代，虽然化石燃料储量可能耗尽，但核裂变能源可使（预期）这个时代维持相当时间，这取决于核增值反应器安全掌控和控制核裂所有方面。

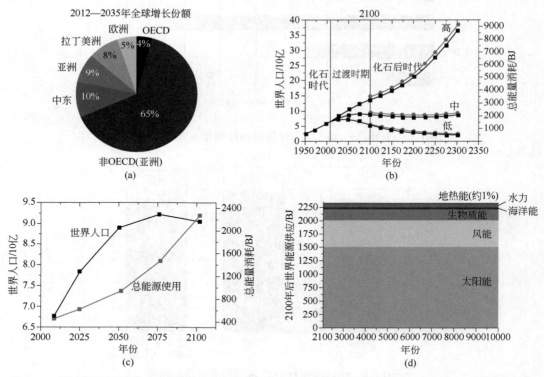

图1-5　基于世界人口的全球能源需求和消费：（a）不同地区在全球增长份额；（b）世界人口和能耗的预测；（c）世界人口和总能使用曲线；（d）2100年后不同可再生能源的比例

化石后（氢基能源）时代将由两种主要（可再生）类型能源资源提供所需能源：太阳能依赖型能源和太阳能独立型能源资源。太阳能、水力能、风能、海洋能和生物质能属于太阳能依赖型能源，核聚变和地热资源是太阳能独立型能源。从图 1-5 中能够看到，在世界人口低和中等趋势场景下，预测十分有效，而在人口高增长场景下，预测是 2100 年后达到的能源需求-消费上限。

1.1.3　能源资源利用历史趋势

人类社会的发展进步是随着使用能源种类的变化而进步的。纵观世界能源资源利用技术的发展历史，可以发现：在不发达社会，人类使用的能源是收集牲畜粪便、树枝、秸秆茅草等；在钻木取火时期进入了"柴薪时代"；到 17 世纪 80 年代煤炭的利用超过柴薪，终结了"薪柴时代"进入到"煤炭时代"；而到 1886 年开始的工业革命，石油取代煤炭成为世界的第一大利用能源资源，人类从"煤炭时代"进入了"石油时代"；现在又开始从"石油时代"向"天然气时代"和/或"氢能时代"过渡。已有预测指出，到 21 世纪中叶将可能进入"氢能经济"时代 。人类利用能源的历史也就是一部生产力发展的历史。不难发现在整个人类利用能源历史中的一个惊人规律：从利用含碳高的能源资源逐渐向利用含碳低或无碳能源过渡（图 1-6），即使用的主力能源含氢量不断增加。根据这一历史发展规律做出的预期是，到 2050 年无碳能源（氢基能源）的使用量将占很大比例，到 2080 年氢能将可能承担使用能源量的 90%。这也就是说，利用可再生能源资源生产的氢能源将最终终结碳基能源时代。

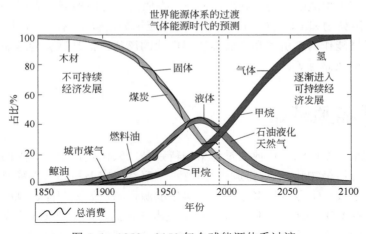

图 1-6　1850～2150 年全球能源体系过渡

对人类利用能源的发展历史进行的仔细研究还发现：①从不同时期使用的主要能源资源的形态来看，煤炭等是固体，石油为液体，而天然气为气体，因此利用能源资源的更替历史是从固体能源到液体能源再到气体能源的过程，最后过渡到使用氢能（仍然是气体），见图 1-6。②从占优势能源资源中含碳元素比例来看，最终是要进入无碳能源。实际上，不同时期利用的主要能源资源的氢碳比例，从开始的煤炭、柴薪氢碳比为 1:1，而后的石油氢碳比为 1:2，而天然气氢碳比为 1:4，氢气的氢碳比是正无穷。也就是氢碳比越来越高，而能源的转化历史就是减碳增氢的过程。气体燃料具有比石油和煤炭高的燃烧效率和低污染物排放水平的优点。天然气的使用能够降低全球的碳排放和降低对石油煤炭等化石燃料的依赖。最后过渡到使用无碳的氢能时代。

为过渡到氢基能源时代，实现氢经济，亟需发展低环境影响的氢能生产、存储、输送和利用技术。按照战略和管理研究中心（CGEE）的研究，对氢能感兴趣的国家多是能量需求和温室气体排放相对高的国家。氢能作为替代能源和能量载体的竞争能力在很大程度上取决于支持该技术的政策和效率，包括支持研究和发展氢能技术的各个环节和考虑的商业化时间。总的说来必须提供具有全球竞争性的供应、需求和激励。

1.1.4　零碳能源

零碳能源主要是指核能、可再生能源（如水力能、地热、风能、太阳能）以及生物质能。核能，尽管其增速缓慢，但现在仍为美国提供 20%和为法国提供超过 50%的电力。核能的大规模发展有很大限制，因为存在严重的安全风险、废料分散和核武器分散等问题（其中一些似乎已经得到解决或有所进展）。在水力资源领域，对发达国家如美国其利用已接近饱和，但对世界上多数发展中国家，仍然有巨大的开发潜力，中国的水电装机容量是世界上最大的。风电和太阳能电力，在近些年正以惊人的速度增长。但在已利用的可再生能源资源中，生物质资源仍然占有重要地位，特别是在农村和农业界以及不发达地区，其生物质的应用技术也在不断创新中，发展潜力颇大。尽管可再生能源的扩大利用已取得巨大进步，但仍然面临巨大的挑战，包括它们的大规模可利用性、成本、覆盖面、不可预测的间歇波动性、利用过程复杂性以及对储能技术的强制需求等。在目前，电力部门使用的初级能源仍然主要是煤炭、天然气、核能和可再生能源。为达到零碳要求，在固定源应用领域可采用 CO_2 捕集封存技术（CCS）（减少其污染物和 CO_2 排放）。而对移动源应用如运输车辆，几乎不可能使用 CCS 技术，此时需要以氢能作内燃引擎和高低温燃料电池的燃料。但是这会为运输氢气带来额外的挑战，如充装和车载储氢等。

1.2　全球能源革命

鉴于大量使用化石能源要排放大量污染物特别是二氧化碳，带来严重的环境问题。世界各国政府有必要对污染物和 CO_2 排放进行管控。《京都议定书》和《巴黎协定》中提出，管控可以使用三种手段：①尽可能多地使用可再生能源资源，如太阳能、风能和生物质能等；②分离浓缩和封存 CO_2（CCS），但该技术投资成本非常高，其实现又相当困难；③提高现有能源转化和利用的效率，采用先进的低或零 CO_2 排放的能源系统如氢能系统。尽管目前这些都是能够实施的，但仍然需要进行能源革命，也就是要转型全球能源系统 。能源革命的总目标是逐步实现能源网络从基于化石能源的传统能源网络（碳基能源网络，图 1-7）向基于可再生能源的智慧能源网络（氢基能源网络，图 1-8）过渡，最终实现完全基于可再生能源资源的氢基能源网络。能源革命可以粗略地概括为如下 6 个方面。

（1）能源供应多样化或多元化

就能源供应安全而言，供应多元化无疑是一件好事。因为有越来越多的技术能把各种初级能源资源转化为电能，不管是不可再生的化石能源如煤炭、石油、天然气，还是可再生的能源资源如水力能、太阳能、风能、地热能、海浪能、潮汐能等，当然也包括核能和生物质能。

（2）加速能源的低碳化或去碳化

从 1992 年里约地球峰会，到 1997 年《京都议定书》，2009 年《哥本哈根协议》，2014 年《巴黎协定》，几乎每个国家都承诺采取积极的减排温室气体（CO_2）行动（美国总统特朗普在 2018 年宣布退出《巴黎协定》，拜登在 2020 年宣布重新加入）。能源不低碳化，就不可能减排 CO_2，也就无法缓解全球气候变暖问题。低碳化首先要采取的措施是节能，其次是大力发展和利用低碳或无碳电力技术，尽可能多地利用可再生能源资源。

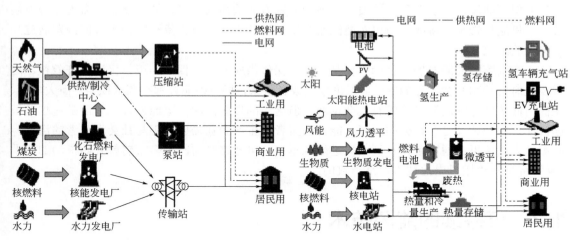

图 1-7　传统能源网络：电网、供燃料网　　　图 1-8　未来能源网络：电网、供热网和燃料网

（3）能源的数字化（信息化、智能化）管理

这是信息与通信技术渗透应用于整个能源系统。包括如下两个方面：信息与互联网技术对能源系统的渗透和能源产业链之间的互联互通。以使能源生产和消费智能化，减少浪费，提高系统整体的效率。能源系统数字化能加速能源领域的创新，但能源不同于信息，能源创新不会像信息创新那样快速而是相对缓慢的。

（4）推进和发展分布式发电（去集中化）

传统能源体系的发展强调规模经济，以降低单位成本。于是发电厂规模越建越大，输电电压越来越高，投资成本愈来愈高，损耗也随之增大。随着新能源技术和能源系统数字化的发展，就地发电、就地利用、就地分享的微电网模式发展迅猛。例如德国，约 20 年前发电厂仅有百家，现在独立发电商数量多达 150 多万家，去集中化的分布式发电趋势非常明显，需要有政策的激励加速其发展。

（5）能源网顾客要求民主化

在能源系统中，不再是供应者一家说了算，能源消费者应该拥有知情权和选择权。消费者不仅可以自行在家里生产电力（如用太阳能或燃料电池技术），而且可选择能源（电力或燃气）供应商，获得更大主动权。这个民主化使老百姓能够参与能源投资的决策过程，如建核电站和安装风力发电机需要征求附近用户的意见。

（6）能源的清洁化和去污染化

也就是能源生产和消费都应该尽可能不产生污染物，尤其是对化石能源如煤炭、石油、天然气。没有能源的清洁化，污染很难根治。因此需要积极发展应对全球气候变化的低碳经济和治理本地污染的"低排放经济"，最大限度减少气体、液体和固体污染物的排放。

上述的能源革命 6 个方面可比作 6 个轮子，它们驱动着全球能源系统的转型，重塑世界能源格局。例如，石油供应多元化，如页岩油气技术的发展改变着能源供应的地缘政治格局，也改变着某些国家的前途命运和大国间关系。

实际上这里所说的能源革命主要是指电力生产的革命，也就是在全球范围内电力生产要多元化、低碳化、清洁化和去中心化；管理要数字化和民主化。当然燃料和热能生产也要多元化、低碳化、清洁化和去中心化。应该指出，这类能源革命不是目的仅是手段，其真实目的是要保障能源供应安全和环境安全，使能源发展清洁高效且可持续。能源革命为能源发展带来了机遇也带来了挑战，但也对能源系统安全运营带来了巨大挑战并为未来能源发展施加了强大的约束。

一个国家的能源发展，目标主要是三个：保障供应安全、保护环境、保证经济效益。这需要政府推动和社会各界的支持。无论今天或者将来，每一种能源都有其优缺点，而大规模、廉价、低碳环保的能源显然没有人会反对，但这样的理想能源（氢能）现在只能是追求的长远目标。能源选择是全社会的抉择，能源决策者与生产企业需要加强与社会消费者的沟通，而不是先决策再沟通。可以看到，推进能源革命的可能路径与欧洲多年前就开始推动的所谓"氢经济"和"燃料电池技术"是一致的。

1.3　可持续的能源技术

为实现能源革命的目标，可持续能源技术的发展是必须。幸运的是在过去一些时间内，世界各国已经发展出一些可以被认为是可持续的能源技术，根据文献现归纳简述于下。

（1）氢能和氢燃料电池

该类技术是要把氢气中的化学能转化为电力并副产热能，目前受到的关注度是最高的，对它的期望值也是很高的。这是因为使用氢能具有降低温室气体排放的巨大潜力，它能够作为清洁能源（燃料和化学品）在广泛领域（特别是运输中）中使用。生产氢能可采用更生态和更清洁环保的方法，也即使用可再生非碳能源（如风能和太阳能）生产的电力进行水电解。

（2）新低碳、零碳和增能的建筑技术

发展具有高能量性能新建筑物的相关技术也受到相当多关注。最重要目标是要设计和建造能够自己生产能量且污染物排放最少的建筑物，也即建筑物自身生产的能量多于其耗用能量；第二大目标是要建造接近零能耗的建筑物，也即建筑物生产的能量几乎等于其耗用的能量。在这类示范项目中应用的技术包含了多种可持续的能源技术。例如，意大利的一个零能建筑物示范项目应用了如下多种技术的组合：木头和混凝土结构材料、三层玻璃窗（三层隔热）、地板加热、地热源热泵、光伏太阳能发电厂和热量回收通风设备等。

（3）现有建筑物的能源改造

该技术是为了提高现有建筑物的能源性能，这类示范项目中使用的技术与近零和增能建筑物中使用的技术相同。例如在英国，为连续提高房子的能源性能，利用改造和翻新的新概念，不仅从环境可持续能源前景，而且也从社会和经济可持续性观点来改造提高老建筑物的能源性能。

（4）光伏技术（PV）

光伏技术示范项目针对光伏板的发展和应用，把太阳能转化为电能，这被认为是顶级可持续能源技术，对其关注度很高。美国在 20 世纪 80 年代中期建立了世界第一个商业 PV 工厂，到 2010 年已经建立 100 万个屋顶 PV 系统，但不是很成功。在多地建立了太阳能示范项目后，实现了更大规模商业化，尤其是在欧洲和中国。中国现在建立的光伏发电装机容量已经超过 300GW，因为中国对 PV 技术示范项目进行了巨大投资，旨在改变中国能源工业的面貌。

（5）碳捕集和封存（CCS）

碳捕集和封存示范项目是要捕集排放出来的 CO_2，并把其封存到地下或者把其从大气中分离出去。该技术关注度也是较高的。例如日本新近的 Tomakomai CCS 示范项目。日本政府把这个示范项目从 2012 年一直进行到 2020 年后，在海床下 1100m 和 2400m 的两个储库中注入了 10 万吨的 CO_2。

（6）生物柴油

生物柴油衍生自生物能源如谷物和海藻，是应用于运输领域的替代油品，其关注度也相当高。与衍生自化石能源的乙醇比较，用木头和锯末生产生物乙醇可使 GHG 排放降低 76%。计算指出，每 1L 汽油当量生物柴油的生产成本为 0.66～0.94 欧分（€）。

（7）车辆燃料替代物

这些示范项目利用电池和/或燃料电池电力来驱动车辆，进行了大量试验。中国在近几年对锂电池和氢燃料电池做了大量投资。在 21 世纪初中国复制多辆燃料电池车辆样机，其中一辆达到的最大速度为 122km/h，行驶里程范围 230km，氢消耗 1.12kg/100km，相当于每 100km 耗 4.3L 汽油。现在已经过了示范阶段，锂电池纯电动车辆已经实现了大规模商业化。

（8）智慧/微电网

智慧/微电网示范项目受到人们的关注度也不小。已发展出能组合用传统化石能源和新可持续能源生产电力的能源系统（过渡时期），这样可更灵活地使用可持续的可再生能源资源。智慧/微电网也能为提高能量效率做出相当贡献。例如，在西班牙的一个示范项目中探索了使用智慧电网的可能性，并实现了节能 20%、能源使用增加 20% 和 CO_2 排放降低 20% 的三大目标。

（9）风力发电

风电技术的发展和使用受到的关注也较高，特别是近些年，大力建设使用风力透平发电的风电场。利用可再生的可持续能源资源，风力透平发电是成熟技术。近来由许多风力透平构成的大风力发电场形成了非常独特的集成景观。自 2010 年以来，甚至国土面积很小的国家如塞浦路斯也建立起风力发电场。中国的风电装机容量（包括陆上和海上风电）也已经超过 300GW。

（10）洁净煤技术

对清洁煤技术示范项目的关注度，国际上虽然相对较小（因现在世界上以煤炭为主要能源的国家屈指可数），但在中国对其的关注度却非常大，因为中国是世界上唯一一个以煤炭能源为主的大国。发展中的其他大国如印度和甚至发达国家（美国），它们很大部分工业发电容量仍然由煤炭提供，把煤作为主要能源之一。该技术的主要目的是要降低使用煤炭带来的大量 GHG 排放，显然这是非常重要的。现在普遍的意见是：煤炭在未来仍然是必须使用的，因可持续能源技术在很长一段时间内无法满足全球的能源需求。虽然无法把煤炭设想为可持续能源，但它是可以清洁化的，如通过洁净煤技术。因此，洁净煤技术仍然是可持续能源技术关注的重点。美国和中国仍有不少大型清洁煤技术示范项目在运行。

（11）能量存储技术（储能技术）

虽然对发展和试验使用电力存储系统的关注度一直以来并不那么高，但在近些年来对其的关注度逐渐增加。这是因为已经预计到，未来储能技术将愈来愈重要且会不断快速增长。储能系统是解决可再生能源电力间歇波动性的极重要且不可或缺的关键技术（为管理巨大电网及其供需均衡作出贡献）。储能系统是一类缓冲器，均衡能源网络中的过量电力和能量满足高峰时段的需求，也即在电力（能量）生产过剩时把盈余电力储存起来供电力生产不足或停止生产时使用（存储装置可释放并输出存储的电力和能量）。但对现有的储能技术，仍有待进一步提高在捕集、转化和分布能量中的效率。使用储能系统的第一个作用是要提升能源生产和利用效率，其第二个作用是要在时间和空间上把能量（电力）生产和消费分开，第三个作用是要有达成从区域化能源生产（数个大发电厂）到电网能源生产（多个较小发电厂）的过渡（去中心化）。这个变化是能够增加整个能源生产-分布系统效率，降低传输和分布过程中能量损失和实现环境更加友好（较低的化石燃料消耗和污染物排放）能量（电力）生产的。

（12）工业过程的能量改造

这类技术的关注度不是很高，因为主要的关注点是在应用 PV 系统和生物能来提高工业及其生产过程能源性能。但工业过程可以学习借鉴近零、零和增能建筑物技术以及现有建筑物能量改造技术。例如在芬兰，有若干洁净化现有工业的示范项目：对制纸工业和纸浆公司进行能源改造，以降低生产过程的能源消耗。另一个例子是用新可持续能源生产和回收技术重新改造、更新老发电厂。

（13）地热能

地热能示范项目使用地球内部的热量。地球内部热能来自地下井或热喷泉。这类技术示范项目通常是不能够作为核心技术使用的，对其的关注度不高。通常做法是把它与其他技术（如新的近零和增能建筑物技术与现有建筑物能量改造技术）组合应用，特别是与地热热泵组合使用，因此通常的情形是它成为各种可持续能源技术组合中的一部分。

（14）热泵

热泵通常在可持续建筑物和工业革新项目中应用，也常通过新技术与其他能量有效组合，特别是与若干可持续技术组合应用于建筑物中。热泵可向地下注入和从地下拉出热量。这个技术示范项目的关注程度相对较小。

（15）太阳热能

与同样是利用太阳能的 PV 示范项目比较，太阳热能示范项目利用的是太阳光的热能，使用收集器收集太阳热量供加热流体［如水或气体（空气）］之用。被加热的液体或气体既可被用于驱动发电装置生产电力，也可用于加热水（供民用和建筑物使用）。近来建立的一个利用太阳热示范项目中，收集的热能被用于脱除水中的盐分。太阳热也能够像地热能和热泵那样，与其他（建筑物和工业）可持续能源技术组合使用。

（16）水电

水力发电示范项目是利用水流发电。水通过水轮机和水磨直接把水能转化成电能，这是非常成熟的技术因此受到的关注度并不高。水电能够显著降低电力生产中的 CO_2 排放。中国水电装机容量已接近于 4 亿千瓦。

（17）生态城、能量互联网、热量回收、海运能量改造和建设零碳建筑物

对这些可持续能源技术，关注度都很小，但预计中国未来对其的关注度可能高速增长。对两个"生态城"概念（由新设计可持续理想城市概念构成）进行研究，有助于使用上述的多个可持续能源技术。"能源互联网"概念浓缩和集成了多种可持续能源技术、行动者和公用基础设施，因此对其的关注度在未来很可能是高的。"热量回收"和"建立零碳建筑物"两个可持续能源技术能够与关注度较高的可持续能源技术示范项目组合，形成集成可持续能源技术，被用于处理现有建筑物能量的有效改造和新近零建筑物。"海运能量改造"技术虽然关注

度小但也是重要的。

在上述的 17 项可持续能源技术中，重要的是新能源技术、可再生能源资源利用技术、提高能量（热能和电能）利用效率和储能技术。但也不可忽视重要性相对较小的可持续能源技术，因为情形是随时间变化的，且变化方向是难以预测的。显然，重点是要快速发展新能源和可再生能源的可持续利用技术，首先是氢能和燃料电池技术、太阳能、风能、地热能等的利用技术；其次是电力和氢能的存储技术和智慧能源网络（电网、燃料网和热网）。当然化石能源的清洁智慧利用在中短期也是非常重要的，如洁净煤技术、热泵技术和建筑物能量利用效率的提升等。

在文献列举的可持续能源技术中，第一个就是氢和燃料电池，这是因为氢是更清洁且资源丰富的能源资源，能够作为化学品、气体燃料和能量载体使用，不排放任何污染物。不仅能够在未来智慧能源网络的燃料网中逐渐占据主导地位，满足作为化学品和燃料的使用，而且作为能量载体与燃料电池技术结合是可以广泛应用的电源和热源。

1.4 氢能源和氢经济概念

可持续发展战略的关键要求是使用能源的可持续性。氢能源属于非碳基能源，是一种清洁燃料，具有逐渐替代来自化石能源燃料的潜力。氢是一种次级能源，也是优良的能源载体，可从洁净和绿色能量资源大量生产。把氢气转化为热量和电力等通用能量形式是很容易的。例如，氢气在透平机中燃烧和在燃料电池中进行电化学反应都能够产生所需要形式的热能和电力。与其他燃料比较，使用氢能排放的环境污染物也是最少和最低的。氢可从丰富的可再生能源电力生产（水电解），其存储、运输、配送和利用不会有任何困难。与烃类燃料比较，氢的单位质量含能量高（见表 1-1）。氢气作为能源，可以在不同领域中使用，例如氢燃料电池车辆和便携式电子产品。

表 1-1 各种燃料的能量含量

燃料	能量含量/(MJ/kg)	燃料	能量含量/(MJ/kg)
氢	120（约 33kWh）	乙醇	29.6
液化天然气	54.4	甲醇	19.7
丙烷	49.6	焦炭	27
喷气燃料	46.8	木头（干）	16.2
车用汽油	46.4	甘蔗渣	9.6
车用柴油	45.6		

1.4.1 氢燃料和氢经济概念

已经认识到氢能在未来可持续发展中的重要性，未来它将变得愈来愈重要。在全球能源系统转向和现代世界策略目标中，科学家早在 50 多年前就提出了氢燃料和氢经济概念。氢经济描述以氢能作为能源和能量载体的新的经济范式。氢能除直接在内燃引擎和透平中生成电力和热能的路径外，氢是燃料电池最好燃料，能够高效转化成电力，即氢-燃料电池体系是一种方便灵活的单元，在固定、便携式和运输（车辆）领域广泛高效应用。

氢经济是与氢能源系统密切相关的，为把氢作为能源（燃料）和能量载体使用，需要发展有效无污染的氢能生产、存储、运输分布和安全利用的技术，只有这样氢经济才能以成本有效、平衡和可持续的方式实现。氢经济中也包括了市场机制，使其能以有竞争力的价格、质量、可靠性和安全供应条件达到完全商业化。美国能源部（DOE）提出的向氢经济演化过渡的时间表示于图1-9中。预期能够在21世纪中后期实现洁净的氢经济时代，逐步以氢能源替代传统碳基能源，形成氢能体系。"氢经济"也可表述为以氢能源为基础的公用基础设施（替代化石能源）支持社会的能源需求。氢经济公用基础设施由五个关键元素组成：氢能生产、配送、储存、转化和应用，这些相关领域技术成熟程度目前处于不同阶段。"氢能源（经济）"概念提出后已经引起了世界各国科学技术界、工业界和政府部门的关注和重视，因为氢能将成为未来主要能源之一。对氢的生产、运输、存储、使用和安全等问题进行了大量研究，有的针对性极强，如车载制氢。

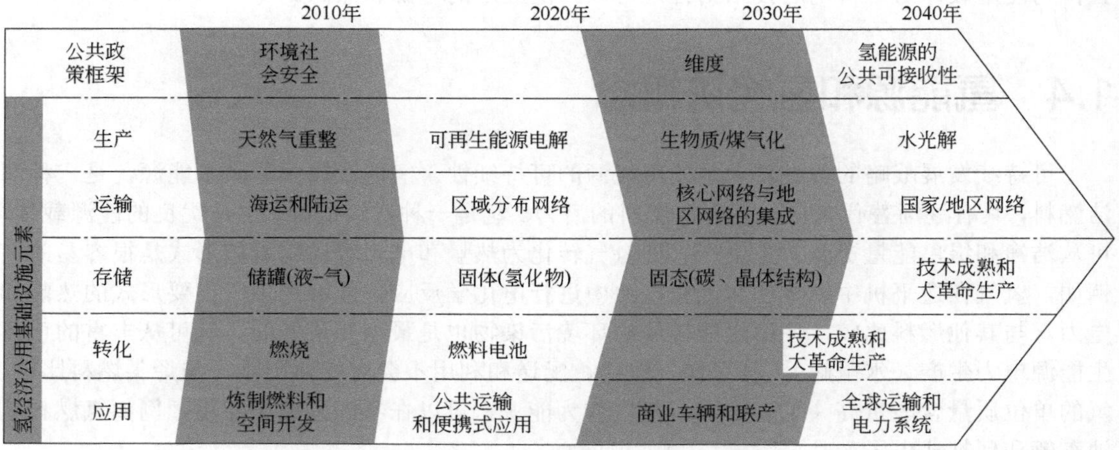

	2010年	2020年	2030年	2040年
公共政策框架	环境社会安全		维度	氢能源的公共可接收性
生产	天然气重整	可再生能源电解	生物质/煤气化	水光解
运输	海运和陆运	区域分布网络	核心网络与地区网络的集成	国家/地区网络
存储	储罐(液-气)	固体(氢化物)	固态(碳、晶体结构)	技术成熟和大革命生产
转化	燃烧	燃料电池	技术成熟和大革命生产	
应用	炼制燃料和空间开发	公共运输和便携式应用	商业车辆和联产	全球运输和电力系统

（左侧纵向标注：氢经济公用基础设施元素）

图1-9　过渡到氢经济生产链中技术发展的可能性

氢经济对社会是高度有益的，因为它能开启新工业、生产新材料和改变车辆功率源。氢经济具有的优点很多，如氢释放能量时仅产生完全无害的水副产物，不排放温室气体（GHG），对环境几乎不产生影响；利用可再生能源资源生产的可再生氢是可持续的；缓解和消除对化石能源资源的消耗（特别是石油）等。虽然氢燃料具有发生爆炸的危险，但只要仔细和适当地管理，氢能比常规燃料更安全。

世界能源体系从化石燃料向氢能源的基本转换，不仅能强化能源系统本身，而且极有利于能源系统的脱碳化和降低对全球环境和气候的影响，达到"碳中和"的目标。也就是说，保护全球环境和气候的这个任务可通过利用氢能技术得以圆满解决。国际上对向氢能源体系即"氢经济"过渡的相关情况进行了大量广泛的研究和展望。世界上各国政府和研究机构都在对以氢作为替代燃料和在自己国家能源体系中实施氢经济的可能性进行研究评估。例如，加拿大政府让氢能源领域在很长一段时间都保持强势地位，成为氢技术起始阶段的领头羊。美国、欧盟以及亚洲多个国家都对氢经济的实现进行了规划，提出了实施氢能源的计划，开展了在氢生产、存储、运输、分布和利用的多个研究发展项目，使氢能在能源公用基础设施改造中发挥重要作用。国际氢能委员会在2017年底提出，到2050年，全球20%的二氧化碳减排任务要靠氢能来完成，18%电力由氢燃料提供。根据我国氢能发展现状及趋势，到2030

年我国将成为世界最大的氢能与燃料电池市场，2040 年氢能将会成为我国主体能源，消费占比将达到 10%，2050 年将达到 18%。

必需指出，能源网络系统基本结构的改变是需要很长时间的，因此"氢经济"的完全建立可能需要数十甚至数百年。现在最重要的是，在现实中首先要接受氢能源技术带来的结构变化和长期发展的趋势。为促进氢经济的发展和不断扩大其应用领域及使用量，必须加强创新性的氢生产和利用技术的研发，这是因为氢能源技术是实现"氢经济"的根本基础，当然需要与成熟的燃料电池技术配套。在"氢经济"中利用氢能源和能量载体需考虑的重要因素包括：有可用、便宜、可再生能源生产的氢，有合适的氢能存储方法，需要对氢燃料电池进行有效管理和建设充氢站。

1.4.2　氢经济的推动力

前面指出，氢能是更好的可持续再生能源，能够满足世界上所有国家长期的能源需求。研究确证，氢经济的四个主要推动力量是：①能源安全；②气候变化；③空气污染；④竞争和合作。

能源安全是各国政府首要考虑的问题。环境污染和温室气体排放导致的气候变化已经促使国际社会强烈要求缩减化石燃料使用量，对使用清洁能源（燃料）的需求愈来愈迫切。对清洁替代燃料的研究导致了向氢燃料的转移。氢能源的使用使可再生（可持续）氢概念逐渐变成了现实。

另外，为了能源的安全使用，必须解决可再生能源资源利用中存在的随机波动性问题。一个有效解决办法是使用储能系统，这需要发展储能技术特别是储能材料。在这个方面，氢是非常有价值的储能材料。氢储能具有零排放的巨大优势，其关键是成本问题。例如，使用太阳能技术替代化石燃料生产氢气，是否能够使氢气生产在经济上也变得比较有利；由于氢和电力都是能量载体，可以相互替代，当组合氢和电力成混合能源体系时，也即组合氢产电力和电力产氢过程，是否会变得更加有利。氢-电力-氢整体能源的设想（HHES）能够作为偏远或孤立地区的能源（电力和燃料），如农村、酒店、孤立区域和岛屿等。对有巨大水电资源的国家，HHES 应该具有大的发展空间（如挪威、巴西、加拿大和委内瑞拉等）。研究结果指出，使用氢存储电力比电池存储电力更为经济和安全，它是替代现有储能的最好技术之一。

用氢储能离不开燃料电池技术的发展。燃料电池是一种电化学装置，它把燃料特别是氢的化学能直接转化为电能。该过程的一步性质（从化学能到电能）与燃烧基热引擎的多步（例如化学能到热能到机械能再到电能）过程比较，有若干优点：现时燃烧基热能技术对环境有害，贡献于全球许多事情如气候变化、臭氧层破坏、酸雨等；燃烧基引擎技术依赖于有限和不断减少的化石燃料；而燃料电池的能量转换是有效和清洁的，是一种安全和持续发展的能源技术；燃料电池与可再生资源和氢能量载体是很好兼容的，可以成为未来的能量转换装置。

1.4.3　氢经济研究发展的国际合作

（1）国际能源署（IEA）

为推动国际氢能技术的发展，多个国家与国际氢能经济和燃料电池伙伴组织（IPHE）和国际能源署（IEA）签订了合作推进协议。IPHE 提出了建立世界氢经济活动链，联合政府和私人企业共同投资于这些领域的基础和应用研究，发展氢能产品和服务。IPHE 为氢经济过渡确定的主要研究领域包括：研发氢能的生产存储和氢燃料电池技术、制定规则和标准以及努力提高社会对氢经济的认知。可以预计，这些国际间的合作必将加速世界向氢经济的过渡，组织实施实用性氢能和燃料电池技术的国际合作研究。世界各国都需要为促进加速向氢经济过渡采取行动，勾画出氢经济的市场技术。很显然，这些国际性的行动能够降低世界氢能集成系统的成本并加速向氢能源和氢能量载体过渡。

在氢经济的持续发展中，不同国家采用的模式是不同的。国际能源署研究了有国际平台（IPHE）参与的北美、南美、欧洲和亚洲一些地区的可持续（可再生）氢经济。可持续氢经济概念是由国际机构如 IEA 和 IPHE 为未来零排放的可持续能源增长提出的。IEA 对能源技术共性问题进行了讨论，在允许其成员国变更其技术政策基础上达成了若干协议，如在 IEA 框架内提供和进行合作能源研究，其中的重要部分是氢能。利用 IEA 氢补充协议在过去数年中已经取得相当成就。作为清洁和可持续能源体系中的关键因素，氢能技术获得了快速发展。IEA 也指出，氢能够应用于所有能源领域，可作为可再生能源电力（如太阳能电力和风电）储能材料使用。

（2）国际氢能经济和燃料电池伙伴组织（IPHE）

IPHE 是一个国际组织，是实现国际氢能燃料电池合作研究的主要服务平台。它向参与者提供可持续（可再生）氢策略共同模块和标准，并发展参与者间的联系。这对加速全球向氢经济过渡非常有利，且增加了能源和环境的安全性。亚洲国家中，中国、印度、日本和韩国是 IPHE 的重要成员。在 IPHE 初始功能中包括有论证、配合与促进氢和燃料电池技术方面的潜在合作领域，以及分析生产氢气的方法和利用结构。IPHE 的预期是，氢经济提出了一个令人满意的可能解决办法，满足了全球对能源和降低温室气体排放的期望。

（3）亚太经济合作组织能源工作小组（APECEWP）

APECEWP 主要聚焦于亚洲氢技术进展和燃料电池应用（联系 IEA 和 IPHE），欧洲清洁城市运输（CUTE）组织已经认识到亚洲国家公交运输对氢动力的需求是亚洲国家合作的一个领域。对亚洲国家的氢气和燃料电池发展，土耳其的氢能技术中心（ICHET）也提供一些投资。

总之，从化石燃料基（碳基）经济向可持续（可再生）氢经济的过渡需要一步一步来。为获得较快进展，应该完善现时氢能成熟技术和公用基础设施，以使氢经济以经济有效方式发展并取得快速进展。必须考虑氢经济发展的每一步骤的（从氢生产到终端使用者，包括氢存储、运输分布等）安全、代码、标准等。氢气生产、存储、运输、分布和利用对可持续氢能技术的发展都是非常重要的。利用可再生能源资源生产氢气，对可持续氢经济发展是非常有利的。

1.5　中国氢经济

氢是来源广泛、清洁无碳、灵活高效、应用领域非常广泛的次级能源和能量载体。氢能源是推动传统化石能源清洁高效利用和支撑可再生能源大规模发展的理想互联媒介，也是实现交通运输、工业和建筑等领域大规模深度脱碳的最佳选择。氢能源和燃料电池正在逐步成为全球能源技术革命的主要方向。加快氢产业的发展是应对全球气候变化、保障国家能源供应安全和选择可持续发展的战略。构建"清洁低碳、安全高效"能源体系，推动能源供给侧结构改革的重要举措，是探索能源变革带动区域经济高质量发展的重要实践。

为推动氢能源发展和应用，中国在 2019 年发布了两个重要文件：《中国氢能源及燃料电池产业白皮书》（2019 版）和《长三角氢能源与燃料电池产业创新发展白皮书（2019）》。主要内容摘录如下。

中国对氢能的研究和发展可追溯到 20 世纪 80 年代初，中国科学家为发展本国的航天事业，对火箭燃料液氢的生产、氢氧燃料电池研制开发进行了大量而有效的工作。将氢作为能源载体和新能源系统进行的研发早在 70 年代就已开始。中国的氢能技术开发正在逐步进入世界先进行列。在我国《国家中长期科学和技术发展规划纲要（2005—2020）》和《国家"十一五"科学技术发展规划》中都列入了氢能源研究发展的相关内容。最近国务院办公厅印发的《能源发展战略行动计划（2014—2020 年）》中，氢和燃料电池已明确作为能源科技 20 个重点创新方向之一。

中国在科技部和各部委基金项目的支持下，已初步形成了一支由高等院校、中国科学院、企业等为主的从事氢能与燃料电池研究、发展和利用的专业队伍。研发领域涉及氢经济相关技术的基础研究、技术发展和示范试验等方面，例如 2000 年科技部资助的国家"973"项目"氢能规模制备、储运及相关燃料电池的基础研究"。2006 年国家"863 计划"先进能源技术领域"氢能与燃料电池"专题等。

在中国，小规模氢气生产一般使用比较洁净的方法，排放的温室气体很少。虽然利用天然气产氢是低成本的，但在中国使用更多的是可行和相对便宜的甲醇蒸气重整制氢的方法。大规模使用的氢气则多使用煤炭气化技术生产。为避免温室气体排放，生产程序中将逐步配备碳捕集封存单元。在中国，国家对氢能领域的基础研究重点是提高工业规模产氢、储氢和运输氢的技术，其中也包含燃料电池应用和太阳能电力电解水制氢技术。在这个科技部资助的"973"计划中又投资 560 万美元用于发展关键材料如储氢材料和膜材料。为氢能，中国计划为氢和燃料电池研究投入更多资金，如为氢燃料电池汽车投资了约 940 万美元。在中国，氢经济研究一般包含在国家能源系统可再生能源研究项目中。国家发展和改革委员会（NDRC）重点支持清洁和无污染氢能可持续发展的研究。国务院能源部门负责氢经济可用资源的调查研究、计划发展、成本分析、经济推动等工作。

中国区域经济的多样性为氢经济发展提供了助力。如北京和上海已被全球环境基金（GEF）项目提名为使用氢燃料电池公交车的示范城市。上海市政府为自行实施的氢燃料电池研究与开发项目每年投资约 1200 万美元，可再生氢的 R&D 项目利用的是核发电厂、化石燃料和可再生能源资源，利用所产氢气替代现时使用的大多数电池。鉴于现时可利用的有利氢-燃料电池技术很少，对其的研究与开发需要有政府的政策扶持和技术资助。例如，对中国顶尖公司之一的上海 Shenli 高技术有限公司与上海汽车工业合作生产氢燃料电池小客车项目给予了政策扶持和资金资助，使它们能够对使用的质子交换膜燃料电池（PEMFC）做研发。对可再生氢经济发展，不同地区也有其自己的地区政策。如上海有自己的可再生氢经济发展计划，制定并实施了一些支持可再生氢经济研发的鼓励和激励政策，如碳税政策、免税政策等。上海正在执行自己的氢公用基础设施建设计划，启动了为燃料电池公交车生产氢气项目，在上海氢燃料供应似乎不成问题，一些化学工业公司能够副产大量氢气，可很好满足近期的氢气需求。

中国空间计划对氢能有巨大兴趣，在氢气生产和存储上取得了许多令人激动的进展。例如，在哈尔滨技术研究所研发出生物氢的制备，使用酶技术利用食品工业有机废料产氢，试验生产容量达到 368Nm³/d，成本仅为水电解产氢的一半；又如，发明了高性能镁基复合材料，其储氢容量在 150℃时达 3.36%（质量分数），而发展的镧基合金容量达 $48kg/m^3$。

中国氢能协会是一个促进可再生氢经济发展的民间组织，希望把氢气用于不同领域特别是作为燃料电池燃料。

1.5.1　中国氢经济发展主要推动力

如前所述，氢能技术发展有四个主要推动力：①能源安全；②气候变化；③空气污染；④竞争和合作。

（1）能源安全

直到 20 世纪 90 年代，中国并没有认识到能源安全的紧迫性和重要性，因为在 90 年代以前经济发展程度不高对能源需求低，完全能够利用国内能源资源满足。因此，对全球能源市场依赖度很小，能源安全并不是一个大问题。但是，近一二十年来中国经济快速发展，能源供应形势发生了急剧变化，能源安全紧迫性急剧增加。由于能源消耗因经济快速增长而急剧增加，中国被迫结束自给自足的能源政策。中国从 1993 年开始从海外进口原油，到 2009 年已成为紧接美国之后的世界第二大石油消费国和世界第二大石油净进口国。现在每年进口原油量高达 5 亿多吨，超过 70%的石油来自国外。在不到一代人的时间内，中国已经成为世界增长最快的能源消费者和最大能源进口国。中国进口原油的一半来自中东，由于对国际原油市场的高度依赖和国际原油价格的激烈波动以及供油国家的政治风险，中国的能源安全成为重大的焦点问题。

虽然中国是贫油少气和富煤的化石能源国家，但中国有极为丰富和广泛分布的可再生能源资源，说明具有用可再生能源替代化石燃料的巨大潜力。很显然，中国希望在最大程度上从可用的可再生能源资源获取所需能源，不仅可减少对海外进口能源的依赖，还降低了碳排放。氢能技术的发展利用能促进分散的可再生能源资源的利用，如太阳能、风能、水电、生物质能等。如前已经指出的，氢不是初级能源而是次级能源，类似于也是次级能源和"能源载体"的电力。因此需要利用其他能量资源生产。氢是优良的储能物质，需要时它可把存储的化学能转化为电能和热能。对储能体系存储容量和存储时间是重要的关键元素。氢存储不仅满足这些国家要求，而且解决了可再生能源电力供应随机波动间断性问题。例如光伏板或风能电力可用于分解水（电解）生产氢气和氧气，再用存储的氢燃料生产所需电力和热能（经燃料电池或引起燃烧）。因此未来的太阳能和风能氢经济逐渐会占据能源体系中主导地位，最终解决了这个能源的安全问题。

此外，氢气开启了利用多种能源资源分散（脱集约化）生产和利用的可能性，因此进一步改善能源的安全供应，极大地降低对进口原油的依赖。

（2）气候变化

由于重工业和经济快速增长的背景，中国的 CO_2 排放在 2007 年就超过了美国，成为全球最大的 CO_2 排放者。因此，中国在对抗因温室气体排放引起的世界气候变化的战斗中起着至关重要的作用。作为《京都议定书》和《巴黎协定》的签字国，中国厉行了承诺，2020 年的 CO_2 排放水平比 2005 年降低 40%～45%，并再次承诺为进一步降低温室气体排放作出自己的贡献。

降低 GHG 排放的最主要的手段是提高和改进能源转化过程效率和资源能量的利用效率以及提高可再生能源在总能源消耗中所占比例，内容包括：①提高效率，降低化石燃料消耗；

②使用低碳或非碳能源资源（可再生能源资源）；③分离和封存化石燃料产生的 CO_2。如前述，在这个方面氢能是关键因素之一，能与上述措施紧密配合。因它是完全清洁、无污染物排放的燃料和能量载体，且能使用丰富的可再生资源（如风能或太阳能）生产。当氢与燃料电池组合时，其发电效率超过 50%，如热电联产效率可达 90%。事实上，发展氢能技术是向无碳能源（氢基能源）真实过渡的根本基础。

（3）空气污染

生态环境部使用空气污染指数（API）评价城市空气质量：当 API 超过 100 时，被定义为严重污染。中国面临严重的城市空气污染问题，在早些年世界 20 个污染最严重城市中中国就占了 13 个。能源工业是最大的污染物贡献者，运输部门的排放也非常大。车辆排气排放物是大城市空气质量变坏的最主要贡献者。自 2009 年始中国成为世界上最大汽车市场，年车辆生产和销售量都已超过 2000 万辆，机动车拥有数量已接近 10 亿辆。中国北方因大量重工业空气污染相对严重，特别是华北重工业区。为降低空气污染，运输部门大力推动车辆电动化，得益于锂离子电池技术成熟和快速发展，纯电动车辆快速发展。新能源车辆在中国已经占有相对高的份额，在很大程度上降低了市区的空气污染。同样是为了降低空气污染，中国政府对发展氢能技术极为重视。燃料电池（以氢为燃料）是未来一代车辆的可行动力源，是能够与内燃引擎和电池竞争的潜在有效技术。燃料电池车辆的效率比常规车辆高 2～3 倍，在行驶里程、最高速度和加速性能上类似，而优于纯电动车辆。其次，燃料电池车辆避免了内燃引擎燃烧过程产生的污染。以纯氢为燃料的燃料电池车辆是真正的"零排放"车辆。即便是燃烧氢燃料，氢动力车辆排放物中仅有接近零的浓度非常低的 NO_x 排放物。对任何利用不可再生能源资源电力的情形，燃料电池排放的污染物总是最低的，如表 1-2 中所示。

表 1-2 燃料循环中污染物排放因子

排放源	SO_x/[g/(kW·h)]	NO_x/[g/(kW·h)]	CO_2 中的 C /[g/(kW·h)]	CO 中 C /[g/(kW·h)]	颗粒物质 /[g/(kW·h)]
煤炭	3.400	1.8	322.8	40.0	0.00020
石油	1.700	0.88	258.5	40.0	0.00015
天然气	0.001	0.9	178.0	20.0	0.00002
核能	0.030	0.003	7.8	7.8	0.00005
光伏	0.020	0.007	5.3	1.3	0
燃料电池	0	0	1.3	0.3	0

（4）竞争和合作

2003 年，科学技术部代表中国政府在华盛顿与美、日、俄等 14 个国家和欧盟代表共同签署了《氢能经济国际合作伙伴计划》，中国作为创始国之一，在氢经济的研究和发展、相关领域的国际合作以及各种示范和对公众宣传方面做了大量工作。中国是亚洲可再生（可持续）氢经济发展中起关键作用的重要国家之一，中国也是 IPHE 的积极参与者。

当中国公司在氢能和燃料电池技术以及制造技术占有领先地位时，中国的全球竞争性将获得显著提升。可以预期，中国的全球竞争力将是非常强的，以中国现在的汽车工业为例来说明这一点。中国是世界上最大的汽车市场。虽然有一些很强的本土汽车制造商，但外国汽车公司仍然占有很大市场份额，处于许多关键技术中的领头位置，特别是内燃引擎。

因此本土汽车制造商很难在国内市场与这些国外同行竞争，更别说在全球生产中竞争了。但是，锂离子电池和燃料电池车辆的出现为中国汽车制造公司提供了翻转这个潮流的机遇。中国正在大力发展纯电动车辆和燃料电池车辆（重点在中型卡车和大巴车辆），不仅超越内燃引擎车辆而且更具有竞争力，使本土制造商起码能够首次与国外同行站在同样的起跑线上。

中国在氢能和燃料电池领域是多个国际组织的发起者和成员国，参与多个国际平台，与多个国家进行这个领域的技术合作。中国与一些国家合作，进行了燃料电池动力轻载车辆、公交车、小型货车和轿车的道路试验。国家高技术研究发展计划的重点是解决利用化石燃料制氢和氢燃料电池技术以及先进的车用产氢和储氢技术。

1.5.2　中国氢能源发展总体目标、技术路线和优势

（1）总体目标

氢能源和燃料电池产业发展关系到中国能源发展的总战略，也关系到中国生态文明建设和中国战略性新兴产业布局。从国家能源战略的高度看，已经将氢能源逐步纳入到国家能源管理体系中，顶层设计加快，制定了储氢能源和燃料电池产业协调发展的规划与行动方案。相关部门在结合氢能源和燃料电池产业发展的现状和技术进步基础上，制订储氢能源产业发展的路线图，分为三部分：总体目标、技术路线及整车体系保障。

氢能源将成为中国能源体系中的重要组成部分。预测指出，到 2050 年氢在中国能源体系中的占比约为10%，氢气需求量接近 6000 万吨，年经济产值超过 10 万亿元，全国加氢站数量将达到 10000 座以上，在交通运输、工业等领域将实现氢能源的普及应用，燃料电池车产量达到 520 万辆/a，固定式发电装置 2 万台（套）/a。

（2）技术路线

氢能源产业的初期发展，将以工业副产氢就近供应为主，积极推动可再生能源电力制氢规模化、生物制氢等多种技术的研发示范。发展中期，将以可再生能源电力制氢、煤制氢等大规模集中稳定产氢供氢为主，工业副产氢气作为补充。远期目标，将以可再生能源电力制氢为主，匹配以 CO_2 捕集封存（CCS）技术的煤制氢、生物制氢和太阳光催化分解水制氢等技术为有效补充。中国各地将结合自身资源禀赋，兼顾技术发展、经济性以及环境容量，因地制宜选择制氢路线。

（3）中国发展氢能产业优势

中国具有丰富供应氢气的经济和产业基础。经过多年的工业积累，中国已经成为世界上年产氢数量最大的国家。初步评估指出，现有工业制氢产能为 2500 万吨/a，可为氢能源和燃料电池产业化发展的初始阶段提供低成本的氢源。丰富的煤炭资源辅之以 CCS 技术可稳定、大规模低成本供应氢气。中国也是全球第一大可再生能源发电国，仅风电、光伏发电、水电等可再生能源每年弃电超过 1000 亿千瓦·时，如用于水电解制氢，可产氢约 200万吨。未来随着可再生能源规模的不断壮大，可再生能源制氢有望成为中国最主要的供氢来源。

氢能在交通、工业、建筑等领域具有广阔的应用空间和前景，尤其是以氢燃料电池车辆为代表的交通领域，是氢能源初期应用的突破口和主要市场。中国汽车销售量已连续十年稳居世界第一，而新能源汽车销售量约占全球总销量的 50%。《新能源汽车产业发展规划（2021

—2035 年）》指出，以新能源汽车高质量发展为主线，探索新能源汽车与能源、交通、信息通信等深度融合发展的新模式，产业化重点开始向氢燃料电池车辆拓展。氢能以发电、直接燃烧、热电联产等形式为工业部门、居民住宅或商业区提供电力、热量和冷量。中国提出在2030 年实现碳达峰、2060 年达到碳中和的宏大目标，因此，随着碳减压力的增大和氢能规模化应用成本的降低，氢能源有望在建筑、工业能源领域应用取得突破性进展。

中国的氢能技术已基本建立起产业化的基础，已掌握部分氢能源从基础设施到燃料电池相关的核心技术，制定出台了国家安全标准 86 项次，具备了一定的产业装备及燃料电池整车的制造能力。中国燃料电池车辆经过多年的研发积累，已形成了有自主特色的电-电混合技术路线，已经历了规模化示范运行阶段。由于积累了多个小规模全产业链示范运营经验，为氢能源大规模商业化运营奠定了良好的基础。2018 年，中国氢能源及燃料电池产业创新战略联盟（以下简称为"中国氢能联盟"）正式成立，成员单位涵盖了产氢、储氢和氢运输、充氢基础设施建设、燃料电池研发及整车制造等产业链，标志着中国氢能大规模商业化应用已经开启。

1.5.3　中国氢经济发展预测

中国高度重视氢能源和燃料电池产业的发展。2001 年以来政府相继发布《"十三五"国家战略性新兴产业发展规划》《能源技术革命创新行动计划（2016—2030 年）》《节能与新能源汽车产业发展规划（2012—2020 年）》等顶层规划，鼓励并引导氢能源和燃料电池技术的研究和发展。氢能产业链较长，涵盖了产氢、储氢和氢运输、充氢基础设施、燃料电池及各个领域的应用等诸多环节。与发达国家相比，中国氢能源的自主技术研究和发展、装备制造、基础设施建设等方面仍然存在一定差距，但产业化的态势在全球是领先的。

氢能源是中国能源结构由传统化石能源为主向以可再生能源为主多元格局转换的关键媒介。2018 年，中国氢气产量约 2400 万吨，占终端总能源份额约 2.7%。中国氢能联盟预计，到 2030 年中国氢的需求量将达到 3500 万吨，在终端能源体系中占比 5%；到 2050 年氢能源将在终端能源体系中占比至少达到 10%，氢的需求量接近 6000 万吨，相应可减排二氧化碳约 7 亿吨，产业链的年产值约 12 万亿元。

工业领域的氢气消费增量主要来源于钢铁行业。到 2030 年钢铁领域氢气消费将超过 5000万吨标准煤，到 2050 年进一步增加到 7600 万吨标准煤，占钢铁领域能源消费总量的 34%。2030 年前，化工领域氢气消费稳步增长，从 2018 年的 8900 万吨标准煤稳步增加到 1.06 亿标准煤。到 2030 年后，由于化工领域整体产量压缩下降，氢气消费量也呈现下行趋势。到2050 年化工领域氢气消费量为 8700 万吨标准煤，与目前水平相当，仅次于交通领域。就工业领域来看，氢气消费规模整体呈现上升趋势，尤其是在 2030 年前增速较快，此后逐步放缓。到 2050 年，含钢铁、化工等工业领域的氢气消费总量超过 1.6 亿吨标准煤。

近年中国氢能源和燃料电池产业化的发展，逐步呈现出如下 3 个显著特点：①大型能源和制造骨干企业正在加速布局。与国外产业巨头积极介入氢能源和燃料电池领域不同，我国在该产业领域的发展初期以中小企业、民营企业为主，能源和大型制造业骨干企业的介入程度有限。随着氢能源及燃料电池产业创新战略联盟的成立，大型骨干企业正在加速布局氢能产业。截至 2018 年底，国内氢能源和燃料电池产业链涉及规模以上企业约 309 家，能源和大型制造业骨干企业数量占比约 20%。②基础设施薄弱，有待集中突破。产业链企业主要分布在燃料电池零部件及应用环节，储氢、氢运输和充氢基础设施发展薄弱，成为"卡脖子"环节。氢能源市场和储氢、氢运输、充氢基础设施、燃料电池及其应用三个环节的企业合计占比分别为 48.5%、9.7%、41.8%，到 2020 年已建充氢站 100 座，到 2030 年中国充氢站数量预计将达到 1500 座，整体规模将位居全球前列。③区域产业集聚效应显著。近年来，国内多个地区纷纷依托自身资源优势禀赋发布地方氢能源发展规划，先行先试推动氢能源和燃料电池产业化进程。

1.5.4　中国能源低碳化发展任重道远

中国碳排放量在 2003 年超过了欧盟，2006 年超过美国，已连续多年成为世界上最大的碳排放国家。因此，我国承受着国际上碳减排的巨大压力且压力与日俱增。我国在能源资源、生态环境容量等多重约束下，加强碳排放管控越来越成为推动高质量发展、推进供给侧结构性改革的有力抓手。2015 年中国政府向国际社会承诺：中国 CO_2 排放量在 2030 年前后达到峰值、2060 年达到碳中和，力争提前。自 2011 年起我国就开始在北京等 7 省市开展碳排放权的交易试点工作。2017 年启动了国家碳排放交易体系建设，推进能源系统低碳化变革的支持力度逐渐加大。

尽管中国已经初步形成了煤炭、电力、石油、天然气、新能源全面发展的能源供给体系，消费结构也正在向清洁低碳化发展，但能源的结构性问题依旧突出，特别是煤炭清洁高效利用有待加强。中国煤炭的 80%用于发电和供热，贡献了年度化石能源 CO_2 排放量的 76%。初步测算指出，以民用、工业小窑炉和小锅炉为代表的散煤年消费量高达 7.5 亿吨。此外，对氢含量相对高的低质褐煤，我国尚未实现规模化的清洁开发利用，但其保有储量约 1300 亿吨，占煤炭储量的 13%。石油和天然气消费比重的增加与其自给能力不足之间的矛盾日益凸显。中国已成为世界上最大原油进口国，2020 年的对外依存度已超过 76%，未来还将继续上升。这给中国能源安全发展带来巨大的挑战。

然而令人欣慰的是，2018 年中国可再生能源发电量已达 1.87 万亿千瓦·时，占全部发电量的 26.7%，2019 年进一步增加到 27.3%。可再生能源消纳存在较为明显的地域性和时段集中分布的特征，电力系统调峰能力仍不能满足发展的需求。我国的可再生能源年弃电量超过 1000 亿千瓦·时，极其不利于可再生资源的进一步规模化开发利用。

中国是全球生态文明建设的重要参与者、贡献者、引领者。发展低碳（零碳）能源、优化能源系统是实现长期碳减排目标、推进中国能源清洁低碳转型发展的重要途径。氢能是构建中国现代能源体系的重要方向。

1.6　能量转换技术与氢燃料电池

毫无疑问，燃料电池是 21 世纪的新的二次能源装置，是解决能源利用效率低和环境污染双重问题的高新技术之一，也是保持人类文明持续发展的有效手段。燃料电池是氢经济的主要发电系统，氢能技术发展的主要基础，也是直接把燃料化学能转化为电能的新能量转换装置。燃料电池有多种类型：低温型包括聚合物电解质燃料电池（PEFC）、磷酸燃料电池（PAFC）和碱燃料电池（AFC），还有从质子交换膜燃料电池（PEMFC）衍生出来的直接使用醇燃料的所谓直接甲醇燃料电池（DMFC）和直接乙醇燃料电池（DEFC）等；高温型主要是固体氧化物燃料电池（SOFC）和熔融碳酸盐燃料电池（MCFC）。其中，除碱燃料电池和磷酸燃料电池使用液体电解质外，其余燃料电池均使用固体电解质，消除了液体电解质的管理问题。高低温燃料电池各具有自身的优缺点。高温燃料电池的优点为：很高的效率、燃料选择灵活、对非氢燃料如 CO 的高耐受性（对于低温燃料电池，CO 是毒物，耐受浓度非常低）。此外，SOFC 的操作温度足够高，以至于在电池内能够进行烃类和其他燃料的重整来生产所需要的燃料如氢气和 CO。

燃料电池能够使用多种燃料，这对生态环境是非常有意义的。燃料电池能够同时提供优质的电力和热能（热电联产），而且环境友好。燃料电池热电联产系统的优点是很低的噪声、低维护成本、优良的部分负荷效率、低（或零）污染物排放和高效率，即便对小单元总效率也能达到 85%~90%。

燃料电池是未来氢经济发展的主要推进技术，它不仅是电力发生器（电源），而且也能作为储能单元使用。燃料电池是一类化学能量转换装置，结构特征几乎完全类似于典型的储能装置电池，虽然操作模式是不同的。燃料电池消耗燃料（主要是氢气，但合成气、甲醇、乙醇和其他烃类燃料也能够使用）向外部供给电力和热量，如逆向操作燃料电池［称为可逆燃料电池（RFC）或电解器］，则它消耗电能把水分解成氢气和氧气。氢气是能够存储起来的能量载体。当需要时，存储的氢能够经由燃料电池产生电力，确保为消费者连续供应电功率。燃料电池是清洁的，因以氢为燃料的产物是无污染的水。

1.6.1 氢燃料和燃料电池

已经多次指出，氢燃料是清洁燃料将逐渐替代化石燃料，目的是清洁和解决使用化石燃料带来的严重环境问题。燃料氢气的生产、储存、运输分布、转化和应用是相对容易的。作为能源、能量载体的储能和运输氢气容量可以是足够大的，因此氢能-燃料电池系统将是未来能源技术的重要选项之一。

已经特别指出发展氢经济离不开燃料电池技术。几乎所有类型燃料电池尤其是低温燃料电池，氢是它们最好最理想的燃料。燃料电池把热量转化为电力和热能是一步过程，一步转化与燃烧基热引擎的多步转化（从化学能到热能到机械能再到电能）比较，具有若干独特优点。也应该认识到，氢燃料电池技术包含多个学科如电化学、热力学、工程经济学、材料科学和工程与电力工程等。燃料电池的操作原理、优点与特色与应用间关系的简要总结于表 1-3 中。

表 1-3　燃料电池操作原理、优点和特色与主要应用领域间关系概述

操作原理	优点	特色	应用
电化学能量转换	√高和恒定效率 √降低/消除有害排放 √高能量密度 √瞬时跟踪负荷 √降低/消除噪声	降低/消除有害排放	√推进系统 √轻牵引车辆 √辅助功率单元 √分布式发电
能量转换次数少	√高和恒定效率 √降低/消除有害排放 √瞬时跟踪负荷	长操作循环	√推进系统 √轻牵引车辆 √辅助功率单元 √应急备用电源

操作原理	优点	特色	应用
只要有燃料供应就运行	√长操作循环 √高能量密度	高能量密度	√便携式应用 √推进系统 √轻牵引车辆 √应急备用电源
添加池扩展到池堆和/或系统	√模块化 √与可再生能源的高集成性	瞬时跟踪负荷	√推进系统 √轻牵引车辆 √辅助功率单元 √分布式发电
纯氢运行最好	√降低/消除有害排放 √与可再生能源的高集成性	模块化	√便携式应用 √辅助功率单元 √分布式发电
安静操作没有运动部件	√模块化 √降低/消除噪声	降低/消除噪声	√推进系统 √轻牵引车辆 √辅助功率单元 √分布式发电
重整燃料选择	√降低/消除有害排放 √长操作循环 √燃料灵活性	燃料灵活性	√便携式应用 √分布式发电 √应急备用电源
直接醇燃料选择	√长操作循环 √瞬时跟踪负荷 √燃料灵活性	与可再生能源的高集成性	√推进系统 √分布式发电

1.6.2 能量转换技术及其比较

燃料电池是一种有效清洁的能量转化技术，氢能-燃料电池是可持续的安全能源技术。在市场上有不少成熟可利用的能量转化（发电）技术，如内燃引擎、气体透平以及各种组合循环等。图 1-10 给出了多种发电技术的电效率与装置功率输出间的关系曲线。从图中不难看到，燃料电池及其组合发电技术具有的效率最高。表 1-4 罗列了不同发电技术的投资成本和操作

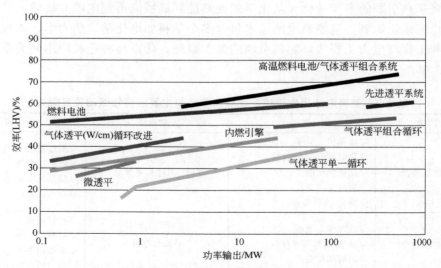

图 1-10 燃料电池与其他能量转换装置在不同系统大小时的效率比较

表 1-4　燃料电池与其他发电体系效率投资成本的比较

项目	往复引擎：柴油	透平发电机	光伏发电	风力透平	燃料电池
容量范围/MW	0.5～50	0.5～5	0.001～1	0.01～1	0.2～2
效率/%	35	29～42	6～19	25	40～85
投资成本/(美元/kW)	200～350	450～870	6600	1000	1500～3000
O&M 成本/(美元/kW)	0.005～0.015	0.005～0.0065	0.001～0.004	0.01	0.0019～0.0153

（运营和维护，O&M）成本。氢燃料电池也是理想的储能技术。燃料电池还具有如下优点：
安静操作，几乎不产生噪声或震动；结构相对简单，可大规模模块化生产；应用范围非常广，
涵盖固定、运输和便携式应用的几乎所有领域。

　　对今天市场上可看到的主要能量转化装置（包括光伏电池板、热太阳能发电厂、废物焚
烧、气体透平、柴油引擎、气体引擎、兰开夏循环、组合兰开夏循环、核发电厂、风力透平、
水力发电厂以及燃料电池）做了㶲效率评估，获得的结果示于图 1-11 中。不难看出，燃料电
池是㶲效率最高的能量转化装置。对燃料电池及其竞争技术在不同应用领域（便携式、固定
和运输部门）中技术经济作了分析比较，分别列于表 1-5、表 1-6 和表 1-7 中。这些数据指出，
燃料电池在便携式应用中具有重量（轻）和体积密度（高）的优势；在固定应用中具有高效
率和高容量因子的特点；在运输应用中具有高效率和高燃料弹性的优点。当然燃料电池也有
劣势，如成本过高。因此，为使燃料电池更具竞争力，未来必须进一步降低成本，这是燃料
电池成为更经济可行发电装置需要克服的最重要挑战。下面讨论燃料电池与其最接近的竞争
者（热引擎和电池）间的差别和类似性。

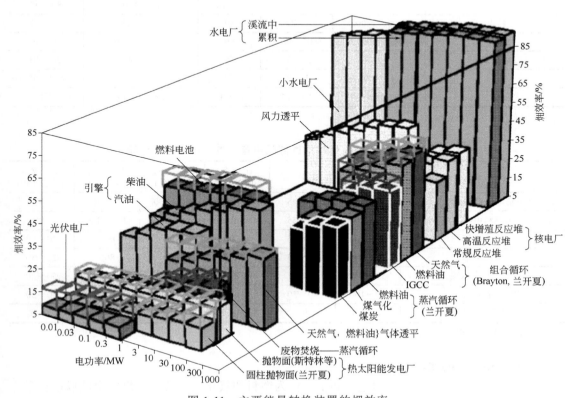

图 1-11　主要能量转换装置的㶲效率

表 1-5　燃料电池与便携式电源部门中竞争者的技术经济比较

便携式电源技术	重量能量密度 /(W·h/kg)	体积能量密度 /(W·h/L)	比功率/(W/kg)	投资成本 /[美元/(kW·h)]
直接甲醇燃料电池	>1000	700～1000	100～200	200[①]
铅酸电池	20～50	50～100	150～300	70
镍-镉电池	40～60	75～150	150～300	300
镍-金属氢化物电池	60～100	100～250	200～300	300～500
锂离子电池	100～160	200～300	200～400	200～700
飞轮	50～400	200	200～400	400～800
超级电容器	10	10	500～1000	20000

① 单位：美元/kW。

表 1-6　燃料电池与固定电源/热电联产部门中竞争者的技术经济比较

固定电源/热电联产技术	功率水平/MW	效率[①]/%	寿命/年	投资成本/(美元/kW)	容量因子/%
磷酸燃料电池	0.2～10	30～45	5～20	1500	高达 95%
组合 MCFC/气体透平	0.1～100	55～65	5～20	1000	高达 95%
组合 SOFC/气体透平	0.1～100	55～65	5～20	1000	高达 95%
蒸汽循环（煤炭）	10～1000	33～40	>20	1300～2000	60～90
集成气化组合循环	10～1000	43～47	>20	1500～2000	75～90
气体透平循环	0.03～1000	30～50	>20	500～800	高达 95%
组合气体透平循环	50～1400	45～60	>20	500～1000	高达 95%
微透平	0.01～0.5	15～30	5～10	800～1500	80～95
核电	500～1400	32	>20	1500～2500	70～90
水电	0.1～2000	65～90	>40	1500～3500	40～50
风力透平	0.1～10	20～50	20	1000～3000	20～40
地热	1～200	5～20	>20	700～1500	高达 95%
太阳能光伏	0.001～1	10～15	15～15	2000～4000	<25

① 从能量输入到电力输出。

表 1-7　燃料电池与运输推进部门中竞争者的技术经济比较

项目	功率水平 /MW	效率[①]/%	比功率 /(kW/kg)	功率密度 /(kW/L)	车辆行驶距离/km	投资成本 /(美元/kW)
质子交换膜燃料电池（车载加工）	10～300	40～45	400～1000	600～2000	350～500	100
质子交换膜燃料电池（离线氢）	10～300	50～55	400～1000	600～2000	200～300	100
汽油引擎	10～300	15～25	>1000	>1000	600	20～50
柴油引擎	10～200	30～35	>1000	>1000	800	20～50
柴油引擎/电池混合	50～100	45	>1000	>1000	>800	50～80
汽油引擎/电池混合	10～300	40～50	>1000	>1000	>800	50～80
铅酸或镍金属氢化物电池	10～100	65	100～400	250～750	100～300	>100

① 从能量输入到电力输出。

（1）与热引擎的比较

燃料电池和热引擎都可使用氢气和空气作为燃料和氧化剂。首先，燃料电池以电化学方式使它们组合，一步过程产生电力和热能；而热引擎以燃烧方式组合它们，因此需要多步过程生产电力（燃料燃烧产生热能、热能转换为机械能、机械能带动发电机转化为电能）。很显然，随着转化过程步骤数目增加，装置总效率一般会降低，因此在理论和实际上燃料电池效率都要高于热引擎（受卡诺效率限制）。其次，与热引擎比较，燃料电池产生的污染物很少甚至为零，而热引擎在燃烧时要产生显著的污染物排放。最后，燃料电池堆操作安静，几乎没有噪声或震动；而热引擎有许多运动部件（例如活塞和齿轮），操作时产生大的噪声和震动（限制它们的某些应用）。

（2）与电池的比较

燃料电池和电池是非常类似的电化学装置，都由两个电极夹着电解质组成，都是利用氧化-还原电化学反应把燃料化学能转化为直流电能。但是，它们的电极组成和作用是显著不同的。电池的电极一般是金属（例如锌、铅或锂），浸在温和的电解质中；燃料电池电极（由催化剂层和气体扩散层构成）由质子传导介质、碳负载催化剂和电子传导纤维组成。电池使用存储于电极物质中的化学能，经电化学反应转化为电力，供应特定电位差下的电力，因此电池的寿命是有限的，仅在电极材料没有消耗完时才能够发挥功能，由于电极材料消耗，电池必须被替换（原生或一次电池）或再充电（二次电池）；而燃料电池，反应物（燃料和氧化剂）是由分离的存储装置供应的，在电极上进行电化学反应产生电力和热量，电极材料并不消耗。理论上，只要反应物能够连续足够供应且产物能够连续及时地移去，燃料电池就能够不受限制地一直运行。这说明，燃料电池系统需要有燃料和氧化剂的存储供应机制，一般是把它们组合进入燃料电池体系中。应该注意到的另一点是，即便电池不运转，电池中的电化学反应仍然在进行（尽管非常慢），这不仅消耗燃料而且使电池寿命缩短。对于二次电池存在若干技术问题，如功率存储和恢复电位、荷电深度和充放电循环次数等，限制它们的应用范围。燃料电池并不存在这些问题，不使用时，燃料电池组件没有像电池那样的泄漏或腐蚀问题。燃料电池、热引擎和电池的结构以及它们间的差别和类似性总结于图1-12和表1-8中。

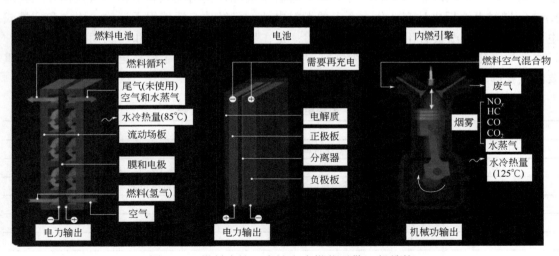

图 1-12　燃料电池、电池和内燃热引擎一般结构

表 1-8　燃料电池、电池和热引擎间的类似性和差别

项目	燃料电池	电池	热引擎
功能	能量转换	能量存储和转换	能量转换
技术	电化学反应	电化学反应	燃烧

续表

项目	燃料电池	电池	热引擎
典型燃料	通常是纯氢	存储的化学能	汽油、柴油
有用输出	直流电力	直流电力	机械功
主要优点	高效率 降低有害物排放	高效率 高度成熟	高度成熟 低成本
主要缺点	高成本 低耐用性	低操作循环 低耐用性	显著的有害物排放 低效率

1.7 燃料电池发展 200 年

（1）200 年发展史

燃料电池是未来氢经济的关键技术之一。在过去 20 年，燃料电池大量替代内燃引擎，为固定和便携式功率应用供应电力正在开始。但是，燃料电池历史远长于过去的 20 年；实际上已经走过了超过两个世纪（尽管对此仍存在争议）。燃料电池功能研究和发展可追溯到 19 世纪早期，William Robert Grove 先生，是一位化学家和专利律师，由于他著名的水电解器/燃料电池实验示范（电解器逆向使用输出电力的概念），被认为是燃料电池科学之父。他成功建立一个使氢和氧组合产生电力的装置，当初称为气体电池，后来成为众所周知的燃料电池。进一步继续研究进入 20 世纪，英国工程师 Francis Thomas Bacon，在 1959 年示范了首个能够完全操作的燃料电池并获得了专利，该专利被美国航空航天局（NASA）采用。在 20 世纪 60 年代，质子交换膜燃料电池（PEMFC）和碱燃料电池（AFC）被 NASA 使用于 Gemini 和 Apollo 航天项目。尽管出现过若干故障，使用纯氧和氢作为氧化剂和燃料的 NASA 燃料电池后来被商业化。今天的燃料电池，已经被广泛使用于运输、固定和便携式电子设备中；逐渐被公用和私人部门采用；正在变成比较可靠耐用和可长期操作的电源，以空气为氧化剂和以重整氢基作为燃料。表 1-9 和图 1-13 给出了燃料电池技术发展史中重要的里程碑事件。

表 1-9 燃料电池发展中的主要里程碑

年份	里程碑事件
1839	W. R. Grove 和 C. F. Schonben 分别证明了氢燃料电池原理
1889	L. Mond 和 C. Langer 发展多孔电极，确证一氧化碳中毒和从煤产生氢
1893	F. W. Ostwald 描述燃料电池不同组件的功能和说明其基础电化学
1896	W. W. Jacques 家里实际应用的燃料电池
1933—1959	F. T. Bacon 发展 AFC 技术
1937—1939	E. Baur 和 H. Preis 发展 SOFC 技术
1950	聚四氟乙烯被用于铂/酸和碳/碱燃料电池
1955—1958	T. Grubb 和 L. Niedrach 在通用公司发展 PEMFC 技术
1958—1961	G. H. J. Broers 和 J. A. A. Ketelaar 发展 MCFC 技术
1960	NASA 在 Apollo 航天计划中使用基于 Bacon 工作的 AFC 技术
1961	为发展 PAFC 的 Elmone GV 和 Tanner HA 试验
1962—1966	PEMFC 被用于 NASA Gemini 航天计划

续表

年份	里程碑事件
1968	杜邦引入 Nafion 膜
1992	喷射推进实验室发展 DMFC 技术
20 世纪 90 年代	世界范围对所有燃料电池类型进行广泛研究，重点在 PEMFC
21 世纪初	燃料电池的早期商业化

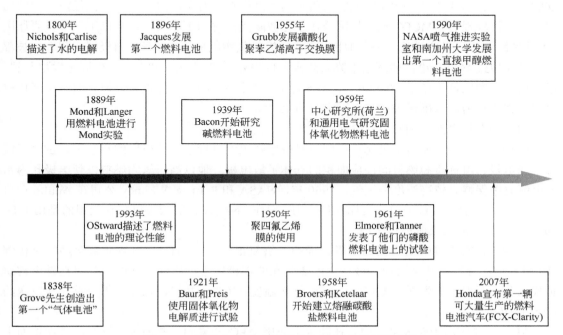

图 1-13 燃料电池技术发展史中重要的里程碑事件

下面对几种主要类型燃料电池发展做简单介绍。

（2）固体氧化物燃料电池（SOFC）的发展

在 20 世纪 30 年代年中，科学家 Baur 和 Preis 对固体氧化物电解质进行了实验研究，主要是锆、镧或钇氧化物。SOFC 与其他燃料电池不同，使用的是能够传导氧负离子（O^{2-}，从阴极到阳极）的固体电解质，通常是固体氧化物（如锆氧化物）。SOFC 的电极材料一般是过渡金属如镍或钴，操作温度非常高，约 1000℃，操作压力在 1atm（1atm=101325Pa）下。每一个电池产生的电压约 0.8V 或 1V。这类燃料电池通常作为固定发电装置或辅助发电系统（APU）。SOFC 的可使用燃料是氢和一氧化碳或它们的混合物，其突出优点是可直接使用天然燃料或经简单加工后的燃料。发展固体氧化物燃料电池的最初目的，实际上是要把天然燃料化学能直接转化为电能（直接利用天然燃料）。为此科学家和工程师碰到了多个难以克服的困难，例如天然燃料的电化学活性低、氧化速率不高，而且含有完全能阻止电化学反应进行的多种污染物。因此，为利用天然燃料，现在的办法主要是把它们首先转化为电化学活性高的物质如氢（或一氧化碳），同时（必须）移去阻滞电化学反应的污染物。

（3）熔融碳酸盐燃料电池（MCFC）的发展

熔融碳酸盐燃料电池源自固体氧化物燃料电池的发展。科学家 Broers 和 Ketelaar 在 20 多年后看到了 SOFC 电解质所受的限制，把工作重点移向熔融碳酸盐。在 20 世纪 60 年代中期，美国海军研究发展团队试验了由 Texas 仪器公司制造的若干 MCFC，输出功率在 100～1000kW 之间，使用对象是战斗车辆，利用外重整器供应氢气。

现在的 MCFC 以碳酸锂和碳酸钾混合物为电解质，利用碳酸根离子（CO_3^{2-}）从阴极到阳极的循环（与大多数燃料电池循环移动方向相反）。MCFC 操作温度高约 650℃，操作压力为 1～10atm。每个电池产生的电压在 0.7～1V。到目前为止，试验的 MCFC 功率范围在 10～2000kW（已实际应用）。MCFC 能够使用不同类型燃料，对于相对大功率输出经济合理的固定发电厂比较理想。MCFC 现在的困难在于无故障操作时间不够长，这与以下三个重要原因（不是辅助设备或操作错误的外部原因）有关：镍氧化物电极逐渐溶解，阳极蠕变和金属被部分腐蚀（导致 MCFC 电性能逐渐下降甚或永久性失效）。对于大（和费钱）的固定发电装置，最短操作时间应该不低于 40000h（4.5～5 年）。虽然要走的路仍然很长，但仍然必须强化研究和工程化努力，以确保 MCFC 可使用 5 年以上。

（4）碱燃料电池（AFC）的发展

Bacon 是第一个使用氢氧化钾电解质对碱燃料电池进行了实验研究的科学家。试验了能够增加电极、电解质和燃料间反应面积的气体扩散电极。他以高压氢为燃料以使电极孔内水性电解质中保持有较高浓度的氢气。1960 年，NASA 和 Pratt & Whitney 公司在 Apollo 项目中进行合作，利用 AFC 为航天飞船提供电力。现在，NASA 在航天飞机项目使用的是由 UTC Fuel Cells 制造的这类碱燃料电池。

在 AFC 电解质中从阴极到阳极传导的是氢氧根离子（OH^-）。电解质是熔融氢氧化钾（KOH）碱混合物或其水溶液，液体电解质是在两电极间进行连续循环的。如果把碱电解质负载在多孔石棉就成为固体电解质。AFC 操作温度在 65～220℃，1atm。每个单元池发送约 1.1～1.2V。

AFC 主要应用于航天事业中。在陆地上应用 AFC 会碰到一些困难，这是因为在地面上总希望使用空气而不是纯氧，并且空气中含有杂质和 CO_2（会与碱电解质反应生成盐类）。这些会使 AFC 电性能以相当快速度下降。对 AFC，只能使用纯电解氢作燃料，不能使用便宜的烃类重整氢，因分离氢中 CO_2 很复杂且费钱。所有这些都极大地关系到 AFC 的使用寿命，导致对 AFC 工程化努力大为缩减。

（5）质子交换膜燃料电池（PEMFC）的发展

聚合物膜技术是由通用公司在 20 世纪 60 年代早期发明的，60 年代中期在发展小型燃料电池上首次获得成功（利用水和氢氧化锂所产生的氢为燃料，设备紧凑且输送容易）。PEMFC 的主要问题是铂催化剂成本问题。PEMFC 操作温度相对较低（60～80℃），启动快，功率密度较高，能够以快速改变操作条件来跟踪负荷电功率的变化。PEMFC 是现在应用最广泛的燃料电池，包括电源、汽车、建筑物或便携式应用以及替代可充式电池。PEMFC 供应的最大功率范围为 50～75kW。今天 PEMFC 技术已经相当完善，其工作可靠，电性能较好，管理方便。可以预期，当它们拿下两个新领域（轻载电动车辆和便携式电子设备）应用后，PEMFC 将得到更广泛的应用。要取得成功，必须解决如下重要和相对复杂的问题：①为发电厂广泛应用要达到较长使用寿命，催化剂和膜有较好稳定性；②生产成本要显著降低，特别是需要发展便宜的无铂电催化剂；③要提高对 CO 杂质的耐受性，特别是要发展操作温度较高的 PEMFC；④加速发展使用不同燃料产氢新工艺。

（6）磷酸燃料电池（PAFC）的发展

在 1961 年开始进行利用磷酸（负载在聚四氟乙烯板上的 35%磷酸-65%硅胶粉末胶体）做电解质的实验研究。PAFC 使用空气而不是纯氧操作。20 世纪 60 年代中期，美国海军利用由 Allis-Chalmers 制造的 PAFC 和 Engehard Industries 制造的重整器研究了使用常规燃料的可能性。磷酸燃料电池的电效率 40%，热电联产时能量效率 85%。操作温度在 150～200℃，压力为 1atm，每个单元池产生 1.1V 电压。能够耐受燃料中有 1.5%的 CO。这类燃料电池使用能够传导氢离子（H^+）的液体磷酸（负载于多孔硅胶中）为电解质。PAFC 相对成熟，已有广泛的商业应用。在多个国家的医院、酒店、办公楼等建筑物和学校、水处理工厂中安装了PAFC，实现初步的商业化，有相对大数目 PAFC 在中等发电厂和若干兆瓦级大小发电厂中运行。对 PAFC 应该说已成功解决实验低铂含量催化剂的问题（以碳负载铂替代纯铂）。但是，由于严苛的经济原因自 20 世纪末期以来对 PAFC 的兴趣逐渐减弱：①工厂成本高，鉴于磷酸电解质特性，成本的降低空间已经很小；②难以克服的严重技术问题，长期操作的可靠性不够；③虽然技术相对成熟，但难以再获得大的发展。

（7）直接甲醇燃料电池（DMFC）发展

在 1990 年，NASA 喷气推进实验室与南加州大学合作发展出直接以甲醇为燃料的燃料电池（直接甲醇燃料电池，DMFC）。在一些应用中，DMFC 可替代电池，并获得一定的市场空间。其原因在于，与锂离子电池比较，DMFC 寿命较长，仅需简单替换燃料容器而无须长时间再充电。为此，韩国三星和日本 Toshiba、Hitachi、NEC、Sanyo 等都对 DMFC 进行了研发。DMFC 以聚合物膜作电解质，直接使用液体甲醇作燃料（池中转化为氢），省去了沉重费钱的燃料重整器。DMFC 电效率约 40%，工作温度约 130℃。可作为中小型应用如手机、平板电脑的电源。虽然对 DMFC 进行了非常大数量的研究，但仍未能达到商业化生产和广泛实际应用的目标。对不同场合使用的 DMFC，其真实性能很难评估，即不同条件下不同样品上收集的 DMFC 试验数据和经验非常离散。预期其潜在应用领域可能为：一是作为电子设备（笔记本电脑、照相机、摄像机、DVD 放映机和某些媒介设备）相对小功率的电源；二是为电动车辆提供动力源。但 DMFC 的现时技术状态离这些实际应用目标的实现仍然非常遥远，需要进一步进行的研究发展如下工作：①延长寿命，因目前 DMFC 的寿命太短（由于离子横穿和甲醇转化中间物失活铂催化剂）；②提高效率，因甲醇电化学反应要导致非生产性甲醇消耗使工作电压显著降低（甲醇氧化的电化学反应缓慢）。

除了上述的六类主要燃料电池外，还有一些新概念的燃料电池，它们以子类型的形式被研究和发展。其中重要的一类是使用不同燃料（液体溶液）替代氢气，如甲酸（盐）、乙醇（醇类，如乙二醇）、硼氢化钠、尿素、碳水化合物、碳等，通常称它们为直接甲酸（盐）、乙醇（醇类，如乙二醇）、硼氢化钠、尿素、碳水化合物和碳燃料电池；另一类是使用特殊电解质或电极催化剂或有特殊功能的燃料电池，如微生物燃料电池、质子陶瓷燃料电池和可逆燃料电池。它们各有特色，如直接甲酸（盐）燃料电池（DFFC）与 DMFC 比较有两个重要优点：甲酸（盐）存储比氢简单和安全得多，也比甲醇简单；室温下它们是液体不需要高压或低温；又如，直接乙醇燃料电池（DEFC）的特点是无毒性、能量密度高、容易大量获得，使用铁、镍或钴催化活性组分，已经达到的功率密度约 140mW/cm²。鉴于此，这些新概念燃料电池在本书中也做介绍。

从对 21 世纪燃料电池文献的调研看，低温燃料电池的研发主要集中于 PEMFC（质子交换膜燃料电池）以及衍生的 DMFC（直接甲醇燃料电池）和 DEFC（直接乙醇燃料电池），也就是聚合物电解质燃料电池（PEFC）上；而高温燃料电池则主要集中于 SOFC（固体氧化物燃料电池）。这是因为发展的广阔领域应用中，PEFC 和 SOFC 最可行，而 MCFC 和 PAFC 的应用主要局限于固定应用中，而 AFC 局限于航天应用中。PEFC 和 SOFC 不仅应用领域比较宽，而且成本降低的潜力也大，研发的内容相对要多很多，因此对这两类燃料电池的介绍更显得重要。

1.8　燃料电池技术在中国

中国也面临能源和环境的挑战，对能源需求是巨大的。中国能源领域发展的三要素同样是清洁、高效和安全。保证中国能源安全、增加能源利用效率和使用可再生替代能源的技术愈来愈引起中国的注意。其中，氢能和燃料电池是重点考虑的新能源技术之一。

在中国，发展氢能-燃料电池技术具有很大意义，其潜在应用市场不仅非常广阔且前景良好，包括运输工具（特别是车辆）、发电站、移动电源、不间断电力供应、潜艇和空间电源等。一方面，对燃料电池的深度研究能够促进能源可持续性和帮助通过可再生能源资源利用（有更巨大的容量）；另一方面，燃料电池的关键技术能够改进中国的高技术产业链，如电子产品的性能。燃料电池的成熟和广泛应用能够促进国民经济的快速发展。面对燃料电池带来的能源革命，中国政府、相关企业和一些研究机构已经对氢能-燃料电池技术予以足够重视，而且已投入大量人力、财力研究发展氢能-燃料电池系统。

1.8.1　资金支持

在早期，中国的氢能-燃料电池研究和发展主要由科技部（MOST）通过国家高技术研究发展计划项目（"863"项目）和国家重点基础研究发展计划项目（"973"项目）进行资金资助的。此后在各个五年计划中，对氢能-燃料电池和氢技术都有不同程度的支持，不过每一个五年计划的总目标是不同的（见图 1-14）。例如，在第 9 个五年计划中，"973"项目资助 3000 万元（475 万美元），"863"项目资助 38 万元（60143 美元）；在第 10 个五年计划中，追加 3000 万元（475 万美元）投资，为太阳能电力产氢拨款 2200 万元（348 万美元），同时科技部为先进的电池技术、混合电驱动和燃料电池车辆的研发出资 8.8 亿元（1.39 亿美元）；在第 11 个五年计划中，氢能-燃料电池技术研究获得的资助为 1.825 亿元（2888 万美元），为先进能源技术拨款人民币 6.343 亿元（1.0039 亿美元），为能源节约和新能源车辆提供 4.13 亿元（6537 万美元），其中固体氧化物燃料电池（SOFC）和无铂燃料电池研发获得人民币 1.50 亿元（2374 万美元），"863"项目为氢能-燃料电池额外拨款的 1580 万元。此外，国家自然科学基金委员会也对氢能和燃料电池基础研究予以资金支持，且在 2000 年后逐年增加（见图 1-15）。中国一些省（市）也对氢能-燃料电池研发进行投资，如广东省广深燃料电池核心组件工业园获得了 1600 万元（260 万美元）的政府基金支持；台湾在最近三年中已经拨付 6200 万元（1000 万美元）资金支持燃料电池企业，促进燃料电池车辆发展和燃料电池系统的市场化。这个政策给燃料电池工业带来了相当于两倍的投资。

中国对参与政府间和非政府渠道的国际合作也表现出巨大兴趣。在国际合作中，欧盟是最活跃的一个，与中国有出色的研究合作。如欧盟提议的第六和第七框架项目（FP6&FP7）下，中国参与的全球和燃料电池研究项目有 8 个。由此获得了大量国际燃料电池专利，知识产权受到保护。

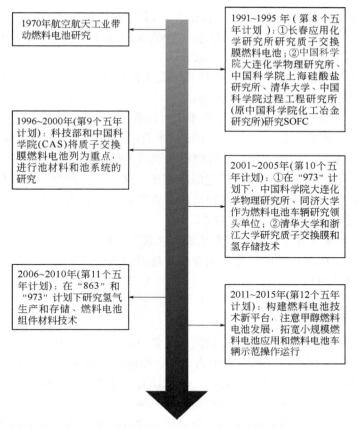

图1-14 中国燃料电池发展时间年表

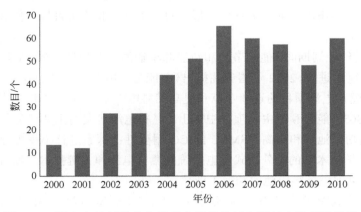

图1-15 国家自然科学基金委员会资助的氢和燃料电池项目数目

1.8.2 中国燃料电池研发简史

中国燃料电池研究起始于 20 世纪 50 年代中期的中国科学院大连化学物理研究所（DICP）。从那以后，DICP 已经成为中国燃料电池研究的领头者。首先在 20 世纪 60 年代和 70 年代为中国空间计划分别发展出两类碱燃料电池（AFC）；固定碱电解质流动 H_2-O_2 燃料电池和大容量流动电解质储能燃料电池（在 20 世纪 80 年代获得成功）。自 20 世纪 90 年代以来，进行了 PEMFC、MCFC、SOFC、DMFC 和再生氢-氧燃料电池（RFC）的研发。DICP 发展的 PEMFC 系列引擎，其功率范围是 30～100kW。2001 年 DICP 设立了大连日升动力有限公司以促进燃料电池的商业化。除了 DICP 外，还有专注专门领域的研究单位，如上海交通大学建立了 50kW MCFC 试验体系，中国科学院上海硅酸盐研究所试验运行了 800W SOFC 体系。两个项目都得到"863"项目的支持。

国内工业界对商业化氢能-燃料电池技术表示出强烈的兴趣。它们与相关研发机构和大学进行了密切的合作。例如，北京飞驰绿能电源技术有限公司与清华大学合作，自 1999 年来已成功地示范多种类型燃料电池车辆；上海燃料电池汽车动力系统有限公司与同济大学有非常紧密的合作，发展出"超越"系列燃料电池小汽车。这样的紧密合作为研发技术进入市场提供独特的路径，同时为交流研究和技术技巧的商业经验提供通路。北京、上海和大连三地逐渐成为中国主要的氢能-燃料电池研发中心。

在 2010 年，中国政府建立了可再生能源车辆联盟，由 16 个国有潜力公司构成。联盟的目标是要促进可再生能源车辆的研究和商业化。随着强烈的政府刺激，可再生能源车辆将在不远的将来要扩展其市场份额。

1.8.3 燃料电池发展示范

中国燃料电池的发展重点在运输车辆应用。第 10 个五年计划期间，中国国家电动车辆计划提出"三纵三横"（"三纵"指混合电力车辆、纯电动车辆和燃料电池车辆；"三横"指多能量功率链控制系统、电机及其控制系统、电池及其管理系统）策略地图，这在那个时代具有重大意义，清楚指出了燃料电池发展和商业化思路。

在 2003 年，中国燃料电池商业示范项目得到政府、全球黄金基金和联合国发展计划的联合支持，总资金 2.02 亿元（3236 万美元）。此外，"新能源和可再生能源发展项目"也在 2005 年出台，把燃料电池发展作为优先发展项目。实际上其政策目标是扩展新能源车辆，而不是燃料电池车辆。

在第 11 个五年计划期间，能源节约和新能源车辆的主要项目立项，促进了燃料电池客车和公交车辆取得巨大进展。2012 年国务院提出《节能与新能源汽车产业发展规划（2012—2020 年）》，主要进行燃料电池项目的连续示范和提高燃料电池系统可靠性和耐用性。第 12 个五年计划期间，在"863"能源领域主题项目中提出，燃料电池研发的主要任务是解决技术瓶颈问题，如 SOFC 高功率池堆和提高 PEMFC 的 CO 耐受性；探索进行小规模独立发电系统应用示范。2012 年科学技术部的"分布式发电系统的燃料电池和关键技术"项目工作指出，发展分布式发电系统可促进燃料电池的加速工业化。

实际实施过的氢能-燃料电池示范项目主要有：①天津集成气化组合循环发电厂示范项目。这是中国建立绿色煤基发电厂的一个组成部分，作为国家的一个"863"计划项目，使用 CO_2 捕集储存（CCS）技术使该项目达到接近零排放。该项目一期在 2011 年完成，包括 2000t/d 煤炭气化和 250MW 煤基多联产系统。②燃料电池公交示范项目。该示范项目是中国政府与全球环境基金（global environmental facility，GEF）和联合国排放计划（UNDP）合作项目，于 2003 年落实。一期从 2006 年 6 月到 2007 年 10 月，使用三辆 Daimler-Chrysler 燃料电池公交车，在北京公交系统中运行。服务期间它们运行的总里程多于 92116km，平均耗氢 1kg/100km。二期于 2007 年 11 月在上海实施，试验用三辆燃料电池公交车，由上海燃料电池汽车动力系统有限公司和同济大学联合开发,配备 Ballard 电池堆。③北京奥林匹克 2008 示范项目。在北京奥林匹克夏季运动会期间,有 20 辆 Passat 燃料电池车辆参与运行,总里程数超过 76000km。它们是以上海大众帕萨特领驭车型为基础,由上海燃料电池汽车动力系统有限公司、同济大学和上海汽车工业公司共同制造。运动会后,其中的 16 辆送到美国加州燃料电池联盟(CAFCP)进行进一步示范,在 2009 年 2~6 月又运行了 37000km。④上海 2010 世博会示范项目。在 2010 年上海世博会期间,总数 1017 辆清洁能源车辆用于运输,包括 90 辆燃料电池轿车、6 辆燃料电池公交车辆。建立了安亭加氢站和两个移动加氢站,氢燃料来自上海企业副产,经提纯后管道输送到加氢站。

　　与发达国家相比,中国的燃料电池研究和发展起步仍然是晚的。在燃料电池系统技术和成本上仍然存在一定差距:例如日本的 1kW 级家用燃料电池系统的总能量效率已达到 80%,且已进行商业化的大规模生产;美国 PEMFC 电极催化剂中的铂含量已降低到 0.2g/kg 或更少,因此燃料电池成本已经降低到 49 美元/kW,而中国的铂含量仍在约 0.9g/kW 的水平。但是随着中国经济的快速发展和对清洁能源技术的重视,差距在逐渐缩小。

　　中国现有的燃料电池政策仍然存在一些问题。首先,目前真正针对燃料电池的政策极少,即便在最广泛的运输使用领域政策也不多。有关燃料电池的政策大多数包括在新能源车辆政策中。例如,中国鼓励公众领域购买新能源车辆,可燃料电池车辆的生产数量很少,不可能满足需求。所以,许多地方政府只能够选择其他类型的新能源车辆,如纯电动车辆。在这样的条件下,政策效应对燃料电池发展的推动力总是不够的。此外,现有工业政策中也一样不是对准燃料电池工业的,而且政府(官员)并不清楚燃料电池工业的发展方向。由于燃料电池广泛应用和对技术投资需求巨大,发展策略的缺乏导致了资金投资的浪费。再者,政府补贴有时是不够的。燃料电池生产开始时要依赖于国外技术的引进,对小规模生产,燃料电池材料是昂贵的,燃料电池从政府还贷的补贴远远不能够满足其巨大的成本差别。最后,燃料电池的发展有赖于政府的组织,需要出台一些新的鼓励性相关政策。在其他国家,这些组织大多数是自发和共同组织的,与政府、研究机构和公司之间有很大的配合和合作。

1.8.4　中国燃料电池应用领域

　　在所有类型燃料电池中,质子交换膜燃料电池、磷酸燃料电池和熔融碳酸盐燃料电池已经进入初始生产阶段,固体氧化物燃料电池启动较晚,但对大规模清洁发电厂也已经逐渐普及。全球不同类型燃料电池装机容量示于图 1-16 中,而不同应用领域的装机容量示于图 1-17。2020 年和 2021 年全球燃料电池车辆销售和保养数量示于图 1-18 中,相应的在中国从 2016~2021 年燃料电池的产销示于图 1-19 中。

　　中国燃料电池的主要应用领域也是运输、固定和便携式应用,特别是车辆应用。

　　(1)运输应用

　　燃料电池车辆、纯电动车辆和混合动力车辆都属于新能源车辆,前两者与传统车辆的简单比较分析列于表 1-10 中。燃料电池轿车在成本上目前的市场竞争力仍然很弱,但在卡车等重载车辆领域逐渐显示其竞争力。纯电动(锂离子电池为主功率)车辆在中国正处于大规模的爆发期。纯电动车辆与燃料电池车辆性能和可靠性的进一步比较列于表 1-11 中。国内外燃料电池车辆参数比较列于表 1-12 中,其差距仍然是明显的。

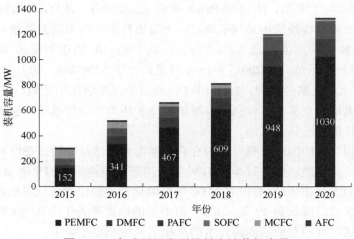

图 1-16　全球不同类型燃料电池装机容量

图 1-17　全球燃料电池不同应用领域的装机容量

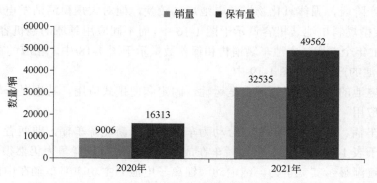

图 1-18　2020 年和 2021 年燃料电池车辆销售和保有数量

图 1-19　2016～2021 年中国燃料电池车辆产销情况

表 1-10　纯电动、燃料电池和传统车辆的比较分析

项目	冷启动温度/℃	能源供应速率/min	集成车辆成本/元	基础设施
传统车辆	约 30	5	100000	完善
叶片电动车辆	约 5	快速充电：30 慢充电：≥300 交换：10	300000～500000	缺乏
燃料电池车辆	约 30	5	800000～1500000	稀有

表 1-11　纯电动车辆与燃料电池车辆的性能和可靠性比较

项目		纯电动汽车（BEV）	燃料电池汽车（FCEV）	结论
性能	功率密度	1～1.5kW/L	3～4kW/L（电堆）	氢燃料更能适应大载重，锂电池自重大，影响重卡载重量
	能量密度	约 170W·h/kg（磷酸铁锂电芯）	>500W·h/kg	当前氢燃料在中途更具有差异化优势，且氢燃料为开放系统，续航还能进一步增长
	续航能力	200～300km（配备：300～400kW·h 电量）	约 400km（配备：110kW 氢燃料系统+100kW·h 锂电） >35MPa*8 标准气罐：约 400km >70MPa*8 标准气罐：600～700km >液氢储罐：约 1000km	纯电由于当前单位成本更低，虽然续航较短，但对于城市内公交、物流车、环卫车等适用性好
可靠性	使用寿命	约 3 万小时	1.5 万～2 万小时	氢燃料电池当前的使用寿命无法满足商用车需要的约 3×10h 目标

表 1-12　中国和国外燃料电池车辆的比较（2013 年）

车辆制造商给出的参数	SAIC 上海品牌	Daimler AG 级燃料电池	Honda Clarity	Toyota FCHV adv	GM Provo
车辆场外完整质量/kg	1833	1700	1625	1880	1978
百公里加速时间/s	15	10	11	—	8.5
最大速率/(km/h)	150	170	160	155	160

续表

车辆制造商给出的参数	SAIC上海品牌	Daimler AG 级燃料电池	Honda Clarity	Toyota FCHV adv	GM Provo
行驶距离/km	300①	600②	570	830③	483
燃料电池引擎最大功率/kW	55	80	100	90	88
氢存储系统压力/MPa	35	70	70	70	70
转矩/功率/(N·m/kW)	90/120	100/290	100/260	90/260	150/无

①中国城市行驶条件；②NEDC 条件；③EPA 条件。

燃料电池车辆的成本达 796 万~1493 万元（约 128 万~240 万美元），远高于内燃引擎车辆和纯电动（锂电池）车辆。而销售价格，因燃料电池车辆是高技术产品，在早期阶段仍然需要更多投入以开启市场，现在主要是由车辆公司和政府分担。对操作成本，传统车辆每 100 千米消耗 7L 燃料，成本约为 27.88 元（4.48 美元）。氢燃料电池轿车每 100 千米消耗 1.2kg 氢，仅需要约 7.16 元（1.15 美元），约为前者的四分之一。

（2）固定应用

燃料电池可用于构建中心和分布式发电站。PEMFC 和 SOFC 经常在小或中等规模发电站中使用。

对固定发电站应用，燃料电池发电站的燃料效率高于超临界发电单元，且受电力负荷变化影响很小。由于其洁净、稳定和可靠的特色，燃料电池发电站已经成为低碳经济发展中新一代发电装置。它能够连续稳定供应电力，适用于城市负荷中心和偏远地区的分布式发电，如表 1-13 所示。

表 1-13　主要电力生产方法比较分析

项目	复合成本/(美元/kW)	效率/%	传输损失	辅助服务	稳定性
普通燃煤发电厂	1812.5	35~40	高压长距离传输损失 6%~8%	需要峰调节和频率模式化	稳定，承受其余损失
燃料电池发电站	965	70	功率传输损失小，能量损失3%	有跟踪负荷变化的强的能力	短寿命，对区域电网
光伏发电站	9750	75	小传输损失，单有位置需求	用于分离功率或连电网	稳定

从成本观点，当燃料电池发电站进入操作时，发电成本可能至少 0.8 元/(kW·h)，与燃煤热电仍然有差距。从总体经济观点看，整个电网的投资（传输损耗、分布设施建设、额外污染控制等）也应该考虑，这样热电厂的完整成本为 1.3 万~1.5 万元/kW（2090~2410 美元/kW），而燃料电池发电站整体成本要低一些，约 7000 元/kW（1125 美元/kW）。此外，对小和中等规模分布式发电站，燃料电池发电站需要的维护成本较低。

中国燃料电池发电站目前尚不能够形成整体供应，但在 2009 年已经成功发展出 10kW 天然气质子交换膜燃料电池发电站。2021 年中南大学独立建设了 300kW 质子交换膜燃料电池示范发电站，该燃料电池发电站是当时中国最大的燃料电池发电站，热电能量效率达到 90%。电力直接传送给学校 380V 低压线路。该发电站的成本已降低到 6000 元/kW（965 美元/kW）。为此一些发电公司开始进一步讨论建立较大容量发电站的可能性。预计，200kW 燃料电池发电站完整销售价格在市场上应能降低到约 30 万美元，利润可达 9.2 万美元。

从需求角度看，随着技术的商业化，小分布式燃料电池发电站市场具有巨大潜力。对分布式燃料电池发电容量需求能达到 100 万千瓦（1000MW）。燃料电池发电站有好的前景，但是，它们需要的试验仍然要相当长时间。

（3）便携式燃料电池

燃料电池能够在不同领域作为便携式电源使用，替代各类仪表和通信设备中使用的电池。便携式燃料电池电源在运输和存储方面具有一些优势，使用的一般是直接甲醇燃料电池（DMFC）和质子交换膜燃料电池（PEMFC）。便携式燃料电池有广泛的应用领域，如图 1-20 所示。DMFC 设备的维护和燃料添加较方便，发展电子领域应用有巨大的空间。PEMFC 也广泛作为军事和航天中的便携式电源使用。

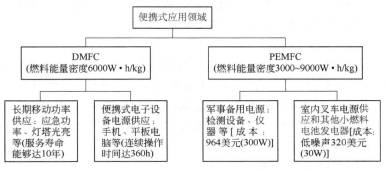

图 1-20　便携式燃料电池的应用

燃料电池市场中，有很多公司为中国供应便携式燃料电池产品，其供应数量已经达到 10 万千瓦。在 2014 年，300W PEMFC 的价格，军事领域备用电源约为 6000 元（964 美元），电动自行车用 30W 氢燃料电池平均价格约为 2000 元。

在中国制造便携式燃料电池的成本为 3110 元/kW（500 美元/kW）左右，稍高于普通电池成本。随着产品的大量生产，成本将下降。北京氢璞创能科技有限公司在中国第一个完成商业直接甲醇燃料电池，但购买成本偏高，中国产品的操作成本仅 1.5 元/(kW·h)［0.25 美元/(kW·h)］，服务工作时间（寿命）高达十年。

在中国，目前电池年产量为 160 亿只。燃料电池（持时 100h）电子产品有很强的竞争力。此外，因为电子产品的新功能、相应锂电池性能可能满足不了某些终端用户要求。微 DMFC 的能量密度和寿命优于二次电池，避免电池的某些短板。因此燃料电池的市场前景是广阔的。现在中国市场上燃料电池电子产品很少，是因为微燃料电池的复杂结构设计和与其他电子电器的低集成兼容性。总之，微燃料电池的预期需求巨大，但仍然有很长的路要走。

1.9　中国燃料电池发展展望

中国燃料电池系统的发展不能与其发展的环境相分离。随着时间的推移，中国燃料电池系统发展的一些特殊环境如政治环境、经济环境、社会环境、技术环境和自然环境持续向好，而且会愈来愈好。

（1）中国燃料电池发展的强项

燃料电池的内在强项表现在三个方面：首先最重要的是有好的环境效益，因此政府将给予若干投资补贴，这极有利于燃料电池工业链的发展；其次，如多次叙述过的，燃料电池具有若干非常优良的特点，如效率高、部分负荷不影响效率、寿命长、模块化生产、噪声小，且应用领域广泛，可作为固定电源、运输主电力和便携式设备电源；最后，燃料电池的燃料源广泛，可以通过多种方法获得。因此，燃料电池特别适合于长期可持续发展应用的能源。

（2）中国燃料电池发展的弱项

关于燃料电池操作管理，中国还有若干问题需要克服：①高技术人才资源稀缺，虽然中国劳动力资源丰富，但高技术人才仍然很缺乏，这对燃料电池大量生产和应用是不利的。②燃料电池在中国目前仍然不是非常成熟的产品，因技术问题常导致产品质量不是很高，因此，在与类似产品竞争中分享市场份额仍然比较困难。③燃料电池系统的产品标准和生产标准还没有完全统一，这会导致使用燃料电池产品的不方便。④中国对燃料电池系统需要的公用基础设施（如氢燃料网络）是不完备的。举例来说，充氢气站建设对燃料电池车辆可利用性是至关重要的，距离完善仍然有很长的路要走。

（3）燃料电池发展的机遇

燃料电池系统工业链在其寿命循环中将有如下机遇：①潜在顾客很多，市场需求将很强劲。由于其是环境友好能源，有可能获得大多数顾客青睐和接受。当燃料电池工业链形成后，燃料电池产品将是高端和时髦产品的符号和标志。②对燃料电池系统进行集成的可能性巨大，研究与开发及生产销售组合使整个工业链具有更大竞争性和匹配性。③燃料电池应用领域和空间非常广阔，在未来将进一步扩展。

（4）燃料电池发展面对的挑战

① 燃料电池系统的应用，如运输和分布式发电站，要进入市场仍然是相当困难的。由于现有的经济规模，某些大企业有其巨大的成本优势，而目前燃料电池成本仍然相当高，因此在发展早期阶段开启市场是困难的，需要政府政策的扶持。

② 在国际上，燃料电池已经是相当成熟的产品，性能较高和成本较低。而中国燃料电池产品则受到国外产品的明显竞争和威胁。

③ 现在中国国家政策明确规定补贴的仍然较低，而政府政策补贴是早期燃料电池发展和商业化的基础。当燃料电池在很大程度上依赖于补贴时，资金补贴的下降对它带来的影响和冲击是大而严重的。目前国内燃料电池产品最大的挑战除成本外，还有若干技术挑战，如在材料和操作管理上。但是，燃料电池技术在中国目前正处于快速上升阶段，一些瓶颈问题正在逐步解决。因此需要抓住机遇，使燃料电池技术尽可能快地跳过研究发展阶段，按照应用分类快速商业化和进入市场。

（5）中国燃料电池发展框架

中国燃料电池现在主要应用于燃料电池车辆、燃料电池分布式发电站和便携式燃料电池装置，现在三类应用的投资分别占 74%、10% 和 16%（图 1-21）。中国燃料电池应用重点在运输领域（约 2.876 亿美元），约占总量的 74%。按燃料电池类型分，PEMFC 占比大，约 2.119 亿美元，燃料存储和公用基础设施建设分别占 15% 和 8%（图 1-22）。

不管是原则上还是实际上，对不同电池应该采用不同发展策略。就整个燃料电池工业链而言，不同应用系统的发展其商业化问题是不同的。表 1-14 中的比较指出，燃料电池车辆成本高于其他类似产品，对充氢气站的需求很高。而现有技术要完全满足要求仍存在一些困难。对便携式应用而言，具有的优势很大，即成本相对不是问题，甲醇是易得的液体燃料。其主要问题是可靠性不足。因此要基于对燃料电池所做市场分割、地区消费图景和市场需求以及它们的优缺点分析，对不同发展阶段形成正确的产品定位和市场目标。

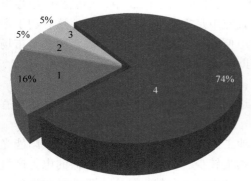

1—便携式电源供应　　2—大于10kW发电站，5%
4—运输　　　　　　　3—小于10kW发电站，5%

图 1-21　中国燃料电池投资应用分布

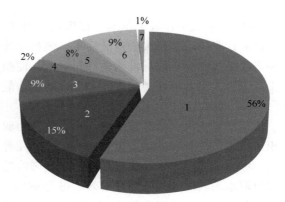

1—PEMFC　　2—燃料存储　　3—DMFC　　4—MCFC
5—公用基础设施　　6—SOFC　　7—其他

图 1-22　中国燃料电池投资类型分布

表 1-14　燃料电池三类应用的分析比较

领域事项	运输（燃料电池车辆）	发电站分布式发电系统	便携式应用
成本	高	高	低
可靠性和寿命	高	中等	中等
辅助要求纯度	高	中等	中等
政策支持	许多	许多	几个
市场需求	许多	中等	许多
技术满意度	好	缺乏	缺乏
燃料获得和节约	困难（氢）	困难（氢、甲烷）	容易（甲醇）

① 运输领域应用发展框架　图 1-23 中给出运输领域的框架设计（基于已有高质量氢气源和政策支持条件）。在政策支持和技术进展条件下，为扩展对燃料电池车辆的需求，应考虑阶段成本和建立辅助设施。实际上在 2015 年已有少量燃料电池车辆经运行，在 2020 年后进入了快速膨胀期，预计在 2025 年进入稳定增长阶段。运输领域是中国燃料电池应用的首个市场，能够选用增长定向的策略以促进工业发展。

② 分布式发电站应用发展框架　图 1-24 中示出了分布式发电站领域的框架设计。国家电网建设对分布式发电站有着巨大需求，同时要与其他类型发电站竞争。燃料电池发电站应用的重点是要克服技术和成本劣势，善于利用外部机遇。因此，燃料电池发电站应用选用的策略框架可以是与运输应用相反的。

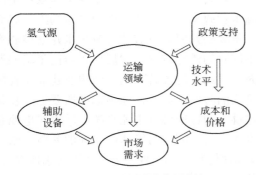

图 1-23　运输领域发展框架

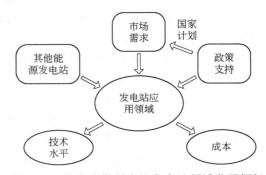

图 1-24　分布式燃料电池发电站领域发展框架

③ 便携式应用发展框架 便携式应用发展的框架设计示于图 1-25 中，如燃料电池性能优良则这类应用有巨大的市场需求。燃料电池便携式应用是需要高度标准化的，这有利于多种多样装置使用普通标准化的燃料电池。便携式应用使燃料电池更接近于市民，因此其市场工具效应大于其他两类应用。分散性的策略能够帮助快速开启和占有市场。

（6）建议

从燃料电池系统总发展看，大多数努力放在了运输领域。但要降低燃料电池车辆成本有相当的困难，且辅助设备也需要长时间来完善。

燃料源和成本以及能量转换效率是影响燃料电池工业发展的主要因素。当选择太阳能光伏电解水制氢时，太阳能利用效率可达 94%，能量损失较少。利用燃料电池存储的电力产氢时，其转换过程效率也能达到 90%。而当选择风电电解水时，虽然风能丰富但能量转换效率仅为 25%。分布式发电站、天然气燃料电池发电站和组合循环发电站效率之间差别较小，但天然气燃料电池发电站和组合循环发电站的成本有大的差别，为 600 美元/kW。因此，燃料电池发电站需要进一步改进提高以降低成本。

而便携式应用领域，直接甲醇燃料电池有低成本和结构简单的优势。在电子工业快速发展中，便携式燃料电池具有吸引顾客的好机遇。所以，在燃料电池发展早期阶段性应多发展便携式应用。燃料电池的发展结构示于图 1-26 中。

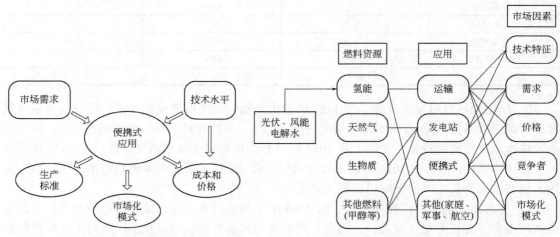

图 1-25　便携式应用领域发展框架　　　　图 1-26　燃料电池系统发展结构

最后，按照现时中国经济状态和社会需要，关于燃料电池发展提出如下参考建议：①政府需要提供连续的政策支持和明确政策目标以提高工业政策的针对性。中国应该为组合研究机构和企业予以更多的关注，坚实产品已有基础。重要的是要通过破解关键技术建立核心竞争力。此外，燃料电池系统应该按照不同地区和不同时间进行调整，然后修正给出正确的发展策略和方向。②燃料电池设施需要改进，包括充氢气站和池堆替换站。中国要建立完善的配套设施，然后考虑缩短燃料电池系统引入工业阶段的时间。同时，池堆标准需要进一步统一，包括不同应用中的基本技术标准，以建立无可挑剔的标准燃料电池系统。③燃料电池系统必须与国际标准磨合和接轨，增加国外先进技术的引进，缩短与发达国家间的差距。结合燃料电池发展态势，应积极参与国际交流和合作以加速燃料电池工业发展。只能以这种方式，中国的燃料电池产品才能够加速提高国际市场竞争力。

　　燃料电池是 21 世纪最可行的清洁能源之一，是替代传统化石能源的好选择。许多发达国家和地区如美国、日本和欧盟，也在连续地增加投资于燃料电池研究与开发。燃料电池将成为世界能源的发展趋势之一。对中国的未来能源战略，虽然其他可再生能源有快速发展的速度，燃料电池系统有其自身的优先性。燃料电池系统的燃料源是广泛的，能够通过太阳能、风能和其他清洁能源转化获得。此外，燃料电池系统能够应用于广泛的领域。随着燃料电池的国际环境变得成熟，中国燃料电池的地位将逐步提升。

第2章

燃料电池技术基础

2.1 概述

毫无疑问，燃料电池是 21 世纪的新二次能源装置，是解决能源利用效率低和环境污染双重问题的高新技术，是保持人类文明持续发展的有效手段。燃料电池是所谓氢经济的主要发电系统，是其发展的基础。所谓燃料电池是指直接把燃料化学能转化为电能的装置，已经发展出多种类型的燃料电池。如按操作温度分类，可以分为低温燃料电池，操作温度从室温到不高于 100℃；中温燃料电池，操作温度在 100～350℃；高温燃料电池，操作温度高于 350℃。但最常用的燃料电池分类是按照所使用的电解质来分类，如一些最主要的燃料电池：聚合物电解质燃料电池（PEFC）、碱燃料电池（AFC）、磷酸燃料电池（PAFC）、熔融碳酸盐燃料电池（MCFC）和固体氧化物燃料电池（SOFC）。它们使用的电解质分别是聚合物、碱及其盐类、磷酸、熔融碳酸盐和固体氧化物。在燃料电池中的这些电解质可以是液体，但更多的是固体的，因为管理上的方便。这种分类实际上还暗示燃料电池中传导电荷的离子不同，也就是说按照传导离子来区分。如聚合物电解质燃料电池和磷酸燃料电池，传导电荷的是质子（H^+），因此前者也称为质子交换膜燃料电池（PEMFC），使用的是固体电解质，而后者使用的是负载的液体电解质。碱燃料电池中传导电荷的是氢氧根离子（OH^-），电解质通常是液体，但也出现了能够传导氢氧根离子的固体聚合物膜（阴离子交换膜）的碱燃料电池，这些燃料电池属于低温或中温燃料电池。熔融碳酸盐燃料电池中，传导电荷的是碳酸根离子（CO_3^{2-}），而固体氧化物燃料电池中，传导电荷的是负氧离子（O^{2-}），这两种燃料电池使用熔融的盐类和固体金属氧化物作电解质。为使熔融盐类和 O^{2-} 有足够移动性，需要高温操作，故属于高温燃料电池。

燃料电池也可以按照使用燃料来分类。以氢气为燃料的称为氢燃料电池（HFC）；使用醇类为燃料的称为直接醇燃料电池（DAFC），如直接甲醇燃料电池（DMFC）、直接乙醇燃料电池（DEFC）和直接乙二醇燃料电池（DEGFC）；以硼氢化钠为燃料的称为直接硼氢化钠燃料电池（DBFC），还有直接甲酸（盐）燃料电池（DFFC）和直接碳燃料电池（DCFC）等。还有一类特别的燃料电池称为生物燃料电池，使用生物酶、蛋白质作为电极催化剂，一般在低温操作（室温～40℃），它们在处理污水的同时产生电力或燃料如甲烷等。

高温燃料电池具有如下优点：很高的效率、燃料选择的灵活性、对非氢燃料如 CO 的耐受性。更进一步，SOFC 和 MCFC 的操作温度足够高以至于在电池内能够对烃类和其他燃料进行重整来生产所需要的燃料。在能量有效转化中，能够使用多种燃料对生态环境是非常有意义的。但低温燃料电池的优点是低温操作启动快，很适合于汽车应用和作为便携式电源使用。中温燃料电池则介于两者之间。燃料电池技术是一种新出现的技术，以环境友好方式同时有极巨大的电力潜力，有非常广泛的应用如热电联产。燃料电池热电联产系统的优点是很低的噪声、潜在的低维护成本、优良的部分负荷效率、污染物低排放和潜在的能够达到 85%～90%的总效率，甚至对小单元也是这样。

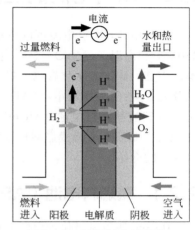

图 2-1 氢燃料电池操作
原理示意图

燃料电池产生电力和热量不是经燃烧而是通过电化学反应，实际上可认为是电解的逆反应。燃料电池使用的燃料通常是氢，氧化剂一般是空气或纯氧，电化学反应的产物是水。虽然燃料电池有范围广泛的设计，但是，其操作的基本原理都是一样的。各种燃料电池设计间的主要差别是电解质的化学特性。

现以氢燃料电池为例说明，方程（2-1）显示进行的电化学反应，图 2-1 给出氢燃料电池操作一般原理。

$$2H_2(g) + O_2(g) \longrightarrow 2H_2O + \quad 能量$$
$$氢气 + 氧气 \longrightarrow 水 + （电力+热量） \tag{2-1}$$

燃料电池有四个主要部件：阳极、阴极、电解质和外电路。在阳极，氢被氧化成质子和电子，而在阴极氧被还原到氧化物并反应生成水。不同电解质传导不同的离子（如上所述可以是 H^+、OH^-、CO_3^{2-} 和 O^{2-}）但对电子传导都是绝缘的，电子是通过外电路送出电力再回到阴极的。无论如何，一个燃料电池产生的电力是非常小的，这是由于电极、电解质和气体间接触面积很小。为提高燃料电池效率和增大接触面积，电解质通常做成薄层电解质，其两边附层状多孔电极以利于气体渗透。对不同类型的燃料电池，氢氧反应产生的电力是不同的。在酸电解质燃料电池中，释放的氢气在阳极被解离成电子和质子。产生的电子通过外电路（释放电力）到阴极，而质子通过电解质到阴极。同时在阴极一边氧被还原生成水，是氧电极电子和电解质质子间反应的结果。发生在阳极和阴极的反应分别示于方程（2-2）和方程（2-3）中。

$$阳极： \qquad 2H_2 \longrightarrow 4H^+ + 4e^- \tag{2-2}$$

$$阴极： \qquad O_2 + 4e^- + 4H^+ \longrightarrow 2H_2O \tag{2-3}$$

含自由质子 H^+ 的酸电解质聚合物通常称为"质子交换膜"。它们对传输质子的功能是非常合适和有效的，因为它们只允许 H^+ 穿过。在质子通过电解质的同时走外电路的电子送出了电流。

燃料电池中的总反应生成水、电力和热量，如下所示：

$$H_2 + \frac{1}{2}O_2 \longrightarrow H_2O + W_{ele} + Q_{heat} \tag{2-4}$$

为了使燃料电池进行理想的产生电功率的连续等温操作，副产的热量和水必须被连续移去。因此，水和热量管理在燃料电池的有效设计和操作中是关键的步骤，特别是对低温燃料电池。

2.2　燃料电池的主要类型

如前所述，燃料电池可以按不同方式分类，以操作温度分为低温（<100℃）、中温（100～350℃）和高温（>350℃）燃料电池；也可以使用的燃料分类，如氢燃料电池、直接甲醇（乙醇、甲酸、碳、碳水化合物）燃料电池；但最常用的分类是按使用的导电介质分类，一般可以分为5类：①碱燃料电池（AFC）；②磷酸燃料电池（PAFC）；③固体氧化物燃料电池（SOFC）；④熔融碳酸盐燃料电池（MCFC）；⑤质子交换膜燃料电池（PEMFC）。直接甲醇燃料电池（DMFC）是质子交换膜燃料电池的延伸。下面对各主要类型燃料电池的操作原理和优缺点做较深入的介绍。

2.2.1　碱燃料电池（AFC）

Bacon 使用氢氧化钾电解质替代酸电解质，第一个进行了碱燃料电池的实验。气体扩散电极增加了电极、电解质和燃料之间的反应面积。他使用高压氢气以使其能够溶解在电解质溶液中。在 1960 年，NASA 和 Pratt & Whitney 公司在 Apollo 项目下建立合作协议，使用碱燃料电池为航天飞船提供电力。现在，NASA 在航天飞机项目使用由 UTC Fuel Cells 制造的碱燃料电池（AFC）。

碱燃料电池（AFC）的电解质把氢氧根离子（OH^-）从阴极传导到阳极（图 2-2）。电解质由氢氧化钾（KOH）混合碱液组成，它可以移动也可以是不移动的。对于液体碱电解质的燃料电池，电解质在电极间进行连续循环。对于不移动碱电解质的燃料电池，电解质是黏附在多孔石棉基体上的。操作温度范围在 65～220℃之间，压力为 1atm。每个单元池产生约1.1～1.2V 的电压。

AFC 在空间中的应用已经是众所周知的。但是，在陆地应用时会碰到一些困难。一般来说只要可能总是很希望使用空气而不是纯氧。但使用纯氧是要消耗电力的，导致电性能下降。AFC 的复杂性来自空气中存在的 CO_2。在 AFC 中使用的燃料，必须使用纯的电解氢，不能够使用便宜的从其他化合物重整生产的氢气。因为分离氢气中所含 CO_2 是复杂的和费钱的。使用冷冻储氢，在陆地应用中是可行的，而压缩容器存储需付出重大代价。所有这些问题和不确定性都关系到使用寿命，因此使人们使用 AFC 的意愿极大降低，研发和工程化的努力也大为缩减。

AFC 具有的优点有：①在低温工作；②快速启动；③高的效率；④催化剂使用量非常少，低成本；⑤没有腐蚀问题；⑥操作简单；⑦重量轻、体积小。

AFC 的缺点有：①对 CO_2 的耐受性非常低（低于 $350×10^{-6}$），对 CO 也显示不可耐受性，氧化剂必须是纯氧或没有 CO_2 的空气，燃料必须是纯氢；②应用液体电解质有管理上的问题；③需要有专门负责水处理的抽空系统；④使用寿命相对较短。

图 2-2 示出了碱燃料电池的操作原理。

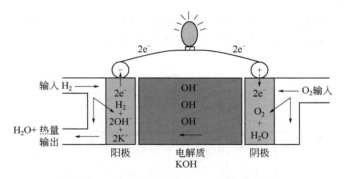

图 2-2　碱燃料电池（AFC）操作原理

在阳极，2 个氢气分子与 4 个带负电荷的氢氧根离子组合产生 4 个水分子和 4 个电子。发生的半池氧化反应如下：

$$（氧化）2H_2+4OH^- \longrightarrow 4H_2O+4e^- \tag{2-5}$$

在这个反应中释放的电子通过外电路到达阴极并与水反应产生氢氧根离子（OH^-）。在阴极，氧分子与 2 个水分子组合并吸收 4 个电子形成 4 个带负电荷的氢氧根离子。发生的半池还原反应如下：

$$（还原）O_2+2H_2O+4e^- \longrightarrow 4OH^- \tag{2-6}$$

最近设计的 AFC 能够在 23～70℃之间操作，属于低温燃料电池范围。使用的催化剂通常是低成本的镍，其能够催化加速在阴极和阳极发生的电化学反应。AFC 的电效率约为 60%，热电联产（CHP）的效率高于 80%。现在最大容量的 AFC 系统的功率为 20kW。

如前所述，NASA 是第一个使用 AFC 来供应空间宇航飞船中的饮用水和电力的。现在也将 AFC 应用于潜艇、船舶、叉车和运输车辆中。AFC 被认为是从成本上看最有效的燃料电池，因为其使用的电解质是便宜的化学品氢氧化钾。电极催化剂镍与其他贵金属催化剂比较也是不费钱的。AFC 有简单的结构，无须双极板。它们消耗氢和纯氧，可作为生产可移动的水、热量和电力的来源。因 AFC 生成的副产物水可作为饮用水，这在航空器和空间飞船中是非常有用的。其没有温室气体排放，以约 70%高效率操作。尽管 AFC 有这些优点，但它们容易吸收二氧化碳造成中毒。由于 AFC 使用碱水溶液或熔融碱作为电解质，吸收二氧化碳后 KOH 转化为碳酸钾（K_2CO_3），导致燃料电池中毒。因此必须使用纯化后的空气或纯氧，使 AFC 的操作成本增加。因此，应该研究寻找替代 KOH 的电解质。

2.2.2　磷酸燃料电池（PAFC）

由于酸的低电导率，PAFC 比其他燃料电池的发展进展慢。在 1961 年，Elmore 和 Tanner 首先使用磷酸电解质进行了实验，电解质的组成是在聚四氟乙烯板上的 35%磷酸和 65%硅胶的粉末胶体。这个燃料电池以空气而不是以纯氧进行操作。在 20 世纪 60 年代中期，美国海军研究在 PAFC 中使用常规燃料的可能性，他们使用由 Allis-Chalmers 制造的燃料电池和 Engehard Industries 制造的燃料重整器。

PAFC 在商业上已被广泛使用，被安装在许多国家的医院、酒店、办公楼建筑物、学校、水处理工厂中。这类燃料电池的电效率约 40%，热电联产时的总效率为 85%。操作温度在 150～200℃范围，压力为 1atm。每个单元池产生 1.1V 的电压。可使用含 1.5%CO 的氢燃料。

磷酸燃料电池（PAFC）中的传导离子是氢离子（H^+），它从阳极到阴极（图 2-3）。使用的电解质，如其名字所指出的，是碳化硅母体中的液体磷酸。

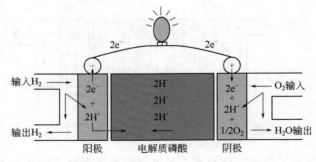

图 2-3　磷酸燃料电池（PAFC）

在 PAFC 研究和发展期间，研究人员找到了技术解决办法，也是在其他类型燃料电池发展中成功地采用的办法。特别是对铂催化剂，不再使用纯铂而是把其沉积在碳载体上，这样制造燃料电池的铂需要量大大降低。

磷酸燃料电池的优点有：①能够耐受 $30\%CO_2$，可以直接使用空气作为氧化剂；②中等的操作温度有利于废热利用，如热电联产；③电解质是稳定的，挥发性低，即使在温度高于 200℃时；④最大 CO 耐受性为 2%。

PAFC 的缺点是：①因使用的电解质是液体，管理和腐蚀问题成为关键，不仅关系到操作温度也涉及安全管理方面的问题；②反应生成的水可能进入并稀释酸电解质；③体积大且笨重；④无法进行燃料内重整；⑤启动前需要先预热到操作温度。

鉴于存在难以克服的缺点，到 20 世纪 90 年代末期，人们对 PAFC 的兴趣逐渐减弱，虽然其已经取得了一些成功，安装了相对大数目的中等发电厂和若干兆瓦级大小发电厂。此外，它的经济性不是那么好：PAFC 工厂的成本很高，还有严苛的技术问题，也就是说在长期操作中没有足够的操作可靠性。

磷酸燃料电池（PAFC）使用碳纸电极和液体磷酸（H_3PO_4）电解质。磷酸的离子电导率在低温下是很低的，因此 PAFC 操作的温度范围是 150～200℃或更高。这类燃料电池中的电荷载体是氢离子（H^+），使用铂催化剂，连续操作，系统启动需在 40℃（这是一个问题，因磷酸在这个温度下是固体）。图 2-3 示出了 PAFC 的操作原理。在图 2-3 中，在阳极上 2 个氢分子被分裂成 4 个质子和 4 个电子。在阳极发生的半池反应是氧化反应，如方程（2-7）所示；而在阴极上发生的半池反应是还原反应［方程（2-8）］，在阴极 4 个质子和 4 个电子与氧组合生成水。

$$（氧化）2H_2 \longrightarrow 4H^+ + 4e^- \tag{2-7}$$

$$（还原）O_2 + 4H^+ + 4e^- \longrightarrow 2H_2O \tag{2-8}$$

电子和质子分别通过外电路和电解质，产生电流和热量。热量常常被用于加热水或产生蒸汽。每个池产生的池电压约 1.1V。能够耐受 1.5%的 CO，但蒸气重整反应会在电极附近产生一些 CO，可能对燃料电池产生影响，使 PAFC 的性能降低。降低 CO 影响的一个办法是增加阳极对温度的耐受性。对 CO 较高的耐受性意味着阳极本身对温度有较高耐受性。在高温下，CO 在阴极以电催化反应的逆反应进行脱附。这一点与需要水来产生电导率的其他酸电解质不一样，PAFC 浓磷酸电解质是能够在高于水沸点温度下操作的。

PAFC 的操作并不需要纯氧，因为 CO_2 并不影响电解质或电池性能。PAFC 使用空气，可以使用化石燃料重整产物来操作。此外，磷酸挥发性低具有长期稳定性。PAFC 投资成本高的原因是，PAFC 使用空气（约 21% 氧）而不是纯氧操作，导致电流密度降至 1/3，需要以大的电极面积来弥补。所以，PAFC 池堆设计必须使用双极板，这是为生产更多电力而增加电极面积所必需的。这说明整个 PAFC 技术需要高的初始投资成本。现在 200kW 燃料的 PAFC 处于商业化阶段，更大容量（1.1 万千瓦）的系统已经在试验中。制造 PAFC 成本高的另外一个原因是，需要在电极上涂渍高分散铂催化剂。不像 AFC，氢气流的纯度并不影响 PAFC。PAFC 的电效率在 40%～50% 之间，CHP 效率约 85%。PAFC 适用于位置固定的发电应用。

2.2.3　固体氧化物燃料电池（SOFC）

在最近 30 年中，对固体氧化物电解质进行了不少研究，其主要材料是锆、镧或钇。SOFC（图 2-4）使用能够传导氧负离子（O^{2-}）的固体氧化物电解质（通常是钇稳定氧化锆，YSZ），O^{2-} 从阴极到阳极。电极由金属构成，如镍或钴。SOFC 工作温度非常高（650～1000℃），在 1atm 下操作。每一个电池产生约 0.8V 或 1V 电压。SOFC 通常作为固定应用或辅助功率系统（APU）使用。

SOFC 具有的优点有：①能够内重整燃料，燃料电池可使用重整任何可燃气体；②产生大量高质量热量；③化学反应进行很快；④有高的效率；⑤操作中电流密度高于熔融碳酸盐燃料电池；⑥电解质是固体，避免了管理问题；⑦无需贵金属催化剂。

SOFC 的缺点有：①电解质电导率不够高，致使操作温度很高，为了进入市场，需要发展有足够高电导率的材料（在操作温度下保持固态，与其他组件化学兼容，具有尺寸稳定性和高抗蠕变阻力）；②材料兼容性和尺寸稳定性仍有待提高；③仅有中等程度的耐硫性（$50×10^{-6}$）；④技术仍不够成熟。

SOFC 的燃料是氢和一氧化碳，这是与其他类型燃料电池间的重要差别，多种天然燃料或产品经简单加工后即可直接使用。该类燃料电池工作的初始目的，是要把天然燃料化学能精确地转化为电能，解决燃料电池直接利用天然燃料问题。但科学家和工程师碰到了多个困难，其中一些可能是难以克服的，如燃料电化学氧化速率低和存在完全阻断电化学反应的污染物。因此，该类燃料电池利用天然燃料的最现实方法是，把它们先转化成容易进行电化学氧化的含氢燃料。另外也必须除去加工产物中阻滞电化学反应的污染物。

固体氧化物燃料电池（SOFC）属于高温燃料电池，图 2-4 示出了 SOFC 的操作原理。钇稳定氧化锆（YSZ）是最普遍使用的 SOFC 电解质，因为它有高化学和热稳定性以及纯离子电导率。

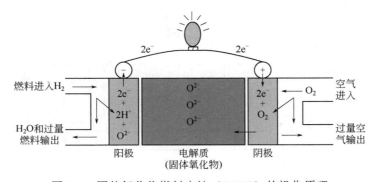

图 2-4　固体氧化物燃料电池（SOFC）的操作原理

氧在阴极（空气电极）约 1000℃下进行半池反应被氧化，而燃料的半池氧化在阳极发生，如方程（2-9）和方程（2-10）所示。阳极是多孔性的，用以传送燃料和产物以及热量：

$$（氧化）(1/2)O_2(g)+2e^- \longrightarrow O^{2-}(s) \tag{2-9}$$

$$（还原）O^{2-}(s)+H_2(g) \longrightarrow H_2O(g)+2e^- \tag{2-10}$$

SOFC 能够很好地应用于大规模分布式发电站，容量达数百兆瓦。副产热量常常用于转动气体透平产生更多的电力，因此其 CHP 效率增加到高于 70%～80%。SOFC 系统是可靠的、模块化的，燃料适应性很强，有害气体（NO_x 和 SO_x）的排放很低。SOFC 能够作为电网不易达到的农村地区的区域性发电系统。它们的操作是无噪声的，维护成本低。另外，长加温启动和冷却停车时间以及各种机械和化学兼容性的问题限制了 SOFC 的广泛应用。对降低 SOFC 操作温度进行了不少研究，如果能取得成功和建立可持续发展对策，使用 SOFC 发电可能会进入一个新时代。

2.2.4 熔融碳酸盐燃料电池（MCFC）

熔融碳酸盐燃料电池是在其他燃料电池如固体氧化物燃料电池的基础上发展起来的。20世纪 30 年代，研究人员发现了固体氧化物电导率低且与一些气体（包括一氧化碳）发生化学反应的问题。到 50 年代末，科学家 Broers 和 Ketelaar 为克服固体氧化物电解质的限制，把工作重点放到了熔融的碳酸盐上。进行了 6 个月工作后，在 1960 年他们成功发现了浸渍在镁氧化物多孔基体盘中的锂、钠和钾碳酸盐混合物电解质。到 60 年代中期，美国海军舰队研究发展团队中心（Center for Research and Development Team Mobility U.S. Navy）试验了若干熔融碳酸盐燃料电池。这些燃料电池的输出功率在 100～1000kW 范围，用于战斗车辆设计时，由外重整器供应燃料氢气。

熔融碳酸盐燃料电池（MCFC）属于高温燃料电池，使用由碳酸锂和碳酸钾构成的混合物作为传导介质，一般是把这种混合物悬浮在多孔性化学惰性的 β-氧化铝中形成电解质。MCFC 的操作原理示于图 2-5 中。电解质的碳酸根离子（CO_3^{2-}）从阴极循环到阳极（大多数燃料电池电流的逆方向）。燃料电池操作温度约 650℃，压力在 1～10atm 之间。每个池产生的电压在 0.7～1.0V 之间。使用的燃料是一氧化碳和氧。到目前为止，已经试验使用的 MCFC 功率从 10～2000kW，现在 MCFC 已经在电力公用事业、工业和军事应用中实际应用，一般使用天然气和煤炭气化气作燃料。MCFC 可以直接使用氢、一氧化碳、天然气和丙烷作燃料。MCFC 有大的电力输出，多用于固定发电厂。

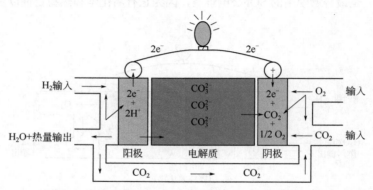

图 2-5　熔融碳酸盐燃料电池（MCFC）的操作原理

熔融碳酸盐燃料电池的优点有：①可同时进行燃料的内重整；②产生很多高质量的热量；③电极反应速率快；④电效率和总效率高；⑤无须使用贵金属催化剂，因此成本相对较低。

MCFC 的缺点是：①为了未来发展需要发展抗腐蚀和抗尺寸变化的材料，现在使用的镍氧化物阴极催化剂会溶解在电解质中，引起故障。池尺寸的不稳定性会引起电极变形和改变活性表面积。②对硫中毒极端敏感。特别是，阳极不能够耐受进料气体中 1.5×10^{-6} 的硫。否则燃料电池功能将被显著毁坏。③有使用液体电解质的管理问题。④高温操作导致启动时需要预热，启动时间长。

鉴于 MCFC 具有使用不同类型燃料的能力，人们对它有较大的兴趣。这类燃料电池的电性质和操作性质，对建立大功率固定发电厂具有足够高的经济合理性。现在难以克服的问题是，无事故操作时间不够长。大发电厂应用的最小操作时间不应低于 40000h（4.5～5 年），因此，虽然强化研究和工程化的努力已经使个别单元连续无故障工作时间达数千小时，但要确保 5 年的操作时间仍然有很长的路要走。MCFC 发电厂性能逐渐下降甚至永久性失败的原因有很多。其中三个重要的是由于燃料电池本身，而不是由于辅助设备或操作错误等外部因素，它们是：阴极（氧电极）镍氧化物性能的逐渐降解、阳极蠕变和金属部件腐蚀。因此，对 MCFC，应该完善的也是这三个最重要的因素：防止阴极（氧电极）镍氧化物性能的降解、阳极蠕变和金属部件的腐蚀。

在 MCFC 中，电极上发生的电化学反应是氢燃料和碳酸盐离子间的反应，生成二氧化碳、水。在阳极上，进料气体（通常是 CH_4）和水被转化为氢、一氧化碳和二氧化碳（称为重整反应），如方程（2-11）和方程（2-12）所示：

$$（重整 1）CH_4 + H_2O \longrightarrow CO + 3H_2 \tag{2-11}$$

$$（重整 2）CO + H_2O \longrightarrow CO_2 + H_2 \tag{2-12}$$

同时有两个电化学反应消耗氢和一氧化碳，并在阳极上产生电子。方程（2-13）和方程（2-14）使用了电解质中可利用的碳酸盐离子（CO_3^{2-}）：

$$（氧化 1）H_2 + CO_3^{2-} \longrightarrow H_2O + CO_2 + 2e^- \tag{2-13}$$

$$（氧化 2）CO + CO_3^{2-} \longrightarrow 2CO_2 + 2e^- \tag{2-14}$$

发生在阴极上的反应消耗氧和二氧化碳生成新的碳酸盐离子［方程（2-15）］，使碳酸根离子得以再生循环，所以在阴极产生的碳酸盐离子通过电解质传输到阳极。在电极上产生电压而外电路的电流从阴极传输到阳极：

$$（还原）(1/2)O_2 + CO_2 + 2e^- \longrightarrow CO_3^{2-} \tag{2-15}$$

2.2.5　质子交换膜燃料电池（PEMFC）

聚合物膜技术是由通用公司在 20 世纪 60 年代早期发明的，这源于 Grubb 和 Neidrach 在承担美国海军的电子学分会发展小燃料电池研究项目时的工作，使用聚合物电解质膜燃料电池（也称质子交换膜燃料电池，PEMFC）在 60 年代中期第一次获得成功，使用的氢燃料是由水和氢氧化锂（存储于一个瓶中）的混合物提供的。这个产氢方法非常有利于为偏远地区的活动提供燃料供应，生产装置紧凑，产生的氢气也能够顺利传输。其关键问题是铂催化剂使系统成本过高。这类燃料电池的操作温度相对较低（约 60～80℃），因此其启动远快于高温燃料电池。PEMFC 的功率密度较高，而且能够快速改变操作条件以及时跟踪电功率的变化。PEMFC 的应用范围广泛，包括移动应用如汽车系统、固定应用如建筑物或便携式应用例如替代电池提供电功率源。这些燃料电池供应的最大功率范围从 50W～75kW。图 2-6 显示 PEMFC 的操作原理。PEMFC 也能够直接使用甲醇燃料（没有重整），此时称为直接甲醇燃料电池（DMFC），类似的还有直接乙醇燃料电池（DEFC）、直接甲酸盐燃料电池（DFFC）等。

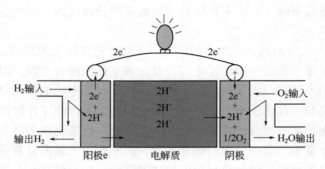

图 2-6　质子交换膜燃料电池（PEMFC）的操作原理

PEMFC 具有的优点有：①由于分离阳极和阴极的是固体聚合物膜（平板形结构），燃料电池操作温度相对较低，在管理、装配或紧凑性方面要比其他类型燃料电池优越，相对容易一些；②聚合物电解质是非腐蚀性的，无须管理酸或其他腐蚀性物质，安全性增加；③应用的电解质是固体且是干的，消除了电解质管理和再供应问题；④有高的池电压、电流密度和功率密度；⑤能够在低压（1atm 或 2atm）下工作，这也增加了其安全性；⑥装置是紧凑和牢固的；⑦机械设计非常简单；⑧使用的构建材料都是稳定的。

PEMFC 的缺点有：①对氢气中杂质非常敏感，不能够耐受 50×10^{-6}（甚至更低如 10×10^{-6}）的 CO，对硫的耐受性也很低；②只能够使用氢燃料，为使用常规燃料需配备重整单元来生产氢气；③需要配备湿化反应物单元，用水湿化气体时，燃料电池操作温度必须低于水的沸点，这限制了产生热量的联产使用潜力；④催化剂（铂）和电解质膜（固体聚合物）都是非常昂贵的材料。

可以认为 PEMFC 已经高度完善，它们工作可靠，显示出相对高的电性能，管理方便。这类燃料电池已经并将继续有广泛的使用，包括应用于轻载电动车辆和便携式电子设备。要在这个方向上取得成功，必须解决多个重要的和相对复杂的问题：①固定发电厂应用时的长寿命、催化剂和膜的更好稳定性；②多方面降低生产成本，包括整个 PEMFC 系统、无铂催化剂和价格低廉的膜的发展；③增加 PEMFC 对氢气中 CO 杂质的耐受性，特别希望提供能够在较高温度下操作的中温 PEMFC；④发展用不同初始燃料生产氢气的新工厂。

对 PEMFC，氢在阳极被催化剂活化生成质子和放出电子。质子通过电解质膜传输而电子被强制流过外电路产生电力。然后电子回到阴极与氧和质子相互作用生成水。发生在每个电极的电化学反应和总反应见方程（2-16）、方程（2-17）和方程（2-18）。

阳极：　　　　　　　　　　$H_2(g) \longrightarrow 2H^+ + 2e^-$　　　　　　　　　　（2-16）

阴极：　　　　　$(1/2)O_2(g) + 2H^+ + 2e^- \longrightarrow H_2O(l)$　　　　　　　　（2-17）

总反应：　　　　　$H_2(g) + (1/2)O_2(g) \longrightarrow H_2O(l)$　　　　　　　　　（2-18）

PEMFC 基本上由双极板和 MEA（膜电极装配体）组成。MEA 由分散催化剂层、碳布或气体扩散层和膜构成。质子可透过膜从阳极传输到阴极，但聚合物膜是不传导电子的，也不能让反应物气体通过。使用气体扩散层的目的是让燃料均匀分布到催化剂上。

PEMFC 属于低温燃料电池，操作温度一般不超过 100℃，通常在 60～80℃之间。PEMFC 系统紧凑且重量轻，启动快。PEMFC 中的电极密封也远比其他类型燃料电池容易，因电解质是固体。此外，它们的寿命相对较长，制造也相对便宜。

小汽车使用的 PEMFC 系统总成本原来需要 500～600 美元/kW，是内燃引擎（IEC）的 10 倍，但近年来已经有非常显著的下降。PEMFC 的总成本包括装配工艺、双极板、铂电极、膜和外围设备。

从效率方面来看，工作温度愈高能够获得的效率愈高。但对 PEMFC，工作温度超过 100℃会使水蒸发，引起膜脱水，质子电导率下降。PEMFC 的电效率在 40%～50%之间，最大发电容量达 250kW。

对移动和固定应用都可以使用 PEMFC 系统。在运输上应用似乎是最合适的，因 PEMFC 能够在高效率水平和高功率密度上连续提供电力。因燃料电池堆中没有移动部件，维护要求很少，是最可行的应用。人们观察到 PEMFC 系统发展的前景，特别是在燃料电池车辆中，故它们在商界中的可接受性快速和明显提高。根据有关报道，燃料电池车辆（FCV）能够成功地与常规内燃引擎（ICE）车辆竞争。

为把应用范围扩展到便携式轻电子设备和电器领域，PEMFC 在成本上虽然能够与电池竞争，但仍有一些重要且相对复杂的问题需要解决：①使用寿命要延长，要进一步稳定催化剂和电解质膜；②发展高活性非铂催化剂和价廉低醇渗透横穿的新聚合物膜；③提高对 CO 的耐受性，发展高温 PEMFC。

2.2.6　直接甲醇燃料电池（DMFC）

在 1990 年，NASA 的 Jet Propulsion Laboratory 与 University of Southern California 合作，开发出直接甲醇燃料电池（DMFC）。这类燃料电池能够替代许多应用中的电池，能够预期 DMFC 会在市场中获得一定空间。DMFC 与锂离子电池比较，使用寿命长，用非常简单的燃料容器代替电池的再充电。三星（韩国），Toshiba、Hitachi、NEC 和 Sanyo（日本）等公司也在研发 DMFC。与 PEMFC 类似，DMFC 中使用的也是聚合物电解质膜，但是，DMFC 阳极催化剂能够从液体甲醇中提取氢或直接使用甲醇燃料进行电化学反应，对燃料重整器没有需求。DMFC 显示的效率约为 40%，工作温度约为 130℃。应用于小型和中等规模场合，为手机和平板电脑提供电功率。图 2-7 显示 DMFC 燃料电池的操作原理。

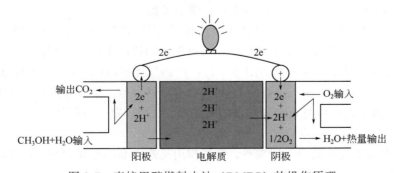

图 2-7　直接甲醇燃料电池（DMFC）的操作原理

DMFC 具有的优点：①使用液体燃料，存储体积小；②可利用现有的公用基础设施；③无须重整过程；④电解质是固体质子交换聚合物膜。

DMFC 的缺点有：①与氢燃料电池相比，效率较低；②需要高含量的贵金属催化剂以促进阳极上甲醇的电化学氧化。

与 PEMFC 不同，尽管进行了非常大量的研究，DMFC 仍然还没有商业化生产或大量广泛的实际使用。在不同场合使用的这类燃料电池的真实性能指标是很难进行评价的，即在不同条件下试验从个别样品中积累的经验和收集数据很难对 DMFC 性能做出评价。直到现在，它们应用的潜在领域仍很少，仅作为电子设备（笔记本电脑、照相机和摄像机、DVD 放映机和某些媒介设备）中相对低功率电源。DMFC 作为电源的另一个潜在应用领域是电动车辆，但这还很遥远。对 DMFC，未来需要进行的工作包括：①增加寿命，延长使用时间。DMFC 的寿命是逐渐降低的，因为钌离子会透过电解质横穿及甲醇在铂上的吸附产物产生阻滞。②增加效率。DMFC 效率因甲醇横穿而降低，横穿甲醇在阴极发生非生产性消耗，导致 DMFC 工作电压的显著降低（由甲醇对氧电极电位产生的影响引起）。

DMFC 可认为是 PEMFC 的一个变种。对便携式电能需求，DMFC 是很合适的电源，因为其具有低操作温度、长寿命和能快速添加燃料等系统特性。此外，它们无须再充电，可作为清洁可再生电源使用。

DMFC 系统的燃料是甲醇。在阳极，甲醇被重整为一氧化碳的同时，在阴极的蒸气或水使用空气中可利用的氧与氢离子反应生成水，发生在阳极和阴极上的电化学反应以及甲醇氧化的总反应见于方程（2-19）～方程（2-21）。

$$（阳极）CH_3OH+H_2O \longrightarrow CO_2+6H^++6e^- \tag{2-19}$$

$$（阴极）(3/2)O_2+6e^-+6H^+ \longrightarrow 3H_2O \tag{2-20}$$

$$总反应：\qquad CH_3OH+3/2O_2 \longrightarrow CO_2+2H_2O \tag{2-21}$$

DMFC 系统可以有主动式操作和被动式操作两种设计。在主动式操作设计中，DMFC 是一个高效和可靠的系统，由甲醇进料泵、CO_2 分离器、燃料电池堆、甲醇传感器、循环泵、泵驱动和控制器等组件构成。用泵循环水能够显著增加这类系统的效率。主动式 DMFC 常常用于对某些物理量的控制，如流速、浓度和温度。

在被动式操作设计的 DMFC 系统中，没有泵甲醇的装置和相应的吹进外部空气的设备。因此，环境空气中的氧通过池吸气式特征进入阴极并进行反应。类似地，甲醇由阳极和甲醇储库间的浓度差驱动，从储存库进料到阳极，并在阳极发生反应。被动式系统成本低，结构简单，伴生功率损耗大幅减少，系统的体积也缩小了很多。

在 DMFC 中甲醇可以蒸气也可以液体形式利用。蒸气进料的池电压和功率密度优于液体进料。在 DMFC 中甲醇的传质是不理想的，有可能在阳极产生局部冷却。在一定程度上，甲醇能够从阳极渗透横穿电解质膜到达阴极一边；产物气体在电催化剂表面的释放是液体进料电池低性能的原因。但是，蒸气进料的 DMFC 也有一些缺点，如膜脱水、寿命短和蒸发燃料需要高的温度，需使用比较复杂和高成本的重整器。此外，蒸气进料的 DMFC 不适合用于便携式应用。

在 DMFC 中质子交换膜是关键部件，它的作用是产生高的传质速率，提供高的电导率和低的甲醇横穿渗透速率。为使 DMFC 合适运转，使用的质子交换膜应该有高的热和化学稳定性。一般情形中，DMFC 使用的聚合物膜就是 PEMFC 最普遍使用的质子交换聚合物膜，也即是 Dupont 生产的 Nafion 过氟化磺酸离子交换聚合物（PEM）或者 Asahi Chemical 生产的 Flemion 膜。这些膜具有高的机械强度和高的疏水性（池中有水存在，电化学反应也生成水）。对氟化磺酸膜（PEM），水和甲醇是相对容易渗透穿过的，会对池性能产生负面影响。改性的 PEM 膜能够缓解和克服这个问题。改性可使用两种方法：磺酸化和加入无机陶瓷材料制备成复合膜。

为了避免甲醇的毒性问题，对以乙醇为燃料的类似燃料电池也进行了不少研究，直接乙醇燃料电池（DEFC）随着 DMFC 的发展也在发展之中。

直接乙醇燃料电池（DEFC）是 PEM 燃料电池的另一个变种。DEFC 以乙醇直接作为燃料，无须重整。乙醇作为燃料是一种有吸引力的替代方法，因为毒性低，也比甲醇容易获得，能够通过发酵从可再生资源如甘蔗、小麦或玉米大量获得。它含氢比较多，能量密度（6.1kW/kg）比甲醇（8kW/kg）高。DEFC 不需要贵金属作为催化剂；使用铁、镍或钴达到的功率密度约 140mW/cm^2。

2.2.7　小结

表 2-1 是上述内容的总结，也给出了现时发展的主要燃料电池电解质、操作温度、燃料和氧化剂及其在各自电极上进行的半池电化学反应。

除了上述评论过的燃料电池外，也提出燃料电池新概念，出现了一些子类型的燃料电池，也对它们进行了研究和发展。例如，甲酸盐直接进料燃料电池，无须重整，其最突出的是应用于便携式电子装置中，如电话或便携式电脑。这类燃料电池与直接甲醇燃料电池比较有两个重要优点。一个是甲酸盐的存储简单和安全得多，另一个是生成这些液体无须高压或低温分离。发生于阳极的电化学反应是甲酸氧化成二氧化碳和水。在阴极，氢离子穿过膜与氧结合形成水。又如，直接硼氢化钠燃料电池（DBFC），它被认为是碱燃料电池的子类，使用硼氢化钠溶液作为燃料。DBFC 有氢碱燃料电池的优点，使用的是强碱性燃料，大量硼酸钠能够防止二氧化碳中毒，使这类燃料对存在于空气中的二氧化碳有较强的耐受性。这类新概念燃料电池将在最后的第 9 章做简单介绍。

表 2-1　现时发展的主要燃料电池

燃料电池	燃料/阳极反应	电解质	氧化剂/阴极反应	$T/℃$
PEMFC	H_2 $H_2 \Longrightarrow 2H^+ + 2e^-$	PEM H^+　→	空气作氧化剂 $1/2\,O_2 + 2H^+ + 2e^- \Longrightarrow H_2O$	60~120
DMFC	H_2 $CH_3OH + H_2O \Longrightarrow CO_2 + 6H^+ + 6e^-$	PEM H^+　→	空气作氧化剂 $3/2\,O_2 + 6H^+ + 6e^- \Longrightarrow 3H_2O$	60~120
AFC	H_2 $H_2 + 2OH^- \Longrightarrow 2H_2O + 2e^-$	KOH OH^-　→	空气作氧化剂 $1/2\,O_2 + H_2O + 2e^- \Longrightarrow 2OH^-$	<100
PAFC	H_2 $H_2 \Longrightarrow 2H^+ + 2e^-$	H_3PO_4 H^+　→	空气作氧化剂 $1/2\,O_2 + 2H^+ + 2e^- \Longrightarrow H_2O$	160~220
MCFC	CH_4, CO, H_2 $H_2 + CO_3^{2-} \Longrightarrow H_2O + CO_2 + 2e^-$	熔融碳酸盐 CO_3^{2-}　→	空气作氧化剂 $1/2\,O_2 + CO_2 + 2e^- \Longrightarrow CO_3^{2-}$	600~800
SOFC	CH_4, CO, H_2 $H_2 + O^{2-} \Longrightarrow H_2O + 2e^-$	O^{2-} 传导陶瓷 O^{2-}　←	空气作氧化剂 $1/2\,O_2 + 2e^- \Longrightarrow O^{2-}$	800~1000

目前市场上还有一些可利用的燃料电池。燃料电池按照它们的电解质材料进行分类很方便。它们在输出功率、操作温度、电化学效率和特别应用上是有所不同的。特别重要的是PEMFC，其有最大范围的应用，因为其弹性非常大。PEMFC 是运输应用最可行的候选者，由于有高的功率密度，能快速启动，有高的效率、低的操作温度和容易管理且安全。但是，如果要参与市场竞争的话 PEMFC 仍然太贵。AFC 当以纯氢和纯氧操作时有最好的性能，但其不耐受杂质（特别是二氧化碳），且寿命短，这些阻碍其在地面上的应用［它们主要应用于超地面（高空）］。磷酸燃料电池（PAFC）可能是进行商业化发展最成功的燃料电池，在中等的温度操作。PAFC 被用于组合热电应用（CHP），有高的能量效率，但成本降低的空间不大。熔融碳酸盐燃料电池（MCFC）和固体氧化物燃料电池（SOFC）是高温燃料电池，适合于共发电和组合循环系统。MCFC 有可达到的最高的能量效率，甲烷到电力的转化器功率范围在250～20000kW，最适合于以煤基气体操作的基本负荷的公用电力应用，但材料腐蚀的问题难以解决。因此在实际应用中采用低温 PEMFC 和高温 SOFC 最为普遍，所占比例最高。因此本书的重点将放在这两类燃料电池上。

表 2-2 补充表 2-1，系统地总结了在市场上可利用或在发展阶段的几类燃料电池，包括低温 PEMFC、高温 PEMFC、SOFC、MCFC、PAFC、AFC、DMFC 和 DEFC 等。这些燃料电池的主要特征，包括电解质类型、典型阳极/阴极催化剂、连接材料、使用的典型燃料、电荷载体、主要污染物、操作温度、特定优点、特定缺点、电效率、技术成熟程度和研究活跃程度。

表 2-2　按电解质分类的燃料电池

燃料电池类型	典型的电解质	典型的阳极/阴极催化剂	连接材料	使用的典型燃料	电荷载体[①]	主要污染物[①]	操作温度/℃	特定优点	特定缺点	电效率/%	技术成熟程度[②]	研究活跃程度[③]
低温质子交换膜燃料电池（PEMFC）	固体 Nafion	阳极：负载在碳上的 Pt；阴极：负载在碳上的 Pt	石墨	氢气	H^+	CO、H_2S	60～80	大多数应用高度模块化；高电流密度；紧凑结构；低温操作启动快；优良动态应答	复杂的水和热量管理；低等级质量热量；对污染物高度敏感；昂贵的催化剂	40～60	4	H
高温质子交换膜燃料电池（PEMFC）	①固体复合物 Nafion ②掺杂磷酸的聚苯咪唑（PBI）	阳极：负载在碳上的 PtRu；阴极：负载在碳上的 PtRu	石墨	氢气	H^+	CO	100～180	简单水管理；简单热量管理；加速的反应动力学；高等级热量；高污染物耐受性	加速的池堆降解；湿化问题，昂贵的催化剂	50～60	3	M
固体氧化物燃料电池（SOFC）	固体钇稳定氧化锆（YSZ）	阳极：镍-YSZ 复合物；阴极：掺杂锶的镁酸镧（LSM）	陶瓷	甲烷	O^{2-}	H_2S	800～1000	高电效率；高等级热量；高污染物耐受性；可以内重整；解决了电解质问题；燃料灵活性好；催化剂便宜	启动慢；低功率密度；严格的材料要求；高热应力；密封问题；耐用性；高制造成本	55～65	3	H

续表

燃料电池类型	典型的电解质	典型的阳极/阴极催化剂	连接材料	使用的典型燃料	电荷载体①	主要污染物①	操作温度/℃	特定优点	特定缺点	电效率/%	技术成熟程度②	研究活跃程度③
熔融碳酸盐燃料电池（MCFC）	在铝酸锂（LiAlO$_2$）中的液体碳酸碱金属盐（Li$_2$CO$_3$、Na$_2$CO$_3$、K$_2$CO$_3$）	阳极：镍铬（NiCr）；阴极：锂化氧化镍（NiO）	不锈钢	甲烷	CO$_3^{2-}$	硫化氢、卤化物	600~700	高电效率；高等级热量；高污染物耐受性；可以内重整；较低严格材料要求，燃料灵活性，便宜的催化剂	启动慢；低功率密度；电解质腐蚀和蒸发损失；金属部件腐蚀；空气横穿渗透；催化剂在电解质中溶解；阴极注入二氧化碳要求	55~65	4	H
磷酸燃料电池（PAFC）	在碳化硅（SiC）中的浓液体磷酸	阳极：负载在碳上的 Pt 石墨；阴极：负载在碳上的 Pt	石墨	氢气	H$^+$	CO、硅烷、H$_2$S	160~220	技术成熟可靠；水管路简单；对污染物的耐受性好；高等级热量	相对慢的启动；低功率密度；对污染物高度敏感；昂贵的辅助系统；低电效率；系统大小相对较大；电解质磷酸损失；昂贵的催化剂；高成本	36~45	5	M
碱燃料电池（AFC）	①氢氧化钾（KOH）水溶液；②阴离子交换膜（AEM）	阳极：镍；阴极：负载在碳上的银	金属线	氢气	OH$^-$	二氧化碳	低于0~230	高电效率由于快氧还原动力学；宽范围的操作温度和压力；便宜的催化剂；催化剂灵活性；相对低的成本	对污染物极端高的敏感性；操作需要纯的氢气和氧气；低功率密度；高度腐蚀的电解质导致密封故障；对移动电解质的复杂和高成本的管理	60~70	5	L
直接甲醇燃料电池（DMFC）	固体 Nafion	阳极：负载在碳上的PtRu；阴极：负载在碳上的 Pt	石墨	液体甲醇水溶液	H$^+$	CO	室温110	大小紧凑；简单的系统；高燃料体积能量密度；燃料容易存储和配送；液体甲醇系统的简单热量管理	低池电压和效率，由于差的阳极动力学；低功率密度；对甲醇氧化缺乏有效的催化剂；燃料和水横穿；复杂的水管理；高催化剂负荷；高成本；需要将二氧化碳移出系统；燃料毒性	35~60	3	H

续表

燃料电池类型	典型的电解质	典型的阳极/阴极催化剂	连接材料	使用的典型燃料	电荷载体[1]	主要污染物[1]	操作温度/℃	特定优点	特定缺点	电效率/%	技术成熟程度[2]	研究活跃程度[3]
直接乙醇燃料电池（DEFC）	① 固体 Nafion；② 碱介质；③ 碱-酸介质	阳极：负载在碳上的PtRu；阴极：负载在碳上的 Pt	石墨	液体乙醇水溶液	H^+	CO	室温～120	大小紧凑；环境友好燃料；高燃料体积能量密度；相对低燃料毒性；相对高质量能量密度；燃料容易存储和配送；简单的热量管理	低功率密度；对 CO 高度敏感；低池电压和效率，由于差的阳极动力学；缺乏乙醇直接氧化催化剂；高成本；燃料和水横穿	20～40	2	L
直接乙二醇燃料电池（DEGFC）	① 固体 Nafion；② 阴离子交换膜（AEM）	阳极：负载在碳上的 Pt 石墨；阴极：负载在碳上的 Pt	石墨	液体乙二醇	H^+	CO	室温～130	大小紧凑；高燃料体积能量密度；低挥发性；由于低的蒸气压和高沸点，燃料容易存储和配送；简单热量管理；简单水管理；已经有公用基础分布设施	低功率密度；低池电压和效率，由于差的阳极动力学；缺乏乙二醇直接氧化的催化剂；低燃料重量能量密度；耐用性的问题；高成本；燃料横穿	20～40	2	L
微生物燃料电池	离子交换膜	阳极：负载在碳上的 P 生物催化剂；阴极：负载在碳上的 Pt	N/A	有机物质、废水	H^+	阴极生物细菌	29～60	燃料灵活性；生物催化剂灵活性；无须分离、抽提和制备酶催化剂；生物催化剂相对长寿命；酶自再生的能力和容量	电子从微生物代谢物到燃料电池阳极的传输机理存在问题；相对低的能量密度，由于使用微生物活性的能量；非常低的功率密度；低库仑得率；没有灵活性的操作条件	15～65[4]	1	M
酶燃料电池	① 细胞膜；② 离子交换膜	阳极：负载在碳上的生物催化剂；阴极：负载在碳上的生物催化剂	N/A	有机物质（如葡萄糖）	H^+	酶催化剂的外部物理或活暴露		小型化的能力（例如植入式医疗微尺度传感器和设备）；结构简单；短应答时间	酶催化剂快速衰减，由于在外环境中操作；对酶中毒的高度敏感性；电子从酶催化剂的反应中心到燃料电池电极的传输机理是有问题的；低的功率密度；非常低的库仑得率；低燃料灵活性；没有灵活性的操作条件	30[4]	1	M

续表

燃料电池类型	典型的电解质	典型的阳极/阴极催化剂	连接材料	使用的典型燃料	电荷载体①	主要污染物①	操作温度/℃	特定优点	特定缺点	电效率/%	技术成熟程度②	研究活跃程度③
直接碳燃料电池（DCFC）	① 固体钇稳定氧化锆（YSZ）；② 熔融碳酸盐；③ 熔融氢氧化物	阳极：石墨或碳基材料；阴极：掺杂钪的镁酸镧（LSM）	N/A	固体碳（煤、石墨、生物质炭）	O^{2-}	灰、硫	600～1000	高电效率；高体积能量密度；燃料灵活性；没有 PM、NO_x 和 SO_x 排放；结构简单；高的碳封存能力和容量	排放二氧化碳；材料腐蚀和降解快；耐用性事件；对燃料杂质的敏感性；低功率密度	70～90	2	L
直接硼氢化物燃料电池（DBFC）	① 固体 Nafion；② 阴离子交换膜（AEM）	阳极：负载在碳上的 Au、Ag、Ni 或 Pt；阴极：负载在碳上的 Pt	石墨	硼氢化钠（$NaBH_4$）	Na^+	N/A	20～85	大小紧凑；高燃料利用效率；高燃料氢质量含量；无二氧化碳排放；低毒性和环境友好操作	燃料横穿；高成本；低功率密度；缺乏模型化分析技术，由于未知硼氢化物氧化反应机理；昂贵的催化剂；膜和催化剂的化学稳定性差；无效的阴极还原反应；无效的阳极氧化反应，由于硼氢化物水解的氢演化和燃料电子的部分释放	40～50	2	M
直接甲酸燃料电池（DFFC）	固体 Nafion	阳极：负载在碳上的 Pd 或 Pt；阴极：负载在碳上的 Pt	N/A	甲酸（HCOOH）	H^+	CO	30～60	提高了阳极氧化反应动力学；高燃料利用效率；限制了燃料横穿；燃料容易存储和配送；高功率密度；阳极氧化反应不需要水大小紧凑；结构简单	燃料毒性；组件腐蚀问题；低燃料质量和体积能量密度；高燃料成本；低温操作	30～50	1	L

① 仅对第一种电解质。
② 1 表示相对于其他燃料电池成熟性最低，5 表示最高。
③ H：高；M：中等；L：低。
④ 库仑得率：从基质到阳极传输电荷量与所有基质被氧化产生的电荷量之比。
注：N/A，无可利用数据。

2.3　燃料电池特征和特色

　　燃料电池与常规燃烧基系统相比有许多优点，使它们成为未来能量转换装置（发电装置）的最强候选者之一。它们也有一些固有的缺点需要进一步研究克服。我们将在下面详尽描述燃料电池特征和特色。其主要优缺点总结于表 2-3 中。

表 2-3　燃料电池主要优缺点

优点	缺点
很少或没有污染	不完善的氢公用基础设施
高热力学效率	对污染物的敏感性
高部分负荷效率	昂贵的铂催化剂
模块化和放大简单	复杂的热量和水管理
优秀的负荷应答	依赖于烃类重整
少能量转换次数	复杂和高成本的 BoP 组件
安静和稳定	长期耐用性和稳定性问题
水和热电联产应用	氢气安全问题
燃料灵活性	高投资
很广范围的应用	系统的较大和较重

2.3.1　降低有害污染物排放

用氢气作燃料的燃料电池堆生产电力，仅有的副产物是热量和水，因此氢燃料电池堆是不排放污染物的。一个例外是高温燃料电池堆，有微量的 NO_x 排放。但是，燃料电池的清洁性质还取决于燃料的生产路线（例如氢气）。因一个完整的燃料电池系统也包括了排放温室气体（例如 CO 和 CO_2）的燃料重整系统。当供应燃料电池的氢燃料是纯氢时，燃料电池耐用性和可靠性是很高的，显著高于以重整基氢（总含有污染的 CO_x）运行。燃料电池与其他能量转换器如热引擎比较，不排放污染物是其重要的优点之一，燃料电池是清洁的能量转换器。实际上这是对研究者和工业界发展清洁有效水电解和可再生氢生产技术最强有力的驱动，用以替代常规重整基氢生产技术。集成可再生氢生产技术使燃料电池成为真正清洁能量生产和转换系统，这是很有希望实现的能源工业。应该指出，对于化石燃料重整过程产生的排放，某些热引擎系统的污染似乎比燃料电池系统少。如使用非可再生能量进行水电解时，生产这些能量和电解过程的排放对环境的有害性甚至比常规燃烧引擎多。燃料电池使用化石基氢，在经济上并不科学合理，因为用于生产氢的化石能源要比生产氢气所含能量多。按照 Argonne 国家实验室的研究，通过化石能源基水电解生产 1×10^6 Btu 的氢气需要使用 $3 \times 10^6 \sim 5 \times 10^6$ Btu 化石能源。这仅仅是为了强调使用可再生基水电解生产氢的重要性。

2.3.2　高效率

对热引擎，能够被转化为有用功的能量受限于理想可逆卡诺（Carnot）效率：

$$\eta_{carnot} = (T_i - T_e)/T_i \qquad (2-22)$$

式中，T_i 和 T_e 分别是引擎进出口的热力学温度。但是，燃料电池不受卡诺效率限制，因为燃料电池是一个电化学装置，进行的是等温氧化而不是燃烧氧化。燃料电池的最大转化可逆效率受限于燃料的化学能含量，由下式给出（在后面详细论证）：

$$\eta_{rev} = \Delta G_f / \Delta H_f \qquad (2-23)$$

式中，ΔG_f 和 ΔH_f 分别为转化期间 Gibbs 自由能变化和生成焓变化（以低热值 LHV 或高热值 HHV 计）。在图 1-10 中，说明了燃料电池和不同能量转化装置相对于系统功率输出的效率。从图中可以看到，在轻型车辆输出功率范围，燃料电池车辆的效率差不多是内燃引擎车辆效率的 2 倍。为什么燃料电池的能量转化效率高于内燃引擎装置，其部分原因说明示于图 2-8 中。发生于燃料电池内部的能量转换的次数要比任何燃烧基装置少，这在需要输出电力时产生重要作用。因为随着能量转换过程转换次数的增多，产生的能量损失也增多；系统总效率降低。图 2-8 显示，当希望输出的是电功率时，燃料电池的优点是能量转换次数少于热引擎；然而当希望输出的是机械功时，燃料电池在能量转换次数上与电池和热引擎相当。

图 2-8　燃料电池、电池和热引擎中的能量转换

2.3.3　模块化

　　燃料电池有优良的模块化性质。原理上，变更每一个池堆的池数量或每个系统的池堆数目就可以控制燃料电池系统总输出功率。与燃烧引擎基装置不同，燃料电池效率并不随系统大小或负荷因素有大的改变。事实上，与常规发电厂相反，燃料电池在部分负荷时的效率与全负荷时的效率基本上是一样的（将在后面说明）。这是大规模燃料电池系统一个优点，因为它通常是在部分负荷而不是全负荷下运行的。此外，燃料电池的高度模块化意味着，较小燃料电池系统与大系统有类似的效率。这个特色一般能够促进燃料电池在未来小规模分布式系统中集成，在发电工业中保持大的潜力。但是，值得注意的是，重整加工器不像燃料电池堆那样是模块化的。这也是要向可再生氢生产技术转移的另外一个原因。

2.3.4　快速负荷跟随

　　燃料电池系统一般有非常好的动态负荷跟随特征。这是由于发生于燃料电池内的电化学反应是快速的。但当燃料电池系统集成有燃料重整步骤时，系统负荷跟随的优越性能会显著降低，因为重整过程具有慢性质的特征。

2.3.5 安静性质

由于其电化学特征，燃料电池堆是一个非常安静的装置。这是一个非常重要的特色，促进燃料电池作为辅助功率和分布式发电的应用以及在便携式设备中的应用，这些应用都需要安静的操作。燃料电池仅有极少动态部件（因此几乎没有振动）的特点使燃料电池设计、制造、装配、操作和分析比热引擎简单。不管怎样，对使用压缩机而不是风机供应氧化剂的燃料电池，噪声水平会有显著增加。因此，燃料电池设计师趋向于尽量避免使用压缩机，因为与风扇和风机相比，使用压缩机不仅伴随高功率负荷、高成本、大重量和体积而且增加了系统复杂性和噪声。例如，对常规城市公交车，大部分噪声来自于柴油引擎。而燃料电池堆是完全安静的装置，因此，燃料电池公交车的噪声水平要显著低于常规公交车，只要燃料电池配套设施（工厂平衡，BoP）组件是相对安静的。对 PAFC 公交车和柴油引擎公交车的比较研究发现，在 2.75m 处燃料电池公交车产生的最大噪声为 75dB，而相对应的柴油引擎公交车的噪声在 82dB 和 87dB 之间。PAFC 公交车噪声降低大于 PEMFC 公交车。与 PEMFC 不一样，PAFC 在接近大气压下操作，不需要使用压缩机，这再一次说明发展有效简单的 BoP 组件对燃料电池系统的重要性。类似的研究发现，PEMFC 公交车在 10m 池处产生噪声为 70.5dB，天然气公交车为 76.5dB，而常规公交车为 77.5dB。当与竞争技术如热引擎、风力透平和集中太阳能发电厂（CSP）比较时，燃料电池的安静性质也反映在其低维护需求上。

2.3.6 应用范围广和燃料灵活性

燃料电池有非常广泛的应用范围，从小于 1W 功率输出的微燃料电池到很多兆瓦的主力发电厂。这是由于其具有模块化、安静操作和燃料来源的可变等特征。这也使燃料电池有资格替代个人电子设备中使用的电池和车辆辅助电源，以及替代在运输和发电领域应用的热引擎。低温操作燃料电池仅需要短的启动时间，这一点对便携式和紧急功率应用是很重要的。而对在中温及高温操作的燃料电池，废热利用能够增加系统总效率，提供额外的生活热水（DHW）和居住空间取暖应用或 CHP 工业应用的热功率输出，这增加了有用功率输出。重整基燃料电池系统的燃料，包括甲醇和烃类如天然气和丙烷。这些燃料通过重整过程转化为氢气，也可以直接使用，如直接醇燃料电池（例如直接甲醇燃料电池）能够直接使用醇燃料运转。虽然燃料电池最好使用水电解生产的氢气运行，但使用天然气重整物的燃料电池也具有比常规技术有利的特色。

燃料电池在过去 20 多年中有快速的发展，在 20 世纪 90 年代人们对其重新恢复兴趣。但是，燃料电池仍然没有达到规范的商业化阶段，因存在许多技术和社会政治因素，其中成本和耐用性是主要障碍，这阻止了燃料电池成为能源市场中有经济竞争性的玩家。下面简要叙述燃料电池的主要挑战。

2.3.7 高成本

燃料电池的成本很高。专家估计，使用燃料电池产生每千瓦电的成本必须下降至 1/10，才能使燃料电池进入能源市场。现时燃料电池高成本的三个主要原因是：依赖于铂基催化剂、精心烧制的膜和涂层、双极板材料。从系统水平看，BoP 组件如燃料供应和存储子系统、泵、风机、电力和电子控制设备以及压缩机构成了典型完整燃料电池系统成本的约一半。更加重要的是，需要使用可再生基氢或烃类基氢，现时生产氢气的 BoP 组件远不是高性价比的。对烃类基技术，污染物移去技术的研究进展对满足燃料电池系统成本的计划目标是至关重要的。不管怎样，如果燃料电池成功进入大量生产阶段，它们的成本会显著降低和能够使顾客承担得起，因如下事实：制造和装配燃料电池的需求一般少于典型竞争技术如热引擎。

2.3.8　低耐用性

燃料电池的耐用性要求要比现时状态增加约 5 倍（对固定分布式发电部门应用至少达到 60000h），这样才能使燃料电池成为现时市场上可利用发电技术的长期替代者。对燃料电池内组件降解机理和失败模式的了解和防止失败的缓解手段是需要深入考察和试验的。对空气污染物和燃料杂质造成的燃料电池污染机理也需要仔细了解以提高燃料电池耐用性。

2.3.9　氢公用基础设施

燃料电池商业化面对的最大挑战之一是，生产氢气中的 96% 仍然使用烃类重整过程。从化石燃料（主要是天然气）生产氢，然后在燃料电池中使用在经济上是一大缺点，因为用化石燃料产生氢气配送的每千瓦成本高于直接使用化石燃料产生的每千瓦成本。因此，促进可再生基氢气研发是帮助从化石燃料基经济向可再生基氢经济转移的可行的解决办法。氢存储方法的发展（提供单位质量单位体积的高能量密度）且保持合理的成本是解决氢公用设施两难境地的第二个办法。广泛采用的氢存储技术必须是完全安全的，因为氢气非常轻和高度可燃，容易从常规容器中泄漏。金属和化学氢化物存储技术是比传统压缩气体和液体氢更安全和有效的方法。但是，需要更多的研究和发展以降低氢化物存储技术的相对高成本和进一步提高它们的性能（特别是存储容量）。

2.3.10　水平衡

燃料电池内的水，包括随加料气流进入的、阴极反应产生的、从一个组件到另一个组件的水迁移和出口气流带出的等。一般讲，成功的水管理策略会保持膜有很好的水合且没有引起在 MEA 或流动场中的水累积和阻塞。因此，在 PEMFC 不同操作条件和不同负荷需求下保持这个精确水平衡是主要的技术困难，需要科学界来解决。阴极水泛滥；在 GDL（气体扩散层）和流动场孔道及通道中水累积；膜干燥；燃料电池内残留水冷冻；热量、气体和水管理间的关系；进料气体湿度，这些全都是细微的和相互依赖的，是 PEMFC 水管理必须面对的问题。PEMFC 内不适当的水管理会导致燃料电池性能损失和耐用性降低。永久性膜受危害的结果是：低的膜离子电导率、不均匀电流密度分布、组件分层和反应物"饥饿"。正是这样，水管理策略范围也包括水直接注入到反应物气体循环中。水管理技术的性能评估，可使用液体水可视化或微观或宏观规模数值模拟完成。无论如何，水在燃料电池内部传输过程的了解和完整的模型是很必要的，目的是按照应用要求和操作条件发展优化组件设计、残留水移去方法和 MEA 材料。

2.3.11 伴生负荷

运转 BoP 辅助组件是需要伴生负荷的，这会降低系统总效率。运转 BoP 辅助组件，如空气压缩机、冷却剂泵、氢循环泵等，很明显需要的功率应该包括在效率计算中。另外，燃料电池系统重量和大小应尽可能降低，以使燃料电池与车载运输和小规模应用兼容。

2.4 不同燃料电池技术的比较

2.4.1 燃料电池技术特征比较

燃料电池应用领域与燃料电池类型密切相关。现在市场上有不同的燃料电池技术可以利用，因此首先必须了解哪类燃料电池技术最适合于哪种类型特定应用。燃料电池能够产生范围广泛的电功率，从 1W～10MW，因此它们能够满足几乎任何电功率需求的应用。小功率范围的装置和个人电器设备如手机和个人电脑（PC），燃料电池都能够满足这些设备对电功率的需求。对中等规模的功率应用，包括燃料电池车辆、家用电器、军事应用和公共运输，燃料电池同样能够满足它们的电功率需求。对大规模的功率应用（1～10MW），燃料电池可用于分布式发电站、热电和冷热电联产系统。表 2-4 和表 2-5 为不同研究者从另外一个角度总结了不同类型燃料电池技术的操作指标和电池特性，图 2-9 则比较了各种类型燃料电池的最大操作温度和输出功率。一般来讲，高的输出功率能够在高温操作时达到。图 2-10 给出各种燃料电池的电效率和组合热电（CHP）效率。表 2-6 表述燃料电池技术已经取得的功率、效率、应用和主要优点。

表 2-4 燃料电池技术操作指标总结

燃料电池类型	AFC	PAFC	SOFC	MCFC	PEMFC	DMFC
典型电解质	在母体中的 KOH 溶液	浸在母体中的液体磷酸	钇稳定氧化锆	浸在母体中 Li、Na 和 K 的碳酸盐溶液	固体聚合物（全氟磺酸型）	固体聚合物膜
阳极反应	$2H_2+4OH^- \longrightarrow 4H_2O+4e^-$	$2H_2 \longrightarrow 4H^++4e^-$	$(1/2)O_2(g)+2e^- \longrightarrow O^{2-}(s)$	$H_2+CO_3^{2-} \longrightarrow H_2O+CO_2+2e^-$	$H_2(g) \longrightarrow 2H^++2e^-$	$CH_3OH+H_2O \longrightarrow CO_2+6H^++6e^-$
阴极反应	$O_2+2H_2O+4e^- \longrightarrow 4OH^-$	$O_2+4H^++4e^- \longrightarrow 2H_2O$	$O^{2-}(s)+H_2(g) \longrightarrow H_2O(g)+2e^-$	$CO+CO_3^{2-} \longrightarrow 2CO_2+2e^-$	$(1/2)O_2(g)+2H^++2e^- \longrightarrow H_2O(l)$	$(3/2)O_2+6e^-+6H^+ \longrightarrow 3H_2O$
电荷载体	OH^-	H^+	O^{2-}	CO_3^{2-}	H^+	H^+
燃料	纯氢	纯氢	H_2、CO、CH_4 及其他	H_2、CO、CH_4 及其他	纯氢	甲醇
氧化剂	氧或空气	氧或空气	氧或空气	氧或空气	氧或空气	氧或空气
联产	不能	能	能	能	不能	不能
是否需要重整器	是	是	—	—	是	—
池电压/V	1.0	1.1	0.8～1.0	0.7～1.0	1.1	0.2～0.4

表 2-5　不同类型燃料电池特性

燃料电池类型	操作温度/℃	电解质	电荷载体	阳极催化剂	使用燃料	效率/%	功率范围/kW
AFC	70～100	KOH 溶液	OH^-	Ni	H_2	60～70	10～100
PEMFC	50～100	全氟磺酸型聚合物（固体）	H^+	Pt	H_2	30～50	0.1～500
DMFC	90～120	全氟磺酸型聚合物（固体）	H^+	Pt	甲醇	20～30	<1.0～1000
DEFC	90～120	全氟磺酸型聚合物（固体）	H^+	Pt	乙醇	20～30	<1.0～1000
PAFC	150～220	磷酸（不可移动）	H^+	Pt	H_2	40～55	5～10000
MCFC	650～700	熔融碳酸盐混合物	CO_3^{2-}	Ni	重整物或 H_2/CO	50～60	100～3000
SOFC	800～1000	钇稳定氧化锆	O^{2-}	Ni	重整物或 H_2/CO 或直接 CH_4	50～60	0.5～100

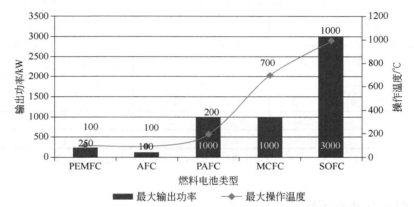

图 2-9　燃料电池最大操作温度和输出功率的比较

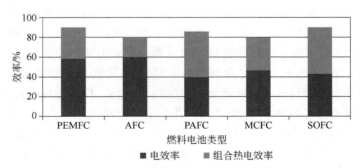

图 2-10　不同类型燃料电池的电效率和组合热电效率

表 2-6　燃料电池技术功率、效率、应用和主要优点

燃料电池类型	AFC	PAFC	SOFC	MCFC	PEMFC	DMFC	DCFC
操作温度，优化温度/℃	90～100，<100	150～200，200～215	600～1000，700～1000	600～700，650	50～100，<100	60～200	650～900
系统输出/kW	10～100	50～1000	<1～300	<1～1000	<1～250	0.001～100	
电效率/%	60	>40	35～43	45～47	53～58	40	

续表

燃料电池类型	AFC	PAFC	SOFC	MCFC	PEMFC	DMFC	DCFC
组合热电效率/%	>80	>85	<90	>80	70～90	80	
应用	军用,空间	分布式发电	辅助功率,公用电力,大分布发电	公用电力,大分布发电	备用电源,手提电源,小分布发电运输	电脑和其他手提装置	
优点	碱电解质中阴极反应快导致高性能,能够使用多种催化剂	CHP较高总效率,对氢中杂质有耐受性	高效率,燃料弹性,使用各种催化剂,固体电解质降低电解质管理问题	高效率,燃料弹性,能够使用各类催化剂,适合于CHP	固体电解质减少腐蚀和电解质管理,快速启动	因无燃料重整的成本	
热输出/℃	—	150～200	600～900	500～600	60～70		500～800
热绝缘	低	中等	高	高	低		高
内重整	不可能	不可能	仅用蒸气	仅用蒸气	不可能		不可应用
电解质	KOH	磷酸	O^{2-}, 传导陶瓷	熔融碳酸盐	PEM		熔融碳酸盐/氢氧化物、O^{2-},传导陶瓷
敏感性杂质	CO_2, CO, S	S	S	S	S, CO 约 $20×10^{-6}$		未知
冷启动功率	>50%	—	—	—	>50%		—
启动-停车	非常快(秒)	慢(小时)	数小时①	数小时	非常快(秒)		数小时
负荷跟踪	很好	受限	受限	受限	很好		受限
BoP	简单	中等	复杂	复杂	简单		复杂

① 对固定发电应用而言,对APU应用已经缩短到数十分钟,对微管式SOFC启动时间很短。

2.4.2　燃料电池应用

　　燃料电池在多个领域市场中保持有竞争潜力,它们的应用范围非常广泛。由于它们具有高模块化、宽功率和多类型等不同性质,燃料电池的应用范围很宽,从踏板车到大规模联产发电厂,在理论上它们可用于任何的能量需求装置。燃料电池在便携式电子设备、固定电力发生和运输部门中的应用正大幅度向着商业化迈进。从世界范围统计,燃料电池销售在2008～2011年间增加了214%。燃料电池在通信网络市场、材料管理市场和机场地面支持设备市场的备用电源中已经成为新出现的竞争者。全球燃料电池工业市场在2020年达到约1920亿美元。在燃料电池商业化发展中,美国、日本、德国、韩国、加拿大起着旗手国家的作用。有报道说,燃料电池在世界上的销售从2010～2014年增长104%,年安装功率仅在2014年就达到1.5GW。美国在2003～2010年间年增长速率高于10.3%。

　　对于许多性质非常不同的燃料电池应用,现在有许多制造商参与。许多燃料电池直接应用于汽车部门,更广泛应用于飞机、船舶、火车、公交车、小汽车、摩托车、卡车和牵引车运输工具中;燃料电池在自动售货机、真空吸尘器和交通信号中的应用也已经开始,而在手机、平板电脑和便携式电子装置领域,燃料电池市场也在不断增长;电功率较大的燃料电池被应用于医院、公安局和银行等领域的设施上;在水处理工厂和废物垃圾场中开始使用燃料电池利用废弃物进行发电把产生的甲烷气体转化掉。但正如我们看到的,现在的燃料电池的不同应用仍然是相当昂贵的。本书对燃料电池技术在多个领域中的应用进行了详细深入的介绍，已经在绪论、第 3 章和第 4 章基本介绍过，这里就不深入叙述了。

2.5　氢燃料电池热力学分析

2.5.1　燃料电池反应热力学

可逆池电位是燃料电池能够获得的最大电能电位，由于燃料电池过程也有不可逆性，其实际电位要低于该最大电位。下面分析燃料电池过程的不可逆性。

热力学讨论首先必须定义所讨论的体系。讨论一个空间，该空间中只有燃料（例如 H_2）和氧化剂（例如 O_2）流入，流出的是化学反应产物（如果反应物为氢和氧，则产物是水）。燃料电池被浸在恒定温度下的一个热浴中。反应物和反应产物的流动是在同样的温度 T 和压力 p 下进行的。讨论的体系处于稳定态。化学反应能够使用下面的一般反应方程式表示：

$$燃料 + 氧化剂 \longrightarrow 产物 + Q + W$$

$$\sum_{rc} N_{rc}（反应物）= \sum_{pc} N_{pc}（产物） \tag{2-24}$$

式中，Q 是产生的热量；W 是产生的电力；脚注 rc 指反应物；pc 指产物。对所讨论的体系，应用热力学第一定律和第二定律，获得的结果可写作：

$$\tilde{G}(\tilde{h}_{in} - \tilde{h}_{out}) + \dot{Q} + \dot{W} = 0 \tag{2-25}$$

$$\frac{\dot{Q}}{T} + \tilde{G}(\tilde{s}_{in} - \tilde{s}_{out}) + \dot{S}_g = 0 \tag{2-26}$$

式中，$\tilde{G}$ 是摩尔流速；$\tilde{h}$ 是摩尔焓；$\tilde{s}$ 是摩尔熵；$\dot{S}_g$ 是熵产生速率；脚注 in 表示进入燃料电池的量；out 表示从燃料电池出来的量。进出燃料电池的摩尔焓和摩尔熵用方程（2-27）～方程（2-30）表示：

$$\tilde{h}_{in} = \tilde{h}_{rc} = \frac{1}{N_f} \sum_{rc} N_{rc} \tilde{h}_{rc} = h_f + \frac{G_{ox}}{\tilde{G}_f} \tilde{h}_{ox} \tag{2-27}$$

$$\tilde{h}_{out} = \tilde{h}_{pc} = \frac{1}{N_f} \sum_{pc} N_{pc} \tilde{h}_{pc} = \frac{\tilde{G}_{pr}}{\tilde{G}_f} \tilde{h}_{pc} \tag{2-28}$$

$$\tilde{s}_{in} = \tilde{s}_{rc} = \frac{1}{N_f} \sum_{rc} N_{rc} \tilde{s}_{rc} = \tilde{s}_f + \frac{\tilde{G}_{ox}}{\tilde{G}_f} \tilde{s}_{ox} \tag{2-29}$$

$$\tilde{s}_{out} = \tilde{s}_{pc} = \frac{1}{N_f} \sum_{pc} N_{pc} \tilde{s}_{pc} = \frac{\tilde{G}_{pr}}{\tilde{G}_f} \tilde{s}_{pc} \tag{2-30}$$

式中，脚注 f 指燃料；ox 指氧化剂。

考虑方程（2-25）和方程（2-26），当它们被燃料摩尔流速 $\tilde{G}$ 除时，可以获得：

$$\tilde{q} = T(\tilde{s}_{out} - \tilde{s}_{in}) + T\tilde{s}_g \tag{2-31}$$

$$\tilde{w} = \tilde{g}_{in} - \tilde{g}_{out} + T\tilde{s}_g \tag{2-32}$$

式中，使用了比摩尔功 $\tilde{w} = \dot{W}/\tilde{G}$，比摩尔熵 $\tilde{s}_g = \dot{S}_g/\tilde{G}$，比摩尔 Gibbs 自由能 $\tilde{g} = \tilde{h} - T\tilde{s}$，比摩尔热 $\tilde{q} = \dot{Q}/\tilde{G}$。

在可逆过程中能够获得最大功，即当 $\tilde{s}_g = 0J/(K \cdot mol)$，得到 $\dot{W} = \tilde{G}(\tilde{g}_{in} - \tilde{g}_{out})$。这个最大功能够表示为电动势的函数，它被称为电池电位 E，于是可写成：

$$E = \frac{\tilde{w}}{nF} = \frac{\tilde{g}_{in} - \tilde{g}_{out}}{nF} - \frac{T\tilde{s}_g}{nF} = E_{max} - E_\lambda \tag{2-33}$$

式中，n 是电子的物质的量；F 是 Faraday 常数；E_{max} 是可逆条件下的最大电池电位；E_λ 是因不可逆性引起的电压损失。

$$E_\lambda = \frac{T}{nF}\tilde{s}_g \tag{2-34}$$

从电池电位的定义式（2-33），可以获得它随温度的变化值：

$$\left(\frac{\partial E}{\partial T}\right)_p = -\frac{1}{nF}\left(\frac{\partial(\Delta\tilde{g})}{\partial T}\right)_p \tag{2-35}$$

类似地，可以获得它随压力的变化值：

$$\left(\frac{\partial E}{\partial p}\right)_T = -\frac{1}{nF}\left(\frac{\partial(\Delta\tilde{g})}{\partial p}\right)_T \tag{2-36}$$

现在，考虑比摩尔 Gibbs 自由能和比摩尔焓

$$\tilde{g} = \tilde{h} - T\tilde{s} \tag{2-37}$$

$$\tilde{h} = \tilde{u} + p\tilde{v} \tag{2-38}$$

式中，$\tilde{u}$ 是比摩尔内能；$\tilde{v}$ 是比摩尔体积。这样一来就有可能获得如下关系：

$$d\tilde{g} = \tilde{v}dp - \tilde{s}dT \tag{2-39}$$

讨论方程（2-39），它关系到产物和反应物的比摩尔 Gibbs 自由能变化 $\Delta\tilde{g}$。类似的，也能获得产物和反应物间的比摩尔熵变化 $\Delta\tilde{s}$ 和比摩尔体积变化 $\Delta\tilde{v}$

$$\left(\frac{\partial(\Delta\tilde{g})}{\partial T}\right)_p = -\Delta\tilde{s} \tag{2-40}$$

$$\left(\frac{\partial(\Delta\tilde{g})}{\partial p}\right)_T = \Delta\tilde{v} \tag{2-41}$$

最后能够得到内能 E 随温度的变化关系：

$$\left(\frac{\partial E}{\partial T}\right)_p = -\frac{1}{nF}\Delta\tilde{s}(T, p) \tag{2-42}$$

E 随压力的变化关系：

$$\left(\frac{\partial E}{\partial p}\right)_T = -\frac{1}{nF}\Delta\tilde{v} \tag{2-43}$$

对转移电子数目很大的单个可逆燃料电池，这些结果中比摩尔熵变化可以是负的，从这可以区分出不同情形：

① 对 $\Delta N=N_{pc}-N_{rc}>0$ ，如果 $\Delta\tilde{s}>0$（其中 N_{pc} 为产物的物质的量，N_{rc} 为反应物的物质的量），则 E 随温度升高而增加和随压力升高而降低；

② 对 $\Delta N=0$，如果 $\Delta\tilde{s}=0$，E 与温度和压力无关；

③ 对 $\Delta N<0$，如果 $\Delta\tilde{s}<0$，E 随温度升高而下降和随压力升高而增加。

这些结果是基于纯的反应物和产物获得的。但在真实燃料电池中，反应物流中通常会含有稀释反应物的许多其他物质，即惰性稀释剂对燃料电池电位是有影响的。它们会增加传质阻力，因此燃料、反应物和产物的比摩尔值变化应该使用最高温度下的分压计算。

在有化学反应时，热量损失可以使用热力学第二定律方程（2-26）计算，对单位燃料摩尔流速有：

$$\tilde{q} = T(\Delta\tilde{s} - \tilde{s}_g) \tag{2-44}$$

而获得的有用功结果为：

$$\tilde{w} = -(\Delta\tilde{g} + T\tilde{s}_g) \tag{2-45}$$

于是就能够获得热力学第一定律效率：

$$\eta = \frac{\tilde{w}}{-\Delta\tilde{h}} = \frac{\Delta\tilde{g} + T\tilde{s}_g}{\Delta\tilde{h}} \tag{2-46}$$

对熵 $\tilde{s}_g=0$ 的可逆电池中，能够获得电池效率的最大值为：

$$\eta = \frac{\Delta\tilde{g}}{\Delta\tilde{h}} \tag{2-47}$$

可逆燃料电池的最大效率是其 Gibbs 自由能变化与焓变化之比，它相当于理想热引擎中的卡诺效率，它们是等同的。事实也是这样，当考虑在高温 T_1 和低温 T_2 间工作的理想热引擎，从温度为 T_1 的恒定热浴吸收摩尔热 $\tilde{q}_1$，进入恒定温度 T_2 热浴的摩尔热 $\tilde{q}_2$，于是单位燃料摩尔流速的热力学第一定律就能够写成：

$$\tilde{w} = \tilde{q}_1 - \tilde{q}_2 \tag{2-48}$$

式中，$\tilde{q}_1$ 等于焓的变化：

$$\tilde{q}_1 = -\Delta\tilde{h} \tag{2-49}$$

而对单位燃料摩尔流速的热力学第二定律可表示为：

$$\tilde{s}_g = \Delta\tilde{s} + \frac{\tilde{q}_1}{T_1} \tag{2-50}$$

利用 Gibbs 自由能的定义，该理想热引擎的卡诺效率就能够写为：

$$\eta_{\max} = 1 - \frac{T_2}{T_1} = \frac{T_1 - T_2}{T_1} = \frac{(T_1 - T_2)\Delta\tilde{s}}{T_1 \Delta\tilde{s}}$$

$$= \frac{\Delta\tilde{h} - T_2\Delta\tilde{s}}{\Delta\tilde{h}} = \frac{\Delta\tilde{g}}{\Delta\tilde{h}} = \frac{\Delta\tilde{g}}{\Delta\tilde{g} + T\Delta\tilde{s}} = \frac{E}{E - T(\partial E / \partial T)_p} \tag{2-51}$$

这也是一些文献中所给出的结果。

2.5.2 燃料电池中的不可逆性

在可逆条件下，能量损失是流向环境的热量损失 $T\Delta\tilde{s}$（由于负的熵值）。为使可逆燃料电池产生电功率，燃料电池提供电流 I，于是电功率为：

$$\dot{W} = EI \tag{2-52}$$

对实际燃料电池情形，电池电位和相关效率随电流增加而下降，因为燃料电池操作中会发生极化现象。极化现象包括活化极化、欧姆极化、浓差极化以及 Nernst 损失，分别叙述于下。

2.5.2.1 活化极化

活化极化导致的电位损失为 E_λ^{act}，这是由于电化学反应的不可逆性，能够使用 Tafel 关系来计算，

$$E_\lambda^{\mathrm{act}} = a + b\ln I \tag{2-53}$$

式中，$a = -RT/(\alpha nF)$，α 为电子传输系数；$b = -a$，称为 Tafel 斜率，可以从 E_λ^{act} 对 I 作图获得。

2.5.2.2 欧姆极化

因为燃料电池各组件以及它们间的连接均有电阻，于是欧姆极化损失可以使用欧姆定律计算：

$$E_\lambda^{\mathrm{ohm}} = rI \tag{2-54}$$

式中，r 是燃料电池中所有电阻之和，即燃料电池总电阻，包括电子电阻 R_{el}、离子电阻 R_{ion} 和接触电阻 R_{con}：

$$r = R_{\mathrm{el}} + R_{\mathrm{ion}} + R_{\mathrm{con}} \tag{2-55}$$

2.5.2.3 浓差极化

浓差极化是由于消耗反应物和生成产物而导致在反应区域产生浓度差，这种浓度差会产生电位损失，可以使用下式计算：

$$E_\lambda^{\mathrm{conc}} = b\ln(1 - I / I_{\mathrm{L}}) \tag{2-56}$$

式中，I_{L} 是限制电流，这是最大速率的一个测量，即反应物能够供应到电极的最大速率。

2.5.2.4 Nernst 损失

Nernst 损失可以表示为：

$$E_\lambda^{\mathrm{Nernst}} = [RT / (nF)]\ln(k_{\mathrm{out}} / k_{\mathrm{in}}) \tag{2-57}$$

式中，R 是气体常数；k 是平衡常数，用进出口气体组成计算的分压表示，来自最低池电极电位的自发调整。

于是整个燃料电池的极化损失能够表示为上述四种损失之和：

$$E_\lambda = E_\lambda^{act} + E_\lambda^{ohm} + E_\lambda^{conc} + E_\lambda^{Nernst} \tag{2-58}$$

从总的电位损失，能够计算出所产生的熵值：

$$\tilde{s}_g = \frac{E_\lambda}{nFT} \tag{2-59}$$

于是也就能够计算出燃料电池不可逆性导致的热量损失：

$$\tilde{q} = T\Delta\tilde{s} - nFE_\lambda = \Delta\tilde{h} - \Delta\tilde{g} - nFE_\lambda \tag{2-60}$$

它等于燃料电池的功率损失，可以按下式计算：

$$\tilde{w} = I\frac{\tilde{q}}{nF} = I\left(\frac{\Delta\tilde{h} - \Delta\tilde{g}}{nF} - E_\lambda\right) \tag{2-61}$$

现在使用上述燃料电池热力学来分析燃料电池中最常发生的化学反应，即氢氧化反应，进行相关的数值计算。氢气被氧气氧化的总化学反应可写成：

$$2H_2 + O_2 \longrightarrow 2H_2O \tag{2-62}$$

在标准条件下（温度为 25℃，压力为 1atm），该反应的比摩尔焓变 $\Delta\tilde{h}$ =-286J/mol、比摩尔 Gibbs 自由能 $\Delta\tilde{g}$ =-237.3J/mol。计算该标准条件的可逆电位，E_{max}=1.23V，理想热力学效率 83%。使用方程（2-35），可以计算出温度对这个理想可逆电位的影响，其结果示于图 2-11 中。当燃料电池有负载后即有电流流过时，要计算极化损失，此时氢燃料电池电位与输出电流间的关系示于图 2-12 中。

2.6　PEMFC 氢燃料电池的电化学原理

2.6.1　引言

在氢燃料电池中，通过电解质 H^+ 从阳极传导到阴极。在 PEMFC 中两个半池电化学反应同时发生于两个催化剂层和膜的界面上。因此，H^+ 从阳极穿过酸性膜来到阴极，以氢对氧的反应性吸引做出应答，而 e^- 从阳极经过外电路在阴极反应中被消耗掉。e^- 流过外电路的电流给我们有用的电功。在阴极，来自阴极气流的 O_2 与穿过膜的 H^+ 和流过外电路的 e^- 组合生成水。这个水能够被阴极的流出气流以液体或蒸汽的形式部分或全部移去，这取决于许多相互关联的因素如操作温度、反应物化学计量比和流场的设计。在阴极适当地累积水是很有必要的，这需要适当的水和热量管理，为了使池堆性能不下降。

PEMFC 燃料电池由三个活性组件组成：燃料电极（阳极）、氧化剂电极（阴极）和夹在它们之间的电解质。电极由覆盖有催化剂层（在 PEMFC 中通常是铂）的多孔材料构成。参考前面的 PEMFC 操作原理图（图 2-6），气流中的分子氢被送到阳极发生电化学反应。氢被氧化生成其离子和电子，其电化学反应可表示为：

$$H_2 \longrightarrow 2H^+ + 2e^- \tag{2-63}$$

氢离子通过酸性电解质迁移，而电子被强制通过外电路，它们都到达阴极。在阴极，电子和氢离子与外部气流供应的氧反应生成水，其相互反应按如下方程进行：

$$\frac{1}{2}O_2 + 2H^+ + 2e^- \longrightarrow H_2O \tag{2-64}$$

氢燃料电池中的总电化学反应的产物是水、热量和电力，如下述方程所示。

$$H_2 + \frac{1}{2}O_2 \longrightarrow H_2O + W_{ele} + Q_{heat} \tag{2-65}$$

电化学反应的主产物是电力，而热量和水是副产物，必须连续移去，为保持理想地产生电功率，燃料电池需要进行连续的等温操作。因此，水和热量管理在燃料电池的有效设计和操作中是很关键的步骤。

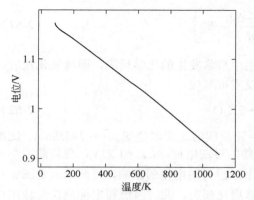

图 2-11　池可逆电位与温度间的关系

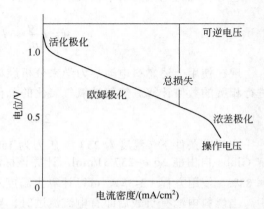

图 2-12　氢燃料电池电位与电流密度间的关系

2.6.2　氢燃料电池可逆效率

在燃料电池中，总化学反应焓变是产物和反应物生成焓之差，这个生成焓表示燃料电化学氧化产生的热量。当我们定义燃料电池可逆效率时，该生成焓能够作为主要目的物。在单位摩尔基础上，氢燃料电池的生成焓 ΔH_f 由下式给出：

$$\Delta H_f = (h_f)_{H_2O} - (h_f)_{H_2} - (h_f)_{O_2} \tag{2-66}$$

元素如氧和氢的生成焓，定义为零，而水的生成焓能够在不同的温度下计算。因此，方程（2-66）可简化为：

$$\Delta H_f = (h_f)_{H_2O} \tag{2-67}$$

如方程（2-65）所示，如果产物水是液体形式，我们认为这时的生成焓是高热值（HHV）的；如果产物水是以蒸汽形式出现的，则我们认为此时的生成焓是低热值（LHV）的。高热值生成焓与低热值生成焓之差就是水的摩尔蒸发潜热。

由于在燃料电池中燃料的氧化并不是燃烧氧化，因此电化学反应生成焓仅作为输入到燃料电池中的能量的一部分。略去压力和体积变化所做的功，输入到燃料电池中的能量被转化为有用电功的最大值是电化学反应的 Gibbs 生成自由能 ΔG_f，在单位摩尔基础上可表示为：

$$\Delta G_f = \Delta H_f - T\Delta S_f \tag{2-68}$$

反应的生成熵 ΔS_f 能够按类似于计算生成焓那样计算不同温度下的生成熵：

$$\Delta S_f = (s_f)_{H_2O} - (s_f)_{H_2} - (s_f)_{O_2} \tag{2-69}$$

这里要区别清楚，ΔG_f 是电化学反应的最大有用功（用于产生电力），而 ΔH_f 是总电化学反应产生的最大热量。当所有 ΔG_f 被移动的电子通过外电路产生有用电功时，此时的电池电压称为可逆池电压。最后，当考虑方程（2-68）时，重要的是要认识到，随温度增加 $T\Delta S_f$ 项的增加要快于 ΔG_f 项的增加。

如前所述，为了像在热引擎中定义 Carnot 效率那样定义燃料电池操作中的最大效率（一种概念），我们必须分别考虑输入到燃料电池系统中的能量和可利用于做外电功的能量。前者是电化学反应的生成焓，后者是电化学反应的生成 Gibbs 自由能，因此，我们能够把燃料电池的可逆最大效率定义为这两个能量之比，也即：

$$\eta_{rev} = \frac{\Delta G_f}{\Delta H_f} \tag{2-70}$$

在图 2-13 中，对燃料电池理论效率和热引擎卡诺（Carnot）效率与温度间的关系进行了比较。能够看到，在低和中等操作温度，燃料电池的理想效率要显著高于卡诺效率。而在较高操作温度时，两个理想效率彼此是接近的。低操作温度的实际实现对应用而言，应该有较好的动力学应答和较快的负荷启动时间。但是，在真实的情形中，在较高温度操作导致较高的电池电压，由于减少了电压损失，因此可能是有利的。

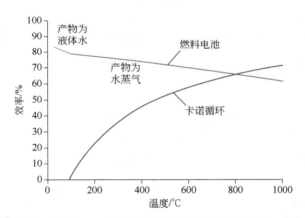

图 2-13　理想燃料电池（基于 LHV）和卡诺循环效率（尾气温度 90℃）与温度间的关系

2.6.3　可逆电压

电功被定义为电荷和电位的乘积：

$$W_{ele} = qE \tag{2-71}$$

在燃料电池中电子传输的总电荷，对单位摩尔氢气应该等于：

$$q = nN_{avg}q_{el} \tag{2-72}$$

式中，n、N_{avg} 和 q_{el} 分别为电化学反应中每个氢气分子放出的电子数目、Avogadro 常数和电子所带电荷。应该注意到，N_{avg} 和 q_{el} 的乘积是每摩尔的电子电荷（换句话说它等于 Faraday 常数，96485C/mol），于是方程（2-71）能够被进一步简化。为此，电功可以表示为：

$$W_{ele}=nFE \tag{2-73}$$

但是，如前所述，当燃料电池系统可逆时，在燃料电池中产生的电功等于电化学反应的生成 Gibbs 自由能。在一个可逆燃料电池系统中，$W_{ele}=-\Delta G_f$，于是燃料电池的可逆池电压可以表示为：

$$E_{rev} = -\frac{\Delta G_f}{nF} \tag{2-74}$$

这个可逆池电压是等温燃料电池电化学理论中可达到的最高电压，通常称为 Nernst 电压。值得注意的是，如果用焓替代方程（2-74）中的 Gibbs 自由能，得到的将是已知的所谓热中性池的电压，它相当于把燃料中所含全部能量在电化学反应中完全转化电功（即 100%热效率，燃料电池内部没有热量产生）。代入方程（2-68）到方程（2-74）中，得到的可逆池电压为：

$$E_{rev} = \frac{\Delta H_f - T\Delta S_f}{nF} \tag{2-75}$$

从方程（2-75）和图 2-14 能够看到，温度的增加会导致燃料电池理论电压的下降。但是，在较高温度下传质和离子传导比较快，这能够补偿 Nernst 电压的下降。使用方程（2-75）中的可逆池电压定义，我们能够定义燃料电池的电压效率为操作电压与可逆池电压之比：

$$\eta_{vol} = \frac{E}{E_{rev}} \tag{2-76}$$

式中，E 是操作电压。即电压效率是燃料电池操作电压与 Nernst 电压之比。

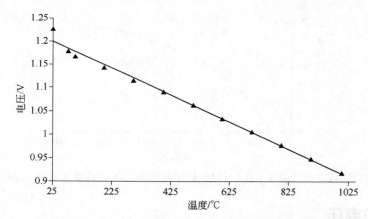

图 2-14　氢/氧 PEMFC 在 1atm 时 Nernst 电压与温度间的函数关系

到目前为止，在上面的讨论中，我们把生成 Gibbs 自由能仅作为温度的函数。但是，Gibbs 自由能不仅是温度而且也是压力的函数。因此，对氢燃料电池的 Gibbs 自由能，其比较正确的电化学热力学方程应该使用如下的方程表示：

$$\Delta G_f = \Delta G_f^{\ominus} - RT \ln \frac{p_{H_2} p_{O_2}^{0.5}}{p_{H_2O}} \tag{2-77}$$

式中，上标 $\ominus$ 指标准状态；p 是气体分压（与混合物中的摩尔分数成比例关系，假定所有物种都是理想气体）。如果使用在方程（2-77）中的表达式，由可逆池电压方程（2-74）中可逆池电压定义，能够得到：

$$E_{\text{rev}} = E_{\text{rev}}^{\ominus} + \frac{RT}{nF} \ln \frac{p_{\text{H}_2} p_{\text{O}_2}^{0.5}}{p_{\text{H}_2\text{O}}} \tag{2-78}$$

式中，$E_{\text{rev}}^{\ominus}$ 是标准状态下的可逆 Nernst 电压。从式（2-78）可观察到，反应物和产物分压在可逆池 Nernst 电压变化中起着重要的作用，计算时以反应期间反应物和产物浓度替代分压。例如，能够从方程（2-78）发现，改变氢气进口压力或浓度会对可逆池电压产生影响（例如，使用含微量 CO_x 的氢气），对纯氢气可以获得：

$$\Delta E_{\text{rev}} = \frac{RT}{nF} \ln \frac{(p_{\text{H}_2})_2}{(p_{\text{H}_2})_1} \tag{2-79}$$

于是，当反应物含惰性稀释剂时，稀释剂会降低可逆池电压，这通常称为 Nernst 损失。也能够使用方程（2-78）分离出系统压力从 p_1 变化到 p_2 时对可逆池电压的影响，其值等于：

$$\Delta E_{\text{rev}} = \frac{RT}{2nF} \ln \frac{p_2}{p_1} \tag{2-80}$$

最后，我们能够使用方程（2-78）证实，氧化剂从空气改变到纯氧时，其对可逆池电压的影响等于：

$$\Delta E_{\text{rev}} = \frac{RT}{2nF} \ln \frac{1.0}{0.21} \tag{2-81}$$

2.6.4　反应物流速的影响

氢和氧在燃料电池堆电化学反应中的消耗与该堆获得电流有紧密的函数关系。这可使用 Faraday 定律推导出所需反应物流速与特定电流间的关系：

$$It = nzF \tag{2-82}$$

式中，I，t，n，z 和 F 分别是以电化学反应中以 A（安培）计的电流、以秒计的时间、物质的量、电子数和 Faraday 常数。对氢燃料电池，基于在阳极上的电化学反应[方程（2-63）]和阴极上的反应 [方程（2-64）]，因该情形中 $z=2$，反应物的摩尔流速能够被计算如下：

$$\dot{n}_{\text{hydrogen}} = \frac{I}{2F} \tag{2-83}$$

$$\dot{n}_{\text{oxygen}} = \frac{I}{4F} = \frac{\dot{n}_{\text{hydrogen}}}{2} \tag{2-84}$$

式中，$\dot{n}$ 是摩尔流速，mol/s。考虑到化学计量比、电池堆单元池数目和热量以及反应物是含杂质的一般情形，我们能够获得在给定电流输出条件下计算实际需要的燃料和氧化剂摩尔流速的比较实际的方程：

$$\dot{n}_{\text{fuel}} = \frac{I S_{\text{H}_2} N_{\text{cell}}}{2F r_{\text{H}_2}} \tag{2-85}$$

$$\dot{n}_{oxidant} = \frac{IS_{O_2} N_{cell}}{4Fr_{O_2}} \qquad (2\text{-}86)$$

式中，N_{cell} 是单元池的数目；S 是化学计量比；r 是体积分数。为了确定在燃料尾气中水的摩尔流速 $[(\dot{n}_{H_2O})_{fuel,out}]$，我们能够观察到，水蒸气流速应该等于燃料入口气流中的水含量 $[(\dot{n}_{H_2O})_{fuel,in}]$ 加上从阴极传输到阳极的水 ｛因阴极生成水导致的反扩散结果 $[(\dot{n}_{H_2O})_{BD}]$｝ 再减去从阳极传输到阴极的水（电渗透拖力的结果）$[(\dot{n}_{H_2O})_{ED}]$。因此，燃料尾气中的水量可表示为：

$$(\dot{n}_{H_2O})_{fuel,\,out} = (\dot{n}_{H_2O})_{fuel,\,in} + (\dot{n}_{H_2O})_{BD} - (\dot{n}_{H_2O})_{ED} \qquad (2\text{-}87)$$

类似地，在氧化剂尾气中水含量的摩尔流速 $[(\dot{n}_{H_2O})_{oxidant,out}]$ 应该等于在氧化剂入口的水含量 $[(\dot{n}_{H_2O})_{oxidant,in}]$ 加上在阴极产生的水 $[(\dot{n}_{H_2O})_{gen}]$，再加上从阳极传输到阴极的水 ｛因电渗透拖力的结果 $[(\dot{n}_{H_2O})_{ED}]$｝，减去从阴极传输到阳极的水 ｛因反扩散的结果 $[(\dot{n}_{H_2O})_{BD}]$｝。于是得到：

$$(\dot{n}_{H_2O})_{oxidant,\,out} = (\dot{n}_{H_2O})_{oxidant,\,in} + (\dot{n}_{H_2O})_{gen} + (\dot{n}_{H_2O})_{ED} - (\dot{n}_{H_2O})_{BD} \qquad (2\text{-}88)$$

通常把反扩散表示成穿过膜的电渗透拖力的一个分数。这是因为一方面反扩散取决于（除其他因素外）穿过膜的水浓度梯度，它是不均一的，要模型化它是困难的。而在另一方面，电渗透拖力仅取决于从燃料电池中取出的电流。因此，能够使用下面的方程来计算这两项的值：

$$(\dot{n}_{H_2O})_{ED} = \xi \frac{IN_{cell}}{F} \qquad (2\text{-}89)$$

$$(\dot{\eta}_{H_2O})_{BD} = \beta\xi \frac{IN_{cell}}{F} \qquad (2\text{-}90)$$

式中，ζ 是每个质子所携带的水分子数目；β 是使用电渗透拖力来表示反扩散的一个分数。

2.6.5　燃料电池的极化

如早先所述，可逆池电压是 Gibbs 自由能在没有损失的条件下直接转化为电功时所能够获得的电压。但是，在真实情形中，燃料电池存在若干不可逆性，这些不可逆性会引起电压的损失，导致池实际电压总是低于可逆池电压。这些不可逆性引起的电压下降会随电流密度的增加而增加。因此，以电压对电流密度作图是有用的，这可以作为燃料电池的一个特征（见图 2-12）。即便在开路电压情形中（不存在负荷），实际电压仍然可能小于可逆电压，这就是所谓的 Nernst 损失。这些不可逆性就是已知的电池极化，燃料电池极化能够划分成四种主要来源，如前面所述的活化极化、交叉极化、欧姆极化和浓差极化，类似于图 2-12，在图 2-15 中表示的是含极化电压损失的燃料电池典型极化曲线。这些极化源在这个极化曲线中都存在。但是，在极化曲线的某一区段中一般仅有一种极化占优势。图 2-15 中的极化曲线是燃料电池中用于评价性能的最重要特性，当四个主要极化从可逆电压中被扣除时，我们获得了所谓的极化方程：

$$E = E_{rev} - E_{a,a} - E_{a,c} - E_o - E_{c,a} - E_{c,c} \qquad (2\text{-}91)$$

式中，$E_{a,a}$ 和 $E_{a,c}$ 是阳极和阴极上的活化和交叉损失；E_o 是欧姆损失；$E_{c,a}$ 和 $E_{c,c}$ 是在阳极和阴极上的浓差损失。方程（2-91）中的所有项都必须是正值。

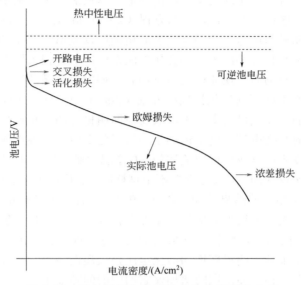

图 2-15　带电压损失的燃料电池典型极化曲线

2.6.5.1　活化极化损失

活化损失是低电流密度时的主要电压损失，这是由阳极表面上燃料的缓慢氧化或阴极表面上氧缓慢还原动力学引起的。引发电化学反应是需要能量的，它反映在活化电压损失中。在阳极和阴极上的活化损失能够分离，使用 Tafel 方程表示为：

$$E_{a,a} = A_a \ln \frac{i}{i_{0,a}} \qquad (2\text{-}92)$$

$$E_{a,c} = A_c \ln \frac{i}{i_{0,c}} \qquad (2\text{-}93)$$

式中，i 是电流密度；i_0 是交换电流密度，A 由下式给出：

$$A = \frac{RT}{n\alpha F} \qquad (2\text{-}94)$$

式中，α 是已知的一个常数，称为电荷传输系数，它与所用电极材料、材料微结构和电化学反应机理密切相关。交换电流密度被定义为：在平衡条件下，当净电流密度为零时同时发生的氧化和还原速率。所以，它是电极催化剂活性的一个测量值，当该值较高时，电荷从电极移到电解质和从电解质移到电极比较容易，电流密度比较大。交换电流密度是活化损失中的重要因素。它的值最好使用下面的方程计算：

$$i_0 = i_0^{\text{ref}} \varepsilon_c p_r^{\gamma} \exp\left[-\frac{E_c}{RT}(1 - T_r)\right] \qquad (2\text{-}95)$$

式中，i_0^{ref} 是任意参考条件下的交换电流密度；ε_c 是电极一个参考值（一般在 $180\sim500$

之间）；p_r 是反应物分压与参考反应物分压之比；γ 是压力系数，一般在 $0.5 \sim 11.0$ 之间；E_c 是活化能，对氧在铂上还原等于 $66kJ/mol$；T_r 是池温度和参考温度之比。

实际使用时总希望有最大化的交换电流密度值，以使活化损失最小化，这一点能够从方程（2-92）和方程（2-93）中清楚看到。如方程（2-95）指出的，可以通过选择更高活性的电极、增加操作温度和操作压力、增加电极表面粗糙度以及增加催化剂负荷和反应物浓度来增加电极表面的活性位数目等手段来增加交换电流密度。活化损失增加的其他因素是电催化剂活性的降解，包括反应物中出现催化剂污染物和长期的负荷循环等。重要的是要注意到，在每个电极上由此而产生的不同活化损失由方程（2-91）中的两个不同项表示，但通过两个电极的电流总是相同的。在氢燃料电池中，氧还原即阴极上的活化损失一般总是占优势的。这是因为氧还原反应的交换电流密度要远小于燃料氧化反应的交换电流密度。因此，增加还原反应的交换电流密度应该是我们最应关注的。有意思的是能够注意到，尽管前面已经说过，高温下可逆池电压是比较低的，但实际上并不是这样的。活化损失随温度增加而降低是事实，这是交换电流密度增加导致的结果［如方程（2-92）、方程（2-93）和方程（2-95）所示］，但这也引起实际池电压随温度增加而增加。虽然方程（2-92）中的 A 值也是随温度增加而增加的，但交换电流密度的增加能够补偿 A 值增加且有余，即交换电流密度的增加比 A 值有更大的增加。于是最终结果是，随温度增加活化电压损失反而减少。因此产生实际池电压曲线向上移而可逆池电压向下移，即温度的增加使它们间的间隙缩小。

2.6.5.2　交叉极化损失

交叉极化电压损失是开路条件下电压损失的主要原因。产生电压损失的原因有两个：第一，氢直接从阳极通过电解质扩散到阴极，并没有在阳极发生氧化反应，虽然膜对氢燃料实际上是不可渗透的；第二，电子穿过电解质内部而不是流经外电路，虽然膜对电子实际上也是不可渗透的。这两个原因的详细作用对池电压产生的影响是相同的（由于浪费了部分氢燃料或电子使电压降低）。交叉极化通常是需要我们重视的，尤其是当操作温度较低或在接近开路条件操作时。这是因为在开路条件下发生的氢燃料消耗仅仅是由于交叉极化，而在闭路条件下，外电流消耗的氢燃料远远大于内电流消耗的氢（浪费了的）。另外，氢跨膜的浓度梯度随电流密度增加而降低，因其在阳极消耗氢速率较高。因此在高电流密度时氢通过膜扩散的推动力（即氢浓度梯度）是很弱的，但在没有外电流时（即在开路条件下）这个推动力是很强的。因此，交叉极化损失可以在开路条件（即没有外部负载电流）下测量（少量）反应物消耗来测量和分离它。

使用方程（2-83）并除以池活性面积，就能够获得氢燃料电池在开路条件下因交叉极化引起的内电流密度：

$$i_{loss} = \frac{2F\dot{n}_{hydrogen}}{A} \qquad (2\text{-}96)$$

这样就能够把因交叉极化损失产生的内电流密度并入方程（2-92）和方程（2-93）。

$$E_{a,a} = A_a \ln \frac{i_{loss} + i}{i_{0,a}} \qquad (2\text{-}97)$$

$$E_{a,c} = A_c \ln \frac{i_{loss} + i}{i_{0,c}} \qquad (2\text{-}98)$$

这说明了为什么实际电压总是小于可逆电压［方程（2-91）所指出的］。也就是在开路条件下方程（2-97）和方程（2-98）并不等于零，由于有内电流损失存在。于是得到图 2-15 所示的开路电压总小于可逆池 Nernst 电压的结果。但不管怎样，通过优化膜渗透率和厚度有可能使交叉极化损失降至最低。

2.6.5.3　欧姆极化损失

电池组件对电荷（电子和离子）流动产生的传导电阻称为欧姆极化。电解质、催化剂层、GDL、流场板、电流收集器、组件之间的接触以及与端部的连接，全都对欧姆电压损失作出贡献。电阻是由于组件对电子流动的传导阻力，而离子传导阻力是由于膜对离子流动的阻力。产生的大部分电阻来自 GDL、双极板、冷却板和相互连接时的不合适接触。但是，离子电阻常常占欧姆电压损失的绝大部分。这是因为离子导体中的电荷载体数目远少于在电子导体中的电荷载体数目。在电子导体中，原子的价电子是无束缚的、能够自由移动的，而在离子导体中，离子需要通过晶格空穴移动。因此，与离子电阻和接触电阻比较，电子电阻常常可以略去。

离子电阻、接触电阻和电子电阻所造成的电压损失都能够使用欧姆定律来表示，即有：

$$E_o = i(R_{ele} + R_{ion} + R_{CR}) \tag{2-99}$$

式中，R_{ele}、R_{ion} 和 R_{CR} 分别是以 $\Omega \cdot cm^2$ 为单位的电子、离子和接触面积比电阻。欧姆损失在极化曲线中部区域是占优势的，对所有类型燃料电池都产生影响。因此，为了减小欧姆损失，重要的是，在设计中要使用高电导率（即低电阻）材料来构建电池堆、使用最小厚度组件和使相互连接处的接触电阻最小（对此采用的方法是优化组装电池堆时的压缩压力）。特别重要的是针对电解质，因它的离子电阻最大。为此需要设计使用化学和机械稳定的电解质，尽可能使其具有最高电导率和最薄的厚度，这是因为离子电解质的电阻与其厚度成正比与其电导率成反比。对聚合物电解质，使用的聚合材料及其水含量对其电阻有着非常显著的影响，必须仔细考虑。

2.6.5.4　浓差极化损失

浓差极化导致的电压损失在高电流密度时占优势。当反应活性位上可利用于电极反应的反应物浓度降低时，就会发生浓差极化损失。反应物浓度降低（即分压的降低）的原因包括燃料氢供应受限、燃料和氧化剂从流场通道到催化剂层的扩散速率受限、在阴极差的空气循环导致氮（或任何非反应参与惰性气体）累积以及在阴极或阳极的水累积和水泛滥（特别是对 PEMFC）或电极反应区域杂质的吸附。但阴极浓差极化总是占优势的，因为水累积常发生于阴极、氮累积也发生于阴极、氧扩散速率要远慢于氢扩散。为了减小浓差极化导致的电压损失，能够采取的方法有合适的水管理、移去杂质、优化燃料氧化剂化学计量比、优化 GDL 厚度和孔隙率。

为了描述浓差极化的电压损失，我们应该注意到，当反应物（燃料或氧化剂）的消耗速率等于反应物供应速率时，燃料电池产生的电流密度最大。因此，在该最大电流密度时，在催化剂表面的反应物浓度（也就是分压）应该达到或接近于零。而当电流密度下降到零时，在催化剂表面的反应物浓度应为最大（即其分压最大）。如果假定反应物分压与产生电流密度之间有线性关系，就能够获得如下的简单线性方程（它关系到这两个变量），可以应用于燃料和氧化剂：

$$p = -\frac{p_{max}}{i_{max}}i + p_{max} \tag{2-100}$$

式中，p_{max} 是对应于最大浓度的最大分压；i_{max} 是最大电流密度；p 是零和 p_{max} 之间任一分压；i 是零和 i_{max} 之间任一电流密度，重排后得到：

$$\frac{p}{p_{max}} = 1 - \frac{i}{i_{max}} \tag{2-101}$$

2.6.5.5　Nernst 损失

回忆一下在 Nernst 电压概念基础建立的方程（2-78）、方程（2-79）和方程（2-80），它们描述反应物分压是如何影响池电压的。基于这些关系，用 p_2/p_1 替代方程（2-101）中的 p/p_{max} 项，就能够获得在阳极和阴极上浓差极化电压损失与氢气和氧气流间的关系：

$$E_{c,a} = -\frac{RT}{2F}\ln\left(1 - \frac{i}{i_{max,a}}\right) \tag{2-102}$$

$$E_{c,c} = -\frac{RT}{4F}\ln\left(1 - \frac{1}{i_{max,c}}\right) \tag{2-103}$$

应该注意在式中加了负号，这是为了使得到的电压损失值为正值。尽管方程（2-102）和方程（2-103）可以与实验数据拟合得相当好，但它们缺少真实实验结果给出的逐渐过渡。这是因为在这两个方程中没有考虑水和不参加反应惰性气体（特别是氮）累积的影响，这种影响会导致电流密度在整个电极表面上的不均匀分布。因此，为了给出比较实际的结果，常常在方程（2-102）和方程（2-103）中使用经验常数，于是有：

$$E_{c,a} = -B_a\ln\left(1 - \frac{i}{i_{max,a}}\right) \tag{2-104}$$

$$E_{c,c} = -B_c\ln\left(1 - \frac{i}{i_{max,c}}\right) \tag{2-105}$$

值得注意的是，如在图 2-15 中看到的，热中性电压和可逆池电压之间的恒定差别是由于方程（2-68）中的 $T\Delta S_f$ 项。这个恒定差别表示的是，在理想燃料电池条件下被转化为热能，必须有最小量燃料的输入。这类似于在热机中的 Carnot 效率概念。热中性电压和实际电压间的差别，如图 2-15 中所示出的，表示在燃料电池内产生的实际热量。当这个差被电流密度乘以后，就获得了所谓热量产生密度速率曲线。

2.6.5.6　真实燃料电池的极化曲线

前述的极化曲线和方程是针对单一气相操作氢燃料电池情形获得的，也就是在零维稳定态模型上获得的。这种处理方法是平均燃料电池性能最简单和最常用的方法之一。但是，已经发展出多维和多相模型，求解它们需要使用数值迭代方法和软件包。基于前面部分的讨论，能够获得有代表性的氢-空气 PEMFC 的极化曲线，也能够把曲线分离成交叉、活化、欧姆和浓差损失的曲线。同时也能够获得同一燃料电池产生的功率密度曲线和热量产生速率曲线。

对方程（2-91）中各个变量使用方程（2-78）、方程（2-97）、方程（2-98）、方程（2-99）、方程（2-104）和方程（2-105）中的表达式，能够获得如下的极化方程：

$$E = \left(E_{rev}^{\ominus} + \frac{RT}{nF} \ln \frac{p_{H_2} p_{O_2}^{0.5}}{p_{H_2O}} \right) - \left(A_a \ln \frac{i_{loss}+i}{i_{0,a}} \right) - \left(A_c \ln \frac{i_{loss}+i}{i_{0,c}} \right)$$

$$- i(R_{ele} + R_{ion} + R_{CR}) - \left[-B_a \ln\left(1 - \frac{i}{i_{max,a}}\right) \right] - \left[-B_c \ln\left(1 - \frac{i}{i_{max,c}}\right) \right] \quad （2\text{-}106）$$

该式中的各个参数，对有代表性的氢-空气 PEMFC，列举于表 2-7 中。A_a 和 A_c 值使用方程（2-94）和表 2-7 中的值计算。重要的是，要使该方程方括号内所有电压损失项都是正的。图 2-16 给出的是前述 PEMFC 的极化曲线，其电压损失已经被分类。从图 2-16 可以很清楚地看到：低电流密度时活化损失是主要的；零电流密度时主要损失由交叉极化所贡献；欧姆损失随电流密度增加线性增加；中间区域的电压损失主要是活化极化损失；浓差极化损失一直很低直到达到高电流区域，它们的贡献开始占优势一直到使池电压达到零，而这是达到最大电流密度时的结果。图 2-17 示出了燃料电池性能评价曲线最重要四条中的三条（第四条是效率曲线）。一方面，图 2-17 显示了极化曲线与功率密度曲线间的关系；另一方面，也显示该极化曲线与热产生密度速率曲线间的关系。没有被转化为有用电能的燃料输入用于池内产生热量而浪费了。图 2-17 中的功率密度曲线显示出一个很宽的电流密度优化范围（其功率密度接近其峰值）。这对燃料电池设计者和使用者是一个很重要的观察点。

表 2-7　PEMFC 极化、功率密度和热产生密度速率曲线

参数	数值	单位	参数描述
ΔH_f	285250	J/mol	生成焓
$E_{rev}^{\ominus}$	1.18	V	标准条件下可逆 Nernst 电压
R	8.3145	J/(mol·K)	气体常数
T	353	K	操作温度
n	2	—	包含电子数目
F	96485	C/mol	法拉第常数
p_{H_2}	100	kPa	氢气分压
p_{O_2}	21	kPa	氧气分压
p_{H_2O}	45	kPa	水汽分压
α_a	0.5	—	阳极电荷传输系数
α_c	0.3	—	阴极电荷传输系数
A_a	0.03042	V	阳极活化常数
A_c	0.05070	V	阴极活化常数
$i_{0,a}$	0.15	A/cm²	阳极电流交换密度
$i_{0,c}$	1.5×10^{-4}	A/cm²	阴极电流交换密度
i_{loss}	0.008	A/cm²	损失的内电流密度
R_{ele}	0.0	Ω·cm²	电子面积比电阻
R_{ion}	0.10	Ω·cm²	离子面积比电阻
R_{CR}	0.030	Ω·cm²	接触面积比电阻

参数	数值	单位	参数描述
B_a	0.045	V	阳极经验常数
B_c	0.045	V	阴极经验常数
$i_{max,a}$	15	A/cm^2	阳极最大电流密度
$i_{max,c}$	2.5	A/cm^2	阴极最大电流密度

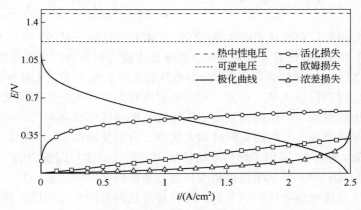

图 2-16　PEMFC 极化曲线

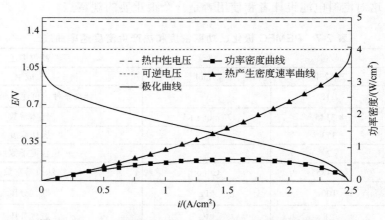

图 2-17　PEMFC 极化、功率密度和热产生密度速率曲线

　　到目前为止，燃料电池零维极化模型方程中的变量被假设是静态的（如反应物流速）。实际上，燃料电池多个变量是随时间变化的。因此，对实际燃料电池设计、控制、稳定性分析、评价和优化需要使用动态模型。为实现这，把方程（2-91）中的项分成两个主要组分：稳定态组分（E_{st}）和瞬态组分（E_{tr}）。稳定态组分包括可逆电压和欧姆电阻损失，因为它们是不随时间改变的，与随时间变化的瞬态项无关。瞬态组分包括两电极的活化和浓差电压损失，因为它们取决于瞬态项。于是有：

$$E = E_{st} - E_{tr} = (E_{rev} - E_o) - (E_{a,a} + E_{a,c} + E_{c,a} + E_{c,c}) \tag{2-107}$$

　　方程（2-107）中的稳定态和瞬态组分各项的表达式能够使用文献中的各种可利用模型找到（例如有描述燃料电池的统一数学模型）。

2.6.6　燃料电池系统效率

燃料电池系统总效率由一系列的效率构成。其中第一个是可逆效率，已经在前边讨论过了，给出于方程（2-70）中。第二个是电压效率，已经在前边部分做了讨论，由方程（2-76）给出。此外，燃料利用效率（η_{fuel}）是在燃料电池中消耗燃料的分数，功率调节效率（η_{pc}）是用于调整输出功率的效率，车载重整器效率（η_{ref}）是粗燃料转化为有用燃料的分数，伴生功率效率（η_P）是考虑了使用于操作 BoP 系统的燃料电池功率的量，它由下面的半经验方程给出：

$$\eta_P = 1 - a - \frac{b}{Ei} \tag{2-108}$$

式中，a 和 b 是经验常数。当所有前面叙述过的效率被组合时，就能够获得燃料电池系统的总效率，简化后的方程如下：

$$\eta_{tot} = \frac{nFE}{\Delta H_f}(\eta_{fuel}\eta_{ref}\eta_{pc})\left(1 - a - \frac{b}{Ei}\right) \tag{2-109}$$

把方程（2-106）中的池实际电压代入到方程（2-109）中，对前述的氢-空气 PEMFC，得到的总系统效率曲线示于图 2-18 中。表 2-8 列举了使用于方程（2-109）中的参数。从图 2-18 能够看到，对所使用的参数值，在电流密度 0.5A/cm² 左右时效率最高。效率在接近零电流密度时是非常低的，在电流密度在 0.5~2A/cm² 之间时呈线性降低，然后在 2~2.5A/cm² 之间时呈指数下降。这暗示，有可能在优化燃料电池的设计时，对设计参数达到最优且保持在最优效率范围。

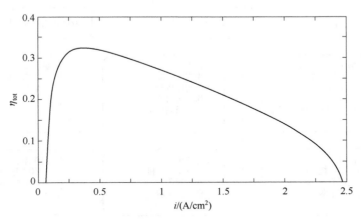

图 2-18　PEMFC 系统的总效率

表 2-8　系统总效率计算中使用的参数值

参数	数值
η_{fuel}	0.9
η_{ref}	1
η_{pc}	0.95
a	0.0499 W/m
b	0.05

现在讨论用于汽车的 PEMFC。使用乙醇和水生产氢的反应效率约 96%。不产生污染物或毒物。氢燃料电池的理想效率，从计算得到在 60% 左右。考虑先前的热力学关系，可以计算得出实际效率，对氢气的高热值（$\Delta H^{\ominus} = -285.9\text{kJ/mol}$，相应的 $E=1.48\text{V}$）获得的效率为 50%，当考虑损失时效率降低到 38%，与 Fleischer 和 Ortel 获得的结果（31%～39%）一致。

2.6.7 燃料电池系统评价因子

对给定应用的不同燃料电池堆的评价和比较取决于多个因素。这多个因素是与个例密切相关的，但是有可能把它们归纳成如下几个因素：①物理因素。包括池堆总大小和重量、池活性面积、池数目、配套 BoP 系统的大小和重量。当燃料电池系统大小和重量受需要满足条件的约束时，这些很是重要的。对运输和便携式应用这是最普通的经验。当燃料电池系统重量和大小是关键约束时，这些因素可能变成关键性因素。②性能因子。包括极化、功率密度和系统效率曲线。如从前面叙述中能够看到的，这些因素有可能通过限制池参数峰功率密度或系统效率在需要的区域范围来优化池堆设计。此外，功率密度曲线为池灵活地产生输出功率提供一个指示。而极化曲线与功率密度曲线的组合通常被用于确定电压、电流和功率的优化操作点。③运行成本。除了取决于与个例相关的因素外，它还是池堆燃料消耗、系统伴随负荷、热功率系统需求和功率调节设备效率的函数。④耐用性。这是为特定应用选择燃料电池堆时需要考虑的关键因素。对固定发电应用这是最明显的，此时要求燃料电池系统的运行时间应该与其他发电装置是可以比较的，且要求的维护是成本最小的维护。

为了验证燃料电池产品，图 2-19 给出了需要的性能、可靠度和寿命耐久验证的主要项目。

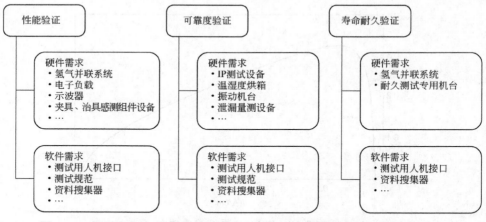

图 2-19　燃料电池产品所需要的性能、可靠度和寿命耐久验证的主要项目

2.7　单元池、电池堆和电池系统

2.7.1　单元池

2.7.1.1　低温 PEM 燃料电池

先以质子交换膜燃料电池（PEMFC）为例来说明单元池的概念和结构。单元池就是单个

燃料电池，其心脏部件（构建块）是所谓的膜电极装配体（MEA），池内的基本电化学反应都发生在这里。一个 MEA 由两个电极（阳极和阴极）和被它们夹住的聚合物膜构成，每个电极由电催化剂层（CL）、气体扩散层（GDL，也称多孔传输层 PTL）或气体扩散介质（GDM）构成。电催化剂一般是搭连在膜或扩散层上的薄层碳粉末负载的铂。一个 MEA 示于图 2-20 中。单元池就是 MEA 加上必要的使池能够顺利进行电化学反应的附件，如石墨流动板、电流收集器和电极端板等，附件的作用主要是增加反应物和产物以及热量的传输以及收集和输出电功率。单元池各组件的前视图见图 2-21（a），剖面图见图 2-21（b）。而在装配前 PEMFC 单元池各组件结构装配示意图见图 2-22，从图中可以看到，为把 MEA

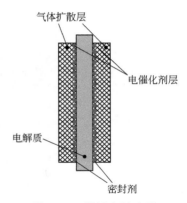

图 2-20　燃料电池中膜电解质装配体（MEA）

装配成单元池，需要有多个垫片（密封用）、分布反应物和产物气体的多孔导电石墨板、电流收集器和两个电极两端的端板等附件。在图 2-23 中，不仅给出了单元池中各个组件特别是膜电极装配体（MEA）的详细结构和组件，而且对每一个组件中发生的现象也做了描述，指出了各层的位置以及在电化学反应中所起的作用。

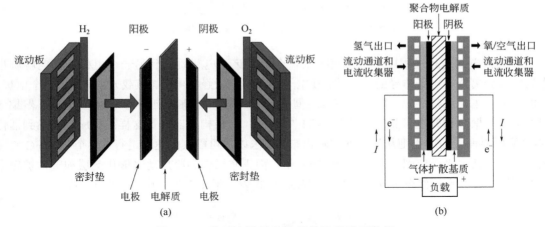

图 2-21　单元池燃料电池组件及其重要作用

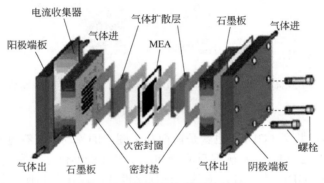

图 2-22　燃料电池单元池结构

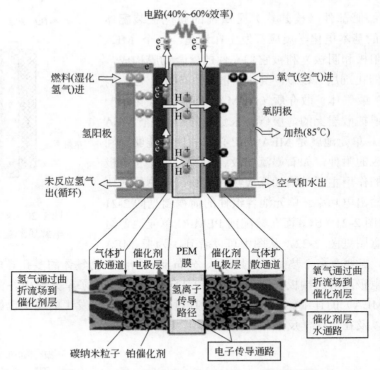

图 2-23　PEM 燃料电池中的现象：二维截面图

在燃料电池运行过程中，除了离子从一个电极穿过电解质膜到另一个电极外，电解质也作为气体分离器和电子传导的绝缘体，使电子从一个电极经外电路（负载）再回到另一个电极。在电极上发生电化学反应。除了含有合适催化剂（典型 Pt/C 催化剂层的结构包括 Pt/C 聚集体和离子交联聚合物的电镜照片示于图 2-24 中）外，电极构架应该是这样：反应物传输到催化剂-电解质界面上而产物则从该界面传输出来，要求以尽可能大的速率进行。一个 PEMFC 单元池剖面，包括电极反应图示于图 2-25（a）中，而正常操作和冷启动时催化剂层和气体扩散层中不同池组件和反应组分分布以形象的可视化形式表示于图 2-25（b）和（c）中。

(a)　　　　　　　(b)

图 2-24　催化剂与连接 Pt/C 聚集体和离子交联聚合物的
SEM（a）和 TEM（b）照片

MEA 中的气体扩散层（GDL）也就是前面几个图中的流动板、石墨板或快速通道，其对燃料电池的操作有很重要的作用，确保反应物和产物气体能够快速顺利进入和离开催化剂层。为达到这个目的，对 GDL 中流场，应该进行优化设计，现在实际使用的有多种设计，其中最常见的平行流场、曲折流场和交叉流场设计示于图 2-26 中。

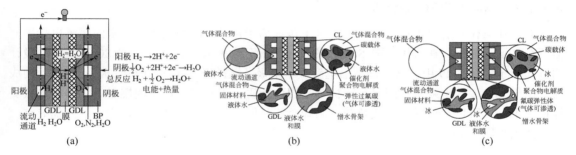

图 2-25 附有各个组件说明的一个 PEMFC 单元池的示意图

（a）单电池剖面；（b）正常操作；（c）冷启动

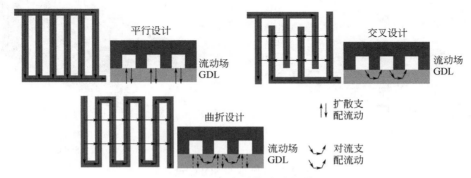

图 2-26 不同类型的流动场设计

为了对燃料电池各种性质和性能进行原位在线检测，有意在单一燃料电池中间嵌入了一块电路板，此时池组件除了多了一块嵌入的检测用电路板外完全与图 2-22 相同，如图 2-27 所示。而在图 2-28 中给出了一个真实 PEMFC 单元池的照片。单元池虽可以作为微燃料电池使用，但主要作为燃料电池基础构建单元按实际需要构造成电池堆。

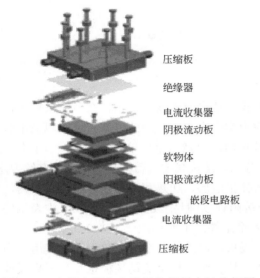

图 2-27 中间有嵌入电路板的燃料电池分解图

图 2-28 真实 PEMFC 单元池照片

2.7.1.2 高温 SOFC 单元池

对固体氧化物燃料电池（SOFC），由于传导离子是 O^{2-}，为达到所要求的离子电导率，需要在高温下操作。在市场上的 SOFC 的设计一般分为两类：管式和板式 SOFC，不同设计的单元池示于图 2-29 中。它们都是由电解质、阳极（燃料极）、阴极（空气极）、连接器构成的。由于 SOFC 的电解质、阳极和阴极都是固体物质，因此在设计中因燃料电池体的机械支撑物质不同又可以构造成电解质负载、阳极负载和阴极负载三类 SOFC，它们各有优缺点，其示意图见图 2-30。

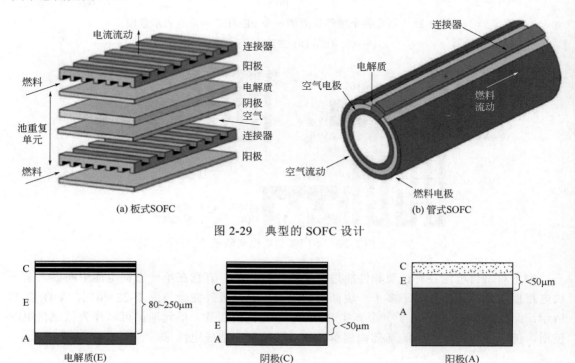

图 2-29　典型的 SOFC 设计

图 2-30　三种不同负载类型的 SOFC 结构示意图

2.7.2　电池堆

单一个燃料电池生产的电功率等于池活性面积和池电流密度的乘积。在负荷条件下，单元池的电压一般在 $0.5\sim0.8V$ 之间，对大多数应用实际上太小。因此，若干单元池被串联连接形成所谓的燃料电池堆，如图 2-31 所示。燃料电池堆显然比单一单元池复杂，由于有电流收集、热量管理、水管理、气体加湿、池和气体分离、结构载体、燃料和氧化剂分布等要求。除了多个 MEA 外，在燃料电池堆中还要加上气体扩散层、加热和冷却板、电流收集器、端板、夹紧螺栓、垫圈、绝缘体和阳极阴极流场板等附件以满足上述要求，图 2-32 中表示的是 PEMFC 池堆的简化综观示意图。在 PEMFC 的各个组件的主要功能给于表 2-9 中。

当把多个单元池串联起来形成池堆时，流动场板起着连接两个相邻单元池的作用。当连接一个池的阳极边和另一个池的阴极使用的是单一块板时，这个流动场板也称为分离板或双极板。双极板不仅是两个邻近单元池的分离器，而且也作为电子导体，因此应该有高的电子电导率。流动板在面对池的一面有流体分布器，均匀分布反应物到整个池上。在流动场板的另一面布满有冷却流体的流体分布器，以便把产生的热量传输给系统的热交换器。池堆功率（和电压）可以用下式计算：池数目×单元池功率（和电压）。除了显示所有单元的重复外，池堆还包含两个端板和两个电流收集器板。图 2-33 给出的是 PEMFC 池堆的一个实际例子，图中显示了阳极板、阴极板和装配池堆的组装压合过程以及最后得到的聚合物电解质燃料电池金属池堆的产品。而在图 2-34 中则给出了一个公司的实际 10kW 电池堆第二代产品照片，分别表示了电池堆实体和装载在车上使用的情形。

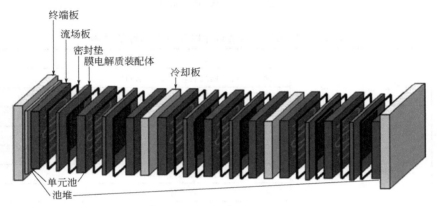

图 2-31　燃料电池堆

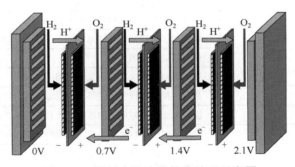

图 2-32　燃料电池堆的简化综观示意图

图 2-33　聚合物电解质燃料电池堆的阳极板和阴极板以及压合组装的燃料电池堆

在表 2-9 中简要总结了质子交换膜燃料电池池堆的组件，包括膜电极装配体 MEA（由质子交换膜电解质、电催化剂和气体扩散层构成）、流动场板（双极板）、垫片、电流收集器、端板、加热和冷却板以及歧管、反应物产物气体流动歧管，以及 PEMFC 各个组件提供的功能。

图 2-34　10kW 电池堆照片

表 2-9　PEMFC 池堆组件以及各个组件的功能

组件		功能
MEA	质子交换膜（电解质）	能够使质子通过它从阳极传输阴极
		作为氧化和还原半反应的膜壁垒层
	电催化剂（电极）	催化燃料的氧化反应和氧化剂的还原反应
	气体扩散层	允许氢气和氧气直接和均匀地扩散到催化剂层（电极）
		允许催化剂层的电子传导（进入或出来）
		允许阴极上生成的水传输出来
		允许催化剂层中因电化学反应产生的热量传输到外部
		为"脆弱"的 MEA 提供结构支撑体
流动场（双极）板		通过流动通道使氧气和氢气达到电极
		经由流动通道使水和热量离开燃料电池
		收集和以串联显示传导电流
		分离邻近池中的气体
		形成燃料电池堆放热内支撑结构
垫片		帮助保持反应物气体在每一个电池的各自区域
电流收集器		收集电流和与外电路相连接（允许流出或流进）
端板		提供池堆以足够的压力防止反应物泄漏和使不同层间的接触电阻最小
加热和冷却板以及歧管		当池堆比较大时，内部使用加热和冷却板（每 2～4 个池之间）以保持池堆的温度接近于优化的操作温度
反应物气体歧管		池堆内每一个池以外部或内部沸石进料氧气和燃料

对固体氧化物燃料电池，一种板式设计 SOFC 池堆的结构示于图 2-35 中，它也是由单元池串联起来的。当然也需要加必需的附件。装配好的一个板式 16 池池堆照片给出于图 2-36 中，图中同时示出了压缩密封和热密封以及集成歧管。德国 Hexis 公司的一个真实板式 SOFC 池堆片段示于图 2-37 中。管式设计 SOFC，通常把池堆称为池束，管式设计池束的例子见图 2-38，图 2-38（a）是一个由 24 池组成的池束，而图 2-38（b）中的池束，每一个池束列的池数为 96，图 2-38（c）是 600kW 管式设计的 SOFC 池束。

2.7.3　燃料电池系统

燃料电池（堆）是燃料电池系统的核心，但它确实需要多个附加的组件以使燃料电池堆能够正常操作并且让它实现其应用功能。图 2-39 中给出一个燃料电池系统的两大组成部分：

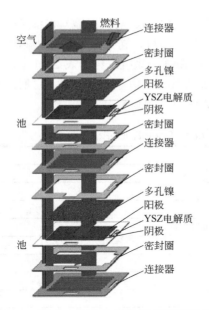

图 2-35　板式 SOFC 池堆分解综观示意图

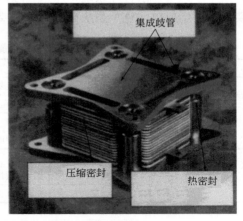

图 2-36　板式 16 池 SOFC 池堆的照片

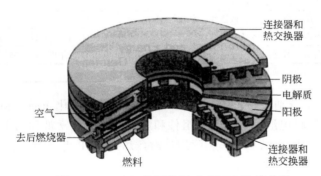

图 2-37　Hexis 公司的板式 SOFC 池堆片段

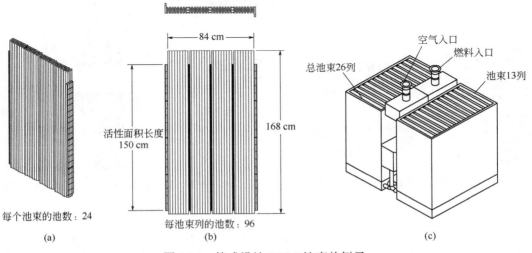

图 2-38　管式设计 SOFC 池束的例子

电池堆（主要组件为电解质膜和膜电极催化剂和碳纸——MEA、双极板等）和系统的所有工厂平衡组件（或称为配套组件，BoP），除主要部件空气压缩机、氢气循环泵、加湿器、水泵、散热器和传感器等，还包括辅助组件。对 PEMFC，其 BoP 子系统总结于表 2-10 中，主要包括四个子系统：水管理系统、热量管理系统、气体管理系统和功率调节系统。它们的功能主要是保持燃料电池整个系统在满足应用要求条件下连续可靠地运行。

表 2-10 PEMFC 的工厂平衡组件（balance-of-plant，BoP）子系统

子系统	功能
水管理	确保燃料电池所有膜部件足够水合而不会水泛滥
	湿化进入的反应物气体（特别是对阳极）
	确保阴极水的合适移去
	为移去阳极累积的水，采用吹扫循环和背压调节器
热管理	使用风扇使活性空气冷却
	使用泵使冷却水通过冷却板循环
	如果需要，在冷气候条件下提供启动加热
气体管理	应用合适存储机理存储氢气（带减压阀）
	在使用烃类燃料作为氢源的情况下使用燃料电池重整器
	使用泵进行氢气循环
	应用风扇、吹风机或压缩机供应空气
功率调整	当需要时使用装备的 DC/DC 转换器把可利用的低电压 DC 输出转换为能够使用的 DC 功率
	当需要时通过切换模式的逆变器把可利用的低电压 DC 输出转换为能够使用的 AC 功率
	应用电池或超级电容器来满足瞬时峰功率

图 2-40 和图 2-41 分别给出了 PEM 燃料电池系统整体简化布局图和氢-空气燃料电池试验系统的示意图。除燃料电池堆外的其他组件和燃料加工区通常被称为工厂平衡组件（BoP）。当涉及燃料电池系统的成本以及效率和耐用性时，这些 BoP 起着重要作用。图 2-42 给出了一个完整的氢-空气燃料电池系统。

图 2-39 构成燃料电池系统的电池堆及其辅助设施的主要部件

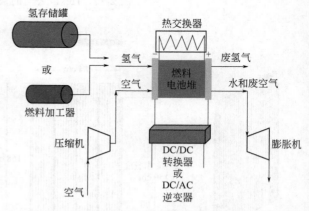

图 2-40 PEM 燃料电池系统的简化布局示意图

燃料电池系统除了核心燃料电池外，如图 2-39 指出的，还必须有系统平衡组件，也需要有匹配机械特性和电气特性（见图 2-43）的调节子系统。这些事情都是需要在设计阶段预先

进行认真的考虑、平衡和优化。表 2-10 给出了 PEMFC 的工厂平衡组件（BoP）四个子系统及其能够发挥的功能。材料工程和各种构型池堆设计思想和策略的池堆工程是成功实现燃料电池商业化的最关键（至关重要）的挑战领域之一。

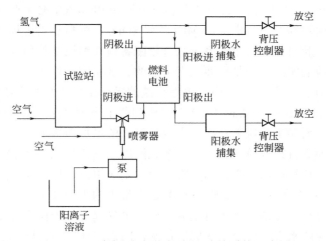

图 2-41　一个氢-空气燃料电池试验系统示意图

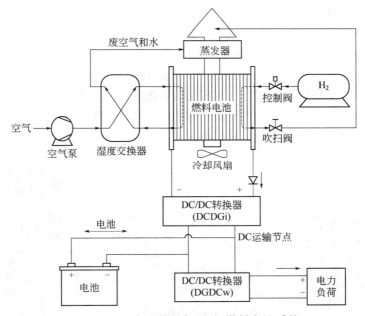

图 2-42　一个完整的氢-空气燃料电池系统

图 2-43　燃料电池系统需要调整的机械和电气匹配的主要项目

在设计燃料电池系统时，需要极其认真地考虑每一个 BoP 问题。这些问题包括：①燃料，燃料氢进料可以利用氢气存储容器，也可以使用所谓燃料加工器（重整器）生产的氢气。燃料重整器一般使用烃类和醇类燃料进行加工，加工过程的复杂性很强地取决于燃料电池类型和所使用的初级燃料。对使用氢气的中低温燃料电池如 PEMFC，必须要使用外燃料加工器来提供需要的氢气；而对高温燃料电池如 MCFC 和 SOFC，燃料加工过程能够在燃料电池内部进行（称为内重整）。因此，燃料电池系统是直接配备内重整还是使用存储的燃料或外部燃料加工器，对燃料电池的实际应用是需要认真考虑的。②系统操作压力，是否需要把空气从大气压提高到一定压力水平，这取决于燃料电池系统的操作压力和整个系统能够忍受的压力降，压力降范围一般从 100mbar（1mbar=100Pa）表压到若干个大气压。燃料电池堆的功率一般随压力的增加而增加，而伴生的压缩功率损失也随压力的增加而增加。③系统输出电压，燃料电池堆的电压等于池数目乘以单元池电压，单元池电压一般为 0.6~0.7V DC。对移动应用，电压应该增加到数百伏特以满足电机的需求。对固定应用，一般需要 AC 电压，这就需要配备 DC/AC 逆变器。④水和热量的管理，PEMFC 池堆中的水管理是特别重要的。因为使用的聚合物电解质膜只有在湿化条件下才有足够的质子电导率。由于操作温度低于 100℃，电极上的电化学反应生成的水有可能冷凝变成液体水，阻塞气体通道，因此过多的水是不行的，必须采取措施排出。这对低温 PEMFC 是一个极为严重问题，必须解决好。这就涉及整个燃料电池的热量管理问题，一方面，为保持燃料电池在优化温度下操作可能需要供应热量，而另一方面由于燃料的电化学反应产生热量，过多热量也必须及时地移去。因此良好的热管理与水管理对低温 PEMFC 是极其关键的。

上述这些要求不仅在设计时必须仔细考虑，而且在燃料电池产品出厂前需要进行很好的调整和匹配。这类调整和匹配一般分为机械特性匹配和电气特性匹配两大类，如图 2-43 中所指出的。图 2-44 给出了燃料电池实际生产车间的不同生产阶段的照片，而图 2-45 给出了实际使用的燃料电池试验装置的照片。

图 2-44 实际生产车间的不同阶段的照片

从上述不难看到，完整的燃料电池系统是由燃料电池堆构建系统再加上 BoP 子系统构成。BoP 子系统是一类补充性组件，它们提供氧化剂和燃料供应及存储、热管理、水管理、管理调节和燃料电池系统的仪表和控制。总燃料电池系统的复杂性常常随燃料电池堆的增大而增加，因巨大池堆的温度、压力、水和热量的稳定控制变得更加需要，更可能出现更多问题。

针对各种商业化应用的不同输出功率的燃料电池，美国能源部提出了能够大规模进入市场要求达到的技术指标。其提出的燃料电池应用市场和建议的技术指标列于表 2-11 中。

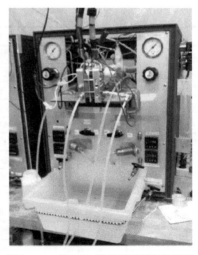

图 2-45　燃料电池试验装置的照片

表 2-11　燃料电池商业化的技术指标

市场	特征	单位	现时状态	设置的目标
80kWe 汽车运输[①]	电效率[②]	%	59	60
	功率密度	W/L	400	850
	比功率	W/kg	400	650
	成本[③]	美元/kWe	49	30
	−20℃冷启动时间[④]	s	20	30
	−20℃冷启动能量[⑤]	MJ	7.5	5
	20℃启动时间[④]	s	<10	5
	20℃启动能量[⑤]	MJ	N/A	1
	耐用性[⑥]	h	2500	5000
1～10kWe 小住宅 CHP[⑦]	电效率[⑧]	%	30～40	>45
	CHP 效率[⑨]	%	80～90	90
	成本[⑩]	美元/kWe	2300～4000	1500
	动态应答时间[⑪]	min	5	2
	20℃启动时间	min	<30	20
	降解速率[⑫]	%/1000h	2	0.3
	耐用性[⑬]	h	12000	60000
	可利用性[⑭]	%	97	99
100～3000kWe 中等 CHP[⑮]	电效率[⑯]	%	42～47	>50
	CHP 效率[⑰]	%	70～90	90
	天然气燃料等当成本[⑱]	美元/kWe	2500～4500	1000
	生物气体燃料等当成本[⑲]	美元/kWe	4500～6500	1500
	寿命时间中断停运数目[⑳]	—	50	40
	耐用性[㉑]	H	40000～80000	80000
	可利用性[㉒]	%	95	99
<2W 微便携式电源[㉓]	比功率	W/kg	5	10
	功率密度	W/L	7	13

续表

市场	特征	单位	现时状态	设置的目标
<2W 微便携式电源[③]	比能量	W·h/kg	110	230
	能量密度	W·h/L	150	300
	成本[②]	美元/系统	150	70
	耐用性[①]	h	1500	5000
	MTBF[②]	h	500	5000
10~50W 小便携式电源[③]	比功率	W/kg	15	45
	功率密度	W/L	20	55
	比能量	W·h/kg	150	650
	能量密度	W·h/L	200	800
	成本[②]	美元/系统	15	7
	耐用性[①]	h	1500	5000
	MTBF[②]	h	500	5000
100~250W 中等便携式电源[③]	比功率	W/kg	25	50
	功率密度	W/L	30	70
	比能量	W·h/kg	250	640
	能量密度	W·h/L	300	900
	成本[②]	美元/系统	15	5
	耐用性[①]	h	2000	5000
	MTBF[②]	h	500	5000
1~10kWe APU[①]	电效率[②]	%	25	40
	功率密度	W/L	17	40
	比功率	W/kg	20	45
	制造成本[③]	美元/kWe	2000	1000
	动态应答时间[①]	min	5	2
	20℃启动时间	min	50	30
	备用启动时间	min	50	5
	降解速率[⑦]	%/1000h	2.6	1
	耐用性[②]	h	3000	20000
	可利用性[③]	%	97	99
摆渡公交车	等当里程（以每加仑柴油当量计）	mile	7	8
	维护成本[①]	美元/mile	1.20	0.40
	操作时间	h/星期	133	140
	功率系统成本	美元	700000	200000
	公交车成本[②]	美元	2000000	600000
	可利用性	%	60	90
	功率系统耐用性	h	12000	25000
	公交车耐用性	年	5	12

① 对直接氢 PEMFC 系统排除氢存储、功率电子设备和电驱动在 2011 年状态和在 2020 年设置的目标。
② 定义为在额定功率 25%下的 DC 输出能量与氢 LHV 之比。
③ 计划每年生产 50 万单位。
④ 到 50%额定功率。
⑤ 定义为基于其 LHV 从冷启动到 50%额定功率的能量消耗。
⑥ 定义为燃料电池堆损失其初始电压 10%所用的时间。
⑦ 燃料电池系统以管道输送天然气操作（在典型分布压力下），在 2011 年时的状态和为 2020 年设置的目标。

⑧ 定义为调节 AC 输出能量与燃料 LHV 之比。

⑨ 定义为调节 AC 输出能量加上有用热能回收与燃料 LHV 之比。

⑩ 计划每年生产水平 5 万单位，系统平均 AC 输出 5kWe，同时系统运行成本包括所有 CHP 系统组件和等当量（含税收和利润）。

⑪ 定义为系统应答额定功率 10%～90% 的需求变化所用的时间。

⑫ 其中瞬态操作效应包括在降解试验中，以功率损失百分数计。

⑬ 定义为系统损失初始净功率 >20% 所需要时间。

⑭ 定义为需要实际操作可利用时间的百分数（系统因维护等不可利用）。

⑮ 燃料电池系统，包括燃料加工器和辅助设备，以通过管道配送的天然气在典型分布下操作。

⑯ 其中现时成本——额定每年生产 30MW，未来成本目标是计划针对 100MW/a，都不包括安装成本。

⑰ 计划的和强制的。

⑱ 定义为系统损失初始净功率 10% 时所取。

⑲ 2011 年时的燃料电池系统（技术和热量中性）和为 2020 年设置的目标。

⑳ 在每年生产水平为 5 万单位的计划，包括安装成本。

㉑ 定义为系统损失了原始净功率的 20% 所需时间（对应用仍然多少可利用的），其中在耐用性试验中包括瞬态操作效应和离线降解（试验是针对特定应用的）。

㉒ 失败间隔平均时间（MTBF），由于系统中任何组件的失败，在试验中包括了瞬态操作效应和离线降解。

㉓ 该系统每年生产 25000 单位的预计成本，包括安装成本。

㉔ 该系统每年生产 20000 单位的预计成本，包括安装成本。

㉕ 定义为调整的 DC 输出能量与燃料 LHV 之比。

㉖ 在输出为 5kW 系统每年生产 50000 单位时的预计成本，包括生产完整系统的材料和劳动力成本。

㉗ 降解试验中包括了考虑的日常备用循环、一周中断循环、暴露于振动和可变操作条件等，以功率损失百分数计。

㉘ 定义为系统其初始净功率的 20% 所取时间，在耐用性试验中包括了考虑的日常备用循环、星期中断循环、暴露于振动和可变操作条件。

㉙ 定义为系统实际操作可利用时间的百分数（由于计划维护，系统是有不可利用时间的）。

㉚ 对每年生产水平 700 单位的预测。

㉛ 以超低硫柴油运行的燃料电池系统在 2011 年的状态和为 2020 年设置的目标。

注：N/A，无可利用数据。kWe 是电功率单位。1mile=1609m。

图 2-46、图 2-47 和图 2-48 给出的是不同功率的低温 PEMFC 样机的外观照片。

图 2-46 3kW PEMFC 样机

图 2-47 固定应用的 5kW 功率的 PEMFC 外观照片

对高温 SOFC，图 2-49 给出了 Hexis 系列产品的一个完整 SOFC 系统构架。

图 2-48　10kW PEMFC 样机

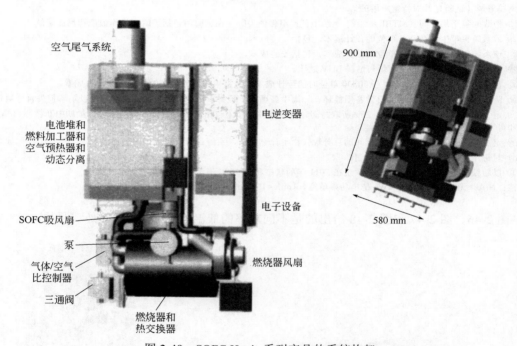

空气尾气系统

电池堆和
燃料加工器和
空气预热器和
动态分离

SOFC吸风扇

泵

气体/空气
比控制器

三通阀

燃烧器和
热交换器

电逆变器

电子设备

燃烧器风扇

900 mm

580 mm

图 2-49　SOFC Hexis 系列产品的系统构架

图 2-50 是 1.8MW 管式加压 SOFC 的概念设计。

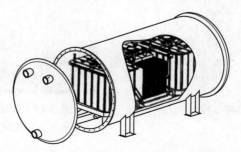

图 2-50　1.8MW 管式加压 SOFC 的概念设计

2.8 燃料电池操作条件影响

2.8.1 引言

燃料电池能够把化学能直接转化为电能，它是使用氢能的关键能量转换技术。作为燃料电池类型之一，PEMFC 在相对低的温度（80℃）下操作，能快速启动，由于较短的缓和周期和较好的耐用性。虽然它们一般需要贵金属催化剂如 Pt，其对燃料中的杂质如 CO 是极端敏感的，但 PEMFC 有有利的功率重量比，因此其主要应用是移动装置，包括运输工具。燃料电池堆由众多双极板（BP）、膜电极装配体（MEA）、气体扩散层（GDL）、电流收集器、终端板和密封圈构成，这与希望的功率需求有关。池堆的这些组件是燃料电池堆成本和性能的主要因素。另外，燃料电池堆性能和耐用性也受操作条件和池堆设计的影响，如压缩力、流动场几何形状和歧管设计。

影响燃料电池系统性能的主要因素，除了膜电极装配体 MEA 和配套 BoP 子系统外，操作条件也极大地影响其性能。操作条件主要包括温度、压力、反应物气体湿度和流速等，但多数实验研究是针对相对湿度（RH）和反应物气体温度的。例如，对反应物湿度和温度影响的研究指出，它们的优化对获得高池性能是必须的；气体扩散层（GDL）内液体水传输和移去在池性能随操作温度变化中起着关键作用。

为了深入研究操作条件对燃料电池性能的影响，进行了许多理论研究。为此发展建立了考虑液体水生成对反应物传输现象影响的燃料电池三维模型，详细考察了反应物湿度对质子交换膜燃料电池系统性能的影响和在池内平行和交叉流动场中发生的局部传输现象。结果指出，反应物 RH 和流动场设计对池性能有显著影响；进料氢气和空气的 RH 和流速对池的均匀电流密度和功率输出的影响是关键性的；阳极和阴极进料气体相对湿度的影响是高度不对称的：前者主要影响膜电导率而后者主要影响液体水饱和水平，这是因为阴极区域存在严重液体水泛滥的可能性。也有使用简单准 2D 模型，在单一通道 PEMFC 中研究利用产物水湿化空气流，因为该 2D 模型中考虑了质量能量平衡、水和热量产生速率、热量移去和水通过膜的传输。这个内湿化概念在燃料电池堆中应用有可能避免使用外部系统来提供湿化。为优化燃料电池操作条件，在一个气冷 PEMFC 池堆（由 5 个单元池构成）上进行不同操作温度的研究结果指出，燃料电池内电阻随两种反应物 RH 和操作温度改变，这与观察到的系统性能改变是一致的。

聚合物膜的电导率高度依赖于膜水合水平和操作温度。膜的低水含量导致低离子电导率和高欧姆电阻，显著降低燃料电池性能。这就是湿化反应物气体的原因，目的是保持膜有足够的水合程度。另外，电导率倾向于随操作温度升高而增加。因此，很有必要深入研究燃料电池操作条件，主要是温度、反应物气体湿度和氧化剂类型对 PEMFC 性能的影响。

为了进一步考察温度和湿度条件对燃料电池性能的影响，使用了一个 PEMFC 单元池（活性表面积为 $25cm^2$）（图 2-28 显示的是该单元池装置的照片），它由两个特别加工的石墨流动场、两个 1/2in（1in=0.0254m）厚的铝终端板、两个 1/8in 厚的金属板电流收集器、四根塑料橡胶管（长 3/8in，直径 0.2mm）、四个黑色橡胶 O 形环、两个塑料校正管和八个不锈钢螺丝构成。单元池的结构见图 2-22。图 2-45 给出了试验系统装置照片，图 2-41 给出的是试验用燃料电池系统布局示意图。试验装置由燃料电池装置、温度控制器、阀、湿化器、质量流速计、保温和绝缘管线、配件及管路构成。在不同反应物气体湿度和不同反应物和池操作温度下测定池的性能。在所有研究的情形下，氢气和空气的化学计量比都为 3∶1。也测定了不同氧化剂条件下（即氧气和空气）的池性能。在讨论试验结果前，先对燃料电池水量控制和增湿方法以及冷却池温度的方法进行介绍。

2.8.2 控制水量和增湿的方法

当高分子聚合物电解质膜不含水分时，膜就没有质子传导性，因此，如何保持膜的润湿状态就变得十分重要了。固体聚合物电解质的离子电导率与相对湿度间的关系如图 2-51 所示。当相对湿度增加时，膜中水含量增加，离子电导率也增加，相对湿度为 100%时，膜的离子电导率达到最大。

图 2-52 中表述了应用于 PEMFC 的高分子聚合物离子交换膜内水迁移概念。有多种现象伴随水的迁移：①伴随氢离子的水从阳极迁移到阴极（称为电渗透现象）；②从阴极到阳极的水迁移称为水的反扩散，这是由于在阴极上燃料和氧化剂电化学反应生成的水再加上从阳极移动过来的水使阴极边的水浓度高于阳极边而产生的梯度扩散；③反应物气体带入池中的水和产物气体带离的水；④氢和氧在阴极电化学反应生成的水。当供给池堆的水和反应生成的水达到一定程度，电极中的细孔扩散通道有可能被液体水阻塞，导致反应气体扩散速度极大地降低，此种现象称为水发洪或泛滥（水淹），这是使池电压降低的主要原因之一。一方面，当增湿水量过多时，电极中微孔通道被阻塞，给气体扩散带来障碍；另一方面，如果池中水分过少（湿度过低），则会导致电解质膜脱水使其离子电导率降低，池堆内部质子扩散阻力增大，也使池性能降低。这说明，在同一池堆内部可能出现增湿过量或增湿不足的现象，因此必须严格检查池堆内水的含量，通过控制池堆的增湿、生成水的排出等使池内保持合适的湿度。高分子聚合物电解质膜中湿度分布对提高池堆电压和延长使用寿命是非常关键的。

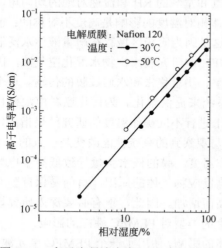

图 2-51 离子电导率与相对湿度间的关系

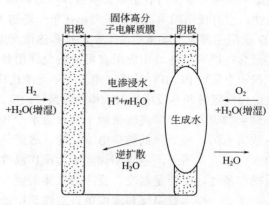

图 2-52 膜内水迁移概念

为此研究出一些为池增湿的方法，有代表性的一些增湿方法列于表 2-12 中。大体上，可以把常用的增湿方法分为外增湿和内增湿两种。而外增湿方法又分为两种：一种是让反应气体通过保持有一定温度的水槽（鼓泡增湿），另一种是直接在反应气体中加入水蒸气，如图 2-53 所示。而内增湿也可分为膜外增湿、膜自增湿、直接内增湿和自增湿电堆等方法，如图 2-54 所示。

表 2-12　固体膜增湿法

外增湿法	<ul><li>鼓泡增湿法</li><li>加入水蒸气法</li></ul>
内增湿法	<ul><li>膜外增湿法</li><li>膜自增湿法</li><li>直接内增湿法</li><li>自增湿电堆法</li></ul>
无增湿法	<ul><li>无增湿运转法</li></ul>

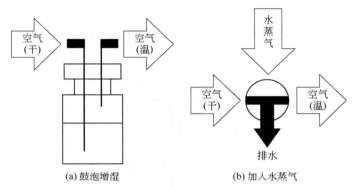

(a) 鼓泡增湿　　　　　　　　　(b) 加入水蒸气

图 2-53　PEFC 外增湿方式

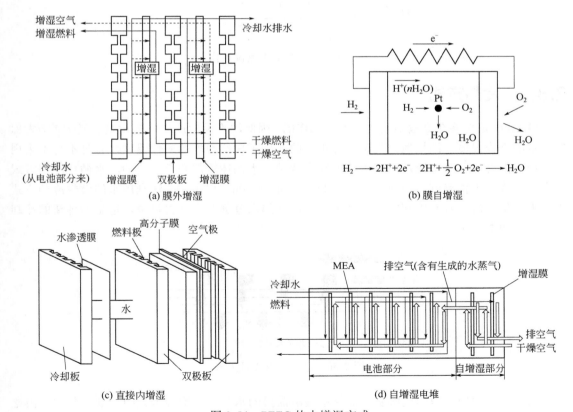

(a) 膜外增湿　　　　　　　　　(b) 膜自增湿

(c) 直接内增湿　　　　　　　　　(d) 自增湿电堆

图 2-54　PEFC 的内增湿方式

如图 2-54 所示，膜外增湿是指用冷却水与离子交换膜接触来增湿膜，同时也达到了增湿反应气体的目的；膜自增湿是利用膜两侧氢气和氧气在催化剂表面反应生成的水使膜增湿的方法，因膜中存在分散的催化剂能够进行电化学反应。直接内增湿是直接将水分加入到池堆内使膜增湿的方法，一部分冷却水通过透水膜达到双极板的背面，因双极板上有大量小孔，水分通过这些小孔传输到反应气体中，或者将水送到多孔基板的背面，通过基板为膜供水。自增湿电堆是让低温反应气体与排出的高温生成水经膜接触交换热量和湿气，达到增湿反应气体的目的。除了上述这些增湿方法外，也可以进行无增湿的操作。如图 2-55 所示，让氧化剂气体和燃料气体以逆流的形式分配，把干燥反应气体引入到各个反应气入口，电解质则与另外一池的出口相对应。各反应气体在其出口处充分吸收水分，利用水的浓度差在入口处通过电解质向干燥一侧扩散，使反应气体增湿，在池堆内部形成生成水的循环，于是能够做到安全操作。

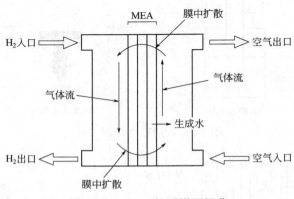

图 2-55　PEFC 的无增湿操作

2.8.3　冷却方式

PEMFC 是能够在高输出功率密度下工作的，因此池堆反应产生的热量是相当大的，为保持恒定的操作温度，池堆散热也是十分重要的。为了保持池堆的操作温度，有时不得不采用强制冷却的方式。冷却池堆可采用的方法有两种：水循环冷却和潜热冷却。水循环冷却方式是由于池堆的工作温度，特别是对 PEMFC，一般在 100℃以下，无法利用水的潜热冷却方式来移去热量。潜热蒸发冷却方式是利用池堆内部的水分蒸发来移去热量，这是一种新的冷却方式（见图 2-56）。

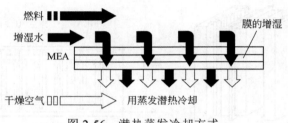

图 2-56　潜热蒸发冷却方式

当向燃料阳极一边的电解质膜提供增湿所需要的水分时，增湿水分的一部分蒸发，由燃料反应气体代入。同时，电解质膜内随氢离子迁移的水和在氧化剂阴极生成的水分，利用进入的氧化剂气体蒸发，因水分的蒸发需要吸热，因此池堆被冷却。由于蒸发潜热的利用降低了冷却板的冷却负荷，不仅可以减小冷却水的流量甚至在某些场合能够把冷却板移去。

2.8.4　反应物气体湿度对池性能的影响

2.8.4.1　文献结果评论

文献研究中多使用极化曲线、电化学阻抗谱和循环伏安法来测量池性能。反应物气体湿度对池性能影响的一些文献结果列于表 2-13 中。在燃料和氧化剂气体有相同湿度（对称 RH）时，使用活性表面积 5cm^2 的池和操作温度为 120℃时获得的结果说明，当 RH 从 20%增加到 100%时，单位面积膜和电极电阻都显著地从 0.407Ω/cm^2 和 0.203Ω/cm^2 分别降低到 0.092Ω/cm^2 和 0.041Ω/cm^2。表 2-13 中所列的另一结果说明（使用 4.4cm^2 活性表面积的池），当 RH 从 100%改变到 0%时池性能有显著降低。该池性能降低是从阻抗分析结果来说明：湿度降低阻滞质子到 Pt 催化剂表面的传输。使用极化曲线、电化学阻抗谱和循环伏安法对高温对称不同 RH 条件下的 PEMFC 池性能表征结果指出，RH 降低电极动力学以及膜电导率，导致性能的惊人损失。在阴阳极反应物气体对称和不对称 RH 条件下考察了阳极和阴极 RH 对 25cm^2 活性表面积的池性能影响：在对称 RH 试验中阳极和阴极的 RH 是相等的；而在不对称 RH 试验中其中的一个 RH 设置为 0，而另一个 RH 在 0～100%间改变。不对称试验结果指出，池性能倾向于随阳极 RH 的增加而增加。然而在阳极 RH 100%下，池性能仅能够达到一个可接受值，这指出阴极 RH 对质子交换膜水合是有重要影响的。另外也发现池性能与操作温度有很密切的关系。高操作温度下，为使膜有合适的水合需要有高 RH 值；而在低操作温度高反应物气体 RH 时，观察到反应物气体操作受扩散的限制。文献结果指出，阴极 RH 对稳定态和动态池性能有显著的影响，阴极保持在中等和高 RH 值对膜的合适水合是可行的（因为有足够大的反扩散，不需要阳极气体进行进一步湿化）。RH 对磺酸化（磺酸化程度不同）聚醚醚酮（SPEEK）膜燃料电池性能影响的研究结果指出，RH 对 SPEEK 膜电导率的影响要大于 Nafion 膜。因为膜的脱水，低 RH 导致高的电压损失。

表 2-13　反应物气体相对湿度（RH）对 PEMFC 性能的影响

膜	活性表面积/cm^2	操作温度/℃	操作电流密度/(A/cm^2)	阳极RH/%	阴极RH/%	膜电阻/(Ω/cm^2)	电极电阻/(Ω/cm^2)	功率密度/(W/cm^2)
Nafion 212	25	70～90	0.1～0.4	0～100	0～100	约 0.1～1.75	—	0.05～0.4
Nafion 112	5	120	0.2	20～100	20～100	0.092～0.407	0.041～0.203	
Nafion 112	4.4	80	10.1～1.2	0～100	0～100	约 0.1～0.5	约 0.25～2	0.25～0.62
Nafion 112	4.4	120	0～2.1	25～100	25～100	约 0.15～0.75	约 0.1～1.75	0.1～0.6
Nafion 112	5	65～85	0～0.5	0～100	0～100	0.15～0.65	—	—
SPEEK	5	80	0.2	42～100	42～100	约 0.09～0.15	—	—
Nafion 211	25	35	0.06～0.34	0	20～100	约 0.135～0.17		0.038～0.146
Nafion 117	50	60	0.2	35～90	35～90	约 0.45～0.65	—	约 0.12～0.136
Nafion 117	5	70	0.2	0～100	0～100	—	—	约 0.075～0.13

因此，为了高效操作 PEMFC，其质子交换膜应该保持水合（湿）状态，因为质子传输必须伴随有水。为了使膜保持水合，一般采用的办法是加湿反应物气体。但是，如前面所述反应物气体水含量增加过多，有可能导致水蒸气冷凝发生水泛滥，这将显著降低催化剂的活性。有很多文献报道反应物湿度对池性能的影响，在表 2-13 中对一些结果做了比较，从表中数据不难看到，池性能和阳极/阴极 RH 间存在密切的关系。

从另外一角度看，有结果说明阴极 RH 对池性能的影响也受操作电流的影响。虽然对 25cm² 活性表面积池性能，在低电流密度时倾向于随阴极 RH 的增加而增加，但在高电流密度时反而变得使池性能降低。前者是由于膜水合程度随阴极 RH 增加而增加；而对后者，是由于阴极反应物气体的高水含量使氧传输受到限制。近来，对 50cm² 商业池性能受阳极/阴极 RH 的影响进行了研究，并对不同操作条件下液体水在池内的分布使用中子成像技术进行观察。发现池性能随阳极 RH 增加稍有增加，因膜水合程度增加导致质子电导率的提高。多个研究得出的结论是，阴极 RH 对燃料电池性能的影响大于阳极 RH。但也有与此结论相反的试验结果，例如，在 5cm² 活性表面积燃料电池上试验获得的结果是阳极 RH 对池性能影响比阴极 RH 大相当多。

对 2kW 池堆性能在不同空气 RH 条件下进行的阻抗评价发现，空气湿度主要影响池堆的电荷传输。因此空气的 RH 应该仔细调节，它与燃料电池的操作的负荷条件有关。在 300W PEMFC 池堆进行的研究也给出了类似的结论：湿度应该仔细控制，特别是在低功率和高温操作时。在构建的由 18 个开放阴极型单元池组成的燃料电池堆（单元池活性表面积 100cm²）上，进行了在阳极进料为干（室温）和湿（露点 40℃）条件下的试验。结果指出，湿化情形的峰功率降低了 16.5%，这被归因于发生的水泛滥，覆盖了部分催化剂层活性位表面。

质子交换膜或电极改性有可能降低反应物气体 RH 的影响。例如，在 Nafion 膜中添加 20% TiO₂，反应物气体 50%RH 时的燃料电池性能等同于纯 Nafion 100%RH 时的池性能。又如，在 0.6V 120℃ 和 26%RH 条件下，使用 Nafion/10%TiO₂ 膜获得的电流密度是标准池的 4 倍。再如，使用 EW 1000 离子交联聚合物改性电极产生的池性能几乎不受阴极湿度变化（其水汽饱和温度从 25℃ 改变到 75℃）的影响。

对已经发展出的磷酸氢锆-磺酸化聚醚砜（ZrP-SPES）混合电解质，测量其在不同 RH 值下的电导率。与纯 SPES 电导率的比较指出，在所有研究的 RH 值下，ZrP-SPES 的电导率总是高于 SPES，这说明使用 ZrP-SPES 电解质有可能使反应物 RH 对池性能影响有一定程度的降低。对不同沸石含量 Nafion/沸石复合膜在 5cm² 活性表面积池上的性能测量说明，低湿度条件下复合膜提供的池性能好于纯 Nafion 膜。

2.8.4.2 新试验结果

为了确定阳极燃料 RH 对池性能的单独影响，固定阴极氧化剂气体的 RH、入口温度以及池温度，分别保持在恒定的 26%、50℃ 和 80℃。阳极边反应物气体 RH 分别取 66% 和 100%，对应的入口温度分别为 79℃ 和 80℃。阳极燃料气体 RH 对燃料电池 I-U 特性和电阻给出于图 2-57 中。图 2-57 中所有曲线是按照阳极入口气体/操作/阴极入口温度记录的。能够看到，池性能具有随阳极气体 RH 增加而增加的倾向，这是由于电解质电导率提高池电阻降低。上述图中池性能的稍有不同在图 2-58 中变得很明显，该图显示的是在 80℃ 操作温度时的功率密度。从图 2-58 可看到，在使用 66% RH 的湿化 H₂ 时，池显示出 0.40W/cm² 峰功率，而在以

100% RH 的湿化 H_2 作进料时的峰值功率密度为 $0.41W/cm^2$。这个差距随着电流密度的增大而快速扩大。该池性能的提高被归因于 RH 和阳极气体入口温度的增加，因为膜电导率增加和反应动力学也增强了。

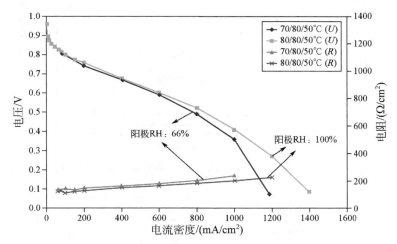

图 2-57　阳极燃料气体 RH66%和 100%时燃料电池性能和电阻随电流密度的变化

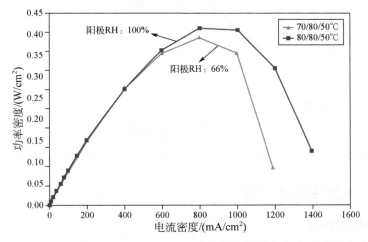

图 2-58　在 80℃阳极气体 RH 66%和 100%时燃料电池功率密度随电流密度的变化

图 2-59 显示阴极反应物气体 RH 对燃料电池性能和电阻的影响。试验测量期间，阳极气体 RH、入口温度和池温度分别被保持恒定在 100%、80℃和 80℃，以找出阴极气体 RH 单独对池性能的影响。考察的阴极氧化剂气体有三个不同 RH 值，分别是 26%、66%和 100%，对应的入口温度分别为 50℃、70℃和 80℃。与单独考察阳极气体 RH 试验获得的结果一样，也观察到池性能随着阴极 RH 的增加而提高。但是，池性能增加的速率相对是比较高的，这指出阴极气体的湿化对提高池性能比阳极气体更加有效。类似的电流密度-功率密度比较见图 2-60，从图中能够明显看到，在多个高阴极气体入口温度和 RH 下池性能都是比较高的。这与从电解质电导率增加的结果所预测的一样，因为水从阴极到阳极的反扩散足以保持膜的水合程度。

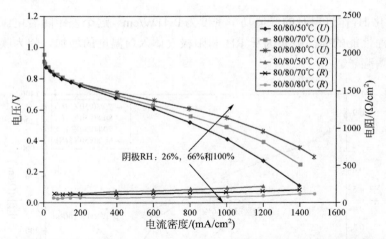

图 2-59　阴极气体 RH 在 26%、66%和 100%时燃料电池性能和电阻随电流密度的变化

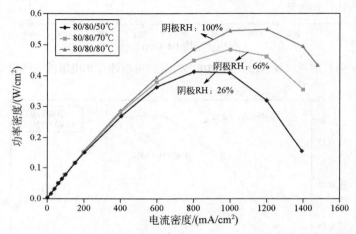

图 2-60　在操作温度 80℃下阳极气体 RH26%、66%和 100%时燃料电池功率密度随电流密度的变化

2.8.5　入口气体温度的影响

2.8.5.1　文献结果评论

　　影响 PEMFC 性能的另外一个操作参数是阳极和阴极气体入口温度。文献研究揭示，池性能倾向于随入口温度增加而增加，因为较高温度提高了膜的电导率和增强了电极动力学。例如，使用线性扫描、电流截断和阻抗方法重点研究了 50cm² 活性表面积池性能受阴极加湿器温度的影响。结果指出，当阴极加湿器温度从 80℃改变为 35℃时，膜的总电阻增加到 3.4mΩ/cm²。在 14.1cm×14.1cm 活性表面积 PEMFC 上对不同阴极入口温度（在 45～75℃之间）进行的性能考察的试验结果指出，燃料电池性能随阴极入口温度增加而提高，因为提高了电子的传输。应该指出，阴极入口温度的影响是较强的，特别是在低电流密度时（例如<0.33A/cm²）。在使用 Nafion 117 膜的 5cm² 活性表面积池上，对阳极和阴极气体入口温度对池性能影响进行的研究（入口温度为 50～80℃，池操作温度调整到气体入口温度）获得的结果指出，池性能随入口气体温度增加而增加，这是由于传质阻力降低、高温下膜电导率增加和气体扩散率增加。对阳极和阴极加湿器温度影响进行的单独考察结果指出，当池操作温度

和阴极加湿器温度分别保持在恒定的 80℃和 40℃时，池性能随阳极加湿器温度提高而增加，由于膜电阻的降低。但是，也有报道相反趋势的，例如当池操作温度和阳极加湿器温度分别恒定在 80℃和 75℃时，阴极加湿器温度的增加使池性能反而降低，这可能再一次说明电极发生了水泛滥，覆盖了部分催化剂活性位和降低了催化剂层中反应物的浓度。

2.8.5.2　新试验结果

为了研究入口温度对 PEMFC 性能的影响，对阳极和阴极分别都设置了三个温度 50℃、70℃和 80℃，而池操作温度保持恒定为 80℃。已经证明，以 100%RH 的 H_2 和空气进料时有最高池性能，因此在试验中阳极和阴极气体都保持在恒定的 100%RH。获得的池 I-U 特性和电阻随入口气体温度的变化曲线示于图 2-61 中。能够看到，入口气体温度对池性能有着根本性的影响，燃料电池性能随入口温度增加而显著增加。这可以归因于较高温度时加快的电化学反应动力学和提高的电导率。虽然对所有情形设置的操作温度都是 80℃，但气体入口温度低于 80℃时它们可以对池温度产生冷却效应，导致电解质离子电导率的降低，这使 50℃和 70℃入口温度时有相对低的性能值。所以，气体入口温度 80℃时燃料电池显示最高的峰功率密度（0.59W/cm²，50℃时显示的峰功率密度仅有 0.14W/cm²），如图 2-62 所示。

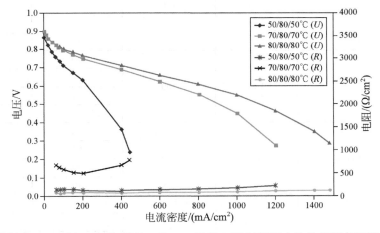

图 2-61　在操作温度 80℃下入口气体温度 50℃、70℃和 80℃时燃料电池性能和电阻随电流密度的变化

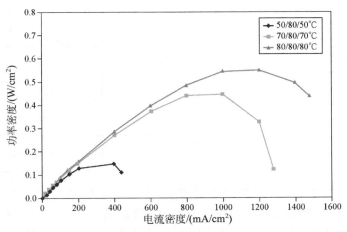

图 2-62　在操作温度 80℃下入口气体温度 50℃、70℃和 80℃时燃料电池功率密度随电流密度的变化

2.8.6 操作温度效应

2.8.6.1 文献结果评论

PEMFC 的性能受操作温度的影响，因为操作温度的提高使膜电导率增大。PEMFC 的操作温度，显然受限于所使用的高分子聚合物质子交换膜材料。操作温度的选择也应该仔细考虑膜在不同温度下的水合程度，因为高分子聚合物膜的水合程度一般随操作温度增加而降低，因高温降低了水分在聚合物中的凝聚。操作温度对池性能影响的一些文献结果列于表 2-14 中，表中的燃料电池性能值是从性能曲线在操作电压为 0.5V 时计算的。可以看到，池性能很强地取决于操作温度，但独立于膜类型和池设计。

表 2-14 操作温度对 PEMFC 燃料电池性能的影响

膜	活性表面积/cm²	阳极 RH/%	阴极 RH/%	操作温度/℃	在 0.5V 时电池性能/(W/cm²)
Nafion 112	25	100	100	65	约 0.202
				70	约 0.218
				75	约 0.295
				80	约 0.287
				85	约 0.263
SPEEK	5	100	100	20	约 0.14
				40	约 0.25
				60	约 0.40
				80	约 0.70
Nafion 115	51, 84	100	100	50	约 0.66
				60	约 0.70
				70	约 0.74
				80	约 0.77
Nafion	5	0	0	60	约 0.19
				65	约 0.20
				70	约 0.24
				75	约 0.31
				80	约 0.26
Nafion 1135	5	0	0	25	0.184
				65	0.3435
SPES/SPEEK	5	100	100	60	约 0.19
				70	约 0.23
				80	约 0.27
				90	约 0.23
Nafion 112	5	100	100	25	约 0.31
				45	约 0.32
				65	约 0.33

已经多次指出，燃料电池性能受操作温度的强烈影响，尤其是对干操作情形。比较一致的结论是，池操作温度增加需要伴随有阳极湿化水平的增加，以避免池性能的损失。在

7.2cm×7.2cm 活性表面积负荷铂 0.4mg/cm² 的电极和 Nafion 115 膜构成的 PEMFC 上进行了两组试验。第一组，阳极和阴极气体湿化温度都保持在恒定的 70℃，而池操作温度从 50℃ 变更到 80℃，显示的池性能一直增加直到 70℃，这能够归因于活化极化损失的降低；而在高于湿化温度 70℃ 的 80℃ 下操作试验获得的池性能发现：在低电流密度区域性能较低，由于催化剂层中膜材料不合适的水合程度；但在高电流密度时池显示较高性能，由于催化剂层中膜材料有较好的水合程度，因电化学反应生成水的速率增加。第二组试验，池和湿化温度都从 50℃ 提升到 90℃。池性能再一次随池操作温度增加而提高，因为膜质子电导率的增加以及交换电流密度和限制电流密度的增加。在使用 Nafion 112 膜的 25cm² 活性表面积的燃料电池上，于 30～50℃ 在完全湿化条件下对其动态性能进行的测量结果显示，池性能随操作温度的增加而提高。30℃ 时的最低池性能可以使用特殊的氧饥饿来解释：因阴极反应物气体高水含量导致的阴极水泛滥。在低操作温度时的低性能，主要是由于液体水占据了部分活性反应区域表面积，可能阻塞传输通道引起了传质问题。而在较高操作温度时，不仅水冷凝较少还改进了传质，使两个电极的催化活性得到了增强。然而一定量的水冷凝是需要的，用以保持膜的润湿（水合程度）提高质子电导率。在 25cm² 活性表面积燃料电池上也获得了类似的结果：池性能增加一直到操作温度为 75℃，这归因于温度增加气体扩散率和膜电导率都增加。但在操作温度 85℃ 时的池性能却相对较低，这是由于电解质膜的水含量降低导致电导率降低，因为水以较大蒸发速率离开膜使膜水合程度降低。对 SPEEK 膜在 100%RH 条件下进行类似的试验（操作温度在 20～80℃ 之间改变）的结果中观察到，当池温度在恒定电流密度 0.2A/cm² 下从 80℃ 降低到 20℃ 时，池性能的损失约为 18%，由于池电阻从 0.084Ω/cm² 增加到 0.48Ω/cm²。对 SPEEK-β 沸石复合膜和 SPES 掺杂膜进行的试验指出，其池性能也随操作温度增加而增加一直到某一温度点。高于此温度电池性能下降，因为膜的热稳定性问题。

2.8.6.2　新试验结果

为了避免入口气体在池上产生冷却效应，入口温度被调整到与操作温度相同的温度，阳极和阴极气体的 RH 都保持在 100%。获得的新结果示于图 2-63 和图 2-64 中。因膜的欧姆电阻取决于操作温度，质子移动性随温度增加而增加，因此池性能随操作温度增加而增加。所以，最高池性能（0.59W/cm²）或最低电阻是在 80℃ 操作温度的试验中获得的。

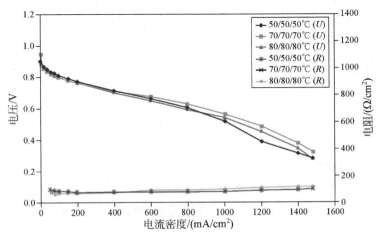

图 2-63　操作温度为 50℃、70℃ 和 80℃ 时燃料电池性能和电阻随电流密度的变化

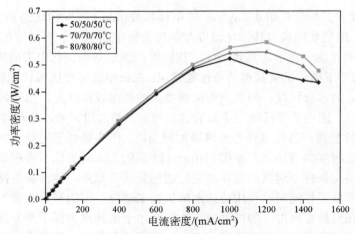

图 2-64　操作温度为 50℃、70℃和 80℃时燃料电池性功率密度随电流密度的变化

2.8.7　氧分压（氧化剂类型）效应

氧分压（氧化剂类型），也就是阴极气体中的氧含量，会对 PEMFC 性能产生影响。由于在空气中的氧分压要比纯氧气低很多，因此，以空气作氧化剂时可能使氧传质速率成为速率控制步骤，这已经为实验所证实。在 6.25cm^2 商业 PEMFC 上进行的阴极气体组成变化对动态应答影响的试验结果显示：氧分压的降低对池动态应答有严重影响，燃料电池性能随氧分压的增加而增加。但是，为了能够获得对动态负荷变化的快应答，氧利用率是低水平的。使用纯氧和空气作氧化剂，对池性能和池电阻影响的研究中获得的结果示于图 2-65 中。试验是在 35℃的操作温度下进行的，入口气体温度也被调整到同样的温度。从图 2-65 能够看到，使用纯氧试验池的性能稍高于使用空气作氧化剂池的性能。这个行为很容易使用氧传输速率来解释：被稀释的氧气其传输推动力降低而阻力则有可能增加。所以使用纯氧作为氧化剂的燃料电池性能应该是比较高的。结果指出的相对低池性能值可以归因于相对低的池操作温度。

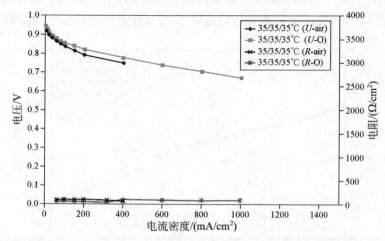

图 2-65　在操作温度为 35℃时使用纯氧和空气作氧化剂时燃料电池电压和电阻与电流密度间的关系

第3章

燃料电池的应用和市场Ⅰ：便携式应用和固定应用

3.1 概述

　　燃料电池转化化学能为电流和热量，无须燃烧。燃料电池是一个横跨电池（电化学转化器）和热引擎（连续充燃料、吹空气）的装置。在图 2-8 中比较了三类把化学能转化为电能和机械能的装置：燃料电池、热引擎和电池。燃料电池是一个将燃料化学能直接转化为电能的装置，产生电能的步骤比热引擎少两步，因此能量效率是比较高的，而电池仅是把存储的化学能转化为电能，它首先要从电网获取电能，因此电池不可与热引擎和燃料电池同日而语。很显然，燃料电池可以直接应用作为发电装置和许多装置的电源，而且由于在把化学能转换为电能过程中也产生热量，因此燃料电池也有可能作为热源。如果再加上燃料电池类型及其特性的多样性，可以应用燃料电池作为电源和热源的范围非常广，包括从作为固定应用的发电装置，到便携式个人和家庭的电子装置的电源，再到各种运输工具的推进动力和辅助电源装置，连同其生成热量的利用，就形成所谓热电联产（CHP）或冷热电三联产（CCHP）的装置。燃料电池经历了 200 多年的发展历程，进入 21 世纪以来，对燃料电池技术及其应用的研究一直很活跃，燃料电池技术正在进入大规模商业化阶段。

　　虽然燃料电池经历了工业化或商业化失败的尝试以及一些市场分析师已经对燃料电池留下了这样的印象："永远还有 5 年（forever 5 years away）"。但是，在实际上氢燃料电池车辆已经引起了人们的更多关注，CHP 制造商则已经跨过示范项目阶段，每年销售数以千计甚至数以万计的燃料电池 CHP 系统，从长期等待过渡到了大量生产阶段。到 2015 年，家庭住宅用燃料电池 CHP 系统在日本在没有政府补贴下销售，完全达到了商业生存的状态。

　　燃料电池系统的商业化开始于 2007 年，到 2011 年变得更加明显了，特别是在固定应用市场，已经看到了燃料电池技术的重要发展。统计得出，在全球范围内，固定应用和移动应用市场卖出的燃料电池产品中，质子交换膜燃料电池（PEMFC）产品占据了绝大部分。图 3-1 给出了 2009～2013 年整个世界在便携式、固定和运输应用领域中燃料电池的使用量，包括单元数量和功率数量。燃料电池电动车辆（FCEV）市场正在推动着 PEMFC 的商业化，其结果是使 PEMFC 生产量增加,在汽车工业公司、燃料电池生产者和政府之间已经签订了多个协议合同。关于生产销售量,日本的销售单元数目从 2008 年的 1000 台套增加到 2012 年的 20000 台套。美国的生产量也从 2008 年的 1000 台套增加到 2012 年 5000 台套。而在欧洲却有不同的趋势,燃料电池销售从 2008 年的约 5000 台套降低到 2012 年的 2200 台套,这主要是由于豪华休闲车辆销售的下降。在 2012 年,亚洲的销售占全球市场的 61%,超过北美的销售。但是,对销售燃料电池的总容量总兆瓦数而言,美国的销售是比较大的,因为在美国销售的是大的固定应用燃料电池,接近 60MW,而日本销售约 20MW,因为日本的重点在小的固定应用市场。图 3-2 给出了 PEMFC 成本的下降趋势,这是对燃料电池商业化的巨大推动和促进。

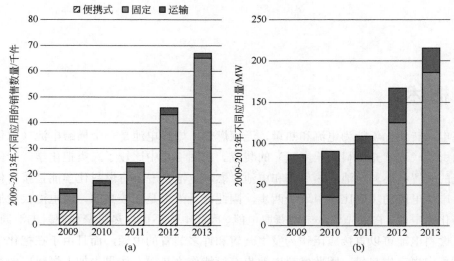

图 3-1　2009～2013 年燃料电池不同应用增长

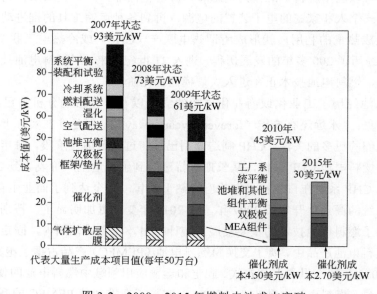

图 3-2　2009～2015 年燃料电池成本突破

在美国许多不同部门的公司，从高技术工业（BMW、Verizon、Coca Cola、Sysco、P&G 等）到杂货店/家庭商店（Walmart、Safeway、Kroger、IKEA、Loewe 等），在它们的能源系统中都使用燃料电池，因为使用燃料电池不仅能够降低能源成本而且还对生态友好。近来，挪威船厂 Havyard 集团与瑞典燃料电池组件生产商 Power Cell 结盟使用燃料电池发电，这期间使它们的柴油消费降低达 90%。这些燃料电池顾客代表着重要的不断增长的市场。

以发展最好的 PEMFC 为例来说明燃料电池深入市场的速度。2008 年 PEMFC 的主要应用领域，重点是在运输应用，根本原因是它们对环境潜在影响很小，尤其是温室气体（GHG）排放方面。大多数汽车公司对燃料电池研发工作几乎都集中在 PEMFC 上，这是由于它与其他类型燃料电池比较，具有高功率密度和优良的动态特征（低启动温度和短启动时间）的特征。已经发展和示范的燃料电池车辆（FCV）类型有 GM Hydrogen 1、Ford Demo Ⅱa（Focus）、Daimlerchrysler、Necar4a、Honda FCX-V3、Toyota FCHV、Nissan XTERRA FCV、VW Bora HyMotion 和 Hyundai Santa Fe FCV。有关燃料电池在运输车辆中的应用，将专门在第 4 章中详细讨论。

燃料电池除运输应用外的其他重要应用领域包括分布式和固定发电站，以及作为便携式电功率在便携式设备中的应用。分布式 PEMFC 发电系统的主要应用重点是小规模的，作为脱中心发电站使用，功率在 50～250kW 范围，而对一般家庭用，电功率一般小于 10kW。对居民住宅用燃料电池系统的早期设计，考虑了燃料电池产生的热量也能够为家庭所使用，是热电联用设计，这使燃料电池领域的总效率有显著增加。

对大规模应用而言，燃料电池（包括 PEMFC）的高成本仍然是阻止它们在这个领域广泛使用的重要壁垒。现在银行和通信公司对使用备用电源的兴趣不断增加，主要是用燃料电池特别是 PEMFC，因为突然断电付出的成本极高。若干公司，如 Plug Power GenSys 和 Ballard FCgen™，发展的 1020 ACS 燃料电池系统已经部署于许多地区。燃料电池的另一个可行的领域是便携式电源，考虑到电池的有限容量不可能满足现代电子装置快速增长的能量需求，如平板电脑、手机和军用无线电/通信装置等。对这些，燃料电池特别是 PEMFC 能够连续提供电力，只要有氢燃料可以利用（被灌注在小容器中随时更换），且不会有效率损失。主要的电子公司，如 Toshiba、Sony、Motorola、LG 和 Samsung 已经研究出室内用便携式燃料电池。

为了有效降低燃料电池主要是聚合物电解质燃料电池（PEFC）的成本，经过过去十多年的研究和发展，许多示范单元中的 Pt 负荷已经降低到约 0.3mg/cm² 甚至更低。美国在 2015 年达到 0.2mg/cm²，而相应的体积性能目标是 650W/L；在 2009 年已经达到的成本是 61 美元/kW（见图 3-2）。而对运输应用燃料电池的寿命，报道的是 2500h；对固定发电应用在 2005 年已经达到使用寿命超过 20000h。现时在美国运行的有超过 200 辆燃料电池车辆（多于 20 辆燃料电池大客车）、约 60 个充氢加燃料站。固定发电、辅助功率和特殊车辆使用的燃料电池全世界已经销售的数量约 75000 台，其中约 24000 个系统是在 2009 年制造的，大约比 2008 年增加了 40%。

关于燃料电池商业中的利润率，虽然在 2012 年和 2013 年是销售年，销售量增加，但燃料电池公司仍然报告它们有相当大的亏损。然而，有一些公司如 Bloom Energy、Plug Power、Intelligent Energy 宣布，在第二年他们走上了产生利润的道路。在 2013 年，燃料电池系统收入比 2012 年增长 35%，大约 13 亿美元。北美和亚洲是这个增长的主要贡献者，而欧洲的收入稍有降低。关于燃料电池应用领域，在 2008～2013 年间，固定应用在销售单位数目上有显著增长，在 2013 年运输和便携式电源应用似乎有降低的趋势。在美国和韩国的不同地区于 2013 年燃料电池研究渗透进入电子电源的新市场。在 2012 年，销售的燃料电池台套数量上最多的是使用质子交换聚合物膜电解质燃料电池（PEMFC），占 88%。预期它还要增长，因为该类燃料电池在不同应用领域中有很大的可应用性，而在汽车运输领域的应用是特别有发展前景的。

3.1.1　能量转换装置

除燃料电池外，今天在市场上有多种能量转换装置，包括光伏板发电、热太阳能发电、废物焚烧发电、气体透平发电、柴油引擎发电、兰开夏循环发电、组合兰开夏 Brayton 循环发电、核能发电、风力透平发电、水力发电等，其中主要能量转换装置的效率和投资成本比较见图 1-10 和表 1-4。从这些图表中可明显看到，燃料电池的效率在所有竞争的能量转换装置中是较高者。表 1-5～表 1-7 分别给出了燃料电池与竞争技术分别在便携式、固定电源/热电联产和运输应用中的技术经济比较。这些比较揭示，相对于竞争技术，燃料电池在便携式应用部门中有重量和体积能量密度方面的优势；在固定应用部门有高效率和高容量因子的优点；在运输应用部门有可提供高效率和燃料灵活性的优点。因此，为了与其他发电（能量转换）技术在相应应用领域中有相当水平的竞争，并成为经济可行的发电（能量转换）技术替代者，降低燃料电池投资成本可能是燃料电池需要克服的最关键的挑战。

3.1.2　燃料电池与热引擎和电池间的竞争

燃料电池有两个最接近的能量转换竞争者，即热引擎和电池，它们之间有差别也有类似性。燃料电池和热引擎一般都使用氢（碳）基气体和空气作为燃料和氧化剂。燃料电池以电化学反应组合燃料和氧化剂，而热引擎通过燃烧反应组合燃料和氧化剂。燃料电池直接把化学能转化为电能，而热引擎生产电能需要经过燃烧把燃料化学能转化为热能，再将热能转化为机械能，最后通过发电机转化机械能为电能。一般讲，随着能量转换装置中能量转换步骤增多总转化效率降低。燃料电池除了有较高效率（理论和实际效率）外，与热引擎比较产生的污染物也少很多甚至为零。而且热引擎的理论效率受 Carnot 效率限制，即受其低温和高温工作介质温度差的限制，燃烧会产生显著量的污染物。燃料电池的操作是安静的，装置操作几乎没有噪声或震动产生；而热引擎，因有多个运动部件（例如活塞和齿轮），会产生相当大的噪声和震动，这个动态性质在一定程度是会限制热引擎的应用的。而电池虽然也是把化学能转化为电能的装置，但为存储在电池内的化学能。因此为了能够长期工作，在操作一定时间后，需要从电网获得电力转化电能为化学能后再次使用。于是电池实际上不能够称为真正意义上的发电（能量转换）装置，而仅仅是能量存储装置。

3.1.3　燃料电池分类和世界主要发展商

在图 3-3 中分类总结了燃料电池在便携式、固定和运输部门中的主要应用；而图 3-4 中给出了燃料电池在便携式应用、固定应用、运输应用的若干燃料电池产品的实例照片。说明燃料电池作为新一类直接转化化学能为电能的装置，其应用范围是非常广泛的。现在涉及燃料电池工业的企业有很多，在附录中介绍了世界主要国家的各种燃料电池技术和系统的主要发展商、各自研究发展的燃料电池类型和希望应用与占有的具体市场。在该名单中美国公司最多，有 25 个；其次是日本有 14 个。按国家除了亚洲 4 个、美洲 2 个和澳大利亚外其余都是欧洲国家，但每个国家基本上仅有一二个公司。这是几年前的数据，由于燃料电池工业的超速发展，新公司不断涌现，数量肯定有显著增加。我国在近些年中涌现不少涉足燃料电池工业的公司，例如 2016 年在武汉举行的两岸燃料电池技术与产业发展高峰论坛，参会的公司代表不下数十家。从附录 1 所列的研究发展的产品可以看出，重点研究的燃料电池类型是质子交换膜燃料电池（PEMFC）、固体氧化物燃料电池（SOFC）和直接甲醇燃料电池（DMFC），它们大体上可以分别代表运输、固定和便携式三大应用领域占优势的燃料电池。

图 3-3　燃料电池应用分类总结

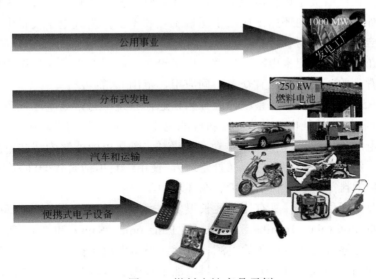

图 3-4　燃料电池产品示例

3.2　燃料电池的应用领域

3.2.1　引言

如前所述，燃料电池系统作为新一代电源，其应用领域非常广泛，主要是运输、固定和便携式三大应用领域。这是因为，现今燃料电池发电系统的过程效率达到或超过40%，可以使用当前普遍使用的烃类燃料来生产电力。由于燃料电池操作几乎没有噪声非常安静，不产生环境污染物，因此它们可以安装于需求电力且人口稠密的地区（城市市区）。

对固定应用，燃料电池产生的热量能够被用于区域供暖，这样的热电联产（CHP）能够使效率增加到85%，大幅降低能源消耗。因此，较大规模的医院、公共场所和银行可以使用燃料电池提供电力，供它们的设施使用。水处理工厂和废物转运与储存也正在使用燃料电池把甲烷气体转化成电力。世界范围内安装在中心医院、收容所、老年护理机构、酒店、办公室和学校里的燃料电池系统已经多达数千个。燃料电池系统可以与电网相连接，为机构单位提供额外的电力，燃料电池也可以作为独立于电网系统的分布式发电系统，为偏远或交通不便地区提供电力，即作为分布式发电装置使用。电信、计算机、互联网已经成为人类必需和基本的设施，因此必须要有完全可靠的电力供应。已经证明，燃料电池能够达到的可靠性为99.999%，特别适合于在这些领域中的应用。

燃料电池也能够为垃圾填埋场和废水处理工厂提供电功率。在这些情形中，燃料电池的使用不仅降低有害物质的排放，而且能够利用这些工厂产生的甲烷气体（某些类型燃料电池能够使用的富氢燃料）发电。燃料电池也已经被安装在一些啤酒厂中，使用这些工厂产生的甲烷气体。因此，在这些场合使用的燃料电池不仅提供了电力，而且利用其排出的污染物降低了有害物质的排放，获得了多重效益。此外，燃料电池也应用于自动售货机、吸尘器和交通信号灯等固定应用中。

有许多制造商在做着关于燃料电池的其他工作，它们的性质和应用有很大的不同，除了上述的固定应用外，燃料电池还广泛应用于运输工具和不少便携式电子设备中。例如，燃料电池已经广泛地应用于航空器、船舶、火车、公交车、摩托车、大货车和铲车等运输工具中。此外，燃料电池在手机、笔记本电脑和便携式电子设备中应用的市场（便携式应用）也在不断增加。如我们看到的，燃料电池有众多不同应用，范围非常广泛。

功率范围1～5kW的燃料电池系统已经开始在通信系统中与常规电池竞争。对通信切换节点、发射塔、接收塔或其他电子装置，燃料电池也完全能够作为初级功率或支持系统使用，而且能够从燃料电池供应的直流（DC）电功率中受益。燃料电池能够为那些电网连接不到的地方提供电功率。例如在户外的度假地（野营地），使用燃料电池替代柴油发电机提供电力，避免了有害污染物的排放，可以保护环境和在环境中不产生噪声。

燃料电池将改变通信世界，具有比电池长很多的寿命。对这些应用，选择的主要是直接甲醇燃料电池。如Motorola、Toshiba、Samsung、Panasonic、Sanyo和Sony等公司的产品已经证明，燃料电池能够作为通信设备的电源。例如，燃料电池手机的运行时间比锂电池长两倍（同等大小），而充电仅需要10min。而燃料电池平板电脑可以连续工作5h无须添加燃料。微燃料电池的其他便携式应用包括寻呼机、视频重播机、助听器、烟雾探测器、安全警报或计数器。对这些应用，使用的燃料电池也是以甲醇作为燃料来提供电功率的。

当断电时和在军事应用中，燃料电池正在被作为支持单元使用。燃料电池比电池要轻很多也耐用得多。在军事演习期间这很重要，战争期间更重要。

对运输应用，如前所述，世界上大多数车辆制造商正在对燃料电池车辆进行研究、发展或试验。2007年，车辆制造商Honda公司在洛杉矶汽车展销会上展示型号FCX Clarity的燃料电池汽车，该型号自2008年夏季起在市场上销售。该展销会是世界上制造系列中第一个燃料电池车辆展示平台，现在已经能够提供各种类型的燃料电池车辆商品。至于燃料电池大客车，在最近一些年中，已经有多种燃料电池大客车在世界各地行驶。燃料电池大客车是高度有效的，即便使用的氢气是从化石燃料生产的，其仍然降低了行驶区域的 CO_2 排放；如果氢气是从可再生能源生产的话，则将是完全零排放的。此外，使用燃料电池车辆也降低了大城市中的噪声污染。

使用燃料电池的其他车辆还有摩托车。尽管其体积较小，摩托车仍是城市中的主要污染源，城市中使用二冲程引擎摩托车有很大比例的排放（几乎与柴油载重车一样多）。使用燃料电池能够减少这些排放。燃料电池已经开始用于电力输送机械和叉车中。这些机器中使用燃料电池能够降低物流成本，因为几乎无须维护或替换。另外，由于恒定停止和启动，当使用标准内燃引擎时有多次失败和中断，但使用燃料电池，能够确保电功率的连续供应［消除了因电压降引起的问题（由于电池的放电）］。

在运输部门中的另外一种应用是在长途卡车中把燃料电池作为辅助功率单元（APU）使用。关于这个问题，美国能源部估算，在卡车的慢速运行期间（停车和驾驶员休息时）的燃料成本和维护费用约 11.7 亿美元。在这段时间中，APU 供应驾驶员所需电力（加热、空调、电脑、TV、收音机、冰箱、微波炉等）。美国能源部认为，对在 Mercedes Benz 级别 8 卡车上的燃料电池 APU，整个国家能够节省 25 亿升柴油，每年每辆车少排放 CO_2 在 11～80t 之间。燃料电池也正在发展用于矿山火车的电池，因它们不产生污染。自 2003 年以来已经发展出 109t 大机车，使用由 8 个同样型号的 150kW 的 PEMFC 组成的 1200kW 功率发电机。

另外，美国海军考虑将燃料电池用于飞行器，这确实是有吸引力的一种选择。使用燃料电池能够降低飞行器的噪声和污染物排放，所以不容易被雷达检测到；也能够利用其产生水的优点，使长途飞行器对水的需求显著降低。

降低燃料消耗和增加能量效率的优点是船舶使用燃料电池的主要原因。一般说来，在船上消耗的每升燃料比现在小汽车产生的排放多 140 倍。这已经导致一些国家，如冰岛，在 2015 年在渔船队中使用燃料电池提供辅助功率，在以后还会延伸使用燃料电池作为船舶的主功率电源。燃料电池在运输部门还有不少最新应用。

总而言之，燃料电池已经经历了两个世纪起起伏伏的艰难发展。在原油丰富、便宜和环境污染不被重视的时候（20 世纪的大部分时间），它受到冷落，发展不容易，这只有研究者进入燃料电池领域工作后才能够领会得到。想要像对其他科学和技术领域那样，最可能的是军事应用和最近的空间应用会对燃料电池有持续的兴趣。也只有认识到原油是稀罕昂贵之物和经受政治动荡供应等影响，以及地球遭受严重环境危害时，燃料电池才有可能在电力生产中替代其他发电技术，这很大可能是一种长远的有预见性的可靠选择。

3.2.2　2008～2012 年间燃料电池市场的增长

从上述不难看出，燃料电池在众多市场中变得愈来愈有竞争力，且发展潜力巨大和可行，因它们的应用范围很广泛。作为高度模块化、有宽功率范围和多种类型这样可变伸缩性质的电力供应系统，在理论上燃料电池能够使用于任何能量需求场合，包括各种类型固定应用、便携式电子设备和运输部门。在这些应用中的商业化正在努力快速发展中。实际上，燃料电池在世界范围的出货量在 2008～2011 年间增加了 214%，燃料电池正在成为通信网络市场、材料管理市场和机场地面支持设备市场备用电源的有力竞争者。美国、日本、德国、韩国和加拿大现在是燃料电池发展和商业化的旗舰国家。世界燃料电池工业的买卖在 2010～2014 年间增长 104%，在 2014 年安装的燃料电池功率达到 1.5GW。反映在使用燃料电池各部门的增长上，美国在 2003～2010 年间平均年增长率 10.3%。

图 3-5 表示的是全世界在 2008～2012 年间燃料电池不同应用领域的年增长情形，小条指燃料电池数量，而大条是指燃料电池功率（MW）。从数量上看，增长最快的是便携式应用，2012 年的销售超过 5 万台（套）；但从功率上看，增长最大的是固定应用，这是因为便携式的燃料电池每台的功率是很小的。总的来看，固定应用增长最快，这是由于小功率热电联产燃料电池设备进入了家庭用户，特别是在日本。对图 3-5 中的数字，需要做说明的是：便携式包括 APU 和电子设备（包括了玩具、小工具和教育装备等）；固定应用包括了小和大的固定主发电厂、应急功率备用电源（EPS）、热电联产（CHP）和冷热电三联产（CCP）；运输应用指使用燃料电池作为推进系统的车辆、船舶和飞行器等，也有少量辅助功率单元。

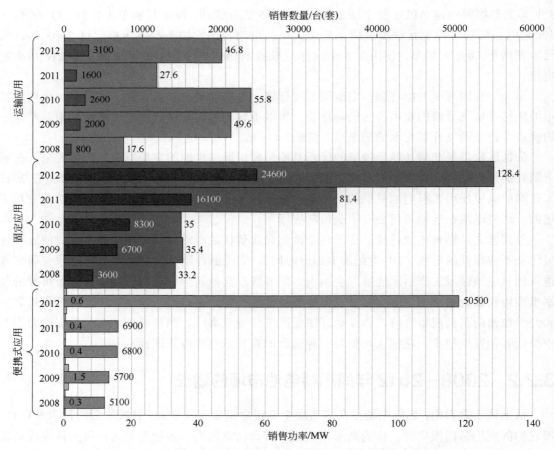

图 3-5　燃料电池工业在 2008～2012 年间不同应用领域的年增长
（大条：功率；小条：数量）

　　图 3-6 表示的是全世界在 2008～2012 年之间不同地区燃料电池的年增长情形，同样小条指燃料电池数量，大条指燃料电池功率。从图 3-6 中可以看出，亚洲在数量上和功率上的增长都是最快的，其次是美国和加拿大。但两者并不成比例，因为美国卖的都是大功率燃料电池单元，而亚洲主要是日本，卖的都是家庭用小功率热电联产（CHP）燃料电池系统。

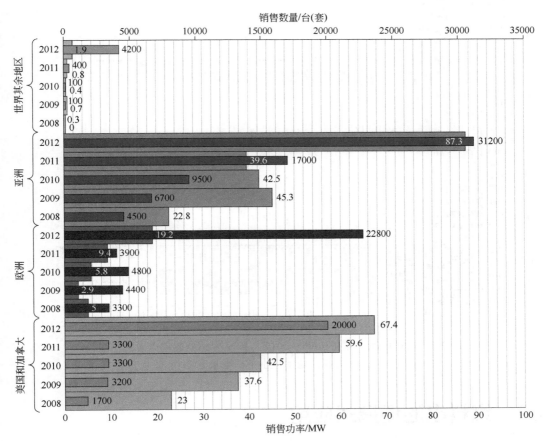

图 3-6　燃料电池工业在 2008～2012 年间不同地区的年增长
（大条：功率；小条：数量）

　　图 3-7 表示的是全世界在 2008～2012 年间各种不同类型燃料电池的年增长情形，小条指数量，大条是指功率。从图 3-7 中看出，最后两年销售增长的主要燃料电池类型是质子交换膜燃料电池（PEMFC）和固体氧化物燃料电池（SOFC）；接着是直接甲醇燃料电池（DMFC）；而其他三种燃料电池即碱燃料电池（AFC）、磷酸燃料电池（PAFC）和熔融碳酸盐燃料电池（MCFC）在这些年中基本没有销售。这一情形是与现在对燃料电池研究的重点放于前三类燃料电池的情形是一致的。

　　鉴于燃料电池单元数量和功率的增长情形，下面首先讨论相对简单的便携式应用，然后讨论固定应用。因为有关燃料电池应用的资料很多，因此把燃料电池应用和市场分为 I 和 II 两部分，第 I 部分（第 3 章）讨论燃料电池便携式应用和固定应用，第 II 部分（第 4 章）专门讨论燃料电池的运输应用。

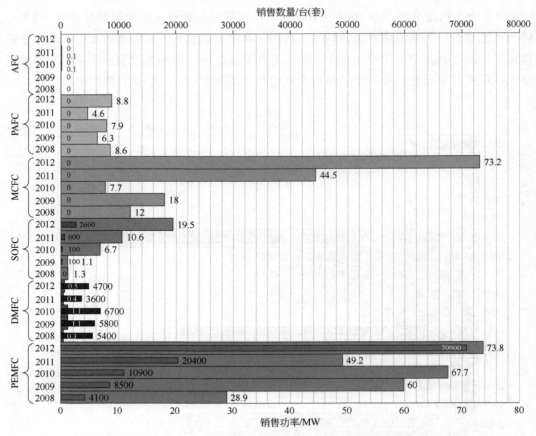

图 3-7　燃料电池工业在 2008～2012 年间不同类型燃料电池的年增长

（大条：功率；小条：数量）

3.3　燃料电池便携式应用

由于便携式电子装置的快速增长，其对电源的需求不可能完全由现时使用的电池满足，这是由于电池的能量、功率、容量低，而且一般需要较长的充电时间。这两个问题能够被便携式/微型燃料电池（如 PEMFC 和 DMFC）很好地解决。因此，燃料电池便携式应用在全球快速增长（见图 3-5）。这些微型便携式燃料电池装置，超过总量的 2/3 使用的是常规 PEMFC，超过 1/4 使用 DMFC（余留的与 PEMFC 无关）。便携式电子装置的典型功率范围对微型应用低于 5W，但也有需要使用 100～500W 功率的范围。图 3-8 显示一个典型的微型 PEM 燃料电池，包括双极板、单元池示意图以及实际微燃料电池照片和微燃料电池池堆照片。

为制作便携式/微型燃料电池已经提出了许多方法。开发出 Si 晶片模式化燃料电池通道和 GDL（气体扩散层）的技术；应用 LIGA［X 射线光刻技术的德文缩写；包括 X 射线光刻、电铸成型（电沉积）和模型化］来制造金属双极板中的流动通道；使用反应性离子在不锈钢板中机械蚀刻（RIE）微通道；为燃料电池流动结构提出的 SU-8 光刻胶微制造技术。此外，也可应用各种微/纳米制作工艺，如光刻、物理气相沉积（PVD）和聚焦离子束（FIB）蚀刻/

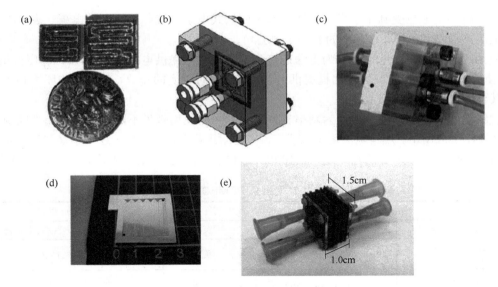

图 3-8　微型 PEM 燃料电池

（a）双极板（内面）示意图；（b）单元池示意图；（c）实际微燃料电池照片；（d）双极板（外形）示意图；（e）池堆照片

沉积，来制作流动场板。还有使用热解聚合物前身物（所谓的"C-MEMS 工艺"）获得的碳来制作双极流动板。图 3-8（a）显示使用 C-MEMS 碳化前后的迂回曲折流场的双极板。图 3-8 也显示由燃料电池双极板和池堆装配成的微 PEMFC（0.8cm×0.8cm×0.4cm）。这些微型燃料电池有多种峰功率：约 $82mW/cm^2$、约 $50mW/cm^2$、$30mW/cm^2$、$42mW/cm^2$、$76mW/cm^2$ 和 $40\sim110mW/cm^2$ 等。还可通过改进阴极通道几何形状提高效率，这样可以使效率增加约 26.4%。

除了手机和平板电脑外，便携式燃料电池也被使用于电动玩具和常用工具，如 RC（无线电遥控器）车、船、机器人玩具和应急灯（如矿井）。在图 3-9 中显示的是一个实际 Horizon H-CELL 2.0 燃料电池系统的迷你车辆（性能指标列举于表 3-1 中）。

图 3-9　Horizon H-CELL 2.0 的照片

表 3-1　Horizon H-CELL 2.0 的技术指标

	峰功率	150W（带电池）：18A/8V
	名义功率	30W/8V
性能	速度（TRF416）	0～60km/h
	操作时间（正常）	60min（两个盒+完全充电电池）
	操作温度	5～35℃
	燃料电池重量	400g
尺寸和重量	整个 H_2 盒重量	400g
	燃料电池大小	8cm×6.4cm×3.45cm
	H_2 盒大小	直径 22mm×高 81mm，2 个单元
燃料（H_2）	每个 H_2 盒重量	90g
	氢能量	每个 HYDROSTIK 盒 15W·h（2 个单元）

微型燃料电池也受到军事界的关注，作为便携式电子装置如无线电的电源。表 3-2 列举世界上生产便携式 PEMFC 部件的若干主要公司。

便携式应用燃料电池也能够为无法连接到电网的地方提供电力。例如，在户外度假地（野营），使用燃料电池替代柴油发动机提供电力，避免有害物质的排放，帮助保护环境和不对环境中其他人产生噪声污染。

燃料电池的便携式应用在作为功率支持单元方面的使用规模不断扩大，例如当电源被切断时或在军事应用中。燃料电池比电池要轻很多也耐用得多，这对战士在军事演习期间是特别重要的，在战争期间甚至更重要。一个 100W 的直接甲醇燃料电池集成系统示于图 3-10 中。

表 3-2　世界上生产便携式 PEMFC 部件的主要公司

公司名称	Web 位置	所在国家	简要介绍
CMR 燃料电池	cmrfuelcells.com	英国	25W 混杂 DMFC 便携式电脑充电器
Viaspace/直接甲醇燃料电池公司	viaspace.com/ae_dmfcc.php	美国	DMFC 的可丢弃燃料盒
Jadoo 动力公司	adoopower.com	美国	燃料电池化学氢化物燃料，为航空应急疏散提供 100W 便携式电源
Horizon	hozizonfuelcell.com	中国	玩具和小工具、H-赛车业余爱好者用燃料电池系统
MTI micro	Timicrofuelcells.com	美国	与户外充电器制造商合作，包括通用充电器
Neah 动力公司	neahpower.com	美国	DMFC 单元
Samsung SDI	samsungsdi.com	韩国	高于 800% 的耐用性和多 54% 功率的军用 DMFC 电池
SFC Smart 燃料电池	sfc.com	德国	野营和休闲 APU、便携式军用燃料电池系统
Sony	sony.co.jp	日本	便携式和移动电话用 DMFC 功率再充电装置
Toshiba	toshiba.co.jp	日本	10W DMFC 电池充电器

作为微小电源，燃料电池便携式应用可能改变电信世界，因为它们能够在手机或便携式电脑中使用，其连续使用时间比电池长得多。对这些应用和基于燃料电池给出的特性，通常选用直接甲醇燃料电池（也常选择 PEMFC）。像摩托罗拉（Motorola）、东芝（Toshiba）、三星（Samsung）、松下（Panasonic）、三洋（Sanyo）和索尼（Sony），这些公司的产品已经证明，燃料电池能够作为电信电源设备。例如，使用燃料电池能够使手机运行的时间比等当功率锂电池长两倍，而补充燃料时间极短。使用燃料电池的笔记本电脑可以连续工作 5h 而无须再加燃料。微燃料电池还被应用于寻呼机、录像录音机、助听器、烟雾探测器、安全警报或计数器等装置中，对这些情形通常使用由甲醇提供电力的直接甲醇燃料电池。使用直接甲醇燃料电池的便携式电脑的实例示于图 3-11 中。燃料电池作为手机和其他电子设备电源使用的例子示于图 3-12 中。

从上述不难看出，燃料电池的便携式应用重点主要在两个市场上。第一个是作为便携式电源，为室外个人使用设计，如野营和爬山，轻便商业应用如便携式标志和检测以及应急救援工作需要的电功率。第二个是消费者电子装置市场，如笔记本电脑、手机、收音机、摄像机和传统上以干电池运行的任何基础电子装置。便携式燃料电池一般的功率范围在 5~500W 之间，而微燃料电池的功率输出可以小于 5W，但更多的便携式电子设备需求的功率达到千瓦级水平。与固定式燃料电池不同，便携式燃料电池以单个装置的形式，便于携带，因此可以极为广泛地使用于各种应用的主设备和装置中。燃料电池具有的模块化和高能量密度（其能量密度是可充式电池的 5～10 倍）的特点使它们成为能够满足未来便携式个人电子设备很强的潜在候选者。另外，便携式军事装备是另一个直接甲醇燃料电池（DMFC）、重整甲醇燃料电池（RMFC）和 PEMFC 增长很快的应用领域，由于它们具有操作安静、高功率和能量密度以及轻重量（与现在电池级便携式装备比较）的特点。除了重量轻和能量密度高外，燃料电池无须充电电源，这使它们在未来的便携式市场上有比电池更大的优势。只是在目前它们的成本和耐用性与设定目标尚有一点距离。

(a) (b)

图 3-10　5cm×10cm 直接甲醇燃料电池，200mW 的功率（泵、DC/DC 变压器和控制电路等消耗 100mW，整个系统的净输出功率大约为 100mW），系统正面图（a）和背面图（b）

图 3-11　使用燃料电池的便携式电脑

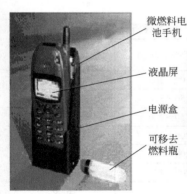

微燃料电池手机

液晶屏

电源盒

可移去燃料瓶

图 3-12　燃料电池作为手机和电子产品的电源

在便携式应用领域，其他快速增长的市场是便携式电池充电器、小型示范和远程控制汽车与玩具（图 3-13）、工具和设备等，这些已经是制造商（如 Horizon 和 Heliocentris）推出的商品了。这些商品也是 DMFC、重整甲醇燃料电池（RMFC）和 PEMFC 的快速增长应用领域，这与便携式军用设备类似，也是由于它们有操作安静、功率和能量密度高、重量轻、无须再充电等优点。用燃料电池集成的便携式装备数量巨大，约占 2008 年售出燃料电池单元数量的一半，但以功率容量计算，便携式燃料电池占 2008～2011 年销售总功率的份额小于

图 3-13　使用燃料电池的玩具

1%。燃料电池在便携式应用部门能够取得更重大进展前，仍然需要处理和解决很多事情，如散热、排放物分散、噪声、集成燃料存储和配送、冲击和振动、耐久性、峰值重复和波动应答时间、各种条件下的操作、对空气杂质耐受性、燃料容器的循环再使用和暴露于空气中的面积等。

对不同功率范围的便携式应用的燃料电池，为达到大规模商业化，美国能源部（DOE）已经提出了要达到的主要技术指标，如表 3-3 中所示。在便携式电源应用中，燃料电池有一些竞争者，主要是电池，包括铅酸电池、镍-镉电池、镍-金属氢化物电池、锂离子电池，以及超级电容器和飞轮。它们间的技术经济性能比较列于表 3-4 中。可以看出，便携式燃料电池在各种应用中确实具有很强的竞争力。

表 3-3　对不同功率范围便携式燃料电池电源 DOE 的性能指标

特征	单位	2011 年状态	2013 年目标	2015 年目标
技术目标：针对<2W，10～50W，100～250W 范围便携式燃料电池电源系统				
比功率	W/kg	5，15，25	8，30，40	10，45，50
功率密度	W/L	7，20，30	10，35，50	13，55，70
比能量	W·h/kg	110，150，250	200，430，440	230，650，640
能量密度	W·h/L	150，200，300	250，500，500	300，800，900
成本	美元/W	150，15，15	130，10，10	70，7，5
耐用性	h	1500，1500，2000	3000，3000，3000	5000，5000，5000
失败间的平均时间	h	500，500，500	1500，1500，1500	5000，5000，5000

表 3-4　燃料电池和它的竞争者在便携式电源部门的技术经济比较

便携式电源技术	质量能量密度/(W·h/kg)	体积能量密度/(W·h/L)	比功率/(W/kg)	投资成本/[美元/(kW·h)]
直接甲醇燃料电池	>1000	700～1000	100～200	200①
铅酸电池	20～50	50～100	150～300	70
镍-镉电池	40～60	75～150	150～200	300
镍-金属氢化物电池	60～100	100～250	200～300	300～500
锂离子电池	100～160	200～300	200～400	200～700
飞轮	50～400	200	200～400	400～800
超级电容器	10	10	500～10000	20000

① 单位为美元/kW。

3.4　燃料电池固定应用——分布发电单元（DG）

3.4.1　引言

关于燃料电池的固定应用，如其名称所表明的，应用的燃料电池装置安装后是固定的、不再移动的。由于燃料电池是一种把燃料化学能直接转换为电能的装置，同时副产热量，因此燃料电池能够作为分布式发电装置（如前面所述），是电力脱中心化的主要手段，能够广泛地应用于居民区、商业和工业等需要有固定发电装置的部门中，发挥其独立于电网的分布式电力系统的作用，但也能够作为电网的辅助电源供应电力。因此固定燃料电池应用范围广泛，主要包括：①作为主发电站机组（分布式发电）使用为电网提供电力，同时进一步提高燃料电效率和热量利用效率，燃料电池与常规发电技术能够很好地组合集成；②燃料电池能够作为分布式应急备用电源（EPS）（也称为不间断电源 UPS）使用；③也能够为遥远地区供应电力（RAPS）；④作为分布式热电联产（CHP）或冷热电三联产（CCHP）中的主发动机。固定燃料电池市场，按功率（兆瓦）计现在占年燃料电池销售量的约 70%。

　　图 3-5 给出了 2008～2012 年间销售的燃料电池固定应用数量和功率的增长，而在图 3-14 中示出的是在 2004～2008 年安装的小（小于 10kW）的固定系统的数目。这些系统包括在家里安装的单元、商业和遥远地区的不间断电源及备用电源，这些单元约 95% 是 PEMFC，2/3 在北美制造，但自 2008 年后日本销售安装的家庭用小燃料电池（电功率 1kW）的热电联供的系统大幅增加。值得注意的是，PEMFC 与其他类型燃料电池有竞争，特别是 MCFC 和 SOFC，这两类燃料电池显示出高效率、低成本和燃料灵活性，通常被认为是能满足较大发电需求的燃料电池技术。它们的缺点是，相对慢的启动和差的动力学特性。

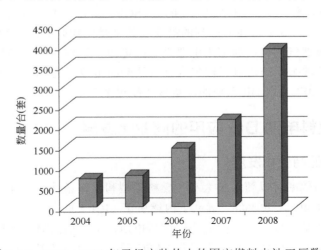

图 3-14　2004～2008 年已经安装的小的固定燃料电池工厂数量

3.4.2　燃料电池固定应用的商业化发展

　　传统电网以中心发电站为基础，电力供应的高标准可靠性要求已经导致人们想要建立更强大的新能源网，它对中心发电站的依赖较小。燃烧化石燃料发电站危害环境的问题增加了使用可再生能源的推动力。自 21 世纪初期以来信息技术（IT）的提高，包括通信、数据处理、智能电表、远程控制等，为管理和控制精巧与脱中心能源网的发展提供了机遇，此种新能源网以更加有效、可靠、灵活、持续和成本更低的方式操作。燃料电池固有的高可靠和灵活性，污染物零排放（氢基）和高效，帮助电网本身变得较少中心化和可再生性增强。

　　分布发电单元（DG）一般位于能量需求点附近。为 DG 建立的燃料电池技术包括 PEMFC、PAFC、MCFC、SOFC。PEMFC 使用固体聚合物膜电解质和碳电极，以铂作催化剂。它们适合于小容量（2～500kWe）。PEMFC 的功率密度值在实践中为 2～3kW/m²。PEMFC 低温操作（80℃），所以启动时间短。因为温度影响电解质的热稳定性和离子电导率特征，PEMFC 的操作温度被控制在狭小的温度范围，在 50～100℃ 之间。PEMFC 的另外一个重要挑战是水管理，设计者必须平衡以确保电解质是足够水合的且防止水泛滥。另外，PEMFC 对痕量水平的污染物中毒是敏感的，包括 CO、硫物种和氨。燃料加工和净化，当用烃类燃料生产氢气时，是需要排放 CO_2 的。未来，氢来自清洁能源，用电解或仅使用热量的热化学过程生产。PAFC 和 MCFC 各自适合于超过 50kWe 和 200kWe 的较高容量，而 SOFC 容量很宽（从 2kWe～100MWe）。PAFC 的操作温度比 PEMFC 高，为 150～210℃。PAFC 的 CHP 系统达到的能量效率预期为 85%。它们一般使用于商业建筑物的 DG，如医院、酒店和学校等。MCFC 和 SOFC 是固定发电的最好候选者。但是，MCFC 不能够以纯氢为燃料，而要使用 H_2 和 CO 的混合物。MCFC 和 SOFC 都是在高温操作（分别为 600～700℃ 和 600～1000℃）。为使电解质有足够的电导率，高操作温度是必要的，这也允许使用低成本金属池组件，高温操作导致其长的启动时间。MCFC 有相当高的电效率（接近 60%），而 MCFC 与透平的混杂系统能够达到的电效率高达 65%。MCFC 基 CHP 系统的能量效率能够超过 80%。现时 MCFC 技术能够达到约 50% 的电效率。MCFC 的缺点是由使用液体电解质引起的，在阴极要求注入二氧化碳。MCFC 的功率密度相对较低，还有高温腐蚀和电解质腐蚀的问题。SOFC 使用非多孔金属氧化物固体电解质，通常是 Y_2O_3-稳定 ZrO_2（YSZ）。所以，SOFC 没有腐蚀和与液体电解质燃料电池相关的电解质管理的问题。SOFC 能够达到的潜在电效率是比较高的。在 2009 年，Ceramic Fuel Cells 公司宣布，其天然气燃料电池家用电器之一的电效率达到 60%，同时可为电网输送电力。SOFC 与气体透平的混杂系统，以天然气为燃料达到的电效率为 60%。理论上，它能够达到的电效率为 70%。SOFC 基 CHP 系统的能量效率超过 85%。

3.4.3 各类燃料电池 DG 应用的商业化发展

3.4.3.1 PAFC 的商业化发展

虽然燃料电池的效率可以随系统大小、燃料类型和操作条件（如温度和压力）等变化，它们的大多数效率在 40%～60% 间，远高于内燃引擎（ICE）的效率。以纯氢气运转达到的效率较高。虽然 PAFC 是至今第一个商业化的燃料电池，但它们的潜在市场是有限的，因为它们很昂贵且不大可能变得比较便宜。大多数 PAFC 研发活动和部署是在美国和日本，其中美国 UTC（联合技术公司）是 PAFC 技术的全球领头者。UTC 开始发展 PAFC 是在 20 世纪 60 年代，在美国政府资助下从事研发超过 20 年。到 1992 年，UTC 最先进样机承担了全球的商业化计划，这是一个 200kW 单元的 PAFC 发电厂。现在已经有超过 260 台由 UTC 提供的 200kW PAFC 分别安装于全球的 19 个国家，累计的场地操作时间超过 800 万小时，一些系统操作已经超过 40000h。在 St Agnes 发电厂的电效率为 39.6%（基于天然气燃料低热值）。除了 200kW 单元外，UTC 在 2000 年推出不同容量的 PAFC 单元，包括在 TARGET（气体能源转换先进研究组，1967～1976 年）项目下的 12.5kW，由气体技术研究所（GTI）领头的由 28 个美国、日本、加拿大公用事业公司构成的工业合作伙伴研发；在 GTI-DOE 项目（1983～1985 年）下的 40kW 单元；与东芝合作计划（1985～1986 年和 1991 年）下的 11MW 单元；东京电力公司（TEPCO）资助运行（1983～1985 年）的 4.5MW 单元。在 2008 年，UTC 引入新的 400kW PureCell Model 400，它被认为与组合热电有较好的匹配，应用于超市、医院、酒店和教育机构等。韩国 Samsung Everland 公司购买了 22 套 PureCell Model 400 单元：12 套在 Anyang GS 发电厂；7 套在韩国东电力公司（在大首尔区）；2 套在首尔的超高摩天大楼 Premium Tower；1 套在韩国釜山国际金融中心地标大厦。在 2012 年，UTC 卖出总数 27 套 PureCell Model 400 单元，其中 14 套输出到韩国 SK E&S 发电厂部署在大首尔区的 Pyeongtaek 城；13 套部署在美国市场。除了 UTC 外，还有一些其他工业企业也发展 PAFC：Engelhard、Energy Research Corporation（ERC，1999 年改名为 FuelCell Energy）和 Westinghouse。但是，Engelhard 在 1988 年离开燃料电池领域。ERC 和 Westinghouse 分别转到 MCFC 和 SOFC。在日本，PAFC 的主要工业企业包括 Fuji Electric、Hitachi、Mitsubishi Electric、Sanyo 和 Toshiba。但是，它们的大部分 PAFC 技术依赖于美国公司。例如，Toshiba 与 UTC 合作形成的 UTC-Toshiba 合资企业——国际燃料电池公司（IFC，现在是 UTC Fuel Cells），从事 PAFC 的研发。类似地，Fuji 电子与 Engelhard、Sanyo 与 ERC 组合以及 Mitsubishi Electri 与 Westinghouse 组合。

3.4.3.2　MCFC 的商业化发展

MCFC 和 SOFC 都是高温操作的，它们的发展历史似乎要追溯到类似的研究线中，分歧出现在 20 世纪 50 年代。MCFC 研究开始于荷兰阿姆斯特丹大学，它的研发在欧洲得到有力的支持，美国和日本也是 MCFC 发展很活跃的地方。作为全球 MCFC 的领头者，FuelCell Energy（FCE）积极推行 MCFC 商业化。在 20 世纪 90 年代，工业企业包括 M-C 电力和 FuelCell Energy 在美国 DOE 资助下进行了 MCFC 的示范。M-C 电力于 1997 年在圣地亚哥 Miramar Marine Corps 空气站安装了 250kW MCFC 单元。1999 年，在 Miramar 的改进 75kW 池堆上完成的操作超过 3800h，生产 260MW•h 电力，并将该池堆提级到 250kW。在 2001～2002 年初，M-C 电力试图商业化 250kW 和 1MW 单元。但是，因无能力进行提升信誉的资本投资，M-C 电力遗憾地在 2002 年初期倒闭。1996 年春天，FCE 开始在加州 Santa Clara 建设 2MW MCFC 工厂。但由于碳沉积问题，系统仅操作两个星期就被迫停止了。在进行了若干重新构型和修补后把其容量降低到 1MW，并重新开始操作。改进后系统操作超过 3000h，于 1997 年终止。在 1999～2000 年，FCE 建立两个 250kW 池堆，其中一个以三个热循环操作，试验超过 2500h，没有发现值得注意的性能衰减；另一个以连接电网模式操作。接着 FCE 把功率输出提高到 250～300kW。现在，FCE 能够提供销售的 MCFC 型号有：DFC300（300kW）、DFC1500（1.4MW）和 DFC3000（2.8MW）。到 2007 年，有约 40 个 FCE MCFC 发电厂在美国安装，15 个在亚洲和 12 个在欧洲安装。在 2011 年 11 月，世界最大燃料电池发电厂（容量 11.2MW）成功地作为 DG 进行操作，为 Daegu 城市（韩国）提供基础负荷。这个燃料电池系统包括 FCE 提供的 4 台 2.8MW DFC3000，由韩国地区集成者和分布者（称为 POSCO Energy）安装。作为 FCE 的韩国合作者，POSCO Energy 完成了建设位于韩国 Hwasung 城的世界最大燃料电池公园，有 59MW 发电容量，是一个安装了 21 个 DFC3000 的发电厂。使用 FCE MCFC 池堆，德国 MTU CFC Solutions GmbH 发展了它的 250kW 系统 "HotModule" 供 CHP 或三联产（冷热电）应用。第一个 HotModule 在 1999 年开始操作。到 2008 年 3 月，总共有 21 个 HotModule 系统在欧洲安装，连续操作超过 30000h。另一个与意大利的 Ansaldo Fuel Cells S.p.A 公司合作发展 MCFC 超过 20 年。在 1999 年，100kW 概念证明 CHP 工厂技术过渡到示范阶段。Ansaldo 示范项目 "2TW Series" 是一个混杂系统，由四个 MCFC 池堆和一个微透平构成。然而，这两个公司在 2011 年有着不同的经历。MTU 和 Ansaldo FuelCells 分别关闭了它们的 MCFC

活动，由各控股集团战略决策。新的联合公司——Fuel Cell Energy Solutions，由 FCE 建立和 Fraunhofer IKTS 接管，是 MTU MCFC 技术的延续。在日本的 Ishikawajima Heavy Industries（IHI），自 2000 年开始承担 MCFC 技术商业化的使命，示范阶段在 2002 年开始，安装了 6 个 MCFC 系统（包括 5 个 300kW 和一个 10kW），其中前两个在 Chubu Electric 发电站，示范装置的寿命时间已经超过 1 万小时。第三个是安装于丰田汽车工厂的混杂系统。第四和第五个系统分别由 Chubu Electric 发电和丰田购买，两个都安装在 Aichi 世界博览会。第六个系统在 2005 年安装于 Chugoku Electric Power。

3.4.3.3　SOFC 的商业化发展

SOFC 使用固体氧化物或陶瓷材料作为电解质以在阴极和阳极之间传导离子。它是最适合于输出功率在 100W～2MW 之间的固定发电燃料电池之一。SOFC 的技术发展能够追溯到 1899 年，Nernst 第一个引入固态氧离子导体，其组成为 85%氧化锆和 15%氧化钇。在 1937 年首次在燃料电池中使用氧化锆陶瓷，因其比熔融电解质更好管理。此后，一直到 20 世纪 60 年代几乎没有什么进展。1962 年，在美国西屋电气公司（Westinghouse Electric Corporation）使用氧化钙稳定氧化锆电解质和两个多孔铂电极建立起第一个现代的 SOFC。其 0.7V 时，用纯氧和纯氢［含水 3%（摩尔分数）］在压力稍高于大气压、温度为 810℃的电流密度为 10mA/cm^2，194℃为 76mA/cm^2。在 1965 年，研究人员进行了多池 100W SOFC 池堆发电的示范。在欧洲，日内瓦 Battele 研究所于 1965 年 5 月在专利领域表述了 SOFC 的思路：在薄层多孔陶瓷材料阴极层上负载电解质和阳极。在法国、英国和日本的第一个氧化锆燃料电池分别出现于 1962 年、1963 年和 1964 年。1977 年出现使用等离子喷涂技术沉积不同阳极和阴极材料制作的 SOFC 管式设计。也是在 1977 年，Westinghouse 发展了改进的化学气相沉积即所谓的电化学蒸气沉积（EVD）技术用于制作 SOFC 电解质和电极薄膜，并在 80 年代和 90 年代使管式 SOFC 发展取得快速进展。总计 28 个 SOFC 发电装置，范围从 0.4～200kW，分别在美国、日本和欧洲示范。第一个场地试验单元是 0.4kW 系统，1986 年部署在 Tennessee Valley Authority。该单元由 30cm 长的 24 根管式池构成，操作了 1760h。在 1987 年，三个 3kW 场地试验单元由日本公用大阪气体公司和东京气体公司部署。每一个单元由长度 36cm 的 144 根管式池构成，分别操作了 3021h、3683h 和 4882h。在 1994～1995 年，建立和操作的两个 25kW 单元，每一个由活性长度 50cm 和外径 16mm 的 576 根管式池构成。1994 年春天，一个单元部署在南加州大平原的 Edison Company's Highgrove 发电站，在 1995 年中期用负载在新空气电极的管式 SOFC 替换前，第一个池堆操作了 6500h；在 1996 年 2 月，此系统试验 11500h 后停止。1998 年 1 月，这个系统在加州大学 Irvine 分校的国家燃料电池研究中心重新启动，到 2002 年 1 月 25kW 系统总共操作运行 19750h。另外一个单元是日本公用大阪气体公司和东京气体公司建造的，成功地以脱硫天然气燃料操作了 13194h。25kW 单元场地试验后，更大的长 150cm 和外径 22mm 的管式 SOFC 也由 Westinghouse 制作，准备在示范工厂中使用。在 1997 年 11 月，德国的 Siemens AG 获得 Westinghouse 化石燃料发电商业部分，包括管式 SOFC，因而建立新的公司——Siemens-Westinghouse 发电公司（SWPC），其重点在管式 SOFC 商业化。德国 Siemens 减少了板式 SOFC 的研究。自 1997 年开始，100kW SOFC-CHP 系统以天然气进料成功地在大气压下运行操作，效率 46%，它们在荷兰、德国和意大利运行操作超过 29000h。2003 年，放大到 250kW 的一个类似 SOFC-CHP 系统也由 SWPC 制作，安装在加拿大的 Kinetrics Inc. Facility。这些大气压 SOFC-CHP 系统应该是 SWPC 的初始商业化产品。2000 年 6 月，SWPC 提供的 220kW 加压 SOFC/GT 混杂系统在加州 Irvine 的国家燃料电池中心部署，成功以天然气操作运行 2900h，电效率达到 53%。2001 年 9 月，SWPC 选择匹茨堡地区作为 SOFC 商业化的新位置。然而，由于技术上的问题，SWPC 取消了很多计划的系统或虽然安装了但操作并不成功。这些管式 SOFC 系统包括：在德国 E.ON Energies、挪威 Norske Shell 和美国阿拉斯加 BP 气-液工厂的三个示范 250kW CHP 系统；两个在意大利 Edison Spa 和德国 RWE 的 300kW SOFC/GT 混杂系统示范项目；三个在美国 Fort Meade、德国 Marbach 和 Baden Wurttemberg 的 1MW SOFC/GT 混杂示范项目；两个在意大利 TurinGTT 和日本东京 Meidensha 的 125kW CHP 系统。SWPC 管式 SOFC 的主要缺点是：过高的制造成本和固有的低功率密度。这些技术问题与融资问题一起导致 SWPC 延迟它的商业化进展。到 2010 年 SWPC 结束管式 SOFC 的商业化努力。鉴于 SWPC 在美国做管式 SOFC 商业化碰到的困难，DOE 在 2000 年启动一个称为固态能量转换联盟（SECA）的项目。SECA 是一个由大学、国家实验室和公司组成的联盟，SECA 的创生加速了板式 SOFC 的研发，使其尽可能快地进入市场。SECA 的目标是要实现 SOFC 系统成本的大幅下降，到 2010 年固定应用降低到 400 美元/kW。在 2006 年，GE 和 Deiphi 报道的 SOFC 的成本分别达到了 746 美元/kW 和 761 美元/kW。SECA 采用的使 SOFC 成本大幅下降的策略基本上有四种：①"大量生产"方法，解决产品进入市场初期时固定价高（初始成本太高）而难以卖出的问题，需要大批量生产来使价格下降；②政府、工业和科学资源的集成，利用他们各自的技能在不同位置起适当的作用；③在工业组有可利用的普通研究和发展项目以消除冗余；④知识产权的规定能够使工业参与者从科学参与者的突破中获益，因此增强技术传输。然而，SECA 立刻就碰到问题，如发展计划的延迟、目标的改变和工业组的变化等。在 2005 年，SECA 开始新的"燃料电池基系统"项目，目标对准发展兆瓦级集成气化燃料电池（IGFC）发电厂。这个方向的改变直接导致 SECA 初始目标预算的压力，初始重点是发展天然气基 SOFC 技术和降低成本。在 2007 年，GE 关闭了它的 SOFC 单元，退出 SECA 项目。在 2010 年，SWPC 放弃了它在管式 SOFC 上的努力。在 2012 年，Rolls Royce Holding PLC 购买它们，用于把 Rolls-Royce Fuel Cell Systems Inc. 的 51% 的股份给 LG 公司（Corp，Electronics & Chemical）。自 2008 年，SECA 的预算减少，直到它退出 FY 2012 要求的预算。同时，一些公司如美国的 Acumentrics 和 Bloom Energy，在发展小规模固定发电应用的 SOFC 产品上取得了进展。Acumentrics 为不间断电源供应（UPS）发展出微管式 SOFC 系统。公司已经示范了它的 5kW SOFC 系统，在 Acumentrics' Westwood，Massachusetts 操作了 10500h。Arizona 大学为 NASA 火星太空计划进行了一部分工作，于 2001 年成立了 Bloom Energy 公司。NASA 火星太空计划称为"调查员着陆器 2001"（Surveyor 2001 Lander），包括一个 SOFC 基装置，能够使用甲烷、天然气甚至生物质燃料发电。2006 年初，Bloom Energy 卖出它的第一个 5kW 场地试验单元给田纳西大学（Chattanooga）。在田纳西州、加利福尼亚州和阿拉斯加州成功地试验两年后，第一个 100kW 商业产品在 2008 年 7 月卖给了谷歌，在谷歌总部安装了四个这样的系统。在 2011 年 1 月 Bloom Energy 启动合作项目，200 个 Bloom Box（20 MW）分别部署在：eBay（500kW）、Walmart（400kW）、Coca-Cola（500kW）、Staples（300kW）、加州理工学院（2MW）和 Kaiser Permanente（4.3MW）等。在 2013 年 9 月，eBay 开启其在盐湖城（Utah）的数据中心——世界上第一个使用 Bloom

燃料电池作为主要原位电源。其为最先进设备，组合了 30 个 Bloom Energy 服务器，共 6MW 输入到数据中心能源构架中。今天，Walmart 已经安装了 30 多个 Bloom 在其加利福尼亚州的商店和配送中心。AT&T 和 Bloom Energy 有 28 个项目在加利福尼亚州和 Connecticut 安装或计划中。一旦完全操作，AT&T 安装的所有 Bloom Box 预计每年生产多于 1.49 亿千瓦·时的电力。其他顾客包括 Adobe（1.6MW）、FedEx（500kW）、Washington Gas（200kW）、CoxEnterorise（1.4MW）、美国银行（500kW）、SoftBank Group（200kW）等。上述的应用主要是不间断电源，如数据中心、制造操作、通信和高能负荷的设备包括冷冻和关键服务；它以城市煤气和生物气体为燃料的 SOFC 系统达到的效率超过 60%。Bloom Energy 以电源购买合同（PPA）的方式作为吸引顾客的新商业模式。顾客只购买 Bloom Box 的电力，没有其他成本。对 Bloom Energy 商业模式是否可行或不可行，现在仍然不是做结论的时候。一些事情，如系统耐用性和成本等仍然有待观察。一些从事 SOFC 研发活动的其他美国公司包括：Delphi、Versa、Cummins、Protonex、Ceramatec、SOFCo、Technology Management、Inc.（TMI）和 Ztek 等。但是，美国的 SOFC 发展者数目在减少。包括 Honeywell（Allied Signal Aerospace）、SOFCo 和 McDermott 在内这些公司已经全部消失了，应当是兼并和收购的结果，SWPC 退出 SOFC 商业。Ceramatec 和 Ztek 的重点不再在 SOFC 的发展上。

　　与美国的情形不同，SOFC 的发展受到日本政府一直的支持。日本的经济、贸易和工业部（METI）在促进 SOFC 技术中起着关键作用。开始时，METI 为 SOFC 基础研究活动提供微薄的资助（在阳光计划和月光计划下）。在 1989 年，日本 METI 启动一个 12 年计划，分三期，国家资助 SOFC 研发项目（1989～2001 年），后来修改成 15 年计划（1989～2004 年）。通过这个长期国家计划，日本成功地发展出管式 SOFC 制造技术（由 TOTO、Kyushu Electric 和 Nippon Steel 制作）和单块层建造（MOLB）的板式 SOFC 模块（由 MHI 和 Chubu Electric 制作）。在 2004～2007 年期间，许多 METI 研发资源用于系统集成和组件技术。其主要目标是要提高日本建造总系统（在 10～100kW 级 SOFC）的能力。但是，对程序的最终判断在整体上是失败的。主要挑战是 SOFC 的耐用性，这远低于需求的目标（每 1000h 0.25 个百分点）。在 2007 年，NEDO 启动一个 4 年研究计划支持，主要进行供住宅使用的小 SOFC 基 CHP 的示范。到 2010 年 6 月，计划安装以天然气或 LPG 为燃料在真实负荷环境中的 136 台 0.7～0.8kW SOFC 系统。平均电效率在额定功率下接近 40%HHV。在 4 年中安装的 SOFC 单元的总数目为 233 台。主要 SOFC 制造商包括 Kyocera、TOTO、Toyota/Aisin 和 JX Nippon Oil & Energy。同时，MHI Nagesaki 在 2007 年示范了 200kW 级的 SOFC-GT 系统。到 2013 年 9 月，这个系统不间断操作了 4000h 和 50.2% 的热效率（LHV）。在 FY2007～FY2010 研究时期内，一些公司开始在商业化住宅使用小 SOFC，从 ENE-FARM 计划获得补贴。在 2011 年 10 月，Oil&Energy 首先启动 SOFC ENE-FARM "S 型" 项目。由于持续的支持，日本已经吸引很多公司从事 SOFC 发展并已经创造出使用 SOFC 的相当多的市场。

　　自 20 世纪 80 年代以来，欧洲也在努力发展 SOFC，许多 SOFC 研发活动得到欧盟（EU）框架计划（FP）的支持。主要 SOFC 研发组织包括：丹麦的 Riso 国家实验室、德国的 Forschungszentrum Julich、荷兰的能源研究中心和英国的帝国学院。现在，欧洲的主要 SOFC 发展工业企业包括：Topsoe 燃料电池（丹麦）、Wartsila（芬兰）、Hexis（瑞士）和 Ceres Power（英国）。Topsoe 燃料电池在 2004 年成立，目标致力于 Riso SOFC 技术的商业化。虽然 Topsoe 取得了多个重要进展，如为国家丹麦 mCHP 项目成功制作小 SOFC-CHP（1.4kW）和发展了

20kW α-样机。但它的母公司决定关闭它，因 2014 年的技术挑战。Wartsila，一个芬兰的海上电力和发电厂制造商，通过参与 2002 年的芬兰国家 SOFC 项目 FINSOFC 获得了发展 SOFC 的能力。通过与 Topsoe 燃料电池 A/S 和芬兰的 VTT 技术研究中心的紧密合作，Wartsila 成为 SOFC 的重要企业。它们已经发展出以操作垃圾填埋气、天然气、生物气体和甲醇的 WFC 20（20kW）和 WFC 50（50kW）的单元。Wartsila 的长期目标是海上应用的 250kW SOFC 单元。但是，Wartsila WFC 单元依赖于 Topsoe 和 Versa 的 SOFC 池和池堆的可行性，它们还没有完全示范商业竞争性。Sulzer Hexis 在 1991 年开始在 SOFC 行业发展。初期，Sulzer Hexis 的重点在小系统 HXS 1000 的发展，家庭用，额定输出功率 1kW。HXS 1000 的场地试验坚持了三年，从 1998～2001 年。Sulzer Hexis 计划在欧盟单一家庭安装 600 台中试类产品 HXS 1000 Premiere，从 2001 年秋季到 2003 年末。但是，到 2004 年仅 110 个系统在单一家庭和公共建筑物中操作运行。单元电效率仅约 25%～30%。在 2005 年 4 月，Sulzer Hexis 在汉诺威博览会推出预商业化产品——新的 SOFC 基小 CHP 系统，称为 Galileo 1000 N。到 2010 年 10 月，在实验室试验的系统超过 27000h，功率降解速率大约为每 1000h 2%。基于部分氧化重整天然气达到的电效率为 35%。Ceres Power 由几个教授在 2001 年建立，其目标是要商业化由帝国学院发展的中温板式 SOFC 技术。Ceres 已经在免税场地试验操作它的 SOFC-CHP 单元，在 2014～2016 年推出它的第一个发电产品——SOFC 基 CHP 系统。在欧洲，另外一个重要 SOFC 供应商是 Ceramic Fuel Cell Ltd.（CFCL），一个由 Commonwealth Science 和 Industry Research Organization（CSIRO，澳大利亚基础公共部门研究结构）在 1992 年建立的澳大利亚公司。在 2006～2007 年，CFCL 与欧洲公用顾客和联盟参与者签订几个合同发展和部署 SOFC 基小 CHP 单元。在 2009 年 5 月，CFCL 推出一个新的商业 SOFC 基小 CHP 模块，称为 BlueGen，它能够产生高达 2kW 电力，峰效率高达 60%。2011 年，CFCL 卖出 25 台 BlueGen 单元到澳大利亚 Ausgrid 的纽卡斯尔"智能城市"。建立了一个合作计划，称为 SOFC-PACT，进行住宅应用 SOFC 的大规模场地示范。到 2014 年，SOFC-PACT 财团部署超过 65 个单元在英国和德国范围的家庭。

3.4.3.4　PEMFC 的商业化发展

PEMFC 广泛使用于车辆、DG 和便携式电源。对 DG 应用，它们最适合于小规模（1～15kW）住宅或小商业使用。自 1992 年以来，日本已经实施部署住宅 PEMFC 基 CHP 系统的补贴政策。结果是，日本成为世界最大住宅 PEMFC CHP 市场，其大多数是 0.7～1kW 之间的小单元。在 2005～2008 年间日本总共卖出 3300 个 PEMFC CHP 单元，而在 2009 年日本政府启动 ENE-FARM 项目以鼓励住宅燃料电池基 CHP 的安装，主要为支持 PEMFC 和 SOFC 商业化。SOFC 基 CHP 单元，后来在日本于 2011 年商业化，PEMFC 基 CHP 单元获得 ENE-FARM 项目的主要市场。到 2013 年 8 月，有 57000 个单元在运转。日本政府的目标是要在 2020 年把 ENE-FARM 单元数增加到 140 万，到 2030 年增加到 530 万。PEMFC 基 CHP 自 2009 年日本开始 ENE-FARM 项目后销售快速增加。它们在 2012 年成为全球最大小 CHP 年度销售市场。三个公司，包括 Panasonic、Toshiba 和 ENEOS Celltech（Sanyo 和 Nippon Oil 间的联合企业），占据日本 PEMFC CHP 系统市场。气体公司包括大阪气体和东京气体等是推动产品到市场的分布者。Panasonic 也试图带它的日本 ENE-FARM 产品到欧洲。在德国 Panasonic 已经与 Viessmann 合作发展欧洲市场的新产品平台。备用电源是 PEMFC 能够应用的另一个重要领域。与电池基备用电源比较，燃料电池提供较为长久的服务时间，特别是它们的非操作时间可获得大得多的好处。澳大利亚通信运营商 Telstra 报道说，在 Tasmanian 移动基站替代备用电源使用的 Ballard 燃料电池已经连续操作超过两天，这是电池基备用电源的 6 倍。Ballard 是备用电源市场全球领头者。到 2010 年末，Ballard 已经部署 3861 个单元，而 ReliOn 部署 1300 个单元，IdaTech 916 个单元，Altergy 700 个单元和 Hydrohenics 67 个单元。在美国，备用单元市场自 2007 年以来快速增加，由于 Hurricane Kattrina 对通信网络的影响。到 2013 年末，在美国已经部署总数达 842 个的燃料电池单元。在 2013 年 6 月，Ballard 与 Axure Hydrogen 签订设备供应协议，供应 120 个直接氢 ElectraGem™-H$_2$ 系统，有 100 个 ElectraGem™-ME 系统在中国通信网络中部署。Ballard 也已经在亚洲和澳大利亚安装超过 1000 个 ElectraGem™-ME 甲醇燃料电池备用电源，350 个单元在欧洲，150 个单元在北美，270 个单元在加勒比海和拉丁美洲，350 个单元在南非。

表 3-5 给出了全球提供分布式发电的燃料电池的制造商。表 3-6 显示在燃料电池小固定应用部门中的主要燃料电池公司。

表 3-5　全球提供分布式发电燃料电池的制造商（部分）

燃料电池类型	制造商	国家
PAFC	UTC	美国
	Toshiba、Fuji Electric、Mitsubishi Electric、Hitachi	日本
PEMFC	UTC、ReliOn、IdaTech（2012 年被 Ballard 购买）、Altergy、Plug Power	美国
	Panasonic、Toshiba、ENEOS Celltech	日本
	Ballard、Hydrogenics	加拿大
	Shen-li、Sunrise Power、WuhanWUT New Energy、XP Energy（NaBH$_4$-燃料个人便携式电源和备用电源）、Pearl Hydrogen	中国
	Horizon	新加坡
	Intelligent Energy	英国
MCFC	FuelCell Energy	美国
	MTU CFC Solutions GmbH（由新企业 Fuel Cell Energy Solutions 在 2011 年接管）	德国
	Alsaldo Fuel Cells（2011 年关闭）	意大利
	Ishikawajima Heavy	日本
SOFC	Siemens/Westinghouse（2010 年停运）、GE（SOFC 部分在 2007 年关闭）、Acumentrics、SOFCo（RR 在 2007 年获得）、TMI、Delphi（车辆 APU）、Bloom Energy、Ztek、Versa	美国
	Forschungszentrum Julich、H.C. Starck、Staxera、New Enerday	德国
	Fuji Electric、Kyocera、MHI、ENEOS Celltech、Nippon Telegraph and Telephone、TOTO	日本
	Global Thermoelectric（2003 年被 FCE 获得）	加拿大
	Rolls Royce（2012 年卖给 LG）、Ceres Power	英国
	NIMTE（仅池堆）	中国
	Haldor Topsoe	丹麦
	Wartsila（使用 Topsoe 和 Versa 的 SOFC 池堆）	芬兰
	Hexis	瑞士
	CFCL	澳大利亚

表 3-6　在燃料电池小固定应用部门中的主要燃料电池公司

公司	Web 位置	国家	产品和市场
Altergy	www.altergy.com	美国	燃料电池堆和系统，供 UPS 市场
ClearEdge	www.clearedge.com	美国	5kW CE5 天然气为燃料的 CHP 单元
Ebara Ballard		日本	Ballard 和 Ebar 间 JV，1kWe PEM 单元
Eneos Celltech		日本	Sanyo 电子和日本石油间 JV，PEM 和 SOFC 居民用单元
Hydrogenics	www.hydrogenics.com	美国	HyPM-XR，为移动电话集成 UPS 数据中心柜和 HyUPS
IdaTech	www.idatech.com	美国	为印度 ACME 集团供应高达 30000 台 5kW UPS 系统
Mitsushiba		日本	配送 650 个 1kWe 池堆
P21	www.p-21.de	德国	从 Vodaphone 拆分出来，现在供应 PEM UPS 系统
Plug Power	www.plugpower.com	美国	GenSys 低温单元正在进入电信市场
Toshiba		日本	1kW，目标是在日本每年销售 40000 台（套）

3.5　燃料电池固定应用：应急电源和偏远地区电力系统

燃料电池固定应用中，在前面已经介绍了分布式发电应用，其实最大最成熟的是热电联产（CHP）和冷热电三联产（CCHP）系统，但因这些方面涉及资料很多，因此下面先讨论相对简单的应急电源（EPS）或不间断电源（UPS）和偏远地区电力供应（RAPS），燃料电池的这些固定应用近年来备受关注，不断增长。

3.5.1　应急电源（EPS）或不间断电源（UPS）

由于燃料电池的高能量和功率密度、高模块化、长操作时间（是现在使用的铅酸电池的 2～10 倍）、紧凑的大小和能够在有害环境中操作，它们在应急电源（EPS）或称为不间断电源（UPS）市场中正在成为令人鼓舞的强有力的电池替代物，特别是在通信市场。其中 PEMFC 和 DMFC 是占优势的燃料电池类型。由于 EPS 市场要求高可靠性，但不一定在意长操作寿命，因此 EPS 已经成为燃料电池的最成功的市场。燃料电池 EPS 的其他市场包括医院、数据中心、银行和政府机构。在所有这些市场中，电力供应的连续性（一般在 2～8kW 之间）是至关重要的，特别是当电网断电时。

备用电源市场的潜在顾客主要是特殊机构单位，如银行、医院和通信公司，它们需要可靠的电源以保持它们连续的商业/操作和避免突然的断电。Gensys™ 燃料电池系统是为这些应用专门设计发展的，已经销售给十多个国家的 50 多个单位（见图 3-15 和表 3-7）。Ballard Power System 的 FCgen™ 单元已经供应给 IdaTch LLC，供给 ACME 集团的印度通信中心塔使用；Ballard Power System 也与丹麦 Dantherm Power A/s 合作，为通信供应商提供备用电源。在 2008 年，Ballard Power System 已经卖出 1855 个单元，使用于叉车和作为备用电源。图 3-16 是台湾鼎佳能源公司生产的使用于不同场合的燃料电池不间断电源和备用电源产品的实物照片。

131

图 3-15　离电网分布式发电的 Gensys™ 燃料电池系统

表 3-7　Gensys™ 燃料电池系统的特征

产品特征		数值
性能	最小/最大连续输出	1kW/6kW
	名义操作范围-电压	46～60V DC
	名义操作范围-电流	18.3～110A
燃料	液化石油气（LPG）	GPD HD-5 IS 4576:1999
操作	温度	0～50℃（可选−20℃）
	海拔高度	0～2000m（6562ft）
物理性质	尺寸（L×W×H）	120cm×90cm×180cm（47cm×35cm×71cm）
	重量	550kg（1212lbs）
排放	$CO/NO_x/SO_x/CO_2$	$<50\times10^{-6}/<5\times10^{-6}/<1\times10^{-6}/<700g/(kW\cdot h)$
	噪声	65 dB@3 m（名义）
	遥远跟踪	带车载诊断的为微加工器

新竹消防局紧急备用电力

中坜火车站信号灯备用电力

彰化基督教医院40kW紧急备用电力

义芳化工40kW常用电力示范运转

中和兴南停车场全球一动基地台

三峡大豹溪威宝电信基地台

高雄林圆中华电信机房　　　　　　　　宜兰天送埤中华电信基地台

图 3-16　应用于不同场合的燃料电池不间断电源和备用电源实物照片

3.5.2　偏远地区电力系统（RAPS）

在电网无法达到的地区，如岛屿、沙漠、森林、偏远地区等，电力供应是有问题的。这些位置落在"偏远地区电力系统（RAPS）"范畴。在农村和远离电网的郊区通常使用 RAPS 方法供应电力，因为这比架设电网供应线路要经济。特别是对农村地区更是这样，因崎岖地形的地理性质（森林、山脉等）致使架设电网线路是不实际的。实际上，专家已经指出，当与市区比较时，延伸电网线到农村地区是比较费钱的，不仅因为农村地区低的电负荷密度、距离遥远产生的高传输损失，而且电网延伸方法所需要的农村公用基础设施成本也是很高的。对远离电网地区，特别是对发展中国家，是从 RAPS 发电方法能够获得显著利益的典型例子。远离电网的郊区也能够使用 RAPS 发电方法来满足能量需求。

RAPS 发电方法现在使用的是烃类燃料、可再生资源或两者的组合。现时把 RAPS 方法扩展为热电联产（CHP）是正在研究的另外一种方法，这是为了增加系统总效率和添加另一种有用能量输出，特别是对居民区采用扩展的 RAPS 方法，能够降低额外投资成本的增加，因此可以接受。类似地，对离网的工业和商业应用，如技术设施、水泵和医疗中心，也可使用同样的 RAPS 方法。习惯上一般选用柴油引擎作为 RAPS 能源转化装置。但是，柴油引擎在操作中有高碳排放和高噪声。使用天然气或轻烃类重整组分作为燃料的燃料电池系统是能够替代柴油引擎 RAPS 的。但是，通过管网或其他方法输送天然气或烃类燃料使这个替代在农村和偏远地区的吸引力降低。利用可利用的自然资源，结合可再生能源（如水力、生物质、太阳能、风能等）的混合和集成能源系统，再加上备用存储装置（铅酸电池、锂离子电池、氢气系统等）的 RAPS 方法是比较自主和持续的。使用太阳能-PV 是理想的可再生 RAPS 发电方法。中国和印度是为农村地区提供利用集成可再生能源系统努力中的领头者。到 2030 年，预计 PV 基 RAPS 将达到 130GW，安装容量中工业和商业应用约占一半，另一半是居民区应用。结合可再生能源的氢燃料电池系统，一般由水电解器、氢存储装置和燃料电池构成。该系统实际上是作为能量存储系统使用的，它能够补偿和消除大多数可再生能源操作的不连续性问题，使系统变得可靠和持续。但是，现在 RAPS 应用中的 PV 系统，一般使用电池作为能量存储装置。因此在 RAPS 中，燃料电池又一次与电池竞争分享同一市场份额。对在 RAPS 应用中使用的各种类型电池和氢燃料电池系统进行比较发现，虽然在热经济性能上目前电池似乎要优于氢燃料电池系统，因为燃料电池的相对高成本和相对低总效率。但作为季节性存储装置（大容量）使用，在 RAPS 系统中使用氢燃料电池是有利的。研究发现，在 PV 电池 RAPS 系统中使用氢燃料电池替代电池在技术上是完全可行的，但目前经济可行性仍显不足，因氢系统的高投资成本。因此必须强调，氢燃料电池系统组件成本的降低对促进其技术渗透进入 RAPS 的可再生基系统是非常重要的。如果水电解器成本降低约 50%，氢存储容器降低 40%，燃料电池系统达到 300 欧元/kW，将使氢燃料电池系统能够在经济上优于常规电池。对也是可再生能源的风能系统，使用氢燃料电池系统作为能量存储装置也能得到与太阳能类似的结论。与优化柴油-风力-电池方法比较，风力-氢燃料电池系统如果要占优，燃料电池成本必须有较大幅度的降低。因为有近似 20 亿人生活在没有电网电力的地区，所以持续和可靠的 RAPS 能源方法是必需的，如果成本、总效率和耐久性能够有较大提高的话，燃料电池系统在 RAPS 市场中将会占有很大的份额。

3.6 燃料电池微 CHP 及其应用

3.6.1 热电联产（CHP）技术

组合热电或热电联产（CHP）被定义为热量和电力由单一燃料源产生，而且电力和热量两种产品都被终端使用者使用。CHP 系统由主发动机提供电力和热量，来自燃料供应网络的燃料供应给主发动机，产生的电力和热量供给顾客如住宅内的家庭使用。一个典型的 CHP 系统给出于图 3-17 中。以燃料电池为主发动机的 CHP 称为燃料电池 CHP，它在生产电功率的同时也伴随热量的产生。电力直接在家庭中使用，如果该系统与公用电网连接则可以互动：在产生的电力不足时从电网输入，有多余电力时送入电网。在发电过程中产生的热量被回收和使用，如供给空间取暖或加热生活热水。由于伴随产生的热量被有效利用，系统效率从低于 20%上升到可以超过 90%，这与 CHP 所使用的主发动机技术和废热的利用程度有关。当 CHP 应用于生活建筑物时，系统效率的提高导致对初级能量需求的减少和污染物排放的降低，因此顾客负担的运行成本也降低。但是，如果 CHP 系统产生的热量不能够被完全利用，则不能够指望 CHP 比电网-高效锅炉系统有更大的益处。所以，准确评估能量负荷和构建合适大小的 CHP 单元是非常关键的。

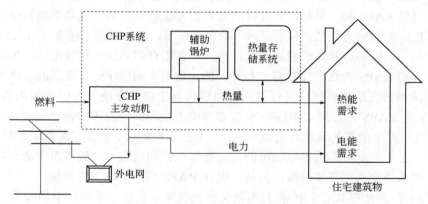

图 3-17 一个典型的 CHP 系统布局

冷热电三联产（CCHP）是组合热电（CHP）概念的延伸，进一步回收利用废热来驱动热制冷设备生产有用冷量并输出利用。对小规模（<15kWe）CCHP 系统，估算指出，超过 80% 的燃料能量能够被转化成可利用的能量，因此采用 CHP 或 CCHP 系统具有减少成本和降低排放的潜力。对许多民用（住宅）建筑物应用，对制冷需求与降低取暖需求一般是同步的，

这样就能够使 CCHP 系统在一年中有较长时间的操作（与常规 CHP 系统比较）。所以，冷热电三联产（CCHP）系统具有增加原位电力生产和利用产生热量的潜力，也具有降低排放和操作成本的潜力。CCHP 系统在民用（住宅）建筑物环境中的应用在不断增加，特别是在寒冷季节需要热能和在热季节需要几乎等量的冷量的地区。近来气候的激烈变化意味着，在许多国家中需要冷量建筑物项目在增加。若干北欧城市如伦敦，在夏季的制冷需求高于冬季的取暖需求。此外，由于市区的热岛效应，在城市中一年的制冷负荷高于农村地区，所以，CCHP 系统是帮助解决需求变化的一种合理的技术选择，特别是在城市中。

因为 CHP 和 CCHP 系统在使用地点原位生产电力，这通常称为脱中心分布式发电。脱中心分布式发电在民用建筑环境中使用具有多个优点，主要有：①提高系统效率，由于废热被利用（取暖或制冷），所以系统效率能够从中心发电厂的 30%～50%上升到 70%～90%左右；②用 CHP 脱中心发电的努力能够显著降低传输损失（欧洲传输网络损失约 6%～24%）；③系统效率的提高和较高燃料利用率降低对初级能源的需求，有效降低 CO_2 排放和操作成本；④电力的经济价值被认为是其他能量载体经济价值的约三倍，所以转化低成本气体（在生活 CHP 中普遍使用的燃料）到电力能够让家庭回收成本和降低能量付款，这是对抗贫困的一个重要途径；⑤因为可再生能源和核能技术能够推进低碳技术，在许多国家中，中心化的脱碳电力生产仍然有问题。消费者家庭的 CHP 在帮助脱碳化电力生产的同时又帮助把能量节约利益直接归家庭自己提供了一种选择。图 3-18 说明，在使用地点使用燃料电池技术生产热量和电力（脱中心化生产）给出的一些利益。注意图中标出的效率仅是说明性的而且是可改变的，与所使用的系统和所在国家密切相关。在 CCHP 系统中，CHP 系统的热量输出仅简单使用于提供夏季的制冷。

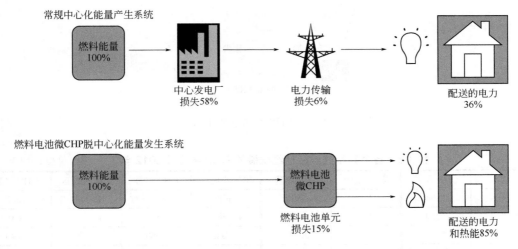

图 3-18 使用微 CHP 脱中心发电与常规中心化发电的能力效率比较示意图

现时的电力供应主要由大型中心发电厂提供。大规模发电站有多个重要优点如高效率，但也显示若干固有缺点，例如常常不能够有效利用废热（由于长距离传输的成本）和在传输中的电力损失。分布式脱中心发电（DG）是解决这些问题的一个方法，对区域应用和家庭用可以联产热量和电力。热电联产（也称为组合热电，CHP）是从单一燃料源如石油、天然气或液化石油气、生物质或太阳能同时生产电能以及有用的热能。联产不是一个新概念，工厂中的联产概念可回溯到 19 世纪 80 年代，在 20 世纪初，美国原位发电厂生产总电力的 58%，估计都是热电联产的。此后，因中心发电厂和可靠电网的建设使电力成本下降以及一些其他因素，美国原始的工业热电联产到 1950 年已经下降到仅有总发电量的 15%，到 1974 年进一步下降到约 5%。但是 1973 年第一次石油危机后，热电联产下降趋势开始逆转。因能源价格上涨和燃料供应的不确定性，不仅使替代燃料和高效率系统开始受到注意，而且联产也重新受到重视，这是因为热电联产使燃料消耗和污染物排放都降低了。现在，也是由于这些原因，世界各国和地区尤其是欧洲、美国、加拿大、日本和中国，在建立或促进热电联产应用中起着领头的作用，不仅在工业部门而且也在其他部门如住宅建筑物部门使用联产系统。图 3-17 给出了一个 CHP 工厂的一般布局。在一些国家中，CHP 系统已经与发电网络集成，同时生产电力和有用热量，在增加发电的同时降低化石燃料消耗，降低发电操作成本，部分或全部利用副产热量（见图 3-19）。表 3-8 给出了世界多个国家在 2012 年的 CHP 安装容量，CHP 的发电总量占世界发电量的 9%。而图 3-20（a）给出了 CHP 发电量在国家总发电量中的比例，有 5 个国家的 CHP 发电量占国家总发电量 30%～50%（丹麦、芬兰、俄罗斯、拉脱维亚和荷兰）；而图 3-20（b）则是指出了世界上主要国家在 2015 年和 2030 年时 CHP 发电量在其总发电量中所占的比例，到 2030 年 CHP 所占比例几乎都超过 15%，尤其是耗能大的国家。

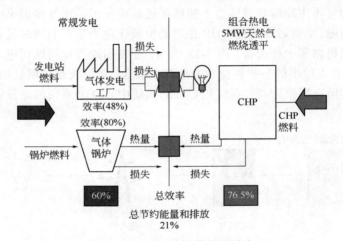

图 3-19　CHP 系统获得的效率

表 3-8　各个国家或地区已经安装的 CHP 容量（2012 年）　　　单位：MW

国家或地区	CHP 容量	国家或地区	CHP 容量	国家或地区	CHP 容量	国家或地区	CHP 容量
澳大利亚	1864	芬兰	5830	韩国	4522	新加坡	1602
奥地利	3250	法国	6600	拉脱维亚	590	西班牙	6045
比利时	1890	德国	20840	立陶宛	1040	瑞典	3490
巴西	1316	希腊	240	墨西哥	2838	中国台湾	7370
保加利亚	1190	匈牙利	2050	荷兰	7160	土耳其	790
加拿大	6765	印度	10012	波兰	8310	斯洛文尼亚	5410
中国（除台湾）	28153	印度尼西亚	1203	葡萄牙	1080	英国	5440
捷克	5200	爱尔兰	110	美国	84707		
丹麦	5690	意大利	5890	罗马尼亚	5250		
爱沙尼亚	11600	日本	8723	俄罗斯	65100		

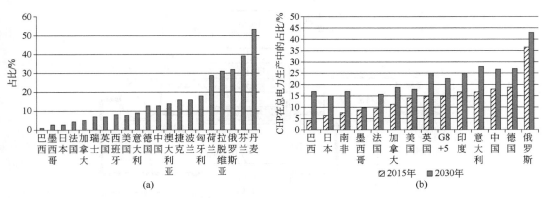

图 3-20 CHP 在国家总电力生产中的占比（2001 年、2005 年和 2006 年数据平均）（a）和
G8+5 国家中 CHP 在 2015 年和 2030 年电力生产中的占比（b）

CHP 和冷热电三联产（CCHP）系统可以按发电容量进行分类：微规模，电功率一般低于 20kW；小规模，20～1000kW，也有认为应该低于 100kW 的；中规模，1～10MW；大规模，大于 10MW。微和小规模联产系统能够降低住宅部门空间取暖、生活热水加热和电力的能源需求。这是大有好处的，可能降低温室气体排放和降低对中心发电传输及分布系统的依赖。

组合热电生产或联产在全世界已经被认为是传统系统的主要替代技术，能够显著节约能源和保护环境。不少学者认为，只要可能，热量总是应该与电力一起生产。最可能应用 CHP 的是住宅建筑物，在那里安装的通常是小规模和微规模 CHP。

小规模 CHP 一般认为是指民用 CHP（DCHP）或微 CHP（MCHP），在住宅建筑物和办公室应用中有好的市场，由于它们具有快速改变电力负荷的能力，能及时跟踪热能输出减少或增加的变化。微功率输出的热电联产（MCHP，通常小于 5kWe），因便携性和简单性使它可安装于数以百万计的家庭中（图 3-21），特别是在用燃料取暖（气候较冷）的地区有巨大市场。此时 MCHP 作为加热单元提供热量和热水，也为家电供应电力。为了实现大规模 MCHP 系统应用，在全球开展了预商业化项目。燃料电池基 CHP（FC-CHP）系统原位把燃料化学能转化为电能和热能，其总效率高达 80%～90%。一个典型的以燃料电池为主发动机的微 CHP 系统示于图 3-22 中。

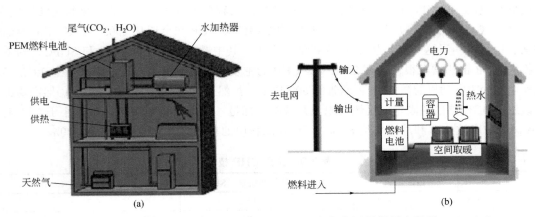

图 3-21 PEM 燃料电池热电联产系统示意图（a）和家庭民用燃料电池微 CHP（b）

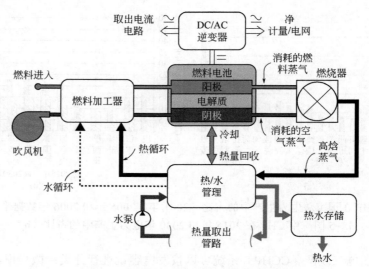

图 3-22　燃料电池微 CHP 流程布局

　　小微规模 CHP 系统特别适合于在商业建筑物中应用，如医院建筑物、学校建筑物、工业用房、办公用房、民用建筑物如单一或多家庭住宅房屋。这些系统能够满足众多的能源和社会政策目标，包括降低温室气体排放、提高能源安全性、节省电力传输和节约分布网络投资、降低顾客潜在的能源成本。微 CHP 系统也具有高可靠性，因系统独立于电网操作（如电网发生停电）。现在，微规模 CHP 系统正在快速发展中，新出现在市场上，在近期有可行的前景。英国预测，在欧洲的微 CHP 安装将成为全球三大市场之一。这也是首先讨论燃料电池微 CHP 的主要原因。

　　热电联产（CHP）的关键组件是主发动机，主发动机提供 CHP 的电力和热量供应，可以使用多种能量转换装置，包括内燃引擎、气体透平、微气体透平、斯特林引擎和燃料电池等。对微 CHP，主发动机主要使用内燃引擎（ICE）、斯特林引擎和燃料电池，它们的性能和特征比较列于表 3-9 中。除了成本，燃料电池与 ICE 相比显示若干重要优点，如高电转化效率、低噪声、零排放和容易放大等。使用燃料电池作为 CHP 主发动机的热电联产装置称为燃料电池热电联产（FC-CHP）系统。在 CHP 中使用作为主发动机的燃料电池主要是质子交换膜燃料电池（PEMFC）和固体氧化物燃料电池（SOFC），尤其是在微热电联产中。对 FC-CHP 中常用的燃料电池，PEMFC 和 SOFC 的主要特征和性能比较列于表 3-10 中。由于燃料电池的优点，因此逐渐被 CHP 生产商广泛采用。图 3-23 中给出的微 CHP 在全球从 2005～2012 年的年销售的增长情形说明了这一点。从图 3-23 可清楚看到，其中燃料电池（PEMFC 和 SOFC）为主发动机的 CHP 销售增长很快；在 2005 年，CHP 的主发动机几乎都是内燃引擎，但到 2012 年以燃料电池为主发动机的微 CHP 占销售的 60% 以上，虽然在燃料电池成本和寿命上仍然需要进一步改进。DOE 提出的固定应用燃料电池系统的目标是，使用寿命 40000h，成本小于 750 美元/kW，电效率达 40% 和总效率达 80%。而现在燃料电池单元的寿命已经超过 20000h。

表 3-9　民用 CHP 技术

项目	内燃引擎（ICE）	斯特林引擎（SE）	燃料电池（FC）
容量（电力）/kW	1～5	1～5	0.7～5
电效率/%	20～30	20	PEMFC 约 30～40；SOFC 约 40～60

续表

项目	内燃引擎（ICE）	斯特林引擎（SE）	燃料电池（FC）
总效率/%	达 90	达 95	达 85
热电比	3	8	PEMFC 约 2；SOFC 约 0.5～1
能否改变输出	不能	不能	PEMFC 能；SOFC 不能
使用的燃料	气体、生物气体、液体燃料	气体、生物气体、丁烷	烃类，氢
噪声	大	一般	安静
技术成熟度	高	一般	低
公司举例	Vaillant ecoPower	EHE Wispergen	Baxi、CFCL

表 3-10　使用于 CHP 的 PEMFC 和 SOFC 特征

项目	PEMFC	SOFC
操作温度/℃	30～100	500～1000
热电效率/%	85～90	达 85
电解质	固体聚合物膜	固体钇稳定氧化锆陶瓷
电荷载体	H^+	O^{2-}
结构材料	塑料、金属或碳	陶瓷、高温金属
燃料	烃类或甲醇	天然气或丙烷
污染物	CO、硫、NH_3	硫
池构型	平板型	管式、板式、平板型
应用领域	汽车、固定	固定
公司举例	Baxi、Panasonic	CFCL、Ceres
优点	快启动、快速改变输出、紧凑、不用腐蚀流体	高温能够内重整、不用液体电解质、高温热量输出可用于其他循环
缺点	需要昂贵铂催化剂、需要高纯氢	长启动时间、需要耐高温材料

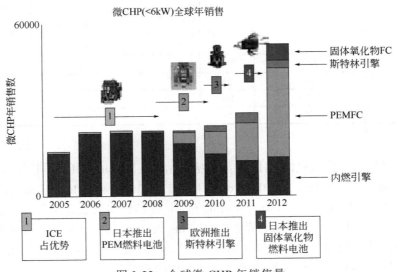

图 3-23　全球微 CHP 年销售量

3.6.2 商业可利用的燃料电池微 CHP 产品

鉴于燃料电池的突出优点，已经被广泛使用作为 CHP 和 CCHP 的主发动机，特别是在家庭住宅建筑物用的微 CHP 中。世界上许多公司推出了以燃料电池为主发动机的热电联产（CHP）产品。表 3-11 中给出了商业可利用的燃料电池微 CHP 产品，而表 3-12 则给出了较为全面的这类产品及其特征和性能指标。

表 3-11 商业可利用燃料电池微 CHP 产品

制造商	产品名称	燃料电池类型	输出功率/W
Ceramic Fuel Cells	BlueGEN	SOFC	1500
Panasonic	ENE-FARM	LT-PEMFC	250～750
Toshiba	ENE-FARM	LT-PEMFC	250～700
EneosCellTech	ENE-FARM	LT-PEMFC	250～700
Kyocera	ENE-FARM-S	SOFC	250～700
Aisin Seiki	ENE-FARM-S	SOFC	250～700
JxEneos	ENE-FARM-S	SOFC/HT-PEMFC	250～700

表 3-12 燃料电池微 CHP 数据

指标		Kyocera-Toyota SOFC	Panasonic ENE-FARM	Ballard-Ebara PEMFC	SulzerHexis-Galileo 1000N SOFC	Ceramic Fuel Cells SOFC	Nuvera[①] Avanti PEMFC	Vaillant FCU 4G00 PEMFC	Acumentrics RP-SOFC 5000	Arcotronics-Penta H₂
电功率/kW		0.70	0.75	1.0	1.0	1.0	4.6	4.6	5.0	5.0
热功率/kW		0.60	1.0	1.7	2.0	1.0	7.6	7.0	3.0	3.0
电效率/%		45.0	40.0	34.0	30.0	40.0	30.0	35.0	50.0	45.0
总效率/%		85.0	90.0	92.0	92.0	80.0	80.0	80.0	80.0	—
燃料		天然气	天然气	天然气	天然气、生物气体	天然气、丙烷、丁烷、乙醇、生物柴油	天然气	天然气	天然气、甲烷、丙烷、乙醇、甲醇、氢	氢
质量/kg		80	225		170		400		200	
尺寸/cm	L	56	106.5		55		120			
	H	90	188.3		160		140			
	D	30	48		55		56			

① 基于 HHV 的性能。

市场上现在销售的燃料电池 CHP 产品包括：Gensys[TM] Blue CHP（组合热电）系统（商标号为 BlueGen，见图 3-24），由 Plug Power 研发。在 2009 年，Plug Power 从纽约州能源研究和发展局（NYSERDA）得到 140 万美元的资助，在纽约州安装和操作三个 CHP Gensys[TM] 燃料电池系统，它的主要特征给出于表 3-7 中；Plug Power 也在 2010 年在印度安装大约 1000 套系统；与现在的家用加热系统兼容（如强制空气或热水供应）；FCgen[TM]-1030V3 池堆，由 Ballard Power System 研发，能够组合到已进入市场的 CHP 系统中。在日本，作为"Fukuoka 氢城市"示范项目的一部分（在 Maebaru 市的 Minakazedai 和 Misakigaoka Danchis），2008

年开始安装 1kW 级 EneFarm 居民区燃料电池（见图 3-25）。在该项目中，社区中 150 户家庭安装其作为电力系统，成为世界上这类项目的最大示范项目。此外，六个日本公司：东京气体公司、大阪气体公司、Nippon 油公司、Toho 气体公司、Sai 气体公司和 Astomos 能源公司，与韩国 Idemistu 和 Mitsubishi 公司组成合资企业，它们的目的是要在 2009 年卖出总数约 5000 个 EneFarm 系统单元，到 2012 年已经销售 25000 个单元，现在的销售数可能已经达到数十万套，已经是完全商业化销售，日本政府不再补贴，公司已经开始盈利。因此，欧洲德国公司与日本公司签订合作生产协议，将其技术转移到欧洲。图 3-25 中给出了 EneFarm 最新产品和老产品以及生产线。

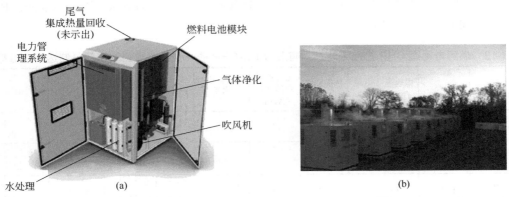

图 3-24　CFCL BlueGEN 单元（a）和离电网分布式发电的 Gensys™ 燃料电池系统（b）

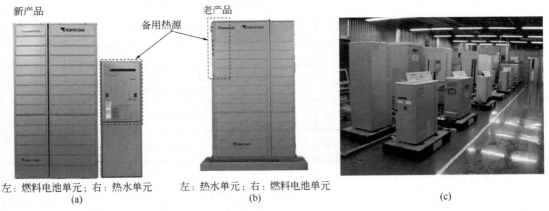

图 3-24　EneFarm PEMFC 微型 CHP 系统：新产品（a），老产品（b）和生产线（c）

在过去十来年中，燃料电池正在慢慢获得市场份额和从实验室推向工业领域。在市场上商业可利用微 FC-CHP 系统及其使用的燃料电池类型示于表 3-11 中。民用 FC-CHP 正在快速增长，但仍然落后于其他可利用的民用能源技术，在世界上的 FC-CHP 系统的数量大约每年翻一番。2013 年报道的燃料电池工业销售在 2012 年为 45700 台，总功率达 166.7MW。但 Delta-ee 在 2013 年叙述，全球 CHP 销售市场的 64%（约 28000 台）是微 FC-CHP，这与图 3-23 所示相当一致。在全球 FC-CHP 市场中日本是领头者，领先于韩国和欧洲市场约 6～8 年。日本政府设置的安装目标为 140 万台燃料电池系统，韩国的目标为 100 万台，欧盟到的目标是安装 50000 台燃料电池系统。

　　FC-CHP 系统现在全世界都在发展。在欧洲，德国的民用 FC-CHP 系统是欧洲示范和发展的领头者，但其他国家如丹麦、英国和荷兰也在进行技术研发工作。在亚洲，日本是领头者，但韩国正在慢慢赶上。在北美，美国在民用规模 CHP 系统与工业规模 CHP 比较中起着相对小的作用；这可能是由于无力吸引金融和监管环境的关注。在过去几年中，南非也在发展民用 FC-CHP 系统（包括在氢南非-HySA 项目中）。

　　自 2009 年在日本开发成功以来，住宅微 CHP 快速发展。2012 年燃料电池 CHP 系统的销售首次超过引擎基微 CHP 系统，全世界销售了 28000 台。领头的制造商包括 Panasonic、Toshiba、Sanyo 和 Kyocera、CFCL、Baxi、Viessmann 和 Hexis、GS 和 FCPower。近来，日本制造商开始参与德国取暖行业，把产品扩展到欧洲（例如，Panasonic 和 Viessmann、Bosch 和 Aisin Seiki）（见表 3-13）。

表 3-13　燃料电池微 CHP 产品（注意：有关微 FC-CHP 的一些性能数据取用的是制造商的数据）

制造商（国家）	池堆类型	电容量/kWe	电效率/%	热能输出/kWth[①]	包含的辅助供热器/kWth[①]	成本	商业可利用性	参与者/项目	评论
Baxi（英）	PEMFC	1	32	1.7	20	—	2015 年	Ballard/Callux	需要外部加热器
Toshiba（日）	PEMFC	0.7	35	1	—	2 万美元	日本 2009 年欧盟 2015 年	EneFarm	预期达 80000h 操作
Viessmann（德）	PEMFC	0.75	37	1.3	19	3.5 万美元	德国 2014 年欧洲 2015 年	Panasonic	使用日本的池堆
Elcore（德）	PEMFC	0.3	33	0.6	—	9000 欧元	Enefield 2013 年	Enefield	低电/热输出意味着连续操作
Dantherm Power（丹麦）	PEMFC	1.7, 2.5 和 5	—	—	—	—	丹麦场地试验	Ballard	到现在仅有短时间试验
Panasonic（日）	PEMFC	0.7	40	0.9	是	2.5 万欧元	日本 2011 年欧洲 2014 年	EneFarm	欧洲研发开始于 2012 年
JX Eneos（日）	PEMFC	0.7	40	—	—	—	日本 2011 年	EneFarm	现在购买 SOFC 技术
Vaillant（德）	PEMFC	5	—	25～50	—	—	—	Plug Power	目标针对多家庭
Plug Power（美）	HT-PEMFC	0.3～3	30	1.65	是（7～25）	—	—	—	以天然气操作
CFCL（澳）	SOFC	1.5	60	0.6～1	无	2 万欧元	可利用	E.On	市场中电效率最高
Hexis（瑞士）	SOFC	1	30～35	1.8	20	—	Callux 2012 年	Viessmann/Callux	电效率类似于 PEMFC
Ceres Power（英）	SOFC	1	—	—	—	—	2016 年	BritishGas/KD Navien-	外重整器
Vaillant（德）	SOFC	1	30	1.7	—	—	2013 年	Staxera/Callux	单元重点是可靠性
Kyocera（日）	SOFC	0.7	46.5	0.65	—	—	日本 2012 年	Osaka Gas	使用平管式池
Aisin seiki（日）	SOFC	0.7	46.5	—	是	2.1 万欧元	日本 2012 年欧洲 2014 年	Osaka Gas/Bosch	日本最高 SOFC 产品效率
JX Eneos（日）	SOFC	0.7	45	—	40	3.1 万欧元	日本 2012 年	Kyocera	牢固单元

续表

制造商 （国家）	池堆类型	电容量 /kWe	电效 率/%	热能输出 /kWth①	包含的辅 助供热器 /kWth①	成本	商业可利用性	参与者/项目	评论
Topose （丹麦）	SOFC	1	—	—	—	—	—	Wartsila/ Dantherm	牢固池
Acumentrics （美）	SOFC	0.25～ 1.5	<35	—	—	—	2013 年	—	能够应答热 循环
SOFCPower （美）	SOFC	0.5/1	30～ 32	—	—	—	—	—	对 SOFC 差的 电效率
Acumentrics （美）	SOFC	1/2.5 峰值	30	—	达 24	—	一般还不可利 用，仅针对特 殊顾客	—	以天然气操作

① kWth—热功率单位。

日本引领着全球在过去四年销售布局 60000 套系统。这比韩国和欧洲领先 6～8 年；但是区域性市场每年大略翻一番，如图 3-26 所示。图 3-26 中显示了日本、韩国和欧洲的微型 FC-CHP 在 21 世纪的增长情形，这一增长预期会继续，日本政府的目标是到 2020 年安装燃料电池 140 万台，欧洲目标为 5 万台主要在德国。而图 3-27 给出了 2005～2012 年间全球 CHP 销售数量的增长，从分开的常规 CHP 和 FC-CHP 的增长数量看，FC-CHP 的增长自 2010 年以来非常快速，说明了 FC-CHP 的市场前景是非常良好的。

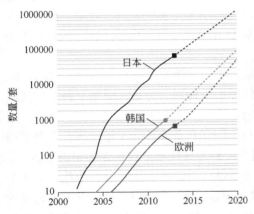
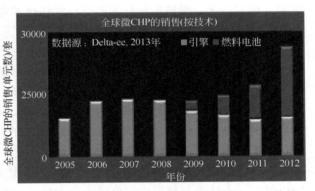

图 3-26 微燃料电池 CHP 系统累计销售数量，
包括 PEMFC 和 SOFC 的 CHP 的历史
增长（实线）和近期预测（虚线）

图 3-27 全球销售引擎基和燃料电池基微 CHP 数量

3.7 燃料电池 CHP 系统

3.7.1 引言

到目前为止，在固定应用市场上燃料电池最成功的应用是热电联产（CHP）系统，特别是小微 CHP 市场中。燃料电池微 CHP 产品已经是完全商业化的产品，在没有政府补贴下能够与其他类似产品竞争。可以 CHP 为燃料电池产品商业化的突破口，有必要对 CHP 和 CCHP

做更为全面的介绍。

对在城市建筑物如住宅和办公楼中应用的 CHP 和 CCHP 系统，现在使用的主发动机有三类：内燃引擎（ICE）、斯特林引擎（SE）和燃料电池（FC），前两者都是燃烧基技术。在商业水平和技术成熟程度上这三种技术是不同的，它们的性能和操作特征已经在表 3-9 中（虽然所示数据仅是指示性的和用于比较的目的）做了总结。对微 CHP 系统，最大电功率 5kWe。CHP 性能特别是电效率与系统所用燃料、引擎类型和运行模式密切相关。较大容量的 ICE 基和 SE 基 CHP 系统一般有较高的电效率。在实际操作实践中，总效率（热和电）高度取决于热量的利用。就降低排放二氧化碳性能而言，主发动机类型和容量大小都有强的影响。

从表 3-9 中能够清楚看到，SOFC 微 CHP 系统的电效率高于 PEMFC 微 CHP 系统。但是，PEMFC 的总能量转换效率（热和电）实际上是高于 SOFC 的。这是因为 PEMFC 有比 SOFC 更好的热量输出（在较高热电比下）。有关 SOFC 技术的更详细情形给出于表 3-10 中。

对任何 CHP 技术，燃料电池生产电力的比例都是最高的。它们是很灵活的模块化技术，能够从小（服务于个别家庭）很容易地放大到大（办公区块和工业复合体）。虽然一些系统设计只生产电力，但最广泛的固定应用 CHP 能够提供异常高的总效率，达 95%，并降低对中心发电厂的依赖，潜在节约电力成本和降低碳排放。燃料电池是电力生产从大规模中心化模式向脱中心分布模式转变的有效手段。因操作安静、低污染物排放、优良负荷跟踪和高效率，燃料电池已经广泛使用于住宅建筑物发电装置或 CHP 分布式发电（单个家庭或较大居民区）。

CHP 可使用多种技术，包括燃煤蒸气循环、组合循环发电、气体透平循环、组合气体透平循环、微气体透平、核能发电以及可再生能源利用技术如水力发电、风力透平、地热和太阳能光伏发电等。燃料电池技术必须与这些技术竞争 CHP 市场。其中三种民用 CHP 技术的技术经济性比较列于表 3-9 中。

如已经多次指出的，燃料电池作为 CHP 的主发动机有一些明显的操作优点：较高电效率、低热电比和几乎安静的操作，特别适合于在民用建筑环境中使用。但是，因处于技术发展的相对早期，这对它们的广泛应用和市场占有率有影响。

由于低电效率和相对高热量输出，使 ICE 基和 SE 基 CHP 系统只有在输出热量完全利用时，才能够显示比电网-高效冷凝锅炉系统有净的利益，然而这样的配送比是不可能达到的。相反，燃料电池有高的电效率和低得多的热电比，所以燃料电池操作能够极大地独立于热量需求，使它们成为很好适合于生活应用的 CHP 技术。于是以燃料电池 CHP 供应电力为主的操作模式，能够为最终用户提供较大净利益。按照 Delta-ee 能源顾问的报告，民用燃料电池 CHP 系统的销量在 2012 年首次超过燃烧基系统，占总销售量的 64%（见图 3-27），说明在民用市场上有从内燃引擎向燃料电池转移的趋势。这个转移主要由日本，其次是德国所驱动（它们一起占年销售的 90% 多）。CHP 的情形说明，燃料电池对固定市场已经产生了显著影响。Steinberger-Wilckens 指出，燃料电池技术最有意义的性能是降低 CO_2 排放和降低化石燃料使用量。

3.7.2 燃料电池 CHP 分类和组件

燃料电池可应用于需要电功率的任何场合，功率范围从数百毫瓦到数千瓦再到数兆瓦。如前所述，燃料电池最成功的应用是热电联产（CHP）系统，因电化学反应也生产有用的热副产物。以燃料电池作为主发动机的 CHP 就是燃料电池 CHP（FC-CHP）。一个 CHP 系统的组件包括发电机（主发动机）、热量回收单元、蒸气热水单元、冷却加热单元、存储单元（电网连接）和应用单元等，其构成的方块图示于图 3-28 中，图中的发动机使用燃料电池即成为 FC CHP 组件构成图。

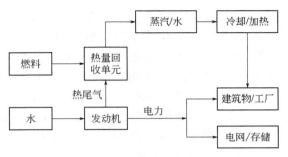

图 3-28　CHP 系统的组件

3.7.2.1　燃料电池 CHP 分类

FC-CHP 按照电功率大小分为：兆瓦级、次兆瓦级和微 CHP（FC-CHP 的分类给出于表 3-14）。FC-CHP 系统由三个初级子系统组成：①燃料电池堆；②燃料加工器；③功率调节系统。燃料加工器转化燃料，例如天然气或甲醇，到富氢气体流，供应燃料电池堆，池堆利用它产生电力和热能。功率调节系统用于把池堆产生的非线性 DC 电压功率转化成终端使用的电功率的形式。

表 3-14　FC-CHP 系统按电功率大小分类

功率范围	兆瓦级	次兆瓦级		微 CHP	
燃料电池类型	MCFC	PAFC	SOFC	PEMFC	SOFC
电力容量/kW	300～2800	400	达 200	<10	
操作温度/℃	600～700	160～220	700～1000	60～80	700～1000
电解质	在氧化铝基母体中的 Li_2CO_3/K_2CO_3	在 SiC 基母体中的 100%磷酸	负载在陶瓷电解质上的 ZrO_2	聚合物膜 Nafion	氧化钇稳定氧化锆
典型应用	公用事业、很大的大学、工业基础负荷	商业建筑物基础负荷	商业建筑物基础负荷	居民区和小商业	
燃料源	天然气、生物气体、其他	天然气	天然气	天然气	天然气
燃料兼容性	H_2、CH_4（内重整器）	H_2（外重整器）	H_2、CO、CH_4（内重整器）	H_2、甲醇或乙醇（外重整器）	H_2、CO、CH_4（内重整器）
氧化剂	O_2/CO_2/空气	O_2/空气	O_2/空气	O_2/空气	O_2/空气
优点	高效率、可放大、燃料灵活性	高联产	高效率	系统可利用性>97%	
电效率/%	43～47	40～42	50～60	25～35	45～55
CHP 效率/%	85	85～90	90	87～90[①]，85～90[②]	90
CHP 应用	蒸汽、热水、制冷和底部循环	热水、制冷	取决于所用技术	适合于设施加热	
重要污染物敏感性	硫	CO<1%，硫	硫	CO<10×10^{-6}[①] CO<5%[②]，硫和氨	硫

① LT-PEMFC。

② HT-PEMFC。

3.7.2.2　燃料电池微 CHP 系统及其部件

图 3-22 给出了一个燃料电池微 CHP 系统。其主要组件包括燃料电池系统（氢和氧电化学组合产生电力、热量和水）、燃料加工器（转化烃类燃料如天然气成氢和 CO_2）、转换器、电连接和功率电子设备（把输出的直流电转换成 AC 电力，满足建筑物能量需求或返回送给电网）和热量回收系统（回收产生的热量）。为了提高 FC-CHP 系统中燃料电池堆性能和环境性能，需要有多个辅助装置，它们相互连接以准确操作燃料电池和为负荷配送热量和电力。FC-CHP 系统必须有的辅助系统，称为工厂平衡（balance-of-plant，BoP），包括泵、风扇、阀传感器、管线和控制系统，用于确保整个系统功能以安全、有效方法长期稳定操作。其中的一些辅助装置有电力需求，这成为系统的伴生负荷，使整个 CHP 系统的电效率比池堆电效率低 3%～5%。辅助设备也增加了噪声、振动和维护。不过相对比较而言，燃料电池 CHP 系统产生的噪声低于内燃引擎（0～55dB 对 95dB）。

对家庭住宅用 FC-CHP，还需要一些附加装置：①锅炉，提供燃料电池以外的峰热负荷；②热能存储设备即热水容器，存储燃料电池输出的热能；③参数的计量，测量和记录能量生产和消费；④内部连接，促进遥控和数据收集。

3.7.3　燃料电池与 CHP

在第 2 章中已经介绍各种类型的燃料电池以及它们的操作原理、性能特性和优缺点。其中一些类型的燃料电池因某些原因并不适合于作 CHP 的主发动机，例如碱燃料 AFC 电池。磷酸燃料电池 PAFC 适用作为固定发电机，功率输出范围 100～400kW。PAFC 没有能够达到商业化是由于高成本和燃料电池材料的腐蚀问题。熔融碳酸盐燃料电池 MCFC，因高操作温度和电解质的腐蚀性质加速组件破裂和腐蚀，寿命降低。因此 PAFC 和 MCFC 都不是很适合于应用于民用 CHP，但可应用于大规模固定发电厂中。PAFC 系统的电效率范围在 37%～42%，如果以 CHP 模式操作时可以达到约 85%，如输出热量完全利用，系统效率增加到 90%。MCFC 单独使用于发电厂时电效率已达到约 47%，以 CHP 模式操作时效率可达 85%。

低温质子交换膜燃料电池（LT-PEMFC）在 CHP 系统中有广泛的使用，因低操作温度和高效率。LT-PEMFC 操作温度为 80℃，能够产生低质量的热量，可以热水或低压蒸汽（约 2atm）的形式回收，这些热量适合于低温应用，如医院、大学和商业建筑物中的空间取暖和水加热。一般来说，增加操作温度会带来一些优点，但是操作温度直接影响燃料电池池堆、系统和工厂平衡组件（BoP）的设计和选择。当操作温度高于 100℃时，燃料电池内不再出现液体水，这使池堆内的水管理变得容易，也简化了双极板流动场设计，降低反应物在池内的压力降。池堆操作移向较高温度带来的优点包括：简化和较便宜的燃料加工器构建，因为高温质子交换膜燃料电池（HT-PEMFC）池堆能够耐受燃料氢气流 5%（体积分数）的一氧化碳，热量回收系统简化，反应物也无须再湿化。SOFC 的操作温度在 700～1000℃之间，因为非常高的操作温度使这些燃料电池的固定发电应用仍处于预商业化阶段，但产生的是高质量热量，可以高压蒸汽形式回收，也可为产氢的内重整过程供应能量。

如前所述，民用建筑物应用小规模 FC-CHP 系统的总效率高于其他可利用的 CHP 技术。应用于商业-工业部门的 FC-CHP 有较高的电功率范围，在 200kW～2.8MW 之间，而应用于民用住宅建筑物和小商业部门的 CHP，需要的电功率范围较低，<10kW。CHP 原位产生电力，对副产物热量进行回收利用。产生热量的质量取决于系统中所用燃料电池类型和操作温度，

一般以热水或低压蒸汽形式回收热量。以 HT-PEMFC 和 SOFC 作为兆瓦级 CHP 的主发动机，达到的电效率要高于 LT-PEMFC。在需要的电效率水平上达到 90%效率的目标只有以 SOFC 作为主发动机才有可能。

总之，在民用建筑物包括住宅和办公楼，最合适和最普遍使用的 FC 技术是 PEMFC 和 SOFC。到 2014 年末，在日本安装的小于 1kW 的 FC-CHP 系统估计有 138000 台。这些 CHP 系统中的大多数使用的是 PEMFC（85%），其余是 SOFC。Elcore 和 Plug Power 等公司正在发展和示范 HT-PEMFC CHP 系统，电功率在 300～8000W。过去 50 年燃料电池已经经过广泛的发展和示范，但它完全商业化，技术仍然相对不够成熟。对分布式发电（DG），FC CHP 系统的安装成本仍然相对较高，这是它们在市场发展中少数几个缺点之一。

3.7.4　CHP（FC-CHP）在不同部门中的应用

CHP 可应用于居民住宅建筑物、商业建筑物和工业应用等领域。下面分别展开讨论。

3.7.4.1　居民住宅建筑物部门

世界能量消费中居民住宅能量消耗占电能的 27%和热能的 38%。在不同国家中的居民住宅典型能量消费示于图 3-29 中。冷气候国家，如德国或法国，多于 70%的能量用于屋内取暖（加热）和 9%用于水加热。不同的是，南非共和国仅有 13%的能量用于取暖和 32%的能量用于加热水。大多数国家并不利用发电厂产生的热能来进行取暖和生产热水。在 2012 年发表的芬兰住宅能量消费数据说明，家庭能量消费的 29%取自区域供热，其余的取自各种来源。总之，几乎 64%的终端使用电能是用来屋内取暖的，余留 36%用于供应家用电器用电。

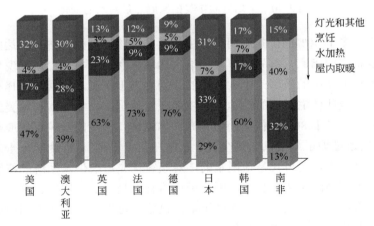

图 3-29　世界各国典型的家庭使用的能量

对 CHP 技术，产生的废热能够收集用于室内取暖、生产生活和洗衣热水以及为游泳池和水疗提供热量，这样排放废热降低近一半，使系统的能量效率超过 90%，并显著地降低单位千瓦·时产生的污染物排放。CHP 系统的总效率表示为输出净电力和有用热能之和除以消耗燃料的总能量。CHP 系统的组合热电效率高达 85%～90%，远高于电力和有用热量以分离过程生产系统的效率，而效率增加降低了成本和温室气体（GHG）排放。

供热和工业消费能量占全球最终能量消费的 39%。燃料的化学能转换为热能用于屋内取暖、水加热和制冷。但是，由于地区气候、房子大小和建筑物结构不同，这些方面的能量需求量变化很大。如图 3-29 所示，在英国，范围广泛的房子在冬天需要较长时间的供热。对冷温度区域国家如英国，电力消费高峰发生于冬天，但是在暖温区域国家，空调的广泛使用使电力消费高峰发生于夏天。这些情形会对燃料电池 CHP 产生许多竞争性后果，因为它们的部分价值是由不同影响因素决定的。在温带气候国家的房子消耗最大的热量，如英国 2600 万房子每年消耗 375TW·h，约为国家总消耗能量的一半。而每个家庭每年平均需求 15MW·h 的热量，最大和最小消费差 6 倍，其需求是高度季节性的，峰值在冬季，比夏季的水平高 7 倍，如图 3-30 所示。

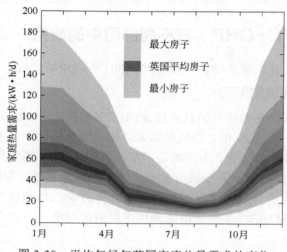

图 3-30　平均气候年英国家庭热量需求的变化

对住宅部门，多于 40%的供热利用的是生物质和废物，这样多在不发达国家或低人口密度地区。对比较贫穷的国家，首先要解决清洁气体液体燃料或电力使用的现代化服务，而氢和燃料电池技术在近期中的应用是不太可能的。因为过于昂贵，比其他选择有相对高投资成本。天然气供应占全球住宅供热的约 20%，主要在发达国家，如北欧和北美的高人口密度区域。在英国和荷兰，多于 80%的住宅使用家庭气体锅炉。供热的锅炉也供应热水（欧洲普遍使用），强制空气通过炉子烟道供应热空气（通常在北美使用）。因为两个重要原因：第一，这类强依赖的可靠技术，要替代是很困难的，对顾客优先考虑供热系统的特别研究显示，这些国家对气体锅炉有强的文化亲和力，因已经证明它们是安全、便宜、有效和容易控制的；第二，已经存在市场和气体供热燃料的公用基础设施，可以容易地转换到使用氢气，能够为家庭提供像现在天然气提供的类似服务。

燃料电池 CHP 最适合于较大的房子，因有足够物理空间安装和较大热量需求。气体锅炉（小的壁挂单元，配送 15~40kW 的热量）是其主要的竞争对手。住宅用燃料电池 CHP 已经打包作为完整的取暖系统，供应 0.75~2kW 的电力和 1~2kW 热量的 PEMFC 或 SOFC 池堆与锅炉和热水容器集成，能够兼容多个带锅炉的房子，无须热量存储。燃料电池 CHP 体积大于气体锅炉，一般是落地式的单元（大冷藏冰箱大小），安装于室外或地下室中，如图 3-31 所示。它们的重量在 150~250kg，占地 2m²，包括热水容器和辅助锅炉，而较小的壁挂型号也在发展之中。

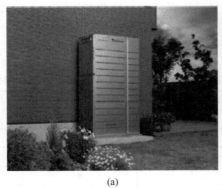

(a)   (b)

图 3-31　实物照片，Panasonic EneFarm 居民住宅用 PEMFC（a）和 ClearEdge PureCell 商业 PAFC（b）

如早先所述，自 2009 年在日本开发成功以来，住宅微 CHP 快速发展。在 2012 年，燃料电池 CHP 系统的销售首次超过引擎基微 CHP 系统，全世界销售了 28000 台。近来，日本制造商开始参与德国取暖行业，扩展到欧洲（例如，Panasonic 和 Viessmann、Bosch 和 Aisin Seiki）。

3.7.4.2　商业部门

商店、办公室、医院和其他第三产业的建筑物使燃料电池能够提供另外重要市场，消耗约 20% 的国家热量需求。大经营场址往往比个人家庭有更稳定的需求，因此更适合于燃料电池。低的前期成本、现实性和物理大小是优先需要考虑的。

屋内取暖和水加热是商业和公共部门建筑物最重要的能量服务需求，但建筑物的多样性在它们的大小、形状和热量需求水平上比居民住宅部门要大得多。这个多样性偶合低燃料消耗意味着商业部门的脱碳化受到的关注通常比住宅部门要少得多。

与居民住宅建筑物不同，电力驱动 HVAC 系统（指取暖、通风和空气调节）在许多较大商业建筑物中使用，它们与燃料电池 CHP 能够以共发电形式运行，使用燃料电池提供电力和热负荷，也作为 UPS 系统或柴油发电机的替代备用电源。部署氢和燃料电池供热系统的主要壁垒是高成本（与其他系统比较），以及技术仍然不够成熟。许多商业组织对采用新技术通常是不情愿的，更愿意使用成熟的技术和工艺。

在平行安装的大商业锅炉（50～300kWth）中燃烧气体燃料以满足峰负荷。商业燃料电池范围为 100～400kW 电力，与现有取暖系统平行操作。它们比常规锅炉大：400kW 系统占据 22～36m²，重量为 30～35t，意味着 1～2kW 需要网球场大小的安装面积。

3.7.4.3　工业部门

热量需求的约 1/3 来自工业，大部分集中于大型生产装置中。使用固体燃料、天然气和电力的混合能量体系使工业部门的踏板强度比其他部门多约 1/3。其独特的地方是，多于一半需求是高质量热量（温度超过 500℃），主要在钢铁工业、水泥、玻璃和化学工业中。个别设施对配送热量质量和温度有特殊的要求，这是对通用解决方案的一个大的挑战。

低碳供热技术在工业部门的潜在市场与商业和铸造部门是不同的，因为空间取暖的热需求相对较小。而对水加热需求和直接供应不同温度热量给工业工厂的需求要大很多，特别是对户外食品和饮料部门。表 3-15 给出 2011 年全球居民住宅、商业建筑物和工业部门对不同燃料的需求比例，可以看到，工业与前两者是十分不同的，工业部门使用的占优势燃料是化石燃料，接着是天然气和石油产品。

表 3-15　2011 年全球在居民住宅、商业建筑物（包括公共部门）和工业工厂的最终能源消耗

项目	居民住宅消耗/EJ	商业建筑物消耗/EJ	工业工厂消耗/EJ	总消耗/EJ
石油产品	9	4	14	27
煤炭	3	1	31	35
天然气	17	7	21	45
生物燃料和废物	35	1	8	44
电力	18	15	28	61
热量	5	1	5	11
其他	0	0	0	0
合计	87	30	107	224

燃料电池在工业部门使用的可能是 CHP 技术。工业部门是 CHP 的主要市场，因为许多工业公司使用大量工厂热量原位产生电力，以帮助降低生产成本。

大燃料电池可在单一区域通过更宽热量网供应工业部门所需热量。这比住宅建筑物和商业系统更加低成本和有效，因每千瓦投资成本随容量增大而下降，末端使用者多，需求也比较平稳，因此利用率较高。但对英国，其潜力是有限的，因没有广泛使用的集中供暖。

低级工业低温热量是非常大的未开发市场，使用燃料电池可以提供高至 120℃（PAFC）和 200℃（MCFC）甚至更高温度的热量，SOFC 提供接近 1000℃ 的热量。因此可以用于更广泛工业设施的脱碳技术（其成本应该能够与其他 CHP 技术竞争）。

3.7.5　燃料电池 CHP 的优缺点

FC-CHP 的优点除了前面已经多次叙述过的高电效率和总效率外，还有如下一些优点。

3.7.5.1　降低温室气体（GHG）CO_2 排放

全球能源相关 CO_2 排放量，在 2011 年约为 31.2 Gt，比前一年增加 3.2%，高于过去十年的平均增长率 2.5%。预期二氧化碳排放要继续上升，到 2035 年为 37Gt，可能使全球温度比工业化前上升 3.6℃，高于可接受的上升 2℃ 的目标。GHG 排放的增长大部分来自增加的煤炭需求，全球 CO_2 排放增加的 71% 来自煤炭，其次是石油 17%，天然气占 12%。

CHP 系统的发展和扩展应用，使 2015 年发电产生的 CO_2 排放降低超过 4%（170Mt/a），到 2030 年，这个降低超过 10%（950Mt/a），相当于 1.5 倍的印度发电厂的年总 CO_2 排放。所以，CHP 能够显著降低 GHG 的排放，这对避免气候灾难是必需的。更重要的是，CHP 降低 GHG 排放是能够立刻实现的，为低和零成本排放提供重要机遇。相对于常规取暖技术如锅炉，使用燃料电池是能够降低碳排放的，因效率提高使需要的中心发电厂和经电网分布的电力数量下降。

但要计算年 CO_2 排放的减少是困难的，因为它们与特定的国家有关，取决于中心电网电力和区域供热系统的碳强度；也与特定的安装有关，取决于对热量和电力的需求水平。对约 1kW 住宅规模 FC-CHP 系统，已经估算，在日本和德国的家庭每年降低 CO_2 排放 1.3～1.9t。

FC-CHP 制造商 CFCL 宣称，它的 BlueGEN 每年减少 3t CO_2 排放（因容量较大）。分析计算也指出，1kW 微 FC-CHP 系统的电力输出在冬天每天减少的 CO_2 排放高于 4.5kg，夏天每天减少多于 3kg。在英国，当以燃料电池单元替换气体锅炉和电网电时，每年降低 CO_2 排放达 2.5t，能量支出节约 250 英镑。

　　微 FC-CHP 系统的碳强度（每千瓦·时排放的二氧化碳克数）仅为燃煤发电厂的 1/3，燃天然气发电厂的一半。例如，英国中心发电系统的平均碳强度为 500～520g/(kW·h)，调峰工厂（其输出随需求而变）的碳强度可达 690g/(kW·h)。而对住宅用 PEMFC-CHP 系统每生产 1kW·h 电力和 1.4kW·h 热量排放约 553g CO_2（具有 EneFarm 系统的典型效率）。如除去产生热量所排放的 CO_2，PEMFC 电力生产的碳强度为 252g/(kW·h)，比最好循环气体透平工厂（CCGT）的碳强度要低 40%。对 PAFC 电力碳强度为 225g/(kW·h)，对 MCFC 为 238～308g/(kW·h)，SOFC 生产电力的碳强度也在这个数值范围。所以，用 FC-CHP 系统替代常规供热和发电技术每年 CO_2 的排放量能够显著降低。组合燃料电池联产（电力、空间取暖和热水）技术的广泛使用能够使燃料电池成为世界脱碳战略的核心技术之一。在图 3-32 中，比较了不同微 CHP 操作时的 CO_2 排放，每千瓦节约的二氧化碳量。SOFC-CHP 的 CO_2 排放减少量是最大的，PEMFC-CHP 也降低了 CO_2 排放。

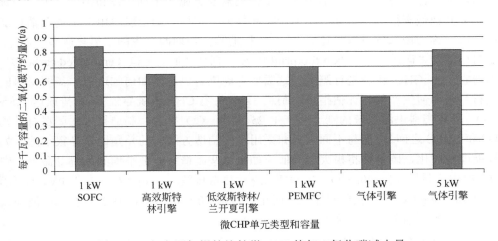

图 3-32　与电网加锅炉比较微 CHP 的年二氧化碳减少量

　　像节约资金一样，CO_2 节约也与国家和位置密切相关，取决于电网电和要被替代的取暖系统的碳强度。现代燃气冷凝锅炉生产热量的碳排放强度为每千瓦·时 215g CO_2。大多数电力系统有显著高的 CO_2 排放。例如英国，2011 年的平均碳排放强度为每千瓦·时 441g CO_2，美国每千瓦·时 503g CO_2，德国每千瓦·时 477g CO_2。调节电力的发电厂，其平均排放高达每千瓦·时 690g CO_2，与国家有密切关系。民用燃料电池 CHP 系统重要贡献就是降低 CO_2 排放。现在估计，以天然气运行的燃料电池 CHP 系统可达到的 CO_2 排放降低在 30%左右。

　　对单一家庭和多家庭使用的试验 SOFC-CHP 和 PEMFC-CHP 系统，在世界范围内进行了 Annex 42 项目和模拟性能的广泛评估研究，且与参考系统进行了比较。得到的四个关键发现是：①应用燃料电池 CHP 系统的单个建筑物，与参考系统（气体锅炉和电网电力）比较，可降低对非可再生初级能量（NRPE）的需求，而降低的大小与参考系统电网电力混合体碳强度 [kg CO_2/(kW·h)] 有很密切的相关。例如，在丹麦，使用 SOFC-CHP 系统决定了对 NRPE

的需求，使丹麦能量系统的 CO_2 排放有相应下降。但在法国，燃料电池发电主要替代核电，因此天然气消耗会增加，CO_2 排放反而相应增加。②当参考系统使用的是组合循环气体透平中心发电厂和家庭使用热泵时，燃料电池操作的电效率必须高于 40%，以便在成本和 CO_2 排放水平上能够有竞争力。③为了获得最大系统效率，燃料电池至少必须降低 80%～90% 的 CO_2 排放（基于家庭年热量需求）。④燃料电池单元的操作方法对获得最大利益有大的影响。当以热量需求模式操作时，系统显示最好的能量效率。但是，当以电力需求模式操作时，产生最大的节约成本。定向于基础负荷比定向于峰负荷提供的能量节约更好。

总之，在民用建筑环境中使用燃料电池 CHP 系统，可以达到不同程度的 CO_2 排放降低，但准确的数据极大地取决于某些因素，如中心电力混合体、家庭年能量消耗、燃料电池系统电效率和总效率、排放的评估。但无论如何，燃料电池 CHP 系统在排放上是有竞争力的；主要是它在民用规模上（1～5kWe）有较高电效率。能够预期，燃料电池 CHP 系统在未来的 CO_2 排放将会降低，随着可再生生物气体/氢气的引入和燃料电池效率的提高。燃料电池 CHP 具有达到零碳排放的潜力。

3.7.5.2　构建的碳足迹

燃料电池要比被替代的燃气锅炉大且重，还需要金属催化剂如镍和铂，其生产是极端耗能的。正如其他低碳技术（例如太阳能 PV 和核能）那样，制造燃料电池也需要消耗能量，导致碳排放（称为嵌入碳或碳足迹），从而会抵消其操作期间产生的二氧化碳节约。

燃料电池的"碳足迹（carbon footprint）"或"捆住（嵌入）碳（embodied carbon）"是为了对制造它产生 GHG 排放进行测量。这需要考虑燃料电池是如何制造的、需要材料的数量和这些材料是如何生产的。评估指出，制造 1kW 住宅 CHP 系统导致 CO_2 排放达 0.5～1t，而 100kW 商业燃料电池系统的制造会产生 25～100t CO_2 排放。制造技术之间虽有差别（如 PEMFC 和 SOFC 之间），但与不同国家和采用不同制造方法间的差别比较是很小的。如果制造过程能够脱碳化，碳足迹将极大地降低。如果这些制造排放被平均到系统寿命上，则等于每千瓦·时电力排放 10～20g CO_2，或每千瓦·时热量排放 8～16g CO_2。对于 PV，每千瓦·时电力排放 40～80g CO_2，对核能每千瓦·时电力排放 10～30g CO_2。因此，燃料电池与太阳能光伏（PV）比较碳排放是相对低的。

3.7.5.3　其他空气污染物排放的降低

燃烧化石燃料（主要是柴油和煤炭）过程导致若干其他污染物的排放，如氮氧化物（NO_x）和硫氧化物（SO_2）。SO_2 的最大排放源是发电部门，在 2011 年占总排放的 44%。SO_2 排放主要是由于煤炭和柴油的燃烧；而 NO_x 污染物是来自所有类型的化石燃料燃烧。排放引起多个环境问题如酸雨、空气污染和臭氧生成等。

表 3-16　燃料电池、冷凝锅炉和 CHP 引擎排放的污染物　　　　单位：g/(kW·h)

项目	燃料电池	冷凝锅炉	CHP 引擎
NO_x	1～4	58	30～270
CO	1～8	43	10～50
CH_4	1～3	13	无数据
SO_2	0～2	2	无数据

在燃料电池发电期间，极少量排放是由燃料加工子系统产生的，它是仅有的 FC-CHP 的排放源头。CHP 系统的 NO_x 污染物排放少于燃煤发电厂。柴油引擎的 NO_x 排放 $1.27\sim$ 15kg/(MW·h)，天然气引擎为 $1.0\sim12.7$kg/(MW·h)，微透平引擎为 $0.18\sim1$kg/(MW·h)，而 FC-CHP 的排放小于 0.01kg/(MW·h)。在 FC-CHP 中的 NO_x 排放来自为吸热重整过程供应热量的燃烧器（燃烧天然气）。为降低排放，需要研究发展更加先进的燃烧器，例如，FLOX 燃烧器是以无焰氧化形式操作的，这确保燃烧室内有均匀的温度分布，因此其 NO_x 排放是低的（即便在高空气预热温度下）。甲烷也能够因不完全燃烧排放，或因漏气和运输损失而排放出去。燃烧天然气时排放的 SO_2 和汞化合物都是可以忽略的。在 FC-CHP 操作中没有 SO_2 的排放，因为在重整物加工前在硫吸附床层中已经被移去。如表 3-16 中指出的，燃料电池排放的其他污染物与冷凝锅炉和 CHP 引擎比较是非常小的。

3.7.5.4　电力成本的降低

微 CHP 是直接为家庭顾客而不是为大能量消费者提供利益的。终端使用电力成本取决于若干因素：发电成本、与能源技术补贴相关的成本、通过电网电力传输和分布最后零售给顾客的成本。在欧盟 2011 年的电力单位价格（家庭顾客，年消费 $2500\sim5000$kW·h）范围为每千瓦·时 $0.087\sim0.298$ 欧元（$0.104\sim0.358$ 美元）之间，每千瓦·时的平均价格为 0.184 欧元（0.221 美元）。整体卖出的绝对单位价格是比较高的，预测到 2035 年增加 35%。FC-CHP 系统生产的电力有高的经济价值，几乎是天然气发电厂的 $3.0\sim3.5$ 倍。FC-CHP 转化低成本燃料，一般是天然气，成高价值电力，因此家庭住户的能量付款得以降低。在发电厂中，化石燃料生产电力的效率为 $35\%\sim37\%$，约 2/3 的初级能源以"废热"的形式损失了。中心发电厂和原位产生热量的组合效率约 45%，而联产系统 CHP 能够达到的效率水平为 80%。中心发电厂发出的电力传输和分布损失约为净发电的 9%。这意味着仅有 1/3 配送给终端顾客用户。传输和分布损失是变化的，取决于负荷和发电机间的距离、电压和电压转换阶段数目。按照实际的银行数据，电力传输和分布损失范围从 $1.82\%\sim54.6\%$（随国家而变），世界平均为 8.10%。美国到 2030 年，CHP 能够降低电力部门投资到占总项目发电投资的 7%。只要是原位产生电力就能够为电网中断提供灵活送电，也能够为紧急事件提供关键电力服务，替代高成本发电厂。CHP 系统消除与电力传输和分布相关的经济损失，这些能量节约降低了 CHP 电力生产的资本投资，也降低了电力配送到终端用户的损失。日本电网电力单位价格约每千瓦·时 25 日元 [0.225 美元/(kW·h)]，它可能降低到夜里的 $6\sim7$ 日元/(kW·h)，如果顾客与公用公司有特别协议的话。使用天然气，燃料电池能够以仅仅 10 日元/(kW·h) [0.089 美元/(kW·h)] 产生电力。Toshiba 计算，住户使用 FC-CHP 系统每年能够节约 $40000\sim50000$ 日元（$360\sim450$ 美元）的电力成本。

3.7.5.5　避免电网断电损失

燃料电池系统具有吸引市场的潜力和解决电网断电停机的能力。按照美国的统计，$80\%\sim$ 90% 的电网断电源自分布水平。在美国，电网断电的损失估计每年约为 1190 亿美元，受非灾难断电影响的顾客达到 50000 户。电力中断可以使敏感性设备如电脑和其他电子装置在电力波动期间造成损失。对小建筑物，估计的年断电成本给出于表 3-17 中。对商业建筑物 100kW 负荷，每小时断电成本可能在 $4000\sim6800$ 美元之间。

表 3-17 100kW·h 负荷小商业建筑物估计的电力中断的年成本

断电类型	断电时长	每次断电设施停电	每年断电次数	年总停电时间/h	每千瓦·时断电成本/美元	年总成本/美元
瞬时断电	53s	15min	4	1h	4000	4000
长时断电	1h	2h	1	2h	4000	8000
总计			5	3h		12000

3.7.6 FC-CHP 系统的缺点

FC-CHP 系统的主要缺点是高的初始投资成本，不利于与其他 CHP 发电技术的市场竞争。发电成本和系统可利用性是选择 CHP 技术的关键因素。到现在为止，卖出的 CHP 单元数目相对较小，而能够卖给顾客的大多数非便携式燃料电池系统都借助了政府补贴的帮助。微 FC-CHP 系统的现时实际价格，比美国能源部（US DOE）建议目标高约 30~50 倍。虽然所有制造商的价格已经有惊人的下降（表 3-18），到 2014 年，1kW PEMFC 或 SOFC 在日本的价格是 21000~27000 美元。住宅用 FC-CHP 系统的价格，在 2009~2013 年间投资成本已经下降一半多。最近 10 年中，在日本的价格降低了 85%。而过去四年内德国的价格下降了 60%。在日本，政府补贴了单元价格的约 50%。FC-CHP 系统成本随时间能够有显著的降低，这要依赖于大量生产时的所谓"销售经济学"。日本和韩国的 PEMFC-FC 的价格随时间降低的所谓学习曲线示于图 3-33 中，图中也给出累积的安装总数目，揭示出有对数-对数关系。在日本和韩国进行项目示范期间，住宅 PEMFC 的价格，当累计安装翻一番时几乎下降 20%。日本 FC-CHP 系统在 2008 年商业化后，价格随安装量每翻一番下降 13%。如果图 3-33 所示的学习曲线趋势继续，可以指望安装在住宅的 FC-CHP 数量在未来 4~6 年内将数以百万计，成本每台 7000~14000 美元。在 FC-CHP 系统中备用锅炉的成本可能占 FC-CHP 系统总投资成本的 8%~9%。Panasonic 公司报道说，最新型号价格与先前型号比较降低约 30%，燃料电池系统添加降低 26%，重量降低 10%，催化剂量降低 50%，耐用性增加 20%（达 60000h）。Transparency Market Research 的预测指出，FC-CHP 系统未来市场销售将年增长 27%，投资回收期将下降到低于 5 年。

表 3-18 微 FC-CHP 系统的近年销售价格，其中包括辅助锅炉和热水容器，但不包括补贴和安装，斜体字是商业化前的示范阶段的系统价格

FC 类型	制造商	输出功率/W	2008 年	2009 年	2010 年	2011 年	2012 年	2013 年
PEMFC	Panasonic	750		33000 美元	25900 美元			18900 美元
	Toshiba&Eneos	700		30500 美元	—	24500 美元		
	GS&FCPOwer	1000	153000 美元	—	72800 美元		59300 美元	
	Elcore	300				14400 美元		12500 美元
SOFC	Vaillant Baxi&Hexis	1000	168000 美元		56000 美元			40600 美元
	Kyocera	700	100000 美元		53000 美元		25000 美元	
	Eneos	700				25300 美元		
	CFCL	1500			31800 美元	34000 美元		26400 美元

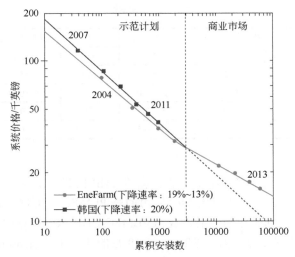

图 3-33　日本和韩国住宅 PEMFC 价格学习曲线（示范计划期间市场量翻番，价格下降 19%～20%，商业化后日本 PEMFC 价格下降 13%）

3.8　FC-CHP 系统现状

3.8.1　引言

在 2020 年，燃料电池能够在世界分布式发电市场中占有 50% 的份额，因为成本和耐用性指标已经能够基本满足。现在这个市场的领头者是日本，数以千计甚至万计的家庭在电力和热量需求上已经采用分布式燃料电池 CHP 系统。居民住宅区燃料电池 CHP 系统的功率范围，取决于目标基础负荷，从数千瓦到数千千瓦。居民区 CHP 燃料电池系统有能力提供电力、取暖用热量和市民需求的热水。冷量也能够被加到 CHP 中［称为冷热电联产（CCHP）系统］。因为吸收制冷器、热驱动热泵或合适技术不仅能够利用燃料电池堆产生的废热而且能够集成于这个系统中以双模式热/冷循环操作。CHP 和 CCHP 系统能够达到的能量效率高达 80%～90%，甚至更高。但是，目前仍然需要进一步研究以解决技术挑战和降低投资成本，除了继续给试验可靠性以资金支持，保持其高的需求。表 3-19 给出了在固定应用中（主要是 CHP）燃料电池与其竞争者在技术经济上的比较。燃料电池还是具有竞争优势的。

表 3-19　固定应用 CHP 部门中燃料电池及其竞争者间的技术经济比较

固定功率/CHP 技术	功率范围/MW	效率[1]/%	寿命/年	投资成本/(美元/kW)	容量因子/%
FAFC	0.2～10	30～45	5～20	1500	达 95
MCFC/气体透平组合	0.1～100	55～65	5～20	1000	达 95
SOFC/气体透平组合	0.1～100	55～65	5～20	1000	达 95
蒸汽循环（煤）	10～1000	33～40	>20	1300～2000	60～90
集成气体组合循环	10～1000	43～47	>20	1500～2000	75～90
燃气透平循环（天然气）	0.03～1000	30～40	>20	500～800	达 95
组合燃气透平循环（天然气）	50～1000	45～60	>20	500～1000	达 95
微透平	0.01～0.5	15～30	5～10	800～1500	80～95

固定功率/CHP 技术	功率范围/MW	效率[①]/%	寿命/年	投资成本/(美元/kW)	容量因子/%
核能	500～1400	32	>20	1500～2500	70～90
水电	0.1～2000	65～90	>40	1500～3500	40～50
风力透平	0.1～10	20～50	20	1000～3000	20～40
地热	1～200	5～20	>20	700～1500	达 95
太阳能光伏	0.001～1	10～15	15～25	2000～4000	<25

① 从能量输入到电能输出。

在商业化方面，在民用建筑环境中的燃料电池 CHP 仍然处于发展初期。SOFC 示范计划要比 PEMFC 落后约 5 年，计划项目的 80%应用的是 PEMFC，SOFC 占约 20%。对住宅部门燃料电池 CHP 技术，在 2008 年的住宅建筑物 PEMFC-CHP 示范计划中，日本安装有 3300 个单元，到 2012 年这个数据接近 4 万。到 2013 年 10 月的 4 年中约有 60000 个燃料电池微 CHP 系统卖出，2012 年燃料电池微 CHP 第一次超过引擎基微 CHP，占全球市场的 64%（全世界卖出了 28000 台）。预计在不远的将来，会有令人印象深刻的增长：现在亚洲在燃料电池 CHP 的住宅应用领域领先于欧洲。如日本政府目标是年安装的燃料电池要达 140 万台，欧盟年安装量达 5 万台。

3.8.2　FC-CHP 在亚洲的发展

如前面多次叙述，日本在燃料电池固定应用中处于领先的地位，产品已经进入商业化。日本是燃料电池 CHP 安装和商业化的先驱者，到现在为止的最大活动均发生于日本。在过去 10～15 年的研究和示范项目中，政府连续投资资助（每年 200 万欧元）燃料电池微 CHP 的发展。日本燃料电池 CHP 的研究发展和示范（RD&D）在 20 世纪 90 年代由政府落实，发展 1kWe PEMFC-CHP 系统，使用气体生产的氢气来为住宅家庭生产热量和电力。这些燃料电池 CHP 是与燃料加工器集成的，可以利用天然气、液化石油气（LPG），配有热水单元供应温度为 60℃的热水。

EneFarm 是日本研究发展和示范项目基地，是今天亚洲和全世界这类技术中最成功的。该项目开始于 20 世纪 90 年代，PEMFC 系统的 EneFarm 品牌由 Panasonic、Toshiba、Eneos（由 JX Nippon Oil & Sanyo 组成的联合体）和 Aisin Seiki Co. Ltd 集体完成。以天然气运行的 1kWe PEMFC-CHP 系统的研究发展和示范分三个阶段：第一阶段，2003～2005 年在家庭中安装 50 个小规模示范单元；此后在整个国家大规模启动，私人家庭安装了 3352 个 PEMFC 和 233 个 SOFC 微 CHP 单元。第二阶段，大规模运行这 3000 多个示范单元。第三阶段，从 2009 年开始商业化运行，借助于日本政府补贴的帮助，到 2012 年末，安装的单元数超过 25000 台。EneFarm 商业化快速进行，每年的销售近似翻番，到 2013 年 10 月已经卖出总计达 57000 套。现在，EneFarm 品牌的电力容量达 700～750W，总效率 95%。该燃料电池 CHP 的操作可以与电网连接也可以不连接。设计使用的是 PEMFC 系统，鉴于其操作特征，运行是不连续的。在白天以高需求运行，热水被存储；在夜里低需求时系统被关闭。EneFarm 使用者从折扣的天然气价格中受益，进一步扩大该单元的使用。EneFarm 项目的亮点是，它是世界上首次供应的燃料电池 CHP 系统，于 2005 年 4 月安装于日本首相官邸，它也是世界上（于 2009 年）首次大量生产的家用燃料电池 CHP 系统。EneFarm 项目也促进了燃料电池系统与房屋的集成，性能不断地提高（成本、大小和效率）。

在 2010 年末 EneFarm 项目单元的累计销售数达到 13500 台。但是，2011 年 3 月日本东北的核灾难性事件和地震海啸袭击的福岛核事故对 EneFarm 单元的销售产生了重大影响：在 2011 年卖出的单元数是 2010 年的 2 倍多，因日本拿出了大量的国家补贴，顾客看到了降低的能量付款和对电网的依赖。在 2012 年卖出超过 20000 台，到 2014 年日本燃料电池 CHP 的累计销售达到 138000 台。到 2015 年，销售量约 50000 台，提出到 2030 年达到 250 万台。随着大量销售，能够指望这些系统的成本继续下降，在民用建筑环境中的燃料电池技术能够被广泛应用，不仅在日本而是全世界。

EneFarm 现在扩展它的研究发展和示范基地，从 Kyocera 新引进 SOFC 系统。SOFC 将利用热循环连续操作以避免危险。项目中引入 SOFC 可以有效地降低投资成本和获得高效率。由于 EneFarm 的成功，公司如 Honda 现在在住宅建筑物 CHP 应用中考虑使用 SOFC。在日本，SOFC 基 CHP 系统的项目称为 "EneFarm Type S"，由 JX Nippon Oil & Energy 于 2011 年和 2012 年在 Aisin 开始。像 Kyocera 和 Eneos 这样的公司也开始安装 SOFC 基 CHP 系统。日本在 SOFC 发展中也处于前列，Kyocera、Nippon Oil 和 Toto 公司自 2007 年开始进行 0.7~1.0kW 系统的住宅示范。EneFarm-S 的两种型号在 2012 年由 Kyocera 和 Eneos 推出，超过 1000 个系统在前两年中卖出。政府路线图的目标是在 2015~2020 年对 SOFC 广泛商业化。

在日本发展的 FC CHP 系统及其主要参数总结于表 3-20 中。

表 3-20　日本发展的 FC-CHP 系统及其主要参数

项目	Viessmann	EneosCellTech	Toshiba	Kyocera
燃料	LPG/城市煤气	LPG/城市煤气	LPG/LNG/NG	LPG/城市煤气
燃料电池类型	PEMFC	SOFC	PEMFC	SOFC
功率输出/W	750	700	700	700
电效率（LHV）/%	37	45	38.5	46.5
热效率（LHV）/%	56	42	55.5	43.5
尺寸，$H \times W \times D$/cm	195×60×60	90×30.2×56.3	100×78×30	93.5×60×33.5
重量/kg	125	92	94	94
噪声/dB	38	38	37~48	38
水存储单元，$H \times W \times D$/cm	195×60×60	176×31×74	176×750×44	176×74×31
容器容量/L	170	90	200	90
建议的零售价格，包括消费税，制造成本	美国 22166 美元 2013 年	美国 33750 美元 2012 年	美国 32550 美元	美国 34387 美元

Fuel Cell Toady（今日燃料电池）预期，EneFarm 示范项目是会被复制到其他的发展中市场，如韩国、欧洲和美国。分析说明，如果除日本 EneFarm 情形外，世界上还有其他四个项目能够以类似的速率完成。EneFarm 项目已经促进了燃料电池技术在住宅建筑物环境中的广泛应用，成为有许多价值的学习课程。EneFarm 正在形成一个合适的平台，在该平台上，整个亚洲和世界其余地区都在进行未来燃料电池的 RDD 项目，如韩国的 Green Home Project。在韩国已经安装了 350 台 PEMFC 系统。

韩国政府确认燃料电池作为优先技术，投巨款在 2003~2012 年间发展燃料电池技术。在 2004 年，完成了电功率容量 1kWe 的第一个住宅用发电装置的初期场地试验。接着 2006

年 4 个韩国公司（GS Fuel Cell、Fuel Cell Power、HyoSung 和 LS）开始进行燃料电池发电装置场地示范，2006～2009 年间安装了 210 个单元（政府补贴了 180 万美元）。目的是使韩国的燃料电池系统发展缩小与其他国家间的差距，并指望在 2015 年能够达到商业销售。对微 FC-CHP 系统，政府补贴购买价格的 80%，地方政府再补贴额外的 10%。类似的情形也在亚洲其他国家和地区发展燃料电池系统的固定应用（不是 CHP），如中国台湾。

3.8.3 FC-CHP 在欧洲的发展

欧洲住宅建筑物用燃料电池 CHP 市场正在快速增长。现在，在 Callux 项目下，德国在住宅建筑物用燃料电池 CHP 的发展是排在日本之后的第二位。Callux 项目是燃料电池家庭取暖设备的最大国家场地试验示范。在该项目下，于 2008～2012 年末已经安装了由 Baxi、Hexi 和 Vaillant 生产的 350 套 FC-CHP 系统。产品使用了 PEMFC 和 SOFC 两类燃料电池。接着在 2013 年启动了 ene.field 项目，该项目的目的是要把 27 个参与者组织在一起，在 12 个欧盟成员国安装 1000 台燃料电池 CHP 系统，到 2017 年投入 6950 万美元。ene.field 项目能够使欧洲的燃料电池 CHP 发展加速，是使技术商业化的一个重要步骤。CFCL 为进入欧洲燃料电池市场也进行了大量的工作，在欧洲安装 100 个住宅建筑物用燃料电池示范。CFCL 在欧洲年生产 1000 台 FC-CHP 系统，随着德国政府为引入住宅用高效 CHP 系统投入的研究补贴，CFCL 单元的销售在增加。在英国已经有 45 台 CFCL 单元在进行示范，其目标是 10 万台，也要从 Powergen 购买 8 万台 Whispergen 单元。EneFarm 也寻求扩大欧洲市场，Panasonic 与 Viessmann 的合作能够帮助 EneFarm 产品进入欧洲市场。对微 FC-CHP 系统，德国有三个主要制造商——Hexis、Vailant（都使用 SOFC）和 Baxi Innotech（PEMFC）。在 2008～2013 年间德国家庭安装 560 台燃料电池 CHP（至少跟踪两年）。其他欧洲国家包括丹麦、西班牙、希腊和波兰都有 FC-CHP 区域项目。最近，欧洲多个公司正在对新中温固体氧化物燃料电池（IT-SOFC）和高温聚合物膜电解质燃料电池（HT-PEMFC）技术进行示范，并建立了多种池堆技术。

在德国，CHP 几乎占总发电的 12.6%，在 2005 年安装的容量为 21GW。在较小规模商业和住宅安装生物气体 CHP 和微 CHP，德国具备良好的条件。在安装的 FC-CHP 系统数量上，德国占世界第二位，在 2008 年和 2012 年之间已经安装了 350 个系统。Panasonic 和 Viessmann 已经与欧洲市场签订了联合发展计划，联合设计和完善 FC-CHP 系统。燃料电池由 Panasonic 设计，在开始由 Viessmann 集成送到德国前在日本建立。系统发电 750W 产生 1kW 热能，组合效率 90%。德国已经在 2014 年开始出售。

丹麦微 CHP 由 9 个丹麦公司合作开发，项目发展的第一期使用氢燃料 LT-PEMFC、天然气 HT-PEMFC 和 SOFC 的 FC-CHP 技术进行示范。到 2014 年完成安装住宅用 FC-CHP 系统 30 台进行示范。在"能源策略 2050 文件"中，丹麦政府宣布，自 2017 年开始停止在家庭建筑物中安装污染锅炉。虽然 FC 基 CHP 系统发展到能够与配送电力价格竞争需要一定时间，但丹麦的燃料电池工业生产住宅用 FC-CHP 系统的潜力达年产 10000 套，年销售收入 6000 万欧元。

英国有利于上网电价优惠利率的好处，澳大利亚公司 Ceramic Fuel Cells Limited（CFCL）在 2013 年为学校和小商业提供全资 BlueGEN 单元。Ceres Power 和 Itho-Daalderop 联合发展低成本 CHP 产品，在比利时、荷兰和卢森堡的住宅商业市场售卖 FC-CHP 产品。它们的产品处于试验示范阶段（从 2016 年开始）。在欧洲，正在进行场地示范试验的微 FC-CHP 系统的详细数据示于表 3-21 中。

表 3-21　在进行场地试验的欧洲微 FC-CHP 系统

制造商	燃料电池类型	输出功率/W	注释
Dantherm Power	LT-PEMFC	1700～2500	2013 年在丹麦场地实验
BaxiInnotech	LT-PEMFC	300	在德国英国场地实验，2015 年进入市场
Elcore	HT-PEMFC	750	2013 年安装第一个场地实验装置
Viessmann	LT-PEMFC	250～700	在德国 2014 年启动
Vaillant	LT-PEMFC	1000～4600	正在发展多家庭用系统
SOFC Power	SOFC	500～1000	样机产品微 CHP 系统
Hexis	SOFC	1000	在 Callux 项目下在德国、瑞士场地试验
Ceres power	SOFC	1000	在 2016 年启动
Vaillant	SOFC	1000	2103 年在德国场地实验
Topsoe	SOFC	1000	较大产品（20kW）样机产品微 CHP 系统
Acumentrics	SOFC	250～1500	壁挂式住宅用 CHP 单元正在场地实验
Hyosung、GS Fuelcell、Fuel cell power	LT-PEMFC	1000	住宅用发电器（RPG）正在场地实验
Plug power	HT-PEMFC	300～8000	名称为 GenSys 的产品在欧洲场地实验

3.8.4　FC-CHP 系统在美洲的发展

在北美到今天极少有住宅用燃料电池活动，尽管最大制造商之一 Ballard 位于加拿大。但是美国是燃料电池商业和工业应用的最大市场之一，包括 CHP 应用。

到 2012 年，在美国的商业建筑物和机构应用中有 13%是 CHP 系统，其中不少是 FC-CHP 系统。现在，在美国已经达到的 CHP 安装容量超过 82GW，相当于美国现时发电容量的 8%和总年发电量千瓦·时的 12%。虽然现存的美国 CHP 容量的 87%是在工业设施中。CHP 也能够为商业或机构设施所利用，如学校和医院，在区域能源系统中，以及在军事部门。ClearEdge Power 已经卖出 5kW 住宅规模 FC-CHP 系统，主要在加利福尼亚州市场上，在那里州补贴帮助降低了系统的成本。

3.8.5　FC-CHP 在南非的发展

在 2008 年，南非政府落实长期（15 年）倡议，目标是要发展氢和燃料电池技术，预算为每年 700 万～800 万美元。Hydrogen South Africa™（HySA™）项目的重点是氢和燃料电池组件、系统、示范器、样机和产品的发展。其中 Key Programme Combined Heat and Power 项目的目标，是要发展 1～2kWe 规模的 HT-PEMFC 基 FC-CHP 系统。第一个南非样机在 2015 年试验和验证，接着在住宅部门进行场地试验。

3.8.6　FC-CHP 系统在澳大利亚的发展

在 2009 年，CFCL 公司落实它的第一个住宅应用的 FC-CHP 产品：1.5kWe "BlueGEN"，平板式 SOFC 基 FC-CHP 系统，以天然气为燃料。自 2010 年，已经有若干单元在世界各地试验，其电效率达 60%，最大总效率 85%。在澳大利亚成功安装 CHP 后，公司已经向美国、中国、印度和巴西主要市场快速扩展，推广使用天然气燃料微 CHP。到 2015 年，CFCL 在英国安装了 50 台 BlueGEN、德国 100 台和世界其他国家 400 台。作为后示范协议的一部分，在未来 6 年中将配送 100000 个 CFCL 单元。

从上述的数据指出，很大比例商业用燃料电池 CHP 单元是属于日本的，占领市场的一大片，而其他国家的多个 FC-CHP 单元仍然处于研究发展和示范阶段。应该说，对非日本 FC-CHP 产品的数据还不足以支持其完全商业化。许多日本制造商——Toshiba、Panasonic and JX Eneos，在发展 EneFarm 项目之后已经建立起它们自己品牌的燃料电池单元。这个市场优势说明了，研究发展和示范项目（EneFarm）的初始有政府资金资助和支持，对民用建筑物家庭住宅应用的燃料电池 CHP 工业的发展是至关重要的。对欧洲和美洲市场，EneFarm 可以作为先导寻找与此相匹配的工作。日本的 SOFC 燃料电池发电容量比较小（约 0.7kWe），而欧洲单元相对较大（约 1.5kWe）。这有两个原因：①增加电力输出在日本市场不受鼓励；②要以循环电力输出来减少热量输出。电力输出的问题清楚地说明，日本和欧洲在使用燃料电池市场上 是有差异的。在欧洲市场，电力输出是受计划如英国 Feed-in-FiT 的积极鼓励的，这可能是欧洲趋向于有较高电力容量的原因，从在欧洲产单元 Baxi GAMMA 和 CFCL BlueGEN 中可看到。当把欧洲和亚洲燃料电池放在一起考虑，单元容量和操作上的这种差别可能带来明显挑战。例如，随着 EneFarm 产品在德国销售，单元容量的问题是需要仔细考虑的，这样能够确保产品成功地进入有竞争者的市场中。总之，在燃料电池 CHP 单元产品和市场上，现在是日本占优，本质原因是始于 20 年前对其 EneFarm 项目的初始激励和支持。EneFarm 和日本市场对未来欧洲市场是一种激励和基本参考点，欧洲在未来数年中的目标是有超过 1000 个单元投入运行。欧洲和世界其余市场正在对日本的发展作出回应，发展各自商业可利用产品（如 CFCL、Baxi）。然而制造这些产品公司的体量和销售数量现在仍然不能够与日本公司比较。为了在竞争的商业市场中发展新技术，外部支持、补贴和刺激是非常重要的，甚至是关键性的。对商业化产品，使用燃料电池类型及其要进入市场对容量、操作策略和系统设计有很重要的影响，如上述的日本（亚洲）和欧洲市场设计间有值得注意的差别所说明的。因此，如果公司希望扩展其燃料电池 CHP 产品到世界不同地区的话，在设计上应该重视这种差别。

3.9 FC-CHP 系统的操作和成本

3.9.1 引言

在住宅建筑物环境中应用的第一代燃料电池，使用烃类如甲烷和丙烷运行；而第二代燃料电池使用纯氢运行。把燃料电池按使用燃料区分为第一代和第二代，有两个原因：一是对大多数发达国家，存储、运输和配送天然气到各个家庭的网络都是已经存在的；二是现在生产氢气是费钱的（与生产方法有关）。这就要求仔细考虑，用氢替代其他燃料时温室气体排放是否有实际的降低。对不同规模居民住宅用系统进行性能评价发现：对 SOFC CHP 系统使用氢燃料并不比使用甲烷（内或外）重整燃料在效率上有优势，对一些情形使用甲烷时的效率比氢高 6%。这说明燃料电池中使用烃类燃料是很有前景的。但是，应该看到，氢燃料比烃类燃料的其他优点：降低原位排放的 CO_2 和无须局部重整。然而随着燃料电池技术广泛使用，有一些事情需要深入讨论。

氢生产和存储技术的发展对未来氢经济是一个大的挑战。对燃料电池固定应用如 CHP，这是需要解决的中心事情之一，特别是对零碳社会的发展（天然气仅有一定程度的脱碳）。氢的质量能量密度是有利的，但重量能量密度是很差的。存储氢气有多种方法：压缩、液化和氢化物材料。因尚未建立管道网络，现在氢气还不能像天然气那样运输。因此，燃料原位重整生产氢气是必须的，这不仅使住宅用燃料电池系统成本和复杂性大为增加而且有 CO_2 排放。可再生原料（如碳水化合物）能够替代氢气作为载体和能源使用，不仅密度高而且可用于生产氢气，是有效的氢存储技术。不仅有潜力在未来氢经济中解决低成本可持续氢生产的挑战而且可能解决与存储、安全、分布和公用基础设施相关的挑战。

下面讨论与燃料电池 CHP 系统相关的维护、耐用性、成本和排放降低。

3.9.2 耐用性和系统寿命

燃料电池的寿命、可靠性和耐用性是现时最大的限制因素之一。作为在生活建筑环境中应用的 CHP 技术，要求燃料电池满足寿命和停车-启动操作目标，这也是现时发电技术竞争所需要的。现在，PEMFC 和 SOFC 池堆功率损失速率为每操作 1000h 0～5%。燃料电池固定应用的寿命目标是，高于 40000h（操作 10 年）。当单元以规律性间歇操作替代连续操作时，该目标对低温 PEMFC 是可以达到的。对 SOFC-CHP 单元，需要连续操作，因高温操作启动和停车需要时间很长。CFCL 单元的寿命目标是 15 年（每 5 年替换一次池堆）。实验室试验都已经显示，对 PEMFC 和 SOFC，40000 h 的目标是可能实现的，尽管如此，但对民用 CHP 系统的场地试验，这两种商业应用燃料电池都没有试验数据。在 2008 年，Panasonic 的 EneFarm 项目家庭 PEMFC 示范试验寿命达 40000h，其中含 4000 次启动-停车循环。最新的 Panasonic 样机，2011 年 4 月已经达到的寿命为 50000h，已经完全满足固定应用市场的要求。但 SOFC 系统还没有这样的大规模试验，可已经有超过 10000 h 操作寿命的数据。

与之比较的，内燃引擎（ICE）和斯特林引擎（SE）技术，报道的耐用性分别为 50000h 和 30000h。PEMFC 操作结果与这些数据极为接近，但是 SOFC 稍落后一点（因 SOFC 技术必须连续操作），但其操作小时数目标高于循环技术的小时数。很清楚的是，要替代在民用市场部门中使用的 ICE 和 SE 技术，燃料电池技术必须与它们竞争。总之，现在的燃料电池技术发展已经成熟：池堆技术已经处于与操作目标相称的水平上。相对说来，燃料电池系统的可靠性问题，其实践数据仍然是不足够的，需要进一步发展。然而，随着更多燃料电池 CHP 单元引入市场以及不断增加的场地试验和商业应用，这些问题有望能够很快解决。

3.9.2.1 操作寿命

上述的耐用性是制约燃料电池寿命的关键因素，远低于美国 DOE 提出的使用寿命目标 [对固定住宅应用燃料电池为 40000h 约 10 年（每年 5000h）（不间断服务 8000h 其输出功率大于额定值的 80%）]。现在日本的 LT-PEMFC 产品能够确保 60000h，CHP 产品保证达到 80000h，销售的 EneFarm 系统无维护和修配的保修时间为 10 年。对 SOFC 池堆，已经证明的寿命达 30000h，对单元池能够达到 90000h；而欧洲和其他地方销售的系统，保证的寿命时间达 10000～20000h，低于日本产品。

工业 PAFC 操作已经超过十年，一方面现时系统保证 8 万～13 万小时（12～20 年，每年

6500h）。另一方面，MCFC 仍然在与低寿命抗争，由于腐蚀性很强的池堆化学和电解质泄漏。指望能够操作 10 年，而池堆替换要附加 15%的成本。图 3-34 给出了日本和韩国住宅 PEMFC 价格学习曲线，以及 PEMFC 和 SOFC 在 2000～2015 年来使用寿命的提高。

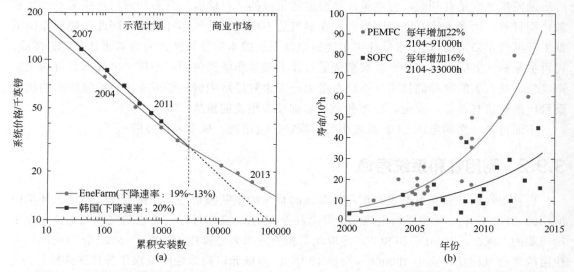

图 3-34　日本和韩国住宅 PEMFC 价格学习曲线（a）；2000～2015 年中燃料电池寿命的提高
（12 个 PEMFC 和 9 个 SOFC 系统的数据）（b）

总之，在过去燃料电池寿命已经有显著提高，如图 3-34（b）所示。制造商保证，PEMFC 寿命能够以年增加 22%的速率增加，SOFC 的年增加速率为 16%。而对 HT-PEMFC，报道的最长寿命在稳态操作条件下为 18000h，与 LT-PEMFC 比较确实是十分低的。

3.9.2.2　维护

燃料电池移动部件很少的一个结果是，燃料电池堆本身的定期维护工作是非常少的，当与常规燃烧基 CHP 技术比较的话。但是，由于燃料电池系统中辅助设备的大小和复杂性，这些是维护工作的主要来源。对使用烃类燃料的系统，燃料加工需要周期的变更。CFCL 预测，在 1.5kWe BlueGEN CHP 中使用的 SOFC 池堆，现在需要每 5 年更换一次。

3.9.2.3　可靠性

常规供暖技术的可靠性非常高，无故障运行时间接近 99.9%，大约每 3 年有一次失败。对出现的任何新技术如燃料电池，正在为满足这个高标准争斗。

在德国的 Callux 试验中，住宅应用系统的可靠性已经达到 97%，失败间隔（MTBF）的平均时间为 1700h（每四个月一次失败）。自 2008 年以来，MTBF 已经翻一番，因此最新一代燃料电池 CHP 系统预期会继续这个趋势。类似地，第一代 EneFarms 中约 90%在它们的第一年（2004～2007 年）经受一次失败，但随着初期问题的解决，现在仅有 5%在第一年中有失败，这个值与气体锅炉是可以比较的。在两种试验中获知，失败来自于燃料电池 CHP 系统中的各个组件：池堆、重整器、水循环和电控制系统。

PAFC 和 MCFC 的技术成熟也意味着较高的可靠性，在过去十多年中，平均可利用性已经超过 95%。这也是在常规发电站中看到的上限，与商业 CHP 引擎是可比较的。

3.9.3　启动时间

FC-CHP 系统的启动时间主要取决于重整过程和燃料电池堆的预热时间，采用的烃类重整可以是蒸汽重整、部分氧化或自热重整。对蒸汽重整器，室温启动时间一般小于 30min（到 2015 年启动时间计划降低到 10min）。PEMFC 池堆的启动时间要比 SOFC 池堆的短得多。SOFC 池堆的启动时间在 2.5～20h 之间，与美国 DOE 设定的 60min 目标差很远。HT-PEMFC 系统可通过冷却阴极空气来加热（对 1kWe 池堆）启动，也就是可在启动期间使用阴极空气预热池堆。预热空气通过燃料电池堆意味着，加热池堆所需时间缩短了。使用液体冷却燃料电池需要有额外装置来加热池堆，这个方法能够缩短 HT-PEMFC 池堆的启动时间。

3.9.4　性能降解

燃料电池在运行过程中因多种因素会导致性能降解。降解速率可以两种模式表达：一种关系到能量输出（降解速率比例于功率密度），另一种关系到累积热循环（降解速率比例于循环速率）。燃料电池降解速率取决于燃料电池堆设计、所用材料、控制系统设计、操作温度和所用燃料电池类型。保持可接受水平的降解速率就能够使燃料电池在整个操作寿命期间的性能保持在可接受水平。燃料电池性能降解源自各种物理-化学机制，它们发生于所有主要燃料电池组件如催化剂、膜、电极中；一个子系统性能的下降可引起其他子系统的降解。降解机理可分为可逆、部分可逆或不可逆三类，可以因一些因素而加剧，如温度循环、功率负荷、电位、电压、电极氧化负荷等。研究证明，如果池电压每 1000h 下降 0.5%～2%，功率输出和电效率每年下降约 2.5%～10%。经过近几年的努力，最重要的 LT-PEMFC 每年的降解速率已经降低到 0.1%～1.5%；对 SOFC 每年降解速率也已降低到 1.0%～2.5%。操作生命的终止（EoL）定义为功率输出比初始值（即生命开始时）下降 20%。一般说来，燃料电池的 EoL 可能发生于操作 10～20 年时间后。对 SOFC 的 EoL，通常观察到电效率会下降 35%～40%。

3.9.5　瞬时应答特性和优化操作时间

如果 FC-CHP 系统是与电网连接的并以与电网平行模式操作，在瞬时操作期间电网将配送补充功率。如果 FC-CHP 系统以独立于电网的模式操作，需要使用电池或超级电容器来提供瞬时操作期间所需要的功率。LT-PEMFC 池堆的瞬态应答时间一般小于 10s，而重整器需要的应答时间则高达 100s。电池和超级电容器的瞬时应答时间小于 10s。对 SOFC 技术，报道的燃料电池堆的瞬时应答时间为 15min，但如果系统是以电网平行模式操作，则就不会有这样的事情。不同季节的热量需求需要有每个季节的优化操作小时数目。例如，韩国一个公寓月均需求电力 370kW·h，对 1kWe LT-PEMFC 基 CHP 系统需要有如下的优化操作时间——在春天、秋天和夏天 21h，冬天 3h。

3.9.6　FC-CHP 系统的成本

为便于比较，所有成本数据都取自美国。但由于缺乏 FC-CHP 系统的标准工业价格，推测的价格一般要高于常规 CHP 系统，因技术成熟程度不同。许多成本目标都是已经设定的，其中最重要的是由美国能源部（DOE）设定的目标：对完整 2kW 天然气 PEMFC-CHP 系统，2015 年的价格为 1200 美元/kW，2020 年为 1000 美元/kW。但这些未来目标可能是不现实的，即便做出很大的努力。民用 FC-CHP 系统价格比目标高 25%～50%，虽然 3 年前已经开始大量生产。因此，也有人建议，对 1～2kW 系统的长期成本目标定为 3000～5000 美元是比较可行的（在 2020 年肯定能够达到）。但是，在经济上恐怕不能够与现有技术竞争，这样降低目标也就没有多大意义了。

对示范项目，在 2009 年的价格范围，1kWe PEMFC 单元为 16000～160000 美元。Panasonic EneFarm 品牌 1kWe PEMFC CHP 单元的零售价格在 2009 年为 42464 美元，而在 2011 年新推出的新型号价格下降到 33650 美元。在 2013 年降低到 21000 美元，能够再进一步把价格降低到 25%。到 2015 年，Panasonic 公司认为，其为能源公司提供的单元价格为 5608 美元。EneFarm 项目的一个有意思的发展是，计划逐步取消对它的补贴。在 EneFarm 示范期间将顾客补贴成本从 73609 美元降低到 26990 美元。然而 2010 年补贴封顶在 15949 美元，一旦大量生产，计划取消所有补贴，于是单元对它们自己在成本上是有效的和负担得起的。取消补贴是民用建筑环境应用燃料电池技术发展的重要里程碑标志，因为它是没有外部辅助下的商业产品。

关于 SOFC 系统，数据仅限制于与 PEMFC 的比较。这是由于 SOFC 仍然缺少实质性商业发展。据估计，现时住宅建筑物用 SOFC-CHP 系统每千瓦卖 25000 美元（与前述数据相当一致）。例如，CFCL 的 1.5kWe SOFC-CHP 单元现时标价 21968 美元（约 21312 美元/kW）。但是，一旦大规模生产，CFCL 预计成本会下降至约 8012 美元/kW。许多商业发展者认为，未来便宜的燃料电池技术是 SOFC 系统，因它们无须使用昂贵的铂催化剂。

在试验工作中，1kWe WhisperGen SE 微 CHP 系统价格仅 3382 欧元左右。但也有的价格为 1300～2000 美元/kW，这与内燃引擎（ICE）基 CHP 系统的 340～1600 美元/kW 是可比较的。但前者是整个 CHP 系统，而后者仅是主发动机数据，因此低估了。现在清楚的是，对同样的 1kWe 燃料电池，SE 基和 ICE 基的成本要低相当多，因为燃料基技术发展时间远比燃料电池技术长得多（使成本降低）。可以设想，随着燃料电池技术的进一步发展，成本将会下降到与 SE 基和 IEC 基可以竞争的水平，尤其是低温 SOFC 技术。从前述的数据能够清楚看到，燃料电池成本在不断快速下降。总之，随着时间的推移和燃料电池 CHP 单元生产数量的增加，可以期望，它们的价格不断下降，更被广泛采用。这方面日本 EneFarm 项目对销售经济学起着带头推动作用。

3.9.6.1　燃料电池 CHP 和 CHP 资本投资成本

由于生产快速膨胀，投资成本近来已经下降。虽然现在燃料电池仍然比竞争技术昂贵，但差距正在快速缩小。在 2014 年，购买 0.7kW PEMFC 或 SOFC-CHP 住宅用系统的价格，在日本为 12000～16000 英镑；1.5kW BleGen SOFC 在澳大利亚为 26000 英镑。购买经济学指出，较大商业 MCFC 和 PAFC 系统，单位输出是比较便宜的，成本每千瓦在 2500～3500 英镑。

在最近 10 年，FC-CHP 住宅用系统价格，日本已经急剧下降 85%。在过去四年德国下降 60%。这些是"工业通过做来学习"的重要例证——因为公司在制造产品中获得经验，他们优化设计和生产工艺，因此成本随累积产出而下降。

3.9.6.2　资本成本趋势

在日本和韩国的早期的示范项目期间，住宅 PEMFC 系统的价格累积产量每翻一番降低 20%，像太阳能光伏板进入主流市场一样，有同样的向下轨迹。日本系统的价格自 2008 年商业化以来已经下降明显，可能的原因有：①在产品发展的早期阶段从系统优化获得最大的受益；②自商业化来研发投入已经跟不上销售量；③燃料电池池堆现在只占组件成本的小部分，因此较大部分系统成本来自相对标准的组件，这些已经移向它们的学习曲线。

在日本从示范项目到竞争市场的过渡（2008～2009 年）引发了价格战，强制两个制造商要离开这个行业，导致价格停滞了三年（前两年在图 3-33 学习曲线的拟合中没有被使用）。接着，在 2010～2013 年间价格以生产量每翻一番降低 13% 的速率下降。

如果图 3-33 的历史趋势继续保持，可预期在未来 4～6 年期间将安装数以百万计的 FC CHP 住宅系统，成本应该在 4500～9000 英镑之间。大幅度降低成本的主要手段有：①通过优化设计降低系统的复杂性；②消除系统主要组件如燃料加工步骤；③池水平设计改进，如降低催化剂负荷和增加功率密度；④制造商间的合作以标准化小部件和更有效地克服研究挑战；⑤进一步扩展生产量和大规模生产技术。

与 PEMFC 和 SOFC 系统不同，较大 PAFC 系统的成本已经相对稳定多年，这是因为它们并没有在商业 CHP 部门起飞。近来，ClearEdge（现在的 Doosan Fuel Cell America）已经把系统从 200kW 放大到 400kW，每千瓦成本减半。但是，PAFC 池堆中铂含量仍然是主要障碍，为总系统成本贡献 10%～15%。而大 MCFC 的销售在过去几年中稳步增长，价格从最初场地试验到商业化产品降低了 60%（2003～2009 年）。FuelCell Energy 的目标是在近期再降低成本 20%。

3.9.7 运行成本

燃料电池高投资成本因运行成本较低而得以补偿，例如，FC-CHP 住宅应用系统的制造商告诉顾客说，每年可以为每个家庭节省 350～750 英镑。但是，达到这个节省很大程度取决于电力天然气价格比和政府提供的补贴水平。

补贴（如上网电价），在把技术引入到市场时是非常有效的，例如把太阳能 PV 引入到市场（尤其是在德国）。而英国为微 CHP 提供的上网电价补贴是，每千瓦·时电力付给 13.24 便士（1 英镑=100 便士），允许电力过剩时以固定价格 4.77 便士/(kW·h)输出到电网。

因为气候和社会环境的差别，各国的运行成本和经验都是不一样的，没有必要做比较。如日本燃料电池在英国房子中使用时，两种独立模式（CODEGen 和 FC++）的计算模拟指出：燃料电池在英国气候中运行比较好，能够满足英国冬季空间取暖和峰电力需求，对英国的平均房子 1kW 燃料电池估算每年节约约 850 英镑，主要收入来自上网电价补贴。然而这不足以偿还燃料电池的前期成本。但是，考虑到显著降低 CO_2 排放，FC-CHP 的成本现在还是有吸引力的（政府将继续为此付出补贴）。显然，燃料电池 CHP 是住宅建筑环境应用的一个可行技术选择。这能够从销售数据中得到证明（已超过常规燃烧基 CHP 技术）。显然成本、可靠性、耐用性和燃料供应仍然需要进一步改进和提高。

3.10 燃料电池三联产系统（FC-CCHP）

3.10.1 引言

热电联产（CHP）加上冷量的供应就成为冷热电三联产（CCHP）系统，它们已经广泛应用于工业商业中，也非常适合于住宅建筑物环境应用。CCHP 系统也是燃料电池固定应用的一个有潜力市场。现在，随着燃料电池技术持续的改进和提高，在 CCHP 中以燃料电池作为主发动机的兴趣也在不断增加。使用燃料电池的三联产系统称为燃料电池三联产（FC-CCHP）系统。显然，在前面详细讨论过的有关 FC-CHP 系统（特别是应用于民用建筑物环境的微 FC-CHP）的论述同样也适合于 FC-CCHP 系统，因为其主发动机技术和操作目的是非常类似的。

CCHP 技术在商业和工业中应用能够节约能量是众所周知的。虽然针对民用建筑物应用的 CCHP 系统的试验很有限，但民用建筑物 CCHP 系统概念是非常合理的，因为已经发展出能够使用低等级热能（60～90℃）制冷容量<10kW 的热驱动制冷技术。目前，广泛使用 CCHP 系统的主要壁垒仍然是高初始投资成本和系统优化匹配的复杂性（主发动机和制冷机）。

以燃料电池为主发动机的 CCHP，与常规燃烧基主发动机比较具有突出优点，因此燃料电池三联产系统（FC-CCHP）的应用，特别是在民用建筑环境中应用，正在快速发展。与 FC-CHP 类似，FC-CCHP 系统是提高能量效率和降低温室气体（GHG）排放的核心解决办法。CCHP 系统是 CHP 概念的延伸，CHP 系统已经广泛应用于大规模中心发电厂和工业应用中，在民用建筑物中的应用也快速发展着。CHP 系统是为解决常规分离热电生产系统的低能量效率的问题而发展的，而且已经收到很好的效果。如果在 CHP 系统中引入热激发技术（如吸收制冷和吸附制冷机），原始的 CHP 系统就进化成冷热电三联产（CCHP）系统，使能量效率进一步提高。反过来 CHP 能够被认为是 CCHP 系统的特殊情形，CCHP 系统能够比同样大小的 CHP 系统的系统效率高 50%。

一个典型的 CCHP 系统示于图 3-34 中。发电单元（PGU）提供电力，热量作为副产物，用以满足制冷和供热需求。与 CHP 系统一样，当 PGU 不能够提供足够的电力或副产热量，额外的电力和燃料需要购买，以补充电力不足和作为辅助锅炉的进料。于是该系统能够同时供应三类能量即冷量、热量和电力。

与常规发电厂比较，CCHP 系统与 CHP 系统具有三重的优点：高效率、低 GHG 排放和高可靠性。实例说明，CCHP 系统能够把总效率从 59%提高到 88%，原因是不同等级能量的梯级利用（采用了热活化技术）。CCHP 系统能够很好地适应季节变化，因此极大地降低了初级能源消费和提高了能量效率。由于效率提高和初级能源消费的降低，CCHP 系统能够显著降低 GHG 排放，同时 CCHP 系统运行是很可靠的。

典型的 CCHP 由 PGU、热回收系统、热活化制冷机和供热单元构成（图 3-35），PGU 一般

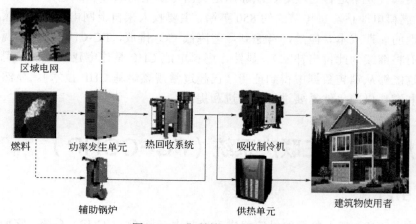

区域电网

燃料　　　功率发生单元　　热回收系统　　　吸收制冷机

辅助锅炉　　　　　　　　供热单元　　　　　建筑物使用者

图 3-35　典型的 CCHP 系统

是主发动机和发电机的组合。CCHP 的主发动机可以是蒸汽透平、斯特林引擎、往复 IC 引擎、燃气透平、微透平和燃料电池，它们的比较给出于表 3-22 中，CCHP 系统应用的性能特征给出于表 3-23 中。其选择取决于区域资源、系统大小、信贷限制和 GHG 排放政策。热回收系统是收集主发动机副产热量的系统。CCHP 系统中最常使用的热活化技术是吸收制冷机，也可以采用吸附制冷机、干燥除湿机。由于主发动机丢弃热量的温度范围不同，因此热活化设备的选择应该配合主发动机。例如，如果热源温度在约 540℃，合适的选择是双效/三效吸收制冷机。供热单元的选择取决于供热、通风和空调（HVAC）组件的设计。

表 3-22 CCHP 主发动机的比较

主发动机	大小/kW	主要优点	主要缺点	排放物	优先选择和应用
往复 IC 引擎	10～5000	低投资成本，快速启动，好的负荷跟踪，高部分负荷效率，高可靠性，高质量排气排放物	需要定期维护	使用柴油时高 NO_x 排放 用天然气较好	以吸收/电制冷器工作
燃气透平	500～250000	高质量废热	不可接受的部分负荷效率	25×10^{-6} NO_x $(10\sim50)\times10^{-6}$ CO	有大量热量需求应用 大规模
蒸汽透平	50～500000	灵活性燃料选择	低电效率	取决于燃料	电力副产，热需求优先
微透平	1～1000	灵活性燃料选择，高旋转速度。紧凑大小，较少运动部件，较低噪声	高投资成本，低电效率，效率对环境条件敏感	$NO_x<10\times10^{-6}$	微到中规模
斯特林引擎	达 100	部件安全和安静，灵活性燃料选择，长服务时间。可用太阳能驱动	高投资成本，调节输出功率困难	排放少于往复 IC 引擎	太阳能驱动 小规模
燃料电池	0.5～1200	安静操作，可靠性比往复 IC 引擎和燃烧引擎高，高效率	因生产氢气的能量消耗和 GHG 排放	极低	微到中规模

表 3-23 CCHP 应用的性能特征

主发动机	蒸气柴油引擎	柴油引擎	电火花引发引擎	燃气透平	微透平	斯特林引擎	燃料电池
容量范围/MW	50～500	0.005～20	0.003～6	0.25～50	0.015～0.3	0.001～1.5	0.005～2
使用燃料	任何燃料	丙烷、蒸馏油、生物气体	生物气体、液体燃料、丙烷	丙烷、蒸馏油、生物气体	丙烷、蒸馏油、生物气体	任何（醇、丁烷、生物气体）	氢和含烃类燃料
电效率/%	7～20	35～45	25～43	25～42	15～30	约 40	37～60
总效率/%	60～80	65～90	70～92	65～87	60～85	65～85	85～90
电热比	0.1～0.5	0.8～2.4	0.5～0.7	0.2～0.98	1.2～1.7	1.2～1.7	0.8～1.1
输出热量温度/℃	达 540	①	①	达 540	200～350②	60～200	260～370
噪声	大	大	大	大	一般	一般	安静
CO_2 排放 /[kg/(MW·h)]	③	650	500～620	580～680	720	672④	430～490
NO_x 排放 /[kg/(MW·h)]	③	10	0.2～1.0	0.3～0.5	0.1	0.23④	0.005～0.01
可利用性	90～95	95	95	96～98	98	N/A	90～95
部分负荷性能	差	好	好	一般	一般	好	好

续表

主发动机	蒸气柴油引擎	柴油引擎	电火花引发引擎	燃气透平	微透平	斯特林引擎	燃料电池
寿命循环/年	25～35	20	20	20	10	10	10～20
平均成本投资/(美元/kW)	1000～2000	340～1000	800～1600	450～950	900～1500	1300～2000	2500～3500
维护成本/[美元/(kW·h)]	0.004	0.0075～0.015	0.0075～0.015	0.0045～0.0105	0.01～0.02	N/A	0.007～0.05

① 在温度为37～540℃的中 1/3 燃料能量是可利用的；其他不可利用的热量是低温度的，对大多数过程温度太低了(夹套冷却水温 80～95℃，润滑油冷却在 70℃，冷却器的废热 60℃，这些作用在 CHP 中使用是困难的)。

② 没有回收器 650℃。

③ 蒸汽透平的排放取决于蒸汽源。蒸汽透平使用可使用能够燃烧任何燃料的锅炉，也能够以组合循环构型与气体透平组合。锅炉的排放随所用燃料类型和环境条件而变。

④ 斯特林引擎排放特征满足 STM 4-260 标准，也即它具有气体燃烧那样的排放特征。

注：N/A，无可利用数据。

鉴于系统高效率和高经济效益和较少 GHG 排放的好处，CCHP 系统可安装于医院、大学、办公楼、酒店、公园、超市等地方。例如，在中国，上海浦东国际机场的 CCHP 项目为机场终端，在峰需求时间提供组合制冷、供热和电力。它以中国东海海上天然气为燃料，整个系统配备 4000kW 天然气透平、每小时 11t 废热锅炉、四组 YORK OM 14067kW 制冷单元、两组 YORK 4220kW、四组 5275kW 蒸汽 LiBr/水制冷机、三个每小时 30t 气体锅炉和一个作为备用的每小时供应 20t 热量的锅炉。近几年中，CCHP 的安装快速增长。但发展中国家的发展远远慢于发达国家，因为有如下一些壁垒：公众醒悟程度低、刺激政策和手段不够、设计标准不一致、电网连接不完善、天然气价格高和供应压力、制造设备困难等。按照世界分散能源联盟（WADE）所提供的调研，CCHP 系统的渗透增长能够通过引入欧盟的排放税收模式和增加碳税来极大地促进。

与燃料电池 CHP 一样，燃料电池 CCHP 系统也可以按功率大小分类：微规模，额定功率低于 20kW；小规模，额定功率 20kW～1MW，微和小两者一般应用于民用建筑物；中规模，额定功率在 1～10MW 之间，多使用于大规模工厂、医院、学校等；大规模，额定功率 10MW。表 3-24 给出不同大小构型 CCHP 的优先应用场合。

表 3-24 不同 CCHP 系统构型的比较

构型	大小	优先应用领域
微规模	<20kW	分布式能量系统
小规模	20kW～1MW	超市、零售商店、医院、办公楼和大小校园
中规模	1～10MW	大工厂、医院和学校
大规模	>10MW	大工业，废热能够被使用于有高人口密度的大学和居民小区

3.10.2 FC-CCHP 系统的应用

为热湿气候中的高层建筑配置了 SOFC 三联产能量系统，对两种选择进行了研究。①完全使用 SOFC，系统大小针对峰负荷，所以无须电网电的输入；②部分使用 SOFC，系统是这样的：在峰负荷需要 SOFC 和外加电网电来满足。运行一年后，说明系统能够在无须电网电输入下保持运行。对两种情形的环境和能量性能进行的动态模拟研究指出，对全和部分 SOFC

系统，产生的 CO_2 排放节约分别为 51.4% 和 23.9%，电力节约分别为 7.1% 和 2.8%。因此，完全使用 SOFC 的三联产系统有最高环境和能量性能。但是，没有研究满足峰负荷容量的三联产系统的经济性，应该确定这类系统的优化大小和操作策略。

对应用吸收制冷机的 110kW SOFC 基三联产系统进行的考察显示，系统总效率为 87% 甚至更高，这显示燃料电池三联产系统在技术和环境上的巨大优越性。因多种热驱动制冷技术都是商业化产品，FC-CCHP 系统的可行性很大程度取决于燃料电池系统的商业化。如最近 FC-CHP 系统成本下降趋势指出的，FC-CCHP 系统在十年内商业化是可能的。而对大 FC-CCHP 系统（有大的空调负荷）的成本研究指出，系统经济性在燃料电池投资成本下降到低于 2000 美元/kW 时就变得可行了。现在，虽然 FC-CCHP 系统在能量和温室气体排放节约上显示最大可行性，但经济性仍然不可行，因燃料电池技术的现时价格偏高。

作为欧盟资助的三联产 SOFC 项目的一部分，在英国 Nottingham 大学建成了一个 1.5kWe 低温 SOFC 液体干燥剂三联产系统，作为提供取暖、制冷和电力给低碳民用建筑物的环境友好方法。如以管道天然气制的氢气运行，CO_2 排放的降低比传统能量生产系统（由分离的冷凝物发电厂、锅炉和压缩机驱动制冷单元构成）降低 79%。

对使用 SOFC 作为主发动机的 CCHP 系统的详细分析指出，增加燃料流速能够增加总效率，但降低 SOFC 的效率；增加压缩机压力比，SOFC 效率、电效率和总效率都提高。以 SOFC 驱动的一个 CCHP 系统的布局给出于图 3-36 中，流程不那么简单，需要其他设备不少，因此投资可能是大的。虽然这使 SOFC 驱动的 CCHP 系统在与其他燃料电池系统的竞争以及与其他动力机械如内燃引擎、透平机和斯特林引擎的竞争中不是非常有利，但鉴于 SOFC 的多个其他优点仍然使其在 CCHP 市场中占有一席之地。SOFC 的高操作温度和尾气的高焓含量、环

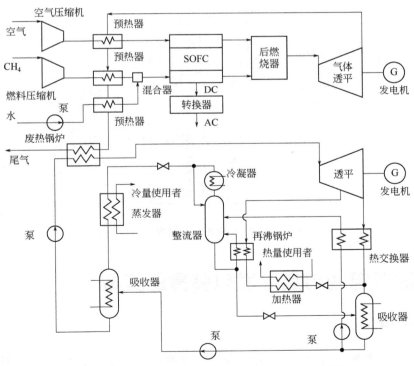

图 3-36　SOFC 驱动的 CCHP 系统的布局示意图

境兼容性、维护简单、燃料灵活性、噪声低（因为无机械部件）和同时生产热量和电力的能力，已经吸引很多研究者注意把副产热量回收使用于供热和制冷，集成 SOFC-CHP/CCHP 系统使用于住宅建筑物和工业。一些理论和试验研究证明，在住宅建筑物热电和冷热电联产应用中，SOFC 与 PEMFC 相比更具优越性，因此 CCHP 系统更多使用 SOFC。例如，对 SOFC 和双效水/溴化锂吸收制冷机组合的三联产系统进行的研究指出，系统总效率高达 84%，说明 SOFC-CCHP 系统应用于同时需要热、冷和电力三种能量的地方是能够获得利益的。但是，CCHP 系统中燃料电池和吸收制冷机间存在密切相关性，要达到理想的匹配是必须解决的问题。一般说来，燃料电池尾气温度总高于制冷机所要求的指标温度，而尾气流速则不足以达到制冷机热交换器回收热量的潜力。为克服这些问题，可采用两种策略：①让燃料电池尾气与环境大气混合；②混合燃料电池尾气和部分制冷机尾气。从性能看似乎第二种选择更好。例如，对 520kW SOFC、兰开夏循环、热交换器和单效吸收制冷机组成的 CCHP 工厂进行的能量分析研究指出，并合制冷循环后的效率比仅有 SOFC 和兰开夏循环时提高了 22%，使 CCHP 系统达到最大效率 74%。

图 3-37 是一酒店使用的 SOFC 冷热电三联产（CCHP）系统的一个实例。

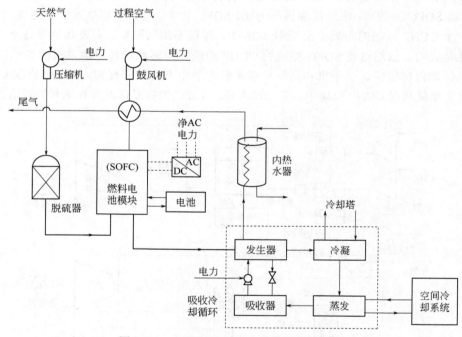

图 3-37　一酒店 SOFC 冷热电三联产系统

3.11 燃料电池与其他发电装置的集成

3.11.1 引言

燃料电池是一种能量转换装置，经燃料和氧化剂间的电化学反应把气态燃料转化为电能和热能。由于它以电化学形式操作和不受 Carnot 循环的限制，燃料电池与最洁净燃烧过程比较，产生的污染物如 NO_x 和 CO_2 排放是低的。由于其高转化效率和环境的可接受性，燃料电池被认为是从燃料组合生产电力的一个有效过程。燃料电池技术在先进发电系统的应用意味着是对下一个十年节能和环境保护的最重要进展。

SOFC 系统发展和示范固定应用的先驱者是 Sulzer Hexis（目标针对 1kWe）和 Siemens-Westinghouse（目标针对 250kWe 系统）。Siemens-Westinghouse 使用天然气的 110kWe 系统已经操作 20000 多小时，没有显示任何电压的降解，AC 效率 46%。更大的系统，170kWe 和 190kWe 已经在操作中，但运行时间没有 110kWe 系统那么长。

从这个概念延伸和与 Siemens-Westinghouse 合作，5kWe 管式系统已经由 Fuel Cell Technologies 在操作中。该小系统的 AC 效率约 38%，操作时间多于 1700h。

Sulzer Hexis 已经使用它的 Hexis1000 系统结束了场地试验，1kWe 系统外加一个燃烧器足以满足单一家庭房子的全热量需求和基础负荷的电力需求。这些系统的 AC 效率在全负荷时为 25%～32%。对商业化引入显示太高的降解速率。其大小、重量和成本也需要进一步降低。重新设计考虑的其他事情，包括天然气蒸汽重整改变为天然气催化部分氧化和使用金属连接器。

Global Thermoelectric 的 2kWe 系统用天然气运行了 20000h，最大 AC 效率 29%。对下一代系统进行应更好的热集成和达到更高燃料利用率，以使效率增加到 35%。

三菱重工的加压［4atm（表压）］10kWe 由 288 根带天然气内重整器的管式 SOFC，已经操作 755h，DC 效率 41.5% HHV。而前一代已经操作 7000h。

Wartsila 和 Haldor Topsoe 财团正在发展 250kWe SOFC 系统，使用板式 SOFC 技术。从实验室实验结果和详细工程计算，财团预期在 2010～2020 年间使 250kWe 工厂能够与 300kWe 燃气引擎工厂竞争。计算的总单元价格，在 2010 年为 1600～2600 欧元/kWe，在 2020 年为 676～1100 欧元/kWe。SOFC 池堆的价格为 310 欧元/kWe，工厂成本平衡为 2020 年价格贡献 490 欧元/kWe。

燃料电池是一种新的发电技术。燃料电池除了自身发电外，能够与传统发电系统组合发电，特别是高温燃料电池，如固体氧化物燃料电池（SOFC），能够使燃料发电效率大幅提高。

固体氧化物燃料电池（SOFC）是这样的一种技术，它是利用氢、天然气和其他可再生燃料发电的最有效和最环境友好技术之一。大规模、公用基 SOFC 发电系统在美国、欧洲和日本已经达到示范工厂阶段。小规模 SOFC 系统正在发展应用于军事、住宅、工业和运输领域中。SOFC 具有非常高的电效率，它以传导离子的氧化物陶瓷材料为电解质，在结构上它比所有其他燃料电池系统简单，因为仅存在气相和固相。没有电解质管理事情。另外，因为高温操作（600～1000℃），天然气可以容易地在池内重整，使用非贵金属快速电催化电化学反应，为热电联产/热电冷三联产系统生产高质量的热量。加压 SOFC 可成功使用于替代燃气或蒸汽透平中的燃烧，估计这样的 SOFC-GT 或 SOFC-ST 组合发电系统的效率将超过 70%。SOFC 与其他类型燃料电池相比的主要优点之一是，它能够使用范围广泛的烃类燃料。SOFC 的存在非常安静和无振动，没有常规发电系统存在的噪声。

高温 SOFC 或 MCFC 可应用三类主要组合：组合循环发电、热电联产和冷热电三联产。但不适合于便携式和运输应用（作为汽车辅助电源 APU 除外）。对 CHP 和 CCHP，前面已做了详细讨论，本节讨论组合循环发电应用。

SOFC（或 MCFC）发电厂由燃料加工器、脱硫器、燃料电池模块、电力调整设备（DC/AC 转换）和过程气体热交换器组成。SOFC 混合 MCFC 能够产生可回收使用于加热、冷却和热电联产和冷热电三联产等系统的不同等级的废热。这些都会显著影响系统的效率、经济性和环境。为了供应氢和一氧化碳燃料给 SOFC，一般使用蒸汽重整方法重整烃类燃料如天然气。由于有高温存在，重整是很容易进行的，但天然气中的硫会使重整催化剂失活。烃类在 SOFC 中的重整可以分为外重整和内重整，内重整包括间接内重整和直接内重整，如图 3-38 所示。

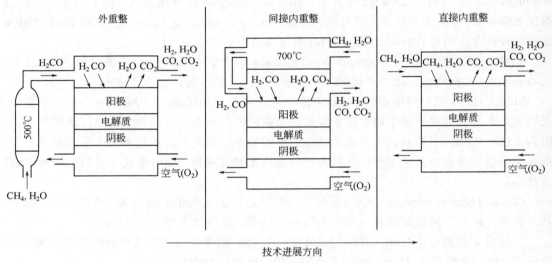

图 3-38　SOFC 燃料不同加工方式

3.11.2　SOFC 与气体透平组合

气体透平（GT）与 SOFC 组合的理论研究指出，常规 GT 过程的热效率有显著损失，因为燃烧室的燃烧具有高度不可逆性。FC-GT 混合系统是新出现的发电技术，具有高的能量转化效率、低环境污染和使用可再生能源的潜力等优点。其热效率取决于循环构型和混合系统的布局。研究工作指出，集成循环能够达到的效率为 60%。SOFC-GT 系统由 6 个组件构成：空气压缩机、换热器、高温 SOFC、燃烧器、气体透平和电力透平。气体透平与 SOFC 的连接一般有两种方式，也就是间接（图 3-39）和直接（图 3-40）集成。以间接方式，气体透平燃烧室被热交换器替代，压缩机空气被燃料电池尾气加热。这种方式中 SOFC 能够在大气压条件下操作。虽然这降低了 SOFC 的密封要求，但热交换器必须在非常高温度和压力差下操作，对材料要求很高，一般不使用。对直接方式，SOFC 直接与 GT 集成，通过替代图 3-37所示的 GT 燃烧室。空气在进入 SOFC 阴极前被压缩机压缩并被电力透平尾气预热。甲烷进入 SOFC 的阴极。从阴极出来的空气用于燃烧来自阳极的残留氢、一氧化碳和甲烷。反应产物极度贫燃，需要为燃烧室供应额外甲烷以稳定燃烧。但外加燃料供应不是为了增加透平进口温度。燃烧室产生的烟气在透平中膨胀，再在热交换器中预热压缩机出口空气。对组合SOFC-GT 在标准操作条件下的分析发现，增加透平入口温度（TIT）工厂热效率和烟效率降低，但提高了循环比功率输出。TIT 或压缩比增加导致工厂有较高烟分解速率。

主发动机 SOFC 是可以单独使用的，也可以与其他动力机械组合使用。这种组合很多，如 SOFC+GT+常规 HVAC、SOFC-GT+吸收制冷器+HVAC、SOFC-GT+转轮除湿+HVAC（图 3-41）、SOFC-GT+吸收制冷剂+转轮除湿+HVAC。表 3-25 总结了固体氧化物燃料电池的组合应用。

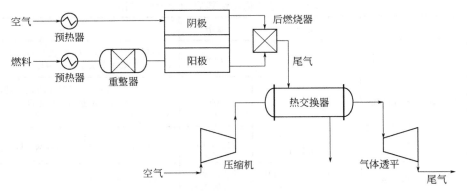

图 3-39　间接组合 SOFC-气体透平发电厂示意图

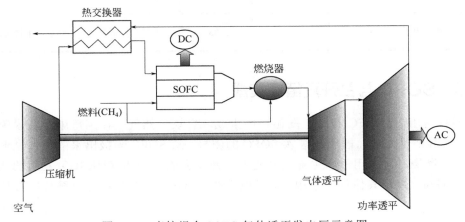

图 3-40　直接组合 SOFC-气体透平发电厂示意图

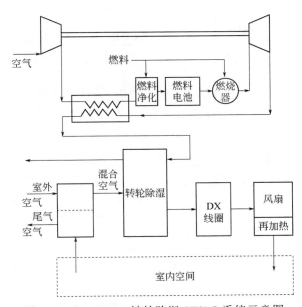

图 3-41　SOFC-GT-转轮除湿-HVAC 系统示意图

表 3-25　固体氧化物燃料电池技术的应用

序号	组合应用	功率	效率	评论
1	SOFC-GT 组合循环	数兆瓦	大于 60%	燃料为天然气，SOFC 能够与 GT 直接或间接集成，效率取决于系统构型
2	SOFC-ST 组合循环	数兆瓦	达 67%	燃料为天然气，系统效率取决于使用的预重整，绝热蒸气预重整系统效率高于部分氧化预重整系统
3	SOFC 热电联产	小规模 200～300kW 工业用数兆瓦	大于 80%	燃料可以是天然气、纯氢或甲烷
4	SOFC 冷热电三联产	小规模 200～300kW 工业用数兆瓦	系统效率至少增加 22%	可用天然气燃料
5	运输	2kW/L	大约 50%	燃料可以是纯氢或烃类，SOFC 在运输可起重要作用
6	住宅区应用	1～300kW，取决于应用	达 83%	燃料可以是天然气、纯氢或生物气体

3.11.3　SOFC 与兰开夏循环集成

图 3-42 示出了 SOFC 与兰开夏循环的集成。燃烧天然气，在工厂中配备脱硫器和预重整器。预重整器处理后的燃料进入 SOFC 的阳极，从 SOFC 阳极出来的余留燃料进入燃烧器进一步燃烧。尾气用于产生被兰开夏循环热量回收发电机（HRSG）利用的蒸气。循环效率达 67%，高于其他任何常规 GT 发电系统。SOFC 系统与兰开夏循环组合达到的效率更高。

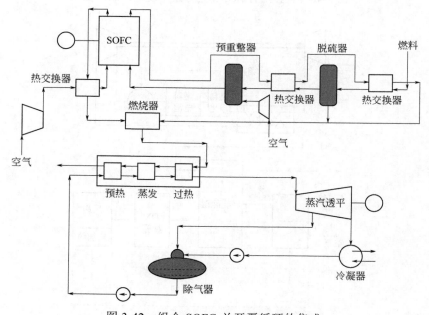

图 3-42　组合 SOFC-兰开夏循环的集成

由蒸汽透平（ST）顶部 SOFC 构成的混杂系统是燃烧天然气的。脱硫反应器和预重整器也配备于工厂中。脱硫反应器移去燃料中的硫，而预重整器分解重质烃类。经预处理后的燃料进入 SOFC 的阳极边。经 SOFC 池堆后，保留燃料进入燃烧器进一步燃烧。尾气再被利用于在热回收蒸气发生器（HRSG）中为兰开夏循环产生蒸汽（图 3-43），也有这类系统的不同构型。该系统的循环效率高达 67%，高于任何其他常规 GT 基发电系统。

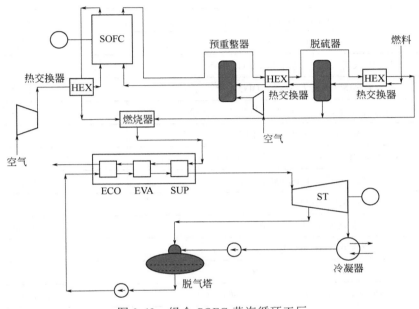

图 3-43　组合 SOFC-蒸汽循环工厂

在 SOFC-ST 系统中可使用催化部分氧化（CPO）和绝热蒸汽重整（ASR）的预重整过程。系统效率取决于所用预重整过程的类型，已发现用 ASR 型系统的效率高于 CPO 型。降低 SOFC 燃料利用因子可增加工厂的电效率，但这个参数不能够小于某一值，否则 TIT 将增加，工厂效率降低。因此，SOFC-ST 组合循环效率能够通过改变系统构型来提高。

3.11.4　燃气透平（CT）与 SOFC 的组合

对燃气透平与 SOFC 组合概念进行了三种类型燃料电池发电系统的净工厂效率分析。发电工厂的效率损失很大部分是由于燃料燃烧的高度不可逆性，通过防止空气和燃料的直接接触（如燃料电池中发生的那样），净工厂效率能够提高。燃料电池-CT 组合系统是发电的新技术，因为具有高能量转换效率、低环境污染和可使用可再生能源的优点。热效率是变化的，取决于系统构型（图 3-38）和组合系统的布局。高达 60% 的电效率在集成循环中是能够达到的（表 3-25）。

CT-SOFC 系统由五个组件构成：空气压缩机、换热器、高温 SOFC、燃烧气体透平和发电机。一般来讲，气体透平能够以两种方式与 SOFC 进行间接或直接连接。对间接连接，经调整后的燃料电池尾气与空气混合后直接进入燃烧气体透平。但是，与直接燃气透平技术连接的难度大，目前仍然停留于理论研究。

表 3-26 中给出了与 SOFC 集成的不同构型的热效率。

表 3-26　组合 SOFC-GT 工厂的热效率

系统构型	效率/%
加压 SOFC 和集成 GT 底部循环	68.1
气化过程连接 SOFC 和 GT	60
加压 SOFC-GT 循环	60~65
一热量回收底部循环的加压 SOFC-GT 循环	小于 70
蓄热微气体透平与高温 SOFC	小于 60
SOFC 池堆、燃烧器、GT、两个压缩机和 3 个蓄热器	小于 60
50kW 微透平与高温 SOFC 组合	60
加压管式 SOFC 与中间冷却-再热 GT 组合	66.2
湿空气透平与上面的循环组合	69.1
双 SOFC-HAT 混合循环	76
内重整 SOFC-GT 发电系统	小于 60
组合 SOFC-GT 和 CO_2 液化回收	70.6
30kW GT-SOFC 混杂系统	65
有 3 个热交换器和混合器的内重整管式 SOFC-GT	65.4
1.5 MW 内重整 SOFC 与 2 个 GT 和一个 HRGS 集成	60
两段低和高温 SOFC 发电循环	56.1
多段 SOFC/气体透平/CO_2 回收发电厂	68.5
蓄热 GT 与 SOFC 集成	59.4
有压缩空气中间冷却蓄热 GT 与 2 个 SOFC	68.7

3.11.5　SOFC 组合技术在船舶上的应用

按照联合国海事报告，2010 年的船运排放 10.46 亿吨 CO_2，如果不控制，到 2050 年会再增加 250%，这将导致全球变暖。船停靠和空转时，船也产生污染。船舶最普遍的功率源是大柴油引擎，它产生噪声和振动以及排放物如 CO_2、NO_x 和 SO_x。为了最小化污染，安装了成本颇高的一些仪器。在陆地上降低 CO_2 排放的一个方法是采用 CCHP 或 CHP 系统，其热效率一般超过 80%。为了降低燃料消费和排放，一些柴油引擎被 SOFC 替代。但由于长启动和停车时间，燃料电池仅作为辅助功率单元（APU）使用。固体氧化物燃料电池-燃气透平-三联产系统（FC-GT-CCHP）也能够应用于船舶中。研究了组合 SOFC-GT 系统和吸收热泵（AHP）驱动供热通风和空调（HVAC）和电力负荷系统。关于船用 SOFC 三联产系统提出了四种构型：①SOFC-GT+常规 HVAC；②SOFC-GT+吸收制冷器+HVAC；③SOFC-GT+干燥制冷剂飞轮+HVAC；④SOFC-GT+吸收制冷器+干燥制冷剂飞轮+HVAC。

使用热力学模型分析各种构型和制冷负荷系统的结果说明，对使用双效吸收制冷器的优化构型，相对于常规 SOFC-GT-HVAC 系统，净电功率增加达 47%。因此常规系统的总效率达 12.1%，对单效吸收制冷器总效率达 34.9%，对双效吸收制冷器总效率达 43.2%。这说明，三联产系统的总效率在进行废热回收时要高得多。

SOFC 除了上述的组合集成应用外，还有一些其他应用，如被用于浓缩和捕集二氧化碳。

第4章 燃料电池的应用和市场 Ⅱ：运输应用

4.1 概述

4.1.1 引言

脱碳化是 21 世纪初期最大的研发计划之一。世界上有超过 10 亿辆汽车在使用，满足人们日常生活移动性需求。所以，汽车工业是全球的最大经济推动力之一，雇佣接近 1000 万人和价值链超过每年 3 万亿美元。由此产生的一个结果是，由于很大数量汽车的使用已经并将继续引起一系列问题，这些是我们社会最关心的主要问题：①温室气体（GHG）排放，运输部门贡献世界 GHG 排放的 17%（每年 50 亿吨 CO_2）（见表 4-1）。多于 1/3 来自道路运输。因此，降低汽车 GHG 排放已经成为国家和国际社会优先关心的事情。②空气污染，尾管排放的气体污染物，尤其是柴油车辆排放的颗粒物质。在道路上增加的柴油车辆数量会进一步降低空气质量。③化石燃料石油的耗尽，据估计原油储量按现时技术和使用仅能够坚持 40～50 年。运输产业大量消耗着原油，而且还将继续增加。④能源安全，许多国家对外部资源严重依赖，如欧洲的原油进口超过 80%。已发现原油的主要储量多集中于政治不稳定的地区；所以需要降低运输对化石燃料的依赖。⑤人口增长，截至 2011 年世界上有 70 亿居民，估计在未来 40 年中增加到 90 亿。显然这对气候变化、粮食安全和能源安全会产生重要影响。人们对移动性工具需求的永久增长和对液体烃类近似完全的依赖意味着，这个部门的排放降低是特别困难的。

替代汽油和柴油燃料的技术发展自 20 世纪 70 年代以来一直在进行。开始时是为应对石油危机和涉及城市市区空气污染，这种努力近来已经获得回报，石油价格虽然波动但供应稳定。现在的努力主要针对全球气候变化问题，因此成为世界各国的政治议程。所以，低碳技术正在取得快速进展。例如，对汽油和柴油混合电动车辆、纯电池电动和纯氢燃料电池车辆，世界上几乎每一个主要汽车制造商都努力在发展中。可再生燃料的放大生产以及"真实"环境和社会成本意味着，氢和电力被广泛认为是未来可持续的运输燃料。

在显著降低污染物排放和更高能量转换效率上，运输工业需要有大量的技术投资。现在必须要继续发展环境优化运输方法，以替代对化石燃料热引擎燃烧基技术的完全依赖，这已经成为必须而不是一种选择。这里燃料电池有其用武之地，燃料电池能够使有害物质近似零排放，而且不会降低车辆推进系统的效率。事实已经证明，燃料电池效率几乎是常规内燃引擎的两倍。如果再把它安静操作、燃料灵活性、模块化制造和低维护等优点考虑进去，燃料电池应该是替代现时燃烧引擎的理想技术。燃料电池计划的技术目标包括耐用性、成本和氢气公用基础设施等。这说明了为什么在过去一些年中在各种运输手段中使用燃料电池，特别是轻载客车，这已经成为燃料电池研发的重要推动力。例如，日本宣布一个极有进取性的发展计划，到 2025 年发展 200 万辆燃料电池车辆（FCV）和一千个氢气充灌站。中国科技部/联合国开发计划署在 2016 年启动了"促进中国燃料电池汽车商业化发展项目"，并在《节能与新能源汽车技术路线图》中明确提出，2020 年、2025 年和 2030 年，中国燃料电池汽车的发展目标分别为 5000 辆、5 万辆以及百万辆。2010 年世界上运输相关燃料电池销售在数量上和兆瓦水平上分别占燃料电池总销售的约 35% 和 25%。选择使用的燃料电池主要是 PEM 类型（低温）。把燃料电池应用在运输部门中可分类为如下几个市场：轻牵引车辆（LTV）、轻载燃料电池电动车辆（L-FCEV）、重载燃料电池电动车辆（H-FCEV）、航空推进系统和海上推进系统以及辅助功率单元（APU）。运输领域中努力的重点主要在 L-FCEV 和 APU 上，这能够在下面的讨论中看到。

表 4-1　不同部门的总 CO_2 排放（括号内为各个部门所占百分比）　　单位：百万吨

序号	地区	不同部门的 CO_2 排放					总 CO_2
		电力	工业	运输	其他	居民住宅	
1	中国	3136.9（47.9%）	2174.5（33.2%）	456.9（7.0%）	496.2（7.6%）	285.9（4.4%）	6550.4
2	美国	2403.4（42.9%）	633.1（11.3%）	1691.6（30.2%）	535.1（9.6%）	332.7（5.9%）	5595.9
3	拉丁美洲	215.9（20.2%）	279.6（25.2%）	361.8（33.9%）	147.9（13.8%）	63.1（5.9%）	1068.2
4	欧洲	1063.9（33.0%）	514.3（16.0%）	850.5（26.4%）	391.4（12.1%）	402.8（12.5%）	3222.9
5	OECD	4992.0（39.5%）	1819.1（14.4%）	3386.5（26.8%）	1447.7（11.5%）	984.4（7.8%）	12629.7
6	世界总计	11987.9（30.8%）	5943.6（20.2%）	6604.7（22.5%）	2940.2（10.0%）	1905.1（6.5%）	29381.5

注：其他项包括商业、农业和没有特别指明的排放。

4.1.2　燃料电池在运输部门的应用

全球快速增长的车辆市场产生若干事情，例如空气污染、气候变化（由于温室气体）和燃料的可持续性。大多数事情关系到常规引擎，例如 ICE（内燃烧引擎），它主要依赖于烃类燃料。PEMFC 有潜力替代 ICE，因为它们具有高效率和低的 GHG 排放的潜力。这类应用的典型功率范围，例如大客车、公务车辆、公交车，其范围从 20～250kW。对燃料电池的兴趣能够被追溯到 20 世纪 70 年代晚期，近年达到繁荣。在若干方面（除初始成本外）PEMFC 优于 ICE。Ballard Power 系统发表的技术路线图讨论了燃料电池车辆面对的若干挑战：耐用性、成本和冷冻启动。如引进燃料电池车辆，对一些国家如阿拉伯联合酋长国能够获得更大的经济和环境利益。

大多数汽车制造商现在正在研究发展试验燃料电池车辆。在 2007 年，汽车制造商 Honda 在洛杉矶汽车展销会上展示了 FCX Clarity 型燃料电池汽车。自 2008 年夏季起，消费者就能够购买这个型号的车辆。这成为世界制造史上第一个燃料电池汽车车辆的独特展示平台。

在最近几年中，已经有许多燃料电池大客车在世界各地行驶。这些燃料电池车辆是高效的，虽然燃料氢是使用化石燃料生产的，但仍然降低了 CO_2 排放。如果利用可再生能源产氢，则二氧化碳排放将为零。另外，这些车辆的使用降低了大城市中的噪声污染。

使用燃料电池的车辆还有摩托车。尽管小，但摩托车是城市中的主要污染源之一。二冲程引擎摩托车与其大小比较，产生不成比例的排放污染物（几乎与柴油货车一样多）。使用燃料电池将降低这些排放。

燃料电池也已经开始应用于电力输送机械和叉车中。在这些机械中使用燃料电池能够使物流成本降低（因几乎无须维护或替换）。另外，由于经常停车和启动，使用标准引擎会有很多停驶和中断。使用燃料电池使功率的连续供应得到保证，消除了因电池放电产生电压下降所引起的问题。

运输部门的另一应用是把燃料电池作为长途卡车中功率辅助单元（APU）使用。关于这个问题，美国能源部（DOE）计算，年燃料和维护成本约11.7亿美元，因卡车停驶期间要进行引擎维护（停车和驾驶员休息时）。在该时间内，APU供应驾驶员使用的所有电力（即取暖、空调、电脑、TV、收音机、冰箱、微波炉等）。DOE指出，在卡车Mercedes-Bens Class 8上使用燃料电池APU，能够为整个国家节约25亿升柴油，每年少排放的二氧化碳在11～80t之间。

燃料电池也正在被矿山火车发展和使用，因无污染。自2003年起，车辆计划LLC（vehicle projects LLC）、美国海军（U.S. Navy）、美国汽车国家中心（the National Center for Automotive USA）、航空环境有限公司（Aeroviroment Inc.）、HERA 氢能存储系统有限公司（HERA Hydrogen Storage Systems Inc.）、中介燃料有限公司（Mesofuel Inc.）、Nuvera 燃料电池（Nuvera Fuel Cells）、Jacobson工程集团有限公司（Jacobs Engineering Group Inc. ）和加拿大能源和自然资源部（the Department of Energy and Natural Resources Canada）等组成的一个国际财团，正在发展使用8 种同一类型PEM 燃料电池150kW 的模块构建一个1200kW 的发电工厂。

因战略原因，美国海军考虑把燃料电池作为飞行器动力，这是一种有实际吸引力的选择。使用燃料电池能够使雷达监测不到，因燃料电池操作温度低，同时考虑到它能够生产水和电，使长途飞行器对水的需求显著降低。

降低燃料消耗和增加能量效率的优点是在船舶上使用燃料电池的主要原因。一般说来，消耗在船上的每升燃料产生的污染比现代汽车多140倍。这导致某些国家，如冰岛，其捕鱼船队从2015年起开始使用燃料电池来供应船上的辅助功率。在之后，延伸燃料电池作为主功率供应源使用。

作为APU 的燃料电池技术需要与若干技术竞争，如内燃引擎和电池。文献给出了在运输应用中燃料电池及其竞争者的技术经济背景，如表4-2所示。

表4-2　运输应用中燃料电池与其竞争者的技术经济比较

运输推进技术	功率范围/kW	效率[①]/%	比功率/(kW/kg)	功率密度/(kW/L)	行驶距离/km	投资成本/(美元/kW)
PEMFC（车载燃料加工）	10～300	40～45	400～1000	600～2000	350～500	100
PEMFC（离位供氢）	10～300	50～55	400～1000	600～2000	200～300	100
汽油	10～300	15～25	>1000	>1000	600	20～50
柴油	10～300	30～35	>1000	>1000	800	20～50
柴油引擎/电池混合动力	50～100	45	>1000	>1000	>800	50～80
汽油引擎/电池混合动力	10～300	40～50	>1000	>1000	>800	50～80
铅酸或镍-金属氢化物电池	10～100	65	100～400	250～750	100～300	>100

① 从能量输入到电力输出。

运输工业是清洁能源技术发展中的主要耗能大户，运输工业每年排放的温室气体占全球排放的 17%。对能显著降低有害物质排放和更高能量转化效率技术发展的投资的工业前景是光明的，而燃料电池就是这样的技术。如前所述，燃料电池能够使运输工业的污染物排放减到近于零，而同时不会损害车辆的推进效率。

4.1.3　燃料电池运输应用的商业化发展

4.1.3.1　Ballard

PEMFC 是运输应用如小汽车、大巴和材料管理车辆等的燃料电池类型。早在 20 世纪 80 年代，Ballard 成功地发展了 GEPEMFC 技术，在加拿大政府支持下已经实际应用。在 20 世纪 90 年代初，Ballard 建立起自己作为 PEMFC 技术发展的世界领头者的形象。在 1990 年，Ballard 选择发展 PEMFC 功率的大巴车辆，在加拿大政府计划支持下总计投资 484 万美元。通过这个计划，Ballard 成功地于 1993 年在 New Flyer 建立了第一辆 PEMFC 功率的大巴 P1。两年后的 1995 年，推出同样大小样机 ZEV P2 大巴，PEMFC 功率为 250kW。Ballard 发展 PEMFC 技术的成功极大地激励汽车制造商投资燃料电池车辆（FCV）的热情。在 1993 年，Daimler-Benz 与 Ballard 签订建立合营企业协议使燃料电池车辆进入市场。在 1994 年，Daimler-Benz 与 Ballard 合作成功用 PEMFC 池堆生产出第一辆新电动轿车 [New Electric Car Ⅰ（NECAR Ⅰ）]。从那以后，Daimler-Benz 连续地提高 NECAR Ⅰ 的功率密度和功能，在 1996 年和 1997 年分别推出新车 NECAR 2 和 NECAR 3。NECAR 2 是氢燃料 6 座微型面包车。它配备两个 25kW PEMFC 池堆，电动车辆的速度达 110km/h 和最大行驶里程达 250km。NECAR 3 是第一辆以液体燃料运行的 FCV，能够方便地加燃料，行驶里程延长到 400km。在 1997 年 4 月，Daimler-Benz 宣布，投资 1.45 亿美元与 Ballard 分享 25% 份额，另外投资 1.45 亿美元与 Ballard 合营创立新车辆燃料电池引擎公司，称为 DBB 燃料电池引擎 GmbH（DBB Fuel Cell Engines GmbH），Daimler-Benz 占 2/3，Ballard 占 1/3。八个月后，Ford 宣布，其将参加联盟，为合营企业投资 4.2 亿美元。稍后，联盟扩大，因为 Daimler-Benz 和 Ford 取得若干新公司，把附属的企业也带了进来，包括 Chrysler、Mazda、Volvo 和 Th!nk Nordic。因此，FCV 的全球赛跑开始。在接下来的时间内，很大数量的其他汽车制造商也进入赛跑开始 FCV 的发展。

4.1.3.2　Daimler

在 2000 年初期，很大数量的汽车和大巴制造商开始发展 FCV，并宣布他们的 FCV 商业化计划时间表。其中 Daimler-Benz 对发展 FCV 是最积极热情的。继 NECAR 3 成功后，1999 年 3 月 17 日，Daimler-Benz 在华盛顿推出 NECAR 4。NECAR 4 的行驶距离超过 450km，最高速度达 145km/h。NECAR 4 用了两个池堆，每一个由 160 个紧密堆砌燃料电池单元池构成，达到的总输出功率为 70kW，比 NECAR 3 多约 40%。在 2000 年 11 月，Daimler-Benz 亮相的 NECAR 4 使用 Ballard 先进的加压氢池堆，NECAR 5 配备车载重整器产氢，因此可使用液体燃料甲醇，配备 12gal（1gal=3.78541dm^3）燃料槽，使车在再充燃料前行驶的距离超过 400km。NECAR 5 是比 NECAR 3 更成熟的成功者，第一次配备了整个燃料电池系统包括重整器（夹在 Mercedes-Benz A 级的地板中）。最高速度 145km/h。从 2002 年 5 月 20 日到 6 月 4 日，NECAR 5 从旧金山开往华盛顿，超过 5250km。在发展了五代 NECAR 型号后，Daimler-Benz 在 2002 年 10 月亮相了新燃料电池轿车，称为 F-Cell。F-Cell 的燃料电池驱动系统被放置在长轴距奔驰 A 级地板中。两个 350 个大气压的加压氢储罐确保其行驶 150km。自 2003 年起，这些轿车每天利用政府资助与国际项目合作以小车队（由欧洲、美国、日本和新加坡顾客操作）进行实际试验。2001 年 7 月，Daimler-Benz 推出世界第一个旅行车特色的燃料电池驱动系统——Mercedes-Benz Sprinter。2002 年 10 月，Daimler-Benz 展示第一个 33 座 Mercedes-Benz Citaro 市区大巴，并要求在线服务，在 2003 年由多个欧洲城市和澳大利亚 Perth 的运输企业试验超过 2 年。燃料电池大巴 Citaro 比 1997 年引入的 NEBUS 在技术上更成功。到 2006 年 5 月，超过 100 辆燃料电池车辆的试验车队总共行驶的距离超过 200 万千米。60 辆 A 级 F-Cell 汽车在 21600h 中累计行驶 705000km。36 辆大巴的车队仅在 8600h 中就行驶 125 万千米，燃料电池功率的 Sprinter 旅行车在近 2200h 中行驶 58000km。基于它 A 级 F-Cell 车辆，Daimler-Benz 在 2005 年日内瓦汽车博览会上改进和亮相了它最新的 Mercedes-Benz B 级 F-Cell 车辆。B 级 F-Cell 配备 80kW 池堆模块，与 A 级 F-Cell 比较，体积缩小约 40%，提供的功率提高 30%，寿命 2000h。700 个大气压氢储槽放置于地板单元中，车辆行驶里程达 400km 和最高速度为 170km/h。Mercedes-Benz B 级 F-Cell 车辆小系列制造开始在 2009 年末。在 2010 年 12 月，Daimler-Benz 在德国和美国首次交付总计 200 辆 Mercedes-Benz B 级 F-Cell 轿车。

4.1.3.3　Ford 和 GM

在美国，Ford 自 1997 年以来就是 Ballard 燃料电池车辆联盟成员之一，底特律汽车博览会亮相了它的第一辆 FCV，称为 P2000 FCEV。P2000 FCV 由三个 25kW Ballard PEMFC 池堆提供功率。在 2000 年 1 月，Ford 推出它的甲醇功率 FCV Th!nk FC5。在 2002 年 5 月，Ford 推出了 Focus 混合 FCV，使用 Ballard 85kW 输出功率的 Mark 902 燃料电池池堆，300V Sanyo 电池包和线控制动电液再生制动系统。FCV 达到行驶里程在 160～200mile（1mile=1.609km，下同）之间，最大速度 80mile/h。在 2005 年，Ford 在美国加利福尼亚州、佛罗里达、密歇根和加拿大，德国和冰岛使用了 30 辆 Focus FCV 的车队，进行燃料电池技术的真实世界试验。到 2008 年 8 月，该车队在真实世界行驶累计超过 865000mile，没有重大的维护问题。

在美国，GM 是另一个主要车辆制造商，在发展 FCV 中也是高度活跃的，早在 1966 年，GM 已经示范第一辆 FCV，称为 GM Electrovan，基于氢燃料碱燃料电池。在 1998 年 9 月，GM 在巴黎汽车博览会亮相了第一辆 FCV，称为 Opel Zafira FCEV，它由两个功率 25kW 的 Ballard PEMFC 池堆提供动力。在 2000 年 6 月，GM 推出了 HydroGen 1，由它第一个自制的 PEMFC 系统（与 Hydrogenics 发展）提供功率。到 2001 年 9 月，GM 已经把 FCV 进化到 HydroGen 3，达到最高速度 100mile/h，行驶里程 250mile。HydroGen 3 按整个欧洲驱动循环的平均效率高达 36%。HydroGen 3 代表 GM 的第三代 FCV 技术，它的第四代 FCV 技术是 Chevolet Equinox Fuel Cell SUV，在 2006 年亮相，以完全不同方式作为 GM Chevolet Sequel 概念的追求。Chevolet Equinox FCV 有 93kW 燃料电池和 35kW 镍-金属氢化物电池包，它使用三个碳纤维燃料槽，加压到 10000psi（1psi=6894.76Pa，下同），行驶距离 200mile，最高速度 100mile/h。GM 生产了超过 100 辆 Chevolet Equinox FCV，在"道路行驶路（project driveway）框架"（一个在 2008 年启动的三年计划）中将其部署在纽约、华盛顿和洛杉矶。在 2007 年，在法兰克福 IAA 上 GM 展示了在 Chevolet Equinox 基础上发展的中等大小 HydroGen 4 的跨界车辆。在 2007 年和 2008 年的生产数量超过 170 辆，119 辆是为私人和商业顾客。到 2012 年中期，车队累积的真实世界经验超过 400 万千米。但是，在最近，GM 的重点已经移向像 Chevy Volt 那样的插入式混合动力，在燃料电池上的投入减少。在 2012 年末，GM 关闭在纽约 Honeoye Fall 和德国 Mainz-Kastel 的燃料电池研究中心。

4.1.3.4 Toyota 和 Honda

2014 年 11 月，Toyota 宣布推出全新"Mirai"FCV，12 月 15 日在日本销售。Mirai 配备的是一个新 Toyota FC 池堆，最高速度能够达到 175km/h，再充燃料前可行驶 650km。Toyota 在 1992 年开始发展 FCV，第一辆 FCV 称为 RAV4 L，在日本大阪的第 13 届国际电动车辆研讨会上展示。1996 年，Toyota 示范燃料电池混合动力车辆 FCHV，燃料氢气存储在吸氢合金槽中。1997 年，Toyota 推出 RAV4 FCEV，世界上第一个具有甲醇重整器特色（车载产氢）的 FCV。2001 年 3 月，在东京 FCV 国际研讨会上 Toyota 推出 FCHV-3，其特色是吸氢合金槽以及高效的 90kW PEMFC 池堆和（存储在制动期间产生能量的）可充式镍-金属氢化物电池。FCHV-3 的最大行驶速度为 150km/h，可行驶距离达 300km。FCHV-4 和 FCHV-5（配备汽油重整器 Toyota CHF——用清洁烃类燃料产氢）在 2001 年推出后，Toyota 在 2002 年开始在日本和美国加利福尼亚租赁压缩氢基 FCHV。2008 年，Toyota 展示其在 FCV 中的最新成就，称为 FCHV-adv，其特色是最大行驶范围有重要提高，冷启动能力和耐用性增强。2008 年 9 月在日本和 2009 年 1 月在美国，Toyota 开始销售 FCHV-adv。Toyota FCHV-adv 完成了长距离道路试验，在真实试验条件下从大阪开到东京（大约 560km），开空调之前没有再加燃料。证实了车辆能够在温度低于 -37℃ 的冷气候条件下启动（在日本的 Hok、美国和加拿大进行评价）。

在日本，发展 FCV 的另外一个重要企业是 Honda，在 1999 年 9 月它最早亮相两辆 FCV，称为 FCX-V1 和 FCX-V2。FCX-V1 试验了存储在金属氢化物储罐中的氢燃料，功率是由 Ballard 制造的 60kW 燃料电池堆提供的。FCX-V2 使用由 Honda 自己研制的 60kW 甲醇功率 PEMFC 池堆。一年后，Honda 推出 FCX-V3，开始参加加利福尼亚燃料电池合作组织（California fuel cell partnership，CaCFP）。2002 年 1 月，Honda 在大洛杉矶汽车博览会上展示 FCX-V4，其特色是比早先燃料电池型号提高了行驶里程和更安静的操作，最高速度为 140km/h，行驶里程达 300km。在 2007 年 11 月，Honda 在大洛杉矶汽车博览会上推出 FCX Clarity，它展示的是自 2008 年以来的新 Honda FCV 版本。在 2014 年 11 月，Honda 在日本推出新一代 FCV 概念。Honda FCV 概念是 FCX Clarity 的风格演化，在日本于 2016 年 3 月推出，接着推动到美国和欧洲。下一代 Honda FCV 的目标是要使行驶里程多于 300mile，快速再充燃料时间为 3～5min，压力为 70MPa。

4.1.3.5 韩国 Hyundai 和中国

在韩国，在 FCV 发展中政府起着重要作用。1999 年 12 月，Ballard 从现代（Hyundai）收到 39.1 万美元订单，为韩国政府合作计划提供 PEMFC 池堆和支持服务。现代在它的研究和发展计划中使用 Ballard 燃料电池，以评估和发展燃料电池技术。在 2000 年 4 月，现代与 UTC 签订 4000 万美元协议，发展使用 UTC 燃料电池的 FCV。到 2000 年 10 月，现代在加利福尼亚燃料电池合作者开幕庆典上亮相它的第一辆 FCV Santa Fe 燃料电池 SUN。在 6 个月前签订的协议下，现代生产六辆 Hyundai 燃料电池 Santa Fe 样机，配备 75kW UTC 池堆和 5000psi 的 IMPCO Technologies 氢气储槽，可支持行驶距离 100mile。在 2004 年，现代推出新一代

FCV——Tucson Fuel Cell 混合动力车辆，配备 80kW UTC 池堆和锂聚合物电池，行驶距离 300km 和最高行驶速度达 150km/h。现代 Tucson FCHV 能够在−20℃下于 5min 内启动。用 UTC 和 Cheveron Texaco 技术，现代配送 32 辆车辆（Tucson FCV 和 Kia Sportage FCV）开始 5 年（2004～2009 年）的示范和验证计划，设计在加利福尼亚、密歇根的氢公用基础设施来评估 FCV。在 2010 年，现代在日内瓦汽车博览会上推出它的第三代燃料电池车辆，Tucson ix 35 FCEV。ix 35 FCEV 有功率 100kW 的燃料电池和两个氢储槽以及 24kW 锂聚合物电池包。最高速度达 160km/h，行驶距离为 525km。现代扩展 ix 35 FCEV，在进入每年 1 万辆的大量生产（取决于需求）前进行批量生产，在 2013～2015 年间生产了 1000 辆。自 2013 年以来，现代开始研究制造和销售它的 ix 35 FCEV，配送它第一批大量生产的车辆到欧洲（2013 年），而送到加利福尼亚的第一辆车辆是在 2014 年 6 月。

在中国，大多数 FCV 研发是中国政府支持的主要国家项目，包括 863 高技术发展计划和 973 国家基础研究计划。FCV 发展的领头者包括清华大学和同济大学，分别负责燃料电池大巴和轿车。其他组织也有强的研发基础，如武汉理工大学和中国科学院大连化学物理研究所。在中国的 FCV 发展方面缺乏汽车制造商参与。虽然中国政府很强烈地支持 FCV 在中国的发展和商业化，但它的策略仍有待加强，在未来可能变化到由直接制造商领头而不是由研究机构或大学领头，如在 2016 年推出的"促进中国燃料电池汽车商业化发展项目"和《节能与新能源汽车技术路线图》中所显示的。

4.1.3.6　其他

参与 FCV 系列发展的汽车制造商的数目在增加。附录中显示已经有不同汽车制造商发展推出的 FCV。燃料电池大巴也在世界范围内精选了广泛的示范。为降低 FCV 成本和提速商业化进展，许多汽车制造商正在合作形成各种联盟，分享彼此的相关技术。在 2013 年 1 月，Daimler-Benz、Ford 和 Nissan 签订三边协议联合发展通用型燃料电池系统以提速 FCV 技术的可利用性和显著降低投资成本。BMW 和 Toyota 宣布一个联合技术发展计划，也包括了氢燃料电池车辆。在 2013 年 7 月，GM 和 Honda 宣布在未来七年中合作联合发展氢 FCV。

除了在运输应用中作为功率引擎外，燃料电池也能够使用作为辅助功率单元（APU），满足功能能量需求而不仅仅作为车辆、海上船舶和航空器等的推进动力。燃料电池基 APU 的优点有高效率、低排放和高可靠性。一些汽车供应商，如 Delphi、Webasto AG 和 Espar，已经使用燃料电池设计 APU 并应用于车辆中。在 2008 年 2 月，空中客车（Airbus）合作伙伴德国宇航中心（German Aerospace centre）、DLR 和 Michelin，成功地进行 A320 试验飞机（为 DLR 所有）的试验飞行，其中飞机的备用系统由无排放的飞机燃料电池系统提供。这是在民用航空器中使用燃料电池系统的第一个成功的飞行试验。波音公司对 SOFC 基混杂系统也做了同样的努力，其潜在效率超过 60%。而在现在飞机上使用的气体透平基 APU 把喷气燃料转化为电力的效率约 15%。

表 4-3 列举了在燃料电池运输部门的重要公司。另外，燃料电池在运输部门的应用要求车载氢存储容器，它的成功也依赖于充氢公用基础的存在。在后一方面，政府在充氢网络的发展中起着决定性的作用。美国加利福尼亚和欧盟政府现时是有多个充氢站的地区。氢存储的研究也在进行中。

表 4-3　在燃料电池运输工业的重要公司名单

公司	Web 位置	国家	注释
BAE system	baesystem.com	英国	把燃料电池 APU 集成到其混合大巴车功率链中
Ballard	ballard.com	加拿大	FC 叉车；下一代混合燃料电池大巴车引擎，HD6
Daimler-Benz	daimler.com	德国	燃料电池大巴车，新 Bluezero FCV
General motros	gm.com	美国	115 辆第四代 Equinox FCV 配送到美国加利福尼亚、德国、中国、韩国和日本
H$_2$logic	h2logic.com	丹麦	FC 叉车，重点在欧洲市场
Honda	honda.com	日本	预期在未来 3 年 200 辆 FCX Clarity 销售到美国加利福尼亚和日本政府部门，FC 运动，在运动车辆中使用 FCX Clarity 技术
Hydrogenics	hydrogenics.com	加拿大	20kW 迷你 Bus、APU 和范围扩充器
Hyundaikia	worldwide.hyundaikia.com	韩国	Borrego FCEV，使用 4 个发电技术，预期行驶 426 mile
Nissan	nissan.com	日本	X-TRAIN SUV，配备 Nissan 最新 FC 发电系统，为雷诺混合驱动 FC Scenic 提供雷诺 FC 技术
Nuvera	nuvera.com	美国	PowerEdge，混合 FC 叉车，82kW FC 大巴车
Oorja Protonics	oorjaprotonics.com	美国	叉车电池的 DMFC 基充电器
Proton motor	proton-motor.com	德国	Zemship FC 载客渡轮，FC 功率清路机
Protonex	PROTONex.com	美国	APU，UAV（无人驾驶飞行器）
Toyota	toyota.com	日本	最新 40 辆 FCHV-adv 亮相日本
Tropical SA	tropical.com	希腊	混杂 FC 自行车和摩托车，用 FC 充电电池
UTC　Power	utcpower.com	美国	120kW PureMotion 系统用于大巴，120kW FC 轿车
Volkswagen	volkswagen.com	德国	16 辆 Passat Lingyu 销售到加州进行示范和试验
Volvo	volvo.com	瑞典	APU

4.2　电动车辆

4.2.1　引言

　　电动车辆（EV）与内燃引擎驱动的常规车辆是不同的，它使用电力驱动。在过去十多年中电动车辆受到了巨大的关注，因为它是解决温室气体（GHG）排放的有效办法之一。在 20 世纪末，随着全球变暖趋势日益明显和人们环境意识的持续增强，人们对汽车使用引起的污染也高度关注，运输工业成为全球 GHG 排放的顶级贡献者之一。常规车辆使用化石燃料（汽油、柴油）以内燃引擎（ICE）操作，排放二氧化碳、烃类、一氧化碳、氮氧化物、水蒸气等气体进入大气。美国能源信息署（EIA）统计数据指出了不同部门末端使用者消耗的世界总能源（图 4-1），其中的二氧化碳给出于图 4-2 中。在 2012 年，运输工业消耗的能源总量几乎占世界总量的 27%，占总 GHG 排放的 33.7%。

　　使用电动车辆（EV）是降低全球 GHG 的有效办法之一。电动车辆不仅能够提供更清洁更安静的周围环境，而且也惊人地降低成本（与内燃引擎车辆比较）。电动车辆每英里（mile）消费约为 2 美分，而 ICE 车辆每英里消费 12 美分。作为一个例子，对每加仑行驶 30mile 的汽车而言，汽油以每加仑 3 美元计因此每英里 0.1 美元，但对 EV，3mile/(kW·h)（1mile=1609m），

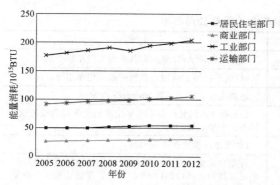

图 4-1　不同部门末端使用者消耗的世界总能源

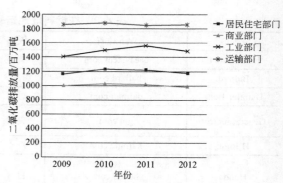

图 4-2　不同部门末端使用者能源排放的
二氧化碳（百万吨 CO_2 当量）

如果 0.12 美元/(kW·h)，则每英里花费 0.04 美元。在时间上，常规 ICE 车辆的顾客平均在加油站每年消耗 2500min，而电动车辆可以在夜里充电，因此顾客每年在加油站要少花 15h。此外，EV 的优点还有整体灵活性和更好的运输性能。各种能量发生器如燃料电池、太阳能板、再生制动和任何其他合适的能量发生器，都能够容易地集成到 EV 中。

按照美国能源部（DOE），消耗在车辆运转及其配件中的能量仅占总燃料能量的 15%，大部分能量在燃烧期间转化为热，直接贡献于全球变暖。ICE 车辆的能量损失一般来自运动部件的摩擦和热量损失，因此 ICE 车辆必须经常维护。而对电动车辆（EV），大于 75%的总能量消耗用于运转车辆，现在 EV 的平均消耗是，一度电（1kW·h）行驶 4～8mile。

但是，EV 和混合电动车辆（HEV）面对成本的巨大挑战。如果使用电池，其成本占电池电动车辆（BEV）总成本的 1/3，甚至 40%以上。因此，汽车工业中的主要挑战是要发展最先进的电池系统、最好的充电技术。表 4-4 给出了一些实际车辆[包括纯电池车辆（BEV）、混合电动车辆（HEV）、插入式混合电动车辆（PHEV）和内燃引擎车辆（ICEV）]的年燃料成本。显然，电动车辆的年燃料成本远低于内燃引擎车辆。但各种电动车辆面对不同的挑战。

表 4-4　BEV、HEV、PHEV 和常规 ICEV 的年燃料成本

车辆类型	操作模式	每 25mile 燃料成本/元	每 1.5 万英里燃料成本/元
Honda Fit EV 2012	电模式	2.25	1330
Nissan Leaf 2012	电模式	2.90	1740
Chevrolet Volt	电模式	3.00	1800
1012	汽油模式	8.35	5010
Toyota Prius 1.8	汽油-电模式	5.80	3480
Proton Inpsira 1.8	汽油模式	6.86	4115

4.2.2　车辆分类

车辆能够被分为三类：内燃引擎车辆（ICEV）、混合电动车辆（HEV）和纯电动车辆（AEV）。图 4-3 显示所有可利用的车辆类型。车辆中使用的混合因子（HF）由方程（4-1）计算，它指车辆中电动功率（P_{EM}）占总功率（电动加内燃引擎 P_{ICE}）的一个比例。假定车辆没有辅助

能源（AES），HEV 通常被分为混合或中等混合电动车辆和全混合电动车辆（全 HEV）。

$$HF=P_{EM}/(P_{EM}+P_{ICE}) \tag{4-1}$$

燃料效率从常规 ICE 到 AEV 逐步增加，在表 4-5 中给出不同混合因子实际车辆的燃料经济性［环境保护署（EPA）］，使用每加仑汽油当量能够行驶的英里数表示。对电动车，33.7kW·h 电力的能量相当于 1gal（1gal=3.78dm³）汽油能量。

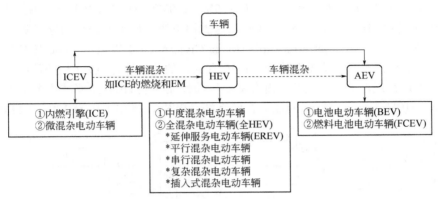

图 4-3　车辆的分类

表 4-5　不同混合因子实际车辆的燃料经济性

混杂比（马力，$P_{EM}/P_{总}$）	混杂因子（HF）	车辆名称	EPA 燃料经济性	
			混杂模式	电模式
15/455	0.03	BMW Active-Hybrid 7　2012	20	—
49/438	0.11	Lexus LS 600h L 2012	20	—
13/111	0.12	Honda Insight 2012	42	—
47/380	0.12	PorchePanamera S Hybrid 2012	25	—
40/196	0.20	Ford Fusion Hybrid 2012	39	—
23/110	0.21	Honda Civic Hybrid 2012	44	—
36/134	0.27	Toyota Prius 2012	50	—
36/134	0.27	Toyota Prius Plug-in Hybrid 2012	50	95
66/200	0.33	Toyota Camry Hybrid 2012	41	—
149/232	0.64	Chevrolet Volt 2012	37	94
170/170	1	BMW ActiveE 2012	—	102
123/123	1	Ford Focus BEV FWD 2012	—	105
63/63	1	Mitsubishi-MiEV 2012	—	112
110/110	1	Nassan Leaf 2012	—	99
100/100	1	Honda Fit EV 2012	—	118

4.2.2.1　内燃引擎车辆

内燃引擎车辆（ICEV）有一个燃烧室把化学能转化为热能和动能以驱动车辆。有两种车辆类型：常规 ICEV 和微混合动力车辆（微 HEV），前者没有辅助的 EM（电动机），燃料经济性最低，微 HEV 有低操作电压 14V（12V）和功率不大于 5kW 的电动机，仅用于没有燃烧功率推动车辆（即关闭状态）时 ICE 的再启动。在滑行、制动或停止 ICE 转动期间，燃料效率能够提高 5%～15%（在城市或郊区驱动环境）。现时在欧洲销售的 Citroen C3 是一种微 HEV。

4.2.2.2　混合电动车辆

混合电动车辆（HEV）是一种把 ICE 和电动机都作为功率源推动行驶的车辆。今天，HEV 有六种类型驱动链结构，如图 4-4 所示。中等 HEV 具有和微 HEV 一样的优点，但在温和 HEV 中的电动机功率为 7～12kW 和操作电压为 150V（140V），能够与 ICE 一起驱动轿车，然而在没有 ICE（主功率）时它是不能驱动车辆的。这类构型能够使车辆获得的燃料效率高达 30%，降低了 ICE 的大小。GMC Sierra pickup、Honda Civic/Accord 和 SaturnVue 是温和 HEV 的例子。今天，大多数汽车制造商对生产全 HEV 有同样的热情和速度，因为两条功率路线在只有 ICE 或 EM 运行或两者同时运行。没有降低驱动性能的全 HEV 能够节约多至 40%的燃料。正常情况下，HEV 类型有高容量的能量存储系统（ESS），操作电压为 330V（228V）。

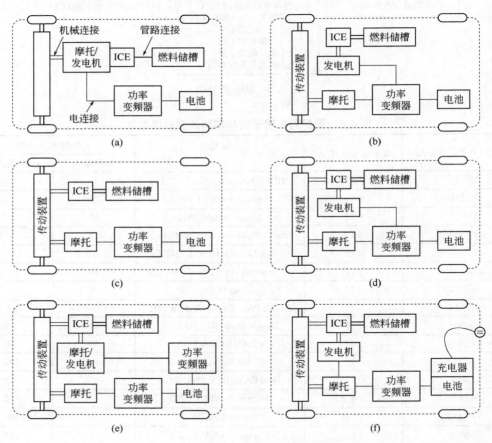

图 4-4　HEV 的驱动链构架

（a）温和 HEV；（b）串联全 HEV；（c）平行全 HEV；（d）串联-平行全 HEV；（e）复杂全 HEV；（f）串联-平行 PHEV

全 HEV 能够按传动链构架（图 4-4）的不同可以分成：①延伸范围车辆（EREV）或串联全 HEV，如图 4-4（b）所示；②混合电动车辆（HEV）或平行全 HEV，如图 4-4（c）所示；③串联-平行全 HEV，如图 4-4（d）所示；④复杂全 HEV，如图 4-4（e）所示；⑤插入式混合电动车辆（PHEV）或串联平行 PHEV，如图 4-4（f）所示。EREV 使用 EM 作为唯一推进功率，犹如一辆电池电动车辆（BEV），但差别是它们仍然使用高效 ICE 发动机内置充电。Chevrole volt 是现时在市场上可以买到的 HEV 中的 EREV，这类车辆一般被公认为是全 HEV 或串联插入式 HEV。这个构型的优点是车辆的电池可以减小，取决于发电机功率和燃料容量。这会使车辆总效率降低约 25.7%，这是所有全 HEV 车辆中最低的。但是它适合于停和转换驱动的情形，也适合于在城市中行驶。它把大部分再生制动能量储备和存储到 ESS 中。

平行全 HEV 在其机械耦合器中有两种推进功率（ICE 和 EM），能够把总 HEV 的效率提高到 43.4%。另外，平行全 HEV 的电池容量较差。平行全 HEV 的优点之一是，在行驶期间 EM 和 ICE 是彼此互补的。这使平行全 HEV 成为在高速和城市两种行驶条件下都是比较有希望的车辆。当与串联全 HEV 比较时，平行全 HEV 有较高效率，由于其 EM 和电池较小。串联-平行全 HEV 驱动链应用两个功率耦合器：机械功率和电功率耦合器。虽然它具有串联全 HEV 和平行全 HEV 优点，但相对比较复杂和成本较高。复杂混合似乎是与串联-平行混合构型类似的。但关键差别是，再添加功率转换器到电机/发动机和电机，使复杂全 HEV 比串联-平行全 HEV 更加可控和更加可靠。对串联-平行全 HEV 和复杂全 HEV，它们在控制策略上比其他老资格构型要灵活和灵巧。不管怎样，主要挑战是它们需要精确的控制策略。全 HEV 构型成本最低，可以选择现有的制造方法制造引擎、电池和电机。Toyota Prius、Toyota Auris、Lexus LS 600h、Lexus CT 200h 和 Nissan Tino 有商业可利用的串联-平行全 HEV 车辆，而 Honda Insight、Honda Civic Hybrid 和 Ford Escape 则有商业可利用平行全 HEV。

插入式混合电动车辆（PHEV）类似于全 HEV，但电池能够利用插入电网进行充电。实际上，PHEV 是从各种类型 HEV 直接转化而来的。例如，图 4-4（f）显示串联-平行全 HEV 中加入除电池外的充电器就转化成 PHEV，因此在运行期间，司机能够选择电模式来达到全功率。这个策略使 PHEV 同时适合于在城市和在高速公路上行驶。

4.2.2.3　纯电动车辆

纯电动车辆（AEV）是以电功率作为唯一驱动行驶功率源的车辆。现时，AEV 有六类功率传输构型，如图 4-5 所示，但仅有三种是车辆生产商熟悉的。在 BEV 和 FCEV 中的驱动链设计构型是类似的。燃料电池既作为主要功率供应者之一，也作为次级能量供应者，这取决于要求和现时技术。图 4-5（a）是从常规 ICE 车辆整个转换而来的，齿轮箱和离合器仍然保留在车辆中。图 4-5（b）使用没有离合器的单一齿轮传动，以降低机械传动装置大小和重量。这两个构型与其他四个比较效率是最低档的。为进一步简化动力传动系统的构型，使用集成固定和不同齿轮传动装置，如图 4-5（c）和（d）所示，使用两个分离摩托和具有自己传动轴的固定齿轮传动装置，以使其能够在不同速度下操作运行。但是，图 4-5（e）构型是由固定齿轮和摩托直接驱动的（没有传动轴）。在图 4-5（f）中，牵引摩托放置于飞轮内（内飞轮驱动），因此变得比较紧凑。所以，BEV 的大小能够降低，如 Mitsubishi Colt EV 中所做的（2005年）。这类构型最适合于城市行驶，由于其总重量小。但是，这个构型有较高转矩牵引摩托以启动和加速。所以效率是低的，由于摩托绕组高电流引起的热量损失较大。不管怎样，这个构型有最低的机械驱动链，降低了机械和电间的能量传输损失。

总之，BEV 的主要缺点是它只能够行驶短距离。BEV 适合于经常停开的行驶，如城市中的行驶。为扩展 BEV 的距离范围，以使它变得既适合于在城市也适合于在高速公路上行驶，齿轮箱被固定在车辆内部。通过这样做，牵引系统能在每一个范围都被延伸。但是，无齿轮

BEV（摩托到飞轮构型）能够增加效率［因减少了运动部件数量（转动惯性）］。因此，在齿轮和分挡机制中没有能量损失。这个构型降低了车辆重量中心。飞轮中摩托室增加了簧下飞轮重量，这对车辆的关联系数有负面效应。

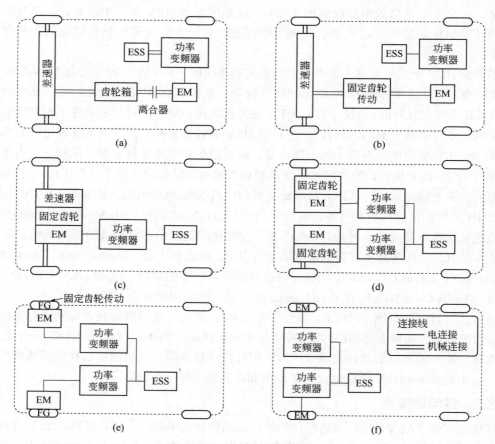

图 4-5　AEV 驱动链构架

（a）用离合器的常规驱动线；（b）无离合器单一齿轮传动驱动线；（c）集成固定齿轮和差速器驱动线；
（d）两个分离摩托和齿轮驱动线；（e）固定齿轮和摩托驱动线；（f）内飞轮驱动

表 4-6 中给出了汽车制造商标示的各种车辆的合适指标。从客户的角度希望的车辆指标示于表 4-7 中。

表 4-6　质量小于 2000kg 车辆的合适指标

分类	系统电压/V	电池/(kW·h)	UC		燃料电池		EM 或集成启动发电机（ISG）/kW
			能量/W·h	峰功率/kW	能量/(kW·h)	峰功率/kW	
常规 ICE	12	—	—	—	—	—	—
微 HEV	12～42	0.02～0.05	30	6	—	—	3～5
中等 HEV	150～200	0.125～1.2	100～150	35	—	—	7～12
全 HEV	200～350	1.4～4.0	100～200		—	—	40
PHEV	300～500	6.0～20.0	100～200	28～45	—	—	30～70
AEV	300～500	20.0～40.0	300	28～45	150～200	50～100	50～100

表 4-7　顾客希望的要求指标比较

指标	ICE（VWGOLF 1.4TSI）	混合（Toyota Prius Ⅲ）	BEV（Nissan Leaf）	FCEV（Honda FCX Clarity）
功率供应	IC 引擎	ICE、电摩托	电池和电摩托	PEM 燃料电池和电摩托
燃料	汽油、柴油、替代燃料	重要燃料汽油/柴油	电力	氢
最高速度/(mile/h)	124	112	94	1009.5
加速时间/s	9.5	10.4	7	10
行驶里程/mile	552	716	73～109	240
购买价格/美元	29400	33400	41250（包括 8000 政府补贴）	80000（估计）
每英里运行燃料价格/美元	0.22	0.14	0.02 起	0.07 起
燃料经济性/(g/mile)	45.6	72.4	99	81
尾管 CO_2 排放/(g/km)	144	89	0	0

　　内燃引擎车辆、电池电动车辆和燃料电池电动车辆的油井-轮子效率以及它们用天然能源生产使用燃料的每一步效率给出于表 4-8 中，从容量角度看，燃料电池与电池比较似乎没有什么优势，当然从整个生命循环看则可能是另一番景象。作为例子如表 4-9 所示。

表 4-8　ICE、BEV 和 FCEV 车辆的油井-轮子效率（燃料生成、分布零售和车辆效率）比较

初级能源	燃料	生产效率/%	分布效率/%	零售效率/%	车辆	效率/%	油井-轮子效率/%
原油	汽油	86	98	99	ICE	30	25
	柴油	84	98	99	ICE	35	29
	电力	61	90		BEV	68	31
	电力到氢气	34	89	90	FCEV	56	15
	氢气	51	89	90	FCEV	56	23
天然气	CNG	94	93	90	ICE	30	24
	柴油	63	98	99	ICE	35	21
	电力	58	90		BEV	68	35
	电力到氢气	39	89	90	FCEV	56	18
	氢气	70	89	90	FCEV	56	31
煤炭	汽油	40	98		ICE	30	12
	柴油	40	98	99	ICE	35	14
	电力	50	90		BEV	68	30
	电力到氢气	34	89	90	FCEV	56	15
	氢气	41	89	90	FCEV	56	18
生物质	乙醇	35	98	99	ICE	30	10
	生物柴油	25	98	99	ICE	35	12
	电力	35	90		BEV	68	21
	电力到氢气	24	89	90	FCEV	56	11
	氢气	31	89	90	FCEV	56	14

初级能源	燃料	生产效率/%	分布效率/%	零售效率/%	车辆	效率/%	油井-轮子效率/%
可再生电力	电力	100	90		BEV	68	61
	电力到氢气	68	89	90	FCEV	56	30
铀	电力	28	90		BEV	68	17
	电力到氢气	19	89	90	FCEV	56	8

表 4-9 氢燃料电池和电池纯电动车辆的比较（行驶 320km）

项目	FCEV	BEV
车辆重量/kg	1259	1648
燃料存储体积/L	70 MPa 179，35MPa 382	70MPa 382
燃料成本（电力 6 美分/km，氢气 3.3 美元/kg）/美元	3.36	1.23
每辆车加燃料成本/美元	955	878
需要的风电/kW·h	164.9	90
充电时间（单相 240V 40A 7.7kW，三相 480V 150kW）/h	0.07	11 0.55
增量寿命循环成本/美元	13380	16187

在燃料电池电动车辆中几乎都使用聚合物电解质膜燃料电池（PEFC，低温），但也可使用高温固体氧化物燃料电池（SOFC）来提供电力，比较给出于表 4-10 中。

表 4-10 PEFC 和 SOFC 电动车辆比较

特色	PEFC 电动车辆	SOFC 电动车辆
操作温度/℃	80	760
池堆功率/质量/(kW/kg)	1（近似）	1（近似）
总效率/%	40	50
操作行驶里程/km	800（近似）	1000（近似）
冷却系统	需要	不需要
系统复杂性	高	低
电力系统	复杂	较简单
燃料	氢气	天然气/氢气
启动时间	秒级	分级

4.3 轻型燃料电池牵引车辆（LTV）

轻型牵引车辆（LTV）包括轻便摩托（燃料电池轻便摩托车见图 4-6）、个人轮椅、电力自行车（燃料电池自行车见图 4-7）、机场拖车、摩托车、高尔夫球车等，还有材料管理车辆和设备。材料管理车辆和设备，包括叉车、拖车卡车、托盘卡车等全都落在 LTV 范畴。叉车应用已经成为燃料电池在运输部门最成功应用的领域，也是燃料电池在应用中最成功的示范之一（见图 4-8）。叉车和其他材料管理车辆及设备被广泛使用于仓储和分销行业中，在北美洲有 250 万辆叉车在操作。大多数叉车使用可充电铅酸电池（通常包含可再生制动能量回收）或内燃引擎（压缩引发柴油引擎或电火花引发引擎以汽油、LPG、压缩天然气或丙烷作燃料）。但是，因为燃料电池从燃料站充燃料仅需 2～5min，而可充电电池或更换电池要 15～30min（它增加操作效率），燃料电池与电池比较有较长的操作循环。电池通常能够坚持的时间少于 8h，而且对环境温度较敏感（特别是在冷冻仓库）。与电池不同，燃料电池并不随充电和放电循环而发生自降解，且充燃料站需要的空间也远小得多，排放的有害物质也比常规燃烧引擎远小得多；能够在室内或室外操作，这与许多不能够在室内操作的常规燃烧基叉车有很大不同，而且还具有高效率、优良负荷跟踪动态性能和需要的维护很少等优点。因此燃料电池叉车替代常规叉车有巨大的潜力。重要的是要注意到，使用燃料站的液体氢/燃料加料系统要比车载重整或发生系统实际得多。图 4-9 给出了一些实验燃料电池功率的轻型牵引车辆的一些实际例子。图 4-10 显示使用不同动力源叉车的燃料循环温室气体（GHG）二氧化碳排放的比较，包括柴油引擎、汽油引擎、LPG 引擎，以及在美国电网充电电池、利用加利福尼亚平均电网充电电池、简单组合天然气循环充电电池和甲烷蒸汽重整获得氢气燃料电池（主要成分是天然气）、从焦炉气获得氢气燃料电池和从风能获得氢气燃料电池。在燃料循环 GHG 排放中包括了上游排放（伴随初级能源转化为叉车可用形式电力的排放）、使用点排放（只针对内燃引擎基叉车）和为燃料电池氢气压缩产生的排放。今天在美国市场上约有 1300 个燃料电池功率叉车在操作。燃料电池叉车一般使用 5～20kW PEMFC，少数使用 DMFC 运行，配备有为支持功率变化应答的超级电容器。在燃料电池叉车市场上最广泛使用的构型是插入式的，因为其应用的重点领域是材料管理市场。

图 4-6　燃料电池轻便摩托车

图 4-7　正在试验的燃料电池自行车

图 4-8　燃料电池叉车

(a) 样机C

(b) 样机D

(c) 样机E

(d) 样机F

图 4-9　燃料电池功率轻型车辆实例

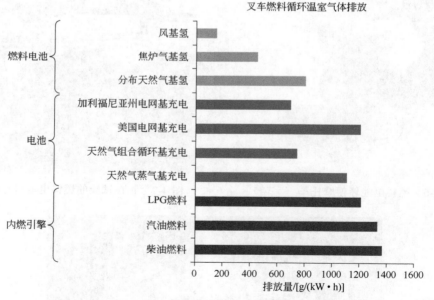

叉车燃料循环温室气体排放

图 4-10　ICE、电池和燃料电池功率叉车的燃料循环排放

除了客车和轻型车辆，PEMFC 可以应用于若干其他的运输/推进部门。这些应用包括电动自行车、材料管理车辆（如铲车）和辅助电源（APU）。已经开发有 40 个池堆的电动自行车，峰功率 378W，最大速度 16.8mile/h，效率 35%。对作为休闲游艇额外功率供应的 300W PEMFC

类型做了评价。Siemens 已经开发了不依赖于空气的推进系统，延伸于潜艇的应用，如由 HDW 建造的 German U212/214。

　　燃料电池功率摩托车和电动自行车也在发展中，预期在未来燃料电池应用市场上会占有相当大的份额，因为它们能够帮助避免交通拥挤，对短程或中等路程旅行是相当理想的，也是环境友好的，而且不消耗费钱的烃类燃料。但是，重要的是要注意到，它们对功率、总重量、可利用速度和行驶距离需求上，是按照如下顺序降低的：摩托车、摩托自行车、电辅助自行车（见表 4-11）。摩托车的功率需求在 4～6kW 之间，行驶距离达 200km；而电辅助自行车的功率需求小于 1kW，旅行距离小于 1km，一般是人力蹬车和电池运转电摩托的组合。因在叉车讨论中的同样原因（排放、充电时间、操作耐久性等），燃料电池功率摩托车和电辅助自行车与燃烧基和电池基比较是相对有利的。其他燃料电池功率轻牵引车辆，如轻便购物车和个人轮椅也正在进行验证示范。

表 4-11　新近燃料电池特种车辆

制造商	年份/年	燃料电池	自动挡速度/(km/h)
Asia Pacific Fuel cell Technologies（Scooter）	2005	混合燃料电池+电池	80～60
Astris Energy（Golf car）	2001	AFC	10～31
Besel SA（Wheelchair）	2003	PEMFC	—
Deere & Company（Tractor）	2003	Hydrogenic	4～50

4.4　轻载燃料电池电动车辆（L-FCEV）

4.4.1　一般描述

　　在燃料电池所有应用中，燃料电池电动车辆（FCEV）在过去一些年中一直受到更多的关注。几乎所有车辆制造商都对 FCEV 进行研究和发展。它们是特殊的电动车辆，一般按普通内燃引擎结构制造。在使用常规柴油和汽油燃料车辆中，燃料能量是由引擎通过机械功率链传送到飞轮的。但是，在 FCEV 中功率传输链是电功率链。

　　研究指出，混合 FCEV 组合燃料电池和电池系统的效率高于纯 FCEV。为增强车辆效率，一个建议是使用能量储存装置，如电池或超级电容器，以"均匀负载"。另一个建议是要再利用制动功率用于加速和爬坡。典型混合 FCEV 的功率链示于图 4-11 中。普遍使用 PEMFC 池堆作为电源，因其低操作温度（约 80℃）、高功率和电流密度、紧凑、重量轻、快速启动和

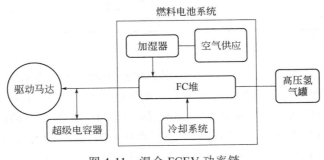

图 4-11　混合 FCEV 功率链

快速调整功率输出的特点。FCEV 一般分为轻载和重载两类，轻载电动车辆主要是个人使用的小汽车，是绝大多数汽车制造商最关注的。表 4-12 示出了正在研究和发展的 FCEV 的汽车制造商，制造商大多数使用 PEMFC。表 4-13 给出了各汽车制造商发展燃料电池车辆的型号、续航里程和进入汽车市场的时间和计划的处理目标。

表 4-12　发展 FCEV 的主要汽车制造商

公司	系统类型	燃料电池	燃料
Daimler-chrysler	直接燃料电池、燃料电池-电池混合	直接、间接	氢气、甲醇
Ford	直接燃料电池	直接/间接	氢气/甲醇
General Motors	燃料电池-电池混合	直接/间接	氢气/甲醇
Honda	燃料电池-超级电容器混合	直接/间接	氢气/甲醇
Mazda	燃料电池-超级电容器混合	直接	氢气
Nissan	燃料电池-电池混合	间接	甲醇
Renault	燃料电池-电池混合	直接	氢气
Toyota	燃料电池-电池混合	直接/间接	甲醇
Volkswagen	直接燃料电池	直接/间接	氢气/甲醇
Zetech	燃料电池-电池混合	直接	氢气

表 4-13　汽车制造商市场 FCEV 车辆的车型、续航里程、上市时间

公司	车型	续航里程	上市时间	备注
现代	Ix35/ Tucson	594km	2014.04	2016 年改款再次上市，目标全年销售 6000 辆
丰田	Mirai	500～600km	2014.12	原计划 2015 年试卖，但订单暴量达 3000 辆
本田	Clarity	700km	2016	目标 2017 年销售 3000 辆
奔驰	GLC F-Cell	400km	2018	
奥迪	A7h-tron	500km	N/A	已于 2014 年洛杉矶车展发表
福特	Explorer	560km	2017	
大众	Golf HyMotion	500km	2017	已于 2014 年洛杉矶车展发表
通用	Cadillac Provoq or Colorado fuel cell	480km	2017	建立在 2008 年展出的 E-Flex 车型基础之上
宝马	i8	N/A	2020	
日产	Terra	N/A	2018	
起亚	N/A	800km	2019	目标每年生产 1000 辆

注：N/A，无可利用数据。

　　轻载燃料电池电动车辆（L-FCEV）使用燃料电池作为推进动力系统。与内燃引擎基车辆比较，L-FCEV 提供比较安静的操作（鉴于燃料电池的安静性质），更有效的能量使用（效率近似为内燃引擎系统的两倍，其油井-飞轮效率要高约 30%），显著少的污染物排放（如使用可再生能源生产氢气作为燃料，具有近似零燃料循环 GHG 排放的潜力），更多样化车辆设计和装配灵活性。与轻载电池电动车辆（L-BEV）比较，L-FCEV 提供较长行驶距离、较短充燃料时间（低于 2min）、较好冷气候耐受性、较轻重量。但是，生命循环成本和电池堆耐用性是 L-FCEV 还没有完全商业化的限制因素。L-FCEV 需要解决的其他技术壁垒是总系统和空气压缩系统的重量及大小、非常冷气候和霜冻条件下的启动、热量消散、催化剂对电压循环的耐受性、频繁启动循环的电池堆耐用性、双极板重量、车载氢存储、膜润湿度、氢安全标准等。但由于其具有的固有优点（快速动力学应答、车载温度、系统大小等），PEMFC 比其他类型燃料电池更为优越，氢 PEMFC 是 L-FCEV 研究、发展和示范努力中应用最广泛的燃料电池。通用、丰田、马自达、戴姆勒 AG、Volvo、Volskwagen、Honda、现代（Hyundai）、Nissan 和其他主要汽车制造商在商业化 L-FCEV 中都取得了稳步的进展（见表 4-13），以燃料电池作为主要推进系统，把电摩托连接到燃料电池系统中。2013 年 2 月 26 日，韩国 Hyundai 汽车公司宣布大量生产 L-FCEV，ix35 的生产装配线已建成，并在丹麦和瑞士销售第一款 17 L-FCEV 给客户，公司期望未来有数以千计的 ix35 行驶在欧洲街道上，成本为每辆 50000 美元。该车辆行驶距离接近 600km 和最大速度达 160km/h，使用氢/空气燃料电池系统，可以在温度低至−25℃时运行，配有再生制动能量回收的锂电池。典型 L-FCEV 的主要组件包括燃料电池堆，电池堆、摩托和传动装置的冷却系统，高压氢存储罐（或紧凑、轻便和致密能量存储系统），电摩托，主功率控制单元，为再生制动能量回收的高电压电池或超级电容器（使行驶距离增加 5%～20%）和对快速功率突变的应答，以及其他辅助 BoP 组件。图 4-12 为典型 L-FCEV 的概念设计。

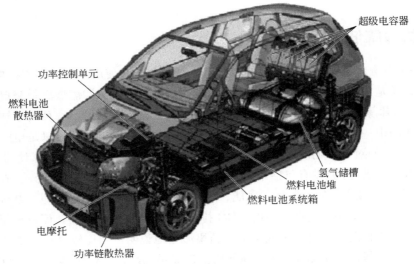

图 4-12　未来 L-FCEV 的概念设计（基于 Honda 2005 FCX 型）

在 2000 年，早期常规汽车生产稳步增长，但近年来出现波动。在过去数年中，燃料电池轻型车辆引入市场由 Honda、General Motors 和其他公司启动。Honda 已经开始出售它的 FCX Clarity 到加利福尼亚州，因为这些地区现在配备有氢燃料充气站，在那里 FCX Clarity 为选择的顾客提供 600 美元/月的 3 年租赁。在 2007 年，General Motors 通过 "Project Driveway（车道计划）" 项目，在加利福尼亚州、华盛顿和纽约交付 100 辆 Chevrolet Equinox 燃料电池车辆，到 2009 年已经累计行驶超过 100 万英里。Hyundai-Kia 宣布了 Kia Borrego SUV。在加利福尼亚州东湖出售是为了试验和示范，因这里是燃料电池领头市场之一，部分是由于它的严格的零排放车辆（ZEV）法规和有已经运行的氢燃料充气站的公用基础设施。

如人们预计的，L-FCEV 的主要竞争来自使用镍金属氢化物（NiMH）电池的 L-BEV，这也是现在市场占支配地位的 L-BEV，而锂离子（Li⁺）电池在未来 L-BEV 的选择中也在稳步取得进展。L-FCEV 和 L-BEV 都有其优点和缺点，它们都高度依赖于初级能源（化石、可再生、生物质等）、能源转化链（例如，氢气生产、运输和存储机制）和设计要求（最高速度、行驶范围、载客数量等）。对 L-FCEV 和 L-BEV 的能量和环境特性进行的比较研究暗示，PEMFC 和锂离子电池这两种技术（仍然不成熟，处于快速进展阶段）难分高下，但显示其中的一种明显优于另一种。使用轻载混合电动车辆（L-HEV）可能是过渡时期的一个解决办法，因包含了电池和燃料电池并试图组合它们的优点。例如，功率需求可在燃料电池和电池间进行分配，在满足主平均功率需求的同时满足瞬时加速动力，这改进了燃料电池耐用性，因为避免了重复电压循环和过大的燃料电池设计。

FCEV 与 ICEV 比较，结构极其简单。它是固态装置，没有移动部件，所以它固有的是低振动和无噪声装置。FC 因无移动部件不需用润滑油，维护费用降低。车辆功率链嵌在飞轮区域中，车辆前部引擎舱也不需要了。因此，氢 FCEV 在设计上是简单的、高可靠性和操作安静的，可能是一个长寿命系统。当与 FCEV 和 ICEV 比较时，应该考虑经济因素和价格差异。氢 FCV 需要有昂贵的氢分布公用基础设施。氢燃料重整器成本在 5000 美元/kW，而制造内燃引擎常规轿车成本约 3000 美元。氢 FC 成本在 1500～3000 美元/kW，而 ICE 成本约50 美元/kW。

4.4.2　排放降低

在图 4-13 中给出了未来轻载中型客车温室气体排放量和使用石油水平的模拟计算结果，考虑的推进系统是氢燃料电池、混杂动力和 ICE，而氢气、电力和燃烧燃料来自天然气、煤炭、生物质（纤维素乙醇和玉米乙醇）、柴油、汽油（石油）等。对每一种推进技术所包含的类型也显示在图中。例如，对未来中型 L-BEV，为电池充电的电力源可以是电网电也可以是可再生基电力，它们对该车辆的 GHG 排放和石油使用水平有显著影响。计算使用 2035～2045年预期的技术状态进行，但没有包括车辆制造生命循环和公用基础设施的影响。在图 4-13 中，"可再生"是指无碳技术，如太阳能、风能、海洋能。可以看到，使用电池、燃料电池、纤维素乙醇和玉米乙醇的车辆有远低得多的 GHG 排放（与其他技术比较）。而对使用石油水平，电池、氢燃料电池和天然气给出最低水平。结果清楚地说明，当比较每种类型技术（包括其变种）时，可再生基技术在 GHG 和石油使用上都显示优越性。但可再生基 L-FCEV 仍然依赖于氢气生产、存储和输送技术的进展；而天然气基和生物质基 L-FCEV 可能在未来短时间内实现并作为实际的轻载运输工具。

4.4.3　氢燃料

运转 L-FCEV 需要的氢燃料通常是离线生产的，在配送燃料站把氢气分布到车辆上的氢存储系统中。车载氢存储是 FCEV 商业化的最大挑战之一，也是最活跃的研究领域之一。压缩氢气、液体氢气、金属氢化物、化学氢化物和其他新存储技术仍然在进行研究和估价中。

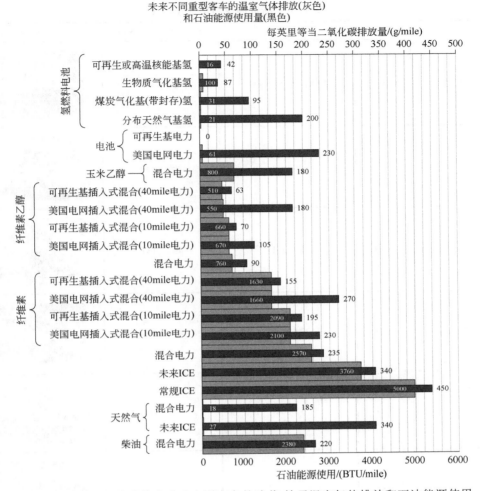

未来不同重型客车的温室气体排放(灰色)
和石油能源使用量(黑色)

图 4-13　使用不同推进技术未来中型客车的油井-轮子温室气体排放和石油能源使用

　　不像固定应用，在运输工具中的氢存储，其约束条件更多更苛刻。除了低成本、高效率、和伴生负荷（例如压缩、冷却或卸货）等限制外，重量能量密度（对金属氢化物是最重要的问题）、体积能量密度（对压缩氢是最重要的问题）要满足安全要求，适合车辆空间和形状以及系统的复杂性是对最常用车载氢存储系统上的额外约束。事实上，新近的研究证明，现在可利用的氢存储机制中没有一个能够满足未来 L-FCEV 长远目标特性要求的。但是，研究结论说，在某些技术被解决后，冷冻压缩氢、氨硼化学存储和铝烷金属氢化物在满足未来存储目标中是最有潜力的。值得注意的是，使用车载重整（或任何其他氢气生产方法）产氢技术仍然是不实际的，由于大小、重量、启动时间和安全方面的限制。不管怎样，随着重整和氢气生产技术的进展，车载产氢有可能变得可行。

　　加氢充气站的构建需要高投资成本，在 470000 美元左右。改建一中等规模充气站以配送燃料需要 70000 美元。氢 FCEV 的价格应该降低，经济性的进一步提高使它能够进入比较实际的商业阶段。福特公司第一个引进 FCEV，但是很贵，大量生产能够大幅降低成本。

　　表 4-14 是燃料电池车辆各种型号 FCEV 的一个小结，包括车辆的照片。图 4-14 给出汽车制造商推出的小汽车（a）和 Honda FCX 的功率链（b）。

表 4-14 新近的燃料电池小汽车

制造商	年份	燃料电池	自动挡速度/(km/h)	样机
Daimler-Chrysler	2008	Mitsubishi SX4-FCV	483～185	
Fiat Panda	2007	Nuvera	200～130	
Ford HySeries edge	2007	Ballard	491～137	
GM Provoq	2008	GM	483～160	
Honda FCX Clarity	2007	Honda	570～160	
Hyundai I-Blue	2007	Fuel cell	600～165	
Morgan LIFECar	3008	QinetiQ	402～137	
Peugeot H_2Origin	2008	Intelligent Energy	300	
Renault Scenic FCV H_2	2008	Nissan	240～161	

续表

制造商	年份	燃料电池	自动挡，速度/(km/h)	样机
Mitsubishi SX4-FCV	2008	GM	250～150	
Toyota FCHV-adv	2008	Hybrid Fuel Cell + Battery	830～155	

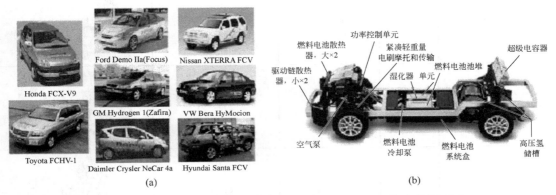

(a)　　　　　　　　　　　　　　　　(b)

图 4-14　汽车制造商推出的小汽车（a）和 Honda FCX 的功率链（b）

4.5　重载燃料电池电动车辆（H-FCEV）

4.5.1　引言

　　重载燃料电池电动车辆（H-FCEV），包括大巴客车、重载卡车、火车头、货车、多用途卡车、服务车辆等，它们都利用燃料电池作为推进系统。在 2012 年，在西欧就已经开发出多于 30 种的燃料电池大客车，而另外有 25 种由美国开发。燃料电池电动大巴（FCEB）成为燃料电池运输工业中最好的公共交通示范工具和研究与发展数据来源。随着对城市市区的管控，愈来愈希望使用公共运输系统以帮助降低有害物质排放和避免因大量私人车辆带来的交通拥挤。公交车是燃料电池技术最吸引人的应用，目标是向着洁净的公共运输发展。与柴油基大巴车比较，FCEB 不仅排放非常低（对氢燃料电池和电池大巴车辆，污染物排放接近于零），而且安静操作，其燃料效率也比其他大巴车高。这些优点对公众和政策制定者选择燃料电池大客车是有利的。与其他燃料电池车辆比较，公交车具有更大设计和安装装配灵活性，对氢存储系统重量和大小约束的灵活性比较大，其所需的复杂公用基础设施相对较少（因公交车行驶的路线通常是相对固定的）。这能够说明为什么政府和私人部门资金资助大客车发展的项目很多，最终目标是要在各个国家和地区，如美国、加拿大、西欧、日本、中国、澳大利亚和南美，使用燃料电池大客车。重要的例子有在澳大利亚的持续运输能源计划（sustainable transport energy porgramme，STEP）、欧洲的清洁城市运输（clean transport for Europe，CYTE）和 Hyfleet：CUTE 项目（这是世界上最大的 FCEV 的示范项目，发展 33 种 FCEV）、加拿大的氢燃料电池示范项目（hydrogen fuel cell demonstration project）、中国的城市道路公交车施行项目（urban-route buses trial project）、巴西的燃料电池公交车计划（Brazilian fuel cell bus project）、美国的加利福尼亚州零排放海湾区（the zero emission bay area，ZEBA）。各主要汽车制造商及其制造的大客车样机给出于表 4-15 中。从这些项目可以很清楚看到，燃料电池系统可以设计在大客车顶部、前面和后面。因此，大客车天花板能够做得比常规公交车低一些。

表 4-15 一些燃料电池客车例子

制造商	年份	燃料电池	自动挡速度/(km/h)	样机
Volvo	2005	Ballard	563～106	
Mercedes Benz Citaro	2003	Ballard	200～80	
Bavaria	2000	Ballard	300～80	
Neoplan	2000	GmbH	250～80	
Van Hol	2006	UTC	400～106	
Toyota	2001	Toyota	300～80	

　　燃料电池大客车的主要组件非常类似于先前描述的 L-FCEV 中的那些组件（图 4-15），最普遍使用的燃料电池堆类型是 PEMFC 和 PAFC，高电压电池用于再生制动能量的回收和更好的动态应答。但是，燃料电池技术的不成熟性和缺少大量生产和制造使 FCEB 在经济上竞争性偏低（与常规大巴车和其他新竞争技术比较）。因此，H-FCEV 需要有更多的示范，因为

在 FCEB 中要求有更高的耐用性和可靠性。不管怎样，为 FCEV 设计的燃料电池的耐用性和成本方面在不断发展中，由于示范项目数目增加和燃料电池开发者如 Ballard、Hydrogenics 和 Daimler AG 的努力。

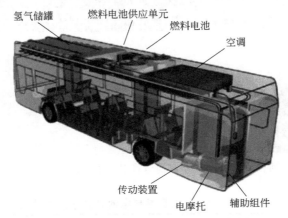

图 4-15　Mercedes Benz Citaro 燃料电池生态大巴，典型 H-FCEV 重要组件

图 4-16 显示从 1994～2008 年间每一年商业化燃料电池客车的数目。若干政府资助的程序计划是最近宣布的，如美国国家燃料电池客车计划与欧洲燃料电池和氢联合技术倡议。预期这个数目在未来会增加。在图 4-16 中 2003 年的峰值对应于为欧洲 CUTE（欧洲清洁城市运输）和 ECTOS（生态城市运输系统）与澳大利亚 STEP（可持续运输能源项目）计划（图 4-17 和表 4-16）。在 CUTE 项目中，每一个参与城市有不同的客车。斯德哥尔摩跑的是 Mercedes-Benz Citroen 燃料电池客车，每一辆有两个燃料电池堆，总功率为 250kW，以 350atm（1atm=101325Pa）存储 40kg 氢气，能够行驶约 200km。已经指出，在低功率密度（低于 40kW）操作，燃料电池堆的效率以低热值计超过 65%。

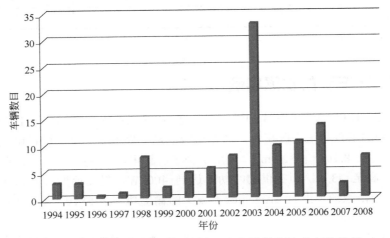

图 4-16　1994～2008 年间每一年商业化燃料电池客车的数目

由于 CUTE 和类似的计划，超过一半商业化燃料电池客车是在欧洲运行的，1/4 在亚洲，15%在北美洲。在北美洲，美国加利福尼亚州是燃料电池客车活跃的重要区域，主要是由于"零排放"法规已经发布，以保护当地的空气资源。

图 4-17　CUTE 项目公交车：在北京街道行驶的 Daimler Chrysler 燃料电池公交车

表 4-16　CUTE 项目燃料电池公交车技术数据

技术数据	Mercedes-Benz Citaro 燃料电池公交车	MAN 里昂城 H（150kW 型）	MAN 里昂城 H（200kW 型）
燃料电池功率/kW	总功率>250	N/A	N/A
净轴功率点摩托	205kW/600V	N/A	N/A
ICE 类型	N/A	线内 6 缸 MAN H 2876 UH01	线内 6 缸 MAN H 2876 UH01，有涡轮总压和直接喷入
氢燃料储槽	9 个（350atm）容量>40kg	10 个（350atm）容量>50kg	10 个（350atm）容量>50kg
行驶范围/km	200	220	220
速度/(km/h)	最大 80	最大 80	最大 80
车辆尺寸（$L×W×H$）/m	12.0×2.55×3.67	12×2.5×3.37	12×2.5×3.37
载客量/人	达 70	达 83	达 83

注：N/A，无可利用数据。

4.5.2　H-FCEV 的发展实例

在运输工业，L-FCEV、FCEB 和燃料电池基 APU 正在支配市场，对 H-FCEV 也发展到有若干印象深刻的示范和里程碑事件。商业化版本是世界上第一个氢燃料电池基重载 8 等级（class-8）卡车（长 8.4m、高 2.9m），使用混合氢燃料电池/锂离子电池系统驱动，运行温度可低至-26℃、高至 43℃，而提供的峰功率达到 400kW，最高速度 105km/h，总重量超过36000kg。燃料电池系统（由 Hydrogenics 开发）的输出功率达 65kW，行驶距离多于 320km，加燃料时间在 4～7min 之间。

类似地，Hydrogenics 正在德国开发装载处理废物（分散废物）的重载卡车，使用混合柴油引擎/燃料电池系统。柴油引擎用于推进，而燃料电池用于废物收集、管理和分散。

对铁路车辆，已经设计和模拟出装载车辆系统的性能，该系统是一类混合可切换机车，使用 SOFC 产生的电力、铅酸电池和超级电容器组合作为机车推进动力。研究结果说明，使用提出的三个功率源规范负荷分配的控制策略就能够使机车快速跟随变化的功率需求，有高的效率。研究还发现，仅使用一种 1.2MW 可切换机车燃料电池发电装置实际上要比使用混合燃料电池和耦合辅助存储装置的设计更有效。这是因为，对可切换机车没有复杂的瞬时功率需求，因为飞轮与铁路路轨间的黏附是引擎功率的限制因素，不是可利用的峰功率。此外，再生制动能量的回收潜力是低的，因此混合设计附加的复杂性、体积和重量，反而可能成为问题。

4.5.3　FCEV 成本

计算了加拿大燃料电池汽车和内燃引擎汽车的成本，分别为 28250 美元和 21718 美元左右，该结果显示 FCEV 的成本要高约 30%。在表 4-17 中，对现时内燃引擎电动车辆（ICEV）与混合燃料电池电动车辆（FCEV）的成本进行了比较。结果显示，在 FCEV 中燃料电池功率单元和尾气净化是比较值钱的。燃料电池成本构成系统总成本的很大部分。虽然 FCEV 比 ICEV 贵，但车辆生命期间的操作成本是比较低廉的和合理的。

表 4-17　ICEV 和未来 FCEV 的价格评估　　　　　　　单位：美元

推进系统	ICEV	FCEV
燃料	汽油	氢气
车辆类型	客车	客车
底线车辆	21717.65	21717.65
引擎		
信贷缩减		−6000.00
燃料电池系统		
燃料电池		5195.04
燃料箱		975
电动机		1558.51
单段还原转换		226.50
电池		2597.52
尾气净化		−645.00
车辆		
重量减轻		2400.00
空气动力学		225.00
车辆总价格	21717.65	28250.22

4.6　氢燃料电池大客车的发展和示范试验

4.6.1　引言

多年来发达国家为改善人口稠密大城市空气质量进行了极大的努力，提倡使用替代石油能源来降低运输产生的空气污染。重载车辆，特别是以氢燃料电池提供功率的电动大客车，在改善空气质量和降低污染的目标中是极其重要的。

燃料电池电动车辆（FCEB）与传统柴油或柴油混杂大客车相比，具有众多操作、环境和经济上的优势。FCEB 是燃料利用率最高的，如图 4-18 所示。这些大客车在操作时没有污染物局部排放，噪声低和温室气体排放量大幅下降（基于油井-车轮），此外还有其他零排放技术中没有看到的一些性能、行驶里程数和路线灵活性等。在运输中使用燃料电池对石油依赖和价格波动的降低是有正面效应的。为此，FCEB 大步向着商业化发展，燃料电池大客车和 FC 制造商稳定地增加（图 4-19）。全球用在道路上示范的项目使用了约 100 辆公交车，FCEB 在技术性能、耐用性和可靠性上接近于政府和运输代理人的目标。但是达到 FCEB 的完全商业化仍然有几个壁垒。重要壁垒包括燃料电池功率系统的耐用性、燃料电池公交车相对高的初始投资成本、氢可利用性和成本。这些壁垒在燃料电池技术继续改进、大量制造和大的再充设施（1000kg/d）中被克服。表 4-14 总结了活跃在世界上的 FCEB（没有包括中国、印度、南美等发展中国家的公司），它们的主要部分是在北美和欧洲。它们累计行驶的距离已经超过 300 万英里。

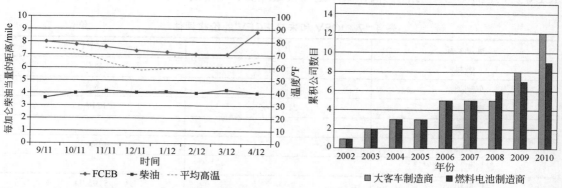

图 4-18 燃料电池和柴油大客车的平均燃料经济性   图 4-19 在燃料电池大客车市场中的竞争者数目

$$\left[t/℃ = \frac{5}{9}(t/℉ - 32) \right]$$

4.6.2 电动大巴技术概述

电动大巴以不同的电气化程度操作，这取决于推进系统的构型，包括但不限于混杂电动大巴（HEB）、燃料电池电动大巴（FCEB）和电池电动大巴（BEB）。除平行混杂系统外，所有系统分享一中心概念：推进能量来自电牵引驱动系统。技术的主要差别是电力引擎的功率源。

混杂电动技术在不同构型中使用内燃引擎（ICE）和电摩托（EM），为轮子提供牵引功率。混杂大巴有两种不同的构型：串行和平行。在平行构型［图 4-20（a）］中引擎 ICE 和 EM 两者是连续推动车辆的。牵引功率独立来自 ICE 或 EM 或通过两者的组合。在串行构型中，车载 ICE 通常是指发电机，被用于产生电力，既可以传输给 EM 也可以存储于车载电池包中，如图 4-20（b）所示。混杂大巴还有一些其他构型，基于 ICE 的燃料源如汽油、柴油、天然气和生物燃料。混杂大巴通常按需求的混杂化程度构型，混杂化比是指 EM 和 ICE 能量输出比。高混杂比需求到插入式混杂技术的发展。插入混杂构型遵从串行混杂设置，具有附加的特色，即允许车载电池用外部电源再充电。这是没有使用限制范围的插入式发电机的一种电驱动选择。

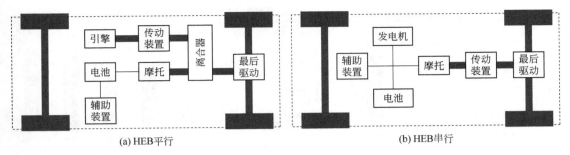

图 4-20　混杂电动大巴（HEB）构型

燃料电池是大巴电气化的一种选择。不像常规 ICE 燃烧燃料产生动态运动，燃料电池技术通过电化学过程从燃料产生电力（转化燃料中的化学能为电能）。燃料电池技术能够支持混杂模式中的电池，或作为电引擎的主功率源，如图 4-21 所示。

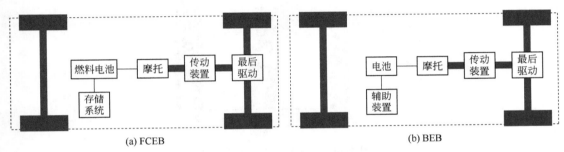

图 4-21　燃料电池电动大巴（FCEB）构型和电池电动大巴（BEB）构型

电池电动大巴，通常称为纯电动大巴，以存储在车载电池包中的电力作动力（图 4-21）。该技术不包含机械部件，电池电动大巴有两种：短程和长程。两者的差别是行驶范围和充电时间。短程电动大巴电池包较小，仅有有限范围（20～30mile）和完全充电（80%～100%）在 5～10min 内。长程大巴与此不同，所含电池包相对较大，行驶范围达 200mile 和充电时间长达 2～4h。

4.6.3　电动大巴市场趋势

电动大巴市场份额近些年稳步增长。在 2012 年，全球采购电动大巴占新采购的 6%。这个份额的关键地区是亚太、欧洲和美洲。据预测，电动大巴的市场潜力份额，将达到全球市场的 15%，综合年增长速率 26.4%，如图 4-22 所示。电动大巴的市场分布：亚太地区（主要是中国和印度），估计综合年增长速率 6.3%；欧洲综合年增长速率 3.9%；北美 3.6%，拉丁美洲 6.3%，如图 4-23 所示。因亚太地区占大巴市场份额的 40.9%，因此电动大巴的 75% 是由亚太地区购买的。

虽然电动大巴在北美市场占优势，这个市场的渗透主要是由混杂技术驱动的。市场分布（图 4-24）说明，在电动大巴范围内，混杂大巴占电动大巴的 73%。BEB 和 FCEB 的市场份额相对较小，分别为 8% 和 19%。在欧洲，FCEB 和 BEB 的市场渗透在稳步增长，因此在 2030 年其市场份额可以超过 HEB。但是，应该注意，所有预测市场的前提是现时技术的成熟，当所有电动技术同样成熟时情形会发生显著变化。

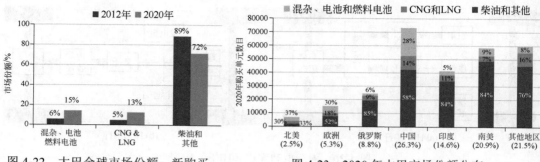

图 4-22 大巴全球市场份额：新购买

图 4-23 2020 年大巴市场份额分布
（括号内指全球市场份额百分数）

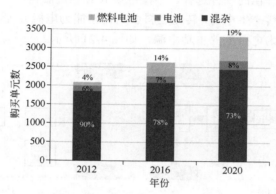

图 4-24 北美电动大巴市场分布

4.6.4 燃料电池电动大巴在各国的发展简况

全球活跃的燃料电池大巴计划项目给出于表 4-18 中。在美国，联邦运输当局在 2006 年设立了国家燃料电池公交车项目，以促进 FCEB 向商业化进展。自 2006 年以来，项目提供了近 9000 万美元以促进运输工业燃料洁净和绿色能源的发展和试验。到 2013 年 8 月，有 18 辆 FCEB 在 6 个地方示范，其中的 14 辆在加利福尼亚州。在奥克兰的 A C Transit 燃料电池大巴使用 Power 燃料电池（ZEBA）；在 Hartford 的 4 辆 Van Hool 公交车使用 ClearEdge 燃料电池；在 Sunline 和 Thousand Palms 分别有 1 辆新 Flyer 大巴公交车和 1 辆 Eldorado 大巴公交车使用 Ballard 燃料电池；在 Capital-Metro 有 1 辆 Proterra 大巴公交车使用 Hydrogenics 燃料电池。

表 4-18 全球活跃的燃料电池大巴计划项目

城市，国家	车辆数量/辆	项目/操作者	开始年份	制造商	
				大巴	燃料电池
Bay Area，美国	12	AC Tansit	2011	Van Hool	ClearEdge
Hartfort，美国	4	CTTransit	2007	Van Hool	ClearEdge
Thousand Palms，美国	1	Sunlne	2011	New Flyer	Ballard
Austin，美国	1	Sunline	2011	ElDorado	Ballard
Burbank，美国	1	Capital Metro/UT	2012	Proterra	Hydrogenics
San Francisco，美国	1	SF Metro Transit	2010	Proterra	Hydrogenics

续表

城市，国家	车辆数量 /辆	项目/操作者	开始年份	制造商	
				大巴	燃料电池
Newark，美国	2	U of Delaware	2007	Daimler	Hydrogenics
New Haven，美国	1	GNHTD		Ebus	Ballard
Lewis-McChord，美国	1	Dept of Defense		Ebus	Ballard
Barth，德国	1	Osteebus		Proterra	Hydrogenics
Hamburg，德国	4	CHIC，CEP	2006	Neoplan	Proton
Cologne，德国	2	CHIC，HyCologne	2011	Daimler	AFCC
London，英国	8	CHIC	2011	APTS	Ballard
Oslo，挪威	5	CHIC	2011	Wrightbus	Ballard
Aargau，瑞士	5	CHIC	2012	Van Hool	Ballard
Milan，意大利	3	CHIC	2011	Daimler	AFCC
Bozano，意大利	5	CHIC	2011	Daimler	AFCC
SanRemo 意大利	5	High V-Lo City	2013	Daimler	AFCC
Aberdeen，苏格兰	10	High V-Lo City	2013	Van Hool	Ballard
Aberdeen，苏格兰	4	High V-Lo City	2014	Van Hool	Ballard
Aberdeen，苏格兰	6	Hytransit	2014	Van Hool	Ballard
Antwerp，比利时	5	High V-Lo City	2014	Van Hool	Ballard
Cologne，德国	2	HyCologne	2014	Van Hool	Ballard
Hamburg，德国	2	NOW，Hamburg	2014	Solaris	Ballard
BC，加拿大	20	BC，Transit	2010	New Flyer	Ballard
Gladbeck，德国	1	NA	2010	Rampini	Hydrogenics
Amsterdam，比利时	2	GVB	2011	APTS	Ballard
Neratovice，捷克	1	TriHybus	2009	Skoda Irisbus	Proton
Centrair 机场，日本	2	CSS	2006	Toyota	Toyota
Haneda 机场，日本	2	机场 Transit	2010	Toyota	Toyota
Toyota City，日本	1	Meitetsu	2010	Toyota	Toyota

在欧洲的 Hyfleet-CUTE 示范项目，有 30 辆完整大小的 Daimler 燃料电池大巴在 10 个城市运行，2003～2010 年间累计行驶 130 万英里。这些车辆主要使用电池，但使用了 12kW Hydrogenics 燃料电池为电池充电。基于 Hyfleet-CUTE 项目的成功，欧洲燃料电池客车公司 CHIC（在欧洲城市使用清洁氢气）示范项目现时有 26 辆 FCEB。第一阶段在 5 个国家展开：在瑞典 5 辆 Daimler-Chrysler 大客车使用 AFCC 燃料电池；在挪威 5 辆 Van Hool 大客车使用 Ballard 燃料电池；在英国 8 辆 Wrightbus 大客车使用 Ballard 燃料电池；在意大利 8 辆 Daimler-chrysler 大客车用 AFCC 燃料电池。这些车队从 2011 年运行到 2017 年，目标是要达到多个性能指标，可容易地把技术集成到今天的公共运输标准中去。而 CHIC 项目得到了 Joint Technology Inititatives'（JTI）Fuel Cell、Hydrogen Joint Undertaking（FCH-JU）和一些工业参与者的支持和资助。

此外，在欧洲的 High V-Lo City 项目部署了 14 辆 FCEB（全部都是 Van Hool 大巴）到 3 个国家：意大利、苏格兰和比利时。欧盟（EU）批准部署的另一个项目是 HyTransit，在该项目下 Van Hool 和 Ballard 供应 6 辆燃料电池大巴给 Aberdeen（阿伯丁，苏格兰），其设计类似于 High V-Lo City 大巴。这些项目的目的是要创建燃料电池大巴成功操作点的网络，称为 clean hydrogen bus centres of excellence（CHBCE），连接 High V-Lo City 点与欧洲类似燃料电池大巴示范地点。High V-Lo City 和 Hytransit 项目都是通过 EU 从 JTI 项目获得资助的。

在加拿大，BC Transit 有运行 20 辆配备 Ballard 燃料电池的 New Flyer 大巴车队，是为 2010 年冬季奥林匹克运动会部署的。这个车队是作为 Whistler 市的 Resort Municipality 骨干运输力量运作的，行驶路程已经超过 190 万英里。在那时，该车队是单一地区运行的最大燃料电池车队。因此，也需要世界上最大的氢燃料站为车辆提供 1000kg/d 的氢气配送。氢气是用船舶运送的，以液体氢形式储存，但以气态氢形式配送给车辆。

在日本，HNO（丰田公交车子公司，是仅有的燃料电池大巴车玩家），有 6 辆配备 90kW 丰田燃料电池的 FCEB 在不同地区运行。这些大巴早先是作为 Aichi Expo（爱知博览会）的班车于 2005 年部署的。虽然丰田是最坚定的轻载燃料电池车辆的制造商之一，但它对大巴市场的兴趣尚不明确。

在韩国，情形与日本类似。现代汽车公司是关键的燃料电池玩家，其承诺到 2014 年商业化轻载燃料电池车辆，对大巴车的计划也不明确。使用现代 160kW 燃料电池的现代 40ft（1ft=0.3048m，下同）长大巴自 2006 年以来一直在首尔和济州岛运行。现代与首尔已经签订协议，在 2013 年开始供应多辆燃料电池电动大巴（FCEB）。

在中国，自 2005 年以来，在重大事件和在全球关注下，部署了 FCEB，包括为 2008 年夏季奥林匹克运动会部署的 3 辆，为 2010 年上海世博会部署的 6 辆。在 2010 年 11 月和 12 月，有多于 50 辆的燃料电池大巴为广州亚运会运送运动员和政府官员到各个场馆。但这些示范大巴现在不再提供服务。在 2013 年 9 月，Ballard 公司宣布，签订多年合作协议支持在中国市场的 Azure 氢燃料电池汽车项目。

巴西和印度，在近些年中计划部署数十辆使用 Ballard 燃料电池的 FCEB。

下面对全球部署的 FCEB 性能数据、FCEB 燃料电池技术现状、氢燃料公用基础设施做一小结，为下一代 FCEB 的计划项目和目标提供建议。

4.6.5　美国燃料电池大巴

美国 FCEB 发展的时间表示于图 4-25 中。在 2006 年，联邦运输局（FTA）建立国家燃料电池大巴计划（National Fuel Cell Bus Program，NFCBP）以推进 FCEB 的研究和发展。它为各种研究项目、FCEB 示范、组件发展和拓展项目提供了 1.8 亿美元（包括分担的 50%）。项目由三个非营利机构管理——CALSTART、CTE（the Center for Transportation and the Environment）和 NAVC（the Northeast Advanced Vehicle Consortium ）。国家可再生能源实验室（The National Renewable Energy Laboratory，NREL）作为第三方评估者来评估在这个计划下示范的大巴的生存能力。除了现时在进行和列举在表 4-18 中的项目外，有多于 7 辆的 FCEB 将被部署。FTA 还资助 7 所大学和运输代理人进行燃料电池大巴研究。

4.6.5.1　基本性能数据

基本性能数据由 NREL 提供 2013 年 7 月的最新结果。代表的是以燃料电池为主的混杂系统 FCEB。Proterra 公交车是以电池为主的。FCEB 实物图示于图 4-26 中。表 4-19 给出这些 FCEB 的一些特性。为进行比较，也收集了常规基准大巴的数据。

图 4-25　美国 FCEB 发展的时间表

(a)　　　　　　　　　(b)

(c)　　　　　　　　　(d)

图 4-26　FCEB 实物照片：AC Transit ZEBA（a），CTT Nutmeg（b），
SunLine AFCB（c），SunLine AT（d）

表 4-19　使用的 FCEB 一些特性

项目	AC T ZEBA	CTT Nutmeg	SL AT	SL AFCB	TX Proterra
经纪人	ACTransit	CTTRANSIT	SunLine	SunLine	Capital Metro
大巴数目/辆	12	4	1	1	1
大巴制造商	Van Hool	Van Hool	New Flyer	ElDorado	Proterrs
大巴长度/ft	40	40	40	40	35
燃料电池制造商	ClearEdge	ClearEdge	Ballard	Ballard	Hydrogenics
燃料电池功率/kW	120	120	150	150	16（×2）
混杂系统集成器	Van Hool	Van Hool	Bluways	BAE Systems	Proterra
设计策略	FC 占优	FC 占优	FC 占优	FC 占优	电池占优
能量存储制造商	EnerDel	EnerDel	Valence	A123	Altairnano
能量存储类型	锂离子	锂离子	锂离子	锂离子	锂-钛酸盐
能量存储功率/kW·h	21	21	47	11	54
氢气存储压力/psi	5000	5000	5000	5000	5000
氢气储罐/个	8	8	6	8	4
氢气容量/kg	40	40	43	50	29

表 4-20 总结了每辆 FCEV 总里程、行驶时间、平均速度和月均里程数。图 4-27 给出了燃料电池大巴和标准柴油大巴的月平均行驶里程数使用。有些大巴在一天中行驶多达 20h，一周行驶 7d。

表 4-20　燃料电池大巴运行的总里程和行驶时间

型号	时期	时间/个月	大巴数目/辆	总里程/mile	行驶时间/h	平均速度/(mile/h)	月均里程/mile
AC T ZEBA	3/13～7/13	5	12	156789	18251	8.6	2613
CTT Nutmeg	8/12～1/13	6	4	24479	1914	12.8	1020
SL AT	8/12～7/13	12	1	9340	906	10.3	778
SL AFCB	8/12～7/13	12	1	36339	2380	15.3	3028
TX Proterra	10/12～3/13	6	1	1374	N/A	N/A	229

注：N/A，无可利用数据。

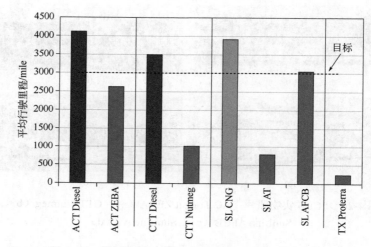

图 4-27　燃料电池大巴和基准大巴的平均行驶里程

可利用性是大巴计划安排的与实际可利用时间的一个比较。表 4-21 中给出了燃料电池大巴的可利用性。可利用性变化很大，低至 31%和高至 81%，平均可利用性为 69%。影响公交车可利用性的主要事情是一般维护（52%）、牵引电池（21%）、燃料电池（20%）和混杂系统（7%）。

表 4-21　燃料电池大巴的可利用性

型号	时期	时间/个月	大巴数目/辆	计划天数/d	利用的天数/d	平均可利用性/%
AC T ZEBA	3/13～7/13	5	12	1486	1209	81
CTT Nutmeg	8/12～1/13	6	4	437	222	51
SL AT	8/12～7/13	12	1	280	88	31
SL AFCB	8/12～7/13	12	1	331	247	75
TX Proterra	10/12～3/13	6	1	82	46	56

4.6.5.2　燃料经济性

图 4-28 给出每一类型 FCEB 每加仑柴油当量（DGE）行驶里程数表示的平均燃料经济性，

并与相同点的常规基准大巴进行了比较。混杂燃料电池系统的燃料经济性倾向于随位置点而改变，与工作周期有关。与类似的基准大巴比较，FCEB 的燃料经济性有显著提高。FTA 性能目标中 FCEB 的燃料经济性高于柴油大巴至少两倍。FCEB 的实际数据显示，比柴油和 CNG 基准大巴经济性提高的范围在 1.8～2.4 倍。

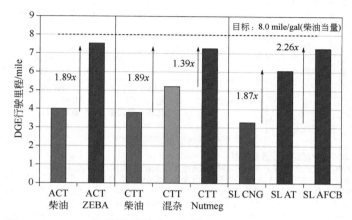

图 4-28　FCEB 和基准柴油大巴间燃料平均经济性（x）的比较

道路故障或车辆系统在道路上的失败被算成是大巴服务期间的失败，因为导致路上替换车辆或无计划的延误。大巴修理和计划维护的短暂停留，不视为道路故障。但新近的数据指出，FCEB 的两次道路故障（MBRC）间的里程数已经很接近于设定的 2016 年的目标。要指出的是，虽然 FCEB 的 MBRC 仍然低于目标，但不是由于燃料电池。

NREL 跟踪所有位置点 FCEV 使用的氢气总量。自第一辆燃料电池大巴于 2006 年 1 月开始运行到 2013 年 7 月，这些 FCEB 充用氢气燃料很多次，总量达 150000kg，没有出现加氢燃料的事故。

4.6.6　欧洲燃料电池大巴

欧盟（EU）承诺要显著降低其温室气体（GHG）排放，为了满足比 1990 年降低 80%的目标，道路运输排放可能需要降低 95%。结果是，为与增加严格车辆排放法规相一致，不断推出替代驱动链技术，并以欧洲和国家资金资助形式予以支持。

图 4-29 给出了西欧在 2012 年大巴的状态，从图中看出，FCEB 技术显著好于等同的电池电动大巴（如短程或长程电池电动大巴），超过 12m 或 18m 标准氢燃料电池大巴部署于整个欧洲，但没有电池电动大巴。

第一个在欧洲展开的 FCEB 项目是在 CUTE 和 HyFleer 项目下：在 2003～2009 年进行的CUTE 项目，在 9 个欧洲城市部署总数为 27 的非混杂化的 FCEB。接着的 CHIC 项目开始于2011 年，目标是在 5 个欧洲城市部署 26 辆新混杂 FCEB，2012 年启动。而同时也开始分享已有 FCEB 发展城市的数据和经验。此后又有 HyTransit 和 High V-Lo.City 项目，在阿伯丁部署最新的 6 辆混杂化 FCEB，并有 14 辆分别部署在其他三个欧洲区域。表 4-22 列举了欧洲部署有 FCEB 车队的城市/区域。

另外，多个有燃料电池大巴的欧洲和全球城市和地区（包括 Amsterdam、Barcelona、Berlin、British Columbia、Cologne、Hamburg、London、South Tyrol 和 Western Australia）形成了氢

西欧低排放大巴2012年状态(12m和18m大巴)	柴油车/CNG/运输车	柴油混杂①	氢燃料电池大巴	短程电动大巴	长程电动大巴
部署的大巴数目/辆	柴油、CNG和运输大巴被认为是成熟的,因它们已经使用超过50年,占现有市场超过95%(12m和18m大巴)	>1000	>30	0③	0④
行驶的里程/kg		≫10000000	>1000000 (>5000000)②	0③	0④
完成的充电加燃料程序		与柴油车相同	>500	0③	0④
运行的年数		约2~3年	约2年	• 对12m和18m大巴尚未运行 • 对8m长程大巴约2年	
供应工业/邻接工业		• 电池 • 电力驱动	• 车辆中燃料电池 • 氢气供应 • 电池、电力驱动	• 公用基础设施 • 电池 • 电力驱动	• 公用基础设施 • 电池 • 电力驱动

所有功率链数据都经小心适当处理：
- 氢燃料电池大巴数据是真实的小规模车队使用的数据(12m或18m大巴)，时间数年
- 电动大巴(短程和长程电动大巴)数据基于Clean Team核心组件数据、柴油串行混杂Clean Team其他组件数据和专家计算的余下部件的数据，因为没有12m或18m大巴实际操作的信息可用
- 混杂电动大巴数据仅基于很少几年经验，尽管有很大数目的大巴

图 4-29　欧洲不同低排放驱动链技术的状态

① 最新的串行混杂和平行混杂。

② 包括功率链混杂化和没有混杂化的电动大巴。

③ 在 Turin 和 Genoa 自 2004 有 31 辆 8m 短程电动电动大巴在运行，Vienna 订购了 16 辆 8m 大巴，Braunschweig 和 Milton Keynes 也订购了短程充电电动大巴；西欧外，也有短程充电电动大巴在上海（12m）和洛杉矶（10m）运行。

④ 未知数目的欧洲城市运行或已经订购型号的大巴，一些由中国制造商制造，在 Coventry 运行着 3 辆 Optare 快速充电 11m 大巴。

表 4-22　欧洲活跃的 FCEB

CHIC		High V-Lo-City		HyTransit		独立	
城市	大巴数目/辆	城市	大巴数目/辆	城市	大巴数目/辆	城市	大巴数目/辆
Aargau	5	阿伯丁	4	Anerdeen	6	Amsterdam	2
Bolzano	5	Antwerp	5			Amhem	1
Cologne	2	Liguria	5			Barth	1
Hamburg	4					Dussldorf	2
London	8					Hamburg	1
Milano	3					Neratovice	1
Oslo	3						

燃料大巴联盟（Hydrogen Bus Alliance，HBA），目标是共享有关部署 FCEB 性能和经验的信息，以及未来在采购 FCEB 上的合作。这些城市和地区的车队总计有超过 12000 辆大巴，平均每年购买的大巴超过 1200 辆。其特点是，对氢燃料电池大巴部署项目有高度的政策支持，且都愿意连续采购氢燃料电池大巴，因为燃料电池大巴正转向商业可行。

最新一轮部署的 FCEB 使用串联混杂技术，既可选择电池也可选择超级电容器（取决于游览路线）存储再生制动产生的功率和提供缓冲以减小燃料电池系统大小，因此最小化成本。与部署这些大巴平行，上述每一个城市也布局充氢的公用基础设施以服务于大巴车队。解决办法依赖于液体氢配送、区域存储槽充氢氢气，到原位绿色氢气生产。

虽然 Hyfleet:CUTE 项目报道了非混杂化 FCEV 在 2003～2009 年的可靠性和性能数据：

大巴可利用性>92%，行驶里程>200 万千米，每 1000h 操作道路故障数<10。但对后续的 CHIC 项目和新混杂化 FCEB，可利用数据有限。

初期的 CHIC 项目初期，性能比早先的非混杂化 FCEB 在性能方面上了一个台阶，现在的环境和燃料电池可靠性与美国和加拿大 FCEB 车队一样或稍好。但是，非燃料电池组件的初始问题导致大巴的可利用性低于预期目标，至少部署初始阶段是这样。为避免不必要原因引起的可利用性降低，已经找出了多个容易避免的问题：①供应链问题，长时间停机，由于备件交货期长或不可利用。②早期的软件问题，车辆服务初期的低可利用性通常是由"假的"错误信号导致的，过度敏感的错误信息；因人造场景和真实客运服务测试之间的差异而引起其他问题。③对支持人员和当地员工培训不充分，运输经纪人对氢气、容器检验、压力系统安全知识不完整，致使小错误招致长时间停机。

尽管现时缺乏 CHIC 项目官方数据，但从伦敦运输工业了解到如下一些信息。

伦敦混杂化 FCEB 车队的燃料消耗平均为 9kg/100km，比设置的目标 11～13kg/100km 低了不少，也低于 CUTE 和 Hyfleet 项目设置的目标（如 CUTE 项目非混杂 FCEB 为 22kg/100km），如图 4-30 所示。其燃料消耗优于柴油大巴燃料等当消耗（11～15kg/100km）。

伦敦 FCEB 车队的可利用性（大于 70%）显著低于等当柴油大巴，它也低于 CUTE（92%）和 Hyfleet 可利用性。主要原因来自上述的初始问题。但是，对个别

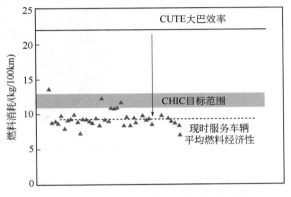

图 4-30　伦敦 FCEB 车队平均燃料消耗

燃料电池大巴，达到的可利用性已经超过 90%，这说明技术本身是有能力达到很高水平可利用性的，类似甚至好于柴油大巴，进一步证实整个车队可利用性低是由于不成熟供应链和一些组件特殊问题。图 4-31 说明，部署在伦敦的 FCEB 上观察到的许多停机现象与燃料电池系统无关，而是由于工厂平衡事情（BoP）以及无法说明的理由的停机。预计这类事故会被解决，FCEV 在未来数月中它们的操作可利用性会显著提高。而对未来下一代 FCEB 则完全能够达到或超过 90%可利用性。

部署在伦敦的 FCEB 再充燃料时间平均在 7～10min，加燃料 30kg。必须注意到，由于部署在伦敦的 FCEB 燃料效率好于预期，车载存储容量从 46kg 降低到 30kg（6 个储罐中移去了 2 个），增加了载客容量，这对再加燃料有正面的影响。

4.6.7　加拿大燃料电池大巴

在加拿大，British Columbia（BC）Transit 负责管理实现示范项目，在 Whistler 的 Resort Municipality（RMoW）有零排放运输车队的 20 辆燃料电池大巴，服务于 2010 年冬季奥林匹克运动会，冬奥会后，仍然是单一地区操作的最大燃料电池大巴车队。与其他燃料电池大巴项目不同（在较大车队中引入少量燃料电池大巴），该车队几乎完全依赖于以氢燃料为动力的大巴。到现在为止，该燃料电池车队已经行驶了约 380 万公里。

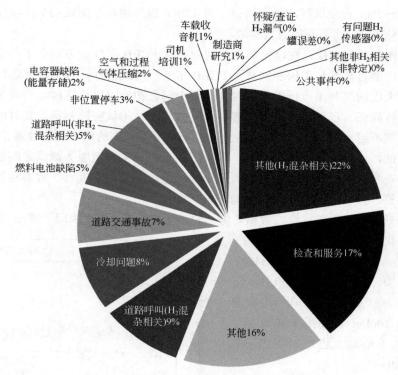

图 4-31　部署在伦敦的 FCEB 停机的原因

　　在 RMoW 操作运行的不仅是最大燃料电池大巴车队,而且也有世界上最大充氢气站为该车队提供燃料。氢气以液体形式运输和存储,以气体形式配送给大巴车辆。

　　在 RMoW 的运输服务,是所有 BC Transit 运输系统中环境最严苛和循环责任最重的。这个环境和最大燃料电池大巴车队以及最大充氢气站的组合为燃料电池的发展提供了试验平台,它描述加拿大最严苛的运输环境。

4.6.7.1　基本性能数据

　　表 4-23 总结了在 2010 年 2 月～2012 年 5 月间收集的关键性能数据(文献中有更多数据),突出了 4 个操作项目的时间周期。周期 1 和 2 的运行时间是 2010 年 2 月～2011 年 3 月,此时所有大巴在 RMoW 服务于冬季奥林匹克运动会。这些大巴得到了 Ballard、New Flyer 和 ISE 集团的支持。这个时间内进行了重要的调试和升级,还补充了重要的应急车队以确保完善的服务。因此,操作和维护活动得到了极大的发展,但与跟踪和记录的数据并不一致,数据仅是信息性的,不用于性能分析。

　　周期 3 和 4 的运行时间为 2011 年 4 月～2012 年 5 月。大巴经过 15d 试运行阶段,每一辆大巴必须达到无故障服务 15d。结果所有大巴都完成了 15d 试运行。虽然周期 3 是过渡期分析的一个完整日历年,避免了季节因素的影响。周期 3 的评估导致措施的改变,但与周期 4 没有显著差别。周期 4 是评估的关键时期,因为它最接近的正常操作,最适合于为预留时间规划车队的操作性能。

　　图 4-32 显示整个车队的月和总累计里程数。显然周期 3 和 4 操作使用增加。行驶了 210 万公里,因此燃料电池车队减少了 3203t 的 CO_2 排放。

表 4-23　2010 年 2 月～2012 年 5 月关键性能数据

参数	单位	值
2010 年 2 月～2011 年 3 月		
车队累计里程数	km	2189974
大巴平均累计里程数	km	108499
避免的二氧化碳排放	t	3202
配送到站的氢气	kg	549143
分送给大巴的氢气	kg	316486
2011 年 4 月～2012 年 5 月		
平均燃料经济性	kg/100km	15.3
维护成本	美元/km	1.0
平均范围	km	366
平均大巴可利用性	%	71
道路故障间行驶平均里程	km	2740
氢燃料成本	美元/km	2.28
	美元/km	15.37
平均月充气速率	kg/min	2.2

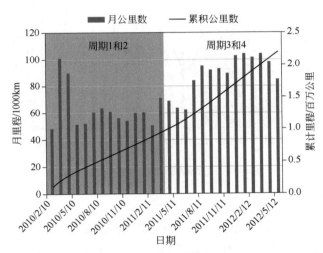

图 4-32　整个车队在 2010 年 2 月～2012 年 5 月间的累积行驶距离

　　可利用性数据如图 4-33 所示。周期 3 和 4 的平均可利用性为 71%,但显示有季节性波动。周期 1 和 2 的较高可利用性是原位操作大调整的结果。在周期 3 和 4,因服务减少可利用性降低了。

　　无道路故障间平均距离（MDBRC）,使用 Whistler Transit 维护记录测定,如图 4-34 所示。在周期 3 和 4 平均 MDBRC 为 2740km,但与可利用性一样,车队可靠性也有季节性波动。

4.6.7.2　燃料经济性和成本

　　图 4-35 显示车队月平均燃料经济性。燃料经济性在整个冬季随环境温度降低而降低,因大巴消耗更多燃料为乘客提供取暖（使用一个 20kW 加热器）。所以,整个滑雪季节乘车乘客急剧增加。

217

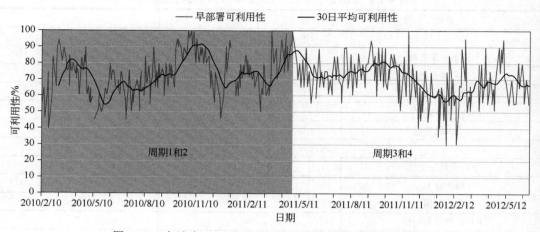

图 4-33　车队在 2010 年 2 月～2012 年 5 月间的可利用性

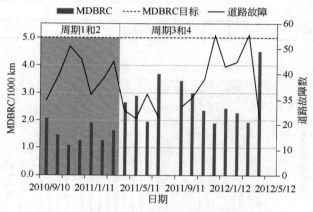

图 4-34　道路故障间的平均行驶距离

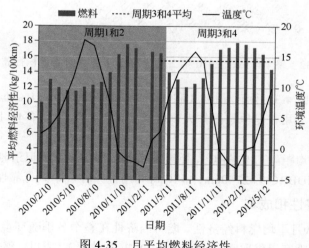

图 4-35　月平均燃料经济性

计算得出的每公里燃料成本给出于图 4-36 中［月份最低燃料成本加月份设备费用（MFF，付给 Air Liquide）］。每公里成本随车队使用增加而降低（与 Air Liquide 有"接收或支付"协议）。周期 3 和 4 的平均成本为 2.28 美元/km（2.00 美元"接收或支付"意味着完全利用），与之相比较，在 2009 年 Whistler 2008 年 Nova 柴油车队平均成本为 46.0 美元/km。

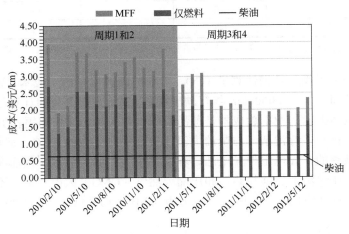

图 4-36　每公里总燃料成本，包括月设施成本和月最低消耗

在 Air Liquide 配送氢燃料过程中的燃料损失比例是大的（40%～50%）。加气站的加燃料速率显示，整个项目有近恒定的加燃料速率 5kg/min（50kg 需 10min 加完），与车队可靠性无关。

4.6.8　电动大巴的性能特色

电动大巴与柴油大巴比较具有一些不同特色，包括：①经济特色，如投资成本、公用基础设施投资、维护和操作成本；②操作特色，如行驶范围、加速、充电时间、可利用性和公用基础设施；③环境领域，如 GHG 排放、噪声、空气质量；④能量领域，如能源、能量消耗、燃料效率。

4.6.8.1　经济性能

业主成本（TCO）包括制造价格和维护、操作、能源分布、公用基础设施、排放、保险和寿命结束成本。虽然对电动大巴计算 TCO 做了大量努力，但仍有很大的不确定性。因 TCO 计算高度依赖于操作和管理领域，排放成本/处罚和税收政策也对 TCO 有显著影响。

电动大巴的制造成本要比柴油大巴昂贵，如表 4-24 所列。燃料电池大巴（FCEB）是市场可利用的最贵的电动大巴。在操作成本上，电动大巴优于柴油大巴。但是从公用基础设施看，短程电池电动大巴（BEB）被认为是最昂贵的。

表 4-24　电动大巴的制造、运行、维护和公用基础设施成本[①]

功率链	单元价格/万美元	维护成本/(美元/km)	运行成本/(美元/km)	基础设施/(美元/km)	TCO/(美元/km)
ICE（柴油）	28	0.38	0.8	0.04	2.61
HEB（串行）	41	0.24	0.68	0.04	2.98

续表

功率链	单元价格/万美元	维护成本 /(美元/km)	运行成本 /(美元/km)	基础设施 /(美元/km)	TCO/(美元/km)
HEB（平行）	44.5	0.26	0.76	0.04	2.85
FCEB	200	1.2	0.53	0.16	5.71
BEB（长程）	59	0.2	0.15	0.15	6.83
BEB（短程）	53	0.2	0.15	0.26	3.97

① 欧元数据转换为美元：1 欧元=1.241 美元；公里与盈利的转换：1km=0.62137119mile；计算成本使用文献数据。

利用欧洲电动大巴操作数据计算了 TCO，考虑的因素包括购买成本、融资、出租、公用基础设施和排放惩罚。基于 60000km 年行驶里程和 12 年大巴寿命的计算指出，作为城市用大巴，长程电池电动大巴的业主总成本是最昂贵的，其次是 FCEB 和短程 BEB。混杂电动大巴（HEB）包括串行和平行混杂，与柴油大巴比较几乎有类似的 TCO。但电动大巴 TCO 对一些因素是非常敏感的，如电组件（电池、辅助系统）和服务成本。然而在高甚至中等利用程度时，电动大巴在经济上能够与柴油和压缩天然气（CNG）大巴竞争。不过根据预测，到 2030 年，电动大巴的 TCO 将大幅下降，FCEB 和 BEB 平均降低 30%～50%，如图 4-37 所示。

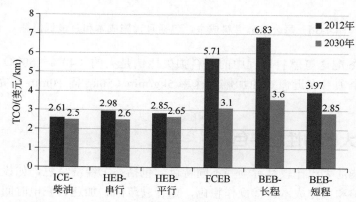

图 4-37　电动大巴 2012 年与 2030 年业主成本（TCO）

4.6.8.2　操作特色

行驶里程范围是选择电动大巴的一个限制因素。实际上一些类型的电动大巴已经解决了这个问题，如 FCEB 与柴油大巴差异不大，平均行驶里程大于 300km。电动大巴的另一个限制因素是加燃料时间，特别是电池电动大巴，充电时间过长操作不灵活影响日程安排，为保持同样的时刻表需要有两辆电池电动大巴来替代一辆柴油大巴。但短程 BEB 可无停顿操作运行 24h。

对电动大巴，还有一个操作问题是公用基础设施。混杂电动大巴并不需要专门公用基础设施，可使用现有的。FCEB 需要有相应充氢站，其设置理想位置作为补给站原位充氢，最小化成本和氢路线的 GHG 排放。对 BEB，需要有特定公用基础设施，长程 BEB 需要在补给站配备超级/快速充电站和额外供应电池，而短程 BEB 的充电可采用多种方案操作，如充电点、高空充电杆、感应充电。充电点/杆的安装需要对现有公用基础设施做大的改动，也需要考虑对公用电网的影响，特别是在大都市区域。

其他操作特点包括可利用性、加速、振动和噪声。在这些方面，电动大巴与柴油大巴比较，有类似性能，但一般会更好。电动大巴具有低噪声和低振动，加速也是相对可以接受的（10s 从 0～30km/h，柴油大巴为 7.5s）。近来数据说明，FCEB 和 BEB 的可利用性平均为 85% 和 90%，与柴油和混杂大巴是可比较的。

4.6.8.3　环境性能

电动大巴发展的主要推动力之一是其突出的环境效益。文献中通常以油井-车轮（WTW）温室气体（GHG）排放指标来评估环境性能。WTW 包括了两个阶段产生的排放：油井-油罐（WTT）和油罐-车轮（TTW）。WTT 测量的是燃料（如柴油、氢气）在生产和分布阶段的 GHG 排放，而 WTT 测量的是在燃料使用阶段的 GHG 排放。

（1）油井-油罐（WTT）的 GHG 排放　油井-油罐（WTT）的评估简单地基于能量生产方法、原料和分布路径进行。但由于能量生产方法、原料和分布路径的变化很大，发展了若干模型来计算 WTT 的 GHG 排放：在美国用 GREET 模型，在加拿大用 GHGenius 模型和在欧洲用 RED 模型。都是以生产每兆焦能量汽油燃料、电力（欧洲混合发电厂）和氢气（天然气蒸汽重整）作单位，进行比较，提供较低 WTT 的 GHG 排放数据，如表 4-25 所示。显然燃料生产方法对 GHG 排放有显著的影响。WTT 评估仅提供总性能中的一部分。

表 4-25　柴油、氢气和电力的 WTT 的 GHG 排放　　单位：$g(CO_2$ 当量$)/MJ$

国家或地区	汽油	氢气		电力	来源
		天然气蒸汽重整	水电解		
美国	19	265	256	223（美国混合电力）	GREET 模型
				130（加州混合电力）	
欧盟	13.8	306	—	150（欧盟混合电力）	RED 模型
加拿大	21.7	—	—	60（国家混合电力）	GHGenius 模型
中国	12.4	—	—	289.6	文献
西班牙	14.62	150.72	136.83	104.7	文献
意大利	14.2	98.2	110.9	116.1	文献
葡萄牙	14.2	69.45	112.1	110.22	文献

（2）油罐-车轮（TTW）的 GHG 排放　油罐-车轮（TTW）的 GHG 排放评估是要计算大巴操作期间的局部排放。因 TTW 对驱动条件、拥堵、平均速度和停车次数等因素是高度敏感的。对标准 SD 12m 大巴的 TTW 研究说明，FCEB 和 BEB 都能够以局部零 GHG 排放操作，而 HEB 的 GHG 排放量与混杂比大小相关。柴油-HEB 产生的平均排放量达 790～970$g(CO_2$ 当量$)/km$，而 CNG-HEB 的平均排放量为 700～800$g(CO_2$ 当量$)/km$。表 4-26 给出不同功率链的 TTW 的 GHG 排放。

表 4-26　TTW 的 GHG 排放（标准 SD 12m 大巴）　　单位：$g(CO_2$ 当量$)/km$

国家或地区	柴油大巴	汽油大巴	天然气大巴	汽油混杂大巴	天然气混杂大巴	柴油混杂大巴	燃料电池大巴	电池大巴
意大利	1311	1396	1079	1201	807	1084	0	0
中国	1171.32	1171	893	—	—	—	0	0
西班牙	1326	—	—	—	—	796	0	0
发达国家	1290	1075	946	—	769	794	0	0
欧洲	1005	—	1014	—	—	796	0	0

（3）油井-车轮（WTW）的 GHG 排放　WTW 的排放是每种技术环境性能的总考量，对电动大巴技术也是这样。FCEB 和 BEB 都有降低 GHG 排放的巨大潜力。柴油混杂电动大巴（DHEB），其串行和平行构型分别降低 GHG 排放 20% 和 13%。FCEB 使用 NGSR（天然气蒸汽重整）和 WE（水电解）方法生产氢气时，GHG 平均降低 74%（与柴油大巴比较）。而对 BEB，电力生成路线（WTW 的 GHG 排放）对总环境性能有显著影响。按欧盟混合发电站电力，GHG 排放能够降低 41%。用可再生基电力源 GHG 排放的降低要多得多。

多种技术的 GHG 排放给于表 4-27 中。

表 4-27　多种技术的 GHG 排放

功率链	能量源	WTT GHG 排放 /[g(CO$_2$ 当量)/km]	TTW GHG 排放 /[g(CO$_2$ 当量)/km]	WTW GHG 排放 /[g(CO$_2$ 当量)/km]	与 DB 比较 GHG 排放的降低/%
DB	柴油	218	1004	1222	N/A
CNGB	H$_2$-混合	157	1014	1171	4.17
DHEB-串行	柴油	172	796	968	20.79
DHEB-平行	柴油	188	870	1058	13.42
FCEB	天然气蒸汽重整氢	320	0	320	73.8
	水电解氢	305	0	720	74.96
BEB	EU 混合电力	720	0	305	41.08
	可再生能源电力	20	0	20	98.36

注：N/A，无可利用数据。

4.6.8.4　能量效率

电动大巴能够以不同能量源运行，如 BEB 的电力、FCEB 的氢气和 HEB 的化石/生物燃料。每种能源对电动大巴能量产生、能量存储和能量消费特征和性能有明显影响。因此使用总能量效率是最方便的方法。能量效率常以每行驶 1km 需要的能量数量来表示。为此，需要用油井-车轮（WTW）效率评估每个功率链的能量效率。WTW 能量效率也是两阶段效率的综合：油井-油罐（WTT）和油罐-车轮（TTW）的能量效率。

WTW 能量效率，通常表示了能量经济性。对 WTW 能量消耗/效率结果有变化是由于能源路线和能量产生方法的不同。表 4-28 给出可利用文献结果的平均值，突出可再生基电力的 BEB 是电动大巴中能量效率最高的技术，能量消耗 10.33MJ/km。但是当消耗的是欧洲混合发电厂的电力时，BEB 平均消耗 18.66MJ/km。与柴油大巴比较能量消耗平均降低 26%。

表 4-28　油井到轮子能量消耗[①]

功率链	能量源	WTT 的能量消耗 /(MJ/km)	TTW 的能量消耗 /(MJ/km)	WTW 的能量消耗 /(MJ/km)	与 DB 比较能量消耗的降低/%
DB	柴油	3.82	16.84	20.66	N/A
DHEB-串行	柴油	3.45	10.82	15.26	26.41
DHEB-平行	柴油	3.31	12.81	16.12	21.97
FCEB	天然气蒸汽重整氢	7.00	10.48	17.48	15.39
	水电解氢	4.45		14.93	27.73
BEB-长程	EU 混合电力	11.90	6.76	18.66	9.56
	可再生能源电力	3.57		10.33	50.0

① 1L 柴油=33.6kW·h=35.9MJ。

注：N/A，无可利用数据。

电力生产效率随使用能源类型和生产方法而有显著改变（图 4-38）。可以设想可再生能源基生产应该具有 100%效率。天然气组合循环（NGCC）和煤炭超临界蒸气循环（USC）生产电力效率平均为 50%。混合生产方法（在欧洲最普遍）的效率平均为 40%。

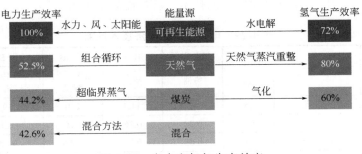

图 4-38　电力和氢气生产效率

注：生产效率=生产的能量/用于生产的能量×100%。

氢气也能使用不同方法生产：可再生能源（电解）、天然气蒸汽重整（NGSR）、汽油蒸气重整（GSR）和煤炭气化等。氢气还可以车载自热重整（ATR）生产。氢气生产的效率取决于生产方法和配送路线。车载 ATR 被确证是最有效的氢气生产方法，如图 4-38 所示，而 NGSR 是最有效的化石基氢气生产方法，今天全世界 75%以上的氢气是用这个方法生产的。

（1）WTT 能量效率　WTT 能量效率为过程消费能量与产生净能量之比。WTT 阶段的能量的表示单位为燃料或液体、气体和电力中的能量，以兆焦（MJ）计。石油基燃料是 WTT 基最有效的能源（3.82MJ/km），接着是氢气（7MJ/km）和电力（11.90MJ/km），如在表 4-27 中给出的。但是，可再生能源基电力一般认为是最有效的，尤其是在考虑天然资源和能量安全性问题时。

（2）TTW 能量消耗　TTW 能量消耗变化很大，由于行驶条件（如拥堵、地理和停靠数目）和推进构型（如混杂化程度、电池类型和燃料类型）的变化。很显然，即便对同一种技术，对不同操作其能量消耗也是不同的。TTW 能量消耗通常表示成每公里消耗多少兆焦能量（MJ/km）。在这方面，BEB 有最高的 TTW 能量效率，燃料消耗 6.76MJ/km，接着是 FCEB 为 10.48MJ/km 和串行 DHEB 为 10.81MJ/km。

4.6.8.5　能量存储系统（ESS）

电动大巴的能量效率高度依赖于能量存储系统（ESS）。ESS 效率依赖于三方面的数据：能量密度、功率密度和成本。能量密度指单位体积存储的能量，而功率密度指单位体积的功率数量和能量传输的时间速率。实际使用的 ESS 有三类：超级电容器（UC）、燃料电池和电池。超级电容器通过分离正负电荷存储能量，没有化学变化发生。该类 ESS 具有很长的循环寿命。超级电容器的特征是高功率密度和低能量密度，有较高的充电/放电速率。所以，非常适合于从再生制动回收能量。超级电容器适合于短程电池电动大巴，在短程 BEB 和混杂模式 HEB 中普遍使用。燃料电池（FC）能量存储系统通过阳极燃料和阴极氧化剂发生电化学反应产生电力。虽然燃料电池能够使用不同的组合反应，但氢气被认为是最理想的燃料，原因之一是其能力密度高于其他类型的燃料。但是，由于燃料电池的能量密度一般相对较低，大量氢气需要车载存储。作为能量存储系统的电池，在能量/功率密度上有多种选择：锂离子（Li-ion）电池是 BEB 最普遍使用的电池，在能量和功率密度上有合适的平衡，而镍-金属混杂电池（Ni-MH）比较适合于 HEB。新近研究指出，电池技术（样机阶段）有显著进展，如锂-空气（Li-air）和锂-硫（Li-S）电池，其能量密度可达到锂离子电池的两倍。另外，纳米技术应用于燃料电池也正在发展中，能够增强应答时间和能量密度。

各种类型电动大巴（不同功率链）的技术经济性能总结于表 4-29 中。

表 4-29　电动大巴的经济技术性能

引擎技术 燃料类型	单位	ICE 柴油	HEB-串行 柴油	HEB-平行 柴油	FCEB 重整、电解氢	长程 BEB 欧盟混合电网可再生电	短程 欧盟混合电网可再生电
单元价格	万美元	28	41	44.5	200	59	53
制造成本	美元/km	0.38	0.24	0.26	1.20	0.20	0.20
运行成本	美元/km	0.8	0.68	0.76	0.53	0.15	0.15
基础设施成本	美元/km	0.04	0.04	0.04	0.16	0.15	0.26
业主总成本	美元/km	2.61	2.98	2.895	5.71	6.83	3.97
WTT 的 GHG 排放	g(CO_2 当量)/km	218	172	188	320，305	720，20	720，20
TTW 的 GHG 排放	g(CO_2 当量)/km	1004	796	870	0	0	0
WTW 的 GHG 排放	g(CO_2 当量)/km	1222	968	1058	320，305	720，20	720，20
WTT 的能量消耗	kJ/km	3.82	3.45	3.31	7，4.45	11.9，3.57	11.9，3.57
TTW 的能量消耗	MJ/km	16.84	10.81	12.81	10.48	6.76	6.76
WTW 的能量消耗	MJ/km	20.66	15.26	16.12	17.48，14.93	18.86，10.33	18.86，10.33
行驶里程	km	450	450	450	450	250	40
可利用性	%	100	100	100	85	90	90
加速时间（0～30km/s）	s	7.5	8.1	7.9	9.2	10	10
基础设施改造	—	已有	已有	已有	中等	中等	重大
充气/沉淀时间	min	5	5	5	10	240	10

4.6.9　燃料电池大巴（FCEB）的成就和挑战

虽然 FCEB 性能和燃料电池系统耐用性已有相当提高，能够顺利圆满完成大巴应该承担的责任，而且没有发现与燃料电池模块和辅助组件相关的事情。但要克服的主要挑战仍然是把 FCEB 做成商业产品。为此，首先总结一下美国第二代 FCEV 的突出成就，包括：①里程累积在约 2000mile/月；②FCEB 燃料经济性比柴油和 CNG 基准公交车都高；③FCEB 设计的燃料经济性是柴油和 CNG 基准的两倍，满足 8mile/gal 目标；④平均可利用性达 69%，最近达到的可利用性达 100%；⑤燃料电池系统的 MBRC 增加——比第一代 FCEB 高 56%；⑥可靠性数据显示道路故障一般不是来源于 FC 系统；⑦顶级 FC 发电厂运行超过 12000h。这些数据说明，燃料电池大巴已经达到协议性能的基本要求。但如下领域：可利用性、可靠性、噪声和操作范围仍然需进一步改进。此外，燃料电池大巴的操作成本高于柴油大巴。FCEB在如下领域落后于现在使用的柴油大巴：燃料成本和维护成本（约两倍于柴油大巴），以及添加燃料时间。为此提出，对 FCEB 急需要做的一些事情（它们对美国和加拿大有所不同）。

对美国的 FCEB 要解决挑战有：①组件集成和优化。在近些年中，制造商继续进行系统集成和优化的工作（仍然是 FCEB 的主要挑战之一）。一般说来，当新设计进入服务时总会有一个特性磨合时期（可能要数个月时间），暴露出与实验室试验不一样的事情。制造商可做进一步改进和优化。因在很多情况下，通常是由于不同子系统间的商业化问题，通过软件提级这些问题能够被解决。②充氢气。对任何 FCEV，氢燃料继续是商业化的最大障碍之一。一些示范项目因获取氢燃料的问题被推迟。需要发展和管理较大的充气站，如 2011 年 8 月在 AC Transit's Emeryville Division 开始操作充气站；Emeryviile 站为轻载 FCEV 和 FCEB 提供服务的组合设施。氢气来源有两个：配送的液体氢和太阳能功率电解器产生的氢气。电解器每天能够生产 65kg 的氢气。当加上液体氢时，该站每天能够配送达 600kg 的氢气。③FCEB 发展团队。为大巴发展新推进系统，需要有由紧密合作制造商构成的有凝聚力团队以能够确证和解决一些潜在的复杂问题。在美国，运行大巴订单一般交由大巴制造商生产。大巴原始装备制造商（OEM）订购特殊组件（如引擎、变速器和座位），再在工厂安装。当设计第一个混杂电动推进系统时，混杂系统制造商先安装和试验第一辆柴油混大巴。一旦系统被优化和准备进入商业市场时，混杂系统制造商与公交车 OEM 合作一起工作，相互合作在工厂安装系统。这时推进系统就成为另一个安装在大巴上的标准系统，犹如其他子系统一样。

对加拿大，主要的挑战是推动成本下降和使可利用性上升，使其性能接近或超过现在的柴油大巴水平。主要包括：①改进可靠性以降低应急大巴的需求——因可利用性、可靠性和冬季月份燃料范围问题，运行时需要满足应急大巴的需求；②提高可靠性，降低维护和组件成本——车队缺陷仍然保持着（如 Eaton 压缩机），而一些组件是极其昂贵的（因它们的奇特性质）；③降低燃料消耗也即降低燃料成本，使其行驶范围达到需求的 450km 水平，需要把系统优化的目标落实到可靠性和可利用性上，因它们显著影响燃料消耗；④降低氢燃料成本——基于柴油等当基础，氢的价格要比柴油贵 3 倍（基于与 Air Liquide 的协议）；⑤处理极端环境下的设计变化——RMoW 的极端环境对技术已经显示出一些限制。

总之，FCEV 发展者面对的挑战类似于混杂大巴发展者面对的，只是增加了优化商业化和先进系统间界面的困难。混杂系统、燃料电池和电池必须一起工作以推进公交大巴发展和商业化。这些系统由不同公司生产，每一个在知识产权上都拥有自己的专利。克服共享敏感数据的问题是业内的一个挑战。在现时经济气候中，很多制造商在共事过程中有困难。例如，参与者退组，因为资源约束。在某些情况下，公司宣布破产。这些不可预见的问题要克服是困难的，如果其他参与者不能够加强他们的相互支持。这些类型事情足以推迟交付打算使用的公交大巴，而且也可能导致大巴车场停运。

4.7　燃料电池车辆中的燃料电池和氢燃料问题以及计划目标

与固定应用的燃料电池技术不同，对运输应用特别是车辆，包括大巴车辆中的燃料电池车辆，有其特别的使用环境和要求，因此有必要以单独的一节来叙述燃料电池大巴中的燃料电池试验情况和进展以及相关氢燃料的一些问题，对前面的其他燃料电池车辆也是如此。

4.7.1　燃料电池技术

运输大巴用燃料电池由多家公司发展，与系统集成者和公交车制造商一起工作，以支持世界上不同地区各类燃料电池运输大巴的运行。这些燃料电池系统和运输大巴的一些技术特色如下：①Ballard FC velocity®-HD6 燃料电池系统配送 150kW（或 75kW）总包功率，重量 400kg，寿命 12000h，5 年保修期。该系统包括空气湿化、H_2 循环、水管理冷凝器和储气罐和功率供应连接。②Ballard HD-6$^+$ 在 2014 年投入使用，提供 24000h 的耐用性和成本降低 15%～20%，在 2015 年另一使用的 HD-7 提供 36000h 的耐用性和成本降低 35%～40%。③ClearEdge Power PureMotion^{TM} 燃料电池功率系统配送 120kW 净功率，额定效率>46%。这个常压系统有瞬时爬坡容量 24kW/s。④Hydrogenics HyPM® HD 16 燃料电池系统（用于以 Proterra 电池为主的燃料电池大巴中）配送 16kW 功率，峰功率时的净效率为 53%。Hydrogenics 也已经发展 30kW、90kW 和 180kW 系统大巴和其他重载应用的燃料电池系统。

4.7.1.1　ClearEdge Power 燃料电池发电系统的 GDL 层

下面讨论 ClearEdge Power 发电工厂的一些技术挑战和进展。应该注意到，美国 Hybrid 近来已经从 ClearEdge 接管 FTA（自由贸易协定）合同。燃料电池堆使用独特的水管理策略，使燃料电池堆有较高功率密度和耐用性（与固体板式燃料电池比较）。图 4-39 对燃料电池中的多孔板水管理技术与固体板水管理技术做了比较。使用多孔板水管理使反应物气体在内部湿化。所有冷凝物都被多孔板吸附，保持流动场清洁，没有液体水。对车辆用燃料电池，典型的循环频率是每小时 100 个负荷循环，约 30%的时间消耗在闲置条件或高电压条件下。负荷循环条件使铂溶解和碳腐蚀加剧，导致性能损失。因为反应物流动是跟随负荷波动的，因此膜要经受水合-脱水循环，它能够招致燃料电池的失败（由于疲劳）。除了负荷循环，公交大巴还经受频繁的启动-停车循环，这两者都会导致公交大巴燃料电池发电系统的早期失败。

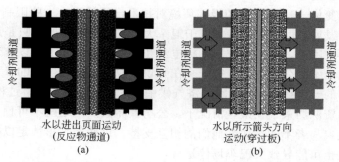

图 4-39　固体板水管理策略（a）和 ClearEdge 多孔板水管理策略（b）示意比较

对三个不同批次的 Pure Motion 120kW 燃料电池堆进行了试验，结果（平均池电压-负载运行时间曲线）示于图 4-40 中。早期第一个批次（标记"2006 fleet leader"），大约 1000～1500h 负载运行后就失败了。对这些早期单元大巴利用相对较少，服务时间约 1 年。在负载运行 1000～1500h 后，池性能快速下降，直到公交大巴不能满足最低功率需求和必须退出服务。燃料电池堆材料的加速剪应力试验（AST）揭示，微孔层容易氧化。一种新微孔层在 AST 试验中显示耐用性提高两倍。系统改变也是为了降低启动-停车损失。加入新微孔层和系统改变后，性能下降减缓，但最终第二批次（标记为"2008 fleet leader"），也在 2800h 后失败了（因邻近空气进口处膜的失败）。在负荷循环期间，在反应物入口处气体相对湿度发生变化。测试和试验结果显示，在负荷循环期间膜的机械剪应力达 7MPa。在 2800h 运行期间，燃料电池经受这个应力循环超过 300000 次，最终因机械疲劳失败。

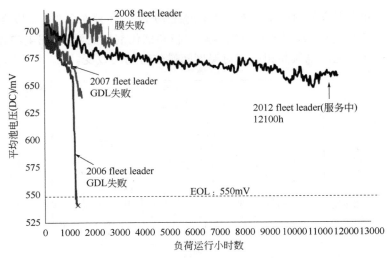

图 4-40　ClearEdge 功率车队数据

为此发展了比较耐用的膜，对组合膜进行机械化学 AST 评价，得到如图 4-41 所示的结果：耐用膜在膜 AST 试验中显示的耐用性至少提高了 10 倍。把这个膜应用于第三批次（"2012 fleet leader"）中。2012 fleet leader 的耐用性已经超过 12000h，其降解速率为 2μV/h，膜没有显示降解。其公交大巴的服务已经超过 5 年。

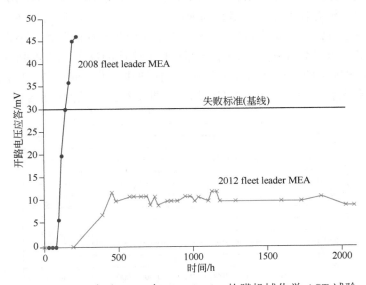

图 4-41　2012 年和 2008 年 fleet leader 的膜机械化学 AST 试验

4.7.1.2　Whistler 大巴（Whistler bus）中燃料电池 MEA 组件

如先前所述，Whistler 大巴示范项目，最大的燃料电池公交车队，从 2009 年 10 月～2014 年 3 月，累积行驶里程超过 380 万公里，操作时间多于 19 万小时，加氢燃料 1.6 万次。这个车队成功地在 6 条不同路线上运行，包括一些挑战性环境：小山陡峭上坡和下坡山路，环境温度从 -12～27℃，从 11 月到次年 5 月的下雪天和撒盐的道路。大巴在 14h 行车中一般有两次启动和两次停车。

在公交站上和交通高峰时间的停车以及动态行驶和启动-停车条件，一般会在膜电极装配体（MEA）组件上产生剪应力，促使聚合物电解质膜和催化剂层的降解。图 4-42 给出了 Whistler 大巴操作中的实际变化，电流和相应相对湿度随操作时间的改变。

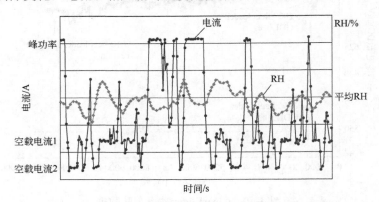

图 4-42　Whistler 大巴电流和相对湿度随操作时间的改变

总而言之，燃料电池堆大巴车的性能要满足了初始池堆性能电压损失 15%的极限范围目标。实际上，9000h 后池堆的性能仍然远高于目标性能，如图 4-43 所示。膜变薄是测量膜降解的方法之一。在试验场地操作约 4000h 和 8000h 的池堆中，选择 MEA 膜和催化剂层降解进行了分析，并与实验室操作的 MEA 进行比较。结果发现，场地操作池堆 MEA 与实验室操作MEA 间的膜变薄并没有显著差别，尽管场地试验有更多的停车-启动循环（其他条件如温度和 100% RH 下进行的循环试验相同）。因此，总包膜变薄对性能降解并不作出贡献。但是，在公交大巴和实验室的 MEA 中，发现了局部有孔洞生成的证据。图 4-44 显示的是 MEA 典型 IR 影像，揭示出膜中的孔洞点和潜在孔洞。经仔细移去膜上催化剂层后，膜中孔洞和断片暴露出来，它们会显著影响燃料电池性能。这个证据也得到池堆内观察到的泄漏现象的支持。

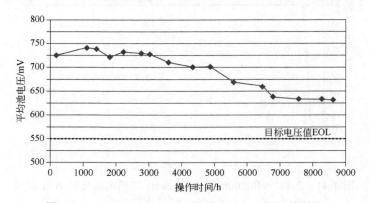

图 4-43　Whistler 9000h 操作后 250A 下的池堆性能

对阴极催化剂层电化学活性表面积（ECSA）和对膜中铂和催化剂层厚度的分析，能够为催化剂层降解机理提供一些线索。ECSA 变化是 Pt 溶解和再聚集的一个指示（示于图 4-45中），在场地操作的池堆与实验室操作的池堆显示有同样的趋势。但场地试验池堆的 ECSA损失多少要低一些，这可能由于它经受了动态湿度变化（实验室是在恒定 100%RH 下操作的）。Pt 的溶解是随操作 RH 的增加而增加的。

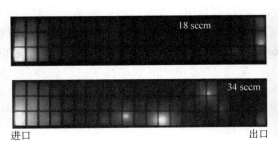
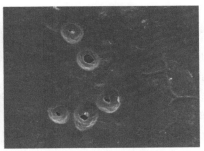

图 4-44　在操作的 Whistler 燃料电池堆 MEA 膜中的典型 IR 影像和孔洞

sccm—标准立方厘米

　　铂溶解也招致 Pt 从阴极迁移到膜中形成 Pt 带。对场地操作和实验室操作数千小时后分析了膜中 Pt 含量并做了比较，发现差别非常小，与场地试验稍低的 ECSA 损失很一致，其膜中 Pt 含量也稍低一些。

　　催化剂层随操作时间增加而变薄的事实指出，Pt 催化剂载体碳受到了腐蚀，由于经受了停车-启动操作导致的阴极高电压循环。如图 4-46 所示，场地和实验室试验结果间没有观察到阴极厚度变化的显著差异。

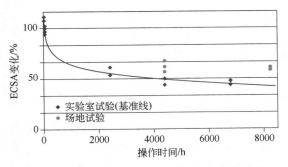

图 4-45　MEA 中 ECSA 随操作时间的变化比较
（Whistler 大巴和实验室试验）

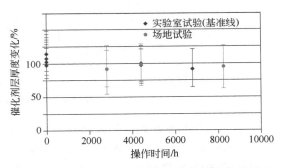

图 4-46　MEA 催化剂层厚度随操作时间变化比较
（Whistler 大巴和实验室池堆）

　　总而言之，燃料电池大巴池堆的电压损失至少有部分是由膜中局部孔洞发展引起的。但在操作时总 ECSA 的损失似乎是实质性的，这个损失不能够解释 Whistler 公交大巴的性能降解。实验室试验结果已经证明，基准 MEA 和 ECSA 损失 50%并会不显著影响燃料电池性能。

　　在燃料电池制造商发展技术的同时，学术机构也积极引进燃料电池公交大巴技术。除了 NFCBP 以外，FTA 资助若干大学进行燃料电池公交大巴研究。在北美和欧洲大学里的研究已经导致燃料电池技术的提高，其对电动公交大巴的研究范围，从模型化工具到支持优越能量管理设计，以发展延伸了氢燃料行驶里程范围的混杂电动大巴。

4.7.2　氢公用基础设施

　　每一个地区的氢公用基础设施并不一样，因此有必要分别叙述。

4.7.2.1　北美

　　所有主要工业气体供应商，包括 Air Liquide、Air Products 和 Chemicals Inc.（APCI）、

Linde，都已经参与到燃料电池运输公交大巴示范项目中。加氢气燃料站是变化的，取决于位置和燃料电池大巴车队的大小，以及该位置和地区的增长速率规划。在美国，充氢气燃料站设计的例子有：Proterra 燃料电池大巴，66kg 存储容量、每天 120kg 最大配送量；7000lbf/in² （1lbf/in²=6894.76Pa，下同）离线存储压力，车载 5000 lbf/in² 存储系统；车载和容量遥控跟踪，非商业化快充配送；为扩充到原位产 H_2 容量设计；Emeryville AC Transit 加氢气站，在 2011 年下半年运行的 HyRoad 项目的一部分，在院内原位提供运输燃料，公共加氢燃料在院外。部分氢气由太阳能光伏电解水生产。

Emeryville 充氢气站是一个组合设施，为轻载燃料电池电动车辆（L-FCEV）和 FCEB 充加氢燃料。资金来自加利福尼亚，使轻载车辆行驶成为可能。可利用由配送器充加 350atm 和 700atm 的氢燃料。图 4-47 是该充氢气站流程和主要组件的简单方块图。氢气来自两个来源：配送的氢气和太阳能电解器产生的氢气。都先加料到高压气态存储罐中，再为氢燃料大巴和轻载汽车加充氢气。电解器每天能够生产 65kg 氢气。与配送的液体氢组合，该站能够配送的容量达到每天 600kg 氢气。

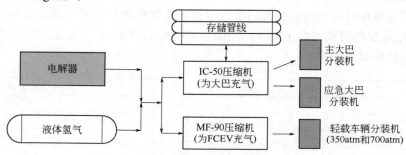

图 4-47　Emeryville 充氢气站方块图

该充氢气站使用两台压缩机：一台是高压机械压缩机，另一台是离子压缩机。机械压缩机（MF-90）负载充氢气站为 FCEV 充氢气，压力能够达到 350atm 和 700atm。Linde 离子压缩机（IC-50）掌管充氢气站为公交大巴充氢气。它使用专利的离子液体替代机械活塞。离子液体是由有机盐类做成的，在特殊温度范围内保持液体状态，全部由带正电荷和负电荷的粒子组成，液体近似不可压缩，在压缩期间其行为像固体材料。使用液体替代常规金属活塞意味着较少移动部件和无需可能引起污染的润滑剂。因此有较高操作效率。充氢气站也配备有为大巴紧急充气的配送器。大巴能够在约 6min 内快速充氢气 30kg。

Air Liquide 为如下的充氢气站提供氢气：纽约和加利福尼亚州的 Project Driveway、加拿大 Whistler 和挪威 Oslo 轨道交通车站，和为若干物料搬运使用的叉车提供氢气。氢供应的替代方法有液体拖车和 200～500atm 管式拖车，用蒸汽甲烷重整（SMR）或水电解原位生产。配送用压缩技术包括液体泵和蒸发（1000kg/d）、液体蒸发和气体压缩到 1000atm，压缩使用气体升压机（达 10kg/d）和膜压缩机（100～1000kg/d）。Air Liquide 的分析指出：对少于 25 辆大巴的运输车队，配送气体是最便宜的选择；对较大车队，推荐使用 SMR。

Air Liquide 20 辆大巴车队的温哥华 Whistler 项目是世界上最大的充氢气站之一，在一天中能够以每分钟 5kg 的灌气速率为 12～15 辆大巴充气，无限地在约 10min 内连续充到 50kg。氢气经由 SMR、液化和液体氢槽罐船运获得，水电解提供局部备用氢气。在加氢燃料站，液氢被存储在垂直放置的两个 20000gal 大槽罐中，每个存储 5300kg；如以最大消费速率存储的量可以使用 10～12d。装备整体配有泄漏试验仪器、气体传感器和火焰检测器在线跟踪。所有系统与紧急站推开按钮连接。

自 1993 年起 Air Products 参与了氢能项目，积累的经验包括 19 个国家的 130 个充氢气站，每年充氢气次数超过 35 万次。对 200 辆大巴车队，每次需要充 25kg，其挑战是在 6h 内分装 5000kg，相应的平均充气速率为 13.9kg/min。通过比较发现，工业顾客是多变的：炼制，28.3×10^4kg/d，7d 每天 24h 需要；大量需求液态氢的顾客，5000kg/d，7d 每天 24h 需要；拖车场合，75～200kg/d，3～5min 充气 1kg，一天 25～100 次充气；空间飞船，每次起飞需 13 万千克。

Air Products 已经改进液体氢槽罐，发展出双相氢储罐，用以配送液体氢和压力 7200lbf/in² 气态氢。这个储罐能够为液氢储槽供应燃料，离位存储大量氢，是一个移动的加燃料器或管式拖车。这种储槽已经部署在美国和欧洲，为优化燃料供应管理和提高加氢燃料经济性提供了机遇。

4.7.2.2　欧洲

作为 CHIC 项目一部分而部署的新充氢气站的详细位置列举于表 4-30 中。如今，在 London、Aargau 和 Oslo 的充氢气站是完整操作的。然而，关于大巴性能和可靠性数据至今没有从 CHIC 项目中透露出来，它们关系到性能、可靠性和部署的充氢气公用基础设施，除了伦敦的部署外，在伦敦的研究达到优秀的可利用性水平为 99%。

表 4-30　第一期 CHIC 城市的新充氢设施

一期参与城市	原有加燃料设施	原有容量/(kg/d)	第二个加燃料设施	第二个容量/(kg/d)
伦敦	配送液体-Air Products	320	高压管式拖车	100
Bolzano	配送氢气	配送氢	采办电解器	500
Aagau/St.gallen	不相应		采办电解器	200
Milan	重整器	30	采办电解器	200
Oslo	配送氢气	22	配送氢气或采办电解器	200

对 CUTE 和 Hyfleet：CUTE 项目在 2003～2009 年的运行数据是可以利用的，配送的氢气 >555t，充氢气超过 13000 次，充氢气站总可利用率达 89.8% 等，但这并不代表加氢燃料技术的最新状态，CHIC 充气站的原始数据指出，超过 98% 可靠性是经常达到的。

4.7.3　计划和目标

表 4-31 列举了燃料电池运输大巴 2016 年和最终目标，由美国能源部（DOE）和联邦交通运输局（FTA）与使用者合作建立。为比较，也给出了 2013 年的 FCEB 性能状态。若干技术性能目标已经达到或接近成熟，如燃料经济性、里程数、操作时间、维护成本、大巴可利用性和路障频率。

表 4-31　DOE/FTA 对燃料电池运输大巴性能、成本和耐用性目标

项目	单位	2013 年状态	2016 年目标	最终目标
大巴寿命	年，mile	5/100000	12/500000	12/500000
功率工厂寿命	h	1000～12000	18000	25000
大巴可利用率	%	53～84	85	90
充燃料次数	每天	1	1（<10min）	1（<10min）

续表

项目	单位	2013 年状态	2016 年目标	最终目标
大巴成本	美元	2000000	1000000	600000
功率工厂成本	美元	700000	450000	200000
氢存储成本	美元	100000	75000	50000
MBRC，大巴成本	mile	2000~3500	3500	4000
MBRC，燃料电池系统成本	mile	7000~20000	15000	20000
操作时间	h/d，d/周	19/7	20/7	20/7
维护成本	美元/mile	0.39~1.30	0.75	0.4
行驶里程	mile	220~325	300	300
燃料经济性	mile/gal	6~7.5	8	8

基于工业输入，FCEB 的投资成本现在是 200 万美元，同样设计通过量产能够满足 2016 年 100 万目标，而 60 万美元目标的达到需要完全商业化的大量生产。增加燃料电池系统的耐用性和可靠性是制造商的关键挑战。大型大巴的 FTA 寿命循环要求是 12 年或 50 万英里。燃料电池动力装置（FCPP）需要坚持该时间的一半；这类似于柴油引擎，也一般在约一半寿命时置换。DOE/FTA 为燃料电池推进系统设置最终性能目标为 4~6 年（或 25000h）耐用性，2016 年的中期目标 18000h。在近几年中制造商已经为满足这个目标做出努力。在 2012 年 7 月，ClearEdge Power 制造的 FCPP 已经达到 12000h。

在欧洲也已经规划 FCEB 的未来性能和成本目标，两个最相关和最新研究由 FCH JU 和"Nexthylights"资助（FCH JU 工业合作项目）。FCH JU 和氢大巴车联盟已经为欧洲设置了具体性能目标。

但是图 4-48 示出了到 2020 年的产量-成本降低的工业规划，在 2010~2015 年之间发生的成本降低来自于技术改进和经验学习，而 2015~2020 年之间的成本降低则要依赖于燃料电池大量生产和相关工业产量增加导致的成本降低（因汽车工业中普遍开展 FCEB 生产）。预计随着对其的大量部署，FCEB 的成本会将保持比常规柴油大巴高 10 万~20 万欧元，比柴油混杂大巴高 5 万~10 万欧元。

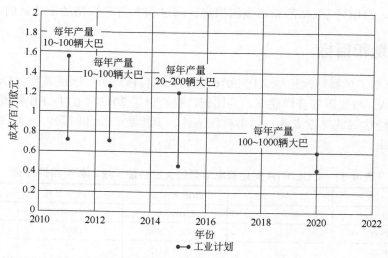

图 4-48　FCEB 投资成本工业规划

　　混杂 FCEB 可利用性目标范围，到 2015 年为 85%～95%。虽然这个目标对非混杂 FCEB 已经达到（在 CUTE 项目中的 Hyfleet 达到 92% 的可利用性）。但混杂 FCEB 还没有达到，主要原因是混杂设计是新事物。失败原因包括：①混杂组件如动力电子、电池、控制系统及其集成问题，这些都不是核心的燃料电池组件，预期在下一代 FCEB 中会解决这个问题，因从广泛部署的柴油混杂大巴中学习到了经验。②早期的一些初始问题和车辆维护不成熟的供应链。随着有优越燃料效率的新一代混杂 FCEB 的引入，2015 年 500km 的目标范围现在就能够满足或达到。但这些公交车因服务里程范围不够，没有能力服务于某些农村的路线，需要添加氢储存罐来达到里程数目标，其代价是减少载客容量。

　　对于 FCEB 的燃料经济性与里程数数据，非混杂和混杂车辆都上了一个台阶，从 22kg/100km 提高到 10kg/100km。燃料经济性指数最近的最好值已经超过 JTI 的目标，而更严格的目标是 8kg/100km，预期会在下一代混杂燃料电池系统中实现。

　　必须注意到，项目间的不同行驶循环导致不一致的结果，因此标准化行驶循环试验程序将是有益的事情，这样能更详细地了解燃料经济性能。

　　重量约束是未来商业化部署 FCEB 的重要因素，现在 FCEV 的重量比常规柴油公交车重 2.5t。这对繁忙的市区路线可能是一个问题（最大乘客容量是一个关键操作要求）。但是，可以预期，FCEB 重量会减小到常规大巴的重量，因效率的提高会使氢存储设备重量减小，而且提高混杂系统设计使工厂平衡和其他支持设备重量下降。

　　FCEB 与传统柴油公交车比较，它能够以零区域排放操作，降低了噪声和基于油井-车轮的排放。在北美和欧洲示范项目中部署的 FCEB，在过去几年已经有实质性的成果。一些技术的商业化目标已经能够满足或达到，包括燃料经济性、里程数、可利用性、操作时间、MBRC 和维护成本。与常规柴油大巴比较，现在 FCEB 的主要壁垒是缺乏充氢气燃料公用基础设施、较高的投资成本和尚未满足燃料成本为 5～7 美元/kg(H₂)（在该价格上每英里的燃料成本是能够与常规大巴竞争的）。但是，这些挑战在全球示范项目中正在被一一解决。

4.8　燃料电池在航空器中的应用

　　燃料电池也已应用于空间和航空工业中，特别是小的非载人航空容器（UAV）即无人飞机中，这是燃料电池在航空推进领域应用的主要重点。UAV 主要用于测量、监视和侦察等，具有隐形性质，对人类生活没有危险。军事当局和商业参与者对 UAV 的兴趣不断增长，尤其是最近兴起的无人机发展使用热潮的促进，发展更耐久和更可靠的系统是必需的。现在清楚的是，燃料电池（绝大多数是 PEMFC，少数是 SOFC）正在成为未来 UAV 功率源的候选者。因燃料电池安静操作和低热量散失使 UAV 隐形性质得以增强，与内燃引擎推进相比，这是其两大突出优点。尽管电池也具有这两个优点，但其低能量密度和大的重量使燃料电池比电池更优越。燃料电池重量轻和能量密度高，因此 UAV 的有效飞行范围（距离）和耐用性（高达 24h）比电池高。另外，燃料电池的模块化生产使其对小规模应用如 UAV 是非常可行的，而使用燃烧引擎，其设计在小规模应用时效率非常低。因此，到目前为止，有约 20 个燃料电池 UAV 进行了示范。对小规模 UAV 推进应用的五种不同潜在系统进行比较研究的结果示于图 4-49 中。可以看到，用压缩氢气的 PEMFC 与丙烷基 SOFC、锂聚合物电池、锌空气电池和内燃引擎比较，在飞行范围和耐用性上具有最高潜力。

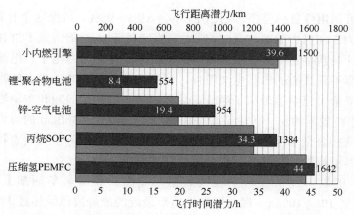

图 4-49　小规模 UAV 推进系统的飞行时间（灰色）和飞行距离（黑色）间比较

以硼氢化钠原位发生的氢气作燃料，设计建立和试验了燃料电池/电池的混合推进 UAV 系统。试验结果指出，该混合推进系统能够满足巡航期间稳态功率需求，电池和燃料电池为起飞和机动时同时提供更多需要的功率。其结论是，在 UAV 中使用燃料电池系统对长期持久飞行比电池和燃烧基 UAV 更有效。另外一个新的高度有效的概念是 NASA 的 Helio UAV，使用由光伏电可再生燃料电池和备用电池构成的混合推进系统，实现了高海拔和长途飞行（见图 4-50，典型的无人飞机）。可再生燃料电池的功能是电解器，白天利用光伏电池产生的电功率电解水产氢，在夜里燃料电池使用产生的氢气生产电力来推进飞行。燃料电池在航空中应用的其他示范试验包括：使用已发展的燃料电池系统 Energy or Technologies 作为 UAV 的推进功率，进行了超过 10h 的持久飞行示范试验（见图 4-51）。

项目主要活动
推进系统发展：摩托/控制器/推进器的发展；精密功率控制器；试验台架发展；电池包/充电器的发展
机架的发展和试验：仪表和数据收集；FAA 界面+飞行试验支持；发展安全和试验计划
燃料电池系统发展：PEM 池堆；压缩机；水化器；热交换器；逆变器和控制系统
燃料电池系统集成和试验：安装和外壳变化；热交换系统；氢气管理；宽体安全和试验计划
氢气发生系统：氢存储或氢产生/重整器；传感器和控制；储槽和调整；原料管理和安装/加燃料系统

图 4-50　燃料电池 UAV

但是，应该指出，在载人军事和商业航空器市场中应用燃料电池在目前仍然是不实际的，因为该市场的要求是高能量密度、高功率密度、高耐久性和可靠性。但不管怎样，在 2008 年波音公司宣布，建造了使用混合氢 PEMFC 的小飞机 Intelligent Energy 并进行了常规试验，虽然它组合了引擎和锂离子电池。此后，还有其他几个载人燃料电池基飞机也进行了示范：德国 DLR 发展的单独依靠氢燃料电池系统的飞行器，飞行范围 750km，耐久性 5h，燃料电池效率 52%；日本的研究组按常规设计、模拟和试验了燃料电池功率的高海拔气球。

应该特别指出的是，空间工业是首先采用燃料电池者之一，NASA 在 20 世纪 60 年代在其载人空间计划中使用了 AFC 和 PEMFC。在过去 10 多年中，其对空间应用燃料电池又恢复了兴趣。燃料电池吸引空间应用是由于它们与其他功率发生技术比较具有许多优点。但是，因水是燃料电池中电化学反应的副产物，使它们在空间应用中甚至更具吸引力。在空间中空气、水和食品供应是最重要的。

4.9　燃料电池应用于船舶推进

4.9.1　引言

虽然燃料电池车载 APU 在船舶和游艇等航海器中的应用是最普通的，但燃料电池仍然可以使用作为未来的海上推进系统，如应用于推进潜艇、轮渡、水下车辆、船舶、游艇，甚至货船的推进。燃料电池在船舶和渡船中应用虽然可以提供其常规优点，如低排放、高效率、安静操作。但是其可靠性、寿命、抗冲击、对含盐空气的耐受性等仍然有待解决。目前，在海上使用最具潜力的燃料电池是 PEMFC、SOFC 和 MCFC。举一些例子。2003 年，德国在认证混合 PEMFC/铅-胶体蓄电池系统可作为推进动力和 APU 功率使用后，进行了成功的示范；作为商业应用，使用混合 PEMFC/铅-胶电池系统的世界第一只商业客船在 2008 年开始运行，在德国投入服务。该船能够载 100 位乘客，其效率是常规柴油机船的两倍；一个新自供氢的燃料电池船也在 2009 年由奥地利开发使用，该船的推进系统由光伏板、电解器、高压氢存储和燃料电池系统构成，由太阳能电解器分解水生产氢和氧，氢气作为燃料电池系统燃料推进船舶。该船的行驶距离为 80km，是常规电池基船舶的两倍；更晚一些的 2011 年，世界第一个氢燃料电池推进的轮渡开始在德国进行日常服务。从这些例子可以结论，使用常规海上燃料在船上重整产氢是一个解决办法，可以克服氢低体积密度的缺点，使燃料电池有可能成为商业船舶的实际推进系统。但是，研究者基于生命循环评估（包括制造、燃料生产、车载和停运）得到的结论是，使用 MCFC 船载重整与常规柴油引擎比较，在能量和环境上并没有显示优越性。主要原因是 MCFC 技术不成熟和 MCFC 池堆的低耐用性（约 5 年），而且使用的是耗能材料和制作工艺（没有商业化生产）。对应用于海事功率的两种燃料电池构型：PEMFC 结合液体甲醇重整和 DMFC，进行的㶲分析显示，它们的㶲效率是类似的，因此把钯燃料电池应用于海上功率是需要考虑经济因素进行热经济分析的。

不管怎样，已经成功发展了使用氢氧燃料电池作为推进和辅助负荷需求的潜艇。由德国发展的，被德国和意大利海军使用的潜艇是一组 PEMFC 基混合功率系统，由 Siemens 燃料电池系统、柴油发电机和高电压电池构成。燃料电池基潜艇具有一些突出优点：①潜航时间（能够待在水下不浮出水面进行再加燃料的时间）比常规柴油电力潜艇长，纯柴油机推进系统潜艇仅两天，而使用存储的氢和氧的德国潜艇能够在水下待数星期；②效率高达 70%；③燃料电池使用氧气而不是空气作为氧化剂，比柴油机潜艇大大降低了热和磁信号；④几乎不产生噪声，因燃料电池的安静操作。这些优点使燃料电池基潜艇是高度不可检测的，这对现代军事巡航要求是很理想的。这些优点使得意大利、希腊和韩国海军对投资燃料电池潜艇产生兴趣。

4.9.2　船上应用燃料电池的项目和研究

应用燃料电池发展的船舶或容器总结于表 4-32 中，而研究项目总结于表 4-33 中。两张表有些重复的，因为船舶和容器就是项目的名称，如 Fellowship、SchIBz、Pa-X-ell、ZEMSHIP、

METHAPU 和 SUBM 212A（Class 212），但表述的内容还是有差别的。下面分别进行讨论。

表 4-32　海上船舶电池制备小结

船舶	燃料电池类型	功率	燃料	功能
US VINDICATOR	MCFC	4×625kW	F-76	推进+发电
METHAPU MV Undine	SOFC	20kW	甲醇	发电
Fellowship Viking Lady	MCFC	330kW	LNG	推进+发电
e4ships SchIBz	SOFC	100kW	柴油	发电
e4ships PA-X-ell	PEMFC/DMFC	120kW	甲醇	发电
ZEMSHIP	PEMFC	48kW	50kg 氢气，350bar①	推进
US NAVY	MCFC	625kW	F76-JPS	发电
SUBM 212A	PEMFC	303kW	氢气/甲醇	推进
SUBM S80	PEMFC	200kW	生物柴油	推进

① 1bar=10^5Pa。

表 4-33　最值得注意的海事燃料电池应用项目

项目	周期	燃料电池类型	物流燃料	应用	项目领头者
Class 212	1980～1998 年	PEMFC	氢气	潜艇，AIP	Howaldtswerke-Deutsche werft
SSFC	1997～2003 年	MCFC/PEMFC	柴油	海军船	海军研究办公室
DESIRE	2001～2004 年	PEMFC	柴油	海军船	能源研究中心 NId
FCSHIP	2002～2004 年	MCFC	柴油		挪威船主协会
Fellowship	2003～2013 年	MCFC	LNG	海岸警卫队	DNV 研究和革新
FELICITAS	2005～2008 年	SOFC/GT	柴油、LPG、CNG	豪华游船	Frauenhofer 研究所
MC-WAP	2005～2011 年	MCFC	柴油	RoPax，RoRo	CETENA
ZEMSHIP	2006～2010 年	PEMFC	氢气	客船	ATG Alster Touristik Gmbh
METHAPU	2006～2009 年	SOFC	甲醇	载轿车	Wartsila corporation
Nemo H$_2$	2008～2011 年	PEMFC	氢气	客船	燃料电池船 BV
SchIBz	2009～2016 年	SOFC	柴油	多用途	ThyssenKrupp 海事系统
Paxell	2009～2016 年	HT-PEMFC	甲醇	豪华邮轮	Meyer Werft

4.9.2.1　USCGC VINDICATOR

美国海岸警卫队（USCGC）在一只海岸警卫船（使用柴油电力直流电摩托方法推进）上，研究了用燃料电池替代四台柴油发电机所产生的效果。在 VINDICATOR CGC 系统中，把燃料电池电力转换为推进和辅助功率。海岸警卫队的 VINDICATOR 是一种 T-AGOS 级单体船，长 68.3m，由四台卡特彼勒柴油发电机推动（使用直流推进摩托）。选择该船作为发展研究在船上使用燃料电池的示范。从空间和重量限制以及操作要求能够确定该研究是否被推广应用于其他船舶中。

为了使用燃料电池系统，船上的所有燃料供应结构必须进行改造，尾气和所有相关系统也需要变更。目的是使用 MCFC 模块来替换四台主柴油发电机。为此发展了 625kW 的示范 MCFC 模块。其系统组件中包括了燃料加工器、燃料电池和逆变器。总安装容量为 4×625kW=

2.5MW。选择的燃料是 NATO 使用的 F-76。该蒸馏海洋燃料含硫氧化物的浓度低于 1%（质量分数）。

　　幸运的是只要进行少量修改，燃料电池模块与船界面就能够兼容。但这些 MCFC 模块要比被替代的柴油发电机大很多。为此必须移去柴油发电机内部非结构边板。对空气尾气循环回路以及燃料供应系统只要稍作修改就能使用。

　　就稳定性和海上行为而言，船性能实际上是不受影响的。改变的仅仅是操纵控制室，而且也仅有少许的改变。由于燃料电池的高效率，其实现了重要的自主能力。在这个意义上，说明了在船上安装和操作燃料电池在技术上是可行的。

图 4-51　载有燃料电池的 MV Udine 滚装船

图 4-52　安装在露天甲板上的甲醇储罐

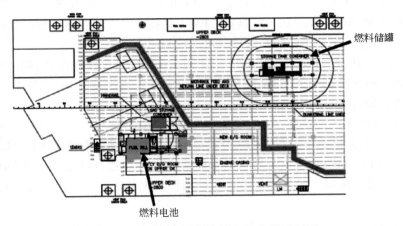

图 4-53　甲醇储罐和燃料电池位置平面图

4.9.2.2　METHAPU 计划

　　燃料电池在商船队中应用的一个例子是 METHAPU（甲醇辅助功率单元）计划，由欧盟在 FP6 网格程序下资助。使用甲醇燃料的 SOFC 模块为 MV Undine 滚装船供应电力（见图 4-51～图 4-53）。该计划的目标是：①对装于货船上的 SOFC 技术，在国际航线上进行评估；②对载于船上甲醇燃料，在国际航线上进行评估；③比较航行在国际航线的船，对使用甲醇燃料做出技术裁决。船使用的燃料电池特性为：①Wartsila WFC20 样机；②高温固体氧化物燃料电池（SOFC）技术；③操作温度 700～800℃；④燃料，甲醇+空气；⑤电效率约45%；⑥电输出，20kW，400V AC，三相；⑦尺寸，长 4.5m，宽 1.2m，高度 1.7m。过量的热量也被使用。燃料在进料前已经在 SOFC 单元中重整过。在进入燃料电池前甲醇在重整器中先重整，甲醇分解成氢氟。电力供给作为船的主推进力，而化学过程产生的热量被抽取使用于其他过程中。

为减少尾气排放，过量燃料经燃烧获得的热量循环到 SOFC 单元以保持其高的操作温度。产生的热量也供给车载加热和空调系统使用，并用于生产淡水和电力。METHAPU 的目的之一是要试验一种车载新的热回收设备。

燃料电池技术有两个优点：极端有效和尾气洁净。使用它后，就无须特殊设备来掌控和处理尾气。使用甲醇燃料的益处是：有可持续潜力和高焓体积密度，它是液体，在世界各地都是可利用的。

不管怎样，车载甲醇使用的主要危险是它的着火和爆炸；其闪点是 12.2℃。有可能使工作人员吸入毒素，他们的皮肤可能与甲醇接触。燃料电池甲醇燃料应该被存储在分离的地方。

4.9.2.3　Fellowship-Viking lady

Fellowship（低排放船舶燃料电池）是一个研究发展项目。它的使命是要完全集成船载燃料电池和离岸平台，为了使它们在工业上是商业可行的。Fellowship 项目由挪威研究委员会单独资助，包含的工业参与者有：提供船舶的 Eidesvik Offshore，提供能源的 Wartsila 和提供分类规则的 DNV。

在该项目中，339kW 的燃料电池成功地安装在由 Offshore 提供的 Viking lady 船上，使用液化天然气顺利无事故的操作示范已经超过 18500h，把内消耗考虑在内计算的电效率是 44.5%，没有检测到 NO_x、SO_x 和颗粒物质（PM）的排放。在回收热量后，燃料总效率增加到 55%。Viking lady 是第一条使用高温燃料电池的船舶。

推进的电力是由四台 Wartsila 6R32DF 引擎提供的，每一台输出功率 2010kW，它的四台主发电机为 Alconza NIR 6391 A-10LWs，每台产生 1950kW 的电功率。该船还配备了两台 Rolls Royce AZP100FP 螺旋桨推进系统。

该项目使用 MCFC，由德国 MTU 发展和海洋环境进行操作改进。液化天然气（LNG）是 Viking lady 船气体-电力推进系统的主燃料，无须额外的燃料系统来支持 MCFC。在现在的安排中（图 4-54），MCFC 发电装置送出的直流（DC）电通过电力逆变器直接连接到船上的交流（AC）电站。所以，船的电力推进系统消耗由燃料电池提供给主发电机的同等数量能量。

燃料电池堆置于大尺寸的仓式容器中（13m×5m×4.4m）。项目配备了特殊电组件（变压器、转换器和直流总线），燃料电池的设计能够防护电网潜在的有害扰动放置于标准 20ft 的容器中（图 4-55），容器总质量 110t。DNV 代表能够感觉得到的是，未来使用全集成系统时质量和体积都能够显著降低。

Viking lady 在 2009 年在北海下水，同年 9 月安装了 330kW MCFC 燃料电池堆。经初步试验，Viking lady 成为获得 FC 安全入级标志的第一条船舶。Fellowship 燃料电池作为补偿功率使用。

在操作的第一年中，燃料电池堆没有任何降解信号。在 2012 年 1 月燃料电池被冷却和作为未来示范项目保存下来。全负荷燃料电池产生电力，测量电的效率为 52.1%（基于 LNG 的低热值）。

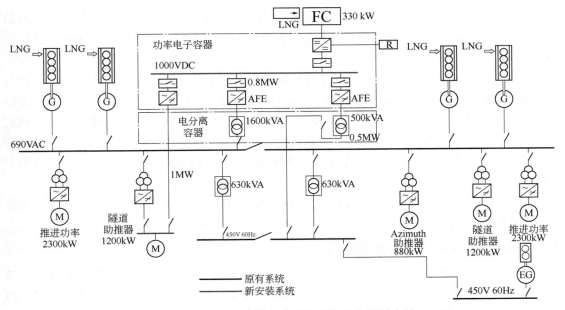

图 4-54　集成在船舶电力推进系统中的燃料电池

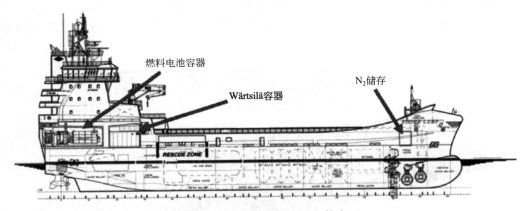

图 4-55　燃料电池在甲板上的布局

4.9.2.4　e4ships 计划——海事应用燃料电池

旗舰计划 e4ships 是德国氢和燃料电池技术国家革新计划（NIP）的一部分，重点为航行提供船载功率供应。它由称为 SchIBz 和 PA-X-ell 的子课题框架协议构成。e4ships 计划的目的是显著提高大船的船载能量供应。为此，应用的是 PEM 和高温燃料电池；它们能够使船只的排放降低和燃料使用也有相当的降低。

子课题船集成燃料电池（SchIBz）的目的是发展使用柴油燃料的海事 FC APU（辅助功率单元），开始于 2009 年。SchIBz 项目不同于其他船上试验项目，它使用已知和容易获得的具有最高能量含量的普通燃料。一个在这个项目上领先的公司 Blohm + Voss Naval GmbH 的项目经理说过："目前不可能利用氢气，因为尚未有使氢存储在合理的体积内的办法"。该研究在比较市场可利用电解质膜体系后指出，PEM（聚合物电解质膜）的成本"高得不可接受"，因此应采用 SOFC，因为 SOFC 使用柴油重整器可以同时作为备用硫捕集器使用。

239

在船"MS Forester"上安装和评估 0.5MW 柴油重整器集成的 SOFC 系统。设计计算获得的 LHV 效率达 55%。现在，以低硫柴油为燃料的 27kW 示范系统的电效率超过 50%，已运行 1000h 多。

另外一个 e4ships 子课题 Pa-X-ell 是要研究在客船上使用何种 FC 系统为好。因此该项目在客船（邮轮）上试验了高温 PEM 燃料电池（由大学提供的标准化能源模块），可在船上以模块装置进行试验。这些单元还可连接成较大的功率规模。燃料电池系统被集成到商业可利用的 19in 机架中。在计划开始阶段，为示范性生产电力、热量和冷量（热电冷三联产），安装的燃料电池功率为 30kW。以此基础送 120kW 电功率给船上的电网，与客船上常规电力平行运行，进行了长期试验。

安装的燃料电池使用内重整器和以甲醇为初始启动燃料。接着把使用天然气的中心重整器集成到燃料电池中。多个工厂的分布式发电在第二阶段也进行了试验。

4.9.2.5　ZEMSHIP（零排放船舶）

在零排放船（ZEMSHIP）项目下客船 FCS Alsterwasser 装备了氢燃料 PEMFC 系统，操作超过了两个季度。在试验运行中因铅酸电池过热导致发生火灾严重事故。在排除燃料电池系统和氢存储的危险后，该事故证明了应用氢具有合适的安全功能。

在 2008 年 8 月 29 日，第一个使用燃料电池的商业客船在汉堡 Alster 湖开始服务（图 4-56）。此后，直到 100 个乘客享受在城市内湖及其网络运河的旅行，没有产生任何局部的排放。

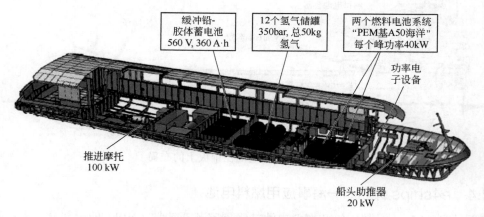

图 4-56　船载燃料电池单元布局

ZEMSHIP（零排放船舶）是一个有 9 个参与者的联合项目，领头的是汉堡城市事务部和环境自由和汉萨同盟（the Ministry of Urban Affairs and Environment of the Free and Hanseatic City of Hamburg）。开始于 2006 年，ZEMSHIP 项目花费 550 万欧元，其中 240 万欧元是由欧盟资助的。参与者贡献其余的款项。

ZEMSHIP 的混杂燃料电池系统来自 Proton Motor，如图 4-57 所示，它的关键部件是：①48kW（峰负荷）PM 基 A50 燃料电池系统，使用 Proton Motor 专有的燃料电池堆；②350atm 氢气容器，一般可操作 3d；③电池作为能量存储，以缓冲和"消减"峰值负荷；④优化能量管理系统和燃料电池控制以进行有效操作。

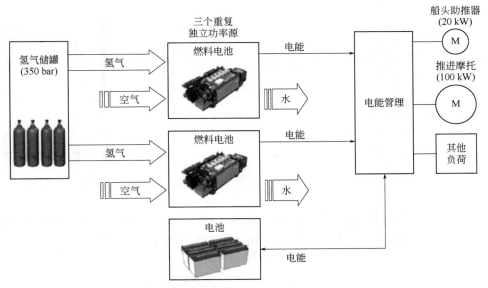

图 4-57 推进系统操作原理

林德组已经建立 FCS Alsterwasser 充氢气站，该站每 2～3 天为 ZEMSHIP 提供氢气。充气过程约 12min。

4.9.2.6 美国海军的燃料电池系统

美国海军的海军研究办公室（ONR）（U.S. Navy's Office of Naval Research）资助了一个先进技术发展计划，发展和试验海洋环境中船用燃料电池（SSFC）发电机。这个计划是发展 625kW 熔融碳酸盐燃料电池发电机和一个为 PEM 燃料电池设计的 500kW 燃料加工器。重点是利用 NATO-F76 后勤燃料的两个燃料电池基船用发电机系统生产高燃料系统效率的电功率，甚至在部分负荷时。ONR 也资助研究该燃料重整器和加工器、氢气膜分离技术和改进硫化物吸收剂，以增加系统的功率密度。系统已经进行设计和评价，使用 NATO-F76 燃料［其硫含量达 1%（质量分数）］和 JP-5 热量［硫化物含量达 0.3%（质量分数）］。

4.9.3 潜艇

在常规潜艇中，推进摩托使用电力，而驱动摩托的电功率是柴油发电机供给的。在潜航中，驱动电摩托的能量是从电池包中获得的，当发电机在操作时再为它充电，见图 4-58。

在厌氧船只中，发电装置又加了空气独立推进（AIP）系统，由柴油摩托供给电摩托功率。它是潜航时提供推进所使用的系统，偶尔使用可充式电池。

现有的 AIP 系统的功率严重受制于其所能够产生的，因此不合适作为潜艇的主推进系统。所以，现有 AIP 船只的推进系统必须被量化为混杂系统，这是进料电摩托、柴油发电机、电池或厌氧系统的一种组合，如图 4-59 所示。

当潜艇需要最大功率而同时又在潜航时，燃料电池可起作用，因它们能够在短时间内提供大量能量。另外，当潜航需要小关联或长时间低速航行时，可以使用 AIP 系统。三种能量产生或存储系统——柴油发电机、电池和厌氧系统，是相互补充但通常是排他性的。AIP 系统系统的主要组件如图 4-60 中所指出的。

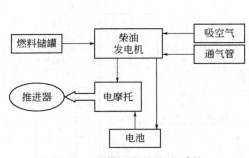

图 4-58 潜艇常规推进系统

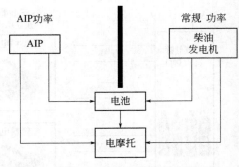

图 4-59 AIP 系统方块图

首先，有氧和燃料的存储容器（LOX，见图 4-61）。在所有类型的厌氧潜艇中，氧以冷冻液态存储。其他容器是可改变的，取决于在 AIP 系统中需要的燃料类型。

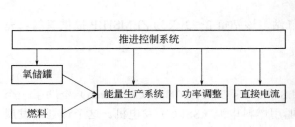

图 4-60 AIP 系统的主要组件

图 4-61 212 德国潜艇中的 LOX 储罐

现时 AIP 系统按时间分布，使用或在建的潜艇以五种不同方式使用不同的 AIP 系统：斯特林基体（Kockums）；MESMA（DCNS）系统；含氢冷冻容器（Rubin）；从金属烃类获得氢的系统（HDW/Siemens）或从生物乙醇重整获得氢（Navantia/Hynergreen）。

特别要介绍一下 HDW/Siemens 系统，因这个系统在使用和建造的潜艇中（见图 4-62）使用，包括如下一些级别：212 AU-31（德国和意大利）、212 ABacht（德国）、214（希腊、韩国、土耳其和巴基斯坦）、Dolphin（以色列）和 209/1400（葡萄牙）。

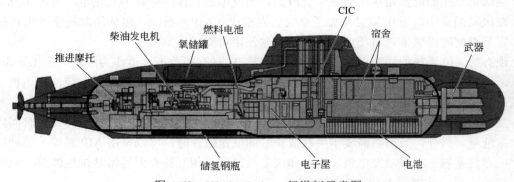

图 4-62 U212A Todaro 级潜艇示意图

HDW（Howaldtswerke e Deutsche Wert GmbH，属于 Thyssen Krupp 集团）是与西门子公司（Siemens）合作的德国船厂车间，提供燃料电池。这个联合体发展出基于金属烃类形式存储氢技术和燃料电池的 AIP 系统。系统建立的思想是，某些金属合金吸收原子氢，当氢化物被加热时，释放出氢气。这个氢气被带到燃料电池中与氧组合并获得能量。

燃料电池系统由 9 个西门子 30～50kW PEMFC 型模块构成。氢气由存储气瓶中的金属氢化物携带，而氧来自容器中的液氧，放置于压力壳外面。

氢的存储方法必须改进，因为金属烃类气瓶的重量和成本是很高的。所以，HDW 已经开始发展甲醇蒸汽重整器。虽然氢和甲醇的体积能量处于同样范围，但后者体积能量是氢的2.7 倍。选择的是蒸汽重整，因产生的氢气较多；需要的氧用量少和有较少的 CO_2 排放。

在 S-80 潜艇中，其 AIP 系统使用燃料电池和生物乙醇重整氢。与其他系统比较，它是一种革新。氢从室温乙醇重整获得，因此容易存储在容器中不再有任何问题。这是由 Hynergreen Technologies 发展的技术，西班牙设计 AIP 使用 300kW 燃料电池操作（由美国 UTC Power 制造）。燃料电池使用的氢燃料在重整器中使用生物乙醇生产，燃料电池需要的氧从有空气的地方输入。燃料电池产生 300kW 电功率和水。这些水和来自重整器的副产物二氧化碳从潜艇排出，这套装置现在正在制造中。

4.9.4　船舶用燃料电池

已经多次叙述，目前已经发展的燃料电池主要有六类：PEMFC、AFC、PAFC、MCFC、SOFC 和 DMFC。为船舶应用选择燃料电池时应该考虑每一类燃料电池的特性和优缺点。然而，船舶类型也很多，在不同水域使用要求也是不一样的，应该按个例需要具体考虑。如前面列举的，在船舶中的燃料电池主要是中低温的 PEMFC 和 DMFC、高温的 MCFC 和 SOFC。当需要有高功率时，如大吨位的船只，可选择高温型燃料电池如 MCFC 和 SOFC，不仅因为它们提供的功率大，而且因高操作温度能够使用低硫烃类燃料和提供高质量热量。

下面简要讨论有关燃料电池选择的一些问题。

4.9.4.1　燃料重整器和加工器

为船舶所用的所有燃料电池都可以使用重整燃料运行。重整是一个吸热过程，生产的氢气供燃料电池消费。燃料重整也即燃料加工过程起着两个重要作用：①把燃料原料转化成富氢气体；②为降低对燃料电池电极的污染，在脱硫器和变换器（转化 CO 为 CO_2）除去硫和一氧化碳等污染物，并脱除产生的水蒸气，然后再进入燃料电池。应该注意到，每种燃料加工采用的技术一般有所不同，因启动阶段在无燃料电池能量可以利用时，需要有附加能量源来启动燃料加工器和燃料电池。这个能量源必定为重整器产生蒸汽和预热燃料原料的热量。对大规模运转的系统，若干小时的启动时间有时是必需的。而这个困难会影响燃料电池是否适合于某些类型船只使用。

燃料电池在商业船舶上应用的挑战之一是，能否使用商业可利用化石燃料替代纯氢燃料。能够预期，常规液体燃料如柴油或甲醇被选择作为燃料电池燃料，是解决燃料电池船载应用的长期办法。尽管带重整器的燃料电池，其污染物排放是非常小的，但在燃料生产和供应过程对环境的影响方面，燃料电池和柴油引擎间没有显著差别。当考虑生产燃料电池组件消耗能量对环境产生的影响时，从全球意义上说更是这样。

4.9.4.2　寿命

对 MCFC，镍氧化物以及镍金属和电解质的损失导致寿命成为最关键因素。虽然 MCFC 的设计寿命约 5 年，但值得注意的是，池堆寿命因技术革新已有极大增加。在德国 Magdeburg，由 MTU CFC 公司发展的 250kW MCFC，其运行超过 30000h。Siemens Westinghouse CHP-100 SOFC（组合热电）也达到 30000h 的寿命，而在实验室试验中高达 70000h。这些新近研发项目及其令人鼓舞的进展对船舶应用燃料电池不仅非常可行而且非常有吸引力。

4.9.4.3　成本

在 2002～2009 年间，燃料电池池堆模块的相对成本已经下降了 60%，例如对 MCFC，成本降低示于图 4-63 中。现在池堆模块的成本占 MCFC 发电厂总成本的 2/3。对 1.4MW 发电厂，其成本约为 4000 美元/kW。对 SOFC 技术，小产量工厂 FC 系统的现时成本达 9000 美元/kW。但是，当生产量达到 10MW/年时，SOFC 池堆模块的成本将降低到 750 美元/kW。

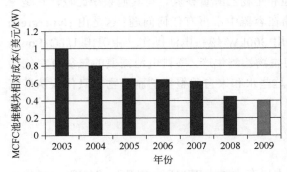

图 4-63　MCFC 的成本下降趋势

对船载发电装置，燃料电池似乎是一个非常有吸引力的技术，因为其比常规内燃引擎和气体透平有效和洁净，也容易与所有电动船舶概念集成。

虽然燃料电池在民用和军用水面船舶中的应用仍然在研究和示范阶段，使用氢和氧的 PEM 燃料电池对潜艇已经达到一定程度的成熟。例如，已证明甲醇重整技术非常适合于 AIP 潜艇中应用，具有高效率和灵活性。

4.10　燃料电池辅助功率单元

前面已经对燃料电池在运输领域的应用和市场做了相当详细的介绍分析，包括轻型燃料电池车辆、重型燃料电池车辆、燃料电池公交大巴、航空器和船舶。除了这些外，燃料电池还有一个重要的运输应用，也即作为运输工具中的辅助功率单元。下面讨论燃料电池辅助功率单元（FC APU）。

4.10.1　对辅助功率单元的需求

运输工具中的辅助功率单元（APU）并非作为推进电功率，它是供各种辅助功能单元使用的。与车载娱乐车辆（RV）、船舶等使用便携式发电装置不同，APU 是建在车辆中的。APU 必须满足的负荷范围从小于 1kW 到商业大飞机上的 500kW。为什么采用主推进系统与 APU 分离的策略呢？是为了优化车辆的总能耗。APU 为小轿车、船舶、摩托车、飞机、卡车、客车、潜艇、飞船、军用车辆或其他需要车载能量需求的任何车辆提供空调、冷冻、娱乐、加热、灯光、通信以及其他装置需要的电力。然而，休闲游艇、飞机和汽车、重载卡车、工业和服务车辆、执法车辆和冷冻车辆（制冷车辆）是 APU 的最可行市场，由于它们有高的电力需求。特别是对休闲和娱乐车辆，扩大了车载 APU 使用量，其容量可高达 38kW，如在表 4-34

中能够看到的。表 4-34 中列举了 2000 年有代表性辅助客车的 APU 需求。随着车辆工业中车载舒适特性和电气设备的增加，APU 必须要能够满足一直不断增长的需求。图 4-64 显示的是在休闲游艇上使用的 APU，一个 450W 液化石油气基（LPG 基）PEM 燃料电池系统的结构，带车载重整单元。

表 4-34　休闲客运车辆的 APU 需求

辅助项	功率/W	辅助项	功率/W	辅助项	功率/W	辅助项	功率/W
后雨刷	90	挡风雨刷	300	电动窗	700	加热前座	2000
信息电子	100	空气泵	400	电扇	800	加热天窗	2500
挡风泵	100	加热门锁	400	后除霜	1000	催化剂加热	3000
加热方向盘	120	引擎冷却泵	500	电动座位	1600	电机械阀控制	3200
电动天窗	200	防锁制动系统（ABS）泵	600	线控方向盘	1800	空调	4000
车闭合器	200	灯光	600	线控刹车	2000	主动悬架	12000

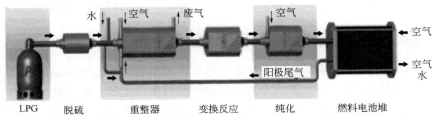

图 4-64　车载改进的 450W PEM 燃料电池系统休闲车 APU

支配现时 APU 市场的策略主要有三个：车载电池、车载烃类发电机和抽取推进主系统的功率。而燃料电池作为 APU，具有显著低的污染物排放、没有声污染、启动时间短和高效率等特点。为了把燃料电池使用作为 APU，对车载燃料电池 APU 替代两种在美国重载卡车中最普遍使用的 APU（从主柴油推进引擎中取出功率和分离的车载柴油发电机）进行了研究。得到的结论是，能够降低 10μm 以下颗粒物质（PM_{10}）排放达 65%，NO_x 排放降低 95%，CO_2排放降低高达 60%。其他研究也证明，卡车空转（为了 HVAC 和电气设备操作和使引擎做好准备，卡车并不行驶但卡车引擎仍然保持运转）占重载卡车引擎总运转时间的 20%～40%（一天约 6h），这是因为 APU 需要从引擎中拉出功率，在该情形下的能量效率仅为 3%。空转模式中的卡车每小时消耗约 1gal 柴油燃料，说明在能源和能量上的极大浪费，引擎的额外负担，是有害物质排放的主要来源（导致政府颁布限制/禁止该领域的法规）。使用 APU 能够提高燃料利用效率（见图 4-65）。实际上也能够不需要引擎运转，现在已经发展出以 PEMFC、DMFC和 SOFC 燃料电池为 APU 的电源，可以使用纯氢、天然气、LPG、汽油和柴油作为燃料。对能量强度更高的其他车辆，如商业飞机和货船，需要有高能量速率的 APU，对此，高温燃料电池（SOFC、MCFC）可能是更好的选择（见图 4-66）。

对燃料电池辅助功率 APU 单元的开发，BMW/Delphi 是领先的财团。他们进行的车辆电气化正在冲击传统电池和发电机领域。从结果产生了如下深刻见解：与驱动链脱钩的燃料电池构成的辅助功率单元（APU）能够满足车辆行驶和停车期间的电力需求。因为 APU 可以在燃料电池准备好以前就进入到车辆驱动链中，而选择的燃料是常规燃料如汽油和柴油。由于现有车辆为附加装置留下的可利用空间是有限的，SOFC 系统已经被汽车部门严肃考虑作为 APU。对 SOFC 汽油和柴油燃料的加工将远比 PEMFC 的简单。比较而言，作为 APU 为 SOFC 施加了更多的挑战，如功率密度、启动时间和热循环容量等。汽油 SOFC APU 系统已经为 BMW/Delphi 的集成 BMW 车辆有很好的示范。最新一代 APU 的启动时间为 60min。

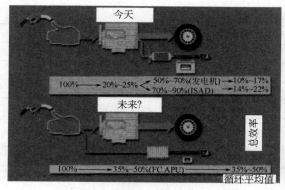

图 4-65　汽车动力供应转变范例

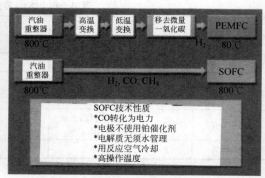

图 4-66　用汽油燃料的 PEMFC 和 SOFC 比较

4.10.2　燃料电池辅助功率单元市场应用分析

　　燃料电池如果作为车辆主推进动力和作为组合电动车辆中的主电源使用，已经在前面做了详细的讨论。燃料电池作为主要动力源，其他辅助设备单元的功率也就能够同时供给，也解决了辅助娱乐设施的电力供应问题。在这里要讨论的是，车辆主要动力源并不是燃料电池和电池，而是内燃引擎的情形，因为这些引擎提供驱动动力并不需要电力也不产生电力（如果没有附加发电机的话），其附属、辅助和娱乐设施的电力供应需要由另外装置来提供。虽然有多种提供电力的技术，但使用 APU 单元仍是一种新技术。

　　装置的辅助功率单元（APU）被认为是 FC 早期应用之一。在这个市场上 FC 不是要替代内燃发动机作为主推进动力源，而是为车载服务提供电源和热量，如娱乐、取暖、空调等等。APU 提高了发电效率，降低污染物排放，延长引擎寿命和消除噪声，尤其是当车辆停车需要电力时。APU 应用是有吸引力的，因为它们需要 FC 与低成本 ICE 竞争。三类 FC 技术在 APU 应用中竞争：质子交换膜燃料电池、固体氧化物燃料电池和直接甲醇燃料电池。由于各类燃料电池如低温 PEMFC、DMFC 和高温 SOFC 各有优缺点，对 APU 应用也要视使用的场合而定，有的场合要使用 SOFC，而另一些场合要使用 PEMFC。在 APU 发展早期阶段（2007 年前），市场上的 APU 产品仅使用 DMFC。车载 APU 市场（更一般的是中等大小 FC 市场）包括了休闲游艇、飞机和其他航空器、摩托车、电动自行车、轮椅、叉车和高尔夫车辆等领域。APU 的军事应用也是很有前景的市场，如美国军队与政府、高校、国家实验室和 FC 工业部门联手积极发展 FC 技术，他们选择 PEMFC 和 DMFC 作为近期技术，但需要使用柴油、JP-8 和其他物流燃料。FC APU 对士兵的"安静搜索"特别有用，尽管军事市场是有限的，但它在新技术扩散中的重要性不应该被低估。从军用技术到民用市场的扩散有很多例子，因技术改进价格下降了。军事应用 FC APU 对可靠性、稳定性的要求高于民用市场，而民用市场顾客对价格比较敏感，对重量和体积要求也远低于军事应用，尽管军用 FC APU 可靠性通常能够满足民用要求，但民用不一定采用，因为价格等指标。但是要评估军事市场是困难的，因为缺乏公开的数据。下面的重点是讨论 APU 在各种车辆中应用和其市场，以美国为例。

4.10.2.1　辅助功率单元市场

　　已经确认燃料电池辅助功率单元（FC APU）在民用车辆市场中有七种应用，对美国市场的估计值见表 4-35 中。在表 4-35 中的数字是 FC APU 的年销售数量，它们被安装在所列举的分类市场的每一台车辆中，也即是一个乐观的假设（至少在中短期中）。文献中能够发现新技术市场的不同概念。图 4-67 显示新技术市场概念的一种分类。总市场（total market）是指 FC APU 在技术上适合于应用的所有车辆。可获得市场（addressable market）是车辆的辅助工作循环适合于使用 FC APU 技术的所有车辆。应该对使用 FC APU 的成本和利益与被替代技术进行比较，以便分析顾客是否更愿意购买该装置。该比较结果被用来计算潜在市场（potencial market）的估值。如果使用成本-利益或投资回收期分析方法来比较不同技术，一些利益并未被考虑进去，因它们的货币化评估有困难，交易成本一般也被排除在外。FC APU 的可部分占领市场（capturable market）取决于整套的利益和成本，包括增加的服务。对 FC APU 的可部分占领市场，需要考虑顾客对装置的接受性、交易成本、增加的舒适性以及一些其他因素如先期接受性。应该注意到相反情形，即一些顾客愿意选择比 FC APU 更好的装置，因为 FC APU 的重量很重或对使用氢引起的安全威胁有疑虑；而另一些顾客认为，没有比 FC APU 更好的装置可以选择了，因此他们从理性观点出发会买 FC APU 产品，可以把他们看成是技术友好的顾客。于是，其部分占领市场可能超过潜在市场。

表 4-35　美国 FC APU 市场

市场	估算的年销售台数/万台
承包商卡车、接送车	30
娱乐车辆	19
特殊公用卡车	7
冷藏单元车辆	6
豪华客车	150
执法车辆	7～8
长途重载运输卡车	10

　　下面按图 4-67 的分类来评估 FC APU 在不同种类车辆应用的市场前景，包括运输车辆（transit vehicles）、公用车辆（utility vehicles）、娱乐和休闲豪华车辆（recreational and luxury vehicles）、执法车辆（law enforcement vehicles）和长途运输卡车（line-haul heavy-duty trucks）。虽然数据是几年前的，但仍然有其参考价值。

图 4-67　新技术市场的功能分类

　　基于投资回收期分析市场前景、分析估算假设和结果分别见表 4-36 和表 4-37。

4.10.2.2　运输车辆

　　人们期望运输市场，也就是公共运输车辆如大巴车，能够成为 FC APU 的一个好市场，因为它们有很大空间和需要配置娱乐设备，以便使长途旅行舒服一些，重量不是大事情，运输车辆需要的功率为 14kW 或无空调时 3kW。在对满足这两个功率需求的 FC APU 进行模拟后，得到的结论是，APU 增加燃料使用，因为在使用 FC APU 时，正常停车-启动操作期间的引擎空转也是需要的。空转 ICE 和操作 FC APU 时的燃料消耗高于空转引擎供应 3～14kW 附加功率的消耗。这个发现是重要的，因为有作者认为运输车辆对 APU 是一个可行市场。遗憾的是，运输车辆对 FC APU 不是很有兴趣，因为差的负荷匹配，其目标市场远小于总市场。没有合理的资金节约也是因为差的负荷匹配。于是得到如下结论：对运输车辆，预测的潜在市场是小的。虽然有一些运输车辆操作者可能购买 FC APU，但对 FC 制造商而言，不可有依赖于这个市场来取得实质性研发回报的想法。对这个市场，更多的是燃料电池电动车辆的渗透。

表 4-36　分析假设、投资回报期（以年计）结果

项目	参数值			对参数值的回报期		
	低	中	高	低	中	高
空转						
空转柴油消耗/(gal/h)	0.6	1	2.25	6.5	3.2	1.3
柴油燃料成本/(美元/gal)	1.35	1.51	1.7	3.7	3.2	2.8
润滑油成本/(美元/h)		0.07			3.2	
引擎检修成本/(美元/h)		0.07			3.2	
燃料电池						
燃料电池投资成本/(美元/kW)	1000	2000	3000	2.8	3.2	3.7
氢燃料储罐成本/美元	700	1100	1800	3.0	3.2	3.5
氢燃料成本（HHV）/(美元/GW)	11	25	40	2.8	3.2	3.8
空转氢消耗/(GW/h)		0.013			3.2	
燃料电池安装成本/美元		1500			3.2	
燃料电池操作和维护（O&M）成本/(美元/h)		0.05			3.2	
加热器和空调器成本/美元		1800			3.2	
管道和线路成本/美元		250			3.2	
跟踪逆变器成本/美元		1300			3.2	
总投资成本/美元	6950	7950	8950		3.2	
通货膨胀（人力、检修）/%	3	3	3		3.2	
通货膨胀（柴油）/%	−5	5	15	4.5	3.2	2.6
通货膨胀（氢气）/%	3	3	3		3.2	
贴现率/%	10	10	10		3.2	

注：FC 成本与空转成本比较。关系到参数变化的回报期变化一个一个分析。高于两个参数的累积变化不能够从表中看到。

表 4-37　投资回报期分析结果（文献值）

项目	成本/美元	回报期（1000h/a）/年	回报期（3000h/a）/年	平均回报期/年
直接燃烧加热器	3200	1.8	0.6	1.2
热量存储	2700	1.4	0.45	0.9
热用存储冷却直接加	4200	2.7	1.4	1.8
APU	7100	4.3	0.93	2.9
卡车站电气化	1700+2500/站	2.7		1.8

注：表中的技术成本与空转成本及研究中的假设，柴油 1.75 美元/gal；1gal/空转消耗柴油小时；引擎磨损 0.07 美元/h 和避免维护 0.07 美元/h。

4.10.2.3　公用车辆

皮卡制造商，例如 DaimlerChrysler 和 GM，都生产能够供应相当数量电功率的车辆。例如，DaimlerChrysler 为特殊承包商（contractor special）生产的 Dodge Ram 的主引擎，能够产生 20kW 电力，而 GM 车辆产生的电力为 4.8kW。当引擎关闭且有负荷需求时，FC APU 可以较高效率地提供同样的功能。特殊承包商预计，Dodge Ram 占总销售的 15%～20%，占美国总市场的 15%，也即每年 300000 辆，这些可能是 FC APU 的目标。按图 4-69，这个销售量或许能够作为目标（可获得）市场，也即 FC APU 技术能够满足功率负荷匹配的顾客数量。但考虑到其他可利用选择（集成的柴油发电机、便携式发电机和 Dodge Ram 特殊承包商）和事实，安静模式的 FC APU 不可能受到承包商很多照顾。FC APU 的潜在市场和可获得市场，只有在 FC APU 成本能够与其他选择竞争时才可能是重要的。

许多特殊公用卡车都有功率输出装置（即牵引车或卡车上的转动轴，它为额外的分离机械提供功率，实现从牵引车引擎取出能量作为功率输出），功率负荷从 5～60kW，一般是在卡车和牵引车辆稳定空转时使用。制造商试图满足不同功率需求以达到大量生产，暗示 FC APU 配送每千瓦电力的价格较高，而且也不可能按需购买额定功率的 FC APU。由于对 FC APU 还没有确立起特定功率需求，购买往往超过需要的功率。即使能够按需生产，FC APU 是否适合于特殊公用车辆仍然不清楚。对功率输出装置，需要大功率并不等于整个时间都使用这个大功率，但要求 APU 能够适应大部分时间的功率需求（也即 FC APU 输出功率被降低到需要数量的功率）。FC 的特点之一是，不仅在恒定功率而且在部分负荷下工作都是最好的，有同等的效率，但是仍然需要在价格上能够与其他选择竞争。由于负荷需求和 FC APU 特征间的差匹配有问题，在表 4-35 中所示市场显然过于乐观（对目标市场也是这样）。遗憾的是，潜在市场和可部分占领市场的大小可能要小很多。

当主引擎关闭时，在中等和重载车辆中使用分离引擎的压缩机，以使这些压缩机有高效率的操作，因此 FC APU 的潜在排放和燃料节约优势是有限的。冷藏系统也能够连接到主引擎上。因此对小和中等大小冷藏车辆，使用电力备用单元，在表 4-35 中的值指的是销售的冷藏单元，它仅是总市场的一个估计值。目标市场仅限于中等到重载车辆，可它们使用分离压缩机系统供给功率。这类功率源是高效率的，仅在匹配现时系统出现差异时，FC APU 才有可能获得显著量的潜在市场。FC APU 提供的服务不同于现时系统，能够使可获得市场接近于潜在市场。

4.10.2.4　娱乐和休闲车辆

在休闲和娱乐车辆中的最大电功率需求约为 2～4kW。因这类车辆休息时仍然是需要电力的，这对 FC APU 似乎是一个应用的好市场。另外，绝大多数停车场不允许使用柴油发电机（因操作噪声大）。但是，这些停车场通常有很多的电力插座，这降低了使用 FC APU 带来的利益。表 4-35 中的数据即每年 19 万辆，它也仅是目标市场的一个估计值，潜在市场是相当小的，因为在多数停车场需要与电力选择竞争。房车（不是传统小面包车）可能是 FC APU 的较大市场，因为这些车辆常常在室外停宿露营地，使用者会按照个人意愿选择停车的地方。因这些车辆本身只是零星使用，因此这些休闲车辆也很少使用 FC APU。另外，假期消费者为增强娱乐经验可能愿意为电力付出高的价格。但如果车载 FC APU 使用甲醇燃料（至少进入市场的早期阶段是这样），也可能碰到后勤物流问题。例如，在渗入澳大利亚和新西兰娱乐和休闲车辆时 FC APU 曾碰到过一些困难（缺乏甲醇分布的公用基础设施）。但这些问题会随着需求增加和长期使用而得到解决。近来，Smart Fuel Cell 的 APU 已经被集成到 S 级车辆（即 Hymer 的高端车辆）中作为标准装备，而对其他等级车辆这仅是一个选项。在该选项车辆中，FC APU 销售能够为其在整个休闲和娱乐车辆中的可部分占领市场（capturable market）提供一定比例。休闲车辆有可能成为 FC APU 的一个相对大市场，当然需要顾客愿意接受相对高价格的这些装置。安静操作模式和在任何露营位置都能够提供电功率是 FC APU 的最好卖点。因此，澳大利亚和美国是比欧洲更有前景的市场，特别是对露营车辆和房车，因为有较大室外场地和很大数目的偏远位置。

导航信息系统、加热座椅、娱乐设备和替代机械和液压子系统的机电子系统的使用是要增加车载电功率需求的。在近些年中预测的电功率需求每年增加 5%。如果所有需要电力的设备装置同时使用，现代娱乐车辆需要约 38kW 电功率。如前所述，FC APU 仅适合于作为在相当长时间内需要恒定功率的装置的电源（据测算为 5～6kW）。对这个数量的电力，FC APU 不是仅有的候选者，于是表 4-35 中的数据仅仅是美国目标市场的一个估值。潜在市场大小的评估能够从 FC APU 与多个竞争技术，如双电池（14V/42V）、高电压系统、启动器/发电机集成的比较中获得。有人怀疑对新电源系统的需求，因为若干新功能，特别是提高的可靠性和舒适性，也能由现有的 14V 电力系统满足。虽然当引擎关闭或空转时提供较高电负荷，但可深信进一步提高也是逐步实现（进行）的。特别是，能量管理系统能够使电池保持在最好的操作窗口，以对关键组件供应功率。另外，FC APU 似乎也可能被柴油或汽油混杂系统的扩散所弱化，因为这些车辆有较大电池，有能力在引擎空转时供应电力。另外，下一代公用基础支持设施将是一个集成汽车用途、电力和信息的系统。该系统中的集成之一是可移动的电力，也就是电驱动、能量存储和配送和移动技术的集成，以便使车辆能够在任何时间（不管是固定还是移动状态）为非推进功能配送电力。很明显，FC APU 在这类型关键事情中要起重要作用。

专家预计，FC APU 的潜在市场可能是非常有限的，除非 FC APU 价格与竞争技术是可比较的。在早期阶段，仅有特殊车辆如豪华休闲车辆有可能采用 FC APU，由于它们的行驶方式和存在有时是为时髦乘客提供娱乐设施需求。豪华车辆的拥有者对购买额外电源并不在乎，因为 FC APU 为他们提供了有吸引力的生活方式。车辆销售者或车辆制造商强化 FC APU 市场能够使销售前景更令人鼓舞。

4.10.2.5　执法车辆

执法车辆似乎是 FC APU 的一个有吸引力的市场。首先，特殊应用如报警器、收音机和电脑的功率需求；其次，它们可能要比常规车辆的空转时间更长；再次，引入替代燃料是很容易的，因为车辆是集中加油的；最后，警察可能介意在车上放置 FC APU 导致的空间损失。缺点是，APU 的使用或替代燃料的引入仅仅在如下条件下才是可接受的：车的性能不受损失，特别是速度和加速。这对 FC APU 而言意味着重量要尽可能轻。提出的目标是，重量 50kg 和体积 50L。表 4-35 中所列数据指所有执法车辆，且仅仅是引擎关闭时主要电器使用的目标市场。即便对这种情形，FC APU 仍然要面对上述豪华车辆类似的其他技术竞争，特别是对高性能车辆（已经选用作为合适的执法车辆）。但是，执法车辆整体可能对 FC APU 使用的能量节约和排放降低优点是特别敏感的。一方面，FC APU 的潜在市场可能是小的，直到其价格可以与竞争技术比较时；另一方面，FC APU 的可部分占领市场，因有政府的广泛推动，可能是比较大的，以利于氢经济的发展或要改进空气质量。

4.10.2.6　长途重载运输卡车

卡车车辆的空转时间相当长，空转可分为自由支配的和非自由支配的，前者的目的主要是驾驶员自己感到舒适；后者关系到道路拥堵或过量特殊应用。APU 可替代自由支配的空转。当驾驶员要在卡车中睡眠过夜时，就能够成为 FC APU 的一个好目标，因气温控制装置和车厢附件都需要电力。按照政府统计，美国 450000 辆卡车的驾驶员在卡车中睡眠。表 4-35 中的数字，即美国年销售 100000 辆，应该作为目标市场的较大估计值。

在长途卡车上，车载 FC APU 是要与多个系统建立技术竞争的，如直接燃烧加热器（仅为取暖）、热量存储系统（TES）、ICE APU 和卡车停车电气化。直接燃烧加热器能够为车厢和引擎供热，重量轻且已广泛商业化，因此 FCAPU 的可占领市场是低的，因为改造成本和未知的可靠性。带热量回收的柴油 APU，通常是外部配备在卡车车厢上的小柴油 ICE，也是一些新卡车的可利用选项。热量存储系统（TES）能够存储来自车辆或空调系统或制冷装置（当车辆在运转时）的热量，需要时提供热量和冷量，但不能提供电力。一些卡车制造商近来开始提供这些装置，作为他们车辆的一种选择。最后卡车停车电气化，卡车司机只要简单把电气设备"插入"就能够连接电网。

通过比较 FC APU 和上述技术的投资回收期，也即比较回收产品成本的时间，就能够获得 FC APU 的潜在市场。技术投资回收期是通过比较成本和空转成本获得的。比较发现，FC APU 的投资回收期为 3.2 年（如表 4-36 所示，虽然该数据受参数不确定性的影响）。考虑到美国卡车协会希望购买设备的投资回收期是 2 年，结果是非常令人鼓舞的。如果 FC APU 是在技术和成本指标上零售的，1500 美元政府补贴能够把投资回收期降低到希望的 2 年。对 FC APU 的这个投资回收期可能被低估了，因高柴油零售价格是上述评估价格的两倍，这是能够完全补偿的明显有利的假设。而直接燃烧加热器、热量存储、直接使用存储冷量取暖、ICE APU 和卡车停车电气化的投资回收期要短得多，但仅有最后两种技术提供的服务是可以与 FC APU 比较的。另外，ICE APU 的投资回收期可能短于在表 4-37 中所示数据，因为便宜的设备很容易在市场上找到。卡车停车电气化的投资回收期能够低至 1.2 年（如果一个点每天停两辆卡车，白天一辆晚上一辆），该值可能乐观了点。从表 4-37，得到的结论应该是，FC APU 的潜在市场可能远低于表 4-35 中的目标市场值。

上述对 FC APU 在长途运输卡车上的潜在市场的评估可能受了限制，因为投资回收期并不考虑舒适性。卡车司机消耗相当数量时间在卡车上，他们可能愿意付高价来获得舒适。但是，ICE APU 的销售却仅占新卡车的 3%，使人产生的疑问是，卡车司机是否能够搞到需要的额外车载电源。与 ICE APU 比较，安静操作模式是 FC APU 仅有的额外优点。由于卡车司机习惯于在引擎声中睡眠，这个优势程度不完全清楚，虽然他们欢迎有安静的睡眠环境。更加重要的是，卡车停车电气化不仅匹配 FC APU 提供的服务，还包括了安静的电力配送，也提供额外的服务，如无线网络、电视电影需求和司机互动训练计划（按照美国 EPA 的特别强需求）。与 APU 比较，卡车停车电气化的缺点是强制驾驶员在固定的位置停车。但是司机可能把卡车停在任何地方，只要有可利用的服务如洗澡、洗衣设施和餐厅饭店，以及载货安全性事情。于是人们能够得出结论，基于一系列原因需要思考的是，FC APU 的目标市场可能十分有限，以及卡车停车点电气化需要高价格。但如在多个报告中指出的，对卡车停车点电气化的兴趣在增加。尽管能够找到电气化的卡车停车点（至少在开始阶段），但仅对高交通流量的道路是可行的。由于司机总能够有机会空转卡车，这似乎不是大问题，如果文献数据是可靠的或停车电气化成为普遍的事情的话（对电气化停车点，老板的投资回收期约 3 年，仅需要有电力供应）。其他服务的回报，如有线电视、电话和网络，会进一步降低投资回收期。现在，在美国高速公路系统上有 108 个电气化停车点使用 IdleAire 服务，这是卡车停车点电气化的领头提供者。该公司已经加紧在未来几年扩展电气化停车点的数目。虽然欧洲国家似乎并不跟随美国发展这个技术。电气化卡车停车点扩展到其他国家，不可预见的是，是否存在技术障碍，还是只要地方政策制定者施加了对空转的适当监管限制就能够推行。

总之，从比较利益与竞争技术提供服务出发，对 FC APU 在民用市场中的应用前景进行分析的结果指出，它们能够在长途运输车辆中找到其最广泛的应用，虽然其渗透扩散可能受到停车点电气化的约束。FC APU 能够提供广泛范围的服务，显然非常适合于车队工业。关于其他应用市场，现在样机阶段的装置大小可能阻止 FC APU 的广泛扩散，至少近期是这样。例如，Delphi 的样机边长为 36cm（形状为立方体）；而另外一个样机装置的边长为 62cm。卡车主是另一个潜在 FC APU 的早期应用者，不可能买很多这类装置（如果其大小不缩小的话），但豪华车辆例外。随着 FC APU 成本和大小的下降机遇会增加。FC APU 面对在许多营地、房车、露营车市场中其他电力技术的竞争。这是 FC APU 在休闲和娱乐市场中最有吸引力的，因为这类车辆的车主在没有可用电力插头下要消磨相当多时间。FC APU 现在是豪华休闲车辆的标准配置，如 Hymer AG 生产的 S 级房车。采用 FC APU 额定功率提供作为 Hymer AG 生产的房车的 B 级和 B-Star-Line 的一种选择，这指出了 FC APU 在民用市场的未来趋势。

最大卡车制造商在 FC APU 上已经有计划，确实，在讨论如何变革现有技术中时他们都愿意采用这类新技术。这是吸引制造商兴趣的一个很好的例子。大兴趣受到了政策压力的激励，这对具有潜力的技术非常重要，特别是车辆工业必须降低污染物的排放。

4.10.3　SOFC 辅助功率单元样机

在汽车工业中作为车载辅助管理单元（APU），德国 Dephi 汽车系统和宝马（BMW）集团公司联合发展了固体氧化物燃料电池（SOFC）技术。结果证明，其对未来应用是可行的，因此公司进行了 SOFC APU 的系列发展。这是因为面对车辆对电功率的需求不断增加，必须重新考虑使用发电机和电池组合的成功做法。从技术观点看，SOFC APU 可能是新发电技术的优先候选者。独立于汽车发动机提供电力的 APU 是有益的，能够为车上顾客提供足够舒适的条件和环境，如辅助空调；另外还能够节约燃料，因这样的 APU 效率高。所以，SOFC APU 能够为客车供应电力。在 2001 年对 SPFC APU 进行了成功的"概念证明"。其发展的事情如表 4-38 中所示。

表 4-38　5kW SOFC APU 发展的里程（2001 年）

项目	基础情形	个例 1 stretch（延伸）	个例 2 worst（差）	个例 3 base case（基本情形）	个例 4 sulphur free（无硫）
阴极空气进口温度/℃	650	500	700	650	650
阳极氢燃料利用率/%	90	90	70	90	90
燃料	30×10^{-6}S 汽油	30×10^{-6}S 汽油	30×10^{-6}S 汽油	30×10^{-6}S 汽油	0 S 柴油
单池电压/V	0.7	0.7	0.7	0.7	0.7
额定功率/（W/cm²）	0.3	0.6	0.3	0.6	0.3
燃料电池毛速率/（W·h/min）	6.02	5.53	6.97	6.02	6.04

续表

项目	基础情形	个例 1	个例 2	个例 3	个例 4
		stretch（延伸）	worst（差）	base case（基本情形）	sulphur free（无硫）
效率/%	37	40	26	37	37
体积/L	101	60	145	76	99
成本/美元	2636	1754	3332	2076	2461
净成本/(美元/kW)	527	351	666	415	492

　　FC APU 未来潜在市场大小的判断，通过讨论现时处于研发阶段的产品就能够获得。其中一个好的例子是 ADL 的 5kW SOFC POX APU 功能设计，该 FC APU 的目标包括：大于35%峰功率（DC/LHV）、体积小于 50L、质量小于 50kg、系统成本为 400 美元/kW、冷启动时间小于 10min。对 5 个主要因素的分析，结论是 ADL 的效率目标很可能达到，但是体积目标仍有挑战性：基础装置的体积是目标值的两倍，进步最大的重整也达不到目标指标。同样地，10min 启动时间仍然不能实现，实际启动时间最小为 30min。如果大量生产（也即每年50 万套）成本在 351～5274 美元/kW 之间。

　　在 Delphi 汽车公司发展的 SOFC APU 在实验室条件下达到的最大功率密度为 $0.35W/cm^2$，也即与 ADL 基础情形是可比较的，体积为 50L，小于 ADL 基础装置。启动时间约 1h，其车用第二代样机给出于图 4-68 中，而车身安装给出于图 4-69 中。把整个系统加热到操作温度和从池堆取出电力的温度约为 1h。这是现实 SOFC 系统技术达到的主要成就，虽然仍需巨大努力不懈地发展 SOFC 以使其适合于汽车市场中的 APU 应用。但是，对卡车，启动时间可能不是重要问题，因驾驶员能够预先安排计划启动和停车时间。考虑到现时 ICE APU 的大小和质量，ADL 目标对长途运输卡车市场可能是高的：125kg 质量和 250L 体积可能是比较合适的。ICE APU 的质量和体积与此非常类似，如美国 DOE 的 21 世纪卡车计划路线图中报道的。因为质量、功率密度、成本和启动时间间的权衡和折中，所描述产品可以在市场的早期引入或以较低价格零售。对以 580 美元/kW 价格卖出的 4kW SOFC APU 的投资回收期的分析，（假设 ADL 大量生产）在驾驶员空转的代表性时间为每年 1800h 时，投资回报期为 1.5 年。该值稍小于驾驶员在卡车停车电气化获得的投资回报期。很清楚，FC APU 成本的显著降低会引起潜在市场显著扩大的情形。虽然 FC APU 可能有较大可占领市场（由于驾驶员舒服程度增加），但仍然需要与卡车停车电气化竞争，仅在非常方便时 FC APU 能够提供额外的服务。

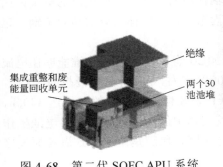

图 4-68　第二代 SOFC APU 系统

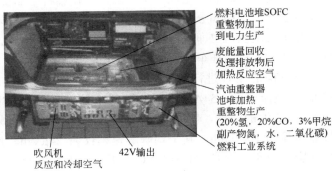

图 4-69　以汽油为燃料的 SOFC APU 的第一辆车辆

FC APU 制造商的强力活动强化了市场信心：既达到显著降低成本的目的也有顾客愿意为改进服务付出高价。据估计，余下挑战在性质上主要是在增值上。考虑承诺的资金和资源数量，特别是在美国和德国，发展者对它们的能力有信心，能够成功地过渡到市场。在市场中引入 FC APU 的主要威胁来自卡车停车电气化。如果 FC APU 的启动延期或电气化已经在市场中建立，要成功引入 FC APU 就可能是相当大的挑战。所以，启动时间是一件重要事情。但是 Delphi 的计划已经提上日程，美国的另外四个计划也在进行中。

SOFC 与烃类燃料兼容使 SOFC 的运输应用具有很强的竞争性。一典型 SOFC 车辆基本上将匹配小缓冲电池和混杂燃料电池车辆。相对小车载 SOFC 电源，其能够把常规汽油或柴油连续转化成 DC 功率源，而燃料电池温度能够调整到实际的功率需求。

对常规低温 PEMFC 系统需要利用洁净氢气。首先，氢燃料是昂贵的且不容易安全掌控的，整体上需要复杂和高成本转换器以转换氢燃料的化学能。其次，在热气候条件下，保持 PEMFC 膜湿化是困难的。类似地，在严苛冬天条件下，有水冷冻问题。为避免 PEMFC 的全部问题，使用 SOFC 是一个解决办法。SOFC 能够使用任何燃料，在 SOFC 中有内重整燃料的设施，过程无须贵金属催化剂，热废气通过废气管道移去，没有气候约束和形式范围的限制，SOFC 的高操作温度不会使问题加重，SOFC 的长启动时间能够使用平行连接到混杂系统燃料电池的缓冲电池能量来解决。另外，SOFC 的输出能够通过调整操作温度达到实际的功率需求或缓冲电池的电荷水平。

对不同燃料电池技术在车辆应用前景的说明指出，质子交换膜燃料电池（PEMFC），在池堆水平上提供短启动和应答时间，似乎是驱动应用最合适的技术。在辅助功率单元应用中，固体氧化物燃料电池（SOFC），因可容易地使用传统引擎燃料操作（简化燃料加工和显示好的性能）可以找到其应用。但是高温 PEMFC，情形就跟常规 PEMFC 不一样了，因为它的操作温度被提高到 160～180℃，可以避免上述问题，可以作为 APU 使用，下面对其进行简要介绍。

4.10.4　高温 PEMFC 燃料电池辅助功率单元（HT-PEMFC APU）

高温聚合物电解质膜燃料电池（HT-PEMFC）的操作温度（160～180℃）高于使用 Nafion 的常规低温 PEMFC 技术。因此，HT-PEMFC 具有一些常规 PEMFC 没有的优点，其中的主要优点之一是对 CO 有高的耐受性，所以能够以较低纯度的富氢气体（如重整物气体）作燃料；另外一个优点是反应物气体不必湿化（虽然也可以湿化，且可能有益处），因为其质子传导机理不同于低温燃料电池。不管怎样，在燃料电池使用中，供氢是一个主要问题，因为现时没有生产、存储和分布的公用基础设施，特别是对车辆使用的情形。对此提出的解决办法之一是车载制氢，也即把液体烃类燃料经重整反应转化为氢或富氢气体。柴油动力车辆（包括卡车、大客车和拖车等）是能够使用这类系统的。

对 HT-PEMFC 进行的大量研究取得了一些好结果，如 30 池 HT-PEMFC 池堆能够在电流 330A 和电流密度 $0.54A/cm^2$ 下操作，发送总功率达到 2309W 左右，是设计阶段设想的 2.3 倍；又如对 12 池的池堆，使用氢/空气和重整物/空气进行操作，在恒定负荷下的操作达 3400h，接着再操作了 2000h，其平均降解速率仅为 $24\mu V/h$。反应物中的惰性气体对燃料电池操作性能影响很小。但是 HT-PEMFC 在低电流密度时有大电压降，原因是磷酸导致氧还原反应速率低。

高温燃料电池系统能够达到的效率约为 23%，部分负荷时可能达到 30% 的效率。对车辆使用 HT-PEMFC，重量应该是轻的。例如，为货车使用 APU 发展了 3kWe HT-PEMFC 系统，系统的总体积约为 13.6L，包括燃料加工系统的蒸汽重整和水汽变换反应器；辅助系统即工厂平衡 BoP 箱（包括泵、泵控制器、风机控制器、阀和压力传感器以及控制硬件）的总体积约 31.7L。又如，Engelhardt 建立了 80 池池堆系统，电功率输出 1.5kWe，适合于作为移动游艇和小型面包车或固定应用的 APU。对燃料电池基 CHP APU 系统，包括蒸汽重整器、HT-PEMFC 池堆（PBI 膜）、热量存储库、燃烧器和其他辅助设备等，其系统电效率达 45% 和总效率大于 90%。

HT-PEMFC 与常规低温 PEMFC 系统比较，系统简单，有大规模商业化的可能，但仍然需要解决因温度循环（从常温到约 200℃）使系统中出现剪应力和压力变化（因启动和停车时的热膨胀和温度梯度）的问题。

虽然燃料电池基 APU 技术还没有变成商业可行，在近年来已经受到重视。工业研发部门、大学和研究机构发展出若干燃料电池 APU 样机。FC APU 装置对柴油车辆是合适的，因长途运输中需要有显著量辅助功率，在停车时或在行驶中。停车时需要辅助功率的车辆包括救护车、露营车、警车和长途卡车，这些车辆需要在远离操作基地处停车过夜。而当车辆空转时需要辅助功率的车辆有重载货车、公用和服务车辆、执法车辆和制冷车辆，它们代表着 APU 的最有前途的市场应用，因它们有高车载电能需求。HT-PEMFC APU 的可能应用主要是重载货车、制冷车辆和服务车辆，它们是最有前途的市场。FC APU 能够显著地降低能量使用和排放和节约资金。已经证明，服务车辆需要 3.6kWe APU。此外，已经探索燃料电池 APU 在各种类型货车和汽车上的使用潜力，包括豪华乘用车、承包商卡车、执法车辆、休闲车、专业工具卡车、冷藏卡车和长途重型卡车。对轻型车辆车载电功率需求级别在 2kWe。执法车辆需要高达 2.5kWe，而冷冻货车需要高达 30kWe，农民使用的客货两用车辆（皮卡）高达 20kWe。据调查，特殊用途车辆，如平台和人梯，需要高达 5~35kWe，而对水泥搅拌车则需高达 60~75kWe 的功率。对豪华乘用车给出了详细的 APU 需求（表 4-35），包括空调（4kWe）、超加热（3kWe）和取暖设备需求［电加温风挡玻璃（2.5kWe），前座椅加热系统（2.0kWe）］以及采光（0.6kWe）等。而长途运输卧铺车辆在夜里需要 5.2kWe，而白天开空调的操作需要 4.2kWe，大型旅行车最大电功率需求大约 2~4kWe。而且随着车辆车载舒服程度的增加和车辆中电气设备的增加，对 APU 的有效需求总在不断增长。作为第一个选择，预测的燃料电池 APU 功率达到 50kW。APU 为任何车辆中的空调、娱乐、取暖、采光、通信和电气设备提供功率。因为主推进系统与 APU 的分离是优化车辆能量消耗的一个好的策略。

HT-PEMFC 的 APU 应用与移动燃料电池系统的发展一样的，面对几个主要壁垒：成本、启动时间、系统大小和重量、燃料杂质耐受性和操作寿命。经过对 HT-PEMFC 电池堆和系统的启动时间分析，发现 HT-PEMFC 在多用途和陆地运输中预期有更好的性能，实际上，HT-PEMFC 系统仅需要较简单的系统、可接受的水生产速率和对杂质的更好耐受性。HT-PEMFC APU 系统的设计需要有关功率级别、燃料选择和使用燃料电池系统类型的知识。水的添加使用或高效热量回收必须作为基本工程结构部分计划。因池堆大小增加，对功率容量、低压和工厂平衡的整个系统的复杂性必须考虑周到。燃料电池堆由一系列单一、相互连接的池构成，意味着一个池的阳极是与另一个池的阴极连接。双极板池堆是最普遍的配置，最适合于较大的模块，由于双极板（BP）相对低的电阻和通过电子的大面积。从新近文献结果，可以获得如下结论：①HT-PEMFC APU 系统必须与电池和发电机耦合与内燃引擎（ICE）

竞争。除了较高效率外，这些技术提供额外的特色，如低排放和低噪声。②APU 燃料的选择是理想的，因为已经为推进系统车载使用。在大多数情形中，对所有类型的货车、公交车和火车都使用化石燃料如柴油。③现在，在陆地车辆中的 APU 池堆能够达到的最大功率为 6kW，当涉及给定应用的池堆时，池堆冷却方法是主要考虑之一。④HT-PEMFC 能够抗一氧化碳、化石燃料重整副产物，CO 的耐受性在纯氢和 180℃时高达 5%，这是一个重要的优点，因为它能够缓解气体净化和燃料加工的多段净化，因此使燃料从成本上看有效。⑤当入口气体中 CO 浓度增加时，高温 PEMFC 的功率密度和电流密度会被降低。⑥燃料电池是一种奢侈电能，但是清洁和有效。车载电力的产生是近来所有陆地运输系统面对的一个挑战，特别是冷冻货车。现在没有可用来分布氢气（如像初级电源那样）的公用基础设施。对燃料电池的供应，氢气可以存储在加压容器中，以液体状态或金属氢化物状态存在。但是，这些存储方法仅有低的能量密度和存储容器的操作范围有限。近来，车载 FC APU，包括燃料加工器（FP），已经在休闲市场的渗透中取得显著进展。

第5章

PEFC材料和制造 I：
聚合物电解质

5.1 概述

5.1.1 聚合物电解质燃料电池

聚合物电解质燃料电池（PEFC）单元池由如下组件组成（图5-1）：固体高分子聚合物膜及其两侧催化剂电极层（燃料极和氧化剂极）和气体层（这三者构成膜电极装配体MEA）、双极板及其之上的水分离器（冷却板）。而池堆由许多个单元池串联而成，可以产生数十甚至数百伏的电压。池堆示于图5-2中，在池堆的两侧配置有电流收集器（通常由金属做成），它也作为输出电流的端子，其外侧有绝缘加固板，使用螺栓和螺母把池堆连接固定为一个整体（图5-3）。当燃料电池工作发电时，燃料和氧化剂电化学反应产生的水沿着反应物气体的通路流动，为了使产物水容易从池堆下部排出，电极面一般垂直放置。为了保持聚合物膜有足够高的质子电导率，需要使膜保持有适当的润湿程度，为此必须严格控制池堆温度。由于电化学反应伴随有反应热的释放，因此在每个单元池上需要设置冷却板。

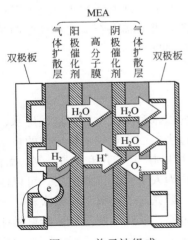

图 5-1 单元池组成

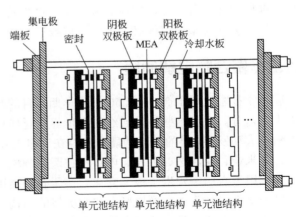

图 5-2 燃料电池池堆结构

图 5-3　10kW PEFC 燃料电池堆实物照片

PEFC 使用的聚合物膜是离子交换膜，一般是质子（阳离子）交换膜，但碱燃料电池使用阴离子交换膜。对质子交换膜，其功能是在把燃料电极（阳极）生成的氢离子（H^+）传输给氧化剂电极（阴极）（对阴离子交换膜则是把在阴极生成的 OH^- 传输给阳极）的同时，防止氢气和氧化剂气体的直接接触，起隔离屏障的作用，也防止阳极和阴极的直接接触而造成的短路，聚合物膜是电绝缘体，电子不能通过。如果高分子聚合物膜是质子交换膜 Nafion，在缺水情况下其氢离子电导率下降，所以保持这类膜的润湿是非常重要的。高分子聚合物膜除了 Nafion 膜外，还发展了一些其他的聚合物膜，目的是克服 Nafion 膜的缺点，进一步提高燃料电池性能。

　　电催化剂是燃料电池中特别重要的组件。为了防止 CO 中毒，阳极使用 Pt-Ru 催化剂，阴极使用以铂为主体的催化剂。磷酸燃料电池的工作温度为 200℃，虽然使用了不易被腐蚀的材料，但作为催化剂载体的碳材料还是必须石墨化的。而 PEMFC 的工作温度为 80℃，因而可以采用石墨化程度较低、比表面积高的碳材料。另外，PEMFC 很少出现热压问题，因而可以使用负载在载体表面上的高分散、高活性铂催化剂。

　　双极板具有分离氧化剂气体和燃料气体、提供气体通道和通量、迅速排出生成水的功能。特别是对于生成水而言，如果水滞留在气体通道中，就会影响通道输送反应气体的能力。因此迅速排出累积的水，需要在提高反应气体压力、流动通道的设计包括形状和通道结构等方面引起重视。

　　对作为双极板的材料要求是，具有耐腐蚀性、导电性能好、接触电阻小、重量轻和价格低廉等性能特征。已经开发的双极板材料有：①用苯酚树脂浸泡烧结过的石墨板，扼制气体泄漏，在这类石墨板上加工雕刻有供气体或冷却水流动的通道；②把石墨粉和塑料粉混合，与金属一起热压压缩成型；③膨胀石墨薄板加压成型等。此外，除了碳材料外，也可以使用耐腐蚀的金属，金属具有电阻小、防气体渗透性能优良等优点。金属双极板机械强度好，金属板能够做得非常薄，然而固体高分子聚合物膜是一种强酸，并且需要在氧化和还原两种环境中工作，因而对金属表面必须镀防腐层或进行特殊处理达到防腐。

5.1.2　聚合物电解质膜

　　膜科学技术发展于 20 世纪 60 年代早期，目的是利用含盐水和海水生产清洁饮用水，脱去水中的盐分。现在这些技术已经在全世界广泛应用。在过去二三十年中，膜应用的技术领域不断扩大和发展，膜的分离功能也已经在许多工业领域中得到广泛应用和研究，例如微滤、超滤、纳米滤、反渗透、蒸发、电渗析在医药领域（使用作为人工肾）等的应用。可以注意到，其应用重点已经发生了很大变化。在所有分离用膜中，最先进的是离子交换膜。

　　离子交换膜和离子交换树脂有非常类似的结构。交换树脂，从化学观点看，能够做成高选择性和低阻力超常膜。然而交换树脂和离子交换树脂的成膜过程有很大不同，因为它们的力学性质有很大的不同，阴离子树脂是软的，阳离子树脂趋向于脆的。此外，它们的尺度稳定性并不好，因为嵌在树脂胶体中的水量在不同条件下是不同的。当温度、离子状态或电解质浓度发生变化时，树脂中水含量以及它的体积也会发生很大变化。对小球珠状或大薄片状树脂（为了适合于设备和使用而加工成的），这些变化仍然是可以接受和耐受的。但是，为了利用加工球珠状树脂的方法来加工片状树脂材料，并获得足够的尺寸稳定性和强度的膜，则需要对片状树脂进行改性。

现在新能源领域中使用膜是很常见的。离子交换膜是燃料电池的关键基础部件。燃料电池技术不仅对绿色化学而且对整个社会也做出了贡献，因为燃料电池可以应用于许多日常生活的基础领域。燃料电池最关键的部件是膜电极装配体，它由两个电极即阴极、阳极夹着传导离子的膜构成。对低中温操作的燃料电池，传导离子即质子的膜一般是高分子聚合物电解质膜（PEM）。

在燃料电池中应用的 PEM 必须满足严格的标准：具有尺寸稳定性、优良的物理化学耐用性、电子传导绝缘体和高质子电导率［即便在低相对湿度（RH）和高温条件下］。对低温操作燃料电池的技术，美国能源部（DOE）提出的目标是：在 50%RH 和 80℃ 时，质子电导率要大于 0.1S/cm。而且要求在长时间内达到高电化学燃料电池性能（DOE 提出的现时目标：对汽车应用大于 5000h，对固定应用 40000h）。

PEM 在燃料电池中的主要作用有：分离阳极和阴极，作为传导质子的介质并作为避免燃料和氧化剂直接接触的屏壁。PEM 需要有特定的性质以使燃料电池能够很好工作：①高质子电导率（达到最小电阻损失下的高电流），零电子电导率；②合适的机械强度和稳定性；③在操作条件下，优良的化学和电化学稳定性；④极端低燃料和氧化剂渗透率以使池的库伦效率最大；⑤低的水扩散传输；⑥具有与电极和其他组件的兼容性。　因此，对制造 PEM 的聚合物膜的要求（燃料电池应用）有：①在低水合水平（或程度，用 λ 表示，定义为每个离子基团 SO_3^- 结合的水分子数目）时高的质子电导率；②好的热、力学和化学稳定性；③在长期操作条件下的耐用性；④低成本。

图 5-4 给出 PEM 燃料电池组的关键组件，电化学氧化和还原半反应是分开进行的（即电解质膜对反应物是绝缘和不可渗透的）。更详细的单个燃料电池结构示于图 2-21 和图 2-22 中，除三个主要组件膜电极装配体、双极板（包括石墨板流动场或分离器、气体扩散层）和两个密封件（垫片）外，也示出了池的端板及反应物和产物的进出口。最简单形式的 MEA 由膜、

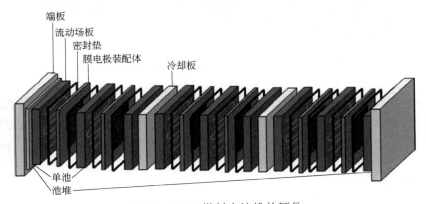

图 5-4　PEM 燃料电池堆的硬件

两个分散的催化剂层和两个气体扩散层（GDL）构成（图 2-20）。电解质膜分离两个半电化学反应而允许质子通过完成总反应。在阳极边产生的电子被强制通过外电路流动，因此产生电流（电功率）。使用 GDL 把燃料和氧化剂直接均匀分配到两边的催化剂层进行半电化学反应（图 2-23）。在燃料电池堆中，每一个双极板支撑两个邻近的池。双极板一般有三个功能：①在池内分布燃料和氧化剂；②促进池内的水管理；③使电流离开池。在无专用的冷却板时，双极板也用于热量管理。各个池以希望的功率组合成燃料电池堆。端板和其他硬件（螺栓、弹簧、进出连接管道和接头等如图 2-22 所示）对完整的池堆也是需要的。在图 2-23 和图 2-25 中标出了各个组件在燃料电池操作中的作用。

在接下的 3 章（第 5、第 6 和第 7 章）分述构成 PEM 燃料电池组件的材料和制造方法：第 5 章介绍聚合物电解质材料；第 6 章叙述电催化剂和载体；第 7 章讨论双极板和制造方法。

5.1.3　中低温燃料电池聚合物电解质膜分类

新近发展的中低温燃料电池使用的聚合物电解质膜（PEM）分为三类：有机聚合物膜、陶瓷聚合物膜、有机-无机复合聚合物膜。图 5-5 中给出每一类聚合物电解质膜所包含的膜以及每一类膜的基本特性。其中最普遍使用的是有机聚合物电解质膜，包括 Nafion 膜及其改性膜、亲水性共聚物、支链烃类聚合物材料和酸碱掺合物膜；陶瓷聚合物电解质膜主要包括硅胶玻璃聚合物膜、金属氧化物-氢氧化物聚合物膜；无机-有机复合聚合物电解质膜可以由传导质子的聚合物+无机材料以及传导质子的无机材料和有机聚合物构成。

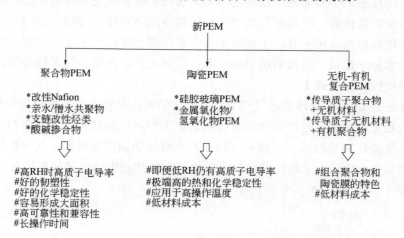

图 5-5　新近发展的 PEM

在图 5-6 中则给出了（有机聚合物）膜材料的分类，基本按聚合物是否氟化（含氟）分类。通常分为五大类：①全氟化离子交联聚合物；②部分氟化聚合物；③非氟化聚合物（包括烃类）；④有芳烃骨架的非氟化膜；⑤酸碱复合物膜。酸碱膜一般指负载的复合物膜和阴离子交换膜。

下面分别介绍之。

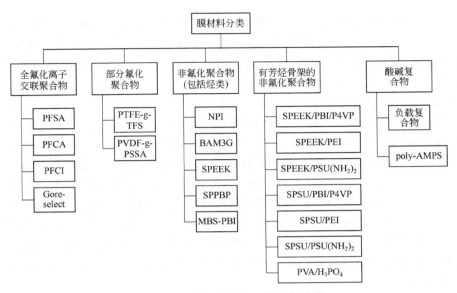

图 5-6　（有机聚合物）膜材料分类

5.2 聚合物电解质膜材料

5.2.1 全氟磺酸离子交联聚合物

　　离子交联聚合物（ionomer）是一类由电中性重复单元和部分离子化基团组成，可以成膜的有机聚合物。当聚合物被氟全取代和磺酸化后得到的是称为 PFSA（全氟磺酸）的离子交联聚合物，这是 PEM 燃料电池中使用最普遍的膜材料。现在已经开发出广泛类型的全氟化聚合物，采用单体聚合方法，使用的单体是含部分功能化基团或含磺酸基团（—CF$_2$SO$_3$H）的分子，聚合后再进一步处理做成阳离子或阴离子可交换的离子交联聚合物，然后再使用于合成膜。因它们具有化学惰性和热稳定性特征，被用于燃料电池。选择这种聚合物是因为大多数标准烃类离子交换膜在燃料电池操作环境中会被氧化毁坏。在这类聚合物中，最著名的是 PFSA（如 Nafion），此外还有 PFCA（全氟羧酸）、PFCI（全氟化离子交联聚合物）等。下面重点介绍 Nafion 膜。

　　Nafion 离子交联聚合物通常源自热塑性 SO$_2$F 前驱体，能够挤压成所需厚度的薄片。该前驱体具有聚四氟乙烯的类似结晶，当从磺酰氟前驱体转化为盐形式如 K$^+$盐[在水中与 KOH 和二甲基亚砜（DMSO）反应]时仍保持其结晶形态。而 SO$_3$H 形式只要把其浸泡在足够浓度酸水溶液中就能够获得。Nafion 微结构集成了憎水（类聚四氟乙烯骨架）和亲水（磺酸 HSO$_3$—端基团）区域，水和质子传输发生于亲水区域，憎水区域使材料形貌和骨架稳定。这 PFSA 离子交联聚合物由相对分离的三个区域构成：①类似聚四氟乙烯（PTFE，例如 DuPont 的 Teflon）的骨架；②侧链—O—CF$_2$—CF$_2$—O—CF$_2$—CF$_2$—，连接 PFSA 分子骨架和第三个区域；③由磺酸基团构成的离子簇（第三个区域）。当膜被水合时，在第三个区域中的氢离子变得可以移动，它们通过键合在水分子中和在磺酸活性位间移动，其结构示意图给出于图 5-7 中。但是，确定 Nafion 的确切单元是困难的，因为共聚物随机的化学结构、共组结晶和离子区域的复杂性以及随溶剂溶胀要产生巨大数量的变种。相对的结晶程度和形貌分散的不均匀性质，导致各区域尺寸范围很宽。不管怎样对 Nafion 膜聚集体的离子基团水合形式存有共识，即形成了簇网络。簇网络的水合起着基本的作用，HSO_3—基团与氟化聚合物键合形成超酸，每个磺酸基团必须结合 2～3 个水分子。当结合 6 个水分子时，其质子与磺酸阴离子就解离分离，解离的质子承担 Nafion 的质子传导。

膜溶胀产生的形貌变化是惊人的，随水含量增加的膜形貌的演变过程示于图 5-8 中。干膜的特征是以孤立球簇形式存在。水溶剂的溶胀诱导簇结构改性，成为在聚合物水界面上有离子基团的球形水池（以使界面能最小）。随着水含量增加，簇溶胀，因此 Nafion 结构的塑性性质对水的存在是有利的。当水体积分数大于 0.1，离子电导率大幅增加之后，离子聚集体（簇）被浸透。基于聚合物链的弹性能量，该浸透过程必定是界面能和有限溶胀性的组合。水体积分数在 0.3～0.5 之间时，形成的结构具有球形离子区域，它与分散在聚合物母体中的水圆柱体连接。在水体积分数大于 0.5 时，分子结构倒置，膜成为相应的棒形聚合物聚集体连接网络。两相的力学性质显著不同，也即憎水相由纠缠的聚合物链组成，而亲水相由水和离子流体组成，这说明结构总是由亲水相尽可能地重组支配。水体积分数在 0.5～0.9 之间，这个连接网络溶胀。

制成膜的聚合物电解质膜——磺酸基聚四氟乙烯高分子化合物的分子结构式示于图 5-9 中，因各个基团相对比例有微小差别，各公司生产的 PFSA 膜有不同的名称。在这类全氟磺酸碳基离子交换膜中，最著名也是在 PEM 燃料电池使用最普遍的，是杜邦公司生产的 Nafion 膜。Nafion 是全氟化聚合物，包含有小和低极化能力且有高电负性的氟原子，它们相互连接形成强 C—F 键。所含功能基团全氟磺酸基团（—CF_2SO_3H）使它能够做进一步处理，获得具有阳离子或阴离子交换性能的聚合物膜。早期，Nafion 聚合物膜是作为氯碱过程中的质子交换膜使用的。因为它的化学惰性和热稳定性，后来被使用作为燃料电池电解质膜。这类固体高分子聚合物膜由疏水性主链和亲水性的磺酸基侧链构成。微观结构 ［图 5-7 (a)］ 包含疏水性主链骨架和有离子交换作用的亲水性离子交换侧链。侧链官能团由直径约 4nm 球状簇以及相互连接它们的直径约 1nm 的圆柱形通道构成 ［图 5-7 (b)］。一旦球状簇中充满介质如水，球状簇及连接它们的圆柱形通道内径就会膨胀，非常有利于氢离子在水中传输移动。

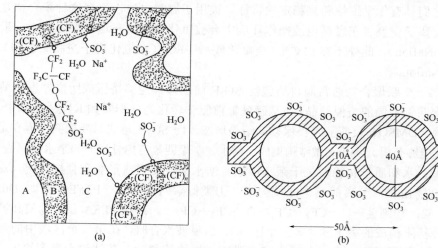

图 5-7　Nafion-膜的微观结构（a）和侧链基团构造（b）示意图

A—主链骨架疏水区域；B—透气性区域；C—亲水离子簇区域

注：$1Å=10^{-10}m$。

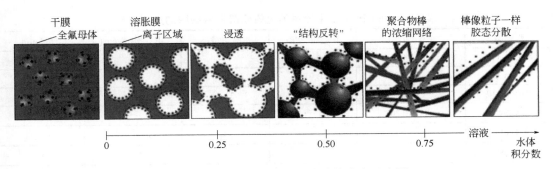

图 5-8　Nafion 膜随水含量变化结构演变示意图

市面上销售的 Nafion 膜其厚度一般在 30～175μm，离子交换容量（ERC）在 0.91～1.1meq/g（ERC=$\dfrac{1}{EW}$×1000，EW 为单位质量交换容量，取 900～1100g/eq）。除了杜邦公司生产的 Nafion 外，类似的氟碳基离子交换膜材料，其他化学工业公司也有生产的，例如旭化成工业公司生产的商品名为 Aciplex、旭硝子公

$$—(CF_2CF_2)_x—(CF_2CF)_y—$$
$$(OCF_2CF)_mO(CF_2)_n—SO_3H$$
$$CF_3$$

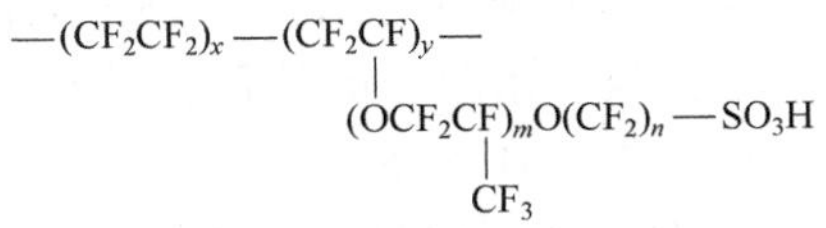

Nafion®117　（$m \geqslant 1$，$n=2$，$x=5\sim13.5$，$y=1000$) DuPont
Flemion®　　（$m=0.1$，$n=1\sim5$）旭硝子公司
Aciplex®　　（$m=0.3$，$n=2\sim5$，$x=1.5\sim14$）旭化成工业公司
Dow膜　　　（$m=0$，$n=2$）道化学公司(Dow Chemical)

图 5-9　全氟磺酸碳基聚合物膜材料的结构

司生产的商品名为 Femion 和道化学公司生产的商品名为 Dow 膜、Fumatech GmbH 公司的 Fumapem F。这些聚合物中的主链都是一样的，不同的只是其中的侧链基团结构，如图 5-9 中给出的。图 5-10 中给出了这些公司生产的在市场销售的多种牌号全氟磺酸碳基离子交换膜以及它们的等当重量和结构参数。作为聚合物电解质（或质子交换电解质）膜材料的主要性质包括等当重量（EW）、离子交换容量（IEC）、水吸附量、电导率和厚度。对这类全氟磺酸碳基离子交换膜，它们的这些基本信息总结于表 5-1 中。

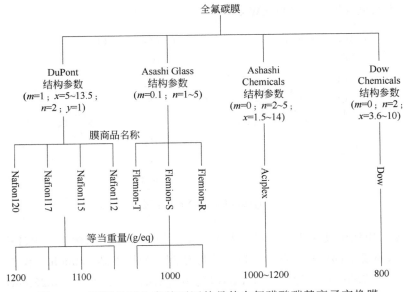

图 5-10　不同公司生产的不同牌号的全氟磺酸碳基离子交换膜

表 5-1 在 PEMFC 中使用的全氟磺酸聚合物膜的主要性质

膜类型	EW/(g/eq)	IEC/(meq/g)	水吸附量/%	电导率/(S/cm)	厚度/μm
Nafion 112	1100	0.91			80
Nafion 115	1100	0.91			125
Nafion 117	1100	0.91	31.5	0.1	175
Aciplex	1000～1200	0.83～1.00	—		25～100
Flemion	1000	1	−35	−0.09～0.1	50～150
Fumapem	900～1050			0.02～0.12	50
Dow	800	1.25			125

　　Nafion 膜的质子电导率很强地取决于水含量和温度。对完全水合膜（水含量=22，用每个磺酸基团吸收水分子的数目表示），室温时的质子电导率为 0.1S/cm。当水含量降低到 14，质子电导率降低到 0.06S/cm。关于温度，质子电导率随温度的增加显著增加，在 80℃，全水合 Nafion 膜的质子电导率能够达到 0.18S/cm。

　　Nafion 膜有作为燃料电池电解质希望的许多性质，如高质子电导率、优良的化学和力学稳定性、低的燃料和氧化剂渗透性，使它成为 FC 系统最普遍使用的电解质膜。但是，Nafion 膜操作温度的上限为 80℃，当温度超过 80℃时 Nafion 将脱水，电导率下降，在 120℃时电导率的下降已经非常显著。而且低相对湿度也使 Nafion 的质子电导性能大幅降低。另外，Nafion 膜对甲醇有相对高的渗透率，这导致直接甲醇燃料电池性能极大地下降。

　　对同样的 Nafion 膜，除了常规长侧链 Nafion 外，还发展出短侧链的 Nafion，短侧链全氟磺酸聚合物由道化学公司发展，但商业化是在 Solvay Solexis 公司进行的，商业名称为 Hyflon Ion，后来变更为 Aquivion。长侧链（Nafion）和短侧链（Hyflon Ion）聚合物的化学组成示于图 5-11 中。研究结果显示，短侧链比长侧链有较好的燃料电池性能和耐用性。例如短侧链膜能够在 140℃高温下操作，这对直接甲醇燃料电池（DMFC）特别有利。当使用该聚合物电解质膜作为 DMFC 电解质膜时，以 1mol/L 甲醇溶液和空气进料分别作为阳极和阴极进料时，功率密度能够达到 300 mW/cm²。

图 5-11 Hyflon Ion 和 Nafion 聚合物结构

　　在 PEM 燃料电池中使用 PFSA 膜有两个优点：第一，因为结构基于 PTFE 骨架，PFSA 膜在氧化和还原环境中都是稳定的。实际上已经达到的耐用性达 60000h。第二，对很好湿化的 PFSA 膜，能够达到的质子电导率在 PEM 燃料电池操作温度下高达 0.2S/cm，把这个值转化成电阻，对 100μm 厚的膜其电阻低至 0.05Ω/cm²，在 1 A/cm² 时的电压损失仅 50mV。Nafion

的高质子电导率主要由三个因素产生：①磺酸基团的高酸性；②磺酸基团的高移动性；③PEM 结构中，非磺化实体的憎水性和磺化实体间有巨大差异。总之，Nafion 膜有作为燃料电池电解质希望的许多性质（高质子电导率、优良的化学和力学稳定性、低的燃料和氧化剂的渗透性），是燃料电池中使用最广泛的电解质膜。

虽然有上述这些优点，但在 PEM 燃料电池中使用 PFSA 膜也有若干缺点。如已经指出的 Nafion 膜的操作温度受很大限制，超过 80℃电导率降低，在 120℃时下降非常显著。而且低相对湿度也使质子电导性能大幅下降，此外，因相对高的甲醇渗透率，故不能够直接作为甲醇燃料电池电解质膜使用。还有该类膜材料非常昂贵（平均 25 美元/kW），其他缺点可按关系到安全、支撑设备需求和温度相关的限制进行分类。

第一，安全事情，因温度高于 150℃时 PFSA 膜会释放出毒性和腐蚀性气体。分解产物在遇到紧急事件或车辆事故时可能引起一些安全问题，或者该类分解产物能够限制燃料电池循环的选择。第二，使用 PFSA 膜对支撑设备有广泛的需求，在这些需要的设备中，水合系统为车辆功率链添加相当成本和复杂性。第三，在高温下 PFSA 膜的性能降解。例如，80℃时的电导率是 60℃电导率的 1/11 甚至更小。还有，膜的脱水现象导致离子电导率下降、水亲和力降低，因此聚合物骨架被软化损失其机械强度；高燃料渗透伴生功率损失增加。实际上这些缺点在温度高于 80℃时已经被观察到。也注意到，温度问题似乎使 PEMFC 变得更坏，因为 PEM 燃料电池在高温操作时性能应该是能够提高的。因在高温操作时电化学反应速率增加，高温降低了催化剂被一氧化碳吸附中毒的相关问题（在 150～200℃范围），减少了昂贵催化剂的使用和减少了因电极水泛滥产生的问题。由于 PFSA 膜必须保持水合以保持其高质子电导率，故操作温度必须低于水的沸点。操作温度增加到 120℃也是可能的，但以在加压蒸汽下操作为代价，而这个方法将缩短燃料电池的寿命。

5.2.2 部分氟化聚合物

基于 PFSA 膜的上述优缺点，已经开发了一些能够替代 PFSA 的聚合物材料和聚合物电解质膜。应该指出，聚合物电解质膜的最主要挑战是要生产出比 PFSA 便宜的聚合物材料。应该认识到，牺牲材料的一些寿命和力学性质是可以接受的，但最主要的是成本因素，替代膜材料应该在商业上真实可行。在各种不同聚合物材料中，已经提出使用烃类聚合物，虽然因其低热和化学稳定性早先已被放弃。但与 PFSA 相比烃类膜确实有一些优点：比较便宜；有很多类型聚合物膜是商业可利用的；能够形成极性基团，在宽温度范围内有高的水吸附量，尽管过大水吸附量也限制聚合物链的极性基团；经合适分子设计可在一定程度上压制烃类聚合物的分解；由烃类聚合物制膜使用常规方法可以再循环。下面按前面的膜材料分类（图 5-6）顺序介绍各类可替代 PFSA 的各类膜和材料。先讨论部分氟化聚合物，包括 PTFE-g-TFS 和 PVDF-g-PSSA 等。

在近 20 年内，发现了多种芳烃聚合物，例如聚砜、聚酰亚胺、聚醚醚酮、聚苯并噁唑、聚苯并噻唑和聚芳烯醚。众所周知，这是为了研究发展聚合物电解质膜（PEM）。

为改进这些膜的机械强度，常使用多孔聚四氟乙烯（PTFE）强筋方法来制备强化复合膜。与原始膜比较，强筋 PTFE 复合膜显示更好的尺寸稳定性、高力学性质和较低成本。不管怎样，PTFE 复合膜性能很强地取决于组合态聚合物和多孔 PTFE 基质。

与强筋方法不同，接枝和掺合也是提高膜性能的方法。例如，用部分氟化磺化聚亚芳基醚酮接枝聚四氟乙烯、用氟化聚合物和磺化聚亚芳基砜（含氟苯基基团）掺杂聚苯并咪唑。获得的结果指出，这些部分氟化聚合物膜是可以满足优良极性和化学稳定性要求的。

先前的研究揭示，部分氟化聚合物显示有好的质子电导率和耐用性，因为有代表性的 C—F 键强度 460kJ/mol，明显强于 C—H 键的 410kJ/mol。因此合成的部分氟化双磺化聚亚芳基醚苄腈共聚物具有不同于 Nafion 112 的好特征，特别是对甲醇渗透率。结果说明，部分氟化对 PEM 有两个至关重要的效应：①降低池电阻；②降低膜水吸附量。部分氟化不仅能够改进极性性质而且也提高了形貌稳定性，因磺化聚合物中交联剂链长度改变和氧化程度差异，交联相互作用降低了在交联膜中自由—SO₃H 基团的数量，这也招致质子电导率的降低。部分氟化聚合物除这个缺点外，仍然保留了原有（没有被改进）的主要缺点，如聚合物膜与交联烃类膜的不兼容性。

已经掌握了 α,β,β-三氟苯乙烯单体的合成技术，在燃料电池应用中，发现了该单体的一些优点。此反应可以优化离子交换容量，交联和线型 α,β,β-三氟苯乙烯都有多重等当重量；β-定向影响连接到芳环过氟化聚烷基基团，引起聚 α,β,β-三氟苯乙烯磺化的极端困难。磺化过程的困难是由于 β-定向（间位定向）影响连接到芳环的过氟化聚烷基基团，如图 5-12 所示。

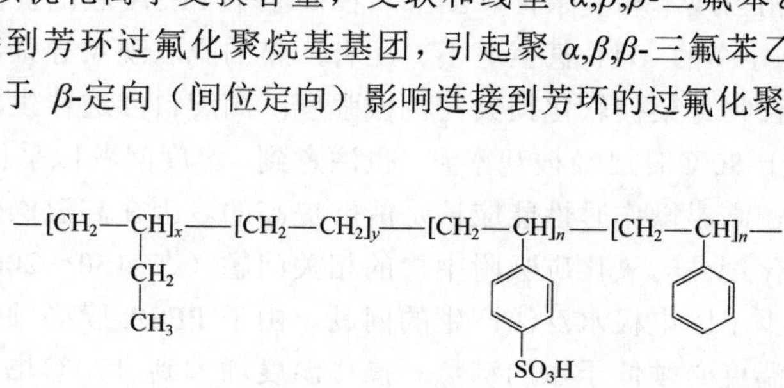

图 5-12　聚丁二烯-苯乙烯嵌段共聚物

5.2.3　非氟化聚合物

作为质子交换膜使用的聚合物材料之一是非氟化烃类聚合物。这类聚合物的本体骨架基团或在膜聚合物骨架中的聚合物材料可以是芳香烃也可以是脂肪烃。在聚合物骨架中应用烃类聚合物是生产高性能质子导体电解质膜的最有利方法之一。

对燃料电池应用发展的最重要的非氟化膜是芳香烃膜。对高温操作，这些膜是 Nafion 可行的替代物，因低成本、易加工、微调化学范围宽、机械热稳定性和氧化稳定性好。芳烃既能够直接并合到烃类聚合物骨架中，也可用本体基团改性聚合物骨架以使它们适合于传导质子。芳烃环提供亲电性和亲核性取代的可能性。研究最多的非氟化膜是：①磺化聚醚醚酮（SPEEK）；②磺化聚醚酮（SPEK）；③磺化聚醚砜（PESS）；④磺化聚苯并咪唑（SPBI）；⑤磺化聚酰亚胺（SPI）；⑥磺化聚苯基喹喔啉（SPPQ）；⑦磺化聚磷腈（SPPZ）。它们磺化形式的分子结构图示于图 5-13 中。对这些非氟化膜，已进行广泛研究的是磺化聚醚酮类（SPEK、SPEEK、SPEKK、SPEEKK、SPEKEKK）。聚芳基的选择，特别是聚醚酮替代过氟化聚合物骨架，主要考虑的是它们的初步结果和稳定性。对它们的水合行为、质子电荷载体以及水传输行为进行了考察，并与 Nafion 的比较发现，在醚酮中的水传输路径小于 Nafion。膜间的这种明显差别，从微结构和磺酸官能团酸性能够做定性解释。图 5-14 分别给出了 Nafion 和 SPEK 的微结构。

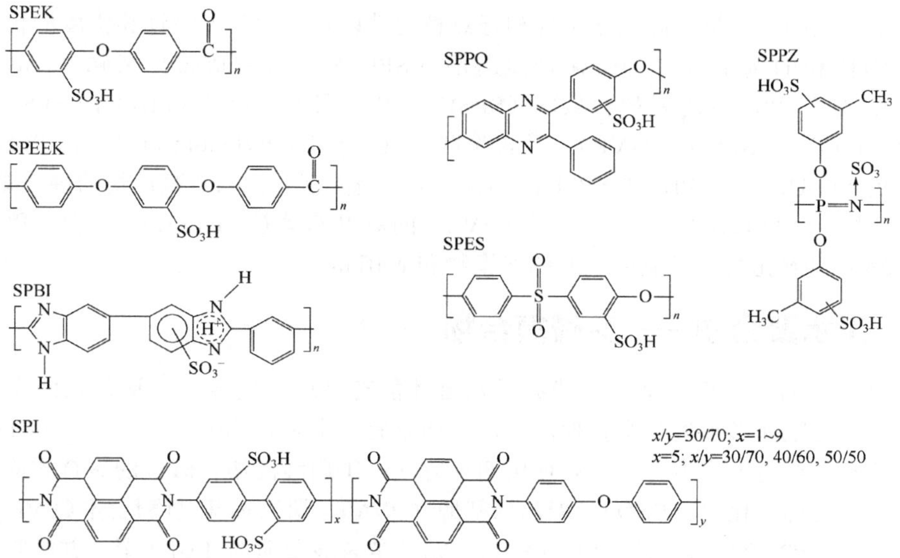

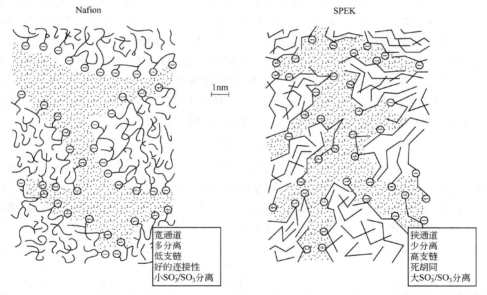

图 5-13　主要磺化非氟化膜的分子结构

图 5-14　Nafion 和磺化聚醚酮（SPEK）微结构（用小角度 XRD 散射试验获得）示意说明

5.2.4　聚合物掺合物

　　聚合物掺合是微调性质的通用方法之一，用以获得燃料电池应用希望有的性质。两种聚合物混溶是提高性能的一种途径，利用聚合物链有利的特殊相互作用，如离子相互作用、氢键或离子偶极相互作用，使其交联掺合和改进力学和溶胀性质。离子交联聚合物掺合物制备过程如下：使磺酸化聚合物和碱聚合物紧密结合，接着酸洗再生，形成质子化材料。掺合物通常是由酸和碱聚合物组成，因此称为酸-碱聚合物。酸-碱聚合物中酸碱相互作用，如离子交联（静电力）和氢键桥，能够对控制膜溶胀但不降低灵活性作出贡献。所以，获得的膜有低水吸附量、低的交叉量、高电化学性和好热稳定性以及高力学灵活性和强度的优点。

聚合物掺和的例子有：①磺化聚醚醚酮（SPEEK）与邻磺胺类聚砜（polysuflone，PSU-NH$_2$）；②含 PSU-NH$_2$ 的磺化聚砜（SPSU）；③含聚苯并咪唑（PBI）的 SPSU；④含聚（4-乙烯基吡啶）的 SPSU（P4VP）；⑤含聚吖丙啶（polyethyleneimine）的 SPSU（PEI）；⑥含 PEI 的 SPSU；⑦含 PBI 的 SPSU；⑧含（3-氨基丙基）三乙氧基硅烷的磺化聚（2,6-二甲基-1,4-苯醚）（SPPO）；⑨含聚乙烯醇（PVA）的对甲苯磺酸（PTSA）；⑩含 2-氨基苯并咪唑的 SPEEK；⑪磺化聚（环氧丙烷）的齐聚物和 Nafion。

5.2.5 无水聚合物——酸碱复合物

聚合物基膜的一个重要缺点是膜必须水合才能有高质子电导率。这带来两个方面的问题：操作温度受限和必须进行水管理。所以，如果有无水聚合物膜，将是对 PEMFC 技术的一个重大革新。获得无水聚合物膜可使用两种方法：①用酸浸渍含碱位的聚合物膜形成酸碱复合物，如聚乙烯氧化物（PEO）、聚乙烯基醇（PVA）、聚乙烯基吡咯烷酮（PVP）、聚（2-乙烯基）吡啶（P2VP）、聚乙烯亚胺（PEI）。尤其是磷酸浸渍的 PBI（聚苯并咪唑）膜（后面详细介绍），能够使 PEMFC 在较高温度（100～200℃）下操作，因它在这个温度范围具有优良的力学性能和化学稳定性。磷酸是弱酸，无水条件下形成氢键合网络，使其具有电导率。另外，PBI-H$_3$PO$_4$ 膜比 Nafion 膜便宜。水分子经酸解离和荷电载体数目增加使电导率提高。但是，对 PBI 膜 PEMFC，仍然必须克服若干挑战。例如，磷酸离子在催化剂上的吸附、碳载体的高腐蚀速率（很危险）、催化剂高温溶解和烧结以及 MEA 的加速降解。因此，利用非 PBI 的其他聚合物或非磷酸的其他酸来制备酸碱复合物也成为现时的研究主题。②利用含质子离子液体（PIL）的聚合物基体，PIL 沸点一般高于 100℃，形成的膜可在中等温度范围操作。PIL 的质子传输是从 Brønsted 酸到形成 Brønsted 碱，也即按照

$$B+HA \Longrightarrow HB^+ + A^-$$

PIL 的氢键合含可利用的质子，可作为质子导体。这类膜的质子电导率，160℃时在 0.1～0.01S/cm 范围。试验研究过的 PIL 的聚合物基体包括：Nafion、PBI-H$_3$PO$_4$ 氟化物、苯乙烯-丙烯腈共聚物、聚乙烯氧化物（PEO）、磺酸化聚亚胺、亚乙烯基氟化物和六氟丙烯共聚物（PVDF）。代表性的 PIL 阳离子和阴离子给出于图 5-15 中。

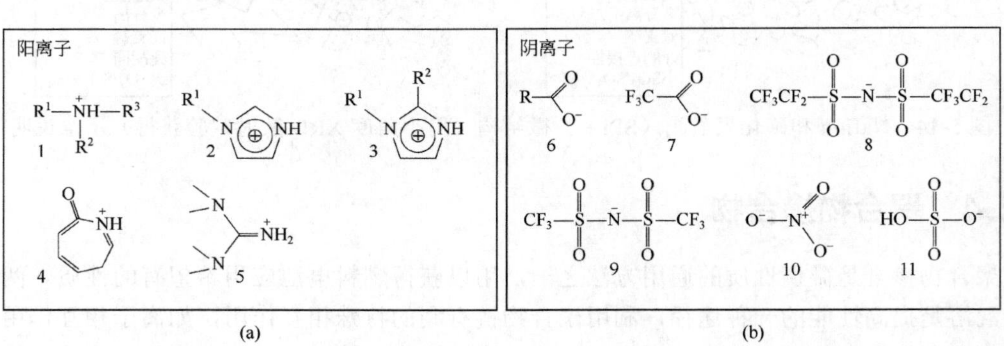

图 5-15 PIL 使用的代表性阳离子和阴离子

1—伯仲叔胺阳离子（R 可以是氢原子）；2—1-烷基咪唑阳离子；3—1-烷基-2-烷基咪唑阳离子；4—己内酰胺；
5—1,1,3,3-四甲基脒；6—羧酸盐；7—三氟醋酸（TFA）；8—对（全氟乙基砜）酰亚胺（BETI）；
9—对（三氟甲基砜）酰亚胺（TFSI）；10—硝酸盐；11—硫酸氢盐

第二个方法有两个主要缺点：一是这些复合物显示低的弹性模量，因为 PIL 的塑性效应。为此试图通过在聚合物中添加无机组分来增强膜的力学性质；二是观察到 PIL 组分的逐步释放，导致膜质子电导率降低。解决的方法是把无机填充剂加入到聚合物基体中，这产生了不同的结果。

5.2.6　聚合物电解质膜的质子电导率

为使有机聚合物膜能够作为燃料电池的电解质膜使用，必须把聚合物功能化为离子交联聚合物膜。PEM 作为电解质膜的最基本要求是，必须具有足够的质子电导率。对此最一般的方法是在聚合物膜材料中引入磺酸基团，使其成为具有大离子交联容量和高质子电导率的有机聚合物电解质膜。

对绝大多数 PEM，质子的传导依赖于两个主要原因：①磺酸基团能够解离出大量质子；②膜的含水区域极易发生质子传导。在聚合物电解质中通常存在液体形式的水，另外通过湿化进入燃料电池阳极和阴极气体反应物也能够获得液体水，而且阴极发生的电化学反应也产生液体水。在聚合物电解质中的水，有着不同的传输机理：①自扩散。②电渗透拖曳力，指质子化物种和溶剂（水）分子的偶合传输，这是水在中性溶剂的电场中的传输。在燃料电池电解质中，电渗透拖曳力发生使水从阳极到阴极的传输。③物理化学（或费克）扩散。由于电渗透拖曳力和在阴极产生的水使水在阴极积累，因此产生水的浓度梯度，使水从阴极到阳极的反扩散，这是与水向阴极缓慢移动的方向相反的。④渗透，因压力梯度而产生的。在所有上述的水扩散现象间，要保持合适的平衡以使燃料电池保持高性能（这就是所谓的水管理问题）。一般说来，在聚合物电解质和催化剂层中没有足够的水导致很差的质子传输和反应性，而且低效率操作和差的热量管理会加速燃料电池降解。反过来，当过量的水存在于催化剂层和多孔传输层中时，将严重阻碍反应物的传输，降低池性能。

除引入磺酸基团外，使有机聚合物膜材料获得电导率的另一个方法是引入导电的无机酸如磷酸。这是因为引入磺酸基团使聚合物基膜材料产生电导率，必须是在水合条件下才能够显示高质子电导率，导致燃料电池操作温度受限，而且还必须以高度的精巧来管理水。所以，通过添加导电的无机酸来制备无水操作聚合物膜，有可能为 PEFC 技术带来突破。使用这个方法已经制备了新一类酸碱聚合物电解质膜。

表 5-2 中给出了一些聚合物电解质膜材料的质子电导率。

表 5-2　一些聚合物电解质膜材料的质子电导率

膜材料	质子电导率/(S/cm)
PFSA（Nafion）	相对湿度范围 34%～100%时 0.009～0.12，130℃ 0.0022
PES 和 PEK 家族	100℃和 100%相对湿度，0.05；150℃和 100%相对湿度，0.11
PBI	10^{-7}
SPBI	30%水吸附量和 60%磺化，0.02
SPI	0.004～0.018
SPPZ	温度 30～65℃范围和 100%RH，0.04～0.08
SPPQ	达 0.1
PBI-H_3PO_4	取决于每个 PBI 单元的 H_3PO_4 数目：对 0.07～0.7 H_3PO_4/PBI，25℃，10^{-5}～10^{-4}；4～5 H_3PO_4/PBI，25℃，$>10^{-3}$，190℃，>0.03
PIL+Nafion	130℃，0.1

膜材料	质子电导率/(S/cm)
PIL+ PBI-H$_3$PO$_4$	对 4 H$_3$PO/PBI，120℃，3×10^{-4}
PIL+苯乙烯丙烯腈共聚物	0.01～0.1
PIL+PEO	80℃，0.006
PIL+SPI	120℃，>0.01
PIL+PVDF	120℃，0.004

5.2.7　可替代 Nafion 的聚合物电解质膜小结

前述的部分氟化膜、非氟化膜、聚合物掺合物和酸碱氟化物都有可能替代 Nafion 膜。但是，要注意到上述的聚合物膜材料包括了性质范围非常广泛的聚合物膜材料。例如其降解温度范围在 250～500℃、水吸附量范围在 2.5～27.5 H$_2$O/ H$_2$SO$_4$、电导率范围在 10^{-5}～10^{-2}S/cm。科学家已经确认有超过 60 类不同聚合物有可能替代 Nafion 膜。但是，在这些膜中，基于文献和科学家间交流得出的共同意见，进一步确认出其中的 46 种膜，它们的特征是很难作为汽车用 PEM 燃料电池电解质膜使用的。有 13 个不同的原因，如没有相关 FC 数据（概念性的）、昂贵的、着火危险的、低耐用性的、性质差的、水可溶性差的、收缩（低灵活性）的、低电导率的、低热稳定性、低稳定性的、脱聚的、不再生产的等，这 46 种膜都被否决了。除去这 46 类膜材料外，仍然保留有 16 类膜材料，它们需要进一步进行研究，以确认它们是否有可能使用作为汽车用燃料电池的电解质膜。表 5-3 中给出了涉及这 16 类可接受膜的一些设计信息。

表 5-3　可能替代 Nafion 的 16 类膜材料

膜序号	膜类型（分类）	设计信息
1	α,β,β-三氟苯乙烯接枝膜（部分氟化）	该膜是基于 α,β,β-三氟苯乙烯接枝和 PTFE/乙烯的共聚物
2	酸掺杂聚苯并咪唑（PBI）膜（非氟化复合物）	该膜基于 PBI 和酸如磷酸，PBI 是碱性聚合物（pK_a=5.5），容易被强酸复合。PBI 在磷酸溶液中浸泡得到的膜有高电导率和热稳定性
3	BAM3G 膜（Ballard 第三代先进膜材料）（非氟化）	该膜基于 α,β,β-三氟苯乙烯和包含一组选自取代 α,β,β-三氟苯乙烯的单体，聚合物具有有利的性质，如高热稳定性、抗化学性和有利的力学性质，如拉伸强度，与单独 α,β,β-三氟苯乙烯形成的均聚材料比较
4	碱掺杂苯并咪唑膜（非氟化复合物）	该膜把有机或无机 Brønsted 碱引入到磺化 PBI 中
5	对（全氟烷基砜）酰亚胺膜（全氟化）	对（全氟烷基砜）酰亚胺膜基于 3,6-二氧-Δ^7-4-三氟甲基全氟辛基三氟甲基钠与四氟乙烯共聚。该膜的酸形式在近于 400℃下是热稳定的。有优良的电导率和水吸附量（40%，质量分数）
6	交联或非交联磺化聚醚醚酮膜（非氟化）	该膜基于聚醚醚酮。聚醚醚酮直接磺化得到有宽范围等当重量的材料。用交联和非交联 SPPEK 膜获得的初始结果显示很好的热稳定性、质子导电性和水吸附量（与 PFSA 比较，即便在高温下）
7	Gore-TEX^{TM}膜（全氟化）	这是超薄集成复合物膜，含基础材料和离子材料或 0.025 mm 厚的离子交换树脂。理想基础材料是膨胀聚四氟乙烯（e-PTFE）膜，厚度小于 0.025 mm 且有多孔微结构。离子交换树脂充分浸渍膜。合适的离子交换树脂包括全氟化磺酸树脂、全氟化羧酸树脂、聚乙烯醇、二乙烯基苯-苯乙烯基聚合物、含和不含聚合物的金属盐。用离子交换材料优先使用表面活化剂以确保基础材料内部的浸渍。替代的复合物膜可以用编织或非编织材料作为强筋键合在基础材料一边。合适的编织材料可以包括编织膨胀多孔聚四氟乙烯纤维做成的网布、挤压或定向聚丙烯做成的网络或聚丙烯网

膜序号	膜类型（分类）	设计信息
8	苯并咪唑掺杂磺化聚醚酮（SPEK）膜（非氟化）	磺化聚芳醚酮膜，特别是磺化 SPEK 显示高质子电导率，当以水合形式时。SPEK 能够与苯并咪唑复合获得高质子电导率膜，在 200℃ 高温时为 0.02S/cm
9	甲苯磺酸聚苯并咪唑膜（非氟化）	这些烷基磺酸聚芳烃聚合物电解质具有很好的热稳定性。报道的水吸附量和质子电导率在 80℃ 以上时也高于 PFSA 膜
10	甲苯磺酸聚（对亚苯基二酰胺）膜（非氟化）	这些烷基磺酸聚芳烃聚合物电解质具有很好的热稳定性。报道的水吸附量和质子电导率在 80℃ 以上时也高于 PFSA 膜
11	全氟羧酸膜（全氟化）	全氟羧酸膜是基于四氟乙烯和含羰基基团（替代磺酸基团）全氟亚乙烯基醚的共聚物。在共聚物中功能全氟亚乙烯基醚与四氟乙烯的分子比直接关系到获得聚合物酸的离子交换容量。四氟乙烯和功能全氟亚乙烯基醚的共聚使用自由基引发剂实现
12	聚（2-丙烯酰胺-2-甲基丙烷磺酸）（聚-AMPS）膜（其他）	该膜由 AMPS 单体聚合制成。AMPS 单体用丙烯腈、异丁烯和硫酸制备
13	苯乙烯接枝和磺化聚亚乙烯基氟化物（PVDF）膜（PVDF-o-PSSA）（部分氟化）	该膜基于苯乙烯预辐射接枝，在电子束辐射后接枝到 PVDF 母体上。它能够与二乙烯基苯（DVB）或对-(乙烯基苯)乙烷（BCPE）交联。膜的质子电导率受交联程度的影响
14	磺化萘聚酰亚胺（非氟化）	该膜基于磺化萘二胺和二腈化物。给出的性能非常类似于 PFSA 膜
15	磺化聚（4-苯氧苯甲酰-1,1,4-苯基）（SPPBP）膜（非氟化）	聚（对苯基）衍生物在结构上类似于聚（4-苯氧苯甲酰-1,4 苯基）。这种材料报道的是 PPBP 给出的膜，其吸附量和质子电导率好于 SPEEK 膜
16	负载氟化物膜（其他）	复合物膜由传导离子的聚合物（ICP）和聚对苯基亚苯基双噁唑（PBO）基体制成

其中研究得比较多的聚合物膜材料有：①（磺化）聚（醚醚酮）[（S）PEEK]；②（磺化）聚（酮）[（S）PEK]；③（磺化）聚醚砜 [（S）PES]；④（磺化）聚（苯并咪唑）[（S）PBI]；⑤磺化聚酰亚胺（SPI）；⑥磺化聚（苯基喹喔啉）（SPPQ）；⑦磺化聚磷腈（SPPZ）。研究得最多的非氟化聚合物膜材料是指磺化聚醚酮（SPEK、SPEEK、SPEKK、SPEEKK、SPEKEKK）。聚芳基的选择，特别是聚醚酮替代过氟化聚合物骨架，主要是基于成本和稳定性考虑。对水合行为和质子电荷载体以及水传输进行的考虑与 Nafion 比较发现，在酮中水路径不像 Nafion 中那样宽。膜间的明显差别可从微结构和磺酸官能团酸性做解释，如图 5-14 所示的 Nafion 和 SPEK 聚合物膜微结构上差别所指出的。

为了进一步阐述可替代 Nafion PEM 的其他膜（材料），对特别重要的，在后面几节中介绍。

5.2.8 聚合物电解质膜的基础研究

研究发展 PEM 的目的，除了满足所有明确的技术要求外，也需要在某些基础研究领域做相应的研究。文献中提出了如下一些 PEM 基础研究内容：①对聚合物电解质膜新候选者，首先要对其形貌进行研究，包括制备中无机添加剂和其他聚合物掺合物对形貌的影响及发生的变化。使用必要的仪器对重要性质和性能特征进行表征，如机械强度、离子交换容量、溶胀率和质子电导率等。②如前面指出的，Nafion 的形貌仍然是有疑问的，需要进行多方面针对性研究以阐明它的真实形貌。为了解离子区域的结构性质，如簇的大小、形状和空间分布，以及与水合程度和温度间的关系，仍然需要深入研究。另外，对 Nafion 形貌的其他性质，如憎水和亲水区域界面现象：—HSO$_3$ 基团的解离、对应离子的作用、磺酸基团水分子和水合离子的位置，也有必要进行深入研究，对应离子（质子、碱金属或其他金属阳离子）在 Nafion 水合性质中似乎是非常重要的。对应离子影响磺酸或磺酸基团，反过来影响离子聚集体的强度。发生在憎水/亲水区域界面上（被磺酸基团材料化的）的现象对溶胀过程以及质子电导率可能起着关键性的作用。③为了解在 PEM 中质子扩散或水传输机理，需要有深入的研究。④聚合物电解质膜是一个系统，在其中水是受限制的，因此对受限制的水需要更深入的基础研究，这能够帮助了解发生在聚合物膜水区域中的诸多现象。

另外，也必须对膜的一些重要技术限制现象做深入了解：①Nafion 的力学性质和失形。已经发现 Nafion 结构的部分定向，在有拉制条件下是可能的。已经进行许多 Nafion 拉制实验，目的是研究失形对聚合物母体中水区域分布的影响和研究水吸附及力学性质。②对低温下行为进行研究。③各向异性。该思想是要控制亲水通道方向和扩大亲水通道定向顺序，这将帮助为改进燃料电池性能进行离子交联聚合物的设计，如增加燃料电池膜平面质子电导率。④膜降解，也就是力学、热、化学和电化学性能老化。降解机理被认为是由 H$_2$ 和 O$_2$ 横穿、阴极氧还原和自由基攻击引起的。过氧化氢扩散进入膜和与金属杂质反应可能产生羟基和过氧化自由基。这些自由基不断攻击膜主链尾端基团。目前大多数降解研究都依赖于燃料电池流出物的非原位 Fenton 试验化学分析。⑤操作燃料电池中的水动态学。膜电极装配体中好的水管理对燃料电池性能是至关重要的。而对聚合物电解质中水动态学的了解是好的水管理的第一步，仅有能力发展高性能膜电极装配体是远远不够的。在这个方面，必然要使用原位表征技术表征在操作燃料电池中水的分布。由于它们的重要性，最近十多年中已经发展出多种新技术，如磁共振成像、中子成像（包括摄影及断层扫描）、软 X 射线摄影等。

5.3 中温和低湿度磺化烃类膜

5.3.1 引言

为发展 Nafion PEM 的替代物，在过去的二三十年中做了广泛的研究努力，其重点在作为运输电功率源 PEMFC 的膜材料。如前所述，PEM 必须满足严格的标准：它们应该具有尺寸稳定性、优良的物理化学耐用性、对电极的低频率阻力和高质子电导率，甚至在低相对湿度（RH）和高温（例如美国能源部 DOE 目标，在 50%RH 和 80℃下电导率>0.1S/cm）也满足这些。要求这些性质是为了能够在长时间内达到高电化学燃料电池性能（现时 DOE 目标，>5000h）。

最可行 PEM 的候选者是磺化烃类 PEM。如图 5-16 中所示，磺化烃类 PEM 可按照它们的骨架结构分类：磺化聚苯乙烯共聚物（SPS）、磺化聚酰亚胺（SPI）聚合物、磺化聚亚苯基聚合物、磺化聚芳基型或磺化聚磷腈（SPPH）聚合物。这些磺化烃类 PEM 的主要优点是，可能使用不同的单体设计使之得到理想的性质和可裁剪的聚合物。与 Nafion 比较，磺酸化烃类 PEM 一般是容易生产和再循环的，环境污染问题相对少，能够使用相对便宜的单体合成。特别是，因为许多磺化 PEM 有高的热和力学稳定性，在宽温度范围内能够保持其极性性质和高水吸附量。磺化 PEM 也有比 Nafion 膜显著低的气体渗透率。因为这些原因，已经认识到磺化 PEM 能够作为可行的电解质材料，特别是对中温和低温 PEMFC。

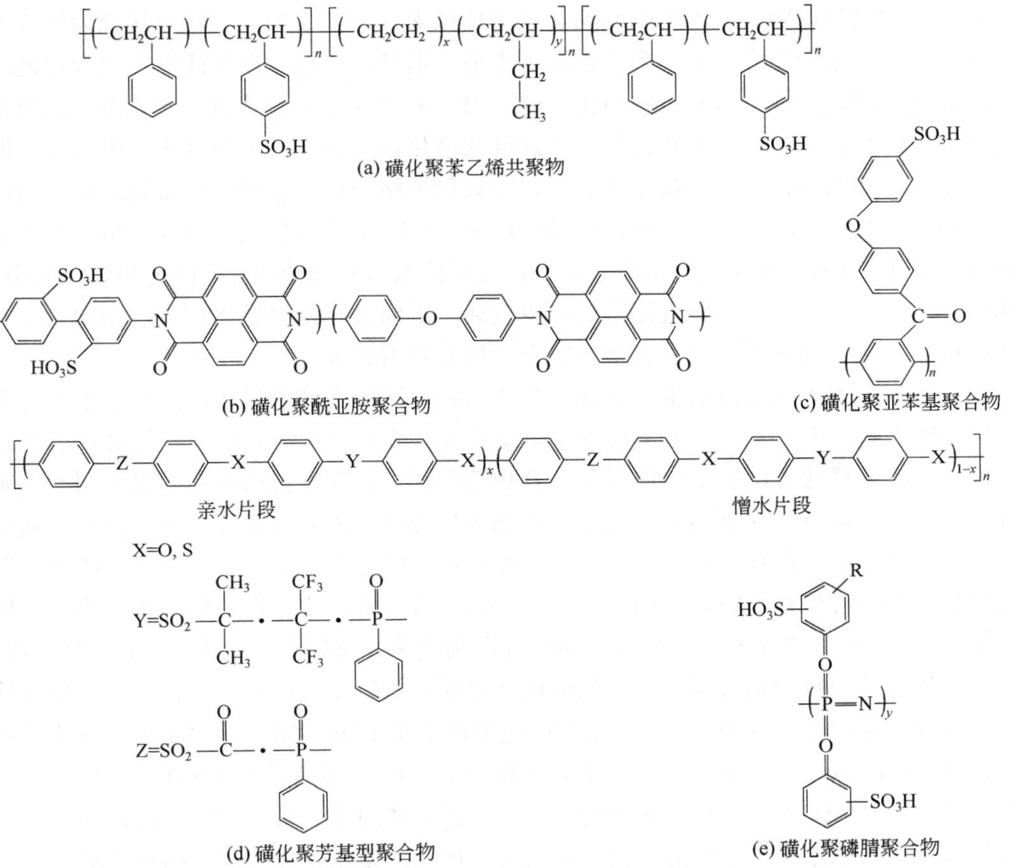

图 5-16　不同类型的磺化烃类质子交换膜

　　但是由于磺化烃类 PEM 中的亲水和憎水部分间仅有弱的相分离，常常观察到有高的水吸附量但形成的是差的水通道。因此，磺化 PEM 显示相对低的质子电导率 [即便在水合条件下有高离子交换容量（IEC）] 和过度溶胀行为（即低尺寸稳定性）。另外，磺化烃类聚合物比无磺酸基烃类聚合物的化学和氧化稳定性差，由于磺化聚合物骨架对化学攻击的敏感性（如在聚酰亚胺中）或它们的低分子量（由于磺酸化单体的低反应性）。为克服这些事情做了许多努力，有希望通过聚合物构架（例如片段共聚物、高孔体积共聚物、接枝/支链共聚物和高磺酸化单体基共聚物）或通过聚合物化学方法微调磺化烃类 PEM 物理化学性质（例如交联、表面氟化、热退火处理、有机-无机纳米复合物）来缓解甚至解决这些问题。下面简要介绍磺化烃类 PEM 的发展，因为它们具有作为中温或低温 PEMFC 所要求的性质。

5.3.2 高性能磺化烃类 PEM

5.3.2.1 磺化

磺化是一个亲电取代反应，磺化试剂在芳烃环上反应，其质子被磺酸取代。这里，反应选择性地发生在苯环上的富电子位，如垂直于授电基团位置，对亲电磺化，拉电子基团使苯环失活，此时磺酸基团位置的控制利用选择单体或聚合物来达到。磺化方法分为聚合物磺化和磺化单体后再聚合两类。第一类方法简单方便，但是，磺化过程可能发生聚合物链降解或不希望的副反应，有时要精确控制磺化程度（DS）和磺酸基团位置有一定难度。因此需要根据主体聚合物结构仔细选择磺化试剂。代表性的磺化试剂包括：①强试剂，浓硫酸、发烟硫酸、氯磺酸；②温和试剂，乙酰基磺酸盐、三氧化硫络合物、三甲硅烷氯磺酸盐。而磺化试剂浓度和反应时间、温度是决定聚合物磺化程度（DS）的主要因素。例如，聚亚苯基氧化物（PPO）和聚砜（PSF）使用氯磺酸磺化，而乙酰基磺酸盐对聚苯乙烯（PS）和聚碳酸酯（PC）的磺化是合适的。除了聚合物直接磺化，也发展了不同的聚合物磺化过程，如通过复分解或锂化的磺化、接枝磺化基团到聚合物支链上（如制备 Nafion 时的磺化）。

为克服第一类方法导致的聚合物链降解和磺酸基团稳定性的问题，虽然提出多种磺化方法，但把磺酸基团引入到单体中然后再使磺化单体和非磺化单体共聚来控制 IEC 的方法是比较现实的。单体磺化方法除了能够避免聚合物链降解，还能够把磺酸基团引入到不同聚合物的骨架中。第二类方法对强酸敏感的聚合物如聚酰亚胺（PI）是很有利的。再者，磺化单体的使用允许对聚合物进行设计，容易使其具有所希望的性质，如 DS 和选择的磺化位置（如高稳定性的不活性位置和酸性，如图 5-17 所示）。特别是，磺化聚合物的特定构架（如多片段共聚物）可通过控制拓扑或磺化和非磺化齐聚物及聚合物的分子量来设计。但是应该指出，可利用磺化单体的数量相对很少；而且磺化单体的立体障碍可能降低聚合反应的反应性，难以获得高分子量磺化聚合物。广泛使用的磺化单体给出于图 5-18 中。主要用于磺化聚亚芳基型聚合物，聚醚砜、聚亚芳基醚酮、聚醚醚酮（SPEEK）、聚芳基醚（PAE）型聚合物，以及聚亚芳基醚腈（SPAEN）、PI 等聚合物。其中特别重要的是二胺类磺化单体，使磺化后的聚合物显示出很好的燃料电池性能。例如，使用一种二胺磺化单体获得的磺化聚酰亚胺（在主链和支链的脂肪基团上），该结构在 5000h 操作期间并不显示开路电压（OCV）有显著下降。又如，为解决稳定性问题，提出了一种有意思的新磺化单体设计，即钠磺酸基团引入到二酸酐单体上，然后与非磺化的二胺单体共聚合得到磺化 PI，磺酸基团在芳基骨架环的失活位置上并有高的 DS，显示有非常高质子电导率。特别是磺化共聚亚胺与环己烷-1,6-二胺聚合，获得的磺化产品在 90℃有优良水稳定性且没有降低质子电导率。

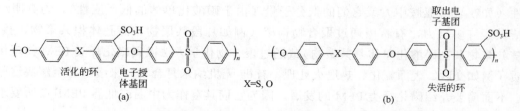

图 5-17　经聚合物磺化（a）和单体磺化（b）引入磺酸基团

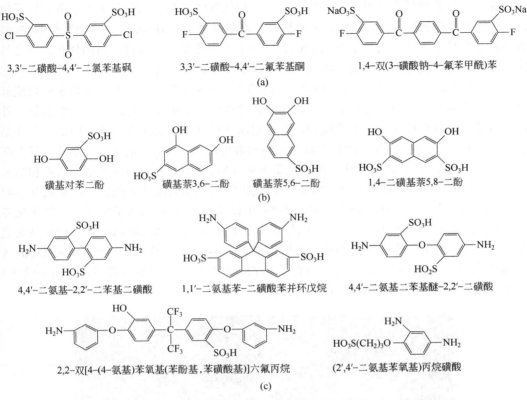

3,3'-二磺酸-4,4'-二氯苯基砜　　　3,3'-二磺酸-4,4'-二氟苯基酮　　　1,4-双(3-磺酸钠-4-氟苯甲酰)苯

(a)

磺基对苯二酚　　磺基萘3,6-二酚　　磺基萘5,6-二酚　　1,4-二磺基萘5,8-二酚

(b)

4,4'-二氨基-2,2'-二苯基二磺酸　　1,1'-二氨基苯-二磺酸苯并环戊烷　　4,4'-二氨基二苯基醚-2,2'-二磺酸

2,2-双[4-(4-氨基)苯氧基(苯酚基,苯磺酸基)]六氟丙烷　　　(2',4'-二氨基苯氧基)丙烷磺酸

(c)

图 5-18　磺化二卤单体（a），磺化双酚单体（b）和磺化二胺单体（c）

5.3.2.2　高性能磺化烃类 PEM 的新趋势

有关新磺化烃类 PEM 知识的进展和在 Nafion 中有序性很好的亲水通道结构的发现，可以帮助设计高电导率（即便是低 IEC）新聚合物，使之具有高 IEC 值且不牺牲力学稳定性。前述的磺化烃类 PEM，由于形成的是差的水通道和高的水溶胀，为此牺牲了部分质子电导率。下面介绍通过引进官能团、产生高自由体积、产生亲水-憎水多片段、接枝或支链化获得有高 ICE 值的高可磺酸化单体，列举若干典型性的磺酸化烃类 PEM，以显示合成高性能磺化烃类 PEM 的新趋势。

（1）磺化聚亚芳基醚（SPAE）和磺化聚亚芳基醚腈（SPAEN）　为解决由于化学性质差异引起的催化剂层和离子交联聚合物间的分层，研究试验了在磺化烃类 PEM 引入官能团如氟基和氰基来增加区域憎水性提高层间的黏附性，如只在侧链苯环对位位置上引入磺酸基团的高氟含量 SPAE 和高氰含量 SPAEN。DS 值为 1.0 的 SPAE 和 SPAEN 有高的 IEC 值（分别为 1.75meq/g 和 2.71meq/g）和高质子电导率（在 80℃分别为 0.135S/cm 和 0.140S/cm）。与 Nafion 比较，这些 PEM 显示高质子电导率和低水吸附量。

（2）磺化聚亚芳基醚砜酮（SPAESK）　在燃料电池中使用的磺化烃类 PEM，要求设计成在低 RH 下也保持足够湿度，以确保高质子电导率。因此，必须发展在 RH 40%～100%范围内操作的磺化烃类 PEM。解决这个问题的一个可能的方法是，使聚合物具有高自由体积。因高自由体积 PEM 有利于低湿度条件下吸附相当量水，这使用大单体就能够达到。例如，带角和棒形单体共聚磺化聚酰亚胺（SPI），在高和低湿度下都显示较高水吸附量和质子电导率；又如，使用含芴基团二胺合成的磺化聚亚芳基醚砜酮（SPAESK），在120℃和100%湿度达到高质子电导率（1.67S/cm）；而且把磺酸基团引入大芴基中而获得高自由体积，使之具有协同高水亲和力，在侧苯基上引入磺酸基团获得了高水解稳定性。

（3）磺化多嵌段共聚醚砜（MS-PES）　高的相（亲水和憎水区域）分离亲水嵌段能够形成确定大小的纳米水通道，有利于质子的传输，这也使质子电导率对湿度和温度的依赖性减小，与同样大小 IEC 的随机共聚物比较，水吸附量和尺寸变化总体而言是下降的。表征结果显示，磺化多嵌段 SPAES 共聚物有很好确定的纳米尺度相分离、高的质子电导率（甚至在相对湿度低于40%下）。合成的磺化多嵌段共聚醚砜（MS-PES）有高的分子量，亲水和憎水嵌段长度可以控制。获得的磺化烃类 PEM 有高氧化稳定性和低尺寸溶胀比。与随机共聚物比较，有较高质子电导率，在低湿度（低于 50% RH）时保持相对高质子电导率。经优化齐聚物长度后，在 80℃和 95%RH 时的质子电导率高于 Nafion 117，在 50%RH 下有相对高的电导率值。表征显示的多嵌段共聚物的横截面形貌示于图 5-19 中，其嵌段长度 14000/14000（亲水/憎水齐聚物的 M_n），该图清楚地说明有亲水/憎水分离结构，能够有效贡献于质子的传导。使用接枝方法也可以调节控制嵌段片段的长度。

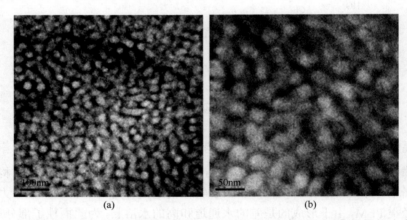

$$(a) \qquad\qquad (b)$$

图 5-19　磺化多嵌段共聚醚砜的横截面照片，片段长度 14000/14000〔亲水/憎水齐聚物的
平均分子量 M_n，（a）低分辨率；（b）高分辨率〕

（4）梳子形磺化（共）聚醚砜（SPAES）和磺化聚酰亚胺（SPI）　由于离子聚集体的相分离由接枝链的长度控制，对质子电导率有直接影响。为此设计合成了含两个和四个磺酸基团的梳子形芳烃醚砜聚合物（SPAES），测量显示，其有高质子电导率（分别为 0.034～0.147S/cm 和 0.063～0.125S/cm）和低的水吸附量（分别 18%～60%或 27%～53%）。当把梳子形扩展为星形磺化嵌段共聚物醚酮时，获得的膜显示好的尺寸稳定性，虽然有高的水吸附量，其质子电导率是与 80℃和 50%～95% RH 时的 Nafion 可比较的或甚至更高。也使用磺化烷基接枝试剂制备了接枝磺化聚酰亚胺（SPI），制备成膜。因磺化烷基化支链末端上的磺酸基团（—SO₃H），显著增强其 IEC 和质子电导率，而且 PEM 显示很高的延展性。尽管接枝链长的接枝 SPI 的 IEC 值比短接枝链的低，但因每个—SO₃H 基团上水分子数目较多，反而导致有较高质子电导率，同时长接枝链 PEM 的低酸性更耐化学攻击，有较长耐久性。

（5）磺化聚亚苯基砜（SPPSf）　仅有一个砜基团（—SO₂—，拉电子基团）连接苯环的磺化聚亚苯基砜（SPPSf）是结晶型离子交联聚合物。因磺酸基团增加了酸性且有较高水解稳定性，它们虽然有高 IEC 值，但也有高热氧化稳定性和水不溶性。显示的 IEC 值范围 1.29～2.64meq/g，比 Nafion 有更高的质子电导率。为增加其磺化程度，改用硫化钠和改变合成路线，获得 100%磺化长度的 SPPSf（SPSO$_2$-220）。其 IEC 值极端高（4.3～4.5meq/g），干状态时的密度接近于纯硫酸的目的密度（1.75g/cm^3 对 1.83 g/cm^3），是所有非氟化芳烃聚合物中最高的。SPSO$_2$-220 显示高的热氧化和水热稳定性，但遗憾的是它溶于水。由于 SPSO$_2$-220 的特殊微结构和高电荷载体浓度，给定相对湿度下它有绝对高的水吸附量和高 IEC 值（约 4.5meq/g）以及非常高的质子电导率，但水传输系数是低的。因此，SPSO$_2$-220 的质子电导率在低相对湿度（30%RH）和高温（135℃）条件下是 Nafion 的 7 倍。

（6）双萘基 SPSES　对多嵌段共聚物结构进行强力磺化，能够获得高度磺化的多嵌段共聚物，如 PES，它们的 IEC 值范围能够在 1.90～2.75meq/g 范围。IEC 值为 2.75meq/g 的磺化多嵌段共聚物，在 50%～95% RH 下有高质子电导率，与 Nafion 117 相当，在 30% RH 时质子电导率仍达 0.0023S/cm。但对含二萘基单元的高磺化聚芳烃醚砜（SPAES），尽管有非常高 IEC（3.01meq/g）值，制备的膜（BNSH-100）在干状态下有高力学稳定性和在其水合状态显示受控的尺寸变化（80℃和 95%RH）。特别是对 BNSH-100，有高水吸附量，在 50%RH 和 30%RH 下分别为 18.7%和 11.6%。在 80℃时的质子电导率（30%～95%RH）范围高于 Nafion 117。也即 BNSH-100 的高 IEC 值使其在宽相对湿度范围内都有优良质子电导率。另外，二萘基单元的高憎水性使其具有好的尺寸稳定性。

研究人员对可高磺化单体的合成做了不少工作，使用它们合成了不少的 PEM 膜。例如，磺化线型芳烃聚硫化物酮、磺化支链 PEK、磺化树突多嵌段共聚物 PAES、区域化和致密化 SPAES 等材料都制备出烃类聚合物 PEM 膜。其中一些达到相当高的 IEC 值、水吸附量和质子电导率。

5.3.2.3　对磺化烃类 PEM 性质的讨论

决定 PEM 性能和稳定性的磺化烃类 PEM 的主要性质是水吸附量和质子电导率。下面的讨论以 Nafion（特别是 Nafion 112）的 IEC 值约 0.91meq/g 作为中温 PEMFC 的参考样品（尽管报道有不同的值）。对 PEM 性质和性能值进行绝对比较并无意义，但是可以说明为改进水吸附量和质子电导率所采用的办法，从而获得在克服缺点的同时不牺牲其优点的方法。

在图 5-20（a）和（b）中分别显示，使用不同方法合成的各种类型磺化烃类 PEM 在 25℃时的水吸附量（质量分数，%）和质子电导率与 IEC 值间的关联。为比较各种类型 PEM 的特征，也给出了水吸附量和质子电导率间的关联，如图 5-20（c）所示。对有类似 IEC 值和在 25℃时，Nafion［图 5-20（a）中的黑星］的水吸附量要高于磺化烃类 PEM。但 Nafion 的密度（约 1.98g/cm^3）高于磺化烃类（约 1.2～1.6g/cm^3），因此无法在质量分数基础上比较 Nafion 和烃类磺化 PEM 间的水吸附量。当注意到磺化烃类 PEM 的实际 IEC 值范围（在 1.25meq/g 以上）时，应该认为 Nafion 的水吸附量是相当低的，而 Nafion 在 25℃时的质子电导率［在图 5-20（b）中的黑星］远高于具有类似 IEC 值的磺化烃类 PEM。就磺化烃类 PEM 而言，当它们的 IEC 值很高时（超过 1.5meq/g），其质子电导率是能够达到 25℃时 Nafion 同样水平的。由此可以推测，Nafion 在低水吸附量和低温时的高质子电导率［如图 5-20（c）所示］是由于在 Nafion 中生成了能够有效传输质子的很好连接的水通道。前面已经指出过，Nafion

的高质子电导率源自三个主要因素：①磺酸基团的高酸性；②磺酸基团的移动性；③PEM 结构中非磺化实体和磺化实体间的憎水性的巨大差异。这些因素对了解磺化烃类 PEM 的性质也是有帮助的。

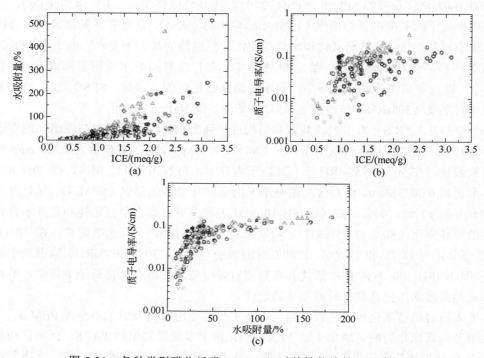

图 5-20　各种类型磺化烃类 PEM 25℃时的性能比较（见彩插）
（a）ICE 值和水吸附量间的关系；（b）ICE 和质子电导率间的关系；（c）水吸附量和质子电导率间的关系
注：黑星（Nafion），红星（参考磺化烃类 PEM），蓝圆点（含官能团磺化烃类 PEM），蓝绿色三角形（磺化多嵌段烃类 PEM），黄色倒三角形（接枝和支链的磺化烃类 PEM），暗黄四方形（高 ICE 磺化烃类 PEM），中心有橘黄点的圆（高可磺化单体磺化烃类 PEM）

对有官能团的磺化烃类 PEM（如 SPAE 和 SPAEN，在图 5-20 中的蓝圆点），在给定 IEC 值下在 25℃时的水吸附量是比较低的，说明官能团的引入（如氰基）或连接性控制（例如磺酸到次萘基单体的连接性）能够控制膜过度溶胀（即便是水合条件下的高 IEC 值）。这类 PEM（蓝圆点）在 25℃显示相对低的质子电导率。为获得高质子电导率，必须有非常高的 IEC 值，但这可能招致差的力学稳定性。对大多数含官能团磺化烃类 PEM，倾向于有低的电导率（低于 0.1S/cm）。但当引入的官能团（如大电负性和拉电子的氟）增加其酸性时，质子电导率一般高于非氟化 PEM 样品。考虑到其低水吸附量，官能团化策略对操作在全湿条件下的 PEMFC 还是有潜力的，如果组合合适结构或形貌设计，这类磺化烃类 PEM 有可能具有高性能。

多嵌段 PEM［如 MS-PES，图 5-20（a）中蓝绿色三角形］是磺化烃类 PEM 中具有相对高水吸附量的。特别是对 IEC 值 1.5～1.7meq/g 的样品，水吸附量有极大增加。过度溶胀（即水合条件下的尺寸变化）会导致差的力学稳定性和与催化剂层差的黏附。但是，对有高水吸附量多嵌段磺化烃类 PEM，一般显示低尺寸溶胀（因有很好确定的相分离形貌），因此大的水吸附量并不是它们的主要问题。另外，合适的高水吸附量对高质子电导率是有益的和必要的。高水亲和力限制 PEM 内的水分子，使其在低湿度条件下仍保持有质子传输的水通道，因此它们的质子电导率对湿度的依赖性较低。对控制了溶胀的磺化烃类多嵌段 PEM，高水吸附量对低湿条件下的 PEMFC 性能有正面影响，图 5-20（b）中的质子电导率数据证实了这一点。相比较而言，磺化烃类多嵌段 PEM 有最高水平的质子电导率（温度低于 25℃ 时能够达到或高于 0.1～0.35S/cm）。尤其是对 IEC 值大于 1.2meq/g 的大多数样品，它们有类似于或高于 Nafion 的质子电导率。在多嵌段共聚物中观察到的高质子电导率很强地说明了，在亲水和憎水片段间有很好确定的强相分离并产生了很好传输质子的有效通道。因此，磺化多嵌段共聚物对中温和低湿度甚至全湿度条件下操作的高性能 PEM 是最具有吸引力的。尽管它们有高质子电导率，但磺化多嵌段烃类 PEM 与有类似质子电导率的其他 PEM 相比，水吸附量要高很多。这可能是它们在 PEMFC 实际应用中的一个障碍。已发现，在制备 MEA 时，这些 PEM 与催化剂层的黏附是有问题的（因水合和非水合条件下表面性质间有大的差异）。因此，需要找出降低水吸附量和增加与催化剂层的黏附而又不牺牲质子电导率的方法。为此提出了进行物理化学微调，如物理交联、表面氟化和热退火（将在后面讨论）。

接枝和支链磺化烃类 PEM（如 SPAES 和 SPI）也是中温范围操作 PEMFC 应用的强有力候选者。这类 PEM 的水吸附量值（黄色倒三角形）比其他烃类 PEM 要低，类似于含官能团的那些。在 IEC 值高达 1.3meq/g 时，它们的质子电导率［图 5-20（b）中的黄色倒三角形］低于其他 PEM，甚至低于含官能团的那些。但接枝和支链的磺化烃类共聚物，其质子电导率急剧增加，并保持在很高的值（甚至在 25℃ 时大于 0.1～0.2S/cm），虽然它们的水吸附量是低的。这个行为证明，担载有磺酸基团的灵活接枝和支链能够有效帮助质子传输水通道的生成，即便是低水吸附量时［见图 5-20（c）］。下面的事实支持这个结论：刚性芳烃支链的 PEM 比弹性支链的质子电导率要低很多［如图 5-20（b）中所示］，因为刚性支链的低移动性阻碍了支链上亲水磺酸基团的聚集。实验事实证实，接枝和支链化磺化烃类 PEM 对水分子的低亲和力（即低水吸附量）是 PEMFC 应用中的一个障碍，尤其是低湿度下操作时（低湿度时质子电导率差），因电导率对湿度依赖度很高。对接枝和支链化磺化烃类 PEM，特别是对带有磺酸基团接枝或分支支链的烃类 PEM，增加亲水性而又不牺牲尺寸稳定性的一个可行方法是，引入亲水的无机材料。另外，这类 PEM 的支链化学稳定性是差的，特别是对苯乙烯基支链，容易受到燃料电池操作产生的自由基的化学攻击。因此，为在 PEMFC 中的实际应用，接枝和分支支链的磺化烃类 PEM 必须要有化学稳定的支链分子设计。

非常高 IEC 值中的磺化烃类 PEM（如 SPPSf）是专为高温（>100℃）和低湿度操作的 PEMFC 设计的。它们［图 5-20（a）中的暗黄四方形］有高（缓慢增加）的水吸附量（因骨架的砜连接有高水解稳定性），但质子电导率不是很高。在高 IEC 值（>2.3meq/g）下能够保持高质子电导率［大于 0.1S/cm，如图 5-20（b）中所示］。从图 5-20（c）中能够看到，对这类 PEM 的吸附量和质子电导率，从表面上看要比其他磺化烃类 PEM 低。但从高 IEC 值磺化烃类 PEM 是高温（>100℃）和低湿度操作的设计考虑，该结论是不合适的。而且，对有极高 IEC 值（4.3meq/g）的这类 PEM 样品，其质子电导率比高温（135℃）和低湿度（30%RH）Nafion 要高 7 倍。

对用高可磺化单体聚合而成的磺化烃类 PEM（如磺化线型 PSK、磺化支链 PEK、磺化树枝状多嵌段共聚 PES），在图 5-20 中（中心有橘黄点的圆）显示了独特水吸附量和质子电导率的特征。大多数这类 PEM 的 IEC 值相对较低（低于 1.7meq/g），而水吸附量和质子电导率一般高于其他磺化烃类 PEM，几乎与磺化多嵌段 PEM 类似［见图 5-20（a）和图 5-20（b）］。特别是，高可磺化单体的引入，能够使磺化烃类 PEM 水吸附量和质子电导率，在所有 IEC

值低于 1.1meq/g 的磺化烃类 PEM 中是最高的，并与 Nafion 的性能相当。因为这类 PEM 的高水吸附量和高电导率来自其结构特征，它们集中了多嵌段共聚物和接枝/支链 PEM 两者的优点。但是，也是这些结构特征限制它们在 PEMFC 中的实际应用。因为大多数高磺化单体具有非常高刚性的芳烃结构。为避免最后膜的脆性，可磺化单体组成应该受到限制。对这类 PEM，获得高 IEC 值，即有高质子电导率（大于 0.1S/cm）是困难的［见图 5-20（b）和（c）］。为解决这个问题提出的办法是，在高可磺化单体中引入弹性连接和与可磺化位置较少的单体嵌段共聚。

各种类型磺化烃类 PEM 的水吸附量和质子电导率间的关系显示：随温度增加，Nafion 的水吸附量没有显著变化而质子电导率有很大提高；接枝的和支链化的以及高 IEC 值 PEM 的水吸附量随温度增加相对慢，但质子电导率显著增加；用高可磺化单体获得的磺化烃类 PEM 的水吸附量随温度变化不大，水吸附量范围低于 75% 时，电导率随温度变化也较小，此后水吸附量急剧增加，但电导率的提高很慢；对含官能团的磺化烃类 PEM，在高温（80℃）时性能有一些提高，但质子电导率一般在 0.1S/cm。应该注意到，由于使用的数据有限，给出的随温度变化规律仅供参考。

5.3.3 磺化烃类 PEM 的物理化学调变

下面讨论磺化烃类 PEM 及其性能调变的物理化学方法，主要是交联、热退火和表面改性等。

5.3.3.1 离子交联 PEM

高 IEC 值 PEM 材料的交联是克服过度水溶胀的一个方法。低磺化度（DS）的交联常使聚合物移动性降低和质子电导率损失。高 DS 交联共聚物能使完全水合状态时的质子电导率增加。但是，如果不有效控制交联程度，膜的脆性上升并会使质子电导率大幅下降。

离子交联能够有效强化 PEM 材料的机械强度。交联主要是指用碱性聚合物掺合磺化共聚物（特别是盐形式如—$SO_3^-Na^+$）。在成膜和酸化后，磺化聚合物中的—SO_3^- 与碱性聚合物中的 H—N 基团相互作用，形成一个酸碱复合物。交联密度随混合程度和碱性聚合物碱性而改变。例如，弱碱性聚合物（如磺化后的邻砜二胺）因物理交联其质子电导率稍有下降，而强碱性聚苯并咪唑（PBI）容易被磺化聚合物质子化。当掺合量低于磺化聚合物渗滤阈值时，它们的大多数酸性官能团被 PBI 离子化捕集，使传导质子的容量降低；在渗滤阈值以上高 DS 时，磺化聚合物的水溶性转化为水不溶性，显示一定水平的质子电导率。尽管形貌稳定，物理交联的水溶胀远高于共价键交联系统，其强度也不足以防止 80℃ 以上的水解，不能够满足燃料电池性能要求。然而两亲共聚物（如 PBI）的使用，因聚合物骨架中同时存在的碱性和酸性—SO_3H 基团补偿了质子电导率损失，使燃料电池性能保持稳定。

5.3.3.2 紫外光（UV）辅助交联

聚磷腈（PPH）是代表性的无机聚合物，其取代位置容易被—$SO_3^-H^+$ 基团官能团化。得到的 SPPH 有低的玻璃转化温度（T_g）。其膜状态能够在 UV 下进行光交联。为此目的，SPPH 铸造溶液应该含一定浓度的苯甲酮光引发剂。虽然交联后 SPPH 的尺寸稳定性有显著提高，但要避免质子电导率的损失是困难的。已经认识到，交联 SPPH 膜对直接甲醇燃料电池是可行材料，因为其甲醇渗透率很低。

5.3.3.3　热活化交联

热交联磺化共聚物是在膜状态下于宽温度范围（90～360℃）内进行的。共价键生成期间，共聚物固化温度和—SO₃⁻M⁺（M⁺=H⁺、Na⁺或 K⁺）的形式主要受所选用交联剂或交联基团影响。热交联聚合物有两大类：聚合物-交联剂体系和可自交联聚合物体系（见图 5-21）。

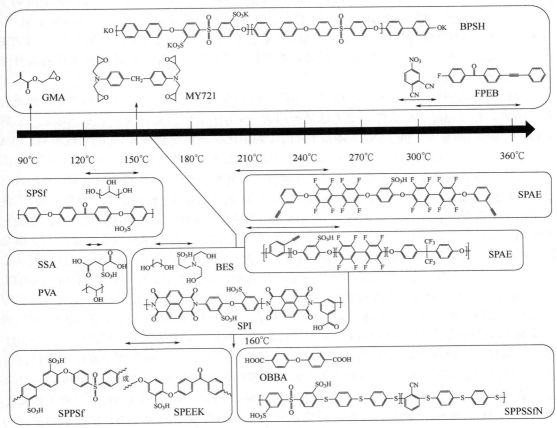

图 5-21　不同固化温度的热交联聚合物系统列举

在研究早期，热交联是通过磺化共聚物中—SO₃⁻H⁺基团的缩合实现的，如 SPEEK。以多原子醇（如丙三醇、乙二醇和丁四醇）作为交联剂，在真空下于 120～150℃进行热交联。交联反应的实现以损失—SO₃⁻H⁺的含量为代价。对热交联体系，主要问题是质子电导率的严重下降（如 25℃时质子电导率小于 4.6×10⁻²S/cm），即便是高磺化［DS>78%（摩尔分数）］聚合物。

加入的交联剂与聚合物骨架中其他功能位置（除了—SO₃H 基团）反应，可能是减小质子电导率损失的一个好方法。典型的交联共聚物是末端含酚氧化物基团（—O⁻K⁺）的双苯基二磺化齐聚物 PAES（BPSH），不同交联剂有不同的固化温度。以双酚基 SPAES（聚磺化芳基醚砜）（BPS）的热交联为例，交联剂可以是甲基丙烯酸环氧丙基酯（GMA），也可以是缩水甘油-双（p-胺苯基）甲烷（MY721 环氧树脂）。后者是酯连接，因此水解和热稳定比前者更好。使用后一个交联剂时，高 DS BPS 齐聚物［例如 BPS-50，DS=50%（摩尔分数）］的酚氧化物端基与 MY721 的多功能环氧化物环，在三苯基膦催化剂存在下于 150℃反应产生

MY721-BPS 交联网络。使用少量高沸点溶剂 [例如 N-甲基-2-吡咯烷酮（NMP）] 可压制高 DS 的高 T_g，以使玻璃化可行。交联共聚物中的凝胶分数受交联时间、环氧化环浓度、分子量和 BPS 齐聚物的 DS 影响。交联和酸化后质子形式（—$SO_3^-H^+$）的 BPSH-50，其水吸附量有极大的降低，从 232% 降低到 84%。这一降低可使质子电导率增强。另外，4-硝基邻苯二甲腈（$T_{固化}$>300℃）和 4-氟-4′-(苯基乙炔基)二苯甲酮（FPEB）（$T_{固化}$>350℃）是固化温度高于 BPS 齐聚物 T_g 的交联剂。因此在成膜后，固化反应能够以热稳定的盐形式（—$SO_3^-M^+$，M=Na 或 K）进行，而 BPSH 骨架中的—$SO_3^-H^+$基团（非盐形式）在 250℃ 左右就开始分解了。FPEB 交联剂可能是有吸引力的，因为固化时没有挥发性气体逸出。FPEB 的高固化温度对设计交联物结构是一个挑战。

磺化共聚物的交联通常使质子电导率下降，因为聚合物链移动性受到限制和亲水通道被部分阻塞。补偿电导率损失的一个方法是使用含—$SO_3^-H^+$基团的交联剂。例如，对聚（乙烯基醇）（PVA）-磺基琥珀酸（SSA）体系（它们作为磺化试剂和交联剂），在 60℃ 成膜后，PVA 的羟基（—OH）与 SSA 的羧基（—COOH）在温度 120～130℃ 下进行缩合反应，形成热固化聚合物网络。该体系的质子电导率是高度可变的，取决于 SSA 的量和交联温度。在相对高温度（125～130℃）固化的膜，显示高度交联，因此低的 SSA 浓度 [<17%（质量分数）] 使质子电导率降低。大于该浓度，SSA 可为质子电导率作出贡献（因它是质子导体）。当固化温度相对低时，在质子传输中 SSA 起重要作用（因交联程度低）。磺化聚合物体系与非磺化聚合物体系比较，含—$SO_3^-H^+$基团交联剂的引入更为有效。例如，N,N-双(2-羟乙基)-2-氨基乙磺酸（BES）是含有一个—$SO_3^-H^+$基团的交联剂，被加到有控制 DS 的 SPI 中（1.9meq/g<IEC 值<2.2meq/g）时，虽然交联体系的水吸附量降低，但 IEC 值增加到 2.0～2.5meq/g 范围。与磺化聚合物和无固定离子交联剂组成的热交联聚合物体系不同，BES-SPI 交联体系在 30℃ 和 90% RH 测量的质子电导率与 Nafion 是可以比较的。原因是脂肪交联剂中有额外的—$SO_3^-H^+$基团，为交联聚合物提供酸性和/或离子密度。能够注意到，单位体积离子密度的提高源自水吸附量的降低和—$SO_3^-H^+$浓度的增加（因电荷载体浓度提高）。另外，交联 SPI 体系在高温下的质子电导率高于 Nafion，活化能（4.5～5.6kcal/mol，1kcal=4.184kJ，下同）则低于 Nafion（7.3kcal/mol）。其原因可能是固定水（键合水）含量的增加（还有电荷载体浓度的贡献）。固定水的产生是由于水分子和聚合物基体间的强相互作用（受水-聚合物体系的极性和离子浓度影响）。在高温（90℃）下固定水是不脱附的，这使膜的抗水解和抗过氧化物自由基能力稍有减弱。总之，该体系为中温或低湿度 PEMFC 应用提供了如何设计交联聚合物膜的信息。

以盐（—$SO_3^-Na^+$或—$SO_3^-K^+$）形式进行的大多数热固化过程，显示优良的热稳定性（约小于 400℃）。但有一些交联反应以酸性质子形式（—$SO_3^-H^+$）聚合物（而不是盐形式的聚合物）发生。例如，对磺化聚亚苯基硫化物砜腈（SPPSSfN）-4,4′-氧双（苯甲酸）（OBBA）交联体系，在 OBBA 中的羧酸（—COO^-H^+）与质子形式的 SPPSSfN 的亲核苯环在真空于 160℃ 进行傅-克酰基化 10h。这里的 SPPSSfN 作为固体酸催化剂催化该缩合反应。SPPSSfN 骨架氰（—CN）基团间也产生极性-极性相互作用，促进与 Nafion 电极兼容界面的生成，并增加水合状态时的尺寸稳定性。高磺化 SPPSSfN（DS=50%～60%）膜的水溶胀太高了，以至于不可能评价它们的电导率，特别是在 90℃。但是，交联体系水吸附量降低到非交联体系的约 50%。有意思的是，交联后质子电导率多少有所降低，但其值仍超过 Nafion 膜，而在宽温度范围（30～90℃）的活化能类似 Nafion 膜。

对常规交联体系，把溶液状态交联剂加入到刚制备的聚合物或齐聚物基体中，并在膜状态下进行热固化。与此不同的是，对自可交联聚合物体系由含合成步骤所需热可交联官能团（例如磺酸基团和乙炔基团）的均聚物组成。均聚物的可交联官能团与它们骨架上的反应活性位在一定固化温度范围内进行分子间或分子内反应形成共价键合。除固化时间外，自可交联体系的固化温度绝对是决定它们交联程度的一个关键因素。一些代表性自可交联聚合物的例子是 SPEEK 和 SPPSf，在其芳烃骨架中含有可牺牲的磺酸基团，在固化成聚合物基体时它们被热转化成磺化桥接基团。获得的交联聚合物的水解、热和力学稳定性大大提高。但是交联反应也必定伴有质子电导率损失（因 IEC 值降低）。使用高磺化聚合物基体（例如，IEC=3.57meq/g）可能是补偿这个不可避免质子电导率损失的一个可行办法。自可交联聚合物体系还包括含乙炔可交联基团的 SPAE，含有的羧基位于聚合物骨架内或末端。在 SPAE 中的乙炔基团对克服前述 BPS-FPEB 固化体系中观察到的热瓶颈是有效的。这是因为 SPAE 乙炔基团的固化反应反应性相当高（因低空间障碍），因此，其热固化温度（100℃）显著低于 BPS-FPEB 体系的固化温度。

5.3.4　表面改性——氟化 PEM

决定燃料电池电化学性能的关键组件是 MEA，一般由 PEM 和位于 PEM 两边的电极组成。一些磺化烃类 PEM 对氧分子显示优良的壁垒性质，这关系到电极铂催化剂活性位上自由基的产生。这类 PEM 在有害 PEMFC 操作环境下，如低湿度（如 50% RH）和高温（>80℃），显示的质子电导率高于商业可利用的 PFSA（如 Nafion）。因此，在短时间内它们的燃料电池性能优于 PFSA。但是，该优越的电化学性能会在若干天内快速下降，因为在电极界面的问题。制作 MEA 的电极配方对高性能磺化烃类 PEM MEA（HC-MEA）的发展是重要的。可以方便地使用 Nafion 离子交联聚合物（EW=1100）作为电极催化剂的黏合剂。原因如下：①给催化剂-悬浮碳簇以物理支撑；②促进质子从阳极到 PEM 再从 PEM 到阴极的迁移。与 PFSA 膜 MEA 制备方法不同，在 HC-MEA 制作过程中产生了关键的界面问题：因为它们与催化剂层低的兼容性和差的黏附性，使磺化烃类 PEM 和电极间产生高的界面阻力（因催化剂层与 PEM 层的分离），导致燃料电池开停循环期间电化学性能的快速损失。

克服 HC-MEA 上述事情的一个办法是，使用与磺化烃类 PEM 有同样组成的催化剂黏合剂。该办法对改善 PEM 兼容性是有效的。但因它低的燃料渗透性（传质限制），引起相应电流-伏特（伏安）极化曲线中的电位降落。另一个解决方法是，使用（全或部分）氟化单体调整磺化烃类 PEM 的化学性质。这个方法虽然降低了界面阻力使之达到 Nafion 电极水平，但在 PEM 中使用氟化单体的成本相当高，吸引力不大。

表面氟化（或"后氟化"）能够有效地用于制备与 Nafion 电极有高兼容性的磺化烃类 PEM，并已获得了有优良的单元池寿命的结果。磺化烃类 PEM 的表面状态，经简单的表面氟化快速地转化为相应的氟化膜。现在表面氟化广泛地应用于汽车、包装、食品存储和保鲜以及涂层领域中。这是因为表面氟化烃类聚合物组合了氟化聚合物的希望特征（如好的化学稳定性和气体壁垒性质）和烃类聚合物的有益整体性质（如便宜的价格和优良的机械强度）。对磺化烃类膜（BPSH-40）和共聚苯乙烯磺酸-马来酸（PSSA-MA）材料的表面氟化，可使用含稀 F_2 的混合 F_2/N_2 气体在常温常压下于短时间（5～60min）内达到，为使氟化过程发生的不希望的副反应（如化学降解）最少，这对高反应性氟气是可能发生的。在表面氟化前，对所有磺化烃类膜进行酸化以保持链的移动性水平［高于物理交联固体盐（—SO$_3^-$Na$^+$或—SO$_3^-$K$^+$）膜］。在表面氟化后，对膜再一次进行酸化以除去膜表面上可能生成的—SO$_3$F 基团。氟含量用 XPS（X 射线光电子能谱）给出的原子比测量，一般随暴露氟气时间的增加而增加。在相同氟化条件下，芳烃聚合物基体中的氟含量［约 15%（原子分数）］高于脂肪聚合物基体［约 5.4%（原子分数）］。因为 C—F 键取代芳环上 C—H 键的反应在热力学上是有利的。但表面氟化期间，氟在 BPSH-40 芳烃骨架中的取代位置是随机的，因为氟取代反应是以复杂的自由基机理进行的。氟化后 BPSH-40 的 IEC 值与氟化时间无关。但是，表面氟化会使表面结构特征发生很大变化；C—F 键的生成形成了憎水膜表面，水的接触角随氟化时间加长而增加［图 5-22（a）］。BPSH-40 的 AFM 图像显示［见图 5-22（b）］有随机分布的亲水类簇结构（暗区域）。令人惊奇的是，表面氟化处理使形貌转变成确定性相当好的亲水-憎水微观分离相形貌，具有类似于亲水-憎水多嵌段共聚物的结构形貌（亮区域）。亲水区域相互连接和形成质子快速传输的连续通道，这是由于部分磺化膜表面上发生自装配的结果。可以推测，低表面自由能的 C—F 键形成主要是在 BPSH-40 的憎水区域而不是亲水区域。与多嵌段共聚物类似，表面氟化后的 BPSH 膜，水吸附量降低，并在厚度方向显示各向异性溶胀行为，这种特有的溶胀特性使表面氟化膜的尺寸稳定性很好，也相应增强了 MEA 的使用寿命。此外，C—F 键中氟原子的高电负性使含 C—F 键芳环上的—SO$_3^-$H$^+$基团酸性提高。因此，表面氟化使 BPSH 膜的质子电导率随氟含量增加而增加，直到一定氟化水平（如氟化 30min）。长于 30min，膜质子传导性质反而稍有恶化，这可能发生了化学失形。很有意思的是，用 MEA 的高频电阻（HFR，Ω/cm^2）（在直接甲醇燃料电池 DMFC 长期试验中测量）可对氟化磺化烃类 PEM 和 Nafion 与电极间界面阻力做比较。尽管单元池电化学性能是在 DMFC 条件下评价的，但在 PEMFC 条件下也能够获得类似的结果。这些能够直接应用于高性能 MEA 的发展。测量的 HFR 是所有

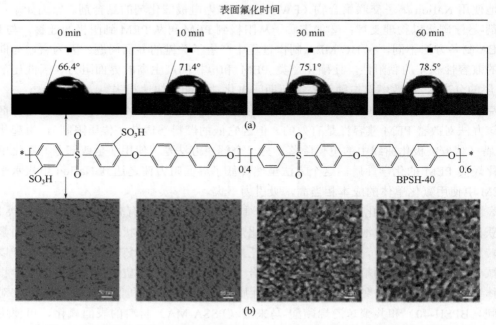

图 5-22　水接触角和原子力显微镜（AFM）测量显示的 BPSH 随机共聚物
表面氟化对亲水性和形貌的影响

电阻之和，从电位计到所有 MEA 组件。膜的表面氟化显著降低了 HFR 值。此外，HFR 值的变化很小可以忽略，即便在操作数千小时后。这意味着，氟化表面与 Nafion 电极间形成了合适的界面。质子电导率提高和界面电阻降低两者对单元池高性能提高和延长 MEA 寿命是很有益的。

多嵌段共聚物的质子电导率远高于对应的随机共聚物（相同 IEC 值和化学整体性），它们具有很好确定的亲水-憎水分离相形貌。例如，对 BPSH 100-BPSO 多嵌段共聚物，IEC 值为约 1.7meq/g，30℃液体水中的质子电导率为 0.14S/cm。而对应的 BPSH 随机共聚物，在同样试验条件下的质子电导率（相同 IEC 值）是 0.11S/cm。对多嵌段共聚物应用表面氟化技术，获得的是更有发展前景的纳米相分离结构。形貌转变似乎使它们在液体水中和不同 RH 时的质子电导率都提高。对表面氟化过的多嵌段共聚物，质子电导率下降非常慢，特别是在低相对湿度（30%～70% RH）时。例如，表面氟化 60min 后的多嵌段共聚物的质子电导率约为 0.087S/cm，而 Nafion 的质子电导率仅为约 0.020S/cm。对较高水保留的高氟化多嵌段共聚物，观察到的这类行为更为显著。所以，可以预期，氟化多嵌段共聚物在低湿度操作时的电化学性能会优于 Nafion 212。尽管表面氟化非常有效，但过程机理和宏观膜性质与氟化深度间的关系仍不清楚。

5.3.5　热退火

除了 PEM 化学结构、组成和形貌外，膜制备条件也是磺化烃类 PEM 设计考虑的主要因素之一。大多数磺化烃类 PEM 是非平衡态无定形玻璃态聚合物，它们一般有高于最小自由体积的自由体积，这被设想为总液相到平衡态过渡时产生的比体积之差。因此，玻璃态聚合物的热历史对聚合物链堆砌密度有显著影响。众所周知，热退火是获得稳定玻璃态聚合物和诱导聚合物基体致密化的简单方法。由于吸附了小分子（水或溶剂）使聚合物链的移动性受限制和膜的增塑性减小。重要的是要研究热退火对磺化烃类共聚物的影响，因为后热处理同样能够改变化学结构和组成等 PEM 的宏观特征。

用氯磺酸和氯三甲基硅烷混合物制作的磺化聚砜膜进行后磺化处理。对获得的质子形态（—$SO_3^-H^+$）膜结构在低于 T_g（185℃）温度（60℃和 150℃）下进行退火处理。随机产生的磺化聚砜（图 5-23）显示单一宽 T_g（温度在 193～225℃范围），是由亲水和憎水区域的 T_g 所贡献的。T_g 值随 DS 增加而增加，这类似于在磺化单体直接共聚物中所观察到的。在退火前，所有膜在脱离子水中保持一天，以排除溶剂对 T_g 的贡献。在 150℃热退火得到 T_g 高于在 60℃处理过的磺化聚砜的 T_g。磺化聚砜的水吸附量以及每个—SO_3^- 基团配位的水分子数目，在热处理后都降低。该结果密切关系到堆砌密度的增加、传输质子和水分子自由体积的减少。后磺化过的聚砜也可以经热诱导—SO_3H 到—SO_2 基团的转化，生成分子间或分子内共价键结构，伴随的是损失了它们部分的离子特征。因此，热退火后质子电导率稍有降低。

在图 5-23 中，给出了热退火对后磺化和直接共聚聚砜随机共聚物离子电导率的影响。质子型直接共聚二磺酸聚砜（BisA）共聚物的质子电导率高于后磺化聚砜，对在相对低温度（30℃）下测量的电导率也是这样。应该注意到，在 BisA 共聚物中的二磺酸（—$SO_3^-M^+$，M^+=H^+或 K^+）基团是连接到片段苯环拉电子磺酰基团（O=S=O）的间位位置，而后磺化聚砜的单一磺酸基团（—$SO_3^-H^+$）随机连接到苯环给电子醚（—O—）连接的邻位位置上。不同位置官能团的电子密度是有差别的，这使 BisA 共聚物的二磺酸基团酸性更强，因此其上的质子更容易释放出来。对 BisA 共聚物应用上述热退火，其热退火效应几乎与后磺化聚砜相同：水吸附量下降和 T_g 增加。但质子电导率经热退火后却有极大提高，这与其是质子型的还是盐型的无关。该独特行为可能与离子密度 $[IEC_{V(wet)}]$ 变化密切相关，$IEC_{V(wet)}$ 定义为单位水溶胀聚合物体积的—$SO_3^-H^+$基团摩尔当量。换句话说，热退火的结果使水吸附量降低，使 $IEC_{V(wet)}$ 提高。显然，这对有两个—$SO_3^-H^+$基团的 BisA 体系要比仅有一个—$SO_3^-H^+$基团的后磺化体系更占优势。于是有高 IEC 值的盐型 BisA 共聚物经热退火后的电导率与质子型后磺化聚砜是可以比较的。

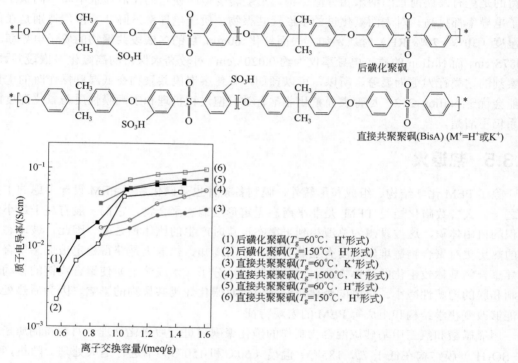

图 5-23　热退火对后磺化和直接共聚聚砜随机共聚物质子电导率的影响

在决定热退火膜质子电导率的因素中，热退火温度起着重要作用。亲水-憎水多嵌段共聚物对退火温度的依赖显著高于随机磺化共聚物。多嵌段共聚物一般经由如下偶合反应合成：酚氧化物终端二磺化亲水齐聚物和偶合试剂（如十氟二苯基-可控分子量的封端闭型憎水齐聚物）间的偶合反应。多嵌段共聚物有两个 T_g：亲水嵌段的高 T_g 和憎水嵌段的低 T_g。影响质子传导的是亲水嵌段 T_g 的热退火，因质子是经由亲水嵌段水通道传输的。如图 5-24 所示，靠近憎水嵌段 T_g 的热退火使质子电导率发生了大的变化，特别是低湿度时。从 BPSH 100-PPHO 得到的共聚物，其憎水和亲水嵌段的 T_g 分别为约 250℃和高于 300℃。憎水嵌段 T_g 附近的热处理极大地防止了聚合物基体内水分子的吸收。尽管得到的共聚物中水含量降低，在液体水中的质子电导率则随退火温度增加稍有增加。热退火过程对质子电导率的这个正贡献，在相对湿度低于 70% 时是显著的。低湿度时常规电导率的下降逐渐变得迟缓，因为热退火温度已增加到接近于憎水嵌段 T_g。另外，得到聚合物的机械强度进一步提高。对不同化学结构和组成的亲水-憎水多嵌段共聚物的 T_g，也观察到类似行为，说明憎水嵌段 T_g 附近的热处理已经使憎水区域致密化。热处理也诱导在多嵌段共聚物亲水嵌段区域的 $IEC_{V(wet)}$ 值提高（因水吸附量降低）。目前对热退火和低湿度时形貌改变与电导率间的关联仍未研究清楚。不管怎样，对中温或低湿度操作的燃料电池，为提高低湿度时的电导率，热退火确实是一条可行路线。

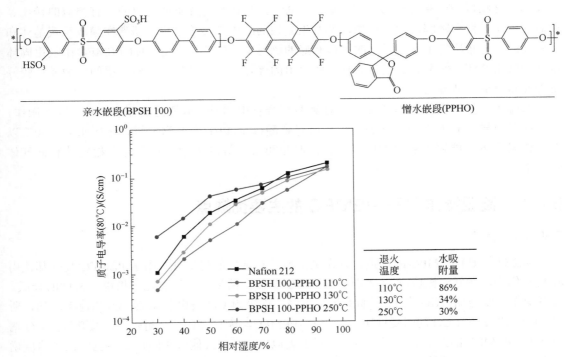

图 5-24　热退火对亲水-憎水多前端共聚物质子电导率和水吸附量的影响

5.4　高温酸掺杂 PBI 电解质膜

5.4.1　引言

从石油基经济到可再生资源基经济的快速过渡的需求在增加，而燃料电池在这个过渡中要起重要作用。各类燃料电池中，聚合物电解质膜（或质子交换膜）燃料电池（PEMFC）的使用是最普遍的，它可使未来能源前景有极大的增加。因为它有潜力利用可再生能源，摆脱对化石燃料的依赖和束缚，提供长期的自由。PEMFC 包括低温 PEM 燃料电池（LT-PEMFC）、高温 PEM 燃料电池（HT-PEMFC）和直接醇类燃料电池，如直接甲醇燃料电池（DMFC）和直接乙醇燃料电池（DEFC）等。

HT-PEMFC 能够在固定微组合热电（mCHP）（因过程产生有用的热量）中应用，可在备用电源和在遥远地区替代柴油发电机。另外，它的一些特征使它在混合 FC/电池电动车辆工业中也有吸引力。

5.4.2　PBI 基高温 PEMFC

HT-PEMFC 工作原理的灵感来自磷酸燃料电池（PAFC），它与使用磷酸作为电解质的 PAFC 有类似的操作温度。两者的主要差别在于磷酸电解质保持在燃料电池中的形式。对 PAFC，磷酸是保持在 0.1～0.2mm 厚的 SiC 基体中，而对掺杂磷酸的 PBI 基 HT-PEMFC，使用固体聚合物以力学和化学形式保持磷酸（PA）。两者的电解质是类似的，有类似的转化、类似的操作过程和降解机理。例如，都发生复杂的酸内部传输过程、磷酸在膜或承载基体和电极间的再分布确定了合适活化的过程和好的燃料电池性能。但是，HT-PEMFC 中使用固体聚合物膜比 PAFC 使用 SiC 基体具有一些突出的优点：容易管理、对阴阳极间压力差有较好耐受性和很少酸被淋洗。

如前述，低温操作的 Nafion（全氟磺酸聚合物电解质）膜不适合于在 80℃ 以上操作，由于质子电导率和力学稳定性的损失。而对磷酸掺杂 PBI 聚合物电解，在无水和 100℃ 以上操作温度下，能够提供足够电导率，同时也可确保好的力学和热、化学稳定性和低气体渗透率。

5.4.3　高温操作 HT-PEMFC 的主要优缺点

5.4.3.1　优点

高温操作 HT-PEMFC 的优点：首先是提高了对杂质的耐受性。由于 PEMFC 几乎都使用 Pt 基催化剂，在低温操作时 Pt 表面容易被 CO 覆盖，结果导致氢氧化交换电流密度的降低。随着操作温度增加，CO 在 Pt 表面的吸附下降，而吸附 CO 被电氧化成 CO_2 的速率增加，所以，HT-PEMFC 对 CO 的耐受性明显高于 LT-PEMFC，从 LT-PEMFC 耐受的数微升每升 CO 增加到 HT-PEMFC 的约 3%（体积分数）。基于类似原因，对其他杂质的耐受性也因操作温度增加而增加。再者，膜具有低湿度操作能力，并不需要加压，能够更加有效地抗击因燃料杂质引起的危害。对 PBI 基和 Nafion 基 PEMFC 阴极硫中毒的比较发现，PBI 基 PEMFC 阴极抗击空气中硫污染物比 Nafion 基高 70 倍。

其次是容易排热。增加操作温度本身是一个优点，因为它使燃料电池与环境间有较大温差，因此容易冷却。这暗示仅需要较小或无须热交换器，所以系统更为紧凑和简单。产生的热也具有较高价值，能够用于循环加工燃料或热电联产（CHP）。但是，较高操作温度也意味着较长的启动时间和对组件更严格热和力学稳定性要求。

再次，操作温度的增加使电极动力学增强，特别是对氧还原反应（ORR）。随着温度增加氢氧化（HOR）和 ORR 电化学反应动力学都增加。从理论上讲，温度增加将增强燃料电池电化学反应的动力学参数，特别是对比较缓慢的 ORR。这也潜在地导致燃料电池系统较为简单，成本较低。然而在实际上，高温操作也有一些缺点，如因无水操作燃料电池欧姆电阻较高；因磷酸的移动性，催化剂需要较高的 Pt 负荷；较高操作温度使化学降解速率加快等。

最后，高温操作使水管理变得容易。掺杂磷酸的 PBI 聚合物电解质膜能够在无水条件下有效地传导质子。这消除了对反应物湿化的需求，简化了系统设计。不管怎样，水管理在 LT-PEMFC 系统中是一个关键问题。即便无须湿化，因液态水的存在也需要对其进行严格管理。当操作温度在水沸点温度以上时，如 HT-PEMFC 中那样，大气压下水以气态存在，这能够极大地简化燃料电池系统。

除上述优点外，高操作温度可使用非贵金属催化剂，如铁和钴，它们能够有效地用于 HT-PEMFC 中。PBI 基膜远比 Nafion 膜便宜，这两个优点使燃料电池成本大幅下降。不过因掺杂磷酸的移动性，使 PBI 基 HT-PEMFC 需较高 Pt 负荷，使这些优点大打折扣。

在 100～200℃ 的操作温度使氢气从高容量氢存储容器中脱附变得容易；在无水情况下，气体通过流动板的传输和在气体扩散层中扩散的速率会比较快，因此可以简化流动场板设计，使反应物更快达到反应活性位。

5.4.3.2　缺点

高温操作 HT-PEMFC 也存在若干挑战：首先是燃料电池及其组件的降解速率增加；其次是启动时间延长，只有温度超过水沸点，才能够避免磷酸的淋洗。

对 HT-PEMFC 与 LT-PEMFC 的优缺点，文献中进行的实验指出，结果是矛盾的。这可能是由于池堆性能中，有起更重要作用的其他因素存在，如来自不同制造者的池堆、不同的技术发展水平和不同的池堆设计和优化等。

对高温操作的改性 Nafion 复合材料膜进行的研究指出，由于这些膜需要有极端的湿化条件且操作温度必须低于 140℃。例如，对 ZrO_2-SiO_2/Nafion 聚合物复合物膜，其最好性能为 0.6V、120℃、50% RH 和 2atm 下的功率密度达 610 mW/cm^2。尽管合成了共价有机网格（COF）基结构的电解质。但在 120℃ 和完全无水下的质子电导率仅为 $5×10^{-4}$S/cm。磷酸掺杂 PBI 膜被认为是 HT-PEMFC 最有效的膜，它具有的若干特色性质使其成为优秀的聚合物电解质膜，特别是低气体渗透率和低甲醇蒸气横穿。但它有一些只有经改性才能够解决的特征，包括稳定性和有机溶剂中的溶解度和加工能力。下面重点介绍 PBI 聚合物的电解质膜。

5.4.4　PBI 聚合物膜

聚苯并咪唑（PBI）指含苯并咪唑单元的一大家族芳烃杂环聚合物。在燃料电池中使用 PBI 与高温操作 HT-PEMFC 发明路径的探索是一致的。

PBI 如今以两种方式使用。在广义上 PBI 指含苯并咪唑单元的一大类芳烃杂环聚合物，有不同结构的 PBI 能够用季铵和二酸合成数以百计的聚合物；而在狭义的特定定义中，PBI 指商标为 Celazole 的商业产品，聚 2,2′-(间亚苯基)-5,5′-二苯并咪唑（图 5-25）。考虑其结构，这个特殊 PBI 被命名为 *m*-PBI，因为亚苯基环位于间位位置。

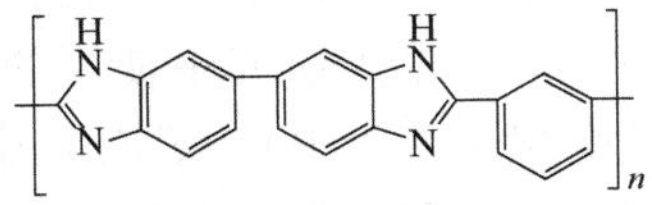

图 5-25　聚 2,2′-(间亚苯基)-5,5′-二苯并咪唑

作为一个热塑性聚合物，PBI 的芳核提供聚合物的高热稳定性（玻璃化转化温度即是聚合物从硬玻璃态材料到软的橡胶材料的过渡温度区间 T_g，T_g=425～436℃），优良的抗化学攻击阻力、刚度和韧性，但加工能力差。它主要用于纺织纤维中，聚 2,2′-(间亚苯基)-5,5′-二苯并咪唑选择作为商业产品是基于它有好的纤维性质、单体的可利用性和制纤维合适溶剂。专用聚合物 PBI 也已经被使用作为压缩制模树脂、浸渍如硫化物制备导电材料、为分离液体气体和其他目的制作薄膜及涂层。

为在燃料电池中使用，近来更多关注的是改性的聚合物结构。这些努力的一个目的是要提高其某些性质，如高分子量和溶解度以及可加工能力。这些对 PBI 膜的力学稳定性和功能化加工具有重要意义。在 PBI 结构中，N 和 NH 基团间的强键合是占优势的分子键合，导致紧密链堆砌，所以膜有好的机械强度。但掺杂高含量磷酸时其机械强度会显著降低，因聚合物骨架被分离。但是这个缺点能够使用聚四氟乙烯（PTFE）加筋或交联方法缓解。尽管 PBI 有有利的性质，但在有机溶剂中溶解度是差的，使其比较适合于在 HT-PEMFC 中作为性质增强剂使用。 PBI 有两种主要类型：对位和间位聚苯并咪唑，p-PBI 和 m-PBI。p-PBI 有非常刚性的结构，在不同溶剂［N,N-二甲基乙酰胺和 N-甲基吡咯烷酮（NMP）］中溶解度很差。m-PBI 聚合物因有与 p-PBI 类似的原因，有高的 T_g，但能够以高浓度溶解于少数非质子溶剂中如 NMP。

对 PBI 改性的另一个目的是要调节聚合物的碱性，以提高其酸碱膜性能。这些改性可使用两种方法：第一种是在聚合前使用改性过的合成单体，第二种是在反应性苯并咪唑聚合为聚合物后进行取代。

PBI 聚合物膜本身是没有质子电导率的，因此为使碱性的 PBI 有质子电导率，必须掺杂有质子电导率的酸，一般是磷酸。磷酸掺杂 PBI 膜的质子传导主要是通过 Grotthus 型跃迁机理进行的。在 Grotthus 跃迁机理中，质子是结合在质子载体（即水分子）上的，当其随载体水分子移动时会脱离水分子载体转到另一个水分子上，结合形成水合氢离子（H_3O^+），而另一个质子则为下一步输运脱离出来。对磷酸观察到的是类似的机理，在磷酸合离子 $H_4PO_4^+/H_2PO_4^-$ 间有 Grotthus 输运链。掺杂磷酸 PBI 膜的质子电导率一般要低于液体磷酸，因为聚合物截断了部分 Grotthus 输运链。对纯液体磷酸有最高的本征电导率。虽然也提出了质子电导率的解离离子输运机理（$5H_3PO_4 \rightleftharpoons 2H_4PO_4^+ + H_2PO_4^- + H_3O^+ + H_2P_2O_7^-$），但仅占总电导率的约 2.6%。因此，在低 PA 浓度时，Grotthus 跃迁机理主要在 H_3O^+ 和 H_2O 物种间进行，而高 PA 浓度时，跃迁发生于 $H_4PO_4^+$ 和 H_3PO_4 分子间的数目增加。

在 H_3PO_4/PBI 系统中的质子电导率取决于温度、磷酸掺杂量、相对湿度（RH）。但它们间的关系相当复杂。应该注意到，磷酸掺杂量增加，较高 RH 操作时，PBI 膜的机械强度降低，在燃料电池停机期间冷凝水可能会淋洗酸，使质子电导率降低。

5.4.5 酸掺杂聚苯并咪唑膜

酸碱络合是发展质子交换膜的一种有效方法。使有碱性位（如醚、亚胺、胺或酰胺基团）的聚合物与强或中等强度酸反应，碱性聚合物作为质子受体，如正常的酸碱反应和酸形成一离子对。早先研究中使用的聚合物包括聚乙二醇（PEO）、聚丙烯酰胺（PAAM）、聚乙烯基吡咯烷酮（PVP）、聚乙烯基亚胺（PEI）及其他。能够获得高电导率的似乎仅有两性酸，特别是磷酸和膦酸。

从导电机理的观点看，磷酸和膦酸是很有意思的。因为它们有更多的两性，同时含有质子授体（酸）和质子受体（碱）基团，形成动态的氢键网络，其中质子能够容易地通过氢键断裂和形成传输过程。磷酸和膦酸的其他重要特色是具有优良热稳定性和高温下的低蒸气压。

早期研究的酸聚合物组合，其质子电导率在室温下低于 0.001S/cm。当酸含量较高时，过量酸的塑性效应使聚合物成软糊状，不能够被加工成膜。当人们首次使用聚苯并咪唑（PBI）制作酸掺杂膜时，获得了突破。从那后，对磷酸掺杂 PBI 膜进行了成功的发展和系统的研究表征。第一个专利出现后，授权了许多有关 PBI 的专利。其中备受关注的是高电导率、高力学性质和优良热稳定性，在常压下温度高达 200℃。随着燃料电池和相关技术的发展，对不同的操作特色，如很低的润湿性、高 CO 耐受性、更好的热量利用和可能与燃料加工器进行了集成。对 PBI 燃料电池的传质和极化现象以及系统动态学和设计都进行了研究和模型化。

从技术应用观点看，PBI 基燃料电池似乎最适合于固定发电应用，例如，基于天然气重整和组合热电（CHP）应用。Volkswagen 已经在 2007 年的洛杉矶汽车展览会展示了一个以 PBI 池堆为电池充电器，使行驶范围延伸的混杂概念车。作为小发电单元，PBI 基燃料电池有潜力与简化的甲醇重整器或金属氢化物槽集成。此外，这个导电聚合物电解质开启了许多其他电化学应用的窗口。

5.4.6　PBI 的合成和改性

PBI 可以使用非均相熔融/固态方法用四氨基二苯基（TAB）和间苯二甲酸酯（DPIP）在

加热条件下合成，或用四氨基二苯基和间苯二甲酸一步催化合成；也可以使用均匀聚磷酸溶液热解用四氨基二苯基和间苯二甲酸合成。为了铸造 PBI 聚合物膜，要求 PBI 是高分子量聚合物，这也是为了在有较高水平酸掺杂（获得高电导率所需要的）时有高的膜力学稳定性。PBI 膜可从酸溶液直接铸造，因此高分子量 PBI 聚合物对直接铸膜过程是至关重要的。图 5-26 给出在聚磷酸（PPA）中合成 PBI 聚合物的反应式。为了达到高分子量，对合成的 PBI 必须进行改性，主要是

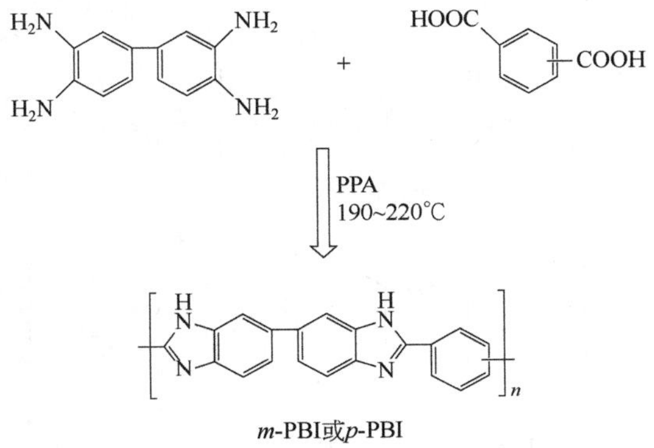

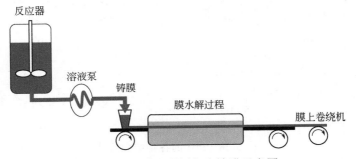

图 5-26　在 PPA 中合成 PBI 聚合物

主链结构改性（聚合时改性）和聚合后取代改性。图 5-27 中给出了 PBI 溶液制备和 PBI 膜制作的示意图，其中的水解过程中包含了聚磷酸水解成磷酸和诱导进行溶胶凝胶过程形成膜，以及所希望的化学和力学性质。

图 5-27　PBI 溶液制备和铸膜示意图

对主链改性，除使用吡啶基替代苯环获得吡啶基 PBI［吡啶-PBI，图 5-28（b）］外，还能够获得萘-PBI［图 5-28（d）］、吡啶-O-PBI［图 5-28（c）］、OO-PBI［图 5-28（e）］、OSO$_2$-PBI［图 5-28（f）］、SO$_2$-PBI［图 5-28（g）］、2OH-PBI［图 5-28（h）］、F$_6$-PBI［图 5-28（i）］、叔丁基-PBI［图 5-28（j）］、磺化萘-PBI［图 5-28（k）］和磺化-PBI［图 5-28（l）］。吡啶取代能够增加酸掺杂量，因此提高质子电导率；而醚、砜等取代一般会降低聚合物的热和氧化稳定性，但能够增加聚合物膜的溶解度和灵活性，使其能够做进一步加工、改性［交联、磺化以达到高离子交换容量（IEC）］变得比较容易获得有高力学性质的薄膜。对聚合后取代改性，使用低反应性基团，如羟乙基、烷基硫、氰乙基、苯和烷基、烯基或芳基，取代反应性高的 NH 基

团。获得的 N 取代 PBI 有高酸掺杂水平，即有高质子电导率（因聚合物碱性的增加）。但高酸掺杂水平的真实原因可能是来自简单的聚合物空间的增加或聚合物堆砌密度的改变，尤其是当引入的是甲基或乙基时。纤维型 PBI 可进行磺化改性，但效果随改性方法而异。例如，用硫酸水溶液处理，再热处理，虽然获得的是稳定化 PBI 且其磺化度高达 75%，但其质子电导率并没有提高；而用苄基磺酸盐接枝的 PBI，25℃时的质子电导率 >0.01S/cm；而用丁烷磺酸盐接枝的 PBI，160℃时有高于 0.01S/cm 的电导率（在 100℃的湿化温度下，相对湿度约 16%）。

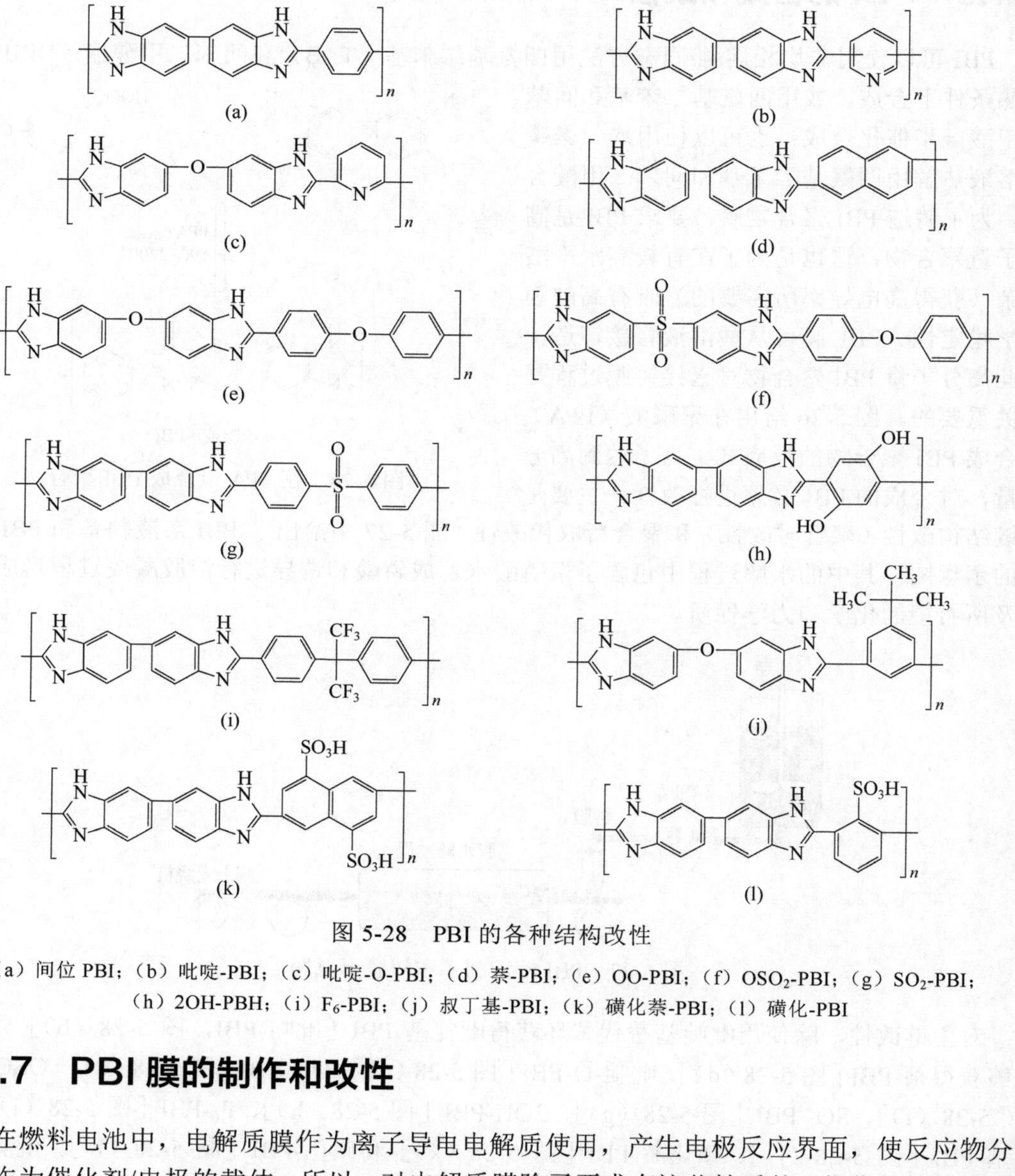

图 5-28 PBI 的各种结构改性

（a）间位 PBI；（b）吡啶-PBI；（c）吡啶-O-PBI；（d）萘-PBI；（e）OO-PBI；（f）OSO₂-PBI；（g）SO₂-PBI；
（h）2OH-PBH；（i）F₆-PBI；（j）叔丁基-PBI；（k）磺化萘-PBI；（l）磺化-PBI

5.4.7 PBI 膜的制作和改性

在燃料电池中，电解质膜作为离子导电电解质使用，产生电极反应界面，使反应物分离以及作为催化剂/电极的载体。所以，对电解质膜除了要求有这些性质外，优化气体渗透也是关键要求之一。为此，希望使用溶液铸造方法来制备致密 PBI 膜。PBI 聚合物溶解于强酸、强碱和少数几个溶剂中，因此可用溶液铸造方法来制作 PBI 膜。由于膜希望的质子电导率来自掺杂的酸，因此可在含酸溶液中直接制作，称为直接铸膜。例如，从聚磷酸（PPA）铸造的称为 PPA 铸膜，从磷酸与三氟乙酸混合物（TFA）铸造的，称为 TFA 铸膜。如果使用有机溶剂铸造的膜，则需要进一步掺杂磷酸。使用的有机溶剂一般是 N,N-二甲基乙酰胺（DMAc），因此获得的膜称为 DMAc 铸膜。

酸掺杂 PBI 膜的电导率随掺杂量的增加而增加，而机械强度则下降。因此必须优化掺杂水平，考虑这两个因素的平衡和折中。对不同的酸掺杂方法进行了探索，目的是提高 PBI 膜质子电导率而同时不牺牲其机械强度，或者在提高机械强度的同时不牺牲质子电导率。探索过的方法都是交联法，分为聚合物离子交联和聚合物共价交联。一般说来，离子交联膜在水性介质中的稳定性很差，因较高温度下离子交联键会断裂，产生不可接受的溶胀和力学不稳定性。而共价交联膜趋向于变脆，因为它们变干了。近来在离子交联掺合物中引入了共价交联剂（1,4-二碘丁烷，BID），得到的共价-离子交联膜具有高电导率（在 0.5mol/L HCl 中测量值高于 0.1S/cm）、低溶胀和好的热稳定性。

酸掺杂 PBI 膜在进一步掺杂膦酸时得到的是三元膜。与酸掺杂 PBI 膜比较，该三元膜的机械强度提高，可掺杂酸量较大，因此有高电导率和较好燃料电池性能。此时产生的问题是，酸性聚合物在高温和有掺杂剂存在时的化学稳定性差。但对新近合成的部分氟化磺化亚芳基主链聚合物，在 160℃ 的热膦酸温度下显示优良稳定性。于是 PBI 掺合膜显示优良热稳定性和抗拉稳定性。可达到的膦酸掺杂水平达 11～12，显示高质子电导率（高于 0.1S/cm）、低酸溶胀、合理的机械强度和较好的燃料电池性能。

5.4.8　PBI 膜燃料电池初步性能

虽然掺杂 PBI 膜对燃料电池应用已知是很出色的，但对 PBI/H$_3$PO$_4$ 膜的长期稳定性还没有得到很好的证明。PBI/H$_3$PO$_4$ 膜对掺杂水平是极端敏感的，但对湿度，与 Nafion 相比，是不那么敏感的。

在碱聚合物如 PBI 中的酸掺杂量一般使用每个聚合物重复单元中磷酸的摩尔分数来表示。随酸掺杂量增加，质子保持在阴离子基体支撑的咪唑位置，酸性簇间隙降低。例如，酸掺杂 PBI 膜的电导率在掺杂 45% 和 165℃ 时约为 0.046S/cm。当非常高掺杂水平（160%）时，其电导率能够高达 0.13S/cm。高温专用聚合物的重要特色是可应用于高热稳定目标和能够预测其在氧化、还原和酸性环境中的稳定性。

当磷酸掺杂的酸碱络合物 PBI 膜（PBI/H$_3$PO$_4$）在燃料电池中使用时，在 169℃ 和环境大气下操作时，其电流密度为 1.2A/cm^2 和功率密度为 0.55W/cm^2。从获得的数据可以推测：①掺杂 PBI 膜的质子电导率数据是在低于玻璃转变温度下获得的；②PBI 电解质膜上的转化有相对高的熵变化（由于 Gritthus 质子输运机理所必需的分子重排）；③在特别高温度下电极催化剂的毒物耐受性极大地增加，这与低温时是很不相同的。

5.4.9　酸碱络合物膜

磷酸掺杂的 PBI 膜是典型的酸碱络合物膜，因 PBI 是碱性很强的有机聚合物，而掺杂的磷酸是无机酸。除了这以外，酸碱络合物膜有更加广泛的意义。这些酸碱络合物膜能够在高温下保持高电导率而无须担心脱水的问题。燃料电池中应用的酸碱络合物聚合物一般是把酸组分引入到碱性聚合物中，以提高其质子电导率。但也可把碱组分引入到酸性的聚合物中。可以利用的若干酸碱络合物聚合物的化学结构给出于图 5-29 中。

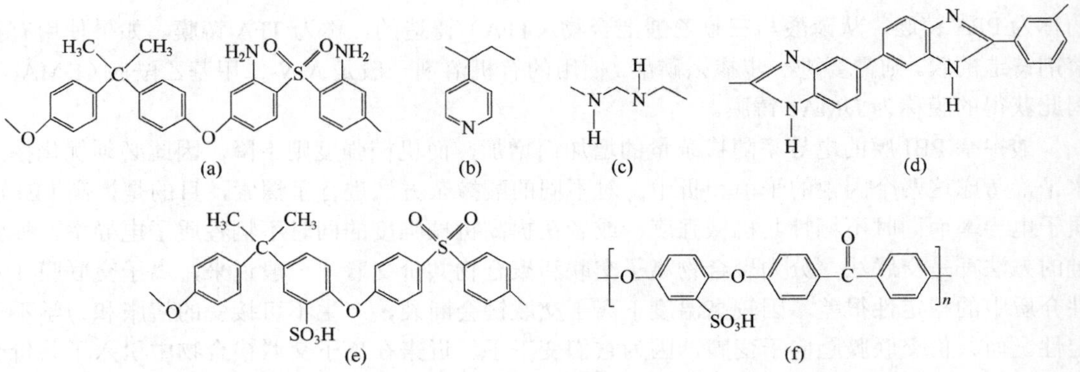

图 5-29　碱性（a）～（d）和酸性聚合物（e）和（f）的分子结构

最出色的酸碱络合物膜是前面介绍的磷酸掺杂聚苯并咪唑（PBI/H$_3$PO$_4$）聚合物膜。它在环境压力和高达 200℃下显示有优越性能。该膜的一个优点是对气体湿化没有强制性要求，这消除了 Nafion 膜所必需的复杂湿化系统。PBI 另一个优点是燃料电池中的温度和反应物（空气和燃料其气体）流速的控制是容易的。其他酸碱络合物膜是由碱性聚醚酰胺（PEI）和磺化聚合物（磺化聚酞嗪酮醚腈酮，SPPENK）或磺化聚酞嗪酮醚砜酮（SPPESK）构成的。在这些酸碱络合物膜上显示出抗氧化阻力、高热稳定性和高质子电导率、抗水解阻力和优良的抗溶胀阻力。这表明，这些酸碱络合物膜在未来的高温 PEM 膜应用中具有大的潜力。

碱性聚合物如聚乙烯氧化物（PEO）、聚乙烯亚胺（PEI）和其与强酸性聚合物如聚亚乙烯基醇（PVA）形成的络合物，显示具有高质子电导率和潜力。其中 PVA 能够应用于燃料电池，因为它有优良的力学性质、化学稳定性，低成本和可加工能力。虽然 PVA 基膜溶解于水，但不带固定电荷。为解决问题，使 PVA 与多官能团化合物交联以降低膜的溶解度。PVA/硅胶复合膜有机聚合物基体中所含磺化二氧化硅，使有机聚合物和无机材料有强的相互作用，因此混杂膜的力学性质和质子电导率有明显提高。对 DMFC 使用的 PVA/亲水 MMt（改性蒙脱土）复合膜进行的研究指出，当亲水 MMt 填充剂加到 PVA 基体中后，PVA/MMt 聚合物复合膜的溶胀比和尺寸稳定性一般都能够获得有效改进。如 PVA/10%（质量分数）MMt 聚合物复合膜在不同温度下显示有高的离子电导率。对含聚亚乙烯基醇（PVA）、磷钨酸（PWA）、3-缩水甘油氧丙基三甲氧基硅烷（GPTMS）、3-缩硫醇丙基三甲氧基硅烷（MPTMS）和戊二醛（GA）的混杂纳米酸碱复合膜进行的研究指出，燃料电池的电化学性能是稳定的。当温度从 50℃上升到 80℃时电流密度增加到 309mA/cm^2。

另外，混杂酸碱聚合物膜系列是由掺和的磺化聚 2,6-二甲基-1,4-苯烯氧化物（SPPO）和聚合物纳米纤维构成的。这类膜中的酸碱相互作用不仅增加膜热稳定性和均一性以及机械灵活性和强度，而且因离子交联使膜能够以 Grotthus 机理有效地传输质子。

对这些酸碱络合物膜进一步掺合磺化聚砜和掺杂磷酸后，在 80% 相对湿度于 160℃时观察到的电导率在 0.01S/cm 以上，而力学性质好于酸掺杂膜（在相同条件下）。SPEEK/PBI 膜由聚苯并咪唑（PBI）作为基础化合物和磺化聚醚醚酮（SPEEK）作为酸化合物构成。研究指出，该膜显示高的热稳定性（分解温度高于 270℃），在高离子交换容量时有优良的质子电导率，氢燃料电池试验证明其有好的性能。在多孔聚四氟乙烯（PTFE）膜载体上制作了磺化聚酞嗪酮醚砜酮（SPPESK）/磺苯基磷酸锆（ZrSPP）/PTFE 复合膜。该 SPPESK/ ZrSPP/PTFE

复合膜的质子电导率在 120℃有显著增加。另外，这些复合膜显示优良的甲醇阻力和高的热稳定性。基于磺化聚亚酰胺（SPI）、N-甲基咪唑四氟硼酸（MeIm-BF$_4$）和离子液体（IL），对使用于高温无水燃料电池的新型酸掺杂高传导络合物膜进行了研究。SPI 的磺酸基团和 IL 阳离子间的离子相互作用提供了高质子电导率和优良的机械热性质。该络合物膜比聚合物/IL 复合物显示更高的离子电导率（在 180℃时获得的最大质子电导率为 5.59×10^{-2}S/cm）。

就价格合理和能够达到燃料电池性能要求的膜而言，酸碱络合物聚合物可能是很有潜力的材料，因为聚合物和酸间的相互作用（氢键桥和离子交联静电力），在控制膜溶胀的同时又不降低其灵活性。因此，这些膜有高的力学灵活性和强度、好的热稳定性，而同时又有高的质子电导率、高水吸附量并降低了反应物的横穿。特别适合使用作为直接醇燃料电池中的电解质膜。

5.5　陶瓷 PEM 膜材料

聚合物膜在 PEM 市场上占有优势地位。但是，对陶瓷材料作为燃料电池质子交换电解质膜应用的兴趣也在不断增加。陶瓷 PEM 有两个重要类别：①非金属陶瓷 PEM；②水合金属氧化物/氧氢氧化物陶瓷 PEM。非金属陶瓷 PEM，如多孔二氧化硅玻璃，有高的化学和力学稳定性、低的材料成本和耐高温。但是，非金属陶瓷 PEM 的质子电导率远低于 Nafion（在 400～800℃，$10^{-6} \sim 10^{-3}$S/cm）。改进二氧化硅玻璃性能的一个可能方法是混合二氧化硅材料和含金属的酸，如十二磷钼酸（MPA，$H_3Mo_{12}PO_{40} \cdot 29H_2O$）；十二磷钨酸（MPA，$H_3W_{12}PO_{40} \cdot 29H_2O$）和单十一钨钴铝酸 [undeca- tungsto- cobalto-aluminic acid，$H_7Al(H_2O)CoW_{11}O_{39} \cdot 14H_2O$]。

另外，金属氧化物陶瓷膜主要被用于固体氧化物燃料电池（SOFC）中，O^{2-}是膜中重要的传输离子。但是，如果金属氧化物能够制造成使其表面有高水吸收容量，则它将有可能变成 PEMFC 电解质的好候选者。对各种金属氧化物和金属氧氢氧化物，包括 TiO_2，Al_2O_3，$BaZrO_3$ 和 FeOOH 进行的研究已经发现，在不同湿度下它们有传导质子的能力。类似于二氧化硅玻璃，TiO_2 和 Al_2O_3 的最大质子电导率，在 97%相对湿度时为 1.1×10^{-3}S/cm，在 81%相对湿度时为 5.5×10^{-4}S/cm，显然这比 Nafion 小一个数量级。与 TiO_2 和 Al_2O_3 比较，FeOOH 的质子电导率要高得多，甚至高于 Nafion。下面对 FeOOH 的质子传导机理、纳米尺度 FeOOH 的制备和 FeOOH 的详细质子电导率分别做一些介绍。

在 FeOOH 陶瓷膜中，主要有两类质子传导路径：①材料表面上羟基的传导；②在材料表面上吸附水的传导。在低湿度时，在表面上很少或没有吸附水，质子主要由化学吸附羟基层传导（路径 1）。特别地，通过羟基解离质子将"搭乘（hop）"在邻接的氧化物基团上。化学吸附羟基层不受相对湿度变化的影响，但是在高温下它们能够被移去。在高湿度下，完整的物理吸附水层覆盖材料的表面，质子将主要通过物理吸附水层进行传导（路径2）。特别地，自由质子首先与水分子组合形成一个 H_3O^+，然后 H_3O^+在物理吸附水层释放质子给近邻的水分子，离子化过程产生另一个 H_3O^+，称为 Grotthuss 扩散（图 5-30）。

溶胶凝胶过程是制备具有纳米大小孔陶

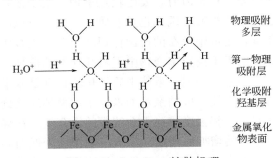

图 5-30　Grotthuss 扩散机理

瓷薄膜的传统方法。然而，对 FeOOH 陶瓷，广泛使用的制备方法是制备粗 FeOOH 粒子（常常是纤铁矿），再与羧酸反应生成纳米大小二茂铁（ferrocene，羧酸盐-FeOOH）陶瓷。二茂铁陶瓷膜的一个缺点是，在低相对湿度时质子电导率变得很低，由于存在有乙酸基团。虽然纤铁矿的粒子大小在制备过程中已经被极大降低，使用乙酸将乙酸基团引入到材料表面上。当有乙酸基团存在时，物理吸附水中的质子传输被掩蔽，质子电导率下降。为把陶瓷膜表面的乙酸基团移去，需要进行烧结。在中等温度（300℃）烧结若干小时后，膜质子电导率增加，因移去了乙酸基团。

　　陶瓷膜的优点：优良的热和化学稳定性，这使膜能够在高温下使用；低材料成本和高质子电导率。研究证明，二茂铁绿体（没有烧结）的质子电导率在58%相对湿度时为 $6×10^{-5}$S/cm；在 100%相对湿度（RH）时质子电导率为 $4.51×10^{-3}$S/cm；在300℃烧结后的二茂铁在33%RH 时的质子电导率为 $1.29×10^{-2}$S/cm，室温 100%RH 时为 $2.65×10^{-2}$S/cm，这远高于 Nafion，特别是当 RH 低时。有意思的是，纤铁矿（β-相 FeOOH）衍生二茂铁的质子电导率远高于针铁矿（α-相 FeOOH）衍生的二茂铁。这是由于衍生的二茂铁的比表面积（$d_{平均-纤}$=60.24nm 和 $d_{平均-针}$=234.01nm）和表面羟基基团（—OH）密度较高。另外，二茂铁陶瓷膜可作为直接甲醇燃料电池应用的候选者，因为陶瓷膜甲醇渗透率极低，仅为 Nafion 的 16%。但是，二茂铁陶瓷膜的延展性和抗压阻力比较差。它们是十分脆的和容易破碎成非常小的碎片，因为这些膜的前身物纤铁矿的力学性质非常差。与其他普通材料比较，纤铁矿的硬度也是非常低的（5GPa），而氧化铝有 20.6GPa，α-二氧化硅有 30.4GPa。所以，要从二茂铁纳米颗粒烧制陶瓷膜是困难的，而在 PEMFC 应用中需要有大面积的陶瓷膜。而且，二茂铁基膜与普遍使用于燃料电池中的电极可能是不兼容的。

5.6　PEM 中的质子传导机理

　　质子导体是 PEMFC 的基础，因此 PEM 具有高质子电导率和高电流密度是必须的，这些都发生于电解质膜中。在水合聚合物基体中的质子传输主要按两种基本机理进行（图 5-31）："跳跃（或跃迁）机理"和"输运（或车辆）"机理。更进一步的深入研究指出，质子的传输离不开水的存在。也就是在本体水中的质子扩散可以有两种不同机理：①车辆扩散即水合离子的移动（车辆输运机理，图 5-32）；②结构或 Grotthuss 扩散机理（图 5-30）。前者质子从含质子物种如 H^+ 和 H_3O^+，甚至 NH_4^+，跳跃到邻近另一个可接受质子的物种；后者质子从一个水合离子跳到邻近的水分子（跳跃传输机理）。当水合质子通过水性介质或其他液体因电化学位差进行扩散时，发生输运机理。质子把它们自身连接到"车辆"活性位如水上，"车辆"通过介质扩散，因此也带着质子扩散。所以，该机理中的质子传输速率与"车辆"扩散速率和聚合物链中存在的自由体积（它允许水合质子通过膜传输）有很强的函数关系。这个模型能够应用于决定聚合物中无机添加剂的选择，以使高温和低湿度下得到比纯聚合物更高的质子电导率。在混杂系统中质子传输机理是基于无机和有机相间界面的表面和化学性质。磺酸基体离子簇构成的亲水纳米粒子被循环连接到聚合物膜憎水区域中的通道网络。另外，离子簇的大小和强度取决于系统中的水含量。在湿化条件下离子簇大小增加时，质子电导率随相对湿度的增加而增加。簇大小随湿度降低而降低。因此在聚合物中，传输性质由受水限制程度（大小效应）和与酸性官能团的相互作用决定。水分子与酸性官能团的相互作用使氢键中的质子向着酸性阴离子极化，即氢键在这个环境中变成是偏向一边的，而在本体水分子上它们是平均对称的。这会增加活化能和降低质子移动性。但是，在高水合水平，水合水分子性质接近于本体水分子。　对聚合物膜的要求（燃料电池应用）是：①在低水合水平时高质子电导率（水合水平或长度状态，用 λ 表示，定义为每个离子基团 SO_3^- 结合的水分子数目）；②热、力学和化学稳定性；③在长期操作条件下的耐用性；④低成本。

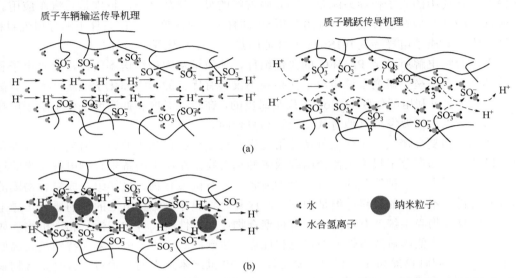

图 5-31　在原始膜（a）和聚合物/纳米粒子复合物膜（b）中的车辆输运传导机理和跳跃传导机理示意图

图 5-32　车辆输运机理的示意说明

5.7　复合物质子交换膜

5.7.1　引言

前已指出，为使聚合物达到高质子电导率，最常用的方法是对聚合物进行高度的磺化。但是随着聚合物磺化程度的增加，聚合物膜会过度溶胀，导致膜力学稳定性和耐用性大幅降低。高度磺化的大多数烃类基膜，其热、力学和化学稳定性要低于 Nafion 膜，因 Nafion 存在有强的碳氟键。这说明，通过添加磺酸来增加烃类聚合物膜质子电导率是受限制的。于是，为了在不影响聚合物膜力学和化学稳定性条件下增加质子电导率，研究者提出了使用复合物膜的新方法。

为介绍聚合物复合物膜材料，对聚合物电解质膜的特性有必要说明如下几点：①膜的机械强度随条件改变而变化，如含水量升高、离子交换基团浓度提高和操作温度增加，聚合物膜的机械强度一般下降；②虽然膜厚度降低有利于减小阻力，但气体渗透性也增加；③试验证明，材料中无机离子（Na^+、Ni^{2+}、Cr^{3+}、Fe^{3+}）含量增加可能会使离子交换膜含水率和离子电导率下降。所有高性能 PEM 必须具有若干关键的共同性质，它们是：高质子电导率、低电子电导率、燃料和氧化剂低渗透率、低反扩散和电渗透的水传输、氧化和水解稳定性、在干燥和水合状态下好的力学稳定性、成本低、相对容易烧制到 MEA 中。由于在聚合物电解质膜中有很大部分是吸附着的水分，其力学稳定性和水传输成为关键事情。设计发明在很少或没有水环境中的质子传导系统是发展新膜材料的最大挑战之一，特别是对汽车应用。美国能源部（DOE）现在已经建立在 120℃和 50%RH（相对湿度）操作条件下的导引性目标，主要针对膜，其质子电导率为 0.1S/cm 和合适的热、力学和化学稳定性。

由于聚合物电解质膜是 PEMFC 的关键组件，使质子从阳极输送到阴极，而对电子和燃料传输则是一个壁垒。研究者希望离子交换膜不仅具有优良的力学和化学性质，而且有高质子电导率。商业可利用氟化膜 Nafion 系列是昂贵的，在较高温度和低湿度条件下质子电导率是很低的。所以，需要发展其他替代交换膜和复合膜。

所谓聚合物复合物膜，实际上就是使用无机有机复合材料制成的膜。而复合（或混合）材料可以被定义为在分子尺度上掺合两种或多种化合物。在用于制备聚合物电解质膜的这些复合材料中，至少有一种掺和的无机化合物或者一种有机聚合物。虽然组合成复合物膜的无机和有机材料并不是新的材料，但是把它们制成复合物膜作为燃料电池的新的质子传导电解质时，这些复合物膜系统就有可能组合有机聚合物（如电性质、可加工性）和无机物（如热和化学稳定性，降低燃料渗透性）的特色和优点，达到提高膜质子电导率（特别是高温低湿化水平）目的的同时也提高化学和力学稳定性。在 20 世纪末期人们开始对聚合物复合物膜材料，特别是无机-有机复合物膜进行了广泛深入的研究，并吸引了巨大注意。各种类型的 PEM 研究在前面已经做了较为详细的介绍。本节专门讨论复合膜。

能够作为燃料电池电解质使用的复合膜有若干类型：有机-无机复合膜、有机-有机掺合膜和酸碱复合膜。文献已经对复合物膜进行了总结，列举于表 5-4 中。可以看出，复合膜研究的重点是有机-无机复合膜，如表 5-4 中总结的复合膜研究绝大多数是针对无机-有机复合膜展开的。而对酸碱掺合膜前面也已经做了简要的讨论。

进行膜材料复合是为了克服膜基体的某一个或几个不足之处。例如，含金属氧化物如 SiO_2 的聚合物复合膜使水吸附量增加、改进水保留性质和提高质子电导率，因为引入了无机基体亲水区域和聚合物无机物的相互作用。因此掺杂无机氧化物不仅提高质子电导率而且也降低了燃料渗透率。又如，固体杂多酸（HPA）掺杂的聚合物膜创生出独特的离子结构如 Keggin 阴离子，它与复合膜中的水能够形成氢键而使水保留。所以，复合膜能够显示出改进的力学性质和高温时的高质子电导率。有机聚合物能够与不同类型无机材料复合形成复合膜，与纯聚合物膜相比，一般也显示有改进的燃料电池性能。

但是，复合膜在燃料电池商业化方面也要受到一些限制。虽然对复合膜进行了广泛的研究，但仍然存在一些缺点和需要进一步解决的问题。例如，在操作期间无机材料会从聚合物膜中剥离出来、无机填充剂分散性不够好、与催化剂层混溶等。所以，为了获得有希望性能的聚合物复合膜或混杂膜，复合膜需要满足如下条件：①水合状态和中等温度下（约 80～120℃）膜有足够的机械强度和尺寸稳定性；②高温时膜有高的水保留能力和高质子电导率；③需要为聚合物选择合适的无机填充剂，在膜中必须有好的分散性；④选用合适的复合膜制备方法，使膜材料获得无机材料理想性质；⑤提高有机基体和无机相间的化学相互作用。

虽然获得合适聚合物复合物的设计是可能的，但是制备的复合物膜必须经长期稳定性试验验证和有更好电性质如复合物电解质膜应有更高电流密度。

表 5-4　聚合物复合物膜总结

复合膜			试验条件	评述		燃料电池类型
聚合物	无机填充剂	填充剂含量（质量分数）/%	温度/℃	电导率/(S/cm)	醇渗透率/(cm²/s)	
Nafion	方沸石	15	80	0.4373	—	PEMFC
Nafion	八面沸石	15	90	0.2803	—	PEMFC
Nafion	黏土	—	环境	0.01	$(1.0\sim2.2)\times10^{-6}$	DMFC
Nafion	黏土	—	—	—	—	PEMFC
Nafion	合成锂皂石-p-苯乙烯磺酸盐	—	85	0.0499	—	PEMFC
Nafion	MWCNT-g-聚苯胺-共-DABSA	—	—	—	—	DMFC
Nafion	TNT	0.5	26	0.072	2×10^{-8}	DMFC
Nafion	MWCNT（CNT）	—	—	—	—	PEMFC
Nafion	MWCNT（CNT）	5	环境	0.00367	—	PEMFC
Nafion	Fe_2O_3-SiO_4^{2-}	5	室温	0.013	1.63×10^{-6}	DMFC
Nafion	Pt-石墨烯氧化物	4.5	80	—	—	PEMFC
Nafion	合成锂皂石-p-苯乙烯磺酸	—	90	0.11	—	PEMFC
Nafion	微孔 Engehard 硅酸钛	10	20	0.0091	0.78×10^{-6}	DMFC
Nafion	蒙脱土（MMT）	5	—	—	—	PEMFC
Nafion	Cs-HPA	—		0.036	0.97×10^{-6}	DMFC
Nafion	三辛基膦（TOP）Pd	—	80	0.061	9.454×10^{-5}	DMFC
Nafion	Pd-SiO_2	3	室温	0.1292	8.36×10^{-7}	DMFC
Nafion	ODF-二氧化硅	10	室温	0.049	—	PEMFC
Nafion	介孔苯基氧化硅	3	室温	0.0129	—	PEMFC
Nafion	HPSSs	30	115	0.16	—	PEMFC
Nafion	介孔氧化硅（KIT-6）	—	—	—	—	PEMFC
Nafion	THSPSA（3-羟硅烷基）（丙烷-1-硫酸）	12	30	0.098	7.2×10^{-7}	PEMFC
Nafion	SiO_2-PWA	15	90	0.0285	—	PEMFC
Nafion	Pd-SiO_2 纤维	—	室温	0.092	—	DMFC
Nafion	磺化有机硅树枝状聚合物	10	50	0.053	—	PEMFC
Nafion	TiO_2	—	100	0.005	—	PEMFC
Nafion	SnO_2	10	100	0.12	—	DMFC
Nafion	TiO_2 纳米线	5	90	0.121	—	PEMFC
Nafion	TiO_2	3	25	0.41	—	PEMFC
Nafion	TiO_2-RSO_3H	10	140	0.08	0.75×10^{-7}	PEMFC
Nafion	ZrP	7.8	60	0.0084	—	PEMFC
Nafion	GLY/ZrP/PTFE	—	20	$0.02\sim0.045$	—	PEMFC
Nafion	ZrP	6	30	0.01	—	DMFC
Nafion	ZrP_{exf}	1	40	0.13	2.5×10^{-7}	DMFC
Nafion	CeO_2^{-}	—	60	0.018	—	PEMFC
Nafion	PVA-f	—	70	0.011	2.83×10^{-6}	DMFC

复合膜			试验条件 温度/℃	评述		燃料电池 类型
聚合物	无机填充剂	填充剂含量（质量分数）/%		电导率/(S/cm)	醇渗透率/(cm²/s)	
Nafion	SGO（磺化石墨烯氧化物）	0.05	30	0.0363	$8.84×10^{-8}$	DMFC
Nafion	TiO₂	5	60	0.121	—	PEMFC
Nafion	八面沸石	—	25	0.13	—	DMFC
PBI	p-CNT	—	160	0.11	—	PEMFC
PBI	HMI-Tf	—	250	0.016	—	PEMFC
PBI	MWNT-咪唑	0.3	160	0.043	—	PEMFC
AB-PBI	POSS	—	120～160	>0.1	—	PEMFC
PBI	SiWA	40	150	0.1774	—	PEMFC
PBI	SAPO	—	200	0.032	—	PEMFC
AB PBI	二氧化硅（MIL）	10	150	0.0674	—	PEMFC
PBI	SiO₂	—	—	—	—	AFC
PBI	TiO₂	—	175	0.1	—	PEMFC
PBI	NaY（钠型 Y 沸石）	3	200	0.054	—	
SPBI	ZrP	—	180	0.08	—	PEMFC
AB PBI	ZrO₂	10	100	0.069	—	PEMFC
S-PEEK	镁碱沸石	20	27	0.043	$6.053×10^{-6}$	DMFC
EVOH	s-MPOs	40	80	0.00167	—	PEMFC
SPPESK	ZrSPP/PTFE	ZrSPP（10）	120	0.24	$1.27×10^{-8}$	DMFC
S-SEBS	有机黏土（Na⁺黏土）	—	室温	0.142	$6.2×10^{-7}$	DMFC
PBI	s-MPOs	1	80	0.21	—	PEMFC
PBI	TiO₂	2	—	—	—	PEMFC
PI	PWA	—	—	—	$3.4×10^{-7}$	DMFC
SPI	SMSNs（二氧化硅）	—	—	—	$5.23×10^{-6}$	DMFC
SPSf	SiO₂-S	—	60	0.037	—	DMFC
QPSf	ZrO₂	10	—	0.0151	—	AFC
PE	SiO₂	35	160	0.033	—	PAFC
PTFE	SPSU-BP/SMMT	—	25	0.028	—	PEMFC
PTFE	ZrP₂O₇ · xHPO₃	—	180	>0.1	—	PEMFC
QPVA	Al₂O₃	10	30	0.035	—	AFC
s-PVA	s-MWNTs	20	60	0.075	$3.32×10^{-9}$	DMFC
PVA	MWCNT	—	—	—	$2.99×10^{-7}$	AFC
PVA	STA-GO	GO（0.5）	35	0.072	—	MFC
PVA	MMT/PSSA	20	30	0.00669	$4.86×10^{-7}$	DMFC
PVA	PWA/GPTMS/MPTMS /P₂O₅/GA	5/15/10/10/10	140	0.025	—	PEMFC
PVA	PSSA-g-SN	5	室温	0.0104	—	PEMFC
PVA	SiO₂	10	30	0.035	$5.81×10^{-7}$	碱 DMFC
PVA	PAMPS/GPTMS	SSA（20）	30	0.0295	$1.98×10^{-7}$	DMFC
PVA	SSA/SOBS	SSA（7）SOBS（30）	—	0.039	$5×10^{-7}$	DMFC

续表

| 复合膜 | | | 试验条件 | 评述 | | 燃料电池 |
聚合物	无机填充剂	填充剂含量（质量分数）/%	温度/℃	电导率/(S/cm)	醇渗透率/(cm²/s)	类型
PVdF	PWA	12.8	30	0.0003	—	PEMFC
QPAES	纳米 ZrO₂	7.5	60	0.0304	—	AFC
QPSf	TiO₂	10	21	0.1252	—	PEMFC
SPEA	HNT	1	80	0.237	—	PEMFC
SPEA	CNT	0.2	80	0.252	—	PEMFC
SPEA	合成锂皂石-SO₃H	1	25	0.05	—	DMFC
SPEA	改性 PWA	1	—	—	—	PEMFC
SPEA	PWA-二氧化硅	0.2～0.8	—	—	—	PEMFC
SPEA	PSS-g-SiO₂	10	—	0.06	—	PEMFC
SPEA	SiO₂	10	—	—	—	DMFC
SPEA	硅胶-磷酸盐	—	120	0.0296	—	PEMFC
SPEA	SiO₂	—	—	—	—	PEMFC
SPEA	SMMT（Na⁺）	2	25	0.291	3.8×10⁻⁸	DMFC
SPEA	磺化沸石	5	120	0.03	—	PEMFC
交联 SPEA	硅胶	10	—	—	—	PEMFC
SPEEK	MMT	1	25	0.0173	2.05×10⁻⁷	DMFC
SPEEK	SSi-GO	5	65	0.16	0.83×10⁻⁶	DMFC
SPEEK	BMIM/PA	—	160	0.02	—	PEMFC
SPEEK	PASCs	15	40	0.0142	—	PEMFC
SPEEK	MMT/STA	1/0.5	室温	0.00608	3.94×10⁻⁷	DMFC
SPEEK	IMCs-HPW	15	室温	0.0316	1.66×10⁻⁶	DMFC
SPEEK	POSS	—	30	0.0182	6.3×10⁻⁸	DMFC
SPEEK	POSS	2	90	0.0045	4×10⁻⁷	DMFC
SPEEK	TPS	5	60	0.057	3.8×10⁻⁷	DMFC
SPEEK	SiWA/SiO₂/Al₂O₃	70/25/75	室温	0.047	8.0×10⁻⁷	DMFC
SPEEK	PPOSS	2	100	0.047	—	PEMFC
SPEEK	sMBS	10	80	0.00129	—	DMFC
SPEEK	Nafion/SiO₂	88.2/4.7	90	0.077	—	PEMFC
SPEEK	SSA	5	80	0.13	—	PEMFC
SPEEK	有机黏土 15A（黏土）/TAP	2.5/5	室温	0.00163	1.3×10⁻⁹	DMFC
SPEEK	硅胶	10	室温	0.0444	—	PEMFC
SPEEK	OMB	15	80	0.079	5×10⁻⁷	PEMFC
SPEEK	气溶胶 380（硅胶）	—	—	—	—	PEMFC
SPEEK	sMBS（二氧化硅）	20	80	0.0234	—	PEMFC
SPEEK	TNS	1.67	140	0.0414	—	PEMFC
SPEEK	β-沸石	—	60	0.19	—	PEMFC
SPEEK	ZTP	15	室温	0.06	9×10⁻⁷	DMFC
SPEEK	ZPMA	10	室温	0.18	6×10⁻⁷	DMFC
SPEEK	ZrP-NS	—	150	0.079	—	PEMFC

续表

复合膜		填充剂含量（质量分数）/%	试验条件温度/℃	评述		燃料电池类型
聚合物	无机填充剂			电导率/(S/cm)	醇渗透率/(cm²/s)	
SPEEK	BuMeImBF₄（离子液体）	—	170	0.0104	—	PEMFC
SPES	BPO₄	40	室温	0.022	—	PEMFC
SPES	s-MWNTs（CNT）	5	80	0.0070788	9.1008×10⁻¹⁰	DMFC
SPES	PWA/AT	10	80	0.047	2.55×10⁻⁷	DMFC
SPES	SPESQa/ZrSO₄	—	—	0.0318	—	PEMFC
SPSF	TPA	8	80	0.0597	—	PEMFC
SPEEK	AlPO₄	—	—	0.00003	—	PEMFC
SPEKS	ZrP	20	120	0.093	—	PEMFC
SPEEK	有机黏土 15A（黏土）/TAP	2.5/5	60	0.0471	5.2×10⁻⁷	DMFC
SPAES N	硅酸盐	—	30	0.12	—	PEMFC
ESF-BP	PWS	—	室温	0.128	—	PEMFC
SPPESK	CTAB-MMT	4	80	0.143	—	DMFC
SPPESK	ZrSPP	30	120	0.392	—	DMFC
SPI	离子液体	—	180	0.059	—	PEMFC
SPI	APTES/S-mSiO₂	3	60	0.184	4.68×10⁻⁶	DMFC
SPAES	sPOSS	40	30	0.094	—	PEMFC
SPPSU	sPOSS	20	室温	0.071	—	PEMFC
SPSf	TiO₂	—	90	0.098	—	PEMFC
SPPES	ZrSPP	10	120	0.39	—	DMFC

5.7.2 聚合物复合物膜的概念和设计

聚合物复合物膜（polymer composite membrane），也称为传导质子的混合基体膜（proton conducting mixed matrix membrane，PC-MMM），由嵌入了功能粒子的聚合物膜构成。通常以聚合物作为连续相（为保持膜的灵活性）、无机粒子作为分散相，该设计是为了增强聚合物复合物膜的热和电化学性质。如图 5-33 所示，复合物膜可按照无机粒子分布性质及其与聚合物相的相互作用分为三类：①理想体系，无机粒子均匀无缺陷地分布在聚合物基体中；②两相体系，无机相有缺陷地分布在聚合物基体中，产生界面空隙、孔阻塞或刚性化；③多组分体系，由含界面缺陷的聚合物-聚合物-无机或聚合物-无机-无机相构成。

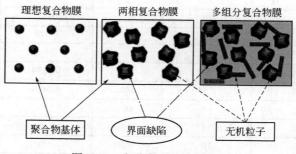

图 5-33　复合物的不同体系

由于聚合物复合物膜的平台技术性质，可以把不同类型功能粒子加入到聚合物基体中。对所加粒子可进行选择以适合于所希望的应用，这个特征使聚合物复合物膜具有解决 PEM 的挑战和满足需要的特征的独特的性质。聚合物复合物膜的形貌特征是指界面形貌和粒子分散，如图 5-34 所示。界面形貌决定总的化学和力学性质，而粒子分散支配组分特征优化和掌控膜质子电导率、水吸附量和燃料渗透间的协同。复合膜组分的表面界面有三类界面形貌：界面空隙、聚合物链层刚性化和孔阻塞区域（见图 5-34）。界面形貌（缺陷、空隙、聚集）是差的聚合物-无机相黏附、无机粒子大小和形状、聚合物链移动性、制备工艺和组分性质（如聚合物和无机粒子热膨胀系数）的直接结果。一般说来，聚合物和无机粒子的界面黏附差，是因为聚合物和无机材料的表面性质本质上是不同的。如无机材料与聚合物比较，有大的比表面积；磺化聚合物比无机材料有较高的亲水表面。于是聚合物和无机材料间的相互作用能够诱导排斥力，促进界面空隙的形成。在一些情形中，界面空隙对实际应用是有用的，如离子扩散、膜水合或分离。例如，较小直径界面空隙（比甲醇分子小）有利于阻塞甲醇分子的扩散而仅允许质子通过。克服复合膜中产生界面空隙的策略有：以它们的性质和兼容性仔细选择起始材料，混合组分有机改性或引入偶合试剂，以诱导强的化学相互作用，以及选择合适溶剂和工艺条件优化（如膜在聚合物玻璃转变温度以上烧制）过的制备工艺。聚合物链层的刚性化受聚合物链移动性影响，使用塑性剂松弛聚合物链或利用高骨架链的移动性（如硅基聚合物）使组分塑性化进而避免刚性化。烧制聚合物复合物膜的另外一个关键挑战是，因聚合物链的装配和移动引起的孔阻塞。通过引入偶合试剂（建立无机和聚合物相间的桥接）或在组分上连接功能基团进行交联能够避免孔阻塞。粒子分散在优化聚合物复合物膜电化学特性中起着关键作用。虽然必须均匀地在聚合物基体中分布粒子才能够获得优化利益（综合聚合物基体和有机相两者的优点），但要达到粒子精细分散和产生紧凑形貌是困难的，因为组分的化学和尺寸结构是不同的。如图 5-34 所示，聚合物复合物膜中的粒子可以在聚合物基体中

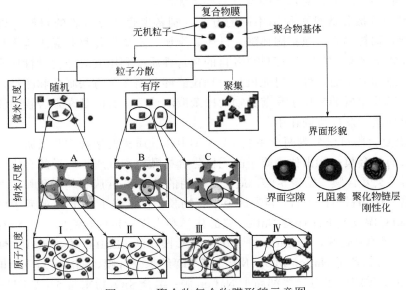

图 5-34　聚合物复合物膜形貌示意图

A—无机粒子分散在亲水区域；B—无机粒子嵌在憎水区域；C—无机粒子分散在亲水和憎水区域；
Ⅰ—无机聚合物相的无机粒子嵌入；Ⅱ—通过化学相互作用无机粒子黏附到聚合物上；Ⅲ—与聚合物
链连接的无机粒子与离子传导聚合物链循环渗透；Ⅳ—双无机、聚合物相

随机分布，也可以有序图景或聚集体形式分布。当粒子含量达到"渗透阈值"的最大密度时，进一步增加粒子含量会导致无机相的聚集，影响膜性能。例如，已经观察到加入达 10%的硅胶到 Nafion 基体中能够提高电化学性能，但超过该值，膜性能反而低于未处理的 Nafion 膜。又如，磷酸锆（ZrP）含量达 20%能够提高高温（130℃）时 Nafion 膜的性能，但当 ZrP 含量增加到 21%时膜水吸附量降低。类似的现象在其他方面也有报道。

如图 5-34 所示，基于 PEM 形貌性质，无机粒子可分布在离子簇区域、憎水区域或亲水和憎水两个区域。为同时获得无机和聚合物的优点，最基本的是要对粒子负荷进行优化。首先要优化粒子分散，在原子水平上研究区分出四类聚合物复合物膜中的粒子分散，如图 5-34 所示。也就是说可以按照复合物材料中有机-无机分子键合强弱来分类。

第一类（情形Ⅰ）由嵌入聚合物基体中的无机粒子构成，物理相互作用差或者粒子仅悬浮在离子簇中。其有机和无机组分间是弱键合的。这类离子分散常常出现于把金属磷酸盐、杂多酸或金属氧化物分布于聚合物基体中时。粒子分散的第二类（情形Ⅱ）由通过聚合物和无机材料间反应性基团诱导的强共价键或化学相互作用连接到聚合物相的无机粒子构成。第三类（情形Ⅲ）由与传导离子聚合物链相互渗透的聚合物链连接的无机粒子构成。粒子分散的最后一类（情形Ⅳ）是无机-聚合物的双相，通常在介孔无机材料制备中出现。

已经观察到，ZrP 含量低于 10%的 Nafion 膜其性能的提高明显，膜的特征类似于未改性的 Nafion 膜，而 ZrP 含量高于 20%，膜特征消失。最显著的提高发生于 ZrP 含量在 10%~20%范围。也已经注意到，3%~5%的硅胶负荷能够降低甲醇横穿，而高硅胶含量对甲醇横穿仅有小的影响。使用 CNT 掺杂的膜，含量在阈值点以上时显示有电子电导率，这是燃料电池应用很不希望有的特征。相反，当嵌入含量低于 1%CNT 时，Nafion 膜的机械强度显著增加。上述说明，粒子分散的控制对优化聚合物复合膜的性能是根本性的。影响粒子分散的主要因素包括：①粒子尺寸，如大小、形状和孔隙率；②粒子表面化学，如极性和反应性；③烧制参数，如溶剂和加工温度。对这些因素是需要考虑的。

组分材料的分散和改性可使用不同的方法。制备聚合物复合膜的材料可以是多种形式的，如前身物和颗粒物质，包括固体酸、硅胶、金属、金属氧化物和黏土等无机物以及多种聚合物（包括聚合物掺合物），发挥材料各自的独特性质并利用其表面化学性质来获得好的电导率和优良的热和力学稳定性。对无机材料颗粒能够利用多种方法制备和改性，如胶体化学法、化学合成以及无机纳米粒子和前身物的掺杂或渗透等，目的是在聚合物中添加需要的功能离子提高电性质，发挥协同作用。

无机-有机复合膜可以分为两个主要范畴：①由传导质子的聚合物和低质子传导的无机化合物粒子构成的复合膜；②由传导质子的无机化合物颗粒和低质子传导的有机聚合物构成的复合膜。对第一类复合膜（见表 5-4），最广泛应用的是 Nafion 膜材料和无机固体酸、二氧化硅材料或金属氧化物材料的组合，因为这个复合物膜不仅增强了 Nafion 的质子电导率而且在高温低 RH（相对湿度）下能保持 Nafion 膜的化学和力学稳定性。例如，把 Nafion 与杂多酸（HPA）组合得到的复合膜，在 1atm 和 110~115℃操作的 PEMFC 中显示好的性能；又如为高温 PEMFC 应用制备了 Nafion-MO$_2$（M=Zr 或 Ti）纳米复合膜、Nafion-ZrO$_2$ 和 Nafion-TiO$_2$ 复合膜，在 120℃时的质子电导率都高于 Nafion 膜；组合 SiO$_2$ 粉末与 5%（质量分数）Nafion 溶液和磷钨酸合成的复合膜，高温和低 RH 下的质子电导率是有可行的：高 RH 时的质子电导率类似于 Nafion，而低 RH 时则远高于 Nafion 115 的质子电导率。对第二类复合物膜，最有代表性的是前面已经叙述过的掺杂磷酸的聚苯并咪唑掺合膜（磷酸-PBI 酸碱膜）。由磺化聚亚芳基醚砜和 PTA（磷钨酸，$H_3PW_{12}O_{40} \cdot nH_2O$）组合制备的聚合物复合膜，在 100～130℃温度范围显示的质子电导率高达 0.15S/cm，高于纯 Nafion 的电导率。由高质子电导率二茂铁纳米粒子和有好的力学性质的聚乙二醇（PVA）组合制备的聚合物复合膜，在 PEMFC 系统中显示有一定的应用潜力。因为复合膜具备了 PVA 聚合物优点：高度耐酸、碱和有机试剂，生产成本较低，有很好的力学性质，同时显示二茂铁纳米的高质子电导率。在中等和高 RH 下，这个膜的质子电导率与 Nafion 膜是可比较的，但在低 RH（≤58%）下质子电导率是低的，不过力学抗拉性能优于 Nafion（该复合膜的最大断裂强度为 60.56 MPa，而 Nafion 仅为 18.02MPa）。

5.7.3　聚合物复合物膜的材料

聚合物复合物膜起始材料的仔细选择是成功制作复合物膜的关键步骤。使用的聚合物和无机材料性质特征（弹性、热力学行为和工艺条件）是多种多样且非常不同的，这使制备复合物膜变得困难。因此，优化混合组分兼容性和界面相互作用时必须非常仔细。

5.7.3.1　聚合物基体

聚合物化学结构影响其大多数电化学性质。聚合物结构-性质关系的深入了解能够帮助我们预测复合物膜的最后性质。聚合物材料的一般特征是它们的极性（憎水或亲水）、玻璃转变温度、热行为和溶解度。操作参数很强地影响大多数聚合物材料的性质。基于它们的热行为，聚合物材料被分为三类：热塑性、热固性和橡胶聚合物。在 PEM 中优先选用玻璃态热塑性聚合物，因为它们有优良的成膜能力、灵活性（弹性）和热稳定性。原则上讲，非离子传导聚合物材料在其聚合物链上需要连接磺酸基团，经浓硫酸直接磺化，在聚合物合成期间提高质子电导率。在磺化热塑性聚合物中，PFSI 显示优良的电化学性质和化学稳定性，但这些聚合物的高成本已经刺激人们发展无氟结构的新化合物。在无氟聚合物中，高性能芳烃聚合物[如聚芳基醚砜（PAES）、聚芳基醚酮（PEEK）、聚亚苯基氧化物（PPO）、聚酰亚胺（PI）和聚苯并咪唑（PBI）]的特征具有吸引力，如容易改性、高氧化稳定性、高热稳定性和成膜能力。这些聚合物的分子结构式和优缺点总结于表 5-5 中。

表 5-5　传导质子聚合物的结构和特征

聚合物结构	优点	缺点
全氟化磺化离子交联聚合物（PFSI） $\left[CF_2{-}CF_2 \right]_x \left[CF{-}CF_2 \right]_y$ $O\left[CF_2{-}CF_2{-}O \right]_m CF_2{-}CF_2{-}n SO_3H$ Nafion, $x=5 \sim 13.5$, $y=1$, $m=1$, $n=2$; Flemion, $x=6 \sim 7$, $m=0.1$, $n=1 \sim 5$; Dow, $x=3.6 \sim 10$, $m=0$, $n=2$; Aciplex, $x=1.5 \sim 14$, $m=0$, $n=2 \sim 5$	优越质子电导率，好的稳定性和耐用性	最佳操作温度低于 80℃，其性能高度依赖于水，高燃料渗透率，高成本
磺化聚芳基醚（SPAKE） 磺化聚芳基醚醚酮（SPEEK） Z=—C(O)—，X=—O—，M=—C(CH$_3$)$_2$— 磺化聚芳基醚酮（SPES） Z=—S(O)$_2$—，X=—O—，M=—S(O)$_2$—	优越的热稳定性，对氧化和水解高抗击阻力，高质子电导率	质子电导率对磺化长度高度依赖，高磺化时过度溶胀，差的耐用性

聚合物结构	优点	缺点
磺化聚 2,6-二甲基-1,4-苯基氧化物（SPPO） 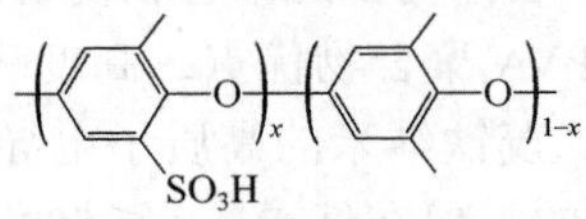 （结构式，含 SO₃H 基团）	优越的热稳定性，高质子电导率，高水吸附量，低成本	高质子电导率对高水含量高度依赖，高溶胀
磺化聚酰亚胺（SPI） 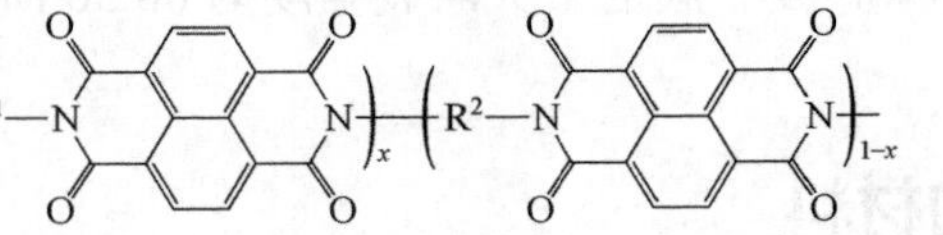 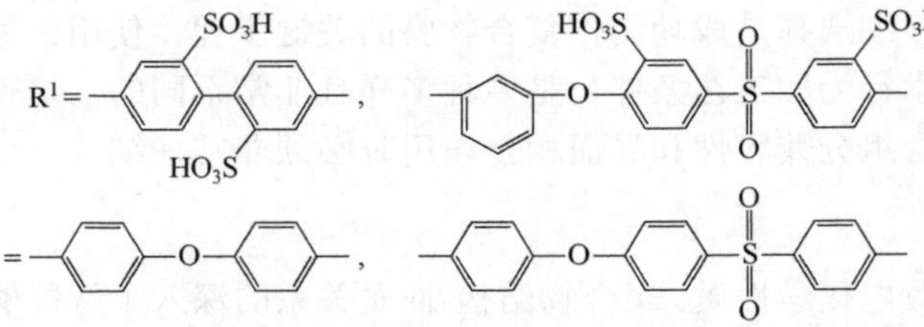 （结构式，R¹、R² 基团如下图所示）	优越的力学和热稳定性，好的质子电导率	在水中高溶解度，燃料有高渗透率
聚苯并咪唑（PBI） 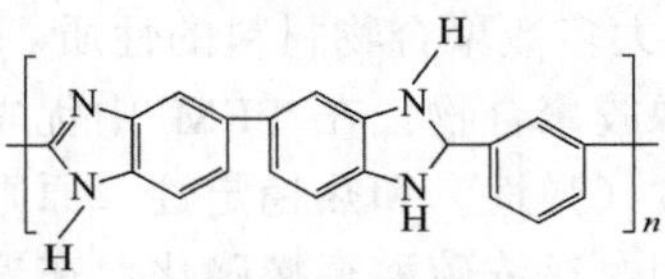 （结构式）	优越的热稳定性；高玻璃转变温度，约 425～436℃，高温（>150℃）好电导率	差质子电导率脆性

聚合物等当重量（EW）影响膜的最后特征，如保水容量和溶胀。聚合物水吸附量随 EW 的下降而增加，这是由于有高密度磺酸基团或高离子交换容量（IEC）。但是，高磺酸基团密度会导致膜过度溶胀。对复合物膜制备，用低 EW 聚合物可得到较高性能的膜。吸湿性无机粒子的存在增加膜的水吸附量和限制膜的溶胀。因此，要仔细控制聚合物的 EW 以优化希望的电化学性质、加工条件和膜最后的耐用性。聚合物的分子量决定聚合物的大多数性质，包括加工行为、形貌、极性和热性质。聚合物热力学和加工条件，如黏度、溶解度玻璃转变温度和膜形貌都与分子量有关。已经发现，高玻璃转变温度的粒子交联聚合物能够改进膜-活性层界面的稳定性，特别是在高温时。通过控制分子量能够使高 IEC 值和高力学稳定性间有好的一致性，这是提高氢燃料电池和 DMFC 性能的一个可行方法。尽管为发展 PEM 做了巨大努力，但今天有关分子量的多数研究仍是理论性的而不是实用性的，因为使用传统方法〔如胶渗色谱（GPC）、大小排斥色谱（SEC）或 MALDI-TOF〕表征酸聚合物分子量是困难的。聚合物结构对膜的热稳定性是关键性的，特别是传导离子的膜。例如，已发现高温时憎水骨架比酸性聚合物骨架更抗水合质子的攻击。宽离子通道聚合物的形貌对定制复合物膜是有益的，因为它们容易充填能传导质子的无机粒子。另外，离子簇尺寸影响粒子负荷和复合物膜的形成。如图 5-35 所示，将嵌段或支链化聚合物制备的膜与非线型聚合物膜比较，发现亲水基团和憎水骨架间显示较大纳米相分离（大离子通道）。

中等黏度聚合物容易接纳无机填充物。由于它们的结构，嵌段共聚物组合了弹性和刚性的优点，倾向于增强聚合物基体与无机相在线型聚合物上的黏附。影响复合物制作的另一个关键因素是聚合物溶解度。聚合物必须显示好的溶解度，特别是在高沸点溶剂中，如 NMP、DMF、DMSO 和 DMAc，以形成好的膜和促进纳米相分离，因溶剂慢慢蒸发允许聚合物链进行重组。聚合物加工本征黏度是影响无机相聚集的另一个关键因素。

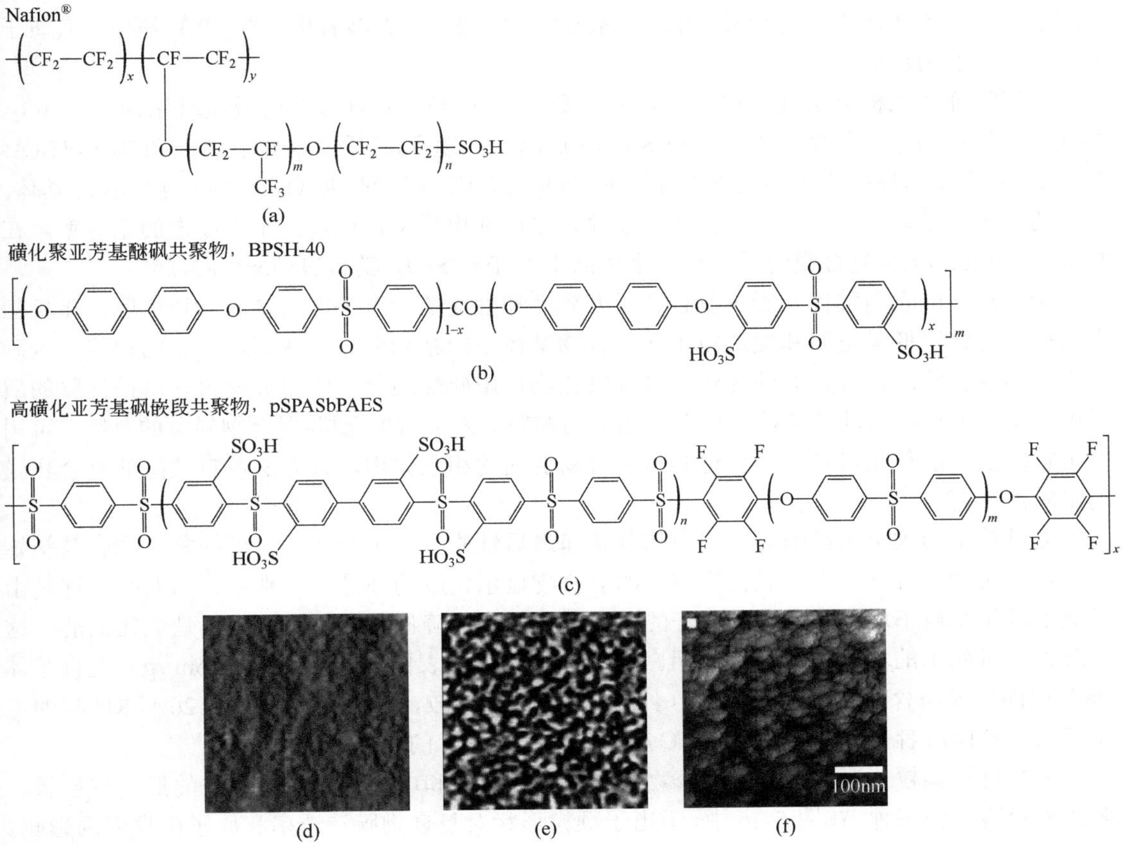

图 5-35　Nafion、磺化聚亚芳基醚砜共聚物和嵌段共聚物的化学结构和它们的 AFM 轻敲模式相照片

聚合物链的移动性导致弹性膜，为高质子电导率保持了足够的水。嵌段共聚物比线型聚合物更倾向于刚性和韧性，显示出优良的质子电导率，因为共聚物产生了有利的纳米相分离，得到宽且很好连接的亲水通道。嵌段或支链共聚物能够填充更多无机相，但它们加重膜的弹性。复合物膜共聚物基体的发展解决了线型聚合物面对的若干挑战。在线型聚合物选择共聚物时应该考虑所有上述的因素，以使定制的复合物膜有希望的特征和目标应用。

5.7.3.2　无机材料

无机相的选择应该考虑如下准则：①吸湿能力；②比表面积；③表面酸性；④与聚合物相的兼容性。用于制作聚合物复合物膜的无机材料主要有：①吸湿材料，如金属氧化物（SiO_2、TiO_2、Al_2O_3、ZrO_2、SnO_2）、黏土（如蒙脱土，MMT）、层状硅酸盐和钙钛矿；②本征质子导体，如金属氧化物（ZrO_2、SnO_2）、杂多酸（HPA）、金属磷酸盐和氢式盐类（$MHXO_4$）；③多孔材料，包括多孔硅胶、沸石和金属有机网格（MOF）。硅胶是最广泛研究的无机材料，因为种类丰富、容易制备和有多种晶型（多态性）。

使用吸湿材料的主要目的是，提高膜在高温时的水吸附和自湿化能力。金属氧化物中的自由体积可供应和存储水分子，它们能够强化膜的热稳定性。吸湿材料对膜质子电导率的影响随聚合物基体而变，但对多数情形，吸湿材料的加入增加膜水吸附量、机械强度和热稳定性。最广泛使用的吸湿材料，如金属氧化物，是很差的质子导体，但其质子电导率随温度或湿度增加而增加（促进了跳跃机理的质子传输）。例如，含吸湿氧化物的 PBI 基体，其质子电导率随温度增加而提高。

金属特征对无机金属氧化物的性能是至关重要的。高电负性金属的吸湿氧化物，如 ZrO_2、SnO_2，有高的质子电导率。例如，对 $SnO_2 \cdot nH_2O$，观察到其质子电导率优于 $ZrO_2 \cdot nH_2O$；含 SnO_2 复合膜的性能优于相同操作温度的 TiO_2 复合膜。浸渍有 $RuO_2 \cdot nH_2O$ 的 Nafion 基体，其膜的质子电导率受到影响，因为降低了穿过平面的电导率，但增加了平面内的电导率。在高温下 Nafion/ZrO_2 复合膜的质子电导率要高于 Nafion/SiO_2 膜和 Nafion/TiO_2 膜。

无机粒子的表面酸性是影响复合物膜兼容性和性能的一个关键因素。已经证明，无机相表面酸性能够降低膜电阻和促进粒子在聚合物基体中的精细分布，从而影响膜的性能。为确保用吸湿氧化物改性 PEM 的优化，吸湿氧化物可用硫酸酸化形成超酸材料，以提高膜的质子电导率、水吸附量以及颗粒与聚合物相间的黏附。为了增加无机-聚合物界面的黏附，可用有机官能团功能化无机粒子，促进其与聚合物链间的相互作用。该方法可有效降低复合物膜的甲醇渗透。

无机粒子的大小也影响复合物膜的制备和最后性质。含不同尺寸粒子的复合物膜与初始聚合物膜比较，含纳米大小氧化物粒子的复合物显示优越的性能，特别是在高温时。这是由于纳米氧化物粒子增加了保持水分子的容量。粒子大小降低与比表面积增加是成比例的，这涉及到无机粒子的相互作用和水吸附。已经证明，高比表面积 TiO_2（约 $16m^2/g$）混合基体 Nafion/TiO_2 膜与含低比表面积 TiO_2（约 $3m^2/g$）的膜比较，在 60℃、0.6V、26 % RH 时的电流密度前者比后者高 1.7 倍。在 120℃，电流密度是后者的 4 倍。

无机材料颗粒的形状也影响复合物膜的气体渗透率和电导率。无机颗粒的形状有层状、多孔和紧凑结构三种。在图 5-36 中，示出了颗粒形状对复合物膜渗透率和质子电导率的影响。有高纵横比的多孔 MCM-41，显示高的质子电导率，而层状硅酸盐极大地降低了甲醇横穿。然而本体氧化硅却惊人地增加甲醇渗透率，这是由于与 SPEEK 间差的黏附。

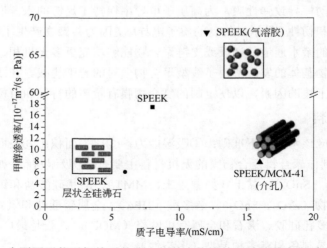

图 5-36 含不同形状无机粒子的聚合物复合物膜的甲醇渗透率和质子电导率

　　层状无机材料（如黏土和硅酸盐）的本征质子电导率很差，但能够有效地降低燃料气体渗透率和增强力学和热稳定性。另外，层状材料能够改变聚合物基体亲水通道构型，使其非常有利于质子传输，这是由于降低了曲折度并促进了质子移动性。层状材料是便宜的，在自然界的储量是丰富的。沸石层状材料显示有高选择性，与层状硅酸盐相比，其比表面积-体积比高。因此，层状沸石材料（作为无机相）受到了很多关注，可为 DMFC 应用制作复合物膜。

　　由于独特的高表面积-体积比，多孔材料吸引了不同学科的研究人员。在 PEMFC 中，可使用多孔材料制作薄的质子传导膜和聚合物复合物膜，用以增强界面相互作用（热稳定性）、水吸附、质子电导率和降低燃料横穿。多孔材料的另一个应用是燃料电池电极催化剂和 MEA 装配体。与其他无机粒子填充剂比较，由介孔无机填充剂和离子传导聚合物构成的复合物膜显示出优越的结构整体性、热和化学稳定性。多孔材料的高纵横比对高温高质子电导率和水保留很有利，多孔材料的结构可以用酸基团（如—SO_3H、—PO_3H_2 或—$COOH$）功能化，在质子传导材料中创生出稳定和独特浓密的酸部位。而且能够调节这些材料的孔直径和孔体积，在阻塞燃料气体扩散的同时保持或增加聚合物基体的质子电导率。例如，制备了有高电导率（25℃、20%RH 时为 0.0054S/cm）的孔直径为 2.2～3.9nm 的有序功能化介孔氧化硅。又如，分散在 Nafion 基体中的多孔层状硅酸铝，使甲醇渗透路径弯曲，阻止了甲醇横穿的同时保持了原有的质子电导率。

　　金属有机网格（MOF）是一类有异常高表面积和孔尺寸稳定性的多孔材料，具有优良的结构整体性。如图 5-37 所示，MOF 的结构和高比表面积与其他无机材料是不同的。MOF 中的孔因由不同金属形成各种有机网格，这不同于其他多孔材料，因此可以做选择以满足目标应用的要求。已经制备出能够传导质子的 MOF（PC-MOF），质子电导率大约在 0.0001～0.001S/cm 范围。但是，PC-MOF 在水中有高的溶解度，这限制它们在湿条件下的应用。水不溶 PC-MOF 被认为是能够满足现有膜存在的挑战的，特别是在高温时操作的膜。

　　碳基先进材料（一类无机粒子）在复合物膜制作和性能中起重要作用。碳基先进材料包括碳纳米管（CNT）、石墨烯氧化物（GO）、富勒烯和碳分子筛（介孔碳）。对聚合物复合物膜来说，它们是有吸引力的，因为具有如下特征：优良的热和力学稳定性、低气体渗透率、便宜。与其他单独无机材料膜比较，具有高的膜灵活性，能够形成有优越尺寸和化学稳定性的极端薄的膜。碳材料的独特优点是它们的生物兼容性和高抗化学阻力。多孔碳在水解条件下也比其他多孔材料抗结构变化。碳填充剂容易进行改性，可制作希望应用的材料且没有牺牲孔结构的整体性。CNT 和碳分子筛是多孔碳填充剂的例子。遗憾的是，碳材料的主要问题是其高的电子电导率（因碳原子间存在 π 共价成键），这与 PEM 的需求相悖。因此，碳材料表面必须改性以防止电子传导。氧化石墨烯（GO）具有独特的绝缘体容量和好的电子性质，已经被用于制作功能化 GO（F-GO），断绝电子传导的同时具有高质子传导能力。GO 的高比表面积和独特结构使其能够保留相当数量的水并为质子移动性提供传输通道。

　　无机质子导体，如 HPA 和金属磷酸盐，对高质子电导率聚合物复合物膜的制作具有相当的重要性。HPA 是一类无机质子导体，在中等温度时有高质子电导率。已经揭示，在 SPEEK 中加入 HPA 能够提高膜的质子电导率和性能（从环境温度直至温度高于 100℃）。加入 HPA 的复合膜性能的增加可作如下解释：质子电导率的提高是由于在水介质中杂多酸质子很容易解离。含 HPA 复合物面对的关键挑战是，在湿性条件下操作，复合物膜中的粒子容易被淋洗，

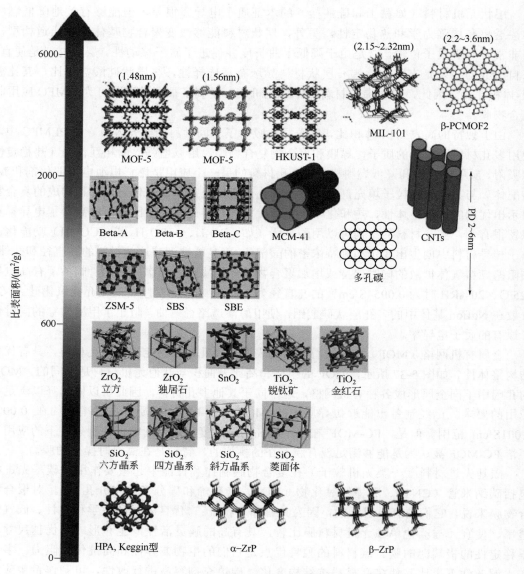

图 5-37　不同无机材料的晶体结构和比表面积

因为 HPA 在水中有高溶解性。为此，引入了新一类三相复合物膜，用金属氧化物稳定 HPA，以支持或把 HPA 捕集在传导聚合物中。HPA 中的中心原子应该仔细选择，以避免增加膜电阻和中毒 MEA 催化剂层。另外，对水不溶质子导体——金属磷酸盐进行了考察，以便应用于高温改性聚合物基体，目的是利用这些材料的高质子电导率。

　　对聚合物复合物膜制作可以选用的无机填充剂是大量的。无机组分的选择应该考虑粒子表面积、大小、形状和表面酸性等因素。图 5-37 总结不同无机材料晶体结构和比表面积。多孔无机材料的比表面积比本体材料大，而纳米大小粒子的比表面积高于微米大小粒子的比表面积。从目标应用和总材料成本方面考虑（包括材料制备），起始组分的选择应该首先了解组分的本征性质、它们的兼容性、界面相互作用形貌和希望的特征。

5.7.4　有机-无机纳米复合物 PEM 的制备

无机粒子有形成聚集体的倾向，特别是很细的粒子。除了无机粒子本身有聚集倾向外，在制作复合物时主要是组分间不同性质和它们在加工条件下的行为阻碍了无缺陷和均匀膜的制作。复合物 PEM［也称为质子导体混合基体膜（PC-MMM）］应该显示各向同性和占有无机和有机相的各自的优点。粒子分散是确保复合膜各向同性的最主要因素，而界面形貌控制两相间的协同。为获得混合基体的协同效应，最基本的是要优化粒子分散和增加界面黏附。制备技术和工艺的仔细选择、操纵和控制，是制备具有希望性质膜的关键。在制作复合膜过程中，为防止粒子聚集和控制界面形貌，提出了不同的策略和技术，包括浸润（渗透）、重铸和电纺。图 5-38 是制备 PC-MMM 的工艺方块图。可使用常规混合方法优化，如超声和球磨，以增加在混合溶液中的分散。为增加界面黏附，无机粒子可用有机官能团改性，以创生聚合物和无机相间的强共价键合或经缩聚反应形成链的纠缠，该策略称为溶胶凝胶工艺，适合于组合浸润或重铸技术。在溶胶凝胶工艺中使用的有机改性无机粒子可以是"前身物"或"金属烷氧化物"。

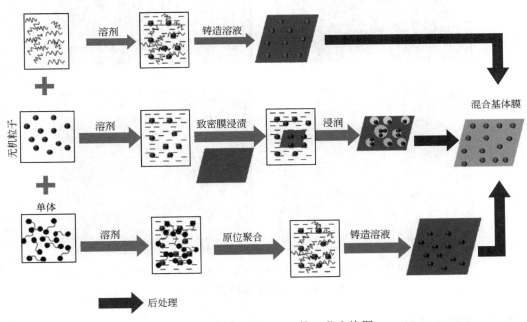

图 5-38　制备 PC-MMM 的工艺方块图

初始的溶胶凝胶过程用于制备无机材料，如玻璃和陶瓷，是一个无机物聚合过程。溶胶凝胶的低温加工为裁剪和很好控制有机-无机混杂材料提供非常独特的机会。

5.7.4.1　掺杂和渗透（浸润）制作质子导体混合基体膜

浸润是简单、低成本的方法，仅需要预制作离子交联聚合物膜在含无机粒子溶液中浸泡溶胀，该过程中无机粒子迁移进入离子交联聚合物膜的亲水区域中（图 5-39）。合适的膜必须含有溶剂化亲水通道或离子簇（其尺寸有利于无机粒子进入）。浸润后，无机粒子必须经加热或退火稳定化，再使用加热、辐射或化学接枝改性，达到与聚合物基体的共价键合。该方法的挑战是粒子容易被淋洗掉，因为与聚合物相缺乏强相互作用。为此，提出使用组合方法：有机改性无机粒子浸润聚合物，接着产生与聚合物强的共价键合。如利用 PFSI 的纳米相分离形貌，用正硅酸乙酯的溶胶凝胶反应制作 PC-MMM，在相边界表面黏附氧化硅，因此不改变膜的相分离形貌。其他方法，如静电相互作用和原位聚合，也被用于稳定亲水通道中的无机相。浸润方法是一种避免在界面形成空隙的有效方法，能够压制甲醇横穿。另外，用本征质子导体浸润使其与离子簇紧密连接创生出合适的质子路径，便于质子传输（即便在高温下）。该技术面对的挑战是难以控制离子簇的分布。另一个关键挑战是会降低膜的质子电导率，因无机粒子阻塞亲水通道和质子传输路径。

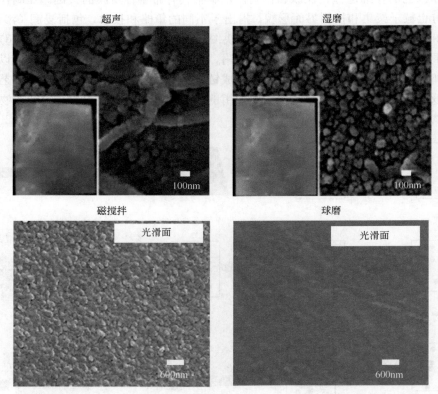

图 5-39　使用超声和湿磨制备的复合物 SPAE/SiO$_2$ 膜和磁搅拌与球磨制备的
SPES-SiO$_2$ 混合膜 SEM 照片比较

5.7.4.2　重铸或掺合

重铸方法为制备薄膜提供独特的优点，工艺参数容易优化。重铸的主要要求是，起始材料在溶剂中很好地溶解以确保无机粒子的初级分散。表面不兼容性或聚合物链移动性引起粒子聚集，用掺合和溶胶凝胶的组合可压制聚集。该路线的使用很广泛，因为它不仅能够在亲水区域并合无机相，而且也能够在聚合物基体憎水部分并合无机相，确保了膜的热和力学稳定性。结合溶胶凝胶工艺的重铸方法，在 SPES 基体中分散硅胶粒子，含量可达 30%。在重铸方法中控制无机粒子含量是简单的。例如，在 SPEEK 基体中分散了大于 50%氧化锡（SnO$_2$·H$_2$O）；在 SPBI 基体中分散了大于 15%的硅胶粒子；在 Nafion 基体中氧化锆粒子的高分散能够优化达到 20%。在优化无机粒子负荷和控制粒子在聚合物基体中均匀分散方面，重铸是非常有力的方法。例如，使用原位溶胶凝胶工艺，在 SPEEK 基体中分散和控制氧化钛金属网格；也提出了四丁基锆酸盐经原位水解的重铸和溶胶凝胶工艺的组合方法，用以降低氧化锆粒子和 Nafion 基体间的界面电阻。为增加离子在铸造溶液中的分散，广泛使用超声混合技术。例如，使用超声在 PBI DMAc 中分散磺化硅胶粒子，接着经溶液铸造获得强化了组分界面兼容性的高分散 MMM（PC-MMM）。用湿磨混合方法把硅胶分散在 SPAES 基体中，并与超声混合方法做比较。从结果观察到，湿球磨提高氧化硅粒子的分散高于超声方法。用湿球磨制备的膜与超声方法制备的膜比较显示，前者有高选择性。可能是由于无机粒子的均匀分布降低了曲折性和甲醇横穿。从球磨速度和时间对无机粒子在 SPES 基体中分散的影响观察到，高球磨速度和长球磨时间获得的是各向同性透明的膜。图 5-39 的 SEM 照片，比较了用磁搅拌、超声和球磨制备的膜。

5.7.4.3　溶胶凝胶法

对制备有机-无机纳米复合物的溶胶凝胶法，已经进行了广泛研究，因为它具有低温和环境友好的特点。对溶胶凝胶反应，聚合有机分子官能团改进键合，并创生出组合有机和无机组分性质的类乳相。很有必要掌握有关使用溶胶凝胶反应制备材料及其性质的基本知识。在近二三十年中，对溶胶凝胶化学反应机理的了解已经取得巨大进展。但简要介绍制备有机-无机纳米复合材料的溶胶凝胶化学基本知识仍然是有用的。溶胶是胶态粒子在液体中的分散体。凝胶可以分类为：①有序的无机物和有机物的层状结构，如有机聚倍半硅氧烷；②共价无序聚合物网络；③物理聚集形成的聚合物网络；④无序结构的无机和有机网络。溶胶凝胶反应含有两个串行步骤：金属烷氧化物水解产生羟基，羟基缩聚形成三维网络（图 5-40）。

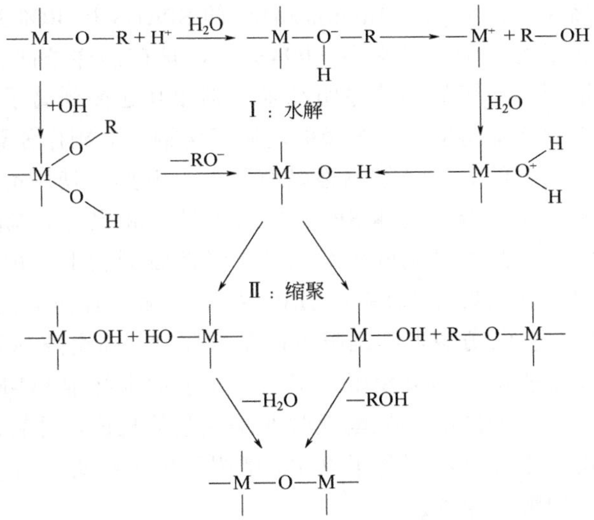

溶胶凝胶过程一般从烷氧化物前身物 $M(OR)_n$ [M 是网络形成元素：Si、Ti、Zr、Al、B 等，R 是烷基（C_xH_{2x+1}）] 和水-低分子量溶剂中开始。在水解和缩聚反应中，产生的低分子量副产物（醇或水）

图 5-40　金属烷氧化物溶胶凝胶反应过程步骤

（图 5-40）必须移去，在溶胶凝胶过程期间发生缩聚。水解和缩聚都是亲核取代过程，分三个步骤：亲核加成、过渡态内的质子转移、质子化物种的移去。对非硅酸盐金属烷氧化物水解和缩聚无须催化剂就能够进行，而对硅基金属烷氧化物则需要酸或碱催化剂。胶体的结构和形貌很强地取决于催化剂性质（反应的 pH）。许多因素影响水解和缩聚反应的动力学，包括水-硅烷比、催化剂、温度和溶剂性质。产生聚合物-硅胶混杂材料的溶胶凝胶过程包括：在预形成有机聚合物时原位生产无机网格和同时生成有机聚合物和 MO_2，形成 IPN（相互渗透）网络。这些复合材料有广泛的应用领域，特别是传统复合材料不那么好用的领域。虽然溶胶凝胶混杂产品现在的商业应用相对较小，但对新技术发展是可行和重要的。

5.7.4.4 静电纺

静电纺是能够生产三维网格电纺纤维的简单和低成本的方法，它们中的孔相互连接，有高孔隙率和高比表面积。对燃料电池的聚合物电解质膜、电池、分离和燃料存储领域具有很大的吸引力。静电纺纳米纤维有高溶剂吸附量和优良机械强度。在燃料电池 PEM 制备中，静电纺被使用于制作离子交联聚合物基体的静电纺纳米纤维，如 Nafion、SPEEK、SPAES、SPPO、SPI、SPEEK、壳聚糖和纳米纤维复合物。Nafion-纳米纤维的制作是在有负载惰性聚合物存在（浓度范围 15%～30%）下实现的，用它创生出能够进行静电纺的体系。非离子传导聚合物的存在（如 PAA 或 PEO）降低 Nafion 基静电纺膜的酸基团浓度，也降低质子电导率。但静电纺膜的平面内质子电导率并不降低，因为传导离子聚合物膜未做处理。图 5-41 显示静电纺技术装置示意图、静电纺产品中的质子传导机理和静电纺纤维膜的 SEM 照片。用 SPPO 和 BPPO 的非氟化纳米纤维制作了多孔膜垫，它们之间有高亲和力，由于 SPPO 和 BPPO 骨架的化学类似性。为克服惰性聚合物对电导率的影响，可以把吸湿性质子导体固体氧化物纤维（s-POSS 和 s-ZrO$_2$）加入到离子传导聚合物基体中。例如，制作了组成为 60%PFSI、5%PAA 和 35%磺化 POSS（SPOSS）的混合基体膜，获得的纳米纤维膜显示的质子电导率有提高，比未处理 Nafion 在 120℃、90%RH 时高 2.4 倍，在 20%RH 时提高 3.5 倍。由有 2.1mmol/g IEC 的 SPAES 和 40% SPOSS 组成的质子导体 MMM（PC-MMM），显示的质子电导率为 0.094S/cm，是在同样条件 30℃和 80%RH 下 Nafion 电导率的 2.4 倍。把固体质子导体静电纺纳米纤维相互连接到离子簇以及聚合物-无机表面界面后发现，它们影响静电纺纳米纤维膜的高质子传输。对制作使聚合物和无机相界面黏附增强的 PC-MMM，使用连续无机纤维网格是有利的。例如，使用静电纺制作强筋多孔复合膜，使用覆盖有纳米编织聚合物基体 SPI 的吸湿型硅胶和聚对亚苯基二酰胺（PPTA）静电纺，接着用 SPAES 浸渍。紧密堆砌硅胶纳米粒子经溶胶凝胶工艺相互连接，应用了有机硅氧烷［如 3-三羟基甲硅基丙烷-1-硫酸（THSPSA）、3-缩水甘油氧丙基三甲氧基硅烷（GPTMS）］间的缩合反应。静电纺纳米纤维膜可以是低厚度、高空隙率和对水溶胀质子传导聚合物有强亲和力的。使用静电纺和溶胶凝胶工艺制作了纳米纤维 PC-MMM，由用有机硅烷（GPTMS）和正磷酸混合物浸渍的 3-聚酰亚胺非编织基体构成，目的是使 PEM 能够在高温和低湿度下操作。使用静电纺方法制备了以 Pd 增强的纳米纤维混合基体 Nafion-SiO$_2$，用以获得有高电导率和低甲醇横穿的膜。

5.7.4.5 其他混合（自组装）方法

自组装有机-无机纳米复合物由分散的纳米尺度有机和无机组分构成，它们以非共价相互作用自发地组合起来。这些纳米复合材料显示令人感兴趣的性质，因为有纳米尺度组成相、高界面面积和协同性质。一种非常有用的称为层-层自组装的技术已经应用于制备复合物体系。该方法利用了沉积相反电荷组分间的静电相互作用。

非水解溶胶凝胶法也能够制备复合物材料，在非水条件下"金属"氯化物与氧授体如烷氧化物、醚、醇等间的反应，形成无机氧化物和烷基氯化物副产物。控制非水解反应的电子因素不同于水解溶胶凝胶反应。人们一般认为非水解溶胶凝胶反应的机理是：通过氧授体与氯化物的中心金属原子配位，碳氧键断裂（不同于水解过程发生的金属氧键断裂）。该过程需要重点考虑的是金属反应性的差别，如硅和过渡金属。

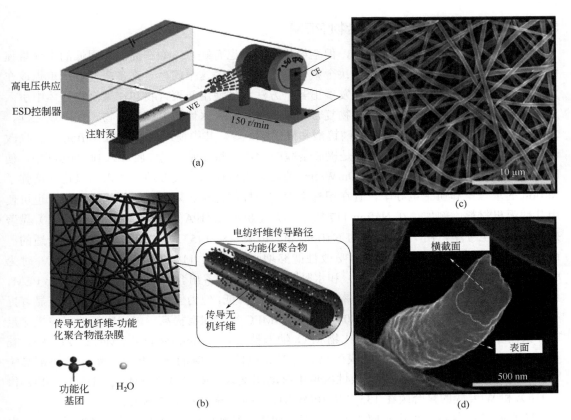

图 5-41　静电纺技术实验装置示意图（a）；静电纺纤维质子传导路径（b）；
电纺纤维膜 SEM 照片［（c）和（d）］

5.7.5　不同类型聚合物复合物膜

研究人员为设计和发展有机-无机纳米复合物 PEM 进行了广泛的研究努力，发展出多种有机-无机复合物膜，表 5-4 给出了聚合物复合物膜的一个总结。在燃料电池应用中的聚合物复合膜，按照所用聚合物类型可以分为四类：①全氟化聚合物复合膜；②酸碱基聚合物络合物基有机-无机纳米复合物；③部分氟化聚合物复合膜；④非氟化芳烃聚合物基有机-无机纳米复合物。最后一类包括多种复合物膜：聚苯乙烯基（PS）复合物 PEM、聚醚醚酮基（PEK）复合物 PEM、聚醚砜基（PES）复合物 PEM、聚苯并咪唑（PBI）复合物 PEM、聚咪唑（PI）和聚醚咪唑基（PEI）复合物 PEM、壳聚糖基（PC）复合物 PEM。按照聚合物复合物膜中所含无机填充剂类别性质分类，则可以分为：①含金属氧化物的聚合物复合物膜，Nafion/金属氧化物复合物膜、磺化芳烃聚合物/金属氧化物复合物膜；②含金属磷酸盐的聚合物复合物膜；③含磷硅酸盐的聚合物复合物膜；④含多孔无机材料的聚合物复合物膜，含沸石的聚合物复合物膜、含介孔无机材料的聚合物复合物、含层状无机材料的聚合物复合物膜、复合材料 PEM 含活性炭（多孔炭）的聚合物复合物膜、含有机金属网络的聚合物复合物；⑤含现金碳材料聚合物复合物，含 CNT 聚合物复合物膜，含 GO 聚合物复合物膜；⑥多组分聚合物复合物膜。

下面按聚合物分类的复合物膜进行介绍以了解聚合物复合物膜发展状态的概况。由于第二类酸碱复合物膜在前面已经讨论过，这里只讨论第一、第三和第四类复合膜。

5.7.5.1 全氟化有机-无机复合物 PEM

虽然全氟化聚合物有不少优点，但全氟化聚合物也有缺点，如在高温下因低的水含量使燃料传输和质子电导率损失。为解决全氟化聚合物材料的这个问题，许多研究者把重点放在发展和制作高性能替代膜上。研究发展出若干方法，如使用新聚合物和在聚合物基体中引入无机材料填充剂。改性全氟化聚合物复合物膜一般含有亲水性的金属氧化物，如二氧化硅、二氧化钛、二氧化锆和杂多酸（如磷钨酸和硅钨酸）等。其中使用最普遍的 Nafion 聚合物改性材料是二氧化硅无机材料，目标是提高基膜的稳定性和性能。把硅胶加入到 Nafion 中，使制作的 DMFC 能够在 145℃ 以 240mW/cm^2 的功率密度操作。类似地，加入二氧化钛增强了 Nafion 的水保留和质子电导率，且在甲醇横穿方面性能优越。除金属氧化物改性外，也可使用其他无机材料。例如，在 Nafion 117 膜中掺杂无机酸如 HPA（PWA、PMoA 和磷锡）显著提高其高温电导率，用 HPA 改性的 Nafion-SiO$_2$ 铸膜，对 145℃ 操作的 DMFC 是很合适的；或通过表面改性提高其性能，用噻吩改性能够增强 Nafion 117 的功率密度（600mV 时为 810mA/cm^2，未改性仅 640mA/cm^2）和水吸附量。已经制备出含 SiO$_2$ 和 ZrP 的 Nafion PEM，虽然 ZrP-Nafion 复合膜的离子电导率比 Nafion 稍有降低，但力学稳定性和水保留却有显著提高。尽管离子电导率稍有降低但 130℃ 操作的 DMFC 性能却有提高，因为降低的甲醇横穿足以补偿离子电导率的降低。金属氧化物 M$_x$O$_y$ 纳米粒子对 Nafion/(M$_x$O$_y$)$_n$[M=Ti、Zr、Hf、Ta 和 W，n=5%（质量分数）] 复合膜的热、力学和电性质影响的研究指出，纳米填充剂影响 Nafion 的宏观分子动态学，亲水极性区域中有动态交联（R—SO$_3$H···M$_x$O$_y$···HSO$_3$—R），掺杂 HfO$_2$ 和 WO$_3$ 簇的复合膜在 135℃ 和 100% RH 下的电导率为 0.025S/cm。

Nafion-硅胶复合膜可用不同的方法制备，如用含功能团的硅酸盐材料经溶胶凝胶反应生成硅胶粉末与聚合物混合，使硅胶化合物接枝到聚合物膜上。这类复合膜中硅胶纳米粒子在聚合物基体中分散是均匀的，在聚合物中生长的无机网格并没有截断质子传输路线。因此，功能化硅胶和 Nafion 聚合物构成的复合膜，在一定温度范围和相对湿度下比初始 Nafion 的质子电导率高，因为无机物起到了低湿度下保留水的关键作用。为 Nafion/SiO$_2$ 复合膜制备 SiO$_2$ 纳米粒子，可使用控制反应物浓度的原位溶胶凝胶方法。对使用溶液铸造方法烧制的含四种不同直径 SiO$_2$ 纳米粒子[(5±0.5)nm、(7±0.5)nm、(10±0.5)nm、(15±0.5)nm] 的 Nafion/SiO$_2$ 复合膜的研究结果指出，含 10nm SiO$_2$ 粒子的复合膜具有所希望的性质，在高温和低湿度（110℃ 和 59%RH）下的燃料电池的输出电压（600mA/cm^2 时的输出电压为 0.625V）比未改性的 Nafion NRE112 膜的输出电压高 50mV。为同样的目的，也能够使用交换-沉淀、磷酸酯浸渍膜的技术把硅胶粒子加入到 Nafion 膜中。ZrP 也能够使用类似方法混杂进入 Nafion 膜中。

使用自组装过程制备了 Nafion 稳定 SiO$_2$ 纳米粒子（图 5-42），与常规溶胶凝胶法制备的 Nafion-SiO$_2$ 复合物膜比较，有较高水保留和耐用性。SiO$_2$ 纳米粒子含量和水解条件显著影响纳米粒子分布和偏析。这些膜有高抗拉强度（27.5MPa）和高质子电导率（0.09S/cm），接近于初始 Nafion 212 膜。自组装 Nafion/SiO$_2$ 聚合物复合物膜的惊人稳定性和池性能说明了它们的应用潜力。

使用二异丙基 p-亚乙烯基苯基磷酸盐（DIPVBP）乳液聚合制备了亚乙烯基官能团化中空硅胶球[聚亚（乙烯基苯基磷酸）接枝 HSS]。图 5-43 给出了合成路线和 HPSS 的 TEM 照片。使用溶液铸造技术制备了一组使用 Nafion 212 膜和 HPSS 膜的 PEM，对复合膜的基本性

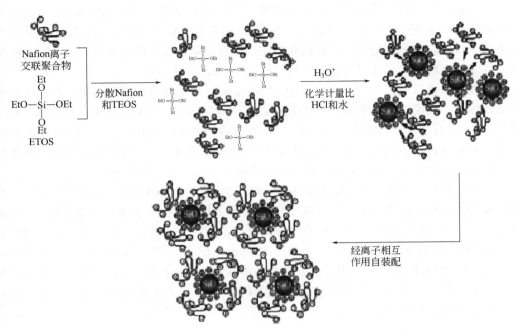

图 5-42　制备 Nafion 稳定 SiO₂ 纳米粒子的自装配方法的示意说明

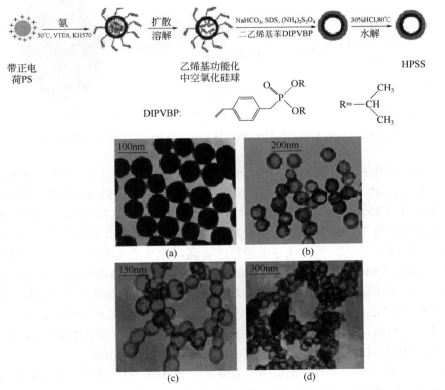

图 5-43　PS 模板球（a），HSS（b），用 PDHPVHP 接枝 HSS（c），HPSS（d）的
制备合成程序和 TEM 照片

质如力学性质、热行为和质子电导率进行研究获得的结果发现，重铸 Nafion 212 膜的质子电导率在低于 60℃时稍高，但在 70℃以上快速下降，由于水的损失。然而当温度超过 100℃ 时，复合膜质子电导率又急剧增加。官能团化中空硅胶对高温和低湿度的调节作用为复合膜提供了较高的水储存能力，因此对质子的传导性质比纯 Nafion 膜要强。

对直接甲醇燃料电池（DMFC）应用的 Nafion 膜，形成复合膜的目标是要降低甲醇横穿和提高池性能。使用 TEOS 为原料经溶胶凝胶产生硅胶粒子、聚亚乙烯基吡咯烷酮（PVP）和钯纳米粒子。前身物混合物在希望条件下电纺（纤维直径 100～200nm），Pd-SiO$_2$ 纤维/Nafion 复合膜与初始 Nafion 膜比较，池性能和燃料壁垒性质都得到提高。纤维结构阻塞甲醇通过复合膜的扩散，这对较好的 MEA 性能和较高能量效率做出了决定性贡献。

使用亚乙烯基官能团化硅胶粉末和 4-苯乙烯磺酸钠盐（SSNA）的径向聚合合成了有均匀核壳结构的磺化 SiO$_2$ 纳米粒子（图 5-44），用于制备应用于 DMFC 的聚合物复合膜。与 Nafion 基池比较，使用该复合膜烧制的池在整个电流密度范围内显示较好的池性能：最大功率密度 129.9mW/cm^2，远高于 Nafion 基池上获得的 104.6mW/cm^2。这些结果说明，添加具有核壳结构的磺化 SiO$_2$ 纳米粒子（作为填充剂）对提高池性能要比未改性 SiO$_2$ 纳米粒子有效得多。此外，若干类型硅胶〔如氟化聚噁二唑齐聚物（OFD）-硅胶、酸功能化硅胶和介孔硅胶〕的应用有利于促进燃料电池商业化。

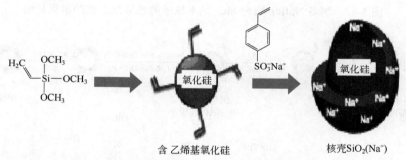

含乙烯基氧化硅　　　　核壳SiO$_2$(Na$^+$)

图 5-44　含聚 4-苯乙烯磺酸钠的核壳结构 SiO$_2$ 纳米粒子制备示意图

混合金属烷氧化物是具有吸引力的，因它们的潜在性质和应用。从组合金属烷氧化物得到的网格结构和形貌，不仅取决于催化剂的使用，也取决于金属烷氧化物的相对化学反应性。例如，含平均直径 75nm 的 ZrO$_2$ 和 TiO$_2$ 纳米粒子的重铸 Nafion 复合膜的质子电导率随 ZrO$_2$ 含量增加而增加，而添加的 TiO$_2$ 增强复合膜的水保留性质，因此使用含 ZrO$_2$ 和 TiO$_2$ 纳米粒子复合膜制作的燃料电池，其电化学性能显著提高，尤其是在高温（110℃）和低相对湿度（30%）下，说明在 MEA 制作中使用纳米粒子对池性能是有重要影响的。总之，金属氧化物基无机填充剂能够改进聚合物膜的力学性质，降低甲醇横穿和提高质子电导率，导致较好的池性能。蒙脱土（Na-MMt）和 Lp 都由二氧化硅四面体和氧化铝八面体片组成，都能够改进机械强度或影响电阻，降低气体或湿气的渗透率。黏土有阳离子交换容量，取决于低价原子的取代，例如 Mg^{2+}取代八面体中的 Al^{3+}，Al^{3+}取代四面体位置中的 Si^{4+}。但是，含 MMt 或 Lp 的复合物电导率下降，导致性能损失。为解决这个问题，可用亲水材料进行化学改性，制备出新的有机改性黏土-Nafion 复合物。例如把用不同亲水基团如—NH$_2$、—OH、—SO$_3$H 改性的 Lp 和 MMt 并合到 Nafion 膜中，对 Nafion 聚合物水吸着/保留和水的移动性有相当影响。用 3-氨基-1-丙磺酸、2-{[2-羟基-1,1-双（羟基甲基）乙基]胺}乙磺酸（TES）和丝氨酸改性的

MMt 显示水保留和稳定性有所提高（与未改性 MMt 复合物比较）。通过并合改性层状无机黏土制备了 Nafion 基复合聚合物膜，Lp 粒子的改性使用等离子活化过程、磺化基团化学接枝、直接等离子磺化实现。复合膜的质子电导率和水吸附量连续增加直到 85℃。制备的磺化聚二氮杂萘酮醚砜酮（SPPESK）/磷酸锆硫苯基（ZrSPP）/多孔聚四氟乙烯膜复合膜（SPPESK/ZrSPP/PTFE）的质子电导率在 120℃有显著增加，而且显示的优良的甲醇渗透阻力和高的热稳定性。

使用溶胶凝胶技术制备了聚苯胺（PANI）-纳米复合物膜，把用氧化还原聚合沉积产生的二氧化硅嵌入到 Nafion 亲水簇中。PANI 改进了膜结构和降低了甲醇横穿，而二氧化硅的加入提高了电导率和稳定性。沸石也可作为 PEM 的填充剂，可以掺合也可以渗透进入溶胀的膜中，使甲醇横穿降低和热稳定性增强。虽然这些膜的燃料电池性能比原始 Nafion 膜差，但半渗透粒子的加入是工程化复合膜传输性质的有效方法。例如，使用原位水热晶化方法合成了 NAFB 纳米复合物膜，与 Nafion 膜比较有类似的质子电导率，低的甲醇横穿（<40%）。与 Nafion 膜比较，这些膜显示较高的 OCV（增加 3%）和功率密度（增加 21%）。改性 Nafion 膜的总结给出于表 5-6 中。

表 5-6　改性 Nafion 膜总结

聚合物	填充剂（改性剂）	燃料电池类型	性能说明	
			电导率或比接触电阻率	燃料电池性能
Nafion	ZrP	DMFC/H₂/O₂	75℃，0.025S/cm²	DMFC-空气：370mV 0.2A/cm² H₂/O₂-空气：440mV 0.37A/cm²
Nafion	ZrP	DMFC	150℃，0.08Ω·cm²	150℃ 380mW/cm²（O²），260mW/cm²（空气）
Nafion	ZrP	H₂/O₂	—	130℃ 0.45V 1.5A/cm²
Nafion	PWA-乙酸	H₂/O₂	—	110℃ 0.6V 660mA/cm²
Nafion	PWA-TBAC	H₂/O₂	—	120℃ 0.6V 700mA/cm²
Nafion	SiO₂		100℃，0.20S/cm²	—
Nafion	SiO₂	DMFC	—	145℃ 0.5V 350mA/cm²
Nafion	SiO₂	H₂/O₂	130℃，0.33Ω·cm²	130℃ 0.4V 969mA/cm²
Aciplex	SiO₂-硅氧烷	H₂/O₂	115℃，0.26Ω·cm²	115℃ 0.4V 1400mA/cm²
Nafion	Teflon-PWA	H₂/O₂	—	120℃ 0.6V 400mA/cm²，1atm
Nafion	酸功能化 β-沸石	DMFC	80℃，0.0675S/cm²	约 0.2V 150mA/cm²
Nafion	SiP-PMA/PWA	DMFC	23℃，0.005S/cm²	—
Nafion	SiWA+噻吩	—	80℃，0.095S/cm²	0.6V 810mA/cm²
Nafion	SiO₂、PWA-SiO₂、SiWA-SiO₂	PEMFC		400mW/cm²（O₂） 140℃ 250mW/cm²（空气）
Nafion	PMoA+SiO₂	DMFC	90℃，0.305S/cm²	—

5.7.5.2　部分氟化有机-无机纳米复合物 PEM

近些年中，为替代 PFSA 在 PEMFC 中的应用，对部分氟化聚合物膜进行了广泛的研究。这些 PEM，由于氧化降解仅有短的使用寿命，但它们有高的热和化学稳定性（因有类似于 PTFE 的骨架）。对苯乙烯和 DVB 交联聚合物进行磺化可制备得到 FEP 膜，在 85℃时的寿命

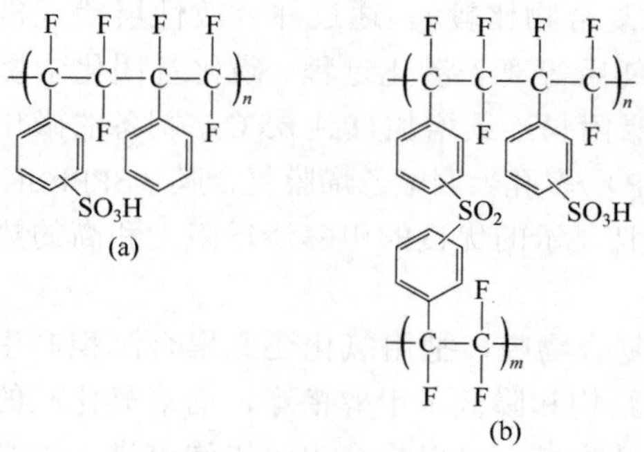

图 5-45　聚三氟苯乙烯基膜的结构

（a）线型；（b）交联

大于 5000h。部分氟化聚合物膜也可从 α,β,β-三氟苯乙烯和 PVDF 经合适的聚合制备（图 5-45）。PVDF-二氧化硅纳米复合物膜［24%PVDF、16%SiO$_2$、60% 3mol/L H$_2$SO$_4$（体积分数）］的电导率比 Nafion 高 2～4 倍，且甲醇横穿很低，因加入了孔较小（3.0nm）的无机粒子。在 NP-PCM 膜孔中浸渍 Na$_2$SO$_3$ 二氧化硅凝胶也使甲醇横穿下降，制作的 MEA 的功率密度达到 85mA/cm^2［80℃，1.0mol/L 甲醇和阳极负载 4～6mg(Pt-Ru)/cm^2］。改性 PVDF 膜的成本（约 4 美元/m^2）显著低于 Nafion。

为 DMFC，使用反相技术制备了 PVDF-HFP-Nafion 离子交联聚合物-铝氧氢氧化物纳米复合膜。其电导率和机械热性质受铝氧氢氧化物含量很大的影响。这些膜显示出极低的甲醇横穿，因此提高了燃料电池性能。使用乙二醇添加剂的反相技术制备的 PVDF- HFP-Al$_2$O$_3$ PEM（在磷酸中浸泡），在加入陶瓷填充剂（Al$_2$O$_3$）后质子电导率提高了，这是由于有大量液体电解质的吸附，对非晶物质含量和电导率（0.12S/cm）有正面影响。填充纳米 Al$_2$O$_3$ 和高分子酸（聚乙酰胺-2-甲基丙烯磺酸）的 PVDF 膜有高的质子电导率、水吸附量和稳定性，可应用于燃料电池。用接枝 PSSA 和掺杂 Al$_2$O$_3$（10%）PVDF 的 PEM，显示低的甲醇横穿（6.6×10^{-8}cm^2/s）和中等程度的质子电导率（0.045S/cm），高 OCV 和功率密度，以及较好的 DMFC 的性能。

近年来，经由原子传输自由基聚合把 PSSA 接枝到二氧化硅上，以 PVDF-HFP 聚合物为基体制备了复合膜［30%～60%（质量分数）负荷］。使用该膜在单元池试验中显示，室温下的质子电导率为 15～19mS/cm，70℃用非湿化气体进料时的功率密度为 1.0mW/cm^2。

5.7.5.3　非氟化芳烃聚合物基有机-无机纳米复合物 PEM

非氟化磺化烃类聚合物是广泛用于制备高温用聚合物复合物 PEM 的主要基体之一。由于它们有优良的稳定性和对酸功能化亲电磺化反应的高度敏感性，这些烃类膜与全氟化聚合物膜相比有一定优势。但稳定性相对较差，为增强高温稳定性，直接把芳烃基团并合到烃类聚合物骨架中。芳烃有好的抗化学阻力，因苯环上 C—C 键强度能够与脂肪烃的 C—H 键强度比较。为了增加烃类膜的高温稳定性，可使用两个方法：①把聚合物本体基团与芳烃聚合物骨架一起调制，以裁剪提高质子电导率使达到应用要求；②芳香烃直接并合进入烃类聚合物骨架。聚芳香烃类膜由耐高温的聚合物构成，玻璃化转变温度（T_g）在 200℃以上，因存在有庞大的和无弹性的芳香烃基团。芳烃环为亲核和亲电取代反应提供多种选择。已经发展出含不同数目醚和酮官能团的聚醚酮（PEK）［例如聚醚醚酮（PEEK）、聚醚酮（PEKK）、聚醚砜（PESF）、聚酯、聚酰亚胺（PI）和聚亚芳基醚］，它是主链含聚亚芳基或聚芳香烃的可应用聚合物。这些芳烃聚合物已经被磺化或用无机酸和无机前身物掺杂，形成聚合物复合物膜的材料。高度磺化（为获得高电导率）通常会伴随有不希望的溶胀（甚至在水中溶解）和机械强度的损失。因此，在这些有机聚合物中引入无机组分可提高膜的力学、化学、热稳定性以及质子电导率。为了在燃料电池中应用，研究和发展的能够掺杂无机材料的不同类型聚亚芳基聚合物，如聚醚砜（PES）、聚醚酮（PEK）和含不同数目醚和其他官能团的 PEEK、PEKK、PEKEKK、聚亚芳基醚、聚酰亚胺（PI）等，它们均显示高的热和化学稳定性，因为有坚硬和本体型的芳烃基团存在。由于芳香环为亲电和亲核取代反应提供了可能性，这些聚合物通常是在改性后再使用，如磺化、胺化和接枝。特别是对以醚基团连接的芳基聚合物，因—C—O—C—连接有很大的非弹性和高的抗热氧化阻力。如聚醚醚酮（Victrex PEEK）有出色的抗热氧化阻力，玻璃转变温度为 143℃。聚苯并咪唑（PBI）、聚苯并吲哚和聚苯并噻唑也具有长期高温热稳定性。采用由烃类聚合物和无机材料构成的聚合物复合物体系来制备高性能 PEM 是一个很好的选择。例如，用磺化聚醚醚酮（SPEEK）和硅胶磺酸（SSA，用 SO_2Cl_2 处理 SiO_2 纳米粒子获得）制成的聚合物复合膜，在水中和低相对湿度下显示有高的质子电导率（因含吸湿性和传导性的无机材料）。

　　非氟化芳烃聚合物基复合物 PEM，按所用烃类聚合物基体可以分为：①苯乙烯基纳米复合物 PEM；②聚醚醚酮基纳米复合物 PEM；③聚醚砜基纳米复合物 PEM；④聚苯并咪唑基纳米复合物 PEM；⑤聚亚胺和聚醚亚氨基纳米复合物 PEM；⑥壳聚糖基纳米复合物 PEM；⑦PVA 基纳米复合物 PEM。如前所述，当然也可以按照掺杂无机物分类。芳烃骨架非氟化聚合物的结构示于图 5-46 中。

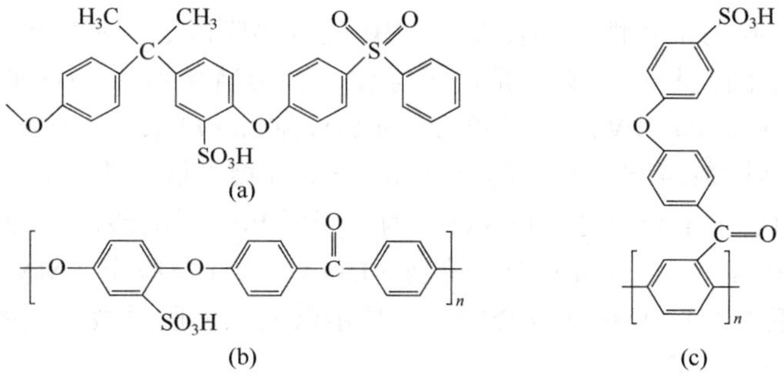

图 5-46　SPSU（a），SPEEK（b）和 SPPBP（c）的结构

　　在图 5-18 中给出了一些主要的磺化非氟化聚合物材料的分子结构。这类聚合物掺合物电解质的材料有很多种。例如磺化聚醚醚酮/邻磺胺类聚砜（SPEEK/PSU-NH$_2$）、PSU-NH$_2$/磺化聚砜（SPSU）、聚苯并咪唑（PBI）/SPSU、聚（4-乙烯基吡啶）/SPSU/P4VP、聚吖丙啶（polyethyleneimine）/SPSU（PEI）、PEI/SPSU、PBI/SPSU、（3-氨基丙基）三乙氧基硅烷/磺化聚（2,6-二甲基-1,4-苯醚）（SPPO）、聚乙烯醇（PVA）/对甲苯磺酸（PTSA）、2-氨基苯并咪唑/SPEEK、磺化聚（环氧丙烷）齐聚物/Nafion、SPEEK/PBI/P4VP、SPEEK/PEI、SPSU/PEI、SPSU/PSU(NH$_2$)$_2$、PVA/H$_3$PO$_4$ 等。

　　就可掺杂到聚合物中的杂多酸（HPA）而言，有两种类型：水不溶和高表面积固体 HPA，如 $Cs_{2.5}H_{0.5}PW_{12}O_{40}$（CsPW）和 $H_3PW_{12}O_{40}/SiO_2$（PWS）。它们可分散在整个磺化氟化双酚聚合物（ESP-BP）中。掺杂 HPA 的聚合物复合物膜含促进质子传输的表面功能位置。比较而言，高电流密度下掺杂 HPA 的聚合物复合膜显示较高性能。杂多酸与芳烃基聚合物混杂时能够使聚合物基膜力学和热稳定性以及质子电导率得到提高，而且水因被吸湿性基团吸附得以保留。

　　聚（2,6-二甲基-1,4-苯醚）（PPO）是一种憎水性聚合物，具有高的玻璃转变温度（T_g=210℃）、优良的水解稳定性和高的机械强度。PPO 的这些特征满足 PEMFC 应用的大多数质量指标要求。虽然 PPO 与其他芳烃聚合物间的化学相互作用是不简单的，但可以对苯基和芳基位置进行很多调整：①硼甲基化的亲核取代 PPO；②苯环上的亲电取代；③PPO 链端羟基的偶合和捕集；④甲基氢的径向取代；⑤PPO 被有机金属化合物金属化。除此以外，它们常常被选择用于燃料电池，因为在酸介质中具有好的化学稳定性和热稳定性。

尽管 Nafion 膜作为 DMFC 电解质材料有一些优点，但它的甲醇高渗透率成了阻止 DMFC 技术商业化的障碍之一。除了上述一些材料外，SPEEK 膜具有作为 DMFC 电解质膜应用的可行性。选择 PEEK 作为基础膜，主要基于它强的抗化学阻力、高热氧化稳定性和低成本。已证实，SPEEK 膜在燃料电池条件下的寿命超过数千小时。

SPEEK 膜的质子电导率，随温度增加和磺化程度从 0.59 增加到 0.91，从 4.1S/cm 增加到 9.3×10^{-3}S/cm。PEM 在高温下保持水的能力是非常重要的。研究发现，SPEEK 膜的甲醇渗透率（$2.71 \times 10^{-7} \sim 1.54 \times 10^{-6}$cm^2/s）比 Nafion 膜（$1.77 \times 10^{-6}$cm^2/s）低约一个数量级。甲醇渗透率与温度和甲醇浓度密切相关。虽然 SPEEK 膜在 22℃时的质子电导率并不高于 Nafion 膜（0.01S/cm），但 SPEEK 膜有较高的扩散选择性（质子和甲醇扩散速率之比）。这对 DMFC 在平板电脑、手机和其他应用中的应用是特别有吸引力的。

虽然对 PBI 聚合物与磷酸构成的酸碱复合物膜已经在单独一节中详细介绍，但由于基于 PBI 聚合物的复合物膜的重要性，仍需要对 PBI 复合物膜做进一步讨论。PBI 本身无传导质子的能力，因此掺杂的无机材料必须是质子导体，包括磷酸锆［Zr(HPO$_4$)$_2$·nH$_2$O，ZrP］、磷钨酸（H$_3$PW$_{12}$O$_{40}$·nH$_2$O，PWA）、硅钨酸（H$_4$SiW$_{12}$O$_{40}$·nH$_2$O，SiWA）和磷酸硼（BPO$_4$）。在掺杂质子导体后再掺杂磷酸，获得的是 PBI 基复合物电解质膜，这些聚合物复合物膜在 5%RH 和 200℃时的质子电导率达 0.09S/cm。为了降低 PBI-磷酸酸碱复合物膜中磷酸被淋洗，利用六氟 PBI（F$_6$-PBI，见图 5-14）十二烷基（DOA）-改性蒙脱土（MMT）制备出的纳米复合物膜，在酸掺杂后获得的 PBI 基复合物膜，显示低的热膨胀系数、低的甲醇横穿且磷酸可淋洗（塑性）效应大大下降。

纯固体无机质子导体是脆的，直接使用制得的膜力性能很差。利用它们来制备复合物膜时，使用热稳定聚合物像 PBI 作为黏合剂能够有效地提高复合膜的机械强度、弹性和质子电导率。例如，对三羧基丁基膦酸盐｛Zr[O$_3$PC(CH$_2$)$_3$(COOH)$_3$]$_2$，Zr（PBTC）｝无机质子导体，以 PBI 作为黏合剂制备的聚合物复合物膜，如 50% Zr（PBTC）-50%PBI 的复合物膜在 200℃平衡水蒸气压力（1.38MPa）下显示的电导率为 0.0038S/cm。同样用 PBI 和 PTFE 制作的 Sn$_{0.95}$Al$_{0.05}$P$_2$O$_7$ 复合膜，其电导率和稳定性明显提高（与没有 PBI 体系比较）。

聚四氟乙烯（PTFE）和 PFSA 如 Nafion 的复合膜是众所周知的。使用作为偶联试剂的 Nafion 覆盖 PTFE 基体，通过与 PBI 酸碱反应制备了 PTFE-PBI 复合物膜，再酸掺杂能够做成厚度很薄但机械强度好的膜。只是在低 OCV 下有高的气体渗透率。PBI 聚合物基复合物膜及其性能总结于表 5-7 中。某些聚合物和聚合物复合物膜材料的参考质子电导率值给出于表 5-8 中。

表 5-7　某些 PBI 聚合物基复合物膜及其性能

有机相	无机相	性能信息
PBI	ZrP+H$_3$PO$_4$	0.09S/cm，在 200℃，5%RH
PBI	PWA/SiWA+ H$_3$PO$_4$	$3 \times 10^{-2} \sim 4 \times 10^{-2}$S/cm，在 200℃，5%RH
PBI	SiWa+SiO$_2$	0.0022S/cm，在 160℃，100%
PBI	PWA+SiO$_2$+H$_3$PO$_4$	<400℃热稳定，0.0015S/cm，在 150℃，5%RH
PBI	Zr（PBTC）	0.0038S/cm，在 200℃，100%RH

续表

有机相	无机相	性能信息
PBI-SPEEK	BPO_4	0.06S/cm，室温
F6-PBI	改性 MMT+H_3PO_4	降低热膨胀和提高机箱性质
PBI-PTFE	PBI-PTFE+H_3PO_4	约 22μm 厚的膜，但低 OCV
PBI-PTFE	$Sn_{0.95}Al_{0.5}P_2O_7$-P_xO_y	4%PBI-10%PTFE，200℃，0.04S/cm，燃料电池 OCV 0.96V，284mW/cm^2

表 5-8　某些聚合物和聚合物复合物膜材料的参考质子电导率值

材料	质子电导率/(S/cm)
Nafion	75℃100%RH，0.13；20℃，小于 0.01
PFSA	80℃ 34%~100%RH，0.009~0.12；130℃，0.0022
PES 和 PEK 家族	100℃ 100%RH，0.05；150℃ 100%，0.11
PBI	10^{-7}
SPBI	在 30%水吸附量，60%磺化，0.02
SPI	0.004~0.018
SPPZ	30~65℃ 范围 100%RH，0.04~0.08
SPPQ	达 0.1
PBI+H_3PO_4	取决于每个 PBI 单元的磷酸数目 0.07~0.74 H_3PO_4/PBI：25℃，10^{-5}~10^{-4}。4~54 H_3PO_4/PBI：25℃，0.001；190℃，>0.03
PIL+Nafion	130℃，0.1
PIL+聚苯乙烯丙烯腈共聚物	0.01~0.1
Nafion-无机固体酸复合物	最大电导率能够达到：90℃，0.1；120℃，0.02
铁黄烷（羰酸-FeOOH）-PVA 复合物	室温 100%RH，0.0025；室温低于 33%RH，低于 10^{-5}
改性 Nafion	20℃，0.13
PIL+ PBI+H_3PO_4	4 H_3PO_4/PBI 120℃，0.0003
PIL+PEO	80℃，0.006
PIL+SPI	120℃，>0.01
PIL+PVDF	120℃，0.004
亲水-憎水共聚物	30℃100%RH，0.09
侧链改性烃类（SPEEK 基 PEM）	100℃，约 0.1
酸碱掺合物	165℃，0.046
多孔硅胶 PEM	0.7%RH，0.015
TiO_2 基 PEM	正常环境湿度下，$5.5×10^{-6}$
FeOOH 基 PEM	室温 0.08 和 130℃，0.15；室温 100%RH，0.02
磺化聚芳基醚砜-PTA（磷钨酸）	室温，0.08；130℃，0.15

对非氟化芳烃类聚合物及其改性信息（形成聚合物复合膜）总结于表 5-9 中。

表 5-9　非氟化芳烃聚合物膜及其改性信息

膜类型	改性信息
磺化聚砜	使用三氧化硫-磷酸三乙酯络合物作为磺化试剂合成，可达到好的力学性质和相对高 IEC 值
磺化聚醚砜（SPES）	使用取代二胺砜共价交联和合成 SPES，高质子电导率在 100℃ 以上出自进一步增强机械强度

膜类型	改性信息
聚亚芳基	由磺化萘型聚酰亚胺合成，达到低的水/甲醇扩散与高的质子电导率，像 PFSA 那样的高系数
苯乙烯二乙烯基苯的苯乙烯基体系	把 SDVB 接枝到聚氟乙烯六氟丙烯共聚物（PEF）上，接枝磺化达到类似于 PFSA 那样的膜
磺化聚醚醚酮（SPEEK）和磺化聚4-酚氧苯氧-1,4-亚苯基	使用浓硫酸磺化 PPBP 和 PEEK。获得的热稳定性至少达 200℃，在 SPPBP 情形中观察到 65%（摩尔分数）磺化时的电导率约 0.01S/cm，而 SPEEK 的电导率比同样摩尔磺化低两个数量级
磺化聚双 3-甲基酚氧磷腈	用三氧化硫磺化碱性聚合物介质交联，与 Nafion 比较，除了优越的机械热稳定性和化学稳定性外，可获得较高的质子电导率
磺化聚酰亚胺（PI）	使用三氧化硫磺化 PI 得到性质与 Nafion 117 相当的膜
磺化聚苯乙烯	使用磺酸乙酯作为磺化试剂磺化聚苯乙烯，随磺化程度增加，离子电导率有潜力与 Nafion（0.001～0.1S/cm）相当，在 15%磺化处注意到不连续性
氢化聚丁二烯-苯乙烯（HPBS）	通过聚丁二烯-苯乙烯非均相合成。掺合聚丙烯作为获得高的质子电导率和热性质的改进剂
聚芳氧基磷腈聚合物	承载有溴苄氧基芳氧基侧链基团的磷腈用叔丁基锂处理，接着用二苯基氯磷酸盐处理，转化为苯基磷酸基团
磺化具有亚芳基	聚醚醚酮通过掺合由固定杂环（如吡唑、咪唑或苯并咪唑）作为质子溶剂化物种构成的聚合物再改性，以获得高质子电导率。水横穿惊人的下降而保持高的质子电导率
在聚四氟乙烯（PTFE）上换浸渍聚砜和羊毛	把聚砜和羊毛微玻璃毛以及复合物基体组分浸渍在 PTFE 上，与连续浸渍羊毛不同，复合物膜显示的电阻比 Nafion 117 高且不可比较
砜酰亚胺化合物	应用大分子取代方法交联磺酰亚胺获得侧链磺酰亚胺基团的磷腈，达到高质子电导率
聚苯乙烯接枝聚合物	N-乙烯基吡咯烷酮/2-丙烯酰胺-2-甲基-1-丙烷磺酸获得交联苯乙烯/丙烯腈，使用乙烯基苯接枝聚合物而获得氧化环境中更好的稳定性

5.7.6 聚合物复合膜小结

对质子传导无机纳米粒子和有机聚合物构成的复合膜，Nafion 基复合物 PEM 已经显示其替代高温低 RH 操作的 Nafion 膜的潜力。质子传导无机纳米粒子-有机聚合物复合物也显示某些希望的性质。但是，相对低的质子电导率仍然是主要问题。为此，可采取如下的方法：①确认和采用有高质子电导率的新无机纳米粒子。在与 PVA 或其他聚合物混合时，铁氧氢氧化物的钴和镍同类物（例如，CoOOH 和 NiOOH）比二茂铁工作得好；②使用抗烧结的有机聚合物。如早先所述，二茂铁在 300℃烧结后有比二茂铁绿体高得多的质子电导率。但是二茂铁-PVA 复合物不能够抗高温烧结。所以，能够抗高温的聚合物，如聚四氟乙烯和 PFA，可以用来制备二茂铁基复合物；③降低纳米粒子充填剂的颗粒大小，较小颗粒得到较大比表面积，这意味着有较大可利用表面来吸附水和传输质子。可试验各种降低颗粒大小的方法，如声波降解法和化学反应法。再一次，这些复合物 PEM 的耐用性需要进行试验以确保长期的优越性能。

无机-有机复合物是发展质子交换膜的新重点。把吸湿实体（如 SiO_2）加入到离子交联聚合物中，能够增加其水保留量但也使材料变脆。对固体质子导体填充剂，如磷酸锆或杂多酸，也能够使质子电导率提高。除了力学和电导性质外，无机组分也可以协助改进聚合物膜的热稳定性、水吸附量、反应物横穿阻力和其他性质。

在讨论各种不同的聚合物的直接膜材料后，总结一下它们在 PEMFC（或 DMFC）中应用时的一般操作条件、质子电导率及其比较是有益的。

综上所述，Nafion 膜仍然是最广泛商业应用的 PEM。但已经合成了许多具有改进性质的新 PEM，具有取代 Nafion 的潜力。Nafion 的缺点包括：高温时质子电导率显著降低、低相对湿度时很差的质子传导性能、高甲醇渗透和横穿。所以，对一个新发展的 PEM，高温和低相对湿度下高质子电导率和低甲醇渗透率是特别希望的。新 PEM 在高温下需要有高的力学和化学稳定性，且能够低成本合成。对聚合物 PEM，改性 Nafion 被认为是制备高温/低 RH PEM 的最可行的方法，由于 Nafion 的合成技术成熟和能够商业生产，容易改性 Nafion PEM 使之与电极催化剂层间有好的兼容性。为提高低 RH 下的质子电导率，必须增加聚合物表面上磺酸基团密度或添加能够促进磺酸基团质子移动性的试剂。辐射诱导磺酸基团接枝到过氟化或部分氟化聚合物上是生产高温/低 RH PEM 的一个可应用方法，但过程是复杂的，产品的收率是低的。有比磺酸基更好的质子的新化学载体的发展以及这些新基团的发现和应用于聚合物 PEM，是面对的挑战，需要创新和努力。SPEEK 和酸碱掺合物显示出高温操作条件下替代 Nafion 的潜力。虽然合成过程是简单的，材料成本必须进一步降低。对改性可利用聚合物需要进一步激励，以使这些 PEM 与新燃料电池构型的独特操作条件兼容，如氧化还原流动电池。

5.8　阴离子交换膜材料

5.8.1　引言

碱燃料电池（AFC）是最老的燃料电池，它使用浓氢氧化钾作为液体电解质，自 20 世纪 50 年代以来它已经在空间计划发展中应用。这类燃料电池的商业化，特别是为汽车应用，被认为是可能的。这要感谢 20 世纪 70 年代以来 Kordesh 和英国 ZEVCO 公司新 Zetek Power 的研究。但是，氢氧化钾溶液的使用会存在一些固有问题，因为其是高碱性的液体。此外，燃料电池因碳酸盐化现象的发生效率下降，因空气和氢气中一般含微量二氧化碳。实际上，产生的碳酸钾沉淀在电极上，使导电性损失。不管怎样，虽然碱燃料电池的电解质仅有短的寿命，但无须使用贵金属（Pt、Pd）催化剂。考虑到贵金属的稀有性，因此，它对未来燃料电池的运输应用似乎很重要，因碱燃料电池有大量可利用和便宜的技术。

5.8.1.1　固体碱燃料电池（SAFC）

在所有类型燃料电池中，SAFC 是最新的一个，因为使用阴离子交换膜的燃料电池的早期工作发表于 2000 年。但是，样机在 1960 年 Hunger 就有设计。这类燃料电池的主要缺点是，在电解质上可能发生碳酸化现象或产生泄漏。不管怎样，愈来愈多的研究工作创生出能够有效替代液体电解质的阴离子交换聚合物膜。

近来，对固体碱传导电解质聚合物进行的研究中发现了对碳酸化较少敏感的电解质，且能够克服横穿问题而同时仍然保持 AFC 的优点。它组合了需要性质（热稳定性、力学稳定性、化学惰性……），是能够应用于燃料电池的合适的阴离子膜便宜技术。但是，不像阳离子交换膜 Nafion 可以作为 PEMFC 的参考膜，阴离子交换膜没有这类参考膜。

5.8.1.2　原理

固体碱燃料电池（SAFC）的行为完全类似于液体碱燃料电池（AFC）。空气中的氧在阴极被还原产生 OH⁻。OH⁻通过电解质传输（前者是液体电解质，现在是含阳离子基团的聚合物电解质）到阳极，在阳极发生氢氧化成水的反应（与 PEMFC 原理比较于图 5-47）。如果以氢和甲醇作为燃料，发生的化学氧化还原反应表示如下：

阳极：$H_2+2OH^- \longrightarrow 2H_2O+2e^-$，$E_{anode}^{\ominus}=-0.828V$

阴极：$O_2+2H_2O+4e^- \longrightarrow 4OH^-$，$E_{cathode}^{\ominus}=0.401V$

总反应：$2H_2+O_2 \longrightarrow 2H_2O$，$E_{cell}^{\ominus}=1.229V$

阳极：$CH_3OH+6OH^- \longrightarrow CO_2+5H_2O+6e^-$

阴极：$3/2O_2+3H_2O+6e^- \longrightarrow 6OH^-$

总反应：$CH_3OH+3/2O_2 \longrightarrow 2H_2O+CO_2$

甲醇燃料在碱燃料电池中的阳极、阴极和总反应

使用甲醇使燃料电池因释放二氧化碳变得不那么环境友好。不管怎样，对管理、成本和安全问题，特别是对运输应用，人们对甲醇的兴趣要比对氢大，因为甲醇是液体。也在考虑使用其他燃料，如硼氢化物和肼，但后者是危险的和爆炸性的。

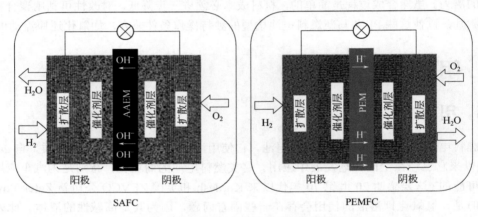

图 5-47　SAFC 和 PEMFC 工作与原理比较

5.8.1.3　优点和缺点

SAFC 的主要优点是电极中不使用贵金属，而使用便宜金属如钴、银或镍。首先，已经证明，甲醇氧化在碱介质中比在酸介质中效率高。这是使用非贵金属催化剂的原因。其次，氧在阴极的还原在高 pH 值下比较好。另外，甲醇可透过阳离子质子交换膜（即甲醇横穿）而不能够穿过 SAFC 膜。没有甲醇横穿的问题主要是由于：SAFC 中 OH⁻ 移动方向与 PEMFC 中质子移动的方向相反，即 OH⁻ 从阴极向有甲醇的阳极移动。因此甲醇不能够被拖曳到水和离子流中。

但是，与 PEMFC 比较，SAFC 有几个缺点，特别是聚合物电解质性质上。实际上，OH⁻ 的扩散系数远低于质子，因此要达到类似于质子传导膜的电导率是困难的。此外，也没有像 Nafion 那样有效的阴离子膜（AEM），因为稳定 AEM 需要碱性环境（在碱环境下 AEM 才是稳定的）。除 SAFC 的电解质弱点外，还存在一些其他问题。例如，在阳极发生碳酸化现象（即便是不污染的电解质），导致电压的损失。

由于 PEMFC 中使用的 Nafion 基质子交换电解质膜是非常昂贵的，再加上很贵的 Pt 基催化剂，使 PEMFC 的大规模商业化在成本上有一个严重障碍。另外，Pt 基催化剂对氢燃料中痕量 CO 是极端敏感的。为此在最近一些年中，提出使用固体碱燃料电池的新概念，且受到

愈来愈大的关注。与 PEMFC 中使用质子交换膜电解质不同，在固体碱燃料电池（SAFC）中使用的是阴离子交换膜电解质。本节简要介绍固体阴离子交换膜材料的发展。

早期阴离子交换电解质膜燃料电池因膜容易降解导致发生碳酸化和泄漏现象。为解决这个问题，新近对固体阴离子交换膜材料进行了广泛的研究和发展，新开发的阴离子交换膜在相当程度上缓解了这问题。

5.8.2　SAFC 对阴离子交换膜的要求

阴离子交换膜必须满足严格的力学、化学和热稳定性要求，它也必须确保与电极有好的接触，以适合电极的不规则形状。所有需要的性质总结如下：①氢氧根离子从一个电极有效传输到另一个电极必须确保有高的离子电导率。②膜必须是氢和氧的壁垒，因为它们的扩散会使燃料电池效率损失，降低性能，这些气体的混合是爆炸性的。③它必须是化学稳定的，因为它在强酸或碱介质中工作。④不管是否水合状态和温度，膜需要有理想的耐用性性质。事实上，要定量燃料电池中的水是困难的，因它连续产生。必须注意到，在这些燃料电池中常规膜是高度亲水的，其性质高度依赖于水合状态。但是，它们又必须保持水不溶性，同时又能够被溶解于合适溶剂中以便容易铸造加工。⑤所有这些性质在工作温度下应该保持不变。

膜的玻璃转变温度也应该高于操作温度，以避免在化学反应期间的结构变化，应该在 100℃ 以上的温度时是热稳定的。到目前为止，没有任何一种阴离子交换膜能够完全满足所有这些要求。因此，许多研究是想要创生理想膜，且已经发展出很多种类的膜。科学家提出了变更聚合物化学和设计新类型的膜，并发展出加工和功能化技术。开发阴离子交换膜的新策略是：膜应该由嵌段共聚物、聚合物掺合物和混杂材料构成。膜的热稳定性很强地取决于传输 OH⁻ 功能离子的能力（承载 OH⁻ 的阳离子基团）和聚合物骨架的性质。

5.8.3　阴离子交换膜

阴离子交换膜有广泛的应用，如在净化和脱污染过程中。在电渗析装置中应用阴离子交换膜来净化污染的水和土壤（被重金属和硝酸盐污染）或脱盐以及净化水。阴离子交换膜也能用于制备溶液和化学品：从酸性铜盐溶液沉积铜粉末、生产高纯度季铵氢氧化物、生产臭氧、从稀 $AuCl_4^-$ 溶液中回收金等。

第一个阴离子交换膜（AEM）是由日本科学家发展的：先合成二乙烯基苯甲基聚氯丙烯，然后用含季铵基团的三乙胺功能化。这已经被日本公司（Tokuyama Soda 公司）申请了专利，该专利涵盖了 AEM 结构和合成工艺。燃料起搏器用 Al/O_2 封装池在 1971 年是电化学电池中应用 AEM 的仅有例子。

含氨基共聚物的 SAFC 可以分类为非均相 AEM 和均相 AEM 膜，它们已经成功使用多种方法合成。非均相 AEM 膜主要有：①掺杂聚烷烯氧化物、氢氧化物盐类或氢氧化钾的聚苯并咪唑聚合物组成的掺合物和复合物；②有机-无机混杂膜（聚合物复合物膜），使用溶胶凝胶过程合成；③聚环氧氯丙烷、聚丙烯腈和聚乙二醇的半循环渗透网络，用它们能够获得新阴离子交换膜聚合物材料。均相 AEM 膜可以采用三条合成路线：①商业可用烯烃和胺功能化单体直接自由基（共）聚合，如聚二烯丙基二甲基氯化铵的膜；②含聚氯甲基苯乙烯膜（多数含有氟化共聚物）自由基聚合的辐射/接枝或聚合物材料的化学改性，它们能够进行加氢或卤化来获得膜材料；③商业可利用氢化、氟化和芳烃（共）聚合物的化学改性，如羧酸和磺酸过氟化聚合物改性来获得膜材料。实际上，为获得原始膜共聚物或 SAFC 的黏合剂，需要合成新单体以获得新（共）聚合物（不会有 Hofmann 降解）材料，它们可以是水不溶性的；也可优化现有（共）聚合物的分子量并功能化（如咪唑化、吡啶化等）。

另外，（共）聚合物的后交联加工的膜可能是很有价值的。聚合物交联有广泛的策略方法，交联工艺或试剂选择对获得的膜性能影响巨大。对 AEM，嵌段聚合物和接枝聚合物是不错的聚合物构架。虽然制备了一些嵌段共聚物，但多数重要的 AEM 膜可用如下方法获得：氟化聚合物膜辐射接枝，再在接枝聚氯甲基苯乙烯侧链进一步加入三甲胺功能基团。此外，也可用功能化单体进行自由基聚合获得的共聚物作为 SAFC 的 AEM 膜前身物。合成应用于 SAFC 的新共聚物激励着科学家进行研究，发现有令人满意的电导率的新材料可满足 SAFC 的严苛要求。

5.8.3.1 非均相阴离子交换膜

非均相阴离子交换膜包括掺合物膜、混杂膜和相互渗透聚合物网格，也可称为聚合物复合物阴离子交换膜（只是复合形式不一样）。掺合物由聚合物基体和碱性盐类构成，有时也会添加一种或多种增塑剂。使用的碱性盐类通常是氢氧化铵和氢氧化钾，而可使用的有机聚合物是多种多样的，包括单一聚合物如 PEO（聚乙烯氧化物）、PBI 和 PVA（聚亚乙烯醇），或共聚物如 PEO-PEC（聚环氯肼，epichlorhydrine）和 PEO-PPO（聚丙烯氧化物）。对 KOH/PBI 掺合物膜，测量的电导率在 0.00005～0.1S/cm 范围。在使用氢氧作燃料于 50℃时的 SAFC 在 0.6 V 下达到的电流密度为 620mA/cm²。

混杂阴离子基膜通常使用溶胶凝胶法制备，在有机聚合物基体中加入无机粒子以提高膜的力学、热和化学性质。能够混杂的无机材料有多种，如纳米二氧化钛、蒙脱土、烷氧硅烷、氧化铝和羟基磷灰石等，它们都能够与 PVA 混杂。这类非均相阴离子交换膜虽然提高了力学性质，但 OH⁻ 的电导率是低的。

相互渗透聚合物网格由力学、热和化学稳定憎水聚合物与传导 OH⁻ 的聚合物组合而成。两个聚合物都是交联的聚合物。对仅一个是交联的情形，称为半相互渗透聚合物网格。例如，经混合 PEC 和聚丙烯腈在季铵化和交联后得到的阴离子交换膜，其 OH⁻ 的电导率约 0.002S/cm；又如，对氯乙酰化聚 2,6-二甲基-1,4-苯氧化物（CPPO）/溴甲基化聚 2,6-二甲基-1,4-苯氧化物（BPPO）掺合物进行热处理制备的阴离子交换膜，因有部分内交联结构增强了力学和热性质，而且该阴离子交换膜有高的 OH⁻ 电导率，在 25℃时为 0.032S/cm。

5.8.3.2 均相阴离子交换膜

均相阴离子交换膜可经直接共聚和交联季铵化过程合成，也可以由共聚物经辐射/接枝技术和化学反应改性合成。使用这些方法合成了不少有阴离子交换容量的聚合物膜，但其 OH⁻ 电导率一般都不高。这些合成方法都是典型的有机合成和高分子合成和改性化学，这里就不展开叙述了。

碱性阴离子交换膜（AAEM）是碱阴离子交换膜燃料电池（AAEMFC）的关键部件之一。它的长期化学稳定性决定着 AAEMFC 技术是否能够实际应用和商业化。现在，针对提高 AAEM 的化学稳定性进行了广泛的研究。对传统季铵型 AAEM，为很好地了解其降解机理对改进季铵型膜也进行了广泛研究。虽然这些努力是有效的，但在热碱性条件下季铵的降解仍然是不可避免的。非胺基团如咪唑盐和胍盐在过去数年也吸引人们极大的注意力，因为它们的共振结构能够潜在超过季铵。组分、骨架和侧链结构的调节是提高稳定性的重点，这些方面可调节碳的电荷密度和改变与氢氧化物离子的相互作用。立体隐蔽和交联也是阻碍或限制氢氧化物攻击脆弱阳离子的主要因素。

有传导 OH⁻ 功能的无机化合物，如层状双氢氧化物（LDH），是一种好的掺杂材料，因为在碱性介质中它们有高稳定性。如果并合和固定在化学牢固的聚合物基体中，LDH 可能导致有好的离子电导率和高稳定性的 AAEM 的生成。计算化学是了解 AAEM 阳离子稳定性和降解机理的有力工具；能够为设计有长期稳定性的合理阳离子结构提供帮助。

尽管有低的碱稳定性的巨大挑战，但 AAEM 仍然是有巨大前景的，因为在燃料电池应用中它与质子交换膜相比有显著优势。现在已经达到的令人鼓舞的进展支持这个观点。随着这些优势和阳离子结构骨架和膜构架的进一步革新（由计算化学研究引导），能够期望发展出碱稳定性进一步提高的 AAEM，从而推进燃料电池中的实际应用。

5.8.4　AAEMFC 应用要解决的问题

随着全球环境和能源问题变得愈来愈严重，为寻求新的能源选择，人们做了巨大的研究努力。作为新能源技术，燃料电池显示替代常规化石能源的巨大潜力，由于它的高效率和低甚至零排放。在各种类型燃料电池中，质子交换膜燃料电池（PEMFC）在近数十年发展最快速；PEMFC 动力车辆、移动装置和运输装备已经被广泛示范或商业化。但是，贵金属沉积如铂在电极中的使用使 PEMFC 的成本很高，同时铂催化剂容易遭受燃料中的 CO 或其他杂质中毒。这些缺点阻碍了 PEMFC 技术的实际应用和商业化。

鉴于上述背景，新一类燃料电池也即碱阴离子交换膜燃料电池（AAEMFC）在过去几十年中受到的关注不断增加。AAEMFC 应用固体传导羟基膜作为电解质，其是 PEMFC 中质子交换膜的对应物（图 5-47）。正如 PEMFC 那样，一大类化学品如氢、甲醇、乙二醇、水合肼、硼氢化钠等能够作为 AAEMFC 的燃料，氢是最常使用的。AAEMFC 的电极和总反应前面已经叙述过了。

最近，对 AAEMFC 研究发展的再兴起是由于，它并没有 PEMFC 的那些缺点并有可能实现便宜、低铂或无铂燃料电池技术。它的氧还原反应（ORR）比在 PEMFC 中容易，因为碱性工作条件。碱性由阴极反应产生的 OH⁻ 提供。容易的 ORR 反应允许使用非贵金属如银、镍、钴和过渡金属氧化物作 ORR 催化剂，使池的成本是比其他燃料电池更便宜。另外，在 AAEMFC 中的燃料横穿与其他燃料电池相比能够很好地被压制，因为燃料横穿和 OH⁻ 在膜中的传输在相反方向。AAEMFC 的其他优点有装置紧凑、表面液体泄漏和在阴极生成的碳酸盐沉淀很少，这些是由于用 AAEM 电解质替代了常规间燃料电池中的液体 KOH 或 NaOH 电解质。所有上述的优点使 AAEMFC 阴极在近年快速发展。

作为 AAEMFC 的核心组件，电解质膜（AAEM）在决定池性能中起关键的作用。AAEM 的主要功能是要将在阴极的 OH⁻ 传输到阳极，在阳极 OH⁻ 与燃料进行电化学反应释放出电子。AAEM 也作为电极间的分离器，防止燃料横穿和发生电流短路。AAEM 材料通常是用三甲胺、咪唑、膦、胍、苯并咪唑等和季铵化铝和溴甲基化-聚合物合成。

为确保池的高能源密度、长期操作和实际应用，AAEM 必须具有高 OH⁻ 电导率和优良的活性、尺寸和力学稳定性；也应该是便宜的和容易制造的。对 AAEM 的制作已经取得令人鼓舞的进展。但是两个主要问题仍然必须解决，即低的羟基电导率和高温碱性条件下化学稳定性不够高。

第一个问题源于 OH⁻ 比质子大，也源于缺乏亲水和憎水性的微相分离；而微相分离导致离子簇和通道的形成，这对离子传输是有利的。源于这两个原因，AAEM 的 OH⁻ 电导率很难达到 PEM 中质子电导率的水平。但近来 AAEM 的离子电导率提高已经有实质性进展。最近报道的 AAEM 在室温下的离子电导率最高为 60mS/cm，相当接近于 Nafion 112 的质子电导率；更加重要的是，由于交联结构，AAEM 保持高的机械强度（空白时的抗拉强度为 15MPa）；通过开环复分解聚合计划制作。这代表涉及电导率-强度平衡（高电导率一般依赖于可能引起过度水膨胀和差机械强度的高离子浓度）的极为重要的结果。一般认为，并合高离子浓度和交联是提高燃料电池应用的高电导率和牢固 AAEM 的一条有效途径。提高 AAEM 电导率的另一条重要途径是使用季铵化前端共聚物，以增强微相分离；获得膜的电导率能够在 80℃ 达到 144mS/cm。使用这个膜的直接肼燃料电池获得的峰功率密度接近 300mW/cm²。加入季铵化支链能够提高 AAEM 的电导率同时压制水溶胀。

关于第二个问题，主要原因是 AAEM 的阳离子能够被 OH⁻ 分解。当存在有 β-氢原子时，季铵经 E_2 消去或 Hofmann 消去（图 5-48）断裂；无 β-氢原子时，发生亲核取代（图 5-49）；当在胺基团的 α 和 β 位置存在立体空间位阻时，分解的发生遵循 E_1 消去路径（图 5-50）。阳离子降解将导致膜离子交换容量和电导率的下降。

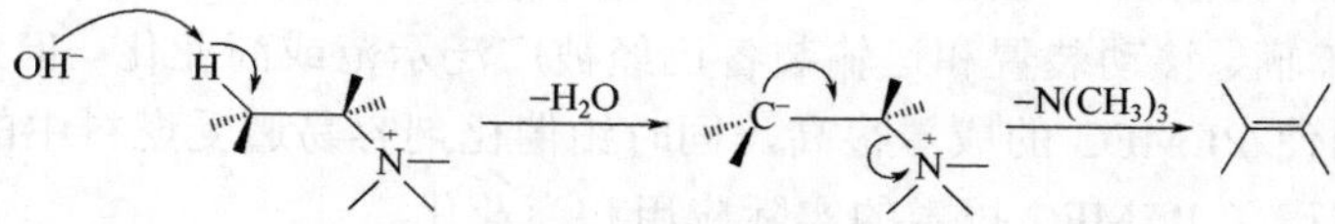

图 5-48　季铵基团因 Hofmann 消去降解

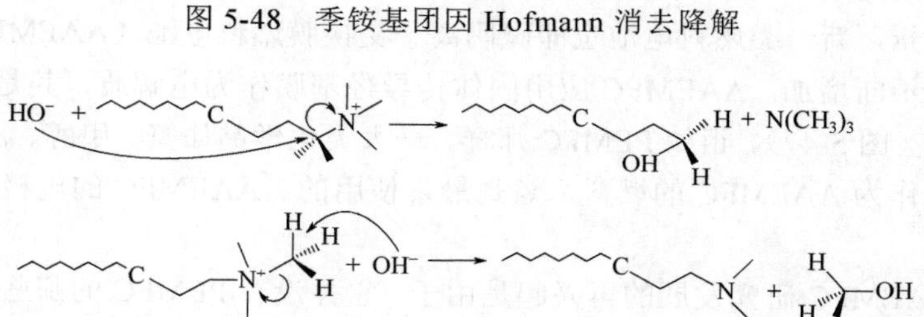

图 5-49　季铵基团因亲核取代而降解

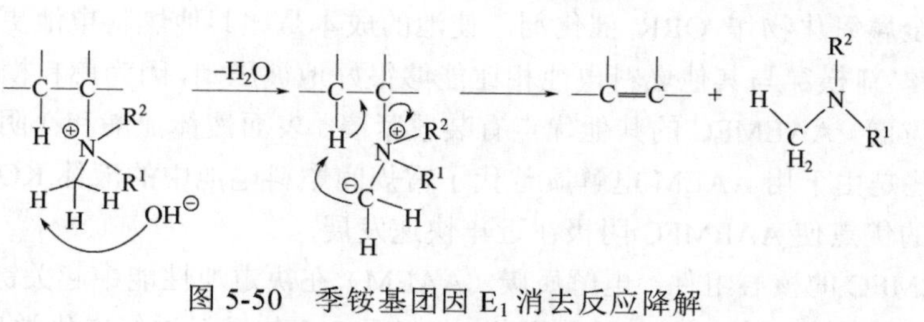

图 5-50　季铵基团因 E_1 消去反应降解

因此，需要在了解影响阳离子在碱介质稳定性的外部因素（如燃料电池操作条件特别是温度和碱浓度）和 AAEM 分子结构性质的基础上，从改变和延伸或改性季铵阳离子、扩大微相分离、增强聚合物链结构本征稳定性和增加空间位阻着手，利用交联和加筋等来增加 AAEM 的碱稳定性。采取这些措施后，不仅能有效地提高 AAEM 的季铵稳定性，而且有的还获得了好的 AAEMFC 的性能。例如，用膦功能化聚乙烯 AAEM 在 1mol/L KOH 80℃ 下稳定性超过 140d。又如，用 PTFE 加筋的季铵 AAEM 做成的膜耐用性超过 1200h，而且显示高 OH⁻电导率（在 30℃是 0.057S/cm）和高的功率密度，在 50℃是 370mW/cm²。除了上述调节骨架、支链、阳离子结构或使用交联和位阻效应外，仍有一些其他方法能够解决 AAEM 的低稳定性问题，例如使用传导 OH⁻的无机材料如钼掺杂磷酸锡，金属离子夹层化合物如水滑石黏土，掺杂制备聚合物复合物阴离子传导膜，具有碱长期稳定性。获得的纳米复合物膜显示高的 OH⁻电导率 65℃为 86mS/cm 和出色的化学稳定性，在 6mol/L KOH 沸点温度下稳定 21d。

第6章

PEFC材料和制造 II：催化剂和载体

6.1 概述

燃料电池商业化的主要目标是要发展低成本、高效率和耐用的材料。但是，现在的燃料电池系统本质上仍然是高成本的和耐用性相对差的。已经探索了若干路线，目的是降低成本，同时增加燃料电池性能，这些手段包括：①降低燃料电池电极中的电催化剂的 Pt 负荷；②发展新的纳米结构薄膜 Pt［例如 3M 的纳米结构薄膜（NSTF）电极］；③降低电催化剂颗粒大小；④使用金属合金（二元或三元的），减少对 Pt 的依赖，和使用无 Pt 电催化剂；⑤使用新制备方法增加电催化剂分散度；⑥发展 MEA（膜电极装配体）制造方法以使催化剂更好分散和利用；⑦使用新技术增加燃料电池电极表面的传质；⑧高碳质电催化剂载体的性能和探索新的非碳电催化剂载体材料。这些路线基本上都属于电极催化剂的范畴或与它有关，包括它的载体和制造技术。

在广泛应用的燃料电池中，最重要的是质子交换膜燃料电池（PEMFC）和直接甲醇燃料电池（DMFC），在过去二三十年中它们已经被广泛研究。这些系统已经显示其巨大潜力，不仅作为清洁能源系统而且提供了好的商业可利用性（例如，Ballard 和 Smart 燃料电池）。PEMFC 和 DMFC 已经有很多的成功应用，如热电联供系统（CHP）、电动车辆主功率和车辆辅助功率单元（APU）、充电器和其他便携式和手提装置，包括手机、平板电脑等，现在这些都是商业可利用的。尽管燃料电池系统已经有显著进展，但它们仍然存在成本过高（主要是由于催化剂）和耐用性不够的问题。为此，美国能源部的燃料电池（FC）技术计划（DOE 计划）与日本新能源和工艺技术发展组织都大力支持涉及 FC 和 FC 系统的固定和运输应用的大研发项目（R&D），例如 FC 轿车和车辆以及便携式装置如平板电脑和移动装置应用的 FC。PEM 燃料电池性能的好坏极大地取决于所使用的电极催化剂。催化剂层对降低高成本 FC 产品的成本具有巨大的实际重要性，因为它构成多于 50% 总燃料电池系统的成本。

在聚合物电解质燃料电池中，特别是 PEMFC 和 DMFC，最重要的组件是膜电极装配体（MEA），因为它是发生电化学过程和产生电力的装置：在阳极发生氢氧化反应（HOR）和在阴极发生氧还原反应（ORR）。MEA 中的催化剂对燃料电池性能和效率最大化是特别重要的。燃料电池反应的过电位在很大程度上取决于电极催化剂的组成和结构，电催化剂载体也对电化学反应和电极表面电子电导率产生很大影响。由于燃料电池系统中 ORR 过程的过电位远高于 HOR 过程，因此许多研究的重点都是放在了发展阴极催化剂上。但是，对 PEM 燃料电池特别是直接醇燃料电池（DAFC 如 DMFC），要提高它们的长期耐用性、稳定性和降低成本，针对 HOR 催化剂的研究也是非常重要的。

6.2　铂基催化剂

6.2.1　引言

不管是 ORR 催化剂还是 HOR 催化剂，现在最普遍使用的是铂（Pt）和 Pt 基合金催化剂，因为 Pt 能够提供：①最高的催化活性；②最好的化学稳定性；③高交换电流密度；④超级工作性能。由于 Pt 是世界上稀有的贵金属，价格不低，FC 系统的成本极大地取决于 Pt 基催化剂成本，因此为降低燃料电池系统成本，使用低 Pt 含量或无 Pt 催化剂是非常希望的。另外，对聚合物电解质膜（PEM）燃料电池，使用的燃料类型确定了所需要类型的电催化剂。因为电催化剂对一氧化碳的耐受性是必须考虑的一个关键问题，特别是当使用甲醇重整气作为燃料时。甲醇重整物含有约 25% CO_2 和少量 CO（1%），甲烷重整物也含有少量一氧化碳。已经证明，因燃料氢中仅含百万分之几的 CO 就能使 PEM 燃料电池性能下降。因此，PEM 燃料电池阳极催化剂需要具有耐受约 100×10^{-6} 浓度的 CO，特别是对车载使用的 PEM 燃料电池。对燃料电池系统，燃料在阳极上的氧化反应因催化剂活性差异导致氧化产物的不同（如氢燃料可能产生过氧化氢中间物；醇燃料会产生不完全氧化的中间产物），这对燃料电池效率和耐用性产生重要影响。也就是说，对使用不同燃料的燃料电池，对阳极催化剂的要求有所不同，尽管这种差别不是很大。为此，对阳极催化剂的讨论也是非常必要的。当然，对燃料电池阴极催化剂更需要讨论，因为它针对的是氧还原反应，对所有类型燃料电池几乎是相同的。由于阳极和阴极催化剂几乎都是 Pt 基催化剂，因此可以放在一起讨论。

尽管已经发展出各种电催化剂并测得了它们的高活性，但要实际商业应用似乎还是有距离的，因为它们不能够满足在低负荷下高电流密度和耐用性的要求。Pt 基催化剂（包括纯 Pt 和 Pt 合金催化剂）的主要缺点是，金属粒子被淋洗而导致贵金属的损失。这个淋洗导致了燃料电池的各种衍生问题，主要是膜电导率下降，催化剂层电阻增加（由于离子交联聚合物电阻增加），降低了氧在离子交联聚合物中的扩散，因金属阳离子（如铁和钛离子）的渗入使电解质膜降解。在燃料电池中，除催化剂金属组分被淋洗外，也会发生非贵金属粒子的淋洗，这是由于：①制备期间在碳载体上沉积了过量碱金属；②金属元素与 Pt 的合金化不完善，如因合金化温度低；③在酸性电解质的池电位下合金稳定性降低。为减少淋洗，在装配前先多次淋洗对解决上述问题是有效的。

电催化 ORR 材料研究是燃料电池领域中的一个关键课题。特别是，低温 PEMFC 性能受限于在 Pt 上 ORR 的缓慢反应速率。为提高 PEMFC 中的催化活性，使用过渡金属如 Fe、Co 和 Ni 对 Pt 进行合金化。铂的高价格是 PEMFC 大量生产所关心的事情，特别是在作为轻载车辆的功率源时。可采用多种方法来降低 PEMFC 中的 Pt 负荷，同时增加其功率密度。近来，合成了替代 Pt 的若干非铂催化剂，它们的应用能够降低燃料电池成本。

在 20 世纪 90 年代早期，对双金属 Pt 合金体系如 Pt-Ni、Pt-Co、Pt-Cr、Pt-Fe、Pt-Mn 和

Pt-Ti（Pt：M=50：50）的研究结果指出，合金化后催化剂活性比单一金属 Pt/C 催化剂高 20～30mV 或者高 25%。但它们的（Pt 和 Pt 合金催化剂）反应活化能是类似的。

由于 Pt 的有限供应和高价格，降低 Pt 负荷是燃料电池研发中的关键要求，美国 DOE 对 50 kW PEMFC 池堆设置了 $0.05mg(Pt)/cm^2$ 甚至更少的要求。为此，发展了多种合成方法来降低 Pt 负荷。例如，在 2010 年，研究用溶液相合成方法来制备碳负载 Pt-Co 合金催化剂，使用乙酰丙酮 Pt 和乙酰丙酮 Co 前身物在油酸和油胺存在时于辛基醚溶剂沸点下还原，产生很细的 Pt-Co 纳米粒子，再把它沉积在碳载体上获得 Pt-Co/C 催化剂。燃料电池试验证明，热处理后的 Pt-Co/C 催化剂的 ORR 活性在 0.9V 操作电压下高于 Pt/C 催化剂。原因可能是较小催化剂粒子和降低的晶格参数。

电催化剂活性和耐用性也受催化剂活性组分与载体间相互作用和它们结构的影响，表面功能化可能是改善性能的一个可行手段。例如，对氮功能化及其对催化剂-碳相互作用影响进行的一个特别研究［负载在功能化有序介孔碳（CMK-3）上］中指出，低温 PEMFC 系统中应用的 Pt/CMK-3 电催化性能比商业 Pt/C（E-Tek）要好。原因可能是氢到催化剂活性位的扩散在有序多孔结构碳中更为有效。

不同制备方法和金属粒子形貌控制也是降低催化剂 Pt 负荷的手段。例如，使用两步还原方法合成的 Cu@Pt/C 核壳纳米催化剂，活性金属仅分布于过渡金属核表面上，因此 Pt 的利用率增加，也即降低了 Pt 负荷。使用 CV（循环伏安）法测量有相同 Pt 量的电催化剂活性时指出，核壳结构催化剂活性高于常规 Pt/C 催化剂。又如，对表面富集 Pt 的碳负载 Pt-Cu 催化剂（Pt-Cu/C）进行的合成和研究指出（电化学试验结果），Pt-Cu/C 催化剂的单位质量 Pt ORR 活性比商业 Pt/C 催化剂高 3.7 倍。其原因可能是由于表面 Pt 原子适中的电子性质使表面被含氧酸物种吸附的程度降低。再如，使用乙酰乙酸 Pd（Ⅱ）的丙酮溶液浸渍碳载体制备了 Pd/C 和 Pd/Vulcan 催化剂，在燃料电池中的试验证明，Pd/Vulcan 的性能好于 Pd/C。对使用 $IrCl_3$ 和 NH_4VO_3 前身物合成负载在碳上的 Ir-V 纳米催化剂的研究指出，合成介质 pH 值影响催化剂性能，性能最好的催化剂是在 pH=12 下合成的，负荷为 $0.4mg/cm^2$（40%Ir-10%V/C），在 0.6V 和 70℃ 下给出的功率密度为 $1008mV/cm^2$，这比商业 Pt/C 催化剂高了 50%。

近来，注意的重点是在 Pt 基中空纳米粒子新型催化剂上。因为中空纳米粒子的内外表面都能够用于催化电化学反应，即有最大暴露的催化活性位或电化学活性表面积有显著增加。显然，中空结构催化剂的单位质量活性要远高于核壳结构，因为在中空催化剂制备期间内部的核材料已经被移去。因此，对中空 Pt 纳米催化剂在燃料电池中的应用已经引起浓厚兴趣。

上面简要叙述的有关 Pt 基电催化剂都适合在 PEMFC 中使用，并已经进一步向商业化应用发展。下面较详细讨论单 Pt、Pt 合金和 Pt 粒子结构与形貌等内容。

6.2.2　单 Pt 电催化剂

铂作为聚合物电解质燃料电池（PEFC 包括 PEMFC 和 DMFC）典型的催化剂已经使用数十年了。以 Pt 作为催化剂，对氢氧化（HOR）、氧还原（ORR）、甲醇和甲酸氧化反应（MOR 和 FOR）是高度可行的。在燃料电池发展初始阶段，几乎都使用 Pt 黑纳米粒子作为阳极和阴极催化剂。但为达到燃料电池的高性能，膜电极装配体（MEA）需要（Pt 黑催化剂的）Pt 负荷实在是太高了，由于没有载体纯 Pt 催化剂在制备时是很容易聚集的。使用 Pt 黑纳米粒子作为催化剂的 MEA，其电化学活性表面积通常是小的。尽管这样，目前纯 Pt 仍然是燃料电池普遍使用的催化剂。新的 FC 催化剂（负载 Pt 基催化剂）正在持续发展中，但它们没有完全替代纯 Pt 催化剂。

由于纳米 Pt 粒子是燃料电池（FC）阳极和阴极的氢氧化和氧还原反应的最好催化剂，Pt 纳米粒子催化剂在近些年持续发展的氢经济中起了关键作用。因此 Pt 粒子的纳米化已经是一种共识和趋势，已经制备出许多金属的纳米粒子，如 Cu、Ag、Au、Pt、Pd、Ru、Rh、Ni、Fe、Co 和 Mo 纳米粒子，且全都在电催化剂中进行了试验。贵金属和便宜金属纳米粒子形态的控制，特别是颗粒大小范围在 10nm（1～10nm）、20nm（1～20nm）、30nm（1～30nm）和具有控制形状与形貌纳米粒子的合成，如多面体（四面体、八面体、立方体等）和类多面体以及球形和类球形，对获得高性能燃料电池电催化剂是非常重要的，特别是 10nm 范围 Pt 纳米粒子的合成。

Pt 粒子纳米化最重要的一点是增加铂催化剂电化学表面积（ECA）。Pt 纳米粒子多面体暴露的一般是低指数面（如 111、100 和 110 面）。电化学测量指出，Pt 纳米粒子的催化活性与其纳米结构密切相关，低指数面 Pt 的催化活性一般具有高稳定性和耐用性。已经发展出制备纳米粒子的灵活和成功的化学与物理方法，而且 Pt 纳米粒子制备研究已被工程化。因此，纳米粒子催化剂是非常适合于中低温燃料电池如 PEMFC 和 DMFC 应用的。

6.2.3　Pt 催化剂上 HOR 和 ORR 的机理

对纯 Pt 催化剂使用的典型电化学测量中，电极通常是对饱和氢电极（SHE）从 $E=-0.2V$ 到 $E=1.0V$ 进行扫描。在这类循环伏安图上能够观察到特定的区域，显示纯 Pt 催化剂的活性和表面动力学。对氢在 Pt 上的氢演化反应（HER），虽然可以用多种机理描述，但对纯 Pt 和负载 Pt 催化剂，作为一个规律，在电极表面发生的动力学和化学反应，其特征是氢和氧反应生成水。在发生电化学反应的纯 Pt 纳米粒子催化剂表面，可能生成铂氧化物 PtO，因此，对 Pt 与 H 和 O 间生成 Pt-H 和 Pt-O 中间物的深入研究是重要的，它有可能导致增加 Pt 基催化剂活性和提高低温 FC、PEMFC 和 DMFC 的性能。在酸性电解质中，ORR 可遵循两条不同反应路径：四电子直接传递和两电子串联传递。但在评价 Pt 基纳米催化剂活性时，其电化学活性表面积（ECA）都是可以计算的。在对 Pt 催化剂上 ORR 动力学和机理研究中，有时能够观察到非常高的过电位损失，这暗示氢氧化生成水分子前生成了氢过氧化物（H_2O_2）。所以，对大电流操作的 FC 必须使用非常高 Pt 负荷，以保持 Pt 催化剂对 ORR 的高活性（四电子机理）。为此进行了很多努力来降低 ORR 催化剂的 Pt 负荷，以达到超低 Pt 负荷的水平。

但是对真实燃料电池系统，同时解决 Pt 催化剂低负荷、高性能、耐用性和在成本上有效对 FC 系统大规模商业化是极其重要的。多种 Pt 纳米粒子（球形、立方形、六角形和四面体、八面体形貌）在高氯酸或硫酸中的循环伏安（CV）测量结果说明，电催化反应对纳米粒子催化剂显示出强的结构敏感性。最基本和稳定的低指数 Pt 晶面是（111）、（100）和（110）面，它们含有高密度高活性 Pt 原子。根据比催化活性确定了不同晶面（也即在粒子边缘、角和平面）的活性位数目（Pt 原子数）。对实际制备的催化剂，其 HER、HOR 和 ORR 反应机理仍需要进一步研究，这对获得高电流密度是关键性的。纳米结构电催化剂对氢必须有高吸附和高反应性，另外，快、敏感和稳定的氢脱附/吸附对 FC 应用也是特别重要的。为了在 PEMFC 和 DMFC 中获得大电流密度，还需要详细研究 ORR 机理和发展新 Pt 基催化剂。理论计算指出，阴极（氧还原）反应速率和氧吸附能力间的关系，显示的是很清楚的火山形曲线。图 6-1

（a）给出的氧还原活性趋势与氧结合能间的关系，而图 6-1（b）给出的是 ORR 活性趋势与 O 和 OH 键合能的关系。从这些关系曲线能够确定，阴极电催化材料最好的两种选择是元素 Pt 和 Pd。在碳纳米材料载体上负载大小为 10nm 和 20nm 的 Pt、Pd 和 Pt-Pd 基双金属纳米粒子也可作为直接甲醇氧化反应（MOR）的催化剂使用。纯 Pt 纳米粒子必须高度分散于载体上才能够获得高活性催化剂。

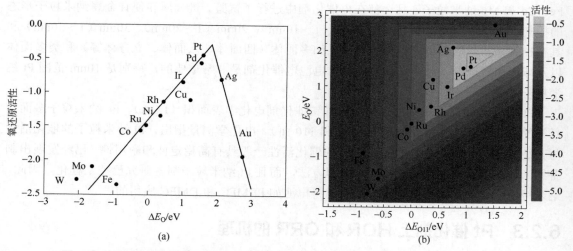

图 6-1　氧还原反应活性与氧键合能（ΔE_O）间的关系（a）和 ORR 活性（E_O）与
O 和 OH 键合能（ΔE_{OH}）间的关系（b）

6.2.4　影响 Pt 催化剂性能的因素

Pt 纳米粒子的催化性质受其表面结构和内部组成性质的强烈影响，这包括如下一些因素，表面粗糙度、形状、平板度、孔隙率、颗粒表面的原子密度、化学键合和结构变化等。新近 Pt 催化剂的研究目标针对催化、能源转化、环境友好和 FC 等领域，已经合成制备出 Pt 基纳米粒子，它们具有合金、核壳和混合物的纳米结构。为使催化剂具有所需要的性质特征，已经能够以形状控制方法合成制备纯 Pt 纳米粒子，其大小约 10nm，形状上有典型的均一分布。对大多数情形，催化剂 Pt 粒子纳米化能够增加其化学反应性，因为反应物可利用的表面原子比例增加。例如，对粒子大小为 20nm 的催化剂粒子，约有 10% 的表面原子，而对大小为 1nm 的粒子，反应性表面原子占约 99%。在相同总 Pt 重量下，给定数目大 Pt 粒子催化剂的耐用性和稳定性要比大数目小 Pt 粒子催化剂高很多，但其催化活性则远小于小 Pt 粒子催化剂。换句话说，非常小纳米粒子（10nm 内），表面原子数目相对较大，因此其催化活性高于大粒子，但也很清楚的是，非常小粒子的结构耐用性和稳定性是比较差的。小粒子有高的量子大小效应，因此优化上述这些因素对提高催化活性、保持耐用性与稳定性和降低 Pt 负荷（也即成本）是极其重要的。

在氢燃料电池阳极催化剂耐用性和稳定性影响因素中，一个重要问题是耐受一氧化碳中毒的问题，因为 Pt 活性组分对燃料中一氧化碳杂质是极端敏感的，特别是在使用重整烃或醇类生产的富氢气体作为燃料时。解决这个问题可从两个方面着手，一方面是降低氢燃料中的 CO 含量，另一方面是发展耐受 CO 中毒程度较高的阳极催化剂。

降低或除去富氢燃料中的 CO 杂质含量，可以在燃料加工生产过程中进行。通常采用的主要方法是：选择性优先 CO 氧化、选择性催化氧化和加入少量过氧化氢。这些方法都可以除去燃料气体中大部分 CO，使 CO 含量降低到百万分之几十或百万分之几，但是不可能完全除去 CO。因此非常有必要发展能够耐受 CO 的阳极催化剂。由于对大多数 Pt 基催化剂，其 CO 中毒的一般机理几乎是相同的，也即 CO 中毒能够通过 Pt-CO$_{吸附}$和第二金属、第三金属及其产生 OH 的反应（例如与 M-OH 反应形成 CO$_2$）机理来了解。由于一氧化碳（反应中间产物）中毒总会在阳极发生，它很强地吸附在 Pt 基催化剂上，阻滞氢的氧化。为提高纯 Pt 催化剂的 HOR 稳定性和活性，阳极催化剂的合金化（在后面详细叙述）应该既能降低 Pt 负荷又可以解决 CO 中毒问题。因此，对 Pt 基阳极催化剂的要求是，既能氧化氢也能够氧化 CO，这个特点就是所谓催化剂的双功能机理。所以，探索双功能催化性能的 Pt 基催化剂是寻找耐受 CO 的一条好的路子。实验发现，具有合金和混合物结构的 Pt 基双金属纳米粒子具有这种双功能特性，也就说 Pt 基多金属催化剂对降低 CO 中毒（耐受 CO 中毒）是有效的，这对醇类燃料电池系统（直接甲醇燃料电池 DMFC 和直接乙醇燃料电池 DEFC）是特别重要的。

如上所述，Pt 贵金属已知是燃料电池电化学反应的最好的电催化剂，包括对氢演化反应（HER）/氢氧化反应（HOR）、氧还原反应（ORR）和一氧化碳的电氧化反应。对阳极 Pt 催化剂只有显著降低 CO 的中毒效应才能够达到最好的 FC 性能，而降低铂基催化剂的 CO 中毒效应可以采用在 N$_2$/H$_2$ 中高温加热和使用双金属及多金属纳米粒子以控制 CO 中毒。后一个方法是避免和保护阳极催化剂不失活的好方法。

在燃料电池催化剂中使用碳载体的最初目的是降低贵金属使用量，但却成为 Pt 电极催化剂的第一次突破。金属纳米粒子负载在碳载体上，不仅使其具有高表面积而且能够保持极高的电化学活性表面积。于是，各种碳材料如碳纳米管（CNT）、碳纳米纤维（CNF）、石墨烯以及炭黑，已经被使用作为 Pt 的载体材料，用以增强金属纳米粒子的催化活性和耐用性。对金属氧化物载体材料也进行了研究，它们与金属有强的相互作用和高的抗腐蚀能力，金属氧化物有可能作为载体材料替代现在使用的碳基材料。在催化剂工程化领域，微波辅助多元醇方法能够制备 MOR 的 Pt/C、Ru/C 和 Pt-Ru/C 催化剂。研究结果指出，负载在石墨介孔碳（GMC）的 PtRu 催化剂有好的 MOR 催化活性，由于不同大小的孔对 DMFC 性能有特别重要的影响。对 Pt/C 催化剂，一个重要的问题是载体碳在燃料电池条件下被水腐蚀，使 PEMFC 和 DMFC 系统催化剂活性的显著下降。在未来应该能够发展出替代碳载体的新载体，如金属、合金、氧化物和陶瓷。但是，对低温 FC 电催化剂，碳载体仍然是最具重要性的。

很有可能的是，Pd 基催化剂替代 Pt 基催化剂作为 PEMFC 和 DMFC 阴极氧还原反应（ORR）催化剂使用，这样可降低对 Pt 金属的依赖。在市场上，Pt 的价格一般比 Pd 更贵和更稀有。已经证明，在许多情形中 Pd 是能够替代 Pt 的，例如，添加少量 Pt（5%）到 Pd 基催化剂中，Pd 基催化剂的 HOR 活性显著增加，几乎接近于纯 Pt 催化剂的水平。

总之，为降低 Pt 负荷和增强电化学活性以及催化剂的耐用性和稳定性，可以使用的方法有催化剂载体的使用、Pt 粒子纳米化和铂金属合金化、使用 Pd 金属。虽然在 Pt 合金中 Pt 数量少于单 Pt 纳米催化剂，但催化活性却要高很多，因为合金中存在活性组分压缩应变和电子配体效应：小颗粒过渡金属原子进入到 Pt 晶格结构中会使 Pt 晶格参数减小，另外也是由于不同金属间的电负性差别，导致 Pt d 轨道充满而发生变化，使电荷从过渡金属传输给 Pt。再者，发展的新合成方法（如控制纳米粒子形状）使 ORR 高活性 Pt 晶面（111）和（100）有更多的暴露（例如形成更多八面体或立方体）。现在已经有能力通过颗粒大小控制创生出替代 Pt 催化剂的好和牢固的 Pd 基催化剂。为提高纯 Pt 催化剂电催化活性所进行的巨大努力已经在 DMFC 和 PEMFC 的 Pt 基催化剂上得到很大的体现。

6.3　Pt 合金催化剂

在 PEMFC 和 DMFC 中，对非常重要的 ORR 除 Pt 催化剂提供主要催化活性外，为增加 FC 中的电流密度，可以在 Pt 基催化剂中添加过渡金属。另外，不同载体的使用及所负载金属纳米粒子大小、形状、孔隙率、表面、结构、组成和氧化态的控制都会对特定催化性质产生巨大影响。

设计 Pt 基催化剂的挑战，被认为是在 FC 汽车应用中的重要内容。各种新 Pt 基催化剂特别是使用新的低 Pt 负荷催化剂的思想都是为 PEMFC 和 DMFC 应用提出的。在对各种 FC 中应用的金属和双金属纳米粒子 ORR 催化剂的催化活性和稳定性进行比较中，提出了提高 Pt 基催化剂或 Pd 基催化剂性能的策略路径，包括形状和大小依赖催化活性的控制、必需的稳定性和表面积损失控制、非合金化现象和双金属催化剂中协同效应的控制等。例如，已经观察到因制备过程、结构和性质间关系的不同，导致了合成的 Pt 纳米粒子均一催化体系的催化活性间有差别。

对新直接甲醇燃料电池（DMFC）的电极催化剂，Pt/C、Pt-Ru 氧化物/C、Pt-Ru/C 和 Pt-Ru 氧化物催化剂是可行候选者。事实上，Pt-M 基（其中 M 可以是 Co、Ni、Fe、Cu、Cr 或其他便宜和丰富金属）催化剂包括许多可以利用的 Pt 基混合物，如各种双金属、三金属和四金属 Pt 基催化剂 [如为甲醇氧化（MOR）已经制备出高反应速率的 Pt-Ru-Rh-Ni 复杂的四元催化剂]。为了达到降低 DMFC 总成本的目标，已经开发出纳米碳材料负载的低 Pt 含量的新 Pt 双金属、三金属催化剂，如 Pt/C、Pt-Sn/C、Pt-Ru/C、Pt/CeO$_2$/C 以及 Pt/Fe-Ru/C、Pt/Ni-Ru/C 和 Pt/Co-Ru/C，或无铂催化剂。这些催化剂还必须耐受 CO 中毒，不仅能够抗 CO 中毒而且耐受在醇氧化反应中产生最小水平浓度的反应中间物（包括 CO）。

但是，Pt 合金（Pt-M）催化剂一般显示差的耐用性，尽管它们对 ORR 有高的初始活性。这主要是因为，Pt 合金暴露在燃料电池酸性环境和高电位下会导致金属温和溶解（因过渡金属 M 的氧化）。在长期试验中，溶解的金属离子使催化剂中毒，导致 ORR 催化活性显著降低。为此，发展出核壳结构概念的新催化剂，用来保护合金中过渡金属不被溶解。核壳催化剂的设计是非常有效的，因为电化学反应仅发生于纳米粒子表面层。当使用核壳结构时，需要 Pt 的数量极少，因它作为壳仅覆盖过渡金属纳米粒子表面层。当然核壳催化剂的制备成本会增加。

已明确指出，Pt 催化剂合金化是降低燃料电池系统成本和抵抗 CO 中毒的简单办法。一般选用合适金属与 Pt 合金化产生 Pt 合金催化剂，包括双金属或多金属 Pt 合金催化剂。文献中已经设计和研究了多种二元或三元 Pt 催化剂。在表 6-1 中列举的 26 类双金属和单金属 Pt 催化剂都是已经被广泛研究过的燃料电池阳极应用的 Pt 基合金催化剂。如表 6-1 中指出的，二元和三元阳极催化剂一般是但不总是 Pt 基和负载在碳上的催化剂。它们对降低阳极催化剂的 Pt 负荷都是有效的，它们能够缓解甚至消除 CO 中毒。其中至少有 7 种 Pt 基催化剂的性能等于或类似于纯氢燃料电池的 Pt/C 催化剂：Pt-Ru/C、Pt-Mo/C、Pt-Ir/C、Pt-Ru-Mo/C、Pt-Ru-W/C、Pt-Ru-Al$_4$、Pt-Re-(MgH$_2$)。表 6-1 中列举的二元催化剂有 12 种，其中仅有 Pt-Ru 的性能等同于纯氢单一金属 Pt/C 催化剂的性能。

表 6-1　阳极催化剂材料

催化剂材料	单金属催化剂	双金属催化剂	三金属催化剂
Pt/C	×		
Pt-Co/C		×	
Pt-Cr/C		×	
Pt-Fe/C		×	
Pt-Ir/C		×	
Pt-Mn/C		×	
Pt-Mo/C		×	
Pt-Ni/C		×	
Pt-Pd/C		×	
Pt-Rh/C		×	
Pt-Ru/C		×	
Pt-V/C		×	
Au-Pd/C		×	
Pt-Ru-Al$_4$			×
Pt-Ru-Mo/C			×
Pt-Ru-Cr/C			×
Pt-Ru-Ir/C			×
Pt-Ru-Mn/C			×
Pt-Ru-Co			×
Pt-Ru-Nb/C			×
Pt-Ru-Ni/C			×
Pt-Ru-Pd/C			×
Pt-Ru-Rh/C			×
Pt-Ru-W/C			×
Pt-Ru-Zr/C			×
Pt-Rc-(MgH$_2$)			×

注："×"表示所属类别。

三元催化剂一般基于 Pt-Ru 合金，已经对很大数目的三元催化剂性能与二元和纯铂催化剂进行了比较。结果指出，三元催化剂一般有最好性能。

总而言之，Pt 基合金催化剂是作为下一代 PEMFC 和 DMFC 催化剂进行研究和发展的。例如，Pt 基纳米线可作为 PEMFC 的潜在电化学催化剂。通过化学改性和制备能够获得大小、组成和形状很好确定的负载在合适载体上的 Pt 纳米粒子，它应该是很好的电化学催化剂，具有高选择性和高热稳定性，特别适合于未来 FC 应用。

在许多情形中，Pd 纳米粒子能够用于替代 Pt 纳米粒子，因铂对醇的催化氧化活性较低。研究发现，准卤素硫氰酸盐离子的存在影响 Pd 纳米晶体的种子生长。

对 Pt 合金催化剂(非负载的和负载的)已经进行了进一步的深入研究，包括 Pt_xRu_y、Pt_xRh_y、Pt_xAu_y、Pt_xCu_y、Pt_xNi_y、Pt_xCo_y、Pt_xSn_y、Pt_xFe_y、Pt_xPd_y 等。对直接甲醇燃料电池（DMFC）应用而言，最成功但成本高的是负载的 Pt-Ru 基催化剂，例如 Pt-Ru/C 和能够耐受 CO 的 Pt-Ru-MoO$_x$/碳纳米纤维催化剂。对醇类如甲醇、乙醇和乙二醇电氧化催化活性而言，Pt-Ru 双金属催化剂［含 Ru 30%（原子分数）］的活性也是很高的。Pt-Ru 纳米线催化材料被使用于增强 DMFC 性能。对甲醇氧化反应（MOR），Pt-Ru-Ni/C 的催化活性高于 Pt-Ru/C，其对

CO 的耐受性也好于 Pt-Ru/C。

Pt-Rh 双金属催化剂可以是 PEMFC 和 DMFC 应用的好候选者，但成本仍然太高。在 Pt-Rh 基催化剂中，双金属粒子的大小和表面偏析起着重要作用。因此，Rh 金属对降低 CO 中毒或增强活性和稳定性起着有益的作用。

Pt-Au 催化剂（Pt-Au 双金属、合金和核壳或 Au 金属簇催化剂）也是 FC 的非常可行的候选者。它们对 ORR 是有效的，可作为有甲醇存在时的 ORR 催化剂，而且对 MOR 的电化学稳定性也产生大的正面影响。所以，Pt-Au 合金膜可以作为好催化剂使用于 DMFC 中。次单层 Pt-壳/Pd-核纳米粒子也显示出高的 HOR 活性。

有薄 Pt 壳的 Pt-Ni 核壳纳米粒子（大小约 10nm）催化剂，也能作为 PEMFC 阴极催化剂使用，虽然 Pt 含量低但催化活性高。纳米多孔 Pt/Ni 表面合金（大小约 3nm）也显示出优越的 ORR 活性和长期耐用性。Pt-Ni 合金/C 和 Pt-Ni 核壳纳米催化剂对 ORR 具有高的催化活性。Pt-Ni 合金/C 与合金化纳米粒子比较，有优越的催化性质，因为其大的表面积和小孔结构，这对醇类 FC、PEMFC 和 DMFC 操作是重要和有利的。

Pt-Co 基催化剂有可能成功地替代纯 Pt 催化剂。为达到最高催化活性需要有合适的 Pt 和 Co 组成，Co 在降低 CO 中毒或增强催化活性中起着协同作用。因此，Pt-Co 核壳纳米粒子（或 Pt-Co/C 催化剂）有可能作为 PEMFC 和 DMFC 阴极催化剂使用。便宜 Co 金属的使用显著降低 FC 成本。低 Pt 含量的 Pt-Co/C 和 Pt_xCo_y/C 适合于作为高温 PEMFC 阴极的高性能催化剂使用。但是在评估 Pt 基合金催化剂在低温 FC、PEMFC 和 DMFC 中使用是否合适时，应该把催化活性和 CO 敏感性与相应的耐用性、稳定性和可靠性一起考虑。

合金 Pt_xFe_y 和 Pt_xFe_y/载体催化剂具有超高的耐用性、稳定性和可靠性。调整 Fe 组成可以使 Pt-Fe 催化剂获得有合金、混合物和核壳结构的 Pt-Fe 催化剂的优化组成，有可能使 Pt-Fe 基催化剂对 ORR 显示高活性。用电沉积制备的三元 Pt-Fe-Co 合金催化剂显示最好质量活性的结构组成为 $Pt_{85}Fe_{10}Co_5$。

Pt 基和 Pd 基催化剂是 PEMFC 和 DMFC 阳极和阴极的最重要催化剂。例如，$PtPd_xCu_y$/C 核壳催化剂对 PEMFC 的 ORR 显示出高催化活性；低 Pt 含量的 $Pd_{45}Pt_5Sn_{50}$ 阴极催化剂和高性能与高稳定性的 Pd-Pt-Ni 纳米和碳-$Nb_{0.07}Ti_{0.93}O_2$ 复合物负载 Pt-Pd 合金电催化剂，已经使用于 PEMFC 中并进行了试验。

Pt-Pd 基催化剂在商业 PEMFC 和 DMFC 中的使用，已经被证明是成功的。特别是，核壳 Pt 改性 Pd/C 是 PEMFC 中的氧还原反应高活性和高耐用性的电催化剂。Pt-Pd/C 双金属催化剂的 ORR 活性，通过制备富 Pt 表面和核壳结构得到增强，于是可以使用于 DMFC 中。例如，在 Vulcan XC-72 碳载体上负载超薄 Pt 壳的 Pt-Pd 核壳纳米线催化剂，对 ORR 电催化性能显示有显著的增强。已经使用不同制备方法成功合成了 Pt-Pd 合金、Pt-Pd 核壳纳米粒子、Pd-Pt 双金属纳米树枝晶催化剂，包括溶剂热一锅法、超分子和控制合成路径合成方法等。它们对 ORR 有高活性或活性增强。添加 Pt 涂层，Pd 纳米管能够作为 ORR 优良电催化剂使用。

6.4 Pt 基催化剂的结构形貌控制

6.4.1 粒子大小效应

不同大小和形貌（纳米级到微米级）的燃料电池催化材料，使用超声辅助是很容易合成的。但是，要获得大小均匀和均一形貌则是一个重大挑战。当前，在使用于 DMFC 中作为电催化剂时，负载在商业碳上的有约 0.88nm 的超细纯 Pt 金属簇。但是，也已经发现，Pt 纳米粒子会快速聚集，相应的催化活性也急剧下降，特别是对大小在 1nm 的 Pt 金属颗粒。显然，该现象会严重影响 Pt 基纳米结构的催化敏感性和活性。大多数超细或非常小金属纳米簇显示非常高的活性，但是一般不能够确保其稳定性和耐用性。例如，极细 Pt-Au 金属簇有非常高的 ORR 速率，但它们的稳定性和耐用性仍然是不确定的。此外，已知负载于碳载体上大小约 2.5nm 的 Pt 纳米粒子是 ORR 很好的催化剂，非常细 Pt 金属簇对氧分子四电子还原反应显示非常高的催化活性。

不同形状金属和双金属纳米粒子在催化能源转化和燃料电池应用中显示有很大潜力。特别是铂和钯纳米粒子作为 PEMFC 和 DMFC 阳极和阴极催化剂应用，更具有很大的重要性。大多数贵金属纳米粒子一般大小形貌约为 100nm；小于 10nm 或 20nm 的纳米粒子在必要领域中应用的优越潜力是特别受关注的，因为它们具有大的量子效应和表面效应。使用可利用化学和物理方法合成的金属纳米粒子，大多数金属纳米粒子的形状、大小和形貌范围是在 10nm 以下，也可以控制在 100nm 和 1000nm 或更大。小的强吸附质（例如 I⁻、CO、胺）对 Pd 和 Pt 的大小及形状控制纳米粒子的合成是重要的。

大小均匀和均一形貌的纳米粒子在实际应用中一般有更加优越的性质。因此，把贵金属和其他金属纳米粒子以及双金属或多金属纳米粒子的大小和形状控制在大约 10nm、20nm 和 30nm，对催化和燃料电池应用是有利的。大小和形状不同的 Pt 或 Pt 基纳米粒子能够保存于多种合适溶剂中。

必须进一步研究贵金属（Pt、Au、Pd、Rh 和 Ru）纳米粒子或催化剂在 DMFC 和 PEMFC 电化学测量和试验条件下的溶解问题。为提高纯 Pt 催化剂的催化活性和耐用性，Pt 和 Pd 基混合物、合金和核壳纳米粒子的特殊协同效应、脱金属、组成效应等应该予以特别的考虑。

6.4.2　粒子形貌效应

已经观察到，大小近似为 10nm 的 Pt 纳米粒子当其形状从立方体改变到四面体或六面体时，它们的催化活性会发生改变。在这个大小范围的四面体或六面体 Pt 纳米粒子一般有高密度阶梯原子分布，对乙醇氧化显示较强电催化活性。但是，这样形状粒子的制备过程是很复杂的。这些特殊形状催化剂粒子也能够负载于各种碳纳米材料上，如碳纳米管（CNT）和 Vulcan XC-72R 碳，使催化活性进一步增强。

Pt 基纳米粒子大小范围在一定程度上也涉及醇燃料电池电极催化剂的稳定性和耐用性。类多面体和类球形形貌的粒子是有好处的，它们能够满足多种最好催化剂应用的要求，而这类要求在不断增加。但在一定大小和形状范围内微调、控制、形状化 Pt 纳米结构，通常要比控制 Pt 基纳米结构金属组成困难得多。为达到 FC 的大规模商业化，重要的是要通过 Pt 基催化剂的结构形貌控制最大化它们的活性、耐用性和稳定性。

在一个代表性工作中，具有多面体核壳形貌的 Pt 和 Pt-Pd 双金属纳米粒子是通过 Pt 和 Pd 前身物在一定温度下的乙二醇中以硝酸银作为结构控制试剂还原合成的，如图 6-2 所示。这类 Pt 纳米粒子显示形状很确定的多面体形貌，有精细和特殊的纳米结构，大小范围在 20nm。Pt-Pd 核壳纳米粒子的核壳构型，能够清楚地从 HR-TEM（高分辨透射电子显微镜）照片看到，核壳 Pt-Pd 纳米粒子的大小范围在 25nm，有多面体形貌，薄的 Pd 壳厚度为 3nm，

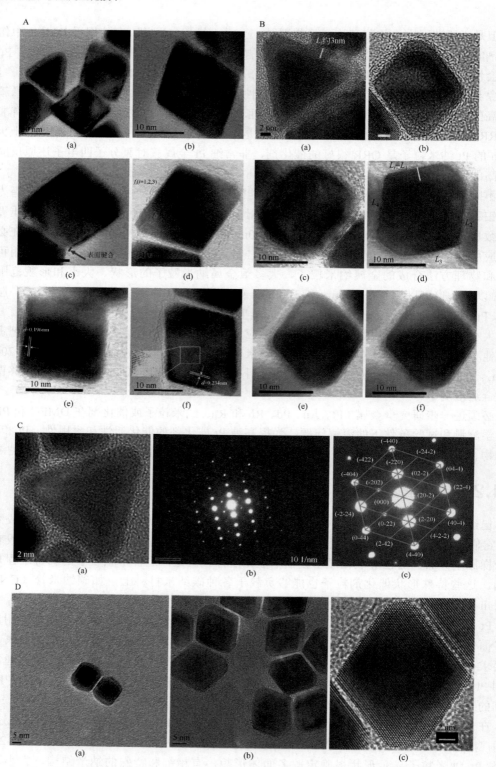

图 6-2　A～C：20nm 范围 Pt 纳米粒子 TEM 照片；B：30nm 范围 Pt-Pd 核壳纳米粒子（双金属核壳结构有最好协同作用）TEM 照片；C：30nm 范围 Pt-Pd 核壳纳米粒子的 TEM 照片、单晶衍射图和晶体结构；D：用多元醇方法形状控制合成 Pt-Pd 核壳纳米粒子所显示的多面体形貌八面体 3D 照片

因原子Pd层在合成期间在Pt核上生长。Pt-Pd双金属纳米粒子的高分辨TEM照片指出，在制备的Pt核上成核和生长Pd壳中同时存在Frank-van de Merwe和Stranski-Krastanov生长模式，指出有好的晶格匹配。晶格边缘和晶格边缘图景变化的试验证据，也能够在Pt和Pt-Pd核壳纳米粒子中找到。研究揭示出在纳米粒子间搭附、连接和成键时的再成核和再结晶现象，导致非常好的晶格匹配。

6.4.2.1 形状控制Pt合金

近来，研究发展的重点在于合成形状可控合金纳米粒子以达到最大催化性能。例如，有报道说，Pt_3Ni八面体的ORR活性比立方纳米粒子高5倍（图6-3）。而用CO作为还原试剂

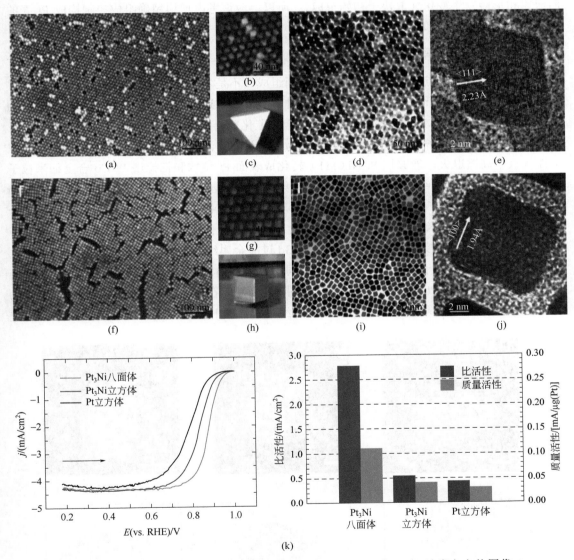

图6-3 [（a）～（e）] Pt_3Ni纳米八面体和[（f）～（j）] Pt_3Ni纳米立方体图像

（a），（f）场发射SEM；（b），（g）高分辨SEM；（c）八面体3D；（d），（i）TEM；（e），（j）单一纳米立方体高分辨TEM；（h）立方体3D；（k）负载的Pt_3Ni纳米八面体和立方体及Pt纳米立方体上ORR极化曲线和在0.9V（vs. RHE，可逆氢电极）、295K测量的比活性和质量活性

制备的形状和组成可控合金纳米粒子，八面体 Pt₃Ni 的 ORR 活性比同样组成的立方纳米粒子更高。有不同（*hkl*）值的 Pt₃Ni 说明了几何定向的重要性。Pt₃Ni（111）的活性是相应 Pt（111）活性的 10 倍，也高于 Pt₃Ni（100）的活性。活性增强源于电子结构和原子结构的排列。表面 Pt 和 Ni 原子的电子扰动诱导电子结构的变化。OH 在 Pt（*hkl*）上的吸附和它阻塞反应活性位都会影响催化活性。有应变诱导电子效应的二十面体合金纳米粒子具有优越的 ORR 活性。形状和组成变化控制是调整活性的重要改进因素。如对球形 Pt-M 合金纳米粒子，在电化学环境中可以了解形状控制合金纳米粒子的组分溶解。对八面体 Pt-Ni 合金纳米粒子，研究证实了富 Pt 框架（角和边缘）/富 Ni 平面结构的存在，平面溶解占优势。在淋洗发生时，（111）面崩塌和形貌发生变化（取决于初始组成）。所以，应该考虑使用精确组成控制构成 Pt 壳的厚度，以达到高活性和长期稳定性。

6.4.2.2　合金中的富 Pt 表面结构

近来，研究的重点放在合金纳米粒子表面组成而不是本体组成上，因为表面组成更加重要。扩展晶相结构分析指出，表面组成和重排是重要的。通过热处理、电化学脱合金化和物理/化学调整，Pt-M（M=Au、Co、Ni 和 Fe）合金催化剂会发生表面偏析形成表面富 Pt 材料。对诱导 Pt-M 纳米粒子脱合金化的热处理行为，可从主体溶质材料间偏析能量差来研究。在惰性气氛中高温退火，能够把 Pt₃Ni（111）转化成表面 Pt 结构和把无序 Pt-Co 合金纳米粒子转化为有序 PtCo@Pt 结构。此外，在 CO 气氛下的热处理，从无序 Pt-Au 合金获得了富 Pt 表面的 Pt-Au 纳米粒子，可能是由于 Pt 和 CO 分子间的强键合能。但由于热处理本身是一个严苛过程，会导致纳米粒子的聚集和烧结。电化学脱合金化过程（电位循环）也能使用于产生外皮 Pt 表面，并证实了是由于溶解才产生 3d 过渡金属纳米粒子内层。

骨架 Pt 与外皮 Pt 合金的比较，显示有不同的电子扰动效应。经酸处理接着热退火的 Pt-Ni 合金，形成了有外皮 Pt 表面的纳米粒子，如图 6-4 所示。在酸处理步骤中，Pt-Ni 纳米粒子的表面 Ni 原子被溶解，获得波纹状骨架 Pt。再经热处理使 Pt 原子层在骨架上重排，获得外皮

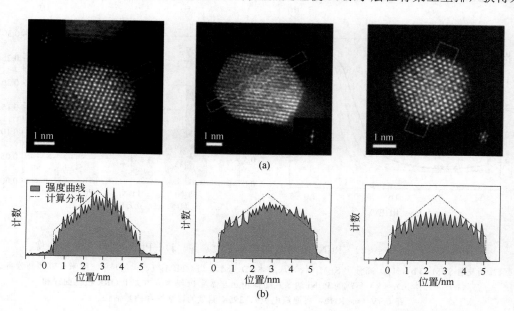

(a)

(b)

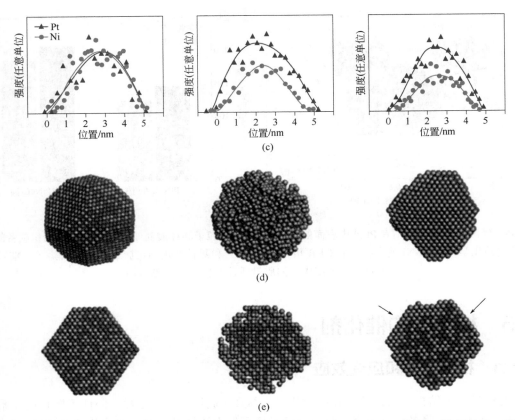

图 6-4 （a）代表性高角度环形暗场扫描透射电子显微镜（HAADF-STEM）照片，沿长轴取，它获得快速傅里叶转换（FFT）图像支持（图中嵌入图）；（b）背景扣除从（a）所示区域获取归一化强度相分布；（c）用能量散失 X 射线光谱（EDX）（用约 0.2nm 点东西的电子束横扫过各个催化剂粒子）获得的组成相分布（对 PTL 峰归一化）；（d）轮廓（概观）；（e）模拟给出的原子粒子纳米结构横截面图

Pt 表面结构。但是，虽然表面被同样的 Pt 覆盖，但彼此的 d 带中心是不同的。外皮 Pt 表面的 Pt L_3-边缘白线强度稍低于骨架 Pt 表面的 Pt L_3-边缘白线强度，这意味着外皮 Pt 表面的亲氧性较低。Ni X 射线吸收近缘结构数据也说明，Pt 外层能完全防止 Ni 的溶解。

　　近来，使用热处理和电化学加工方法制备了富 Pt *fct*-FeCuPt（面心四面体）和 *fcc*-FeCuPt（面心立方体）纳米合金。取决于这些材料的结构，Pt 表面对 ORR 显示不同的活性和稳定性，揭示这类材料结构对富 Pt 表面纳米粒子的电化学性质有重要影响。研究者提出了一种新化学调节方法，能够使有外皮 Pt 表面的 PtNi 纳米粒子比用酸和热处理制备的外皮 Pt 表面有更高活性和耐用性。经第一次酸处理后，在温和还原气氛中把少量 Pt 化学沉积在有骨架 Pt 表面的 Pt-Ni 纳米粒子上。与一般的外皮 Pt 表面 Pt-Ni 纳米粒子比较，经化学调节的外皮 Pt 表面 PtNi@Pt 纳米粒子，在外皮 Pt 层下的次表层中的 Pt 和 Ni 附近氧物种很少。化学调节方法产生新的外皮 Pt 表面，含更多有序面和高配位 Pt 数量，导致 ORR 活性和耐用性的显著增强，如图 6-5 所示。

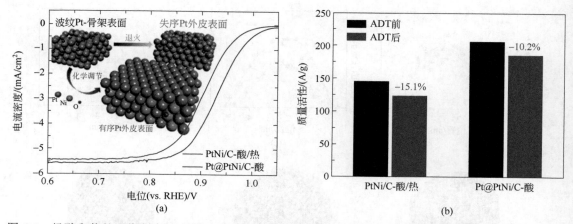

图 6-5　经酸和热处理烧制有 Pt 外皮表面的一般 Pt-Ni 纳米粒子和经酸处理后少量 Pt 化学沉积制备的有 Pt 外皮的化学调节 Pt-Ni 纳米粒子的 ORR 极化曲线（a）和两种催化剂在加速耐用性试验（ADT）前后在 0.9V（vs.RHE）的质量活性变化（b）（见彩插）

6.5　核壳结构催化剂

6.5.1　核壳结构和应变效应

对纳米粒子结构，设计的核壳结构使催化剂具有高活性和稳定性，降低了燃料电池系统中 Pt 的使用量。将多种单一金属和合金纳米粒子作为核材料，能够调整其薄 Pt 壳层中的电子结构和晶格参数。使用的方法是，筛选核材料调节 Pt 单层的电催化 ORR 化学性质。有意思的是，ORR 活性对不同金属显示火山形曲线。因此基于 Pt 单层内 d 带处于中心位置，可以通过变更核壳结构调节 d 带中心位置，位置的移动可产生表面应变效应。当表面存在抗拉强度时，邻近原子轨道重叠度会降低。如果使用大原子半径的核材料如 Au 而不是 Pt 时，d 带中心不移动，因存在抗拉强度。差的轨道重叠诱导带宽的降低，它与金属和吸附质间强化学吸附能相关联。然而，当核材料（如 Ru、Cu、Ir、Pd）的原子半径小于 Pt 半径时，对 Pt 可能产生压缩应变。使用脱合金化的 Pt-Cu 核壳纳米粒子产生的应变效应，能够调节核壳催化剂的 ORR 活性，这说明核材料的选择对增强核壳纳米粒子的 ORR 活性是重要的。

6.5.2　单一金属纳米粒子作为核材料

对核壳结构内核材料的有效性进行筛选后，提出以 Pd 作为核材料。在燃料电池操作条件下 Pd 比 Ni、Co 和 Fe 更稳定，因它的还原电位较高。Pd 纳米粒子的大小是容易控制的。首先把 Pt-Fe 壳层化学沉积在 Pd 纳米粒子上（壳厚度从 1～3nm 进行粗调）。结果显示，只有壳厚度为 1nm 的 Pd@FePt 核壳催化剂的 ORR 活性和耐用性比 Pt 纳米粒子高。这说明壳厚度可能是重要的因素，且受核材料的电子轨道及结构的影响。虽然 ORR 活性随沉积 Pt 数量增加而增加，直到 Pt[0.5]/Pd/C，超出该值活性反而下降。近来已经证明，对单一 Pt 表面层 Pd@Pt$_{nL}$（$n=1～6$）核壳纳米粒子进行层调整比对多层 Pt 类似物进行调整更有效和活性更高。这说明，调节 Pt 厚度到 1nm 或 2nm 的原子层对获得高 ORR 活性是非常重要的或可能是关键的，因表面 Pt 层的电子和几何结构主要受核材料的影响。当壳层厚度增加，壳的特征愈来愈接近于纯 Pt 的特征。

　　为了制备单层的 Pt 壳，在 Pd 纳米粒子上于过电位沉积 Cu 单层，然后用 Pt 单层替代 Cu 单层。该合成方法仅限于制备小电极，仅能在以玻璃碳电极作为工作电极的三电极系统中实现。所以，使用强还原能力金属氢化物或简单 H_2 清扫形成的吸附氢，使 Pd 纳米粒子上沉积 Cu 单层，如图 6-6 所示。它指出使用 Pd 核材料大规模生产 Pd@Pt 核壳催化剂是可能的。但是，对单一金属核的第一类型核壳催化剂，有两个重要限制：①使用了昂贵的核材料和太多的 Pt 族金属；②使用单一元素调节壳的电子结构一般是困难的。于是发展出不同组成合金核材料是需要的，用以增强催化活性和耐用性。

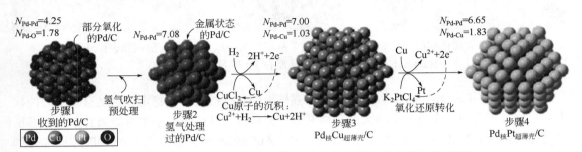

图 6-6　化学镀方法合成 Pd@Pt 核壳纳米粒子策略示意图（见彩插）

N_{Pd-Pd}、N_{Pd-O}、N_{Pd-Cu} 和 N_{Pd-Pt} 分别为中心原子 Pd 和其他组分如 Pd、O、Cu 和 Pt 的配位数目

　　与 Pd 比较，使用 Au 作为核材料，其大晶格常数具有抗拉应变，预期会对 ORR 活性产生负面影响。但是，就催化剂制备和耐用性而言，Au 有一些大的优点，如它比较容易烧制和有高的稳定性，即便在酸性电解质中也因为它的高还原电位使其是很稳定的。为补偿 Au 在壳层中 Pt 上的负面结构和电子效应，选择 Fe 作为与 Pt 合金化的第二元素。尽管 Fe 与壳层中的 Pt 合金化，$Au@FePt_3$ 的晶格常数大于 $FePt_3$ 合金纳米粒子（因 Au 核的抗拉应变效应）。如预测的，$Au@FePt_3$ 核壳催化剂显示稍高的比活性，有优良的 Pt 单位质量活性（与 $FePt_3$ 合金催化剂比较），因为使用的 Pt 量比 $FePt_3$ 合金催化剂低相当多。核壳催化剂有远高得多的耐用性能，因 Pt 和 Au 间的两种相反推动力改善了表面偏析。另外，Au@Pt ORR 催化剂极少受磷酸盐溶液中的磷酸阴离子的影响，虽然 Pt 纳米粒子会磷酸盐中毒。但是就商业化而言，Au 仍然太昂贵了。

6.5.3　金属合金纳米核材料

　　Pd 和 Au 仍然是合金金属核材料，因为它们有高的还原电位和耐用性。但是，对 Pt 壳层电子和结构有影响。为降低 Pd 和 Au 使用量，可使用过渡金属如 Co、Cu、Ni 与 Pd 和 Au 合金化。例如，在 Pd 与 Co 合金化后有一些 Pd 片状纳米粒子附着在其表面上，Pt 自发地替代 Pd 生成超薄 Pt 壳层。当 Pt 壳的氧键合能受 Pd/Co 比变化控制时，从发展的核材料组成能够获得一火山形图像。在核材料中，Co 诱导 Pt 壳层中的晶格应变和配位效应，使 ORR 催化剂由优化的 Pd/Co 组成。另外，为了使 Pt 化学选择地沉积在 Pd_3Cu 核材料上以获得用于 ORR 的 $Pd_3Cu@Pt$ 核壳催化剂。如图 6-7 中所示，已经发展了新的还原试剂如 Hantzsch 酯。核壳催化剂的氧吸附能和空位生成能被作为催化活性和稳定性的描述指标使用。描述指标的理论

计算证明，Pd₃Cu@Pt 有比其他核壳催化剂如 Pd₃Ni@Pt、Pd₃Co@Pt 和 Pd₃Fe@Pt 更好的催化
活性和稳定性。

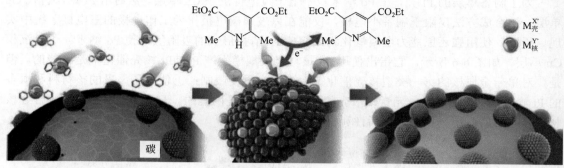

图 6-7　核壳催化剂的两步合成示意说明（苄基醚作为合成 Pt 基核的溶剂和表面活性剂。
Hantzsch 酯能够选择性地还原在 Pd 核表面的前身物）

Au-M（M=Fe、Ni、Cu、Pd）合金对增强核壳催化剂的活性和稳定性也是有吸引力的核
组分材料。虽然 Au 本身有非常大的晶格常数，但通过与其他小晶格常数金属合金化能够压
缩其应变。基于 XRD 峰移向高角度的结果证明，AuCu@Pt 核壳催化剂比 Au@Pt 核壳催化剂
有较小的晶格常数。图 6-8 是基于 Pd-Au 核组成的氧键能计算给出的火山形曲线。Au 对核壳
催化剂稳定性有影响，有压缩应变的 Au 能够在核材料合成期间移动到 Au-Ni-Fe 纳米粒子表
面上，因为它的偏析能。另外，经两次低电位沉积，能够制备出 Au 浓缩于核表面的 PdAu@Pt
核壳催化剂。核表面附近分布的 Au 是保护剂，防止核材料第二金属的溶解。

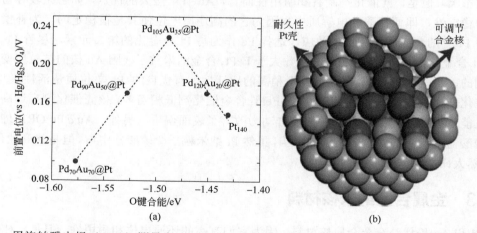

图 6-8　用旋转碟电极（RDE）测量在 PdAu@Pt 核壳纳米粒子上的 ORR 前置电位和与 DFT 计算的
对应氧键合能作图（a），以及 PdAu@Pt 核壳纳米粒子的示意图（b）（见彩插）

NiN 也能够作为核材料，可避免使用贵金属合金。在 NH₃ 中热处理 Pt-Ni 合金催化剂能
够形成 NiN@Pt 核壳催化剂。对 Ni@Pt 核壳催化剂，因 Pt 壳层的氧键合能太低（d 带中心位
置下移太远），Ni 核的稳定性差（因它高的应变表面）。而对 NiN@Pt 核壳催化剂，因 Pt 壳的
氧键合能值介于 Ni@Pt 核壳和纯 Pt 催化剂之间，它显示有优越的 ORR 活性。另外，接近 NiN
内部的 Pt 可容易地扩散到表面层填补 Pt 缺陷位置，因此极大地降低了 Pt 溶解性，有高稳定性。

6.6　中空结构纳米粒子催化剂

6.6.1　引言

中空结构金属纳米粒子已经受到很多关注，因为它们的高表面积体积比、低密度和高金属使用率。特别是，当考虑到贵金属的高成本和资源的有限可利用性时，把它们设计成中空结构具有突出的经济优点。与核壳结构纳米粒子比较，中空纳米粒子也降低燃料电池电极使用的总金属负荷（因在催化剂合成后移去了核材料）。所以，鉴于它们在燃料电池中的可应用性，中空 Pt 纳米催化剂已经吸引了相当多的注意力。

为生产中空纳米结构，提出了若干可行方法。例如，利用电镀置换和纳米尺度 Kirkendall 效应。只要有还原电位高于还原金属原子的其他金属离子存在，电镀置换在溶液中就能够自发发生。Kirkendall 效应是扩散偶通过空位交换发生的非互惠性原子扩散的结果。晶格空位的饱和最终会导致"Kirkendall 空隙"形式的超空位在界面处缩聚。使用已经证实了这类纳米尺度的 Kirkendall 效应，用它可以说明在溶液中的氧和硫（或硒）反应是能够形成大的中空纳米晶氧化物和硫（或硒）化物的。

现在，电镀置换被认为是中空纳米材料合成的最有效方法。它是一种简单有效的特殊模板剂媒介方法，以可控形式形成漂亮的中空材料，其形状被装配成具有除去模板剂的形状。因为该方法能够提供有不同组成的精细中空结构（单一金属的或合金的），因此特别有吸引力。早期，使用以形貌可调节的 Ag 纳米粒子作为置换模板剂，制备形状可控贵金属中空纳米粒子 [图 6-9（a）]；后来，该过程被大规模使用于合成燃料电池用 Pt 基中空催化剂 [图 6-9（b）]。该方法的一个重要应用是开发 Co 纳米粒子和 H_2PtCl_6 间的置换。

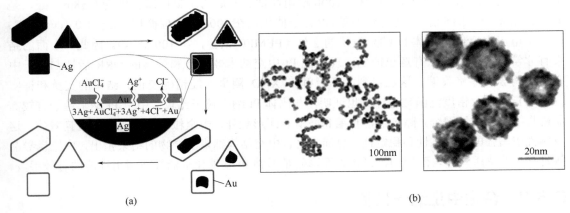

图 6-9　对经电镀置换 Au 模板剂和催化 Au 中空纳米粒子的示意说明（a）和中空 Pt 纳米粒子 TEM 照片（b）

6.6.2　Pt 中空纳米粒子

碳负载 Pt 中空纳米结构，可使用电化学方法在 Ag 上进行 Pt 纳米粒子合成 [图 6-10（a）]。Ag 上的 Pt 纳米粒子用乙酸处理，使 Ag 初始核进行电化学溶解，从而合成中空纳米结构。溶解过程应用的电位从 0~1.3V（vs.RHE），高氯酸用作支持电解质。得到的 Pt 中空纳米结

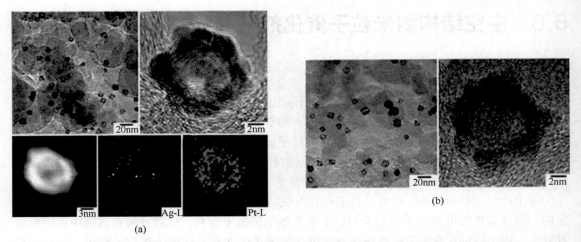

图 6-10　从在 Ag 纳米粒子上的碳负载 Pt 做的中空 Pt/C 结构 TEM、HR-TEM 和 STEM 照片（a），
以及加速耐用性试验［3 万次在 0.6～1.0V（vs.RHE）线性单位扫描］后中空 Pt/C
结构的 TEM 和 HR-TEM 照片（b）

构对 ORR 显示出比商业 Pt 催化剂高的效率，说明中空结构能够提高催化剂的活性。中空 Pt/C 催化剂的本征质量电流密度，在 0.9V（vs.RHE）时为 322μA/μg，几乎是 Pt 纳米粒子 187μA/μg 的 2 倍。结果也说明，Pt 中空纳米结构在 3 万次循环（0.6～1.0V，vs.RHE，在 0.1mol/L HClO₄ 溶液中）后仍然是物理稳定的［图 6-10（b）］。最近获得的结果进一步说明，Pt 中空结构对氧还原活性还有额外的正效应。以 Ni 纳米粒子为模板剂（Ni/C）制作了负载在炭黑上的紧凑和光滑 Pt 中空纳米晶体，其对氧还原的 Pt 质量活性（酸性燃料电池中）比固体 Pt 增加 4.4 倍［图 6-11（a）］，在 6000 次循环（100h 耐用性试验）后的质量电流密度为 0.58mA/μg，是固体 Pt 纳米粒子的 6 倍，与之比较的是，Pt 合金催化剂在 5000 次电位循环（0.5～1.0V，vs.RHE）后质量电流密度仅是固体 Pt 纳米粒子的 2 倍（PEMFC 试验，在 100mV/s）。因此，上面的结果有非常重要的意义。有意思的是，现在把 Pt 中空纳米球翻番和持续的 ORR 活性归结于中空结构诱导的晶格收缩。这已得到电子衍射和 XRD 测量（经精确校正）结果的支持和证实［图 6-11（b）］。密度泛函理论计算也证明，与固体 Pt 纳米粒子比较，中空 Pt 纳米粒子有较高晶格收缩和较弱氧键合。除了晶格收缩和光滑表面形貌外，中空粒子还有有利的几何效应，这也能说明增强的质量活性和稳定性。总而言之，中空结构纳米复合物的结果指出，中空诱导晶格收缩、单位质量高表面积和抗氧化表面形貌是增强 Pt 基催化剂活性或耐用性能的有效手段。

6.6.3　合金中空纳米粒子

　　如前所述，合金催化剂在 PEMFC 中确实有比纯 Pt 催化剂更高的催化活性和稳定性。近来也对碳负载中空 Pt 基合金纳米催化剂进行了研究。利用一锅煮方法从 Pt 前身物 Pt(NH₃)₄²⁺ 合成了碳负载的大小高度均一 Pt-Ni 合金的中空纳米粒子［图 6-12（a）］。该材料对氧还原显示优良的电催化性能，与商业碳负载 Pt 纳米粒子比较，质量活性和比活性分别增加 3.3 倍和 7.8 倍。特别应该指出的是，获得的质量活性 0.5A/mg 超过了燃料电池催化剂设定的目标 0.44A/mg。由于描述的合成方法并不需要牺牲模板剂，仅加入了稳定试剂或排除了空气，这可以认为是制备技术中的一个进展；另外，用该方法合成的中空纳米粒子大小，可容易地通

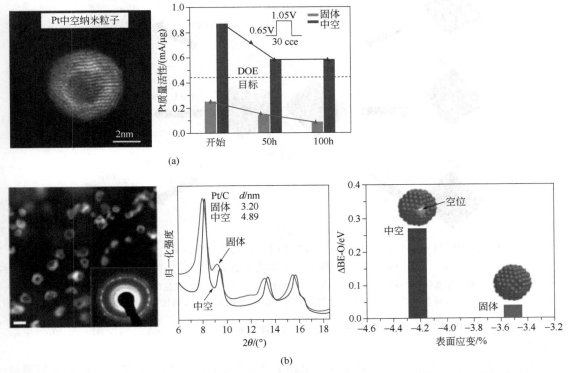

图 6-11　Pt 中空纳米粒子 CHR-TEM 照片和它出色和持续的 Pt ORR 质量活性（a），以及中空 Pt 的
电子散射图、XRD 图、固体 Pt 和中空 Pt 纳米粒子上氧键合能的 DFT 计算变化（b）

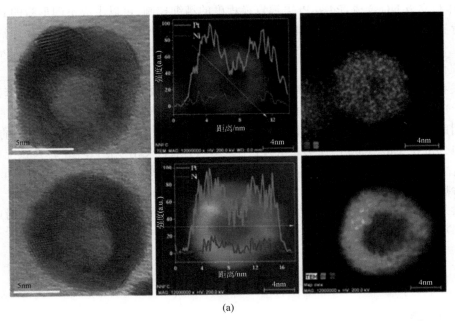

(a)

图 6-12

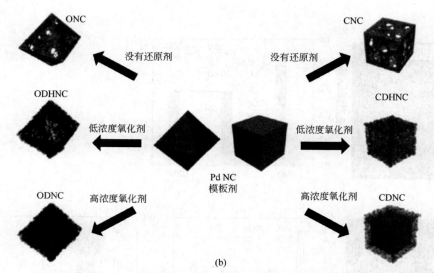

(b)

图 6-12　中空 Pt-Ni/C 的 HR-TEM、STEM 照片和元素分布（a），以及产生各种类型
Pd-Pt 纳米晶体合成参数的示意说明（b）

ONC——一般纳米晶体；CNC—立方纳米晶体；ODHNC——一般氧化还原纳米晶体；CDHNC—立方氧化
还原纳米晶体；ODNC——一般氧化纳米晶体；CDNC—立方氧化纳米晶体

过前身物溶液中 Pt 对 Ni 的原子比进行控制；而且，碳载体被作为稳定剂使用，生成的是均一大小的中空纳米粒子。

　　另外一个出色的例子是，控制合成了 Pd-Pt 合金中空纳米结构，这进一步提高了氧还原催化活性 [图 6-12（b）]。具有中空结构的多孔壁的纳米笼、树枝状中空结构的 Pd-Pt 合金纳米晶体（NC）以及 Pd@Pt 核壳树枝状 NC，可使用电镀置换法选择性地用可牺牲模板剂均一 Pd 八面体和立方 NC 合成。Pd 被 Pt 电镀置换程度的精细控制，可以生成不同形貌的 Pd-Pt NC。在炭黑存在下，合成的中空 NC 与 Pd@Pt 核壳 NC 和商业 Pt/C 催化剂比较，氧还原活性增强；但其电催化活性高度依赖于它们的形貌。用八面体 Pd 纳米晶体模板剂制备的 Pd-Pt 纳米笼，显示的催化性能有很大提高。

　　近来报道了三元 Pt 基中空系统（Pt@PdAu/C）（对 ORR 电催化有活性），由紧凑中空纳米粒子上的 Pt 单层壳构成。使用电镀置换法用 Pd/Au 粒子制备了锚定在碳载体上的 Ni 纳米粒子，用脉冲-电沉积获得相应的中空纳米粒子。在酸溶液中用电位循环移去保留的 Ni 后，进行负电位沉积 Cu。最后，在第二次置换反应中 Pt 取代 Cu，在 Pd-Au 转换核上电镀负载 Pt 单层。获得的最好催化剂 [$Pt_{ML}/Pd_{20}Au(h)/C$] 显示的总金属质量活性为 0.57A/mg，是使用类似合成过程制备的固体 Pd 核上 Pt 单层催化剂 0.25A/mg 的 2 倍。除了这款粒子几何体节约了质量外，其活性增强也来自光滑表面形貌和中空诱导晶格收缩。这也得到发射电子显微镜和 XRD 分析的支持和证实。

6.7　纳米结构薄膜催化剂

6.7.1　引言

　　PEM 燃料电池正在逐步稳定地向市场多个领域的商业化前进。变得更加确定的是，需要在性能、耐用性和成本上有进一步提高和改进。在实际条件下，PEM 燃料电池的场地操作，预期会对提高和改进提出进一步要求。膜电极装配体（MEA）是达到汽车应用要求以及许多目标性指标的关键部件，耐用性或许是技术发展阶段最关键和最重要的。PEM 燃料电池 MEA 的稳定性和耐用性取决于所有 MEA 的组件。对电催化剂电极需要同时满足多个性质：质量活性、所有电流密度时的高催化剂利用、低质量传输损失、对不同表面积损失机理的高耐受性、宽湿度和温度操作窗口的耐受性、冷启动和解冻耐受性、牢固制作的可兼容性、低价格和低成本。特殊耐用性和稳定性要求包括载体的抗腐蚀能力、抗表面积减小、溶解和中毒（外部和内部因素导致的）稳定性、催化剂表面结构和组成稳定性以及可忽略的过氧化物/水产生比（即两电子和四电子机理比 $2e^-/4e^-$）。也希望 MEA 的离子交换膜有抗击被过氧化物攻击的能力、低反应物渗透率和高尺寸稳定性；MEA 中气体扩散层的抗碳氧化或分解的能力（因会增加电阻和损失憎水性）。

常规碳负载高分散电催化剂的电导率和高活性，取决于高表面积碳载体和负载在碳粒子上的 2～3nm 大小的 Pt 基粒子。然而同样也是这些因素导致碳载体和 Pt 粒子催化电化学腐蚀和电化学表面积（ECSA）损失，这是由于高电位下 Pt 颗粒的聚集和溶解以及碳载体的腐蚀。碳载体粒子，不管是炭黑、石墨碳还是碳纳米管，一般要求其在低催化剂负荷电极中有合适的电子电导率（对高分散电催化剂确实有这样的要求）。但是，对不同组成和结构的电催化剂，对碳载体粒子并无要求。

而 3M 公司的纳米结构薄膜（NSTF）催化剂是这样一个非常规催化剂：NSTF 催化剂被并合到 MEA 中，电极层中不包含碳也不添加离子交联聚合物。因此，其 MEA 厚度仅为常规分散 Pt/C 碳催化剂 MEA 的厚度的 1/30～1/20。图 6-13 显示的是常规催化剂层和 NSTF 催化剂层的晶须照片（用全干轧辊连续加工过程制造，尚未并合到 PEM 表面形成催化剂涂层膜）。图 6-14 显示的是催化剂涂层膜一边横截面的 SEM 照片（也是使用全干轧辊连续加工过程制造），说明电极层是极其薄的。NSTF 催化剂由高长径比粒子组成，真空涂层催化剂薄膜是在已被定向的结晶有机物（色素，苝红）晶须单层上。有机物晶须是高度热、化学和电化学惰性的。薄膜催化剂涂层负载和封装在结晶色素晶须载体内，消除了载体被氧化的不稳定问题。薄膜催化剂涂层，由相对大微晶域或纳米尺度粒子构成，使 NSTF 催化剂具有增强的比活性和抗击因 Pt 溶解表面积损失的能力。最值得重视的是，NSTF 催化剂的比活性是高表面积分散 Pt/C 催化剂的 5 倍或更大。已经把在催化剂转换速率中获得的这个基本结果，与 NSTF 催化剂薄膜的某些性质相联系，因在旋转碟电极中测量的和与从本体多晶 Pt 薄膜上获得的比活性，其绝对值是非常一致的。这个获得的比活性补偿了 NSTF 催化剂较低的电化学表面积，以至于在降低负荷（金属含量）时能够达到与高表面积碳负载催化剂等当的性能。通过优化晶须载体表面积以匹配涂层 NSTF 催化剂整个体积，达到的质量活性等于现时碳负载高分散 Pt 合金催化剂中的最高值。然而，增强 NSTF 电极性能的另外一个关键领域是极端薄电极层，特别是在高电流密度时。因为没有了本体碳载体，在相同催化剂质量负荷下，Pt/C 基电极要比 NSTF 电极厚 20～30 倍，因此能够使催化剂的利用率达到 100%，而且还降低了高电流密度时的传质过电位损失。NSTF 电极的厚度小于 0.3μm，对应阴极 Pt 负荷 0.1mg/cm²。在 2A/cm² 电流密度时，加压（303kPa）H_2/空气燃料电池的传质损失降低到可以忽略（因校正 IR 极化曲线在 0.02～2A/cm² 范围的线性 Tafel 斜率为 70mV/12d）。

图 6-13　催化剂与连接 Pt/C 聚集体和离子交联聚合物的 SEM（a）和 TEM（b）
照片；在微结构催化剂传输基质上制备的 NSTF 催化剂横截面的扫描电镜
照片（c）（放大 10000 倍）和俯视图（d）（放大 50000 倍）

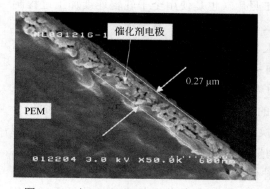

图 6-14　在 PEM 表面上的 NSTE 催化剂电极的扫描电镜照片［涂层在膜表面催化剂横截面（放大 5 万倍），显示无碳和离子交联聚合物电极层厚度小于 0.3μm］

与纳米粒子分散催化剂比较，NSTF 催化剂的较高比活性和无暴露碳，也是对 NSTF 耐用性作出贡献的另外一个非常重要的关键性质。对 120℃操作的 NSTF 三元催化剂基 MEA，在其水流出物中检测到，释放氟化物离子的速率有显著降低。这说明该 MEA 的氟化物离子释放速率比使用同类膜和 GDL 制作的 MEA（不是常规 Pt/C 电极）低至约 1/75。氟离子释放速率的降低与使用寿命之间有着显著的关联，应用 NSTF MEA 的 PEM 在有灾难性失败前坚持了 1000h，而 Pt/C 基 MEA 仅能够坚持约 100h。

也发现了 NSTF 催化剂和载体粒子的高电压稳定性与常规碳负载分散催化剂有很独特的差别，这也是它的一个关键点。已经证实，NSTF 催化剂载体对在 1.5V 高电压操作下的腐蚀有完全的抵抗力，因在长达 3h 的高电压下，并没有发现表面积或燃料电池性能有变化。与此完全不同的是，使用相同膜和 GDL 的 Pt/C 催化剂基 MEA，仅仅高电压 30min，表面积、性能和 AC 阻抗就发生大的变化。对纯 NSTF-Pt 或 NSTF 三元催化剂，在 H₂/N₂ 1.5V 下 NSTF 催化剂载体并不发生腐蚀，没有观察到表面积和催化活性的损失。这是与碳或石墨碳负载催化剂比较显示的非常不同的特色。下面是在循环电压扫描的加速试验条件下（在 H_2/N_2 中从 0.6V 到 1.5V 快速扫描），比较 NSTF-Pt 和 Pt/C 电催化剂的表面积和燃料电池性能稳定性，重点在 NSTF 催化剂在 Pt 溶解和聚集上的稳定性得到增强。

6.7.2　纳米结构薄膜催化剂和 MEA 的制备

按燃料电池手册中描述的方法制备 NSTF 和 MEA。NSTF 晶须载体层是单层有机色素材料的定向结晶晶须。首先使用真空卷材工艺（roll-good process）把载体层沉积在微结构化的催化剂输运基体（MCTS）上，然后催化剂被喷洒涂层在晶须顶部以便用多晶薄膜包裹它们。催化剂涂层的组成和结构是由喷洒标的物的排列和组成确定的。使用的样品是三元 Pt 和纯 Pt，以便与 Pt/C 催化剂在 CV 扫描试验中做比较。对每个电极，代表性的 NSTF Pt 负荷是 0.1mg/cm² 和 0.15mg/cm²，而 Pt/C 负荷为 0.4mg/cm²。NSTF-Pt 催化剂的比表面积约为 10m²/g。把催化剂从输运基体（MCTS）输送到质子交换膜上形成 NSTF 催化剂涂层膜。

在电压循环测量中，分散 Pt/C 是商业产品［在 Ketjen 炭黑上含 Pt 40%～50%（质量分数）］。含 Pt 炭黑催化剂的比表面积约为 192m²/g。把在 Nafion 中的常规类型 Pt/C 催化剂墨水（浆液）涂层并转移到膜表面形成分散的催化剂涂层膜。

对所有情形，在 3M 公司制作膜中使用的是 3M 离子交联聚合物。对电压循环，NSTF 和 Pt/C 型 MEA 都使用 EW 为 1000g/eq 的 3M 膜。对 NSTF 和 Pt/C 型 MEA，使用 3M 制作同样的 GDL，一般由背涂微孔层（为优化稳定性选择的分散碳）的碳纸电极构成。

6.7.3　NSTF 和 Pt/C 型 MEA 的比较

由于 Pt/C 的表面积远大于 NSTF 催化剂的表面积，为比较它们的 ECSA 变化，比较方便的是使用归一化表面积（到初始值）。在 NSTF 和 Pt/C 催化剂做成的 MEA 上进行伏安（CV）循环测量，经多次循环后 Pt/C 催化剂样品的 CV 曲线发生很大变化，而 NSTF 的 CV 曲线形状变化很小。图 6-15 中给出了四个 NSTF 催化剂和三个 Pt/C 样品的归一化表面积随 CV 循环数目（从 0.6～1.2V，80℃）的变化。能够看到，所有 NSTF 样品（纯 Pt 和 Pt-Co-Mn 催化剂），约在 3000 次循环后损失初始表面积的约 30%，此后在超过 14000 次循环期间表面积都是稳定的。而对 Pt/C 负载催化剂在 2000 次循环内损失初始表面积的 90%，而 Pt 分散在石墨碳载体上的催化剂在 5000 次循环内其表面积损失也达 90%甚至更多。在不同燃料电池操作温度（75℃、85℃、90℃和 95℃）下，对纯 Pt 基 NSTF 与 Pt/C（Ketjen 炭黑）催化剂制作的 MEA，进行了 CV 循环测量，比较指出：在 75℃和 90℃时 Pt/C MEA 经 1880 次循环后的 CV 曲线发生了显著变化（因表面积损失很大），而 NSTF MEA CV 曲线很稳定没有发生什么变化（因表面积损失低）。温度愈高表面积损失速率愈大，但归一化表面积损失对温度的关系不大。不同样品的归一化表面积随 CV 循环数目的变化总结于图 6-16 中。

对 Pt/C 基 MEA 和 NSTF-Pt 基 MEA，分别经 1880 次和 7226 次循环后，对其阴极和阳极催化剂表观晶粒大小进行比较：Pt/C 阳极催化剂晶粒大小增加甚于阴极，而 NSTF 阳极催化剂晶粒变化很小，阴极催化剂晶粒大小变化两种催化剂类似。晶粒大小变化意味着电化学表面积的变化。

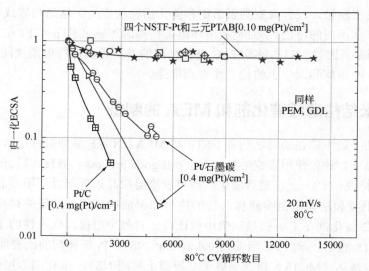

图 6-15　四个 NSTF 和三个 Pt/C 催化剂样品 0.6～1.2V CV 循环数目与归一化表面积

注：NSTF 样品，★□ 空方形 0.10mg/cm² Pt 负荷；○⊕ Pt₄₉Co₂₆Mn₂₅ 0.10mg/cm²Pt 负荷。所有 MEA 都使用 3M 离子交联聚合物 PEM 和 GDL。Pt/C、Pt/石墨碳和 NSTF 催化剂的初始表面积分别为 192m²/g、147m²/g 和 10m²/g

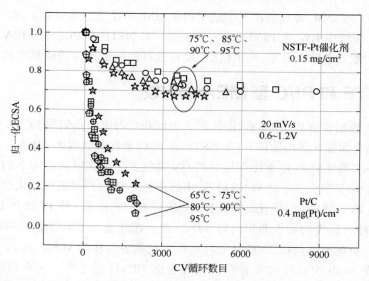

图 6-16　NSTF-Pt 基 MEA（0.15mg/cm²）工作电极归一化表面积，与在 75℃（□）、85℃（○）、90℃（☆）和 0.15mg/cm²Pt 负荷，95℃（△）CV 循环数目间的关系，也给出了 Pt/C 基（0.4mg/cm²）在 65℃（☆）、75℃（⊕）、80℃（⊞）、90℃（⊕）和 95℃（☆）类似关系

　　图 6-17 和图 6-18 分别显示 2429 次循环前后 Pt/C 基 MEA 和 4225 次循环前后 NSTF-Pt 基 MEA 的大气压恒流交变动电位扫描（PDS）极化曲线。可以看得很清楚，由于 CV 循环，NSTF-Pt MEA 的性能损失要小很多。这个性能损失可能来自催化剂比活性、催化剂表面积、总 MEA 阻抗和传质损失变化的贡献。而对 Pt/C 基 MEA 的主要损失，可能源于 90% 的催化剂电化学活性表面积的损失。两图（图 6-17、图 6-18）中的比活性是在如下条件下获得的：100kPa H_2/O_2 和 100% 饱和（总压 150kPa）下池保持在 900mV，记录保持 15min 后的电流

水平。这个电流密度水平经测量短路阻抗和横穿电流密度的校正，然后再除以测量的 ECSA，获得比活性。

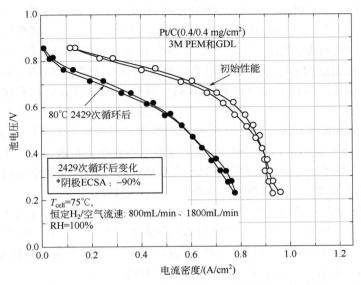

图 6-17　2429 次循环前后 Pt/C 基 MEA 环境压力恒定流速极化曲线，−90%的损失
可能主要原子电化学活性表面积

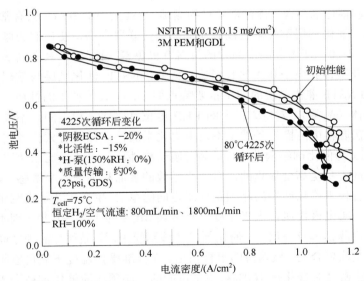

图 6-18　4225 次循环前后 NSTF-Pt 基 MEA 环境压力恒定流速极化曲线
注：嵌入指出燃料电池性能变化是由于约 20%表面积损失和约 15%催化剂比活性的降低

　　总之，NSTF-Pt 催化剂［0.15mg(Pt)/cm²］在高电压循环中，对表面积损失的抵抗力远高于负荷 0.4mg(Pt)/cm² 的 Pt/C（Ketjen 炭黑）。NSTF-Pt 在 9000 次循环中渐近达到的最大表面积损失约 33%，而 Pt/C 在 2000 次循环中损失的初始表面积约 90%。NSTF 以较慢速率损失其化学活性表面积。所以，NSTF 的表面积因为两个效应是比较稳定的：随 CV 循环次数增加接近有较高的渐近表面积值和表面积损失的较慢速率。对 Pt/C 和 NSTF 催化剂，表

面积损失看来主要是由于聚集。Pt/C 的表面积损失大约 90%/2500 次循环，而 NSTF-Pt 仅为约 20%/4225 次循环。Pt/C 阳极和阴极两者的晶体大小增加，分别为 380% 和 300%，但 NSTF 的晶体大小仅分别增加约 10% 和 68%。NSTF 催化剂的薄膜性质，非常可能是其稳定性增强的关键性质，超过其初始较大 Pt 颗粒大小，即催化剂薄膜金属颗粒是连续的和形成了遮蔽 NSTF 晶须核的保形层。所以，NSTF-Pt 颗粒已经是高度甚至是完全聚集的。CV 循环仍然可能诱导表面结构和连续表面颗粒粗糙度的变化，改变 Pt[hkl] 平面比或缺陷如单晶平面的阶梯和边缘比。这样的变化可能是 NSTF 催化剂的测量表面积和比活性发生变化的原因。

Pt/C 分散催化剂粒子较不稳定，因为 Pt 初始纳米粒子直径比大颗粒不稳定，也因为它们不连续使更多 Pt 原子能够从它们基体 Pt 粒子或碳载体粒子上扩散离去，变成电化学不活性的粒子。尽管 Pt/C 粒子大小增加，并没有显示催化剂比活性增加或催化剂利用率等于 NSTF，这是因为 Pt/C 极化曲线性能严重降解，其程度高于 NSTF-Pt。

燃料电池堆阴极在启动和停车期间，经受 H_2/空气下 OCV 和空气/空气下 OCV（约 1.23V）间的电位（>0.90V）循环的冲击，因燃料饥饿和氧横穿效应危及活性表面积。这会导致因 Pt 溶解和聚集的严重表面积损失。但从上面结果看，预期 NSTF 催化剂对启动/停车、近 OCV 操作和局部燃料饥饿效应的冲击应该是比较有抗击力的。

6.7.4 3M 纳米结构薄膜催化剂层的特色和挑战

纳米结构薄膜催化剂层含有涂渍催化剂的晶须，3M 公司的 NSTF 具有常规催化剂所没有的四个主要特色。催化剂层不含碳也没有添加离子交联聚合物，使它们的厚度仅有常规 Pt/C 基 MEA 的 1/30～1/20；使用于制造晶须的材料有机色素（苝红），具有高热稳定性、化学和电化学稳定性以及不传导电子和大的长径比。因此，NSTF 催化剂层与常规催化剂层间是有大的差别的。3M NSTF 催化剂层的四个重要特点如下：①载体粒子的性质，使用纯有机苝化合物固体须状晶体（晶须），对 2V 以上的 RHE 电位是电化学稳定的。不像其他常规载体，NSTF 催化剂层在燃料电池操作条件下不发生电化学腐蚀。晶须有大长径比且数目密度很高使 Pt 有大表面积。②催化剂结构性质，多晶薄膜结构性质使氧还原比活性比常规催化剂层高 5～10 倍，催化剂本身是高度聚集的，对聚集导致的表面积损失较少敏感。③工艺性质，这类催化剂层的制备技术确保产生的晶须是理想定向的单层。生产工艺是真空中辊对辊式涂渍，有很高的生产率。④电极性质，电极厚度仅有常规 MEA 的 1/30～1/20（因不含炭黑）。其电导率由多晶催化剂薄膜本身提供。在催化剂层转移到膜中后，晶须与晶须之间接触非常良好，无须再加入离子交联聚合物。极端薄的电极指出，在标准操作温度下氧传输阻抗已经最小化。因此，在较高电流密度时催化剂 100% 利用是可能的。晶须涂渍催化剂被嵌入 PEM 表面，因此质子从催化剂表面到膜离子交联聚合物的路径是非常短的，质子传输电阻很低。尽管有关质子的传输机理仍然存在争议。

虽然使用 NSTF 基 MEA 显著增加了池性能和耐用性、力学和化学稳定性，但要大规模商业化仍然面对一些技术问题。主要是在冷却、湿操作条件时有发生泛滥的倾向，而对瞬态负荷操作可能产生负面影响。模型和实验研究指出，NSTF 催化剂层厚度确实没有足够时间来移去产生的水，致使池电压降低到低于零。所以为解决这些挑战，对这类催化剂层需要使用特别的水管理方法：①增加厚度和孔隙率扩大阴极水存储容量；②降低膜的厚度；③在操作前降低膜中水含量；④降低通道 RH 或改变扩散介质水蒸气移去性质，以强化通道中的水移去。对这类薄催化剂层的水管理，应该强制移去阳极而不是阴极的水。需要考虑如下 5 个因素：使阴极中存在的水最小化；使用较薄的膜；利用 NSTF 催化剂的天然亲水性；以 $p_{H_2} < p_{O_2}$ 阴极对阳极超压；优化阳极 GDL 性质。

6.7.5　催化剂层组分和结构的优化

在过去一些年中，通过组分优化使 PEM 燃料电池不断发展，特别是催化剂层。层组成和结构的优化已经导致许多突破。催化剂层（而不仅仅是催化剂）作为燃料电池的心脏控制着半池反应和产物，在层中同时也发生各种传输现象，这些复杂要求使催化剂层需要具有非均相结构。为此，要了解层中组分间平衡和相互作用。目前最好的催化剂层由催化剂、载体、溶剂和黏合剂组成。在组分、形貌、结构或相互作用的任何变化最终都要影响催化剂层的活性、稳定性和耐用性。

在 PEM 燃料电池进展中，特别是对汽车应用，较薄组件特别是较薄膜和结构催化剂层的使用是两个主要突破方向。催化剂层在 PEMFC 的重要性是由其功能和位置［位于气体扩散层（GDL，或多孔传输层 PTL）和电解质膜之间］所决定的。作为电化学半池反应发生的区域，必须提供各种物种传输的连续通道，主要包括：①有效传输质子的连续通道；②有效均匀传输反应物-产物以及有效移去水的连续孔网络；③在催化剂层和电流收集器之间传导电子的连续通道。由于催化剂层的结构是不均匀和复杂的（燃料电池使用和非稳定操作条件下的稳定性和可靠性问题使其进一步复杂化），为增加其活性和池性能需要对 MEA 进行优化。

MEA 中催化剂层的结构优化以及池功率密度增加之间是相互关联的，这从催化剂层制备的历史发展可清楚看到。常规催化剂层的制备方法可追溯到 1967 年，那时使用聚四氟乙烯（PTFE）作为黏合剂，使很细的金属催化剂粒子混合在一起。但是使用 PTFE 黏合剂的催化剂层内质子电导率是很低的。为此，发展出在已经制备好的催化剂层表面浸渍 Nafion 溶液的方法。这是一个突破，因为强调了三相界面的重要性。后来，为把 Nafion 引入到催化剂层中，又发展出把 Nafion 溶液刷在电极表面上的方法。也能够利用胶体方法直接把聚四氟乙烯离子交链聚合物与催化剂粉末混合，但是仍然以 PTFE 为黏合剂。以 PTFE 为黏合剂的一个难题是需要高的 Pt 负荷。突破的发生在于不使用 PTFE，而是使用重铸离子交换聚合物作为黏合剂，使所有组分都在一起，这显著降低了 Pt 负荷量。再后来以碳负载 Pt 替代 Pt 黑（非负载 Pt）进一步降低 Pt 金属含量。图 6-13（a）和图 6-13（b）显示的是现时催化剂层的结构，一般由载体负载催化剂（如 Pt/C）、黏合剂（如 Nafion 离子交链聚合物）和分散它们的溶剂构成的浆液（墨水）分散而成。因此催化剂层的结构是由墨水中碳粒子聚集和离子交链聚合物凝聚而成形的。分散介质即溶剂支配着墨水性质，包括催化剂/离子交链聚合物聚集体大小、黏度、固化速率以及最终催化剂层的物理和传质性质。对该情形，制备所用黏合剂材料要求是质子导体。催化剂层中离子交链聚合物量的任何不平衡都会导致传输性能损失。离子交链聚合物量太少，导致差的离子电导率和活性位数量下降；太多，催化剂层易泛滥，最终使气体到反应活性位的扩散很慢。了解离子交链聚合物在催化剂层中如何分布对催化剂层的优化是重要的。有大量数据证明，离子交链聚合物溶液是聚集的。因此，催化剂层的耐用性和稳定性是由催化剂利用率、载体降解速率（如碳腐蚀）和离子交链聚合物稳定性决定的。

增加催化剂层稳定性的努力总是连续不断的，重点是增加各组分（如黏合剂或载体）以及寻找新的制备方法。后者通过消除一个或多个上述组分以降低催化剂层厚度来达到。这种努力的一个例子是，制作催化剂层的方法是，把 Pt 分散在气体扩散层（GDL）或 Pt/C 分散在电解质膜中，再使 GDL 和电解质膜共同形成非常薄的层。另一个例子是，制作超薄催化剂层（UTCL）或纳米结构薄膜（NSTF）催化剂层。对这些催化剂层，不使用离子交换聚合物，通常是由沉积了催化剂的纳米结构载体如金或碳组成的。3M 薄膜催化剂层 [图 6-13（a）和（b）和图 6-14] 是这类研究的前沿，显示很高催化活性与非常高的稳定性和耐用性。催化剂被负载在薄的从有机材料（茈红 149）制造的晶须上，该载体并不参与催化剂层内多种物种的传输。3M 催化剂层既不含碳也没有离子交链聚合物，因此消除了碳腐蚀和离子交链聚合物降解的问题，耐用性极好。然而这类催化剂结构也产生了如上述的一些其他问题。

其他研究努力的重点是在制备结构化的催化剂层上。例如，在制作双键合催化剂层中使用的黏合剂，组合了 PTFE 和离子交联聚合物的优点。用离子交联聚合物键合和 PTFE 键合催化剂层的结构化催化剂层，使电传导的速率提高了约 25%。对双层结构化催化剂，Pt 在 GDL 中和在电解质膜中的分布对 Pt 总利用率是有影响。三维有序大孔结构也能使用在结构催化剂层中，获得的电极是集成构型的牢固催化剂层，能提供好的池性能。

催化剂层能够按照墨水制备和分散技术进行分类。对催化剂墨水，不管催化剂层类型，主要考虑的是墨水含量、墨水均一性和黏度。通常用搅拌或超声辅助完全分散，确保组分间的接触和墨水均一性。常规催化剂层可分类为憎水和亲水电极，而非常规催化剂层包含各种沉积电极。催化剂墨水和用它制备催化剂的方法给出于表 6-2 中。

表 6-2　催化剂墨水和催化剂层的制备

憎水墨水	亲水墨水	催化剂离子溶液和 Pt 箔
憎水电极	亲水电极	沉积电极
→PTFE-键合憎水催化剂层（CL）	→贴花方法 CL	→溅射沉积 CL
	→直接喷雾 CL	→NSTF CL
	→离子交联聚合物热解 CL	→电化学沉积 CL
	→胶体方法 CL	→化学沉积 CL
	→PTFE/C 添加 CL	→IBAD（离子束辅助沉积）CL

不同催化剂层在结构上是有差别的，但其结构优化总是能够导致性能优化的。结构优化直接受层中各组分传输性质支配。下面对催化剂层中的组分对催化剂层性质的影响做简要讨论，重点是黏合剂、催化剂及其载体和溶剂。

6.7.5.1　黏合剂

催化剂墨水的均匀性和各个组分间相互作用决定了催化剂层的最后结构。一般说来，催化剂墨水由三个组分构成：负载在载体上的催化剂、黏合剂（离子交联聚合物）和溶剂。这些组分形成混合物，对后续的墨水干燥和在电解质膜或 GDL 上的分散沉积都必须进行优化。可用多种方法把催化剂墨水沉积到 GDL 中，如展布、喷洒、催化剂粉末沉积、离子交联聚合物浸渍和电沉积，而把催化剂层沉积到浸渍膜上的方法有倾倒传输、蒸发沉积、干燥展布和着色（涂渍）等。

黏合剂也就是离子交联聚合物的使用，不仅使催化剂层具有力学稳定性，而且建立起电解质膜和催化剂层之间的离子连接。与电解质膜本身不同，离子交联聚合物似乎是不透气的，反应物首先必须溶解在离子交联聚合物中再到达反应位置。黏合剂的类型和数量决定着催化剂层的气体渗透率、催化活性、耐用性、润湿性和离子电导率。在常规催化剂层中，使用的最先进的黏合剂是过氟磺酸（PFSA）。作为PEMFC催化剂层中使用的离子交联聚合物，SPES（磺化聚醚砜）、SPSU（磺化聚砜）和SPEEK（磺化聚醚醚酮）也被使用并正在发展中。作为黏合剂的离子交联聚合物，需要具有的性质包括化学稳定性、质子电导率、气体渗透率特别是氧、润湿性等。这些性质受许多因素影响，其中最常用的Nafion相对满足这些性质，也比较好。有关这方面的内容绝大多数已经在聚合物电解质膜相关内容中做了介绍。

6.7.5.2　溶剂

为了溶解干组分和形成均一溶液，催化剂墨水中总要使用溶剂的。溶剂的选择通常取决于墨水制备方法，也取决于而后把它沉积在GDL或电解质膜上的方法。例如，辊对辊式涂渍常常需要高固体含量（质量分数>5%）和添加剂的高沸点黏性墨水；而喷洒涂渍需要低固体含量（质量分数）和快速蒸发的醇或水基溶剂。常用的一些溶剂连同沉积方法给于表6-3中。溶剂选择直接影响碳粒子的聚集，因此影响催化剂层的总耐用性。尽管三类溶剂N-甲基-2-吡咯烷酮（NMP）、甘油和水基的催化剂墨水制备的三种电极，其ECSA显著不同，但它们并不影响电极的稳定性。研究指出，使用水基添加剂制备的离子交联聚合物膜，其机械强度远低于使用NMP和甘油制备的。解释这些结果对下一代电极设计具有重大的意义。试验结果指出，池性能受催化剂-聚合物-溶剂相互作用的影响极大。因该相互作用直接影响催化剂-空隙-离子交联聚合物界面而不是简单影响Pt催化剂的ECSA。使用5种不同溶剂的研究说明，以甲醇和水作为溶剂时，催化剂在溶剂中的分散不好，最终在干燥时开裂。分散介质溶剂对高频阻抗也即质子电导率有影响，是由于离子交联聚合物的微结构/网络和溶剂间的相互作用。甘油溶剂对沉积层微结构影响的研究发现，甘油使用量要影响催化剂层的孔体积，如果催化剂层中的甘油没有完全移去，将阻塞催化剂层初级和次级孔道，因此阻碍层内传输。用水蒸气可移去甘油。

表6-3　制备催化剂墨水的溶剂

溶剂	沉积方法
水/甲醇混合物（1∶1）	喷雾沉积
甘油/乙醇混合物	喷雾沉积
乙醇/异丙醇混合物	粉刷沉积
异丙醇	粉刷沉积
水	不特定
甘油和甲醇	直接喷洒在电解质膜上
异丙醇	直接喷洒在电解质膜上
异丙醇和脱离子水	在贴花纸上涂渍

注：1. 应该使用冷Nafion溶液以避免加入催化剂时燃烧；在用燃烧方法把催化剂负载在载体上时应该先使用少量水润湿催化剂。

2. 电极使用贴花传输方法制备电解质膜。贴花两步使用两种溶剂。把甘油与碳负载催化剂混合，然后粉刷在贴花上。Nafion溶液与甲醇混合，把混合物粉刷到有贴花的催化剂/碳上。这个两步粉刷沉积能够改变最后催化剂中的离子交联聚合物数量。

对铸造溶剂的选择和它对SPEEK聚合物电导率影响的研究中，选择了两种溶剂：N,N-二甲基甲酰胺（DMAC）和水/丙酮混合物（DMF）。结果证明，聚合物的电导率取决于铸造溶剂以及它的磺化程度。DMF 与 SPEEK 的磺酸基团形成的强氢键，降低了传输电荷可利用的质子数量，因此降低了聚合物的电导率。电导率的下降是由于 DMF 和 DMAC 与残留硫酸在高温处理期间的相互作用。因这个相互作用，形成了二甲基硫酸铵和相应的羧酸。

6.7.5.3　催化剂载体

PEM 燃料电池催化剂层中最普遍应用的载体是碳；主要是由于它的低成本、高化学稳定性、高表面积和与负载金属纳米粒子（也就是催化剂）的亲和力。一般使用炭黑和石墨化碳，其比表面积范围为 10～2000m²/g。因具有聚结的趋势，炭黑形成碳粒子聚集体，显示二元孔大小分布。碳离子的聚集体内的二元孔分布一般的孔范围在 2～20nm 之间，而存在于聚集体聚结之间有>20nm 的孔。

碳载体有多种形式，如炭黑、石墨化碳、碳纤维、碳纳米管、石墨烯、金刚石（硼掺杂）等，这些将在载体材料一节中详细介绍。

虽然碳载体被广泛使用，但其耐用性仍然是一个问题。因此在后面将叙述发展了的导电聚合物、环氧化物和金属氮化物载体。

6.7.5.4　催化剂

Pt 是 PEM 燃料电池最普遍选用的催化剂，对此在催化剂材料部分已经做了详细介绍，不再重复。尽管对各种 Pt 催化剂测得了高活性，但多数对商业使用并不实际，因它们不能够满足在低负荷下高电流密度和耐用性等电催化剂的所有要求。而 Pt 合金催化剂的主要缺点是离子淋洗而损失贵金属。这个淋洗能够导致多个衍生问题，主要是膜电导率下降、催化剂层电阻增加（因离子交联聚合物电阻增加）、氧在离子交联聚合物中扩散速率下降、因阳离子如铁和钛的存在使电解质膜降解。因制备期间碳载体上沉积过量的碱金属和与 Pt 的合金化不完善，也可能发生非贵金属离子的淋洗。一般说来，酸性电解质的池电位作用下合金的稳定性降低。为有效降低这些问题，装配前应该多次淋洗。催化剂与其载体间的相互作用和结构变化对催化剂活性和耐用性是有影响的。利用表面功能化，如氮官能团功能化及其催化剂-碳相互作用的影响已经做了特别的研究。

6.8　非铂催化剂

6.8.1　引言

已经认识到燃料电池，特别是 PEMFC，是一种高度有希望的电功率源，可广泛应用于很多领域。PEMFC 的有吸引力特征是，高能量/功率密度、高能量效率和低/零排放。但是，也已经确认，其主要挑战是寿命时间不够长和高的初始投资成本。这两个挑战都密切关系到 PEMFC 阴极氧还原反应（ORR）和阳极燃料（氢或小分子燃料如甲醇、甲酸和乙醇）氧化反应。在现时应用的 PEMFC 技术状态中，实际上最普遍使用的电催化剂材料是 Pt 基材料，它是稀有的且非常贵。为降低催化剂成本，在过去几十年中探索了两种可能的策略。一种是降低 Pt 负荷，另一种是使用非贵金属催化剂替代 Pt 基催化剂。在研发的非贵金属催化剂中，过渡金属大环（TMM）络合物及其热解材料已经在 PEMFC 中应用吸引了世界范围的注意。自 1964 年发现钴酞菁（Pc）作为 ORR 催化剂以来，这个领域快速发展。在碱性条件下，除了 TMM 非铂催化剂外，还发现可以使用含碳物质作为燃料电池阴极的 ORR 催化剂。下面简要介绍这些非铂催化剂，重点是 TMM 催化剂。

6.8.2　过渡金属络合物催化剂

过渡金属络合物催化剂催化 ORR 一般通过三个重要路径：①两电子传输路径生成 H_2O_2；②四电子传输路径生成 H_2O；③两电子四电子混合传输路径产生 H_2O_2 和 H_2O 混合物。在很少情形中 TMM 通过一电子路径催化氧还原产生过氧化物离子。对燃料电池应用，四电子传输路径产生 H_2O 是最希望的，因为它能够避免要降解催化剂的 H_2O_2 的生成。

关于 TMM 络合物催化 ORR 电化学反应，在水溶液中的两电子和四电子传输 ORR 过程能够用如下电化学反应表述：

两电子传输路径：

在酸性溶液：　　$O_2 + 2H^+ + 2e^- \longrightarrow H_2O_2$，　$E^\ominus = 0.682V$（vs.NHE）　　　　（6-1）

（NHE：标准氢电极）

在碱性溶液：$O_2 + H_2O + 2e^- \longrightarrow OH^- + HO_2^-$，　$E^\ominus = 0.065V$（vs.NHE）　　　（6-2）

直接四电子传输路径：

在酸性溶液：　　$O_2 + 4H^+ + 4e^- \longrightarrow 2H_2O$，　$E^\ominus = 1.229V$（vs.NHE）　　　（6-3）

在碱性溶液：　$O_2 + 2H_2O + 4e^- \longrightarrow 4OH^-$，　$E^\ominus = 0.401V$（vs.NHE）　　　（6-4）

对真实过程，TMM 催化没有纯的两电子或四电子传输路径，几乎都是遵循混合两电子和四电子传输路径，可以是两电子传输路径占优势，也可以是四电子传输路径占优势。

TMM 络合物催化剂中的主金属是过渡金属，包括 Fe 和 Co、Ti（O）、V、Mn、Ni、Cu、Zn、Mo。TMM 络合物的配体一般是酞菁（Pc）和卟啉（PP）及其衍生物两大类大环化合物，Pc 和 PP 结构给出于图 6-19 中，它们都含有一类四个氮原子（N_4）的螯合基团，与中心原子配位形成 TMM 络合物。例如，Co(Bu)Pc（丁基取代）、CoEtPP（乙基取代）、FePc 和 Co(BuPh)PP（丁苯取代）络合物的结构也给出于图 6-19 中。对给定主金属，TMM 催化的 ORR 活性顺序受配体系统性质和电子密度的很强影响。除了氮螯合基团外，其他含氧和含硫基团也能够形成 TMM 络合物，也显示有催化 ORR 活性。例如，在试验 N_4（四芳基卟啉、二苯酰四氮杂环烯）络合物、N_2O_2 络合物（Pfeiffer 络合物）和 N_2S_2 络合物［二乙酰二（苯硫基腙）］以及 Pc 络合物在酸电解质中的催化 ORR 活性和稳定性后，观察到这些 N_4 络合物都显示有 ORR 活性和相对的稳定性。但在试验若干天后都会出现一点问题，特别是对 Pc 和二苯酰四氮杂环烯配体。N_2S_2 和 N_2O_2（单一和多个）络合物没有显著的 ORR 活性。对 Fe^{II} 大环络合物，使用络合物的活性顺序是：$N_4 > N_2O_2 > N_2S_2 > O_4 > S_4$。

Fe 和 Co 大环络合物是研究得最多的 ORR 催化剂。Co 中心大环络合物催化 ORR 占优势的是两电子路径，生成的主要产物是 H_2O_2；而 Fe 中心络合物占优势的是四电子传输路径主要生成 H_2O。关于 TMM 催化 ORR 的活性和稳定性，除了使用的溶液类型外，金属和配体类型和性质都起着最重要作用。获得的一般结论是：铁酞菁（FePc）络合物对 ORR 的催化活性比钴酞菁（CoPc）络合物高，而稳定性低于 CoPc 催化剂。此外，Mn 螯合络合物在某些情形中也显示与 Fe 络合物可比较的高活性，但稳定性也是不够的。

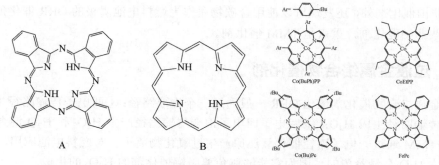

图 6-19　酞菁（Pc，A）和卟啉（PP，B）的结构式

现在，TMM 络合物还不能够实际应用于 PEMFC 中。由于在燃料电池操作环境中 TMM 催化 ORR 的活性和稳定性都不能够满足要求。但在 PEMFC 中应用它们，一个最可行方法是，在高温下对 TMM 络合物进行热处理，即高温（400～1000℃）气相热解。热解后它们的 ORR 活性和稳定性显著提高。虽然热处理后的 TMM 络合物产物还没有达到在 PEMFC 实际使用的水平，但研究者一致认为，TMM 络合物催化剂在未来是有可能替代远贵得多的 Pt 基催化剂的。

TMM 络合物催化剂表征使用电化学方法，一般在 Ar 或 N$_2$ 气氛下的饱和电解质溶液中进行，以 O$_2$ 饱和溶液测定 ORR 活性和稳定性。加入 TMM 大环络合物催化剂的电极制备通常使用表面涂层方法，把它们涂层到电极表面形成催化剂层，其步骤包括：①不可逆吸附；②真空脱附；③接种到导体聚合物（如聚吡咯）上；④多孔碳的浸渍；⑤溶剂蒸发；⑥在 Ar 下冷却和热解；⑦电聚合。

ORR 测量一般使用水介质，也有使用非水溶液的。例如，对 CoPc 和 FePc 涂层电极在若干非水溶液中进行了 ORR 研究，包括吡啶（Py）、二甲亚砜（DMSO）、二氯甲烷（DCM）。溶剂的极性对 CoPc 和 FePc 电化学和谱学性质有影响。

下面介绍几种主要的过渡金属大环催化剂。

6.8.3　酞菁配体过渡金属大环催化剂

自 Jasinski 发表在碱电解质中的 CoPc 络合物的先驱性工作以来，确认过渡金属酞菁（TMP）大环络合物对 ORR 是具有电化学活性的。而后发现，碳负载金属 Pc 在酸电解质中对氧电还原也是催化活性的。在所有已经探索过的，作为 PEMFC 阴极催化剂的金属-Pc 络合物中，FePc 和 CoPc 基非贵金属催化剂是最有可能替代 ORR 的 Pt 基催化剂的。

虽然最早发现的 TMM 催化剂是 CoPc，但 FePc 络合物是探索过的最大一类 TMMPc 催化剂，因它们具有较高或可比较的 ORR 催化活性。已经证实，FePc 基催化剂一般是直接催化四电子 ORR 到 H$_2$O 的。在酸溶液中，有相当数量的 H$_2$O$_2$ 生成，而在碱性溶液中，仅生成 H$_2$O。为进一步提高 ORR 活性和稳定性，通常在惰性气氛下高温热解 FePc 材料。虽然有能够说明 FePc 催化剂对 ORR 增强活性和稳定性的理论，但对热解后催化活性的增强机理的说明仍然是相互矛盾的。提高 FePc 材料 ORR 催化活性的另外一个方法是，把 FePc 负载在各种载体碳上，如炭黑、介孔碳、热解石墨、碳纳米管（CNT）、石墨烯以及聚苯胺热解碳（PANI-C）。在不同碳负载 FePc 电极中，FePc/PANI-C 电极的峰电位正向移动，峰电流有极大增加，这说明其 ORR 催化活性有所增强。FePc/PANI-C 阴极能够达到的最大功率密度为

$631mW/cm^2$，高于 FePc/C 阴极的 $337mW/cm^2$ 和 Pt 阴极的 $576mW/m^2$。

近来，把 FePc 负载在不同的单壁碳纳米管（SWCNT）、双臂碳纳米管（DWCNT）和多壁碳纳米管（MWCNT）上制备了 ORR 催化剂，再在碱性和酸性溶液中试验它们。从总结于表 6-4 中的结果能够结论：①所有 CNT 负载 Fe 络合物催化剂的活性都比钴基催化剂高；②所有这些 TMM 催化剂的 ORR 活性比 Pt/C 催化剂低，虽然某些是可比较的。

表 6-4　CNT 负载 Fe 和 Co 络合物催化剂催化的氧还原反应电化学参数（在 O_2 饱和 0.1mol/L NaOH 溶液中用循环伏安、RDE 和 RRDE 方法测量，从结果计算的）

催化剂	E_{ORR}^{C}/V	J_{ORR}^{C}/(mA/cm²)	E_{onset}/V	$E_{1/2}$/V	J_{app}[0.6V vs.饱和甘汞参考电极（SCE）和 1200r/min]/(mA/cm²)	n^e（0.5V vs.SCE）
FePc/MWCNT	-0.12	-0.92	-0.094	-0.14	-4.5	3.81
FePc/MWCNT	-0.16	-0.95	-0.072	-0.13	-3.6	3.6
FePc/DWCNT	-0.19	-0.86	-0.084	-0.15	-3.1	3.51
FePc/SWCNT	-0.19	-0.92	-0.085	-0.15	-4.0	3.73
Co(Bu)Pc/a-MWCNT	-0.26	-0.85	-0.192	-0.30	-3.5	3.19
Co(Bu)Pc/b-MWCNT	-0.41	-0.51	-0.270	-0.31	-2.7	2.83
CoEtPP/a-SMWCNT	-0.21	-0.82	-0.100	-0.13	-3.3	3.38
CoEtPP/b-MWCNT	-0.22	-0.82	-0.152	-0.16	-3.1	2.71
CoEtPP/DWCNT	-0.22	-0.48	-0.157	-0.24	-1.8	2.44
CoEtPP/SWCNT	-0.22	-0.48	-0.155	-0.13	-1.9	2.84
Co(BuPh)PP/a-MWCNT	-0.38	-0.70	-0.236	-0.19	-2.9	3.03
Co(BuPh)PP/b-MWCNT			-0.176	-0.34	-2.2	2.29
Pt/C			-0.030	-0.12	-4.7	3.97

研究人员发展了若干仿生系 FePc/CNT 催化剂（FePcPy-CNT），结果说明，碱性介质中它们有异常高的耐用性和电催化 ORR 活性，比商业 Pt/C 催化剂更好，与其他非吡咯化金属大环催化剂比较，有远长得多的循环寿命，高达 1000 次循环。说明 FePc-Py-CNT 催化剂对碱性燃料电池应用是可能的。

在制作的 MWCNT 负载高结晶度双核 FePc（双-FePc/MWCNT）（图 6-20）观察到，它在 NHE 0.66V 时达到电流密度为 $1.43mA/cm^2$ 的 ORR 活性，而电流稳定 14h。负载在石墨烯上的 FePc 催化剂（FePc/石墨烯）有可能作为非贵金属电催化剂。在碱性介质中与商业 Pt 催化剂比较时，具有可比较的活性；在长期操作时对甲醇横穿和 CO 中毒有更好的耐受性。但可惜的是，这个催化剂遵循的不是四电子路径。负载在还原石墨烯氧化物（RGO）上的 FePc（FePc/RGO）在 0.1mol/L KOH 溶液中给出高的活性。对催化 ORR，负载在有序介孔碳（OMC）上的 FePc（FePc/OMC）比负载介孔碳囊泡（FePc/MCV）和负载在 RGO 上的（FePc/RGO）有更高的速率。这个结果指出，比表面积（或表面活性位）起着重要作用，使 FePc 分子更均一分散，提高了 ORR 活性。另外，这个 FePc/OMC 催化剂也在酸性或碱性介质中显示强的四电子 ORR 路径和高的稳定性。这些碳材料的 SEM 照片示于图 6-21 中。

第二大类 TMM Pc 基 ORR 催化剂是 CoPc 材料，总体上它们通过两电子传输路径催化 O_2 还原反应，产物是 H_2O_2。它们能够负载在各种碳材料上，如炭黑、介孔碳、热解石墨、碳纳米管和石墨烯。在惰性气氛下热解后的材料也具有催化 ORR 的活性。虽然稳定性好于铁酞菁大环催化剂，但 ORR 活性远低于铁酞菁。例如，使用不可逆吸附、真空脱附、加入

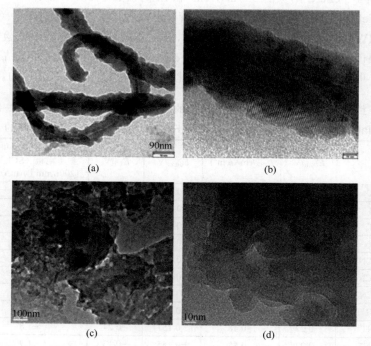

图 6-20　双-FePc/MWCNT［(a) 和 (b)]，双-FePc［(c) 和 (d)] 催化剂的 TEM 照片

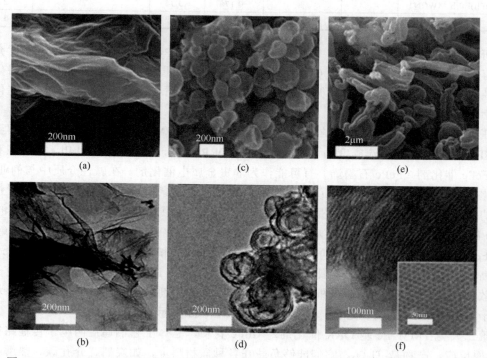

图 6-21　RGO (a)、MCV (c) 和 OME (e) 的 SEM 照片，(111) 方向的 RGO (b)、
MCV (d) 和 OME (f) 的 TEM 照片

到吡咯中、用多孔碳浸渍、溶剂的蒸发等步骤用 CoPc 或 CoTsPc（四磺酸基酞菁钴）材料制备的电极，在酸性和碱性溶液中研究它们的催化 ORR 活性，证实了上述的结论。一些研究和测量都显示，在 CoPc/C 催化剂上 ORR 机理是两电子传输路径，主要生成 H_2O_2。而催化剂稳定性试验揭示，在燃料电池阴极工作条件下 CoPc 远比 FePc 稳定。

在惰性气氛下使用热处理方法也制备了负载在活性炭上的 MnPc、FePc、CoPc 催化剂，在代表性电位 900mV 和 700mV 间观察到它们都有活性，用 ORR 前置电位和最大电流密度表示的活性顺序为 Fe>Co>Mn。DFT 计算也揭示，中心 Fe 的催化活性高于 Co 和 Mn。

研究人员制备了负载在 Printex L6 炭黑上的 CuPc 和 CoPc 电催化剂（含水量约 10 %）。使用涂渍方法制备旋转玻璃碳电极来研究它们的 ORR 活性。在酸性介质检测到有 H_2O_2 的生成，CoPc/Printex 比 CuPc/Printex 产生更多的 H_2O_2。从另一角度考虑，有可能使用 CoPc/Printex 大规模电生产 H_2O_2。

添加吡啶能够显著提高热处理后 CoPc 催化活性，优化的吡啶加入量约 20%。当比较 40% Py/C 和 40% CoPc/C 催化剂时，达到的前置电位 0.20V（vs.SHE）和半波电位 −0.03V，分别向正方向移动 160mV 和 15mV，电子传输数目从 1.96 增加到 2.38。

除 FePc 和 CoPc 基 ORR 催化剂外，也探索了使用 Ti、Mn、Ni 和 Cu 作为中心金属离子的 TMM 催化剂。例如，制备了 α-TiOPc 和 β-TiOPc［钛氧基酞菁非外围和外围 3,4-(亚甲基二氧基)四取代苄氧环］和八 TiOPc［钛氧基酞菁外围 3,4-(亚甲基二氧基)八取代苄氧环］（图 6-22）催化剂，并研究其 ORR 催化活性。结果显示，TiOPc 的电催化 ORR 活性很强地取决于大环上取代基的类型和位置。四取代的 β-TiOPc 和 α-TiOPc 络合物都有类似的氧化还原机理。

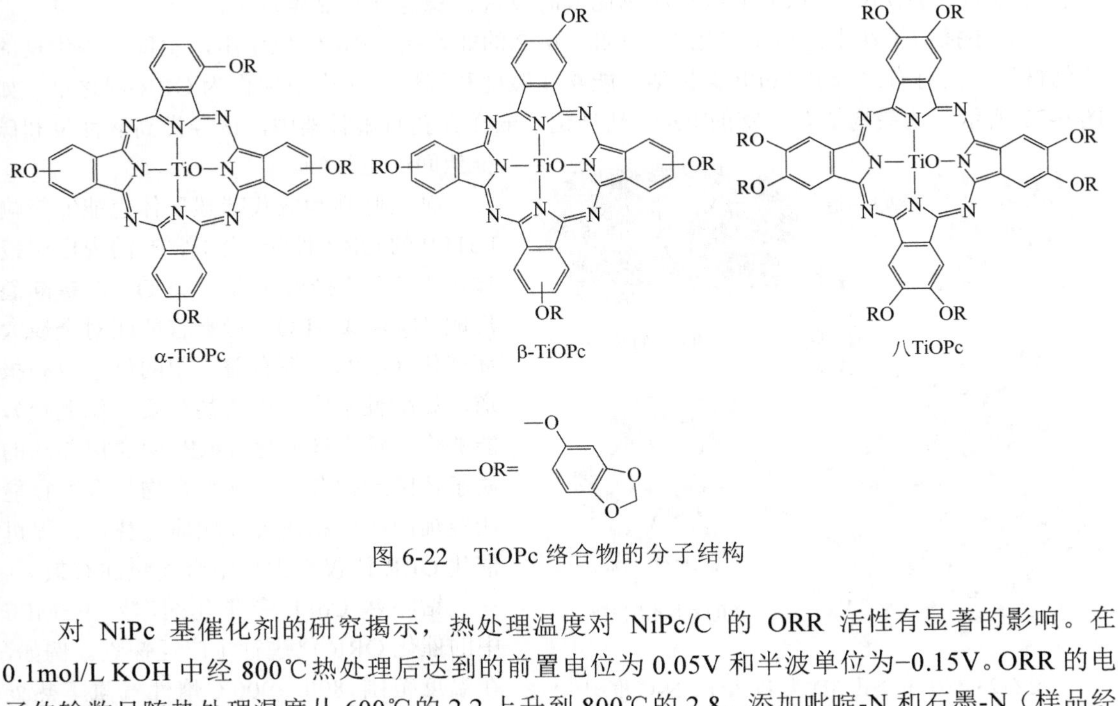

图 6-22　TiOPc 络合物的分子结构

对 NiPc 基催化剂的研究揭示，热处理温度对 NiPc/C 的 ORR 活性有显著的影响。在 0.1mol/L KOH 中经 800℃热处理后达到的前置电位为 0.05V 和半波单位为 −0.15V。ORR 的电子传输数目随热处理温度从 600℃的 2.2 上升到 800℃的 2.8。添加吡啶-N 和石墨-N（样品经 800℃热处理）都可以增强活性。

6.8.4 卟啉配体过渡金属大环催化剂

使用卟啉作配体的 TMM ORR 催化剂，在最近的数十年中获得了巨大的进展。虽然在燃料电池应用中的 ORR 活性和稳定性上仍然面对许多挑战。

对使用铁 5,10,15,20-四苯基卟啉（FeTPP）和铁四甲氧基苯基卟啉（FeTMPP）的 TMM 催化剂进行热解能够使 ORR 的选择性增加，生成较少的 H_2O_2。如把 FeTPP/C 在 Ar 气氛下 1000℃热解，观察到催化剂有 10h 的稳定活性。对铁介孔四（N-甲基-4-吡啶基）卟啉（FeTMPyP，阳离子型）和铁介孔四（p-砜苯基）卟啉（FeTPPS，阴离子型）在水溶液中进行测量显示遵循两种不同 ORR 路径。一种是低过电压范围占优势的两电子传输路径，生成 H_2O_2，还有 12% 直接四电子过程；另一种是在高电位区域占优势的 H_2O_2 还原到 H_2O 的四电子路径。

负载在炭黑（XC）上的 FeTPP，当数量超过一定值后催化活性反而下降，原因是铁物种对氧扩散可能是一个壁垒。氩气氛下 800℃ 热处理碳负载 FeTPP 获得的 ORR 催化剂，在用聚苯并咪唑（PBI）电解质膜做成的直接甲醇燃料电池中使用，能够耐受甲醇。对负载在炭黑球上的 Fe^{III}TMPPCl 材料经 200～1000℃ 温度范围热处理制备的电催化剂，其 ORR 速率随热处理温度增加而增加，在 700～1000℃ 范围达到速率平台，该催化剂也耐受甲醇。测量结果显示，Fe 中心在 ORR 活性和机理中起着重要作用，Fe-N$_4$ 数量愈多 ORR 速率愈高。此外，ORR 速率和电流密度与 CFeN$_2$ 中心间也有高度关联。

使用溶胶凝胶和沉淀方法为 ORR 制备了炭黑/TiO$_2$ 复合物负载的 FeTPP 催化剂（FeTPP/TiO$_2$/C），在温度范围 400℃ 和 1000℃ 间进行热处理。分析揭示，TiO$_2$ 在 FeTPP/TiO$_2$/C 粒子表面有合适的分散，取决于热处理温度，这对催化剂活性和稳定性有着至关重要的作用。700℃热解后 FeTPP/TiO$_2$/C 与 FeTPP/C 对应物比较时发现，稳定性有显著提高。

近来还报道了在水溶液中使用 FePP 和 CoPP 的非均相 ORR 催化作用，发现一些优良的催化材料，具有有序介孔 FePP 类构架，能够在碱性和酸性介质中使用作为 ORR 催化剂。如图 6-23 所示。这些构架有丰富的 Fe-N$_x$ 活性位，嵌在介孔石墨骨架中，诱导提高活性位和碳框架间的电接触。

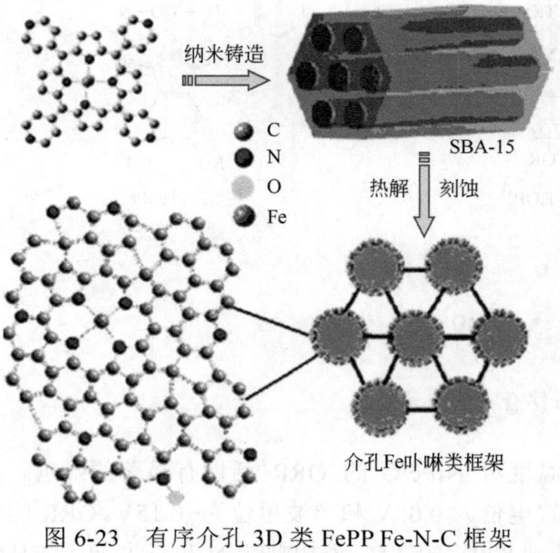

某些咪唑和取代咪唑配体也能够影响 FeTPP 的 ORR 性能，由于它们的内电子授体作用产生"推效应"，促进 O—O 键断裂形成 H_2O_2 或 H_2O。近端官能团对金属大环催化 ORR 发挥有益作用的例子也有报道，如酸性基团（羧基甚至质子化吡啶），能够作为铁大环催化 ORR 中穿梭移动的质子。因此把金属大环络合物与合适官能团经轴向配位和在大环配体上替代，促进催化 ORR 比仅有大环络合物更加有效。

钴卟啉 CoPP 基催化剂作为 PEMFC 中的催化 ORR 已进行了广泛探索。例如，在温度范围 800～900℃ 惰性气氛下热处理若干负载在 AG-3 碳上的 Co 基催化剂，

图 6-23　有序介孔 3D 类 FePP Fe-N-C 框架
（见彩插）

包括 CoPc、CoTPP、钴四苯基卟啉和钴四(*p-O*-甲氧苯基)-卟啉，在 H_2SO_4 溶液中高达数千小时活性没有任何下降，说明催化剂稳定性显著提高。

对在碱性和酸性溶液中的碳负载 CoPc、CoTPP、CoTMPP 和 CoTAT 的氧还原反应的催化活性有很多研究报道。例如，在 O_2 饱和 0.1mol/L NaOH 溶液中对吸附在 Vulcan XC72 炭黑上的单层 FeTMPP 和 CoTMPP 的初始研究证实，O_2 与大环中 TMM 轴向相互作用在电催化还原中具有重要性。又如，在 900℃ 合成了负载在 BP 2000 炭黑上的 CoTMPP 催化剂，其在单一 H_2-O_2 燃料电池上于 50℃ 时产生的最大功率密度为 $150mW/cm^2$，在低电流密度 $200mA/cm^2$ 和燃料电池条件下操作 15h 没有观察到明显的性能降解。制备的 CoPP/MWCNT 催化剂在酸性介质（pH 值范围 0.0～5.0）中室温下显示优良 ORR 催化性能。即便是低催化剂负荷，达到的 ORR 速率也比类似 CoPP 催化剂高一个数量级。测量揭示，其氧还原机理是直接四电子还原到水。

由于负载在 SWCNT、DWCNT 和 MWCNT 上的 Fe（II）Pc、钴（II）四叔丁基酞菁、钴（II）2,3,7,8,12,13,17,18-八乙基卟啉和钴（II）5,10,15,20-四(4-叔丁基)-卟啉形成的 ORR 催化剂，与电催化要求高表面积有匹配的电化学性质，说明碳纳米材料能够有效地替代炭黑负载 Co 酞菁和 Co 卟啉络合物。还有不少例子：负载在石墨烯氧化物（GO）上的钴（II）5,10,15,20-四(4-甲氧苯基)-21*H*,23*H*-卟啉的 ORR 催化剂，在 0.1mol/L KOH 中有高的催化活性；合成的 CoPP/PANI 纳米复合物 ORR 催化剂是由直径 30～50nm 和长度约 0.5μm 的多孔结构纳米棒构成的，该 CoPP/PANI 电极在 1mol/L HCl 中催化氧还原反应接近四电子机理，其活性与 Pt 盘电极是可比较的；负载在功能化石墨烯氧化物（GO）钴-5,15-(对氨苯基)-10,20-(五氟苯基)-卟啉络合物（CoAPFP）——CoAPFP/GO，经电化学还原获得 ORR 催化剂［CoAPFP/ERGO（电化学还原石墨烯氧化物）]，在 O_2 饱和 0.1mol/L KOH 溶液中试验测量指出，CoAPFP/ERGO 的 ORR 催化性能是很好的，且其氧还原反应催化机理为四电子传输机理。

近来，使用炔复分解聚合合成了共轭多孔 Co（II）卟啉烯-乙炔网架（CoPEF）（图 6-24），它在 H_2SO_4 和 KOH 溶液中显示高的 ORR 催化活性。重要的是，这个 CoPEF 能够以四电子路径催化 ORR 过程使 O_2 生成 H_2O。合成的含有单体 5,10,15,20-四(4-丙炔基苯基)卟啉 Co（II）的苯基复合物催化剂，显示超级耐用性和对甲醇中毒强抵抗力，说明这个聚合物催化剂有在燃料电池中应用的潜力。

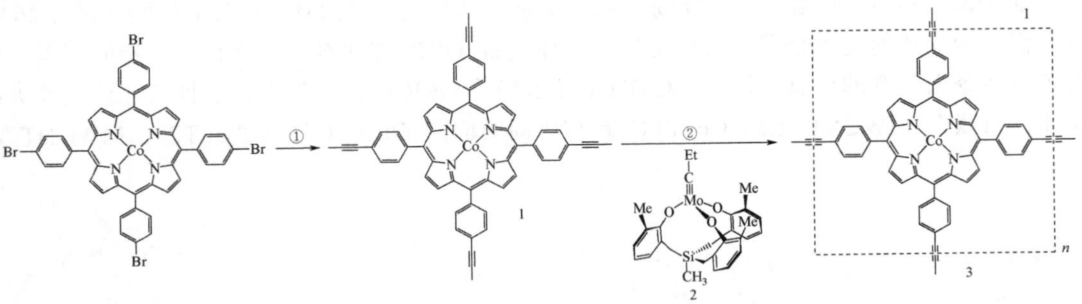

图 6-24　CoPEF 的合成和条件：①卟啉锂，$ZnBr_2$，THF，85℃，过夜，收率 81%；
②CCl_4，$CHCl_3$，5Å MS，55℃，24h，收率 52%

对 TM 卟啉络合物 TM-TPP（其中 TM=V、Mn、Fe、Co、Ni 或 Cu）和两种 TM 卟啉组合 TM_1TM_2-TPP（TM_1/TM_2=V/Fe、Co/Fe、Ni/Fe 或 Cu/Fe）在 600℃ 下进行热处理，获得了

一组耐甲醇的催化剂。热处理后的双 TMM 催化剂，其电催化活性一般都高于单 TMM 催化剂（图 6-25）。热处理后的 FeTPP/CoTPP 是最活性催化剂之一。关于催化机理有若干主要观点：第一，热处理使 TMM 卟啉分子结构损失部分围绕的有机基团，但保留了内部中心过渡金属活性位的 N_4 基团；第二，热处理对调节它们和分子氧键的特定空间距离是有帮助的，弱化了 O—O 键，导致四电子氧还原生成水；第三，紧密相邻的两个互补功能化金属原子（即 Co 和 Fe）对含溶解有甲醇的复杂 O_2 还原过程是有利的。说明热处理对过渡金属大环化合物催化活性有正面效应。也就是说，热处理确实能够增强 TMM ORR 催化剂的电催化活性和稳定性，虽然与铂催化剂比较，其性能仍不能够满足实际需求。制备实际的金属大环催化剂需要有多种技术的集成，如掺杂和纳米技术。在流动 NH_3 气氛下于 600～1000℃ 热处理 MoTPP/C 能够合成耐受甲醇的电催化剂，其平均颗粒大小约 4nm，显示有高 ORR 催化活性，其还原机理接近于四电子路径。

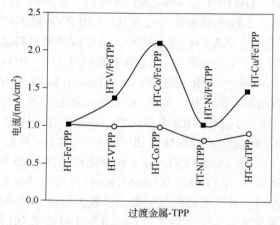

图 6-25　单和双金属卟啉涂层电极在 0.4V 和 400r/min 时催化活性的比较

6.8.5　其他大环配体过渡金属大环催化剂

除了酞菁和卟啉外，过渡金属大环 ORR 催化剂还能够使用其他配体，包括 TAA（tetraaxaammlene）、咔咯、二氢卟酚和邻二氮杂菲吲哚大环（PIM）及其衍生物（图 6-26）。以它们作为配体的过渡金属（特别是钴）大环制备 ORR 催化剂已经进行了初步的探索，获得了一些令人鼓舞的信息。例如，CoTAA 显示好的 ORR 活性，但催化活性与热处理有关；又如，负载在 MWCNT 上的 CoTPFC 是有协同效应的 ORR 催化剂"CoTPFC/MWCNT"，

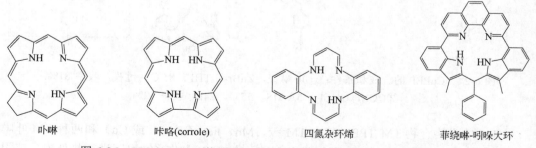

卟啉　　　　　　咔咯(corrole)　　　　四氮杂环烯　　　　菲绕啉-吲哚大环

图 6-26　PEMFC ORR 使用 TMM 催化剂的大环配体基础化学结构式

即便不热处理也显示高的 ORR 催化活性，热处理后活性进一步提高，而且在酸介质中直接四电子还原 O_2 生成水（两电子还原产物 H_2O_2 很少）。更可贵的是，与商业可利用 Pt/C 催化剂比较，该催化剂也显示好的长期耐用性和对甲醇的高耐受性。再如，负载在炭黑上的钴-PIM（CoPIMs/C）在碱性溶液中，显示的 ORR 催化活性和选择性高于商业 Pt/C 催化剂，且对甲醇有好的耐受性和优良的长期稳定性，虽然尚未有在 PEMFC 中应用的试验结果。

6.8.6　碳混杂物作为碱燃料电池中 ORR 电催化剂

毫无疑问，尽管 Pt 和 Pt 合金是酸性条件下质子交换膜燃料电池最广泛使用的 ORR 催化剂，但碱燃料电池（AFC）中可以使用含碳材料作为阴极 ORR 催化剂，因为它们在碱性条件下有较快 ORR 动力学和较好稳定性。这个独特特征使 AFC 成为便携式功率源和电动车辆应用的可行候选者。但是，为了改进这些电催化剂的低活性和差耐用性，在其商业化前需要进一步研究。下面简要介绍碱燃料电池中使用的含碳材料非铂 ORR 催化剂。

6.8.6.1　氮掺杂碳

氮掺杂碳材料首先是作为 AFC 催化剂进行研究的，因氮掺杂碳的 ORR 动力学与商业 Pt/C 电催化剂是类似的，比商业 Ag/C 催化剂要好。

用催化反应生成 CNT，再用氨或苯胺处理制备的氮掺杂碳纳米管，先作为碱溶液中的 ORR 电催化剂进行了试验。在碱溶液（0.1mol/L KOH）中氮 CNT-NH_3 显示最高活性。但是，经碱（10mol/L KOH 80℃ 5h）处理后，氮掺杂 CNT（催化生长制备）显示增强的催化活性，而与此不同的是，氮掺杂 CNT-NH_3 和氮掺杂 CNT-苯胺催化剂性能反而是下降的。活性的提高是由于碱处理导致氧基团的生成，以及它们与已存在氮基团间的相互作用。XPS 分析证明，用 10mol/L KOH 处理使所有三个氮掺杂 CNT 样品 N/C 比降低，改变了季氮、吡啶和吡咯氮浓度。对氮掺杂 CNT（催化生长），季氮和吡啶氮增加，吡咯氮下降；而对氮掺杂 CNT-NH_3 和 CNT-苯胺样品则显示相反趋势。这些结果说明，高浓度吡啶和季氮对 ORR 催化是有益的。相反，吡咯型氮也被认为是 N 掺杂纳米碳中的 ORR 催化活性位，不过碱性介质中它对 ORR 活性产生负面效应。理论研究也指出，这些材料在碱性介质中对 ORR 有高的电催化活性（高于 Pt/C 催化剂）。除了季氮和吡啶氮外，氮掺杂碳上的缺陷和边缘活性位数目也对碱性介质中 ORR 催化活性有贡献。因此，虽然 N 掺杂纳米碳 ORR 活性的物理化学根源仍然是不清楚的，但氮掺杂 CNT 能够作为 AFC 阴极催化剂则是可行的候选者。为了获得有关它们在燃料电池操作期间稳定性和活性的更多信息，需要进行更广泛的原位燃料电池试验。

6.8.6.2　氮掺杂多层石墨烯/还原石墨烯氧化物

多层和还原石墨烯氧化物是含碳阴极催化材料的潜在候选者，因它们有大的表面积和好的力学性质。如氮掺杂 CNT 情形那样，氮掺杂多层石墨烯/石墨烯氧化物的 ORR 活性也取决于含氮官能团（吡啶型、季氮型和吡咯型和吡啶氮氧化物）的存在。但是，有关四类氮官能团的哪一类是碱介质中影响 ORR 活性最大的因素仍然是有争论的。氮 [约 8%（质量分数）]掺杂石墨烯氧化物（季氮占有高百分数约 24%）显示高 ORR 活性（其他三个官能团氮只显示低活性）。氮掺杂还原石墨烯氧化物使用石墨烯氧化物和尿素 [氮前身物，46%（质量分数）N_2] 制备：石墨烯氧化物分散在水中，在连续搅拌下使加入的尿素完全溶解，溶液在 55℃ 干燥然后再在 800℃氩气中热解。在热解期间，石墨烯氧化物被热还原，N 原子并合进入石墨烯结构中，产生氮掺杂还原石墨烯氧化物。XPS 和拉曼测量指出，吡啶氮已引入到石墨烯结构的失序边缘平面中。试验测量说明，氮掺杂多层石墨烯（2～8 层；0.3～0.4nm 层间距离和 0.9～1.1nm 层厚度）在碱介质（0.1mol/L KOH）中显示高的 ORR 活性。在宽电位范围内的稳态催化电流密度比 Pt/C 高约 3 倍。每个氧分子还原传输的电子数目，在-0.4V 和-0.8V（vs.SHE）间时为 3.6～4，说明氮掺杂多层石墨烯催化 ORR 是直接四电子路径还原到水的。文献也报道说吡啶氮和催化剂小孔都对 ORR 电催化活性有贡献。

总之，氮掺杂 CNT 和氮掺杂多层石墨烯/还原石墨烯氧化物在碱性介质中显示有高的 ORR 活性，虽然活性仍不够高。如果能够进一步研究以澄清氮掺杂碳材料在碱性介质中 ORR 活性的主要源，就能够提高其在不同燃料电池操作和电位循环条件下的电催化活性和稳定性。

6.8.6.3　非贵金属-碳

Ag 及其合金已经被使用作为 AFC 的催化剂，因它们的低成本和与 Pt 和 Pt 合金有类似的活性。但是，Ag 基催化剂的性能受 Ag 纳米粒子聚集和催化剂载体电化学腐蚀的影响。Ag 催化剂加到 CNT 中，是增加这些催化剂在碱环境中稳定性和 ORR 活性非常可行的方法。报道说，Ag 含量（质量分数从 5%～9%）和 CNT 表面积的增加使单位电极表面积上有较多数目的活性位，也即有较快 ORR 动力学。

Ag 纳米粒子能够用喷雾沉积方法直接把其沉积在 MWCNT 上并原位生长。Ag/MWCNT 催化剂在碱介质中显示高 ORR 活性，反应过程以直接四电子还原路径进行。尽管 Ag/MWCNT（质量分数 20%）活性仍低于铂/碳催化剂，但它对 AFC 是一个可行的 ORR 催化剂。

在碱性介质中 ORR 的锰氧化物基催化剂在近几年也吸引了很多注意，因材料的低成本。MnO_2 的催化活性取决于晶体结构，即 α-MnO_2、β-MnO_2 和 γ-MnO_2。在碱性介质中的 ORR 催化活性顺序为 α-MnO_2>β-MnO_2>γ-MnO_2。当使用纳米 α-MnO_2 时，得到的是四电子直接氧还原路径。但是，MnO_2 的电导率是低的，必须把它并合到导电的碳材料中来克服其低电导率。类似于锰氧化物，MnOOH 也在碱性介质中显示 ORR 活性。新近一个研究证明，MnOOH 催化剂负荷的增加使 MnOOH/C 催化活性增强，虽然仍然低于 Pt/C，但经过 MnOOH 含量的优化能够使其电催化性质进一步增强。

6.8.7　小结

为降低 Pt 金属在燃料电池电极催化剂中的使用量而又不降低性能，对非贵金属催化剂发展已经做了非常大努力。探索了负载在多种碳材料和杂原子掺杂碳纳米材料上的金属氮化物、过渡金属硫化合物、金属-N_4 大环、热解过渡金属/含氮络合物催化剂。

直到现在，发展的大多数 TMM 催化剂（负载在碳上）都是以 Fe 和 Co 作为金属中心和酞菁 Pc 和卟啉 PP 及其衍生物为配体的。Fe 基大环催化剂倾向于遵从直接四电子传输还原机理还原 O_2 生成水。而 Co 基催化剂则以两电子路径还原机理为主，氧还原成过氧化氢，一般很少例外。在学术层面上，TMM 催化剂也已经使用了其他过渡金属［如 Ti(O)、Mn、Ni、Cu、Zn 和 Mo］和其他多种大环配体。

关于 PEMFC 应用，在 ORR 催化活性和稳定性方面 TMM 催化剂已经获得巨大进展。特别是经高温热解后的 TMM 催化剂，它们的性能已被证明对 PEMFC 应用是可行的。但仍然有若干挑战阻碍这类 TMM 催化剂在 PEMFC 中的真正实际应用。首先催化活性速率，与商业 Pt 基催化剂比较仍然是不够的。但已经取得了一些重要成就，例如，Fe 基有机大环电阴极催化剂的最好结果是，获得的电流密度等于 Pt 负荷 0.4mg(Pt)/cm² 的 Pt 基催化剂在池电压≥0.9V 时的电流密度；又如，非贵金属/杂环聚合物复合物（原子为钴）催化剂，在聚合物电解质燃料电池（PEFC）阴极中显示高氧还原活性和性能稳定性。对发展的 Fe/Co 基催化剂，其性能接近 Pt 基系统性能，从成本考虑对高功率燃料电池应用（可能包括汽车用的功率）是有可能的。直到现在，最好的非贵金属催化剂的体积活性在 130～165A/cm³，仅有 47%（质量分数）Pt/C 催化剂在 0.8V 时 1300A/cm³ 的 1/10。另外，关于 TMM 催化剂的 ORR 稳定性，结果不是很理想，而且稳定性试验条件与燃料电池操作真实条件偏离较远（特别是汽车应用）。所以，提高 ORR 活性和稳定性对这些非贵金属催化剂仍然具有顶级优先性。

为提高 ORR 催化活性和稳定性，首先是增加 TMM 催化剂的活性位密度，优化合成条件增强催化剂的本征活性。决定非贵金属催化剂 ORR 活性一般有三个因素：①活性位活性（转换频率）；②单位体积活性位数目（活性位密度）；③操作期间利用的活性位数目（利用率）。转换频率表征本征活性，很强地取决于活性位结构。活性位密度是由比活性位密度（关系到活性位大小）和体积表面积大小（关系到催化剂形貌或结构）决定的。实际上增加体积表面积是增加活性位密度的最可行的方法。关于活性位的利用率，必须考虑到催化剂层或膜电极装配体（MEA）。

因此，未来非贵金属催化剂的研究方向为：①进一步探索新材料和优化催化剂合成条件，以达到高活性和高稳定性、很多 ORR 催化活性位。例如，新大环含氮催化剂前身物经热处理合成 Fe-N$_x$/C 和 Co-N$_x$/C。②使用可调孔大小的高表面积碳载体，以改进催化剂结构达到高体积表面积。例如，探索新合成方法生产自负载高表面积 Fe-N$_x$-C 和 Co-N$_x$-C 催化剂。③为达到较高活性位利用率和增强稳定性，优化催化剂层。例如使用非碳载体。④为催化剂活性需要选择结构设计，因此要求以理论计算和试验来获得 ORR 机理以及它们与催化剂结构组成活性位间关系的基础知识。

关于 TMM 催化剂合成，需要组合掺杂和热处理技术。例如，用杂原子（如氮、硼、硫、硅、磷、卤素等）掺杂（或共掺杂）碳材料，再在惰性气氛下进行热处理以有效促进大量 ORR 催化活性位的生成。掺杂剂作为活性位形成的杂原子源，热处理诱导催化剂性质的变化，包括粒子大小、形貌、金属在载体上的分散、合金化程度、活性位生成、催化活性和催化稳定性。对大多数金属大环络合物，热处理/热解后催化稳定性有较大幅度增加。在热解后形成的催化剂中金属相的存在对 ORR 电催化活性是必须的，说明金属是活性位的一部分；而掺杂（掺杂剂类型、负荷、比例等）和热解条件（温度、加热时间等）的组合对获得有丰富活性位催化剂是至关重要的。当然，如果热解步骤能够被降低和移去，催化剂成本可以降低。但遗憾的是，现时技术状态下热解步骤对非贵金属催化剂仍然是必须的。

除了使用实验来确定掺杂和热解 TMM 催化剂的活性位和它们的结构外，也需要用化学计算技术来设计新催化剂。如使用密度泛函理论（DFT）了解 ORR 催化机理非常有助于对催化活性/稳定性增强原因的了解。使用计算电化学能够对金属中心、金属-N$_2$ 边缘缺陷和大环配体性质的作用提供新的思路。也能够使用仿生技术发展催化剂，这可能是一种新的催化剂制备方法，包括 ORR TMM 催化剂。例如已经发现，某些催化剂具有类似于生物活性分子（如酶）的结构。这些都可能导引 ORR TMM 催化剂的未来发展。

6.9　一维纳米结构电催化剂

6.9.1　引言

　　能源需求和环境污染已经激励对替代清洁和可持续发电技术的研究。燃料电池，直接把化学能（如氢）以高效率和低碳低 NO_x 排放转化成电能，是替代常规燃烧基发电机的可行候选者。在多种可利用的燃料电池技术中，聚合物电解质膜燃料电池（PEMFC）已经受到广泛的注意，由于它们低操作温度、容易启动和停车、可灵活应用的功率范围。尽管 PEMFC 的初始示范应用，大规模商业化因若干技术挑战严重受阻，特别是燃料电池电极的低催化活性、高成本、差的耐用性和可靠性。对 PEMFC，产生的功率来自两个电化学反应，即燃料（如氢或烃类）在阳极的氧化反应和氧在阴极的还原反应（ORR）。要求电催化剂促进电化学反应，一直到现在 Pt 仍然被认为是 PEMFC 的最好电催化剂。除了催化剂的高成本，电极中慢的电极动力学和有害的操作条件，引起了长期操作的耐用性问题。所有这些挑战驱动研究者发展高经济、高活性和牢固的电催化剂以使 PEMFC 商业化成功。

　　降低 PEMFC 中 Pt 负荷量而同时确保性能水平，普遍使用的策略包括：在高表面积碳载体上分散 Pt 纳米粒子（NP），优化催化剂大小、形状、结构和形貌，以及加入其他元素，形成 Pt 合金或混杂纳米结构。如前述已经说明的，Pt 的 ORR 比活性随粒子大小从 1.3nm 增加快速提高，质量活性在 2.2nm 达到最大值。不同形状的 Pt NP（如立方体、四面体、截角八面体和高指数面四面-八面体）和不同结构（如固体、中空和多孔）已经合成和示范。多组分 NP 如核壳和合金 NP 也已经被制备并观察到活性的增强。虽然使用这些 NP 显示有优良催化活性，但这些球形纳米粒子在 PEMFC 操作期间诱导严重的降解。零维（0D）结构的高表面能特征使小粒子对溶解比较敏感，这在实际 PEMFC 操作苛刻阴极环境中是比较显著的。溶解的粒子将再沉积到较大粒子上使大粒子愈来愈大，小粒子愈来愈小，这就是所谓的 Ostwald 熟化过程。当这些较小 NP 彼此接触时，为降低表面能，发生颗粒形状（增大）再造过程，这被称为聚集。再者，碳材料腐蚀也会使催化剂降解，导致催化剂 NP 与载体分离，在膜上烧结，导致差的池性能。为解决这些问题，有优良稳定性的新纳米结构对实际应用是紧急需要的。

6.9.2　PEMFC 应用 1D 纳米结构的优点

　　一维（1D）纳米结构，如纳米棒（NR）、纳米线（NW）、纳米管（NT）和纳米链（NC）代表一种可行范例。它可以克服 0D 模式的一些固有缺点，特别是单晶纳米结构，允许优先暴露低能量很少结晶边界的晶体表面和晶格平面。分散的平面将帮助降低整个体系的表面能，使催化剂具有高活性。光滑单晶表面也最小化不希望的低配位缺陷位置数目，它们的催化活性较低且对氧化和分解是脆弱的。此外，1D 纳米结构通过在催化剂电极中的定向路径，促进电子传输，因此增强催化剂表面的反应动力学。如预测的，当 1D 纳米结构直径在临界值 2nm 以下时，由于表面收缩效应它们的电催化活性得以提高。

　　由于它们的不对称结构，从催化稳定性角度看，1D 纳米结构能够缓解 NP 常常经受的溶解、聚集和 Ostwald 熟化。与 NP 比较，因相对大长度直径比为保持电导率带来益处，1D 纳米结构较少趋向于需要碳载体来分散和传导电子，因此能够潜在地解决应用普通 Pt/C 催化剂面对的载体腐蚀问题。

所有这些 1D 纳米结构值得注意的优点，为降低贵金属负荷且无须付出电催化活性代价显示出潜力，且具有较好的耐久性。鉴于这些亮点，1D 纳米结构，作为新 PEMFC 应用的优越电催化剂的新方向，已经吸引相当多的注意和努力。

6.9.3　PEMFC 应用的 1D 纳米结构催化剂制备

材料合成方法的新发展已经能够制备许多新的 1D 纳米结构，可精确控制形状、组成和结构，为燃料电池研究和发展带来新的希望。

探索 Pt 基纳米线作为燃料电池催化剂，其早期合成方法是模板剂制备方法，从使用介孔二氧化硅 SBA-15 开始生产纳米线网络。制备催化剂的直径和长度能够通过控制孔直径和长度进行调节。这个直接路线非常活跃，应用了大范围的模板剂，如介孔氧化硅、阳极铝氧化物（AAO）、ZnO 等。考虑到移去模板剂的复杂过程，与使用中心硬模板剂不同，一些软模板剂，包括聚合物和病毒，也已经被使用于产生 1D 形貌材料。

除了模板剂方法外，电纺技术也已被应用于制备 1D 催化剂，它具有控制孔隙率、纤维直径和长度的能力，生产的 1D 纳米材料显示好的催化性能。但是，为了很好分散无机前身物，常常需要加入表面活性剂并在后处理过程再移去它们。保留的表面活性剂可以改变催化剂表面，导致低催化性能。

虽然模板剂和电纺技术对生产 1D 形貌是有利的，但为获得纯的产品需要移去模板剂或表面活性剂。再者，合成过程只能产生多晶纳米结构，这限制了性能的进一步提高。与多晶 1D 纳米结构比较，单晶纳米结构具有较长片段的光滑晶体表面、很少结晶边界和较低数目表面缺陷位置，这些是支持电催化反应的有利因素。用有机溶剂和水溶液的湿化学路线对合成燃料电池单晶 1D 催化剂也是可行的。

在 2004 年，用多元醇工艺组合表面活性剂聚乙烯吡咯烷酮（PVP）于 110℃制备了单晶 Pt 纳米线，引入 Bi^{3+} 降低反应增长速率能够生成 Pt-Bi 纳米线。类似于电纺方法，多元醇过程也有移去表面活性剂的问题。为避免这个问题，提出了不使用表面活性剂或配体油胺的方法来合成 Pt-Fe 纳米线。但该方法需要高反应温度和流动的保护气体，这也限制它的使用。因此，需要发展灵活的连续合成技术来获得高质量单晶 1D 催化剂，而且应该环境友好、无须表面活性剂和在成本上有效的。

在 2007 年，为大规模合成单晶 Pt NW，发展出使用甲酸为还原剂的成功有效的水性方法。该方法远比上述几个方法简单，因为它并不使用模板剂、表面活性剂、有机溶剂、捕集试剂或诱导生长催化剂。在室温下直接使用温和甲酸还原剂进行还原，因此对燃料电池应用的 1D Pt 纳米结构催化剂的合成是方便可行的。使用这个方法，制备了自组装三维（3D）Pt 纳米花（NF）、多臂星形 Pt NW 和在 Sn@CNT 纳米绳缆上的 3D Pt NW 混杂纳米结构。这些 1D Pt 纳米结构的 1D 形貌的单晶单元能够满足 ORR 催化剂有优越催化活性和耐久性的要求。

最近，基于对晶体成核和生长机理的深入了解，发展出若干在水溶剂中产生的 1D 结构图案的方法，包括电化学沉积、动电置换、热分解、种子媒介增长、有机溶胶、水热合成及其与上述的组合。

然而在燃料电池中真实应用 1D 纳米结构仍然面对巨大的挑战。与常规 Pt/C 纳米粒子比较，1D 纳米结构有不一般的形貌和巨大体量。如果使用成熟的常规 Pt/C 电极制作的方法，不一般的形貌为使用 1D 纳米结构制作燃料电池电极带来巨大困难；巨大体积导致较小比表面积，因此较低质量活性。在近些年中，为解决这些挑战已经取得一些进展，重点是 PEMFC 两个电化学反应的贵金属元素、合金和混杂结构催化剂，非贵金属催化剂（NPMC），以及电催化剂结构和性能间的关联。考虑到实际 PEMFC 电极的要求而不仅是纯催化剂研究，需要克服面对 1D 结构发展的挑战和探索替代现时商业 PEMFC 应用 Pt NP 催化剂的前景。

6.9.4 1D 纳米结构催化剂的发展

因为在阴极上的 ORR 动力学比阳极上氢氧化反应慢 6 个数量级大小，氢-空气进料 PEMFC 的性能主要受 ORR 限制。为探索多电子 ORR 催化机理进行了许多研究，现在普遍接受的 ORR 在酸溶液中的机理是：氧先吸附，经质子和电子传输，断裂 O—O 键；反应中间物如含氧物种、羟基和过氧羟基的键合能决定总 ORR 过程。对这些物种键合太弱的催化剂，速率受为解离 O_2 所需质子和电子的传输限制，而对这些中间物种键合非常强的催化剂，速率受反应产物从表面脱附的限制。所以，优化的催化剂活性应该使这些反应性中间物在催化剂表面有"中等"键合能。氧吸附能（ΔE_O）被认为是催化活性好的描述，ORR 活性与金属元素 ΔE_O 间的关系是一个火山形曲线［图 6-27（a）］。位于火山峰左边的金属，键合氧是强的，而火山峰右边的金属键合氧的能力是弱的。在纯金属中，Pt 是最活性的金属，它位于接近火山峰的位置。除了纯金属，Pt 基过渡金属合金能够使活性的进一步增强。对趋势所做的说明指出，ORR 活性与合金 ΔE_O 间的关系也是一火山形曲线［图 6-27（b）］。已经证明，键合氧 $0.0\sim0.4eV$ 的表面弱于 Pt（111），是比较好的。弱于 Pt $0.2eV$ 作为优化情形。所以，已经为发展 ΔE_O 大于 Pt $0.2eV$ 的催化剂做了很多努力，以提高 ORR 动力学。

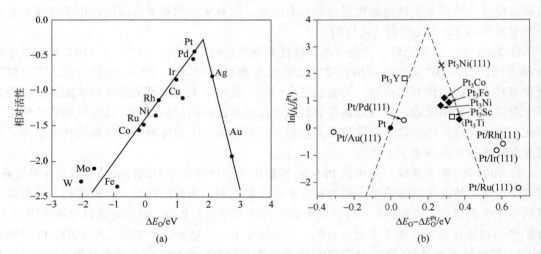

图 6-27 纯金属 Pt 基过渡金属合金的 ORR 活性与氧键合能（ΔE_O）间的火山形曲线

另外一个描述指标指出了吸附质在金属上的吸附能量，也即用 d 带中心（ε_d）模型来说明 ε_d 相对于费米能级的位置。不像 ΔE_O 测量那样困难，ε_d 是实验可测的，因此认为是可精确描述的最简单方法。电子结构变化产生的 ε_d 位移是由电子充满状态控制的。以氧原子在 Pt 表面的吸附作为例子，O 2p 状态与 Pt d 电子间的偶合引起氧共振，使其分裂成两个状态：低

于 ε_d 的完全充满键合态和跨过 ε_d 的部分充满反键合态。ε_d 向下位移到 ε_F，将导致反键和更多充满，因此弱化键，这对 ORR 是有利的。所以，d 带中心被认为是预测 ORR 催化活性的最终指示器。这个了解形成了新催化 ORR 1D 纳米结构材料设计的基础。

6.9.4.1　1D Pt 基纳米结构 ORR 催化剂

考虑其出色的催化和电性质和强的抗腐蚀能力，Pt 基催化剂仍然是 ORR 最有效的电催化剂，特别是在酸性介质中。为克服常规 Pt NP 的低本征活性和差的稳定性缺点，可从组合 Pt 和 1D 纳米结构各自的优点设计新的 1D Pt 基催化剂。

不少作者已经使用上述的合成方法或做一些修正后，制备发展了应用于燃料电池 ORR 反应的 1D 纳米结构 ORR 催化剂，特别是 Pt 基 1D 纳米结构催化剂。其组成从单一贵金属元素及其合金到非 Pt 贵金属元素及其合金。制备获得催化剂的 1D 纳米结构也有多种，主要是纳米棒（NR）、纳米线（NW）、纳米管（NT）和纳米链（NC）等。这些 1D 纳米结构催化剂具有大电化学表面积（ECSA）和增加的表面积-体积比，不会经受物理熟化和聚集过程或在实际应用中有质量传输限制，因此增强催化活性。例如，用六羰基铬 $[Cr(CO)_6]$ 辅助，通过在油胺中热解合成了均一直径 2～3nm 的 Pt 超细 NW，长度能够达到若干微米，其质量活性（88mA/mg）与 Pt/C 是可比较的（85mA/mg，45%Pt 在 Vulcan XC-72 碳载体上）；以特殊键合 Pt 的肽（氨基酸序列 Ac-TLHVSSY-CONH$_2$，名称 BP7A，通过噬菌体展示确认）用仿生合成了直径约 2nm 和高密度双平面的超细多-双 Pt NW，达到的质量活性 144mA/mg，比 John-Matthey（JM）Pt/C 催化剂［在 Vulcan XC-72 碳载体上 20%（质量分数）Pt］增加 58.2%。6000 次循环加速降解试验（ADT）后，仅损失其初始 ECSA 的 14.2%，而 JM Pt/C 催化剂降解 56.7%。更细直径 1.3nm 的 Pt NW，通过 H_2PtCl_6 在 N,N-二甲基甲酰胺（DMP）和甲苯混合物用 $NaBH_4$ 还原，接着用酸洗程序处理合成了，显示出出色的高比活性 1.45mA/cm^2，比 Pt/C NP 高 7 倍（图 6-28）。

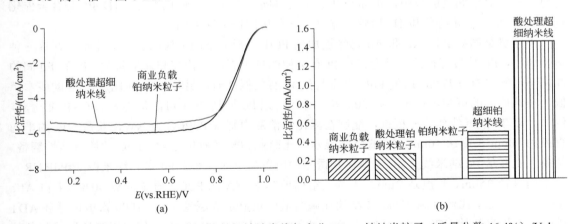

图 6-28　在玻璃化碳旋转电极上的酸洗超细铂纳米线与商业 3.3nm 铂纳米粒子（质量分数 46.4%）/Vulcan 碳载体极化曲线（阳极扫描方向，旋转速率 1600r/min，0.1mol/L HClO$_4$ 溶液，20℃）的比较（a）；0.9C 下的 ECSA（用比活性表示）（b）

1D 纳米结构中的纳米管（NT）比 Pt NW 有更高的比表面积。一般使用阳极铝氧化物模板剂（AAO）或从 Ag 或 Cu 纳米线动电置换反应制备。例如，用动电置换方法从 Ag 纳米线合成厚度 5nm 的多孔多晶 Pt NT，其外部直径 60nm、长 5～20μm，质量活性稍高于 Pt/C（Pt

NT 88mA/mg；Pt/C 84mA/mg)。经水热处理，多晶 Pt NT 演化成单晶 Pt NT，进一步提高催化活性和稳定性。多孔、中空、分层和单微晶不仅使之有大表面积和高催化剂利用率，而且改进传质和气体扩散。这些新 1D Pt 纳米结构比现在的最好 Pt/C 催化剂［E-TEK，30%（质量分数）Pt/ Vulcan XC-72］的 ORR 催化活性高 4.4 倍，且耐用性有极大的增强，也可使用更有效的 Cu 纳米线模板剂来制备 Pt NT。

其他 1D Pt 纳米结构，如垂直排列 Pt 纳米棒（Pt NR）、Pt 纳米链（Pt NC）和 Pt 纳米矛（Pt NL），尽管它们的 ECSA 较小，但与 Pt 黑（JM）比较，仍显示可比较活性和较好耐用性。

1D Pt 纳米结构同样可以负载在载体上，利用 Pt 催化剂与载体间的协同效应，使 ORR 催化活性能够因负载 1D Pt 纳米结构而有进一步提高。例如，用喷雾干燥和氢还原方法，以 SiO$_2$ NP 作间隔物合成了 Pt NW。利用了 SiO$_2$ NP 优越的化学稳定性，在 27000 次氧还原循环后，催化剂仍然保持初始活性的 77%。如前面已经指出，作为载体的石墨烯二维碳材料有许多优点，如高电子电导率、巨大表面积、独特的电子性质和高的热和化学稳定性。石墨烯与负载金属纳米粒子有强的金属-载体相互作用，提高了催化剂电导率。在 ORR 中的电子传输数约为 3.4～3.7，接近于理论值 4。石墨烯表面的改性有利于与 1D Pt 纳米结构的接触。例如，负载在基因组双链-DNA（gdsDNA）改性的还原石墨烯氧化物（RGO）上的 Pt ND，显示很高的 ORR 活性。在旋转碟电极（RDE）上于 80℃ 测量的质量活性和比活性，分别达到 1.01A/mg 和 1.503mA/cm^2，比 Pt/RGO 上的分别高 5.5 倍和 1.7 倍，而且经 ADT（加速降解试验）10000 次循环后，ORR 极化曲线上的半波电位几乎没有变化，该优越 ORR 性能被贡献于 gdsDNA 的引入，它与 RGO 片通过 π-π 偶合发生相互作用，使催化剂有好的电导率。

为降低昂贵 Pt 的使用而同时又增加 ORR 活性，一个非常有效的策略是在 Pt 催化剂中加进非 Pt 或甚至非贵金属，形成双或多金属合金催化剂。密度泛函理论（DFT）计算证明，与其他金属元素合金化 Pt，可导致金属原子间的相互作用，使其 d 带下移并增大 d 带空穴，使之更有利于氧中间物的吸附，也即与其他元素协同工作提高了催化性能。1D Pt 基合金催化剂，组合 Pt 多金属特色和 1D 形貌，能够相互和协同地加速 ORR 速率。

不同贵金属如 Pd、Ag 和 Au 已经被加到 Pt 中，形成不同形貌的合金催化剂。在这三种贵金属中，Pd 是最可行的，因为它与 Pt 有类似的价带壳电子构型和晶格常数。Pt 和 Pd 间的晶格不匹配仅有 0.77%，这使 PtPd 合金与纯 Pt 有类似性质。另外，与 Pt 比较，Pd 的成本稍低，在地球上的可利用性也要高 200 倍。所以，把 Pd 加到 Pt 中可能是更好的 ORR 催化剂。例如，以 Te 纳米线作为模板剂，能够在湿化学溶液中制备 PdPt 合金 NW，获得 NW 的平均直径约 10nm 长度达 10μm。RDE 试验显示，比商业 20%（质量分数）Pt/C 的质量活性翻番。制备也能够从 Pd 纳米线开始，用溴化物诱导动电置换反应获得 PtPd 多孔纳米棒（PtPdP NR），其平均直径 35nm、长度达 2μm。其多孔结构使其 ECSA 比 Pt/C（质量分数 40%，来自 Alfa Aesar）高 3 倍，比活性高 40%。该结构在碱溶液中也显示优越稳定性，1000 次电位循环 ADT 试验后仅损失初始 ECSA 的 5.88%，而商业 Pt/C 催化剂损失 40.4%。使用甲酸还原法制备的碳负载 PtM（M=Au、Pd 和 Ag）NR，使用电化学测量和 DFT 计算研究其 ORR 活性和稳定性。结果说明，ORR 增强效率是由于高长径比和合金化减少了溶解、聚集和 Ostwald 熟化效应，也弱化了 Pt—O 键合。

Pt 与 3d 过渡金属如 Fe、Co、Ni 和 Cu 的合金化，能够极大地增强 ORR 催化效率。过渡金属减少在活性 Pt 位置上吸附的 OH 物种，而 Pt 能够降低非贵金属组分的溶解，因此提高了 ORR 活性和稳定性。直径 10～20nm 的多孔纳米 PtFe 合金 NW，可使用电纺和化学脱合金化技术制备，多孔长纳米线的相互缠绕形成自支撑网络。与 Pt/C 比较（质量分数 40%Pt/C，E-TEK），比活性高 2.3 倍（0.38mA/cm^2 对 0.16mA/cm^2），13500 次电位循环后仅损失初始活性的 4%，而 Pt/C 的损失达 38%。使用有机相分解和还原工艺合成了平均直径 2.5nm 的细 PtFe 和 PtCo NW。把它们沉积在碳载体（Ketjen EC-300）上，再用乙酸洗涤移去表面活性剂和部分 Fe 或 Co。试验结果说明，PtFe NW 的表面和质量比活性分别达到 1.53mA/cm^2 和 844mA/mg(Pt)。如果进行热退火处理，在纳米线表面形成 Pt 外皮，这增强了 ORR 活性和稳定性。退火后的 6.3nm PtFe NW 有更高比活性 3.9mA/cm^2。合成后进行退火和电化学脱合金组合处理能够获得在 Cu 纳米线表面上的 PtCu 合金纳米线（PtCu/Cu NW）。压缩应变和低 Pt 含量都对高的比活性和质量活性有贡献，分别达 2.65mA/cm^2 和 1.24A/mgPt。

以 Cu 纳米线作为牺牲模板剂，用动电置换反应制备贵金属（Pt、Pd 和 Au）纳米管（NT），特别是双金属 PtCu 合金 NT。在 Cu 纳米线部分被 Pt 置换后再用酸处理移去部分 Cu，形成的是由 PtCu 合金组成的 NT。该制备中 Cu NW 不仅起模板剂功能而且使部分 Cu 与 Pt 形成合金。也可使用 AAO 模板剂制备 PtCu 纳米管催化剂。再进行热退火以增加表面 Pt 原子分数和晶格有序化。在酸介质中进行电位循环处理使部分 Cu 溶解，以获得高 ECSA。这个吸附质诱导形貌重构过程，最后得到重建的高粗糙表面，使比活性和质量活性进一步提高，达到 0.8mA/cm^2 和 232mA/mg。获得 PtCu 的 TEM 照片和表面演化示意给出于图 6-29 中。

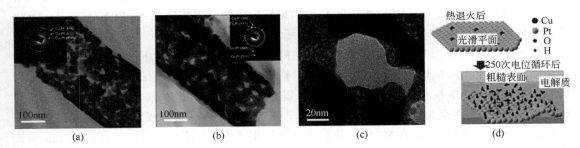

图 6-29　600℃退火 PtCu 纳米管（a），250 次电位循环后获得的 PtCu 重构纳米管（b），嵌入图显示形貌重构前后有序-无序转换，高粗糙表面放大 TEM 图（c），电位循环后表面演化示意图（d）

多组分金属合金意味着不同元素间的协同比双金属更强更高效。为在 ORR 应用，在有机相中合成了三元 PtNiFe NW、PtFeM（M=Cu、Ni）和 PtNiCu NR。三元合金一般比二元合金有更高质量和比活性。以 Cu 纳米线作为牺牲模板剂用动电置换能够合成三元 PtPdCu 合金纳米管，牺牲的是 Cu 纳米线模板剂，再在酸电解质中电化学淋洗非贵金属 Cu。四元超低 Pt 含量 PtCuCoNi 合金 NT，也可用 AAO 模板剂-辅助电沉积方法合成。多组分金属偶合 NT 的中空构型使 ORR 活性大有提高，比 Pt 黑（BASF）和 Pt/C 催化剂（质量分数 30%Pt，BASF）的质量活性分别高 17.5 倍和 5.0 倍。

除合金外，另外一个降低 Pt 含量的有效方法是发展 Pt 基混杂催化剂。有核壳结构或异质结构构架的混杂纳米材料中有多相金属原子，存在的贵金属壳能够部分解决过渡金属被淋洗的问题（因合金纳米结构要处于苛刻燃料电池操作条件，催化剂会逐渐降解）。另外，在混杂 Pt 基纳米结构催化剂中，通常可通过各种参数如核组成、壳厚度、结构形貌等共同控制催化性质。Pt 基 1D 纳米架构混杂催化剂不仅使 Pt 使用量最小化，而且也提供希望的相互作用调节电子和表面应变，促进催化过程中的电子传导和稳定化。

Pt 基核壳催化剂的特征是在合适金属核上薄的铂壳。一般说来，核壳结构的形成包含有内核的产生和外部 Pt 壳在核的全部表面进一步生长。核壳结构的控制合成普遍使用的方法包括负电位沉积（UPD）置换、结构重排（脱合金化或偏析）和种子媒介过程。用部分动电替换 Cu NW，获得涂渍在 Cu NW 上的层厚度为 2nm 的 Pt，其 ORR 面积比活性达到 $1.50mA/cm^2$。可使用非 Pt 贵金属核替代过渡金属核，来达到酸性介质中的长期稳定性，如 1D 纳米结构的 Pd 或 Au。以 2nm Pd NW 为核经 Cu UPD 替换获得 Pt 单层壳，把其负载在碳上得到超细 Pd-Pt 核壳 NW。经 UV 产生的臭氧处理后，NW 保留形貌且分散在碳载体上，其比活性和耐用性分别增强 1.5 倍和 1.4 倍。获得催化剂的质量和比活性分别是 1.83A/mg 和 $0.77mA/cm^2$。经 20000 次循环后，NW 仍然保持有初始 ECSA 的 71%。考虑到使用 UV 处理后其他纳米结构也获得增强效应，如果进一步了解其详细机理，该后改性方法很可能具有发展出 PEMFC 催化剂的潜力。

通过 UPD 接着用 Pt 动电置换合成了超细具有 PtAu 二元壳和 Pd 核的纳米线（约 2nm），对其结构-性质间关系的组合试验和 DFT 计算揭示，在动电置换过程中，Au 原子发生了表面偏析和重结构。经动力学控制成核和生长过程，再由甲酸还原制备出以 PtAu 为壳的 Pt-Au 核壳 NR。对 FePtM（M=Cu，Ni）使用乙酸和电化学刻蚀处理，三元合金 NR 转换为核壳 FePtM/Pt NR。也可用种子媒介方法合成 FePtM（M=Pd、Au）NW。有优化厚度 0.8nm 的 FePt 壳催化剂的质量和比活性分别为 1.68A/mg 和 $3.47mA/cm^2$。由于 Pt_3Ni 的出色 ORR 活性，用油胺在有机相中合成了 Au 纳米线小 Pt_3N 纳米树枝构成的自担载核壳 Au/Pt_3Ni NW。与 Au/Pt 核壳结构比 Au/Pt_3Ni NW 显示两倍高的 ORR 活性和耐用性。

除了核壳结构外，多相结构为 ORR 和燃料电池应用提供了替代混杂催化剂的模型物。多相结构有利于不同金属组分间的协同效应，其制作方法比制备核壳结构更容易。例如，为研究合成过程中的成核和生长机理，使用种子媒介方法合成了 Pd-Pt 双金属 ND。在树枝结构形成中 Pd 种子起着至关重要的作用，没有种子时在同样条件下仅形成泡沫状 Pt 聚集体。该树枝纳米结构可负载到 MWCNT 上，使其有更高催化活性。于油相中合成了直径 8.3nm 和长度 387nm 含 Bi 的 $Pt/CPd_{0.85}Bi_{0.15}$ NW，利用三金属协同效应和 1D 纳米线结构有利于电子传输的优点，制备的该催化剂显示出超级电化学性能，质量和比活性分别达到 1.16A/mg 和 $1.48mA/cm^2$。

6.9.4.2 1D 非 Pt 基 ORR 催化剂

虽然 Pt 基纳米结构仍然是最广泛使用的 ORR 催化剂，高成本和有限供应很难满足 PEMFC 应用的需求。从长期观点看，探索和合成非 Pt 基催化剂似乎应该是未来研究的重点。这个领域的新进展揭示，相对便宜和丰富的金属（Pd、Au 和 Ag）和其多金属合金、过渡金属硫化物、金属氧化物基纳米晶体和 N 掺杂碳纳米管，可能是 ORR Pt 基电催化剂的潜在替代物，特别是在碱介质中的应用。

1D 非 Pt 贵金属催化剂，包括 Pd、Au 和 Ag 和它们的合金，主要是针对的碱介质 ORR。用聚碳酸盐模板剂方法，在环境温度和表面活性剂存在条件下合成了 45nm Pd NW，并与用表面活性剂湿化学技术获得的 2.2nm 超细 Pd NW 比较。结果揭示，电催化活性随直径降低显著增强，近似增加 2 倍。用湿化学路线合成的富 Pd 纳米线（脉理）和富 Fe "桨叶" PdFe 纳米叶片，直径非常小为 1.8～2.3nm，使表面氧化阻力得以增强。其独特高表面积和纳米叶片结构，使其在 NaOH 电解质中的 ORR 比活性达 $0.312mA/cm^2$，质量活性 159mA/mg。负载在还原石墨烯上的 Au ND 在水溶液中制备，与 Pt/C 催化剂比较，在碱介质中显示类似 ORR

活性和更好的稳定性。对用湿化学和模板剂方法合成的 PdAu NW 进行比较，湿化学制备的 2nm PdAu NW 与模板剂方法制备的 50nm PdAu NW 有类似的比活性。用动电置换 Ag NW 方法合成了壁厚 6nm 的 Au NT，其 ORR 活性是 Pt/C 的 2 倍。用化学共还原方法制备了核壳结构 Au@Pd 纳米刺，其头部直径 30～50nm，长度约 100～400nm。由于独特的多孔结构和 Pd 壳与 Au 核间的协同效应，获得催化剂在碱液中显示的 ORR 活性和稳定性比商业 Pd 和 Pt 黑高。

众所周知，Ag 比 Au 和 Pd 便宜很多。因此用简单方法制备的 1D Ag 纳米结构常作为牺牲模板剂用以合成其他电催化剂。近来纳米结构 Ag 也直接作为碱介质中 ORR 催化剂使用。多功能 1D Ag@POA（聚对茴香胺）核壳纳米结构，如纳米带、纳米线和纳米绳，经合理调节制备条件都已经合成了。用多元醇或水热工艺制备了负载在加有细菌纤维素的 N 掺杂石墨烯上的 Ag 纳米棒和 Ag 纳米线。它们在碱电解质中都显示有提高的 ORR 活性和稳定性。借鉴 Pt 和 Pd 基多金属电催化剂的做法，把其他金属也加到 Ag 中以提高其催化性能。例如，在液相中在 Cu NW 上生长 Ag，合成了新"章鱼触手样"的 Cu 纳米线-Ag 纳米晶体，电化学测量结果证明，获得的 1D 异质结构显示有增强的 ORR 性能，因存在有多相间和组分间强协同效应。1D Ag/Au/AgCl 纳米复合物，使用 Ag 纳米线模板剂和 Au 前身物间的动电置换方法合成。Au 前身物浓度下降诱导催化剂结构从核壳固体线变化为多孔中空相。有最优组成的催化剂在碱溶液中其 ORR 活性与商业 Pt/C ORR 是可比较的。

6.9.4.3　1D 纳米结构非贵金属催化剂（NPMC）

自报道钴酞菁显示有 ORR 催化活性以来，研究者大力探索降低成本的非贵金属 1D 纳米结构材料。但是，由于制备上的巨大不同，对 1D 纳米结构 NPMC 仅集中于很少几个特殊材料中。过渡金属硫属化合物 Cu_2Se 纳米线，平均直径 70nm，已经用固-液相化学转换方法合成，并研究其在 ORR 中的应用。结果发现，四方相 Cu_2Se 比立方相显示更好性能。主要是由于 Cu 和 Se 原子有不同的空间排列方式，使氧吸附和活化有不同途径，因此有不同的催化活性。锰氧化物（MnO_x）也是好的非贵金属 ORR 催化剂，由于成本低、环境友好和高活性。MnO_x 掺杂碳纳米管用简单化学沉积法合成，其对 ORR 有优良的催化行为，由于 CNT 电子传输给 Mn 离子产生高正电荷 CNT 表面。$Ni-\alpha-MnO_2$ 和 $Ni-\alpha-MnO_2$ NW 使用水热反应和掺杂石墨烯碳（GLC）制备，其 ORR 的催化结果指出，20%陶瓷/80%GLC 掺杂物的 ORR 活性比 20%Pt/C 更好些。制备的尖晶石相 1D 纳米结构，如黑钙锰矿 $CaMn_2O_4$ 纳米棒和 $NiCo_2O_4$ 纳米线，也被应用于 ORR。在碱电解质中其质量和比活性与 Pt/C 催化剂是可以比较的。

含 N 碳材料如 CNT 也作为酸性或碱性介质中 ORR 的电催化剂，深入研究指出，形成吡啶的单元嵌在共轭 sp^2 碳网格中，这能够极大地提高催化剂性能。

所有上述的 1D 非 Pt 基纳米结构催化剂都显示出可接受的 ORR 活性或耐用性，但很少是质量和比活性，性能一般是在碱环境中评价的，仍然与现在 Pt/C 的技术水平差得远。进一步的研究应该继续向着提高 ORR 催化性能，特别是在 PEMFC 潜在应用的酸环境中。

6.9.5　烃类氧化反应的 1D 纳米结构催化剂

燃料在阳极的氧化反应也在烃类进料 PEMFC 性能中起着关键作用。烃类物种如甲醇、乙醇和甲酸被认为是可行燃料，因为它们远比氢气容易掌控、存储和运输。这些烃类具有同样的优点如丰富、便宜和高体积能量密度，同时又有它们各自的特点。在这三种燃料中，乙醇有最高能量密度和比较容易从生物质发酵生产。但是，乙醇氧化紧密关系到 C—C 键断裂，需要的能量比断裂 C—H 键高。虽然有一点点毒性，甲醇常常作为燃料电池燃料使用，因为它有合适的能量密度和没有乙醇那样的问题。近来，甲酸也引起了注意，其原因是非毒性和非可燃液体燃料，透过聚合物电解质膜的横穿通量也小于甲醇。为了在 PEMFC 中有效地应用这些燃料，高度希望对烃类氧化有优越催化活性和稳定性的催化剂。

在烃类进料 PEMFC 中，阳极反应经受慢动力学和需要高催化剂负荷以达到可接受的电流密度，因此总是指望有非常厚催化剂层。1D 纳米结构，由于它们的各向异性特色，能够彼此相互连接在电极中形成网络，因此提高电子传导和催化剂利用率以及促进在电化学过程中的传质和燃料扩散。结果是，1D 纳米结构近年来已经为烃类氧化吸引巨大量的努力。

6.9.5.1　1D 纳米结构 Pt 基烃类氧化反应催化剂

直到现在，Pt 基催化剂仍然是烃类氧化反应最实际应用的催化剂。通常烃类氧化过程会生成含碳中间物如 CO 和 CHO，它们会使铂表面中毒和引起催化剂的不可逆失活。与非常粗糙表面的纳米粒子比较，1D Pt 基纳米结构具有光滑表面且较少缺陷，这能够弱化对这些碳质分子的吸附，增强其抗中毒阻力。

多晶和单晶 Pt 纳米管、纳米纤维和纳米棒在烃类氧化反应中进行了试验。例如，用溶剂热方法合成了催化 MOR 和甲酸氧化反应（FAOR）的超细和超长直径 3nm 和长度 10μm 的单晶 Pt NW。其质量活性分别达到 500mA/mg 和 700mA/mg，比活性为 $1.15mA/cm^2$ 和 $1.5mA/cm^2$，在 3000 次电位循环后，活性损失仅有约 31% 和 37%，远低于 Pt/C 的降解速率。以牺牲 Ag 模板剂用动电置换方法制备了 PtAu 合金 NT，其 SEM 和 HR-TEM 照片给出于图 6-30 中。显示出 PtAu 合金中的 Pt 和 Au 均匀溶解和多孔壁的纳米管形貌。与 Pt NT、Pt/C 和 Pt 黑比较，双金属 PtAu NT 系列的 FAOR 质量活性分别提高 4 倍、10 倍和 22 倍。

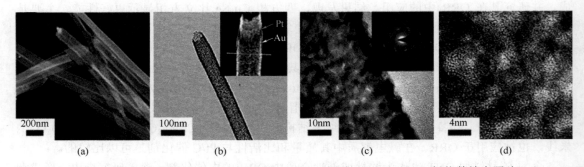

图 6-30　PtAu NT 的 SEM 照片（a），PtAu NT 的 HR-TEM 照片（b），PtAu NT 低倍数放大照片（c），PtAu NT 高倍数放大照片（d）[（b）和（c）中嵌入图显示 PtAu NT EDS 相扫描的 STEM 照片和 SAED 照片]

利用催化剂和载体间的协同效应为改进催化性能，在烃类氧化反应中得到证实。许多导电材料包括碳球、碳纳米管、石墨烯和金属氧化物可负载 MOR 的 1D 纳米结构催化剂。石墨烯侧链-Pt 掺杂纳米结构（BPtN），采用 $NaBH_4$ 原位还原石墨烯氧化物和 Pt 前身物溶液合成，在 MOR 中显示的峰电流密度比没有石墨烯的 BPtN 和 Pt/C，分别高约 49 倍和 14 倍。为增强催化性能，进一步组合协同和混杂载体的优点，用电化学方法制备了 Pt NF 修饰的石墨烯-碳纳米管混杂物（Pt/G-MWCNT），显示有高质量活性（127.43mA/mg）。

6.9.5.2　烃类氧化反应的 1D Pt 基纳米合金结构催化剂

与单金属体系比较，具有可控构架和组成的合金化催化剂，对烃类氧化反应也显示超级活性，由于存在有协同效应、电子效应或双功能机理。为此，成功合成了多个 1D Pt 基合金纳米结构，并把它们应用于烃类氧化反应。其中突出的例子有：1D PtPd 和 PtAu 双金属纳米晶体和多金属纳米合金。Rh 和 Ru 也应用于构建可行的 1D Pt 基纳米结构合金催化剂。另外，非贵金属如 Fe、Co、Ni、Cu 和 Bi 也能够作为在 1D Pt 基纳米结构电催化剂。除化学组成外，合金纳米结构形状和形貌也加以控制，以进一步提高催化功能和应用性能。有报道说，Pd/C 中加 Pt 能够改变 MOR 过程，导致非 CO 路径，这与已提出的需要双功能性（如 PtRu 合金）改进催化剂 CO 耐受性不同。传统改性指望，催化界面上 Pt-Pt 活性位是降低而不是改变甲醇氧化路径。

　　平均侧链（支链）直径 19.5nm 的多孔 PtPd ND，在碱溶液中对甲醇和乙二醇的电氧化活性比 Pt 黑和 Pd 黑分别高 3 倍和 16 倍，而 I_f/I_b（I_f：向前峰电流密度；I_b：向后峰电流密度）高达 3.5。PtPd 合金 NW 对乙醇氧化反应（EOR）的质量活性比 Pd NW 和 Pt NT 分别高 1.2 倍和 1.8 倍。在酸性电解质中，合金化 $Pt_{50}Pd_{50}$ NW 比商业 Pt/C 的 MOR 活性高近 3 倍。双金属 PtPd 多孔中空纳米棒阵列（PHNRA）对 MOR 显示的电流密度比 Pt/C 高 2.5 倍，稳定性很出色。这得到 500 次电位循环后几乎恒定的峰电流密度的实验结果支持。性能提高是由于改变了 Pt 和 Pd 纳米晶体的排列以及多孔中空纳米棒结构，这对电子结构改性有利且促进催化剂的传质，导致有效的催化反应。PHNRA 的照片、性能和优点说明于图 6-31 中。

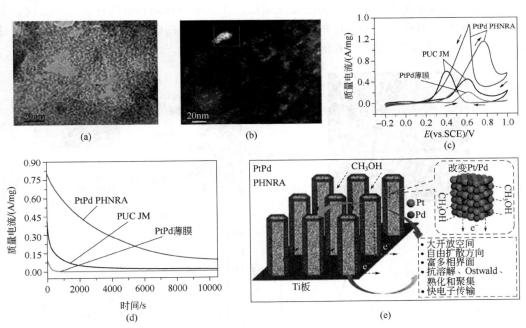

图 6-31　超声分散 PtPd 多孔中空纳米棒阵列（PHNRA）后分散纳米晶体的 TEM 照片（a），超声分散 PtPd PHNRA 后分散纳米晶体的 HAAD-STEM 照片（b），在 0.5mol/L H_2SO_4 50mV/s 下测量的 CV（c），在 0.5mol/L H_2SO_4+0.5mol/L CH_3OH 50mV/s 下测量［测量期间对应电位对 PtPd PHNRA 保持在 0.75V，对商业 Pt/C（PUC JM）和 PtPd 薄膜保持在 0.6V］的计时电流法曲线（d），先进 PHNRA 催化剂的说明（e）

　　不像 PtPd 纳米结构，Au 和 Pt 纳米结构的组合主要是使 FAOR 活性增强。合金化 PtAu 通过整体效应和组成变化诱导改性电子效应来改变反应路径，增强催化活性和对 CO 耐受性。Pt_1Au_3 NT 对 FAOR 的活性比 Pt NT、Pt 黑和 Pt/C 分别高 26 倍、82 倍和 149 倍，具有的峰电流密度 1.45A/mg，I_f/I_b 比为 5.0。另外，也合成了应用于 MOR 的 Au-Pt 双臂 NT，由 Au 内壁和 Pt 外壁构成。

除了 Pd 和 Au，其他贵金属与 Pt 也能合金化。如制备的 PtRu 合金 NW 可作为高性能 MOR 催化剂，由于其晶格收缩、增强的电子性质以及促进 CO 物种的氧化。又如，以 Rh 纳米立方体作为种子，合成了超细 RhPt NW，并应用于 EOR。反应中间物的傅里叶转换红外谱（FTIR）研究指出，Rh 对断裂乙醇 C—C 键有特殊作用，合金催化剂具有把乙醇完全氧化到 CO_2 的高选择性。

与过渡金属合金化的少量昂贵 Pt，不仅促进 1D 纳米结构形貌的生成，而且增加中间物种的氧化。因为 Pt d 带中心变化，提高了烃类氧化，促进 C—H 键断。1D PtNi 合金纳米结构对 ORR 的优良活性也是烃类氧化可行催化剂。已经研究把 PtNi ND、NW、NR、NT 作为 FAOR、MOR 和 EOR 的催化剂。发现磷的加入使 PtNi 中 Pt（0）的相对含量和 Pt 5d 电子密度显著提高，因此增强催化活性。PtNi-P 纳米管阵列（NTA）的 MOR 电流密度达到 $3.85mA/cm^2$。PtNi-P NTA SEM 照片、MOR 过程以及对应电化学活性和耐用性，示于图 6-32 中。已经研究过的其他过渡金属合金 1D Pt 纳米结构包括：湿化学方法制备的 PtBi 和蠕虫状 PtM（M=Cu、Co、Fe）NW，以及模板剂辅助法合成的 PtCo NW、PtCu 和 PtCo NT。它们对 EOR 和 MOR 催化活性和抗 CO 中毒阻力都提高了。Fe、Te 和 Au 进一步合金化 PtPd NW 后获得的多组分合金催化剂，峰电流密度显著增加，在负电位移动和耐用性试验中发现，衰减速率变慢。例如，直径 5~7nm 的 PtPdTe NW 对 MOR 显示高电催化活性 595mA /mg，这比 PtTe 和 Pt/C 分别提高 2.4 倍和 2.6 倍。

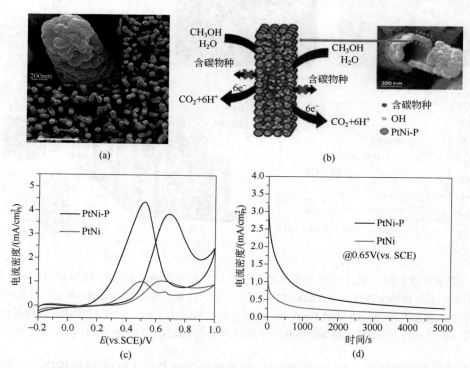

图 6-32　PtNi-P 纳米管阵列 SEM 照片（a），甲醇在多孔壁 PtNi-P NT 中充电期间产生的含碳物种几乎完全氧化的示意图（b），PtNi-P 和 PtNi NTA 在 0.5mol/L CH_3OH+0.5mol/L H_2SO_4 50mV/s 扫描的 CV（c），PtNi-P 和 PtNi NTA 在 0.5mol/L CH_3OH+0.5mol/L H_2SO_4 50mV/s 扫描的计时电流法曲线（d）

6.9.5.3　烃类氧化反应的纳米结构混杂催化剂

面对烃类氧化的慢动力学活性，现在的努力主要是提高并实现催化活性。除如上述的合金纳米结构方法外，也可用混杂催化剂。主要目的仍然是增强催化活性而不仅仅是简单降低催化剂成本。

壁厚度 20nm 的 Pt/PtCu 核壳 NT，使用动电置换方法制备，应用于 FAOR。核壳纳米结构可裁剪的电子性质优点，使催化活性和耐用性比 Pt/C 分别提高 4 倍和 10 倍。用 UPD 置换方法，分别在 Pt 和 Pt 修饰的 Pd NW 上获得了直径为 10～20nm 和 40～280nm 的 Pt/PdRu NW，应用于烃类氧化。对前一催化剂，在碱介质中的 EOR 上得到的峰电流密度为 858.6mA/mg；对后一催化剂，比传统 0D PtRu NP/C 和 Pt/C 催化剂有较高 MOR 性能：在 HClO$_4$ 电解质中的质量和比活性分别达 360mA/mg 和 0.36mA/cm^2。Au 功能化 1D Au/PtM 核壳纳米结构也是烃类氧化的电催化剂。核壳 Au-Pt NW 通过在 Au 纳米线核表面控制覆盖 Pt 壳产生，而 Au 纳米线核使用表面活性剂媒介 M13 噬菌体模板剂获得。对 EOR 增强的本征活性和计时电流法测量结果指出，核壳纳米线催化剂与商业 Pt/C 催化剂比较具有明显优势。用合金表面 Pt 和 Au 制备的核壳 Au/PtAu NR 催化剂，Au 富集在表面对 FAOR 显示正效应。壁厚度 105nm 的多孔 Ni@Pt 核壳 NT 用 ZnO 纳米棒模板剂辅助电沉积方法合成，对 MOR 达到的稳态电流密度比 Pt/C 催化剂高 3.7 倍。

除了核壳结构外，对 Pt-Pd 异质纳米结构也进行了研究。例如，合成了平均直径 10nm 的 Pd/Pd 双金属 ND，其 MOR 催化性能好于 Pt ND 或 Pt 黑，质量活性达 490mA/mg；Pt 修饰的直径 5.2nm 珊瑚形 Pd 纳米链，使用精巧湿化学方法制备，在 FAOR 中显示的峰电流密度比 Pt/C 高 4.4 倍，耐用性也有提高。

6.9.5.4　1D 非 Pt 基烃类氧化反应催化剂

除了高成本外，Pt 表面常由于烃类氧化中间产物 CO 而严重中毒，导致催化性能恶化。这个挑战强制学术界和工业界寻找新替代物，为此对高性能电催化剂进行了很多研究，重点仍然是 Pd 和 Pd 基催化剂。特别是 Pd 基催化剂，能够降低 CO 中间毒物的影响，且其烃类电氧化过电位较低，因此是烃类分子电氧化的最可行无铂催化剂。而报道的无钯纳米结构催化剂仅有 NiCu 合金多孔 NW，在碱性溶液中应用于 MOR。研究过的 Pd 基纳米结构催化剂有：Pd NW、Pd NC、钯纳米矛和比较复杂的花形钯纳米结构网络，以及 Pd/聚苯胺/Pd 夹层结构纳米管排列（SNTA）。用多元醇方法合成了 2nm 超细 Pd NW，电化学测量显示：对 FAOR，电流密度比 Pt/C 催化剂高 2.5 倍；直径 4～5nm Pd NW，对 EOR 和 FAOR 的质量活性分别为 1.45A/mg 和 1.1A/mg。

对烃类氧化的 1D Pd 基合金催化剂，主要有 1D PdAu 双金属纳米晶体、PdAu 合金 ND、Au@Pd 核壳 ND 和 PdAu 纳米线网络。全都可以使用湿化学还原方法合成，但还原剂和稳定试剂不同。通过控制成核和生长速率，制备催化剂的直径范围在 3～26nm 之间，在碱溶液中对 MOR 或 EOR 显示好的催化性能。它们的优良性能是由于，电子传输特征提高、活性位数目增加、催化剂表面有利于 OH 吸附，是这些因素的综合改进了催化过程。另外，用共还原方法获得了平均直径 5～8nm 的 PdAg 合金 NW 和用动电置换 Ag 纳米棒合成了纳米针覆盖 PdAg NT，应用于 FAOR。也用乙二醇和 CTAB 合成了由 Pd 核和 15～30nm 侧链组成的 Rh/Pd 双金属 ND，用于 EOR。除了贵金属组合外，还合成了 1D Pd 与非贵金属的合金。例如，合成了纳米多孔 PdNi 和 PdBi 合金 NW，用于 FAOR；用模板剂辅助电沉积方法制备了多元

PdNiCoCuFe 合金纳米管，应用于碱液中的 MOR 和 EOR。

6.9.6　1D Pt 基纳米结构 PEMFC 电极

鉴于大的长径比，Pt NW 能够通过循环连接网络形成独立膜，具有高孔隙率、好的弹性、体积表面积比比常规催化剂大。以 Te@C 纳米绳为模板剂经 Te 和 PtCl$_6^{2-}$ 间的动电置换反应接着在空气中 400℃ 焙烧制备了独立 Pt 纳米线膜。该方法生产的 Pt 纳米线大小为 12nm，其 ECSA 仅有 Pt/C 催化剂（质量分数 40%Pt，JM）的 50%。但是，因具有高长径比 Pt NW 结晶体的独特表面性质和纳米线网络结构，促进了电子传输和气体扩散。因此，与 Pt/C 催化剂比较，ORR 质量活性类似但耐用性远高得多。

虽然催化剂本身已经取得相当的进展，特别是对新纳米结构催化剂。但在纯材料研究和实际燃料电池应用间存在的间隙仍然很大。直到现在，Pt 纳米线在 PEMFC 中试验过的仅有 1D 纳米结构。由于不一般的形貌，把制作 Pt/C 电极的常规方法应用于制作新结构催化剂电极中，通常是非常困难的。这是 1D Pt 纳米结构面对的挑战。已经把碳负载 Pt NW 使用常规方法制作到 PEMFC 阴极中（如涂渍、印刷、筛网等），并在单池中进行了试验。同济大学、滑铁卢（Waterloo）大学和通用汽车公司合作，在 1.5 kW PEMFC 中也对 Pt NW 进行了试验，评价其功率性能和耐用性。虽然 Pt NW 的直径（约 4nm）比常规 Pt 纳米粒子更大，但获得的功率性能是类似的，这得益于 Pt NW 独特的催化活性和因增强的孔隙率降低了电极中的传质损失。耐用性试验前后催化剂的表征进一步指出，Pt NW 的稳定性好于 Pt/C。但是，大孔隙率也导致 PEMFC 较厚的催化剂层和松散的电极结构。虽然在 Pt 纳米相催化剂本身上观察到优良稳定性，但差的电极结构仍然不能够使电极耐用性有显著提高，最后获得的仅是稍有改进。在 420 h 动态驱动循环耐用性试验后，PEMFC 池堆显示的性能降解速率，对 Pt NW/C 和商业 Pt NP/C 基电极分别为 14.4% 和 17.9%。主要的性能损失，对商业 Pt/C 阳极归因于材料的降解。然而，考虑到远为容易的氢氧化反应和阳极使用高催化剂负荷 0.2mg/cm^2，这个性能损失应该归因于阴极结构的降解。

6.9.6.1　NSTF 电极

近十年中，PEMFC 电极一个重要的进展是薄膜催化剂层概念，这是由 3M 集团公司引进的。它们首先使用了纳米结构薄膜（NSTF）催化剂电极。用芘晶须（1μm 高，截面 30nm×55nm）单层排列，其表面涂层 20nm 多晶 PtCoMn 薄膜，再用贴花纸基板传送方法获得 NSTF。在微结构基体负载晶须上（转送前）溅射涂层 PtCoMn 合金催化剂，其 SEM 照片给出于图 6-33 中。这个具有规则结构的薄膜催化剂层，在电极中有远高得多的催化剂利用率，满足美国 DOE 质量活性的目标。但是，该方法面对实际操作中水管理问题、非常低 ECSA（仅 10～15m^2/g，以 Pt 计）以及所用催化材料限制等挑战。近来，对在燃料电池试验条件下的结构-性能进行进行的研究说明，催化剂预处理、调节和电位循环可能影响催化剂的表面结构和组成，这进一步影响它们的表面积、活性和耐用性。

6.9.6.2　GDE

薄膜电极上获得的另一个重要进展是集成气体扩散电极（GDE）。使用原位方法在气体扩散层上生长单晶 Pt 纳米线制备，利用了室温甲酸还原方法的独特简单优点。GDL 直接使用作为载体基体。这个催化剂层仅含有直径约 4nm 的单晶 Pt 纳米线的单层阵列，长度 20～200nm。获得的结构直接作为燃料电池电极使用。规则结构的极端薄催化剂层进一步降低传

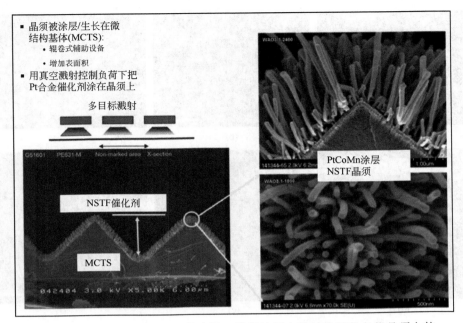

图 6-33　为烧制 NSTF 催化剂电极，溅射涂层在微结构基体负载晶须上的
PtCoMn 合金催化剂 SEM 照片

质损失和提高催化剂利用率。Pt/C 催化剂中碳载体的移去潜在地贡献于提高电极耐用性，两者都是为 PEMFC 在汽车应用时面对的挑战考虑。然而，由于 Pt 纳米线的憎水表面，催化剂层仍然需要 Nafion 离子交联聚合物以控制 Pt NW 电极中的质子传导。而这在 NSTF 催化剂电极中已经成功移去，因操作导致亲水孔道水泛滥，但促进质子传输。再者，很好控制的结构催化剂层对高催化剂利用率的三相边界（TPB）控制具有巨大重要性。因此，为达到好的性能，优化 Pt 负荷是必须的，因为低 Pt 负荷不能够完全覆盖 GDL 表面，而高 Pt 负荷导致气体扩散的很小空体积。

也发现，即便用同样的 Pt 纳米线，在 GDL 上它们的分布对最后电极性能也有大的影响。优化原位生长温度，能够部分平衡反应性水溶液和超憎水 GDL 表面间的接触，使电极结构更好。对氢氧进料的 PEMFC 使用标准协议的试验，达到了比使用 TKK Pt/C 催化剂［45.9%（质量分数）Pt/C，型号 TEC 10E50E］有近似翻番的质量活性和三倍高的比活性。阴极的 ADT 也支持 Pt 纳米线电极有较好的耐用性，ECSA 损失 48% 而 Pt/C 电极是 67%。为了降低 GDL 中 Pt 纳米线的直径以增加 ECSA，即进一步增强电极性能，引入了活性屏等离子氮化（ASPN）技术。在 Pt NW 生长前处理 GDL 表面，让 ASPN 引入的氮掺杂 GDL 表面限制反应中 Pt 原子，使其形成细微核和最后产生超细 Pt 纳米线，直径仅 3nm。因此，为更好催化活性提供较大 ECSA。ASPN 把功能基团引入到 GDL 表面上，促进基体表面与反应溶液间的接触，形成远为均匀得多的纳米线分布，进一步提高催化剂利用比。在 ASPN 处理 GDL 表面生长的 Pt 纳米线的照片，示于图 6-34 中。阴极循环伏安（CV）显示，Pt 纳米线的表面也使 ORR 有较好的性能。仅一半催化剂负荷的 Pt NW 阴极试验显示，其功率性能比 Pt/C 纳米粒子电极更好。在 GDL 表面引入 Pd 纳米种子直接生长 Pt 纳米线，成功地改进催化剂纳米结构在 GDL 表面上的分布，降低沉积层的传质损失，电极在 0.6V 时获得了较高功率性能。但是，引入纳米种子也导致树枝状 Pt 纳米结构的生成，与纯 Pt 纳米线电极比较，它的质量活性较低和耐用性较差。

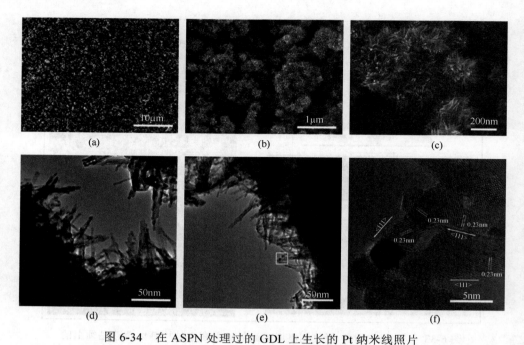

图 6-34　在 ASPN 处理过的 GDL 上生长的 Pt 纳米线照片

（a）～（c）含原位生长在处理过的 GDL 载体表面上的 Pt 纳米线阵列 3D 纳米构架催化剂层的 SEM 照片，
载体表面积 5cm²；（d）～（f）指出生长方向沿（111）轴的单晶纳米线

在碳涂层 Nafion 膜或 PTFE 表面原位生长 Pt NW 制作 Pt NW 催化剂电极，接着再传输到 Nafion 膜上，这相当于制备了催化剂涂层膜（CCM），而转印法适用于制作常规 Pt/C 电极。原位生长再传输的方法实现了催化剂和聚合物电解质间的较好接触，导致获得较好功率性能。初步试验支持其比 Pt/C 电极有更好性能，说明控制电极结构中 Pt NW 的分布是重要的。

但是，虽然已经证明，使用 Pt NW 阵列的电极有高催化剂利用比和优良的功率性能，在实际燃料电池操作条件下有可能发生水泛滥，因催化剂层极端薄，这在使用 NSTF 催化剂的电极中已经证实。但在这个 Pt NW 催化剂层中独特分层微/纳米结构界面，能够提供超憎水特色，具有潜在解决水管理挑战的可能。一项长期稳定性试验，特别是在 PEMFC 池堆内，是紧急需要的，以确证这个新方法的真实潜力。

6.9.7　1D 纳米结构催化剂小结

近几年中，1D 纳米结构材料的设计和合成取得了令人印象深刻的进展，它们能够潜在地用作低温燃料电池活性和耐用的电催化剂。鉴于其固有性质，1D 纳米结构电催化剂有解决 0D 催化剂相关许多问题的潜力，被认为是替代现时 0D 催化剂的可行候选者。

在所有 1D 催化剂中，Pt 基纳米复合物仍然是最实际的催化剂，由于它们有高的电催化活性和耐用性。但是，组合承载高活性和长期稳定性催化剂的设计仍然是一个挑战，特别是当考虑复杂反应机理和有害燃料电池操作条件时。虽然为降低生产成本，已经为制作无 Pt 或无贵金属基催化剂做了巨大的努力，但它们仍然存在酸性电解质中溶解的问题，大多数只能在碱介质使用。目前，很多工作的重点是在制备具有组合 1D 形貌优点的先进催化剂，包括形貌、多组分以及新结构，如核壳、多孔、中空和超薄形状。不管怎样，似乎还没有在分子水平上深入了解这些因素的功能。需要关注 1D 纳米结构的主要评价过程，仅在液体电解质中的离位电化学测量是不够的。现在仅有 Pt 纳米线和 NSTF 催化剂在燃料电池中进行了真实的试验，而这对实际应用是关键性的。

在暴露的这些不足中，未来工作的重点应该放在如下几个方面：①必须强调在燃料电池真实操作条件下催化剂性能的可靠性，燃料电池真实条件是非常不同和环境苛刻的。纯材料研究和实际燃料电池间存在的空隙导致许多新发展纳米结构材料和方法仅停留在"试管"水平上，并没有在燃料电池中进行试验。如果有优良活性的 1D 纳米结构催化剂能够在燃料电池实际操作条件下证实，商业化目标是容易满足的。②需要进行更深入的理论和实验研究，以了解电催化中的结构-性能关联，特别是对燃料电池电极。1D 纳米结构的不一般形状需要有新的了解以发展能够把它们制作到燃料电池电极中去，显然不能够使用针制作 Pt/C 纳米粒子的常规工艺。③原位生长单层 Pt 纳米线阵列电极可能是可行的技术。但是，这仅仅在长期稳定性和水管理问题已经被解决之后才有可能。基于原位增强的传质性能和催化剂利用比，如果合金和混杂纳米结构的增强效应被带入到结构中，则为 PEMFC 电极设计和发展提供新的路径。④应该持续追求发展灵巧、绿色和可放大催化剂合成工艺，以实现高得率催化剂生产，特别是对能够降低贵金属负荷的方法，如 1D 无贵金属族纳米金属催化剂，在满足燃料电池商业化要求中它们可能起特殊作用。⑤应该连续努力了解 1D 纳米结构的基础催化机理，包括反应物物种的合适吸附和有利的电子传输路径，以优化其几何形状、组成和结构，进一步提高催化活性和耐用性。总之，为解决这些挑战，新型结构基片、多样化的优势、多功能性能和成本有效的 1D 纳米结构材料对低温燃料电池应用显示有高的潜力。

6.10　电催化剂碳载体材料

6.10.1　引言

今天，燃料电池被广泛地认为是有效和非污染的电力源，它提供远高得多的能量密度和能量效率（与现时其他常规系统比较）。燃料电池是一个电化学装置，它把燃料（例如氢、甲醇等）的化学能用氧化剂（空气或纯氧）在催化剂存在下直接转化为电能、热量和水。燃料电池商业化的主要目标是要发展低成本、高效率和耐用的燃料电池材料。为降低现在燃料电池系统的高成本的和提高相对差的耐用性（也即增加燃料电池性能），已经提出的手段包括：①降低燃料电池电极中电催化剂（Pt）负荷；②发展新的纳米结构薄膜 Pt［例如 3M 的纳米结构薄膜（NSTF）电极和集成气体扩散电极（GDE）］；③降低电催化剂颗粒大小；④使用金属合金（二元或三元）减少对 Pt 的依赖和无 Pt 电催化剂；⑤使用新制造方法增加电催化剂分散度；⑥发展 MEA（膜电极装配体）制造方法以使催化剂更好分散和利用；⑦使用新技术增加在燃料电池电极表面的传质；⑧提高碳质电催化剂载体的性能和探索新的非碳电催化剂载体材料。其中的多个手段都涉及催化剂载体。

在广泛应用的燃料电池中，PEMFC 和 DMFC 在过去二三十年受到特别多的重视。因为它们能够作为功率系统，不仅是清洁能源而且也提供好的商业可利用性（例如，Ballard 和 Smart 燃料电池）。已经有很大数目的 PEMFC 和 DMFC 成功应用，如大巴车辅助功率单元（APU）、充电器和其他便携式和手提装置，现在它们都是商业可利用的。但是，尽管有显著的进展，它们仍然有成本（主要是由于催化剂）和耐用性的问题。

如前面所述，Pt 和 Pt 基合金是 PEMFC 和 DMFC 中最普遍使用的催化剂，因为 Pt 能够提供：①最高的催化活性；②最好的化学稳定性；③高交换电路密度（i_0）；④超级工作性能。但是，Pt 的全球稀有性和它的高成本，紧迫要求降低 Pt 的使用量，同时也要求提高其在 PEMFC 和 DMFC 中的效率。在 PEMFC/DMFC 中的催化剂通常是负载在导电多孔性膜上的。众所周知，与本体金属催化剂比较，负载金属催化剂的稳定性较高活性也较高。表面积、孔隙率、电导率、电化学稳定性和表面官能团是载体具有的特征。一个理想的载体应该具有如下性质：①好的导电性；②好的催化剂-载体相互作用；③大的表面积；④介孔结构以使离子交换聚合物和聚合物电解质能够与反应物紧密接近催化剂纳米粒子，也即有最大化三相界面（TPB）；⑤好的水管理能力以避免泛滥；⑥好的抗腐蚀性；⑦催化剂容易回收。催化剂和载体之间好的相互作用，不仅能够提高催化剂效率和降低催化剂损失，而且支持电荷传输。载体也能够因降低催化剂中毒（例如 CO、S 等）有效地辅助增强催化剂性能和耐用性。载体也会影响催化剂粒子大小、分布和形貌。所以说，催化剂所用载体材料的选择是极其重要的，在确定催化剂和总燃料电池行为、性能、寿命和成本有效性中有很强的影响。

实际上，为获得较好催化剂效率，已经采用的方法在大范围上能够分为两个领域：①应用 Pt 基双金属和三金属催化剂体系和其他非贵金属以降低对 Pt 的依赖；②改进催化剂载体。大多数 Pt 的可行替代物是其他铂族金属（PGM），包括钯、钌、铑、铱和锇。这些贵金属的含量也不是很丰富，它们的使用主要是为降低催化剂 Pt 负荷和提高效率。于是提高催化剂载体质量能够以多种方式辅助和提高催化剂性能，显然上述列举的载体性质是高度希望的。

低温燃料电池金属催化剂常被负载在高表面积碳纳米材料上，以增加电化学活性表面积。其中炭黑是最普遍使用和研究的主要载体材料，因为它们有高的电子电导率和高表面积。金属纳米粒子能够沉积锚定在碳表面上，因它的表面上有大量表面官能团（例如—CO—、—COOH、和—CN），官能团与金属前身物在催化剂合成中会发生有益的相互作用。然而，在碳材料使用作为载体前，高表面积的金属纳米粒子的使用并不广泛，因为金属粒子容易聚集。碳作为载体使用是为了降低燃料电池中贵金属的使用量，所以炭黑上高分散金属纳米粒子的发展在燃料电池技术中已经取得相当进展。

在非碳载体材料中，对纳米结构二氧化钛、铱氧化物、氧化铝、氧化硅、钨氧化物和导电体聚合物也进行了广泛研究。稍近也研究探索了氧化铈、氧化锆等载体材料。碳载体在燃料电池操作环境中一般会经受程度不同的腐蚀，因此非碳材料载体对处理碳腐蚀问题是特别重要的。碳载体腐蚀还会进一步导致一些其他问题，如催化剂损失，这会极大地影响燃料电池总性能。本节的内容是介绍最普遍使用的碳载体材料。碳材料有多种类型（见表 6-5），从炭黑开始。

表 6-5　不同的碳载体材料和它们的典型特征

碳载体	供应者	比表面积/(m²/g)	粒径/nm	电导率/(S/cm)
炭黑：Denka 黑 AB	Denkikagaku Kogyo	58	40	4
炭黑：Exp.sample AB	Denkikagaku Kogyo	835	30	>1
炭黑：Shavingigan AB	Gulf Oil	70～90	40～50	>1
炭黑：Conductex 975 FB	Columbia	250	24	>1
炭黑：Vulcan XC-72R FB	Cabot	254	30	2.77
炭黑：Black pearls 2000 FB	Cabot	1475	15	>1
炭黑：3950 FB	Mitsubishi	1500	16	>1

碳载体	供应者	比表面积/(m²/g)	粒径/nm	电导率/(S/cm)
炭黑：Ketjen EC 300J	Ketjen Black International	800	30～40	4
炭黑：Ketjen EC 600JD	Ketjen Black International	1250	35～40	10～100
中空石墨球	—	>1000	200	>1
碳纳米管	—	50～1000	1～5μm	0.3～400
石墨烯	—	>2000	10～20	$10^3～10^4$
碳纳米纤维	—	50～1000	30～100μm	200～900
碳纳米箔	—	115	50～100	30～180
有序介孔碳	—	600～2800	1～20μm	0.03～1.37
碳气溶胶	—	100～1100	0.05～40μm	25～100
碳凝胶	—	460～720	5～46μm	55±1
碳纳米笼	—	1276	10～50	813
碳纳米洋葱	—	2～1200	10～45	1～10
碳纳米喇叭	—	300～400	40～50	4.95～7.07

注：AB 指乙炔炭黑；FB 指油炉炭黑。

6.10.2　炭黑

炭黑（CB）是由"油炉"工艺或"乙炔"工艺生产的。前者是烃类或煤焦油部分燃烧（氧化）的产物，炭黑中的杂质可使用热处理（250～500℃）过程移去。后者是使用乙炔气热解产生。炭黑是小球形粒子（直径小于 50nm）的聚集体（直径约 250nm）。小炭黑粒子具有顺晶体（paracrystallite）结构，由平行石墨层构成，层间空间距离 0.35～0.38nm。炭黑中石墨部分有 sp^2 杂化，含 sp^2 轨道的三角形平面，而第四个 p_z 轨道正交于该平面，与邻近碳原子形成较弱的脱域 π 键。在高温（800～1000℃）和高压下用化学品（在碳前身物中加入 $ZnCl_2/H_3PO_4$）或气体（蒸汽/CO_2）处理炭黑，它转化为活性炭。活性炭的特征是较大和更加结晶的石墨化碳粒子（约 20～30μm）聚集体，有大量微孔空隙率和不同的 BET 比表面积（200～1200m²/g）。

活化炭黑与活性炭常常混淆。活性炭是普通的无定形碳，特征是高孔体积（约 2.25cm³/g）和高比表面积（约 4100m²/g）。活性炭含有微孔和大孔，介孔含量很低。活性炭的化学特征（酸碱性）取决于表面的化学不均匀性。活性炭表面上存在的含氧基团（如羟基、酮基、羧酸、酸酐、内酯和酚羟基）增加材料表面酸性和吸附能力。为在活性炭表面上产生含氧酸性基团，可使用气相和液相氧化的方法。气相氧化使活性炭表面羟基和羰基数量增加，而液相氧化则使活性炭表面羧基和酚羟基数量增加。

炭黑（CB）的高表面积（例如 Vulcan XC-72 有约 250m²/g 比表面积）、低成本和可利用性使其成为燃料电池用有吸引力的材料。高导电率和高比表面积乱层（turbostratic）炭黑，如 Vulcan XC-72R（Cabot Corp，250m²/g）、Shawinigan（Chevron，80m²/g）、Black Pearl 2000（BP2000，Cabot Corp.，1500m²/g）、Ketjen Black（KBEC 600JD & KB EC600J，Ketjen International，分别为1270m²/g 和 800m²/g）和 Denka Black（DB，Denka，65m²/g），现在普遍使用作为燃料电池电催化剂载体，以确保电化学反应有大表面积。

在 PEM 燃料电池催化剂层中，最普遍使用的载体是碳材料。主要是由于低成本、化学稳定性、高表面积和对负载金属纳米粒子（也即催化剂）的亲和力。一般使用炭黑和石墨化碳，比表面积范围从 10～2000m²/g。它们具有聚结的趋势，炭黑形成碳粒子聚集体，显示二元孔分布。在碳粒子聚集体内二元孔分布一般包括 2～20nm 大小的孔和存在于聚集粒子之间较大的 >20nm 的孔。这两个明显不同的孔范围，通常称为初级和次级孔，如图 6-35（a）中说明的。

Ketjen 炭黑和 Vulcan XC-72 是普遍使用的 PEMFC 催化剂载体。Ketjen 炭黑有高比表面积，890m²/g，而 Vulcan XC-72 是低比表面积材料，228m²/g。对铂/碳催化剂粉末和铂/碳/离子交联聚合物的催化剂层微结构的研究发现，催化剂层总的结构高度取决于碳载体。Ketjen 炭黑的微孔占总孔体积的 25%，它们影响 Pt 在载体上的分布。分散在 Ketjen 炭黑上和分布在微孔孔嘴部分的 Pt 会降低总表面积，对 Vulcan XC-72 则没有观察到这种现象，如图 6-35（b）和（c）中所示的。当把离子交联聚合物加入到 Pt/碳催化剂粉末上后，使总表面积显著降低，但孔分布总趋势并不改变。研究揭示，催化剂层中的宽孔分布能够增强水保留，而狭的介孔分布增强对水的排斥。因碳载体有孔大小分布，需要优化离子交联聚合物含量与碳负载量间的比例，使离子交联聚合物在载体孔内有最好分布。优化的离子交联聚合物含量与大于 20nm 的孔表面积密切相关。为产生传导质子的连续网格，较高介孔表面积就需要较高离子交联聚合物含量。在微孔中的离子交联聚合物对电极的质子电导率没有贡献。要达到同样电导率，较高表面积碳载体需要更多离子交联聚合物。对同样 Pt 负荷，较高表面积碳趋向于给出较小的 Pt 颗粒和更好的 Pt 分散，有较高 Pt 表面积，因此较低 ORR 过电位，但面积比活性是类似的。

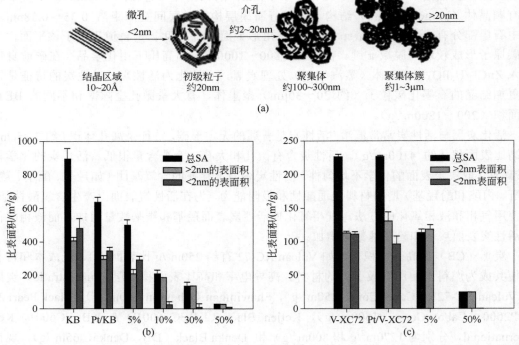

图 6-35　炭黑载体微结构的示意表述：结晶紊乱区域、初级碳粒子、聚集体和聚集体簇。指出了微孔、介孔和大孔（a），用作碳载体的 Kejen 炭黑（KB）（b），用作碳载体的 Vulcan XC-72（V-XC72）（c）

对许多燃料电池研究和商业应用中的 Pt 和 Pt 合金催化剂，炭黑（特别是 Vulcan XC-72）是最普遍使用的载体，它通常从烃类热解生产。原材料和热分解过程对 CB 的形貌和颗粒大小分布有极大的影响。高表面积、低成本和高可利用性 CB 帮助降低燃料电池成本。另外，炭黑的表面性质是亲水性的，这对负载金属催化剂的很好分散带来便利，因为可方便地使用亲水醇溶剂和离子交联聚合物构成的浆液来沉积金属纳米粒子。

虽然碳被最广泛使用于常规催化剂层的设计中，它的耐用性问题仍然是 PEM 燃料电池的一个主要问题。这特别关系到碳的严重腐蚀，因在 PEM 燃料电池环境中表面氧化和放出二氧化碳。由于氧化过程，催化活性组分会从碳载体上脱落和使催化剂纳米粒子加速聚集，导致催化剂活性下降。为了降低催化剂脱落或避免它们聚集，就必须增加金属晶体在碳载体上的分散，使其键合得更加牢固。为达到这个目的一个方法是，功能化碳载体。官能团（最普遍的是氧、氮和硫）主要存在于炭黑载体的石墨烯层中。例如，炭黑载体 Vulcan XC-72 中就含显著数量的硫基团，达 5000×10^{-6}（按质量计，相当于每个 Pt 3.3 个硫），这足以中毒失活电催化剂。Pt 能够催化氧化 Vulcan 碳中的硫（未氧化硫是零价的），因此在长期电化学使用中这将成为 Pt 毒物的来源。而氧和氮官能团与硫不一样，它们被使用于帮助分散金属晶体。氮功能化电极增强氧还原活性，因 Pt 与吡啶活性位间较强键合可防止 Pt 粒子的聚集，而且吡啶氮对 Pt 有强的授电子能力，这也导致 ORR 活性的增强。

如上所述，CB 虽被广泛使用但仍有问题。例如：①存在有机硫杂质。②深的微孔或孔洞捕集纳米粒子催化剂，使反应物不能接近，导致催化活性下降［因孔大小及其分布也影响催化剂中 Nafion 离子交联聚合物和金属纳米粒子间的相互作用，而 Nafion 胶束大小（大于 40nm）大于 CB 中的孔洞，位于孔直径小于胶束大小的金属纳米粒子与 Nafion 是不能接近的，因此它们对电化学活性不会作出贡献］。③CB 是热化学不稳定的，特别是在 DMFC 和 PEMFC 的高酸性/碱性环境中，碳载体会被腐蚀和催化剂纳米粒子会剥离。这要求炭黑有足够的热化学稳定性，不会导致碳载体腐蚀引起的催化剂层解体。④炭黑的亲水性（基本上是在负载了金属催化剂后）可能使负载金属催化剂的 MEA 多孔电极发生水泛滥这个致命性问题，导致活性金属表面、质子传导离子交联聚合物和 O_2 三相边界的阻塞。

为此，近来发展出有机/无机混杂催化剂 Pt/C-PNIPAM，即 Pt 选择性地负载在一定温度可自动切换的聚（N-异丙基丙烯酰胺）（PNIPAM）功能化的碳载体上。Pt/C-PNIPAM 的表面亲水性质与温度有关，从低于 32℃ 的亲水性转变到高于 32℃ 时的憎水性。所以，该催化剂能够很好分散在醇溶液中，因这时它是亲水性的，制备催化剂墨水的温度通常低于 32℃；而应用于燃料电池后，由于燃料电池的操作温度远高于 32℃（如 70～80℃），因此碳表面显示憎水性，这样阴极发生水泛滥的可能性会相当降低。炭黑表面被选择性功能化后，在不降低金属本征活性的同时使燃料电池性能有相当的提高，因为降低了 MEA 内的传质阻力。

6.10.3　纳米结构碳材料

除了炭黑材料外，许多其他碳材料也能够作为 PEMFC 和 DMFC 电催化剂载体。在过去十数年中，研究重点是在纳米结构载体，因它们有较快电子传输和高电催化活性的特点。纳米结构载体有两类主要材料：①碳基/含碳载体；②非碳载体。第一类碳纳米结构材料包括介孔碳、碳纳米管（CNT）、碳金刚石、碳纳米纤维（CNF）和石墨烯等。这些材料都是碳的同素异形体，都具有燃料电池应用所需要的基本性质，如高表面积、高电导率和酸碱介质中相对高稳定性等。石墨结构较高的碳纳米材料载体一般有较高稳定性。因此，对 CNT、介孔碳和 CNF 的详尽深入的研究能够带来好处，如提高催化剂效率和较高催化剂 ECSA。这些性质对降低催化剂负荷，也即降低燃料电池总成本是高度希望的。下面讨论纳米碳载体材料，包括它们的性能以及与电性质密切相关的一些问题，因为它们都已经被广泛研究作为 PEMFC 和 DMFC 阳极和阴极催化剂载体。非碳催化剂载体在下一节中讨论。

6.10.3.1 碳纳米管（CNT）

碳纳米管是 2D 纳米结构，一般由卷曲单一六角形排列碳原子片形成管子。它们可以是单壁的（SWCNT）也可以是多壁的（MWCNT）。SWCNT 在性质上可能是导电金属和半导体，这与其结构有关。SWCNT 的手性矢量（n, m）结构特征确定了它的金属或半导体性质。已知所有椅形（$n=m$）的 SWCN 是金属导体；而有 $n-m=3k$（k 是非零整数）结构的是小带隙半导体；其他结构的 SWCNT 都是半导体，带隙宽度反比于纳米管直径。MWCNT 的直径可达数十纳米，但圆柱壁的间隙宽度仅 0.34nm。CNT 是最众所周知的，到目前，作为燃料电池应用的催化剂载体中，CNT 是探索最广泛的碳纳米结构。作为 PEMFC 和 DMFC 催化剂载体，对 SWCNT 和 MWCNT 已经进行的广泛研究，发现表面积比较大的是 SWCNT，而导电性比较好的是 MWCNT。

很有兴趣把 CNT 作为燃料电池催化剂载体材料进行研究，因为它们与普通炭黑比较有较高电导率、高抗腐蚀能力和高力学/化学性质。但是，它们的使用也会带来一些严重问题，如难以获得高金属负荷（因表面的憎水性，缺乏官能团）。为增加表面官能团和亲水性，使用有氧化能力的酸（硝酸和硫酸）或臭氧来氧化（有害化学处理）CNT，使之产生含官能团和表面缺陷，如图 6-36 中所示。然而化学处理可能危害碳材料的原有性质和加速燃料电池操作期间的电化学腐蚀。因此，为了替代这种有害的化学处理，发展出使用静电和 π-π/σ-π 的非共价官能团化方法。通过静电相互作用，负电荷（聚 4-苯乙烯磺酸钠）覆盖的 CNT 能够吸引正电荷 Pt 前身物（稳定的十六烷基三甲基溴化铵）。

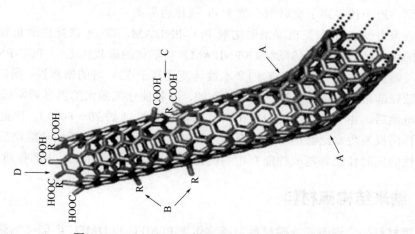

图 6-36 CNT 典型表面缺陷上连接的亲水官能团

A—碳网格上的替代通常是六元环换为五元环或七元环，导致管的弯曲；B—sp^3-环状缺陷（R=H 或 OH）；C—氧化条件损伤网格，留下与—COOH 连接的洞；D—CNT 的开口端，以—COOH 为端基团。除了羧基末的毫无疑义存在外，它末端基团也是可能的如—NO$_2$、OH、H 和 O

为把电金属纳米粒子沉积在 CNT 上，探索过多种方法。与 CB 上沉积金属粒子一样，可以使用浸渍、超声、多元醇和微波辅助多元醇、溅射沉积、沉淀、胶体化学、离子交换和电化学沉积（脉冲或连续）等多种方法。未处理的 CNT 是化学惰性的，这使它与金属纳米粒子的黏附变得困难。因此，普遍使用表面处理或使用离子液体来引入含氧表面官能团，使 CNT 表面具有亲水性并改进金属载体间的相互作用。自 20 世纪 90 年代末开始，就使用酸功能化 CNT 再沉积催化剂纳米粒子的制备方法。此后，制备技术不断改进，能够对负载金属纳米粒子的分散、粒子大小和分布做更好控制，同时还能够为 DMFC 和 PEMFC 应用选择金属粒子的形貌。表面改性后的 CNT 已经被应用于负载单一金属、双金属（如 Pt-Ru、Pt-Co、Pt-Fe）和三金属（如 Pt-Ru-Pd、Pt-Ru-Ni、Pt-Ru-Os）纳米粒子。例如，使用溅射沉积把 Pt 纳米棒（2～3nm）原位沉积在碳纸 CNT 上，这样制备的负载催化剂把气体扩散层（GDL）和催化剂层组合在一起作为阴极催化剂（Pt 负荷为 0.4mg/cm^2），获得的最大功率密度可达 595mA/cm^2，显著高于相同 Pt 负荷 Pt/Vulcan XC-72 R 电极的 435mA/cm^2，也高于 Pt/CNT-CB 电极的 530mA/cm^2。又如，使用沉积方法制备了三个有不同 Co 含量的 Pt-Co/CNT 催化剂，其晶粒大小和原子分布都不相同。其中的两个样品 B1 和 B2 使用强还原试剂（NaBH$_4$）还原，在 Pt 表面生成 Co 层（含有双金属 Pt-Co 粒子）；而第三个样品 H1 使用直接热还原，生成了高度合金化的 Pt-Co 纳米合金。它们的 SEM 照片给出于图 6-37 中。利用循环伏安（CV）法研究它们对甲醇氧化反应（MOR）的电化学活性，结果揭示，高合金程度样品 H1 显示更好的电化学活性、高 CO 耐受性和长期耐用性（>100 次循环）。

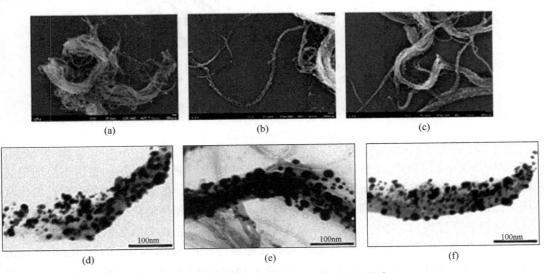

图 6-37　不同 Pt-Co/CNT 样品的 SEM 照片

(a)，(d) B1；(b)，(e) B2；(c)，(f) H1

以硫改性 CNT 作为 Pt 纳米粒子载体（硫改性 CNT 使用溶剂浸渍法制备）的研究显示，CNT 表面被功能化（无须酸处理），在表面上高分散的 Pt 纳米粒子有狭的粒子大小分布，平均粒子大小< 5nm。获得的催化剂比商业 Pt/C 有高得多的电流密度和长期稳定性。说明在惰性 CNT 表面的硫改性可产生可锚定金属纳米粒子活性位，对 CNT 本征电导率没有影响（否则会对总电催化活性产生影响）。当对负载在 MWCNT 上与 Vulcan XC-72 上的 Pt 进行比较时发现，负载在 CNT 上的催化剂保留有高的电化学面积、较少改变界面电荷传输阻力和较慢的

燃料电池性能降解。同时也观察到，高抗腐蚀能力的 MWCNT 可防止阴极催化剂的严重水泛滥，因为在连续阳极电位应力下它仍能长时间保持电极结构和憎水性。对氧还原反应（ORR）利用催化活性位的损失主要会导致总过电位增加。

氮掺杂 CNT（N-CNT）能够提高 ORR 的潜力直到 2009 年才有报道。此后，对 N-CNT 在 PEMFC 和 DMFC 阴极中的应用做了广泛研究。例如，在氮掺杂 MWCNT 上制备出平均大小 80nm 的花形 Pt 纳米结构，显示有优良的 ORR 和 MOR 活性。掺杂的氮可来自含氮聚合物，如共轭聚合物包括聚吡咯（PPy）和聚亚胺（PANI）。它们中的 N 与 Pt 形成共价键，强化了对 Pt 纳米粒子的黏附。在 PANI 功能化 MWCNT 上沉积 Pt 纳米粒子时，PANI 起着 Pt 纳米粒子和 CNT 间的桥梁作用（图 6-38）。因 π-π 键合 CNT 被 PANI 包绕着。使用循环伏安法和加速降解试验测量的结果揭示，当与非功能化 MWCNT 和商业 CB 载体比较时，Pt/功能化 MWCNT 电极显示更高的电化学活性和更优良的电化学稳定性。

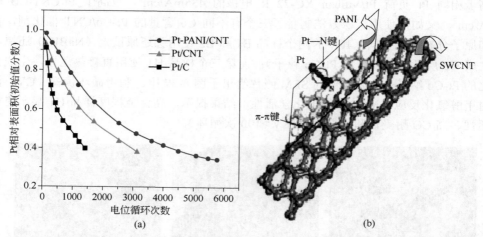

图 6-38　催化剂电化学表面积与电位循环次数间的关系（a）；显示合成 Pt-PANI/CNT 中
分子相互作用示意图（b）

改性 CNT 表面的另外一种技术是超声处理。众所周知，超声辅助可制备出小而均匀的纳米粒子。为用胶体方法把 Pt-Ru 纳米粒子沉积在 MWCNT 上，在对 MWCNT 表面功能化时辅助超声处理和常规回流处理，研究和比较其影响。结果指出，超声活化的 MWCNT（25kHz 2h）样品显示的表面较均匀、长度较短、分离和开口都较好，改性的表面含氧官能团，这些变化都是有利于 Pt-Ru 纳米粒子沉积黏附的；负载在超声处理过 MWCNT 上的 Pt-Ru 电催化剂，ECSA 较高，对 CO 的耐受性要高得多，这是由于 Pt-Ru 纳米粒子有较好的分散和利用。使用超声（200W，40kHz）诱导 HCHO 还原技术，再在超声处理过的 MWCNT 载体上沉积 Pt-Ru 催化剂，是一种快速和在环境温度下分散 Pt-Ru 合金纳米粒子的好工艺。金属纳米粒子的高分散主要归结于超声诱导孔洞效应；不仅防止 Pt-Ru 纳米粒子的进一步增大和聚集，而且能够孤立 MWCNT 束。

MWCNT 与 CB 相比，一个明显的优点是，具有显著的抗腐蚀能力。碳载体的稳定性影响铂表面积损失、铂粒子烧结和铂从碳载体的剥离。由于 CNT 是卷曲起来的同轴石墨烯片，氧原子几乎很难找到攻击整个结构的地方。炭黑主要由平面石墨碳和无定形碳构成，有丰富的悬挂键和缺陷。悬挂键很容易形成表面氧化物，在电化学氧化条件下容易被氧化，导致有较高腐蚀速率。虽然 CNT 也含有悬挂键和缺陷，但其数量远低于炭黑，因此 CNT 在强氧化条件下是相对稳定的。对 CNT 的电化学稳定性研究结果揭示，当被氧化性酸攻击时，仅 MWCNT 最外边的石墨烯层受危害，产生表面缺陷只是在 CNT 表面边缘。这是由于 CNT 的缺陷碳原子仅存在于表面和末端。对缺陷碳掩盖下完整底面的进一步氧化攻击是困难的。但对 CB 中的无定形碳和不连续石墨结晶体，则为进一步电化学氧化提供了足够的位置。然而 CNT 也给出了 Pt 晶粒容易锚定的地方，其活性甚至比 CB 常规位置更高。CB 活性位置一般是等电位活性位，几乎所有活性位对 Pt 都是中等活性的；而锚定在 CNT 中特定位置的 Pt 晶粒，其活性则要高得多。

一般说来，碳载体中石墨组分含量高，其热和电化学稳定性高，抗腐蚀能力也高。对化学气相沉积（CVD）制备的 CVD-MWCNT 和高度石墨化（HG）HG-MWCNT 上负载的 Pt/CNT 催化剂，对其电化学活性和稳定性的比较指出：HG-MWCNT 的腐蚀速率比原始 MWCNT 低，因随着石墨化程度增加 HG-MWCNT 表面上的缺陷减少；HG-MWCNT 的高稳定性使 Pt/HG-MWCNT 催化剂也具有高稳定性；石墨化程度增加导致载体表面上 π-活性位强度（sp^2 杂化碳）的增加，为 Pt 的锚定提供了强的金属-载体相互作用；因高的石墨化程度密切关系到金属碳载体间的相互作用。对高温处理活性炭的研究，也获得类似结果：当热处理温度升高时产生更多的 π-活性位，也使表面 Pt^0 数量增加，因此有较高抗氧化阻力。

虽然 CNT 能够提供几乎所有的优点，但在燃料电池中应用仍然面对许多挑战。现在的 CNT 合成技术对大规模生产是不合适的，也存在有成本问题。虽然 CNT 的成本在过去几年中已经显著下降，对其大规模应用仍然需要继续成本大幅度下降。

6.10.3.2　碳纳米纤维（CNF）

碳纳米纤维（CNF）是由烃类在金属粒子上催化分解产生的。CNF 作为燃料电池电催化剂载体使用的研究很多。CNF 和 CNT 间的基本差别是，不像 CNT，CNF 很细或没有孔洞。CNF 的直径远大于 CNT，可达 500nm，而长度能够达到数个毫米。CNF 可分成三种类型：带状、薄片状、人字形（或叠杯形），取决于纳米纤维对生长轴的定向。人字形 CNF 的特征介于带状和薄片状之间，显示有比带状更高的活性和比薄片状更好的耐用性。

另外，CNF 能够使用小的含—COOH 基团的有机双功能分子改性，如 1-芘羧酸（PCA），PCA 芘基基团和 CNF 边壁间的 π-π 相互作用可使 CNF 上有较高的金属负荷。可利用非共价相互作用使 CNF 碳表面功能化。与 CNT 一样，CNF 也可作为燃料电池催化剂载体材料使用。

用多元醇工艺制备负载在叠杯形 CNF（SC-CNF）上的 2～4nm Pt 纳米粒子（5%～30%）。再用独特筛选工艺制备使用 Pt/SC-CNF 催化剂的 MEA。用含 50%（质量分数）Nafion 的 Pt/SC-CNF 基 MEA 的 PEMFC，显示的性能高于含 30%（质量分数）Nafion 商业 CB（E-TEK）基 MEA 的 PEMFC。性能的提高是由于 CNF 的较高长径比，因这能够在 Nafion 基体中形成连续的传导网络。对使用 CNF 负载 Pt-Ru 阳极的 DMFC 进行的耐用性研究揭示，在约 2000h 中的电流密度是恒定的，为 150mA/cm^2。

在不同温度下合成了有不同孔结构和结晶性质的人字形 CNF，用微乳法在 CNF 上沉积 2～3nm 的 Pt 粒子，获得的性能与也是 2nm 和 3.5nm Pt 纳米粒子的商业 Pt/C（Vulcan XC-72R）进行比较指出，高石墨化 CNF 显示更好活性，虽然与 CB 比较它的表面积和孔体积是低的。用 CVD 技术合成的次微米级的宽带形碳纤维（SFCF），对 Pt/SFCF 和 Pt/C 催化剂在 MOR 中的活性所做比较中观察到，在酸和碱介质中 Pt/SFCF 的电催化活性都较高，由于 SFCF 有独特的微结构。

像 CNT 一样，也对 CNF 进行功能化然后再作为载体使用。例如，为提高 MOR 活性，载体 CNF 用多氨基胺（PAMAM）聚合物官能团化，在其上再沉积用硼氢化钠（NaBH₄）还原得到的 Pt-Ru 纳米粒子，该催化剂与商业 Pt-Ru/C（Cabot，Vulcan XC-72）进行的性能比较揭示，功能化后活性和稳定性都得到增强，这是由于端胺官能团促进了 Pt-Ru 纳米粒子的高分散，即辅助控制 Pt 粒子大小均匀及其分散。

CNT 和 CNF 间的最大差别是暴露的活性边缘平面不一样。不像 CNT 占优势的底面都是暴露的，CNF 仅仅暴露有潜在锚定活性位（薄片状和人字形结构）的边缘面。酸处理帮助移去了 CNF 合成期间残留的金属杂质。所以，CNF 负载催化剂与 CB 比较显示较高的甲醇氧化活性。例如，负载在"薄片状"和"带状"纳米纤维上的 5%（质量分数）Pt 催化剂，显示的活性与负载在 Vulcan 碳上 25%（质量分数）Pt 催化剂是可比较的。同时还观察到，石墨纳米纤维负载的金属粒子受 CO 中毒的影响要小于传统催化剂体系。但性能上的这个提高取决于金属粒子的特定结晶定向（负载在高度可裁剪石墨化纳米纤维结构上）。

6.10.3.3　介孔碳（MC）

介孔碳（MC）是一类多孔碳材料，孔大小在 2～50nm 范围，分为有序介孔碳（OMC）和无序介孔碳（DOMC）两类。对后者无规则结构介孔是孤立的，孔大小分布比 OMC 宽。

介孔碳的孔结构可用"硬模板"方法控制，以无机多孔材料如氧化铝膜、沸石、凝胶、蛋白石、胶束和有序介孔二氧化硅作为模板剂可控制碳的介孔。由于该方法生产的介孔碳材料结构受限于基体模板剂，为此发展出新的合成技术，如蒸发诱导自装配（EISA）和水热合成方法。使用这些新方法能够获得大而均一介孔和高表面积高度有序的介孔碳。

与炭黑比较，介孔碳有较高表面积但微孔非常少，因此负载金属的分散度高、催化剂有快的传质速率、活性较高。这种碳材料在有关领域有巨大应用潜力，包括氢存储、传感器、催化剂、催化剂载体和电化学双层电容器，因为它们具有好的化学和力学稳定性以及高的电导率。

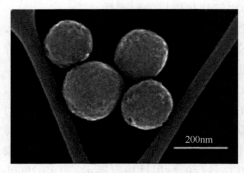

图 6-39　介孔碳纳米球（直径约 180nm）

一般认为，碳载体结构是影响电催化剂性能的重要因素：它决定着反应物到催化剂活性位的可接近性，也决定着产物的移去。介孔碳有有意思的形貌结构，它有大的表面且是三维连接的分散介孔球（图 6-39），这有利于促进反应物和产物的扩散，因此 MC 是非常有吸引力的催化剂载体材料。OMC 还能有效促进氢到催化剂活性位的扩散。MC 通常含有表面氧基团，有利于提高金属催化剂和碳载体间的相互作用，使之更好分散。

以介孔碳作催化剂载体的例子很多。例如，使用脉冲微波辅助多元醇工艺把 20%（质量分数）Pt 沉积在有类似孔大小的 OMC-CMK-3 和蠕虫状介孔碳（WMC）上，获得了 Pt/CMK-3 和 Pt/WMC 催化剂。大小为约 3.1nm 的 Pt 纳米粒子在 CMK-3 上均匀分散，而分散于 WMC 上的 Pt 粒子大小为 3.2nm。测试结果显示，与 WMC 比较，负载在 CMK-3 上的 Pt 纳米粒子显示更多电化学活性位和更高电化学活性表面积；Pt/CMK-3 有优越的 ORR 活性，因其高度有序的结构和很好相互连接的 3D 纳米空间；

六角形排列碳纳米棒使催化剂具有较高利用效率。这些结果说明，碳载体的孔形貌和孔结构参数以及表面化学结构在多孔材料中起着重要作用。希望的孔形貌使传质的进行更容易，这对液相反应尤其重要。

用于合成 OMC 的模板选择（硬的或软的）会影响其电化学性能。为改善其表面化学性质，对用纳米铸造（nanocast）法制备的 OMC（CMK-3）可用硝酸处理功能化，以降低其憎水性和提高它与活性组分间的相互作用，一般使用等体积浸渍法沉积 Pt 纳米粒子。测试发现：上述处理并不影响 OMC 载体的高度有序结构，但负载的 Pt 纳米粒子平均大小随所用硝酸浓度而变，用稀硝酸处理时 Pt 纳米粒子大小在 7.0～8.0nm 范围，而用浓硝酸时为 22.3～23.3nm。与商业 E-TEK 电极比较，CMK-3 基电极的极化和功率密度曲线（室温下）所显示的功率密度较高（分别为 9.5mW/cm^2 和 13～27mW/cm^2）。虽然与高度功能化有序介孔载体样品比较，CMK-3 电导率较低、Pt 纳米粒子较大、欧姆和传质极化损失都较高（因较低电导率、较高聚集和较低的比表面积）。又如，负载在 CMK-3 上的 Pt-Ru 电催化剂使用甲酸还原法制备，把其应用于 DMFC。与负载在 Vulcan XC-72 上 的 Pt 电催化剂和负载在 E-TEK 上的商业 Pt-Ru/C 进行的比较发现：测得的 Pt：Ru 比在 CMK-3 上为 85：15，商业样品为 50：50；Pt-Ru/CMK-3 样品的 MOR 活性比 Vulcan 碳载体样品高。如果在 OMC 中掺杂氮，其上负载 Pt 催化剂再与商业 Pt/C 比较，显示的电催化活性更高，长期稳定性和抗甲醇膜横穿阻力更优越。

6.10.3.4 纳米金刚石和掺杂金刚石

金刚石是电绝缘体，带宽>5eV，硼（p 型）、磷或氮（n 型）是金刚石的普通掺杂剂，最普遍的是硼。硼掺杂金刚石（BDD）膜作为载体材料是高度希望的。对 BDD 作为 DMFC 和 DEFC 阳极催化剂载体进行了许多研究，主要是因为它有极其优异的性质：BDD 作为催化剂载体在极为有害的环境中具有长期热稳定性、极高化学稳定性和抗腐蚀能力。用化学气相沉积法制备的 BDD 多晶膜，其电导率值达 100S/cm。在其上沉积催化剂可以使用多种方法，如溶胶凝胶、微乳、电沉积和化学镀等。对在 BDD 表面上沉积 Pt 粒子的两个方法（化学沉积和电化学沉积）进行的评价指出：相对于电化学沉积，化学沉积法制备的电极，铂金属簇和 Pt 粒子聚集体在金刚石表面上的分布是不规则的，在电位循环期间 Pt 颗粒容易溶解/脱落（Pt 原子在 BDD 载体表面上的吸附间比较弱），也就是催化剂不稳定，因为差的黏附、无能力控制粒子大小和分布，以及催化剂沉积的不均一性。

对 BDD 电极耐用性，与常规 Vulcan XC-72 和 MWCNT 负载催化剂电极进行的比较指出：在加速降解（应变）试验中，BDD 载体电极显示的耐用性更高，由于 BDD 电极表面的极端稳定性和 Pt 不容易脱落。也就是说，因 BDD 在水和非水介质中有宽的电化学位窗口、高电化学稳定性和酸碱性环境中的抗腐蚀能力。因此，用优化沉积技术制备的负载在 BDD 上的 Pt 催化剂电极，显示出长期的稳定性和高的抗腐蚀能力。例如，电化学方法沉积在 BDD 上的 Pt-Ru 催化剂电极显示较高 MOR 活性和 CO 耐受性，虽然在较低过电位下甲醇脱氢占优势而较高过电位下 CO 吸附氧化占优势。基于这些研究结果，有人认为硼掺杂纳米金刚石载体可以在燃料电池中使用。虽然掺杂能够提高金刚石电导率，但对稳定性产生负面效应。近来的一个研究揭示，负载在高度结晶绝缘金刚石上的 Pd 纳米结构有可能是燃料电池潜在的电催化剂，也就是说金刚石粉末有可能作为电催化剂载体使用。

6.10.3.5 石墨烯

石墨烯是六角形排列碳原子的薄片，自 2004 年发现以来它已经吸引了很多的注意。石墨烯及其氧化物（石墨烯氧化物，GO）在燃料电池中的使用不仅可作为催化剂载体，而且也能作为传导材料（与聚合物的复合物）和双极板材料使用。

石墨烯作为潜在载体已经引起很大兴趣，由于它高的电子传输速率、大表面积和高的电导率。碳片状 2D 平面结构使石墨烯边缘面和底面都能够与催化剂纳米粒子相互作用。波纹和平面片状结构也为搭接催化剂纳米粒子提供非常高的表面积。

对垂直对齐纳米石墨烯鳞片花［FLG，图 6-40（a）］在 MOR 应用中进行了探索。使用微波等离子辅助在硅基质上气相沉积生长 FLG。发现其结构具有高度石墨化的 1～3 层石墨烯端面，因此 FLG 具有高度结晶石墨烯层的若干特征。使用溅射技术在 FLG 上沉积 Pt 纳米粒子，在获得催化剂上进行 CV 曲线测量，结果说明 Pt/FLG 电极有快电子传输（ET）动力学［SEM 和 CV 曲线示于图 6-40（b）中］。Pt/FLG 与 Pt/C 比较，显示有高抗 CO 中毒的能力。

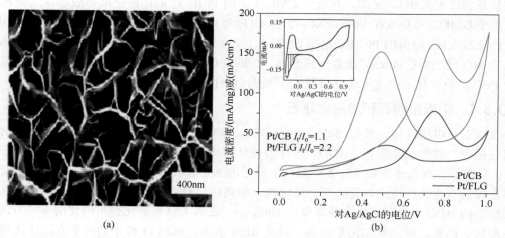

图 6-40　大密度石墨烯鳞片花的 SEM 放大照片（a），Pt/FLG 和 Pt/CB 循环伏安曲线比较（空气饱和 1mol/L H$_2$SO$_4$+2mol/L CH$_3$OH 50mV/s）（b）（嵌入图：Pt/FLG 在 1mol/L H$_2$SO 50mV/s 下的 CV，阴影部分代表用于计算 ECSA 的氢脱附面积）

石墨烯提供的快电子传输机理，特别能够促进燃料电池中 ORR 更快和更有效的进行。使用氮掺杂石墨烯在阴极 ORR 研究中获得了特别可行的结果。对石墨烯进行氮掺杂能够产生可锚定催化剂纳米粒子活性位的失序和缺陷结构。石墨烯纳米薄片由石墨烯氧化物热刻蚀产生，接着在氮等离子体中处理生成氮掺杂（原子分数 3%）石墨烯薄片（NG），再用硼氢化钠还原在其上沉积 Pt 纳米粒子。用获得的 Pt/NG 和 Pt/G 作为 ORR 催化剂烧制 MEA，其显示的最大功率密度分别为 440mW/cm^2 和 390mW/cm^2。Pt/NG 性能的提高是由于生成了五面体和六面体，而 N 并合进入碳骨架导致邻近碳原子电导率增加。表 6-6 中给出一些氮掺杂石墨烯为载体的电催化剂的新近例子，包括制备方法、所用前身物、催化剂负荷、测试介质、峰电流密度和 ECSA。

石墨烯氧化产生石墨烯氧化物（GO）。虽然 GO 电导率较低（比石墨烯低 2～3 个数量级），但它具有一些不同于石墨烯的性质，如亲水性、高机械强度、活性"可调变性"，因此适合于范围更广泛的应用。对不同应用，可变的氧含量能够调变其电子电导率。GO 作为 PEMFC 和 DMFC 催化剂载体应用是 GO 的一个最新应用，已经显示出可行结果。在 GO 制备期间引入的氧基团和在石墨烯结构表面和边缘平面产生的缺陷结构，是金属纳米粒子生长的成核中心和锚定位置。使用微波辅助多元醇方法可把 Pt 纳米粒子沉积在 GO 上，该过程同时进行 GO 的部分还原和在还原 GO（RGO）载体上 Pt 纳米粒子的沉积，因此可以很好控制 Pt/RGO 上 Pt 纳米粒子的颗粒大小和分布。获得的催化剂单位质量活性高、电化学活性表面积较大和"抗中毒"能力强，由于存在有残留的与 RGO 载体共价键合的氧官能团，在 Pt 和 RGO 载体间显示双功能机理或氢溢流效应。为于 DMFC 中应用 ORR，把 Pt 纳米粒子沉积到 GO 上，例如，用改进多元醇工艺在 GO 上沉积约 2.9nm Pt 纳米粒子生成 70%（质量分数）Pt/GO。对 ORR 和单一池极化的研究结果说明，Pt/RGO 的最大功率密度比商业 75%（质量分数）Pt/C 高 11%；长期稳定性试验发现，Pt/C 和 Pt/RGO 上的 Pt 平均粒子大小分别从 4.1nm 和 2.9nm 增加到 5.4nm 和 3.7nm，说明后者的 Pt 聚集较低，有利于反应物在催化活性位快速转化并促进传质传输。在 GO 上也可沉积其他贵金属和双金属纳米粒子，它们都显示优越的催化活性。如表 6-6 所示。该表的例子说明，石墨烯作为电催化剂载体，一般都需要掺杂一些元素，如氮。

表 6-6　氮掺杂石墨烯（NG）负载 Pt 和非 Pt 燃料电池催化剂的电化学性能

催化剂	制备方法	前身物	介质	峰电流密度 /(mA/cm^2)	ECSA/(m^2/g)	起始电位/V	催化剂负荷 /(μg/cm^2)
Pt/NG	微波辅助多元醇	GO、NH$_3$、H$_2$PtCl$_6$	酸+甲醇	Pt/G：13.36 Pt/NG：24.94	Pt/G：37.62 Pt/NG：80.45	无数据	51.02
Pt/NG	热退火，水性化学镀	GO、NH$_3$、H$_2$PtCl$_6$	酸+甲醇	无数据	Pt/G：99.58mA/g(Pt)；Pt/NG：296.3mA/g(Pt)	0.4（Ag/AgCl）	198.9
Pt/NG	一锅煮溶剂热，还原	五氯吡啶、H$_2$PtCl$_6$	酸	无数据	Pt/G：263.3mA/gPt；Pt/NG：251.5mA/gPt	无数据	30.6
Pt/NG	一锅煮溶剂热，水性化学镀	四氯甲烷、H$_2$PtCl$_6$	酸	Pt/Gn：0，5V 时 3.58；Pt/NG：0.46V 5.85；PtRu/NG：0.48V，6.49	无数据	无数据	约 1612.77
Pt/NG	水热，化学还原	GO、NH$_3$、H$_2$PtCl$_6$	酸+甲醇	Pt/G：142.2A/gPt Pt/NG：337.3A/gPt	Pt/G：55.6；Pt/NG：62.5	0.4（Ag/AgCl）	79.58
Co/NG	热退火	GO、硝酸钴、聚乙烯亚胺	碱	0.24V，9.5	无数据	0.11（Ag/AgCl）	280
FeCN/NG	热退火	GO、乙酸铁、氨	酸	0.5V，0.57	无数据	−0.75（NHE）	200
Pd/NG	热退火	GO、甘氨酸混合物	假设+硫酸	无数据	无数据	0.25（SCE）	无数据
Pd/NG	热退火	石墨烯、吡咯、氯化钯	酸	无数据	Pd/NG：88.9	无数据	400

注：GO 指石墨烯氧化物；SCE 指标准甘汞电极；NHE 指标准氢电极。

6.10.4　碳载体与催化剂间的相互作用

碳载体在催化剂制备和性能中起着至关重要的作用，因为它增强金属的分散和提供电子传导和气体扩散的基本通道。因多种原因碳载体对催化剂性质产生根本性的影响，如金属纳米粒子形状、大小和分散以及载体金属纳米粒子间的电子相互作用。碳载体的特征是暴露于表面的基底碎片和边缘面。仅有底面形成的表面，其能量是均匀的，因此是均匀表面，而混合的边缘和基底平面是不均匀表面。实验和理论研究都指出，非均匀表面能够更好稳定处于高分散状态的金属，此时金属粒子锚定在碳表面的晶间边界或边缘阶梯上。例如，Pd/C 催化剂的结果已经证明，随着碳载体不均匀性增加，钯金属纳米粒子的分散也增加。催化剂纳米粒子在碳表面的稳定性是指它们各自费米能级等量化和接触位能的上升。金属粒子的荷电，很强地取决于碳载体性质、存在的吸附质以及晶体大小。大量文献说明，Pt 粒子可捕获负的或正的电荷。描述金属-碳相互作用现象逻辑的这类模型指出，电荷从金属到碳载体的传输大约等于碳载体表面能量间隙中表面状态的数目。也能够推演电荷从金属粒子到载体表面的传输，因此金属粒子抗烧结稳定性随无补偿键合表面碳原子数目而增加。因过渡金属原子黏附能量远高于吸附焓，它们在石墨表面上可形成移动的簇。在石墨表面，如 CNT、CNF 和 Vulcan 碳上，形成纳米粒子的特征是限制扩散聚集，其成核中心由缺陷构成，它们在性质上可以是化学的也可以是结构的。对 Pt 纳米粒子在碳纳米纤维（CNF）和有序介孔碳（CMK-3）上的沉积研究揭示，负载在 CNF 上 Pt 晶体的大小约 3nm，而在 CMK-3 上大约 7.6nm。由于催化剂是用同样还原方法制备且有等同的金属负荷，晶体大小上的这个差别可能来自载体效应。已经观察到，结晶度愈高的载体，给出的 Pt 晶体愈小。这个结果能够归因于金属-载体相互作用，关系到载体性质，它会影响到金属粒子的生长、结构和分散。Pt-C 界面的电子相互作用改变金属电子性质，也影响金属晶体性质。负载在 CNF 上的金属粒子显示高度晶体结构，这与金属-载体强相互作用相关，而负载在 Vulcan 和 CMK-3 上的 Pt 粒子显示较致密的球形貌，这与弱金属-载体相互作用相关。把 Pt 和 Pt-Ru 电催化剂负载在 CMK-3 和 Vulcan 碳上也获得类似的结果。所以，可以明确地说，在高度结晶的表面上观察到更好的分散和金属簇大小的下降，这是由于创生了较高密度且很好分散的成核中心。这类催化剂纳米粒子和载体之间的电子相互作用，能够使用各种谱学技术进行研究，如 X 射线光电子能谱（XPS）、扩展 X 射线吸收精细结构（EXAFS）。

负载金属催化剂的特征取决于载体性质，这已知很多年了，由于金属-载体间的强相互作用。特别是载体和 Pt 或 Pt 合金间的相互作用，对获得催化剂的活性和稳定性起着关键的作用，主要针对利用碳作为 Pt 基 PEMFC 催化剂的载体，产生的特殊金属-载体相互作用已知是用于电子从 Pt 或 Pt 合金纳米粒子传输给碳，因为在接触处形成了化学键或发生电荷传输。Pt 和碳载体间的相互作用能够增强催化性质和稳定性。与碳载体材料不同，改性碳载体材料被认为是，在提供碳的优点的同时，在与 Pt 或 Pt 合金纳米粒子相互作用中也通过改性的正效应。

与使用的物理或化学改性技术有关，碳改性趋向于改变碳和 Pt（或 Pt 合金）间的物理化学和电子相互作用，有利于催化剂的活性和稳定性。到现在为止，并没有进行各种改性碳载体和 Pt（或 Pt 合金）间的相互作用和及其对催化性能影响的理论和试验研究。对 N 掺杂碳负载 Pt 催化剂，应用 DFT 对 12 种过渡金属（Sc，Ti，V，Cr，Mn，Fe，Co，Ni，Cu，Zn，Pd 和 Pt）在氮掺杂碳纳米管（N-CNT）上吸附所做的理论研究发现，CNT 中并合 N 不仅促进过渡金属的吸附固定，而且改变它们的电子结构。在所有研究过的 N-CNT 负载金属中，Pt/N-CNT 显示最低的键合能，暗示催化剂和载体间有最好的相互作用，最有利于甲醇氧化。类似地，对 N 掺杂石墨烯不同样品中的 Pt_{13} 纳米粒子结构和电子性质及其与氧相互作用的研究结果揭示，N 掺杂极大地增强了 Pt_{13} 纳米粒子在 N 掺杂石墨烯表面的键合强度，因此确保了得到材料的高稳定性和好的 ORR 活性。这是由于 N 掺杂剂附近碳原子的活化和 Pt_{13} 簇电子态与 N 原子 sp^2 悬挂键（在缺陷 N 掺杂石墨烯中）强的杂化，有利于强的吸附。使用从头计算法而不是 DFT 研究了 Pt 和 N 掺杂石墨烯间的相互作用及其对催化性能的影响，特别是对 CO 中毒的耐受性和粒子迁移。结果指出，N 掺杂影响 d 带中心位置和 Pt 纳米粒子与石墨烯间成键能量，比不掺杂或 B 掺杂的样品更甚。Pt 纳米粒子和掺杂石墨烯间的强键合、负载 Pt Pt 催化剂的优化键合能量以及 d 带中心位置的设计，可增强催化剂稳定性和对 CO 的耐受性，并能够提供了解 Pt 基催化中化学反应的理论导向。在对负载在 N 掺杂介孔碳上 Pt 的理论研究中使用了 X 射线光电子能谱（XPS），与未掺杂介孔碳不同，N 掺杂介孔碳负载金属（Pt 或 Pd）很清楚显示分散金属后的键合能移动，指出金属和 N 掺杂介孔碳载体间较好的电子相互作用（因有氮官能团存在）。特别是，Pt 纳米粒子和 N 掺杂介孔碳导致了在酸溶液中高的 ORR 活性和稳定性（与商业 Pt/Vulcan XC-72 比较）。

为进一步了解和分析 Pt 和改性碳间的相互作用，对负载超薄涂层 TiO$_2$ 多壁碳纳米管（Pt-MWCNT@UT-TiO$_2$）进行的 XPS 研究揭示，Pt 纳米粒子和 MWCNT@UT-TiO$_2$ 间存在有相互作用。与 Pt-MWCNT 的比较发现，Pt-MWCNT@UT-TiO$_2$ 的 Pt 4f 键合能向低能方向移动，指出 Pt d 空穴和强相互作用降低了。对在 CNT 和金属氧化物（如钛或铌掺杂二氧化钛）复合物上的 Pt 进行的 XPS 分析研究显示，催化剂和金属氧化物间有较强相互作用（对单独碳也是可能的），该相互作用有可能增强催化性能。对其他金属氧化物如 MnO$_2$，对 MnO$_2$-电纺碳纳米纤维（CNF）复合物材料间的相互作用进行的研究发现，加入 MnO$_2$ 后 Pt 纳米粒子不仅趋向于在载体表面的均匀分布，而且降低了结合能，指出 Pt 和载体间的强相互作用，由于 N 原子的存在和并合了 MnO$_2$。

6.10.5　载体材料的选择标准

直到现在，已经探索过的载体材料，不管是否为碳或非碳，还没有能够完全满足在 Pt 或 Pt 合金 PEMFC 电催化剂使用的要求的。随着许多新材料的快速出现和发展，和制造 PEMFC 电催化剂新技术工艺的出现和发展，已经非常需要建立一套完整和清楚的选择标准，以获得 Pt 和 Pt 合金催化剂的理想载体，在燃料电池操作条件下具有高催化活性和强电化学稳定性。已经认识到，载体材料的选择对 PEMFC 应用的电催化剂特性、性能、耐用性和成本有效性起着关键的决定性作用。下面叙述已提出的选择标准，基于使用于 PEMFC 的负载 Pt 和 Pt 合金催化剂的各种碳和非碳载体材料的物理化学性质和它们间的协同效应：①足够高的电导率。载体材料的一个基本要求是有高的电子电导率，因为导电载体能够为载体和 Pt 或 Pt 合金纳米催化剂间的电子传输提供好的路径，这有利于 PEMFC 的操作。催化剂载体的最小电子电导率一般应该大于 0.1S/cm。②大表面积。有足够大表面积的载体才能够很好分散 Pt 或 Pt 合金纳米粒子并使其有高的利用率，也使纳米粒子在燃料电池操作期间有有效的催化活性。载体的表面积应该不小于 100m^2/g。③对电化学腐蚀有高抗击阻力。电化学腐蚀通常发生于载体和电解质溶液间的界面上，因有电化学反应发生。对 Pt/C 提出的电化学腐蚀机理包含碳的电化学氧化和 Pt 纳米粒子的溶解和聚集。因此，高抗电化学腐蚀阻力是 PEFC 使用的负载 Pt 和 Pt 合金的先进载体必须具有的一个特征。具有这类阻力载体材料的例子是 Magneli-相钛氧化物，它在 1mol/L 硫酸中在 0～2.0V（vs.NHE）间没有显示氧化峰。④合适的孔隙率和多孔结构。多孔结构是决定燃料电池催化剂电化学性能关键因素之一，因为相关参数——孔道连接性、孔大小分布和孔长度，不仅影响燃料流动而且也影响离子传输电阻和扩散距离。这些可直接导致催化活性的降低，也即燃料电池性能的下降。虽然对 PEMFC 电催化剂载体没有确定的最小孔隙率值，应该肯定的是，仅有微孔（即孔尺寸，2nm）的载体材料在燃料电池操作期间是不能够对 Pt 或 Pt 合金活性位利用起有效作用的。所能够推荐的是分级多孔结构，包括介孔（2～50nm）和大孔（>50nm）。⑤在酸或碱介质中高稳定性。对 PEMFC 催化剂载体材料，在温度 25～200℃范围内的酸或碱介质中是不溶解的。稳定性可使用相关介质的溶解度评价，例如在酸或碱介质中浸泡 24h 后的重量损失，尚未有最大损失的推荐值。⑥高的质子电导率。已经证明载体材料的质子电导率增强 Pt 合金催化剂的催化活性和燃料电池性能，因为质子传导能够在电催化剂活性位和离子交联聚合物间传输，消除 PEMFC 的欧姆电阻损失和增加催化剂载体材料的质子传输。研究尚未获得选择载体使用的特定质子电导率值。⑦与电极材料有很好兼容性，分散 Pt 或 Pt 合金纳米粒子的载体要永固黏附这些金属粒子，以保持与其他电极材料的兼容性和在气体燃料、电解质和电极间形成好的三相边界。⑧好的水管理以避免泛滥。水泛滥是电极催化剂层中的氧化问题，特别是产生水的阴极。催化剂载体应该有移去水的物理化学性质以掌控水的泛滥。已经发现，载体的介孔结构能够为催化剂层提供好的水掌控容量（能力）。⑨载体和催化剂间强的相互作用。这能够影响电荷传输和影响 Pt 或 Pt 合金的电子结构，导致好的催化剂性能和降低催化剂损失，使催化剂中 Pt 负荷是低的。

6.11 非碳和金属氧化物载体

6.11.1 引言

纳米结构碳材料的使用确实提高了 PEMFC 催化剂的载体性能，因为它们对催化剂性能特别是耐用性显示了强的有利影响。但是，纳米结构碳材料在燃料电池条件下仍然存在被腐蚀的问题，虽然显著降低了不希望的化学反应。为提高催化剂在碳载体上的锚定能力和降低催化剂的聚集，对碳载体表面进行功能化和掺杂其他元素，如前面叙述的。但是，官能团化的碳载体对电化学氧化比较敏感，导致催化剂活性表面积的损失；官能团化会通过影响离子交联聚合物的分布影响燃料电池的质子电导率。因此为解决这些问题，有必要探索和发展非碳载体。如在常规催化领域中最常使用的金属氧化物载体，也能够在燃料电池相对强氧化条件下使用作为电化学催化剂的载体。由于金属氧化物与金属活性组分间可能存在强的金属-载体相互作用（SMSI）。例如，实验证实，金属氧化物载体因增加 Pt 原子电子密度而增强负载 Pt 的 ORR 电催化活性。近几年，也已经引起了对金属氧化物的很多关注。

6.11.2 金属氧化物载体

燃料电池的严苛腐蚀操作环境严重影响碳载体材料的稳定性。虽然在热力学上碳腐蚀在整个 PEMFC 电位区域中都会发生，但高电位区域的影响尤其严重，因为动力学原因。一旦条件如启动和燃料饥饿诱导严重的碳腐蚀，对长期稳定性操作有相当的影响。金属氧化物是燃料电池电化学催化剂的可行载体材料，因为它们有高抗腐蚀能力和 Pt 纳米粒子与金属氧化物载体间有强相互作用。金属氧化物载体材料在防止催化剂溶解或聚集中能够起重要作用，而有时因强的金属-载体相互作用，金属电催化剂电子结构因电荷从金属氧化物传输到金属纳米粒子上而得以改性。金属纳米粒子电子结构的改性对 ORR 活性和稳定性产生影响。

已经证明，TiO_2 负载的 Pt 在 PEMFC 操作条件下有优越稳定性。高抗腐蚀能力和强吸引

金属离子的 TiO_2，能够防止 Pt 的溶解和再聚集，这得到加速耐用性试验的证实。与商业 Pt/C 催化剂比较，电化学活性表面积下降较少，低的电位损失得到恒电流测量的证实。恒电压 1.2V（vs. RHE）80h 试验后，沉积在 TiO_2 上的 Pt 粒子大小的变化可以忽略，电化学表面积变化也极少。然而商业 Pt/C 上的 Pt 粒子大小增加约 5 倍，电化学表面积降低达约 93%（Pt/TiO_2 仅降低 20%）。

但是，金属氧化物载体材料的主要缺点是低电子电导率。一维金属氧化物纳米管有巨大潜力，因为在金属氧化物纳米管中的电子传输远比球形金属氧化物容易。为提高金属氧化物的电导率，掺杂其他化合物是一个可行方法。合成了 $Ti_{0.7}W_{0.3}O_2$ 纳米粒子，可作为高化学稳定性和相对高电导率的掺杂金属氧化物载体。对 $Pt/Ti_{0.7}W_{0.3}O_2$，直到 1.5V（vs. RHE）的电化学稳定性已经被实验证实，其 ORR 活性与商业炭黑载体是可以比较的，该结果证实了 $Ti_{0.7}W_{0.3}O_2/Pt$ 结构有高稳定性和活性。金属纳米粒子和金属氧化物载体间的强相互作用，使金属氧化物到金属有高水平的电子传输。电子结构的改性改变 Pt 的 d 带结构，使 Pt d 带充满。因此其稳定性大大增强。这个极端高的稳定性被归结于紧密键合的 Pt，因它压制了 Pt 的溶解和滑移。下面分别叙述不同金属化合物载体。

6.11.3　Ti 化合物载体

钛氧化物材料在不同电解质介质中具有优良的高抗腐蚀能力和电化学稳定性，且显示非常高的光电化学和电催化性质，因此可作为燃料电池电催化剂载体使用。而且它们具有成本低、非毒性和高可利用性等优点。二氧化钛有三种主要晶相：金红石、锐钛矿和板钛矿。化学计量二氧化钛（带宽 4.85eV）是电阻性的，而 Ti^{3+} 有相当高电子电导率。Ti^{3+} 能够用如下方法产生：①在还原气氛中加热 TiO_2 产生氧缺位（获得 TiO_{2-x} 或 Ti_nO_{2n-1}）；②引入掺杂剂。然而，在燃料电池条件下 TiO_{2-x} 或 Ti_nO_{2n-1} 转化为 TiO_2，在三相反应界面形成高电阻 TiO_2 层。

二氧化钛作为电化学催化剂载体使用的例子有：使用尿素、硫脲和氢氟酸在水热条件下合成的 TiO_2 粒子可以有不同的形状，再把经硼氢化钠还原产生的 Pt 纳米粒子负载在 TiO_2 载体上（有不同的金属分散度）。发现 HF 是其最有效的添加剂，经它处理获得的是近似圆形的 TiO_2 粒子，负载 Pt 纳米粒子的分散不仅粒子比其他样品均匀，而且粒子也比较小，表面积大。经 HF 处理获得的 Pt/TiO_2 中，观察到表面的 Ti^{2+} 或 Ti^{3+} 浓度最高。电化学研究证明，不同样品的 ORR 活性顺序为：Pt/TiO_2（没有添加剂）+炭黑 < Pt/TiO_2（尿素）+炭黑 < Pt/TiO_2（硫脲）+炭黑 < Pt/TiO_2（HF）+炭黑。制备了含 40% 和 60%（质量分数）Pt/TiO_2（TiO_2 用模板辅助法合成，比表面积 266m^2/g，粒子大小 7~15nm），Pt 粒子大小 3~5nm 的电催化剂。在 PEMFC 中进行加速降解试验（ADT），并与商业 Pt/C［45.9%（质量分数）TKK］进行的比较结果指出，其 ORR 活性要比 Pt/C 高 10 倍；且显示高的耐用性，在 4000 次电位循环后（电位循环范围+0.0~+1.2V，vs. RHE）电压损失很小，而 Pt/C 因严重腐蚀损失，在 2000 次电位循环后就失去了活性；在 Pt/TiO_2 上 Pt 粒子大小几乎没有变化而在 Pt/C 上的 Pt 粒子大小增加了 3 倍。这说明 Pt/TiO_2 作为 PEMFC 的阴极催化剂是高度耐用的。

二氧化钛能够作为非贵金属 ORR 电催化剂的载体。在 TiO_2 上负载金属 Fe 大环催化剂的合成步骤如下：①粒子大小 50~150nm 和比表面积 50~100m^2/g 商业 TiO_2 纳米粒子首先使用 0.5mol/L HCl 处理移去可能的杂质；②让苯胺在过渡金属前身物（$FeCl_3$）存在下聚合；③然后加入到经 HCl 处理的 TiO$_2$ 纳米粒子中去；④制备的催化剂经真空干燥、球磨和最后在 800～1000℃惰性气氛（氮气）下热处理；⑤获得负载在经聚苯胺（PANI）处理 TiO$_2$ 纳米粒子上的 Fe 纳米粒子；⑥为移去其中的不稳定和无活性物质，催化剂再在 0.5mol/L H$_2$SO$_4$ 中预浸取，再经脱离子水彻底洗涤。研究揭示，TiO$_2$ 的结构形貌从纳米粒子转变为很好分散的纳米纤维，直径约 40nm 长度约 200nm。把该催化剂与负载在 TiO$_2$、热处理 PANI 涂层 TiO$_2$（PANI-TiO$_2$）和炭黑（Kejen 黑 EC-300）（PANI-Fe-C）上的金属大环催化剂进行比较，比较它们的 ORR 催化性能指出，虽然 TiO$_2$ 的本征电导率是低的，但 PANI-Fe-TiO$_2$ 电催化剂在燃料电池操作条件下有足够的导电能力 [来自于在 TiO$_2$ 粒子附近的 PANI 热处理产生的导电石墨化碳（碳含量约 85%）]。对 PANI-Fe-TiO$_2$，在 O$_2$ 饱和电解质中观察到有高的性能和耐用性，经 5000 次电位循环后其电位损失仅 12mV，与之比较的 PANI-Fe-C 的损失达约 80mV，而它们的开路电压和初始本征活性是可比较的。PANI-Fe-TiO$_2$ 电催化剂的 ORR 性能在 900℃热处理后达到最大，性能提高的可能原因是：①存在 Ti-N-O/Ti-N-Ti 结构（XPS已经观察到）；②存在更多锐钛矿 TiO$_2$（XRD 观察到）；③辅助 TiO$_2$ 增加了电子电导率和抗腐蚀能力。

深入研究过的另外一种 Ti 基材料是 TiN。这个三键过渡金属化合物具有惰性、高机械强度、高熔点和高电导率（4000 S/cm，而炭黑为 1190 S/cm）的特点。它的抗腐蚀和高电导率使它可以作为高耐用性电催化剂载体使用。例如，以镀铂 TiN 作为电催化剂载体时，对甲醇电化学氧化有极其好的活性，还能够完全缓解 CO 中毒效应。对 Pt/TiN 纳米催化剂（TiN 粒子大小为 20nm、比表面积 40～55m^2/g 的商业 TiN 纳米粒子，使用多元醇工艺负载 Pt）在燃料电池条件下进行的详细耐用性和稳定性研究指出，在优化条件 0.5mol/L H$_2$SO$_4$ 和 60℃下，Pt/TiN 显示好的活性，但表面会发生纯化现象。

二硼化钛（TiB$_2$）是相对新的一种钛基载体，是一种陶瓷，有好的电导率、热稳定性和在酸介质中有好的抗腐蚀能力。在 2010 年首次使用 TiB$_2$ 作为在 PEMFC 中的催化剂载体材料时就观察到 Pt/TiB$_2$ 的电化学稳定性比商业 Pt/C 高 4 倍（电化学氧化循环试验条件：电位范围为 +0.6～+1.2V，vs. Hg/Hg$_2$SO$_4$）。TiB$_2$ 粉末的制备可使用自繁殖高温合成方法，但一般使用胶体路线制备和负载 Pt 纳米粒子。实验指出，Pt/C 的电化学表面积（ECSA）损失速度比 Pt/TiB$_2$ 的快约 3.8 倍，这是由于存在有 TiB$_2$ 和稳定剂 Nafion 的稳定性。在 Nafion 中的 —SO$_3$ 基团使缺电子 TiB$_2$ 表面和富电子 —SO$_3$ 基团间有强的黏附，成为体系的稳定剂。

除氮和硼外，二氧化钛也可使用金属掺杂剂如铌（Nb）和钌（Ru）。例如，已经制备了负载在 10%（摩尔分数）Nb-掺杂二氧化钛（Nb10-TiO$_2$）上的 10%（质量分数）Pt 催化剂（Pt/Nb$_x$Ti$_{1-x}$O$_2$），并在 PEMFC 条件下对 Nb-Ti 催化剂载体稳定性于离位和原位两种情形下与商业 Pt/C（JM Hispec 4000）进行了比较（稳定性试验是在池电压为 +1.4V 保持 20h，记录保持电位前后的极化曲线）。结果指出：对 Nb10-TiO$_2$ 载体，没有观察到催化剂形貌的变化和 Pt 表面积的变化，甚至在 +1.4V 下保持 60h 后，而对 Pt/C 催化剂在 20h 后观察到显著聚集和表面积损失。如图 6-41 所指出的，Pt/C 的催化剂厚度层掉落而对 Pt/ Nb10-TiO$_2$ 则没有什么变化。还在乙醇介质中用模板辅助方法合成了暗蓝色 Nb-掺杂金红石相钛氧化物粉末层，在其上沉积了用硼氢化钠还原获得的 Pt 制备了 PEMFC 阴极用催化剂 Pt/Nb$_x$Ti$_{1-x}$O$_2$，与商业 Pt/C（E-TEK）催化剂进行了比较 [制备成旋转圆盘电极（RRDE）]。半池 ADT 和 ORR 活性试验结果揭示，Pt/Nb$_x$Ti$_{1-x}$O$_2$ 催化剂的 Pt 电化学活性表面积损失极小；在电位试验后，Pt/Nb$_x$Ti$_{1-x}$O$_2$ 显示的 ORR 活性比 Pt/C 有 10 倍的增加；在燃料电池试验 1000 次电位循环后 Pt/C 催化剂显示没有活性，而 $Pt/Nb_xTi_{1-x}O_2$ 催化剂在 3000 次电位循环后其电压损失很小（$0.6A/cm^2$ 下为 0.11V）。也有在二氧化钛中掺杂钌制备 $Ru_xTi_{1-x}O_2$ 纳米粒子载体的报道，但没有在燃料电池中使用。

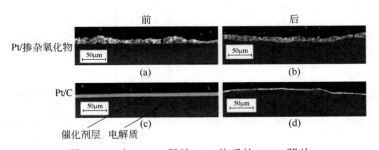

图6-41　在+1.4V 保持 20h 前后的 SEM 照片

（a），（b）10%（质量分数）$Pt/10Nb-TiO_2$；（c），（d）Hispec 4000

6.11.4　含锡化合物

锡氧化物（SnO_2）具有金红石结构，是一种缺氧的 n 型半导体。它的水合形式通常是锡酸。研究揭示，SnO_2 负载的 Pt 催化剂在氧化或还原气氛下经热处理后，对 CO 电化学催化氧化的活性得以增强，因特有的微结构和金属-载体相互作用，形成核壳结构，Pt 核被氧化锡壳包绕。在单一 PEMFC 池中使用，能够抗击氢气流中 $100×10^{-6}$ 的 CO。Pt/SnO_2 电催化剂在氧化和还原气氛下显示不同的物相，它对电位循环（从负到+1.3V，vs. RHE）有显著的耐受性，甚至是高达 10000 次循环。对使用中性表面活性剂模板辅助方法制备的抗氧化、高比表面积（$205m^2/g$）和狭孔分布的介孔 SnO_2，其上用改进多元醇工艺沉积 Pt 纳米粒子。该 Pt/SnO_2 催化剂与商业 Pt/C（Vulcan XC-71 和 Ketjen 黑 EC-300）进行的电化学稳定性和耐用性比较指出，电化学稳定性（耐用性）得到显著提高，特别是在高电位时。如图 6-42 中所给出的不同池温度下电位循环试验后的 ECSA 与循环次数间的关系。为了提高 SnO_2 在燃料电池环境中的稳定性，常常掺杂其他金属，如锑、钌、铟等。如在锑掺杂锡氧化物上沉积的 Pt 催化剂（Pt/ATO），虽然其 BET 表面积（$99.7m^2/g$）远低于 Vulcan XC-72 碳负载的催化剂（$239.6m^2/g$），但负载 Pt 的平均粒子大小仅约 2.5nm，对 CO 有高的耐受性。负载在 Ru 掺杂 SnO_2 纳米粒子上的 Pt 可以作为 MOR 催化剂载体或第二催化剂（与 Pt 形成二元体系）。大量表征研究揭示，Ru 掺杂增强 SnO_2 电导率，有利于甲醇电氧化。对 Pt/ Ru 掺杂 SnO_2 的催化剂，发现的甲醇氧化峰电流是 Pt/SnO_2 电催化剂的 3.56 倍。Ru 掺杂能够显著改进 SnO_2 的 MOR 动力学。对 Pt/Ru 掺杂 SnO_2，Ru-Sn 的优化原子比是 1∶75，其电化学活性和长期循环稳定性比 Pt/SnO_2 高 6.75 倍。

研究证明，In_2O_3 的取代掺杂是 In^{3+} 替代立方方铁锰矿结构中 Sn^{4+}，形成铟锡氧化物（ITO），其电导率>$10^3S/cm$，具有独特的光学性质。因此长期以来 ITO 是作为液晶显示屏的透明导体材料使用的。把 ITO 作为燃料电池催化剂载体使用是相对近期的事。发现 Pt/ITO 催化剂有远稳定得多的电化学稳定性，因为 Sn 已经很好并合进入 In_2O_3 晶格中。对沉积在 ITO 上的 Pt 纳米粒子，在电位循环期间观察到，有比商业 Pt/C 催化剂更高的稳定性（图 6-43），尽管 ITO 粒子较大和电化学表面积（ECSA）较低，因在较低电位下 CO 能够被 ITO 负载的 Pt 氧化。电化学阻抗研究发现，ITO 负载 Pt 显示较快电子动力学或较低电荷传输阻力。

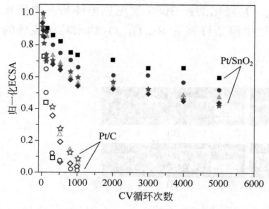

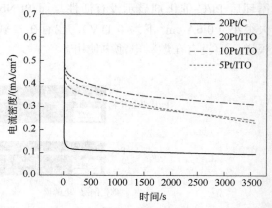

图 6-42　不同温度下 Pt/C 和 Pt/SnO₂ 归一化 ECSA
与循环次数间的关系［70℃（方形），75℃（圆形），
80℃（三角形），90℃（菱形）］

图 6-43　ITO 负载 Pt 催化剂和碳负载 Pt 催化剂［在
CB 上 20%（质量分数）Pt］的电流时间曲线

6.11.5　二氧化硅

众所周知，二氧化硅是常用的催化剂载体，它是无定形的，但也有不同晶型的 SiO_2，其多数晶体都由四面体 SiO_4 单元构成的。早在十多年前就利用二氧化硅自增湿催化剂改性聚合物膜（如 Pt/SiO_2 改性 Nafion/PTFE）。最初的目标是把自增湿组分引入到燃料电池电解质膜中，因为二氧化硅纳米粒子具有吸附 Pt/SiO_2 催化剂上生成水的能力。因此，亲水性 Pt/SiO_2 使膜在干条件下的电导率损失大为减小。近来，才把二氧化硅作为 Pt 阴极催化剂载体材料使用。例如，把用硼氢化钠还原胶体 Pt 纳米粒子沉积到二氧化硅上，控制好 Pt 和 SiO_2 比例不仅使 Pt 很好分散而且催化剂电导率损失为最小。以平均大小为 4nm 的 SiO_2 为载体制备的核壳结构 SiO_2-Pt 作为 MEA 的阴极催化剂，与商业 E-TEK 催化剂的比较揭示：前者有较高的电催化活性表面积和高得多的电荷传输动力学；在 Pt：SiO_2 比为 2：1 时显示最高的功率密度；二氧化硅的加入对电极总电阻没有贡献。

经碳氮化物改性的 SiO_2（CN_x/SiO_2）也能够作为电催化剂载体，它可以使用原位聚合产生的聚吡咯涂层 SiO_2 再经 800℃焙烧制备。再使用多元醇工艺在其上沉积 Pt 获得电催化剂 $Pt/CN_x/SiO_2$。与从由商业 Pt/C 以同样方法合成且有同样 Pt 负荷的 $Pt/CN_x/C$ 电催化剂比较揭示：CN_x/SiO_2 比表面积为 258m^2/g 稍高于 Vulcan XC-72 碳的 245m^2/g；Pt/C、$Pt/CN_x/C$ 和 $Pt/CN_x/SiO_2$ 上的 Pt 粒子大小分别为约 4.3nm、约 4.1nm 和约 4.0nm；$Pt/CN_x/SiO_2$ 的 ESCA 值 89.6m^2/g 远高于 Pt/C 和 $Pt/CN_x/C$；$Pt/CN_x/SiO_2$ 的质量活性，在+0.85V 和+0.80V（vs. RHE）电位循环下分别比 Pt/C 和 $Pt/CN_x/C$ 高 1.31 倍和 1.32 倍；CN_x/SiO_2 负载催化剂在 ORR 中显示的耐用性也远高得多。$Pt/CN_x/SiO_2$ 负载催化剂高活性、高耐用性和高性能的主要原因有：①存在有 Ru 那样亲氧行为的 SiO_2 物种；②存在有促进催化剂和载体协同效应的 N 物种。以二氧化硅负载 Pt-Ru 催化剂作为阳极制备的应用于 DMFC 的 MEA，在单一池中以甲醇浓度范围从 1～10mol/L 溶液进行试验，获得的结果指出，该 MEA 显示较高的性能，在 5mol/L 和 10mol/L 甲醇浓度时的最大功率密度分别达到 90mW/cm^2 和 60mW/cm^2。这比商业炭黑负载催化剂制备的 MEA 高 3 倍之多。

6.11.6　钨化合物

钨元素能够形成多种氧化物（从 -1～+6）和碳化物。不同的氧化态使钨适宜于各种不同应用，包括光致变色、电致变色、光催化、气体传感器和燃料电池等。钨氧化物（WO_x）是 n 型半导体，带宽 2.6～2.8eV。它们对化学腐蚀有很强抵抗力。例如，钨氧化物负载的 Pt 催化剂对 MOR 和 ORR 显示增强的电催化活性，对 CO 有很强的耐受性。因为在燃料电池条件下钨氧化物倾向于形成三氧化钨水合物，增强了质子的传输。

钨氧化物在多种燃料电池包括 DMFC 中被使用作为阳极和阴极电催化剂的载体、共催化剂甚至电解质。在钨氧化物上沉积 Pt 可以使用多种方法。例如，把钨氧化物加到硫酸中，使溶液温度增加到 75℃，在 H_2 气氛下加入氯铂酸获得负载在钨氧化物上的铂催化剂 Pt/WO_x。对 40%（质量分数）Pt/WO_x 与 40%（质量分数）Pt/C（JM Hispec 4000）的比较说明，前者显示显著高的稳定性和在氧化循环后显示显著高的催化活性，尽管后者的总初始催化活性高于前者。这是由于：①商业钨氧化物表面积低于 JM Hispec 4000；②钨氧化物电导率低于炭黑；③使用的氯铂酸在没有钨氧化物存在时也能够还原成 Pt 金属，这可能使部分 Pt 金属簇并没有负载在钨氧化物上且没有与导电路径连接，在给定 Pt 负荷下它们都要降低总催化活性。这个例子说明，需要增加钨氧化物的电导率和表面积来增加其催化活性。可采用的方法是掺杂和采用其他制备方法如溶胶凝胶法。已经探索过的制备方法包括共电沉积、共溅射、冷冻干燥和溶胶凝胶等。其中溶胶凝胶法具有若干优点，如获得产品表面积较大以及容易制备颗粒较小的产品。但获得钨氧化物产物的性质受制备参数很大影响，于是对负载金属组分 Pt 也产生很大影响。这些在催化剂制备研究中已经有广泛深入的研究和认识。

在不同制备条件下获得钨化合物的氧化态是不一样的，如 W（V）氧化物/W（Ⅵ）氧化物；而且钨氧化物粒子的形貌也是不一样的，如微球和纳米线。它们都极大地影响着负载在钨氧化物上的电催化剂性能。一般说来，Pt/WO_x 对 CO 有高的耐受性，由于强的金属-载体相互作用（SMSI），生成了包裹（或部分覆盖）Pt 纳米粒子的金属氧化物膜和低电位时生成 W-OH 基团。把 Pt 负载在用碳化钨（WC）氧化产生的三氧化钨微球上（约 6.5nm ）获得的 Pt/WO_3 催化剂，与商业 20%（质量分数）Pt-Ru/Vulcan XC-72 碳和 20%（质量分数）Pt-Ru/碳微球催化剂进行比较的结果说明，Pt/WO_3 微球催化剂对 MOR 有很高的活性，超过负载在碳微球上的 Pt-Ru 催化剂和高金属负荷的商业 Pt-Ru 催化剂。而且三氧化钨微球在酸介质中没有溶解是稳定的。在 MOR 研究中发现，Pt/WO_3 的甲醇氧化初始电位和阳极峰电位分别比商业 E-TEK 催化剂更负 100mV 和 50mV，原因之一是该微球催化剂对 CO 有更好的耐受性。对碳涂层钨氧化物纳米线作为阴极催化剂载体用于 ORR 研究，获得的结果也是令人鼓舞的：与 Pt/C 比较，在 $Pt/C-W_{18}O_{49}NW$/碳纸复合物电极的 ORR 初始电位中观察到，有 +100mV 的电位移动，显示比商业 Pt/C 高的 ORR 电流和高 75% 的质量活性。

普遍使用和最重要的钨碳化物是 WC 和 W_2C。WC 是稳定化合物，W_2C 在低温下是热力学不稳定的。虽然碳化钨（WC）是已知的最硬碳化物之一，能够抗击化学攻击，但暴露于空气和水时，表面会发生氧化和溶解。不过由于它们的电子状态与贵金属 Pt 在费米水平上具有类似性，碳化钨能够并已经作为催化剂载体、共催化剂和电催化剂使用。碳化钨能够在甲醇氧化期间增强电催化剂对 CO 的耐受性，提高阴极上 ORR 催化活性，因 CO 在 WC 和 Pt/WC 表面上的氧化要比在 Pt 上容易得多。在燃料电池条件下，WC 显示非常高的耐用性。测量证实，在 0.5mol/L 硫酸溶液中，0.6V（vs. RHE）下 WC 保持稳定。密度泛函理论计算指出，WC 载体提供的电子授体效应能够为 Pt 原子提供强的负电性质。

用硼氢化钠还原法把 Pt 纳米粒子（约 10nm）沉积到 m-WC（孔结构直径约 4nm）上。900℃碳化的 m-WC 有最高表面积 182m²/g。样品具有狭的孔大小分布约 3.9nm。对 Pt/m-WC 和 Pt/C 的性能比较指出，Pt/m-WC 显示较高电催化活性、远高得多的 CO 耐受性和稳定性。以超薄直径 WC 纳米纤维［以偏钨酸（AMT）和聚乙烯基吡咯烷酮（PVP）作为前身物，经电纺技术在高温碳化合成］为载体负载 的 Pt 催化剂，当 WC 先用 NH₃ 在 850℃下处理后，则该催化剂上的 ORR 以四电子路径进行，而未做这样处理的初始 WC 则有利于二电子路径，处理后的稳定性也远好于未处理的。

虽然以各种钨化合物，特别是氧化物，作为燃料电池催化剂载体有令人鼓舞的性能，但是，它们的问题是，比表面积和电导率太低，而且某些钨氧化物在酸性环境中是不稳定的。它们的性质极大地取决于组成和结构，这些都是研究者面对的巨大挑战。

6.11.7　硫酸氧锆

氧化锆表面具有氧化和还原性质。硫酸离子改性能够使它成为强酸和超强酸催化剂，称为硫酸氧锆（S-ZrO₂）。S-ZrO₂ 的 Hammett 酸强度指数高于 100%硫酸，高度亲水性，具有高质子电导率，在温度达 300℃时仍保持有高催化活性。

使用商业可利用比表面积 80m²/g 的 S-ZrO₂ 做载体，经超声喷雾热解把 Pt 纳米粒子沉积到它上面制备出阴极催化剂 Pt/S-ZrO₂，用它（无或有 Nafion）制备 MEA，与使用商业 Pt/C［Tanaka TKK 46%（质量分数）Pt］催化剂的燃料电池性能进行比较发现，有 Nafion 时 Pt/S-ZrO₂ 性能低于有 Nafion Pt/C 的；而无 Nafion Pt/S-ZrO₂ 显示的性能比无 Nafion 的 Pt/C 更好；虽然无 Nafion 时两者的燃料电池性能都降低，但对使用 Pt/S-ZrO₂ 的燃料电池，电压降低仅 16%，而对 Pt/C 降低约 33%。

在 2004 年，首次发现使用从水合氧化锆和硫酸制的硫酸氧锆具有高的电导率，S/Zr 比愈高电导率愈高。特别是使用无溶剂方法制备的硫酸氧锆（完全无定形晶相），它达到的硫酸含量约为使用溶剂方法制备硫酸氧锆（单斜和四方混合晶相）的 3 倍，因此其质子电导率很高，达到与 Nafion 可比较的量级 0.01S/cm。这样高的质子电导率是由于 SOₓ 物种 O 上的区域化电子和 Zr 上的 Lewis 酸性点（它容易产生新 Brønsted 酸位）。由于硫酸氧锆的高质子电导率和高催化活性（即便在高温），它可以使用于改性质子交换膜如 Nafion。

6.11.8　导电聚合物

一些聚合物和它们的复合物具有传导电子或离子的性质，称为导电聚合物。用导电聚合物（CP）替代传统碳载体的兴趣产生于降低载体腐蚀的需要，最终是为降低催化剂活性损失。导电聚合物具有高可接近表面、低电阻和高稳定性等性质。电荷容易通过聚合物基体流动。CP 的孔结构能使活性比表面积增加，因此聚合物负载 Pt 粒子对 CO 中毒的耐受性增加。这个载体的另外一个优点是，催化剂层可以不使用 Nafion 离子交联聚合物，因为这些导电聚合物不仅仅是电子导体而且也是质子导体。

对在导电聚合物涂渍电极上的氧还原和氢氧化进行了各种研究，尝试使用它们作为燃料电池催化剂载体。已经发现有可行结果的导电聚合物有：聚吡咯烷酮/聚苯乙烯磺酸盐

（PPY-PSS），聚 3,4-乙烯二氧噻吩-聚苯乙烯磺酸盐（PEDOT-PSS），聚 3,4-乙烯二氧噻吩（PEDOT），聚（*N*-乙烯基咔唑）(PNVCZ)，聚 9-(4-乙烯基苯基)咔唑(PVBCZ)，聚苯胺(PANI)，Naffion，聚二烯丙基二甲基氯化铵（PDDA），聚乙酰基苯胺（PACANI）等。有报道说，聚吡咯/聚苯乙烯磺酸盐复合物（PPY-PSS）的初始电导率为 35 S/cm，沉积 Pt 后降低到 0.3 S/cm。研究仍在继续进行，以完全了解这类载体在 PEM 燃料电池催化剂中的使用和稳定性并优化其设计。例如，使用聚季铵（PTy）作为导电膜催化剂载体，使用特殊电化学沉积方法获得的 Pt-PTy 复合物，可使 Pt 负荷降低至 0.12mg/cm^2。电化学研究揭示，使用导电聚合物做载体时，有高的电化学活性表面积和比较有效的 Pt 沉积利用，且对 CO 中毒有稍高的耐受性，对失活较少敏感等优点。例如，导电聚合物负载的非贵金属催化剂 PEDOT-V$_2$O$_5$，显示一些有意思的性质：①钒原子的存在促进若干催化和电催化过程；②钒氧化物的氧化还原偶（VO^{2+}/V^{3+}）有利于甲醇的氧化。

导电聚合物有被发展作为 PEMFC 和 DMFC 理想催化剂载体的潜力，因为它们能够使气体和水扩散传输容易进行，能够传导质子以及电子。但是，仍然需要进一步研究和发展以使它们能够成功地使用作为商业 PEMFC 和 DMFC 的催化剂载体。

6.11.9　混合载体

混合载体由碳和非碳材料组合而成。组合中分为基本载体和二级载体，Pt、Pd 和 Pt-Ru 和多种其他电催化剂能够被负载在混合载体上。例如，SnO$_2$ 纳米线通常是作为二级载体在基本载体碳纸或碳纤维上生长，铂或其他贵金属纳米粒子催化剂被沉积在这些纳米线上。作为说明性例子，对负载在 ITO-石墨烯上的 Pt 进行了制备和研究。ITO 纳米晶体是直接在功能化石墨烯片上合成的，形成的 ITO-石墨烯混合物作为载体使用，再经多元醇还原工艺把 Pt 沉积在 ITO-石墨烯载体上。该催化剂具有独特的三节点结构，Pt-ITO-石墨烯。实验工作和 DFT 计算都说明：在 Pt-ITO-石墨烯三节点上负载的 Pt 纳米粒子是稳定的，石墨烯缺陷和官能团对催化剂稳定起着重要作用，石墨烯片提供了高表面积和高电导率；均匀分散的 ITO 纳米粒子保护石墨烯不被腐蚀，增强了载体的耐用性；混合系统的电化学性能也比 Pt-石墨烯高很多。下面再举几个混合载体的例子。如前面已经叙述过的，混合载体 CN$_x$/SiO$_2$ 负载 Pt 催化剂 Pt/CN$_x$/SiO$_2$ 的性能与 Pt 负载 Vulcan XC-72 上 Pt 催化剂比较，显示高的 ORR 电催化活性和稳定性。以 N 掺杂材料（非贵金属催化剂）负载在石墨烯和介孔气溶胶碳上的 CNT 混合载体上作为 ORR 催化剂，介孔碳作为 CNT 和石墨烯结构生长的模板，研究混合载体上的 N 掺杂材料在 PEMFC 条件下的 ORR 的催化活性，发现需要进一步工作，以增加活性位浓度和优化混合载体介孔-大孔隙率，增强催化剂层和 Nafion 间的接触。已经制作和使用氮掺杂洋葱状碳材料作为 ORR 催化剂载体材料，沉积 Pt 和 Co-Fe 以及其他非贵金属纳米粒子，该混合体系材料［氮掺杂洋葱状石墨碳材料（N-Me-C）］用六亚甲基二胺-Me（Me 为 Co 和 Fe）复合物的热解来获得。N-Me-C 能够有效催化 ORR，与传统碳载体比较，显示的初始和半波（$E_{1/2}$）电位有显著正移动，H$_2$O$_2$ 得率明显下降；钨氧化物和碳化物纳米结构能够作为混合载体初级和次级载体的使用。如氨处理碳负载钴钨以及在 WC 上负载 Au-Pd 作为燃料电池阴极 ORR 催化剂显示有超过现有 Pt-Ru 基电催化剂性能的可行结果和潜力。为增强 DMFC 中 Pt 的性能，使用 CNT 作为基本载体和不同次级载体的混合载体，如氟-SnO$_2$、硫酸化 TiO$_2$ 和 SZ。为负载 2～5 nm Pt 粒子，也使用了氧化铈和氧化钛混合氧化物载体，并研究了合成技术对 Pt 催化性能的影响。

6.11.10 小结

电催化剂载体在决定 PEMFC 和 DMFC 系统性能、耐用性和成本中起着（决定性）极其重要的作用。在过去数十年中，对很多纳米结构材料行了广泛的研究，包括碳纳米结构、金属氧化物、导电聚合物和多种混合材料，以改进现有 PEMFC 和 DMFC 催化剂载体和进一步发展性能更加优异的磁能载体。对照提议的电催化剂载体选择八条选择标准，虽然这些材料作为阴极和阳极载体材料在结构、毒物耐受性和稳定性上已有许多发展和改进（石墨烯还提供了新的研究路径），但离选择标准的距离仍然相当远，如燃料电池条件下碳载体的氧化腐蚀问题。但也指出了对新结构、合成和表面改性技术进一步改进的可能性：在保持好的电导率的同时进一步提高抗腐蚀能力和水管理能力。金属氧化物和碳化物（特别是 W 和 Ti）基纳米结构以及非贵金属电催化剂显示了可贵的有意思的结果，有进一步发展的潜力。导电聚合物作为载体使用的发展步伐不断加快，有着进一步发展的巨大空间。考虑到它们的质子和电子传导、水和气体渗透能力，这些材料甚至可能在不远的将来可作为理想的最前沿载体材料。好载体的使用如含碳和非碳载体都会有好的结果，而纳米结构的碳或金属氧化物导电膜混合材料的使用肯定可以实现在 PEMFC 或 DMFC 催化剂-载体特性上的开创性变化。新电催化剂载体的发展结合负载催化剂技术的改进，能够使高性能、长寿命 PEMFC 和 DMFC 催化剂的探索实现革命性变化。当然，需要更详细的研究（包括 MEA 研究、连续循环和加速降解试验）以了解这些载体材料在"真实"燃料电池条件下的行为。

<table>
<tr><td>第
7
章</td><td># PEFC材料和制造 Ⅲ：
BP和燃料电池设计
制造技术</td></tr>
</table>

7.1 碳基材料双极板

7.1.1 引言

如前面已经多次叙述，质子交换膜燃料电池具有一些独特的优点，如高效率、零排放和低工作温度（70～90℃），使其能够广泛应用于各种领域特别是运输领域中作为动力电源。虽然仍然需要进一步提高其可靠性和耐用性，降低成本，但已经在固定应用领域实现商业化。一个使用聚合物电解质的燃料电池系统，除了前面已经讨论过的关键核心部件聚合物电解质膜和电极（包括催化剂载体和扩散层）外，还需要一些其他部件（见图7-1），特别是作为这类燃料电池的一个多功能关键组件双极板（BP）。BP一般占燃料电池堆总重量的80%、总成本的30%和几乎所有的体积。双极板的功能有：①分离各燃料电池；②以好的电导率连接燃料电池一边的阴极和另一边的阳极；③通过流动通道把反应性气体分配到阳极边（氢气）和阴极边（氧气）；④移去电化学反应产生的热量和产物水。因此，对实际使用的BP，要求其有高电导率、高气体渗透率、好的力学性能、好的抗腐蚀能力和低成本。美国能源部（DOE）对双极板应该满足的标准建议如下：整个板的电导率>100S/cm；界面接触电阻（ICR）<30mΩ/cm^2；在微酸性环境（pH<4）中是化学稳定的；腐蚀电流<16μA/cm^2；高热导

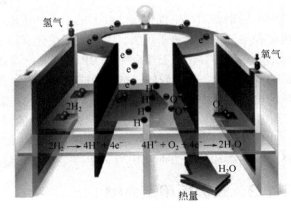

图 7-1　PEM 燃料电池组件示意图

率>10W/(m·K)；氢和氧的低渗透率<$2×10^{-6}cm^3/(cm^2·s)$；抗拉强度>59MPa；冲击强度>40.5J/m。

传统上 BP 是使用高密度石墨制作的，因为它具有优越的抗腐蚀能力、化学稳定性、高热导率和可利用性。但是，由于它的分子结构，其力学性质是差的、制造成本也是高的，与燃料电池其他部件的兼容性也不是很好。不管怎样，高密度石墨已经被作为制作双极板的基准材料，所有其他材料都要与它做比较。

BP 材料从大范围分，可分为金属 BP 和碳基 BP。在发展早期，碳基双极板特别是高密度石墨 BP 支配研发活动和应用，这是由于在有害燃料电池操作环境中石墨具有的优越化学和电性质。但它的使用主要局限于固定应用和实验室装置中，那里对轻重量和小体积等参数不是那么重要。另外，气体通道的高加工成本和材料固有的脆性使石墨板使用进一步受限。例如，BP 在陆上燃料电池中的使用（包括移动和运输领域），对这些应用高度希望的是要成本适宜的大量生产，而且这常常是强制性的。为此在后来，大量的注意被引到金属双极板上。金属（贵金属除外）似乎具有 BP 所要求的最希望特征，包括高热导率和高电导率、低气体渗透率、容易制造和相对低的成本。但是，金属 BP 也有若干缺点，如在燃料电池的腐蚀性环境中是化学不稳定的，会被腐蚀和在表面形成薄的氧化物层。金属腐蚀产物如 Fe^{3+}、Cr^{3+}、Ni^{2+} 等离子会使固体聚合物电解质膜和催化剂层中毒；而表面形成的氧化物层显著增加金属板和气体扩散层间的界面接触电阻（ICR），恶化燃料电池性能。为此，已经提出并发展多种工艺，目的是提高金属 BP 的抗腐蚀能力和 ICR。例如，在金属板表面涂上薄导电性保护层和其他类型的表面改性技术。

对运输应用的燃料电池，高密度石墨板并不适合作为双极板使用，因它的结构并不具有抗冲击和振动的耐用性。它也不适合于大规模制造，且其机械强度很差无法降低其厚度，导致 BP 大而笨重。于是，对双极板的材料研究已经从石墨移向成本更加适宜的材料如金属和复合材料。金属材料是 BP 材料的一种选择，因为金属具有高机械强度、高电导率、高气体渗透率、低成本和容易制造等特点。金属 BP 的最大优点是它极好的冲压性，板的厚度可降得很低。不锈钢是 BP 的最可行材料之一，原因之一是它的自钝化能力。不锈钢常常被钝化膜（厚度一般在 1～3nm 范围）覆盖和包裹，因此能够防止本体材料的进一步腐蚀。虽然钝化膜能够降低不锈钢的腐蚀速率，但会显著增加 BP 和碳纸间的界面接触电阻（ICR）。在燃料电池环境中不锈钢表面产生钝化层（膜）的厚度和组成，取决于不锈钢种类和环境，如 pH 值、应用电位和溶液中所含离子种类。因环境条件含有释放的金属离子和污染物，钝化膜也会被溶解和再形成。当与高密度石墨和金属 BP 比较时，聚合物-碳复合物是另外一种可行的 BP 材料，它们的成本较低、重量较轻、抗腐蚀能力较高。复合物 BP 的缺点是，不具有冲压性、比金属 BP 低的电和力学性质。由上不难看出，理想的 BP 需要组合金属和石墨复合物材料两者的优点。

鉴于双极板在聚合物电解质燃料电池中的极端重要性，虽然有大量不同类型 BP 文章和一些涉及材料类型、制造工艺的评论文章可供参考，下面还是要以两节的篇幅介绍和讨论 BP 材料、性质和制造方面的内容，重点是金属和复合物 BP 材料及制作方面的最新技术进展。

7.1.2　双极板用聚合物

聚合物-碳复合物通常包括两个组分：聚合物作为黏合剂（基体）和作为强筋材料的填充剂。下面分别介绍 BP 的聚合物黏合剂和充填剂。

热塑性和热固性树脂都可以用于生产复合物 BP。因 BP 制备需要相当大比例的填充剂，因此要求聚合物的性质具有对填充剂的润湿性。如果聚合物和填充剂间的表面能差别不大，则聚合物应该能够有效润湿填充剂，可以在复合物出现空隙前增加填充剂浓度。聚合物所含极性基团有利于它的导电，因此增强复合物的电导率。应用于制造 BP 的聚合物能够分为两类：热固性聚合物和热塑性聚合物，它们的极性是不同的。

7.1.2.1　热固性聚合物

在热固性材料中，通常包含有树脂、硬化剂、溶剂、某些添加剂，如增塑剂、分散剂，等等。与热塑性材料比较，热固性材料通常有较高强度、较高抗蠕变阻力和低的粗糙度，但热固性材料比热塑性材料脆。工作温度达 120℃的燃料电池中，热固性复合物材料能够保持它们的尺寸和热稳定性，比热塑性复合物材料好。热固性材料的一个优点是，当温度高于玻璃化温度时引发固化过程，其黏度低于热塑性聚合物材料，因此可以填充较高水平的导电填充剂。这能够帮助热固性基复合物电导率和机械强度的提高及孔隙率的降低。对各种类型的热固性树脂，已经作为复合物 BP 的可能基体进行了研究。用于制作 BP 使用最多的三类热固性聚合物是：环氧树脂、酚醛树脂和乙烯基酯树脂。一些热固性树脂在室温下是液体，如在苯乙烯中的乙烯基酯树脂。有一些热固性树脂能够溶于溶液中，如环氧树脂既可以是液体也可以半干的固体粉末形式溶解于树脂和硬化剂中。对 BP 制造，酚醛树脂是比较有吸引力的，有两种可利用的酚醛树脂：可熔酚醛（resole）树脂和酚醛树脂清漆（novalac）。酚醛树脂清漆用甲醛与过量苯酚（或苯酚衍生物）在酸催化剂存在下进行反应生产。对酚醛树脂清漆，为完成固化反应，需要添加一种试剂，含羟甲氧基的六亚甲基四胺。而对可熔酚醛树脂，并不需要添加这个额外试剂。不同形式的聚合物（粉末或液体型），使用的加工方法也不同，每种体系有其优点和缺点。使用液体树脂，可在复合物中加入高含量填充剂。应该注意到，对粉末形式情形，通常是不使用溶剂仅使用粉末型化合物，因此使成型变得困难；另外一个缺点是，制备时间循环可能是非常长的，因为常常需要有后固化，以降低和除去残留的溶剂。

热固性聚合物在固化反应期间通常会逸出某些气体，如氢、氨和水蒸气。所以，在复合物制备过程中，复合物最好长时间保持在高压下，以使产生的气体尽可能释放，尽可能让气孔闭合。这个延迟时间和控制温度，可用差热扫描量热（DSC）和热重分析（TGA）的等温和非等温分析确定。热塑性塑料没有固化反应，不会产生因气体释放的孔隙率。但是为达到稳定态，含热塑性复合物模子应该被冷却到低于聚合物玻璃化温度。

7.1.2.2　热塑性聚合物

对以热塑性聚合物材料作为 BP 黏合基体材料，也进行了许多研究。初看起来，这些材料似乎较少竞争性，因高黏度使加入的填充剂量要比热固性树脂少很多。但是，无须溶剂和短循环时间可以弥补这个不足。应用于 BP 研究试验最多的热塑性塑料是聚丙烯。它具有低成本、好加工和好的力学性质等优点。而聚乙二烯氟化物（PVDF）则显示令人感兴趣的不一般性质：好的壁垒性质、化学惰性、好的力学性质和抗湿性。有一些研究也涉及聚亚苯基硫醚（PPS）（具有好力学性质和获得高填充剂含量复合物等优点）、聚乙烯、聚醚醚酮（PEEK）、聚乙烯对苯二甲酸酯（PET）、聚乙烯氧化物、尼龙和液晶等。

7.1.3　成型方法

为了制造聚合物复合物 BP，可应用多种方法。生产 BP 的普通方法有：浆态、湿铺、固态剪切粉碎、热压和喷注成型。代表性的热压成型似乎能够生产高电导率和热导率以及尺寸稳定的 BP 板。但是，已经证明，BP 的喷注成型是成功的。在喷注成型中，模子通常不能够在恒压下保持高温，而对热压，这是可能的。体系保持在恒温和恒压，对热固性聚合物移去固化期间释放的气体是至关重要的（降低复合物的孔隙率）。喷注成型的一个缺点是，其最大填充剂含量远低于压缩成型。因为，对喷注成型要求低黏度以使物料能够适当流动。复合物的最后性质很强地取决于加工条件，特别是在模具中的流动方向。在喷注成型中填充剂的定向在沿流动方向是极其优先的。与压缩成型不同，在喷注成型中有一些物料浪费在单个或双挤压模子中。鉴于上述说明，热压成型仍然是 BP 生产最普遍使用的方法，特别是对热固性基复合物 BP。

7.1.4　填充剂

聚合物一般是电绝缘体，为增加其电导率一般都要添加填充剂。可以添加的填充剂有两类：金属导体或碳衍生物。虽然金属的电导率是非常高的，但大多数研究涉及的是碳填充剂。使用聚合物-金属复合物 BP 的很少，因为它很难在该应用中与聚合物-碳复合物竞争，而且组合金属和聚合物复合物有一些限制。金属的低抗腐蚀能力和高密度是限制金属填充剂在复合物 BP 中应用的两个主要因素。在制造复合物 BP 中，最普遍使用的碳填充剂是石墨、膨胀石墨和碳纤维等（图 7-2）。下面对这些填充材料分别做简要介绍。

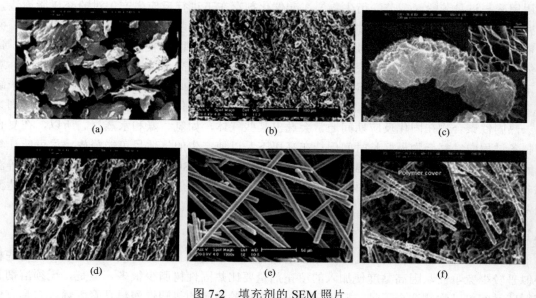

(a)　　　　　　　　　　(b)　　　　　　　　　　(c)

(d)　　　　　　　　　　(e)　　　　　　　　　　(f)

图 7-2　填充剂的 SEM 照片

（a）石墨；（b）P/G 复合物；（c）膨胀石墨；（d）P/EG 复合物；（e）碳纤维；（f）P/CF 复合物

7.1.4.1　石墨

石墨是最常使用的 BP 填充剂材料。石墨是除金刚石和富勒烯外的另一种碳的结晶形态，既显示金属性质如热导率和电导率，也显示非金属性质如惰性、高抗腐蚀和润滑性。石墨和其他填充剂的一般性质列举于表 7-1 中。石墨是细颗粒低表面积的填充剂，长宽比接近于 1，因此力学性质的提高很小。层状结构的 x 轴晶格常数 0.66，在石墨层上没有反应性表面基团。图 7-2（a）和（b）分别示出了纯石墨粒子形貌和聚合物/石墨复合物的断裂表面。

表 7-1　用于复合物 BP 的普通碳填充剂的物理和力学性能指标

性质	石墨（G）	膨胀石墨（EG）	碳纤维（CF）	炭黑（CB）	MWCNT	石墨烯
密度/(g/cm³)	2～2.25	1.7	1.79～1.99	1.7～1.9	1.8～2	0.03～0.1
粒子大小	6～100μm	100～150 片厚度直径 1μm	L：10～100μm	30～100nm	L：10～100μm D：5～50nm	—
比表面积/(m²/g)	6.5～20	100	0.27～0.98	1250	150～250	2.675
长径比	接近 1	约 100	直径：6～30μm	2.5～20	1000～50000 直径 1～20μm	厚度 0.345nm
电子电导率/(S/cm)	a 轴 25000，c 轴 8.3，热导率 25～470W/(m·K)	a 轴 25000 c 轴 8.3	598	10～100	0.0001～100	平面中 20000
体积/(cm³/100g)	—	2～10	无	480～510	—	—
抗拉强度	弯曲：7～10MPa	无	1～4GPa	无		130GPa
碳含量（质量）/%	99.91	99.5	94～96	99.5	95	

聚合物-石墨碳复合物的电导率与其他碳填充剂比较是相当高的。石墨粒子含一些石墨烯层，靠弱范德瓦尔斯键连接在一起，穿过粒子的电导率远低于每个石墨粒子平面中的电导率。石墨在室温时的电导率为 10^4S/cm 量级。石墨有优良的抗腐蚀能力。但是，困难问题是价格和脆性，这是其 BP 应用中的最大弱点，BP 厚度一般有数毫米，使燃料电池堆很大且很笨重。石墨的密度也是低的，约 2g/cm³。

7.1.4.2　膨胀石墨

天然石墨片层通过改性可插入各种化学物种形成石墨插层化合物，称为膨胀石墨（EG）。通常使用可膨胀的石墨在马弗炉中加热到温度高于 800℃就可产生膨胀石墨。近来微波辅助被广泛使用于加热可膨胀石墨，与常规加热方法比较，微波辅助方法是洁净和便宜的。可膨胀石墨在微波炉中仅经辐射 30s，沿 c 轴方向膨胀高达 200 倍并有片层剥落（表 7-1）。图 7-2（c）和（d）分别示出了纯膨胀石墨（EG）粒子形貌和聚合物/EG 复合物断裂表面。EG 的高膨胀诱导石墨层间空间的改变，EG 和 P/EG 复合物的密度降低到低至 10^{-3}g/cm³ 和 10^{-2}g/cm³，而比表面积和平均长宽寸比分别增加 40m²/g 和 15。电导率提高，测量达到的电导率是 12500S/cm。在溶剂中产生石墨纳米薄片进一步剥落。石墨纳米薄片"纸"的电导率高达 350S/cm，远高于 BP 应用所要求的值。EG 已经广泛应用于复合物 BP 的制造中（因它的高电导率和高长宽比，这能够极大地降低复合物 BP 中的渗漏阈值）。但当复合物 BP 中填充剂负荷的增加时，其机械强度会有相当程度的降低，所以填充剂含量应该进行优化。

7.1.4.3　碳纤维

合成碳纤维（CF）的碳含量至少为 90%。碳纤维可使用多种前身物生产，如人造丝、沥青和聚丙烯腈（PAN）。聚丙烯腈现在是生产高性能 PAN 基碳纤维的主要前身物，通常经合适控制热解聚合物纤维获得。碳纤维制备由三个主要步骤构成：第一步是从单体聚合生产 PAN，聚合材料进行纺丝（最普遍使用的是湿纺技术）获得 PAN 纤维。第二步纤维在氧化气氛和有适当张力条件下于相当低温度（200～300℃）进行加热处理（预氧化），发生的主要反应有环化、脱氢和氧化，这个步骤改变的是 PAN 纤维的化学结构，使它们变得热稳定，为的是在碳化期间保持它们的形状和结构。换句话说，稳定化过程把热塑性 PAN 纤维转化成非塑性化合物，使其有能力承受下一个步骤的高温热处理。第三步，稳定后 PAN 纤维再进行被称为碳化过程的热处理转化为碳纤维，该过程是在惰性气氛和低张力下于温度高达 1500℃ 下进行碳化处理的，除去纤维中所有非碳元素，碳则形成类石墨结构。在碳化过程后，碳纤维有时可进一步在张力和惰性气氛下进行更高温度的处理（石墨化），约 2000～2500℃ 和有时到 3000℃，以使碳纤维形成理想化结构或石墨化。对大多数碳纤维，最后热处理不是进行石墨化而是进行表面改性，以获得与聚合物基体所希望的黏附性。

碳纤维一般作为重量轻的聚合物基体填充剂以得到轻的复合物材料。碳纤维是大小很细的纤维，有希望的大长径比、强度和刚度，但本征电导率较低。图 7-2（e）和（f）分别表示纯 CF 丝形貌和聚合物/CF 复合物的断裂表面形貌。在复合物 BP 中使用碳纤维主要是增加机械强度，因 CF 的高强度和高模数，但也能够增加复合物的电导率，因为 CF 的高电导率。CF 长径比愈高，获得复合物 BP 的渗漏阈值愈小。但是，长径比增加孔隙率也增加，导致氢渗透率增加。CF 负荷增加使这个缺点更加强化，因高长径比 CF 易聚集。克服这个缺点的方法是增加聚合物的润湿能力，这样可使 CF 填充剂的负荷增加到 30%。

7.1.4.4 炭黑

炭黑（CB）也是合成生产的。传统上它被作为墨水、涂料和颜料的色素使用，最主要的应用是作为橡胶产品的强筋剂。制造炭黑有多种工艺，现在绝大部分炭黑使用油炉或乙炔工艺生产：把乙炔气体引入已经预热到 800℃ 的反应器中，使乙炔发生热分解，炭黑表面温度可能超过 2500℃，而炭黑的形成一般发生于 800～2000℃ 温度范围。乙炔炭黑颗粒一般有中等大小，在 100μm～2mm 之间，相对高结晶度（与其他工艺生产的炭黑比较）和很高的结晶。它们的反应性很低和表面氧含量也很低，因此成为需要化学惰性应用最普遍的选择。与聚合物混合时，炭黑粒子容易分离成 30～100nm 大小的初级聚集体，作为填充剂在相对低负荷下就产生有效的电导率。高度支链和高表面积炭黑结构使它能够与大量聚合物接触，导致低炭黑浓度就能提供好的电导率。虽然都是碳基，但炭黑不同于石墨和碳纤维，它是由构型复杂的准石墨结构和胶态尺寸的聚集体组成；与它们比较，炭黑形貌复杂，能够填充前一个填充剂留下的孔隙。炭黑能够作为复合物 BP 填充剂使用，但它的低力学和电导性质限制了它在商业 BP 中的应用。

7.1.4.5 碳纳米管

碳纳米管（CNT）是管状结构的碳，直径 1～50nm，长度 1mm 到数厘米。它的长径比是非常大的。现在商业使用的是多壁的 CNT（MWCNT）或在实验室使用的是单壁的 CNT（SWCNT）。自它们被发现以来，因其独特的物理性质引起了很多关注。作为填充剂使用时的 CNT 主要性质给出于表 7-1 中。因它有非常大弹性模量，因此 CNT 是很好的强筋物质。小直径 CNT 显示有半导体或金属行为。CNT 也被使用作为燃料电池催化剂 Pt 载体。因 CNT 高的长径比，很容易形成导电网络，比其他填充剂有更低的渗漏阈值。但是，CNT 作为填充剂使用时太贵了，无法满足 DOE 有关的 BP 成本标准（<5 美元/kW）。如果能够很好减少 CNT 的聚集，可不与其他填充剂产生协同效应，这样可以在非常低负荷下（质量分数约 1%）使用这种填充剂，成本能够大幅降低。即通过使用组合填充剂来提高聚合物/C 复合物 BP 的性质，把低体积分数的 MWCNT 与石墨组合作为聚合物复合物 BP 的填充剂。结果发现，在石墨复合物板中引入 1%（体积分数）MWCNT，纳米复合物的电和热导率均增加 100%。使用石墨和 MWCNT 做成聚合物基复合物 BP，低质量分数 CNT 就能够使腐蚀电流密度（I_{Corr}）低于 DOE 标准（即 $1\mu A/cm^2$），含 2%（质量分数）MWCNT 的复合物 BP 其平面电导率和抗腐蚀能力间有最好的平衡。但是，MWCNT 聚集物的形成可能是产生不令人满意抗腐蚀阻力

和电导率的原因。

7.1.4.6　石墨烯

石墨烯也已经吸引学术和工业界的兴趣，因为在非常低填充剂含量时能够使性质上产生极大的改进。对石墨烯/石墨烯氧化物的改性和使用石墨烯与不同聚合物基体制作纳米复合物 BP 进行了不少研究：使用不同方法在不同有机聚合物中填充石墨烯制作聚合物/碳纳米复合物 BP。对改性石墨烯基聚合物纳米复合物情形，在非常低填充剂负荷下就能够达到渗漏阈值指标。石墨烯是一种同素异形体碳，碳原子以规整六角形图案排列。石墨烯可描述为单原子层矿物石墨有效堆砌许多层，就形成片状结晶石墨烯。具有的最好性质包括，非常轻，$1m^2$ 重量仅 0.77mg；超强（甚至是已知或实验过的最强材料）和超级导电性。但是高生产成本限制了它在 BP 制造中的使用。但可以在复合物 BP 中作为低含量填充剂使用。64%（质量分数）苯酚树脂、5%（质量分数）CB、1%（质量分数）石墨烯，是复合物 BP 最优组成。研究揭示，用 1%（质量分数）石墨烯填充剂加筋，显著提高了 BP 的电导率。石墨烯加筋复合物 BP 满足所有 DOE 目标值。所以可以宣称，由于其高电导率和高力学性质，石墨烯是复合物 BP 使用的超级填充剂。石墨烯使用的仅有障碍是它的高价格。

7.1.5　聚合物复合物 BP 的性质

聚合物-碳复合物可以替代金属和纯石墨 BP 两者。具有成本低、容易加工或在加工期间与复合流动场原位成型、高抗腐蚀能力和重量轻等优点。表 7-2 列举了一些聚合物基碳复合物 BP 的组成、生产方法和性质。在对 PEMFC 设计和材料进行广泛的研究中，使用各种过程来发展 BP 的最新技术（见表 7-2），例如，使用聚合物 PP 和 PPS 采用喷注和压缩成型生产出导电性热塑性掺合物 BP，其填充剂负荷可高达 60%（质量分数）（天然石墨、导电碳和 CF）。该 BP 显示好的抗拉强度：对 PP 样品约 50MPa，对 PPS 样品 84 MPa。可惜的是复合物电导率低于 1S/cm。又如，使用液晶聚合物（LCP）作为黏结剂，CB 和 CF 作为填充剂发展出的复合物 BP 有足够的机械强度和低氢渗透率，但平均电导率仅有 5.6S/cm。再如，使用 PPS 和聚醚砜（PES）作为黏合剂，以天然石墨粉末作为填充剂，应用压缩成型工艺制备复合物 BP。在该工艺中，使用了溶液掺合和粉末混合过程。结果指出，样品在 100℃ 热处理数小时，电导率发生显著变化，达到 10S/cm 量级。如添加额外的第三种导电组分作为填充剂，复合物 BP 就有高的电导率。最后一个例子，研究了 PF 树脂/石墨复合物 BP 的力学和电性质，优化了压缩成型工艺条件，使获得样品的最好电导率和掺合物强度分别达到 142S/cm 和 61.6MPa。该结果是在树脂含量 15% 和 240℃ 热压 1h 条件下获得的。也能使用纳米 CNT 填充剂来增强复合物的机械强度，3% CNT 加筋剂使 BP 的机械强度从 50MPa 提高到 68.6MPa。

表 7-2　不同复合物 BP 材料和性质

填充剂	基体	生产方法	过平面电导率/(S/cm)	热导率/[W/(m·K)]	弯曲强度/MPa
介孔碳微球	丙烯酰胺	凝胶注模成型，接近净形状成型	20	3	24
1%（体积分数）CNT，65%G	苯酚树脂	压缩成型	30	13	55
SG/VCB/CF（1∶1∶1）	35%（质量分数）聚丙烯	注入成型	15.6		50

续表

填充剂	基体	生产方法	过平面电导率/(S/cm)	热导率/[W/(m·K)]	弯曲强度/MPa
5%（体积分数）CF 和 25%CB	苯酚树脂	压缩成型	250（平面中）		74
80%（质量分数）G	PPS	压缩成型	119（平面中）		52
55%（质量分数）G，25%CB	PP	溶液掺合和压缩成型	36.4		
60%（质量分数）NG，5%CB，5%CF	酚醛树脂	压缩成型	92		55.28
80%活性炭和 CF	聚苯基硫化物（PPS）	40MPa 和 400℃压缩成型	133.7		38.8
80%（质量分数）Ti_3SiC_2	聚二亚乙烯氟化物（PVDF）		28.83		24.9
CNT	PET/PVDF［6%（体积分数）CNT］		0.059		32
EG，G 薄片	苯酚	最大 150℃压缩成型	250		50
CB，G	环氧树脂（双酚 A 型或甲酚酚醛清漆型）		5［在 45%（体积分数）碳中］		无报道
EG	酚醛清漆型酚醛树脂	热压	>120		54
80%（体积分数）天然 G/合成 G/CB/CF	酚醛树脂	压缩成型	>150		>60
65% CB/CF/合成 G	聚丙烯	注入成型	156（通过平面），1900（平面中）		无报道
G/CB/CF（1∶1∶1）	聚丙烯	热压	19		47.7
50%EG	环氧树脂	热压	250～500		72
84%石墨	改性酚醛树脂	热压	78.8	21	27.5
SIGRACET：碳	—	压缩成型	250（平面中）		40
碳		>20	20（平面中）		40
Schunk：碳	—	>20	20（平面中）		>40
燃料电池存储：碳	—	20			>40

　　当把有机基体加到碳基填充剂中时，增加机械强度的同时不可避免地伴随有电导率的降低。在这一方面，这两个性质的平衡必须搞清楚。对酚醛树脂/CF/G/EG 复合物的电导率和力学性质进行的深入研究中，在单一填充剂添加量 10%～80%（质量分数）范围来研究第二和第三个填充剂对复合物的影响。从结果中发现，对双填充剂和三填充剂复合物，两个填充剂的一起存在会产生协同效应。因此发展出一个新的三填充剂复合物（夹层），其组成为酚醛树脂、45%（质量分数）石墨、10%（质量分数）膨胀石墨、5%（质量分数）碳纤维和铂 CF 布。这个夹层型复合物（图 7-3）的抗拉强度 74MPa，韧性 39J/m，电导率 101S/cm、热导率> 9W/(m·K)，孔隙率<5%（体积分数）。使用这个复合物 BP 装配的单一池 PEMFC，达到的最大功率密度为 810mW/cm²。图 7-4（a）和（b）分别给出了使用这个 BP 的有迁回曲折型气体流动通道和进行性能试验装配成的单一燃料电池。另外，使用提供的新方法，为预测聚合物基碳复合物的电导率引入了新方法，能够合适地预测聚合物基复合物电导率。对用石墨粉末和树脂做的含碳复合物板的热和电化学耐用性进行的研究是在 TGA-DTA 上进行的。在空气下加热到 600℃的结果显示，温度高于 300℃有显著重量损失，而在 80℃

加热 192h 后疏水性降低。含碳复合物板在 PEMFC 条件下有电化学降解，特别是在组合再生燃料电池的条件下。

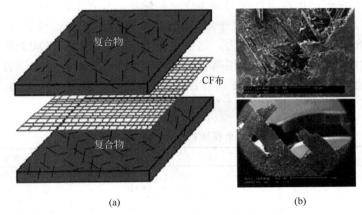

图 7-3　夹层氟化物双极板的示意图（a）和氟化物的微结构 SEM 照片（b）

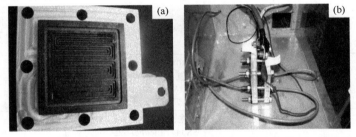

图 7-4　曲折型气体流动通道的复合物 BP（a）和氟化物薄片的单一 PEM 燃料电池（b）

7.2　金属双极板

7.2.1　引言

使用金属制造的双极板具有 BP 所希望的特征，如高电导率、容易成型和大量制造、极低气体渗透率和优越的力学性质。因此金属 BP 比石墨和复合物 BP 具有更高强度、更高韧性和抗冲击阻力。因优良的力学性质，金属 BP 可制作成很薄的板。但是，虽然金属有许多优点，它们对腐蚀是敏感的，这对它们性能和耐用性会产生负面影响。重要的是要注意到，在燃料电池阳极和阴极环境中都可能发生化学腐蚀。例如，在阳极还原环境中，保护金属的氧化物层可能被还原，生成氢化物和使金属被水溶解。燃料气流中存在的水蒸气使这类腐蚀进一步放大，导致产生污染燃料电池的潜在危险，并降低电催化剂的催化活性。在阴极氧化环境中，产生的金属氧化物会使金属 BP 的腐蚀速率显著增加，导致燃料电池性能的损失，甚至使整个池堆过早失效。为此，科技工作者提出了若干表面改性技术和发展了各种抗腐蚀涂层技术来减小甚至消除对金属 BP 的腐蚀。现在，使用于制作双极板的主要金属材料有不锈钢、铝合金、钛合金、镍合金、铜合金和金属基复合物等。研究发展的重点是铁基合金，特别是不锈钢，因为成本低和资源丰富。

虽然有许多金属 BP 抗腐蚀的大量信息，但长期试验数据却不多。必须指出，在 BP 操作中，纵然其腐蚀电流密度 I_{Corr} 稍高于 DOE 目标的 $1\mu A/cm^2$，但在燃料电池长期操作中也不一定是不可接受的。总燃料电池堆性能必须考虑它的输出，反过来这也取决于因腐蚀过程引起的界面接触电阻（ICR）变化和金属离子对膜的污染。表面涂层或改性处理具有增加金属 BP 抗腐蚀能力和降低界面接触电阻的能力，这已经被实践很好证实。形成无缺陷涂层、稳定钝化膜或氧化层的主要挑战是，保护金属基体免受燃料电池有害环境危害。表 7-3 中列举了某些金属 BP 的基质、涂层和性质（ICR 和腐蚀阻力）。下面介绍两类金属 BP 及其涂层：①不锈钢和它的涂层；②铝、镍及其他非铁合金和它们的涂层。

表 7-3　各种金属双极板材料和制备简要描述

基质	涂层	方法	$I_{Corr}/(\mu A/cm^2)$	ICR/m$\Omega \cdot cm^2$
裸露金属板，SS434，SS436，SS441，SS444，SS446	—		SS434 200，SS436 60，SS444 50，SS446 10~15 SS441 300	操作前 SS446>SS434>SS441>SS436>SS444 100~200；纯化后，SS446 在阳极 280，在阴极 350
SS321，SS304，SS347，SS316，Ti，SS310，SS904L，Incoloy800，Incolonel601，POCO 石墨	—			在 220N/cm²，操作前 SS321 100，SS304 51，SS347 53，SS316 37，Ti 32，SS310 26，SS904L 24，Incoloy800 23，Incolonel601 15，PoCo 石墨 10；1200h 操作后，Ti 250，SS310 28，SS316 44，POCO 石墨 10
Fe 基和 Ni 基无定形合金，FeAl₂，FeAl₁N₁，NiTa₅			80℃ 1mol/L H_2SO_4+2×10⁻⁶F⁻ 用氢气鼓泡，阳极电位在 −0.1V，FeAl₂ 140，Fe-Al₁N₁ 48，NiTa₅ 25	操作前 8~20
SS316L，SS321，SS347，Inconel625，Incoloy825，HastelloyC-276，钽（Ta）和钛（Ti）	—		在 120℃，SS316L，SS321，SS347，Inconel 625，Incoloy 825，HastelloyC-276，Ta 和 Ti 分别为 26，8，15.8，4，6.4，4.8，0.0126 和 1260；在 80℃，SS316L，SS321，SS347，Inconel625，Incoloy825，HastelloyC-276 分别为 12.6，2，5，0.1，4 和 0.8	—
Coated 金属板 SS316	氮化 Cr		SS316（约 300），Cr-氮化 SS316 1 在 70℃ 0.5mol/L H_2SO_4+5×10⁻⁶F⁻	裸露 SS316 55，Cr-氮化 SS316 10
SS446，SS316L，SS349TM，SS2205	氮化 SS446		在阳极条件 SS446 2，SS349TM 4.5，SS2205 0.5，氮化 SS446 1.7，改性 SS446 9；在阴极条件 SS446 12，SS349TM 0.8，SS2205 1.2，氮化 SS446 1.5，改性 SS446 4.5	操作前 SS446 190，SS349TM 110，SS2205 130，氮化 SS446 6，改性 SS446 4.8
SS304	TiN 和 Ti₂N/TiN	脉冲弧离子电镀和磁控溅射	SS304 2.6，SS304/TiN 0.145	在 240N/cm²，SS304 约 140，SS316/TiN 19
SS304	聚苯胺（PANI）和聚吡咯（PPy）	循环伏安聚合和沉积	SS304 10，PPy 1，PANI 0.1	裸露 SS304 约 100，PPy 约 800，PANI 约 800，石墨 80
SS316L	CrN	PVD	阳极条件，5；阴极条件，1.3	30
SS304	NbN 和 NbN/NbCrN	溅射	NbN-涂层 SS304 8260，NbN/NbCrN 涂层 SS304 9870	35

续表

基质	涂层	方法	$I_{Corr}/(\mu A/cm^2)$	$ICR/m\Omega \cdot cm^2$
SS304	$Cr_3Ni_2/Cr_2N/CrN$	溅射	阴极条件，0.1	17
SS316L	Cr/CrN/Cr	电弧离子电镀	$0.56\sim1$	35
SS316L	CrN，Cr_2N	ICP-PVD	在 590K 涂层、阴极条件，<4.3	裸露 SS316L 80，在 530K、590K 和 650K 涂层 CrN 时分别为 40、13 和 11
SS316L	CrN	ICP	裸露 SS316L 4.76，CrN 涂层 SS316L 0.157，电镀 CrSS316L 25.5	82.2
SS316L	氧化锆	溶胶凝胶	裸露 SS316L 56.68，Zr 涂层 SS316L 0.8	裸露 SS316L 104，Zr 涂层 SS316L 275
SS316L	C，CCr，CCrN	电弧离子电镀	裸露 SS316L 10，CCr 涂层 SS316L 0.1	C 涂层 SS316L 2160，CCr 涂层 SS316L 8.72，CCrN 涂层 SS316L 555
SS316L	无定形碳	溅射离子沉积	裸露 SS316L 0.06，阳极条件 C 涂层 SS316L 43.1；阴极条件 SS316L 21	在 $120\sim210N/cm^2$ 之间，裸露 SS316L 477~255.4，C 涂层 SS316 8.3~5.2（10.4~5.4）
SS446M，SS310	TiN-SBR	电泳沉积	<16	裸露 SS310L 100，TiN 涂层 SS310L 80
SS349，SS2205，SS444，SS446	掺杂氟，SnO_2（SnO_2-F）	用 $CBrF_3$ 预腐蚀接着低压 CVD	裸露 SS444 90，涂层 SS444 85；阴极条件涂层 SS444 46，阳极条件 1	—
SS316	Zr，ZrN，ZrNb，ZrNAu，Ti，Au	电镀，溅射和阴极电弧涂层	在阳极电位 Zr 0.2，ZrN 0.5，ZrNb 0.6，ZrNAu 5，Ti 6，2nm Au 9，裸露 SS316l 9.5	10nm Au 3，ZrNAu 6，石墨 12
SS316L	碳膜	溅射	在阴极电位，裸露 SS316L 11.26，C 涂层 SS316L 1.5	裸露 SS316L 380，C 涂层 SS316L 8
SS316L	铈表面改性	电化学技术	—	裸露 SS316L 33，C 涂层 SS316L 157
SS316L	$Cr_{0.23}C_{0.77}$	电弧离子电镀	阳极条件涂层 SS316L 3	2.8
SS316L	CrN/TiN	RF-溅射	CrN/TiN 比为 1：9、3：7 和 5：5 时分别为 0.76、0.82 和 1.45	裸露 SS316L 0.88，涂层后 84
SS334M	氮化 446M	热氮化	阳极条件，N 涂层 SS446M 1，在阴极条件 0.1	涂层 SS446M 6，裸露 77
SS316L	铬化	铬化	0.3	13
SS316L	NiCr	—		NiCr 涂层 SS316L105
SS316L	银纳米粒子	离子植入	裸露 10，纳米银涂层 0.7	裸露 312，纳米银涂层 78
SS316L	Pd	电镀	$0.00126g/hm^2$（经 240h 膜层是完整的）	40
低碳钢 AISI1020	Cr	改革包铬化	AISI 1020 634，AISI1020-Cr 1.24，1020-EMD-Cr <1	AISI1020 403.8，AISI1020-Cr 39，1020-EMD-Cr <17
SS316L SS304 Ni 合金 3127 Ni 合金 6020 Ni 合金 5923	CrN	PVD	阴极条件 SS304 3.26，SS316L 1.92，SS304/CrN 0.24，SS316/CrN 0.79，Ni3127 3.14，Ni6020 4.97，Ni5923 1.95	在 $20N/cm^2$ 石墨 3.5，Ni 合金约 3.8，SS304 95，SS304/CrN 19，SS316L 90，SS316L/CrN 12
Ni-50Cr 合金，SS 349	$3\sim5\mu m$ 氮化	热氮化	阳极条件氮化 Ni-50Cr 3~4，氮化 349TM 15~20；在阴极条件 349TM 约 0.25	裸露 Ni-50Cr 约 60，氮化 Ni-50Cr 约 10，SS349 约 100，氮化 SS349 约 10

基质	涂层	方法	$I_{Corr}/(\mu A/cm^2)$	ICR/$m\Omega \cdot cm^2$
HastelloyG-30, G-35，SS（Al29-4C）	氮化	热氮化	阳极条件，氮化 G-35 0.5，氮化 Al29-4C 0.3	裸露 G-30&G-35 30～75 之间，Al29-4C >100；氮化 G-30&G-35 约 10，氮化 Al29-4C >10
Ti	Ag	—	10	4.3
Ti	氮化	等离子植入	裸露 Ti 1.45，高温氮化 Ti 0.22，低温氮化 Ti 0.86	裸露 Ti 1.82，高温氮化 Ti 12，低温氮化 Ti 440
Al	TiC 和石墨	热喷雾	阴极条件 <1，阳极条件 >1	（134～470）取决于 Hastellor G 百分数
Al-5082	CrN（厚 3～5μm）	PVD	阳极条件 5μm 厚 57.42；阴极条件 5μm 厚 79.12	3μm 8，4μm 8.4，5μm 6

注：所有 ICR 值是在夹紧压力 150N/cm^2 下获得的；腐蚀试验的普通环境（对大多数研究者）是：0.5mol/L H$_2$SO$_4$+百万分之几的 F$^-$在 70℃；阳极条件是经前期清扫提供的，阴极条件经氧气清扫提供；PVD 和 CVD 是物理和化学气相沉积，ICP 是电感耦合等离子体。

7.2.2　不锈钢 BP 材料

不锈钢（SS）一般可分为两类：奥氏不锈钢（AISI SS300）和铁质不锈钢（AISI SS400）。前一类型含镍量较高，成型能力也较强。其中所含的 Cr、Ni 和 Mo 等元素在 SS 表面能够产生钝化层，作为痕量元素添加的铌和钛能够显著降低钝化电流。偶尔，痕量元素与主要元素的影响相同甚至更大。

由于不锈钢的低成本和丰富资源，对不锈钢双极板进行了大量研究。对铁质不锈钢与不锈钢 SS316L 的接触电阻 ICR 和腐蚀电流密度 I_{Corr} 进行的比较指出：ICR 值在 100～200m$\Omega \cdot cm^2$ 之间，其顺序为 SS444 > SS436 > SS441 > SS434 > SS316L > SS446；在阳极条件下的抗腐蚀能力从大到小 [$I_{Corr}/(\mu A/cm^2)$] 顺序为 SS444（50）> SS436（60）> SS434（200）> SS441（300）。文献数据揭示，SS316L、SS321 和 SS347 的 I_{Corr} 分别为 0.26×10^{-4}μA/cm^2、0.8×10^{-5}μA/cm^2 和 1.58×10^{-5}μA/cm^2。不涂层奥氏体不锈钢的 ICR 值，在质子交换膜燃料电池（PEMFC）阳极和阴极环境下，通常是高于 DOE 标准的上限，也就是不涂层 SS 是不能够满足 DOE 标准的。因此应该涂上薄导电性保护层后再作为 BP 使用。使用电化学技术以不同硫酸浓度模拟 PEMFC 阴极环境，对不锈钢 SS316L 的腐蚀行为进行研究的结果揭示，当硫酸浓度从 0 增加到 1mol/L 时，I_{Corr} 从 0.84μA/cm^2 增加到 640μA/cm^2，ICR 值从 10m$\Omega \cdot cm^2$ 增加到 50m$\Omega \cdot cm^2$，而且 SS316L 与碳纸间的 ICR 值随硫酸浓度增加而降低并随钝化膜厚度而增加。所有硫酸浓度下的 ICR 值均高于美国 DOE 2015 年的目标值。这清楚说明 SS316L 是需要有薄的导电涂层保护的。

7.2.3　不锈钢的涂层

7.2.3.1　碳涂层

碳膜似乎是 SS 的合适涂层。对 SS316L 进行碳涂层的试验和分析结果说明：碳涂层 SS316L 的抗腐蚀能力有显著提高，而腐蚀速率有极大降低。在阴极操作电位下的腐蚀电流密度从 11.26μA/cm^2 下降到 1.85μA/cm^2。碳膜涂层是稳定的，也增加了不锈钢的憎水性（阻止电池堆阴极水泛滥）。碳涂层 SS316L 的 ICR 值远低于不涂层 SS316L 的 380m$\Omega \cdot cm^2$，当夹

紧压力从 $90N/cm^2$ 增加到 $120N/cm^2$ 时，ICR 值进一步从 $10.2mΩ·cm^2$ 降低到 $5.2mΩ·cm^2$。无涂层不锈钢的高 ICR 值是由于大气环境中不锈钢表面自然生成了导电性较差的铬氧化物层。上述的结果说明，碳涂层不锈钢能够降低 PEMFC 体积和成本，增加其性能和耐用性。但是，对碳涂层不锈钢的最后评估很强地取决于长期试验的结果，因此很有必要进行使用涂层不锈钢 BP 的燃料电池的长期试验。

　　SS 上碳涂层（膜）能够为镍夹层所促进。镍涂层能够催化不锈钢（如 SS304）板上的碳沉积（680℃，乙炔/氢气），形成覆盖的薄碳层。分析指出，形成的碳薄膜具有双层结构：碳/镍界面上高度有序石墨层和失序石墨结构的表面层（碳沉积物表面形貌，主要取决于含碳气体浓度）。腐蚀耐力试验和 PEMFC 操作结果都证明，碳膜有类似高纯石墨板的化学稳定性，能够成功地保护不锈钢抗击燃料电池的腐蚀环境。所以可以预测，SS/Ni/碳板有可能实际应用于 PEMFC 中替代商业石墨板。除镍碳膜外，在不锈钢（如 SS316L）上也能够沉积铬碳膜，借助于含 Cr 碳膜的帮助，不锈钢基质的 ICR 和抗腐蚀能力有很大提高。有 $Cr_{0.23}C_{0.77}$ 涂层膜的 SS316L 基质，在模拟 PEMFC 腐蚀条件下显示很低的 ICR 值（$2.8mΩ·cm^2$）和高的抗腐蚀能力（$9.1×10^{-2}μA/cm^2$）。上述的结果指出，对用于制作金属 BP 的不锈钢，含碳薄膜可能是适合选择的涂层。

7.2.3.2　Cr 涂层

　　氮化铬（CrN）是不锈钢上合适的著名涂层之一，因它能够使 I_{Corr} 和 ICR 值有相当的降低。研究揭示，CrN/Cr 涂层使 ICR 值从 $2000mΩ·cm^2$（无涂层 SS430）降低到 $4mΩ·cm^2$（CrN/Cr 涂层 SS430）；使 I_{Corr} 值从 $10^{-5}μA/cm^2$ 降低到 $10^{-7}～10^{-6}μA/cm^2$。含 Cr 合金（如 Ni-Cr 合金和铁质高 Cr 不锈钢）的氮化能够获得低 ICR 和高抗腐蚀能力。在不锈钢上做氮化保护层的两个经济有利的方法是化学气相沉积（CVD）和物理气相沉积（PVD）。热氮化也是表面改性方法之一，能够在不锈钢表面形成混合氮化物/Cr 氮化物/氧化物结构，使 BP 的 I_{corr} 和 ICR 值降低。但高温热氮化（约 900℃）可能产生不连续性和离散的外部 Cr 氮化物，导致贫 Cr 区域的出现和降低不锈钢抗腐蚀能力。高温氮化也会导致沉淀物的生成，如 CrN、Cr_2N 和 TiN，以及传导比钝化膜（铬氧化物）好的贫 Cr 区域，这意味着非常高温度的氮化会降低 ICR。因此，一方面高温氮化导致 Cr 氮化物的生成招致基体中铬的损失，降低不锈钢抗腐蚀能力；另一方面高温氮化产生的不连续和离散 Cr 氮化物有利于降低 ICR 值，阻滞产生连续的钝化膜（氧化铬相）。而降低氮化温度可能严重影响原子扩散、降低涂层厚度和导致沉淀物的生成（如 CrN、Cr_2N 和 TiN）不足，因此增加腐蚀电流密度和 ICR 值。说明对氮化温度必须进行优化。下面介绍其中的一些优化研究，结果都证实上述的说明。

　　对两个温度（700℃和 900℃）下的 SS446M 氮化研究发现，氮化后不锈钢的 ICR 值显著降低。而极化曲线指出，700℃涂层不锈钢显示优良的抗腐蚀能力（PEMFC 操作环境中），900℃涂层不锈钢的性质相对较差。因不锈钢低温氮化产生的是保护性 CrN/Cr_2O_3 层，防护基础金属不受腐蚀攻击。对氮化 SS446M 的 ICR 值和在模拟阳极和阴极条件 I_{Corr} 值，在低温时分别为 $6mΩ·cm^2$，$1×10^{-6}A/cm^2$ 和 $1×10^{-7}A/cm^2$，它们都远低于空白 SS446M 不锈钢的值。

　　等离子氮化（370℃，2h）SS316L 和 SS304L，报道的 ICR 值降低到 $10mΩ·cm^2$，但 I_{Corr} 高于 $10μA/cm^2$，这是不可接受的。进行高温长时间涂层，虽然能够产生更多 CrN，但消耗更多铬使抗腐蚀能力降低。对 SS316L 不同氮化温度试验结果发现，达到 ICR 最小值（$13mΩ·cm^2$）

的温度为 317℃，达到最小腐蚀电流值（0.6V 时 $3.43×10^{-6}A/cm^2$）的温度为 257℃。说明涂层温度必须优化，高密度等离子方法能够降低过程温度，但以 Cr 消耗为代价是无意义的。

基质在介质中预处理可以活化表面和降低铬化温度，对 SS316L 的低温铬化处理（Ar 气氛下 900℃，180min）是有好处的，产生的主要是 Cr 碳化物和 Cr 氮化物涂层。结果说明，铬化 SS316L 显示的 I_{Corr} 值 $3×10^{-7}A/cm^2$、ICR 值 23mΩ·cm²，分别比空白 SS316L 低四个数量级和低至 1/3。使用低温组合铬化（pack chromization）混动预处理的 1045 钢，形成的是均匀和致密的铬化涂层，产生的主要物相是碳化物和少量铬-铁氮化物及氧化物相。使用这个金属 BP 制造的池最大功率密度高于使用石墨 BP 的。可以说，在燃料电池应用中铬化碳钢 BP 的性能与石墨或贵金属是可以比较的，而总成本要远低于石墨和贵金属。1000h 电池（涂层铝不锈钢 BP）寿命试验（池温度 70℃，循环负荷条件）结果显示，金属腐蚀导致的功率衰减是小的（<5%）。

7.2.3.3 氮涂层

不锈钢上最普通氮涂层物种是 TiN。可使用两种表面涂层技术制备 TiN 涂层的不锈钢：脉冲偏压电弧离子镀和磁控溅射。TiN 和 Ti₂N/TiN 涂层不锈钢有低的 ICR 值（分别为 25mΩ·cm² 和 26mΩ·cm²）和低的 I_{Corr} 值（分别为 0.0131μA/cm² 和 0.0145μA/cm²）。但更需要进行长期试验验证。用电镀和物理蒸气沉积（PVD）方法在不锈钢基体（SS304、SS310 和 SS316）上沉积保护性涂层，使用的涂层材料包括金（2nm，10nm 和 1μm 厚）、钛、锆、氮化锆（ZrN）、铌化锆（ZrNb）和有金顶层的氮化锆（ZrNAu）。评价结果说明，Zr 涂层样品满足在 PEMFC 典型环境中阳极和阴极边的 DOE 的抗腐蚀能力的目标。而对 ICR 值（单位：mΩ·cm²），空白 SS316L 为 300、Zr 涂层 SS 为 1000、ZrN 涂层 SS 为 160、ZrNAu 涂层 SS 为 6 、2nm-Au 涂层 SS 为 80、10nm-Au 涂层 SS 为 4、1μm-Au 涂层 5。这些值指出，虽然 Zr 是一个适合的抗腐蚀涂层，但使 ICR 值有很大增加。然而，含 Au 涂层不仅有利于降低 I_{Corr} 而且 ICR 值被降低到低于 DOE 标准，只要金涂层厚度大于 10nm（特别是对阴极边）。

上述结果指出，在低温下进行的 CrN 或含氮涂层是两个有利于 PEM 燃料电池应用的不锈钢 BP 涂层。

7.2.3.4 Ni-P 化学镀

化学镀方法是一个适合于涂层 BP 表面的技术之一。为了增加不锈钢抗腐蚀能力，工业中普遍使用的一种涂层是 Ni-P 涂层。虽然，化学镀方法非常简单和仅需要有恒温恒 pH 值的均相溶液浴，但似乎不是成本有效的，因为要使用昂贵的有机材料。应该特别指出，化学镀方法产生的涂层厚度比其他方法均匀（如电镀）。应用电镀方法也能够把 Ni-P 沉积在 SS316L 上，在优化条件下制备的 Ni-P 沉积层的恒电势试验，是在模拟阳极工作环境［0.5mol/L 硫酸+10%（体积分数）甲醇］下进行的。所有试验时间获得的负腐蚀电流结果指出，不锈钢阴极受到了保护。甚至在 10h 恒电势试验后，在试验溶液中也没有发现有金属离子。另外的性能试验结果说明，涂 Ni-P 层不锈钢 BP 的本体电阻较低，性能比商业可利用双极板更高。Cu 夹层 Ni-P 涂层的 SS316L BP 与商业 BP 比较，PEMFC 电流输出有提高，性能有约 18% 的增加，但 I_{Corr} 值仍高于 DOE 指标。使用化学镀和电镀方法也在铝合金 5251 上涂层 Ni-P 和 Ni-Co-P。Ni-Co-P 涂层板的 I_{Corr} 比裸露 AA 5251 基质改进四倍；获得的最小 I_{Corr} 值，对 Ni-Co-P 涂层为 $3.21×10^{-5}A/cm^2$，对 Ni-P 为 $1.13×10^{-7}A/cm^2$。化学镀样品的 ICR 值高达 114mΩ·cm²，为电镀涂层 54mΩ·cm² 的两倍。说明 Ni-P 涂层并不适合于在 BP 中使用。

7.2.3.5　贵金属涂层

为提供导电的保护层，适合于在 SS 上涂层的还有贵金属，如金、银和铂。众所周知，银有很高的电导率，高抗腐蚀能力和相对低成本。使用离子植入技术可在 SS316L 表面上涂渍银层。试验结果揭示，植入银层后不锈钢的 I_{Corr} 值有足够的降低，从 $10\mu A/cm^2$ 降低到 $0.7\mu A/cm^2$；ICR 值也有改进，从 $312m\Omega \cdot cm^2$ 降低到 $78m\Omega \cdot cm^2$。ICR 值的降低取决于植入层中沉淀银纳米粒子数量和大小、钝化层厚度和银与镍金属相对量。当然，涂层方法、涂层工艺和条件（特别是温度）、表面预处理和涂层厚度也显著影响涂层质量（ICR 值）。

7.2.3.6　其他涂层

研究结果揭示，植入 Nb 的 SS316L，其钝化电流密度在模拟 PEMFC 环境中有所降低（可低于 $1\mu A/cm^2$）；Nb 植入也显著降低金属溶解速率；钝化膜的组成发生变化，主要由铌氧化物构成。其他结果也说明，适量铌浓度的植入能够显著提高模拟 PEMFC 环境中 SS316L 的抗腐蚀能力和电导率。

为降低 I_{Corr} 和 ICR 值可以在表面层掺杂特殊元素。例如，把铈元素掺杂到 SS316L 表面（把不锈钢在含 CeO_8S_2 和 Na_2SO_4 的溶液中保持 2h），既能够增加电导率又能提高氧化物层的抗腐蚀能力。对 Ce 改性 SS，其腐蚀电流密度远低于 DOE 的标准，ICR 值也显著降低，从原始 SS316L 的 $152m\Omega \cdot cm^2$ 降低到掺杂铈的 $33m\Omega \cdot cm^2$。说明铈增加了钝化层电荷载体密度，也即增加了钝化层电导率。同样为证明结构的可靠性，长期试验是必需的。

7.2.4　非铁合金和涂层

表 7-3 中列举铁和非铁合金基质、涂层和获得的接触电阻及腐蚀试验结果。从价格预测，Ni 基合金如 Hastelloy、Incoloy 和蒙耐尔合金可能是比铁质合金更好的金属 BP 候选者，因为这些铁质合金有较高抗腐蚀能力、更好的成型性和较低的 ICR 值。但是，Ni-P 基合金价格比铁质合金贵，这限制了它们在商业 BP 中的应用。对铝合金，从成本、重量、容易获得性和冲压性的观点看是合适的。但是，与 SS 比较，铝合金抗腐蚀能力较弱和机械强度较低。钛合金与 SS 比较，重量轻、价格高、抗腐蚀能力和冲压性低。如上所述，需要考虑 BP 候选者的所有优点和缺点，对材料提供完整的评估。

7.2.4.1　铝及其合金和涂层

使用阴极电弧蒸发 PVD 技术可在 Al 基（Al-5083）BP 上沉积 CrN 和 ZrN 两种涂层。试验分析指出，在模拟燃料电池阳极和阴极环境下 Al-CrN 样品比 ZrN/CrN 涂层显示更好的抗腐蚀能力。多层涂层一般要比单一涂层脆。降低铝及其合金 BP 腐蚀速率的方法是，在金属上涂层薄聚合物基复合物。例如，已经成功发展含薄聚丙烯/炭黑复合物涂层的 Al 基 BP，为了降低复合物和 Al 层间的 ICR 值，中间加入碳纸-CB 夹层。该 BP 的 ICR 值低于 $21m\Omega \cdot cm^2$，I_{Corr} 值低于 $1\mu A/cm^2$。然而层和基质间的键合强度可能会有问题，而且复合物 BP 厚度的增加也增大了池堆体积和重量。又如，用湿喷雾然后热处理的方法在 Al 上涂渍聚合物基复合物膜，该复合物由聚乙烯-四氟乙烯聚合物和 TiC 与石墨粉末为填充剂构成。涂复合物膜的该铝板 BP 的平面电导率、阴极抗腐蚀能力、抗拉强度和灵活性都满足 DOE 提出的 BP 指标，但整个板的面积比电阻和阳极抗腐蚀能力不满足 DOE 的目标。这是由于喷雾工艺产生出不希望的层状微结构且存在有孔隙率和孔洞链接的微结构。

7.2.4.2　Ni 基合金和涂层

在对两种商业镍合金，Hastelloy G30（$Ni_{30}Cr_{15}Fe_{5.5}Mo_{2.5}W_5Co_2Cu_{1.5}Nb$）和 Hastelloy G35（$Ni_{33.2}Cr_{8.1}Mo_2Fe$）和一种不锈钢 Al294C [$Fe_{27}Cr_4Mo_{0.3}Ni_{0.5}$（Ti+Nb）] 进行了氮化后，不仅其 ICR 值显著降低到 $10m\Omega \cdot cm^2$ 数量级范围（$150N/cm^2$ 下），而且也获得了抗腐蚀表面。阳极腐蚀电流密度在 0.9V 下仍然低于 $1\mu A/cm^2$。通过氮化，在 G30、G35 和 AL294C 表面上可能形成了半连续的 CrN 层。这些氮化商业金属 BP 似乎仅有一个缺点限制它们实际应用，这就是它们的高价格。

对裸露金属和合金的抗腐蚀能力进行的研究揭示，SS316L、SS321、SS347、Inconel625、Incoloy825、HastelloyC-276、钽和 Ti，在 120℃时的 I_{Corr} 值分别为 $26\mu A/cm^2$、$8\mu A/cm^2$、$15.8\mu A/cm^2$、$4\mu A/cm^2$、$6.4\mu A/cm^2$、$4.8\mu A/cm^2$、$1.26\times10^{-2}\mu A/cm^2$ 和 $1260\mu A/cm^2$。对 SS316L、SS321、SS347、Inconel625、Incoloy825、HastelloyC-276，在 80℃ 的结果则分别为 $12.6\mu A/cm^2$、$2\mu A/cm^2$、$5\mu A/cm^2$、$0.1\mu A/cm^2$、$4\mu A/cm^2$ 和 $0.8\mu A/cm^2$。不难看到，在 120℃时仅有钽，在 80℃时仅有 Inconel625 和 HastelloyC-276 能够满足 DOE 的标准（$1\mu A/cm^2$）。Ta 有最好的抗腐蚀能力，但这种金属非常贵，远超 DOE 标准。HastelloyC-276 和 Inconel625 可能是 BP 的合适金属。应该特别注意，从商业参数观点看，不锈钢特别是 SS316L 是最好的 BP 候选者，因价格低和资源丰富。且 SS316L 的成型能力也高于其他金属如 Ti，这个性质非常有利于冲压加工。但该金属材料需要有高导电性和高抗腐蚀材料的涂层。

7.2.4.3　Ti 合金和涂层

Ti 是很轻的金属（密度 $4.51g/cm^3$），具有六角紧密堆砌（HCP）结构，其表面通常包裹有自然形成的非导电氧化物层。与有面心立方（FCC）结构的其他金属（如 Ni 和 SS316L）比较，Ti 的成型性低、成膜能力弱。此外，Ti 表面上的非导电性氧化物层使 ICR 值有相当增加。为改进 Ti 的性能，可以通过涂渍导电和抗腐蚀层来达到。例如，把 Ti-Ag 膜用脉冲偏压电弧离子镀方法涂渍在 Ti 基质上，使其 ICR 值降低至 $4.3m\Omega \cdot cm^2$，Ti/Ti-Ag 的 I_{Corr} 大约是 $10\mu A/cm^2$，仍高于 DOE 的标准。用低温（100℃）和高温（370℃）氮等离子方法把钠离子置入到钛片中，以改进其抗腐蚀能力和 ICR。获得样品的 I_{Corr} 和 ICR 值如下：空白 Ti，$1.45\mu A/cm^2$ 和 $82m\Omega \cdot cm^2$；高温涂层 Ti，$0.22\mu A/cm^2$ 和 $12m\Omega \cdot cm^2$；低温涂层 Ti，$0.86\mu A/cm^2$ 和 $440m\Omega \cdot cm^2$。不难看到，低温 Ti 样品显示比未处理钛更差的抗腐蚀能力和界面接触电阻（电导率）。这是由于低温涂层过程导致层和基质间有高的孔隙率。当然，这些数据也需要通过长期试验进行验证。

7.2.5　金属 BP 的成型——冲压和液压

现在，从发展趋势看，可连续涂层的金属 BP 很有可能替代常规石墨、聚合物基复合物或加工厚金属板做成的 BP，因为金属 BP 能够冲压成厚度非常薄的片，低至 0.051mm。金属 BP 的一个优点是可以用激光焊接工艺焊接，是能够在两个大而薄的板上生产排列微通道的可行工艺，能够应用于制作 PEMFC 的 BP。图 7-5 示出了冲压和液压工艺的比较。然而冲压或液压加工工艺伴随有两个主要缺陷：①成型过程中材料可能断裂；②在实际操作中使 BP 可能产生不均匀流动分布。在通道筋骨上的键槽深度，应该优化以消除不均匀流动分布并获得高的反应性能。在研究中发现，流动分布对键槽深度是比较敏感的，因此必须通过键槽深度的优化设计来达到均匀的流动分布。在上部大过渡半径和边角的模子设计，能够缓解表面的收缩力和片的断裂以及改进 BP 的成型能力。冲压和液压加工工艺对平面内和平面间的改变是低的，其最大值分别小于 4.1%和 3.4%。与冲压 BP 比较，液压成型 BP 在通道尖端给出的表面粗糙度值一般较低。另外，液压工艺比冲压工艺制作 BP 的尺寸变化较小。对 BP 微成型过程和高生产率，应该注意两个问题：一是制造技术的尺寸误差，该误差由工具调整和工艺参数修正控制；二是由于冲压过程中的回弹、焊接过程产生的热剪应力，不均匀夹紧压力和超薄片的弹性都会造成 BP 有形状误差。实际上，气体扩散层（GDL）上合适和均匀的压力分布对燃料电池操作是基本的。而尺寸和形状误差都会造成不均匀装配应力分布，由此产生不均匀的流动分布，影响 BP 和 GDL 间的接触性能。尺寸误差，包括通道和筋骨上的尺寸误差、表面粗糙度误差等，已经受到广泛注意。使用冲压和液压技术可解决成型能力；对表面形态和尺寸质量控制而言，液压生产的 BP 尺寸变化较小。研究指出，通道空间和通道数目对多通道液压成型能力有相当的影响；已经建立起表面拓扑和接触抗腐蚀能力间的关系；BP 表面形态对 BP 和 GDL 界面间 ICR 的影响是显著的；在 PEM 燃料电池中，尺寸误差包括 BP 通道和筋骨高度，对 GDL 压力分布是有影响的。

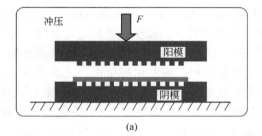 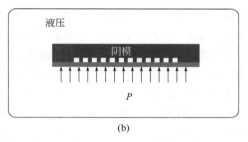

图 7-5　冲压和液压工艺示意图

涂层材料、涂层技术和涂层过程顺序（成型前还是后涂层）确实都会影响抗腐蚀能力。例如，研究指出，对未成型、液压成型或冲压成型的 SS316L 样品，其平均 I_{Corr} 值从 7μA/cm²、8μA/cm² 改变为 9μA/cm²；冲压和液压加工工艺影响 BP 板的腐蚀特征；抗腐蚀能力随冲压速度的降低和液压压力速率增加而降低；制造过程会极大地降低抗腐蚀能力（与未变形空白样品比较）；特别是低冲压速度导致更多表面划痕和损坏，这些都要降低抗腐蚀能力。

涂层前的表面处理会显著影响键合强度和涂层寿命。在金属表面涂层沉积前，金属 BP 进行电抛光预处理对防止腐蚀是非常有效的。结果证明，电抛光不锈钢板几乎不会化学溶解，而机械抛光的不锈钢板则有显著的降解。对许多商业 BP，如 Hastelloy G30 和 G35、SS2205、SS316L 等，进行研究后指出，奥氏体 SS 比铁质 SS 有较高冲压性，并发现 Cr、V 和 Ni 在 SS 中的质量分数与抗腐蚀能力、冲压性和成本间有有意思的关系：①增加抗腐蚀能力，↑（增加）Cr、↑V、↓（降低）Ni；②增加冲压性，↓Cr、↑Ni；③降低成本，↓V、↓Ni。

金属冲压性，除取决于组成外，也取决于金属的晶格结构。当 SS304 和 SS316L 与其他合金如 SS430 和 Ti 比较时有更好的成型性。FCC（面心立方）结构合金（如 Ni 基合金和奥氏体 SS）在与体心立方（BCC）结构（例如铁质 SS）和 HCP 结构（例如 Ti 基合金）比较时，常常显示更好的成型性。

对应用于 PEMFC 的液压金属 BP，详细研究了制造和涂层顺序（涂层再成型和成型后再涂层）、成型方法（液压和冲压）、PVD 涂层材料类型（CrN、TiN、ZrN）、涂层厚度（0.1mm、0.5mm 和 1mm）对 ICR 和抗腐蚀能力的影响。其 ICR 试验是在暴露腐蚀前后的 BP 板上进行的，用以分析腐蚀对 ICR 的影响。获得的结果指出：涂层后再成型的 BP 样品与成型再涂层样品比较，有类似的或甚至更好的 ICR 性能；对涂层 CrN 的情形，成型前涂层比成型后涂层有更低的 ICR 值。但所有涂层 CrN 样品的 ICR 值，都比作为 BP 材料要求的值高很多。该研究还特别指出，TiN 涂层样品能够满足 DOE 目标，是所研究样品中 ICR 性能最好的；成型再涂层 BP 样品的 ICR 值小于涂层再成型 BP 样品；在腐蚀环境中暴露 TiN 涂层有高的易损性，因此涂层 TiN 样品在暴露于腐蚀环境后 ICR 值显著增加。关于涂层 ZrN 的样品，其 ICR 性能比裸露 SS316L 样品有改进。但不管怎样，涂层 ZrN、TiN 和 CrN 样品的 ICR 值都不能满足 DOE 的要求。对 ZrN 涂层板，过程顺序改变对腐蚀试验前后 ICR 值没有显著影响，因此 ZrN 涂层的一个关键优点是，样品在暴露腐蚀环境前后显示类似的 ICR 性能。总之，金属涂层后再成型与成型再涂层，BP 样品显示类似的 ICR 性能，在某些情形前者甚至比后者更好。于是结论，在成型（冲压或液压）前对未成型 BP 样品进行连续涂渍似乎是有利的。

7.2.6　金属 BP 的离子污染

燃料电池系统中的污染物能够分成：①燃料杂质（CO、CO_2、H_2S 和 NH_3）；②矿物污染物（NO_x、SO_x、CO 和 CO_2）；③来自燃料电池堆体系组件（如端板、燃料电池管道，特别是金属 BP）腐蚀产生的阳离子物种（Fe^{3+}、Cu^{2+} 等）。已经证实，不管痕量杂质是来自燃料或空气流还是燃料电池系统组件，它们都一样严重地使阳极、膜和阴极中毒，尤其是在低温操作时，使燃料电池性能大幅降低。仅仅第三类燃料电池污染物与 BP 污染有关。来自金属 BP 的离子污染物对燃料电池性能产生影响使性能降低，可以划分为如下几类：降低质子电导率、增加欧姆电阻和反应物穿透膜；降低膜的力学和化学稳定性；高电阻氧化物层的形成；催化剂中毒；降低憎水性、阻止氧传输，使性能降低。

在循环负荷条件下对使用涂层 Cr_3C_2-25% NiCr 的铝和石墨复合物的单电池，于 70℃进行 1000h 寿命试验。获得的性能曲线显示，小的功率降解（<5%）可能是由于反应物浸出的杂质和未涂层组件（如管件、支撑板和歧管）的金属腐蚀引起的。表征分析指出，抗腐蚀涂层或密封也要应用于歧管、入口和出口管道，因为所有铝材料没有被热喷雾涂层覆盖，湿化反应物气体能够使铝氧化并带铝氧化物颗粒到燃料电池的其他区域；来自 Cr_3C_2-25% NiCr 涂层中的 Ni 有可能部分溶解，指出在抗腐蚀涂层中的 Ni 宁可少一些。对金属 BP 污染和它们对寿命试验期间性能影响的研究表明：涂层材料中还原金属离子对膜电极装配体（MEA）的影响；充填过氟磺酸膜 PEMFC 的强酸环境中，溶解金属 BP 产生的金属离子如 Fe 离子、Cr 离子和 Ni 离子对聚合物电解质和 Pt 催化剂的污染。质子电导率和催化剂活性的降低最终会瓦解 PEMFC 的性能。对四种金属离子包括 Fe、Ni、Cr（因为是不锈钢 BP 中的主要元素）和 Al（BP 中最便宜和最轻的金属）进行的研究中，使用了水合金属硫酸盐 [$FeSO_4$，$NiSO_4$，$Cr_2(SO_4)_3$ 和 $Al_2(SO_4)_3$] 溶液配制的金属离子。把膜浸在不断搅拌的含金属离子的溶液中 24h，膜受到金属离子的污染。试验的四种金属离子对燃料电池性能下降速率大小排序为：$Al^{3+} \gg Fe^{3+} > Ni^{2+}$、$Cr^{3+}$。

对 Ni-50Cr 合金（有和无 CrN 涂层）和 SS316L 不锈钢在燃料电池阳极和阴极环境中进行的 4000h 寿命试验结果显示：ICR 值没有增加；涂层 Ni-50Cr 也极少溶解（约 3×10^{-6} 的 Ni）。另有结果揭示，Ni-50Cr、氮化 Ni-50Cr 和 SS316L 在夹紧压力 150N/cm² 下的 ICR 值分别为 25mΩ/cm²、7mΩ/cm² 和 90mΩ/cm²。一篇评论文章在概述了污染膜的所有源头后叙述说，操作 10000h 后在单元池 MEA 中检测到有 Fe^{3+}、Cu^{2+} 和其他阳离子存在，几乎所有阳离子对聚合物膜中的硫基团显示高亲和力（与 H^+ 比较）；当这些阳离子与聚合物结构中的质子交换时，池中的水量降低。在对 Fe^{3+}、Cu^{2+} 和 Ni^{2+} 离子浓度（以 μL/L 计）对 Nafion 质子电导率的影响进行的研究中发现，离子浓度低于 10μL/L 时观察到的影响极小；当阳离子浓度达到 100μL/L 时，膜电导率显示有大的下降，效应最强的污染离子是 Fe^{3+}，这是由于阳离子杂质比 H^+ 的亲水性低，从而导致膜的脱水。外来离子替代每个电荷的一个 H^+，因其他阳离子的移动性低于 H^+，因此使离子电导率进一步降低。该机理得到许多不同阳离子置换 Nafion 结构中 H^+ 的试验所证实。

合适的表面涂层如氮化，使金属溶解有相当的降低。对 Fe-23Cr-4V 合金表面氮化进行的研究指出，在 500h 0.3A/cm^2 试验中观察到稳定的高频阻力。试验后对 MEA 的分析指出，有低水平的金属离子污染，低于 1mg/cm^2。毫无疑问，PEMFC 环境中使用金属 BP 的长期试验能够很好地澄清和证实它们的耐用性状态。进行长期试验（在阳极和阴极环境两种条件下对 PEM 单电池进行 1000h 操作）能够显示橡胶垫片和碳纸 GDL 界面上的局部腐蚀效应，也观察到在阴极 BP 上发展的严重局部腐蚀攻击。这些是裂缝腐蚀产生的特殊局部腐蚀效应，来自 SS304 离子偶合到碳基 GDL 上。典型离子污染（Cl^- 和 F^-）对裂缝腐蚀影响的研究揭示，对裂缝腐蚀，Cl^- 是最富攻击性的，F^- 对裂缝腐蚀的影响与 Cl^- 比较，一般是可以忽略的，但产生狭电流密度环和更大的阳极保护电位值。只要涉及离子污染效应，不管原来有无裂缝，对各种离子有同样的危险顺序，不管材料的组成如何。

7.2.7　小结

因为它的高效率、低温操作、高功率密度和相对快的启动，质子交换膜燃料电池为运输、移动和固定应用提供近于零排放电源。但是，对这样的电源要变成主流和获得一定大小的市场份额，它们必须与其他电源在大小、重量、成本、性能和耐用性方面进行竞争。双极板是 PEMFC 的关键部件之一，是燃料电池堆重量、体积和成本的主要部分，因此需要选择最优材料。金属基和聚合物基复合物双极板已经逐渐替代石墨双极板。对复合物双极板，普通聚合物和填充剂以及它们的性质、复合物 BP 以及它们的 ICR 值、力学和电性质都做了评估。对金属双极板，介绍了基体材料、性质（特别是 ICR 值和抗腐蚀能力）、涂层、涂层方法、冲压工艺和离子污染。金属 BP 与复合物 BP 比较，优点是高强度和高电导率、好的成型性和制造能力、低气体渗透率和好的抗冲击阻力。另外，它们独特的力学性质允许制作很薄的 BP，对降低池重量、体积和成本极为有益。但是，它们对腐蚀比较敏感，对性能和耐用性产生负面影响。离子污染是金属双极板的另外一个问题。这个问题的解决说明，应用抗腐蚀涂层是非常有必要的，涂层能够消除或降低腐蚀速率。大多数研究的重点是在铁基合金，如不锈钢，因它们的低成本，然而对镍基合金制作双极板的材料选择也已经有相当的努力。氮化（CrN）和无定形碳涂层是最可行的铁合金涂层。为精确评估涂层，对金属双极板在池中的性能，应该把更多注意力花在长期试验上。聚合物基碳涂层 BP，虽具较低的电导率、不具冲压性和较弱的力学性质（与金属 BP 比较）等弱点，但它们具有较高的抗腐蚀能力、高耐用性、较低密度和较低离子污染。

已经证实，短期腐蚀试验与真实池中的长期（1074h）性能试验结果可能是不同的。对使用 SS340 和 SS316L 金属 BP 获得的结果，从燃料电池性能曲线、过电位值（由活化、欧姆和浓度过电位构成）、水接触角（指出在阴极边保留的水）和离子污染观点进行的比较揭示，虽然 SS340 比 SS316L 的抗腐蚀能力低，但在短期和长期真实电池性能试验中，SS340 与 SS316L 比较，有低的过电位和污染、高的水接触角和高的最大功率密度。电池的性能降解一般被贡献于两个主要因素：释放的金属离子污染 MEA 和因 Pt 粒子长大引起的催化活性损失。降解也因电极接触区域的腐蚀和变化而加剧。电池也存在排出生成水的困难，导致阴极性能降解。因此，在长期试验期间，大部分燃料电池性能降解是由于增加的活化和浓度损失（μ_{act} 和 μ_{con}）而不是欧姆损失（μ_{Ohmic}）。

金属 BP 能够被使用于集成终端设计中，使氢消耗平均节约 18%和消除了对额外电流收集器的需求。对石墨复合物板，一般不推荐在集成终端设计中应用，因其差的机械强度和石墨 BP 与端板间的不固定接触。与复合物 BP 的比较，金属 BP 能够耐受较高的池夹紧压力（能改进 ICR 值）。当池夹紧压力从 140 N/cm^2（石墨复合物板可使用的最大夹紧压力）提高到 250N/cm^2（金属 BP 能够使用的夹紧压力）时，观察到的氢气消耗平均节约 11.6%。然而 MEA 的耐久性可能是一件事情，因为较高夹紧压力闭合了 GDL 中的一些空隙并降低反应物气体传输的孔大小，因此可能降低池的性能。

7.3 双极板设计和制造

双极板在 PEM 燃料电池中起着多种功能，其用于分布燃料和氧化剂到燃料电池各个池、分离池堆中的各个池、从每个燃料电池中移出电流、从每个燃料电池中带走水、湿化气体、使池保持冷却。双极板的拓扑（流场通道）和材料促进这些功能。流场通道可以是直的、曲折的或交叉的；可有内歧管装置、内湿化和集成冷却装置。基于双极板功能提出的性能参数要求：化学兼容性、抗腐蚀能力、成本、密度、电导率、气体扩散/渗透率、制造难易、池堆体积/kW、材料强度和热导率等，在前面两节中已经相当详细讨论了可作为 BP 应用的三大类材料：非多孔石墨、涂层金属和（含碳）复合材料，后两类板中的每一类都还包含很多具体的 BP 材料，在图 7-6 中对此作了很好的总结。

7.3.1 双极板设计

7.3.1.1 非多孔石墨

长期经验证明，非多孔石墨在燃料电池环境中的存在是化学稳定的。天然和合成石墨都已经被使用于制备 PEM 燃料电池的非多孔双极板材料。

7.3.1.2 涂层金属材料

涂层金属 BP 材料，在前面有专门一节做了详细介绍，这里只择其要点。涂层金属 BP 的基体材料可以是铝、不锈钢、钛和镍，而涂层材料使用最普遍的是碳基物质和金属基物质。碳基涂层包括：①石墨；②导电聚合物；③类金刚石碳；④有机自组装单一聚合物。金属基涂层包括：①贵金属；②金属氮化物；③金属碳化物。在表 7-3 中列举了双极板的基体材料、涂层材料、涂层技术和方法，以及它们的主要性质——腐蚀电流和界面接触电阻值。而在表 7-4 中则给出了涂层方法、涂层材料及其可应用基板材料。

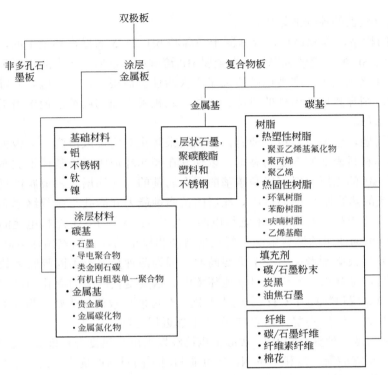

图 7-6　双极板材料的分类

表 7-4　双极板涂层材料及技术

涂层方法	涂层材料	可应用基本材料			
		Al	SS	Ti	Ni
导电聚合物涂层	导电聚合物	非特定			
类金刚石碳涂层	金刚石类碳	非特定			
金顶层加层	金在镍或铜上	×			
石墨箔加层	①次层-声振乳液、悬浮液或涂料中的石墨粒子［如环氧树脂中的石墨粒子用有机溶剂（甲苯）铺薄］；②顶层涂渍-灵活片形式的石墨箔脱漏的石墨	×		×	×
石墨顶层加层	①次层-钛-铝氮化物上的钛；②盖层-Cr（Ti，Ni，Fe，Co）的过渡金属层接着硫酸/铬酸或顶层加层-石墨	×	×	×	×
铟掺杂锡氧化物加层	铟掺杂锡氧化物［Sn(In)O₂］	×			
铅氧化物加层	①次层-铅；②定层-铅氧化物（PbO/PbO₂）	×			
有机聚合物加层	有机子装配聚合物	非特定			
碳化硅加层	①n 型碳化硅（SiC）；②金		×		
不锈钢加层	①次层-铬/镍/钼富不锈钢或磷镍合金；②定层-氮化钛	×	×	×	
钛-铝氮化物加层	钛-铝氮化物层	×			
钛氮化物加层	钛氮化物（TiN）层				×

　　虽然金属 BP 一般是单片金属，但已经发展出模块化金属双极板。新设计 BP 能够使冷却剂在每个子部分垂直排列槽内平行流动。BP 板有多种设计，特别要提出的是组合嵌套子板设计。嵌套子板深度差异产生在子板内表面，但与中心冷却室不接触，把平板电流收集器并合

到扩散电极或双极板的流动通道中。

对于 BP 的构型，因双极板是要暴露于高温和 pH 2～3 的操作环境中的，如果设计不适当，会发生金属 BP 板的溶解或腐蚀。当金属 BP 溶解或腐蚀时，产生的金属离子可扩散进入电解质膜和电催化剂层中，在被电解质离子交换活性位捕集后，离子电导率降低，而被催化剂活性位捕集，则导致催化活性的下降。此外，双极板表面的腐蚀层使电阻增加，导致池电流或功率输出降低。

因为这些问题，金属双极板需要有保护涂层来防止其腐蚀或溶解。双极板的涂层应该是导电的并在基础材料表面有合适的黏附，以使其在操作环境中保护基体不被腐蚀或溶解。如上所述，金属 BP 的涂层材料可以是碳基的或金属基的。对涂层双极板腐蚀机理研究得到的结论是，双极板的热膨胀系数（CTE）、涂层的抗腐蚀能力和微孔与微裂缝率等参数起着至关重要的作用（双极板处于有害 PEM 燃料电池环境中）。尽管 PEM 燃料电池的操作温度一般低于 100℃，但车辆使用的燃料电池是要频繁启动和停车的，其温差预计可高达 75～125℃。这是金属涂层双极板必须考虑的一个重要问题，因为两种金属有不同膨胀系数和其接触会发生变化，基体可能被暴露于酸性燃料电池环境中。这类变化产生的微孔和微裂缝可能导致池的失败。基体和涂层材料间在 CTE 上的大差别，有可能导致涂层失败。为使 CTE 差别减小，可在它们中间加入一涂层夹层，其 CTE 在两个邻近层之间。

金属基 BP 也是一种复合物 BP，实际上也已经发展出金属复合双极板，这类复合物 BP 组合了多孔石墨、聚碳酸酯塑料和不锈钢，尽可能利用不同材料的优点。由于生产多孔石墨板不像生产非多孔石墨板那样费时或费钱，不可渗透性则可由不锈钢和聚碳酸酯部件提供。不锈钢提供结构的刚性而石墨提供抗腐蚀。聚碳酸酯也提供抗化学腐蚀能力并容易成型成任何形状，有利于制造垫片和歧管。从稳定性和成本角度看，金属多层板看来是非常好的 BP 候选替代者。

7.3.1.3 碳基复合物

如前面所述，有大量文献研究在燃料电池中使用碳基复合物双极板。表 7-5 给出了这方面的一个总结。如表 7-5 中所示，碳基复合物双极板是使用含填充剂的热塑性或热固性树脂制造而成的，可含或不含纤维强筋剂。对碳基复合物 BP，包括聚合物黏合剂——热塑性和热固性树脂与各种碳质填充剂、石墨、膨胀石墨、碳纤维、炭黑、碳纳米管和石墨烯，以及复合物制备成型方法已经在前面碳基复合物 BP 一节中做了深入讨论，不再重复。在早期的发展中，碳基复合物 BP 优先选用热塑性聚合物树脂材料作为黏结剂，如聚丙烯、聚乙烯、聚亚乙基基氟化物等。但是，在 20 世纪 80 年代后期以后，优先选用的聚合物黏结剂是热固性树脂，如酚醛树脂、环氧树脂和乙烯基酯。该优先选用的变化主要是由于热固性树脂加工的短时间循环。然而，也有很多双极板制造商（如 Micro Molding Technology）使用热塑性树脂生产双极板，因为它们更容易进行再循环利用，更符合绿色生产原则。

表 7-5 双极半使用的碳复合物材料

树脂	树脂类型	填充剂	纤维
聚亚乙烯基氟化物	热塑性	碳/石墨粒子	
聚亚乙烯基氟化物	热塑性	碳/石墨粒子	碳/石墨纤维
聚丙烯	热塑性	炭黑，石墨粉末	
环氧树脂和芳胺硬化剂混合物	热固性	石墨粉末	
酚醛树脂	热固性	石墨粉末	石墨纤维或晶须

树脂	树脂类型	填充剂	纤维
酚醛树脂	热固性	焦炭-石墨粒子	
Reichhold24-655 酚醛树脂	热固性	石墨粉末	纤维素（但不是人造丝和乙酸纤维素）
酚醛或呋喃树脂	热固性	石墨粉末	纤维素（但不是人造丝和乙酸纤维素）
酚醛树脂	热固性		碳纤维（PAN 基）
亚乙烯酯	热固性	石墨粉末	棉絮（石墨/碳，玻璃，棉花和聚合物）

7.3.2　双极板材料选择

对运输应用，金属复合物 BP 能够抗机械冲击和振动，但它们有可能产生断裂和裂缝，有反应物漏气的危险。另外，金属双极板的耐冲压能够降低燃料电池堆的体积（可做得很薄），增加其在便携式系统中的应用。金属 BP 的优点还有：其电导率是碳基复合物 BP 的 1000 倍，能够以很低成本容易地制造，因此在燃料电池市场中竞争力很强。但是，广泛应用金属 BP 的主要障碍是，对燃料电池有害环境（酸和湿气）腐蚀的敏感性。在 pH 2～4 和温度约 80℃的操作环境中金属会被腐蚀或溶解，释放的金属离子使膜电极装配体（MEA）中毒，降低燃料电池输出功率。因此，当金属离子溶解增加，燃料电池效率将下降，因为欧姆电阻和 ICR 值增加。这些副作用抵消了高电导率的优点。如在前面讨论过的，腐蚀或溶解问题可使用下述方法缓解或解决：在金属 BP 表面涂上薄的防护层，避免其与腐蚀性条件直接接触。BP 设计就是要弥补这些不足，因此需要定量每种 BP 材料的优点和缺点。换句话说，每种 BP 材料的优点和缺点应该首先被定量化，然后再使用合适方法对复合物和金属 BP 进行精确分析。

下面介绍一种简单的材料选择方法。选择 7 种 BP 材料作为研究对象（1 种商业 BP、1 种复合物 BP 和 5 种金属 BP），以简单加权方法（SAWM）进行 BP 材料选择。选择中考虑的目标（性质）参数有：电导率、池堆重量、池堆价格。这些指标都是被 DOE 确定的燃料电池商业化的主要参数。这些参数（或 BP 性质）作为材料选择的依据。

基于前两节中的讨论，在比较可行的 BP 材料中选择 7 种来说明这个简单的材料选择方法。选择的 7 种材料如下：①P/45G/10EG/5CF/CC 复合物，这个复合物是新发展的复合物 BP，其性质能够满足 DOE 标准；②Schunk BP，有代表性的商业复合物 BP；③SS316L/CrN，这个双极板是商业 BP 最有吸引力的候选者；④SS316L/无定形碳，这个材料是理想的 BP，但涂层过程似乎是困难的；⑤Al/CrN，铝是最便宜和最轻的 BP，有优良的成型能力；⑥Incoloy625/N，这个金属的 ICR 值和 I_{Corr} 值低于 DOE 标准；⑦Hastilloy（G35）/N，这个氮化镍基金属有非常低的 ICR 值和 I_{Corr} 值（表 7-3），其缺点是价格高。

7.3.2.1　评价和选择程序方法

有不少选择 BP 材料的方法。这里介绍的方法基于 SAWM，参数以"总级数目（overall grade number）"表示，指出材料使用于 PEMFC 的合适性程度。参数"总级数目"按下面方程计算：

$$总级数目=-[-2×(池堆成本)-1×(池堆体积)-2×(池堆重量)-2×(腐蚀电流密度)-$$
$$3×(ICR)-1×(离子污染)+1×(弯曲强度)+1×(电导率)] \tag{7-1}$$

式中，工程参数前面的系数即为该参数的加权因子。上式指出，"总级数目"愈小的材料愈适合于作为 BP 材料使用。

假设每一种 BP 与 MEA（膜电极装配体）的面积为 14cm×14cm，能够产生的功率达 25W。为制造功率 1kW 的电池堆，需要有 40 个 BP 连接在一起。现在，每一个目标能够按照下面的步骤测量：

（1）池堆成本 池堆成本计算基于文献程序。表 7-6 显示 7 种材料的池堆成本确定过程。总成本是基体材料成本（对复合物 BP 是碳和聚合物成本，对金属 BP 是裸金属成本）、加工成本［包括冲压（对金属 BP）和热压（对复合物 BP），CNC 加工（对复合物 BP）和涂层成本（对金属 BP）］。其他必需数据来自文献。假定 BP 的成本是总池堆成本的 30%。

表 7-6　不同复合物和金属 BP 的成本分析

成本类型	复合物	Al/CrN	Hastelloy/N	Incoloy625/N	SS316L/C	SS316L/CrN	Schunk
基体材料成本/(美元/板)	1	0.9	5	5	1.5	1.5	0.8
加工成本/(美元/板)	18.3	1.07	1.07	1.07	1.07	1.07	18.3
涂层成本/(美元/板)	无	6.18	6.18	6.18	6.18	6.18	无
总成本/(美元/板)	19.3	8.15	12.25	12.25	8.75	8.75	19.1
总池堆 BP 成本/(美元/kW)	772	326	490	490	350	350	764
总池堆成本/(美元/kW)	1803	760	1143	1143	816	816	1782

（2）池堆重量 金属和复合物 BP 的厚度分别设定为 0.2mm 和 2mm。金属 BP 用冲压技术制造，复合物和石墨 BP 的制造方法是热压。这个参数给出的是 BP 和池堆其他部件如 GDL、背板、膜、收集板等的密度信号。在分析中，设定的密度和其他部件厚度（除 BP 外）分别是 $2g/cm^3$ 和 0.3mm。不同 BP 的密度已经列举于表 7-7 中。

（3）腐蚀电流密度 所有 I_{Corr} 值见表 7-7。PEMFC 阴极边环境假设为：0.5mol/L 硫酸和 $2×10^{-6}$HF。

（4）抗弯强度、电导率和 ICR 对复合物 BP 这三个数据是实验测定值，但对金属和石墨 BP，这些数据来自文献，如表 7-7 中所示。

表 7-7　不同复合物和金属 BP 性质（目标）值

双极板类型	密度/(g/cm³)	ICR/mΩ·cm²	电导率/(S/cm)	抗弯强度/MPa	I_{Corr}/(μA/cm²)	池堆重量/(g/kW)	池堆体积/(cm³/kW)	池堆成本/(美元/kW)	离子污染因子
DOE	<5	<20	>100	>60	<1	最小	最小	<5	—
复合物	**1.7**	10	101	71	<1	78.4	45.1	1544	1
Schunk		10	109	40	>1	86.2	45.1	1528	1
SS316L/CrN	7.9	30	13000	554	1.3	42.728	**9.8**	700	0.5
SS316L/C	7.9	8.3	13000	554	**0.06**	42.728	**9.8**	700	0.5
Al/CrN	2.7	**8**	**360000**	483	79	22.344	**9.8**	**652**	0.2
Hastelloy/N	8.9	9	7692	700	0.5	47.824	**9.8**	980	0.3
Incoloy625/N	8.14	17	7751	**950**	1	43.6	**9.8**	980	**0.1**

注：黑体数字关系到的是此性质的最好材料。

（5）离子污染因子　对离子污染因子，文献给出的数据并不可靠。所以，对每个目标定义离子污染数目。

表 7-7 给出了所有 7 种材料的参数（性质）值。黑体数字是那个参数的最好材料。参数值确定后，进行从 0～1 的排序。再确定其权重因子值。基于燃料电池商业化中的作用和重要性以及 DOE 对其强调的程度来选择这些值。

在材料选择中考虑的参数为电导率、ICR、抗弯强度、I_{Corr}、离子污染因子、池堆体积、池堆重量和池堆成本。它们在不同方面有其重要性，分为：①池性能有效参数，电导率、ICR 和离子污染因子；②池耐用性有效参数，抗弯强度、I_{Corr}；③燃料电池商业化有效参数，池堆体积、池堆重量和池堆成本。

（6）权重因子　从总级数目公式中能够看到，对每个参数有其权重因子。对 ICR、电导率、抗弯强度、I_{Corr}、池堆重量、池堆体积、池堆成本和离子污染因子的权重因子分别是 -3、1、1、-2、-2、-1、-2 和 -1。其他参数的权重因子基于其重要性和对性能、商业化及耐用性影响大小定义。可看到，ICR 和电导率有最高权重。在图 7-7 中对不同 BP 材料性能曲线进行了比较，其 I-V 曲线的有效参数是 BP 的电导率和 ICR。尽管金属双极板比石墨双极板（约 1000S/cm）和复合物双极板（103S/cm）有高得多的电导率（如 Ti、SS316L 和 SS340），但石墨和复合物 BP 的性能仍然高于金属 BP，因金属 BP 表面有天然的氧化物层。所以，应该在其表面涂合适的材料层来降低 ICR 值。在这个材料选择中，金属 BP 的 ICR 与其他参数比较是最重要的。因此最高权重已经加于 ICR，其他参数权重因子基于它们对燃料电池性能、耐用性和商业化的影响大小来选择。应该指出，权重因子的选择是暗含的或可在文献中找到的。

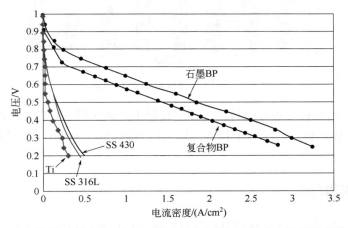

图 7-7　聚合物基碳复合物 BP、石墨 BP 和金属 BP 做成电池的性能曲线比较

7.3.2.2　对材料选择的讨论

应该强调，池堆体积、重量和成本在 PEMFC 商业化中是有效参数（表 7-7）。BP 占池堆总重量和体积的主要部分。基于表 7-7，最低重量是 Al/CrN，在材料选择中的 7 种材料的成本顺序为：复合物 > Schunk > Hastelloy/N > Incoloy625/N > SS316L/CrN > SS316L/C > Al/CrN。

该顺序指出，复合物 BP 的成本远高于金属 BP，特别是 Al/CrN。但有文献报道，复合物 BP 比金属 BP 便宜，但也有报道说通道加工使复合物 BP 成本显著增加，高于金属 BP，它阻碍了把燃料电池作为功率源引入到不同经济部门中。因此，确认材料和燃料电池不同组件制造成本和提高寿命，能够为燃料电池显著增加能源市场份额提供机遇和机会。表 7-7 也指出，碳涂层 SS316L 在燃料电池酸性环境中显示的腐蚀电流值是最低的。

基于方程（7-1）计算 7 种候选材料的"总级数目"示于图 7-8 中。前已指出，总级数目愈小愈适合作为 BP 材料。该图显示，复合物材料的总级数目值最大，说明复合物不适合作为商业用 BP 的材料，仅适合于在实验室用。其中五种金属 BP 材料按总级数目大小排序为：SS316L/C < Hastelloy（G-30）/N < Al/CrN < Incoloy625/N < DOE < SS316L/CrN。总级数目最小的是 SS316L/C，已经达到 DOE 设定的标准。而 SS316L/CrN 的总级数目远大于 SS316L/C，原因是 ICR 和 I_{Corr} 间有大的差别。碳涂层的导电性比 CrN 涂层好，而且 SS316L/C 的 I_{Corr}（0.06μA/cm²）也远低于 SS316L/CrN（1.3μA/cm²）。排在 SS316L/C 后面的 Hastelloy（G-30）/N，这个材料被选择是与工业中利用作为双极板商业材料非常一致的。基于文献结果，最有利于商业 BP 应用的材料是涂层 SS316L 和涂层 Hastelloy。

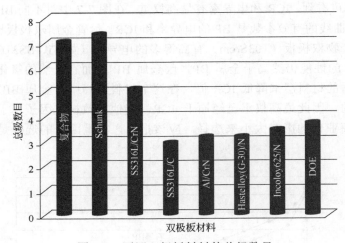

图 7-8　不同双极板材料的总级数目

对 7 种普通双极板材料进行的材料选择结果指出，碳涂层 SS316L 材料有最小的池堆成本、体积、重量、ICR 值、污染因子和 I_{Corr} 值，而 Hastilloy（G-30）/N 是在 BP 中使用的第二个候选材料。

7.3.3　双极板制造

图 7-9 给出了用不同双极板材料分类的双极板的不同制造方法。

7.3.3.1　非多孔石墨板双极板的制作技术

在 PEM 燃料电池技术中使用石墨双极板的加工和成型是与流动场一起进行的。石墨双极板一般使用压缩成型的方法。在该加工工艺中，含结晶石墨和添加剂或黏合剂的混合物在模子里被压缩，形成所需要的形状（成型），比较理想的是在无氧环境中进行热处理。匹配的添加剂是金属氧化物，如氧化铝、二氧化锆、二氧化硅和二氧化钛或含碳物质如碳化硅和粉末焦。相配的黏合剂是在 300～800℃间可被焦化的物质，通常是糖类，如果糖、葡萄糖、半乳糖、甘露糖和低聚糖，如蔗糖、麦芽糖和乳糖等。

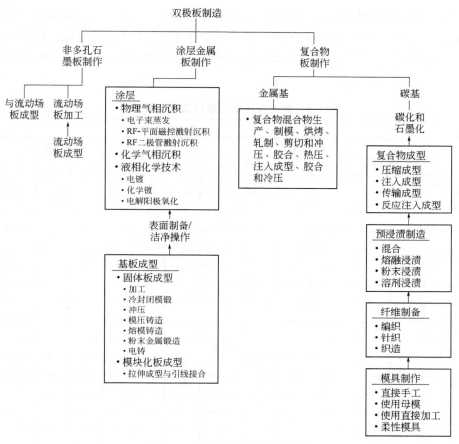

图 7-9　双极板制造技术分类

7.3.3.2　涂层金属双极板的制造技术

涂层金属双极板的制造过程包括基体板的生产，表面制备和净化处理以及涂渍保护层的过程。对固体金属双极板的典型设计，首先把选用的金属板经加工或冲压生产基体板，为扩展该工艺可以应用工艺选择系统（如 Granta Gesigns 提供的 Combridge Engineering Selector）以确证需要的附加固体板生产工艺。使用设计信息，如材料、部件形状和大小、公差、表面光洁度、生产量和"质量因子"（只在选择有缺陷倾向工艺时使用）等，制作方法从原来的两个扩展为五个：冷封闭模锻（cold closed die forging）、模压铸造（die casting）、熔模铸造（investment casting）、粉末金属锻造（powder metal forging）和电铸（electroforming）等。假设生产量低于 10000 块双极板的前提下，对两种基体板设计进行分析，包含质量因子变化（因子 5～10）、公差（从 0.05～0.1mm）变化和表面光洁度变化（10～100μm），结果给出于表 7-8 中。一般说来，可选择制造方法的数目随公差增加和表面光洁度与质量要求的降低而增加。实际上在上述数值范围内没有观察到差别，也就是说没有一种工艺是会低于要求的。能够明显观察到的一个事实是，对较大的面板确实有多种工艺可以使用。特别应该指出的是，对熔模铸造、粉末金属锻造和通常的模压铸造与设计的较小面板生产并不兼容。

对不是太典型的模块化金属双极板工艺，对基体板生产是比较特殊的。在基体板生产中，流动通道和歧管是由步进工具"拉伸成型"成有限的分段。工具机床装备的设计是这样的：

工具可以接近任何加工件以在成型材料的深处生产加工出任何深度的流动筋骨。如已经完成整个加工，拉伸成型到最大程度的子板与拉伸成型程度小于最大值的子板是嵌套的。最后，平行板线电流收集器连续地与卷材形成狭缝，并把装配体并合到扩散电极或双极板的流动通道中。

表 7-8　固体金属双极板的工艺选择分析

项目	基本设计												
	较小面积较薄板①						较大面积较薄板②						
质量因子③	5~6	7~8	9~10	8	8	8	5~6	7~8	9	10	8	8	8
设计耐受性/mm	0.1	0.1	0.1	0.05	0.08	0.1	0.1	0.1	0.1	0.1	0.05	0.08	0.1
表面光洁度/μm	10	10	10	10	10	50~100	10	10	10	10	10	10	50~100
铝													
加工	×	×	×	×	×	×	×	×	×	×	×	×	×
冷封闭式模锻	×	×	×	—	—	×	×	×	×	×	—	—	×
冲压	×	×	×	×	×	×	×	×	×	×	×	×	×
模压铸造	×	—	—	—	—	—	×	—	—	—	—	—	—
熔模铸造	—	—	—	—	—	—	×	—	—	—	—	—	—
粉末金属锻造	—	—	—	—	—	—	×	×	×	×	×	×	×
不锈钢													
加工	×	×	×	×	×	×	×	×	×	×	×	×	×
冷封闭模锻	×	×	×	—	—	×	×	×	×	×	—	—	×
冲压	×	×	×	×	×	×	×	×	×	×	×	×	×
模压铸造	—	—	—	—	—	—	—	—	—	—	—	—	—
熔模铸造	—	—	—	—	—	—	×	×	×	×	×	×	×
粉末金属锻造	—	—	—	—	—	—	×	×	×	×	×	×	×
钛													
加工	×	×	×	×	×	×	×	×	×	×	×	×	×
冷封闭模锻	×	×	×	—	—	×	×	×	×	×	—	—	×
冲压	×	×	×	×	×	×	×	×	×	×	×	×	×
模压铸造	—	—	—	—	—	—	—	—	—	—	—	—	—
熔模铸造	—	—	—	—	—	—	×	×	×	×	×	×	×
粉末金属锻造	—	—	—	—	—	—	×	×	×	×	×	×	×
镍													
加工	×	×	×	×	×	×	×	×	×	×	×	×	×
冷封闭模锻	×	×	—	—	—	×	×	×	×	×	—	—	×
冲压	×	×	—	—	—	×	×	×	×	×	×	×	×
模压铸造	—	—	—	—	—	—	—	—	—	—	—	—	—
熔模铸造	—	—	—	—	—	—	—	—	—	—	—	—	—
粉末金属锻造	—	—	—	—	—	—	×	×	×	×	×	×	×
电铸	×	×	×	×	×	×	—	—	—	—	—	—	—

① 最大表面积 100mm×150mm，厚度 5.4mm；流动通道宽度 1.6mm；最大洞直径 6.4mm；最小截面直径 1.6mm；尺度比 49。
② 最大表面积 250mm×650mm，厚度 4.7mm；流动通道宽度 1.6mm；最大洞直径 6.4mm；最小截面直径 1.6mm；尺度比 49。
③ 评估质量因子的数值尺度范围为 1~10，这样有可能把有最大缺陷的生产工艺定为 1，而把最小缺陷的生产工艺定为 10。
注：×表示该技术可用。

固体或模块化金属双极板的涂层过程可使用多种沉积方法，如物理气相沉积技术，可应用电子束蒸发、溅射和发光放电分解产生沉积蒸气、化学气相沉积技术和液相化学技术，如电镀或化学镀、化学阳极化/氧化高光泽涂布和涂覆等，如表 7-9 中所示。

表 7-9　金属板涂层工艺

涂层方法	涂层工艺
金顶层加层	脉冲电流电沉积
不锈钢加层	物理气相沉积（PVD，如磁控溅射）或化学气相沉积（CVD），Ni-P 合金化学镀沉积
石墨顶层加层	PVD（封闭场，不平衡磁控溅射离子镀）和化学阳极化/氧化保护涂层
石墨箔加层	涂布或印刷
氮化钛加层	RF 二极管溅射
铱掺杂锡氧化物加层	电子束蒸发
铅氧化物加层	气相沉积和溅射
碳化硅加层	辉光放电分解和气相沉积
氮化钛铝加层	RF-平面磁控溅射

注：最大表面积 100mm×150mm，厚度 5.4mm；流动通道宽度 1.6mm；最大洞直径 6.4mm；最小截面 1.6mm；尺度比 30。

对多层金属复合物双极板，其制作过程需要使用多步工艺。首先，石墨粉末和树脂进行机械混合和使用常规压缩或注模成型，形成所需的形状，将获得的石墨板烘烤过夜。其次，应用丝网印刷技术把导电黏合剂加入到石墨板中。接着再进行热压以连接不锈钢和石墨板。最后，生成聚碳酸酯板，聚碳酸酯树脂一般使用注入成型，用以获得所需要的形状，再使用黏合剂经冷压缩使板与不锈钢/不锈钢板装配体黏合。

7.3.4　碳基复合物 BP 的制作

对碳基复合物双极板，生产工艺步骤由模具制作（直接手动制模、使用主模型、使用直接加工制造、使用柔性模型制造）、纤维制备（编结、针织、编织）、半固化片制造（混合、熔融、粉末或溶剂浸渍）和复合物生产构成。后工艺编织中还包括碳化和石墨化。在碳化中树脂经热分解碳-氢键转化为碳-碳键。在石墨化中，结构转化为更致密的石墨结构。

再一次应用 Cambridge Engineering Selector 软件确证复合物板生产工艺的选择。假设生产量在 10000 以上，对较小面板设计，获得的结果分析给出于表 7-10 中。制造技术可选择的数量再一次随公差增加和表面光洁度与质量要求的降低而增加。在上述质量、公差和表面光洁度范围内进行分析，获得结果没有观察到差别，也没有一种工艺低于它们的要求，或可推荐它们用于较大面板生产。

表 7-10　碳复合物双极板的工艺选择分析

项目	基本设计，较小面积较薄板				
质量因子	5～6	7～10	8	8	8
设计耐受性/mm	0.1	0.1	0.05	0.08	0.1
表面光洁度/μm	10	10	10	10	50～100
压缩成型	x	—	—	—	×
注入成型	x	—	—	×	×
传输成型	x	—	—	×	×
反应注入成型	x	—	—	×	×

总之，双极板设计受成本掌控和池堆大量生产及在低 pH 值、燃料电池操作环境中的耐用性支配。双极板设计标准给于表 7-11 中。在所讨论的双极板材料中，很少几个能够满足全部设计标准。特别地，当与金属双极板比较时，非多孔石墨有高抗腐蚀能力且无须涂层（每层<15μm）和在低密度时好的热导率 [约 4W/(cm·K)]。虽然有电导率、压缩强度和再循环能力降低的倾向，石墨板在空间应用中优于其他材料。石墨板从材料和加工观点看是昂贵的。复合物板，虽然加工需要许多步骤，在并合密封、歧管、冷却系统和其他特征上具有灵活性易满足的优点。

表 7-11　双极板材料选择标准

序号	材料选择标准	限制
1	化学兼容性	阳极面必定不产生破坏性氢化物层，阴极面必定不能被纯化和变得不导电
2	腐蚀	腐蚀速率<0.016mA/cm^2
3	成本	材料+制作<0.0045 美元/cm^2
4	密度	密度<5g/cm^3
5	溶解	最小溶解速率（对金属板）
6	电子电导率	板电阻<0.01Ω·cm^2
7	气体扩散率/渗透率	最大瓶颈渗透率<1.0×10^{-4}cm^3/(s·cm^2)
8	制造能力	制作成本（见 3）应该是低的但高生产得率
9	可循环	在车辆服务、车辆事故或报废期间材料可循环
10	循环	从循环材料制造
11	池堆体积	体积<1L/kW
12	强度	抗压强度>22lbf/in^2
13	表面光洁度	>50μm
14	热导率	材料应该能够有效地移去热量
15	耐受性	>0.05mm

注：1lbf/in^2=6894.76Pa。

对双极板制造，叙述了非多孔石墨板生产选择、金属板生产工艺和涂层工艺以及复合物生产工艺。制造非多孔石墨板是耗时的，所以也是费钱的工艺，涉及有害材料采购、管理/训练和废物管理成本全都算在复合物制造过程中，而研究过的大多数涂层工艺能够平衡成本。

7.4　多孔气体扩散层（GDL）

GDL 发展的重要性在不断增加，而 20 世纪在与催化剂层和膜的比较中是小事情，现在已经变得清楚的是，GDL 的性质和设计能够很大地提高池的性能和组件耐用性。它不仅提供气体从分布板到催化活性位的传输，而且也能够在很大程度上帮助改善 PEMFC 操作中的水管理。

7.4.1　大孔基质（MPS）

气体扩散层（GDL）通常由大孔基质（MPS）和微孔层（MPL）构成。MPL 在池操作中的效率也取决于基质的性质，对 MPS 仅作简单介绍。大孔基质一般是由聚丙烯腈热解生产的碳纤维构成的，但可装配成不同形式，如碳纸、碳毡和碳布等。对碳纸，纤维被黏合材料（如聚乙烯醇）黏合成平面结构，然后浸渍树脂作为强筋剂强化其结构。获得的装配体再在 2000℃下进行热处理以使基体碳化。对碳毡情形，纤维的凝聚不局限于平面，且热处理温度也稍微低一点。上述两种 MPS 材料中的孔大小一般是在 10～30μm 之间，但更通常的是在 20～100μm 之间。对碳布，其结构实际上是高度不均匀的，含有紧密堆积的纤维束，在编织束之间有较大空间，因此具有非常宽的孔分布。碳布的热处理温度为 1600℃ 下，这是其低抗腐蚀能力的原因。三种 MPS 基质都显示由碳化树脂提供的强的疏水性。然而在高温处理后，MPS 通常要在 PTFE 悬浮液中浸渍，在烧结形成 PTFE 薄膜稳定化含 F 物料前要在 350℃ 进行预处理。另外，近来也已经证明，PTFE 在 MPS 基体中的分布是非常不均匀的。除 PTFE 外，为此目的也能够使用其他含氟化合物，如氟化乙烯丙烯、全氟醚聚合物或 PTFE 与其他聚合物的组合。最近法国科学家提出，在 GDL 碳基上可用重氮盐方法还原接枝芳基化合物。此外，金属多孔层或发泡体也可以作为 MPS 材料使用。

对上述材料的 MPS 性能比较指出，碳纸 MPS 的水吸附量一般大于其他基质的 MPS，因为其结构的曲折性和自疏水性；因此碳纸 MPS 是低湿度气体和中等电流密度下的有效扩散介质。而碳布 MPS 能够更有效地移去水，在高相对湿度和高电流密度下是比较理想的。MPS 性质诱导的这个差别，在连接有 MPL 后的 MPS 上仍然是可见的。

7.4.2　微孔层（MPL）

其实 MPL 不只是以平面界面直接连接到 MPS 的一个碳层。实际上，因为 MPL 中的粒子大小比 MPS 孔大小至少低一个数量级，因此有一些 MPL 中粒子会覆盖到 MPS 的碳纤维上，这可能改变 MPS 的疏水性/亲水性性质：对把产生的水移向双极板有正面贡献。与催化剂墨水的数量有关，MPL 的粒子一般仅沉积在 MPS 的外部碳纤维上，不会显著改变组合扩散介质的厚度，大多数情形仅形成附加的纳米（微米）碳粒子。此时其表面孔大小和孔隙率与 MPS 内部是有显著不同的，因由碳粒子覆盖纤维形成了一些周边地区，与"本体"MPL 中的中间区域是不同的。这个中间层的厚度受墨水黏度和所用溶剂支配。另外，取决于 MEA 制备期间进行沉积后压缩装配所用压缩力，MPL 中的一些粒子会渗透进入 MPS 中，形成更凝聚和渗透区域，使 MPL 在 MPS 上有更大压实度。

7.4.3　MPL 组件和制备模式

第一个 MPL 是从含 F 聚合物（如 PTFE，甚至是 Nafion）的乙炔炭黑悬浮液制造的。后来，MPL 的制作应用其他碳材料，如炭黑、焦衍生物（冶金焦）、无定形石墨或鳞片石墨。大多数这些材料的碳粒子是容易被腐蚀的，因此使用有较强抗腐蚀能力的石墨化粒子材料可能是比较理想的。能够注意到，碳纳米管（CNT）的使用是为了降低腐蚀强度，虽然它被认为是高成本的。实际上，已经在欧盟资助的 Impala 项目中证明了 CNT 是提高燃料电池性能和耐用性的可行的解决办法。除了碳基材料，也可以加入一定数量的水排斥试剂和聚合物。虽然 PTFE 仍然是最普遍使用的试剂，但上述其他含 F 化合物也已经被用于制作 MPS，并进行了试验。取决于 GDL 的发展策略和利用目标，含 F 聚合物在 MPL 中的质量分数可从 29% 改变到 40%；文献中对这个领域进行了广泛的讨论。

在改进 MPL 技术方面，应该指出 MPS 表面用疏水性聚合物的功能化，如全氟聚醚或

PVDF，或甚至用直接电流（磁）溅射把二氧化钛层沉积到阳极边的 MPS 上。除了 MPL 粒子性质外，在 MPS 表面上的 MPL 制作工艺（简单沉积、粉碎、印刷或装配前在 MPS 表面的分离沉积）也对总 GDL 性质有影响。印刷工艺制作的 MPL，其碳粒子基体中的孔较大，这能够确保水蒸气与液体水的有效分离。另外，在低压力下沉积的 MPL，有利于 PTFE 渗透和在碳纸微孔中的分散。

7.4.4 气体和液体水在 GDL（MPL 和 MPS）中的传输

MPL 孔结构中含有大孔（大于 $1\mu m$ 或更大）和微孔（实际上主要是低于 $0.1\mu m$ 的介孔）。已经证明，其中的微孔是疏水的，适合于气体传输，而大孔可能是疏水或亲水的，取决于 MPL 的组成和其在层中的位置。因为液体水比气体有远大得多的黏度和对微孔亲和力也差，因此仅能够在大孔中传输。影响液体传输过程速率的主要是局部表面性质和惯性力。气体传输能够在所有孔中进行，仅有的要求是通道不被液体水阻塞。MPL 粒子深入基体的深度对水的移去有显著影响。实际上，高渗入深度有效地光滑化毛细压力分布，是水传输的推动力：诱导增强从 GDL 到催化剂层和膜的反扩散流，使池有较高性能。另外，MPL 结构中包含的是比 GDL 基体（MPS）包含的远小得多的细粒子，其热导率是大孔载体的 $1/10\sim1/5$。所以，电极的活性反应（不可逆性）和欧姆电阻传输产生的热量通过 MPL 以恒定速率移去，这是电极膜装配体和 MPS 间有明显温度差的根源。在 MEA 的传热设计中，应该把 MPL 作为燃料电池中一个附加的传热阻力来考虑。

总而言之，为提高燃料电池性能，需为气体扩散层（GDL）发展出由大孔基体（MPS）和微孔层（MPL）构成的双层结构，这对燃料电池水管理是非常有利的。

7.5 MEA 设计装配和制造

7.5.1 引言

膜电极装配体（MEA）是 PEM 燃料电池的关键组件，在电极上进行的氧化和还原半反应应该保持分离（要求双极板对反应物是绝缘和不可渗透的）。如前面多次叙述过的，单一燃料电池由三类组件构成：膜电极装配体（MEA）、双极板（包括流动场或分离器）和两个密封件。而最简单形式的 MEA 由膜、两个分布在膜两边的催化剂层和两个气体扩散层（GDL）构成。膜分离两个半电化学反应并允许质子通过完成总反应。GDL 能够使燃料和氧化剂直接均匀分配到催化剂层，促进每一个半电化学反应。在燃料电池堆中，每一个双极板支撑两个邻近的单电池，而双极板有多个功能：①在池内分布燃料和氧化剂；②促进池内的水管理；③使电流离开池。在无专用的冷却板时，双极板也用于热量管理。各个池以希望的功率组合成燃料电池堆。端板和其他硬件，如螺栓、弹簧、进出连接管道和接头等，对完整的池堆也是需要的。

燃料电池设计内容包括：对使用材料和构型做非常一般描述、给出每种设计的优缺点，以及相关的热力学、水管理、操作温度和压力、燃料和氧化剂组成和潜在应用等事情。讨论燃料电池设计的文章不少，但对制造技术则很少有完整的总结，即便是典型设计也很少设计制造技术。

本节的内容是，在评论 PEM 燃料电池设计和制作技术基础上，对最关键部件 MEA 的设计和制造做较为深入的讨论和描述，并对设计功能、过程选择和技术应以及过程输入和输出等进行分析。

MEA 由电解质膜和电极装配而成，电极由催化剂层和气体扩散层（GDL）构成。因此构成 MEA 的材料包括电解质膜、催化剂层（负载在载体上的催化剂）和气体扩散层。图 7-10 对聚合物电解质膜燃料电池 MEA 材料做了简要的总结和分类。除气体扩散层材料外，聚合物电解质膜、阳极和阴极催化剂与载体材料以及双极板材料已经在前面做了相当详细的介绍和讨论。对气体扩散层材料将在 MEA 设计和制造技术的相关部分补充讨论。图 7-11 示出了 MEA 装配的两种模式：模式 1 是把催化剂层做到气体扩散层中；模式 2 是把催化剂层做到聚合物电解质膜中。图 7-12 给出了以两种不同装配模式制作 MEA 的制造技术，并进行了分类，不同的 MEA 装配模式各有利弊，所采用的制造技术也有相当的区别，在后面做详细讨论。

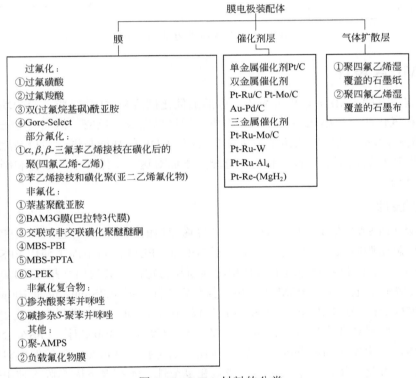

图 7-10　MEA 材料的分类

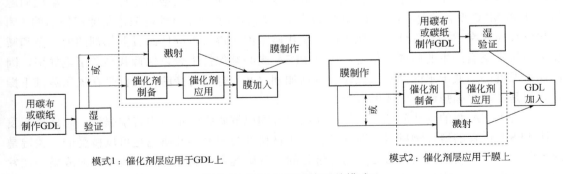

图 7-11　MEA 装配的两种模式

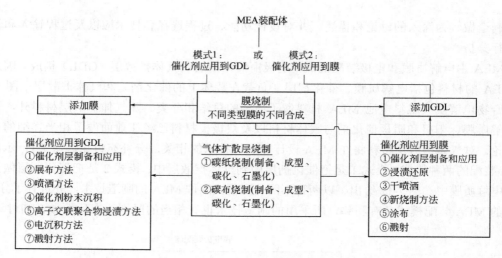

图 7-12　MEA 制造方法的分类

7.5.2　MEA 设计

如多次叙述过的，MEA 由电解质膜、分散的催化剂层和 GDL 组成。膜的功能是，分离电化学还原和氧化两个半电化学反应，允许质子通过以完成总反应，但强制电子通过外电路流动。催化剂层的功能是电催化两个电化学半反应。GDL 的功能是进一步提高燃料电池系统的效率，对燃料和氧化剂进行直接和均匀分配。下面对这三个组件中的设计和制造技术进行简要介绍和讨论。

7.5.2.1　膜设计

过氟磺酸（PFSA）是 PEM 燃料电池中最普遍使用的膜材料。对它的性质和功能已经在介绍聚合物电解质膜时做了详细讨论，这里不再重复。PEM 燃料电池中使用 PFSA 有两个优点：①PFSA 膜在氧化和还原环境中都是相对强固和稳定的，其耐用性超过 60000h；②很好湿化的 PFSA 膜质子电导率在 PEM 燃料电池操作温度下高达 0.2S/cm，也即 100μm 厚的膜其面电阻仅 0.05Ω/cm²，在 1 A/cm² 时的电压损失仅 50 mV。但 PEM 燃料电池使用 PFSA 膜也有若干缺点：①膜材料非常昂贵（25 美元/kW）；②温度高于 150℃时，PFSA 会释放出毒性和腐蚀性气体，产生安全问题并限制燃料电池循环的选择；③PFSA 膜的使用对支撑设备有广泛的需求，如湿化系统，这增加相当多成本和复杂性；④高温下因膜脱水使 PFSA 膜性能降解，如离子电导率、亲水性和机械强度降低以及伴生功率损失增加。也注意到，温度问题似乎使 PEMFC 变得更坏，因为 PEM 燃料电池在较高温度操作时性能应该是能够提高的（因电化学反应速率增加和降低了催化剂的一氧化碳吸附中毒），可降低昂贵催化剂的使用量和减少因电极水泛滥产生的问题。但是，由于 PFSA 膜必须保持水合以保持其高质子电导率，因此操作温度必须低于水的沸点。操作温度增加到 120℃ 也是可能的，代价是在加压蒸气下操作。但是，这将缩短燃料电池的寿命。

因为 PFSA 膜的这些问题，已经在介绍聚合物电解质膜的章节中特别强调，急切需要发展比 PFSA 便宜的聚合物材料，即便牺牲一些材料寿命和力学性质也是可以接受的。关键是成本因素，并在商业上真实可行。为此进行的大量研究和发展获得了一些可喜的成果。在发展的各种类型聚合物中，烃类聚合物是一种选择，虽然在早先因它们的低热和低化学稳定性已经被放弃。烃类膜与 PFSA 相比确实有一些优点：如比较便宜，有多种类型商业可利用膜；形成有极性基团以致在宽温度范围内有高的水吸附量，而高水吸附量也限制聚合物链的极性基团；通过合适分子设计能够一定程度上压制烃类聚合物的分解；用常规方法由烃类聚合物做成的膜再循环是可能的。烃类膜也分类为：过氟化；部分氟化；非氟化化合物和非氟化复合物，特别是对含芳烃的烃类膜等。每个类别及其中间有性质范围广泛的材料。如降解温度范围在 $250 \sim 500 ℃$、水吸附量范围 $2.5 \sim 27.5\ H_2O/H_2SO_4$、电导率范围 $10^{-5} \sim 10^{-2} S/cm$ 的膜。如前述，有超过 60 类不同聚合物可以替代 PFSA 膜。但进一步确认，其中的 46 种膜的特征很难作为汽车用 PEM 燃料电池膜使用（因第 5 章中所述的 13 个原因）。除这 46 类外仍然有 16 类膜可替代 PFSA 膜，但仍需要进一步研究。表 5-3 中给出了这 16 类聚合物作为汽车燃料电池应用可接受电解质膜的设计信息。

7.5.2.2　催化剂层设计

在 PEM 燃料电池中，使用的燃料类型确定了所需要的合适类型催化剂。在这方面内容中，对一氧化碳的耐受性是一件主要事情，特别是当使用的氢燃料是由甲醇蒸气重整生产的重整气时。甲醇重整物含有多达 25%二氧化碳以及少量的一氧化碳（1%）。已经证明，燃料氢中仅有百万分之几的 CO 浓度就能够使 PEM 燃料电池性能下降。这是由于 CO 在催化剂上的强化学吸附。

在前面催化剂部分已经叙述过，有两种技术解决 CO 中毒问题：燃料重整或催化剂合金化。首先，燃料能够进行重整以降低燃料中的 CO 含量。如果使用车载重整器，要求 PEM 燃料电池必须具有耐受至少 100×10^{-6} 浓度的 CO，这是为降低重整器的大小。可使用的重整技术有：①选择性氧化，选择性氧化是使用优先氧化技术移去氢气中的 CO，而其他除去 CO 技术增加系统负荷和消耗系统能量。在选择性氧化中，重整过的燃料与空气或氧气混合，既可以在燃料进料到燃料电池前也可以在池堆内进行。②选择性催化氧化，催化剂床层放在燃料流入口和阳极催化剂之间。目前选择性催化氧化技术能够使 CO 含量降低到 $<10 \times 10^{-6}$，但在实际操作条件下要保持仍然是困难的；Ballard 公司已证明，Pt-Al 催化剂可使甲醇重整富氢气体（含少量氧）生产的氢燃料中 CO 含量显著降低；在阳极湿化器中使用过氧化氢（H_2O_2）能够成功缓解富 H_2 进料气体中 100×10^{-6} CO 对催化剂的中毒，这种缓解似乎是由意想不到的渗入 O_2 提供的（湿化器中过氧化氢分解产生），而不是由于从湿化器向阳极传输 H_2O_2 蒸气氧化 CO 的结果。

当以合金化催化剂来解决 CO 问题时，一种（二元催化剂）或有时两种元素（三元催化剂）被加入到基础催化剂中。表 6-1 中列举 26 类阳极催化剂合金。如表 6-1 中指出的，二元和三元阳极催化剂一般但不是总是 Pt 基和负载在碳上（或 C 上）的催化剂。对 CO 污染的氢气，可以总结出至少有 7 种 Pt 基催化剂的性能等于或类似于纯氢燃料电池的 Pt/C，它们是 Pt-Ru/C、Pt-Mo/C、Pt-W/C、Pt-Ru-Mo/C、Pt-Ru-W/C、Pt-Ru-Al₄、Pt-Re-(MgH₂)。表 6-1 列举催化剂中的 13 种是二元催化剂。对其中的 10 种进行过特别研究：Pt-Ru/C、Pt-Ir/C、Pt-V/C、Pt-Rh/C、Pt-Cr/C、Pt-Co/C、Pt-Ni/C、Pt-Fe/C、Pt-Mn/C、Pt-Pd/C。每一种碳负载催化剂含 20%（质量分数）Pt 合金，Pt 含量为 $0.4mg/cm^2$ 在 5%（质量分数）PFSA 溶液中制备而成。试验结果指出：当暴露于含 CO 的富氢气体中时，仅 Pt-Ru 显示的池性能等于纯氢单一金属 Pt/C 催化剂的性能；双金属中的 Ru 吸附水并促进 CO 的氧化。虽然合适的 CO 耐受性能够在 Ru 含量范围 15%～85%中获得，确定的 Pt-Ru 的优化比为 50：50。Pt-Mo/C 和 Pd 基合金 Au-Pd/C 催化剂也是二元合金催化剂。试验结果证实，Pt-Mo/C 合金催化剂有高的 CO 耐受性，对低含量 CO（$10 \times 10^{-6} \sim 20 \times 10^{-6}$）的重整物无须渗入空气。但是，当 CO 含量在 20×10^{-6} 以上，该催化剂的这个优势下降。虽然一般认为 Pt-Ru/C 胜过 Pt-Mo/C，但也有作者发现与 Pt-Ru/C 比较 Pt-Mo/C 的性能更好的。近来发展出非铂基二元 Au-Pd 催化剂，它对 CO/H_2 的电氧化性能要比 Pt-Ru 催化剂高 3 倍。三元催化剂一般基于 Pt-Ru 合金，对很大数目的三元催化剂和部分二元催化剂进行了研究，包括 Pt-Ru 与 Ni、Pd、Co、Rh、Ir、Mn、Cr、W、Zr 和 Nb 的合金，与纯铂催化剂性能进行的比较指出，对所有研究的催化剂，在有 CO 存在时，二元催化剂 $Pt_{0.53}Ru_{0.47}$ 和 $Pt_{0.82}W_{0.18}$ 远优于纯 Pt。这两个催化剂中，Pt-Ru 在低电位区域比较好而 Pt-W 在电位平台区域较优（非常高电流密度区域除外）。而三元合金 $Pt_{0.53}Ru_{0.32}W_{0.15}$ 催化剂在低电位区域和电位平台区域都超过二元合金。其他研究者在试验分析和多种催化剂（包括纯铂、二元和三元 Pt 基催化剂）后发现，一般三元催化剂有最好的性能。在三元催化剂发展中发现了非碳负载的 $Pt-Ru-Al_4$ 电催化剂。使用高能球磨方法生产的 $Pt-Ru-Al_4$ 催化剂在含 CO 100×10^{-6} 的重整物气体中显示与 Pt-Ru/C 相等的性能。使用类似的球磨技术生产的无碳负载的 $Pt-Re-(MgH_2)$ 三元催化剂，在含 CO 100×10^{-6} 的重整物气体中显示的性能好于 Pt-Ru/C 催化剂。深入对 Pt 催化剂的粒子形貌进行了大量研究，发展出核壳和中空催化剂（见第 6 章）以及近来发展的一维纳米结构 Pt 催化剂，并取得了相当漂亮的成绩，但目前更多的还停留在实验室阶段，主要因成本问题尚未进行商业化试验。但 3M 公司发展的纳米结构薄膜催化剂 NSTF 电极和新发展的集成气体扩散电极（GDE）（详见第 6 章内容），在特殊情形催化剂和电极设计中也应该加以考虑。

　　PEM 燃料电池阴极催化剂也就是氧还原反应（ORR）催化剂似乎更显重要。虽然它没有 CO 中毒的问题，但在燃料电池条件下，氧还原反应的速率要比氢氧化反应的速率慢数个数量级。因此，对 ORR 催化剂的研究和发展也下了很大努力。ORR 催化剂也主要应用铂基催化剂。前述对氢氧化催化剂的设计思想基本上也可使用 ORR 催化剂，包括 Pt 基催化剂合金化（如 Pt-Ni/C 和 Pt-Co/C 阴极 ORR 催化剂）和不同形貌和结构的负载 Pt 催化剂。同样为了提高 ORR 活性和降低铂负荷，进行了大量研究。从初始增加铂的分散使用载体，到利用 Pt 纳米粒子，发展出不少新的制备和沉积技术。优化催化剂大小、形状、结构和形貌，加入其他组分形成 Pt 合金或混杂纳米结构。Pt 的 ORR 比活性随粒子大小从 1.3nm 快速增加，质量活性在 2.2nm 达到最大值。不同形状（如立方体、四面体、截角八面体和高指数面四-八面体）和不同结构（如固体、中空和多孔）的 Pt 纳米粒子（Pt NP）都进行了合成、研究和示范。虽然这些 Pt NP 显示有优良催化活性，但这些球形纳米粒子在 PEMFC 操作期间诱导严重的降解。零维（0D）结构的高表面能小粒子对溶解比较敏感，而这在实际 PEMFC 操作苛刻阴极环境更加显著。另外，碳材料腐蚀也会导致催化剂降解，导致催化剂 NP 与载体分离，在膜上烧结，池性能变差。为解决这些事情，有优良稳定性的新纳米结构对实际应用是紧急需要的。可以考虑一维纳米结构的 Pt 和 Pt 合金催化剂，它们具有一些能够克服零维 Pt 纳米粒子的一些问题，虽然它也面对一些严重挑战。另外，值得注意的是，使用特殊的非铂催化剂，即金属大环有机络合物催化剂。例如，其中一个大环催化剂是使用吸附于二萘嵌苯四羧酸二酸酐上的醋酸铁在 $Ar-H_2-NH_3$ 环境条件中热解制备的。已经发展"快而大生产量"的方法来获得这类氧还原催化剂，对 1200 个双金属络合物进行了研究（在第 6 章中已详细介绍）。大约有 20 种金属有机大环络合物适合使用作为燃料电池的氧还原催化剂。

7.5.2.3　流动板设计

在本章前面已经对双极板（流动板）做的详细介绍和讨论指出，流动板的材料和几何形状的选择必须考虑它们的多功能性质，也即气体传输和再分布到电极、离开电流收集器的电子传输、水移去和机械支撑燃料电池或池堆。为此，选择的标准流动板材料选择应具有的性质是：高电导率、低气体渗透率、高抗腐蚀能力、高强度、高抗热能力和低成本。

石墨板满足大多数这些性质要求，因它们有好的化学稳定性和高的电导率，因此普遍使用。但是，其他材料如石墨聚合物混合物和金属流动场板，像 Al、Ti、Ni，也能够替代石墨材料，因为它们有优越的机械强度、好的电导率、紧凑的大小和低的成本。试验研究已经证明，在 HT-PEMFC 中已经透彻地研究试验了金属双极板。为长期操作对金属板保护性涂层是必须的。

两类双极板材料对 HT-PEMFC 总性能降解的贡献的比较指出，对试验的两种高温石墨复合材料：表面处理石墨和金涂层不锈钢流动场板，各自的 MEA 在 180℃操作后发现，它们吸着的电解质数量都是可以忽略的，因此确保了低的降解速率。对石墨复合材料基材料也发现，磷酸（PA）损失和性能间有着清楚的关联。在设计 HT-PEMFC 双极流动场板时要特别考虑操作温度范围和磷酸问题。对一些 HT-PEMFC 情形，其 MEA 中的 PA 能够损失在双极板中，所以，以不吸着 PA 材料制作双极板是理想的。而双极板上的 PA 可能危及 GDL 中的气体传输，招致氧化过程的发生和碳腐蚀的加速，同时也因较高蒸气压的气体使酸可能蒸发。虽然流动板总大小是由 MEA 的大小决定的，但能够通过优化流动场构型来增强燃料电池性能。为此，研究发展出若干流动场构型，包括平行直通道、曲折通道和循环交叉通道、人字形和松树形流动场构型。对 HT-PEMFC 中的流动场设计应该考虑水是以蒸汽形式存在的事实。在 LT-PEMFC 中，希望有较高压力降来移去液体水以避免泛滥，而在 HT-PEMFC 中，重点是要低压力降以增强传质。对平行直通道和曲折流动场设计的比较试验中发现，曲折流动场获得的性能较高，尽管其有较高压力降。对平行直通道构型情形，其性能损失是由于气体流动总是寻找低压力降的优先路径而导致的不均匀分布。使用数学模型对流动通道几何形状效应进行的研究发现，相对小总宽和小肋骨总宽比对燃料电池产生高功率密度是有利的。对 CHP 应用的 HT-PEMFC 阳极和阴极，使用人字形流动场分布设计较好，因为与平行曲折设计比较，通道数增加，降低了压力降和增大了双极板和 GDL 间的电接触面积。

7.5.2.4　气体扩散层设计

燃料电池系统的中心部分是膜电极装配体（MEA），由传导质子的膜和阳极和阴极催化剂层组成。膜需要水合以保持高质子电导率和确保合适的燃料电池性能。但是，电极中过量的水引起电极泛滥，这会阻止电化学反应的进行和降低池性能，因此两者之间必须保持仔细的平衡。如前面所述，与催化剂层接触的气体扩散层（GDL）是有能力保持燃料电池性能的关键组件之一，因为它的基本功能是把流动通道中的反应物气体传输到催化剂层，以低电阻传导电子和保持低湿度膜在润湿条件下。虽然有不同类型的 GDL 和新结构概念正在发展之中，GDL 一般由碳纤维做成和由大孔基体（MPS）和微孔层（MPL）的组合构成，如图 7-13 所示。与气体流动通道接触的大孔基体作为气体分布器和电流收集器。MPL 含碳粉末和憎水试剂，掌管两相水流动。大孔基体 MPS，也称为气体扩散支撑体（GDB），由碳纸、碳布或碳毡构成；微孔层 MPL，固定在 MPS 上，从提高池性能考虑，这个附加层在燃料电池技术中逐渐成为"标准"配置，以增加池性能，防止 MPS 散架影响和提高耐用性，同时改进它的制作。MPL 通常使用沉积或涂渍悬浮在含黏结剂（一般是 PTFE）墨水中的细碳粒子制作。MPL 实际上是大孔基体和催化剂层间的一个中间层，使孔大小分布有合适梯度。为优化反应气体到催化剂层的传输而同时避免池关键部分的水泛滥或过于干燥，MPL 的结构和组成必须有合适的疏水性。如大量研究特别是对复杂结构多相流的研究和模拟已经证明的，MPL 能够强制水从阴极 GDL 向阳极室迁移，这有利于高湿化气体或高电流密度情形中的水移去，因为水是在阴极产生的。有时会在阳极和阴极使用不同的 GDL，所谓的"不对称 GDL"。另外，MPL 也能够为最小化催化剂和 MPS 间的接触电阻作出贡献。

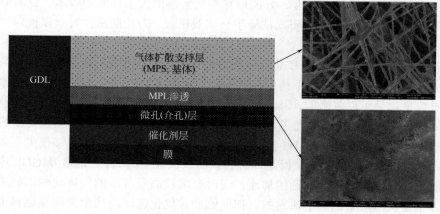

图 7-13 GDL 结构示意图

所以，一面接触阳极另一面接触阴极的 GDL 厚度，一般在 $100\sim300\mu m$ 之间。GDL 材料通常是多孔碳纸或碳布或碳毡，其多孔（含大孔和介孔）性质确保反应物气体能够有效扩散到膜电极装配体的催化剂上。其结构能够对燃料气和氧化剂气体进行分开的分布，气体通过它的空隙扩散，以与催化剂薄膜的整个表面接触。

GDL 能够在燃料电池操作期间进行水管理，因 GDL 允许适当数量的水蒸气到达膜电极装配体，保持膜的湿化和提高池的效率。GDL 促进在阴极产生的液体水离开池，使其不泛滥。GDL 可以类比成潮湿的橡皮，至少在一定程度上它能够确保所希望的那样，使碳布或碳纸中的大多数孔不被水阻塞，因此确保了反应物气体快速扩散和在电极上以高的速率发生电化学反应。PTFE 是 GDL 湿橡皮广泛使用的试剂材料，且已经在 PEM 燃料电池中广泛应用。

虽然对燃料电池中使用的碳纸和碳布进行特定目的的研究很少，但在水管理的一个研究中发现，在 Ballard Mark V 燃料电池中使用的碳布，在高电流密度时显示有明显的优点。在池电位对电流密度作图中发现，准线性区域的斜率从 $0.27\Omega/cm^2$ 降低到 $0.21\Omega/cm^2$，使用碳布时的限制电流显著上升。因碳布能够改进水管理和增强氧的扩散速率，说明碳布也增强了阴极上的传质性质。最后，碳布基质的表面孔隙率和憎水性对液体水的迁移是有利的。

7.5.2.5 垫片设计

类似于双极板，垫片也是多功能的，因此它们必须满足多种要求。使用它们的目的包括在长操作时间内防止气体和冷冻剂的泄漏、补偿温度循环中尺寸变化的耐受性、电绝缘和提供适当的板和 GDL 间的接触压力。所以，垫片材料选择应该考虑这些功能和燃料电池操作条件，如对 HT-PEMFC，温度达 200℃和含 PA 的操作。垫片的厚度应该仔细选择，以确保热循环期间有合适的气密性，对尺寸变化的耐受性，以及合适的压缩比而防止液体被挤压出来。

化学稳定性是垫片材料性质的一个关键要求，特别是在 HT-PEMFC 中使用的垫片（因它们暴露于热磷酸中），因要暴露于燃料电池的有害环境中。它们应该承受操作温度下这些条件，并有效地密封反应物气体和冷却剂很长一段时间。硅橡胶、四丙氟橡胶（AFLAS）、四氟乙烯弹性体（FFKM）、氟橡胶（FKM）和乙丙橡胶（EPM、EPDM）等材料完全能够满足密封垫片的要求。PTFE 垫片也普遍使用，因它具有好的气密性和化学稳定性。基于垫片要求的功能和性质，已经普遍试验橡胶和塑性材料作为垫片使用（特别是在 HT-PEMFC 中）。当选择垫片材料时，一个必须考虑的主要性质是它的黏弹性，这是确保在制作期间好的加工能力和有所希望的耐受性和低黏度。美国燃料电池协会（USFCC），现在称为燃料电池和氢能协会（FCHEA），推荐了 PEM 燃料电池垫片材料标准试验方法。对一般目的的垫片设计，其技术导引由欧洲密封协会（ESA）和流体密封协会（FSA）提供。

7.5.2.6　池堆设计

单元池的电压太低不能够满足实际应用的电功率要求。所以，一般需要多池串联装配形成池堆，以产生可以实际应用的电压。在燃料电池堆中，池大小和数目是由希望应用的功率需求决定的，最终应用也确定了 MEA 大小和池的数目，反过来 MEA 的大小决定双极板（用于串联池的电接触和分离邻近池的燃料和氧化剂）的几何体和材料。LT-PEMFC 和 HT-PEMFC 池堆的设计参数是类似的，唯一例外是 HT-PEMFC 的电解质是磷酸和水以气态形式存在。这个组合影响 HT-PEMFC 最重要的设计考虑之一——热量管理。

对 HT-PEMFC 池堆，两个最常使用的冷却技术是（空）气冷和液冷。气冷通过增加阴极空气的化学计量比来达到，但是，气冷仅适用于活性面积<200cm^2 和功率输出<5 kW 的情形。因为池堆操作温度和入口温度间的差会导致在活性池面积上产生高的温度梯度。另外，气冷对较大池堆装配体可能是不合适的。

对使用热油或水的液冷情形，为分离冷却剂流与催化剂和反应物气体流，必须要有分离的冷却剂循环回路。热油冷却剂液体有更严格的密封要求，因为泄漏可能中毒催化剂。液体水的使用在 HT-PEMFC 操作温度下需要较高压力的冷却循环回路。在 HT-PEMFC 池堆中使用水作为冷却介质是相对稀罕的。

对集成甲醇重整器燃料电池安排的两个商业 HT-PEMFC 池堆做了研究，一个是较小的气冷（Serenergy H3-350）和另一个是较高功率输出的热油液冷（Serenergy H3-15 k）。结果指出，气冷系统具有系统简单的优点，但需要优化阴极高化学计量比的流动场设计，它也要经受有不均匀的池温度。另外，使用热传输流体的液冷，虽然需要额外的组件来循环和热交换，但提供比较均匀的池温度。用泵的液体循环在效率上比使用压缩机或风扇的气冷更加有效，使该技术适合于较高功率输出的系统。

7.5.2.7　系统设计

低温燃料电池以使用纯氢燃料为好，因此在系统设计中应该包含能够生产和存储纯氢的子系统。但对 HT-PEMFC 系统设计主要取决于所有燃料和系统的目标应用。如果使用烃类和醇类燃料，需要燃料加工单元。已知 HT-PEMFC 的系统设计比较简单（因比较耐 CO），消除了重整物操作系统中的气体预湿化需求；较高操作温度更容易排热；在几乎无水条件下操作移去了对湿化器的需求和简化了水管理。

7.5.2.8　与燃料加工子系统的集成

研究已经证明，燃料加工器单元与 HT-PEMFC 系统是能够很好集成的研究。燃料加工可以使用外重整，此时燃料加工器是独立的，放在燃料电池装配体的外面；但也可以使用内重整，此时燃料重整器放在燃料电池装配体内。

7.5.3 MEA 制造

7.5.3.1 膜和 GDL 的制备

鉴于催化剂层一般是在 MEA 装配期间制备和应用的，而膜和 GDL 是在装配前制作的，因此首先简要讨论膜的合成制备。为制作 PFSA 膜，可以使用多种聚合过程。表 7-12 分析了多个聚合物膜的加工步骤和主要的输入和输出。应该注意到，在加工步骤中包含了许多化学过程和许多耗能的加热和干燥步骤。

表 7-12　燃料电池用膜合成方法分析

合成工艺步骤		主要过程输入	主要过程输出
PFSA 膜的合成			
1	部分氟化	HF、氟化锑、氯仿	氯二氟甲烷
2	热解	氯二氟甲烷	四氟乙烯（TFE）
3	热解（290~370℃）	二酰基氟化物	全氟乙烯基醚
4	共聚	TFE、全氟乙烯基醚	PFSA 溶液
5	铸造	PFSA 溶液	PFSA 薄膜
6	磺化	PFSA 薄膜、氢氧化钠/氢氧化钾	磺化 PFSA 薄膜
全氟羧酸膜的合成			
1	反应	发烟硫酸、1,4-二碘全氟丁烷	环内酯
2	反应	甲醇、环内酯	3-甲基羰基全氟丙酰氟化物
3	热解	3-甲基羰基全氟丙酰氟化物、HFPO	羧酸化全氟乙烯基醚
4	部分氟化	氟化氢（HF）、氟化锑、氯仿	氯二氟甲烷
5	热解	氯二氟甲烷	TFE
6	共聚	羧酸化全氟乙烯基醚、TFE	全氟羧酸（PFCA）溶液
7	铸造	PFCA 溶液	PFCA 薄膜
8	磺化	PFCA 薄膜、氢氧化钠/氢氧化钾	磺化 PFCA 膜
聚 AMPS 膜的合成			
1	反应	丙烯腈、异丁烯、硫酸	AMPS 单体
2	加成（40℃）	蒸馏水、AMPS 单体	溶解的 AMPS 单体
3	加成	溶解的 AMPS 单体、蒸馏水中的过硫酸铵	含过硫酸铵的 AMPS
4	聚合（60℃）	含过硫酸铵的 AMPS、蒸馏水中的焦硫酸钠	聚 AMPS
5	铸造	聚 AMPS	聚 AMPS 膜
α,β,β-三氟苯乙烯接枝聚（四氟乙烯-乙烯）后磺化膜			
1	在 α,β 位置氟化	HF、乙烯基苯	氟化乙烯基苯
2	接枝	氟化乙烯基苯、PTFE/乙烯	PTFE 接枝氟化乙烯基苯
3	磺化	PTFE 接枝氟化乙烯基苯、硫酸	聚（四氟乙烯-乙烯）膜
苯乙烯接枝和 PVDF 膜			
1	电子束辐射	PVDF 膜	辐射膜
2	混合	苯乙烯、DVB 或 BVPE、甲苯	单体

续表

合成工艺步骤	主要过程输入	主要过程输出
3　接枝（浸在单体中）	单体、辐射膜	苯乙烯接枝膜
4　磺化	苯乙烯接枝膜、硫酸	PVDF-PSSA 膜
双（过氟烷基砜）酰亚胺膜的合成		
1　聚合	单体、TFE $C_8F_{17}CO_2NH_4$、$(NH_4)_2S_2O_4/NH_2SO_3H$	乳液
2　过滤	乳液、酸	大块聚合物
3　干燥	大块聚合物	干燥聚合物
4　声处理	干燥聚合物、DMF	超声聚合物
5　真空炉中移去 DMF	超声聚合物	无 DMF 聚合物
6　在 220～250℃ 退火	无 DMF 聚合物	退火聚合物
7　煮沸	HNO_3、退火聚合物	双（过氟烷基砜）酰亚胺膜
Gore-Sekect^{TM} 膜		
1　辊层压/超声层压/黏附层压	聚丙烯机织物、膨胀聚四氟乙烯（ePTFE）	层压 ePTFE 片
2　混合	HC/FC 基表面活性剂、PFSA/PFCA	溶液
3　辊涂/逆辊涂/凹版涂布	层压 ePTFE 片	涂层片
4　移去过量溶液	涂层片，溶液	无过量溶液片
5　干燥过夜	无过量溶液片	干燥片
6　重复步骤 3～5 若干次		
7　浸泡	水/H_2O_2/CH_3OH，干燥片	无表面活性剂膜
8　在溶胀试剂中煮沸	无表面活性剂膜	Gore-Sekect^{TM} 膜
BAM3G 膜的合成		
1　混合（35～96℃，24～74h，惰性气氛）	α,β,β-三氟苯乙烯单体、取代 α,β,β-三氟苯乙烯共聚物、无自由基引发剂、乳液化试剂	基础共聚物
2　溶解于溶剂中	基础共聚物、二氯甲烷、四氯乙烯和氯仿	溶解的共聚物
3　磺化	溶解的共聚物、氯磺酸	BAM3G 膜
交联或非交联磺化 PEEK（SPEEK）膜		
1　聚合	EEK 单体	PEEK
2　磺化 60%	PEEK、95%～96.5% 硫酸	磺化 PEEK
3（a）硫酸基团到氯化磺酰的转化	磺化 PEEK、PC15/氯化亚砜	磺酰 PEEK
3（b）用高能辐射或热交联	磺酰 PEEK、脂肪胺/芳胺、氯仿或二氯乙烷	交联 SPEEK
或 3（a）内/相互链聚合（120℃，真空）	磺化 PEEK	交联 SPEEK
4　铸造	交联 SPEEK	SPEEK 膜
磺化 PPBP 膜的合成		
1　混合	三苯基膦、氮、双（三苯基膦）、氯化镍（Ⅱ）、碘化钠、锌粉、无水 N-甲基吡咯烷酮	溶液
2　搅拌过夜	溶液	溶液
3　在丙酮浴中凝结	溶液	凝结溶液
4　掺合	凝结溶液	粗聚物

续表

合成工艺步骤	主要过程输入	主要过程输出
5 移去过量锌	粗聚合物、乙醇中的盐酸	无锌粗聚合物
6 过滤	无锌粗聚合物	过滤物
7 洗涤	过滤物、水/丙酮	水洗过滤物
8 溶解	亚甲基氯化物、水洗过滤物	溶解的溶液
9 用聚丙烯膜过滤	溶解的溶液	过滤物
10 凝结	丙酮、过滤物	凝结聚合物
11 过滤	凝结聚合物	过滤物
12 干燥	过滤物	聚(4-苯氧基苯甲酰-1,4-亚苯基)(PPBP)
13 溶解	氯仿、PPBP	溶解的 PPBP
14 重新沉淀	溶解的 PPBP、甲醇	固体 PPBP
15 干燥	固体聚合物	干燥聚合物
16 粉碎	干燥聚合物	干燥 PPBP
17 溶解于硫酸中	干燥 PPBP、硫酸	溶解的 PPBP
18 加水	溶解的 PPBP、水	水混合 PPBP
19 过滤	水混合 PPBP	沉淀物
20 洗涤	沉淀物、水	水洗沉淀物
21 粉碎	水洗沉淀物	粉碎沉淀物
22 洗涤	粉碎沉淀物	粉碎沉淀物
23 透析	粉碎沉淀物、蒸馏水	磺化聚合物
24 溶解	NMP、磺化聚合物	溶解聚合物
25 在四氢呋喃中再沉淀	溶解聚合物、四氢呋喃	再沉淀聚合物
26 干燥	再沉淀聚合物	干燥聚合物
27 溶解	干燥聚合物、NMP	2%(质量分数)溶液
28 铸造	2%(质量分数)溶液	铸造薄膜
29 干燥	铸造薄膜	干燥薄膜
30 洗涤	干燥薄膜、甲醇	洗涤后的薄膜
31 真空干燥	洗涤后的薄膜	磺化 PPBP 膜
酸掺杂聚苯并咪唑(PBI)膜		
1 铸造	二甲基乙酰胺	铸造薄膜
2 煮沸	水、铸造薄膜	薄膜
3 掺杂	薄膜、磷酸	酸掺杂 PBI 膜
或		
1 铸造	PBI	铸造薄膜
2 煮沸	水、铸造薄膜	薄膜
3 掺杂	薄膜、磷酸	酸掺杂 PBI 膜
负载氟化物膜		
1 基体水急冷	双轴定向 PBO 挤压聚合物、水	水合基体
2 传导离子聚合物的磺化	PFSA、硫酸	磺化 PFSA
3 溶剂交换	水合基体、磺化 PFSA	富 PFSA 基体
4 张力干燥	负荷 PFSA 基体	干燥基体
5 为完全移去溶剂脱气	负荷 PFSA 干燥基体	氟化物膜
6 热压	氟化物膜	负载氟化物膜

由于气体扩散层（GDL）也是先于装配前制作的，有必要介绍 GDL 材料的碳纸制作，碳纸的制造分为四个步骤：预固定（连续链与线轴对齐，接着表面用树脂浴处理，生成层状结构）、成型、碳化和石墨化。碳布的制作类似于碳纸，也需四个步骤：含碳纤维的生产（从沥青中间相通过熔纺、离心纺丝、吹纺等做成），纤维氧化、再编织或针织成布，石墨化。最后，为防渗（穿）透，碳布或纸通常再使用 PTFE 湿泡。在湿泡防渗透过程中，碳布或碳纸基质的两边都应用碳/PTFE 悬浮液浸泡。应用碳/PTFE 混合物使浸泡过的碳布或碳纸平整化除去粗糙不平部分，这样能够提高气体和水的传输性质。

7.5.3.2　MEA 装配体

如图 7-11 所示，MEA 的装配可采用两种模式：①把催化剂层加到 GDL 上，接着再添加膜；②把催化剂层装到膜上，接着再添加 GDL。不管何种装配模式，催化剂层都是以两个分离步骤制备的，使用单一的喷射工艺。如在后面讨论的，在制作 MEA 的这两种模式基础上，又发展出若干不同制造方法。

对每种模式，早期的催化剂都使用铂黑。后来，改用 10% 碳负载铂（Pt/C，粒子大小 2nm）和 100μm 厚的催化剂层替代铂黑。该改进的明显优点是较高程度的 Pt 分散。使用 PFSA 溶液浸渍碳布上的 Pt/C/PTFE 催化剂层，是为了用重铸离子交联聚合物充满它或至少是它的主要部分，这样可把 PFSA 膜热压到催化剂上形成电极。这个过程可克服膜和与膜催化剂活性位不亲密接触而导致的质子传导（影响池性能）问题，进一步提高池性能。通过优化 PFSA 浸渍物的百分含量，使用了含 20%Pt/C 的催化剂层和 50nm 的催化剂层。虽然该方法被认为是一个主要突破，因为不是所有方法都使用离子交联聚合物浸渍。如后面要描述的展布方法、喷雾方法和催化剂粉末沉积方法，都是不使用离子交联聚合物浸渍的。

对 MEA 装配模式 1，发展并已应用的制作 GDL/催化剂装配体的方法有五个：①展布。机械混合碳负载催化剂和 PTFE 制作面团，再使用重的不锈钢圆柱体把其展布到平板平面上。该操作能够使 GDL/催化剂装配体上有薄和均匀的催化活性层，Pt 负荷直接关系到层的厚度。②喷洒。在喷洒方法中，电解质悬浮在水、醇和胶态 PTFE 的混合液中，该混合液被重复喷洒在湿渗（防穿透）的碳上。在再一次喷洒前，电极进行烧结以防止层中的组分被再溶解。最后一步是电极的滚动，使生产的 GDL/催化剂装配体上有薄和均匀厚度的低空隙率层。③催化剂粉末沉积。在该方法中，催化剂组分（如 Vulcan XC-72、PTFE 粉末、不同 Pt/C 催化剂含量）在快速运转滚刀机中于强制冷却条件下混合。获得的混合物再被沉积到很好防渗的碳布上。该方法也应用碳/PTFE 混合物层以抹平碳纸的粗糙和改进 MEA 的气体和水传输性质。④离子交联聚合物浸渍。在该方法中，使用在低级脂肪醇和水混合溶剂中溶解的 PTFE 与催化剂混合物喷涂在 GDL 上。为提高 GDL/催化剂装配体的可重复性，催化剂和离子交联聚合物在沉积前先预先混合，但不是使用 Pt/C/PTFE 层的离子交联聚合物的浸渍物。⑤电沉积。电沉积包括多孔碳用离子交联聚合物的浸渍、离子交联聚合物阳离子与铂阳离子络合物交换、络合物中的铂电沉积到碳载体上等步骤。这样铂仅沉积在碳和离子交联聚合物都可以有效接近的那些活性位上。

在 MEA 装配模式 2 中，已经确证有六种应用催化剂的方法可以用来制作膜/催化剂装配体：①浸渍还原。在该方法（即无电沉积或化学镀）中，膜、Na$^+$ 形式的铂粒子 [与 $(NH_3)_4PtCl_2$ 离子交换成 Na$^+$ 形式] 和共溶剂 H_2O/CH_3OH 间是平衡的，接着的浸渍过程形成 H$^+$ 形式的 PFSA，再真空干燥，一面暴露于空气，另一面暴露于还原剂 $NaBH_4$ 溶液。该方法生产的膜/

催化剂装配体的金属负荷在 $2\sim6mg(Pt)/cm^2$ 范围。②蒸发沉积。该制作工艺中，$(NH_3)_4PtCl_2$ 水溶液蒸发沉积到膜上，沉积盐后，整个膜浸泡在 $NaBH_4$ 溶液中还原产生金属铂。该方法在膜/催化剂装配体上生产的金属负荷 $\leq0.1mg(Pt)/cm^2$。③喷雾干燥。该方法中，反应性物料（Pt/C、PTFE、PFSA 粉末或填充剂物料）在滚刀式磨机中混合，然后混合物被原子化并在氮气流中通过狭缝喷嘴直接喷洒在膜上。虽然催化材料在表面的黏附性是强的，但为了提高混合物离子接触，喷雾层被热滚动或热压固定。取决于原子化程度，用这个技术能够制作出完全均匀覆盖的活性层，厚度薄至 $5\mu m$。④新制作方法。该新方法中，PFSA 溶液与催化剂混合，真空干燥。然后，涂层 PFSA 催化剂再与 PTFE 粉末和水混合，添加碳酸钙造成剂。混合物经过滤，过滤物再成型成片状。然后在硝酸中浸泡移去所含碳酸钙，再干燥。PFSA 溶液再应用到电极催化剂层的另外一边。最后催化剂层被应用到膜上。⑤贴花催化剂。在该方法中，Pt 墨水（悬浮液）是催化剂和溶解 PFSA 的完全混合物。第二步把甲醇 TBAOH 溶液加到催化剂 PFSA 溶液中，墨水中质子化形式 PFSA 转化为 TBA（四丁胺）形式。为提高墨水涂覆性能和悬浮液稳定性，添加甘油。膜使用"贴花（decal，封装）"过程被层化，该过程中墨水浇注在空白 PTFE 上，传输给热压的膜。当空白 PTFE 被去皮，在膜上只留下薄催化剂层。在最后一步中，它们被浸没在微沸的硫酸中，再用脱离子水冲洗，使催化膜再水合和进行离子交换形成 H^+ 形式。⑥涂覆。在涂覆方法中，Pt 墨水也使用贴花方法中描述的方法制备。墨水层直接涂覆在 Na^+ 形式的干膜上，烤干墨水。当使用薄膜或应用浓墨水时，涂覆面积会有相当的变形或失真。使用特殊加热和夹具在真空桌上干燥来掌控该变形或失真。大部分溶剂在低温下移去以缓解裂缝的产生。最后的痕量溶剂在高温下快速移去。在最后一步中，它们被浸没在微沸的硫酸中和再用脱离子水冲洗，使催化膜再水合和进行离子交换成 H^+ 形式。

在 MEA 制作的模式 1 和模式 2 中，也可使用溅射以单一步骤制作和应用催化剂。对模式 1，一个描述的方法是，把约 $5\mu m$ 厚的催化剂层溅射沉积在湿防护的 GDL 上。在阳极 GDL 上溅射沉积很薄催化剂层，过量涂覆时催化剂性能也是很高的。但在阴极 GDL 上过量涂覆时，其性能并不能提高。对模式 2，一个描述的方法是，催化剂被溅射到膜的两边。为增强性能，把 PFSA 溶液、碳粉末和异丙醇混合物粉刷在膜/电极装配体的催化 PTSA 表面上。然后在真空室中干燥，移去残留的溶剂，得到干燥的膜电极装配体。墨水的溅射和应用可以重复以形成第二催化剂层。

表 7-13 和表 7-14 分别给出了制备膜电极装配体的两种模式的加工步骤及主要的输入输出物质。

表 7-13　对 MEA 装配模式 1 的催化剂制备和应用分析

工艺步骤	主要过程输入	主要过程输出
催化剂制备和应用：展布方法		
1　制作面团	碳负载金属催化剂、PTFE	面团
2　展布	面团、湿防护 GDL	涂层 GDL
3　滚动	涂层 GDL	GDL/催化剂装配体
催化剂制备和应用：喷雾方法		
1　制作氟化物混合物	碳负载金属催化剂、水、PTFE、醇	喷雾混合物
2　喷雾	混合物、湿防护 GDL	涂层 GDL
3　焙烧	涂层 GDL	涂层和烧结 GDL
4　滚动	涂层和烧结 GDL	GDL/催化剂装配体

续表

工艺步骤	主要过程输入	主要过程输出
催化剂应用：催化剂粉末沉积方法		
1　混合	碳负载催化剂、PTFE	反应性粉末
2　粉末应用		
（a）使用重力下的线漏斗	粉末、湿防护 GDL	涂层 GDL
或		
（b）水平粉末应用	粉末、湿防护 GDL	涂层 GDL
3　滚动	涂层 GDL	GDL/催化剂装配体
催化剂制备和应用：离子交联浸渍法		
1　混合	碳负载催化剂、PTFE、在脂肪醇和水中的 PFSA	催化剂溶液
2　滚动	催化剂溶液、湿防护 GDL	GDL/催化剂装配体
溅射		
1　溅射	湿防护 GDL、金属催化剂	溅射沉积纸
2　滚动	溅射沉积纸	GDL/催化剂装配体

表 7-14　对 MEA 装配模式 2 的催化剂制备和应用分析

工艺步骤	主要过程输入	主要过程输出
催化剂制备和应用：浸渍还原法（化学沉积方法）		
1　铂盐浸渍	膜、$(NH_3)_4PtCl_2$ 水溶液	负荷金属盐的膜
2　$(NH_3)_4Pt^{2+}$ 的还原	负荷金属盐的膜、$NaBH_4$ 水溶液	膜/催化剂装配体
催化剂制备和应用：蒸发沉积		
1　金属盐蒸发	膜、热量、金属盐如 $(NH_3)_4PtCl_2$ 水溶液	浸渍金属盐的膜
2　金属离子的还原	浸渍金属盐的膜、$NaBH_4$ 水溶液	膜/催化剂装配体
催化剂制备和应用：干喷雾方法		
1　制作氟化物粉末	碳负载金属催化剂、PTFE、膜材料粉末	复合物粉末
2　原子化	复合物粉末	原子化粉末
3　干喷雾	原子化粉末、膜	涂层膜
4　热滚动	涂层膜	膜/催化剂装配体
催化剂制备和应用：新制作方法		
1　催化剂制备	PFSA、金属催化剂	PFSA 涂层催化剂
2　真空干燥	PFSA、涂层催化剂	干燥催化剂
3　催化剂与其他物质混合	催化剂、PTFE、$CaCO_3$、水	复合物混合物
4　过滤	复合物混合物	过滤物
5　滚动	过滤物	滚动片
6　干燥	滚动片、HNO_3	无 $CaCO_3$ 片
7　干燥	片	电极催化剂装配体
8　在 150℃热压	电极催化剂装配体、膜	膜/催化剂装配体
催化剂制备和应用：催化剂贴花法		
1　混合	碳负载金属催化剂、可溶性离子交联聚合物	金属墨水
2　墨水到 TBA+形式的转化	金属墨水、TBAOH	TBA+墨水

工艺步骤	主要过程输入	主要过程输出
3　应用 TBA+墨水到空白 PTFE 上	TBA+墨水、空白 PTFE	涂层空白
4　干燥	涂层空白	干燥空白
5　热压到 Na$^+$ 膜	膜、高感知空白、热量	膜/空白装配体
6　空白的脱皮	膜/空白装配体	涂层膜
7　质子化	涂层膜、煮沸 H$_2$SO$_4$	质子化膜
8　漂洗	脱离子水，膜	洁净质子化膜
9　空气干燥	洁净质子化膜	膜/催化剂装配体
催化剂制备和应用：涂覆方法		
1　墨水在 Na$^+$ 聚合物电解质膜上涂覆	TBA+墨水、Na$^+$ 膜	涂层膜
2　在真空表下烘炉干燥	热、涂层膜	半干燥涂层膜
3　快速加热	半干燥涂层膜	干燥涂层膜
4　质子化	涂层膜、煮沸 H$_2$SO$_4$	质子化膜
5　漂洗	脱离子水、膜	洁净质子化膜
6　空气干燥	洁净质子化膜	膜/催化剂装配体
溅射		
1　混合	PTFE 溶液、碳粉末、异丙醇	离子传导聚合物墨水
2　溅射	膜	溅射膜
3　擦光	离子传导聚合物墨水、溅射膜	涂层膜
4　重复 2 和 3	离子传导聚合物墨水、溅射膜	离子传导聚合物墨水，溅射膜

　　模式 1 和模式 2 中的第一步分别是加入膜和 GDL。两种模式都可以应用热压。在热压程序中，膜被干燥，然后形成池堆后再用湿化气体适当地进行水合。但对模式 1，也提出了在热压前膜用加热到沸点的 H$_2$O$_2$ 溶液处理，再用脱离子水冲洗，浸没在热稀硫酸中，可在沸水中处理若干次。对该过程得到的 MEA 再氧化除去有机杂质、移去金属杂质和痕量的酸。

　　不管装配的模式是 1 还是 2，在 MEA 装配中的主要挑战是，要使 GDL 和催化剂层间达到很好接触，这样能够使催化剂在燃料电池操作期间获得最大化利用。也建议可以把催化剂层即 Pt/C/离子交联聚合物层（用预混合催化剂和离子交联聚合物浸渍 Pt/C 获得）热压到聚合物膜上，这比把膜热压到离子交联聚合物浸渍的 GDL 上有更好的重复性。因为用离子交联聚合物的浸渍很困难，GDL 具有憎水性质。提出的其他方法是，把催化剂 GDL 热压到膜上，但可能引起一些离子交联聚合物粒子嵌入到电极结构中，因此有可能提高其亲质子性。

7.6　PEFC 装配和制造

7.6.1　引言

　　低温操作（一般为 80℃）聚合物电解质燃料电池（PEFC）特别适合替代在汽车和便携式电源应用中的燃烧引擎和电池。为了达到大规模应用，需要进一步发展以使 PEFC 技术在成本、耐用性和性能上能够与现有技术竞争。因此，长期以来研究的重点主要都放在降低成本或替代昂贵的催化剂、综合提高耐用性、改善水和热量管理来提高总电效率。

为获得有用电压电流输出，每个单一池必须组合和装配成池堆。也就是需要有一个把池机械地连接在一起的方法来确保气体和液体的有效密封、电流收集和反应物配送。在池堆总电性能中有多种因素起着重要作用。一个典型池堆装置装配图示于图 7-14 中，主要组件已经在前面做了描述，但有关它们在机械压缩（装配）中的作用还没有涉及到，有的附件则没有叙述，因此仍有必要对它们做简要描述。

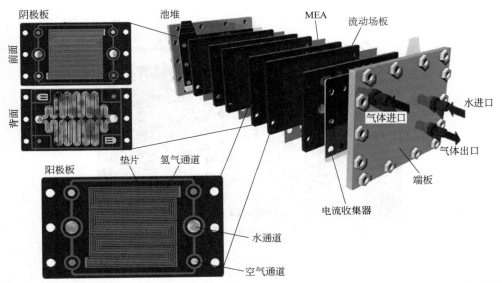

图 7-14 PEFC 池堆装配体：暴露的池堆，阴极和阳极，突出气体、水和密封通道和双极板设计

7.6.2 膜电极装配体

在图 7-15 中显示了 PEFC 单元池中质子、电子和反应物种在单元池各组件中是如何传输的。经双极板（BP，也称为流动场板，FFP），把燃料氢送到阳极，氧化剂空气/氧送到阴极。流动场板的作用之一是把反应物均匀分布到电极催化剂上。气体扩散层（GDL）使反应物气体在流动场板（图 7-16）平面上快速配送到发生反应的催化剂层（CL）。通常，有一用碳和憎水试剂做成的微多孔层（MPL）嵌在 CL 和 GDL 间界面上。为了在催化剂层中发生反应，反应物气体、催化剂粒子和离子导体（电解质）必须全都碰在一起［所谓三相边界（TPB）］。阳极上氢氧化半池反应（HOR）产生的质子通过电解质迁移到阴极，在阴极上与氧和来自外电路的电子发生氧还原（ORR）反应生成水，HOR 反应产生的电子经由外电路产生有用电流回到阴极。水以两种不同机理传输：从阳极到阴极是由于质子通过膜移动引起的渗透阻力；从阴极到阳极是由于阴极水高浓度产生的梯度扩散。PEFC 电极由 GDL、MPL 和 CL 组成，当电解质被夹在两电极之间被热压在一起时，在热和压力作用下它们形成膜电极装配体（MEA），它是燃料电池的核心。

7.6.3 流动场板

流动场板（FFP）为池堆提供结构整体性，承担反应气体分布和热量移去，也作为电流收集器使用，允许电子在每个池之间传输，而双极板 BP 是单一板，作为一个池的阴极和另一个池的阳极的电流收集器时使用。在板内的流动场凹槽称为"通道"。FFP 与电极接触达到电连接，称为"场地（land）"。池堆室的每一个末端装有集中电流收集器，那里的电子在外电路上流动，其外边是端板，安置整个池堆，为内歧管流动板引入反应物气体和冷却剂流体。燃料和氧化剂歧管由各自的燃料网络分布到每一个 MEA。

流动通道的横截面一般是矩形的，但也可利用多种形式的通道，如图 7-15 所示。

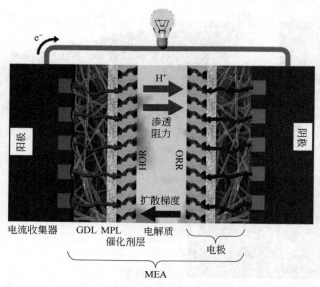

图 7-15　显示质子、电子和反应物通过池的移动以及水传输示意图

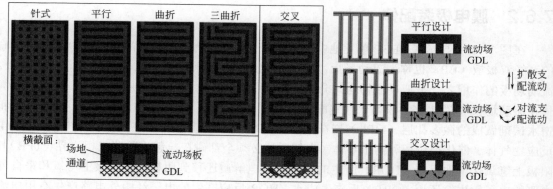

图 7-16　流动场设计（左右不同表述），仅交叉设计强制通过 GDL 到电极表面的对流

7.6.3.1　针孔连接流动场

针孔连接流动场具有串行和平行流动网络。这个板设计的反应物压力降很低，但能够导致溶沟和停滞，因气体总沿最小阻力路线流动，这可能引起在一些区域中反应物饥饿。

7.6.3.2　平行/直线流动场

平行/直线流动场设计的气体分布和水管网通常是差的，可导致在整个池堆上不均匀气体分布。

7.6.3.3　曲折流动场

曲折流动场设计能够解决平行流动场设计中的多个问题，因反应物是被强制流过整个电极区域的。但是，因为有长的流动路线，压力降是显著的和可能发生水泛滥。使用多重曲折流动场能够确保水的移去和降低反应物压力降；但是，路线仍然相对较长。

7.6.3.4　相互交叉（掌状）连接

相互交叉连接设计由互连闭锁死端流动场构成，它强制气体在扩散介质中对流，通常垂直于电极表面（与平行设计相反）。因为用强制对流替代扩散，气体到电极的配送得以大大改进，也改进了从电极结构中水的移去。但是它的压力降很大，可能需要对气体进行压缩，增加池堆的伴生功率损失。

每一种 FFP 气体通道设计，进料是从一个板再到下一个板，构型既可以串行也可以平行。在串行构型中，FFP 通道出口加料到前板的入口；在平行构型中，所有进口是从同一通道加料的，出口也都进入到并合通道中。图 7-17 给出平行流动的一个例子，3 池堆通过四重曲折流动场构型；也示出水冷却流动场，位于 FFP 的反面。

阳极反应物通道　　　　　阴极反应物通道　　　　　热量管理流体通道

图 7-17　通过 3 池堆（4 池）气体反应物和水冷却剂的四重曲折流动场

7.6.4　气体扩散层

每一个 FFP 连接气体扩散层（GDL），分布阳极 HOR 燃料和阴极 ORR 氧化剂。GDL 用 FFP 的反应物气体通道，把气体均匀分布到电极表面的同时最大化与 FFP 的电连接。GDL 的另外一个重要作用是水管理，通过促进水蒸气扩散到 MEA 使膜湿化，促进水的移去特别是在阴极（因 ORR 产生水），同时防止催化剂因泛滥而阻塞。所以，理想的 GDL 应具有高孔隙率（使反应物气体容易扩散）、极好的导电性和导热性，利用其憎水/亲水性质移去电极中的水。

FFP 和 GDL 间的机械接触有相当复杂的关系，直接关系到池堆的性能。机械接触也与燃料电池堆的装配压缩固有地相连。装配压缩的标准方法是使用系杆，让它穿过池堆和夹紧端板，为池堆结构提供稳定性，防止各个池、板或 MEA 的移动。最重要的是，组件装配压缩更是要确保电接触和池堆的密封。

有两类主要的 GDL："碳布"和"碳纸"，它们的结构示于图 7-18 中。它们都由碳纤维做成，通常用石墨化的热固性树脂键合。为了水管理，一般使用聚四氟乙烯（PTFE）树脂。对 GDL 性质进行的研究范围广泛，包括：离位表征，制作对 GDL 性质影响，操作条件对 GDL 性能和降解的影响（用原位和离位方法）。商业可利用 GDL 的物理性质当然也进行了研究。

在图 7-18 所示的直拉伸纤维碳纸的结构可清楚看到，GDL 具有复杂的三维几何结构[照片使用 X 射线计算机断层扫描（CT）构建，详细地给出三维 GDL 结构形状和各个碳纤维的定向]。数据的模型化能够提供孔隙率、孔连接和曲折率方面的信息。应用 X 射线计算机断层扫描（CT）也用来研究装配压缩效应。重点是 GDL 的压缩，证明了平面印花厚度的降低，更重要的是，流动场印花（见图 7-19）提供早先描述过的封孔效应信息。

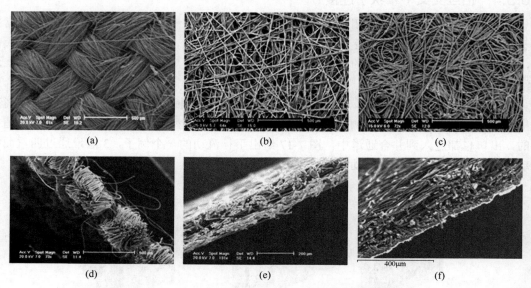

图 7-18　不同 GDL 材料的比较（包括端视图）

（a），（d）碳布中的编织纤维——Ballard 1071HCB；（b），（e）碳纸中的直伸张纤维——Toray H-060；
（c），（f）碳纸中的毡/"意大利面条"纤维

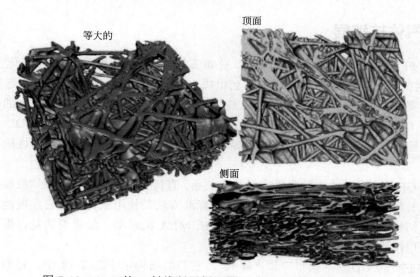

图 7-19　GDL 的 X 射线断层摄影图（碳纸中的直伸张纤维）

GDL 中通常包含微多孔层（MPL），界面上有催化剂层（CL），由碳和憎水黏合剂做成。MPL 的设计是要增加从催化剂层/GDL 界面水的移去（由于存在由两种孔大小不同孔产生的

毛细力）以及改进阳极边膜的湿化。通过温度分布以蒸气形式保持水，增强水从 CL 的传输，也降低阴极泛滥和增加氧扩散。MPL 也因降低与 CL 间的接触阻力提高了 GDL 的效率，防止催化剂迁移进入 GDL。

7.6.5　装配压缩效应

对聚合物电解质燃料电池（PEFC）、池堆及其组件的压缩已经总结于表 7-15 中。给出了分析技术、研究目的、压缩及其测量方法以及一些组件和参数变化，特别是 GDL 和压缩位移。

表 7-15　PEFC 组件、池和池堆的压缩

原位/离位	分析技术	研究	压缩方法	压缩测量方法	FFP数目	活性面积/cm²	GDL	GDL厚度/μm	使用的电解质/MEA	双极板	压缩范围	位移变化/(μm/MPa)
1离位	荧光显微镜	水传输路径	转矩螺丝	指出薄膜压力，敏感薄膜压力	无	无信息	Toray H-060	190	无信息	无信息	0～1.5	—
2原位	接触电阻	钢板生存能力	未知	未知	单一	7&8	ELAT	—	Nafion 117	石墨/不锈钢	0.4～3	—
原位		钢板生存能力	Lloyd LRX 5K 张力计	负荷池	单一	11.8	Carbel	—	MEA：核Primea 5510	Poco石墨，SS，钛	0.4～3	—
原位		复合物板生存能力	夹紧板	无信息	单一	25	碳纸（0.4mg/cm²和0.7mg/cm²）	—	Nafion 115	石墨复合物（自己生产）	0～3.7	—
离位		离位GDL表征	无信息	无信息	无	无信息	宽范围	宽范围	无信息	无信息	1.5～2.5（GDL宽范围）	—
3原位	电性能	改变阻尼压力期间的性能	液压油缸，手控	负荷池	池堆(4个)	约10	—	—	Nafion 112（50μm）	—	1～3	—
原位			中心螺丝	压力表	单一	50	ELAT 碳布和Toray	—	Nafion 115	—	10%～45%变化	—
原位			中心弹簧螺丝	从转矩计算	单一	5	ELAT	—	Nafion 117	SS316 Pt涂层	0.4～0.8	—
原位			转矩螺丝	压力敏感薄膜	单一	10	Toray，ELAT，Carbel（系列100）与Roray	203.2，508，279.4	MEA（核Primea 5000系列）	石墨	1.6～9.6	—
离位			夹紧板	负荷池	单一	25	炭布（自己生产）	460（253g/cm²），320（112g/cm²）	Nafion 105	石墨	0.1～2.45	—
4原位	电压薄膜磁圈排列	夹紧压力分布	转矩螺丝	压阻薄膜	单一	50	—	—	—	石墨	0.9～1.8	—
原位		电流分布	转矩螺丝	无	单一	578	ELAT（0.4mg/cm²Pt负荷）	—	Nafion 117	石墨	未知范围	—

原位/离位	分析技术	研究	压缩方法	压缩测量方法	FFP数目	活性面积/cm²	GDL	GDL厚度/μm	使用的电解质/MEA	双极板	压缩范围	位移变化/(μm/MPa)
5离位		循环压缩效应	转矩螺丝	负荷池	无	无信息	Toray H-120	370	无信息	无信息	1.7~3.4	29和25
离位		GDL入侵到FFP和反应物流动的影响	转矩螺丝	从扭矩计算	无	—	—	230	无信息	无信息	0~10	通道中心平均15.97
离位		GDL的机械行为	Instron 4465张力计	负荷池	无	无信心	Zoltek 范围，ELAT, Fleudenburg, Toray	宽范围	无信息	无信息	1~10	布28，带5，纸16，非线性
离位	尺寸变化	GDL的渗透率	液压	压力表	无	无信心	Avcarb 1071-HBC，SGL 31BA，Toray H-060	335,318,192	无信息	无信息	未知	不可比较
离位		通道和筋骨的结构对压缩的影响	转矩螺丝	可视	无	无信心	Sigracet 10BA	380	无信息	无信息	不可比较	30μm
原位		厚度变化	夹紧板	负荷池	单一	25	碳布（自己生产）	120	Nafion 105	石墨	0.25~3.5	15
原位		循环压缩效应	池压缩单元(Pragma)	负荷池	无	无信心	Avcarb 1071-HBC/P75, Sigracet24BA, Toray H-120/H-060	220/200, 200, 190/370	无信息	石墨	1~2.5	22.4, 33.8, 33.3, 27.6, 40.3
6原位	阻抗尺寸变化	从阻分析性能	池压缩单元(Pragma)	负荷池	单一	5	Toray H-060	190	Nafion 212	石墨	0.5~2.5	29.5
原位		水管理效应	池压缩单元(Pragma)	负荷池	单一	5	Toray H-060	178	Nafion 117	石墨	0.5~2.5	开始到30，泛滥0~30

7.6.5.1 对气体扩散层的影响

大多数石墨纤维 GDL 的特征是软脆性结构，因此在装配压缩时容易失形或产生危害影响。鉴于 FFP 的结构形状，可能发生两种形式的失形（见图 7-20）。在场地（land）中，GDL

因材料被压缩经受粉碎效应，降低 GDL 层孔隙率，导致其损失供应反应物气体到催化剂层的能力，同时在发生水泛滥时阻止水的移去。在通道中，GDL 受到的压缩力要远小得多，因此有很大区域不受影响，反应物气体和水能够如希望的那样流动。但对场地界面，确实存在压缩梯度，因为位移是从场地经横向纤维传递的，会产生一种称为"隆起（tenting）"现象（见图 7-21）。所以，在 GDL 几何体中有多种复杂区域，需要在研究装配压缩效应时加以考虑。在高压缩情形下，GDL 的破碎能够导致在场地-通道界面上纤维的剪切，引起对 GDL 的永久性危害和孔隙率损失非常大。压缩对 GDL 影响的比较研究是很困难的，因几何体和材料全都在变化，当然压缩后性质也发生很大变化。在压缩压力增加时，GDL 排列复杂的纤维基体中的各根纤维会发生数量不等的弹性和塑性失形。因此，达到的压缩、抗

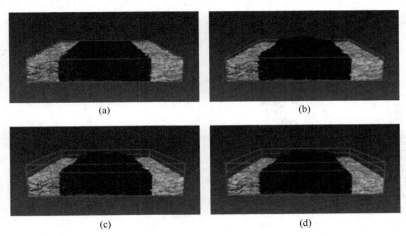

图 7-20　不同速率下因流动场夹紧压缩的非编织 GDL 用同步加速器断层摄影得到的 3D 影像
[纤维位于通道下面（流动场夹紧撕裂）]
（a）0%；（b）10%；（c）20%；（d）30%

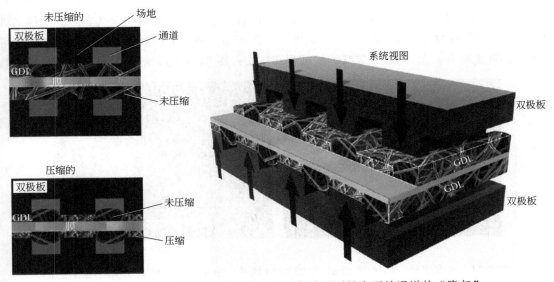

图 7-21　对 GDL 压缩需要的说明，显示场地下压缩和开放通道的"隆起"

拉和剪切极限（机械失败）取决于给定纤维的定向和它与邻近纤维间的相互作用以及产生隆起效应的 FFP 的复杂几何体。所以，重要的是要注意到纤维厚度、长度、定向、基体编织、开放面积以及材料全都是压缩影响 GDL 的重要因素，包括性能和从高应力中的恢复能力。

进行的应力/应变分析显示 GDL 的压缩曲线有一个范围，如图 7-22 所示。它们由三个不同区域组成：在 0～0.01MPa 之间，应变随应力增加线性快速增加，通常作为缓冲区，在燃料电池其他组件中产生的厚度变化非常小。从 0.01～1MPa，应变随应力增加呈非线性增加，但梯度（变化速率）是低的，这是材料塑性失形的典型趋势，该情形是由于孔体积降低和纤维接触点增加。所以，GDL 这种复杂纤维几何体意味着，在该压缩范围内是没有恒定弹性模量的；在最后的 1～3.2MPa 区域，应变再一次变得随应力增加线性增加。因为燃料电池操作的正常压力范围 1～1.4MPa，PEM 燃料电池发展者对区域是高度感兴趣的。

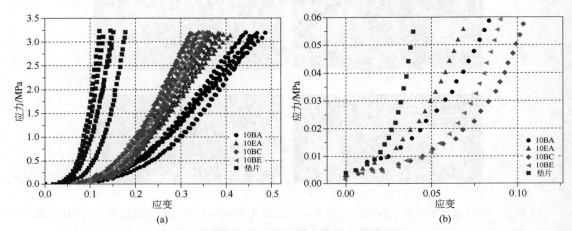

图 7-22　不同 GDL 样品和垫片材料的压缩曲线（改变 PTFE 负荷和 MPL 层数）（a）和
低应力时放大图（b）

较高压缩不仅仅导致各个纤维的塑性失形，而且增加相接纤维间的永久高应力点使之破碎。图 7-23 的 SEM 照片显示，压缩（场地）和未压缩（通道）间的差别。场地区域清楚可见变化，可观察到在图 7-23 中碳纤维的破裂和压实：图 7-23（a）部分取自工作的池堆，显

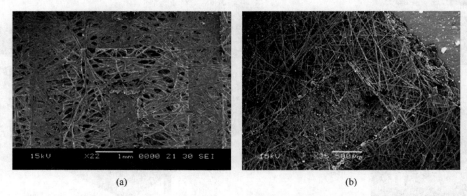

图 7-23　未聚四氟乙烯化的 Toray 纸的 SEM 照片，显示在压缩时流动场场地的压缩
（a）取自工作池堆显示曲折压缩；（b）12.5MPa 过压缩样品

示曲折布局的场地和通道。为证明目的，作为例子在图 7-23（b）部分中使用非常高的过压缩效应：当暴露于标准操作条件下（1.25MPa）多次压缩时，破碎区域有许多短的很好压实的纤维，它发生于场地区域。GDL 的过压缩不仅降低材料孔隙率，而且增加内纤维的连接，有利于降低接触电阻。

7.6.5.2　对 MPL、CL 和电解质膜的影响

碳纸和碳布的绕线筛网中有稠密树脂黏合剂，这意味着池压缩时 GDL 和 CL 间的接触引起叠加在 MEA 上有高应力点。压缩变化时，MPL 是接触电阻、水管理、面通过热导率变化的一个变量，以及因 GDL 上该层叠加使该层弹性模量变化，影响进入 FFP 通道挤压位移。如像对 GDL，压缩将影响 MPL 的孔隙率和润湿度，然而 MPL 也像 GDL 那样具有缓冲行为，降低池压缩期间在 MEA 树脂上一些高应力点的应力。因它是细碳和 PTFE 粒子组成的，有多孔性。但是，对 MPL，分层是一件事情，因为是以磺化聚合物作为黏合剂和憎水试剂的。这两个性质间的折中通常导致次优性能。过度压缩引起 GDL 的高应力，能够导致 MPL 的这个分层和耐用性损失。

也必须考虑池堆压缩的机械应力对电解质膜的影响。在操作期间，膜确实因吸收水而膨胀并在膜阴极边产生温度波动，导致应力的普遍增加。这个水合湿化膨胀应变，被池堆夹紧压力产生的机械应变反转，把电解质膜压成弯曲或分层。因局部夹紧产生的抗拉应力，在膜膨胀期间也能够导致膜中产生裂缝或孔洞，使反应物横穿泄漏和操作电压下降。湿化和温度循环导致应力的巨大变化。虽然高压缩应力能够压弯整个 MEA，但 CL 和 GDL 有足够能力来防止它的发生。由于在加热或湿化期间膜的弯曲，使测量电解质膜中局部压缩应力变得非常困难。已经证明，在较高压缩（>2MPa）下膜排放氟化物的速率较高，而氟化物的排放被很强地联系到膜的降解。该压缩工作指出，是组合化学和机械的效应导致交叉失败，单独机械效应的失败速率是低的。

7.6.5.3　对流动场板和密封件的影响

压缩对流动场或双极板材料行为的影响受接触电阻支配。仅考虑对 FFP 效应（摒弃其他组分层影响），随压紧力增加接触电阻下降。在不同压紧力下，不同 FFP 材料的接触电阻结果指出，FFP 和 GDL 间的接触电阻是变化的，取决于阴极/阳极位置，在阴极板上可能生成了氧化物层。这是材料选择中应该考虑的，对不同电极应用需求的是不同涂层或不同的 FFP 材料。

为了把每一个 FFP 紧密地密封到近邻的板或端板收集器上，可以利用密封材料（O 形圈/垫片）。这些密封件也必须压缩到一定程度才能确保不漏气（因性能和安全原因）。这个密封与接触电阻的组合可设置出池或池堆的最小压缩点。

长期性能试验（23600h）后拆卸出的组件中观察到，可见变化仅发生于有机硅/玻璃强筋垫片（垫片厚度下降约 25μm）。在活性区域边缘，有机硅降解是足够严重的，只留下了垫片强筋材料，在 GDL 中发现有机硅颗粒。其结论是，试验期间的压缩损失是由于垫片降解，要求在实验期间再重复扭紧。所以，操作期间垫片材料的降解可以导致对 GDL 压缩的进一步增加，使 GDL 的亲水性也增加和使催化剂中毒。

作为燃料电池密封垫片材料的硅橡胶降解进行的深入分析，见证了密封件的降解。温度影响显著，高温导致较快的降解。材料降解，从表面粗糙度增加开始，粗糙度一直增加直到

裂缝开始形成。较高压缩负荷加速垫片材料降解。试验进一步证明，硅、钙和镁在燃料电池操作条件下能够从垫片材料中淋洗下来。

于是可以得出结论，在 GDL 区域上的压缩压力受密封垫支配。所以，为精确研究 GDL 机械行为，密封垫的初始厚度和可压缩性必须考虑。

7.6.6 影响装配压缩的因素

如前所述，燃料电池堆需要装配压缩以使组件间有好的电连接和保持反应物气体密封。但是，在压缩操作期间，使用标准方法如系杆法，应用的原始压缩力是变化的。在应用的初始负荷上，通常有"安定（settling）"期，因池堆组件需要安顿分布应力。然而在整个压缩操作期间会发生多种动态变化，主要原因有两个：温度移动（内和外）和膜水合。有两种机理支配组件在池内膨胀和收缩，因固定系统内有一个"活塞"和增加各个组件内压力的"弹簧"，用以安顿组件的尺寸变化。

7.6.6.1 温度

因燃料电池操作时产生热量，其内部温度是变化的。相应可分为放热的 ORR、电极上过电位损失和所有组件的欧姆加热（特别是在电解质中）。因产生热量的变化，导致热相关池堆组件大范围的膨胀效应，池堆存在有膨胀力。在两种厚度东丽碳纸上进行的，夹紧压力对热接触电阻影响的研究指出，随着夹紧压力从 0.4MPa 增加到 2.2MPa，热接触电阻下降。虽然在趋势上是类似的，但在当夹紧压力再降低到 0.4MPa 时可以看到有一回环，于是能够推测 GDL 有永久性失形，性能能有永久性降解。

外部温度的改变也会产生压力的变化，因在钢系杆（使系统和内组件保持在一起）间不同组件有不同的热膨胀系数。对便携式应用，可忍受的外部温度变化范围要宽得多。对很极端的情形，膜必须忍受冷冻和热冷冻/解冻温度的循环，此时因发生相转变会产生大的体积变化。GDL 的高孔隙率性质能够捕集池停止运转后存积的水，使用快速吹扫移去这些水是困难的，如果不移去就可能引起危害性的冷冻。研究范围已经深入到 PEFC 中的冷冻效应，特别注意放在了捕集聚合物键合的自由水（它们在膜内部能够冷冻）。研究说明，在 Nafion 中仅有部分水是会冷冻的。环境和冷冻温度间的循环研究证明，循环过后，接触电阻增加而离子电导率不变。然而长期循环则导致电导率、气体渗透率壁垒效应和机械强度的损失，但没有达到完全失败。

为降低这些效应，应用并合启动和停车程序的现时方法，试图用吹扫除去系统中的水。然而吹扫是耗时的，且不能够确保把水完全移去。冷启动条件研究显示，GDL 要有更多亲水性质，而性能是要下降的（这也被过高温度操作所证实）。对 GDL 降解机理研究很少，且应用的主要是离位技术。为进一步了解 GDL 降解与冷冻-解冻条件间的关系，也应该了解电阻率、抗弯刚度、空气渗透率、表面接触角、孔隙率、和水蒸气扩散与其的关系。

温度分布不仅自身产生膨胀问题，而且也对燃料电池内干燥/泛滥产生影响，这反过来导致进一步的膨胀变化，这将影响水管理办法的设计。

7.6.6.2 水管理

为提供好的质子电导率，膜水合是根本性的。所以，反应物气体在进入池堆前通常会被湿化。虽然膜干燥是不希望的，但也不希望太多的水累积。水在燃料电池系统中的累积主要有两种机理：①电渗透阻力，阳极上湿化气体的水经电解质被拉到阴极；②水压力差，阴极 ORR 反应生成的水反扩散到阳极。水进一步累积问题可能与差的操作条件相关，如进料物流过度湿化、低气体流速、FFP 设计和定向导致重力排水区域危机，差的温度梯度（与进入气体温度比较，较低的 MEA 温度）导致湿化气流在 MEA 上冷凝或限制，危及气体供应。

当 GDL 多孔结构移去水的速率低于水累积速率时，就不可避免地发生池中水泛滥。在泛滥发生时，TBP 发生反应物气体饥饿，池性能下降。为防止水在阴极催化剂层累积，可利用 GDL 憎水性质移去水，精确控制操作温度以确保水蒸气的移去，要利用反扩散到阳极的优点。为缓解泛滥，对水管理和材料发展进行了广泛研究，包括：GDL 材料效应、PTFE 含量、微孔层、GDL/MPL 结构孔隙率、流动场设计、阴极 CL 材料和微结构、燃料电池操作条件等。由于膜水合时膨胀，池与水管理事情间的相互作用也涉及到压缩方面的事情。在标准固定系杆池堆中，这个膨胀或"溶胀"导致压缩的增加。

7.6.7　装配压缩对性能参数的影响

压缩对池堆和各个组件有显著影响，已经进行了范围很宽的研究。下面介绍在这个领域中进行的工作，特别兴趣放在 GDL，由于它与压缩效应间有复杂的关系。

7.6.7.1　接触电阻

降低每一个组件间的接触电阻对防止电能损失和废热产生是重要的。尤其是对 GDL 更加重要，因它与 CL/MPL 和 FFP 形成界面，且每个连接层是复杂的多孔几何体。接触电阻随 FFP 和 GDL 所用材料、FFP 设计比（场地大小对通道大小）和很重要的夹紧压力的改变而改变。GDL 的这个多孔性质导致在压缩期间发生几何体变化；进入通道的入侵会产生更大的接触面积，进一步降低接触电阻。一致的结论是，随压缩压力增加接触电阻降低。

对很宽范围商业可利用碳纸（直和带状纤维）和碳布（卷曲纤维）GDL，在夹紧压力为 1.5MPa 和 2.5MPa 下测量其接触电阻得到的结论是：夹紧压力对 GDL 产生不可逆效应，因在预调整阶段样品与压缩后比较有失形；增加 PTFE 含量和较大初始厚度都会增加接触电阻，对前者，由于 PTFE 是高电阻材料，对后者，增加了过平面电阻。图 7-24 显示接触电阻如何随压缩压力而改变。就 FFP 内的压缩效应而言，复合 FFP 表面粗糙度对 GDL 界面接触电阻有显著影响。在给定压力下，光滑表面比粗糙表面的接触电阻率大。所以，准确选用机械处理和表面拓扑对 FFP 是至关重要的。优化的参数取决于池堆压缩压力、选用气体扩散介质的孔隙率和机械性质、石墨含量和板的设计和材料。当使用不锈钢 FFP 时，改变压缩压力能够在电极和板之间产生新的接触点，改变从不锈钢板组分淋洗进入 MEA 中的腐蚀速率。总之，所有研究给出随压缩压力增加电阻下降的衰减曲线。

接触电阻对 GDL 的影响是最明确记录的压缩效应，由此获得的结论指出，较高压缩压力一般是最希望的。但是，只有在研究压缩压力对燃料电池性能和耐用性影响时才能够发现高压缩压力的负面效应。

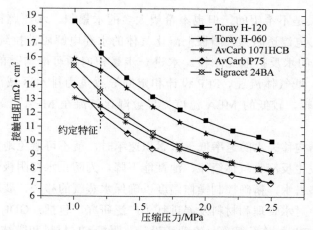

图 7-24 原位 1～2.5MPa 的压缩对不同 GDL 材料电阻变化的比较

7.6.7.2 燃料电池性能

燃料电池性能通常使用极化曲线表示（图 7-25 中给出了燃料电池典型的极化曲线），它给出的是池电位和电流密度间的关系。极化曲线能够划分为三个区域，每一个区域的电压损失由不同的占优势过电位贡献；在低电流密度时，活化过电位占优势；在中等电流密度时欧姆过电位占优势；高电流密度时质量传输过电位占优势。在图 7-26 中给出了压缩压力对燃料电池极化曲线影响的例子。

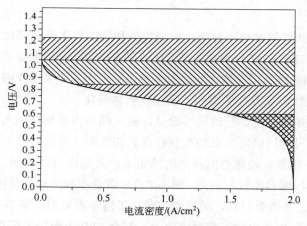

图 7-25 PEM 燃料电池典型极化曲线

使用不同压缩压力下的极化曲线来确证压缩对燃料电池性能影响的研究很多。例如，主要以通过改变应用于燃料电池系杆的扭矩来进行的这类研究结果说明，压缩压力的变更可以找出优化的性能。其次，通过寻找极化曲线区域能够看到，虽然在接触电阻区域显示性能增加，但在质量传输区域显示的性能却是显著降低的。这是由于 GDL 材料在压缩条件下的孔隙率降低，导致电极上发生反应物饥饿。这种趋势清楚地证明于图 7-26 中，后面的阻抗分析部分会做进一步的详细讨论。在燃料电池极化曲线中，可发现性能的不可逆损失，如高压缩脱压缩返回到低压缩时回环所显示的。这是由于 GDL 过压缩所导致的永久性"破碎"危害。通过改变垫片厚度来改变压缩，得到的是类似的结果；这再一次强调其他可压缩组件对 GDL

直接经受的实际压力是有重要影响的。从不同工作的比较中能够得出清楚的结论是，虽然较高压缩压力能够改进接触电阻，但必须在过压缩、大传质损失或深度破碎发生前找出合适的平衡点。

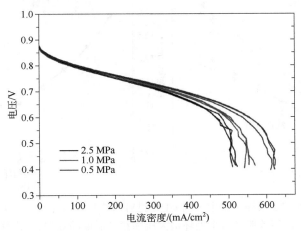

图 7-26   变更压缩的重复极化曲线

5cm² 燃料电池 80℃，恒定阴极和阳极流速 100mL/min 100%RH

7.6.7.3   特征细节

通过 FFP 面对各种效应的研究能够观察到比较详细的压缩效应图景（mapping），使我们能够分析在燃料电池中的压力分布，因此分析产生的较高压力区域。例如，在固体氧化物燃料电池中使用压力敏感薄膜（pressurex）是能够显示电极的接触区域。但这类系统的限制是，必须进行离线分析，过后试验，不能够给出真实时间域中的诊断。在 PEMFC 系统中也应用压力敏感薄膜类型类似的研究。当然，在 PEMFC 系统中利用商业压力传感器排列（Tekscan，由压电电阻带制成）进行类似的研究则更好，其额外优点是能够通过原位生成结果。该系统放于 MEA 和端板之间，与应用夹紧扭矩测量方法比较，能够给出压力分布的定量数据。结果指出，试验期间一般在板中心观察到有较低的压缩。另外，使用磁环数组对整个池面上电流分布的测量说明，中心低压力能够通过跟踪性能间接地证实。增加对池堆的总压缩，池中心的局部性能显示增加，因此说明，在初始试验中应用的是不合标准的压缩。

7.6.7.4   尺寸变化

在燃料电池组件尺寸上进行的工作主要集中于电解质吸水时的膨胀和 GDL 的可压缩性。因此，该领域工作注意的重点是离线把 GDL 作为单独组件，可进行接触电阻测量研究而不能进行性能研究。使用多种技术能够跟踪气体渗透率和接触电阻随 GDL 厚度的变化，如应用负载和厚度表测量厚度变化，或嵌入经改变标准大小的钢表到不同测量位置测量压缩。因气体通道面积损失和气体压降产生干涉的光学测量也能够用于 GDL 厚度变化期间的研究。

对不同材料 GDL 的研究给出：位移是如何随压缩改变的 [图 7-27（a）]；压缩循环对位移（温度和水合变化的普通效应）和电阻的影响；初始压缩可引起下一个循环不同的和不可重复的应答；每个压缩循环有最大和最小位移及电阻应答 [图 7-27（b）]；随增加循环次数显示的两个趋势平台指出了 GDL 材料的弛豫，因在相对低数目循环后发生了不可逆的压缩。需要有比较完整的循环研究才能完全了解 GDL 材料在生命循环中与实际应用的循环效应间的关系。

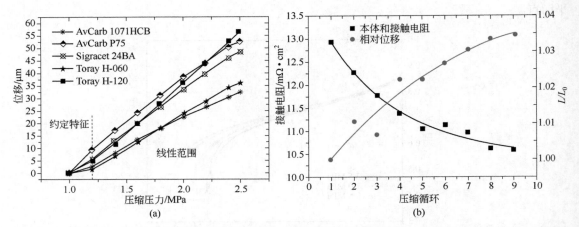

(a)　　　　　　　　　　　　　　　(b)

图 7-27　（a）在 1～2.5MPa 压缩试验中不同 GDL 材料的位移应答比较；（b）在 0.2～2.5MPa 循环压缩后在 Toray H-120 上多循环效应（每个循环最大压缩稳定后取的数据）。位移趋势说明，材料压缩初始最大位移的 103.5%，电阻应答在 9.8Ω·cm² 处趋向于一平台

7.6.7.5　阻抗分析

前面的性能分析已经说明，希望有较低接触电阻但不希望较高压缩水平时传质阻力的增加。但是，就实际应用而言，池在极化扫描期间并不经受极端的电流密度。在常规操作范围内，性能的差别是不明显的，因此使用单一的简单极化曲线是无法鉴别出接触电阻和传质限制的。电化学阻抗谱（EIS）是一种能够使用于鉴别各自的损失（在特定电流密度下的极化曲线的对应区域）的技术。EIS 分析是由不同池组件电动力学应答建立起来的，通过改变在系统中应用不同 AC 频率被可视化。所以，接触电阻、电荷传输、和阳极和阴极的传质能够被解耦和观察到。但是，因为与 ORR（阴极）比较，HOR（阳极）是高速的电动力学，以及纯氢扩散系数比氮气中 21%氧的二元扩散系数高，因此过程一般由阴极控制，所以才有如此多的 EIS 应答。通过改变参考电极的位置，有可能提供燃料电池系统各区域化的阻抗测量。电极应答的比较也能够从系统的阳极和阴极 EIS 测量中看到。

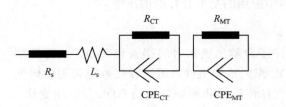

图 7-28　阻抗应答的等当道路

EIS 分析产生的弧形曲线能够使用等当电路模型化，如图 7-28 所示，该电路由表示接触的本体电阻（R_s）、表示电荷传输弧的电阻器（R_{CT}）和恒定相单元（CPE_{CT}）串行构成；而质量传输弧由另外一个电阻器和 CPE（R_{MT}、CPE_{MT}）构成。一组延伸压缩下的代表性数据示于图 7-29 中。注意，电荷传输和质量传输过程的时间常数上的差别对可靠地分离它们是不够的，然而总弧宽度提供因质量传输产生的弧离差信息。在选择的电压操作点 0.7V，接触电阻降低的同时组合电荷传输/质量传输弧大小也增加，这与性能试验获得的数据一致的。

EIS 方法也能够用于说明因启动程序进行时的膜水合和电解质的溶胀。在燃料电池启动期间，膜必须从"干状态"水合到湿化状态（使质子能够传输），这用湿化气体加料进入 FFP

就能达到，而其副产是膜的物理膨胀。图 7-30 显示通湿化氮到 5cm² 池一边引起的水合过渡。测量系统的压缩，显示因溶胀膜引起的系统压缩增加。试验期间，阻抗测量是在恒定高频（HF）截距（5kHz）附近进行的。仅用这个测量频率，观察到的电阻变化可以说是纯欧姆的，膜离子电阻随其水含量增加而降低。

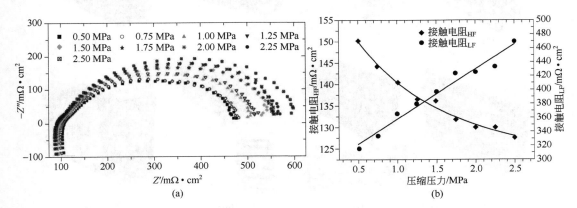

(a)　　　　　　　　　　　　　　　(b)

图 7-29　0.5～2.5MPa 压缩燃料电池操作的 Nyquist 作图

燃料电池操作在 0.7V，80℃，恒定阴极和阳极流速 100mL/min，100%RH；在频率范围 0.5Hz～20kHz，振幅 15mV 取数据（a）；高频（HF）和低频（LF）阻抗随压缩变化间的关系（b）

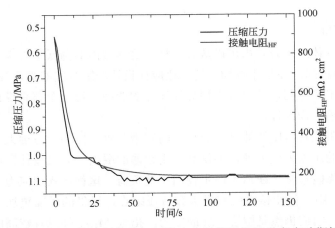

图 7-30　约束位移 MEA 的控制位移、初始水合以使能够测量在启动期间的压缩变化

试验的操作条件：池温 80℃，阳极和密封阴极，100%相对湿度，气体流速 100mL/min

7.6.8　池堆压缩的方法

为应用和保持不同池堆设计上的压缩力，提出了多种机制。常规池堆装配体通过螺杆由螺钉夹紧两个端板的导杆而成，使用扳手均匀旋紧螺钉能够获得均匀压缩。然而，由于夹紧压力仅施加于池堆整个周边有限数量的点上以及端板潜在的弯曲性，在 MEA 上产生的压缩是不均匀的。整套设计示于图 7-31 中。为补偿不均匀的压缩，常常使用厚的端板，这样端板不至于发生失形和产生横向分布的压缩力。整个端板厚度的增加不可避免增加了池堆重量和成本。下面描述确保均匀、动态和可控压缩的方法，以及使用材料的创新。

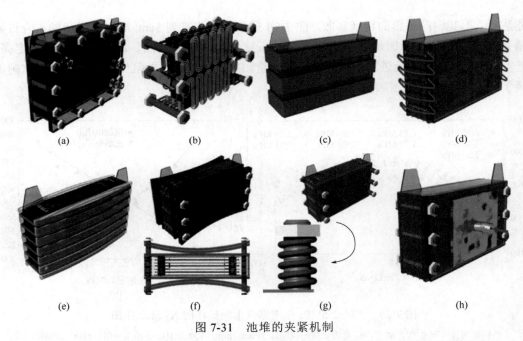

图 7-31   池堆的夹紧机制

（a）标准导杆装配；（b）通过支管的导杆装配；（c）宽带装配；（d）弯曲装配；（e）弯曲宽带短板装配；
（f）板弹簧装配；（g）导杆弹簧装配；（h）动态流场压缩板装配

7.6.8.1   均匀压缩

在穿过池堆的气体或水歧管内可以放置导杆。这样做能够降低端板大小和使应力集中分布于 MEA，因此提供的压缩是比较均匀的。适应性设计的影响能够被可视化于图 7-31（b）中。对夹紧方法有很多专利，其中有常规导杆设计的变种，每一个都有自己独特方法来降低端板重量和改进压缩的均匀性。

用若干不同宽带状材料围绕池堆包装形成的宽带装置，比端板有远大得多的压缩面积，因此提供比较均匀的压缩力。另外，不仅是使用较薄的端板，而且设计上可以有很多变化。例如，曲线化的边缘能够防止在角上产生较高压缩负荷。这种形式的应力分布方法的一个代表示于图 7-31（c）中。如压接系统有很大数目压缩点，提供的压缩更加均匀，且重量比导杆方法更轻。但是，它们仍然是围绕外缘的应用，招致 MEA 外缘有较高的夹紧力，除非使用合适厚度的板，见图 7-31（d）。使用压接端板，宽带状设计可以产生比较均一的压缩力，见图 7-31（e）。

7.6.8.2   动态容量压缩

也有允许尺寸变化的设计，这类设计能够放置于池堆中。"钢板弹簧"和"弯曲棒"设计中的导杆并不连接到端板，但透过端板连接到弯曲棒上，弯曲棒把负荷均匀分布到端板上，因此压缩力比较均匀分散到活性池的这个面积上，如图 7-31（f）所示。这类设计能够接纳操作期间产生的弯曲位移。这类弯曲设计有明显的优点，但也有限制。弹簧"端棒"位移和内膨胀力之间的关系，按照 Hooke 定律应该是线性的（产生高强度不可能的过度伸长除外）。但是，GDL 的弹簧效应是非常重要的，因为池尺寸变化必须被端棒弹簧吸收，而不是由 GDL 弹簧吸收。所以，钢板弹簧或弯曲棒设计对所应用的池堆是高度特定性的。使用的池数目、

MEA 材料（特别是 GDL）、使用板类型/大小、预期位移尺度、外和内操作温度和甚至拆卸/再装配池堆等方面的任何变化，都将影响已经设置的准确压缩。

使用含对端板上施加力线性弹簧的弹簧导杆设计，如图 7-31（g）所示。这类系统与钢板弹簧设计有同样的优点和缺点。两种系统间的权衡折中是，钢板弹簧提供的压缩力分布更均匀，但显著增加池堆重量。而横向弹簧设计与原始导杆设计是以同样方式应用压缩力的，区域化的或位于外缘。替代原始导杆设计的压缩条状设计属于弹簧类型，使用曲折条替代导杆提供弯曲压缩力，并保持低重量但也在外缘应用夹紧力。

7.6.8.3　动态可控压缩

还有一种设计是能够在操作中"控制"位移的设计，中心螺钉设计。它把压缩力集中应用于 MEA 上。这个设计要求导杆能够合适地保持池组件，需用额外的中心螺钉来产生最后的压缩力，因此重量和成本增加。这个系统的优点是，用足够大的中心螺钉在整个池活性面积上产生非常均匀的压力；调整螺钉也就能够在操作期间对应用的压缩力进行调整，也即具有可变能力。这个可变能力具有防止 GDL 过压缩的潜力，也即是能够调整操作期间所应用的压缩力。但是，这要求能够感应和测量池堆中的压力变化，以便运用机械来控制压力。

端压缩垫利用水力或气动方法操作，把用膨胀气囊或气球加压的流体施加在端板上，产生需要的压缩力，如图 7-31（h）所示。这个方法产生的压缩力有最均匀的分布，缺点是系统复杂性增加。这个设计适合使用于发展工作池堆，不适合商业系统使用。

7.6.8.4　模块化（分单元）压缩

模块化压缩是基于各个池有不同位移的概念，是一种可分离处理的一种设计。例如，池堆中边池的温度一般低于池堆中心池的温度，较大的热膨胀发生于池堆的轴向中心区域。模块化外系棒和笼/网格设计允许对各个池进行压缩，但没有应对动态变化的能力。可以同样的水压原理工作的内压缩垫作为"端垫"，但是由于是电传导性的，它们能够放置于 FFP 之间。这个设计允许动态控制在每个 MEA 上的压缩，这对池堆性能是一个主要优点。但这个系统极大地增加了池堆重量、复杂性和成本。

7.6.8.5　材料发展

近年来发展的大量生产 FFP 方法之一是，用悬浮有石墨的热塑性聚合物压缩成型，"可压板"是其中一个例子。在高可压性树脂中悬浮石墨的优点是，能够使板产生较大位移，吸收施加在 GDL 上的一些应变。但是，对降低压缩效应的特定目标而言，发现 FFP 生产是没有发展前途的。另外，现时的压缩成型技术仅有低的生产循环，不利于大量生产。

能较好分散压缩负荷的 GDL 材料正在发展中。在"改进的 GDL"专利中描述，在液体中使用含原纤维的丙烯酸纸浆纤维做成"液花 bloom"，把它们加到微孔层墨水中，再键合到碳纤维垫（GDL）上。丙烯酸纸浆纤维帮助微孔层固定在适当位置。在 GDL 中加入这个材料使其有效地成为具有类基质的特色。增加的厚度允许在基质顶层上建立 LMP 墨水。这个装置允许使用相对薄多孔碳纤维垫（与 MPL 纸浆形成的均匀混合物组合），移去池堆压缩期间在 MEA 上产生的高应力点。

"MEA 密封圈"可嵌入 MEA 外缘进行密封，免除了对常规垫片或 O 形圈的需求。原始的推动力是为降低所需组件数目，而不是要改进压缩分布。但是，较厚垫片/O 形圈的移去确实移去了压缩的弹簧效应之一，被认为是研究这类效应的一种有用补充。

7.6.8.6　压缩分析

表 7-15 中给出了多种检测压缩需要的装置设计。其中一种适用于检测压缩效应装置的设计是主动监测有关的压缩效应，提供可供实际操作使用反馈信息。另一种检测系统的专利设计，是要在池堆上施加压缩力使测量池堆在装配期间产生位移。使用这些作为输入的测量，有可能基于位移改变施加压缩力并与获得的池堆电性能进行比较。这是能够为操作期间提供所有膨胀补偿的最有效方法，当然这与热和水管理是密切相关的。虽然在大量生产时由于设计不经济会使工厂平衡大幅增加，因此目前提供的仅作为有效的诊断。对专利中讨论设计的进一步改进是，除压缩改变 FFP 位移的读数外，对池堆做热成像和测量电化学阻抗谱，以便能够进行更深入的虚拟分析。表 7-15 中的另一个专利也测量分析池堆位移，但是比较特定的应用：防止干膜操作，以进一步证明这个检测系统的重要性。

已经发展出特别跟踪水管理的另一个系统，是一个有关防止"发洪（泛滥）"装置的专利。这个系统测量每个 FFP 的压力降，并与放电的速率比较，如果感觉到迫近阈值极限，马上启动降低水含量的措施。按照该专利，准确的防泛滥措施可以以多种方式实现：①反应物气流停止湿化以促进流动场中水的蒸发；②增加反应物质量流速把水吹赶出流动场；③降低反应物气体绝对压力，促进水蒸发；④增加气体速度和流动场压力降，吹扫更多水离开；⑤暂时降低从池堆取出的电流以降低电化学反应产生水的速率。尽管泛滥检测比较简单和便宜，也比位移/压缩测量系统较少侵入性和失形，但必须注意，这类装置不仅不能够直接测量位移或压缩对 GDL 产生的实际影响，如像热膨胀这样的丢失效应；而且也不能够直接测量水管理状况。这有可能导致泛滥的错误诊断，把它认为是其他原因引起的压力变化如漏气。

7.6.9　压缩装配小结

PEFC 的机械压缩是确保有效性能和耐用性的主要技术挑战。本节叙述了关键组件的分类和对池和整个池堆操作上的有效压缩。从热膨胀到膜水合溶胀角度讨论了压缩变化的原因，对性能和降解进行的评论特别集中于 GDL 和在高压缩或压缩循环时发生的破裂和封孔。研究了原位在线和离线分析技术，说明了增加压缩压力为何要在改进接触电阻和增加质量传输损失间进行权衡和折中。最后研究描述和比较了各类压缩方法。目前，没有进行装配压缩替代方法的完整研究，因此无法在类似燃料电池堆上对各种压缩方法进行比较和解决其矛盾，使得出不同压缩方法性能效应的结论变得困难。

7.7　燃料电池性能测试表征

在这一节中，集中讨论燃料电池研究中经常使用的一些主要性能测试和表征技术，包括加速应力试验（AST）方法 。它们可以分为原位和离位技术，而有一些技术既可以原位也可以离位使用，加速应力试验对考察燃料电池耐用性是非常重要的。介绍的原位技术有极化曲线测量、阻抗谱测量、电流截断技术、伏安测量和同步辐射 X 射线成像、垂直 X 射线吸收光谱；需要的离位有扫描（SEM）和透射（TEM）电子显微镜、X 射线衍射分析（XRD）、计算机 X 射线微断层扫描（μ-CT）、电子探针显微分析（EPMA）、酸碱滴定、拉曼光谱、流出物分析、Fenton 试验等。

虽然非原位（线外）方法是非常重要的过程控制工具。原位方法在真实燃料电池在酸性和碱性介质中的实际操作条件下，了解燃料电池材料和组件是需要的，也是必需的。催化剂性质，如旋转碟电极的还原电流、循环伏安法中的电化学活性表面积、结构失形和粒子大小长大、电化学阻抗、氧化或溶解和电压循环的耐久性（加速循环），以及实际的单一电极性能（燃料氧化和氧化剂还原两者），都能够通过与原位方法确定。这些表征技术的重点也是测量燃料电池其他组分对催化剂的影响。纳米催化剂的原位表征也能够利用装配的三电极半电池或单一池燃料电池上进行。恒电流和恒电位极化方法可用于表征在各种 RH 和温度条件下的纳米催化剂，使用的是半池酸性或碱性介质中氧覆盖电解质中的溶解氧。此外，下面的原位技术能够用于表征纳米电催化剂。

7.7.1　极化曲线

极化曲线是测量 PEMFC 性能的最普遍使用方法之一。它是非破坏性的试验，产生的是电流密度与电压间关系的作图。这个试验对评估完全装配好燃料电池系统的真实性能是非常有效的。因它包含了各个组分间的相互作用。遗憾的是，这也意味着池性能的降低不能清楚指出失败的是那个特定组件。极化曲线能够进行数以千计循环测量并做比较，于是能够简单定量测量性能随时间的降解。

极化曲线，也称为 I-V 曲线，是燃料电池性能最普通的电化学表述。测量电流变化和对应的电压输出，并以电压对电流密度作图，这是燃料电池品质的显示。该技术的优点有简单、要求的试验测量设备很少（与其他电化学方法比较，如阻抗谱和循环伏安法）。对不同国家和组织，提出的极化曲线记录程序是不同的。例如欧洲，对燃料电池系统试验项目提出的程序、安全和质量评价（FCTESQA）与美国能源部（DOE）提出的程序，它们获得的结果是类似的。测量程序都是连续的，电流密度从正常操作点上升到最大负荷，接着电流密度下降到开路电压（OCV）条件，然后再返回到正常操作点（欧洲程序），也有简单从 OCV 到最大负荷和返回到 OCV（美国程序）。

对 LT-PEMFC，观察到在连续程序中电流扫描方向极化曲线上显示有回环效应，在固定操作条件下，上升方向显示较低性能。这个效应能够在极化曲线测量期间采用随机改变电流而移去。但是，回环效应表明，LT-PEMFC 性能可能密切关系到或极大地依赖于湿度，但对 HT-PEMFC，性能对湿度的依赖可能较少显著。不管怎样，有足够的证据说明，HT-PEMFC 的回环效应是能够排除的。所以，当记录和比较极化曲线时，对电流的扫描方向和扫描速率都应该控制和记录。

就目前的知识，对 HT-PEMFC 没有特别的试验程序。但对 LT-PEMFC 池堆，新近试验程序由欧盟计划中产生的 Stack Test，建议使用上升和下降电流方向时的极化曲线，以解决回环效应，该程序或许可以采用合适电流斜率和停顿时间，对应用于 HT-PEMFC 也是有益的。在分析时，两种作图都应该报道，或两条极化曲线的平均曲线取用作为稳态极化曲线。

7.7.2　阻抗谱

AC 阻抗谱，当应用于燃料电池和其他电化学装置时，通常指电化学阻抗谱（EIS），是一种能够使用于原位研究不同过程和操作燃料电池内变化的一种技术。它也能够离位在燃料电池组件上进行。它的一个优点是，能够用来表征操作燃料电池且几乎不会引起燃料电池任何变化。

阻抗谱通过引入特定振幅（电流或电压）频率范围的正弦信号到燃料电池，测量系统的应答信号（电压或电流）获得谱图，产生的阻抗谱仅代表特定的试验点。通过快速傅里叶变换（FFT）从阻抗谱能够推算出一个复函数，从该复函数获得频率域中的电压和电流，再把获得的电压除以获得的电流给出阻抗值，如方程（7-2）所示。阻抗谱通常使用 Nyquist 作图表述，以复振幅的实部（Z_{real}）为横坐标，以虚部负值（$-Z_{img}$）为纵坐标。

$$Z = \frac{V_0 e^{j(\omega t - \phi)}}{I_0 e^{-j\phi}} = \frac{V_0 e^{-j\phi}}{I_0} = Z_0(\cos\phi - j\sin\phi) \tag{7-2}$$

式中，Z 是复振幅；V 是电压；I 是电流；ω 是信号频率；ϕ 是电压的相移。测量能够以恒电流模式进行，此时控制电流信号和记录它的电压应答，或反过来以恒电压模式进行。在阻抗测量中必须满足的主要条件是体系线性和稳定性条件。为确保线性标准，正弦信号的 AC 振幅必须很小。但是，它又必须足够大以能够鉴别出噪声。支配系统应答的微分方程要使其在本质上变得是线性，就必须使应用的扰动振幅比所谓的热电压小。

$$V_T = \frac{RT}{F} \tag{7-3}$$

式中，T 是热力学温度，K；R 是气体常数，$R=8.314J/(K \cdot mol)$；F 是 Faraday 常数，$F=96.485C/mol$。对操作于 80℃ 的燃料电池，EIS 测量的线性范围上限是热电压 30mV。对操作于 160℃（较高温度）的 HT-PEMFC，如果热电压关系被保持，其线性区域的上限可从方程（7-3）获得，计算得 160mV。通常能够安全使用所谓拇指规则计算：AC 信号振幅等于操作中拉出 DC 电流的 5%。阻抗谱常常被用于检验因老化或参数改变时燃料电池内过程的变化。也已经广泛使用于对 LT-PEMFC 和 HT-PEMFC 不同方面变化进行诊断表征和参数优化。例如，可以使用它来比较高温和低温 PEM 燃料电池堆。燃料电池阻抗谱的解释需要有燃料电池模型，必须用它来拟合测量结果以获得精确的物理意义。但是，对燃料电池使用 EIS 拟合，说得容易但做起来比较难。

可用于拟合 PEMFC 阻抗谱的模型分为两类：过程模型和测量模型。对前者，电化学阻抗是通过对过程支配方程的分析决定的，并对预测阻抗谱作图和测量阻抗谱作图进行比较，以确定燃料电池的宏观参数。对后者，从同一阻抗谱产生的等效电路（EC）模型与测量阻抗进行比较拟合，以确定特定的物理性质（参数）。EC 模型拟合能够对燃料电池因操作条件或健康状态改变时的应答做出解释。但是，对研究条件下燃料电池行为及其组件和过程对阻抗贡献的适当了解，对阻抗数据的说明（基于 EC 模型拟合）是极为重要的，因为有若干 EC 模型能够一样好地拟合阻抗数据。

由串联电解质电阻和双层电容以及传输电阻平行组合构成的无界电路（randless circuit），已经被使用作为燃料电池 EC 模型选择的基础。HT-PEMFC 的典型理想阻抗谱连同提出的对应 EC 模型示于图 7-32 中，它有正高频截断和三个弧线。通常使用由串联连接电阻和多个平行恒定电阻元素（R-CPE）环构成（出现弧数目表述阻抗谱）。关于燃料电池性能损失对阻抗谱的贡献，其不确定性的研究导致使用 EC 模型拟合来达到解释的目的。但是，阻抗谱中的同一个东西可代表多种现象的组合，例如高频截断这个事实，代表了池组件（如膜、催化剂层、气体扩散层、流动板和组件连接的接触电阻）欧姆电阻的总和，它的变化能够贡献于质子电导率的变化。对 HT-PEMFC，由于 PA 存在于膜和催化剂中，同样的质子电导率也存在于这两个组件中，因为质子跃迁是沿 PA 自离子化和自水合形成的阴离子链迁移的。为区分膜和催化剂 PA 对欧姆电阻变化的贡献，使用了带传输线的 EC 模型。阻抗谱由若干可区分的弧线组成，取决于不同过程的时间差异。图 7-32 从左到右的第一条弧是高频环，它出现在高频区域，设想应该关系到阳极的活动，因为操作中氢氧化反应是快速的。所以，传统上第一个弧线被归结于阳极的法拉第电阻。对其他关系到致密的 MEA 结构特色。鉴于操作中氢氧反应 HOR 的快速的同样原因，对燃料电池阻抗谱的其他说明几乎完全关系到阴极阻抗。在其他情形中，阳极和阴极贡献能够被区分，阴极电阻关系到中低频弧线。对中低频率环，图 7-32 中分离为第二个和第三个弧线，这关系到阴极催化剂中的变化，此时中等频率弧线环对应于传输电阻，低频率环对应于传质阻力。

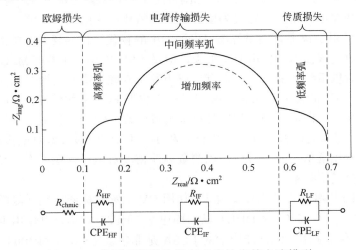

图 7-32　典型理想阻抗谱和对应的当等电路模型

7.7.3　电流截断方法

电流截断方法是时间域中的技术，该法中池电流快速截断，测量截断期间池电压的变化，这样可以评价燃料电池的欧姆电阻和校正欧姆电位降（iR 降）。它的测量基于如下事实：当电流被截断时，欧姆电阻几乎是瞬时消失，而电化学过程的过电位却不是这样，因此，恰好在先于截断电流前，能够从池电压的瞬时变化（ΔU）和池电流密度 i（A/cm^2）计算电阻（R_Ω），也即是它们的商值，$R_\Omega = \Delta U / i$。

电流截断方法的优点是，测量使用的设备是简单、便宜和便携式的，测量快速。对获得数据的分析，尽管不完整但要比阻抗谱直接。但是，数据采集的频率应该足够高以揭示在电流截断时池的瞬时行为，以及区分欧姆电阻和电化学过电位，也即采集在 0.5ns 和 10ns 时间框架内的变化。例如，在 HT-PEMFC 和 DMFC 中引入 PA 掺杂 PBI 膜电解质后，就能够使用电流截断方法来确定它们的电阻。又如，在比较 PBI 和 Nafion 基阴极的硫中毒时，也能够利用它来测定池电阻以校正无内电阻极化曲线。这个方法也被用于测定在耐用性试验期间的池欧姆电阻。

电流截断方法也能够用于快速建立 PEM 燃料电池的等当电路模型。然后再使用等当电路模型从电流截断测量和阻抗测量获得精确的燃料电池参数值。例如，使用电流截断测量和等当电路模型就能够估算出 PEM 燃料电池的一些参数，如双层电容、扩散阻力、电荷传输阻力、扩散时间常数和膜电阻。

7.7.4　伏安法

线性和循环伏安法是另外一种电化学技术，广泛使用于表征电化学装置。它们都是电位扫描方法，电压在两个值之间移动，对线性扫描伏安（LSV）法，电压仅在一个方向移动，而对循环伏安（CV）法，电压在向前和向后两个方向移动，电压在两个值间变化时跟踪对应的电流变化。在试验期间，H_2 被引入到阳极（参考和对电极），惰性气体 N_2 或 He 引入到阴极（工作电极）。LSV 被用于评价和跟踪燃料横穿和校正电子短路或气体横穿，测量中使用的电位扫描一般在 0～0.5V 范围之间。该范围被用于确定极限电流，然后再使用于计算横穿。极限电流也称为横穿电流密度，定义为横穿反应物氧化产生的最大电流。

LSV 广泛地使用于决定直接甲醇燃料电池（甲醇替代氢作为燃料）中的甲醇横穿，而对 HT-PEM 燃料电池，该技术的使用似乎很少，但是 LSV 能够为 HT-PEMFC 中的横穿现象提供信息，特别是对以重整甲醇物（存在有残留甲醇）为燃料操作的燃料电池。

CV 被使用于估算催化剂活性表面积（ECSA）也即 Pt 的利用情况。在起始电压和峰电压之间进行电压循环，在向前或向后扫描时记录电流应答。CV 的测量原理类似于 LSV，惰性气体（N_2 或 He）引入到阴极（即工作电极）和 H_2 引入到阳极（即对电极和参考电极）。扫描速率的选择一般在毫伏范围。最后，以测量电流密度对电压作图。在线使用时，CV 能够使用于跟踪电极的健康状态。

在 PBI 基 HT-PEMFC 连续老化试验中，使用 CV 了解阳极催化剂性能的降解，从 0V（对动态氢电极，DHE）到 0.6V（对 DHE）以扫描速率 20mV/s 扫描，以作出老化试验中不同时间的氢脱附曲线。结果指出，池性能降解对 ECSA 是非常敏感的，在约 100 h 活性期后，ECSA 达到它的最大值，在降解初期降速较大，这指出引起性能降解的主要原因是 ECSA 的降低。在 0.05～0.5V 电位间循环以 20mV/s 扫描速率的 CV 测量，用以研究开路电压对 HT-PEMFC 性能和降解的影响。结果发现，在 OCV 下试验 244.5h 后，氢脱附峰的积分电荷约为 2.1C（每 45cm^2），这比新 MEA（正常电荷 3.4C）减小了约 38%；也观察到在 180℃仅有一对吸脱附峰，与 HT-PEMFC 通常观察到有两对吸脱附峰不同。为了研究 PBI 基 MEA 在长期试验中耐用性以及温度的影响，使用玻璃半池系统测量 CV。使用的是三电极装置，工作电极位于四氟乙烯室中，对电极是金箔，参考电极是标准甘汞电极。记录在 0～1.2V（对标准氢电极）间的伏安图，扫描速率 0.05V/s，从结果发现，在 500 次 CV 循环期间电极的活性面积逐渐下降，这是由于 Pt 的热解通过表面迁移 Pt 再沉积。

对使用 CV 测量 PEMFC ECSA 的一个延伸产品研究证明，在用气体反应物燃料电池的 CV 试验中，分子氢演化产生的电流，显著贡献于氢吸附/脱附曲线低电位部分的总电流。过低预测 ECSA 的该延伸产品，与接近工作电极氢浓度相关，而该氢浓度取决于工作电极在试验期间的氮吹扫速率。对空间分辨测量情形，该效应能够导致空间变化误差。所以，氮吹扫速率应该限制在每平方厘米 MEA 活性表面积 1sccm/s（1sccm=1cm^3/min），这样可以缓解对总 ECSA 测量的影响。在分布测量 ECSA 时应该关闭氮吹扫。

7.7.5　其他原位测量技术

虽然 EIS 和 CV 测量能够提供燃料电池操作期间的一些信息，特别是对有关 HT-PEM 中 PA 分布变化的间接信息。但使用 EIS 和 CV 提供精确的 PA 分布测量是不可能的。所以，需要其他更为精密的方法以获得精确的 PA 的分布。在一些工作中，采用同步加速器的 X 射线成像方法给出操作 HT-PEMFC 的 PA 分布图像。为了在 HT-PEMFC 中进行这些实验，对设备进行修改以便能够获得横截面图像和通过平面方向的射线图（信息衰减有限和允许 X 射线的较好透过）。对 LT-PEMFC，同步加速器的 X 射线照相法适用于可视化不同操作条件下的液体水分布，而对 HT-PEMFC 的兴趣，是在 PA 的浓度和分布变化。因此，使用较高能量的射线束，因为磷酸需要的放大系数约比水高 7 倍。在动态操作条件下对 HT-PEMFC 进行同步加速器的 X 射线照相，研究不同操作条件因溶解性不同时的 PA 分布和浓度，包括电流密度、操作温度和空气化学计量比。近来，使用同步加速器 X 射线色谱显微镜研究在操作时的 PA 再分布。操作 X 射线吸收光谱（in-operando X-ray absorption spectroscopy）首次分析了催化剂毒物 PA（跟着在不同电压下磷酸阴离子在阴极变的吸收）的影响。结果发现，在低池电压下，在表面只有氢存在，随着电压的增加磷酸出现并压制气体吸附质。PA 的吸附与温度相关，温度增加导致 PO_4 基团覆盖度降低移动性增加，这导致反应有更多的自由 Pt 活性位。

7.7.6　离位表征

离位表征技术在燃料电池发展中有很大的重要性，特别是对了解构建材料的形貌和它们在各种条件下的稳定性。它们也被用于补充原位电化学技术，以获得对燃料电池内过程的更深了解。最普遍使用的离位技术是显微镜技术［扫描电镜（SEM）、透射电镜（TEM）］，它们已经广泛使用，比较使用过的和新的 MEA 的可视结构变化，能够与燃料电池内的现象相关联，如膜溶胀、Pt 烧结和脱落。SEM 图像显示形貌和元素信息（它们有极高的分辨率）。它们帮助确定在不同操作条件下燃料电池材料化学组成和结构的变化。SEM 主要初始图像通过收集样品释放的次级电子产生。在样品上 SEM 使用电子束进行线扫描而不是形成真实的图像。TEM 的优点是增加放大和分辨率，提供样品"内部"的图像而不是表面的图像。TEM 使用不同对比度方法建立图像，形成的是黑白图像。TEM 的空间分辨率能够达到数零点几纳米量级，它主要被用于分析样本的结构、组成和性质。

常规的 BET 方法来获得材料特别是催化剂的表面积。BET 方法基于吸附分子的表面积。通过测量平衡时样品吸附气体的量，决定样品的表面积。N_2 是 BET 表面积测量最普遍使用的吸附质。Ar 或 K 可以被用于测量小表面积样品的表面积。Pt 基催化剂的电化学活性表面积可以用化学吸附方法和电化学氢吸附/脱附方法来测量。CV 方法是基于在催化剂表面形成电化学吸附单层。图 7-33 显示硫酸溶液中 Pt/C 的典型 CV。在低电位区域（区域 A）的阴极扫描时有两个很好分离的峰对应于氢在电极表面的吸附。电化学活性表面积 S_{ESA} 使用如下的方程计算：

$$S_{ESA}=Q/[催化剂负荷×210] \tag{7-4}$$

式中，S_{ESA} 是催化剂的电化学表面积，m^2/g；Q 是电荷密度，$\mu C/cm^2$；210 是氢在多晶 Pt 表面上单层吸附时的总电荷。值得注意的是，氢峰不仅能够使用于测量催化剂的活性表面积，而且也能够作为 Pt/C 催化剂纯度定性估计的指示器。

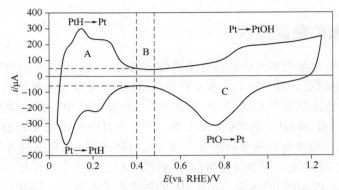

图 7-33　40%（质量分数）Pt/Vulcan XC-72 催化剂在 N$_2$ 饱和 0.5mol/L H$_2$SO$_4$ 电解质中
以 20mV/s 扫描速率获得的电化学特征

　　X 射线衍射（XRD）是一种非破坏性材料表征技术，分析化学组成和晶相结构。XRD 基于 Bragg 定律，X 射线衍射发生于晶格平面。通过扫描一定范围的反射角，给出不同强度峰图案。高电子密度平面有强的衍射强度，反射很强。图 7-34 显示石墨碳纳米纤维（GCNF）负载 Pt-Ru 合金的 XRD 图。图中显示催化剂 Pt-Ru 峰的组成图案，与 FCC 结构（111）一致。电子衍射（ED）收集了弹性散射现象，电子被晶体中规则排列的原子所散射。当入射电子波与原子相互作用时，产生次级波并彼此干涉，形成散射图案。ED 的有利之处是电子与样品的强相互作用，因为电子被电子云内的正电位散射，而 X 射线与电子云相互作用。在结晶学中 ED 是有价值的工具，它能够提供有关活性催化组分的晶体对称性信息。图 7-35 显示电沉积 Ni 和在纳米通道膜过滤器中的 Co 纳米线的 TEM 亮视场图像和电子散射图案。按照 TEM 亮视场图像，纳米线的形状几乎是圆柱形的，电子散射图案是由点组成的，它指出纳米线由理想定向的结晶相构成。

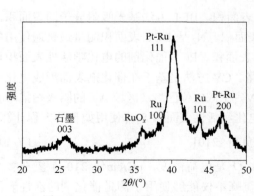

图 7-34　Pt-Ru/石墨碳纳米纤维
复合物的 XRD 谱

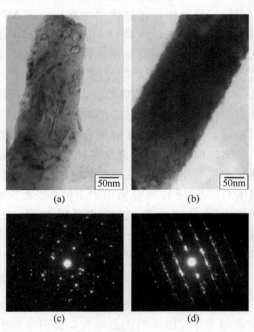

图 7-35　Ni［（a）和（c）］和 Co［（b）和（d）］
的 TEM 亮场照片及其衍射图

为分析催化剂降解，使用 X 射线衍射（XRD）分析和 TEM 图像能够测量 Pt 粒子大小分布，用 TEM 图像能够直接观察到局部粒子大小长大。使用 TEM 图像测量的平均粒子直径大于 XRD 分析测量，因为小于 1nm 的晶粒不能够被 TEM 清楚地确定。

但是电镜技术受限于它的二维分析。当需要三维结构研究时，可使用 X 射线断层扫描，它是通过渗透波获取目标物图像的技术，然后这些图像再使用于产生目标物的三维模型，该技术又称为微计算机 X 射线断层扫描（μ-CT）。已经与电化学方法和 SEM 一起使用这个方法，研究压缩对 HT-PEMFC 性能的影响。

磷酸，在 HT-PEMFC 中是质子传导介质，已经使用不同的表征技术进行了广泛研究。与 SEM 和 TEM 一起，能量离散 X 射线（EDX）被用于测量在长期试验前后的 MEA 中的磷酸含量和分布。观察到膜和电极中的 PA 含量随时间降低。使用电子探针微分析观察到，电解质分布在寿命试验期间变得愈来愈不均匀，它可能是性能衰减的一个原因。比较简单的技术，如酸碱滴定（ABT）能够被用于测量 PA 在膜和电极中的分布。但是，这种技术并不反映操作条件下的酸再分布，因为它是在室温下进行的，因此，应使用上述的 X 光技术。

拉曼光谱能够被用于研究 PBI 型聚合物中掺杂酸的影响，由于它对 PBI 和磷酸间酸碱质子交换反应期间的分子结构变化极度敏感。它是基于单色光的非弹性散射技术，光子被样品吸收然后再以不同频率（向高或低频）放出，由于与样品间的相互作用，从它能够获得有关分子中的振动、转动和其他低频信息看出。已经使用拉曼光谱研究 AB-PBI 膜在不同磷酸掺杂水平上的谱学性质。从结果发现，磷酸分子与每一个 AB-PBI 单元相互作用，在高掺杂水平，所有含氮活性位被质子化，能够检出到对应于自由磷酸分子的额外拉曼信号。拉曼也被用于研究在 PBI/聚砜共聚物掺合物中的水蒸气和 H_3PO_4 间的相互作用。结果说明，两者之间有强的相互作用，在阴极电化学反应产生的水是有能力与聚合物材料水合的，无须气体湿化。

X 射线电子能谱（XPS）应用有铝或镁阳极的 X 光管。XPS 能够被用于研究在价带和核态中的电子，因为 X 射线有足够的能量离子化所有元素原子核。XPS 被使用于确证表面上的原子，通过比较观察，显示的计算核水平结合能或标准的实验谱图。XPS 分析能够提供有关催化剂表面元素组成、原子氧化态、化学环境等多种信息。图 7-36 显示 Pt 合金催化剂和核壳结构催化剂的 XPS 图谱。对 $Ru@Pt_1Pd_1/C$、$Ru@Pt_2Pd_1/C$ 和 $Ru@Pt_1Pd_2/C$ 的金属 Pt $4f_{1/2}$ 线分别发生于 71.26eV、71.34eV 和 71.14eV，而金属 Pt $4f_{5/2}$ 线则分别发生于 74.55eV、74.65eV 和 74.49eV。$Ru@Pt_xPd_y/C$ 核壳结构催化剂的 Pt 结合能高于 $Ru@Pt_2Pd_1/C$，指出 Ru 与 Pt_xPd_y 间的相互作用。$Ru@Pt_1Pd_2/C$、$Ru@Pt_1Pd_1/C$ 和 $Ru@Pt_2Pd_1/C$ 中零价态 Pt 的百分比高于 Pt_2Pd_1/C（71.2%），分别为 74.6%、75.8% 和 80.4%，随 Pt 含量的增加而增加。

X 射线能量散失谱（EDS）可应用于样品微区分析（EDX）。在样本激发体积中散射的电子在许多原子内沉积能量，当它们回到基态时原子释放出间断的能量，如果激发原子驱逐内层电子，外层电子充满空带和反辐射出 X 射线，其能量等于两个电子层的能量差。检测在电子束激发期间样本放出的 X 射线，称为能量散失谱（EDS）。EDS 一般关系到 SEM 或 TEM 分析，进一步提供有关选择表面选择区域的化学组成。EDS 技术已经广泛使用于金属合金催化剂的表征，以确定在催化剂中各个金属物种的相对量。图 7-37 显示沉积在石墨化碳纳米纤维上的 Pt-Ru 合金催化剂的宽区域 EDS 谱。对 Pt 和 Ru 显示的相对强度给出 Pt/Ru 化学计量比和原子比。Cu 峰被贡献于样品室的 Cu 网格，Si 峰来自碳纤维生长载体的痕量杂质。

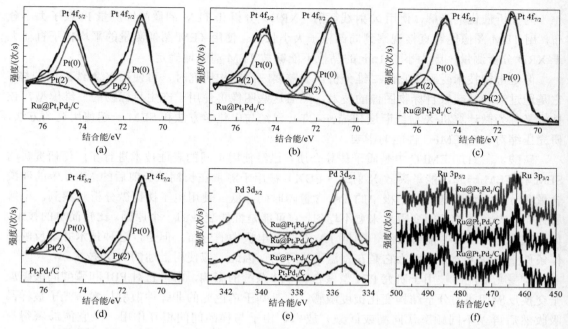

图 7-36　Pt [(a) ～ (d)]、Pd [(e)] 和 Ru [(f)] 纳米催化剂的 XPS 图谱

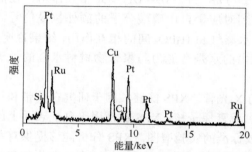

图 7-37　Pt-Ru/石墨碳纳米纤维宽区域 EDS 谱

另外一种有用的离位技术是流出物分析，特别是阴极尾气。它能够提供有关燃料电池操作期间化学反应和降解机理的重要信息。例如，测量尾气中水的 pH 值，能够定性地跟踪 PA 的淋洗，长期操作期间的 PA 损失速率也能够通过跟踪尾气水中的 PA 含量来测量，使用电感耦合等离子质谱法或色谱法进行分析。另外，碳腐蚀和水解反应在饥饿试验中的发生，也能够通过阳极尾气中出现 O_2 和 CO_2 来证明，它们也是使用气相色谱和气相色谱耦合质谱仪或者其他气体分析仪来实现的。

Fenton 试验广泛使用于表征 PBI 膜的化学降解，试验期间，PBI 膜暴露于含微量铁离子 $(Fe^{2+}/Fe^{3+})H_2O_2$ 溶液中，铁作为过氧化氢分解的催化剂。得到溶液然后进行分析，从降解副产物浓度和膜重量损失，能够获得膜化学降解的信息。

7.7.7　加速老化试验

PEMFC 的耐用性通常表示成在多长时间内保持性能的能力。高耐用性燃料电池有能力在长周期间断或连续使用后仍然保持其初始性能的特性。耐用性也指系统在经历不一般实践后仍保持其性能的能力，如装卸冲击、极端高或低温度或适度的条件改变等。美国能源部对运输应用燃料电池的耐用性指标包括有操作 5000h，相当于行驶 15 万英里。燃料电池材料和组件降解已知的有若干机理，对此的研究很活跃。对催化剂层，占优势降解机理是铂粒子的溶解。许多沉积技术依赖于把 Pt 粒子悬浮在离子交换聚合物溶液中，然后均匀沉积在膜上。溶解引起 Pt 粒子扩散，遵从的机理是 Ostwald 熟化和与邻近粒子形成聚集体。已经观察到，这些粒子滑移进入膜中形成 Pt 粒子带。这些过程引起电化学活性表面积的降低和 PEMFC 性能的逐渐降低。

　　因此，如在前面描述过的，电化学活性表面积（ECSA）和 Pt 负荷是性能的两个重要测量。增加 ECSA 提高性能，以创生出能够催化反应的较大表面积。Pt 负荷指重量以及分布，常常表示成 $\mu g/cm^2$。系统催化剂材料较高 Pt 负荷将创生较厚的多孔催化剂材料层，因此增加 ECSA，使燃料电池性能增加。Pt 是稀有和昂贵的金属，因此需要有最小的 Pt 负荷。保持同样性能降低 Pt 负荷是一个活跃的研究领域。但是为了了解燃料电池性能降解行为，需要使用所谓的加速试验。

　　近年来，Tesla Motors 的 Model 插入式 EV 比其他若干 EV 的成功（包括 FCEV）是一个证据：首次进入市场不是万事大吉，而是要首先获得更好的产品，它可以是好于以前达到的最好产品。所以，为了有更好产品进入市场，其耐用性和可靠性试验，应该使用的是少量试验和较短时间的试验方法（与真实寿命降解速率比较）。加速老化试验（AST）就是这样一种试验策略，它能够帮助缩短试验周期而同时确保对产品耐用性和可靠性有好的预见。如其名字所指出的，它是一种方法，在该方法中发展产品被重点研究其失败机理和预测它的寿命。对燃料电池，汽车应用的寿命目标在 5000h 范围，而对固定应用则在 40000h 范围，而 AST 策略就是能否在发展阶段以较短时间有效地提供失败模式的有价值信息。而且，燃料电池，由于它们的模块式性质和广泛的应用范围，其使用是要与若干成熟常规技术竞争的，这使它们的耐用性和可靠性目标更加严格。

　　有不同的 AST 策略：高加速应力试验（HAST），逐步增加单一应力从一个水平到另一个水平直至失败；多环境高应力试验（MEOST），逐步增加若干组合应力直到失败发生；随机多环境高应力试验（RMEST），其组合压力随机应用。现在大多数 AST 策略使用标准试验方法，以温度作为恒定失败速率模型应力源器。但是，在燃料电池中，如在图 7-38 中能够注意

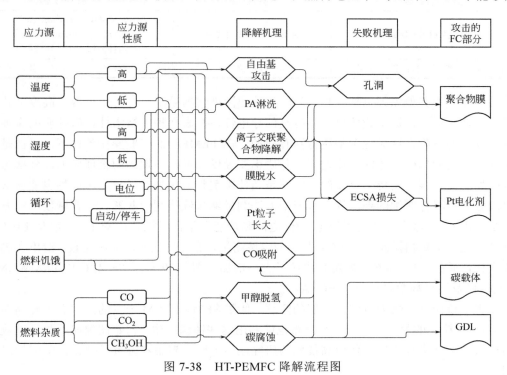

图 7-38　HT-PEMFC 降解流程图

到的，不同应力源和失败模型间有非常强的相互作用。所以，标准试验方法和恒定失败速率模型，在没有把偏差引入到结果中前，是不能够用于预测燃料电池行为的。因为每一种应力源能够触发若干失败模式。由于燃料电池降解和失败机理尚未完全了解，因此对 PEMFC，AST 研究一般适用于了解降解机理而不是预测寿命。实际上，也几乎没有看到加速因子能够被用于预测寿命。

由于燃料电池中的应力源影响多种失败机理，在发展 AST 时，它们与不同失败机理间关系的了解是必需的步骤。就目前的知识而言，对 HT-PEMFC 现在没有标准的 AST 条款可利用。但是，美国 DRIVE 已经建立了 AST 条款来评价 PEM 燃料电池组件（延伸自汽车推进应用）的性能和耐用性，这些也能够应用于 HT-PEMFC。类似于美国 DRIVE 条款 AST 策略，已经被使用于 HT-PEMFC，特别是应力循环和 OCV。表 7-16 总结了在 HT-PEMFC 中使用的 AST 策略。

表 7-16 对 HT-PEMFC 的 AST 策略总结

降解/失败模式	应力源	AST 策略
MEA 分层	热循环	1 循环/h 180℃-30min 30℃-30min
自由基攻击		
酸攻击		
因高水生产酸损失	负荷循环	$0.6A/cm^2$-4min，$1A/cm^2$-16min
酸损失	高温	190℃
	高气体流速	反应气体化学计量比：$\lambda_{氢气}$=13.2，$\lambda_{空气}$=11
Pt 催化剂降解，酸损失	负荷循环	$0.6A/cm^2$-4min，$1A/cm^2$-16min
因池逆转碳腐蚀	燃料饥饿	在 3~0.8 之间循环 $\lambda_{阳极}$，$\lambda_{阴极}$=3
碳腐蚀 ECSA 损失	启动/停车和复合循环	无 OCV-$0.5V/cm^2$-$0A/cm^2$， 2s OCV-$0.5V/cm^2$-$0A/cm^2$ 在两种情形中 1 循环坚持 16s
启动和停车期间碳腐蚀和 Pt 降解	高电位	1.5V 30min，阳极进 H_2，阴极进 N_2

性能损失的其他原因包括：基质降解和外源污染物的吸附。Pt 粒子分散于高度多孔性的炭黑或其他材料上。这个载体材料具有高的导电性、高表面积和憎水性。碳基质的腐蚀能够导致电导率的下降。这对纯碳基质特别有问题，在 PEMFC 的一般操作条件下，腐蚀是容易发生的。高温增加碳载体的氧化速率。基质也要经受冻融循环期间的物理应力。外部污染物的吸附如一氧化碳，是特别重要的，尤其是当使用重整氢作为燃料时。污染物也能够来自燃料电池各其他组件腐蚀的副产物。有若干方法测量纳米催化剂的降解。最普遍使用的方法的一个是使用 CV。这个方法使用恒电位/恒电流和功能发生器模拟负荷变化，一般从 1.0V 扫描到 0.4V。这些 CV 扫描能够对 ESA 做一个定性测量，能够与交叉循环做比较，给出在燃料电池内变化性质的一些洞察，如腐蚀或粒子大小增加。图 7-39 显示 PEMFC 中 Pt/MWCNT 的 CV 数据以及用循环数目计算的 ECSA。

使用电镜能够直接测量催化剂层的降解。使用 SEM 或 TEM 产生的图像有足够高的分辨率来显示 Pt 粒子的聚集。粒子大小分布也能够用这些图像产生。初始图像能够与经过数以千计循环后的图像进行比较。使用高技术的研究已经证明，聚集和降解是催化剂降解的最主要原因。

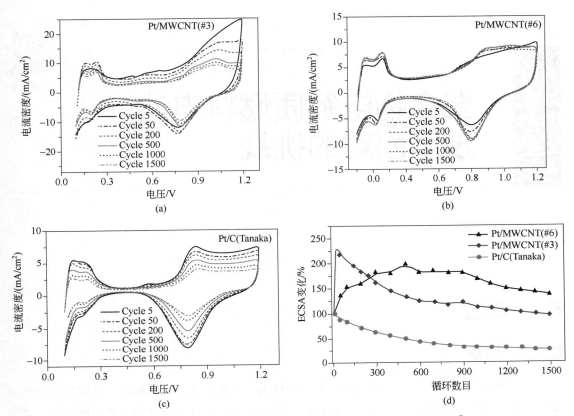

图 7-39　不同 Pt/MWCNT 阴极材料循环伏安图 [（a），（b），（c）]
对应的电化学活性表面积随电位循环的变化（d）

第8章　聚合物电解质燃料电池技术面对的挑战

8.1　概述

8.1.1　引言

燃料电池有能力解决 21 世纪现时的能源危机。这类电化学装置把燃料特别是氢化学能直接有效地转化为电能。在设计中它们有巨大的灵活性，可以有各种构型和使用范围广泛的烃类燃料，其特征使其有很宽的应用领域范围。另外，氢是丰富资源的事实使燃料电池很有可能成为未来能量需求的最可持续解决办法之一。

燃料电池的商业化主要受其高成本和缺乏氢气公用基础设施的影响。试图降低燃料电池成本和发展它们使用的全球氢气网络的研究仍在进行中。为降低成本，初期的重点是要最小化膜电极装配体（MEA）中催化剂的铂（Pt）负荷。Pt 被认为是高成本的主要贡献者。为降低 Pt 负荷，已经提出多种办法，包括使用载体、Pt 的合金化和纳米化、发展更加有效的制备技术以及增强池的极化性能等。虽然有些研究宣称，已经把 Pt 负荷降低 50%（如 $0.15mg/cm^2$），而燃料电池堆效率仅有很小的下降（1%）。即便这样，Pt 负荷仍然需要进一步降低。燃料电池组件的制作成本占总成本的显著部分，特别是 MEA 和气体扩散层（GDL）。因此成本相对低廉的一个方法是使组件制造过程变得相对简单便宜。预期，随着池堆变得商业可利用和氢燃料公用基础设施的建立，燃料电池大规模进入市场就容易实现了。但是，这两项仍然是现在要面对的主要挑战，特别是在与氢生产、安全和存储密切相关的运输部门。

燃料电池耐用性是影响其商业化的另一个障碍。在运输部门的一些燃料电池现在能够操作 2500h，虽然已经翻番但仍然远远不够，需要再翻一番（约 5000h）才能满足美国能源部（DOE）、日本新能源和工业技术发展组织（NEDO）及欧洲氢和燃料电池技术平台（HFP）设定的目标要求。对固定应用，燃料电池寿命时间的目标是 40000h，因为固定应用燃料电池负荷要比运输应用条件下稳定很多。在运输应用中，燃料电池负荷是快速变化的，其动态负荷循环显著影响燃料电池降解速率，使其使用寿命大为缩短。如前述，电位循环对燃料电池催化剂和碳载体的力学和化学性质的影响很严重，可导致其早期失效。

科学家和工程师发展并进行耐用性试验，以预测燃料电池在实际操作条件下的寿命时间。其中最重要的加速寿命试验，也称为加速应力试验（AST），其为了避免长的试验周期和节约真实时间试验的高成本。但是发现，用这些加速试验获得的结果与真实时间试验或稳态下测量结果的不一致且有相当不同。这是可以预料得到的，因为试验是在不同操作条件下进行的，而且燃料电池组件设计也不相同。另外，一些耐用性试验用的是单个组件而不是完整的池单元，对其他组件的降解效应在试验中并没有表述，而这也是要影响整个池寿命时间的。这突出显示，需要使用标准化的耐用性试验程序以确保测量间的一致性。

而对 PEMFC 的降解，是由多个因素引起的，涉及池的设计和操作。这些因素可分为两大类：灾难性的和老化的。灾难性因素是指使燃料电池性能瞬时或早期失效的那些，它们在操作期间对池产生严重的机械或化学危害。例如，膜表面孔洞的生成能够很快危及池，因为它使反应物气体从阳极或阴极边横穿，导致催化燃烧和突然的池功率输出下降。膜穿孔和池组件中的裂缝可能是制备过程期间缺陷设计/制作、不合适池装配的结果，或池在极端高压力和温度下操作产生的结果。膜中毒是 PEMFC 寿命的一个灾难性的致命因素。例如高杂质浓度，如反应物气体中的 CO，CO 会吸附到催化剂的铂表面，阻塞活性氢位置。

老化因素指的是导致池缓慢降解的电化学反应自然因素。与灾难性因素不同，它们破坏池性能的效应是逐渐发生的。对老化过程，确认出有三个电压下降区域：稳定操作区，池电压慢速下降区和电压快速下降区。池降解速率是操作时间的函数，通常表示为每小时操作下降多少微伏（μV/h）。该速率很强地关系到池材料退化速率，如催化剂力学和化学性质的变化，包括电催化剂表面积损失（由于铂粒子大小的增长）、铂基催化剂腐蚀和催化剂载体碳腐蚀等。

虽然燃料电池电化学反应导致的材料退化是不可避免的，但退化速率是能够降低到最小的。过去的研究努力都试图发展更牢固的组件和极力避免有害的燃料电池条件操作区域来减小退化。获得的一些结果如下：把膜做得厚一些以降低氢气横穿到阴极；在电负荷条件下使用磺化聚酰亚胺膜，其稳定性比 Nafion 高；以多壁碳纳米管和用金簇改性 Pt 纳米粒子能够提高其溶解稳定性；碳膜涂层影响和改进气体扩散层极性和电性质；均匀涂层能控制气体扩散层扩散到过电位中；双极板涂层对防止表面腐蚀是非常重要的；低相对湿度（RH）操作 PEMFC 使 Pt 活性表面积损失减小，对此的相反意见是低 RH 增加催化剂的碳腐蚀；在 PEMFC 操作期间可以降低 RH、温度和氢压以压制氢的横穿机制；燃料和氧化剂饥饿、开路电压操作、吹过量空气、湿度循环、零负荷和满负荷循环以及冷冻/解冻循环对膜结构变化都会产生显著影响，清楚地说明燃料电池操作条件对 PEMFC 耐用性是有显著影响的。

燃料电池基本上是一个热力学开放体系。它们的操作基于电化学反应，消耗外源反应物。对小规模应用它们是常规发电方法的一种有益的替代方法。与常规电池材料比较，燃料电池不仅高效使用氢和烃类燃料所含的化学能，而且因众多能源应用，现在它们正在广泛快速发展之中。燃料电池是为农村地区替代化石燃料提供电力的可行方法，因为公用电网难以达到，架线和传输电力需要的成本更高。此外，燃料电池能够适应作为完整的备用能量需求，如不间断电源（UPS）、发电电站和分布式能源系统。表 8-1 表述了燃料电池与其他发电体系的比较。聚合物电解质膜燃料电池（PEMFC）与其他类型燃料电池比较有若干物理化学优点。它们能够在低温和高电流密度下连续地操作。PEMFC 是高效的、最轻的和最耐用的，对冲击和振动有耐受性。PEMFC 有长的池堆寿命（因使用固体电解质）、快速启动（因薄的结构）、高能量效率和间断操作下的高容量（可以耐受许多次启动和停车）。而且，PEMFC 并不排放像 NO_x 或 CO 这样的污染物，当使用氢燃料时，仅有的化学副产物是纯水。这是为什么要把 PEMFC 作为零排放车辆（ZEV）的理想功率来源。所有这些特征（见表 8-2）使 PEMFC 是一系列电功率应用的很有价值的选择，范围从小至瓦级的便携式微电功率到大至千瓦级的运输用功率再到兆瓦级的大规模固定发电系统（如住宅和分布式发电应用）。

表 8-1　燃料电池与其他发电体系的比较

项目	往复引擎：柴油	透平发电机	光伏发电	风力透平	燃料电池
容量范围/MW	0.5～50	0.5～5	0.001～1	0.01～1	0.2～2
效率/%	35	29～42	6～19	25	40～85
投资成本/(美元/kW)	200～350	450～870	6600	1000	1500～3000
O&M 成本/(美元/kW)	0.005～0.015	0.005～0.0065	0.001～0.004	0.01	0.0019～0.0153

表 8-2　燃料电池的主要优缺点总结

优点	缺点
很少或没有污染	不成熟的氢公用基础设施
高的热力学效率	对污染物的敏感性
高的部分负荷效率	昂贵的铂催化剂
模块化和易放大	严苛的热量和水管理
优良的负荷应答	对烃类重整的依赖
很少能量转换	复杂和费钱的 BoP 组件
安静和稳定	长期耐用性和稳定性问题
生成水和联产应用	氢安全问题
燃料灵活性	每千瓦高投资成本
宽的应用范围	相对大的需要和重量

表 8-1 的数据指出，与其他常规分布式能源体系比较，燃料电池有最高的效率。它们的设计是简单的，操作是可靠的。另外，使用氢作为反应物使它们成为最环境洁净和最安静无噪声的能源体系。现在，燃料电池体系被广泛应用作为小规模和大规模电源，如组合热电系统（CHP）、可移动电源系统、便携式平板电脑和通信设备中。这些已经在前面的一些章节中做了相当详细的叙述。

尽管燃料电池有许多优点，但它们的使用也有一些限制，且还面对一些巨大的挑战。本章重点讨论这些挑战以及缓解和克服它们的可能方法。燃料电池面对的巨大挑战，为叙述方便可以分为技术挑战、经济挑战和社会挑战三大类。当然，这些挑战是相互密切关联的，后两者极大地依赖前一类挑战的缓解和克服。因此下面的叙述以技术挑战为主。

8.1.2　燃料电池工业的现时状态

燃料电池工业在过去十来年中确实已经经历了许多里程碑事件和取得了成就。例如，燃料电池电动车辆顾客化的成本，当计划每年生产 50 万单元水平时，在 2002～2012 年的十年期间降低了 83%，从 275 美元/kW 降低到 45 美元/kW。这里要强调的是大量生产对成本的影响。这个成本下降的主要原因是，PEM池堆中铂金属族（PGM）负荷的连续下降。PGM负荷自20世纪60年代以来已经下降了两个数量级，主要是由于电化学制作技术和纳米技术的发展。这也反映在专利授权数量上，不同类型替代能源的授权专利如图8-1中所示，在2002～2012年间燃料电池工业一直是领头的。这个期间燃料电池专利的44%来自美国的发展者，接着是日本33%，韩国7%，德国6%；General Motors、Honda、Toyota、Samsung、UTC Power等公司占有的专利超过60%。授权专利数目反映了各可再生能源部门工业研究的水平。而表8-3列举了在2012年美国在燃料电池研发中获得的最主要成就。

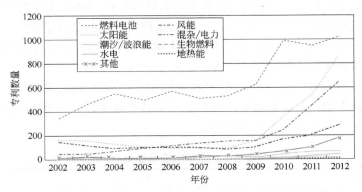

图8-1 在2002～2012年间替代能源部门的授权专利

表8-3 2012年美国燃料电池主要研发事件

研发重点	2012年里程碑事件
FC系统成本[①]	比2011年成本下降4%（从49美元/kW到47美元/kW），由于铂负荷下降，池功率密度增加，喷射器系统改进，系统控制器改进，散热器大小减小
FC系统耐用性[②]	实验室试验地点4000h（比2006年增加100%），由于使用高活性和耐用的经改进的阳极和阴极催化剂
催化剂	发展了脱合金化催化剂，具有高质量活性、高耐用性和在高电流密度下的高电压 对纳米结构薄膜（NSTF）催化剂，铂负荷降低15%到0.14～0.18g/kW
便携式FC	直接二甲醚燃料电池的功率密度比2011年提高60%，接近于低电流密度下的直接甲醇燃料电池，由于锌的阳极催化剂 直接甲醇燃料电池的质量活性提高150%，由于锌阳极催化剂
BoP组件	立项新复合物膜湿化器以满足大量生产时的100美元目标

① 计划生产水平为500000单元。

② 定义为池堆损失其初始电压的10%。

8.1.3 未来目标

尽管这样，为了达到世界范围商业化的长期目标，燃料电池工业仍然有很长的路要走。重要的是要实现使燃料电池技术一步一步向前发展，其中包括氢气生产、存储和配送技术。当然，我们确实仍然需要在材料工程、纳米技术、传输现象、电催化剂工程、池堆工程、测量技术、分子过程模拟、辅助组件发展和多相科学中取得基础性突破，以能够在降低燃料电池成本和增加其耐用性上达到未来目标的要求。例如，尽管对许多领域进行了巨大的研究努力，但对某些领域研究相对较少，如水在PEMFC降解中的作用。为此很有必要对水的作用和影响做深入研究，包括：①在池电化学反应期间水的产生；②在通道和反应位置水的累积；③水传输机理对 PEMFC 组件电、机械、热和化学/电化学退化的影响。液体水分布和相互作用的基础知识，能够确保水的有效平衡和表面流动均匀分布，这能够增强燃料电池性能和效率。

面对燃料电池工业的诸多关键限制和挑战，建议工业界和学术界对燃料电池研发的重点领域包括：①确证、模型化和减轻 MEA 基体的降解；②发展在宽温度和湿度范围内能够保持电导率和稳定性的电解质材料；③降低/消除催化剂 PGM 负荷；④发展对杂质有最大的耐受性的膜和催化剂；⑤确保在电压和湿度循环中膜和催化剂的稳定性；⑥发展有低压力降、小体积和重量轻的双极板；⑦发展高温操作下耐久性双极板、MEA 和密封；⑧发展低噪声、低成本和低伴随负荷的空气管理掌控技术；⑨对水传输现象的更好了解以发展有能力在宽操作条件范围内掌控的水管理技术；⑩改进和简化燃料重整方法；⑪改进和标准化加速试验程序和方法；⑫为瞄准市场以更新状态报告进行成本分析。

表 8-4 给出了美国为燃料电池技术研发的重点项目和设置的未来目标，包括燃料电池系统的不同组件以及系统试验诊断技术。这都是为了燃料电池的大规模生产和广泛商业化成为可能所设置的实际目标而不是乐观的指标。

表 8-4　燃料电池研发目标

研发重点	研发目标
电解质	① 发展在宽温度和湿度范围具有改进电导率的电解质材料（聚合物，磷酸/固体酸，固体氧化物，熔融碳酸盐，阴离子交换膜材料） ② 发展在宽温度和湿度范围具有改进力学、热和化学稳定性的电解质材料（聚合物，磷酸/固体酸，固体氧化物，熔融碳酸盐，阴离子交换膜材料） ③ 发展在宽温度和湿度范围具有降低（或消除）燃料横穿的电解质材料（聚合物，磷酸/固体酸，固体氧化物，熔融碳酸盐，阴离子交换膜材料） ④ 设计使用可放大制作工艺的离子交联聚合物膜 ⑤ 设计具有降低成本的离子交联聚合物膜 ⑥ 设计在宽温度和湿度范围具有改进力学、热和化学稳定性的离子交联聚合物膜 ⑦ 评估膜对空气、燃料和系统杂质的耐受性 ⑧ 评估膜在相对湿度循环下的力学稳定性 ⑨ 确证电解质机械和化学降解机理 ⑩ 为电解质力学和化学降解机理发展缓解策略
催化剂	① 为低、中和高温燃料电池发展低（消除）贵金属负荷的催化剂 ② 发展能提高比活性和质量活性的催化剂 ③ 发展在电位循环能提高稳定性的催化剂 ④ 发展耐受空气、燃料和系统杂质的催化剂 ⑤ 为 PEM 和阴离子交换膜燃料电池发展非贵金属催化剂 ⑥ 增加催化剂利用率 ⑦ 发展能提高活性和耐用性的高温燃料电池催化剂 ⑧ 降低对催化剂载体的腐蚀 ⑨ 发展低成本的催化剂载体材料和结构 ⑩ 发展能提高非贵金属催化剂负荷和后端的催化剂 ⑪ 优化催化剂/载体相互作用和微结构 ⑫ 发展非氢燃料电池的阳极催化剂
GDL	① 改进 GDL 孔结构、形貌和物理性质 ② 为更好水管理和更稳定操作改进 GDL 涂层 ③ 发展能降低面积比电阻的 GDL 材料和结构 ④ 确证 GDL 腐蚀和降解机理

研发重点	研发目标
MEA 和单元池	① 优化催化剂/载体/离子交联聚合物/膜力学和化学相互作用 ② 最小化 MEA 界面电阻 ③ 集成膜催化剂和 GDL 到统一的 MEA 中 ④ 对高温燃料电池集成催化剂载体和电解质 ⑤ 解决 MEA 冷冻和解冻问题 ⑥ 扩展 MEA 操作温度和湿度范围 ⑦ 提高在电压和湿度循环下 MEA 和池的稳定性 ⑧ 对空气燃料和系统杂质发展缓解策略 ⑨ 在制作和操作前、期间及之后表征 MEA 和池
密封（垫片）	发展高温燃料电池的密封
双极板和连接器	① 为高温燃料电池发展连接器 ② 为磷酸燃料电池发展电解质储库板 ③ 降低双极板的重量和体积 ④ 为双极板发展而消除腐蚀 ⑤ 发展低成本的双极板的材料和涂层 ⑥ 确证双极板力学和化学降解机理 ⑦ 为双极板力学和化学降解机理发展缓解策略
池堆水平操作	① 模型化池堆杂质效应 ② 模型化池堆耐用性和降解 ③ 模型化池堆冷冻和解冻效应 ④ 模型化提级池堆组件性能 ⑤ 使用实验确证池堆长期失败模式 ⑥ 模型化池堆传质和使用实验数据证实 ⑦ 优化池堆水管理
BoP 组件	① 降低固定应用中化学和温度传感器的成本 ② 提高固定应用中化学和温度传感器的可靠性和耐用性 ③ 为固定和运输应用中空气管理满足包装、成本和性能要求 ④ 最小化固定和运输应用中空气管理机制的伴生负荷 ⑤ 降低固定应用中管理机制的噪声水平 ⑥ 发展具有低电子电导率的非毒性冷冻剂 ⑦ 增加运输应用中湿化器的效率、耐用性和可靠性 ⑧ 为运输应用发展湿化器材料和新湿化概念 ⑨ 最小化运输应用中湿化器的伴生负荷 ⑩ 发展运输低成本、轻重量的湿化器材料
燃料重整	① 发展灵活燃料重整器 ② 发展产生富氢气体的重整催化剂和硬件 ③ 最小化燃料重整成本 ④ 提高重整器对杂质的耐受性 ⑤ 发展低成本气体净化技术 ⑥ 集成燃料重整器子系统 ⑦ 集成燃料重整其热负荷 ⑧ 无需反应器的硬件、管道、传感器和控制
系统水平操作	① 模型化池堆杂质效应 ② 模型化池堆耐用性和降解 ③ 最小化二氧化碳在碱燃料电池中的迁移 ④ 改进高温燃料电池的启动时间和稳定性

研发重点	研发目标
性能表征	① 为汽车和大巴运营进行成本分析 ② 对新出现应用进行成本分析，包括辅助功率单元（APU）应急备用系统各材料管理 ③ 年度提级技术状态 ④ 在额定功率和效率间进行权衡分析 ⑤ 在启动能量和启动时间之间进行权衡分析 ⑥ 在氢质量和燃料电池性能与耐用性间进行权衡分析
实验试验和诊断	① 使用实验方法决定长期池堆失败模式 ② 用实验方法决定系统排放 ③ 用实验方法在操作前、期间和之后表征组件和池堆性质 ④ 为固定应用的耐用性发展加速试验机制

8.1.4　条码、标准、安全和公众醒悟

总的来说，氢系统和燃料电池缺乏国际条码和标准，这对公众接受氢发电解决办法产生负面影响。如果在支持燃料电池设计、安装、操作、维护和氢气设备掌控方面有最好实践和建立了一致的总安全标准，则政府官员、政策制定者、商界领导者和做决定者都会对支持早期阶段氢发电项目感到放心。而一般公众，只有他们感到氢在一些方面与常规燃料一样方便时才会毫无保留地接受，尽管其他方面有所不同。总的说来，如果合适地掌控和规范的话，氢燃料并没有直接的安全问题，它好似任何其他常规燃料。氢系统的条码和标准问题，通过连续收集更多真实世界数据和有更多试验项目与实验室试验，就能够变得可利用。其实是能够由职业社会或政府指导规范化的，例如美国能源部，在燃料电池项目的安全、条码和标准化项目中就扮演了这个至关重要的角色。

表 8-2 已经总结了在前面讨论过的燃料电池的优缺点。于是变得清楚的是，燃料电池能够在便携式部门起主要的作用，是满足高能量和功率密度与燃料灵活性的追求；在固定部门应用，寻求的是降低排放和高度模块化；在运输部门应用，追求的是满足高效率和快速负荷跟随。这些应用领域和燃料电池市场已经在第 3 和第 4 章作过详细深入的分析和叙述。

由于在 20 世纪 90 年代对燃料电池重新产生兴趣，在过去 20 多年燃料电池快速发展着。但是，仍然没有处于广泛大规模商业化阶段，主要障碍是许多技术和社会-政治因素、成本和耐用性，使燃料电池在商业市场上经济竞争力欠缺。

8.2　燃料电池面对的主要挑战

8.2.1　高成本

PEMFC 在运输应用中的成功已经促进它在其他领域中的应用，其中的一些仍然在发展，指望在不远的将来能够商业化。但是，在 PEMFC 技术，虽然已经有商业化产品（如日本 EneFarm 旗下的产品），但能够有效地成功取代电力系统前仍然有许多问题要解决。在完全商业化前对详细挑战和对 PEMFC 应用及其前景的评论后可以看到，把 PEMFC 电力源引入到实业部门主要取决于合适和广泛可应用高纯氢气的供应，应用规模和潜力将更多溢价于改善健康和环境而不是纯经济兴趣。直到每千瓦燃料电池的价格下降到合适水平前，社会会继

续优先应用内燃引擎车辆而不是燃料电池车辆。现在燃料电池车辆的 PEMFC 与混合、常规汽油和柴油车辆比较是太贵了。制造商必须降低生产成本，使整个市场有盈利和更接近于顾客。现在，最大挑战之一是 PEMFC 技术依赖于氢的供应。虽然若干研究已经发现新的氢供应路线（但仍有成本问题），系统的成本仍然太高。所以，成本分析对达到市场商业化是实质性的和关键性的。但是，对燃料电池成本进行评估最重要也是最困难的一个是，燃料电池技术仍然在发展演化中，因此为克服这些困难的方法技术仍然在连续的变革中。

　　燃料电池是昂贵的。专家估计（见表 8-5），使用燃料电池产生每千瓦的成本必须下降至 1/10，才能使燃料电池进入能源市场。现时燃料电池堆高成本的三个主要原因是：依赖于铂基催化剂、精致的膜制作技术和双极板涂层与板材料。而从系统水平看，构成一个典型完整燃料电池系统的 BoP 组件约占总成本的一半，如燃料供应和存储子系统、泵、风机、电力和控制电子设备与压缩机。比较特殊的一点是，如使用可再生或烃基氢燃料，现时的 BoP 装备远不是成本有效的。对烃基技术，污染物移去技术的进展对燃料电池系统成本满足计划目标是非常重要的。无论如何，如果燃料电池成功地进入大量生产阶段，它们的成本会显著降低，并变成可以能够承担得起的，因如下事实：制造和装配燃料电池需要的一般典型竞争技术较少，如热引擎。

8.2.2　低耐用性

　　为了使燃料电池成为现时市场上长期替代可利用发电技术，燃料电池的耐用性需要比现在增加约 3～5 倍（即对固定分布式发电部门应用，至少 40000h）。但是，如在燃料电池固定应用的第 3 章讨论过的，这是能够达到的，因为日本的家庭用热电产品已经进入市场，其耐用性和成本已经能够与常规技术竞争。关键是如何扩展到其他应用产品。对耐用性问题，燃料电池内组件降解机理和失败模式以及能够防止失败的缓解手段，仍然需要进一步研究和试验。由于空气污染物和燃料杂质造成的燃料电池中的污染机理也需要仔细研究，目标是进一步解决好燃料电池的耐用性问题。

8.2.3　氢公用设施

　　燃料电池商业化面对的最大挑战之一是：96%的氢气生产仍然使用烃类重整过程。从化石燃料（主要是天然气）生产氢，然后再在燃料电池中使用，这在经济上是一个缺点，因为用化石燃料产生氢气配送的每千瓦成本高于直接使用化石燃料产生的每千瓦成本。因此，促进可再生基氢气是帮助从化石燃料经济向可再生氢经济转移的仅有可行解决办法。另外，保持合理成本的氢存储方法发展（它提供单元质量单元体积的高能量密度）是解决氢公用设施两难境地的解决办法。能够广泛采用的任何氢存储技术必须是完全安全的，因为氢气非常轻且高度可燃，容易从常规容器中泄漏。金属和化学氢化物存储技术是比传统压缩氢和液氢存储方法更安全和更有效的方法。但是，需要更多的研究和发展以降低氢化物存储技术相对高的成本和进一步提高它们的性能。

8.2.4　商业化壁垒

　　世界范围的燃料电池大规模商业化尚未来到。两个最大的壁垒是耐用性和成本。燃料电池公司，对 MEA（membrane electrode assembly），在长期操作期间经受性能降解。对商业燃料电池的要求，轻载车辆使用的寿命应超过 5000 操作小时，固定发电应用超过 40000h，而性能的损失应低于 10%。目前，大多数燃料电池显示在操作约 1000h 后性能有显著的衰减。DOE 的曾经目标是要在 2011 年达到使用寿命 40000h，分布式发电的效率 40%；到 2015 年对运输应用 5000h 寿命和 60% 的效率。注意，3M 公司的膜电极装配体（MEA）近来达到超过 7500h 的耐用性（在它们单一池的实验室水平试验中），这使其满足 DOE 2010 年目标有了可行性。在过去数年中，燃料电池成本已经从 2002 年的 275 美元/kW（2006 年，108 美元/kW，2007 年，94 美元/kW）降低到 2008 年的 73 美元/kW，这对一个 80kW 系统几乎相当于 6000 美元，仍然是内燃烧引擎系统成本的两倍。在 2009 年，成本进一步降低到 61 美元/kW（包括配件和试验的平衡点是 34 美元/kW，对池堆是 27 美元/kW），如大规模生产现在技术可达到 45 美元/kW。在而后的两年中要降低多于 35%。燃料电池成本的一个主要部分是 MEA，它由 Nafion 膜和催化剂（通常是 Pt 基）层构成。Pt 负荷已经在过去十年降低了两个数量级，但仍然有进一步降低的空间。对燃料电池的 2010 年和 2015 年 DOE 对运输应用的目标成本分别是 45 美元/kW 和 30 美元/kW。图 8-2 和图 8-3 显示了 PEM 燃料电池池堆和 PEMFC 系统成本的下降趋势与突破。图 8-4 显示对使用 2012 年和 2013 年技术在小和大批量生产时燃料电池系统成本的比较，可以看到，随着燃料电池技术的发展，其配套的 BoP（工厂平衡）成本在总系统成本中的占比愈来愈大。图 8-5 显示每年生产 50 万单元时 MEA 成本下降对总系统成本的影响。

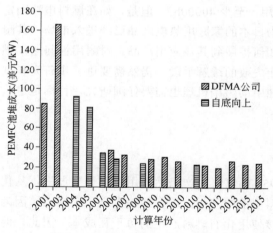

图 8-2　PEMFC 池堆成本的演变

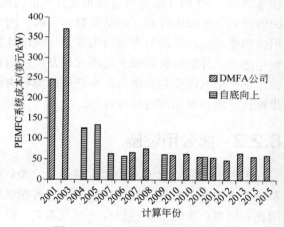

图 8-3　PEMFC 系统成本的演变

本章下面的内容针对前述的燃料电池商业化（重点是低温燃料电池如 PEMFC 和 DMFC）的三大挑战：成本、耐用性和氢气可接受成本、安全有效地供应。除氢气在单独的一本书稿（氢：化学品、能源和能量载体）中详细讨论外，对成本和耐用性挑战，在本章余留节次中做如下安排：面对成本高的挑战，第 8.3 节中首先对低温燃料电池高成本进行综合分析，获得降低和解决燃料电池成本高的思路；第 8.4 节深入讨论燃料电池材料和组件成本与耐用性的相关事情；第 8.5 节讨论低温燃料电池运行中特殊挑战——水的管理，给出它对燃料电池操作性能的影响和缓解其影响的方法；第 8.6 节讨论直接甲醇燃料电池（DMFC）耐用性和恢复技术；第 8.7 节讨论高温 PEMFC（HT-PEMFC）性能降解的原因及其缓解技术。

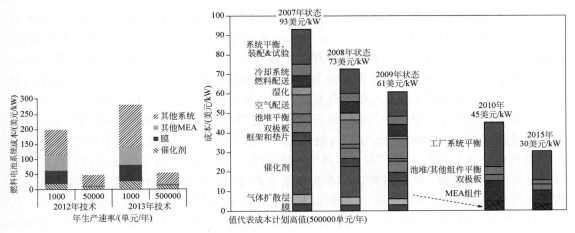

图 8-4 在低和高生产量时组件对总系统成本的贡献

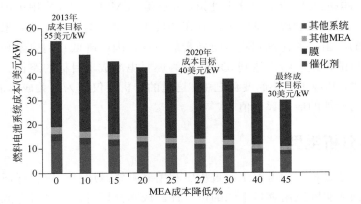

图 8-5 在 500000 单元/年时 MEA 成本降低对系统总成本的影响

8.3 PEMFC 成本的综合分析

8.3.1 引言

　　PEMFC 成本分析最重要的是，需要有真实应用试验的技术数据和信息来分析估算工业规模的潜力。遗憾的是，对 PEMFC 真实应用发表的数据或信息非常非常少。为做成本分析一般考虑大量生产，因为少量生产总不是成本有效的，产量少就不会使用自动化操作，大量生产的投资成本较大。要能够大量生产，除整套技术外更取决于需求和市场容量，消耗的能量成本是随时间变化的。对内燃引擎车辆（ICEV）和燃料电池电动车辆（FCEV）的投资成本进行比较发现：虽然 FCEV 比较贵（系统特性相关成本如氢供应和配送），但在车辆寿命期间的操作成本 FCEV 比 ICEV 便宜。使用燃料电池车辆（不行驶时）作为办公室和家庭电源进行的考察证明，在正确技术条件下这是经济可行的，使年度能量相当节约。一般规则是，大量生产能够降低成本。但是，对燃料电池的成本进行结构分析说明，双极板和 MEA 仍然占池堆成本的一大比例，即便在大量生产阶段。另外，在发展替代传导质子膜上必须要有更多的努力，发展膜的质子电导率应该与 Nafion 基膜是可比较的但更加便宜。

就现时状态而言，燃料电池堆和系统的生产成本仍然是非常高的。但如大量生产则有可能显著下降。电极铂负荷和铂市场价格占池堆总成本的很大部分。就 PEMFC 技术本身而言，电极（直接关系到铂成本）和膜是 PEMFC 中最费钱的组件，占总池堆成本的几乎 80%。电极成本是高的，因为高铂催化剂负荷和高劳动力制作技术。自 20 世纪 90 年代以来进行了大量努力，发展新催化剂或与铂组合材料，使电极铂负荷有大的降低。在池堆总成本中，膜组件成本在少量生产时（如 1000 单元/年）与电极成本一样高。但是，研究证明，膜成本在大量生产（如 500000 单元/年）时能够有很大的下降。对膜和电极成本后面还要讨论。尽管燃料电池商业化有增长的需求和热情，但像成本、可靠性和耐用性等障碍仍然还没有得到足够有效的克服。对新材料以及水和热量管理等问题的研究，对克服这些商业化障碍也是非常重要的。在 2013 年，美国能源部估计，考虑大量制造（每年 500000 单元）的 PEMFC 成本为 55 美元/kW，最终成本目标是 30 美元/kW。后面对 PEMFC 成本要做比较详细的描述。

本节专对燃料电池发展成本做分析评论，重点是 PEMFC，因其应用范围非常广泛和这个技术的潜在利益，不仅在能源经济学上而且在环境上。希望本节的讨论对未来燃料电池成本分析发展是有用的。由于催化剂和膜是特别贵的组件，因此降低它们成本是极为重要的，为优化它们成本的目的，是要给出达到 DOE 最终燃料电池成本目标的路径。同样由于燃料电池是新出现的技术，其成本在不断变化之中。这里的分析仅仅作为相关成本的一个粗糙估算，预测而不是给出结论性的成本评估值。

8.3.2　成本分析类型

经济分析是一个过程，为考察生产过程中利用有限资源达到一定目标而进行的。燃料电池成本分析用于预测实际应用燃料电池的可行性。成本分析对评价燃料电池技术与现有系统相比是否有竞争力是有用的。成本分析也是经济评价、效率评估、成本利益分析或成本有效性分析。这些词汇本身涵盖有广泛含义，但通常是分离使用的。经济分析的主要目标，是要获得在特定商业应用中的增值经济气候，以确定要解决它们的商业容量问题。为此必须知道市场的强势和弱点。应用不同方法进行经济分析，以确保成本有效操作、降低操作成本和预期收益的比较成本是可靠的。在不同领域中，最常使用的方法包括：成本有效分析、成本利益分析、成本利用分析和成本最小化分析。然而对燃料电池，广泛使用的还有其他方法，如学习曲线、方案分析，以及为面向制造与装配设计（DFMA）估算成本的自底向上成本的估算和设计。其中的一些是分析燃料电池成本特殊需求的。低成本燃料电池技术对其成功是关键性的，因为使用者不会接受和使用没有经济利润的技术。下面简单描述使用于燃料电池经济成本分析的方法。

8.3.2.1　学习曲线

学习曲线描述产出和输入量（主要是直接劳动事件）间的经验关系，其中存在有学习诱导改进。学习曲线定义如下概念：每一时间的累计平均单元成本，当系统生产量几何地增加（也即增加翻番）时是下降的。在生产计划和控制方面（经历着改进活动），学习曲线可能是有用的。学习曲线也能够使用于燃料电池经济分析，但是是受限制的，因为仍然处于尚未完全成熟的发展阶段。在燃料电池达到一定程度商业化后，学习曲线的使用会比较准确。

8.3.2.2　利益-成本分析（BCA）

利益-成本分析是使用通用单位（美元）的一个比较过程，所有获得和损失都来自某些经济活动。利益-成本分析经常使用于环境政策的争论，这主要是因为它能够评估某些政策对社会的净利润。对燃料电池，利益-成本分析也是有用的，因为这对该技术的应用会有直接的影响。燃料电池在不同领域的应用能够极大地降低污染物排放，如二氧化碳、甲烷、氮氧化物、一氧化碳等，这些污染物对人类健康和环境具有负面影响。但燃料电池的吸引力不仅是因其环境利益，而且也由于其在发电和能源市场上有成本竞争力。

8.3.2.3　方案分析

方案分析是对未来事件可能性分析的一个过程，考虑了若干替代事件作为可能的结果。重点是在某些活动的最不可预测区域，一致地确立起可能的选择。其中的活动可进一步发展，并且也确定这些选择对活动的成功会产生怎样的影响。方案分析在燃料电池经济分析中是普遍使用的，且与其他成本分析组合，如 DFMA 成本分析、学习曲线和自底向上成本分析。方案分析能够长期规划。对燃料电池，成本取决于若干因素，包括材料和组件成本、氢燃料成本和生产数量。其中每一个因素都能够使燃料电池成本分析产生出不同方案。

8.3.2.4　成本最小分析（CMA）

成本最小分析是比较输入成本以找出成本最低的活动或输出。成本最小分析是经济评估的最简单方法，因为只评估其成本。这个分析测量和比较输入成本与假设有等当的产出。CMA 的使用是受限制的，因为它主要适合于当不同活动有相等产出时，CMA 的重点只在于成本。所以，对燃料电池技术进行成本最小分析前，应该证明燃料电池产出对替代材料实际数据本质上是等当的或仅仅得率有很小的差别。

8.3.2.5　成本有效分析（CEA）

成本有效分析是一种技术，它关联性能水平和完成该水平所含成本。与成本利益分析相同，它也是比较给定过程的成本和产出。产出中的差别作为成本利益分析的"成本性能"和"利益"，但在成本有效分析中使成本利益分析更进一步和更深入。当把 CEA 应用于燃料电池时，必须确定燃料电池技术是否满足目标要求。例如，对 PEMFC 这个技术是否满足功率需求的同时对特别应用是否能够负担得起，即成本有效（如在汽车工业、便携式或小建筑物发电中）。

8.3.2.6　面向制造与装配设计（DFMA）成本分析

DFMA 成本分析是设计和成本估算的精确方法学。而 DFMA 成本计算组合了 DFM（制造设计）软件和 DFA（装配设计）软件。DFM 促进组件设计，以最经济的方式形成产品。这个方法能够使用于过程的任何一个阶段，但如果使用于设计的早期阶段，则具有特别的优点。DFA 有利于对产生的设计进行快速成本估算，因此创生出比较经济的装配。要感谢这个分析，因这类计算能够在短时间内规划或改进它们已经使用或正在计划使用的燃料电池技术，这个分析能够节约未来成本。DFMA 成本分析主要被使用于正在使用或制造燃料电池技术的公司，美国能源部也在使用。

8.3.2.7　自底向上成本估算

在自底向上成本估算技术中，主要组件成本被分割成较小子组件。考虑所有给定的每个组件成本计算，是为了使大组件有更详细和一致的成本估算。自底向上成本估算被广泛使用于 PEMFC 成本分析，因它能够从每一个组件成本获得总制造成本（也即燃料电池堆中的膜和电极、燃料加工器、压缩机/膨胀机作为燃料电池系统的主要组件）。

8.3.2.8　市场渗透模型（MPM）

市场渗透模型是一种随机模拟模型，由美国能源部开发。发展这个模型是要预测能量消费与时间和燃料类型间的关系。在燃料电池中，这个模型被使用于估算在某周期内在实际市场可能销售的 FCEV 的数量。

8.3.2.9　PEMFC 的成本

对 PEMFC 的重点是在成本分析。因为一旦这个技术变成广泛使用，它对全世界经济产生的影响将是实质性的。对此的大多数研究集中于运输，因这个应用是高耗能的，代表着一个重要市场。燃料电池成本估算是不简单的，但是，能够获得重要的研究和投资，使对燃料电池市场的真实估算变得可靠。独立的燃料电池成本分析很少，大多数燃料电池研究是与DOE 签约后进行的。虽然为提高 PEMFC 性能、增加耐用性和降低成本进行了很多研究，但很少研究是直接使用成本规划获得的，这可能是因为燃料电池大量生产制造尚未可行，尽管有重要进展。

在表 8-5 中，表述了不同年份和不同方法给出的 PEMFC 成本。由于这些分析主要由 DOE进行，因此不同年份的成本分析基本上使用同样的方法（DFMA 和自底向上成本分析）。虽然有其他成本估算，但对不同类型研究做比较是困难的，即便估算的是同一年份，因为通常会使用不同假设（膜类型和大小、燃料电池活性面积、铂负荷、生产目标等）。为要做比较，在表 8-5 中的成本被限制于可利用和可比较的 50～80kW 燃料电池堆，操作在 0.6～0.7V/池，使用 Nafion 基膜作为聚合物电解质，基于铂催化剂的电极，阳极以氢作为燃料。成本已经计算到 2013 年，使用的是年度化学工程工厂成本指数（CEPCI）。从研究结果可看到，随着发展燃料电池成本有了惊人的下降。

表 8-5　不同分析方法给出的 PEMFC 的成本

分析年份	池堆成本/(美元/kW)	系统成本/(美元/kW)	到2013年的池堆成本/(美元/kW)	到2013年的系统成本/(美元/kW)	使用方法	所做假设
2001	59	118	85	245	DFMA	SNP：80kW，Pt 负荷：0.30mg/cm², 活性表面积 446.4cm²
2003	170	262	167	370		
2004	72	97	92	124	自底向上	Pt 负荷：0.75mg/cm²、0.30mg/cm², 活性表面积 223cm²
2005	67	108	81	131		SNP：80kW
2005	67	108	81	131	自底向上	Pt 负荷：0.75mg/cm²、0.30mg/cm²、0.25mg/cm²，活性表面积：323cm²、260cm²、277cm²
2007	31	59	33.5	63.7		
2008	29	57	28.6	50		
2008	33.4	66.6	32.9	65.6		SNP：80 kW，Pt 负荷：0.25，0.30
2010	27.3	57	28	58.7	DFMA	Pt 负荷：0.2mg/cm²，活性表面积 424cm²、291cm²、292.5cm²
2015	23	46.5	22.8	46		SNP：80kW；Pt 负荷：0.25mg/cm²、0.30mg/cm²
2008	37.7	75	37.2	74	DFMA	Pt 负荷：0.2mg/cm²，活性表面积 323cm²、260cm²、277cm²
2010	29.4	61.8	30.3	63.7		
2015	25	50.6	24.8	50		SNP：80kW；Pt 负荷：0.15mg/cm²、0.19mg/cm²
2010	25	51	25.8	52.5		

分析年份	池堆成本/(美元/kW)	系统成本/(美元/kW)	到2013年的池堆成本/(美元/kW)	到2013年的系统成本/(美元/kW)	使用方法	所做假设
2011	22	49	21.3	47.5	DFMA	Pt 负荷：0.15mg/cm^2，活性表面积304cm^2、195cm^2、277cm^2 SNP：80kW
2012	20	47	19.4	45.6		
2008	29	57	28.6	56	自底向上	Pt 负荷：0.2mg/cm^2，活性表面积323cm^2、260cm^2、277cm^2 SNP：80kW；Pt 负荷：0.15mg/cm^2、0.19mg/cm^2
2009	22.3	55.2	24.2	60		
2010	22.3	55.2	23	57		
2013	27	55	27	22	DFMA	Pt 负荷：0.15mg/cm^2，活性表面积，无数据

注：SNP，池堆净功率。Pt 负荷，分析年份的 Pt 负荷。

PEMFC 成本分析的重点在运输应用，每单元净电功率：1～100kW；但是，重要的是要记住，燃料电池历史和现时市场因其他应用其变化是比较大的。也值得注意，这些研究中没有考虑波动，而强调了不真实的燃料电池大量生产。一旦技术达到较为成熟，进行的成本分析也会比较接近于真实市场。可燃料电池仍然是新技术，成本分析离准确表达现时和近期市场仍然较远。基于表 8-5 数据，图 8-2 和图 8-3 给出了 PEMFC 的历史成本行为（使用的计算分析方法是 DFMA 和自底向上）。如所预期的，成本上有小的变化，即便对同一年的计算，尽管成本分析中所做的假设不同。相比较，能够看到成本随时间变化的一个趋势：燃料电池堆和系统的成本是逐渐降低的。当燃料电池有新技术出现时，燃料电池的计算总成本是相当高的，该高成本与燃料电池研究和发展的低投资密切相关，因政府资助主要定向于电池和生物燃料。在 2013 年，政府承诺对燃料电池研究资助增加，而增加预算的作用反映在而后几年中池堆和燃料电池系统成本的显著降低。虽然经济衰退导致一些燃料电池公司的倒闭，但正是这个衰退促进挽救了公司，使其所做燃料电池技术比较商业可行。因为这些公司对燃料电池研发有足够投资，致使成本连续下降，而有关燃料电池专利数目相应有实质性的增长。在 2000 年有 24 个专利，而在 2013 年达 885 个专利。

8.3.3 膜和催化剂成本降低对 PEMFC 成本的重要性

在 PEMFC 商业化（达到 500000 单元/年）中，膜和 GDL 是费钱的材料，尽管在大量生产时膜和 GDL 的成本会有极大的降低。在燃料电池制造工业低生产量的现时状态下，更是这样。膜成本的主要推动者是生产量，而电极成本推动者是材料。电极常常使用国际化的催化剂，选择的一般是铂，因它是相对稳定的材料，能够有效地加速阴极上的慢氧还原反应（ORR）。

ORR 速率是燃料电池发电和性能的决定因素。而铂是贵和稀有的，在 2012 年报道的铂平均价格是 1555 美元/盎司（1 盎司=28.3495g，下同），2013 年是 1490 美元/盎司。若干年来成本分析使用固定的价格，2012 年的 1100 美元/盎司。使用固定的值是为了使计算不受铂价格波动影响，车辆制造公司的研究使在燃料电池中的铂使用量降低了，部分解决了催化剂成本问题。然而，在 PEMFC 中完全消除铂使用，仍然是科学界面对的主要挑战之一。

对膜成本，它取决于所用聚合物类型、材料体积和膜制造过程。材料成本（聚合物）占膜总成本的 90%。这个材料对燃料电池是非常重要的，它必须非常稳定耐用，而且与 MEA 中其他组分（电极和 GDL）有好的化学兼容性。很希望有替代传统 Nafion 膜（Dupont 牌号）的新膜材料，尤其是能够在高温工作（大于 100℃）无须湿化和具有好的热、化学和力学性质的材料。经数年研究，为发展先进膜材料，采用的研究方法基本有三个：①改性全氟磺酸离子交换膜（Nafion）；②芳香烃类聚合物/膜的功能化；③复合物膜。除 Nafion 膜外，研究最广泛的聚合物是磺化聚醚醚酮（SPEEK）和聚苯并咪唑（PBI）。现在的研究趋势重点是第三种方法——复合物膜，它们可组合聚合物和无机组分的性质。当在燃料电池中使用它们作为聚合物电解质膜时，显示有增强的性质和性能。虽然 PBI 基膜已经被 BASF 成功地使用于 MEA 中，但这些膜目前主要使用于实验室研究；它们仍然需要改进和提高才有可能大规模使用于燃料电池工业中。基于可利用的成本分析能够看到，尽管有替代 Nafion 膜的可行聚合物电解质膜，但在成本分析占主导地位的仍然是 Nafion 膜，这可能是因为现在的燃料电池技术组件几乎都是为 Nafion 膜设计的。使用 Nafion 膜是为了使估算的成本分析比较准确和更接近于真实。

研究结果说明，在燃料电池使用的铂数量是能够大大降低的。其中一个方法是使用载体材料，做成负载 Pt 催化剂，增加其分散度、耐用性和性能。这些载体材料可以是碳粒子、碳纳米管、石墨烯以及新近发展的具有非 Pt 金属核和 Pt 壳结构的金属粒子。降低铂使用量的一个方法是，铂与较便宜贵金属如钯、钌，特别是银的合金化。也可以从发展催化剂制备和应用新方法着手，使铂负荷有实质性的降低且获得好的燃料电池性能。近来的研究也指出，使用非铂催化剂有可能替代铂催化剂。重要的是要叙述一下，对催化剂，金不仅能够降低燃料电池电极中的铂负荷，而且能够保持或增强氧还原和氢氧化反应的反应速率和催化活性，但也有系统大小和显著高的成本问题。改变催化剂负荷的影响，可通过使用汽车简化成本模型分析（automotive simplified cost model function）得到特别的支持。

催化剂在系统总成本中是一个关键因素。操作条件以及系统成本的大部分是由催化剂组件决定的。对膜，必须以较低成本的聚合物材料替代 Nafion，同时能够使燃料电池在所希望操作条件下提供好的力学和化学稳定性。

8.3.3.1　成本和生产量

众所周知，PEMFC 的大量生产会使成本下降，这符合于最近的分析。在少量生产（1000 单元/年）时，膜的成本占池堆成本的绝大部分，在池堆总成本中，膜占 32%、催化剂占 16%。在大量生产时（500000 单元/年），这个百分比变为膜 11%、催化剂 49%。同理，在大量生产时，MEA 占系统总成本的 30%～35%，催化剂和膜占 MEA 成本的 75%。在图 8-4 中，显示的是组件对成本的贡献。为说明该图和图 8-5，可以把总系统成本作为催化剂、膜、气体 MEA 和其他系统成本之和。其中 MEA 总成本是催化剂、膜和其他 MEA 部件成本（GDL、垫片等）之和。其他系统成本包括：燃料电池堆的附加成本、双极板和工厂平衡成本（加湿器、热交换器、气体供应等）。为分析研究，成本按此方法分组是有利于说明的，可以进行分离处理。从图 8-4 能够看到，燃料电池系统的总成本有显著的变化，当生产目标增加到 500000 单元/年时，2012 年燃料电池技术是在 197 美元/kW 下降到 47 美元/kW，而 2013 年燃料电池技术在 280 美元/kW 下降到 55 美元/kW（这些值比 2012 年高是由于用于计算成本使用的 Pt 市场价格从 1100 美元/盎司提高到 1500 美元/盎司，以及 DOE 要求把热量抛弃不回收）。可以看出，膜成本在低生产量时是比较重要的，成本约 44 美元/kW 和约 53 美元/kW，而在大量生产时，膜的成本对 2012 年和 2013 年技术分别降低到 2.14 美元/kW 和 2.95 美元/kW。而催化剂成本，在大量生产时变得相对比较重要了，对 2012 年和 2013 年技术分别为 9.5 美元/kW 和 13 美元/kW，占总系统成本分别为 20% 和 24%。而在少量生产时，对 2012 年和 2013 年仅占总系统成本的约 10%。MEA 成本，在少量生产时 2012 年占约 60%，而 2013 年占燃料电池系统总成本的 50%；达到大量生产时，MEA 占总成本的 30% 和 35%。这里，重要的是要强调，燃料电池技术的现时状态是小规模生产，所以，通过材料大规模生产的研究和发展来降低 MEA 成本是非常重要的。

8.3.3.2　方案分析：降低 MEA 成本

MEA 的发展是成本下降的一个潜在机遇，因为催化剂和膜组件在燃料电池系统总成本中占有相当量的比例。这些组件中只要其中一个性能和成本降低，都会导致其他组件成本的降低。例如，在膜要求中的简化（即以低相对湿度进料操作），因消除了湿化器导致成本下降。基于 DOE 的成本分析指出，为使组件间的这种互相依赖不相互矛盾，MEA 成本按改变系统其他组件而成比例地变化［按照组件在系统总成本中的权重（百分数）变化］。为使这些特殊变化在 PEMFC 技术中经济可行，必须分析因子的组合。但这里的成本改变仍然使用由美国 DOE 对 2013 年成本分析所使用的同样生产特征来评价，但校正了 MEA 成本改变对 PEMFC 系统成本的影响。所讨论的燃料电池系统成本基础是 2012 年技术状态的 47 美元/kW 和更新的 2013 年技术的 55 美元/kW 以及最终目标成本 30 美元/kW。MEA 成本的降低是基于新的研究结果，重点是催化剂铂负荷的降低和考虑到 2017 年膜目标成本 20 美元/m²。MEA 成本的降低在 10%～50% 调节，以满足得到这个目标。

在图 8-5 中显示了方案分析的结果。从中能够发现，MEA 成本降低达 27%，达到 2020 年的成本目标 40 美元/kW，这对应于催化剂成本降低 3.55 美元/kW 和膜成本 0.8 美元/kW。MEA 成本降低 45%，就能够达到最终目标 30 美元/kW，对应催化剂成本总降低 6.41 美元/kW 和膜成本 1.44 美元/kW。这些下降似乎是可达到的，如果考虑到它们具有的持续趋势，生产量增加，PEMFC 研究进展以及成本下降的历史趋势。

汽车工业也是 CO_2 的最大排放源之一，使用 FCEV 代表着这些排放的显著降低。FCEV 比常规汽车的这个优点通常并不包括在成本分析中，因为它不容易以成本或对成本贡献的定量化。但是，除关系到 CO_2 降低排放法规以外（汽车制造商必须遵守这些法规），PEMFC 为社会和环境一般能够提供类似的生活质量效益。

8.3.4　小结

燃料电池成本的文献评论揭示：分析重点主要在 PEMFC，因为这类燃料电池能够应用于许多不同的领域。在这一节中总结和说明了燃料电池成本分析的各种方法。PEMFC 的成本分析说明，这个技术仅仅在大规模生产时才有商业可行性，因生产量增加时成本有实质性的降低。但是，大量生产仅在克服了技术挑战后才是可能的，特别是发展成本有效的催化剂和膜，它们也显著影响燃料电池系统的总成本。集中研究这些问题对燃料电池技术大规模商业化是关键性的。方案分析证明，MEA 成本降低 27% 就能够达到 40 美元/kW 的成本目标，对应于催化剂成本降低 3.55 美元/kW 和膜成本降低 0.8 美元/kW。如 MEA 成本能够降低 45%，达到 DOE 最终成本目标 30 美元/kW 似乎是非常可能的。这暗示，如达到大量生产（500000 单元/年），催化剂的总成本要降低 4.6 美元/kW 和膜成本降低 1.3 美元/kW。

8.4 燃料电池材料和组件进展

8.4.1 引言

为了解决燃料电池面对的主要挑战，需要对发生于燃料电池中的复杂现象有必要的了解。如在前面章节中详述的，在 PEMFC 操作中发生的现象是复杂的，包含传热、物种和电荷传输、多相流和电化学反应。这些在燃料电池操作期间多物理现象的基础和它们间的相互关系对发展物料性质是关键性的，它们集中反映在两个壁垒即耐用性和成本上。现象发生于组件中和它们之间｛膜电极装配体［MEA，由催化剂层（CL）和膜、气体扩散层（GDL）及微孔层（MPL）构成，一起称为扩散介质，DM］，气体流动通道（GFC）和双极板（BP）｝。如图 8-6 中所示，在燃料电池操作期间发生如下多物理、高度偶合和非线性传输及电化学现象：①氢气和空气分别强制（使用泵）流过阳极和阴极的 GFC；②氢气及氧气分别流过各自的多孔 GDL/MPL 和扩散进入各自的 CL；③氢气在阳极 CL 被氧化，生成质子和电子；④质子移动和水通过膜传输；⑤电子传导通过碳载体到阳极电流收集器，然后通过外电路到阴极电流收集器；⑥氧气在阴极 CL 上被质子和电子还原形成水；⑦产物水被传输出阴极 CL，通过阴极 GDL/MPL 最终出阴极 GDL；⑧除质量传输外，电化学反应还副产热量，主要在阴极CL，热量通过碳载体和 BP 导出池体。传输现象是三维的，因为燃料（氢气）和氧化剂（氧气）在阳极和阴极 GFC 中的流动通常与质子通过膜的传输以及气体各自通过 GDL/MPL 和CL 的传输，而产物水合副产热量反方向传输。当在实际电流负荷下操作时，相对高的入口湿度、液体水也在燃料电池中出现。

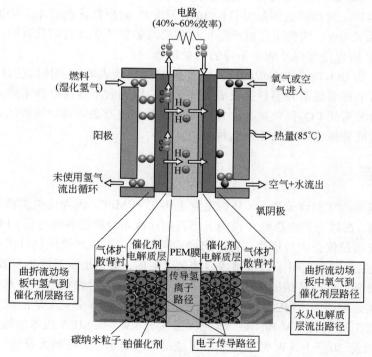

图 8-6　PEM 燃料电池中的各种现象

前面的分析指出，解决燃料电池特别是 PEMFC 的成本和耐用性问题都指向燃料电池中的最主要组件电解质膜和催化剂层［也即膜电极装配体（MEA）］，以及相应的气体扩散层（GDL）和流动板（双极板）的材料和制作成本。近一二十年中，为解决燃料电池面对的挑战不仅在基础研究领域做了大量的研究，更为重要的是在新材料和组件的研究发展上取得了巨大进展，虽然完全解决挑战仍有相当距离。这些进展已经在前面的一些章节中特别是在有关 PEFC 材料和制造技术三章（第 5 章～第 7 章的聚合物膜、电催化剂和载体以及 BP 和制造技术）做了详细深入的讨论，在本节中仅简单扼要地介绍为降低燃料电池成本和解决耐用性问题在燃料电池各个主要组件材料上取得的重要进展。重点在 PEMFC 的材料组件。

8.4.2　聚合物电解质膜

如在第 5 章 PEFC 材料和制造 I：聚合物电解质中所述，燃料电池的薄膜电解质（通常约 $10\sim100\mu m$，例如，$18\mu m$ 厚的 Gore 18，$175\mu m$ 厚的 Nafion 117）传导质子从阳极到阴极。要求希望的膜材料具有高离子电导率、电子传导绝缘体、阻止燃料氢气和氧化剂气体的壁垒等性质。此外，它们在整个操作条件范围内必须具有力学、热和化学稳定性。现在使用的大多数膜几乎都是全氟磺酸聚合物膜，其中最杰出的是 Nafion，它能够满足燃料电池希望有的大多数性质，如高质子电导率、优良化学和力学稳定性、燃料和氧化剂渗透性，使它成为 FC 系统最普遍使用的电解质膜。但是，Nafion 膜操作温度的上限仅有 80℃，当温度超过 80℃ 时 Nafion 将脱水，电导率下降，在 120℃ 时电导率的下降已经非常显著。而且低相对湿度也使 Nafion 的质子电导性能大幅降低。另外，Nafion 膜有相对高的甲醇渗透率，这会使直接甲醇燃料电池性能极大地降低。低操作温度使其对杂质特别是 CO 非常敏感，极大地增加对气体净化的要求。另外，如在第 5 章中所述，高温操作 Nafion 膜还会有安全问题。但最关键的是它制造的高成本。为克服这些挑战，如前述可以采用三类方法：①改性全氟磺酸离子交换膜（Nafion）；②芳香烃类聚合物/膜的功能化；③使用复合物膜。

8.4.2.1　Nafion 膜改性

全氟磺酸离子交换膜（PFSA）除了杜邦公司生产的 Nafion 外，其他全磺酸聚合物材料如 Neosepta-F™（Tokuyama）、Gore-Select™（W. L. Gore and Associates 有限公司）、Flemion™（Asahi Glass 公司）、Acipex™（Asahi Chemical Industry）和 Dow 电解质膜（Dow 化学公司）、Fumapem F（Fumatech GmbH 公司）也被作为 PEMFC 的电解质膜应用。这些聚合物中的主链都是一样的，不同的只是其中的侧链基团结构。在 PEM 燃料电池中应用的这类膜，其厚度在 $30\sim150\mu m$ 之间，取决于是否加筋。非加筋膜主要是全氟磺酸膜 Nafion；加筋膜是由 Gore 商业化，由多孔聚四氟乙烯（PTFE）基体构成，其孔中充满了 Nafion 型电解质。这种复合膜的好处是，膜厚度能够做得非常薄，$30\mu m$ 甚至更薄（因 PTFE 基体强度好）。薄膜电阻非常低，其水合状态的保持也比厚膜容易得多。

这类全氟磺酸碳基离子交换膜材料的主要性质包括：等当重量（EW）、离子交换容量（IEC）、水吸附量、电导率和膜厚度等，这些基本信息汇总于表 5-1 中。

对 Nafion 膜，除了常规的长侧链 Nafion 外，还发展出短侧链的 Nafion，称为短支链（SSC）离子交联聚合物，商业名称为 Hyflon Ion，后来更名为 Aquivion。短侧链比长侧链有较好的燃料电池性能和耐用性。例如短侧链膜能够在高温 140℃ 下操作，这对直接甲醇燃料电池（DMFC）特别有利。当使用该聚合物电解质膜作为 DMFC 电解质膜时，以 1mol/L 甲醇溶液和空气作为阳极和阴极进料时，功率密度能够达到 300 mW/cm²。显然，能够在高温（100～200℃）操作的膜材料对高温 PEMFC 是理想的。高温 PEMFC 的优点是催化剂对 CO 有耐受性和能够冷启动。

全氟聚合物复合物膜改性的一个方法是，使用亲水性金属氧化物，如二氧化硅、二氧化钛、二氧化锆和杂多酸如磷钨酸和硅钨酸等。对 Nafion 聚合物，最普遍使用的改性材料是无机二氧化硅，为的是提高基膜的稳定性和性能。例如，把硅胶加入到 Nafion 中，使制作的 DMFC 能够在 145℃ 以 240mW/cm² 功率密度操作；同样加入二氧化钛增强了 Nafion 的水保留和质子电导率，在甲醇横穿性能上也很优越；用噻吩改性 Nafion 117 能够增强其电流密度（600 mV 时 810 mA/cm²，未改性仅 640 mA/cm²）和水吸附量。

Nafion-硅胶复合膜可用不同方法制备，如溶胶凝胶、溶液铸造、交换-沉淀、磷酸酯浸渍膜和自装配过程，详细可参阅第 5 章。对 Nafion 膜的这类改性总结于表 5-3 和表 5-5 中。

8.4.2.2　芳香烃聚合物膜及其功能化

由于全氟磺酸聚合物膜的高成本，因此在商业上努力发展能够替代 PEMFC 的真实可行低成本膜材料。其中最受注意的是烃类聚合物材料，虽然因其低热和低化学稳定性已经被放弃，但与 PFSA 相比仍然具有一些优点：便宜，有很多类型聚合物膜是商业可利用的，能够承载极性基团，在宽温度范围有高水吸附量，经合适分子设计可在一定程度上抑制烃类聚合物的分解；可用常规制备方法进行再循环。因此在近 20 年内，研究发展了多种烃类（芳香烃类）聚合物材料，例如聚砜、聚酰亚胺、聚醚醚酮、聚苯并噁唑、聚苯并噻唑和聚芳烯醚等。为高温操作发展并进行广泛研究的芳香烃膜有：①磺化聚醚醚酮（SPEEK）；②磺化聚酮（SPEK）；③磺化聚醚砜（PESS）；④磺化聚苯并咪唑（SPBI）；⑤磺化聚酰亚胺（SPI）；⑥磺化聚苯基喹喔啉（SPPQ）；⑦磺化聚磷腈（SPPZ）。这些膜的优点是低成本、易加工、微调化学范围宽、机械热和氧化稳定性好。但为了达到高质子电导率，都需要进行磺化。

通常需要采用一些物理化学手段对这些膜进行改性，以提高其性能，包括机械强度、热和化学稳定性、水吸附量和电导率、与电极材料的兼容性等。有不少这样的手段，如氟化、加强筋剂、接枝、掺合、热退火、交联、（不同性质单体）共聚和嵌段共聚等。这类改性及其对材料和膜性能的影响在第 5 章中已经有详细介绍，不再重复。只再举几个例子，例如，在烃类聚合物中添加强筋剂（最常用的是多孔聚四氟乙烯，PTFE），强筋后的膜显示更好的尺寸稳定性、高力学性质和较低成本；又如，用部分氟化磺化聚亚芳基醚酮接枝聚四氟乙烯、用氟化聚合物和磺化聚亚芳基砜（含氟苯基基团）掺杂聚苯并咪唑制作膜，获得的结果指出，这些部分氟化聚合物膜都具有满足的优良极性和化学稳定性，特别是大幅降低了甲醇渗透率。对芳香烃膜 PEM 进行氟化后能够有效降低池电阻和膜水吸附量、提高形貌稳定性，尽管质子电导率稍有降低。不过，烃类膜与其他聚合物膜兼容性问题仍然没有很好解决。

为使芳香烃类聚合物膜材料具有足够的质子电导率，一般采用两种方法：磺化，在聚合物链上连接磺酸基团，而磺酸基团在合适状态（如水合）下能够解离出质子，提供质子电导率；掺合酸如磷酸，磷酸不仅能够释放质子而且提供质子的移动性。由磺酸基团提供质子传导的例子有：磺化聚醚砜、磺化聚醚醚酮和磺化聚 α,β,β-三氟苯乙烯等；最出名的磷酸掺杂例子是，聚苯并咪唑（PBI）膜掺杂磷酸的酸碱复合膜，它是高温膜的可行材料，在 200℃ 高温时具有高质子电导率和低甲醇/乙醇渗透率。

在 PEMFC 中使用高温（120～180℃）质子传导膜的一大好处是，提高了对 CO 的耐受性。CO 耐受性意味着燃料电池进料气流中的低 CO 浓度并不会导致燃料电池性能的大损失。现时最先进的 PEMFC，10×10^{-6} CO 浓度导致的燃料电池性能损失 20%～50%（与使用阳极催化剂类型和燃料湿度及压力条件有关）。对 CO 耐受性的提高意味着燃料加工中气体净化要求的降低，可大大节约投资和操作成本。掺杂磷酸聚苯并咪唑（PBI）膜非常有利于达到高温操作要求，它在 125℃ 和 200℃ 操作温度范围的功率密度是令人满意的（200℃ 时 0.5 W/cm^2）。而当温度低于 125℃ 时，对实际应用功率密度太低（小于 0.25 W/cm^2）。当温度低于 100℃ 时，该膜的质子电导率太低了，不再具有经典 PEMFC 的冷启动性质。这是该膜的一个重要缺点。

8.4.2.3　复合物膜

由于单一聚合物膜往往难以达到令人满意的性能，就想出了使用复合物膜的新方法。为此，如在第 5 章所述，必须对聚合物电解质膜特性做一些说明。在这里简要重复一下：①膜机械强度随条件而变化，如含水量升高、离子交换基团浓度提高和操作温度增加，聚合物膜机械强度一般是要下降的；②尽管降低膜厚度有利于减小传输阻力，但气体渗透性也增加；③材料中无机离子（Na^+、Ni^{2+}、Cr^{3+}、Fe^{3+}）含量增加可能使离子交换膜含水率和离子电导率下降。因此所有高性能质子交换膜必须具有如下的若干关键性质：高质子电导率、低电子电导率、燃料和氧化剂低渗透率、低反扩散和电渗透的水传输、氧化和水解稳定性、在干燥和水合状态下好的机械稳定性、成本低、制作进入 MEA 中相对容易。但两个关键的问题是机械稳定性和水传输。因此设计发明在很少或没有水环境中的质子传导系统成为新膜材料发展的最大挑战之一，特别是对汽车应用。美国能源部（DOE）设置了在 120℃ 和 50%RH（相对湿度）操作条件的导引性目标，主要针对膜：质子电导率 0.1 S/cm 和合适的热、机械和化学稳定性。这些都推动了复合物膜的发展。由于在第 5 章中已经对复合物膜做了详细的介绍和讨论，下面只对概念方面略做介绍。

所谓聚合物复合物膜实际上就是使用无机有机复合材料制成的膜。而复合物（或混合物）材料可以被定义为：在分子尺度上含有掺和的两种或多种化合物。虽然组合成复合物膜的无机和有机材料并不是新的材料，但复合物膜系统有可能组合有机聚合物（如电性质、可加工性）和无机物（如热和化学稳定性、降低燃料渗透性）的特色和优点，达到提高膜质子电导率（特别是高温低湿化水平时）的同时也提高化学和机械稳定性。

能够作为燃料电池电解质使用的复合膜有若干类型：有机-无机复合膜、有机-有机掺杂膜和酸碱复合膜。复合膜研究的重点在有机-无机复合膜。进行膜材料的复合是为了克服膜基体的一个或几个不足之处。虽然获得了一些令人满意的结果，但仍然有需进一步解决的缺点。例如，在操作期间无机材料会从聚合物膜中剥离出来、无机填充剂分散性不够好、与催化剂层混溶等。所以，为了获得有希望性能的聚合物复合膜或混杂膜，复合膜需要满足如下条件：①水合状态和中等温度下（约 80～120℃）膜有足够的机械强度和尺寸稳定性；②高温时有高的水保留能力和高质子电导率；③需要为聚合物选择合适无机填充剂，在膜中必须有好的分散性；④选用合适的复合膜制备方法，以使获得材料具有无机材料的理想性质；⑤提高有机基体和无机相间的化学相互作用。

虽然为获得合适聚合物复合物的设计是可能的，但是制备的复合物膜必须经长期稳定性试验和有更好电性质，如复合物电解质膜应该有更高电流密度。

也需注意到，要使替代膜在实际燃料电池系统中应用仍然需要很长时间，以使性能和耐久性与 Nafion 燃料电池系统可以比较。Nafion 膜成本 800 美元/m²。替代膜发展者的目标成本是在 30~50 美元/m²。Nafion 膜便宜替代物的发展被如下的预测泼了冷水（沮丧的预测），在市场需要时 Nafion 成本也将下降到 50 美元/m²。池功率密度为 0.5W/cm² 和活性表面积/总表面积比为 80%时，50 美元/cm² 的成本水平相当于 12.5 美元/kW。

8.4.3　催化剂层

催化剂层（CL）由金属催化剂、载体和传导质子的离子交联聚合物构成，是发生电化学反应的地方。在阳极发生氢氧化反应（HOR）和阴极发生氧还原反应（ORR）。CL 通常是非常薄的（约 10μm）。普遍使用的阳极和阴极催化剂是 Pt 或 Pt 合金。由于使用贵金属使燃料电池成本显著增加，因此保持足够催化活性条件下降低 Pt 负荷是发展面对的重大挑战之一。DOE 曾提出的目标为 0.2mg/cm²，3M 公司使用 PtCoMn 合金已经达到 0.15mg/cm²。为降低 Pt 负荷，在第 6 章中对近些年提出和发展的各种方法，如探索新的催化材料包括合金、纳米粒子、一维纳米催化剂、非贵金属催化剂、载体，及其不同形貌如核壳和中空结构，以及发展新的制备技术等，做了相当详细的介绍和讨论，这里不再重复。但值得注意的是纳米结构薄膜（NSTF）催化剂电极和集成气体扩散电极（GDE）。对 Pt 基电催化剂（如在第 5 章已经指出的）真正实际使用仍然有许多工作要做。对非贵金属催化剂（NPMC）如 Fe 基有机大环电阴极催化剂，获得的电流密度已经达到 Pt 负荷 0.4mg/cm² 的 Pt 基催化剂在池电压≥0.9V 时的电流密度；而非贵金属/杂环聚合物复合物（原子为钴）催化剂，在聚合物电解质燃料电池（PEFC）阴极中显示高氧还原活性和性能稳定性。由于 Fe/Co 基大环催化剂的性能接近 Pt 基系统性能，从成本考虑把它作为高功率燃料电池应用（可包括汽车用的功率）是有可能的。但是，直到现在，非贵金属催化剂的最好体积活性（130~165A/cm³）仅有 47%（质量分数）Pt/C 催化剂在 0.8V 时 1300A/cm³ 的十分之一。

下面侧重于了解基础，介绍影响催化剂层性能的 Pt 利用率、耐用性和水泛滥等问题。

8.4.3.1　Pt 利用率

降低 Pt 负荷和 CL 成本的一个方法是提高 Pt 利用率。电化学反应发生于三相（金属催化剂、离子交联聚合物和反应物气体）界面，因此增大催化剂活性表面积应该能够提高 Pt 的利用率。铂 CL 结构是复杂的，具有传输质子、电子和反应物的相互连接网络。在 CL 内部，传输发生于各个相中。尽管 CL 厚度小，但在层界面上的电化学反应速率可因传输阻力差异而有显著不同。图 8-7 是对催化剂层进行归一化处理后给出的固体、电解质以及质量和气体

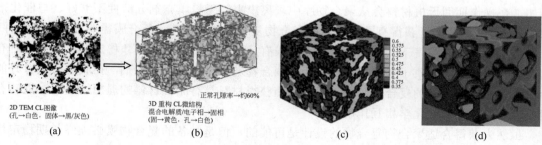

图 8-7　2D TEM 图像（a）和 3D 重构 CL 微结构（b），在重构 CL 中质量分数 Y 分布（c），CL 气相结构（d）

分布。在 CL 中的离子交换聚合物曲折因子可能超过 3.0，高反应电流仅发生于 CL 的 15%～20% 中。CL 层中的这个空间变化显然要降低局部催化剂的利用，因此对改进反应分布和优化电极 CL 层，应该发展多层构型。

8.4.3.2 CL 的耐用性

CL 的耐用性是重要的，它对操作期间物料降解是敏感的。主要降解机理是 Pt 聚集或活性位损失。已经证明，溶解在离子交联聚合物中的 Pt 粒子会在较大粒子上再沉积，即所谓的 Ostwald 熟化。这可能是由于铂粒子在碳载体上没有足够的黏附，移动进入到离子交换聚合物中，在循环期间再并合到较大粒子上。Pt 从电极移动进入电解质膜，降低了催化剂活性表面积。图 8-8 中显示的是老化 MEA 的 SEM 照片，指出在电位循环期间铂在阴极边膜内形成带。随循环数目增加，阴极厚度显著变薄，从约 17μm（零循环）降低到 14μm（10000 次循环）。而对 NPMC（PANI 基催化剂）在 OCV 和燃料电池电位（RDE）循环时保持有高的耐用性（30000 次循环）。这指出，催化剂耐用性可能不是载体腐蚀阻力和 H_2O_2 的简单函数（当然这两个仍然是影响因素）。反应物中的杂质，如 NH_3、H_2S、CO、NO_x 和 SO_2 要阻塞催化剂活性位，降低催化剂的活性面积。如 10×10^{-9} 浓度的 H_2S 就会对燃料电池性能产生负面影响。氨也要影响 CL 层性能。为除去它们，可让氢气流通过 H 型离子交换树脂。也推荐在氢燃料气流中加入微量氧或空气来除去 CO 和防止中毒。这些都得到了实验和模型计算的证实。经在电流循环操作下对 CO 中毒的长期效应进行考察后，建议采用双催化剂床层，其外层作为 CO 过滤器。

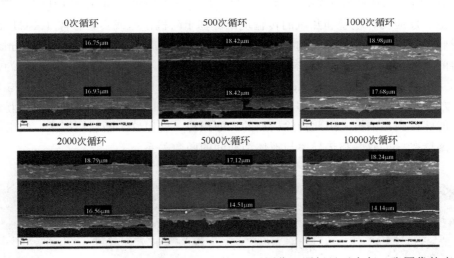

图 8-8 在 0.1～1.2V 电位循环老化的 MEA 的 SEM 图像（阴极显示在每一张图像的底部）

8.4.3.3 CL 层的水泛滥

避免 CL 层水泛滥，对 PEMFC 性能和耐用性的优化是至关重要的。模型化 CL 中的传输和电化学反应能力是很重要的，特别是对阴极。因为阴极上发生的 ORR 是缓慢的且反应产生水。阴极 CL 的水含量直接影响该区域中的质子电导率，因此影响反应速率分布。极需要阐明液体水在 CL 中的传输/蒸发机理和与 CL 微结构及润湿能力的相互作用，发展能够预测未来一代 CL 微结构和表面形态的工具。要把发展的 CL 组件模型经改进后集成进入 PEMFC

完整模型中。对描述阴极催化剂层的三种模型进行了比较：薄膜模型、简短催化剂体积模型和凝聚模型。结果指出，在给定电极过电位下，薄膜模型预测电流密度显著过高且夸大沿穿通道的电流密度变化；凝聚模型预测可观输运量损失。此外，CL 通常是薄的但可能经受传质限制或有相当大欧姆损失。在这一方面，为提高性能降低 CL 层厚度是必须的。为防止在 CL 发生泛滥，需要有合适关联关键传输现象和三相界面的 HOR 和 ORR 反应的 CL 模型，可以应用于优化 CL 的厚度，该模型也能够阐明催化剂层厚度对 PEMFC 性能的影响。而且，较薄 CL（在 1μm 情形）也降低催化剂负荷，因此降低 CL 成本。在这一方面的研究努力肯定也是需要的。

8.4.3.4　气体扩散层和微孔层

气体扩散层也称为扩散媒介（DM），也可把 GDL 分为两部分：大孔基体（MPS）和微孔层（MPL）的（见图 7-13）。它在燃料电池中起着多方面的作用：①双极板和通道实体结构与电极间的电连接；②反应物和产物气体的传输通道及热量/水移去通道；③对膜电极装配体的机械支撑；④保护催化剂层免受因流动或其他因素引起的腐蚀。在 GDL 中的物理过程除了扩散传输外，还包括有邻近通道间平衡压力差诱发的短路，因电化学反应、传热如热管效应、两相流和电子质量源/槽诱发的两相流动。因此与 GDL 内部和 GDL 结构特征密切相关的传输在燃料电池能量转换中起着重要作用。

GDL 通常有 100～300μm 厚。普遍使用的 GDL 材料是碳纤维基多孔介质：纤维被编织形成碳布，或用树脂黏结形成碳纸（或做成碳毡的）。研究证明，碳布在内润湿高电流（>0.5A/cm²）时显示比碳纸更好的性能。随机模型能够再构建 GDL 微结构以分析在 GDL 内发生的质量、反应物、电子和热量的传输现象。基于随机模型或实验影像（X-CT 图）的详细 GDL 结构，重构建的 GDL 结构截面如图 8-9 中所示；应用 LBM（晶格 Boldtzman 方法）模拟获得的介观-尺度液体水和气体在 GDL 不同部分的质量流示于图 8-10 中（作为一个预测的例子）。LBM 与常规 Navier-Stokes 方程是不同的，后者基于宏观连续性描述。与 VOF（流体体积）方法比较，LBM 在模拟多相流动中具有优越性，因为它具有并合颗粒相互作用的固有能力，能够得到相偏析，因此消除模型的界面跟踪。使用 3D 断层摄影术，应用简单模型能够确定渗透率、扩散率和热导率与液体饱和间的函数关系。

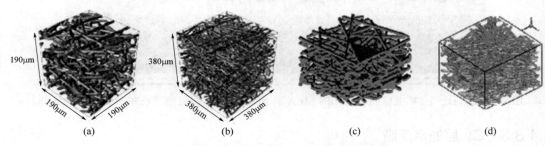

图 8-9　截取的重构 Toray 090 可视图样

对低温 PEM 燃料电池，水管理是非常重要的事情。过量液体水阻碍反应物到催化剂活性位的输送（所谓的"泛滥"现象），因反应物饥饿降低池的耐用性和性能。为此，GDL 材料通常是疏水性的以促进液体水的排出。普遍添加聚四氟乙烯（PTFE）来改性 GDL 的润湿性。PTFE 含量对各种 DM 材料水传输有着大的影响。

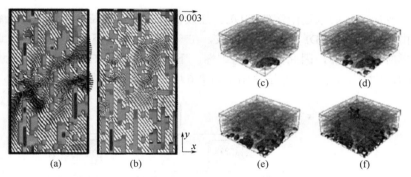

图 8-10 GDL 不同部分的质量流（Z 是 z 方向的无量纲距离，范围 0～1；灰色区域指固体，含浅灰色碳纤维；暗色是黏合剂，排水模拟给出液体水分布图景）

（a）Z=0.5；（b）Z=0.75

为改进多相特别是液体流动特征，可在 GDL 中添加微孔层（MPL），放在 GDL 和 CL 之间，这一层由微孔结构的炭黑粉末组成。实验证明，增加 MPL 后显示排水特征和燃料电池性能更好。这是由于在 GDL 中的水饱和突破被极大地降低，从约 25% 降低到有 MPL 时的约 5%，MPL 的作用犹如一个阀门，驱动水离开电极，降低了电极的泛滥。但新实验数据指出，在 GDL 中的亲水和疏水性分布是高度不均匀的；换句话说，GDL 中的某些区域，因操作碳是高度亲水性的，而在另一些区域存在有 Teflon（PTFE），因此是高度疏水性的。

8.4.3.5 GDL 的降解

GDL 在长期操作后可能经受降解。例如，由于因冷冻/解冻循环引起的 PTFE 损失和纤维漏气导致的润湿性变化。虽然燃料电池组件降解的研究至少有二三十年。但最通常处理的降解是膜离子交联聚合物材料和催化剂（铂粒子和碳载体）的降解。对气体扩散层（GDL）降解的研究似乎较少。但是，GDL 发展的重要性在不断增加，在 20 世纪与催化剂层和膜的比较中 GDL 还是小事一件，现在已经变得清楚的是，GDL 的性质和设计能够对池性能和组件耐用性有高的贡献，它并不仅是为了气体从分布板到催化活性位的传输，而且也由于其差的水管理致使 PEMFC 操作受阻。

如前所述，GDL 一般由碳纤维做成，由大孔基体（MPS）和微孔层（MPL）构成（图 7-13）。与气体流动通道接触的 MPS 作为气体分布器和电流收集器。MPL 由碳粉末和憎水试剂组成，掌管两相水的流动。然而，由于 GDL 材料特性，其耐用性，GDL 核心能力如疏水性、电导率和机械强度在操作期间会逐渐下降。所以，进行了大量的研究以独立地确定 GDL 的耐用性。在许多 MEA 耐用性评论中指出，MEA 耐用性受催化剂和碳载体降解的极大影响。因 MEA 降解和铂粒子聚集使活性表面积降低，导致池性能的恶化。特别是，MEA 耐用性高度取决于池电位、湿度、温度、供应气体的污染物和碳载体的稳定性。但重点在 GDL 耐用性的研究相对有限，而其重要性又非常突出。

为研究 GDL 耐用性问题需要了解 GDL 降解过程，而降解的发生过程常常是由高度复杂的原因所引起的。因此分离研究每一个原因和它们的影响是重要的。GDL 降解能够被机械和化学降解，如图 8-11 所示。机械降解确实是有形的损坏，由压缩、冷冻/解冻、在水中溶解和气流磨蚀造成。GDL 是燃料电池组件中最容易压缩的结构，所以它吸收大部分夹紧压力和经受结构损坏。汽车应用的 PEM 燃料电池经受冷冻/解冻循环。另外，从外部通过湿化器供应的水和电化学反应产生的水逐渐溶解 GDL。连续供应的气流也招致 GDL 的机械降解。化学降解主要是由于碳腐蚀。GDL 用碳材料做成，在一些特殊条件下如启动、停车或局部燃料饥饿，碳与水反应而被洗掉，因此其结构遭破坏。下面简要介绍 GDL 的各类降解及其缓解方法。研究 GDL 各类降解的试验方法总结于表 8-6 中。

图 8-11　GDL 降解机理

表 8-6　GDL 耐用试验分类

降解条件	方法
压缩力	单一压缩，重复压缩
冷冻/解冻	冷启动，温度循环
溶解	在溶液中浸泡，长期操作
气流磨蚀	暴露于过量气流
碳腐蚀	三电极试验，电位保持，电位循环，电位保持和循环
压缩力和碳腐蚀	重复压缩和三电极试验
溶解和气体磨蚀	溶液浸泡和暴露于过量气流
溶解和碳腐蚀	溶液中浸泡和电位保持，溶液中浸泡和电位循环

机械降解中的压缩降解在第 7 章做过介绍，可用图 8-12 总结说明。

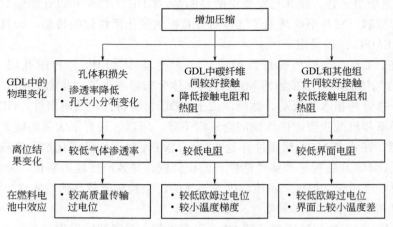

图 8-12　GDL 增加压缩效应

当 GDL 被压缩时 GDL 厚度降低，导致 GDL 接触电阻和气体渗透率的变化。低接触电阻降低欧姆电阻过电位，而低气体渗透率引起高的传质过电位。而且压缩也会导致碳纤维的位移（见图 8-13）。因此，为增强燃料电池性能对 GDL 有一优化压缩压力。

图 8-13　GDL 压缩后碳纤维的 SEM 图像

（a）压缩位移 20μm；（b）压缩位移 120μm

对机械降解中的冷冻/解冻降解，当 PEM 燃料电池暴露于水冰点以下温度时，停车后残留的水或在冷启动过程产生的水都可能被冻结。在水发生相变化时，能够感知体积膨胀引起的对池组件如膜、催化剂层和 GDL 的应力。此时 GDL 与 MEA 降解机理能够总结如下：裂缝或孔洞的生成，冻胀，空隙形成，催化剂层铂的损失，催化剂与膜的分层或脱落，电化学活性面积的降低和靠近 MEA 处接触电阻的增加。虽然重点研究 GDL 降解的不多，但是 PEM 燃料电池性能降解的一个重要因素是，GDL 不仅控制自身和周围组件（如膜和催化剂层）中的水含量，而且影响周围物理支撑体机械强度、分散在冷冻/解冻过程中产生的压缩压力。

在冷冻/解冻条件下 GDL 的降解，GDL 刚度对其耐用性是最重要的影响因素。因此，在冷冻/解冻条件下的 GDL 耐用性受 GDL 类型的影响，另外，PTFE 数量和 MPL 的存在也影响 GDL 耐用性。

对 GDL 的溶解降解，当 GDL 暴露于水或氧化条件时 GDL 材料能够被溶解，引起 GDL 重量和疏水性的损失。接触角降低意味着 GDL 的疏水性降低，导致 GDL 差的水管理能力和使燃料电池降解。

GDL 机械降解中的反应物气流磨蚀降解，是因反应物和产物气体在通道和 GDL 间流动能够产生磨蚀层，通常浓缩在表面裂缝处。长期吹蚀能够使 MPL 表面受到损害形成水坑形缺陷，如图 8-14 中所示。GDL 重量和接触角也降低导致一些其他降解问题。移去 MPL 表面裂缝可以改进 GDL 的耐用性。

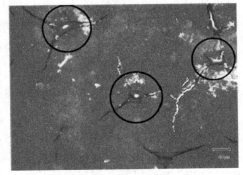

图 8-14　坑形缺陷和裂缝中的水累积

（圆圈内表示降解 MPL 表面）

碳腐蚀过程发生于催化剂层和 GDL。因为 GDL 主要由碳纤维和炭黑组成，它对腐蚀的结构损害是敏感的。影响碳氧化速率的腐蚀电流随施加在 GDL 上的电压增加而增加。腐蚀前后的 GDL 横截面照片示于图 8-15 中。碳腐蚀代表的是 GDL 化学降解。GDL 碳材料被氧化和在碳腐蚀条件下 GDL 的耐用性降低。GDL 碳腐蚀受 MPL 存在的影响，因添加 PTFE 和进行抗腐蚀处理能够缓解 GDL 腐蚀。

总之，到目前为止，对 GDL 耐用性的研究相对有限，尽管 GDL 在燃料电池组件中是非常重要的。GDL 降解说明材料损失和结构改变，导致燃料电池性能降低，由于降低了水管理能量和影响了传质。

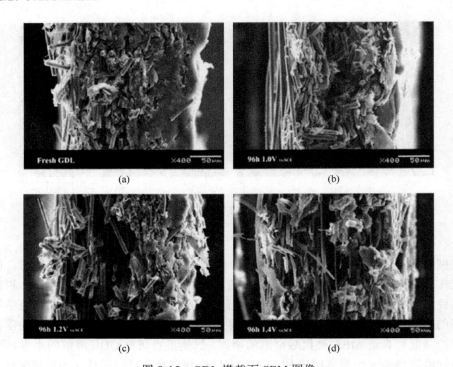

图 8-15　GDL 横截面 SEM 图像

（a）腐蚀前；（b）～（d）腐蚀后，1.0V、1.2V、1.4V

　　池组件降解是一个同时发生的累进过程，所以单独了解 GDL 降解机理和研究 GDL 在燃料电池寿命期间降解的每一个发生点是必须的。另外需要标准化试验方法以建立评价 GDL 耐用性的程序。这样通常 GDL 降解的缓解策略和研究 GDL 耐用性对其他燃料电池组件的影响将是可能的。对 GDL 降解的进一步研究，将延伸燃料电池车辆和固定系统寿命，促进燃料电池应用的商业化。

8.4.3.6　气体流动通道、冷却通道和双极板

　　气体流动通道（GFC）是 PEMFC 的重要组件，它提供反应物供应和分布氢燃料与氧化剂及移去副产物水。它们位于双极板内，横截面尺寸约 1mm。反应物的供应不足将导致氢/氧的饥饿，降低性能和耐用性。双极板（BP）提供机械支撑和为热量与电子的传输提供通道。BP 与 GFC 制造可能是燃料电池成本的重要一份。BP 降解，如金属板腐蚀和石墨裂缝，可能导致饥饿和泛滥的发生，并降低燃料电池寿命。在双极板内加工冷却通道，对大规模燃料电池废热移去是至关重要的。生成局部热点会降解膜、产生气泡或生成裂缝。除在第 7 章对双极板以及流动场作用和设计已经做了较详细介绍和讨论外，这里再做极简要叙述。

　　研究指出，流动通道中横向安装矩形筒，能够增强燃料电池性能。制作通道时加挡板阻塞，使气体有更好的对流和更高的流动速度，因此增强燃料电池性能。浅通道增强氧到电极的传输。在 GFC 中的气体传输，对流是占优势的机理。但由于通道中存在有液体水和蒸气，GFC 壁的亲水或疏水性质对通道两相流有很大影响，从而影响到 PEMFC 的稳定运行。

　　通道设计能够对三个基础问题有改进：水累积、通道不均匀性和流动不均匀分布。为此，在研究燃料电池通道流动不均匀性基础上提出了多孔媒介通道的概念，如图 8-16 所示，用以考察和研究反应物流动、传热、物种传输和两相传输特征。需要对燃料电池整个操作范围内

的特征两相流，如栓或栓环流过渡区，进行进一步的研究。也高度需要有在 MEA 中完全偶合通道两相流、在多孔 DM 中的传输和电化学反应的动力学模型。

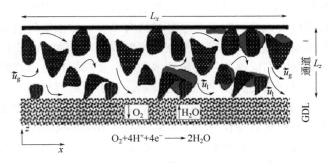

图 8-16　多孔介质通道构型和内两相流示意图

由于有大量的废热产生，需要移热，但对冷却通道设计受到的关注与其他组件比较相对较少。对使用于 PEMFC 的冷却通道或单元进行的研究，给出了冷却通道的设计、控制和优化，以对水和热量进行更好的管理。

8.4.3.7　气体扩散层/气体流动通道（GDL/GFC）界面

在阴极冷却通道，氧向电极传输，并在那里与质子和电子反应产生水，最终也进入通道。由于存在液体水，反应物气体传输的界面阻力会显著增加。光学可视化池（见图 8-17）指出，液体水以液滴形式存在于 GDL 表面上，被气流吹走或粘在通道壁上。液体水滴在 GDL/GFC界面上的行为由三个过程组成：①通过毛细作用从催化剂层到 GDL/GFC 界面的传输；②通过分离或蒸发从 GDL/GFC 界面移去；③通过 GFC 以液膜、液滴和蒸汽形式传输。水滴增长和分离受两个因素的影响：燃料电池操作条件和 GDL 材料的表面物理（例如粗糙度）和化学（例如润湿性）特征（例如亲水/憎水性质）。对液滴不稳定性和分离进行的分析后指出，静态接触角（θ_s）和接触角回环（前进和后退接触角之差，即 $\theta_A - \theta_B$）在确定从表面移去水滴所需的力中是两个重要参数。不稳定条件对操作燃料电池是需要的，在重要条件下液滴能够立刻从 GDL/DFC 界面移去，这样就能够防止氧到三相反应活性位传输通道路线被阻塞。GDL表面上的液滴增加反应物到 GDL 的传输阻力，也增加液体内部流动的阻力。在 GDL 表面上液滴的出现是随机的，可以采用统计方法估计表面被液体所覆盖的区域。GFC/GFL 界面也连接通道和 GDL 中的传输，已发展出一个简单的能够分析惯性力占优势区域中水滴分离的模

图 8-17　特殊设计透明燃料电池直接可视化装置

型。但非常需要进一步研究真实燃料电池通道中，许多真实液滴的出现/分离，覆盖宽的区域范围，以及它与传输和电化学反应的偶合。

应该指出，占燃料电池重量和体积最大的组件是流动板（双极板，BP），主要原因是流动板是使用高密度石墨板做成的。今天可选择材料有不少，如模块化石墨-聚合物复合材料，尽管电导率稍低但有较高机械强度和较高弹性且厚度较薄，使池堆重量和体积减小。聚合物-石墨板的一个主要优点是它们能够使用注塑技术制造。金属板也是很好的选择，主要优点是金属片可以非常薄，有可利用的大量生产制造技术。基于金属双极板的池堆功率密度可高达1.6kW/L。但为了能够在PEMFC腐蚀环境中使用，必须使用特殊不锈钢合金或涂层板。对汽车应用要求高功率密度但相对短操作寿命（客车一般是3000~5000h），因此汽车应用的燃料电池非常可能使用金属板。而对固定应用，对寿命要求高（大于40000h），功率密度要求不如汽车应用要求严格，可优先考虑可塑流动板。

DOE对BP重量的目标在2015年是<0.4kg/kW，在2009年已达到的是0.57kg/kW。DOE对BP的成本目标是3美元/kW。

注塑石墨-聚合物流动板能够大量制造，每625cm²成本约1.4欧元或每200cm²0.7欧元，也即8~12欧元/kW，池功率密度0.5W/cm²。在DOE氢和燃料电池项目中，计算石墨聚合物双极板成本为46美元/m²，对应于在0.5W/cm²时18美元/kWe。而对金属双极板，计算的成本为117~171美元/m²，对应45~67美元/kWe，与使用的基材是SS316L还是SS904L有关。但对金属板计算的这些值很可能计算过高了，因为计算时假设板厚度为1mm，但实际上厚度可能薄至0.1~0.25mm。另外，假设的涂层成本高于总板成本的50%即63美元，这意味着为成本降低留有很大空间。

8.4.4 PEMFC 的先进性能

表8-7总结了PEM燃料电池在不同条件下获得的先进性能。0.7V时的池功率密度0.5W/cm²，这是操作在1.5atm和80℃（或更低温度）的最先进性能，较低压力导致较低功率密度。

表 8-7　不同条件下 PEMFC 性能状态（湿化，80℃）

进料	功率密度，0.7V 时 /(W/cm²)	制造公司	型号	功率 /kW	功率密度 /(kW/L)	功率密度 /(kW/kg)	条件
H₂-O₂，0.5bar[①]	0.84	Johnson Matthey	Ballard Mark 902（a）	85	1.13	0.88	H₂-空气，1~2bar，80℃
H₂-空气，环境压力	0.56 0.35	UTC fuel Cells Umicore	GM HydroGen 3（a）	94	1，60	0.94	H₂-空气，1.5bar，80℃
H₂-O₂，0.5bar	0.42	Johnson Matthey	Regenesis（s）	15	1.54	0.33	H₂-空气，2bar，80℃
H₂-O₂，1.5bar	0.5 0.7	General Motors Gore	Teledyne NG1000（s）	1.7	0.20	—	参考空气，0.4bar
重整物+空气,吹空气 1.5bar	0.5	General Motors					

① 表压，余同。

对运输应用，集成燃料电池堆（客车车辆应用）的功率在70kW或更高，这样适合于把池堆置于地板上或汽车引擎盖下。池堆功率密度一般在1kW/L以上（操作条件：1~2atm 氢和 80℃）。在过去十多年中，池堆水平已经有相当的提高：20 世纪 90 年代早期池堆功率密度为 0.2kW/L；现在已经实现 1.5kW/L。

8.4.5　PEMFC 的耐用性

可接受最大效率损失定为 10% 时，也即池堆整个生命期间电压降为 70mV，从 0.7V 降低到 0.63V。对固定系统，按此的降解速率应该小于 1.7μV/h，以达到约 40000h 寿命；对运输应用，如客车寿命取 5000h，最大降解速率应该小于 14μV/h。由于电压损失，电效率也下降并释放更多热量。对组合热电（CHP）应用，热量能够被利用。但对运输应用，预计必定要产生冷却问题，尤其是当降解变得显著时。

几乎所有燃料电池组件都受老化效应影响，特别是核心部件 MEA 中的电极和质子传导膜。因此，操作期间 PEMFC 的性能会逐渐降低，甚至停止操作期间也会下降。池组件降解的原因和如何缓解，采用技术和方法在前面做过简要讨论和分析。主要有：膜和电极中质子传导聚合物因脱水和金属离子污染导致的质子电导率损失；反应气流中的污染物，特别是 NH_3、SO_2 和 NO_2 等导致的暂时和永久性性能损失；电极催化剂被 CO 中毒；机械损害和降解（包括压缩、冷冻/解冻、溶解和磨蚀）；碳腐蚀和燃料饥饿导致的降解等。针对每一种降解机理都提出了一些针对性的解决办法。例如，对膜脱水，可以采用含微孔层（MPL）的气体扩散层（GDL）以增加对水的管理，发展对湿度依赖较低的离子交联聚合物等；对污染物中毒，除发展抗中毒材料外，加强反应物流的净化。特别对燃料气流中 CO 及其中毒降解 PEMFC 性能，提出的缓解方法有三个：①使用铂合金催化剂；②较高的池操作温度；③在燃料气流中引入氧气。CO 中毒效应与温度有关，在高温下较不显著。为避免 CO 中毒，低温 PEMFC 需要使用纯氢操作，而 DMFC 必须用有效电催化剂在高温操作。

在燃料电池操作的氧化条件下，电化学反应可能产生自由基物种，如氧、羟基和过氧化物。它们攻击膜烷基链，导致功能和总膜性能的损失。因此，为成功操作燃料电池，迫切需要在宽 pH 值范围内有高度氧化、热和机械稳定的膜。进展显示，使用模拟重整物已经操作 13000h，降解速率为 0.5μV/h。大阪煤气公司在超过 12000h 操作时测得的降解速率为 2μV/h。使用真实甲烷重整物的场地试验研究，也已经成功地达到 7400h（没有披露降解速率）。

8.4.6　池堆

单一燃料电池只能够产生一定的电压和电流。为了获得实际需要的较高电压和电流或功率，单个燃料电池被串联或并联起来，称为电池堆，见图 8-18。在池堆水平上，热量管理变得比较复杂了，由于构成池堆的单个电池间有相互作用，单池以多种方式在池堆中发生联系。第一个是电连接，即电流流过所有串联起来的池，所以局部的高电阻将显著影响池堆性能。第二个是流场的连接。实践中，若干池分享池堆中一个入口/出口歧管。所以，有高流动阻力的燃料电池收到反

图 8-18　PlugPower 制造的 5kW 燃料电池（大池）、H2ECO 制造的 25W 燃料电池（3 池池堆，小银池）和 Avista Lab 制造的 30W 燃料电池

应物的量减少，招致反应物饥饿（它进一步导致池性能衰减和材料降解）。第三个是传热连接。显示较大热阻力或没有足够冷却的燃料电池将使邻近燃料电池经受较高温度和需要发散额外的废热。局部过热的燃料电池可能降低池性能和出现材料降解问题。因此，池堆水平的详细基础研究变得具有挑战性了。因此发展出描述池堆的各种模型。大多数模型研究仅考虑简化的池堆。例如，已经发展池堆稳态传热模型，这对直接冷却剂通道单元池设计是合适的，考虑的是通道横截面方向的平均量，略去了气体、冷却剂和通道几何形状的影响；还发展出池堆电相互作用模型，单元池用简单、稳态 1+1 维模型，适合于直接反应物气体通道设计，可使用流动网络来确定压力和流动分布，获得的结构能够并合进入各个别池模型中；发展的流动分布模型可以考察池堆性能对操作条件（进口速度和压力）和池参数（歧管、流动构型和摩擦因子）改变的敏感性；提出的流动模型指出了流动均匀性可用大歧管得到增强；发展出并合流动分布影响和简化维单元池模型的池堆模型，传质和动量守恒被应用于这个池堆，考虑每个三通连接的流动分离和再组合，而沿单元池通道，也考虑了反应物消耗和副产物生成；为 Ballard 燃料电池堆提出了水和热量管理模型，考虑一组气体进口条件和池参数，如通道几何形状、传热效率和操作电流，模型能够被应用于优化池堆的热量和水管理，对池堆流动分布进行数值研究得到的结论是，通道阻力、歧管尺寸和其他进料速率影响流动分布。

在池堆水平上，需要进一步研究的主要领域有：池堆系统优化（例如堆设计和反应物分流歧管）；燃料加工子系统（燃料管理、重整器、蒸汽发生器、变换反应器）；电力和电子子系统；热管理子系统（冷却、热交换器）；辅助管理子系统（空气供应、水处理、安全、跟踪、混合等）。PEMFC 堆的模型化和模拟为池堆设计和优化提供有力的工具。完整模型的发展，要偶合 GFC 和歧管中的反应器流动以及在燃料电池中的传输，并结合电化学反应。关键部分是池堆复杂流场中的两相流，这对捕集流动不均匀现象是基本的。此外，基于完整模型进行模拟计算研究，使用现在的有效数值方程式计算太过昂贵了，需要进一步发展。

8.4.7 组件降解和缓解方法小结

PEMFC 有潜力达到约 60%的电能转化或热电联产中达到 80%效率，主要污染物排放减少超过 90%。在世界上已经售出大量的燃料电池单元，仅在 2009 年就卖出了 24000 个燃料电池。在美国有超过数百辆燃料电池车辆和百来辆大巴车在运行中。

在世界范围 PEMFC 技术商业化的两个主要壁垒是：耐用性和成本。近些年已经有显著进展，在耐用性和成本方面显示的状态能够总结如下：①DOE 对耐用性寿命指标，运输应用到 2015 年大于 5000h，对固定应用在 2011 年达到了 40000h。现在，运输车辆应用达到的寿命已经超过 2500h，对固定应用燃料电池在 2009 年已经达到了 20000h；②DOE 的成本目标，对运输用在 2010 年是 45 美元/kW，在 2015 年是 30 美元/kW，对固定应用 2011 年达到 75 美元/kW。现时的成本对运输用燃料电池已经低于 61 美元/kW。

为进一步克服壁垒以使燃料电池广泛发展，需要有进一步的发展，更需要基础的突破。对材料领域，基础知识、分析模型和试验工具的发展是需要的。催化剂、MEA 组件和双极板的改进对克服两个主要商业化壁垒（耐用性和成本）是特别重要的。

为了确认和发展成本有效的替代材料，特别是对膜和催化剂层（它们组成 MEA），都需要进一步深入的研究。对聚合物电解质材料，非常需要了解膜性质与性能间的一般关联。有更好抗降解能力的 MEA 和低 Pt 负荷对达到 DOE 成本和耐用性寿命目标是极为关键的。对 GDL 和 MPL，需要深入了解液体水在这些组件中的行为，特别是材料微结构和亲水疏水性的合适组合。对 BP 和 GFC，需要先进的制造方法以降低板的成本和提高它们的抗腐蚀能力。最后，还要面对在 GDL/GFC 界面和微/小通道中移动的两相流基础知识的挑战，而这样的知识对发展优化 GDL 材料和 GFC 设计是极端重要且紧迫需要的，因为能够确保液体水的有效移去和反应物流的供应，避免不均匀流动，因此保持高的燃料电池性能。

为详细深入了解燃料电池及其组件的降解和可能采取的缓解方法，下面的三节中分别介绍 PEMFC、DMFC 和高温 PEMFC 性能及其组件面对各种降解和缓解方法。其中对 PEMFC，从水管理入手。

8.5　关系到水管理的降解和缓解方法

8.5.1　引言

低温操作的 PEMFC 因有液体水产生、传输和移去问题，不仅造成性能降低和增加燃料电池系统的复杂性和成本，而且成为燃料电池组件和材料降解的重要原因。因此低温 PEMFC 的水管理对保持燃料电池高性能是关键性的。由于燃料电池耐用性是影响它们大规模商业化的两大障碍之一，水管理确实不仅影响 PEMFC 性能而且也影响它的耐用性。多个降解因子如催化剂活性表面积损失、离子交联聚合物溶解、腐蚀、污染和 MEA 和 GDL 形貌的危害已经被确证，这些都受池内水生成、保留、累积和传输机理的影响。

如前述，PEMFC 耐用性也即降解问题是由多个因素引起的，涉及池的设计和操作。这些降解因素能够分为两类：灾难性的和老化性的。对这些前面已经讨论过，这里不再重复。

准确决定每一种机理对池退化速率的影响是困难的，因为它的改变取决于池的设计和操作条件。例如对水保留和累积的影响，当池在低温操作时，变得比较严重；因结冰的液体水体积膨胀使池不同部分的形貌受到危害，这加速降解过程；另外，这些水机理对池耐用性的影响也有两类：老化的和灾难性的。

水生成的作用被分在"老化"类别，因为 MEA 中的 Pt 活性表面积损失和离子交联聚合物溶解是交互发生的。老化性影响也应用于水保留、累积和传输，此时 MEA 和 GDL 性质的变化，包括膜溶胀、孔隙率、催化剂碳载体腐蚀、金属双极板腐蚀，是在 PEMFC 寿命期间随时间推移发生的。对池水所引起的影响被分类在灾难性的，仅两种情形：池残留水在低温下形成冰和通过外部湿化引入外部污染物水。因为它们能够导致严重后果，如膜中毒和催化燃烧，引起 PEMFC 操作的立刻中断。

尽管对 PEMFC 降解有很多研究，但极少研究水在 PEMFC 降解中的作用。应该认识到，水在 PEMFC 中的生成、保留、累积和传输都关系到各个组件及材料的降解现象，如催化剂活性表面积、离子交联聚合物溶解、膜溶胀、冰生成、腐蚀和污染等。水机制对 PEMFC 降解的影响可采用如下方法来降低或消除：①使用先进材料，以提高池组件的电、化学和机械稳定性，抗击衰退；②对池中的水管理实施有效策略。而这些水机制对池性能和耐用性的影响，随池设计和操作条件变化而改变和不同。下面对各种水机制引起的燃料电池及其组件降解和缓解方法做简要讨论和分析。

8.5.2　PEMFC 中的水平衡

　　燃料电池内的水传输包括的过程水有：进入入口气流的水、由阴极反应产生的水、从一个组件到另一个迁移的水和从出口气流中带出的水等。成功的水管理策略一般会保持膜很好水合且没有引起水在 MEA 任何部分或流动场中的累积和阻塞。因此，对 PEMFC 在不同操作条件和不同负荷需求下保持这个精致水平衡是主要的技术困难之一，需要由科学工程界来完全解决。膜和电极中水泛滥；在 GDL 和流动场孔道和通道中的水累积；"膜缺水"导致干燥；燃料电池内残留水的冷冻和结冰水的解冻；热量、气体和水管理间复杂的关系；进料气体的湿度，全都是细微的和相互依赖的，是 PEMFC 水管理需要面对的。PEMFC 内不适当水管理导致的性能损失和耐用性降解，是由渗透膜离子电导率下降、不均匀电流密度分布、组件分层和反应物饥饿造成的结果。正是这样，水管理策略范围还包括了直接水注入到反应物气体循环。水管理技术性能评估，使用实验液体水可视化或微观或宏观-规模数值模拟完成。不管怎样，对水在燃料电池内部传输的基础了解和完整模型的建立是高度需要的，以按照应用要求和操作条件，发展优化组件设计、残留水移去方法和 MEA 材料。如前所述，在 GDL 中添加微孔层（MPL）是能够改进水管理的，这在很大程度上防止了水泛滥和膜脱水。GDL 的疏水亲水性调节也能够改善水管理。已经提出使用有疏水性梯度的 GDL，以进行更有效的水管理（在 GDL 中嵌入若干层不同疏水性的 MPL），同时也提高 GDL 的耐用性。总之，水机理对 PEMFC 降解的影响是能够被最小化或甚至消除的，具体可使用方法包括：使用先进材料特别是 MEA 和 GDL 以提高的稳定性；实现有效策略从池中抽取残留水；确保池的无污染操作，防止膜和催化剂中毒。

8.5.3　水分布和传输

　　PEMFC 中好的水分布是达到有效水管理和增强池性能的秘诀。Nafion 膜的离子电导率很强地取决于膜中可利用的水量。膜磺酸基团（HSO_3^-）吸附水以弱化 H^+ 和 SO_3^- 间的结合，使 H^+ 能够自由移动。每个 SO_3^- 上水分子愈多，H^+ 电导率愈高。但太多的水要阻塞邻近电极的反应位置，使反应物气体难以接近池。所以，这两个区域的水量必须保持优化平衡。为保持这个微妙的平衡发展了新的材料和设计。例如，合适可渗透氧负荷和在催化剂层中疏水的二甲基硅油（DSO）、吸湿性 γ-氧化铝粒子、二氧化硅粒子和硅基复合物，都能够改进低湿化条件下膜的润湿性。又如，仅在阳极催化剂层（CL）中添加 10% γ-氧化铝就足以润湿和得到高的池性能。虽然添加 40% γ-氧化铝润湿性增加（也即液滴与催化剂表面接触角的降低，10% 为 109°，40% 为 0°），但池的极化性能反而下降，因为水泛滥。当把 SiO_2 添加到阴极催化剂层中时，也发现类似的泛滥现象；但阳极负荷 40%（质量分数）SiO_2 给出最好的性能，甚至在阳极零相对湿度时。

　　已经证明，在 GDL 和 CL 间使用微孔层（MPL）对控制 PEMFC 泛滥是有益的。在 CL 与 GDL 界面上水饱和一般是由于这些匹配层的孔大小突然变化，导致在界面区域形成水薄膜，因有更多可利用的空间留积水。在一定程度上，MPL 作为壁垒限制水流接近 GDL，而同时促进水的有效排出机制。把 MPL 嵌入到 MEA 设计中，水到阳极的反扩散得以增强。最终，从阴极到阳极的水横穿通量增加（例如，在阴极 RH=26% 和阳极 RH=75% 时，有 MPL 为 33.7%，无 MPL 为 27.4%），指出较少水流动到 GDL 微通道。

作为管理燃料电池中水传输的一个有效策略，提出使用疏水性物质如氟化乙烯丙烯聚合物（FEP）、全氟乙烯聚合物（PTFE）或用含亲水官能团共聚物和氟化物炭黑涂层的 MPL。由于 FEP 负荷的大变化（用筛网印刷技术可达 30%），能够控制排出过量水，因此池性能的提高是很明显的。PTFE 和增加的碳负荷倾向于降低水进入 GDL 通道的扩散。当 MPL 中 PTFE 负荷从 0 增加到 40% 时，穿过 GDL 的水通量，在空气流速 4SPLM（0.75～0.55g/min）下降低了几乎 30%。另外，在 MPL 中增加 PTFE 含量使面内渗透率增高。在不同碳材料的 MPL 中，包括乙炔黑、复合物炭黑［80%（质量分数）乙炔黑+20%（质量分数）黑珍珠 2000］和黑珍珠 2000，使用复合物炭黑的 MPL 池性能最好。极化测量后 MPL 的 SEM 图像显示，其表面上有双功能孔生成，促进了反应物和液体水的传输。

MPL 形貌也即孔径大小、层厚度和表面粗糙度，对水质量传递和局部传输有影响。表面粗糙度对 MPL/催化剂层（CL）界面区域水的传输具有特别重要性。在压缩条件下表面粗糙的作用变得更加显著，此时有可能生成界面间隙和大的裂缝。光学轮廓测量揭示，MPL 表面上发生裂缝的位置是随机的，其大小程度是不同的，其深度可大到整个 MPL 厚度。图 8-19 显示的是开裂 MPL 的横截面图像。可以看到，有穿过层的大通道出现，这是水流很容易流过的通道。

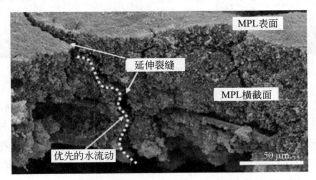

图 8-19　SGL 10BB h 型 GDL 的横截面 SEM 图像

在低湿化条件下保持膜完全水合是艰难的，MPL 中的微孔是为了保持限制副产物水流向 GDL 和避免膜干燥。把 MPL 的平均孔径从 10μm 降低到 1μm，可提高反应物空气 0%RH 时的池性能，在池电压 0.4V 时电流密度几乎翻番。但目的是在高湿度条件下除去液体水时，MPL 孔隙率必须增加而厚度必须降低。模拟结果指出，MPL 孔隙率从 0.2 增加到 0.5，通过 GDL 的液体水通量增加约 9 倍［0.5 孔隙率时通量为 $4.505\times10^{-3}kg/(s \cdot m^2)$］。

已发展出更先进的设计，如梯级孔隙率型 MPL（GMPL），目的是促进通过大孔层的水传输和通过小孔层的气体扩散。在 GMPL 中，孔隙率从内层 MPL/膜到外层 MPL/GDL 逐渐降低。利用这个设计改性 GDL 疏水/亲水双微孔层（GDBL），表面含疏水 MPL 和中间含作为内湿化器的亲水 MPL（因其吸附水能力）。

尽管在 MEA 设计中有了这些改性，但池操作条件对水分布和传输的影响仍是最重要的。以高相对湿度气体操作的 PEMFC 具有大的泛滥危险。在同样电流密度（如 $0.8A/cm^2$）下，当反应物空气的 RH 从 26% 增加到 66% 时，阴极通道将变得比较容易发生液体泛滥。在以干空气 26%RH 操作时，为使通道中没有液体水，仅仅需要把反应物化学计量比设置为 2.5，甚至更低。而当使用 66%RH 的空气，即便是较高的化学计量比液体水仍然存在。

泛滥一般能够使用高化学计量比流速或高温操作来防止。例如，阴极通道泛滥可以在试验条件下把温度从 30℃ 提高到 60℃ 来防止。如图 8-20 中所示，使用热移去液体水的好处是，能够提高池的极化性能。池操作温度增加，催化剂电化学反应动力学速率提高。高温如何影响电极可逆电位（热力学开路电压）、Tafel 斜率和交换电流密度的基础问题已经在第 2 章做了深入讨论和分析。温度高于 100℃，电极可逆电位降低较小，由于反应使用熵变化（如气体反应物被转化为气态产物而不是液体产物）。需要注意的是，对氢氧化反应（HOR）和氧还原反应（ORR），交换电流密度和 Tafel 斜率随温增加而提高。

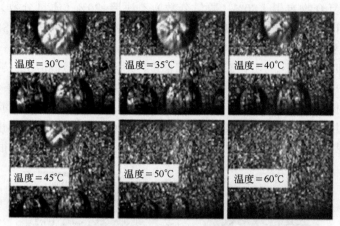

图 8-20　不同池操作温度下阴极流动通道中水累积图像

发展中的下一代高温（超过 100℃）操作膜如果成功，关系到池的水管理、冷却、CO 中毒等问题将变得简单得多。现在这些高温膜进一步发展的关键是，延长它们的寿命和超过 1000h 的耐用性。磷酸掺杂聚苯并咪唑（HPO_3/PBI）电解质高温膜，现在仅能够操作 1220h，而且是在低电流密度（$0.2A/cm^2$）下。对 190℃ 操作的试验池，1000h 后池电压开始显著下降，1220h 时池电压为零。对同样类型膜的考察，在 $714 \, mA/cm^2$ 下连续试验 510h，再在 $0.3mA/cm^2$ 间断试验 90h，发现有氢的横穿。这是由于池的物理降解包括电极催化剂凝聚和膜变薄。

池中产生的水首先出现在阴极催化剂层中（氧还原反应生成水）。取决于膜的水合状态，水既能够流到电解质，支持反扩散流，也可以相反方向流到 MPL。由于 MPL 的疏水性质，防止了在催化剂层生成水薄膜和限制产物水接近 GDL。对两类 GDL（有和没有 MPL）中的水原位分布，使用 X 射线可视化技术获得的高分辨横截面图像显示，没有 MPL 的 GDL 水饱和 [图 8-21（a）] 高于含 MPL 的 GDL [图 8-21（b）]。对后一情形，在 GDL 薄膜上仅出现水滴（因 MPL 的高疏水性）。

液体水分布受 GDL 结构几何形状的强烈影响，也受交叉泄漏气体流的弱影响。开始，水倾向于累积在筋骨或平地上而不是其他部分。这预计得到的，因为空气较少接近和到这些区域有较长距离，且液体水已被移去。图 8-22（a）和（b）中的图像清楚地显示，在 $0.4A/cm^2$ 电流密度下，两类 GDL（有和没有 MPL）液体水在筋骨区域有较高浓度。水开始在接近通道壁处累积，形成液体薄膜（因壁亲水毛细力和流动通过中气流的拖力作用）。当水继续渗透 GDL 时，特别是在高电流密度时，累积在通道区域的水首先流向空气流动通道，以液滴形式在表面上发展。图 8-21（a）和（b）说明当电流密度增加到 $0.8A/cm^2$ 时，无 MPL 的 GDL（24BA 型）如何变成液体水泛滥，而含 MPL 的 GDL（24BC 型）液滴仅出现在阴极通道表面上。

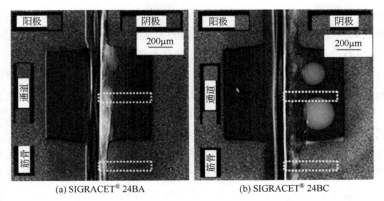

(a) SIGRACET® 24BA (b) SIGRACET® 24BC

图 8-21　电流密度 0.8A/cm² 时在通道和筋骨区域水累积横截面图像

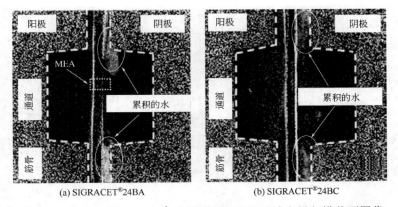

(a) SIGRACET®24BA (b) SIGRACET®24BC

图 8-22　电流密度 0.4A/cm² 时在通道和筋骨区域水累积横截面图像

当液滴变得较大时，液滴从 GDL 表面脱离，如图 8-23 所示。液滴大于 0.4mm 和空气速度低于 60m/s 时，液滴从 GDL 表面脱离（Toray TGP-H060），而较小液滴则保持与表面的直接接触。原因是，较大液滴与流动空气有较大接触表面积。当空气流动的空气动力学逐渐增加时，液滴倾向于在空气流动相反方向达到临界接触角直到它们完全脱离表面。报道的临界脱离接触角值，对碳纸是在 50°～80°范围，对碳布约 90°。

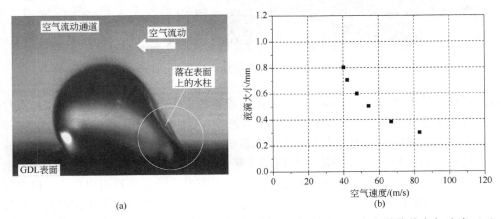

图 8-23　液滴被空气流从 GDL 表面脱落图像（a）和对不同大小液滴脱落的空气速度（b）

　　GDL 的结构性质，如孔隙率和表面粗糙度，对接触角和填塞现象有影响。在不同设计 GDL（碳布和碳纸）表面上，发现水的静态和动态接触角测量值是不同的。例如，对碳纸 1 型上的 1.2mm 液滴的静态接触角是约 120°。对类似大小液滴，碳纸 2 型和碳布上的静态接触角分别是 136°和 140°。流动通道板的设计，包括通道高度、通道平地比和通道构型对液滴失形和脱落也起重要作用。当通道高度从 250μm 增加到 500μm（模拟）时，在流动通道中水滴的形状是变化的。较高通道，液滴倾向于在大小上增长较大，比较均匀地分布在通道流动场中。因此，在水滴通道界面的剪应力和压力差变得相对较弱。

　　从这些设计，讨论变得清楚的是，除非空气化学计量是高的，否则会发展出栓塞（阻塞），导致阴极通道泛滥。图 8-24 指出，要液体水完全从通道中排除，只有在空气化学计量比（λ_{air}）达到或超过 36 时。低于这个化学计量比点，水薄膜开始从通道壁演化，大小逐渐长大，直到它们冰冻或阻塞通道。

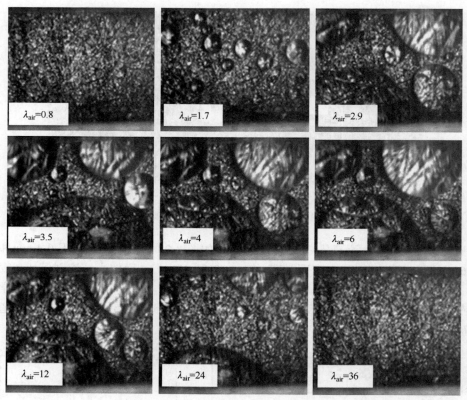

图 8-24　在不同空气化学计量比范围操作阴极流动通道中水的图像

　　直接可视化技术能够揭示，操作燃料电池中流动通道中水泛滥的位置。如果这不行，可以使用池电流密度分布或温度分布测量，也称为测绘，它们能够预测跨膜水浓度分布。对水、电流和温度间的关联研究指出，水一般倾向于累积在阴极流动通道的出口处，尽管反应物空气首先出现在进口。空气速度沿流动通道逐渐降低的事实，使更多水滴在接近通道出口的 GDL 表面形成。与此一致的是，光学观察指出，水累积发生于流动通道出口。入口空气速度愈高（如 16m/s 对出口的 7.4m/s），在这些区域中水愈多。计算指出的是不同趋势：空气流动速度在通道中间最低，可能是因为池的回压效应保持空气通道出口处的高速度。

8.5.4　水保留和累积

在 PEMFC 中出现液体水对池组件的力学、电和化学性质有致命性影响。这些性质的衰退通过三种机理，称为溶胀、腐蚀和结冰。

8.5.4.1　溶胀

溶胀是膜吸收水产生的一个结果，使聚合物基体膨胀。当液体水被吸收时，在膜中离子组分被水分子包围，同时聚合物基体具有吸收更多水的吸附量。在膜内水的溶胀相对增加膜外部环境水的压力（因聚合物基体具有弹性）。内外水的压力差，称为溶胀压力，决定了溶剂偏摩尔体积的增加。它是操作温度、水活度、压缩负荷和相对湿度的函数。中子衍射图像说明，在湿条件下 PFSA 型膜有物理尺寸的变化，例如，厚度增加 0.1mm。膜基体结构的这种结构变化很强地取决于离子溶液的水活度。例如，用 KCl 溶液处理膜，膜厚度保持不变，而用 HCl 和 NaCl 溶液处理时，膜厚度分别变化 10%和 5.5%。

溶胀一般以各向异性方式发展，因为膜在一个方向的发展要大于另一个方向。膜也显示不同的应答，取决于它们的水含量和环境温度。水与磺酸基团的相互作用随温度增加产生分裂时，Nafion 结构内的亲水区域却变得稳定，这能够说明温度和水对 Nafion 膜化学性质的影响。这个组合及其复杂效应导致膜亲水区域间交联数目、强度和伸缩性的重大变化。为了研究这个现象，在一定温度和水合范围内跟踪 Nafion 的黏弹性应答，从结果发现，Nafion 的拉伸蠕变应变随水活度增加而增加，即整个实验温度范围（25～60℃）随 RH 增加而增加。测量也指出，应变值在低温（25～50℃）较湿条件下较高，但在较高温度（60℃）时下降。

膜厚度增加，称为膜变厚现象，引起不均匀的局部应力。这可能导致膜的机械失败，特别是在池装配中暴露于压缩的区域。模拟显示，湿热负荷影响膜中的应力分布。平面应力来自溶胀应变，特别是在膜应力较高的两端（因池被夹紧）。

膜机械性质变化与池中应用 RH 操作循环水平和数目之间是有关联的。对此进行的实验考察发现，两个参数即 RH 和循环数目的增加导致 MEA 耐用性的显著降低。在 30%～80%RH 范围 100 个循环后，平均应力失败降低 40%左右。当 RH 从 25%增加到 75%时，膜的弹性模量也从约 480MPa 降低到 280MPa。使用有限元模型证实的这些结果揭示，在膜和 MEA 中会产生机械缺陷并生长，如裂缝和开裂。对 5 个湿度循环（30%～95%RH）期间进行模拟，从结果能够清楚看到，膜平面应力的发展趋势，其平面应力值是不同的，取决于膜的局部接触面积（如面对流动通道或直接与通道平地接触）。计算也揭示，残留应力可以高达 10MPa，这可能导致膜和气体扩散层分层，而高平面应力关系到它的开裂和增长；平地区域的平面应力比流动通道高很多，而与反应物相对湿度水平无关。

当膜在低相对湿度循环进入脱水状态时，因受附加拉伸应力，膜的伤害进一步加剧。导致膜在广泛相对湿度循环时变薄、分层或孔洞生成。这在低相对湿度 36%操作池膜的 SEM 图像中是能够看到的，有孔洞生成和操作表面分层。观察到的这个降解，得到膜主链分解过程数值模拟的证实。模拟揭示，低相对湿度条件增强侧链断裂过程，在膜化学结构中创生许多弱的终端基团，因此加速降解过程。类似地，从阳极和阴极 SEM 图像都能够看到，低相对湿度时膜的薄化现象。产生的结果是，氢横穿速率逐渐增加，降低了氢反应物数量；计算的池电压降解速率为 0.0537mV/h。

8.5.4.2 腐蚀

在 PEMFC 的电化学反应通常会生成过氧化氢（H_2O_2），引入危险的自由基，如羟基（OH—）和氢过氧化（—OOH）自由基。它们会攻击膜和加速池化学降解过程。这些自由基会破坏催化剂和离子交联聚合物间的界面，使催化剂活性表面积显著下降。反应物气体相对湿度以某种方式关系到 H_2O_2 的生成速率。已经发现，阴极在干和全湿条件下产生的 H_2O_2 数量有明显的差异。在 95℃，当 RH 从 0 增加到 100%时，产生速率降至 1/7 [$0.7 \times 10^6 \sim 0.1 \times 10^6 mol/(cm^2 \cdot s)$]。

尽管 PEMFC 中碳腐蚀的主因是池的电压循环，但也有把其原因与存在的液体水相联系。已经发现，碳腐蚀速率与水摩尔浓度间有线性关系，因对每个存在的 H_2O 分子有一个 CO_2 分子生成。在阳极电位限制试验中，当把水摩尔浓度增加 3 倍（0.1～0.3mol/L）时，碳腐蚀速率等比例增加 [从约 2.4g/(h·cm²)增加到 7.2g/(h·cm²)]。该发现暗示，腐蚀速率在最大电流密度时是最高的。

反应物气体相对湿度的提高增加催化剂碳腐蚀的危险。测量显示，当池的操作从干转变到湿条件时，XC72 和 BP2000 型碳载体的碳燃烧速率显著增加。阴极催化剂层的碳腐蚀速率，当阴极入口 RH 从 0 增加到 100%时，也有值得注意的增强。催化剂厚度逐渐降低（约 70%降低，从 10.5～6.6μm）和催化剂产生二氧化碳增加 [350～1300mg/(g·s)] 证实了碳腐蚀现象。有意思的是，背散射电子显微镜（BSEM）图像揭示的，RH 对阳极催化剂降解速率有负面效应。

如果对金属型板未作表面处理（抵抗有害酸和湿条件），腐蚀也影响池的双极板。池组件界面区域形成的纯化膜，使池总欧姆电阻上升。主要是在气体扩散层界面和双极板创生附加界面之间的接触电阻（ICR）。该纯化膜的厚度决定了 ICR 的值。对试验研究所使用材料的评估发现，最好的双极板材料应该有最小腐蚀电阻。

在膜达到最大厚度或厚度稳定时 ICR 值一般达到最大。这是在 ICR 值继续从 200mΩ·cm² 增加到 320mΩ·cm²，直到纯化膜达到稳定厚度（池操作 30min 后）时所观察到的。对纯化膜厚度稳定性进行的检测指出，在模拟阴极环境中，经 50min 发展，最大纯化膜厚度 3nm，而在阳极环境中-0.1V 下 20min 达到的厚度 2.6nm。值得注意的是，纯化膜厚度与相应的接触电阻随所用池装配体压缩力变化而改变。接触电阻梯度在大压缩力时倾向于变小。

金属双极板腐蚀的一个效应是释放金属阳离子，如 Fe^{3+}、Ni^{2+}、Cu^{2+}、Cr^{3+}。这些阳离子可能来自板涂层材料合金的溶解。用质谱技术能够检测出，用碳化物合金涂层铝板池操作副产物水中的痕量铬、镍、铁、硫和铝。它们的能量散失 X 射线（EDX）分析揭示，阴极镍的变化多于阳极，这是由于阴极环境较高相对湿度以及阴极的电化学活性。能够列举出影响 PEMFC 性能的主要污染物名单和它们的来源。这些杂质阳离子源是相对独立的，能够攻击膜和恶化 Nafion 的机械和化学稳定性。应该强调，使用多种冷却材料和技术能够防止双极板的衰败机理，如催化剂中毒、膜电导率下降、纯化膜生成、反应物横穿和孔洞生成。

聚合物膜离子电导率变化受池中杂质数量的很大影响。确实，当把膜样品浸入硫酸溶液来了解无机阳离子的影响时发现，在低杂质浓度（如，0.1×10^{-6}、1×10^{-6} 和 10×10^{-6}）时，膜电导率的降低可以忽略；但在高杂质浓度（100×10^{-6}）时，电导率降低变得显著了。而且每一种杂质类型的影响也是不同的。例如，Ni^{2+}、Cu^{2+}污染的膜显示的电导率比 Na^+污染的低，而 Fe^{3+}在所有阳离子污染膜中显示的电导率最低。

8.5.4.3　结冰

这是源自池中残留水的危害。当液体水在冰点温度下转变为冰时，危害变得比较严重了，它阻塞气体进入催化剂反应活性位的通路，引起池性能的下降。这是得到试验测量证实的，池电流密度随水冰冻连续线性下降。冷冻-解冻循环引起的相转变，也导致保留水体积膨胀，产生各向同性的局部应力，危害膜的结构和池其他多孔层，包括催化剂、GDL 和 MPL。图 8-25 的 SEM 图像显示，全水合膜在温度达到-30℃时的 10 个冷冻/解冻循环下发生的致命性变化。进一步的结构危害是，阳极和阴极催化剂的电化学表面积有相当的降低，在 20 个冷冻/解冻循环后阴极下降 23%，阳极下降 15%。

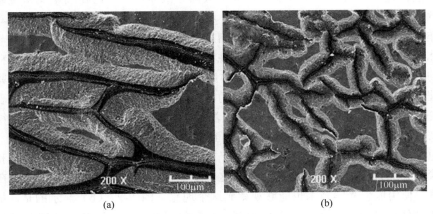

(a)　　　　　　　　　　　　　　　(b)

图 8-25　在 20℃和-30℃之间 10 次冷冻/解冻循环后没有吹扫的 MEA SEM 图像

（a）阳极；（b）阴极

结冰对 MEA 的早期影响可能是它的孔隙率。场发射扫描电子显微镜（FESEM）图像（图 8-26）揭示，当湿堆进行冷冻/解冻循环时，MEA 孔隙率受危害程度显著增加。这导致催化剂层的暴露和因 Pt 粒子脱落使其活性表面积进一步降低。如从图 8-26 能够看到的，阴极

图 8-26　71 次冷冻/解冻湿循环后 MEA 催化剂层横截面

的危害比阳极更为严重，可能是由于其较高的水浓度。低温冷冻 FESEM 分析揭示，由于结冰导致的催化剂孔隙率变化是不均匀的。最终，最大变化发生于膜层的界面区域（约 25%）。尽管不同的 SEM 观察并不一致，但都证实了催化剂层中有两个不同冰密度的区域，且冰的主要部分是在接近于 GDL 一边而不是在膜一边。由于先于低温操作的冰会被催化剂的反应热融化，所以液体水将从热膜迁移到较冷的 GDL 继续结冰。

除了孔隙率变化，结冰也危害池其他部件的结构。更值得注意的是，这多发生于池内高水浓度的区域。当在池设计中加进了 MPL，在冷冻/解冻循环下检测危害：高电流密度（1A/cm^2）和进行同样数目循环时，电压降解梯度分别为有 MPL 4.3，无 MPL 3.2。这可能是因为 MPL 为维持膜和催化剂层在希望的水合状态捕集了大部分液体水。当池在高电流密度操作副产更多水时，危害可能是等同的。这些结果说明，尽管 MPL 在催化剂层和 GDL 层间对渗出冰片具有防止作用，但它加速传质降解以及显著增加池的总极化电阻。

因结冰危害了 PEMFC 组件形貌，对池性能和耐用性产生严重影响。包括燃料横穿、因孔洞生成的催化剂燃烧、因开裂区域水泛滥引起的燃料/氧化剂饥饿、因进一步暴露电化学表面积加速催化剂腐蚀，以及反映危害层本体的池欧姆电阻的增加。孔洞生成和膜表面的微裂缝的可视证据示于图 8-27（a）中。这是在低温操作（阴极温度低于-5℃）后获得的，即便在低电流密度下，4 个循环后池电压突然降低到零。

结冰也能够导致催化剂层脱落。水倾向于在邻近催化剂界面区域（如催化剂和扩散层或催化剂和聚合物膜之间）累积和冷冻成冰。这个现象在模拟中显示突出，预测到在界面区域形成冰透镜。使用原位光学技术也能够观察到这个现象。图 8-27（b）显示的是，捕集到的催化剂与膜和气体扩散层（GDL）的分层脱落。从测量可知，这个脱落导致氢横穿和催化性能下降。还指出了类似的分层也危及氧横穿，增强氢过氧化物生成，引起阳极上的催化燃烧。

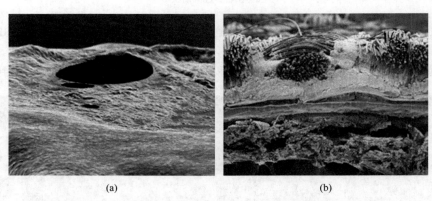

(a) (b)

图 8-27 阴极温度低于-5℃对 MEA 的影响

（a）阴极出口区域膜中孔洞的生成；（b）催化剂与 GDL 分层

催化剂脱落会对池欧姆损失产生显著影响。对因在膜/催化剂层（M/CL）、催化剂层/气体扩散层（CL/GDL）和气体扩散层/双极板（GDL/BP）界面分层脱落引起的池电阻变化做的比较指出，M/CL 和 CL/GDL 界面电阻的增加远高于 GDL/BP，例如对 50μm 的分层测量说明，对 M/CL 和 CL/GDL 池电阻增加 30% 左右，而对 GDL/BP 仅增加 10%。

催化剂层分层脱落也导致在较高催化剂活性表面区域中的 Pt 粒子损失。TEM 图像显示，在阴极催化剂层和膜间界面间有间隙。于是 Pt 粒子大小增加，催化剂表面积显著降低（约

50%）。同时证明，对-30℃的试验池，Pt 表面积降低 35%，因阴极催化剂层的 Pt 粒子和离子交联聚合物间有片冰形成。

在温度达到 0℃时不是所有在膜中残留的水都冷冻。称为非冷冻水、键合冷冻水和重要水的三类水分子在冰点以下温度已经被鉴别出。每一类有不同的冰冻点，取决于它们分子化学键的性质。例如已经使用介电弛豫光谱技术鉴别出冰点以下温度的三种不同的水状态，发现在 kHz 区域中水分子以氢键和到磺酸上，而在 GHz 区域水分子既以类本体液体或松散键合形式。

当温度下降到 0℃，仅仅有自由水（本体水）分子转变成冰。图像显示，即便温度为-3℃，仍然有液体水存在于催化剂表面上。然而，在-5℃冷启动时没有观察到有液滴。这指出在催化剂中水凝固点下降不超过 2℃。产生低于 0℃的液体水再一次见证，水冰冻温度甚至可能更低（例如-10℃）。产生这个超冷水的低温冰冻现象的原因是，排放的凝固热使温度上升到 0℃。

很明显，温度远低于-10℃时，水就完全冰冻了。但也有意见认为，即便温度低于-20℃，在膜内仍然保留有移动的非冰冻水分子。这是从水自扩散系数计算和微分扫描量热仪（DSC）测量分析得出的非冰冻水的反常行为。

由于结冰，水含量下降，这会清楚地降低氢离子穿过膜的移动性；所以膜的离子电导率肯定下降。实验工作已经证明，池温度降低到-25℃时 PFSA 和 BPSH 膜的水含量是如何显著降低的，并显示出质子传输变得非常低。在冰冻温度以下测得的膜电导率是显著降低的，温度从+30℃降低到-30℃，电导率从 87mS/cm 降低到 6mS/cm；类似地，当温度从+40℃降低到-40℃，电导率从 100mS/cm 降低到约 1mS/cm。在冰冻以下温度膜电导率降低是由于膜脱水，这是膜/催化剂界面毛细压力变化的结果。对毛细管压力可说明如下：在加热过程中相转变从冰到液体水，使毛细压力增加导致膜通道膨胀和电导率增加。

8.5.4.4 泛滥

水泛滥常常发生于高电流密度时，因副产水生成速率超过从池中移去水的速率。泛滥能够原位检测，使用池子层直接可视化或跟踪膜欧姆电阻。例如，阻抗测量的标准偏差变化是 PEMFC 泛滥的一个指示。膜阻抗测量一般是在池光学可接近性十分受限情况下进行的。

池电压水平的突然降落是 PEMFC 泛滥的一个信号。反应物气体接近催化剂活性位被残留水阻塞，意味着池电化学反应的停止。在池达到限制电流密度（更好地称为截断电流密度）后，电压尖锐下降即刻发生。许多实验已经证明整个行为，并试图延伸扩大这个截断值，例如对池引入先进的水管理程序。

虽然有许多技术被使用于检测 PEMFC 的泛滥，其中光学可视化技术仍然是最有效的。它们不仅帮助确证关键参数和泛滥原因，而且能够在其发生前预测水泛滥。例如，摄影图像已经跟踪阴极通道中水的累积。从这些图像能够计算单一 PEMFC 液体水泛滥要多长时间。如预测的，操作 30min 后，通道完全受阻，接着池电流密度显著下降（如从 4.5A/cm² 下降到 0.5A/cm²）。值得注意的是，几乎所有原位可视化膜表面水滴是从空气流动通道顶部测量的，这无法用于计算重要参数，如液体接触角、液滴高度和液滴与表面的接触界面面积。但是，有可能同时从通道顶部和侧面看到液滴在表面上的生成。图 8-28 给出了所使用的光学装置，由正交放置的两台同步相机构成；而图 8-29 显示，在空气通道不同位置的 GDL 表面液滴生成的图像。

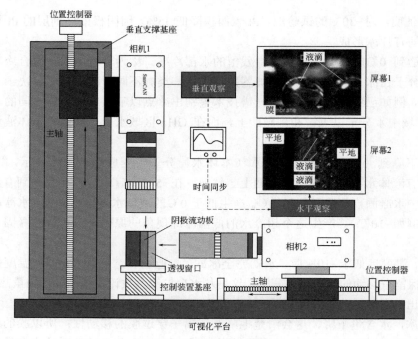

图 8-28　可视化装置

图 8-29　在阴极流速通道 GDL 表面液滴的生成

水泛滥不仅影响 PEMFC 性能而且也影响其耐用性。这是由于过量水的操作使燃料电池发生燃料饥饿，因此诱导电极上的局部电位。在实验和数值计算上都证明，氢局部饥饿是如何能够上升阴极界面电位到高达 1.44V 的。在这个高电位下，催化剂的碳腐蚀能够在几个小时内发生。这个逆电流机理后来被电子微探针图像（EMPA）检测到，显示催化剂活性表面积显著降低和阴极电极薄化。当使用聚偏氟乙烯膜浸渍阳极 GDL 限制氢燃料接近池时，阴极催化剂层被证实有腐蚀。EPMA 图像显示阴极催化剂层显著变薄。其他研究也观察到类似的阴极电极变薄现象。在氢饥饿区域厚度降低多达 60%，而与之相对的是，周围区域仅降低10%。从测得的 MEA 限制电流密度分布图景，这个氢饥饿区域也有最大电流密度值。最后，水泛滥在催化剂碳腐蚀中的作用被进一步牢固地确立，即在观察 MEA 结构后发现碳腐蚀在流动板平地下面比较严重，因那里预计水是要累积的。膜变薄实际上发生于这些平地下区域，其厚度 4mm，与之比较的通道下观察到的是 10mm。

8.5.5　缓解策略（对水保留和累积引起的降解）

8.5.5.1　溶胀

因聚合物膜溶胀很强地取决于其水含量，池在较低湿度条件下操作似乎是可行的。然而，这将是以降低膜离子电导率为代价的，可能导致池性能比所谓水溶胀有更大下降。用相对湿度控制进入池的外部水，可最小化溶胀效应。模拟显示，MEA 溶胀应力是如何随RH 增加而增加的。例如，在溶胀应变为 0.05 时（压缩力从 0 增加到 4MPa），膜中平面应力随 RH 增加仅 10%（如从 90% 到 100%RH）。池装配时应用的压缩力也影响膜溶胀，为此对池性能为操作条件妥协是不明智的，比较明智的是改进替代 MEA 设计和在装配早期阶段考虑溶胀。

改进聚合物膜力学和化学性质是防止溶胀的最好的方法。发展了多种复合物膜设计，以达到膜结构的最小变化而同时保持可能的高水平电导率。为在温度和水浓度变化时提高Nafion 弹性和防止塑性失形行为，提出在膜中添加钛氧化物。这些复合物膜（如 Nafion/二氧化钛）比 Nafion 显示较少应变硬化，膜蠕变变化也比 Nafion 降低 40%。类似地，添加二氧化钛提高了 Nafion 115 膜的弹性模量。该复合物膜在 3000min 操作后显示的蠕变比挤压和铸造 Nafion 型在同样应力条件下降低约 40%。这些复合物膜的水吸附量在试验早期阶段有明显的降低，由于无机物水吸收。虽然 Nafion/二氧化钛复合物膜的电阻率的降低稍快于有水吸收的挤压 Nafion，这些复合物膜的电阻率仍然低于 Nafion。

已发展出抗膨胀设计，使用的复合物为 70%（体积分数）等当重量的全氟磺酸和 30%（体积分数）聚苯砜，以在吸附水后仍保持膜的稳定性。在室温其平面溶胀仅为原始膜的 5%。另一个磺化设计是，在脂肪烃侧链上加磺酸基团。虽然这个设计显示好的质子电导率0.11S/cm，但其溶胀比稍高（100℃时约为 12.9%）。这两个设计在溶胀比上的差别可以归因于膜制备期间的磺化程度。

为克服溶胀效应，发展的新膜设计使用了各种材料和制备技术。例如，使用酸或热处理膜聚合物基体，以提高聚合物对水活度的稳定机械性质。意图是要降低基体弹性力和溶胀压力，以便保持膜水含量相对高。这个设计事实上显著改进了聚合物的水吸附量。用聚丙烯腈（PAN）和聚砜（PSU）复合物掺合磺化聚醚砜（SPES）膜的设计，基于在聚合物链间创生砜交联基团桥接 SPES 的芳基磺酸和 PSU 芳基基团。其目的提高材料的溶解度以及增强其结构，并控制 SPES 的磺化水平。该设计有相当好的结果，溶胀比降低大于 70% 而膜电导率的下降仅有 25%。

新一类聚合物，称为微嵌段离子交联聚合物，作为潜在抗溶胀膜而被发展。该新设计使用磺酸基团在离子交联聚合物骨架中的顺序分布，形成离子和非离子空间片段。具有亲水和疏水区域间相分离的独特结构，似乎能很好抗击溶胀。在 120℃ 膜离子交换容量大于 2 meq/g。

克服溶胀的另一个方法是使用凝胶膜。预期这些新发展的膜比常规聚合物膜对水溶液中的物理变化较少敏感。因为它们的酸结构（如松散的键合而不在聚合物基体内形成）促进质子传输，它们的电导率不受水合状态或反应物湿度的严重影响。使用这类膜的优点，在高温时变得比较显著，此时膜中所含的大部分水蒸发了。但对这些凝胶膜还没有给出溶胀的数据，重点是在这些膜在高温条件下的电导率和稳定性。测量指出，这些膜的电导率在 100℃ 时约 0.01S/cm，在稍高的 115℃ 也给出类似结果。给出的最高电导率在室温达到 0.1S/cm，一直保持到 85℃。

8.5.5.2 腐蚀

为防止 PEMFC 催化剂层的碳腐蚀发展出一些新材料。主要是既想提高碳粒子的电化学稳定性也要用新材料完全替代碳载体。值得注意的是，催化剂层使用的碳基质类型在 PEMFC 碳腐蚀起着关键作用。为此应该突出使用小表面积碳负载 Pt 催化剂粒子的优点。石墨化是理想和有效的选择，显示出催化剂耐用性的提高和总燃料电池性能的提高。用这类碳，Pt 溶解的数量和池产生的 CO_2 量是非常小的。

炭黑被普遍使用作为 PEMFC 中 Pt 催化剂载体，它们能够提供的多个优点，使其比其他材料更有吸引力；为催化剂提供大或小表面积的优点，包括高孔隙率、高电导率、电化学稳定性和纳米大小粒子。

对碳负载 Pt 催化剂已经使用了单壁碳纳米管和多壁碳纳米管的设计。比较了操作后催化剂表面上的 Pt 聚集和分布的变化。当单壁碳纳米管（MWNT）载体与炭黑 Vulcan XC-72 载体比较时，还原 Pt 在恒电位下的损失分别为约 37% 对 80%。大差别结果的原因是，由于 Pt 迁移和熟化/聚集，而这些都会因碳腐蚀而增强。类似地，在加速降解试验中 Pt 损失几乎降低一半，如对单壁巴基纸（碳纳米管纸）为 43%，而与之比较的 Pt/C 损失 80%。在巴基纸设计中表面氧化物慢的生成速率是这个腐蚀阻力显著差别的主要原因。

在碳负载催化剂中添加二氧化钛（$Pt/C-TiO_2$ 或 $Pt-TiO_2/C$），它对提高 PEMFC 性能和耐用性中都起着作用。测量显示，$Pt-TiO_2/C$ 的池性能降解低于 Pt/C 催化剂。5000 次试验循环后，$Pt-TiO_2/C$ 降解 10% 而 Pt/C 降解 28%。TiO_2 效应的证据来自 FESEM（场发射扫描电子显微镜）图像，该图像显示对 Pt/C 催化剂在 MEA 中有较高失形（与 $Pt/TiO_2/C$ 设计比较）。类似的结果来自恒电流测量，指出 $Pt/C-TiO_2$ 的超级稳定性。利用电化学阻抗谱嵌入数据的蓝德尔等效电路、Warburg 元素和传输线模型，模拟了 O_2 传输和计算催化剂的电阻。结果发现，Pt/C 催化剂限制 O_2 通过电极微孔结构流动。这主要是由于催化剂层厚度的增加（源自 Pt 在碳载体上的低负荷）。另外也提出使用二氧化钛替代碳。分析指出，Pt/C 催化剂经受严重的碳腐蚀、Pt 溶解和催化剂粒子的烧结（2000 次电位循环后）。而 Pt/TiO_2 仅经受小的电位下降（在 $0.8A/cm^2$ 时约 0.09V），尽管循环次数翻番。

金属双极板是 PEMFC 中对腐蚀敏感的一个组件。为防止这些板的腐蚀，使用了不同材料和涂层技术，包括铁质不锈钢（AISI446）、金属无定形合金（$Fe_{50}Cr_{18}Mo_8Al_2C_{14}B_6$）、硫酸、

TiN 涂层（用多弧离子镀）、不锈钢合金（Fe-20Cr-4V）（热氮化）、聚合物聚吡咯和聚苯胺（循环伏安法或涂渍法涂层）、YZU001 类金刚石膜（物理气相沉积）等。重点是在池的极化特征，更特别的是在板和邻近碳扩散层间的 ICR。

对与压缩力有关的不同材料（涂层铝、不锈钢 SS316L、石墨板）接触电阻进行了比较，涂层铝的接触电阻小于未涂层不锈钢，因此有较好性能。在恒定池电压 0.6V 下，SS316L 的电流密度为 158mA/cm^2 而涂层铝是 232mA/cm^2。石墨板显示最好特性，接触电阻最低和腐蚀速率最慢。在 30kgf（1kgf=9.8N）应用压缩力下，SS316L、涂层铝和石墨板在 4h 试验后的接触电阻分别为 27mΩ、25mΩ 和 15mΩ。使用金属无定形合金（$Fe_{50}Cr_{18}Mo_2Al_2C_{14}B_6$）作为替代不锈钢的双极板。在含 2×10^{-6} F$^-$ 的 1mol/L 硫酸溶液于 75℃ 试验时，新合金的抗腐蚀能力高于不锈钢 SS316L；在表面形成的纯化膜是非常稳定的。

为保持池的优化性能，降低板和邻近 GDL 间的界面接触电阻是研究重点之一。例如，使用氮化和预氧化处理在不锈钢板上涂层新合金（Fe-20Cr-4V），用聚苯胺涂渍铝板。结果说明，涂层方法是有效的，因为 ICR 值的增加仍然处于可接受水平，如在 200N/cm^2 压缩力下约为 0.3Ω·cm^2。

由于在腐蚀板和邻近 GDL 间界面生成纯化膜，ICR 值的增加直接比例于该纯化膜的厚度。一旦膜停止发展，ICR 值就稳定了。降低这类 n 型半导体膜厚度的一个方法是，增加池中的硫酸浓度水平。这是在跟踪 SS316L 双极板在模拟 PEMFC 阴极环境和不同硫酸浓度中的腐蚀后获得的结论。

涂层的另外一个优点是防止金属阳离子的异化和溶解，如 Fe^{3+}、Ni^{2+}、Cu^{2+}、Cr^{3+}，它们能够潜在地污染池其他部件和中毒聚合物膜和催化剂层。在危害阳极、膜和阴极化学性质中，少量这些杂质是特别危险的，显示突出危险，导致催化性能下降。

8.5.5.3　结冰

有许多技术能够应用于防止结冰造成的 PEMFC 性能恶化和寿命降低。达到这个目的的一个方法是，把热量引入到池中以保持它处于热状态。例如，在阴极通道中使用混合氢和氧经催化反应产生热量，这个方法不会引起池性能的下降且操作也是安全的，氢浓度不超过总气体混合物的 40%。很明显，这个方法仅以 20% 的氢浓度就能够使池温度在 6 min 内从冷启动条件 -20℃ 上升到 0℃。也能够使池温度上升到 79℃ 同时避免催化剂 Pt 活性表面积的显著降低。在 Pt 粒子和离子交联聚合物间捕集阴极催化剂层的 -30℃ 冷启动中产生的液体水，招致表面积下降约 35%（从约 73m^2/g 降低到 47m^2/g）。根据电流和温度分布测量，在失败冷启动期间的最高电流密度开始发生于池的反应物入口区域；约 40%~50% 的池总电流在这些区域中产生。这个发现指出，比较有效的是在入口而不是池的其他区域应用外热。

用干气体吹扫池是克服结冰效应的一个方法。该概念是要在低温转化为冰以前移去池中的液体水。然而，这个过程在池每次停止操作（也即切断运行）中必须重复。实验者对得到成功冷启动的吹扫所需时间并不一致。例如，有提出 129s 是足够的，也有推荐长至 2h 的。很明显，吹扫时间取决于池设计和其操作条件。已知吹扫时间与从膜中移去水量间有一定关系，也知道如何改进池的性能。当比较有和没有吹扫时 -10℃ 温度下的池性能时，获得的结果支持该叙述。尽管测量是在低电流密度进行的，但电流密度在没有吹扫时仅操作 15s 后就显著下降。相反，当使用吹扫时，没有失败的耐用时间延长到 268s。

吹扫的主要优点之一是，保护 PEMFC 组件在低温免受结构危害。吹扫时间足以保持在

−30℃温度循环下的催化剂结构不变，如没有吹扫产生的危害是明显的。吹扫的影响不仅是对 PEMFC 的耐用性而且也对它的性能产生显著影响。例如，当没有应用吹扫时，池在−5℃和不高于 $200mA/cm^2$ 的低电流密度操作就失败。自由水，预计被捕集在催化剂层，会冰冻阻碍反应物接近催化剂的活性位置和引起性能下降。

重要的是要设置吹扫气体的相对湿度在中等水平，既不太干也不太湿。否则池会因膜中水含量降低或在早期循环时沸石水泛滥。当把吹扫气体的相对湿度从 16%增加到 64.9%时，虽然在 20 个冷冻/解冻循环中没有检测到性能损失，但在高电流密度（$1A/cm^2$）下第一个循环中流动通道中的液体水完全泛滥。因此，MEA 在−30℃时是比较受危害的，初始孔隙率降低 10%，而与之比较用较干吹扫气体时仅为 2%。

其他参数，如吹扫时间、气体流速、池电流和温度，也影响吹扫过程的有效性。可以预期的是，如果吹扫非常频繁或长时间，池膜比较容易脱水。事实上，已经证明，对吹扫池，高流速和高温是影响的最大因素。考察不同吹扫图景时发现，对同样的吹扫气体数量，吹扫气体流速增加，抽取的水比延长吹扫时间更多。另外，在室温吹扫是无效的。

在 PEMFC 中用于吹扫的四种主要气体是空气、氢气、氧气和氮气。使用每一种气体的吹扫是不同的。用氮气、空气和氢气吹扫池试验发现，使用于阴极和阳极的最好组合分别是干空气和干氢气。用这个吹扫策略，MEA 显示最小的功率损失和最小的结构危害（如 20 次冷冻/解冻循环后损失 7.6%和 30 次循环后损失 19.3%）。仅有的缺点是它促进 Pt 粒子从催化剂层向膜迁移。不同的是用干氮气吹扫阳极和干氧气吹扫阴极，池性能降解速率显著降低，从 2.3%到 0.06%，催化剂的 Pt 利用率降低也是非常小（在 7 次循环试验中降约 3%）。提出仅用干空气吹扫阴极不吹扫阳极，因为阳极的冷冻危害是非常小的。对不同吹扫程序和操作条件进行试验能够评估它们对催化剂表面 Pt 损失和传质限制的影响。用抗冻溶液吹扫池是一种替代干气体的方法。为吹扫使用 30%甲醇和 35%乙二醇溶液，这样做，池的降解速率分别降低 0.16%和 0.47%。

其他研究者却依赖于改进 MEA 抗冷冻/解冻循环的设计。例如，使用低等当重量（EW）值和高冰冻水数量（例如水与离子基团的弱相互作用）的膜，以增强 H^+ 电导率；应用多壁碳纳米管（MWCNT）增强 Nafion 树脂，使膜的机械稳定性和拉伸强度得以增强。MWCNT 强筋的 Nafion 膜的氢氧化电流密度最终低于 Nafion 112（71%与 109%）。把异丙醇和异丙基丁基乙酸酯加到涂层催化剂膜的墨水中，这两种设计不仅改进膜的离子电阻而且显示电化学表面积和池极化曲线的较低降解。

8.5.5.4　泛滥

避免 PEMFC 水泛滥的最好方法可能是，使池在能够有效移去水的条件下操作。很明显，池在低电流密度下操作泛滥危险最小，因为池电流密度和副产物水间存在线性关系；因此使水管理变得较少。无论怎样，增加池温度有两个主要优点。首先能够快速蒸发池中残留水，防止了水的进一步累积，同时也增强催化剂的动力学。

对温度每上升 1℃，单一 PEM 池中能够移去的水量进行了计算，结果为约 34nL/℃。阴极和阳极通道的原位可视化显示，当温度达到 60℃时，通道中的水完全消失。当空气流速增加到化学计量比 36 时也发生同样的效果，因此时通道表面的水滴能够被全部吹走。测量也证实，平均而言，温度从流动通道抽取液体水的速率要高于化学计量比空气（约 34nL/℃与 26nL/℃）。

但是，这两个吹走参数不应该过量，否则膜可能变得完全脱水。

防止 PEMFC 泛滥的一个方法是，使用使液体水在池中传输提高的材料。例如，在催化剂或 GDL 加入疏水性物质，如聚四氟乙烯（PTFE），能够帮助从这些层空隙区域排除过量水。也提出添加中等量的共聚物 PVDF-co-HFP）到催化剂层中，来提高催化剂的疏水特性和压制水泛滥。催化剂疏水性的提高，能够从水滴在表面接触角的测量得到证实。这些测量显示，随着共聚物的加入接触角有明显的增加。例如，共聚物负荷为 0、2%～5% 和 10%（质量分数）时，接触角分别是 36°、86°、105°。池性能电流密度和催化剂的欧姆电阻都得到增强。但是，负荷过量则对极化性能是致命的。当共聚物负荷从 5% 增加到 10% （质量分数），池的电流密度从 530mA/cm² 下降到 484mA/cm²。加入氧可渗透和疏水性二甲基硅油（DSO）到催化剂层中，能够改进水平衡和氧到催化剂阴极的可接近性。加入仅 0.5mg/cm² DSO，催化剂的疏水性就显著增加，如池极限电流密度提高所证实的，从 1.2A/cm² 提高到 2A/cm²。

随着在 GDL 中加入中等量 PTFE，在泛滥期间池仍然能够以最大气体和水传输机理操作。当对在 Toray 碳纸中加入不同量的 PTFE（10%、20% 和 30%）的池进行比较时，中等 PTFE 含量的纸（例如 20%）显示最好性能。这指出，传输气体的疏水孔和传输液体水的亲水孔的组合是抗击水泛滥的最终设计构型。

8.5.6　在 PEMFC 中的水传输

在 PEMFC 中的水来自两个主要源：在阴极催化剂上 ORR 产生的水和经湿化进料外部冷气体带入的水。副产物水的数量，从池电流密度能够直接计算。计算外部水量是比较困难的，因为它随湿化/冷却剂温度、压力和流速等参数而改变。

在 PEMFC 中的水传输过程一般包含复杂的相互作用。例如，在膜中，池操作时有三股水通量，即电渗、反扩散和生成水。电渗水对水分布的影响被认为是占支配地位的，因为许多氢离子拖曳水分子从阳极到阴极。同时，在阴极产生的高浓度水强制水流反扩散回到阳极。这两个通量的平衡对保持水在膜中的均匀分布，膜的优化离子电导率是关键性的。反扩散效应在高电流密度时变得比较重要，特别是当阴极区域的水抽取速率是极端低时。

8.5.6.1　MEA 和 GDL 结构

研究者发展了不同的模型来模拟聚合物型膜中的水传输机理。目的是要计算 PEMFC 操作期间的水扩散速率，包括的参数有水传输系数和电渗系数（水传输系数定义为透过膜的净水通量与水生成量之比；而电渗阻力系数定义为每个质子传输的水分子数目）。足够有意思的是，其中一个模型提出，老化对水传输系数没有影响，尽管有其他研究检测到老化膜区域性质有显著变化。然而，没有一个研究是要解决水传输机理对膜耐用性影响的。但在实验和模型研究中，这个效应关系到池的相对湿度条件。

因为反应物气体 RH 增加，透过膜层的水通量速率增加，导致膜释放较多氟化物离子。这指出，膜中水传输对 PEMFC 氟化物排放起重要作用。水传输也可以在一定程度上影响 MEA 的机械、电和化学性质，如 GDL 孔隙率、聚合物链和 Pt 在催化剂中分布。模拟显示，通过增加反应物气体相对湿度，膜中聚合物链对开链变得比较敏感。

实验结果显示，高水饱和操作（空气湿度 100% 和氢湿度>100%）800h 后氟化物离子浓度的增加超过 3 倍（约 450×10⁻⁹）。主要原因是，产生的水和进料的水流可能连续地从阴极催化剂洗涤重铸离子交联聚合物。在同样湿度但稍高的 Nafion 膜负荷条件［33%（质量分数）Nafion 100%RH］下，经 AST 400h 后，检测到约有 25%的氟化物损失（从 MEA 总含量 230μmol/cm² 中损失 60μmol/cm²）；也发现增加混合气体的相对湿度（氢气+10%空气，空气+2%氢气）几乎是线性地增加氟化物排放速率（FER）。RH 从 0 上升到 90%，使用氢气+10%空气混合物的 FER 值从 3.5nmol/h 增加到 10nmol/h，而对空气+2%氢气混合物增加的范围是从 1.25nmol/h 到 7nmol/h。

很明显，氟化物排放速率并不仅仅在高 RH 操作时增加，而且在低湿度条件下也增加。例如，当 RH 从 100%降低到 20%时检测到显著的氟化物损失达 45%数量。对不同湿度条件所做的比较再一次揭示，在湿度低于 50%时有高得多的 FER 值。

如前述，因反应物气体 RH 增加，Pt 粒子从催化剂层活性表面溶解。当 RH 从 30%增加到 100%时，催化剂活性表面积显著下降约 50%；而且，如果膜能够在低 RH 条件下幸存，Pt 粒子溶解会显著减小。在高 RH 条件下 Pt 粒子溶解的原因，可能贡献于催化剂在膜高水合状态下早期的 ORR 活性。也可能是由于水泛滥，因它引起池燃料饥饿和诱导电极上的局部电位。

在全湿条件下已经成功地使 Pt_3Cr 粒子从催化剂层迁移。图像显示铬粒子累积在阳极催化剂层。对此一种可能的说明是，高电流密度（>1A/cm²）操作产生的过量水促进铬粒子被反扩散气流带到阳极。类似地，在阴极层的 Pt 迁移比阳极层严重。当池以三种不同阴极入口 RH（0、50%和 100%）水平操作 1500 次循环后，阴极催化剂在 100%RH 时的 Pt 损失最高。这是由于碳载体腐蚀在高 RH 下被强化。

氢气和氧气分压影响 Pt 粒子的分布，它们相对的局部通量决定 Pt 再中毒的位置。这得到了 SEM 图像的证实：生成的 Pt 带靠近阳极和阴极催化剂层（取决于反应物气体的操作压力比）。例如，当 H_2/O_2 压力降低到 20%（压力相等），Pt 带的生成在阳极催化剂层（离开 4.3μm）而不是在阴极/膜界面附近。Pt_3Cr 粒子是从两个电极向膜迁移，另外，纯 Pt 粒子对迁移比 Pt_3Cr 合金敏感，由于其电化学不稳定性。这是观察到纯 Pt 阳极催化剂发生较强迁移后得到的结论。

GDL 的机械性质也受 PEMFC 中水传输机理的影响。对不同类型 GDL 的水传输进行的数值模拟指出，液体水通过 GDL 的传输主要受 GDL 疏水和形貌性质支配，包括孔隙率、曲折率、横截面积、厚度和 PTFE 负荷。其他设计和操作因素，如池装配的压缩力、操作温度、反应物气体化学计量比和 GDL 润湿性，也影响 GDL 中的水扩散。通过层扩散的水愈多，预测对 GDL 结构危害愈大。然而，在这个领域仍然需要做更多研究工作，以深入了解这个效应。

8.5.6.2 污染

相对湿度对 PEMFC 降解的影响关系到许多因素，如膜溶胀、膜变薄、蠕变形成和开裂、氟化物浓度变化、催化剂粒子迁移、碳腐蚀、孔洞生成、氢横穿和局部燃料饥饿等。

反应物气体湿化所使用水的类型，像这些因素一样，也产生同等危害。饮用水含有害污染物如 Fe、Cu、Cr、Si 和 Al，它们能够中毒 MEA 和引起池性能衰减。污染物浓度水平绝对对 MEA 恶化速率产生影响。在试验用 GORE-SELECT 膜中，其初始 Fe 浓度小于 $1×10^{-6}$，但当外部水通过湿化空气操作加入池中后，Fe 浓度水平显著增加（得到耐用性测量的证实）。测量揭示，氟化物释放速率（FRR）高于阴极以干空气运行时［$1.6×10^{-8}$g/(cm²·h) 与

$1.5 \times 10^{-7} g/(cm^2 \cdot h)$]。

燃料电池堆组件的腐蚀，像金属双极板、端板或湿化器储库，是杂质的另一个来源。液体水可能带痕量金属离子如 Fe^{2+} 和 Cu^{2+} 到 MEA 中，引起其电、机械和化学性质的永久性降解。这些杂质对池性能的影响是显著和致命性的，特别是对池电极动力学、电导率和传质。

为证明水在传输这些有害污染物中的作用，最好的例子是如下的实验工作：在池中使用两种不同的端板，不锈钢 SS316L 和铝。实验发现，在同样实验条件下氟化物释放有显著不同：SS316L 14×10^{-6} 和 Al 12×10^{-6}。对 SS316L 在阳极和阴极收集水的 pH 值水平比铝板低约 30%。很清楚，水是揭示这种差别和传输痕量污染物的主要试剂。

8.5.6.3 缓解策略

水传输对 PEMFC 降解的影响是能够被最小化的，如果保持池中水湿气数量很小的话。然而，如前面说明的，这对膜电导率和池性能会产生重要影响。最好的解决办法可能是，保持池水合状态但强化 MEA 设计以抗击源自水传输机理的衰退水平。

为了提高 MEA 的电化学稳定性，发展了多个复合物膜。为降低两个电极氟化物排放速率，可在 Nafion 膜中加入如 CeO_2 纳米粒子，在没有牺牲质子电导率和氢横穿的前提下，释放速率降低多于一个数量级大小 [与典型 Nafion 膜比较，$0.1 \sim 0.01 \mu mol/(h \cdot cm^2)$]。也提出在 MEA 设计中引入抗气体横穿层、过氧化物分解层和捕集 Fe^{2+} 层，以防止氧横穿、氢过氧化物生成和在阳极的催化燃烧。另外，如前所述，MEA 稳定性能够用合金浸渍催化剂层得到增强。也可使用金属氧化物如钛氧化物、钴氧化物、铝氧化物、二氧化钛、二氧化锆和氧化锡。

特别为低 RH 操作条件设计一些复合物。例如，使用 $Pt/SiO_2/C$ 作为阳极催化剂，目的是在低 RH 值时得到可接受的极化性能。确实，设计池的电压和电流密度（0.6V，$0.65A/cm^2$）几乎保持不变，尽管阳极和阴极的 RH 水平有显著下降（如 RH 从 100%降低到 28%）。类似地，Bafion-Teflon-磷钨酸（NTPA）设计在低 RH 25%时具有池电压最低限度的下降（约 90mV）。值得注意的是，使用这些自湿化膜在低 RH 操作下为 PEMFC 提供两个耐用性优点。首先，它减少池生命周期内水合/脱水循环数目，而这常常导致 MEA 的机械失败；其次，最小化外部粒子随湿化气体进入池会引起对 MEA 的危害。

最后，PEMFC 膜在化学上是脆弱的。在反应物气体湿化过程使用水的质量是达到耐用性池的另一个重要要求。脱离子水是理想和优先的，因为不存在有离子杂质。然而，在从外部源引入杂质的情形中，如湿化器储库或其他池组件，在池入口安装过滤系统可能是降低或甚至消除这些杂质影响的最有效方法。

8.5.7 水管理小结

水管理确实不仅影响 PEMFC 性能而且也影响它的耐用性。多个降解因子如催化剂活性表面积损失、离子交联聚合物溶解、腐蚀、污染和 MEA 和 GDL 形貌危害已经被证实，这些都会受到池内水生成、保留、累积和传输机理的影响。

准确决定每一种机理对池退化速率的影响是困难的，因为它的改变取决于池的设计和操作条件。例如，水保留和累积的影响，当池在低温操作时变得比较严重。因结冰的液体水体积膨胀使池不同部分的形貌受到危害，这会加速降解过程。另外，这些水机理对池耐用性的影响被分成两个主要类别：老化的和灾难性的。对老化，池的耐用性和性能行为倾向于随时间稳定下降，而灾难性情形池是瞬时失败的。

水生成的作用已经被分类到"老化"类别，因为 MEA 中的 Pt 活性表面积损失和离子交联聚合物溶解是交替发生的。类似的分类也应用于水保留、累积和传输，此时 MEA 和 GDL 性质的变化，包括膜溶胀、孔隙率、催化剂碳载体腐蚀、金属双极板腐蚀都是在 PEMFC 寿命期间发生。仅两个因子，池残留水在低温下形成冰和通过外部湿化引入外部污染物，是灾难性的。这些因素能够导致严重后果，如膜中毒和催化燃烧，这些能够引起 PEMFC 操作的立刻中断。

总之，水机理对 PEMFC 降解的影响是能够被最小化或甚至消除的，使用先进材料特别是 MEA 和 GDL 以使它们有高的稳定性；为从池中抽取残留水实现有效管理策略；确保池的无污染操作，以防止膜和催化剂中毒。

8.6 直接甲醇燃料电池的耐用性和恢复技术

8.6.1 引言

直接甲醇燃料电池（DMFC）技术已处于成熟阶段，似乎要在各个领域替代/补充锂离子电池，如便携式电子设备、军事应用和小功率汽车如电动摩托车、叉车和物料搬运车辆（MHV）。虽然聚合物电解质膜燃料电池（PEMFC）应用氢气作为燃料，但在便携式或遥控移动发电装置应用中是 DMFC 的主要竞争者。但它受燃料配送系统的限制，因为纯氢需要昂贵的燃料公用基础设施，而使用液体燃料的原位燃料加工器受大而笨重，费钱和需要长启动时间的限制。由于具有容易再充燃料、高能量密度和系统简单等有吸引力的特色，DMFC 技术可成功应用于各种便携式、辅助和离网（达 3kW）功率设备。此外，液体燃料容易供应和存储，无须任何燃料加工器或湿化系统，这些使 DMFC 在轻型运输部门的应用具有竞争性。尽管仍然需要做更多努力以降低成本和改进性能和耐用性，预计 DMFC 系统首先是要在消费电子产品和轻运输应用中商业化，因这些对输出功率约束和成本弹性相对简单。与 PEMFC 比较，DMFC 有其自身的优点和技术挑战，特别是耐用性。

DMFC 在 25℃有最大热力学电压 1.18V。但是实际上，池电压低于理论值，由于各种类型的电压损失。DMFC 性能除损失于甲醇氧化和氧还原的慢反应动力学外，甲醇从阳极到阴极的横穿使阴极电位有不可忽视的损失，使 DMFC 总池电压远小于 PEMFC。

经过广泛的研发努力，DMFC 初始性能已经达到实际应用可接受的水平。尽管耐用性和成本仍然是面对的主要挑战。DMFC 要完全实现商业化的一个关键是可靠的长期寿命。本节讨论和分析有关 DMFC 性能和耐用性问题及其缓解办法。

8.6.2 DMFC 操作耐用性的现时状态

对 DMFC 系统的寿命要求是相对中等范围，从 3000～5000h。在这个时间内，DMFC 应该保持稳定的性能，其功率密度的损失不超过初始值的 20%。性能损失超过 20% 的时间被认为是 DMFC 系统失败。对便携式功率燃料电池系统，美国能源部（DOE）为功率和能量密度、成本和耐用性设置的目标给出于表 8-8 中。

表 8-8 便携式功率燃料电池系统美国 DOE 对三个功率范围的性能目标

特性	单位	2011 年状态	2013 年目标	2015 年目标
技术目标：便携式功率燃料电池系统，<2W；10～50W；100～250W				
比功率	W/kg	5；15；25	8；30；40	10；45；50
功率密度	W/L	7；20；30	10；35；50	13；55；70
比能量	W·h/kg	110；200；300	200；430；440	230；650；640
能量密度	W·h/L	150；150；250	250；500；550	300；800；900
成本	美元/W	150；15；15	130；10；10	70；7；5
耐用性	h	1500；1500；2000	3000；3000；3000	5000；5000；5000
失败间的平均时间	h	500；500；500	1500；1500；1500	5000；5000；5000

　　文献调研指出，经过努力已经使 DMFC 能够达到数千小时的耐用性操作，它们的降解速率是可以接受的。但对大多数情形，降解速率十分高，能够超过 2000h 耐用性操作且有可接受性能损失范围的非常少。DMFC 长期操作的数据主要在实验室中获得，从燃料电池工业获得的可利用信息很少。学术研究的主要重点是在关键组件和材料、系统结构和优化操作条件，以及如何最小化/缓解 DMFC 操作的不同降解路径。2004 年来自 Los Alamos 国家实验室（LANL）的报道揭示了稳态模式操作 DMFC 长期耐用性：在 75℃ 操作 3000h 后在 $100mA/cm^2$ 时仅有 10mV 的不可恢复的性能损失。耐用性的增强被归结于新 MEA 制作技术，它使钌从阳极溶解最小化（通过高温处理稳定了 PtRu 催化剂）。对一个具有被动水回收系统的 DMFC 池堆，成功地实现了 10000h 操作。降解速率在 $120mA/cm^2$ 下，仅为 5μV/h，总功率密度损失 14%。近来报道的突破性结果是，为叉车提供电力的混杂能量系统中集成 DMFC 池堆，证明的操作寿命 20000h。这是 DMFC 系统耐用性的一个关键成就。

　　对真实 DMFC 工业，今天的长期耐用性状态离商业可行水平仍然比较远。虽然许多公司致力于发展 DMFC 系统，但很少有公司宣布耐用性寿命超过 3000h 的，包括 Smart Fuel Cell Energy（SFC Energy），Panasonic，Oorja Protonics 和 MTI Micro Fuel Cells。其中的 SFC Energy 和 Oorja Protonics 已经有产品投放市场，在实际应用中长期操作寿命达 4500h。在 2011 年，Oorja Protonics 宣布，DMFC 池堆寿命达到 8000h，它们的系统应用于叉车中作为电池的充电器。Panasonic 宣称，已经发展出长寿命 5000h 的高耐用 DMFC 系统，宣布在不远的将来渗透进入市场。在 DMFC 池堆达到 6000h 耐用性后，MTI Micro Fuel Cells 为场地试验部署 75 个燃料电池系统，作为电子装置的充电器。不同研究组和公司的 DMFC 系统耐用性寿命数据总结于表 8-9 中。

表 8-9 DMFC 系统代表性寿命试验

研究组/公司	操作模式	温度/℃	持续时间/h	甲醇浓度/(mol/L)	性能损失
LANL	稳态	75	3000	0.3	$100mA/cm^2$ 时电压损失 10mV
北佛罗里达大学	稳态	50	10000	0.8	$120mA/cm^2$，5μV/h
F.Z.Julich	真实系统	55～67	20000	0.3～0.6	$100mA/cm^2$，8.5μV/h
SFC Energy	真实系统	−40～50	2500～4500	浓的甲醇溶液	功率密度损失<20%
Oorja Protomics	稳态	室温	8000	可能是浓的甲醇溶液	
Panasonic	—	—	5000	高浓度甲醇溶液	功率损失<20%
MTI Micro Fuel Cell	稳态	0～40	6000	纯甲醇	每 1000h 功率损失 5%

从表 8-9 能够看到，大多数长期耐用性数据是稳定态操作条件下获得的，而实际应用的真实世界并不是这样，真实世界中的操作要求和条件对燃料电池是相当有害的。在实际应用中，碰到的是频繁启动和停车循环，系统在动态负荷下操作，这都会加速降解速率。此外，在真实系统中要求使用高浓度或纯甲醇作燃料，这也促进性能随时间降解。这指出，为进入真实市场，DMFC 技术仍然需要进行相当的改进。为了解使 DMFC 性能降解以及约束其寿命耐用性的原因和机理，首先讨论和分析降解如何，再介绍缓解降解的办法。

8.6.3 在 DMFC 长期操作期间的性能降解

对 DMFC 进行了不同时间长度的耐用性研究，以获得降解机理的线索。这些活动细分在 DMFC 的各个方面，范围从组件材料到电极微结构和为长期操作提供缓解策略及操作条件。多种电化学、物理化学、机械、谱学、色谱和重量方法已经被应用于获得不同降解路径的深度了解。各种原位电化学方法和离位分析技术也被应用于表征寿命试验的或引进失败的 MEA，为了了解 MEA 状态和 DMFC 降解机理。

与前面所述的 PEMFC 降解（从降解的性状角度）分为老化的和灾难性的两类不同，对 DMFC 单池和电池堆，性能降解从其性质也分为两种类型，暂时的和永久的。暂时性降解是指电压损失能够恢复的，而永久性降解则指电压损失是不可逆的永久性的。DMFC 的暂时性降解一般关系到 CO_2 气体在阳极中的累积、在阴极的水泛滥（这影响反应物的可接近性）和在阴极和阳极催化剂生成表面氧化物。而 DMFC 的永久性降解是由不可逆变化引起的，关系到材料或 MEA 构型，如催化粒子的聚集、在膜-电极界面时的分层、阳极中 Ru 的溶解和到阴极的穿越、催化剂活性位的失活（由于反应中间物和燃料杂质的吸附）、因离子交联聚合物分解导致的质子电导率损失和膜降解、催化剂载体的氧化、电极微结构和微多孔层（MPL）的并合（由于碳腐蚀）、气体扩散层（GDL）疏水性质的变化。材料性质、电极微结构和操作条件可能影响可逆和不可逆电压损失间的比例。

在 PEMFC 的长期耐用性中，当与 DMFC 比较时，导致 MEA 界面膜分层的机械和热降解，看来是占优势的因素，如催化剂粒子增长（由于颗粒烧结）、Pt 氧化物生成/Pt 溶解和阴极 GDL 中疏水性变化等问题是普通和普遍。膜的机械和热降解的发生通常是由于无湿化、低湿化、相对湿度循环和在低湿度高温操作。然而，例外的是，以纯甲醇操作的被动型 DMFC，其操作初期并不发生这些问题，由于使用稀释的液体燃料；而水和燃料甲醇到阴极边的横穿则招致泛滥和脱极化效应，因此在很大程度上降低池电压。此外，从阳极渗透过来的 Ru 在阴极 Pt 活性位上吸附，不仅使催化剂对氧还原反应失活，而且也因横穿甲醇的优先氧化引起混合电位。

使用单元池在恒定电流密度 $100mA/cm^2$ 和温度 80℃ 的条件下试验 600h 期间，池电压随运行时间降低，但对每一个间歇性中断后，电压损失能够部分恢复。水泛滥和甲醇中间物在阴极 Pt 催化剂上的吸附也贡献于性能的下降。图 8-30 给出了不同试验时间间隔独立测量的极化曲线及阳极和阴极电位。数据清楚地表明，直接甲醇燃料电池在长期操作中的性能损失主要来自阴极的降解，而阳极没有大的显著变化。但也有给出阳极降解显著的报道，例如，因阳极 PtRu 催化剂失活导致的 DMFC 性能不可逆降解。可能因阳极高电位导致的 Ru 溶解和到阴极的横穿。

下面讨论招致 DMFC 毁坏的主要原因以及恢复（部分）性能损失的一些技术。

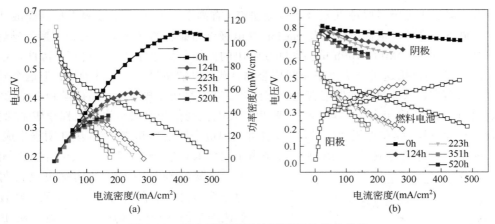

图 8-30 寿命试验期间诊断时间的极化曲线

（a）池电压；（b）阳极和阴极的电位

8.6.3.1 MEA 结构和形貌的降解

DMFC 的膜电极装配体（MEA）与 PEMFC 一样是 DMFC 系统的核心组件，在那里燃料和氧化剂发生电化学反应产生电力。MEA 一般由阳极和阴极催化剂层（CL）、聚合物电解质膜（PEM）和 GDL（有时也称为背衬层）组成。其结构经精心设计，具有纳米/微尺度孔隙率，用以调节 DMFC 进行电化学反应所必需的多个传输过程。两个电极应该在电子和离子电导率间保持精细的平衡，并与膜有紧密的界面接触。好的界面接触不仅对质子穿过 MEA 的移动（较低的欧姆电阻）是必须的，而且对持久长期操作的 MEA 的结构整体性也是基本的。制作 MEA 有多种技术可以利用，使用的是不同材料和程序。MEA 的性能和耐久性，在给定条件下，取决于制作方法。DMFC 的制作方法非常类似于 PEMFC，这里不再重复。

与 PEMFC 类似，DMFC 中的 MEA 工作环境也是非常严苛的。膜和催化剂层必须经受攻击性的还原和氧化条件、CO_2 气体演变、液体水生成/出现、离子交联聚合物和膜的高酸性环境、温度高至 80℃ 或更高、高电流通过。MEA 在长期操作中碰到的最普通的降解现象是，电极与膜分层和电极形貌变化，如开裂和孔结构变化，导致电化学动力学和传质损失。例如，对由 Nafion 117 膜和 Nafion 电极构成的 MEA 进行了 5000h 的 DMFC 耐久性试验。在 2000h 后观察到阳极和膜间的界面分层，电极与膜间有清楚的物理分离。分层导致界面阻力增加，因此池性能降解。电极与膜界面分层（弱的接触）可以设想的原因有：界面机械应力增加、膜溶胀和收缩、在阳极产生 CO_2 气体、在阴极产生热量、浓甲醇进料、离子交联聚合物 Nafion 的溶解。

近些年中，为克服 Nafion 膜的弱点，如高甲醇横穿和高成本，试图在 DMFC 的 MEA 中使用烃类基膜。结果指出，其性能与 Nafion 膜是可以比较的。例如，对联苯苯基氧化膦（BPPPO）膜 MEA 进行的 800h DMFC 寿命试验性能，与 Nafion 117 膜是可以比较的。但是，烃类膜的分层是严重的，由于与膜材料 Nafion 间的化学不兼容性。近来，使用商业烃类膜（PolyFuel Co.Inc. USA）的 DMFC 单元池于 60℃ 进行了 500h 试验，池电压随时间逐渐下降，下降速率为 0.30mV/h 直到 480h。由烃类膜和 Nafion 离子交联聚合物键合电极组成的 MEA，其降解的高速率主要由于 MEA 界面上的严重分层。大量基础性工作确认，因膜溶胀/脱溶胀、润湿/黏附和膜电极间水传输不匹配引起的尺寸不匹配是影响界面耐用性的最关键的因素。因此，提出使用低水吸附量膜或低水吸附量涂层膜（有高水吸附量），这使膜电极界面成功地稳定高达 3000h。另外，也提出使用与 Nafion 基电极界面兼容的磺化腈共聚物（聚芳醚醚腈，m-SPAEEN），它在 DMFC 100h 试验期间显示出的性能和稳定性有显著提高。因此，电极中的 Nafion 黏合剂可用这类烃类离子交联聚合物替代，以解决界面兼容性问题。但这个问题需要进行深入研究，以解决诸如发展合适合成路线、获得高质子电导率、高化学和机械稳定性，以及燃料电池条件下的耐用性等诸多挑战，也涉及电极制作和电极结构等工程领域中的挑战。

除了界面分层，膜和电极间接触电阻，也可能因贵金属迁移和膜降解（因在阴极生成 H_2O_2 引起）而增加。电荷传输阻力的增加主要是由于阳极 Ru 的溶解和离子交联聚合物的降解。

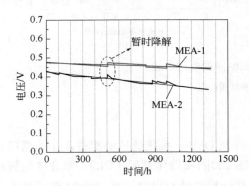

图 8-31　MEA-1 和 MEA-2 的长期试验
（操作电流：1.35A；电流密度：150mA/cm^2；
操作温度：60℃；阳极流速：$\lambda=3.5$；
阴极流速：$\lambda=4.0$）

电极特别是阴极孔结构是决定长期操作稳定性的另一个影响因素。高孔隙能够较好地解决严重的 DMFC 阴极泛滥问题。在 DMFC 中考察了多孔结构电极（MEA-1）和致密结构电极（MEA-2），在长期操作的 1350h 中（见图 8-31），前者 MEA 显示稳定的性能，电压衰减仅 7%（速率 24μV/h），而后者的电压损失高达 24.2%（速率 78μV/h）。MEA-2 显著的性能损失是由于致密结构阴极差的传质，加速了其降解。

在 DMFC 长期试验中，其 CL 和 MPL 空隙率的改变/下降具有高危险性，由于物料的再分布/降解。由于离子交联聚合物的溶解、催化剂的聚集和溶解、碳载体的氧化等因素，组件中的小孔能够逐渐地消失或转变成较大的孔。而这些小孔对释放阴极电化学反应产生的水具有重要作用（因高的毛细压力）。孔结构的并合会阻碍空气/氧气扩散到催化活性位，且强化阴极泛滥，导致显著的性能毁坏。因此有必要对 DMFC 耐久性试验前后的孔结构进行详细研究和分析。

8.6.3.2　催化剂降解

PEMFC 和 DMFC 阳极阴极的催化剂材料一般是 Pt 和 Pt 合金，其纳米结晶粒子以本体或碳负载形式使用。纳米粒子大小为约 2～4nm，以使它们有高表面-体积比，对电化学反应有最大可利用表面。对 DMFC 的阳极，最好选择的甲醇氧化催化剂是具有原子比 1∶1 的 PtRu 合金，而阴极氧还原催化剂一般使用纯 Pt。DMFC 的寿命试验结果指出，电催化活性损失的主要原因是，这些金属催化剂的结构发生了变化。这类结构变化可以是形貌上的，如粒子烧结，也可以是化学上的，如氧化和溶解。除了结构变化也可以是因反应中间物吸附导致的性能损失。而严苛的燃料电池环境则会加速铂催化剂的这类改变和分布。由于 DMFC 使用的电催化剂与 PEMFC 非常类似，对 PEMFC 耐用性讨论的电催化剂降解机理就非常有参考价值。因此为避免重复，对 DMFC 电催化剂降解的讨论尽可能简要。

DMFC 耐久性试验中，常碰到的是阳极和阴极电化学表面积（ECSA）逐渐损失，这是永久性性能降解的主要原因之一。这是由于燃料电池真实操作条件下的 Pt 溶解/再沉积和粒子聚集所引起的。对 DMFC 单池阴极降解的研究发现，Pt 溶解主要发生于催化剂层中，然后再沉积在阴极 MPL 上，致使阴极电化学表面积的降低。实际上，由于 DMFC 的高电极电位使催化剂纳米粒子烧结和溶解/再沉积。例如，在 DMFC 的 2020h 耐用性试验中，观察到阳极和阴极中催化剂粒子大小增加：阴极 Pt 粒子增大比阳极严重，阳极 Pt 粒子增长相对较小是由于操作中 PtRu 中含无定形 RuO_2，它作为分散试剂阻止了 PtRu 晶体的聚集。

　　催化剂降解受 DMFC 操作模式的影响，如恒定或变电流、电压或功率的操作。例如在三个不同电流密度 $100mA/cm^2$、$150mA/cm^2$ 和 $200mA/cm^2$ 下分离进行耐用性试验 145h，检测试验后的 PtRu 粒子大小，分别从 3nm 增加到 3.4nm、3.9nm 和 4.2nm；而对阴极使用的 Pt 黑催化剂，其大小并没有显示任何变化。另外一个研究中以 $150mA/cm^2$ 操作 435h，观察到阳极中 Ru 溶解程度受操作条件和模式变化的相当大影响。因此在真实应用中，Pt 表面积损失将放大，由于 Pt 电极电位在动态负荷操作下将在氧化和还原间频繁循环（因为对真实应用系统有可变功率需求），加速 Pt 催化剂的溶解和烧结。在 DMFC 中催化剂烧结是十分严重的，因为液体甲醇燃料的攻击性环境。

　　如前所述，对 Pt/C 催化剂中金属粒子的增长可以四种不同路径进行（见图 8-32）：Ostward 熟化，晶体滑移和并合，Pt 纳米粒子与碳载体的分离，Pt 单晶粒子在离子交联聚合物中的溶解和再沉淀。

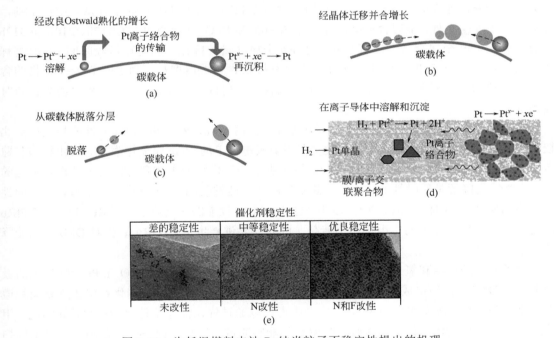

图 8-32　为低温燃料电池 Pt 纳米粒子不稳定性提出的机理

（a）从较小粒子溶解的 Pt 物种通过离子交联聚合物扩散并在较大粒子表面再沉积（Ostwald 熟化）；（b）Pt 纳米粒子在碳载体表面迁移和并合；（c）因碳腐蚀，Pt 纳米粒子从碳载体脱落和/或凝聚；（d）来自阴极的可溶性 Pt 物种被还原和在离子交联聚合物和膜上再沉淀，因阳极渗透氢的还原；（e）碳载体改性对金属纳米粒子耐用性的影响

　　研究指出，导致 Pt 粒子长大的是如下两个过程：离子交联聚合物中溶解 Pt 粒子的 Ostwald 熟化和迁移/再沉淀。Oatwald 熟化使碳表面上纳米尺度晶粒大小增加；Pt 粒子在离子交联聚合物相中的扩散，接着被横穿 H_2 化学还原后再沉积。这导致微米尺度上的粒子长大。这两个过程对 Pt 表面积损失有同等贡献，它们的相对贡献沿阴极厚度层是改变的。

　　为提高催化剂纳米粒子稳定性可采用多种策略，如应用抗腐蚀载体、控制纳米粒子形貌大小和形状、改进催化剂-载体相互作用等。对 PEMFC，加速降解试验（ADT）研究发现，对最大 Pt 粒子，虽然初始性能相对较低，但经 10000 次循环没有发现有 ECSA 损失或质量活性降解。但对最小 Pt 粒子，尽管有非常高的初始活性，但经受电位循环后，有严重的 ECSA 损失和质量活性降解。结果确证，7nm 大小粒子对平衡初始性能和稳定性是合适的。这说明，对纳米粒子大小和形状的合适控制对高催化活性和长期稳定性是一个重要的因素。

增强催化剂纳米粒子耐用性的非常有效的方法是表面改性和载体材料功能化。例如，使用氮、碘和氟杂原子掺杂高定向热解石墨（HOPG）碳结构，并把它作为 PtRu 催化剂的载体使用。如在图 8-32（e）中看到的，N 改性、N 和 F 改性的 HOPG，与未改性载体不同，显示出优良的稳定性。而且用 N 和 F 共掺杂碳载体的稳定性优于仅掺杂 N 的载体碳。图中显示的结果为理解杂原子掺杂剂性质和大小与金属纳米粒子抗溶解和聚集稳定性间的联系提供启示，但需要有进一步的研究进展。

在燃料电池操作期间，金属态催化剂有相当部分转化为氧化态，对催化剂电化学活性施加负面影响。还原形式 Pt 和 Pt 合金（有较高金属含量）对甲醇氧化和氧还原反应活性比它们的氧化态要好很多。但是，由于 DMFC 电极的高电位，Pt 和 PtRu 催化剂的金属含量随时间会逐渐降低，池性能也逐渐下降。例如，对阳极 PtRu 黑的 312h 性能下降试验中观察到，除形貌发生变化之外，金属含量降低和氧化物 PtO_x 和 RuO_x 含量增加。在 117h、210h 和 312h 寿命试验后，Pt 金属含量的降低相对低于 Ru 金属含量的降低，说明在试验时间 Ru 的溶解比较快。XPS 分析指出，Pt（Ⅱ）和 Pt（Ⅳ）有机物含量缓慢增加，而 Ru（Ⅳ）氧化物的含量则尖锐地增加。对阴极 Pt 黑情形，Pt 金属含量随时间缓慢下降，而 Pt 氧化物含量随时间增加。

在 DMFC 单元池和池堆试验中观察其性能损失时发现，操作初始阶段的性能损失相对比较高，主要是由于阴极铂催化剂的氧化。在高阴极电位下的 100h 试验中发现，氧化物饱和覆盖 Pt 上发生于 2h 内。因此，阴极性能降解是由于铂氧化物的生成和它们的重构。幸运的是，这类性能降解是暂时性的，通过截断空气的方法能够使阴极 Pt 氧化物被还原，降解的性能能够完全恢复。同样，阳极 PtRu 的氧化也使 DMFC 性能随时间降解。而 Ru 氧化态在 PtRu 催化剂甲醇氧化活性中的作用仍然不清楚，因此需要进一步探索 PtRu 氧化对 DMFC 性能降解的精确影响。

除了催化剂烧结和氧化物生成外，甲醇燃料杂质和反应中间物如 CO 在 Pt 活性位上的吸附也会对 DMFC 性能造成永久性损失，这就是所谓的催化剂中毒，使催化剂电化学表面积遭受严重损失（但不改变比表面积）。催化剂中毒可以通过优化操作条件来最小化，如温度、甲醇浓度以及进料气体净化等。有时，吸附物种能够通过脉冲技术或在一定范围内电极电位扫描来移去。

8.6.3.3 钌溶解和横穿

PtRu 是 DMFC 典型的阳极催化剂，因为 Ru 能够防止 Pt 活性位的失活，促进甲醇氧化中间物 CO 的氧化。在 PtRu 催化剂中，Ru 能够以 PtRu 合金、金属 Ru 和 Ru 氧化物/氢氧化物三种形式存在。它的电催化活性和长期稳定性一般受 Ru 活性状态和与 Pt 合金化程度的影响。在 DMFC 操作期间，经常在阳极上发生 Ru 从 RuPt 催化剂的溶解和淋洗。淋洗出来的 Ru 物种进入膜中，部分沉积在阴极表面。Ru 溶解和淋洗横穿是 DMFC 的主要降解机理之一，限制操作寿命的延长，这是由于 Ru 溶解和淋洗横穿对阳极阴极催化剂性能产生致命性影响且引起膜污染。

按照热力学 Pourbaix 相图，25℃在电极电位高于 0.5V（vs. DHE——动态氢电极）时，PtRu 催化剂可能因钌的溶解而降解。Ru 的这个电位氧化溶解行为，可使用电化学石英晶体微天平（EQCM）和诱导偶合等离子体质谱（ICP-MS）对其进行分析研究。在电位 0.2～0.5V 范围内观察到有部分 Ru 金属转化成二价氧化物，溶解是轻微的。然而，当电位高于 0.5V 时，Ru 金属转化为三价和四价氧化物，溶解是严重的。

在正常操作的 DMFC 条件下，阳极电位通常在 0.3～0.5V 之间改变。所以，能够预测，钌在 DMFC 阳极操作的电位范围内是热力学稳定的。但是，DMFC 操作有时会发生燃料饥饿、电路短路、不均匀电流分布和池反转等现象，此时阳极电位可达 0.6V 或更高，因此加速 Ru 的氧化和溶解。在真实 DMFC 应用中，燃料饥饿、启动-停车和动态模式操作也可招致高阳极电位。

在不同操作条件、模式和电位循环下，进行 ADT 试验研究 Ru 溶解和横穿现象的主要重点是，定性和定量地深入了解 Ru 溶解过程和其结果对 DMFC 性能和耐久性的影响。例如，对为叉车供电 DMFC 的老化 MEA 进行了 Ru 溶解考察研究，因为该 DMFC 系统是被用于验证真实应用的，在交互操作和停车条件下运行达 5000h。池堆操作条件：应用的电流密度范围 50～100mA/cm²，温度范围 40～70℃（最多的是 60℃）。对该老化 MEA 不同区域的催化剂降解，使用多种分析工具如 XAS、TEM、XRD 和 EDX 进行表征研究。结果发现，PtRu 催化剂中氧化 Ru 物种在 Ru 溶解过程起着关键作用。在 DMFC 操作期间，一些 Ru 氧化物被还原为金属 Ru，是以未合金化形式存在。可以预计，该金属 Ru 和 Ru 氧化物是具有溶解和横穿到阴极的倾向（与 PtRu 合金比较）。对合金 PtRu，操作 5000h 后并没有观察到有显著变化。横穿的 Ru 氧化物种均匀分布在阴极上。这些结果证实了其他研究提出的如下观点：未合金化的和氧化的 Ru 物种是较少稳定的，有被溶解和横穿的倾向。所以，为增强在 DMFC 操作期间阳极催化剂的稳定性，较高程度合金化是对 PtRu 催化剂的最根本要求。

Ru 横穿现象看来是性能降解的主要原因，在数千小时操作中使池功率输出显著降低。Ru 物种污染阴极的程度取决于阳极电位和池操作时间（DMFC 操作条件和耐久性）。研究指出，仅很小分数的钌就能显著阻滞阴极氧还原动力学；微摩尔水平的 Ru 污染就使阴极 Pt 催化剂上的氧还原反应速率降至 1/8，相当于 160mV 的电压损失；对 DMFC 情形甚至比这更坏，因为 Ru 污染也对阴极催化剂掌控的渗透甲醇能力产生负面影响，使总性能损失进一步上升到 200mV。因此，为提高 DMFC 操作耐久性和改进 PtRu 催化剂的稳定性，已经做了很多努力来克服 Ru 的溶解。已经发展和采用的方法有：改性 PtRu 结构、提高催化剂-载体相互作用、引入稳定试剂的引入等。为增强载体-催化剂相互作用，可对碳载体进行改性和功能化，例如，在 645h 的 DMFC 长期操作已经发现，氮掺杂 Vulcan 碳 PtRu 催化剂不仅保持较高阳极 ECSA 而且 Ru 溶解也减少了一半。说明载体材料的表面改性对遏制 Ru 溶解和横穿问题是非常有效的，具有解决 Ru 溶解问题的潜力。也可用新 MEA 制作过程来稳定 DMFC 阳极中的 PtRu，如对离子交联聚合物和 MEA 进行高温处理。3000h 的长期试验说明，新 MEA 的不可恢复电压损失在 100mA/cm² 时仅为 10mV，而标准 MEA 为 60mV。改进的耐用性被归因于新 MEA 阳极，它保持有较高的 ECSA。由于新阳极较低的 Ru 溶解，在 100mA/cm² 时获得的性能损失大约为 15mV。这指出，应该考虑从多个方向方法来克服 Ru 溶解淋洗和横穿问题。

8.6.3.4　聚合物电解质膜的降解

聚合物电解质膜（PEM）在 DMFC 中起着关键的作用，因为 DMFC 的低性能很大部分源自 PEM 的不合适性。对 PEM 的普遍要求包括：高离子电导率、低甲醇横穿、高化学和机械稳定性及低成本。

之所以关心聚合物电解质膜寿命是因为它限制了 DMFC 的寿命。PEM 的降解可以分为三类：机械降解、热降解和化学/电化学降解。在膜和 MEA 制备期间主要发生机械降解，包括开裂、漏水、穿孔和孔洞水泡形成。当膜处于高温、高压和低湿化条件时降解显著加速。热降解在温度高于 150℃时开始发生，因膜失去水最终经受不可逆干燥和化学结构破裂。文献指出，Nafion 膜在 200℃以上因 C—S 键断裂产生 SO_2、OH 自由基和碳基自由基而降解。

机械和化学降解能够通过仔细调整操作条件加以避免。而化学和电化学降解几乎是很难规避的，因为聚合物电解质膜阴极边暴露于严苛的化学氧化环境，而阴极边暴露于化学还原环境。另外，在燃料电池反应期间产生的过氧化氢及其分解中间物—OH 和 HOO 自由基具有很强的氧化特性，是招致膜降解的主要因素之一。过氧化氢和自由基物种的产生有两条不同路径：氧还原或横穿氢与氧在阴极的化学结合；在阳极产生，因横穿氧与氢在阳极上的结合。Pt 催化剂在自由基生成中起着催化作用。膜在 Pt/膜界面开始降解，膜离子交换容量（IEC）降低，该降解继续从界面向膜中心发展。键合在膜中的痕量过渡金属增强这个反应。膜的化学降解主要由这些因素共同贡献。在 DMFC 中，虽然不使用 H_2，但甲醇在阳极边的分解也产生氢自由基（H·）和氢离子（H^+）。所以，上面描述的降解机理也可以应用。

对使用氟基膜的 PEMFC 寿命有许多文献。例如，使用 Nafion 120 膜（250μm 厚）制作的多池堆，显示有 60000h 的稳定操作（使用加压 H_2/O_2）；Ballard Power System 使用其 BAM3G 膜以氢气-空气的操作也超过 14000h；W.L. Gore Inc.使用 35μm 厚的 Gore-select 膜和它的商业 MEA 的单池寿命试验操作了 3 年，但其最终的 MEA 寿命是因膜失败而终止，性能降解速率在 4～6μV/h 之间，操作电流密度 800mA/cm²。

有关 DMFC 膜耐用性的文献则非常少。池操作 1002h 后使用红外光谱在 Nafion 117 膜中观察到化学老化（SO_3^-）。用 XRD 测量观察到 Nafion 的结晶度，在 1002h 后从 42%增加到 64%。膜结晶度的增加暗示，在经过长期试验后 Nafion 117 的物理性质发生了变化。

虽然 Nafion 型膜已经被广泛使用作为 DMFC 的电解质，但很有必要找寻新的替代膜，因为 Nafion 基膜的高成本以及与高甲醇横穿问题相关的事情。与 Nafion 比较，烃类基膜比较便宜，商业上是可利用的。结构容易改性，能够在甲醇渗透性降低的同时保持相对高的质子电导率。例如，基于 Udel、Vicrtex 的磺化离子交联聚合物和烃基膜（PolyFuel）已经被应用于 DMFC 中进行试验。前两种聚合物膜显示出化学和热稳定性有提高；但甲醇的渗透率仍然过高，尽管保持了高的质子电导率。烃基膜的甲醇渗透率比 Nafion 型膜低，对 PolyFuel Inc 的烃基膜，在耐用性试验中已经通过了 5000h 的标志值。虽然烃基膜在克服甲醇横穿问题上具有巨大可行性，但为了获得高的 DMFC 性能，这些 PEM 的长期耐用性仍然是有问题的，仅有很少例外。需要在不同 DMFC 操作条件下对膜的操作寿命进行进一步的研究，以使其在真实应用的耐用性能够增强到 5000h。

8.6.3.5　气体扩散层和双极板的降解

与 PEMFC 一样，DMFC 的 GDL 一般也使用纸、布、纤维或带形的碳材料，涂上薄层碳墨水（碳粉+PTFE）就形成微孔层（MPL）。GDL/MPL 在 DMFC 操作期间对调整阳极和阴极中反应物和产物的传质显示有重要功能。一般认为，有致密结构 MPL 涂层的阳极 GDL 在还原甲醇以及使水从阳极横穿到阴极是有益处的。在阴极，GDL/MPL 的高疏水性和多孔性组合对有效处理水泛滥是非常有利的。与 PEMFC 比较，这对 DMFC 更为重要，因从阳极边有大量水横穿。DMFC 操作中阴极产生的大量水，有可能导致孔被阻塞并严重阻碍氧/空气到催化剂活性位的传输。所以，在决定 DMFC 性能和长期耐用性中 GDL 结构特征具有超常的重要性，特别是阴极边。

在 DMFC 长期操作中，GDL 和双极板流动场表面也经受降解和腐蚀问题，这降低 DMFC 的寿命。池性能降低的原因是 GDL 和 MPL 传输性质的改变。已经观察到，当 MEA 失去管理水的能力时，导致传质阻力的显著增加。这类失败一般是因扩散媒介疏水性和孔隙率的损失/改变所引起。研究指出，在 GDL 中的 PTFE 进行了再分布并降解。这招致疏水性的下降和对移去阴极水能力产生负面影响，使长期操作的 DMFC 性能发生严重降解。

另外，阴极 GDL/MPL 的合适孔结构，对有效水移去和氧/空气接近三相反应区是根本性的。GDL/MPL 孔隙率的损失/改变也预示着 DMFC 操作耐用性的降低。其中的小孔消失和大孔半径增加会使阴极泛滥加重。由此明显看出，GDL 微结构和疏水性变化是要显著降低移水能力的，导致长期操作池的总性能严重下降。

在 DMFC 中最普遍使用的双极板一般由石墨做成。近期也开始使用不同类型材料做成的双极板。例如，在 DMFC 中使用钛和不锈钢做成的双极板，在长达 1074h 长期稳定性（寿命）试验中确证，与不锈钢（316L 和 STS430）比较，钛的池性能最差，尽管钛的抗腐蚀能力好于不锈钢。虽然石墨材料现时有些有益的效应，如抗腐蚀的高阻力和低界面接触电阻，但它是脆的和机械强度差，对商业目的大量生产也不是非常有效。所以，需要更多努力以找寻适合于 DMFC 应用的双极板材料。

8.6.3.6　操作模式和条件

燃料电池组件材料，在存在反应物、电位和电流密度以及在操作条件（包括应用电负荷大小、操作模式、温度、压力范围）下，都会倾向于逐渐降解。特别需要对操作条件先进行优化，因为 DMFC 的总动态应答取决于一些重要的因素，包括：阳极和阴极反应的电化学应答、在电极膜间界面特性变化、甲醇空气到催化活性位经扩散层和催化剂层的传输，以及水的生成和传输。下面简要叙述操作模式和条件对 DMFC 耐用性的影响。

（1）操作模式　一般观察到 DMFC 性能降解的程度受操作模式和应用电流/电压水平的影响。例如，当在不同电流密度 $100mA/cm^2$、$150mA/cm^2$ 和 $200mA/cm^2$ 进行 DMFC 长期试验（145h）时，发现在阴极 PtRu 聚集和 Ru 溶解的程度随操作电流密度增加而增加。这可能是由于在长期试验中在高电流密度 $200mA/cm^2$ 下 PtRu 经受高的过电位。在长期试验期间，高电流密度和高阳极电位对 DMFC 阳极影响是致命的。对 DMFC 耐用性，在宽操作模式范围（包括恒电压、恒电流、恒功率和循环电压变化）进行的完整而系统的研究结果中观察到：在恒电压和恒电流模式下降解是类似的；而对恒功率模式显示出组合效应。在恒定操作模式时，电压/负荷电流水平对降解幅度有很强影响；另外，循环电压变化（开断）模式对 MEA 性能的影响，与恒电压、恒电流、恒功率操作模式比较，是更加不利的。

在循环模式期间，在 Pt 表面生成氧化物和阴极发生严重传质限制，这是性能降解的原因。

循环开-断模式可以引起膜的频繁润湿和干燥，导致池性能的显著损失。应该叙述的是，Pt基催化剂在低和高电位间频繁电压循环（10000 次循环）加重了 Pt 纳米粒子的烧结/溶解，招致阴极 ECSA 的损失和永久性性能降解。循环电压变化也可能因 ECSA 损失和 Ru 溶解增加而使阳极降解。

（2）操作条件　参数如池温度、甲醇浓度、反应物流速和压力等在确定 DMFC 操作稳定性和寿命中是至关重要的，需要很好优化。DMFC 的工作温度是最重要的操作条件，它对DMFC 耐用性有大的影响。它不仅影响电化学反应速率和传递速率，而且也影响 DMFC 组分材料活性和耐久性。对 DMFC 在不同温度下进行 200～300h 的长期试验中发现，操作温度愈高不可恢复性能损失愈大。如前述，在 80℃长期操作的 DMFC 中观察到，Nafion 115 膜中有孔洞生成，致使电压快速下降，而在 60℃操作时并没有观察到这样的现象。选择 DMFC 的高工作温度，一方面对解决传质相关问题是有用的，如引起的暂时性性能衰减阴极泛滥；但在另一方面只要涉及组件材料稳定性，它带来的是大负面效应，不仅上升永久性性能损失而且缩短 MEA 寿命。所以，对持久的 DMFC 长期操作，一般采用低/中等温度范围，通常是60℃。阴极泛滥和其他传质问题可通过优化 MEA 结构和其他操作参数来解决，例如，高流速加料反应物和在加压条件下操作。

甲醇浓度也要影响 DMFC 性能和耐用性。通常使用稀甲醇溶液以降低甲醇的横穿，浓度范围一般在 0.3～1.0mol/L。也有在耐用性试验中使用浓甲醇溶液的，结果危害了两个电极整体性和导致发生严重的开裂。例如，以 4.0mol/L 甲醇溶液操作使池欧姆电阻随时间显著增加。在 100h 长期试验中不可恢复的性能损失分数也随甲醇浓度增加而有相当的增加，可恢复损失分数则下降。这可能是由于 Nafion 膜和离子交联聚合物在浓甲醇中溶解程度较高，危及膜-电极界面。另外，大量甲醇横穿，也可能因产生过量 CO 加重了阴极催化剂的中毒失活，而且在阴极产生的大量热量也危害离子交联聚合物。

上面的叙述清楚地说明，优化操作模式和操作条件形成合适的操作策略，对确保 DMFC稳定和长寿命是根本性的。

8.6.4　性能恢复技术

在 DMFC 长期操作中，由于阴极水泛滥、CO_2 在阳极累积、生成 Pt 氧化物等会造成暂时性性能降解。对此，有几个策略能够最小化或恢复这类暂时性性能降解。总的来说，这些恢复技术，既可以是单个使用也可以组合使用，在长期试验中间断性应用。下面介绍最广泛采用的一些恢复技术。

8.6.4.1　断空气

已知 Pt 表面氧化物在阴极的生成是 DMFC 性能暂时性降解的主要因素之一。对这类性能损失，经原位还原表面氧化物成金属，损失的性能就能部分甚至完全恢复。对 Pt 表面氧化物的原位还原，可用中断空气供应的方法来达到，这不会使池电流下降。对此情形，在阴极的氧被快速消耗于氧化横穿过来的甲醇，导致阴极电位低于完全还原 Pt 氧化物所需要的值。已经至少，每 10min 切断空气 13s 就能够使 DMFC 池电压和池电流得以恢复提高。用切断空气的操作方法，池平均功率输出与连续操作比较不仅不降低反而稍有提高。

在连续操作 DMFC 性能降解的试验中，以恒电流模式下操作，用空气切断方法以每 100s操作切断空气 3s 来恢复降解的性能。结果指出，在空气切断模式下，前 20h 性能衰减速率为 0.76mV/h，而没有空气切断的连续操作模式下衰减速率为 2.10mV/h。显然，重复的空气切断因降低阴极电位帮助了高阴极性能的保持。在长期操作中各个点电位变化的原位测量确证了这一点。总之，试验证明了断空气技术在处理阴极氧化物生成的问题上是成功的，并在 DMFC 高性能和持久性操作中已经广泛实际应用。近来，已经成功地用氢气替代断空气方法，因为氢气能够还原 DMFC 阳极和阴极催化剂中生成的金属氧化物。这个方法能够完全恢复因氧化物生成导致的性能损失，在约 1400h 长期试验中 DMFC 的电压保持非常稳定。

8.6.4.2 负荷循环/负荷开-断方法

除了催化剂氧化，传质过程如阴极水泛滥和阳极 CO_2 气泡累积，也导致 DMFC 性能的暂时性严重损失。因为它们严重影响反应物传输扩散，招致电压快速下降，特别是对连续模式操作。当 DMFC 的长期试验是在恒负荷模式下进行时池经受高的性能损失，研究证明这是由于水在阴极累积使气体传输受阻持续增加。为克服这个问题，可采取负荷循环策略，每 30min 操作周期中移去负荷 30s。实验证明，在负荷循环操作 2000h 内，使用这个负荷循环策略使池降解获得的改进达一个数量级，因为气体传输受阻时的性能比在稳态操作时有较大改进。长期试验性能的稳定性明显提高，2000h 的降解速率仅为 13μV/h。

为达到持久的 DMFC 操作，试验中使用组合切断空气和负荷循环（负荷开-断）方法。对一个 9W DMFC 池进行的考察结果发现，组合负荷循环和空气切断方法的技术比其他技术使 DMFC 显示更好的稳定性和性能。使用这个策略，池堆稳定操作时间超过 2000h。近来支持这个发现的一个研究中，采用了空气负荷开-断与合适计时休息时间间隔（30min）的组合。这类组合恢复方法协助最小化/恢复因氧化物生成和传输受阻问题导致的暂时性性能损失，是对 DMFC 单池持久长期操作是最好的策略。虽然负荷循环技术已经成功应用，达到了 DMFC 的持久长期操作，但关于减小气体传输受阻的精确机理尚未有清楚的说明。

除了上述的恢复技术外，也可使用空气/N_2 吹扫移去阴极中过量水的方法来恢复燃料电池性能。也就是在池每操作一定时间后停止池操作，使空气/N_2 气体短时间流过干燥阴极一段时间。用气体吹扫阴极对低工作温度和被动模式操作的 DMFC 是特别需要的。

8.6.4.3 电位循环（PC）方法

甲醇和其反应中间物在活性位上的吸附招致催化剂中毒。观察到 DMFC 性能的急剧下降是由于阴极存在甲醇吸附质。清除阴极甲醇吸附质可用电位循环（PC）方法，进行从 0V 到 1.0V 的扫描。甲醇吸附质氧化电流在循环期间的下降，指出了阴极 Pt 活性位上甲醇吸附质逐渐被消耗。15 次电位循环后，氧化电流不再下降，说明甲醇吸附质已经被电化学氧化过程完全消耗。使用电位循环方法后，DMFC 的 OCV 和性能有大幅的提高。这类电位扫描不仅确保甲醇从阴极催化剂的完全移去，而且使阳极产 H_2，这有利于提高阳极性能。

8.6.4.4 脉冲技术

移去吸附在阳极 Pt 上的中间物 CO 并使阴极 Pt 氧化物还原的另一个方法是要利用脉冲技术的优点。应用脉冲电流或电压，在一定程度上能够恢复催化剂的原始化学状态，因此减小 DMFC 连续操作时的电压损失。除了为触发装置需要的少量能量外，脉冲方法并不需要任何能量。以恒电压或恒电流方式应用脉冲方法来提高 DMFC 性能，从获得结果发现，脉冲技术降低了阳极催化剂上 CO 覆盖度，从而有效地恢复 DMFC 性能。对以烃类燃料重整氢为进料（含 CO 污染物）的 PEMFC，由于 CO 物种强吸附在 Pt 活性位上，使 PEMFC 阳极上的氢氧化反应受到严重伤害。如对阳极应用脉冲，能够使阳极电位移向正值，从而氧化吸附在 Pt 活性位上的 CO，于是氢氧化反应能够在大量自由 Pt 活性位上进行。

虽然脉冲技术对提高阳极性能（通过移去吸附的 CO）似乎是有用的，但在长期操作中它的应用可能对催化剂稳定性产生负面影响，特别是对以 PtRu 作为阳极催化剂的 DMFC。电流脉冲通常以短时间间隔进行，其池电压在宽范围内改变。频繁重复的脉冲会导致 PtRu 阳极经受过度宽范围的电压循环，可能加速因 Ru 溶解的催化剂降解，以及因催化剂烧结的 ECSA 损失。阴极 Pt 催化剂也可能发生类似的催化剂降解问题。所以，为了评估脉冲技术对长期操作 DMFC 性能恢复的可行性，必须要彻底考察所有这些问题。

总而言之，已经提出了多种原位性能恢复技术，其中的一些对 DMFC 长期操作保持电压稳定是有用的。局部循环和切断空气方法对长时间性能保持似乎具有正面效应。以组合形式应用，例如空气甲醇-开-断模式可进一步提高 DMFC 的稳定性。因此，这类操作模式在 DMFC 长期操作中是可以采用的。但对脉冲电流或电压方法，在长期操作中的间断应用可能对催化剂稳定性产生负面影响，所以需要进一步研究来解决这些问题。

8.6.5 DMFC 性能降解和恢复技术小结

为减少 DMFC 降解，需要了解潜在机理和提出一些缓解策略。对 DMFC 寿命试验结果做了综合处理。MEA 结构的解体、电极和 GDL/MPL 微结构改变、催化剂因物理化学变化的失活、Ru 溶解和横穿、膜降解都可能是重要的降解路径。Ru 淋洗和横穿是性能降解的主要原因，导致降低池功率输出达数千小时。催化剂层和 GDL/MPL 层随时间发生的形貌变化和恶化反应物种的质量输送会导致高的降解速率。降解过程受操作模式和条件的极大影响，如动态模式输出、池寿命试验中的甲醇浓度和操作温度。性能损失是能够最小化的，可在一定程度上通过优化操作策略得以恢复。为缓解 DMFC 在长期操作期间的电压损失，提出了若干恢复技术，负荷循环和切断空气方法已经被证明对长时间稳定性能是有效的。但是，在长期操作期间，脉冲电流或电压间断（脉冲）的应用对催化剂稳定性可能有负面影响，所以需要进一步研究以解决这些问题。

现在，已经把 DMFC 的寿命成功地延长到 5000h，但其长期操作数据是在稳态条件下获得的，仅有两三个例外。这与真实世界应用是不相匹配的，因为真实应用操作的要求和条件对池组件是相当有害的。对真实系统，要碰到频繁的启动-停车循环，常常在动态负荷条件下操作，这些都会以不同机理加速降解的速率。所以，在真实条件下试验 DMFC 耐用性对正确评估和预测实际应用寿命是根本性的。为揭示降解路径和提高操作耐用性，需要进一步的研发。现时，对长期操作中催化剂层孔隙率变化缺乏考察，虽然电极孔隙率在调节物种传输中起着关键作用。为了确定电极微结构随时间变化引起的电压衰减，需要进行进一步的深入研究。另外一个重要领域是烃基膜 MEA 的发展，深入对此的讨论不断增加。但是，这些膜与 Nafion 键合电极的化学不兼容性仍然是重要的障碍，需要与电极微结构工程领域一起解决，以实现持久的 DMFC 操作。最后，Ru 溶解和横穿仍然是面对的一个主要挑战，它约束着 DMFC 的操作寿命。多方向方法包括稳定催化剂材料发展和牢固电极结构制备也是必须考虑和解决的。

8.7　高温 PEMFC 的降解和缓解技术

8.7.1　引言

PEMFC 包括低温 PEM 燃料电池（LT-PEMFC）、高温 PEM 燃料电池（HT-PEMFC）和直接醇类燃料电池如直接甲醇燃料电池（DMFC）和直接乙醇燃料电池（DEFC）。HT-PEMFC 主要应用于固定微组合热电、备用电源和在遥远地区电力供应等领域。它们的一些特征使其在混合 FC/电池电动车辆中应用也有吸引力。

HT-PEMFC 工作原理的灵感来自磷酸燃料电池（PAFC），也使用磷酸作为电解质，有类似的操作温度。两者的主要差别在于如何在燃料电池中保持磷酸电解质。对 PAFC，磷酸是保持在 0.1～0.2mm 厚的 SiC 母体中，而对掺杂磷酸 PBI 基 HT-PEMFC，则使用固体聚合物有机骨架以化学形式保持磷酸（PA）。两者的转化是类似的，有类似的操作过程和降解机理。两者都发生复杂的酸内部传输过程，磷酸在膜（或母体）和电极间再分布决定合适的活化和好的性能。在 HT-PEMFC 中使用固体聚合物膜比 PAFC 中使用 SiC 母体的优点包括：容易管理、对阴极和阳极间的压力差有较好耐受性和酸淋洗较少。对 HT-PEMFC 操作的温度范围（120～200℃）使用磷酸掺杂 PBI 膜，而典型低温电解质-过氟磺酸聚合物电解质膜（例如 Nafion）的操作温度不超过 80℃ 。

HT-PEMFC 的主要优点有：①提高对杂质的耐受性。Pt 催化剂中毒主要是由于 Pt 表面被吸附的 CO 覆盖。CO 在 Pt 上的吸附低温有利高温不利，而且吸附 CO 电氧化成 CO_2 的速率也随温度指数增加。因此，高温操作对 CO 的耐受性显著增加，从 LT-PEMFC 的百万分之几增加到 HT-PEMFC 的（阳极进料气体）的 3%（体积分数）。同样对其他杂质的耐受性也显著增加，有效抗击因燃料杂质引起的危害。例如 PBI 膜对硫污染物中毒的耐受性是 Nafion 膜的 70 倍。②容易排热。高操作温度提供的温度差较大，容易移热和冷却，产生的热具有较高利用价值。当然较高操作温度也意味着较长启动时间和对组件更严格热和机械稳定性要求。③电极动力学的增强，特别是对缓慢的氧还原反应（ORR）。因此，高温操作使系统更紧凑和简单，成本较低。但是，实际上，因无水操作欧姆电阻较高；因磷酸的移动性电极催化剂 Pt 负荷高；对化学降解相对比较敏感。④水容易管理。因 PBI 膜掺杂磷酸，即便无水条件也能够有效传导质子，因此水管理变得容易和简单，消除对气体湿化的需求和简化系统设计。尽管也有 LT-PEMFC 是不需要湿化的，但存在液态水，因此水管理对 LT-PEMFC 仍然是一件至关重要的问题。⑤其他优点。有可能使用非贵金属催化剂如铁和钴。PBI 膜比 Nafion 膜便宜。这两个因素虽然使成本降低，但高 Pt 负荷抵消了这个优点。高温使氢气从高容量氢存储容器中脱附变得容易，气体传输和扩散加速，简化了流动场板设计。

与上述的优点一起，高温操作也带来若干挑战，如降解速率加快、启动时间增长。

8.7.1.1　HT-PEMFC 现时状态和前景

为广泛应用，有众多公司研发 HT-PEMFC，如 Elcore GmbH（300W，微 CHP）和 Serenergy A/S（350W～6kW，运输、APU 和备用电源）。自 BASF 在 2013 年销售 HT-PEM MEA 商品以来，一些小公司如 Danish Power System A/S 和 Advent Technologies 显示有很大的进入市场（服务 HT-PEMFC 膜市场）的兴趣。

　　HT-PEMFC 的耐用性和成本仍然是所有发展该技术公司的两个主要问题。尽管 PBI 膜的成本约为 Nafion 膜的一半，而 Pt 负荷成本要比 LT-PEMFC 高约 2.5 倍，它们占总池堆成本的约 45%，于是 HT-PEMFC 系统成本为 1000 美元/kW（以年生产量为 50000 单元计算）。所以，对 HT-PEMFC，进一步工作的重点应该在进一步降低 Pt 负荷、增加其可靠性和耐用性。把 Pt 粒子放在催化剂聚集体外围和使用核壳结构催化剂制作 MEA 能够降低 Pt 负荷。使用聚亚乙烯磷酸以最小化酸的淋洗，以此提高 MEA 的耐用性。最近十年，商业化 HT-PEMFC 技术已经取得相当进展，已经能够替代其他类型技术。许多应用考虑使用 HT-PEMFC。例如 Advent（美国马萨诸塞州剑桥公司总部）在 Patras 建立有研发和示范生产设施，预见到在如下四个领域中的市场，HT-PEMFC 技术可有最大影响：微 CHP、通信用主/备用电源、辅助功率单元和便携式电力供应。住宅建筑物应用采用燃料电池技术很重地依赖于公共补贴。推进示范项目获得立法支持是至关重要的，例如，日本的 Ene-Farm 和欧洲的 ene.field。为此，燃料电池微 CHP 销售首次超过常规微 CHP 是在 2012 年，占全球总销售 64%，自 2011 年以来市场份额已经翻番。HT-PEMFC 辅助功率单元的发展以不同项目进行，例如，德国 Oel-Waerme-Institut（OWI）正在发展由甲醇蒸气重整器和 HT-PEMFC 构成的紧凑系统，使用废热为环境加热。为区域取暖模块式 CHP 系统，一个欧洲项目正在发展长期稳定的 HT-PEMFC 燃料电池膜-电极装配体（MEA）和池堆。CISTEM 项目是要为智能能源供应（使用风能生产的氢气）发展燃料电池基 100 kW CHP 系统。丹麦的燃料电池发展商 Serenergy 和电源解决方案提供商 Clayton Power 间的合作企业，已开发出作为 APU 单元的燃料电池-电池发电机（带甲醇重整器的 Serenergy HT-PEMFC 和锂离子电池的组合）。SerEnergy A/S 正在发展概念电动汽车，使用电池和重整甲醇燃料电池增程器。部分解决氢燃料电池电动车辆和加油站间的鸡生蛋蛋生鸡的问题。而且，技术也支持诺贝尔奖获得者 George A. Olah 提出的甲醇经济。

8.7.1.2　关于 PBI 膜

　　聚苯并咪唑（PBI）膜被认为是 HT-PEMFC 最有效的膜。它具有的若干性质使它成为优秀的电解质，如低气体渗透率和低甲醇蒸气横穿。但它的一些弱点也必须在使用 HT-PEMFC 前加以改善。在讨论 HT-PEMFC 降解问题前，简要介绍 PBI 的一些性质：①PBI 的稳定性。在 PBI 中 N 和 NH 基团间的强键合是占优势的分子力，导致紧密链堆砌，所以膜有好的机械强度。当掺杂高含量酸水平时，其机械强度显著降低（因聚合物骨架的分离）。这个问题使用 PTFE 加筋或交联能够缓解。PBI 玻璃转化温度非常高（即聚合物从硬到玻璃态或软橡胶材料过渡温度区间，T_g）425～436℃，且有优良的热和化学稳定性。②溶解度和加工能力。PBI 在有机溶剂中的溶解度差，而溶解度性质是用于增强其性质使之适合于 HT-PEMFC 使用。PBI 有两种主要异构体：对位和间位聚苯并咪唑，p-PBI 和 m-PBI。p-PBI 有非常刚性的结构，在所有溶剂中溶解度很差；同样 m-PBI 的聚合物链也是紧密连接的，但由于分子内氢键等作用，聚合物虽然有高的 T_g 但能够以低浓度溶解于少数非质子溶剂中，如 N,N-二甲基乙酰胺和 N-甲基吡咯烷酮（NMP）。③高操作温度时的质子电导率。一般认为磷酸掺杂 PBI 膜的质子传导主要通过 Grotthus 跃迁机理进行，当质子碰到一个水分子时，暂时形成水合氢离子（H_3O^+），同时为下一步输运脱离出另一个不同质子。对磷酸观察到类似机理，在磷酸和离子 $H_4PO_4^+/H_2PO_4^-$ 间有 Grotthus 链。磷酸（PA）掺杂 PBI 膜的质子电导率要低于液体磷酸，因聚合物截断了部分 Grotthus 链，纯液体磷酸的本征电导率是最高的。其质子传输数目接近于 1（有约 2.6%为传输解离出离子）。低 PA 浓度时 Grotthus 跃迁机理主

要是在 H_3O^+ 和 H_2O 物种之间进行，而高 PA 浓度时，在 $H_4PO_4^+$ 和 H_3PO_4 分子间发生质子跃迁的数目增加。H_3PO_4/PBI 系统中的电导率取决于温度、酸掺杂量、相对湿度（RH）。对温度的依赖关系能够使用 Arrhenius 方程来表达。但温度超过 160℃，H_3PO_4/PBI 系统的质子电导率不再随温度增加；掺杂量高于 10%（质量分数）P_2O_5［约 14%（质量分数）H_3PO_4］时，质子电导率随温度的增加不再有 Arrhenius 温度依赖；RH 和酸掺杂水平对电导率产生正面的影响。

然前已指出，PA 掺杂水平增加降低 PBI 膜机械强度；当在较高 RH 下操作时，燃料电池停车期间的冷凝水能够引起酸淋洗，导致质子电导率的降低。

在 HT-PEMFC 操作条件下，通过与水和 PBI 的相互作用，PA 进行若干转换和组成变化，导致离子电导率和黏度的改变。在 200℃ 以上的平衡温度，从正常磷酸 H_3PO_4 生成 15%（质量分数）分数的焦磷酸（$H_4P_2O_7$），在 HT-PEMFC 操作温度下，在 PA-水系统的两相液体（水磷酸和水）导致水的优先蒸发，直到达到热力学平衡。

8.7.2　HT-PEMFC 的降解和缓解

了解 HT-PEMFC 降解机理的宗旨是要进一步提高它们的耐用性和可靠性，这对大量商业化是基本的。因此需要对因不同非理想条件引起的不同组件降解机理进行研究。HT-PEMFC 的主要降解机理是：因过氧化物和自由基攻击的化学降解；因 Pt 溶解和再沉积的催化剂降解；因反应物气体中杂质的 Pt 损失和中毒；因稀释和 PA 损失的电解质降解；碳部件的腐蚀，如 Pt 电催化剂和 GDL 的碳载体。

很明显，催化剂降解引起性能衰退主要是在寿命的初始阶段。在该阶段中，铂粒子很好分散于碳载体表面，平均直径小，但由于较小粒子较高的 Gibbs 自由能，Pt 聚集比较严重，当 Pt 平均直径随时间增加，Pt 粒子聚集变得不那么严重。类似地，PA 损失在寿命开始时以较高速率发生，由于过量 PA 从 MEA 移去。较高操作温度和动态条件，如负荷循环、启动-停车循环和热循环，这些都使催化剂恶化降解和 PA 损失。所以，避免 HT-PEMFC 寿命开始时的这些条件和使用在线诊断跟踪燃料电池健康状态，可以延长燃料电池使用寿命。耐用可靠性的另外一个关键是，通过优化燃料电池试验水平的设计增强性能和降低降解速率。对 MEA，为提高其性能，黏合材料的选择、掺杂和 PBI 的改性、催化剂负荷和沉积方法、酸掺杂水平和掺杂技术都应该作为主要设计参数。由于燃料电池组件起着多于一种功能，在材料选择和优化时应该考虑它们所有功能。对池堆水平，重要的是要考虑到有磷酸和水以蒸气形式操作，这些要影响池堆的热管理。在系统水平上，重要的是确保系统有效的热集成，基于系统大小和应用选择和使用热交换器并优化，以尾气和未使用氢合适循环网络来选择冷却流体。

HT-PEMFC 降解的总结于图 8-33 中。下面讨论 HT-PEMFC 组件的降解和缓解办法。

8.7.2.1　PBI 膜

磷酸掺杂 PBI 膜的降解可能因如下原因引起：化学氧化、机械降解和热应力负荷。聚合物膜在燃料电池操作期间化学降解的基本机理是：聚合物 C—H 键断裂是由于受电化学反应产生的过氧化氢（H_2O_2）及自由基（•OH 或•OOH）攻击。生成过氧化氢的一个可能原因是氧分子从阴极边通过膜渗透到阳极并在阳极 Pt 催化剂层还原。

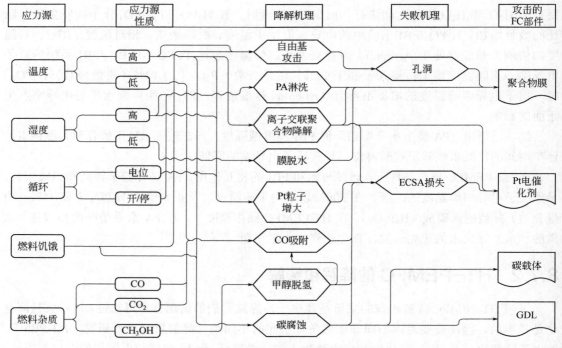

图 8-33 HT-PEMFC 降解因果关系

研究发现，当 PBI 膜于 68℃暴露于 Fenton 试剂时，膜损失与暴露时间间的关系是线性的。在 3%过氧化氢溶液中保留 20h 后，膜的重量损失 15%，显著高于同一阴极中 Nafion 117 膜的重量损失。试验观察到 PBI 破裂时的负荷应力已经从 52.9MPa 下降到 33.9 PMa，破裂应力的降低是由于 PBI 受过氧化物攻击引起的分子量损失。在较高温度的氧化条件下，PBI 膜降解的研究可以采用重量损失、本征黏度、尺寸排阻色谱（SEC）、扫描电镜和傅里叶变换红外光谱（FTIR）等技术。基于 Fenton 试验前后 PBI FTIR 谱的变化，提出了 PBI 膜的化学降解机理，过氧化物自由基攻击含氢端基团，如咪唑环中的 N—H 键，导致咪唑环的开环和大环链的断裂。由磷酸对 PBI 膜氧化降解影响的研究发现，膜降解因磷酸的存在而得以缓解，因它对过氧化氢分解有阻滞效应。

不同于化学降解，导致聚合物膜降解的物理因素也是重要的。在燃料电池操作期间，膜处于双极板的压缩力下，它随时间失形，即膜蠕变和微观裂纹断裂。这种失形引起膜的薄化，导致孔洞形成和膜的化学降解。另外，PBI 膜在负荷或 RH 循环下的溶胀和收缩对膜产生机械应力。PBI 膜的初始机械强度很好，干燥时的拉伸强度 60～70MPa，用水饱和后为 100～160MPa。但是，为达到希望的质子电导率膜需要掺杂磷酸，于是聚合物骨架被自由酸分离，导致机械强度的大幅下降，尤其在高温。所以，磷酸掺杂量应该仔细选择，同时考虑质子电导率和机械强度。

交联的 PBI 膜显示更好的化学稳定性，但以降低热稳定性为代价，因高温能够破裂交联。热重分析（TGA）说明，当温度范围在 150～500℃之间 PBI 膜没有显著的重量损失。所以，在典型 HT-PEMFC 操作温度范围，PBI 膜本身并不会有显著的热降解。

但应该注意到，在典型 HT-PEM 燃料电池操作温度条件下（140～180℃），膜中的 PA 逐渐脱水形成焦磷酸，使质子电导率的连续下降。在对磷酸掺杂 PBI 膜干空气条件下进行热重分析（25～200℃）中观察到两个重量损失峰，分别在 25～50℃和 150～175℃。前一个峰是膜中自由水蒸发，第二个峰在 TGA 分析条件下是快速的，由于磷酸本身脱水。在正常 HT-PEMFC 操作条件下膜的脱水应该是很慢的，因有气体扩散层和电化学反应产生水的保护。但必须注意，膜降解会严重影响池耐用性，使用寿命在末期恶化。例如，氢横穿速率因膜局部变薄或形成孔洞而增加 14 倍。

8.7.2.2　催化剂降解和缓解

类似于 LT-PEMFC 和 PAFC，HT-PEMFC 也广泛使用负载在高表面积碳载体上的铂及其合金，如 PtRu、PtCo、PtCr，作为催化剂层。因此，催化剂层的降解机理是类似的。一是 Ostwald 熟化机理，就是在长期运行期间，燃料电池的操作环境使铂粒子发生溶解、迁移和再沉淀过程，导致纳米尺度铂粒子大小慢慢增大的过程。使可利用活性表面积下降。二是聚集或烧结机理，与邻近铂粒子聚集烧结形成较大颗粒，铂粒子大小增加。这个聚集现象在粒子比较小时进行得比较快（较高 Gibbs 自由能）。铂粒子大小的连续增加导致电极 ECSA 的连续下降，因此燃料电池性能降低。也应该注意到，溶解 Pt 粒子也能够迁移到 MEA 的其他部分，而那里对反应物气体是不可接近的。这种迁移是因为存在铂离子浓度梯度，导致其扩散到膜或 GDL 中，再还原沉淀。这个现象从膜或 GDL 的 TEM 图像可清楚看到。它不仅使电化学表面积（ECSA）下降，而且对膜稳定性也造成伤害。另外，碳载体的腐蚀会引起铂粒子的分层和催化剂层厚度的降低。在 HT-PEMFC 的 MEA 中，对铂催化剂在稳态条件和动态条件下的稳定性研究指出，长期稳态操作下的主要降解机理是 Pt 粒子平均大小增加。在两电极上 Pt 粒子增长速率虽没有确定，但阴极上 Pt 粒子大小的增加要远大于阳极。因为阴极的电极电位较高。应该指出，在 HT-PEMFC 高操作温度和强酸性环境中，所有上述降解机理都会加剧。所以，HT-PEMFC 面对的电催化剂挑战比 LT-PEMFC 更大。这很容易理解，温度愈高，Pt 粒子大小增加速率愈大和 ECSA 降低愈快，导致更高的性能降解速率。同样，在高温下铂溶解、迁移和聚集以及碳腐蚀速率都增加，所以，催化剂层降解也加速。而铂粒子在碳载体上的黏附却因高温变弱，导致更多的铂粒子从碳载体表面掉落。

在动态操作条件下，如负荷循环、热循环和开停循环，也都加速催化剂降解。已经发现，ECSA 损失在负荷循环条件下比恒定负荷和开停车条件下更甚。负荷循环和开停车循环也导致更严重的碳载体腐蚀，这些都是真实条件下 CL 层加速降解的主要原因。

在不同时间长度（100h、300h 和 500h）对 HT-PEMFC 进行长期试验，从结果观察到，铂粒子大小增加主要发生于操作的前 300h，在寿命其余期间粒子大小几乎保持不变。因此，池性能在前 300h 显示快速下降，此后下降要慢很多。另外一个长期试验中也观察到在寿命的初始阶段的快速降解，这是由于阴极上 Pt 粒子大小的增加。在操作的初始阶段，铂粒子高分散于碳载体表面，粒子平均直径很小，铂粒子聚集的发生比较严重，随着平均直径增加聚集变得较不严重，说明在池操作后期阶段衰减速率较低。这些都清楚指出，催化剂降解引起的性能衰减主要发生于生命的初始阶段。

8.7.2.3　载体碳腐蚀

多孔碳被广泛采用作为 PEMFC Pt 电催化剂载体和作为气体扩散层传输电子、质子和气体的通道。如前面所述，所有 PEMFC 的碳腐蚀都源自池中的水（蒸汽）。水汽变换反应的平衡电位在燃料电池酸性环境和室温下为 0.207V（vs.NHE），也即阴极电位下碳腐蚀是热力学有利的。碳载体腐蚀的主要影响有：①弱化铂粒子与碳载体间的黏附，导致铂粒子从碳表面掉落，这在长期操作中会引起严重的铂聚集或铂损失；②碳腐蚀也即碳的氧化要降低碳表面的疏水性，或可能引起电极（因磷酸）的泛滥，导致磷酸损失的增加；③碳腐蚀引起的碳载体结构毁坏增加接触电阻，使燃料电池内欧姆电阻增加。对 LT-PEMFC 的碳腐蚀进行的广泛研究指出，碳腐蚀动力学是慢的。尽管有差别，但电极结构和所用材料是类似的，因此 HT-PEMFC 与 LT-PEMFC 的碳腐蚀机理是类似的。对 HT-PEMFC，高操作温度使碳腐蚀速率增强，而低相对湿度能够缓解碳腐蚀，氧对碳腐蚀几乎不产生影响。通过对非湿化 HT-PEMFC 和全湿化 LT-PEMFC 下排放 CO_2 做在线质谱仪测量，比较它们的电化学腐蚀发现，前者对电化学碳腐蚀是比较脆弱的，主要是因为操作温度较高，尽管后者有液体水存在。

Pt 催化剂负荷影响碳腐蚀速率，因它催化碳腐蚀。因此，低铂负荷有利于降低碳腐蚀速率。动态操作如开停车和燃料饥饿（在短时间它们能够内诱导高电极电位）也增加碳腐蚀。为提高碳载体的稳定性，对多孔碳进行高温热处理使其石墨化。石墨化碳广泛使用于 PAFC 中，以达到在高温和低 pH 值环境中有高抗腐蚀能力。对 HT-PEMFC，使用三种碳载体材料（Vulcan 炭黑、石墨化炭黑和多壁碳纳米管）在电位循环下进行比较，石墨化炭黑显示较好稳定性和长期耐用性，但这是以大表面积损失为代价。碳纳米管显示比其他碳材料有更好的稳定性。

8.7.2.4　PA 电解质损失

在掺杂 PA 的 PBI 膜中，每个 PBI 重复单元仅有两个酸分子直接与 PBI 的碱性吡啶氮相互作用，如图 8-34 中所示。这意味着当酸掺杂水平高于两个 PA 时，在 PBI 膜中存在自由移动磷酸分子。这些自由 PA 分子对传导质子的 Grotthus 机理是有利的，这能够从图 8-34 中看到。但是，因它们的移动性质，使其在膜或电极中固定是困难的，它们能够从膜迁移至催化剂层或其他组件中，甚至迁移出燃料电池，招致性能的衰减。

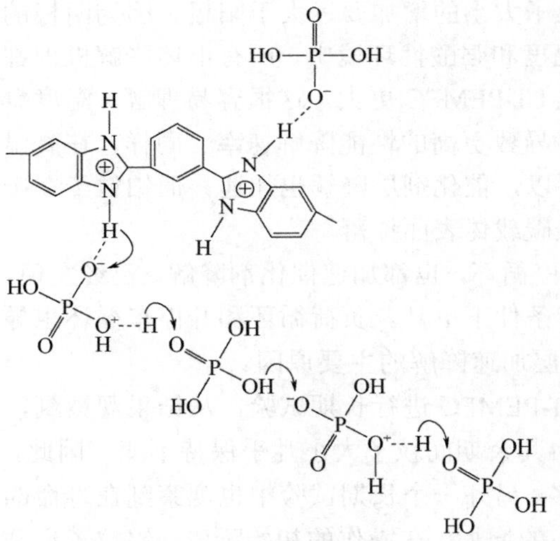

在 HT-PEMFC 长期操作期间磷酸是要损失的，因此影响池性能。PA 损失速率取决于操作条件，在 $0.1 \sim 0.4 \mu g/(cm^2 \cdot h)$ 之间。研究指出，PA 淋洗速率因高操作温度和高电流密度而增强。对 HT-PEMFC 性能产生负面影响的 PA 损失机理有：①操作初期过量 PA 的移去；②因负荷循环 PA 的迁移；③PA 被挤出并在流动板上吸着；④高 RH 的稀释效应。

图 8-34　PBI 聚合物与磷酸的相互作用

PA 的快速损失发生于试验的开始，由于 MEA 中有过量的 PA。对池性能影响随时间逐渐下降。尽管 PA 损失速率在正常条件下是非常低的，但在整个生命期间的损失数量仍然相当可观。因此对池的总性能仍然有实质性的影响，因为 PA 损失速率与池电压衰减速率是高度一致的。虽然有方法来固定膜和电极中的 PA，但直到今天，大部分 HT-PEMFC 仍然要依赖于自由 PA。

利用测得的 PA 在 MEA 中的量和不同操作温度和电流下的酸损失速率，对 PA 损失和 HT-PEMFC 寿命间进行的关联研究发现，只有在较低操作温度（160℃）和较低电流密度（0.2～

$0.4A/cm^2$）下才能够达到 50000h 的长期操作。MEA 中的过量 PA 也能够进入流动场板中，导致流动板通道中固体材料的生成，降低质量传输。尤其是对石墨双极板，在燃料电池操作期间从 MEA 吸取大量 PA，导致酸的损失。对 HT-PEMFC 酸损失速率和在阳极阴极边双极板吸着的酸进行的测量发现，负荷循环比恒定负荷操作导致远高得多的酸损失速率。另外，在双极板中的酸吸着主要发生于阴极边。

模型模拟指出，开停车循环仅稍稍增加 PA 损失（与恒定负荷操作比较）；湿化阳极阴极气体的露点温度 70℃时，在 90h 试验中的 PA 损失与恒定负荷操作 4600h 的损失有相同的数量级。

HT-PEMFC MEA 中的 PA 分布和水合状态也影响池性能和耐用性。从电子探针微分析（EPMA）观察到，在池生命试验期间，电极中 PA 的分布变得愈来愈不均匀，致使池性能降低。在动态操作条件下用同步加速器 X 射线获得的 HT-PEMFC 图像。从图中观察到，电流密度增加引起了可逆 PA 电解质稀释和膜溶胀。用同步加速器的 X 射线色谱显微镜研究操作期间的 PA 分布观察到，高电流密度下 PA 从阴极迁移到阳极，且 PA 在阳极气体扩散层和流动通道中泛滥。为更好了解 PA 在 HT-PEMFC 操作期间的分布需要有进一步的研究。不清楚的是，低电流操作能否反转 PA 从阳极到阴极的迁移。但有报道说，水通过膜的传输推动力是阳极和阴极间的磷酸浓度差，这也可能影响质子电导率。

8.7.3　操作条件引起的降解和缓解

8.7.3.1　开路电压

开路电压（OCV）条件增强 MEA 的化学降解，特别是聚合物膜的降解。因为阴极上 ORR 的不完全氧化或在阳极催化剂层氢和氧反应，在 OCV 条件下会产生过氧化氢，它要使聚合物电解质膜发生化学分解。而分解导致膜变薄或甚至破裂和生成孔洞，这进一步加速过氧化氢的产生。例如，对 6 池池堆 HT-PEMFC 在接近 OCV（$10mA/cm^2$）条件下进行 1200h 降解试验，总性能衰退速率为 0.128mV/h，而在前 800h 的衰退速率远低于后 400h。由此推测，使其衰退的第一个机理是催化剂降解，第二个是膜失败。由 EIS 和 SEM 测量观察到，在 OCV 下降解主要发生于阴极。在一个例子中，给出的 OCV 下衰退速率是 5mV/h，主要降解机理是膜分解产生的阴离子在铂活性位上的吸附，导致 ORR 活性的损失。在另一个例子中，在 PBI 基 HT-PEMFC 上进行 OCV 对池性能和膜降解影响的研究指出，燃料电池 OCV 在前 35min 增加，此后下降。而 EIS 结果显示，在试验期间有显著的催化剂活性损失和传质速率损失，阴极铂粒子大小增加 430%。

8.7.3.2　启动/停车循环

在启动/停车过程中，HT-PEMFC 降解的占优势机理是催化剂层的碳腐蚀，这是因为在阳极形成 H_2/空气界面。长期停车后，空气能够从阳极尾气或从阴极横穿膜到达燃料电池阳极通道。启动时，氢气进入阳极，形成 H_2/空气界面。阳极存在该界面时，氧还原同时发生于阴极和阳极，而阴极的较高电位导致逆向电流，增强了对碳载体的电化学腐蚀。启动/停车循环的模拟研究发现，停车比启动过程有更严重的效应，因为 H_2/空气界面存在的时间较长。对启动停车循环下若干操作参数（包括阴极湿化、池温度、仿真负荷和气体供应顺序）的研究结果揭示，在停车时间使用较低湿度、较低温度和仿真负荷能够使性能的降解缓解。从气体截断顺序对降解速率影响的研究获得的结论是，空气供应应该先于氢气关闭，以防止截断过程中空气渗透到阳极，尽管这样做对系统安全和燃料效率是不利的。在停车期间，阴极尾气对 PEM 燃料电池降解行为有影响，关闭阴极尾气对 PEMFC 的耐用性是有利的。

对 PBI 基 HT-PEMFC 进行了类似的试验，例如，以启动/停车模式操作商业 HT-PEMFC MEA 多于 6000h，超过 240 次循环。与连续操作 MEA 比较，降解速率加倍。通过比较发现，两种操作模式下的两个 MEA 欧姆电阻和活化过电位几乎是等同的，但在启动/停车条件下阴极传质过电位增强，间接证实启动/停车循环增加碳腐蚀。以 90s 间隔切换氢气和空气作为阳极气体模拟启动/停车试验，并与真实降解试验结果进行关联。结果指出，对活化和传质过电位，等同循环下模拟结果几乎与真实试验结果相同。

在启动或停车过程中，HT-PEMFC 阳极催化剂层也发生碳腐蚀，这纯粹是碳化学氧化过程。降解试验后，阳极过电位的显著增加证实阳极边碳腐蚀对 HT-PEMFC 寿命也是至关重要的。为缓解启动和停车过程的降解，使用惰性气体如 N_2 在停车后或启动前清扫电极，以减小 H_2/空气界面和消除阴极高电位。但是，这个办法需要有附加氮气供应系统，使系统复杂性增加，尤其对运输应用不利。启动前或停车后使用辅助功率（虚拟负载）是缓解这类碳腐蚀过程的一个方法。例如为 HT-PEMFC 池堆发展了低温（60℃）启动程序，该程序利用磷酸水蒸气压数据，观察到当磷酸浓度在 85% 和 90% 之间时，很少或甚至没有损失。对 HT-PEMFC 快速活化和启动的研究中发现，PA 再分布是一快过程，发生于 60℃ 快启动的加热期间。池操作第一分钟内传输到膜中的 PA 数量所提供的质子电导率就足够高了。但在温度低于 100℃ 启动期间，酸淋洗和溶解可能成为比较重要的问题，由于在阴极生成了液体水。所以，在供应反应物气体前或取出电流前，推荐把池预热到合适温度。然而为这需先付出成本，即增加启动时间和添加加热辅助单元。

8.7.3.3 污染

HT-PEMFC 的较高操作温度（140～200℃）大大增加了对污染杂质的耐受性。这个优点使它能够容易地与以烃类或醇类为燃料的重整器集成，增加了燃料的灵活性。典型重整物通常由氢气、CO_2、水、CO 和未转化燃料组成，这些杂质对 HT-PEMFC 性能的影响包括：①在催化剂表面优先吸附；②分解为 CO 和其他副产物，然后吸附在催化剂表面；③稀释反应物气体。下面分别讨论这些污染物的影响。

（1）一氧化碳 CO　CO 以强亲和力吸附在铂催化剂表面，降低可利用氢吸附催化活性位，这是 HT-PEMFC 中主要的中毒机理。对操作在 60℃ 和 80℃ 间的 LT-PEMFC，CO 浓度为 50×10^{-6}～70×10^{-6} 就导致池电压损失 85%。高温能够有效地弱化 CO 在催化剂表面上的吸附，由于过程的放热，因此 HT-PEMFC 比 LT-PEMFC 有高得多的 CO 耐受性。但数个百分数的 CO 浓度仍然要影响 HT-PEMFC 的性能。实验研究指出，在 180～210℃ HT-PEMFC 耐受的 CO 浓度达 5%（有小的池电压损失）；在较高温度和较低电流密度下，CO 中毒引起的池电压损失是比较低的。燃料进料模式、阳极铂负荷和流动通道几何形状也影响 HT-PEMFC 性能受 CO 中毒的影响。增加阳极气体相对湿度可缓解 CO 中毒效应。但是，当燃料被 N_2 和 CO_2 稀释时，CO 中毒效应相对比较严重。

就 HT-PEMFC 的池电位和电流密度而言，当进料气体中含显著量 CO 时池电压快速下降，电流分布变得不均匀了，接近入口处的电流密度下降远高于出口区域的电流密度。CO 浓度和电流密度愈高，这个不均匀分布愈严重。在稳定态操作条件下尽管 CO 会使池性能显著降低，但重整物燃料的 CO 对缓解因启动/停车过程诱导的碳腐蚀还是有所帮助。

从阻抗谱测量结果发现，进料气流中的 CO 和 CO_2 含量影响整个频率范围内的阻抗谱。已经发展出多个描述 HT-PEMFC 中 CO 中毒效应的数学模型（含不同假设）。例如，非等温动态 CO 中毒模型、三维等温 CO 中毒模型、考虑启动瞬时行为的 CO 中毒模型。基于这些模型，拟对 CO 中毒降低性能行为、通道设计进行数值模拟。结果证明了温度增加速率、初始启动温度、启动期间 CO 浓度和电流密度等都会影响阳极过电位。

为缓解 CO 中毒对 HT-PEMFC 性能的影响，提出了若干缓解方法，包括高温操作（180℃以上）、应用 CO 耐受冲击和吹空气等。增加操作温度能够有效地降低因 CO 中毒引起的 HT-PEMFC 性能损失，但它也带来所有池组件的更加严重的降解，缩短燃料电池寿命。所以，优化操作温度是需要进一步深入研究的，应该考虑 CO 耐受性和池的耐用性。发展高 CO 耐受性催化剂是提高 HT-PEMFC 对 CO 耐受性的一个方法。使用金属合金化形成的二元或三元铂合金催化剂能够显著提高对 CO 耐受性。它们的 CO 耐受机理可用双功能机理和电子效应描述，因加入的元素增强了 CO 的氧化。对高温 PBI/H_3PO_4 MEA 中，Pt 和 PtRu 催化剂表面上 CO 耐受性和 CO 氧化的研究指出，在 $E=0.45V$、180℃，Pt-Ru/C 催化剂上的 CO 电氧化速率至少是 Pt/C 催化剂的 20 倍。但是，铂合金的稳定性和活性低于纯铂，因此要成功应用于 HT-PEMFC 仍然需要进一步的提高。吹空气方法是把低浓度氧化剂如空气或氢过氧化物引入到氢气流中，该技术已广泛应用。它通过 CO 选择性氧化来消除 CO 中毒，特别是对 LT-PEMFC。对因 $200×10^{-6}$ CO 引起的性能损失，用吹空气方法能够恢复达 5% 的 LT-PEMFC 性能损失。然而，对 HT-PEMFC，吹空气方法的应用并不普遍，或许是由于高温 CO 中毒严重程度较低。

（2）二氧化碳 CO_2　烃类蒸气重整物气体中约有 20% 浓度的 CO_2，显然会稀释阳极气流和降低氢气分压。由于燃料电池中存在水，CO_2 逆水汽变换反应产生 CO。对 LT-PEMFC，这样产生的 CO 足以覆盖 50～70℃时的一半催化剂表面积。但对 HT-PEMFC，低水压力和高温度都有利于逆水汽变换反应。估算指出，对 HT-PEMFC，125～200℃操作温度经变换生成的 CO 高达 1%。然而，使用相同浓度 N_2 替代氢气中的 CO_2，观察到的燃料电池性能损失与 CO_2 是相同的，因为 HT-PEMFC 有高 CO 耐受性。这暗示，CO_2 的降解主要是稀释效应。

（3）其他杂质　重整物气体中常常含有未转化燃料组分（因达到 100% 转化是很困难的）。甲醇是重整生产氢气的主要燃料，除了 CO 和 CO_2，甲醇重整物含有未转化的甲醇。对 HT-PEMFC，进行长期耐用性试验的燃料是甲醇-水蒸气混合物，其浓度在 3%（体积分数）和 8%（体积分数）之间，燃料电池性能衰减速率在 900μV/h 和 3.4μV/h 范围。甲醇中毒机理既可以是甲醇在 Pt 催化剂表面的直接吸附也可以是分解成 CO 在 Pt 表面的强吸附。当操作温度在 140～180℃时，低于 3% 浓度的甲醇对总性能的影响是可以忽略的。EIS 结果揭示，阳极燃料气流中的甲醇会增加动力学，但也增加传质阻力。

空气边的氯污染物对 HT-PEMFC 性能是有影响的。例如，把 HCl 引入空气湿化器中，导致性能降解，尤其是在电位循环下降解比较快。但切换为纯水湿化池，性能能够恢复。

8.7.3.4　气体饥饿

燃料电池气体饥饿是指阳极燃料气体供应不足或阴极氧化剂供应不足。对总气体化学计量数大于 1.0 和燃料电池局部区域气体饥饿的情形，总称为局部气体饥饿。总气体化学计量数小于 1.0 的情形称为总气体饥饿。气体在流动通道的不均匀分布或长期停车后启动过程可引起局部气体饥饿。局部气体饥饿产生的降解，其机理类似于启动/停车过程的降解机理，即逆电流衰减机理。紧跟的是阴极催化剂层的碳腐蚀。观察到不均匀电流密度分布，反映出局部燃料饥饿已经很严重。总气体饥饿可由许多因素引起：在池堆不同池间的不均匀气体分布、气体供应系统控制缺陷、电流负荷的突然增加等。已经知道，燃料饥饿对燃料电池性能和耐用性是致命性的。

（1）燃料饥饿　当燃料电池发生氢饥饿时，阳极电位增加到超过阴极电位，导致池的逆转。在这种条件下，该燃料电池消耗同一池堆中其他池的能量而不再产生电力。更加重要的是，高阳极电位触发碳腐蚀和阳极催化剂层的水电解反应。因此，在饥饿期间观察到阳极尾气中有 O_2 和 CO_2，这是碳腐蚀和水电解反应的结果。同时观察到电流密度的不均匀分布，上游区域较高下游区域较低，池电压降低。在高电流密度和低 H_2 化学计量比时观察到池反转和不均匀电流密度分布。因氢饥饿引起的碳腐蚀导致池电压快速下降，指出燃料饥饿必须绝对避免以达到 HT-PEMFC 的耐用性目标。

（2）空气饥饿　空气饥饿也通过池反转机理引起类似的效应，但比燃料饥饿引起的危害相对较轻。它引起阴极电位降低，当降低到低于阳极电位时发生池反转。类似于燃料饥饿，它也引起不均匀电流密度分布，上游区域电流密度增加而下游区域降低。

8.7.4　原位诊断作为缓解技术

使 HT-PEMFC 产生漏洞（缺陷）的降解，其机理性质不同，而非理想操作条件过程增强降解，如燃料饥饿和中毒。在线跟踪健康状态能够帮助检出燃料电池系统的缺陷，最终基于观察条件被使用作为针对性干预措施。通过及时检出错误条件延长燃料电池生命时间，合适的诊断工具能够预先防止失败的突然发生。但是，为能够做这，必须在缺陷、失败机理和操作参数间有一个清楚的关联。

对 LT-PEMFC，已经发展了多种在线诊断工具和方法。它们的侧重点有所不同，例如，通过建立模型来发展合适的燃料电池在线诊断工具；无须模型的在线诊断方法如人工智能、统计方法和信号加工技术，对不同方法和检出燃料电池各种故障条件的潜力做了描述和讨论。

对 HT-PEMFC 的在线诊断工具有：①评估健康和非健康条件的小振幅负荷瞬态法，从瞬态应答识别故障来估计燃料电池健康状态，再利用获取的信息建立等当电路。在用 CO 中毒诱导错误条件后，确定出健康和中毒条件下达到池电压稳定态必须的最少时间为 4s。②电路分析方法。能够确定 CO 对 HT-PEMFC 的影响和提出修补漏洞的缓解技术。在阳极气流中引入不同浓度的 CO，记录对应的极化曲线和阻抗谱。使用两个等当电路（一个分析极化曲线，另一个分析 EIS）分离燃料电池模型的参数变化。研究指出，为在线诊断，最容易跟踪的参数是总电阻，它直接比例于极化曲线斜率。因此在一定温度和负荷跟踪总电阻有可能确定中毒的 CO 数量，因偏离健康条件的变化是随 CO 中毒浓度而增加的。③总谐波失真（THD）分析法。它能够检出和分离有关燃料供应系统的错误参数。在该方法中，使用 EIS 来获得频率和饥饿条件间的关系。对氢和氧化剂饥饿，已经推演出它们的不同频率窗口。THD 分析就基于该窗口进行，其检出和隔离燃料饥饿的潜力已被实验证实。④CO 计算法。在线检出阳极进料中的 CO 体积分数。该算法是在 LabView 中发展的，需要有在单一频率 100 Hz 测量的池温和阻抗作为输入。使用表面多项式方程绘制阻抗和温度分布的实部和虚部，以映射 CO 浓度。用它能够获得可接受 CO 的估计值。

除了上述的 HT-PEMFC 诊断技术外，由于降解机理类似，大多数 LT-PEMFC 的诊断工具也可用于 HT-PEMFC，仅有的小改变是考虑 HT-PRMFC 特有的条件。但是，由于燃料电池是新出现技术，仍然在不断发展中，因此有针对性和牢靠的在线诊断技术研究和发展仍然是极其需要的。

8.7.5　HT-PEMFC 降解和缓解技术小结

HT-PEMFC 的主要降解机理是：因过氧化物和自由基攻击的化学降解；因 Pt 溶解和再沉积的催化剂降解；因反应物气体中杂质的 Pt 损失和中毒；因稀释和 PA 损失的电解质降解；碳部件的腐蚀，如负载 Pt 电催化剂载体和 GDL 碳基材料。

催化剂降解引起性能衰退主要是在寿命的初始阶段。PA 损失也是在生命开始时速率较高。较高操作温度和动态条件，如负荷循环、启动-停车循环和热循环会加重催化剂降解和 PA 损失。所以，应该在 HT-PEMFC 寿命开始时避免这些条件，并使用在线诊断跟踪燃料电池健康状态，这样可以延长燃料电池使用寿命。耐用可靠性的一个关键是优化燃料电池设计，增强性能和降低降解速率。对 MEA，黏合材料选择和掺杂、PBI 改性能够提高其性质；催化剂负荷和沉积方法、酸掺杂水平和掺杂技术是其主要设计参数。由于燃料电池各组件起着多个功能的作用，材料选择和它们的优化应该考虑所有功能。对池堆水平设计，重要的是要考虑磷酸的存在和水以蒸汽形式操作，它们都会影响池堆的管理。在系统水平上，重要的是确保有效的系统热集成，基于系统大小和应用选择和使用热交换器并优化，从尾气包括未使用氢的合适循环网络选择冷却流体。

第9章 新概念燃料电池

除了作为发电装置的燃料电池外，燃料电池的概念已经被极大地延伸。这些延伸的新概念燃料电池主要包括：①在作为燃料电池应用的同时，也应用于燃料电池反应的逆反应过程，也即作为电解池使用，利用电力来生产燃料化学品如氢气，如果把燃料电池和电解池的电解质和电极用相同的材料构成，则它们可以集成或整体化为一个装置。这就延伸出一类新概念燃料电池，称为可逆再生燃料电池（reversible regenerative fuel cells）或整体再生燃料电池（unitized regenerative fuel cells，URFC）。②使用蛋白质、酶和微生物作为电极催化剂（非传统无机物电极催化剂）的燃料电池，这就延伸扩展出第二大类新概念燃料电池，即所谓的微生物燃料电池（MFC）。③在燃料电池中使用的燃料一般为气体燃料，为克服其固有的缺点，发展出直接使用含碳氢液体燃料的燃料电池，这个新概念燃料电池称为直接液体燃料电池（DLFC）。包括多个品种：直接甲酸盐燃料电池（DFFC）、直接醇燃料电池（DAFC）[含直接甲醇燃料电池（DMFC）、直接乙醇燃料电池（DEFC）、直接乙二醇燃料电池（DEGFC）等]、直接硼氢化钠燃料电池（DBFC）、直接尿素燃料电池（DUFC）等。④与直接液体燃料电池类似，也发展出直接使用固体作为燃料电池燃料的新概念燃料电池，称为直接固体燃料电池（DSFC）。例如直接使用固体碳作为燃料的直接碳燃料电池（DCFC）。这些新概念燃料电池不仅仅是燃料电池概念和家族的延伸与扩展，更重要的是这些新概念燃料电池具有一些非常特别的优点，非常适合于一些特殊场合的应用。例如，URFC 组合燃料电池和电解池于一身，能够圆满地解决可再生能源利用中的间断性问题：盈余的电力用于电解水生成氢气；不足时燃料电池用氢气生产电力。这个 URFC 是未来智能能源网络（由电网、燃料网和热量网构成）的不可缺少的组成部分；又如，微生物燃料电池（MFC）利用微生物或细菌作为电催化剂，它们能够通过环境温度下的电化学过程，利用污水污泥中所含的有机物质作为燃料生产电力、燃料和化学品如氢气和甲烷等。MFC 有能力利用污水中的可利用物质如有机物产生的电力不仅可用于处理污染物也净化了污水，这样既生产有用能量同时消除污染物，是变废为宝一举两得的事情。再如，直接液体燃料电池（DLFC），产生的电力可作为功率源使用（特别是作为便携式电子装置的电源），它们具有两个重要优点：一方面液体的存储要比气体简单和安全得多，另一方面是室温下的液体无须高压或低温。而直接固体碳燃料电池（DCFC），虽然概念不是新的，但对煤炭的洁净高效利用具有很大吸引力，不过仍处于发展的婴儿期。

本章将对这些新概念燃料电池做简要介绍，以说明燃料电池技术仍在不断发展之中。有一些新概念燃料电池内容，如可再生锌-空气燃料电池（也可以说是 DSFC 的一类），因也可认为属于电池类，再加上篇幅有限就不介绍了。

9.1　可逆再生燃料电池

9.1.1　引言

现时碳基能源系统正在经受巨大的考验，由于人们更加关心能源供应的长期性和安全性，以及能源相关的温室气体如二氧化碳和其他空气污染物的排放。这个从碳基能源向氢基能源的过渡演化趋势，最终是向着发展未来智慧（智能）能源网络的。智慧能源网络以广泛部署清洁能源技术和智能能源管理技术为特征。在这个过渡中，氢和燃料电池/电解池技术对发展智慧能源网络起着关键性的作用。

9.1.1.1　能量存储系统（ESS）的重要性

如今的环境问题，如气候变化和空气污染，已经强烈地吸引世界的注意。传统化石燃料仍然是人类活动中主要的能源，它产生很多众所周知的环境问题，例如大量二氧化碳排放的全球变暖，以及由于 SO_x 和 NO_x 排放的空气污染。另外，化石燃料的储量是有限的，而世界人口和对能量的需求仍然保持相对快的增长。当讨论面对的这些问题时，肯定需要优化现有化石燃料利用设施和发展可行的可再生能源系统。考虑到化石燃料的有限储量，发展可再生能源系统显然是可持续的。可再生能源（RE），如太阳能、风能、地热能等，近年来受到愈来愈多的关注和投资，它们的容量和在世界能量供应中的比例不断增长。但是，可再生能源的一个致命弱点是，它们供应的波动和间断性质，这极大地约束了它们的应用领域和范围。为了解决这个能量生产中的波动和间断性，通常使用次级电池和再生式燃料电池作为它们的辅助能量存储和转化组件。

能量存储系统（ESS）的重要性在未来肯定会不断增加，因为人们把更多注意集中于可再生能源的发展上。探索和发展可再生能源的兴趣及巨大推动力来自于化石能源资源的快速消耗以及使用化石能源产生的严重环境问题。在传统发电厂中，产生的能量必须及时被利用和消耗掉，否则它将被浪费了，导致在经济上产生严重的损失。更有甚者，间断性 RE，如风能和太阳能（虽然水电相对轻一些，但也受降雨强度的影响），必须有能量存储系统（ESS）来累积和储存，否则它们的能量潜力将遭受巨大损失。为克服可再生能源利用中的波动和间断性问题，必须要使用电力存储系统（EESS），以便能够在定量需求时充电而在顾客高能量需求时输出电力。也就是说，EESS 是指能够从电网中抽取电能并把电能转化成能够存储的能量形式，当需要时又反向转化为电能送出，这样就能够服务于任何延伸目的。发展使用现代技术收储电能到储存设备中，这对电力工程师是非常重要的，尤其是对能量转化专家。

虽然可再生能源（RE）在数量上是无穷无尽的，但是使用它们生产电力，其特征是波动的甚至是间断性的，这能够在普通风能、潮汐波浪能和太阳能发电站系统中很清楚地观察到。图 9-1 显示的是一个城市夏季和冬季对电网的需求，以及在夏季的总风能发电。可以看到，风能发电系统显示的是巨大变化的输出电力，它与需求电力基本上是不相连接的。该图也说明如下事实：风电的电力输出是随可利用风资源（天气状况）随机变化的。因此，在近些年中，为缓解 RE 间断性和对 RE 进行集成，研究人员对 ESS 的兴趣愈来愈强烈，已经成为吸引愈来愈多投资和研究并获得进展的领域。能量存储系统（ESS）除了具有缓解波动和间断性功能外，常规电力工业也需要 ESS 来完成一些专业电力系统功能。RE 间断性对能量配送系统是相当有影响力的，特别是当负荷需求变化会带来一些电力质量问题时，如电压不稳定。解决办法之一是要提高电网的可靠性和性能，并把能量存储装置合并到电力系统网络中。在可再生能源中，没有间断性这个基本缺点的是地热能，和在一定程度上的生物质电力，因此有可能区域性地替代常规化石能源电网。与常规电力能量转化系统比较，这个间断性效应是使 RE 技术仅有低竞争力的两个主要因素之一。

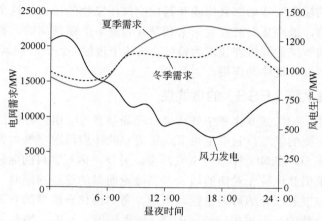

图 9-1　一个城市电网在夏季和冬季的电力需求及夏季的风力发电容量变化

能量存储系统可以让顾客的负荷需求得到满足，服务于延伸的时间，对小的可再生发电系统也应该是这样。现在，全球都在加速努力向着 RE 发展，致力于投资可持续能源供应系统的发展，以确保健康的生活环境。预计 RE 对总能源需求的贡献在不断增加，因为有不断上升的能量需求，这已经被近几年可再生发电容量快速增加的事实所证实。许多能源专家大声呼吁，应该制定有利于选择独立 RE 发电系统作为对电网延伸的倾斜政策，特别是对偏远山区和交通不便地区。选择 RE 发电系统的策略有利于促进降低化石燃料消耗，不仅针对大规模能量系统而且也要针对小规模自制能量系统。独立 RE 发电系统的使用已经成为不可避免的发展趋势，正在努力冲破化石燃料中心化发电系统的经济约束。石油价格的可变性，原油资源的快速消耗和地区性政治不稳定，特别是在富油国家，这些已经极大地刺激改变不可持续的石油供应能量需求体系。

对 RE 的最新研究揭示：离网 RE 的发展（即独立 RE 发电），对降低高成本电网延伸以及在发展中国家的经常缺电，可产生大的影响。对独立 RE 发电情形，一个挑战是如何存储和稳定电力的输出，因此独立 RE 发电的发展必然需要 ESS 技术并促使其发展。因此，需要有经济可行的 ESS，以满足能量转化和存储的要求。当应用需要时，它也能够反转化送出电力。在常规电力系统中，ESS 在操作中也有一些应用，如支持电网稳定性、稳定电力质量和可靠管理、负荷切换和网操作。这些实用性的研究鼓舞许多发达国家的政府和组织，如欧盟（EU）、美国和日本，使它们对发展和应用能量存储系统（ESS）产生热烈的兴趣，并出台国家项目支持 ESS 的研究和发展。

9.1.1.2　能量存储系统

能量存储系统的历史可追溯到 20 世纪早期，那时出现多种具有存储电力容量的系统，一般以充电形式存储，需要能量时可放电输出。首次达到这个目的的是铅酸蓄电池的应用，可直接连接到电流电力网络上。随着技术的不断发展，出现愈来愈多的能量存储系统（ESS），如泵抽水电系统（PHS）、便携式和经济可行电池、压缩空气能量存储装置（CAES）、燃料电池（FC）、超级电容器、飞轮、超导磁能存储（SMES）和热能存储装置。原理上，能量存储装置可分为四个主要类型：机械存储（如飞轮、CAES 和 PHS）、电存储（如电容器、SMES 和超级电容器）、热存储（如低温和高温能量存储系统）和化学能存储（如电化学、热化学和化学存储装置）技术。

从更宽的前景看，ESS 可以进行不同层次的分类，这些分类本质上是基于类型和功能。系统基本上使用的是电能充放电现象。但是，对大多数近电网社区的电力需求，随时间而改变，因此其负荷分布一般随时间而变。而能量存储系统能够解决对 RE 电网输出边的这个影响使其稳定，以使其类似于常规能量系统。ESS 也能够额外提供电力，使电力生产和使用分离。ESS 为可再生资源提供可靠性，因为能量间断性会对电力操作安全性、稳定性、可靠性产生多重影响。

真实的能量存储系统包括：泵抽水电存储；电池［锂离子电池、钠硫（NaS）电池、铅酸电池、镍镉电池、钠镍氯化物、流动电池］；燃料电池也称可再生能源能量存储的电力-气体技术。

燃料电池是未来氢经济发展的主要推进技术。燃料电池也能够作为间接能量存储系统。燃料电池属于化学能量装置家族。其结构特征几乎完全类似于电池能量存储装置，但操作模式不同，在这个意义上燃料电池消耗燃料（主要是氢气，合成气、甲醇、乙醇和其他烃类也已经使用，由外部供应系统供给）产生电力。如果存储氢气来确保连续供应，则其构型称为可再生燃料电池（RFC）。使用这个 RFC，系统装置操作行为在现象上类似于一个电池系统，因为当需要时存储的氢能够释放产生电力。燃料电池能够作为清洁能源使用。在燃料电池中，水、热量和电力是从池中化学反应产生的。反应物流进燃料电池和反应产物流出燃料电池，而电解质置于电池的两个电极之间。NASA 首先开展和证实了燃料电池（FC）的商业发电应用，在航天飞船和其他空间事业中使用。联合技术公司（UTC）和 Francis Thomas Beacon 开发了各种容量 FC 供美国商业组合发电目的使用。最近的发展也企图使用混合 FC/锂离子电池为航空器供电，也已经在西班牙由波音公司的研究和技术中心（BR&TE）所证明。

9.1.1.3　未来能量网络

现在全球能量供应主要依赖于化石燃料。由于人口膨胀和经济增长，如果继续现在能量供应和使用模式及趋势，化石燃料将在可预见的年份内耗尽。另外，化石燃料的使用排放 CO_2、SO_2、NO_x 和其他颗粒物质。这些排放制造气候变化和城市空气的污染，这是人类面对的环境和经济挑战。对发展中国家如中国，这是特别重要的，因为要面对增加的能量供应、安全问题和城市污染，而能量需求是随经济增长快速增加的。在发达国家，老化的电力网络公用基础设施，使安全性、可靠性和供应质量都大大降低。这些事情已经强烈要求每个国家和经济体为智慧能量网的研发，也即可再生能源的可持续能量网络，采取具体行动。

传统电网主要基于以高电压传输系统连接的大中心发电站，它们供应电力给低压区域的分布系统。中心的大中心发电站燃烧化石燃料，如煤炭和天然气来产生电力，同时产生大量排放物。随着化石燃料价格的上升和为满足温室气体排放限制要求，在电力供应系统中使用比较清洁的可再生能源，如太阳能、风能、波浪能和水电等的兴趣不断增加。这些低碳可再生发电技术能够以小规模分布式发电（DG）部署于接近终端使用者或者作为大规模发电站（位于远离需求中心的地区）使用。大多数可再生能源发电显示有高的间断性（不连续性）。当有很大数目且高度间断性的小规模 DG 合并进入现有的电网中时，对电网操作可能产生巨大的挑战，如电力流动反转和线频率及区域网电压的大幅波动等，这些可能导致灾难性的停电。另外，增加 DG 和信息技术的使用，使顾客能够积极与电网相互作用，使提高需求方的效率成为可能。这些特征要求能量网络的新型拓扑与控制设计。图 9-2 给出了未来能量供应系统的示意构型。描述未来能量供应系统的最重要关键词是"可持续"。一个可持续能量网络的主要嵌入特征是可再生能源、能量效率和清洁。这个特征意味着可再生能源能量能够在合理短的时间周期内补充上，以至于它能够为我们连续地提供能量。与传统电网比较，未来能量网络（图 9-2）与很多可再生能源，如太阳能、风能、波浪能、潮汐能、水电和生物质能等都已经集成。可再生能源的使用贡献于能量安全性和降低对化石燃料资源的依赖，也为缓解温室气体排放提供机遇。另外，以可持续能量网络形式更加有效地转换和利用能量，确保在能量密集型产品的公平可利用性和为所有人提供服务之间保持动态和谐的平衡。未来能量网络的显著特征，部署和使用大量分布式能源（DER），安装于使用能量的顾客附近。如图 9-2所示，多种类型 DER，包括燃料电池、电池、光伏（PV）、太阳能热发电、建筑物集成光伏（BIPV）、微透平、风力透平、小水电机组、潮汐发电站等，被集成在网络中。除了小规模分布式发电外，大规模中心发电站技术，如 IGCC 或 IGFC、生物质发电、太阳能集热发

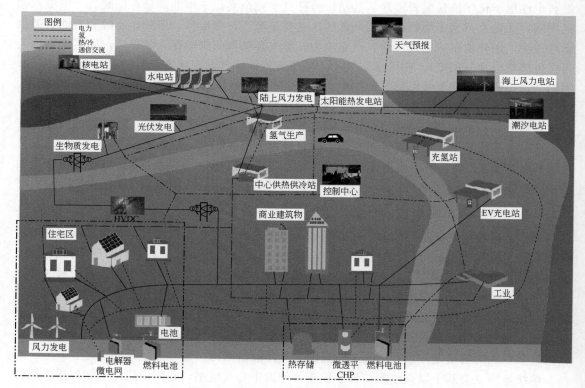

图 9-2　未来能量供应系统的示意构型

电、风电农庄、水电和核电等，也在未来能量网络中起着重要作用。这些技术的普遍特色是"清洁"，对地球是生态友好的。国际能源署（IEA）概念性地按照技术成熟程度把可再生发电技术分成三类。第一类发电技术，包括水电、生物质燃烧和地热发电及供热。这些技术出现于19世纪晚期的工业革命时期，水电和地热发电及供热在未来能量网络中广泛使用。第二类发电技术，包括太阳能供热和供冷、风力发电、现代形式的生物能和太阳光伏技术。这些技术现在已进入市场，这是20世纪80年代以来的研究、发展和示范（RD&D）投资的结果。第三类发电技术仍然处于发展之中，包括先进生物质气化、生物炼制技术、太阳能集热发电、热干岩石地热能和海洋能。第一类和第二类技术已经进入市场，而第三类发电技术仍然处于发展早期或示范阶段，它们严重依赖于长期研发工作。把这些发电技术集成到常规网络构架中是一个挑战性任务，而电网能够支持部署这些"清洁"发电技术，因为使用的是先进电力电子技术、存储、控制和信息技术。智慧电网技术通过提供实时系统信息为电网系统水平提供比较有效的操作，使主动参与的发电机、顾客和操作者都能够管理发电、需求电力和管理电力质量，因此增加系统灵活性和保持无定形与平衡。美国 DOE 已经定义智慧电网技术和未来能源网络（由电网、供热网和燃料网组成，见图1-8）的七个基本特征：①顾客参与。这是一个重要特征，使智慧电网区别于常规电网。在常规电网中，顾客几乎很难与电网相互作用，仅仅起着使用消耗电力的作用。然而，在智慧电网中，顾客也能够成为功率发生器，在能量网络中起源的作用。顾客可以获得电网状态的信息，使他们可以对卖电力给电网或从电网购买电力的时间做最好的选择。这可为顾客和电网带来实实在在的好处。顾客节约他们的能量支出，而电网赢得的是获得好的电力质量和操作稳定性。②容纳所有的电源种类和储能方式。智慧电网集成了分散的资源，以"插入和拔起"连接电网，使使用可再生资源的清洁发电技术能够安排部署。未来能量网络的构型由很大数目分布发电机组和存储、微电网和多个中心发电站组成。能量可以化学能（例如电池、氢）、热能（例如热量存储）、机械能（压缩空气）和重力能（泵出水能）等形式存储。③能够开发新产品、新服务和新市场。未来能量网络对所有发电机组提供可接近的市场，能够正确确认废物源和无效性，并帮助推动使之清除出系统，同时为顾客提供新选择，如绿色电力产品和新一代电动车辆。这类开发竞争环境能够为小容量发电机组提供市场机遇，使之能够更加有效利用和分布，降低电力传输的拥塞和损失，提高系统的可靠性和有效性。④为数字经济提供高质量电力。数字经济说明在家里和商业部门使用电子设备非常广泛。电力质量是配送电力有用性的一个计量和测量。智慧电网提供高水平的电力质量，帮助顾客跟踪、诊断和应答电力质量缺陷，因此能够使顾客更好管理他们的家用电器和能量使用，避免发生生产率的损失，降低使用的能量成本。差的电力质量肯定会使顾客遭受损失。⑤优化资产的利用和有效运作。智慧电网使用信息和通信技术，以自动方式收集和作用于信息，允许操作者实时优化系统可靠性、资产利用和安全性，达到为最小成本的电网操作、更少设备失败和更安全操作提供希望的建议。⑥预测和应答系统的扰动（自愈）。智慧电网进行连续的自评估、检测、分析和应答扰动，而无须技术人员的干预。系统能够通过检测故障组件、离线确定、替换所确定的系统组件，且没有明显的截断。这个特征最大化系统的可利用性、生存性、可维护性和可靠性。⑦具有自我保护能力。它确保系统有抗击自然灾害的操作弹性，自我保护就是建立可靠信誉的能力，在两个方面预测、检测和恢复攻击影响：a. 防范相关问题的系统，这些问题由恶意攻击或级联故障（自我修复措施未被纠正的）引起；b. 基于传感器的早期报告预测问题和为避免或缓解应采取的措施。

9.1.1.4　作为能量存储技术的燃料电池/电解池及其作用

可逆燃料电池又称为再生燃料电池，既可作为燃料电池也可作为电解池的系统。实际上电解池和燃料电池是分开的两个装置，虽然它的基本组件是一样的，只是操作模式相反。燃料电池从燃料直接生产电力（和热量），而电解池则是利用电力（电解水）生产燃料（氢气），用以存储能量。因此可逆燃料电池的最重要应用是作为能量的存储装置，这对可再生能源的利用是特别重要的。因为绝大多数可再生能源都具有间断性，对实际使用很不利。因此必须配备能量存储装置，而再生燃料电池存储能量具有突出的特点，在可再生能源利用中具有不可替代性。

能量存储和转化是能量生产和能量消费步骤间的一个非常重要的步骤。传统化石燃料是天然的不可持续的能量存储介质，仅有有限的储量但产生臭名昭著的污染问题，所以需要选择更好的技术为未来存储与利用绿色和可再生能量。燃料电池/电解器是可供选择的技术之一。它一般按照电解质和燃料类型分类，反过来这也确定了电极反应和携带电流穿过电解质的离子类型。理论上，具有化学氧化能力的任何物质都能够在燃料电池阳极上作为燃料进行电氧化，当然氧化剂必须连续供应给阴极。氢在阳极的电化学反应具有高反应性，氢能够从水使用电力电解或使用热化学水分解生产。使用的氧化剂最普通的是氧气，可容易地来自空气。值得注意的是，燃料电池与电解器有显著的相似之处。某些燃料电池反向就能够作为电解器进行操作（生产氢气），形成所谓可逆燃料电池。燃料电池/电解池的分类，最普遍的是按照池中所使用的电解质类型分类：质子交换膜燃料电池/电解池（PEMFC/PEMEC）、碱燃料电池/电解池（AFC/AEC）、磷酸燃料电池/电解池（PAFC/PAEC）、熔融碳酸盐燃料电池/电解池（MCFC/MCEC）、固体氧化物燃料电池/电解池（SOFC/SOEC）。整体集成可再生燃料电池（URFC）是使用同一个电化学池的可再生燃料电池的紧凑版本，是可胜任这个任务的技术。URFC能够经由电解模式生成氢气以存储剩余能量，以燃料电池模式输出功率以满足不同的消费需求。这样的可逆系统具有若干突出优点，如高比能量、无污染，最重要的是有额定功率脱偶（也即分离）的能量存储容量。基于所使用的不同电解质，可利用的URFC技术仅包括最普通的质子交换膜（PEM）基URFC以及其他类型URFC，如碱燃料电池（AFC，一般使用液体电解质）和固体氧化物燃料电池（SOFC）。因此，这里重点介绍PEM基URFC。PEM基URFC已经在航天和地球领域中应用。但是，在大规模应用时需与其他能量存储技术竞争，它们的成本和效率仍然是障碍。

如图9-3中所示，可逆再生燃料电池（RFC）由三个主要部件组成：产生电功率的燃料电池、生产燃料氢气的电解池和存储燃料的部件。另外，对完整的闭合RFC系统也附加有氧存储部件。当与可再生功率源匹配时，电解器能够利用多余和低质量的功率输入来分解水生产氢气，同时在功率输出期间氢燃料流回到燃料电池生产并输出稳定的电功率。为使系统比较紧凑，燃料电池部件和电解器部件能够集成为统一的单一电化学池，交替实现燃料电池和电解器功能，如图9-4所示。这个整体集成化的再生燃料电池（URFC）与常规分散RFC比较，具有若干优点，如较低投资成本、简单紧凑结构、较高比能量、无须辅助加热单元等。

直到现在为止，仍然广泛使用次级电池来达到存储能量的目的，由于电池有高的往返效率（约80%）。但是，它们的缺点也是明显的：①次级电池的耐用性不强；②当面对深度循环时，它们的比能量受重量的影响；③能量存储容量和额定功率的紧密联锁使次级电池放大的有效性不高。为解决③的问题，可选择使用氧化还原流动电池（RFB）。与常规次级电池把化合物存储于池内不同，RFB利用的是溶解于电解质溶液中的电化学反应物，这被存储在外部的储槽中，于操作期间在电极表面进行循环。按这个方式，RFB 的存储容量和额定功率是被分离的。通过放大电解质储槽，其电池容量是容易增加的，而额定功率可通过增大电极表面积或通过池堆来增大。但是，在系统中所含的本体电解质溶液使 RFB 的比能量比较低。类似于 RFB，URFC 也需存储燃料和氧化剂，一般是氢和氧，也存储于外部分离的气体储槽中，所以 URFC 的存储容量和输出功率也是分离的，而它们的比能量要比 RFB 远高得多（由于没有液体电解质），约 0.4～1.0kW·h/kg（包括氢和氧气体储槽的质量）。另外，URFC 能够总体放电和充电，不会危及耐用性（与次级电池比较）。这些优点使 URFC 与次级电池和 RFB 是可比较的，竞争力是很强的。但是，由于氧还原反应较慢，URFC 的往返效率一般要低于电池。其他如高成本、氢存储和相对低的技术成熟度，也阻碍了 URFC 的应用。

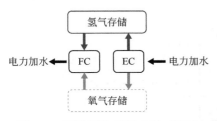

图 9-3　可逆再生燃料电池（RFC）

图 9-4　整体再生燃料电池（URFC）

与燃料电池的分类相同，URFC 也是按它们所用的电解质分类，有整体再生质子交换膜燃料电池（UR-PEMFC）、整体再生碱燃料电池（UR-AFC）、整体再生固体氧化物燃料电池（UR-SOFC）和整体再生微流体燃料电池（UR-MFFC）。不同类型 URFC 间的基本差别是所用电解质，它们传输的不同离子以连接两电极的氧化和还原反应。图 9-5 给出以两种模式操作的低温操作型 URFC 的示意描述，即 UR-PEMFC 和 UR-AFC，前者电解质中传导的离子是 H^+，后者的传导离子是 OH^-；而图 9-6 中的高温操作型的 UR-SOFC 可利用两种离子即 O^{2-} 和 H^+ 来传导。另外，在表 9-1 中对不同 URFC 技术做了简略的比较，包括它们的主要特征、工作温度、往返效率和技术状态。

表 9-1　各种类型 URFC 技术间的比较

URFC 类型	电解质	主要特征	工作温度/℃	往返效率/%	技术状态
UR-PEMFC	PEM	贵金属催化剂	20～100	40～50	成熟
UR-AFC	碱溶液	非贵金属催化剂	20～120	30～40	发展中
UR-SOFC	传导质子陶瓷 传导氧离子陶瓷	高温操作，高能量效率，非贵金属催化剂	500～100	60～80	发展中
UR-MFFC	酸/碱溶液	无膜结构，低投资成本	20～80	60（对钒物种）	早期阶段

9.1.2　整体再生质子交换膜燃料电池（UR-PEMFC）

随着对质子交换膜燃料电池（PEMFC）的大量研发努力，使它成为最具发展前途的燃料电池技术之一，它出现于 20 世纪 60 年代早期。在温和反应条件下，即 20～100℃和中等压力下，可把燃料如氢、甲醇、乙醇等中包含的化学能直接转化为电能。这个转化反应的逆反应就是水电解生产氢燃料，使用所谓的质子交换膜电解池（PEMEC）装置也是可能的，而且与 PEMFC 是同时期提出的。

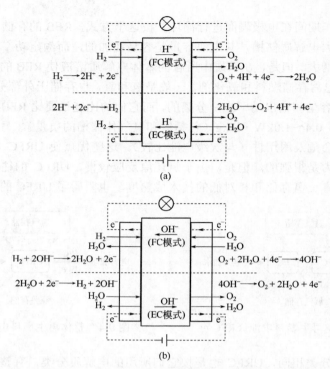

图 9-5　以 FC 和 EC 模式操作的低温型 URFC 的示意图

（a）UR-PEMFC；（b）UR-AFC

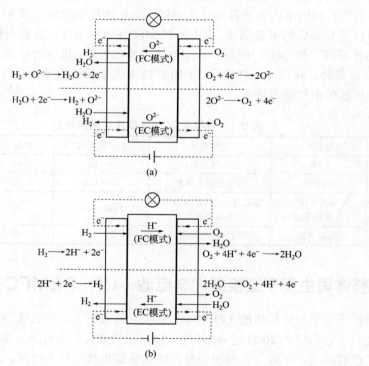

图 9-6　以 FC 和 EC 模式操作的高温 UR-SOFC

（a）氧离子传导电解质；（b）质子传导电解质

利用燃料电池和电解池这两个装置的一个可能方式是把它们组合到一个系统中，也就是再生质子交换膜燃料电池（R-PEMFC）。电解池组件以氢燃料方式存储多余电能，而燃料电池组件利用存储氢输出电能。为使系统比较简单和比较紧凑，PEMFC 组件和 PEMEC 组件可进一步集成为一个双功能电化学池，即整体再生质子交换膜燃料电池（UR-PEMFC），这类装置也是在 20 世纪 60 年代早期提出，并在 1973 年成功应用于太空任务试验。

自第一次出现以来，UR-PEMFC 已经获得了巨大的成果，因为它比其他能量存储技术有更出色的优点，高得多的比能量（$0.4 \sim 1.0 kW \cdot h/kg$）、长期存储能力（由于消除了自放电），最重要的是，功率输出和能量存储容量间是分离的。因此，使 UR-PEMFC 的实际应用变得可行。20 世纪 90 年代晚期，劳伦斯利弗莫国家实验室（LLNL）对 UR-PEMFC 池性能和循环稳定性做了很多研究和发展工作，使用的催化剂负荷（$1mg/cm^2$）相对较低，但在 2010 次循环中其降解可以忽略。LLNL 还设计了重量轻的压力容器以提高系统比能量。关于商业应用，质子能量系统公司已经发展它们的产品 UNIGEN，它能够具有以电解模式操作电解池和以燃料电池模式操作燃料电池的功能。尽管做了这些巨大的努力，但 UR-PEMFC 仍然尚未有大规模的商业应用。必须继续努力进一步提高它们的性能、循环稳定性、往返能量效率和进一步降低成本。

UR-PEMFC 的组件与 PEMFC 基本类似，由质子交换膜、（双功能）氢催化剂（BHC）、（双功能）氧催化剂（BOC）、气体扩散层（GDL）和双极板（BP）构成。UR-PEMFC 的材料研究一般也使用 PEMFC 材料，在新近研究中已经取得令人瞩目的进展。而对电极构型、单池池堆以及其他系统，如燃料和水管理的研究工作也有不少进展。表 9-2 中总结了文献报道的 UR-PEMFC 示范样机，也给出了它们的池参数和性能指标，如催化剂/电解质/GDL 材料、操作温度、峰功率密度（PPD）、往返效率和循环稳定性。可以看到，总的来说性能指标不是很好，离实际使用的要求差得比较远。图 9-7 给出 UR-PEMFC 单池主要组件示意图，包括 Nafion 膜和夹住它的阳极和阴极催化剂层、GDL 和 BP。另外，图中也包括在催化剂载体上催化剂分散、沉积层结构、GDL 层结构和商业 BP 的显微照片。图 9-8 给出了 UR-PEMFC 的两种不同电极构型：H_2-O_2 构型和还原-氧化构型。

表 9-2　各种 UR-PEMFC 样机概述

序号	BHC 和 BOC	电解质	温度/℃	功率密度/(W/cm²)	往返效率/%	稳定性
1	Pt 0.4mg/cm², Pt-IrO₂(1∶1) 0.4mg/cm²	Nafion 115	80	—	400mA/cm² 时 40.9	稳定 4 次循环
2	Pt 8～10mg/cm², Pt-(10～30)%（摩尔分数）IrO₂ 8～10mg/cm²	Nafion 115	80		300mA/cm² 时 49 500mA/cm² 时 42	—
3	Pt, Pt/(20%，原子分数) IrO₂	Nafion 115	80		300mA/cm² 时 51	
4	Pt 2～4mg/cm², Pt-(10%，原子分数)Ir 2～4mg/cm²	Nafion 115	80		200mA/cm² 时约 50	
5	Pt 4mg/cm², Pt-Ir(1∶1) 4mg/cm²	Nafion 1135	60	—	200mA/cm² 时 53 500mA/cm² 时 46	稳定 3 次循环
6	Pt 4mg/cm², Pt-Ir(99∶1) 4mg/cm²	Nafion 1135	60		200mA/cm² 时 53 500mA/cm² 时 47	
7	Pt/C 0.4mg/cm²（以 Pt 计），25RuO₂-25IrO₂/50Pt 2mg/cm²	Nafion 115	80		400mA/cm² 时 50 500mA/cm² 时 43	在 0.4A/cm² 或 0.5A/cm² 稳定 10 次循环

续表

序号	BHC 和 BOC	电解质	温度/℃	功率密度/(W/cm²)	往返效率/%	稳定性
8	Pt 0.5mg/cm², Pt-Ir(85∶15) 4mg/cm²	Nafion 112	70~75		500mA/cm² 时 49 1000mA/cm² 时 41	500mA/cm² 稳定 4 次循环（120 h）
9	Pt/C 0.2mg/cm²（以 Pt 计），5Pt-95Ir/100 Pt 1mg/cm²	Nafion 212	80	1.16		
10	Pt 0.5mg/cm²，85Pt/TiO₂-15Ir/TiO₂ 1mg/cm²（以 PtIr 计）	Nafion 112	75	0.93	500mA/cm² 时 50.3 1000mA/cm² 时 42.2	
11	Pt/C 0.5~1mg/cm²（以 Pt 计），Pt₄.₅Ru₄Ir₀.₅ 3~5mg/cm²	Nafion 115	80			水电解操作后 FC 性能降低
12	Pt/C 0.3mg/cm²（以 Pt 计），Pt/IrO₂(1∶1) 0.5mg/cm²	Nafion 115	室温	0.1	50mA/cm² 时 47 100mA/cm² 时 37 200mA/cm² 时 30	1.8V 稳定 100h，FC 性能不变
13	Pt 0.5mg/cm²，Pt/TiO₂	Nafion 112	75	0.94		在 1.2V，200h 非常稳定
14	Pt 0.25mg/cm²，Pt/石墨碳 0.25mg/cm²（以 Pt 计）	Nafion 212	—	0.19	100mA/cm² 时 37.5	在 100mA/cm² 稳定 4 次循环（56h）
15	Pt/C 0.4mg/cm²（以 Pt 计），Pt/IrO₂(1∶1) 0.5mg/cm²	Nafion 115	80	—	50A/g 时 48，100A/g 时 43，200A/g 时 31	在 FC 模式 0.6V 和 1.55 V EC 模式 400min 可接受稳定性
16	Pt/C，Pt-IrO₂ 2.1mg/cm²（以 Pt 计），0.9mg/cm²（以 IrO₂ 计）	Nafion 115	80	0.484	100mA/cm² 时 60.3 300mA/cm² 时 52.1 500mA/cm² 时 44.2 700mA/cm² 时 37.8	
17	Pt 4mg/cm²，Pt-Ir 4mg/cm²	Nafion 112	70.90	—	—	FC 模式 2A/cm²，降解速率 0.6mV/h；EC 模式 0.3A/cm²，降解速率 0.13mV/h
18	Pt 0.8mg/cm²，Pt-IrO₂ 2.2mg/cm²（以 Pt 计），1.7mg/cm²（以 IrO₂ 计）	Nafion 115	20，40，60，80			25 次循环性能稳定（75h）
19	Pt 0.2mg/cm²，Pt-Ir(1∶1) 2mg/cm²	Nafion 117	5，25，50，80			PTFE 处理 Ti GDL 达到更好稳定
20	Pt/C 0.5mg/cm²（以 Pt 计），Pt/IrO₂ 0.5mg/cm²（以 Pt 计），0.5mg/cm²（以 IrO₂ 计）	Nafion 1035	80		100mA/cm² 时约 60 800mA/cm² 时 42.1	
21	Pt 0.7mg/cm²，Pt-IrO₂ 0.73mg/cm²（以 Pt 计），0.73mg/cm²（以 IrO₂ 计）	Nafion 1135	80~85，95			仅达到短时间稳定
22	Pt 0.38mg/cm²，Pt 0.38mg/cm²	聚吡咯/Nafion 复合物膜	80			
23	Pt 3~4mg/cm²，Pt-Ir 3~4mg/cm²	Nafion 115	室温	—	50mA/cm² 时 44 100mA/cm² 时 35	稳定 3 次循环
24	Pt/C 0.5mg/cm²，Pt-Ir(85∶15) 3~4mg/cm²	Nafion 115	80		500mA/cm² 时约 46.5	用 16mg/cm²PTFE GDL 达到 4 次循环的好稳定性
25	Pt/C 0.5mg/cm²，70%Pt-IrO₂ 3mg/cm²	Nafion 112	80			在 300mA/cm² 稳定 20 次循环（40h）

序号	BHC 和 BOC	电解质	温度/℃	功率密度/(W/cm^2)	往返效率/%	稳定性
26	Pt/C 0.5mg/cm^2（以 Pt 计），70%Pt/IrO$_2$ 3mg/cm^2	Nafion 112	80			在 200mA/cm^2 稳定 15 次循环（60h）
27	Pt，Pt-IrO$_2$	Nafion 115	80			
28	Pt，Pt-IrO$_2$	Nafion 115	80			
29	Pt，Pt/TiO$_2$-Ir/TiO$_2$ 1mg/cm^2	Nafion 212	80	0.93	在 0.5A/cm^2 时 50.3 在 1A/cm^2 时 42.2	0.7V FC 模式和 1.5V EC 模式稳定 9 次循环（36h）
30	Pt/C 0.5mg/cm^2（以 Pt 计），85%Pt/Ir 4mg/cm^2	Nafion 112	75			比碳基 BP-URFC 降解速率低至 1/5
31	Pt/C 0.5mg/cm^2（以 Pt 计），85%Pt/Ir 4mg/cm^2	Nafion 112	75			在 300mA/cm^2 稳定 4 次循环（100h）

注：对 BOC，A-B 意味着是混合 A 和 B，而 A/B 意味着是 A 负载在 B 上。

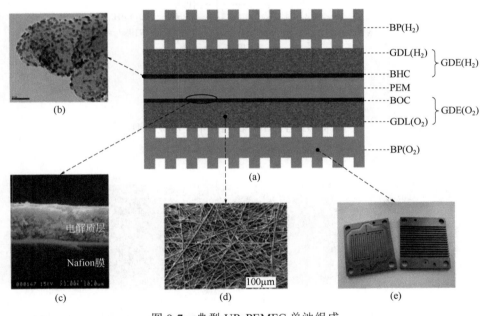

图 9-7　典型 UR-PEMFC 单池组成

（a）主要池组件；（b）负载在碳上的 Pt 照片；（c）在 PEMFC 基底的催化剂；（d）碳布 GDL；（e）商业 BP

9.1.2.1　UR-PEMFC 池堆和系统

与 PEMFC 一样，单池 UR-PEMFC 的能量存储速率和功率输出能力不足以满足实际需求，因为低池电压和有限的电极面积。必须串联或并联连接多个 UR-PEMFC。多个单池串并联在一起以提高电力产生速率和功率输出水平。图 9-9 显示的是池堆真实样机，包括 Proton Inc.、LLNL、Lynntech Inc.等公司的池堆产品和 Sone、Grigoriev 等和 Millet 等的实验室池堆产品。表 9-3 中总结了一些池堆示范样机的主要特色和性能，包括单池参数和池堆设计。

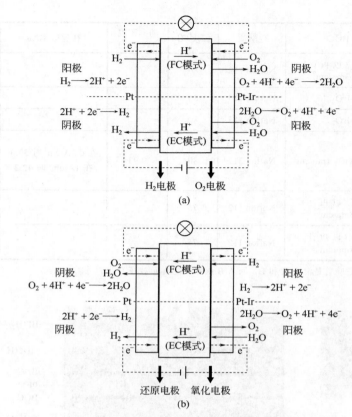

图 9-8　UR-PEMFC 的两种不同电极构型

（a）H_2-O_2 电极构型；（b）还原-氧化电极构型

图 9-9　UR-PEMFC 池堆

（a）实验室池堆；（b）商业池堆

表 9-3　一些 UR-PEMFC 池堆性能

序号	池堆特征	单池特征				温度/℃	OCV/V	性能	稳定性
		RHC	电解质	BOC	面积/cm²				
1	6 池串联,分享膜,氢存储合金	Pt/C（40%,质量分数）0.4mg/cm²	Nafion 112	Pt-IrO₂（60：40,质量比）0.7mg/cm²	1	25	4.9	在 2.2V 74.8mV/cm²	10 次循环好稳定性
2	17 池串联,封闭体系			Pt-IrOₓ	28.5	高于 25	约 18	FC 模式 12V 时 15A；EC 模式 28V 时小于 30A	
3	7 池串联,还原和氧化电极	Pt/C（HER 或 ORR）	Nafion 1135	Pt-Ir（1：1,质量比）（HER 或 ORR）,1mg/cm²	256	80	约 6.5	在 0.5A/cm² 时往返效率 30%	
4	2 池,还原和氧化电极	0.8mg/cm²		Pt-Ir（1：1,质量比）（HER 或 ORR）,1mg/cm²	250	80	约 1	EC 模式,在 0.5A/cm² 时往返效率 80%	数百次操作循环后观察到降解

例如,设计了一个板式 6 池 UR-PEMFC 池堆作为小功率电源。在 EC 模式下,产生的氢能够存储于储氢合金中,以作为 FC 模式操作时的燃料。结果说明,有高的池堆开路电压（OCV）4.9V,最大功率密度 74.8mW/cm²。关于耐用性,池堆仅能够在 20mA/cm² 下工作 40min,因受氢存储容量的限制。循环实验证明,池堆电压在 10 次循环操作中是恒定的。Takasago Thermal Engineering Co. Ltd 制造了一个 100W 级的示范 URFC 池堆。该池堆由 17 个串联的池构成。FC 模式操作时,在 28V 时额定电流水平为 30A；每一个单池性能在两种工作模式下是非常均匀的：在 40～60℃操作时的池电压差别小于 20mV。基于"还原和氧化电极构型"发展了 7 池 UR-PEMFC 池堆,在 80℃试验达到的额定电功率在 EC 模式为 1.5kW,在 FC 模式为 0.5kW。在 0.5A/cm² 时,EC 模式操作的平均池电压为 1.74V,而 FC 模式为 0.55V,往返效率 30%。对 GenHyPEM 项目（2003～2008 年）,也是基于"还原和氧化电极构型"发展了 2 池 UR-PEMFC 池堆,两种模式操作的性能非常接近于测量的单个燃料电池和电解装置数据,但在以 EC 和 FC 模式交替操作时性能仍不够好。

如图 9-10 中所示,集成 UR-PEMFC 系统比单独池堆更为复杂,包括了其他辅助组件,如气体存储、压力控制、水存储、热管路、系统控制界面等。所以,除了单池和池堆优化外,其他系统构型也需要仔细考虑,其中,热量和水管理是特别重要的,以确保 UR-PEMFC 系统的温度操作。

为了保持 UR-PEMFC 中有恒定工作温度,在 FC 和 EC 模式操作时产生的废热应该有效地从池中移去,一般由热交换器或散热器完成。然而,这类装置是要降低系统比能量和引起伴生功率消耗的。可应用散热环路替代外热交换器或散热器,这时盘绕在气体容器上并有薄层导热复合物覆盖,以把池中废热传输到作为系统散热器的气体容器表面。这类新散热器不仅重量轻而且消耗的伴生功率小,也可作为再生气体干燥器/湿化器使用,用以干燥在 EC 模式操作时产生的气体和在 FC 模式操作时的湿化反应物气体。

水管理是 UR-PEMFC 系统中的一个重要事项,但它十分复杂。一般说来,以 FC 模式操作时为防止水泛滥,需要的是疏水环境；而以 EC 模式操作时则要求亲水环境以为电解反应提供足够的水。所以,在催化剂层和 GDL 中的疏水 PTFE 和亲水 Nafion 间应该做精确的平衡,特别是对氧一边,因以 FC 模式操作时那里产生水而 EC 模式操作时消耗水。已经发现,

PTFE 含量会影响 FC 性能，而 Nafion 含量会影响 FC 和 EC 性能。经验指出，5%～7%（质量分数）PTFE 和 7%～9%（质量分数）Nafion 是最合适的比例。从池性能和长期稳定性观点看，电极中加入 5%（质量分数）PTFE 被认为是优化值。在考虑 FC 和 EC 性能时，在 GDL（氧一边）中的 PTFE 量为 26.95%。得到这些不同的结论可能的原因是，各个研究工作中所使用的催化剂组成和电极结构不同。这明确地指出，合适的 PTFE 和 Nafion 比，对特定 UR-PEMFC 系统需要特别确定。除了这以外，膜电解质中的水含量对其离子电导率具有很大的影响，它紧密地与池热量管理相关联。一般讲，反应热应该从 MEA 中有效地移去，以防止温度升高，也就是要利用双极板（BP）的高热导率。否则膜电解质容易脱水，导致高欧姆电阻和恶化池性能。

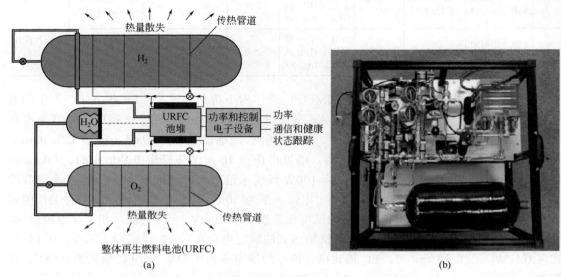

图 9-10　UR-PEMFC 系统

（a）示意模型；（b）实际系统

9.1.2.2　UR-PEMFC 的应用

如图 9-11 中所示，URFC 能够潜在地应用于不同领域，作为能量存储和转化装置，包括航天和航空、可再生能源、功率供应、运输和便携式应用。在所有这些领域中，URFC 特别适合于在航天宇航领域中应用。飞行器的质量要求是极其苛刻的，可应用 URFC 来最小化，利用它们获得高比能量。在远离电网的遥远地区，URFC 能够与太阳能/风能集成。考虑到它们产生电能的间断性，URFC 能够帮助太阳能/风能有稳定的电力输出，通过以 EC 模式存储太阳能/风能和以 FC 模式输出稳定的电能。关于功率供应，URFC 能够作为电网供应的补充，以平衡峰和谷期间的不同功率需求，或作为备用功率/不间断功率供应（UPS）系统使用（当离网时）。另外，它们也具有在电动车辆中普及应用的潜力，因为具有零排放。

直到现在，大多数报道应用的 URFC 是 UR-PEMFC，因为它们有较高的技术成熟度（与其他 URFC 技术比较）。但是，由于它们相对高的成本，现时的大多数应用仍然限制于航天和军事领域。类似于 PEMFC，UR-PEMFC 池堆的主要成本基本上是由昂贵池组件贡献的，包括 PEM、贵金属催化剂和金属 BP。其次，工厂平衡成本（BoP）也占系统总成本的一半多，包括燃料、氧化剂、水、热量等的管理。更有甚者，UR-PEMFC 在 FC 和 EC 模式间的连续循环可导致组件较快的降解速率，因此缩短了使用寿命，这进一步增加了组件维护替代成本。所以，UR-PEMFC 现在主要应用于可耐受高成本的领域。为了提高它们的民用普及率，要求用价格便宜的新组件替代昂贵的池组件，BoP 也相应下降。另外，它们的循环稳定性也应该提高，以达到更长的使用寿命。

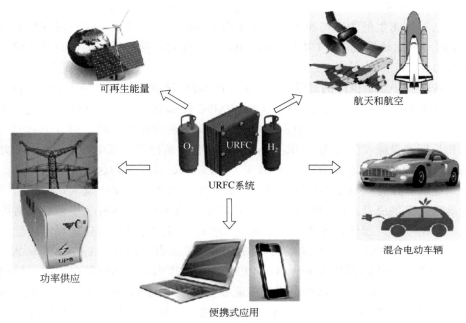

图 9-11 URFC 在各个领域中应用的示意表述

研究人员为 UR-PEMFC 的民用目的进行了有意义的尝试性研究，如在可再生能源、电网补充和汽车应用中是能够看到的。由于一些文献中 RFC 和 URFC 无法区分，因此可以考虑 RFC 和 URFC 可替代性的潜在利用。

（1）航天和航空 燃料电池，如 PEMFC 和 AFC，在航天领域中作为辅助功率源已经有长期的应用。至于 URFC，因加入了电解功能使其能够更好满足不同的需求，特别是对地静止卫星、太阳能飞行器和高空长航时飞行器。在 20 世纪 60 年代早期，Apollo 项目的专利涉及 UR-AFC，在 90 年代，为航天和航空目的做了公开报道。此后，有愈来愈多的报道涉及 UR-PEMFC 在这个领域中的应用。

2004 年，康涅狄格州分布能量系统为高纬度飞艇发展数千瓦容量的封闭环轻重量 RFC，使用电化学生产加压氢和氧，无须再机械压缩。2006 年，NASA Glenn 研究中心也示范了在太阳能电飞行器中应用的封闭环 RFC。该 RFC 能够存储输入的电能和稳定输出 5kW 功率至少 8h。对各种不同操作模式的转换也成功地进行了示范。在 2010～2011 年，日本工业联合大企业 IHI 与波音公司合作生产了 RFC 样机，作为航空器引擎发电机的辅助电源供应者。该 RFC 能够帮助优化飞行器的电力生产，降低能量供应需求并使能量系统重量减轻很多。

针对短放电时间或低功率需求任务，到目前次级电池仍然要比 URFC 工作得更好，因它们有较高效率，而 UR-PEMFC 中辅助设备重量相对较重与空间飞行器重量要求不相称。

（2）可再生能源 2003 年，一个加拿大合作项目发展出与可再生能源［如光伏（PV）

或风能］集成的 2kW RFC 系统以持续输出氢能。为集成 RFC、PV 和电池系统发展的太阳能-氢功率住宅应用模型模拟发现，组合 RFC、PV 和电池的混杂系统，使 PV 利用、电池功率密度和效率、能量存储容量全都增加。但是，因 RFC 的操作效率一般要低于电池，总系统效率有所下降。在墨西哥 Zacatecas 大学，为单独应用，发展了 2.5kW 混杂能源系统，包括 PV 系统、微风力透平、UR-PEMFC 和电池。同时也发展了该系统的控制策略以获得最高性能和效率，可通过选择可再生能源进料和电池自动地满足负荷需求。从经济观点对 PV-柴油系统和 PV-H$_2$ 系统进行的比较发现，用 UR-PEMFC 和金属氢化物存储的系统提供的是从成本上看最有效的解决办法。

（3）功率供应　功率供应的目的，是使 UR-PEMFC 能够连接到电网作为削峰器，或独立作为备用功率/UPS。当连接到主电网时，UR-PEMFC 能够利用夜晚电网的多余电力生产氢气并存储，而在白天，它们生产电力返回给电网以应对可能的功率短缺。得益于它们功率和容量的分离和长期能量储存的能力，UR-PEMFC 能够有效地协调区域电网。例如通信塔基地，Proton Energy System Inc 已经建造一个 5kW UR-PEMFC 系统作为这类应用的产品。在峰时期，这个系统能够作为削峰器为区域电网工作，利用多余的功率生产氢气。

至于离网功率供应器，UR-PEMFC 作为备用电源或 UPS 对各种应用也是非常可行的，如计算机、数据中心、通信设备等。产生的氢气能够长时间存储没有自损耗，通过增大氢储槽体积容易增加独立供应的燃料量，这是对不同燃料具有灵活性的备用功率装置。Proton Energy System Inc. 利用 15kW Unigen UR-PEMFC 系统作为沃灵福德镇电力部门控制室内电池系统的备用电源。在断电时，这个备用系统能够使用高压氢气以额定功率提供电力至少 8h。另外，也于 2005 年在 Mohegan Sun Casino 能源环境和教育中心建立了 4kW Unigen URFC 作为 UPS。

（4）运输　目前 UR-PEMFC 已被应用于运输，如零排放车辆（ZEV）。在峰谷时期，通过连接电网来获得氢燃料，而在高峰期间可使用存储的氢气提供电力驱动电摩托。该系统消除了内燃引擎车辆产生的污染；而与电池基车辆比较，保持有快速充燃料的能力（如果充氢公用基础设施成熟的话）。遗憾的是，现在 UR-PEMFC 的高价格阻碍它们在 ZEV 中的应用。通常的替代方案是使用 URFC-电池-引擎的混合动力车辆，这是考虑了成本有效和可能的汽油消耗下降获得的结果。在这个配置中，电池包被充电和氢燃料在夜里由 UR-PEMFC 生产。当在白天操作车辆时，首先使用电池电力，然后再用 UR-PEMFC 存储的氢气充电，最后才燃烧消耗汽油来提供动力。用这种混合电力车辆，电池包大小和 UR-PEMFC 的功率需求都可降低，因此也降低了投资成本。除了 ZEV，UR-PEMFC 也能够潜在地应用于其他运输，如大巴、船舶、飞机等。只要能够提供足够的功率都能够使用。但是，考虑到 UR-PEMFC 现在的高成本，其应用普及率很低。

UR-PEMFC 研究显示，它们在航天和航空、可再生能源、功率供应和运输领域中具有巨大的应用前景，这得益于它们的高比能量、深度循环能力以及能量存储容量与额定功率的分离。UR-PEMFC 有长期存储能量的能力以及功率输出密度高的优点。但是，直到现在，它们的应用仍然限制于航天和军事领域，由于它们的高成本组件如贵金属催化剂、PEM、BP 和 BoP 等的成本。所以，需要继续进行研究努力以发现和发展成本有效组件，以实现它们在民用领域的大规模应用。另外，现在的 UR-PEMFC 的往返效率和循环稳定性也需要进一步提高，以便能够与其他能量存储技术进行竞争。

9.1.3　固体氧化物电解池 SOEC 和可再生固体氧化物燃料电池（RSOFC）

9.1.3.1　固体氧化物电解池（SOEC）

在讨论可再生固体氧化物燃料电池（RSOFC）前，先对固体氧化物电解池（SOEC）的优点和利用做点介绍（固体氧化物燃料电池另有详细叙述），然后再介绍把两种操作模式合并的 RSOFC。

对 SOEC 的讨论，从众所周知的电池电动车辆（也称纯电动车辆）BEV 与燃料电池电动车辆 FCV 效率的争论开始。一般都认为，FCV 的油井-车轮效率要低于 BEV。但是，在基于固体氧化物电解池（SOEC）且有废热可利用于生产氢气时，该结论则相反。SOEC 操作在高温（500~1000℃）时，用消耗电力分解水生产氢气。电解的化学反应需要的电力随操作温度的增加而降低。有一个所谓热中性电压（U_m），此时输入的电力精确匹配电解反应需要的总能量。在这种情况下，电-氢转化效率为 100%。当 SOEC 的操作电压低于 U_m，必须供应热量以保持温度，这样电力的转化效率高于 100%（仅基于电力输入）。对操作电压>U_m 情形，必须从 SOEC 移去热量，于是电力效率低于 100%。所以，当 SOEC 操作在 1000℃ 时，电力-氢能量比能够潜在地高达 1.36。另外，为氢生产输入的热量可以来自太阳、地热、核能和工业过程等提供的热量。大多数光伏发电系统的效率小于 25%。聚光太阳能热发电和核发电厂的电效率受卡诺原理的限制。SOEC 与聚光太阳能热发电或核发电厂的组合使用受到研究者的青睐，因为它能够配送非常高的能量效率。

SOEC 需要在高温操作，一般在 500~850℃ 之间。电解反应在高温比较有效，但反应过程需要的部分能量可来自外热供应，热量一般比电力便宜，因此 SOEC 技术被认为比传统低温电解更加经济有效。SOEC 非常适合在有可利用热源的地区应用，例如集中太阳热、地热和核能热，它们与 SOEC 偶合能够获得相当高的效率。理论上，水电解输入电压的阈值，在标准条件下是 1.48V，它对应于电力输入为 3.54kW·h/m³(H_2)。而水在 SOEC 中的分解，对一个 45cm² 活性面积的 Ni/YSZ 负载 SOEC 池，在 900℃ 需要的输入池电压仅为 1.1V，这个输入电压对应的比功率输入为 2.63kW·h/m³(H_2)，比理论电能输入低 75%。分解水缺少的能量是以热的形式供应的。当以电能消耗定义效率时，低温电解器能够达到的效率至多为 85%，而 SOEC 在 1.1V 下的效率就高达 135%。因此 SOEC 在实际生活中普及率较高，如德国 HOT ELLY 系统达到的电效率高达 92%。根据德国 HOT ELLY 系统的分析，氢气生产总成本约 80% 是电力成本。电力成本是影响氢气生产成本的关键因素。

虽然 SOEC 还没有被商业化，但对单一和多池 SOEC 池堆，已经在实验室规模进行了实验和示范。Idoho 国家实验室（INL）已经示范一个 15kW 集成实验室规模装置，其最大产氢速率 0.9m³/h。近来，中国科学院宁波材料技术和工程研究所（NIMTE，CAS）宣布，一个含 30 个单元池（有效活性表面积 70cm²）的板式 SOEC 池堆操作的产氢速率为 0.993m³/h。在 2008 年 9 月，INL 安装了 15kW SOEC 实验室设备，该系统含 3 个 SOEC 模块，每一个模块由 4 个 60 池（大小为 10cm×10cm）池堆构成。INL SOEC 系统连续试验 1080h，平均产氢速率接近 1.2m³/h，在峰值测量的速率为 5.7m³/h。这个峰值对应于 18kW 电解功率。这指出，SOEC 是高效的，具有合理速率产氢的可行技术，且具有大规模生产氢气的放大潜力。

9.1.3.2 可再生固体氧化物燃料电池（RSOFC）

在燃料电池中，固体氧化物燃料电池（SOFC）在把氢直接转化为电力中具有最高效率（>60%），是生产电力的最清洁路线之一（由于它们低的温室气体排放）。固体氧化物电解池（SOEC）是 SOFC 的逆操作（图 9-12），它与低温电解器如碱和聚合物电解质膜（PEM）池比较也是最高效的。碱水电解器显示的效率超过 80%，PEM 可以达到 83.4%；与之比较，在 650℃操作的 SOEC 的效率约 98%。同样，高温电解比低温电解的 PEM 和碱技术更加可行（成本低，约 66%）。把 SOFC 和 SOEC 两种模式操作集中到一个装置中进行，这个装置就是所谓的可再生固体氧化物燃料电池（RSOFC），其操作原理示于图 9-12 中。

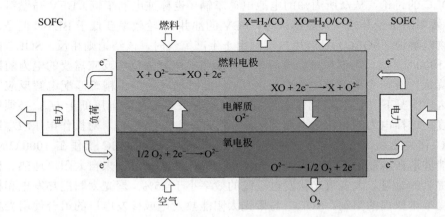

图 9-12　RSOFC 的操作原理：SOFC 和 SOEC 模式

RSOFC 的发展与可再生能源的利用密切相关。因为可再生能源系统生产电力的理想构型取决于环境和装备，它的最后能量成本可以在很宽范围内变化 [0.149~1.104 美元/(kW·h)]。比较设计证明，现在可再生能源系统在特定条件下是较少成本密集型的 [例如对太阳能-风能-柴油和柴油系统分别为 0.438 美元/(kW·h)和 0.510 美元/(kW·h)。混杂风力透平和混杂光伏板式系统的投资回收期分别为 3~4 年和 6~7 年，而使用氢，投资回收期要长一些（达 25 年），因为燃料电池、电解器和氢储槽的初始投资是很高的。但是，RSOFC 能够在单一装置中进行燃料电池-电解器操作，利用可利用的可再生资源便宜的峰谷电能剩余，用电解模式来生产氢气，这样可使可再生资源的发电成本显著下降。对混杂光伏系统，考虑以 SOEC 模式工作 2920h 和 SOFC 工作 2815.2h，1 年期的经济分析发现有比较低的电力成本 [0.068 美元/(kW·h)]。

RSOFC 是在电解生产合成燃料的同时生产电力的技术，能够很好解决可再生能源生产电力时的间断性和波动性问题，使系统的电力/燃料转化效率高达 70%。可明显看出，对可再生能源利用中的间断性问题，其解决需要有额外的技术支持，如 RSOFC，利用它还有可能降低初始投资成本。从工业观点看，SOEC 池与生产燃料的催化合成偶合，也可成为可利用的关键技术，且可成为未来可持续能源的重要技术。但 SOFC 商业化仍然需要多年的技术积累。对未来可预期，可再生能源组件的价格会下降，使相应技术变得经济可行。综合来看，这些系统具有连续操作和低污染水平的优点，但可逆固体氧化物燃料电池仍然存在不少需要解决的问题。可靠性、新材料、性能、稳定性和生产成本降低是 RSOFC 研究和发展的主要问题。

RSOFC 的进展受 SOFC 和 SOEC 技术进展的影响。SOFC 的发展已经有相当长历史，为

RSOFC 发展建立了强固的基础知识。RSOFC 由单一池构成，能够进行燃料电池和电解两种操作模式。实际上，RSOFC 的发展更多的是受限于 SOEC 技术的发展。比较而言，在 SOEC 中受的约束比较多且严格，对 SOEC 的研究与 SOFC 相比也少很多，虽然两者有许多类似性，如类似的陶瓷电解质和电极材料、类似的制造技术等。不管怎样，对 SOEC 的研究在稳步增加，近些年不仅进行了广泛研究，而且取得了显著进展。RSOFC 的发展主要是从 SOEC 研究所获进展中受益（事实上，SOEC 研究者在建立的池装置上也常常会研究以 SOFC 模式进行的操作）。但仍然有若干需要解决的关键问题是特定针对 RSOFC 的，如氧电极性能和可逆性、材料组件、池/池堆系统设计和使用于可逆操作的操作参数与集成，用以证明技术的可行性等。

　　燃料电池和电解池的设计建造通常不是针对 RSOFC 的，即分别是针对生产氢气和发电两种模式操作的。因为标准燃料电池的反向操作一般会使池性能较快降解和产生较高极化。但是，与分离的 SOFC 和 SOEC 两个系统比较，整体集成可逆燃料电池，即把 SOFC 和 SOEC 集成为单一池，能够较大幅度减轻重量和缩小体积，这对车辆和航天应用显示出巨大优势。

　　为确保有可接受的电性能、稳定性、有效性和温度的循环操作，整体再生燃料电池 URFC 一般需要进行特别建造。URFC 技术仍然处于发展早期阶段，其早期发展得到了 NASA 资助，支持 PEM 基 URFC 项目研究发展工作。NASA 资助的一个额定功率 18.5kW 的整体集成可逆 PEMFC，被安装在 Helios 上，于 2003 年在试验飞行中进行了测试。进行整体集成可逆 PEMFC 研究发展的主要机构单位有：NASA，Lawrence Livermore National Laboratory，Proton Energy Systems 和 Gine Electrochemical Systems。最新的研究是要发展组合的 URFC 和可再生能源系统。

9.2　微生物燃料电池

9.2.1　引言

　　高速人口增长和现代社会日益增长的能源需求，已经改变我们对传统上认为是废物的思维，特别是污水（WW），现在认为它们是能够用于获得有价值产品和能量的"资源"。例如，在生活污水（dWW）中，含有的能量估算为 7.6kJ/L 或人均 23W，用生物厌氧也即厌氧消化（AD）处理是回收这些能量的理想选择。在过去数十年中，已经出现新一代生物基技术，也即生物电化学系统（BES），它具有处理污水和回收能量的巨大潜力。BES 在大范围内可分类为微生物燃料电池（MFC）和微生物电解池（MEC），取决于它们是按燃料电池模式操作还是按电解模式操作（图 9-13）。有人会问：这个方法是回收 WW 能量的最方便的方法吗？虽然从经济、环境和技术前景看，MEC 似乎比 MFC 提供更实质性的优点。但是，这个叙述的可靠性极大地取决于从 MEC 获得的是什么产品（氢气、甲烷、乙醇、过氧化氢等）。氢气是优先选择，因它是许多战略工业部门的关键性资源（冶金、肥料、化学和石油化学工业等），它的高能量得率使它优先成为未来的能量载体。

　　BES 是一类电化学系统，其中至少有一个电极反应包含与微生物的电化学相互作用。最通常指的是阳极反应，也即在阳极存在有生物活性的微生物 [呼吸细菌（ARB）]，它具有在室温降解有机基质产生电子并传输给固体电极的能力。

　　图 9-13 也是 MFC 和 MEC 工作原理的示意比较。在阳极的生物电反应上，MEC 和 MFC 是十分类似的。ARB 的代谢副产物中有电子、质子和 CO_2，电子被传送到阳极和流过外电路再回到阴极。当 BES 以 MFC 方式操作时，在阴极自由的氧（或其他氧化剂）和负荷电子流

能够提供引发反应所需能量；而以 MEC 方式操作时，为引发电极反应需要的能量由外电功率源提供，因为阴极没有氧化剂。

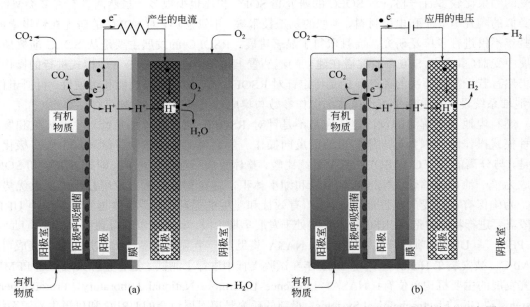

图 9-13　MFC（a）和 MEC（b）的工作原理和基本结构（两室微生物燃料电池示意图）

微生物燃料电池（MFC）是一个生物反应器，它把有机物化学键中的化学能，通过微生物在厌氧条件下的催化反应，转化为电能。很多年前就已经知道，有可能使用细菌分解有机物基质直接产生电力。新近的能源危机已经使学术研究者重新对利用 MFC 作为从生物质生产电功率或氢引发兴趣，因在该过程中是没有净碳排放（进入生态系统中）的。这导致在废水处理设施中使用 MFC 来分解有机物质以除去污染物成为现实。MFC 也能够作为生物传感器应用，如室温氧需求的跟踪。生物燃料电池的电功率输出和库伦效率受其阳极室中微生物类型、MFC 构型和操作条件的显著影响。现时，MFC 的真实应用仍然是受限制的，因为它们的功率密度是很低的（每平方米数百到数千毫瓦）。

9.2.1.1　MFC 的组成和操作原理

可再生生物能被看作是缓解现时全球变暖危机的方法之一。使用微生物燃料电池（MFC）技术，能够利用可再生资源生产电力且无二氧化碳的净排放。在 MFC 中的细菌被使用于产生电力，同时完成有机物质或废物的生物降解。图 9-13（a）是生产电力的典型 MFC 的示意图。它由质子交换膜（PEM）隔开的阳极室和阴极室构成。在 MFC 阳极室中，微生物氧化有机基质产生电子和质子，氧化产物是二氧化碳。该过程没有净碳排放，因为可再生生物质是由光合成过程消耗大气中的二氧化碳生成的。与直接燃烧过程不同，氧化产生的电子被阳极吸收并通过外电路传输到阴极。产生的质子则穿过 PEM 或盐桥进入阴极室，然后与氧结合生成水。在阳极室的微生物在氧化有机物质的异化过程中产生电子。利用这些电子产生电流是可能的，如果使微生物与氧或任何其他终端电子受体（但不是阳极）保持分离的话，也即要求阳极室是厌氧的。以乙酸为基质的典型阳极和阴极反应为：

阳极反应：　　　　　　　$C_2H_4O_2 + 2H_2O \longrightarrow 2CO_2 + 8H^+ + 8e^-$　　　　　　　（9-1）

阴极反应：
$$O_2 + 4e^- + 4H^+ \longrightarrow 2H_2O \qquad (9\text{-}2)$$

总反应是破坏有机基质生成二氧化碳和水，伴随产生电力作为副产物。近几年，相关 MFC 各个领域的研究很活跃，并已经取得快速的进展。

9.2.1.2　MFC 的发展

最早的 MFC 概念始于 1910 年，使用铂电极从大肠杆菌和酵母菌的活菌培养中获得电能。此后一直到 20 世纪 80 年代，才发现 MFC 的电流密度和功率输出，能够通过加入电子媒介使其有极大的增加（因微生物是不可能把电子直接传输到阳极的）。微生物外层的脂质膜、脂肽和脂多糖阻碍了电子的直接传输，电子媒介的加入加速了电子传输。好的媒介应该具有如下功能：①容易穿过池膜；②使电子传输链的电子载体能够抓住电子；③具有高电极反应速率；④在阳极液中有高的稳定性；⑤非生物降解对微生物是无毒的；⑥低成本。其中比较重要的是，该媒介容易在低池功率下被还原。有代表性的合成外源性电子媒介包括：染料和金属有机化合物，如天然红（NR）、亚甲基蓝（MB）、硫堇、麦尔多拉蓝（MELB）、2-羟基-1，4-萘醌（HNQ）、Fe（Ⅲ）EDTA 等。遗憾的是，合成介质的毒性和不稳定性限制其在 MFC 中的应用。真正的突破是在发现了一些微生物能够直接把电子传输到阳极以后。这些微生物能够在阳极表面形成生物膜，电子通过膜直接传输。阴极表面形成的生物膜在微生物和电极间的电子传输中同样也起重要作用。已经发现，海洋沉积物、土壤、废水、淡水沉积物和活性污泥全都是富含这些微生物的源，全都可以作为最后的电子受体，因此消除了电子媒介的使用。这不仅降低了成本，而且无媒介 MFC 在废水处理和发电中还具有一些其他优点。

9.2.2　微生物燃料电池的设计

9.2.2.1　MFC 组件

典型的两室构型 MFC，由一个阳极室、一个阴极室和分开它们的 PEM 构成，而一室构型 MFC，没有了阴极室，阴极直接暴露于空气，如图 9-14 所示。表 9-4 总结 MFC 组件和使用于构造它们的材料。

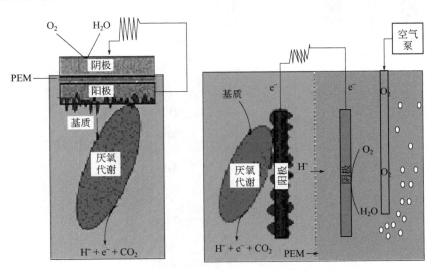

图 9-14　一室和两室构型 MFC 的示意表述

表 9-4 微生物燃料电池的基本组件

组件	材料	注释
阳极	石墨、石墨毡、碳纸、碳布、Pt、Pt 黑、组合玻璃碳（RVC）	必需
阴极	石墨、石墨毡、碳纸、碳布、Pt、Pt 黑、RVC	必需
阳极室	玻璃、聚碳酸酯、有机玻璃	必需
阴极室	玻璃、聚碳酸酯、有机玻璃	任选
质子交换系统	质子交换膜：Nafion、Ultrex、聚乙烯、苯乙烯-二乙烯基苯共聚物、盐桥、瓷器中隔，或纯粹电解质	必要的
电极催化剂	Pt、Pt 黑、MnO_2、Fe^{3+}、聚苯胺、固定在阳极上的电子媒介	

9.2.2.2 两室 MFC 系统

两室 MFC 一般使用化学介质以间歇模式操作，例如利用葡萄糖或乙酸溶液生产电力。现在两室 MFC 系统仅在实验室中使用。典型的两室 MFC 是由 PEM 连接的阳极室和阴极室构成。有时使用盐桥以利于质子移动到阴极，同时阻塞氧进入阳极。阳极室可以做成各种形状，五种两室 MFC 构型的示意图示于图 9-15 中。图 9-15（c）所示的是微型 MFC，直径约 2cm，但其功率密度是相当高的，它们可作为自主供电的传感器应用。图 9-15（d）和（e）所示的是上流模式 MFC，比较适合废水处理，因它们相对容易放大，且都使用了流动循环。但其泵流体所消耗能量成本远大于 MFC 的功率输出。所以，它们的主要功能不是生产电力而是要处理废水。图 9-15（e）中的 MFC 设计，内电阻仅有 3Ω，因阳极和阴极都极紧密地接近于 PEM 的大表面区域。研究者也设计了仅有单一电极/PEM 装配的平板形 MFC，其紧凑构型是效仿常规化学燃料电池进行设计的。碳布阴极热压在 Nafion PEM 上，与单一片碳纸

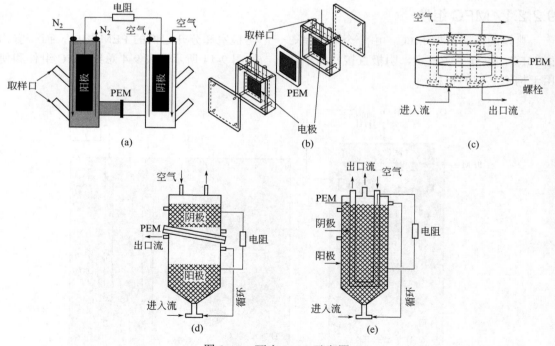

图 9-15 两室 MFC 示意图

（a）长方形；（b）长方形；（c）微型；（d）上流圆柱形；（e）U 形阴极室的圆柱形，其余是修正型

（作为阳极）接触形成电极/PEM 装配体。用两片非传导聚碳酸酯板（PEM）以螺栓把它们连接在一起，PEM 连接阳极和阴极室。阳极室能够以废水或其他有机生物质作为进料，干空气用泵泵入通过没有阴极液的阴极室，两室都以连续流动模式操作。

9.2.2.3　一室 MFC 系统

由于设计复杂，两室 MFC 要放大是困难的，尽管能够以间歇或连续模式操作。一室构型的 MFC 设计简单，成本低。单室 MFC 系统一般含一个阳极室，没有阴极室。例如，在图 9-16 中给出了不同设计的一室 MFC（SC-MFC）。由于没有阴极室，阴极液通过滴加电解质得以维持。在一室构型中，使用可持续和暴露于空气的阴极，这对 MFC 的实际可操作性是关键性的。也可以把 SC-MFC 反应器设计成使阳极和阴极都保持在一个室中。例如，有 8 根石墨棒的单一圆柱形硬质玻璃室，阳极围绕单一阴极安排在其周围构成的 MFC，如图 9-17 所示。碳/铂催化剂/质子交换膜层被融入塑料支撑管中，形成了中心多孔的空气阴极。

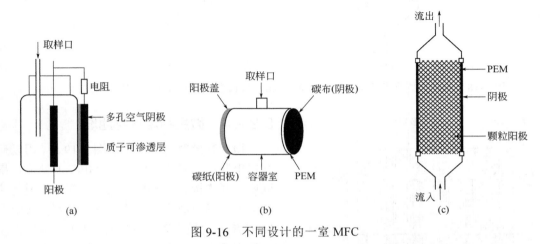

图 9-16　不同设计的一室 MFC

（a）在窗式阴极内带质子可渗透涂层的 MFC；（b）由放置在塑料圆柱室两边的阳极和阴极构成的 MFC；
（c）由外部阴极和内部石墨颗粒阳极组成的管式 MFC

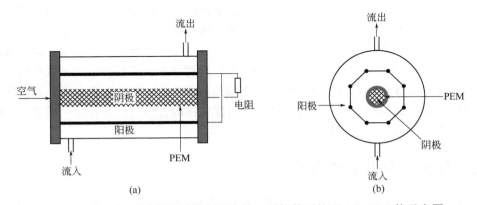

图 9-17　有 8 根石墨棒阳极集中围绕单一阴极的圆柱形 SC-MFC 的示意图

为使 MFC 能够以连续模式操作，设计了用玻璃毛和玻璃珠层把硬质玻璃圆柱体分隔成两个部分，碟形石墨毡阳极和阴极分别放置于反应器的底部和顶部，如图 9-18（a）所示。也设计了用矩形容器但没有玻璃毛和玻璃珠的物理分隔的 MFC。加料流供应到阳极的底部，流出物通过阴极室从顶部连续流出，没有分离的阳极液和阴极液。阳极和阴极间的扩散壁垒由 MFC 适当操作的溶解氧（DO）梯度提供，见图 9-18（b）。

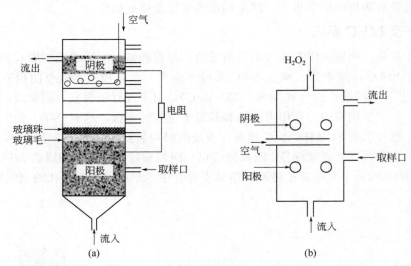

图 9-18　圆柱形媒介和无膜 MFC 示意图（a）与长方形媒介和无膜 MFC 示意图（b）

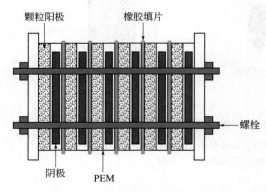

图 9-19　由 6 个颗粒石墨棒单元
构成的 MFC 池堆

9.2.2.4　微生物燃料电池堆

微生物燃料电池堆示于图 9-19 中，用以研究以串联和并联连接的若干 MFC 的性能。串联或并联连接若干 MFC，能够提高电压或电流的输出。形成池堆后，并没有观察到对每一个 MFC 单元的最大功率输出有明显的影响。但库伦效率［实际上它不是真实的库伦效率而是库伦百分转化，库伦效率描述的是：使用电极能够从富电子基质中扣除出多少个电子。它不是电子传输速率的一个测量，而仅是描述在物流流出（MFC 或 MFC 池堆）前有多少基质被用于产生电力］在两种安排中是有极大差别的。在以同样体积流速操作下，并联连接给出的效率约比串联连接高 6 倍，并联连接池堆也比串联连接池堆有较高的短路电流。这意味着，并联连接 MFC 可达到的最大电化学反应速率比串联连接高。所以，要使化学需氧量（COD）有最大的移去，并联连接是理想的。

9.2.3　MFC 中的生物阴极

在实验室研究 MFC，其主要问题是要了解电子接受机理，因此空气阴极常使用昂贵的铂催化剂或有毒和有害的化学试剂，如铁氰化钾。使用这些化学试剂/催化剂可以验证方法原理的可行性。解决昂贵催化剂和有毒试剂问题，需要深入了解阴极室中电子接受机制的生物电化学原理。但是，在实际上，这些化学物质的使用是不可持续的，对大规模环境治理应用更是不切实际的。为此，近来已经出现了可替代昂贵非生物阴极材料的生物阴极材料。生物阴极反应过程中的电子流向，如图 9-20 所示。生物阴极是作为电力产生过程的推动力使用的，这是为了提高高级废水处理技术的功能性，降低技术的总能耗，同时降低环境成本和碳足迹。另外，使用生物阴极能够带来许多好处：可改变阴极室；使用环境友好过程来提供强电子受体（如纯氧、亚硝酸盐、硝酸盐和硫酸盐，其中一些也是环境污染物，但在该过程中它们能够被还原为毒性较低的形式）；无须使用外部化学品作为电子受体，由此省略了它们的运输、存储、计量和后处理。原位产生电子授体试剂，特别是生物阴极，可提供环境友好和成本有效的解决办法，如营养物质的移去和废物的降解；消除了对昂贵化学媒介（作为阴极液）的需求，因此无需再回收和安全分散。

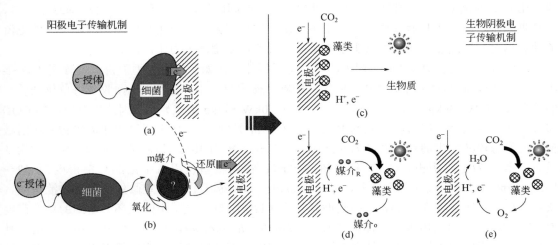

图 9-20　细菌到电极的电子流动方向（a）；代谢产物氧化还原反应的电子传输（b）；阴极到藻类的直接电子传输（c）；媒介（代谢产物）辅助电子传输（d）；原位产生氧还原（e）

藻类是一类简单生物催化剂（生物阴极），可以作为阴极室的电子受体。藻类基 MFC 模拟了光合成藻类和细菌间的关系，这是在天然水体中能够普遍观察到的现象。例如，在太阳光下，藻类在把二氧化碳转化成有机物质的同时，释放氧气。深海中的异质生物（如藻类和人工废物自然演化产生的微生物）能够把有机物质降解成二氧化碳和水。产生的二氧化碳又被藻类利用，生产有机物质和氧。类似地，藻类在天然水的氮和磷循环中也起着重要作用。已经设想，天然系统可以工程化，也就是使用 MFC 技术能够在收获能量的同时获得水处理利益。尤其是发生于微生物和藻类间的电化学反应能够产生电力且能够被 MFC 捕集。因此藻类能够使用作为生物催化剂在 MFC 中以最小的净能量输入处理生物降解物质和营养物质。

产电细菌和藻类间的电子传输能够与电力的生产配合。在图 9-20 中显示，分别使用细菌和藻类的阳极和阴极室中可能的电子传输机理。到阳极的电子传输是通过如下方法达到的：与微生物的直接接触，或与微生物代谢过程产生的代谢产物接触。为增强电子传输，也研究了外部添加化学媒介的可能性，尽管这个过程是高成本的和不可持续的。在阴极边，经电路接收电子，既可以通过黏附在电极上的生物膜（称为直接电子传输），也能够通过使用媒介（通常是藻类进行氧化还原反应的产物）完成。了解这些电子释放-传输-接受机理是增强 MFC 产生电力的关键。

阳极室的废水流作为藻类生物质生长介质使用，可获得如下优点：①高碳酸盐化合物可容易地被藻类转化成有机物质；②流出物中的硝酸盐和氨氮可作为池中生产能量的燃料使用；

③磷化合物可以被池吸附并被池中生长的细菌利用；④藻类释放的氧能够容易地用作为电子受体；⑤通过构型流动消除在介质中 pH 值的升降；⑥藻类生物质能够被使用于生产多种高附加值产品和生物燃料。

藻类生物质在生物电化学系统中使用具有的功能：①作为电子授体（在阳极）；②移去有机物质（在阳极的异养藻）；③生产电子受体（在阴极的光合成藻类）。光合成微藻（小球藻（*Chlorella vulgaris*），近来已经在 MFC 的阴极半室中使用。小球藻的生长动力学揭示，高二氧化碳浓度可以产生抑制作用。在研究中，阳极室可使用酿酒酵母（*Saccharomyces cerevisiae*）。小球藻的使用一般对碳的封存是理想的，因为它们对 CO_2 的高耐受力和经光合成利用 CO_2 的高效率。小球藻与发酵酵母的组合能够同时生产电力和生物乙醇。对这个安排，可预见的是，酵母生长速率要显著高于小球藻，这个现象可以阻止高电流密度和可靠的电流流动。通过发展连续流动增加藻类细胞密度，最终可以增加电力生产。

已经证明，海藻是 MFC 应用中的可行电子授体。例如，使用两类干粉形式海藻（微藻-小球藻和海藻-海莴苣）作为 MFC 阳极室的唯一微生物，小球藻 MFC 回收（每单位基质）的能量（2.5kW·h/kg 干重）比海莴苣 MFC（2.0kW·h/kg 干重）高，因此也有较高的 COD 移去。达到的最大功率密度达 $0.98W/m^2$（277 W/m^3）。在阳极使用厌氧消化流出物和在阴极使用藻类悬浮液产生的功率密度为 $0.25W/m^3$、库伦效率为 40%。其他研究使用葡萄糖作为基质、藻类作为生物阴极，COD 移去超过 90%；在阴极室使用蓝细菌的功率密度为 52～$100mW/m^2$；使用绿藻（斜生栅藻，*Scenedesmus obliquus*）作为两室微生物燃料电池基质，获得的最大功率密度为 $951W/m^3$；光循环效应（12h：12h，光：黑暗循环）达到的功率密度为 $13.5mW/m^2$。对使用未加工藻类（海带，*Laminaria saccharina*）作为 MFC 中的原料，具有与海藻相当的盐含量，似乎是因为增加了溶液电导率和降低了欧姆电阻而提高了 MFC 性能。与葡萄糖进料比较，海带进料 MFC 的功率输出能够达到 $250mW/m^2$ 或 $900mA/m^2$。

9.2.4 微生物燃料电池性能

MFC 的理想性能取决于，发生在低电位下的基质如葡萄糖和高电位时最后电子受体如氧间的电化学反应。不管这些电化学反应的复杂性，MFC 的理想电位可通过这些反应的 Nernst 方程计算，数值范围在数毫伏到超过 1000mV。

对于实际 MFC 性能而言，其池电位总是低于它的平衡电位，因为总有不可逆损失。下面的方程反映了实际 MFC 中的各种不可逆损失。

$$U_\text{池}=E_\text{阴极}-(\eta_\text{活化,c}+\eta_\text{浓度,c})-E_\text{阳极}(1-\eta_\text{活化,a}-\eta_\text{浓度,a})-iR_\text{i} \tag{9-3}$$

$$(U_\text{cell}=E_\text{cathode}-|\eta_\text{act,c}+\eta_\text{conc,c}|-E_\text{anode}-|\eta_\text{act,a}+\eta_\text{conc,a}|-iR_\text{i})$$

式中，$\eta_\text{act,c}$ 和 $\eta_\text{act,a}$ 分别是阴极和阳极的极化损失；$\eta_\text{conc,c}$ 和 $\eta_\text{conc,a}$ 分别是阴极室和阳极室的浓度极化。发生的欧姆损失 η_ohm 是因为离子在电解质流动的电阻和电子通过电极流动的电阻。由于电解质和电极都服从欧姆定律，因此能够表示为 iR_i，其中 i 是流过 MFC 的电流；R_i 是 MFC 的总内电阻。

活化极化是由于反应物必须克服的活化能。当电极表面的电化学反应速率是由慢反应动力学控制时，它成为速率控制步骤。包含有反应物吸附、电子穿过池双层膜的传输、产物的脱附、电极表面的物理性质，这些全都会对活化极化作出贡献。阳极微生物给出电子并不容易，活化极化是一个能够通过添加介质克服的能垒。在无媒介 MFC 中，活化极化损失降低

（因导电性菌毛），阴极反应也有活化极化。例如，在性能上铂电极优于石墨电极，因为铂对阴极氧生成水的还原反应能垒比较低。在低电流密度时，极化损失常常占优势。在电流和离子流能够流动前，必须克服阳极和阴极的电子能垒。

离子在电解质中流动和电子在电极间流动的电阻都会导致欧姆损失。电解质的欧姆损失是主要的，为降低欧姆损失，需要缩短两电极间的距离和增加电解质离子电导率。PEM 产生一反膜电位差，这也是电阻的主要构成部分。

浓度极化是一种电位损失，这是因为没有办法在本体溶液中保持初始基质浓度。反应物和产物的慢传输速率通常也是传输阻力。因阴极反应缺乏推动力引起的阴极过电位仍然会限制某些 MFC 的输出功率密度。好的生物反应器是能够通过增强传质最小浓度极化的。搅拌或鼓泡可降低 MFC 中的浓度梯度。但是，搅拌和鼓泡需要用泵，它们的能量需求远远大于 MFC 的输出。所以，功率输出和操作 MFC 的能量消耗间的平衡应该仔细考虑。MFC 的极化曲线分析指出，在方程（9-3）中列举的各种损失有多大程度贡献于总电位降，指出了可最小化它们的可能手段（以接近理想电位）。这些手段包括：微生物的选择和 MFC 构型的改进，如改进电极结构、更好的电催化剂、更高电导率的电解质和短的电极间空间距离。对给定的 MFC 系统，也可能通过调整操作条件来提高池性能。

到目前为止，实验室 MFC 的性能仍然远低于理想性能。MFC 生产电力受许多因素影响，包括微生物类型、燃料生物质类型和浓度、离子强度、pH 值、温度和反应器构型。对给定的 MFC 系统，操作条件的优化可降低极化损失。影响 MFC 性能的操作条件有电极材料、pH 缓冲液和电解质、质子交换系统、阳极室和阴极室操作条件。但其瓶颈是在 MFC 中微生物代谢的低速率。因此努力的重点应该放在：如何打破微生物在 MFC 应用中的固有代谢限制。高温可加速几乎所有类型的反应，包括化学反应和生物反应。使用嗜热菌种对提高电子生产速率是有益的，这是应用能源 MFC 技术提高的另一个领域。

9.2.5 MFC 的应用

9.2.5.1 产生电力

MFC 中的微生物有能力把存储于有机物质中的化学能转化为电能。因为微生物氧化燃料分子，使其化学能直接转化为电力而不是热量，这避免了卡诺循环的热效率限制。与常规燃料电池一样，理论上 MFC 能够达到很高的效率。如微生物 *R. ferrireducens* 生产电力的电子得率高达 80%，而库伦效率更是高达 97%。但是，MFC 产生的电功率仍然是非常低的，也即提取电子的速率是非常低的。为达到实际使用标准，需要有存储电力的装置，用以累积 MFC 生产的电能。

MFC 的低电功率特别适合于为小型遥测系统和无线传感器供电。MFC 本身可作为分布电源系统，满足基本需求，特别是在不发达地区。MFC 也是遥控机器人的理想能量供应的候选者，能够使用收集的生物质作为燃料。现实中的积极自主机器人，有可能装备利用不同燃料的 MFC，如糖、水果、死昆虫、草和杂草。机器人 EcoBot Ⅱ 完全能用自己的 MFC 电力进行一些活动，包括运动、感知、计算和通信。区域供应的生物质，能够使用于提供区域消费的可再生电力。MFC 也可应用于飞船中，因为它们能够在提供电力的同时降解飞船上的废物。一些科学家设想，在未来，微型 MFC 能够植入人体中，为植入的医疗装置提供电力，燃料由人体营养物质提供。MFC 技术对持续长期电力供应是特别有利的，但是这个应用只有在 MFC 中微生物产生稳定电位且彻底解决安全问题后才能够实现。

9.2.5.2 生物氢

MFC 能够轻易地把生产电力改变为生产氢气。在正常操作条件下，阳极反应释放的电子和质子迁移到阴极与氧结合生成水，如果阴极没有氧化剂，则 MFC 可以改变为生产氢气。对 MFC，使用微生物代谢产生的质子和电子生成氢的过程，在热力学上是不利的。这就需要应用外加电位来增加 MFC 电路中的阴极电位，用以克服热力学壁垒，引发微生物继续代谢生产电子和质子的过程。按这个模式，由阳极微生物代谢反应产生的质子和电子，在阴极结合生成氢气。为使 MFC 生产氢气，理论上在阴极需要的外加电位为 110mV，该值远低于在中性 pH 下水电解需要的电位 1210mV。这是由于其余能量可来自阳极室微生物氧化生物质的过程。与常规发酵过程达到的 4mol(H_2)/mol（葡萄糖）比较，MFC 能够生产约 8~9mol(H_2)/mol（葡萄糖）。显然，把 MFC 使用于生产生物氢时，阴极室不再需要供应氧化剂，提高了 MFC 的效率，因没有氧会泄漏到阳极。这样产氢的 MFC 过程称为微生物电解池（MEC），这将在专门一节中做介绍。产氢过程的另一个优点是，氢气能够累积并存储以备后用，克服了 MFC 的固有低功率特征。所以，MFC 可以提供可再生氢源，为氢经济作出贡献。

9.2.5.3 废水处理

早在 1991 年就认为 MFC 是能够用于处理污水的。生活污水中含有可观的有机物质，可以作为 MFC 的燃料。在污水处理过程中，MFC 产生电力能够补偿污水处理过程所需的电力消耗。常规曝气活性污泥法处理污水，消耗的电力很多。而使用 MFC 不仅降低了电力消耗，而且使产生要分散的固体减少了 50%~90%。一些有机分子，如乙酸、丙酸和丁酸，能够被彻底地分解为 CO_2 和 H_2O。亲电和亲阳极两种混杂体系的组合，特别适合于污水处理，因为可使更多有机物质被多种类型微生物生物降解。MFC 使用的某些微生物具有移去硫污染物的能力（这是污水处理所要求的）。在好的操作温度下，MFC 过程在污水处理期间可使有生物活性的微生物生长得到增强。连续流动、无膜和一室 MFC 的使用，对处理污水是有利的，因容易放大。生活污水、食品工业废水、工业污水和玉米秸秆液富含有机物质，因而可以作为 MFC 的巨大生物质源。在一些情况下，MFC 可移去高达 80% 的 COD，获得的库伦效率高达 80%。近几年，微生物燃料电池处理污水并回收能量的技术已经获得长足进展，有必要专门介绍处理污水 MFC 技术的发展。

9.2.5.4 生物传感器

除了上述三类应用外，MFC 技术的另外一个潜在应用是，作为污染物分析和原位过程跟踪和控制的传感器。MFC 库伦得率和污水强度间的比例关系，使它可作为生物需氧量（BOD）的传感器。测量液体流 BOD 值的一个精确方法是，计算它的库伦得率。多个工作显示，在十分宽的 BOD 浓度范围，库伦得率和污水强度间有好的线性关系。但是，在高 BOD 浓度，降解效应需要长的应答时间，因为库伦得率只有在 BOD 完全耗尽后才能够计算，这时需要使用非稀释机制。为了提高使用 MFC 的动态应答，研究人员已经做了很大努力。低 BOD 传感器也能够显示基于最大电流的 BOD 值，因为对于一个低营养型（oligotroph-type）污水，MFC 电流值随 BOD 值线性增加，因在这阶段，阳极反应受基质浓度限制。这个跟踪模式能够应用于不同模式、次级流或稀释高 BOD 值样品的实时测定。MFC 型 BOD 传感器与其他类型 BOD 传感器比较有一些优点，因为它们有能力在操作温度下测量，具有好的重复性和精度。富集微生物的 MFC 型 BOD 传感器，保证操作的运行时间超过 5 年，无须额外维护，使用寿命比其他类型 BOD 传感器更长。

9.2.6　MFC 的未来

MFC 技术必须与已经成熟且广泛商业化的产甲烷厌氧消化技术竞争，因为在许多情况下，它们利用同样的生物质生产能量。MFC 具有在低温（<20℃）和低基质浓度下转化生物质的能力，而这对沼气池（甲烷厌氧消化技术）产甲烷是有困难的。MFC 的主要缺点是，对产生电子的传输要依赖于生物膜，而厌氧消化池（如上流厌氧污泥床反应器）通过有效地利用微生物菌剂（无须细胞固定化）消除了这个需求。在未来，MFC 技术应该与产甲烷的厌氧消化技术很好地共存。

为提高输出的功率密度，非常需要发现和培养新的有很高电子传输速率的亲阳极微生物（覆盖有生物膜的阳极）。如果地杆菌属（*Geobacter*）以同样速率传输电子到阳极，MFC 电流的流动能够增加四个数量级大小，相当于传输给天然电子授体铁离子的速率。可以设想，未来有可能把诱变和甚至组合 DNA 技术应用于 MFC，以获得一些"超级细菌（super bugs）"。微生物可使用纯培养或混合培养增殖，形成协同微生物菌剂，提供更高的性能。在菌剂中有一类细菌能够提供电子媒介，供另一类细菌使用，以更有效地把电子传输给阳极。未来也有可能获得优化微生物菌剂，使 MFC 不再需要外媒介或生物膜，而同时达到有利的传质和电子传输速率。

MFC 能够应用于多个不同领域。但 MFC 的功率密度输出难以与常规化学燃料电池（氢电力燃料电池）匹敌。因为 MFC 阳极室中的燃料通常是相当稀的生物质（如污水处理时），仅含有有限能量（如 BOD 所反映的）。另一个缺点是微生物固有的天然低的催化速率。即便有很快的生长速率，微生物仍然是相对慢的促变者。虽然在一些情况下库伦效率超过 90%，但它对低反应速率这个关键性问题极少产生影响。虽然某些基础知识已经从 MFC 的基础研究中获得，但大规模应用 MFC 仍然有很多亟待提高之处。

9.3　微生物燃料电池处理污水

9.3.1　引言

污水处理并不仅局限于发展中国家，它是在世界饮用水源保护、环境和水土保护上的所有人的基本卫生需求。美国污水处理消耗约 3%～4% 的电力负荷，接近 110TW·h/a，相当于 960 万家庭年电力的使用量。在英国污水处理需要大约 6.34GW·h 的电力，几乎是英格兰和威尔士日电力消费的 1%。污水中暗含的能量主要有三种存在形式：①有机物质（约 1.79kW·h/m³）；②营养元素如氮、磷（约 0.7kW·h/m³）；③热能（约 7kW·h/m³）。在生活污水中，可利用能量分为化学能和热能。可利用化学能（约 26%）以碳形式（以 COD 做测量）和营养化合物（氮和磷）存在。热能占整个能量的主要部分（74%），但热能除了使用热泵外不太可能被提取，这受污水源温度的影响。化学能可被有效地提取，通过提取暗含的化学能，污水处理在消除了环境污染物的同时，可以成为能量生产者或能量生产过程而不是能量消耗过程。

生活、农业和工业设施等不同来源产生的污水直接排放是影响环境的重要原因，包括表面水的富营养化、缺氧和赤潮、破坏潜在饮用水源。目前的污水处理工艺是强耗能和化学密集型的，需要大的投资，且几乎不产生任何收益。污水处理工艺的平均能量需求在 0.5～2.0kW·h/m³ 之间，移去了部分碳和氮。处理期间有相当数量的温室气体（GHG）释放到大气中，如二氧化碳和氮氧化物及其他挥发性物质，同时产生大量污泥需要进一步处理。例如，每生产 1kW 电力排放 0.9kg CO_2，每处理 1000t 污水释放温室气体 1500t。与污水处理系统能量需求有关的排放，在 2000 年的估算值为 15.5 万亿克 CO_2（CO_2 等当量），145 百万千克 SO_2 等当量酸化潜力，4 Gg PO_4^{3-} 等当量富营养化潜力。现在世界上大多数污水处理系统都基于已经很成熟的活性污泥工艺。这些事实说明，活性污泥工艺是化学和能量密集型的，需要有高的投资和操作/维护成本。活性污泥工艺需要曝气，其能耗占污水处理工厂（WWTP）能量成本的 75%，污泥处理和分散成本占总操作成本的 60%。美国每年消费 250 亿美元在生活污水处理上，而为改进提高公用处理工作，另外需要 3000 亿美元。对高强度污水、各种工业污水和污水处理工厂产生的大量污泥流，都已经使用厌氧处理技术进行了常规的处理。该技术的发展已经超过一个世纪，在成功处理废水的同时回收有价值的生物能。使用厌氧消化单元污水处理工厂的实践证明，生产富能生物气体具有节约能量的潜力。用常规厌氧消化处理污水的过程，以生产生物气体形式提取能量，但需要进一步分离和提纯。据估算，如美国所有污水处理工厂都使用厌氧消化过程，生产的生物气体如都利用能够年约 6.28 亿～49.4 亿千瓦·时的能量。

9.3.2 污水处理过程的能量消耗和回收

曝气活性污泥和厌氧污泥消化，这两种典型污水处理技术的能量消耗为 0.6kW·h/m³（以处理污水计），其中约 50% 的电能消耗于曝气池的空气供应。污水处理方法中潟湖、滴滤池、活性污泥和高级废水处理的能耗分别为 0.09～0.29kW·h/m³、0.18～0.42kW·h/m³、0.33～0.60kW·h/m³ 和 0.31～0.40kW·h/m³。图 9-21（a）中给出了使用不同污染物处理方法的能耗。厌氧消化技术生产的生物气体（CH_4）可满足曝气活性污泥处理方法需要能量的 25%～50%，经改进可进一步降低能量需求。但是，如果能够捕集和使用污水中更多潜在能量，需求的能量甚至会更少，这样污水处理过程有可能成为能量净生产者而不是消费者。

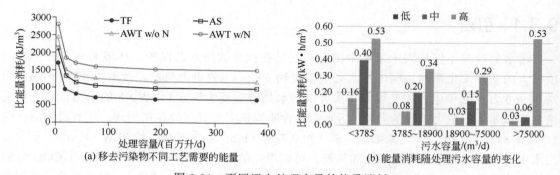

(a) 移去污染物不同工艺需要的能量　　(b) 能量消耗随处理污水容量的变化

图 9-21　不同污水处理容量的能量消耗

AS—活性污泥移去碳和氮；TF—滴滤池；AWT w/oN—无氮移去的高级污水处理；
AWTw/N—带氮移去的高级污水处理

移碳（降低 COD）过程的能量需求低于移氮（BNR）过程。当污水处理容量增加时，能耗一般会降低，图 9-21（b）给出污水处理容量分别为低、中和高时的能耗，也即当设备容量增加时，处理单位体积污水的能量需求下降。然而即便同样的中低容量，能量需求的变化仍然很大，因为有一些其他因素的影响，如过滤类型和水源质量。使用压滤和氧化设备可能是该类工艺范围的高端，而使用直接过滤或砂石过滤可能是该类工艺技术范围的低端。大规模工厂中能耗的变化也是很大的，因为移去生物营养物质需要高级处理链和缺乏能量回收单元（如厌氧消化）。

9.3.2.1　污水处理系统的能量回收

传统污水处理系统的重点在：流出物要满足评估标准（移去含碳和营养化合物）和为土地应用有稳定的污泥。化石燃料消耗、环境污染、水和其他资源短缺等问题强力推动研发比较可持续的污水处理和利用技术。从上述要求观点看，现时的污水处理系统设计和操作已经逐渐从移去污染物向回收资源和最小能量消费和最大能量回收转化。现在的主要污水处理系统是作为"水资源回收设施（WRRF）"运行的。

对污水污泥中能量含量的研究评估指出，污水污泥中所含能量比处理污水所需要能量高 3～10 倍；每天人均产生 40～80g BOD，相当于 60～120g COD/(人·天)。如果每克 COD 可利用能量为 14.7kJ，全世界污水（68 亿人）可利用的总能量是大约每年 $2.2 \times 10^{18} \sim 4.4 \times 10^{18}$J 或连续供应 70～140GW 的能量，相当于现代发电站中燃烧 5200 万～10400 万吨原油，或高达 2.4 万台连续运转的风力透平。这个估算没有包括农业和工业污水中所含能量。图 9-22 是污水处理系统中潜在能量和资源回收可选择的方法。源分离可收集富营养尿用于肥料生产。初级和次级污泥可使用各种物理、化学和生物过程进行处理，如厌氧消化、热处理（气化、焚烧、液化和热解），最后的复合处理用来生产各种形式的生物能和富营养生物固体。

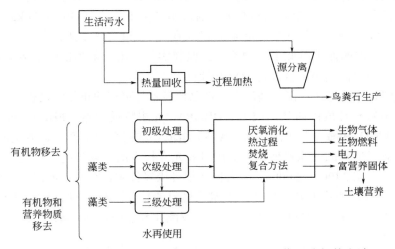

图 9-22　废水处理系统中潜在的能量和资源回收可选择的方法

9.3.2.2　从污水污泥回收能量的方法

污水污泥是复杂物质，富含有机碳和营养物质以及能量。初级污泥能量含量为 15.0MJ/kg，次级污泥为 13.5MJ/kg。污水原料中的大多数能量包含在可沉淀的挥发性固体中，经初级过程以捕集在初级污泥中。

（1）厌氧消化　从污水污泥回收能量的厌氧消化（AD）技术已经很成熟。传统上，初级和次级污泥组合进料到 AD，把所含有机碳转化为气体能量载体——甲烷。厌氧消化含三个一组的关键反应，把污泥复杂组分如蛋白质、碳水化合物和脂肪先通过水解转化为氨基酸、脂肪酸和糖；接着经产酸和产乙酸反应把它们转化为挥发性脂肪酸和短链脂肪酸和氢气；最后，它们经复分解反应转化为甲烷和二氧化碳。AD 能够收获的潜在能量，可按化学计量估算：消化 4kg COD 或约（4/1.47）kg 挥发性悬浮固体（VSS）产生 1kg 甲烷。设甲烷含有能量为 50.4MJ/kg，经内燃引擎/发电机转化为电能的效率为 35%，因此，AD 生产电力的潜力为 1.8kW·h/kg 毁坏的 VSS。

用厌氧消化生产的生物气体来生产电力，其数量是变化的，取决于所用发电技术。研究指出，用厌氧消化技术，每处理百万加仑污水产生的生物气体，用不同的发电技术（如微透平、内燃机）可生产的电力在 350～525kW·h 之间。研究也证明，处理容量小于每天 18900m^3/d 的污水处理工厂，对使用可行发电技术或成本有效的发电技术来发电，其生产的生物气体量是不够的。

（2）热化学过程　近几年中，研究人员已经很好地探索了从污水污泥回收能量的化学和热化学过程技术，包括气化、液化和热解。热化学处理是提取污泥中脂类能量的最有效方法。处理污水产生的污泥可作为生产生物柴油的优良原料（因含高浓度脂类）。污水系统中所含细菌细胞能够利用碳和氮化合物来生产脂类，并把其存储于细胞内，与污水中脂类一起被表面吸附，使细胞质量占脂类的 24%～37%。这些脂肪酸和脂类包括甘油三酯、甘油二酯、甘油一酯、磷脂和含油的或含脂肪的自由脂肪酸。自由脂肪酸的碳链范围在 C_{10}～C_{18} 之间。美国每年产生污泥 62 亿吨，如果这些污泥中的脂类以合理效率 50% 提取，再进行酯化反应，过程能够生产生物柴油 18 亿加仑，约等于年需求石油基柴油的 0.5%。经济分析估算指出，该过程获得生物柴油的净成本为 3.23 美元/加仑（按得率 10% 生物柴油/干污泥重量计）。污水污泥的热化学液化过程，有接近 40% 的生物油得率（基于高热值 36.14MJ/kg）。对初级污泥的催化加氢液化，在两种溶剂中的重质油得率在 53% 和 74% 之间（基于 HHV 为 35～39.8MJ/kg），其获得的油类类似于生物柴油。但其实际应用受限和依赖于溶剂，因溶剂必须回收和再使用才能提高其经济性和环境可持续性。

（3）其他能量回收方法　藻类基污水处理已经显示是可行的正能量过程（见图 9-23）。光合藻类基技术能够设计成由高效藻类池（HRAP）、光生物反应器（PBR）、搅拌槽反应器、废物稳定池（WSP）和海藻草坪洗涤器（ATS）组成。这些系统生产富含能量的藻类生物质，可作为生产高值能量产品的原料使用。对厌氧和光合技术的比较说明，用光合技术生产的生物能原料能量范围在 3400～13000kJ/m^3 之间（超过厌氧技术，有时指流出物的有机碳含有的能量），可使用于能量生产的数量取决于下游到燃料的转化。表 9-5 给出了经能量补贴后的这些转化过程，如水热液化（HTL）、厌氧消化、反酯化和燃烧，从污水移去 1g 营养物质能够生产的潜在能量（kJ）。

表 9-5　不同构型藻类基污水处理系统回收能量的潜力（每移去 1g 营养物质能够产生的能量）　单位：kJ

技术	营养物质	HTL（水热液化）	厌氧消化	反酯化	燃烧
高效藻类池（HRAP）	N	75～160	32～160	34～100	90～130
	P	320～1500	730～1600	330～980	880～1300
光生物反应器（PBR）	N	270～590	120～580	120～370	330～500
	P	230～500	100～490	100～310	280～420

续表

技术	营养物质	HTL（水热液化）	厌氧消化	反酯化	燃烧
搅拌槽反应器	P	900~1900	400~1900	400~1200	1100~1600
废物稳定池（WSP）	N	110~240	47~230	49~150	130~200
	P	580~1300	250~1200	260~790	700~1100

9.3.3　MFC 优势和原理

微生物燃料电池（MFC）是废物到清洁电力或高值能量、化学产品的直接转化，这是消除常规污水处理系统中过量污泥产生和高能耗的一个好方法。把化学能（污水中的有机物质）转化为电力或其他高价值产品的生物系统，称为生物电化学系统（BES）。应用的生物电化学系统本身含有产电细菌（图 9-23），能够从污水所含有机物质中获取清洁能量；对 MFC，以生物电力形式提取；对 MEC，以生物燃料如乙醇、甲烷、氢气形式提取或以化学品过氧化氢形式提取。

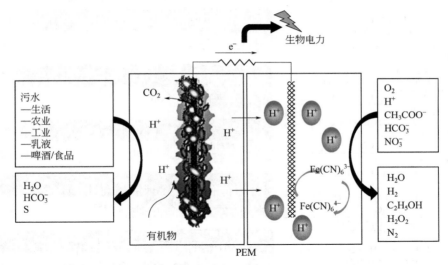

图 9-23　用化学阴极处理废水的微生物燃料电池：阳极室以不同的废水源作进料，
阴极能够用于产生有用化学品或移去环境污染物

9.3.3.1　MFC 与其他可利用方法比较所具有的优点

MFC 除提取能量（直接生产电力）外，其厌氧处理过程节约能量（由于没有曝气处理，且低污泥得率，可中心化和脱中心化使用），还有环境（水循环利用、低碳足迹、分散较少体积污泥）、经济（从产生能量和附加值产品——化学品获得的收益、低操作成本、消除下游过程）和操作（自产生微生物、好的抗环境应力阻力、负责的实时跟踪和控制）利益。MFC 直接利用污水有机物质生产清洁电力，无须分离纯化或转化产物的能量。虽然对甲烷和氢气使用厌氧消化过程也能够生产，但在使用前它们需要分离和提纯。MFC 是环境友好技术，因为它能够直接生产清洁电力和在温和操作条件下（特别是在环境温度下）生产电能。MFC 可从初级污泥生产高达 $1.43kW \cdot h/m^3$ 或从处理后流出物生产 $1.8kW \cdot h/m^3$ 的能量。MFC 仅平均消耗 $0.076kW \cdot h/kg$ COD（主要作为混合进料到反应器中）的能量，这比活性污泥基曝气过程要小一个数量级（或 0.6kW·h/kg COD）。这意味着 MFC 操作消耗的外部能量仅为 10%（与常规活性污泥过程比较），显示出节约能量和从污水处理回收能量的巨大潜力。最后，产电细菌的池污泥得率（0.07~0.16g VSS/g COD）远小于活性污泥（0.35~0.45g VSS/g COD），说明产生污泥量有显著降低，这是污水处理工厂污泥管理中的一项主要环节。

为回收污水含有的能量，有一些替代路线。以葡萄糖作为污水替代物为例，对五种替代路线估算它们潜在的能量得率，也即转化其为电力的能量（每一种产生不同的能量载体）。在图 9-24 中给出了五种路线获取电能的电能得率。污水中有机物质表示为葡萄糖（$C_6H_{12}O_6$）的标准自由能，净能量得率以 kJ/mol 葡萄糖表示。虽然总反应对每种情形是相同的，但在 MFC 中其电子路径的改变导致分别产生甲烷（CH_4）、乙醇（C_2H_5OH）、氢气（H_2）或直接生产电力，在净能量得率上有显著差别，因为捕集能量上的差别。能量转化损失在燃烧和燃料电池技术中比较大，MFC 从不同基质回收产生电力的能量很高。热力学分析也证实了 MFC 的这个有利前景，而对实际工程性能以及关系到电子收获机理的实际问题，仍然是未来 MFC 研究需要解决的主要问题。

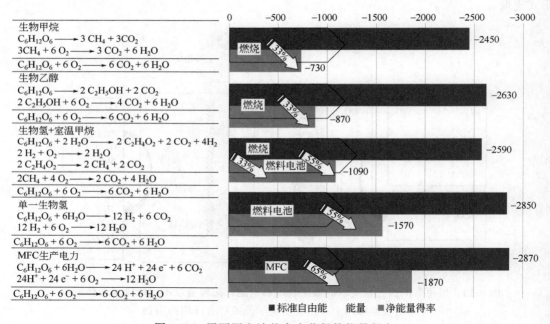

图 9-24　用不同方法从废水获得的能量得率

9.3.3.2　用 MFC 处理废物的原理

MFC 是一原电池。电化学反应是放热的，也即反应具有负的反应自由能（Gibbs 自由能），反应能够自动地进行并释放能量（电或电子释放）。标准自由能能够容易地转化到标准池电压（或电动势，EMF）$\Delta E^\ominus$，表示如下：

$$\Delta E^\ominus = -\frac{\Sigma v_i \Delta G_{i,\text{产物}}^\ominus - \Sigma v_i \Delta G_{i,\text{反应物}}^\ominus}{nF} = -\frac{\Delta G}{nF} \tag{9-4}$$

式中，$\Delta G^\ominus$ 值代表不同产物和反应物的生成自由能，J/mol；n（物质的量）代表氧化还原反应的化学计量因子；F 代表 Faraday 常数，$F=96475.3C/mol$。反应 Gibbs 自由能测量有用功的最大量，能够从热力学系统的反应获得。总反应的理论池电压或电动势（阳极和阴极电位间的差）决定系统是否有能力产生电力：

$$\Delta E_{池}^{\ominus} = \Delta E_{阴极}^{\ominus} - \Delta E_{阳极}^{\ominus} \qquad (9-5)$$

如方程（9-4）中所示，负的反应自由能导致有正的池电压。这区别出原电池与电解池（MEC），这关系到正的反应自由能，因此有负的池电压，需要电力输入。标准池电压也能够从各自氧化还原的标准氧化还原电位获得。

在 MFC 中，反应的 Gibbs 自由能是负的，所以，EMF 是正的，指出从反应能够自发产生电力电位。例如，如果乙酸使用作为有机物质（$[CH_3COO^-]=[HCO_3^-]=10mmol/L$，pH 7，298.3K，$p_{O_2}=0.2atm$），有机物氧化、氧还原、总反应用方程（9-6）～方程（9-8）表示：

阳极反应：$CH_3COO^- + 4H_2O \longrightarrow 2HCO_3^- + 9H^+ + 8e^-$（$E^{\ominus} = -0.289V$　vs. SHE）　（9-6）

阴极反应：　　$2O_2 + 8H^+ + 8e^- \longrightarrow 4H_2O$（$E^{\ominus} = 0.805V$ vs. SHE）　（9-7）

总反应：$CH_3COO^- + 2O_2 \longrightarrow 2HCO_3^- + H^+$（$\Delta G = -847.60kJ/mol$：$E_{mf} = 1.094V$）　（9-8）

9.3.3.3　MFC 中的氧化还原反应

污水中的污染物，如有机物质和其他营养产物和金属，能够直接使用于生产清洁电力。MFC 生产电力是氧化还原反应的结果，在阳极室和阴极室电极上的生物化学或电化学反应，导致电子释放、传输和接受。一个作为电子授体而另一个基本用作电子受体。承担接受电子的化合物称为终端电子受体（TEA）。

下面的氧化还原反应代表微生物燃料电池中利用污水有机基质（电子授体）生产电力可能的生物电化学反应，以其他污染物如硝酸盐、磷酸盐等作为电子受体。

（1）氧化反应（阳极）：

葡萄糖：$C_6H_{12}O_6 + 12H_2O \longrightarrow 6HCO_3^- + 30H^+ + 24e^-$　$E^{\ominus} = -0.429V$（vs. SHE）　（9-9）

甘油：$C_3H_8O_3 + 6H_2O \longrightarrow 3HCO_3^- + 17H^+ + 14e^-$　$E^{\ominus} = -0.289V$（vs. SHE）　（9-10）

苹果酸：$C_4H_5O_5^- + 7H_2O \longrightarrow 4H_2CO_3 + 11H^+ + 12e^-$　$E^{\ominus} = -0.289V$（vs. SHE）　（9-11）

硫：　　　$HS^- \longrightarrow S + H^+ + 2e^-$　$E^{\ominus} = -0.230V$（vs. SHE）　（9-12）

（2）还原反应（阴极）：

$$O_2 + 4H^+ + 4e^- \longrightarrow 2H_2O \quad E^{\ominus} = +1.230V（vs.\ SHE）\qquad (9-13)$$

$$O_2 + 2H^+ + 2e^- \longrightarrow H_2O_2 \quad E^{\ominus} = +0.269V（vs.\ SHE）\qquad (9-14)$$

$$NO_3^- + 2e^- + 2H^+ \longrightarrow NO_2^- + H_2O \quad E^{\ominus} = +0.433V（vs.\ SHE）\qquad (9-15)$$

$$NO_2^- + e^- + 2H^+ \longrightarrow NO + H_2O \quad E^{\ominus} = +0.350V（vs.\ SHE）\qquad (9-16)$$

$$NO + e^- + H^+ \longrightarrow \frac{1}{2}N_2O + \frac{1}{2}H_2O \quad E^{\ominus} = +1.175V（vs.\ SHE）\qquad (9-17)$$

$$\frac{1}{2}N_2O + e^- + H^+ \longrightarrow \frac{1}{2}N_2 + \frac{1}{2}H_2O \quad E^{\ominus} = +1.355V（vs.\ SHE）\qquad (9-18)$$

$$2NO_3^- + 12H^+ + 10e^- \longrightarrow N_2 + 6H_2O \quad E^\ominus = +0.734V \text{（vs. SHE）} \tag{9-19}$$

$$Fe^{3+} + e^- \longrightarrow Fe^{2+} \quad E^\ominus = +0.773V \text{（vs. SHE）} \tag{9-20}$$

$$MnO_2 + 4H^+ + 2e^- \longrightarrow Mn^{2+} + 2H_2O \quad E^\ominus = +0.602V \text{（vs. SHE）} \tag{9-21}$$

9.3.4 MFC 移去有机物质

MFC 能够生物降解各种有机化合物，如乳品、生活污水、食品、工业、垃圾填埋场渗滤液和许多其他有机废物。早期使用人工合成污水以了解 MFC 工作原理和机理以及可行性，提高能量回收和移去有机物质效率。近来研究重点移向使用各种真实污水源废物，以确定 MFC 的实际可行性，因为实际污水与合成污水在组成上是十分不同的。

9.3.4.1 合成污水作为基质的 MFC

MFC 能够从污水中移去高百分比的碳。使用过的合成污水包括乙酸盐、葡萄糖、蔗糖、木糖和许多其他有机物质，在阳极室进行生物氧化。乙酸盐是简单的和最普遍使用的一种基质，作为产电细菌的碳源。这些细菌能够容易地生物降解乙酸盐，因它能够提供简单的代谢。乙酸盐也是高阶碳代谢路径的末端产物，例如在污水污泥的厌氧消化中，含碳物种被转化成短链的有机酸主要是乙酸。用乙酸基质的 MFC 产生较高功率（与葡萄糖基质和生活污水比较）。使用单一室 MFC，用乙酸盐产生的功率（506mW/m², 800mg/L）比用丁酸盐（305mW/m², 1000mg/L）产生的高 66%。近来对四种不同基质的库伦效率（CE）和功率输出进行的比较指出，乙酸盐显示最高 CE（72.3%），接着是丁酸盐（43%）、丙酸盐（36%）和葡萄糖（15%）。葡萄糖是另一种在 MFC 中普遍研究的基质，对使用铁氰酸盐作为阴极氧化剂的间歇 MFC，获得最大功率密度为 216W/m³。对乙酸盐和葡萄糖作为基质的 MFC 进行的能量转换效率（ECE）的比较发现，乙酸盐为 42%，葡萄糖仅为 3%且电流和功率密度都很低。许多分散的细菌结构可利用更宽的基质和获得最大的功率密度。复杂污水与单一简单基质比较，功率输出为原来的 1/6。实际污水基质的移去速率范围在每天每立方米反应器从 0.5～2.99kg COD，而合成污水可达每天每立方米反应器 8.9kg COD，这指出 MFC 具有处理高强度基质的潜力。

9.3.4.2 实际污水基质的 MFC

生活污水的 BOD 浓度较低，通常低于 300mg/L，是低能量密度载体或原料。然而，MFC 也具有处理高强度污水（高能量密度）的能力，其 BOD 浓度可超过 2000mg/L，由于阳极室的厌氧条件。这些高强度污水来自食品加工工业、啤酒厂、奶牛养殖场和动物饲养工场和其他工业流出物。数据显示，各种污水作为阳极燃料的 MFC 的电流/功率密度范围分别在 4～3100mA/m² 和 10～550mW/m² 或 1～210W/m³ 之间。

食品加工污水富含容易生物降解碳水化合物和有机酸以及许多低浓度有机氮（例如蛋白质）。用加工食物产品产生的污水，MFC 产生的电力为 2～60kW·h/t 产品，取决于污水中的 BOD 和体积。美国乳品业农场的低 BOD 污水，可潜在产生总计 60MW 的电力，而乳品业的高 BOD 污水，生产的电力最大为 1960MW。

与畜牧业相关产业的动物污水，有特别高的有机物质含量（动物废物含约 10^5mg/L COD），也含有高水平的氮组分如蛋白质，和难以降解的有机物质如纤维素。另外，畜牧业相关产业的屠宰污水，除了碳水化合物、有机酸和蛋白质外也可能包括脂类，虽然啤酒污水浓度是变化的，但一般含 3000～5000mg/L COD 有机物，它比生活污水浓度大约高 10 倍。是 MFC 的理想基质，因碳水化合物含量高（高能量密度）和低氨氮浓度。使用空气阴极 MFC 处理啤酒污水达到的最大功率密度 528mW/m^3（在废水中每升加入数毫摩尔磷酸盐）。

9.3.4.3　工艺参数效应

在关键操作参数中，以基质转化速率表示的 MFC 效率取决于许多参数，包括生物膜的建立、生长、反应器中的混合和传质趋势、细菌基质利用-生长-能量获得动力学（细菌的最大生长速率 μ_{max} 和细菌对基质的亲和力常数 K_s）、生物质有机质负荷速率［g/(g·d)］、质子交换膜传输质子效率和 MFC 上的电位。另外，在阳极和阴极上的过电位也是重要的，用开路电压测量，其范围在 750～798mV 之间。影响过电位的参数包括电极表面、电极电化学特性、电极电位、电子传输动力学和机理以及 MFC 的电流。类似地，阴极（是否非生物或生物的）显示显著的电位损失。最后，对质子迁移的电极间电解质内电阻和膜电阻也是重要的参数，它们也显著影响 MFC 性能。为降低这个电阻，电极必须放在尽可能接近反应器中混合反应物。

研究显示，基质浓度对阳极有显著影响但不影响阴极性能，而溶液电导率对阴极有显著影响但不影响阳极。阴极面积加倍使生活污水功率增加 62%，但阳极面积翻番功率仅增加 12%。这对 MFC 放大是关键信息。有机质负荷速率也对产电细菌活性和电位损失有重要影响。较高有机质负荷速率（kg COD/m^3）导致较高电压和功率密度，例如对制药污水，有机质负荷速率为 7.98kg COD/m^3、5.93kg COD/m^3、3.96kg COD/m^3 和 1.98kg COD/m^3，它们的电压和功率密度分别为 346mV，205.61mW/m^2；320mV，158.58mW/m^2；290mV，112.687mW/m^2；256mV，72.60mW/m^2。

增加阳极和阴极的表面积似乎能够增加功率输出。多室处理也增加对较高有机质负荷速率的处理能力。例如，单一阴极构型 MFC 的 COD 移去达 80%，有效功率密度在 300mW/m^3 量级；2 个阳极/阴极 MFC 产生的电力为单一阳极/阴极的两倍。4 个阳极/阴极 MFC 为单一阳极/阴极 MFC 的 3.5 倍。在高 COD（>3000mg/L）时 4 个阳极/阴极 MFC 仍然产生所希望的电力。对单一阳极/阴极 MFC，仅在 COD 高于 1000mg/L 下是稳定的。MFC 的功率密度随有机质负荷速率从 0.19kg/(m^3·d)增加到 0.66kg/(m^3·d)，也从 300mW/m^2 增加到 380mW/m^2。停留时间（HRT）为 20h 时污染物移去达 80%，而 5h 时污染物移去仅为 66%。当用金属掺杂二氧化锰阴极替代高成本铂阴极时，显示有高的功率密度；Cu-MnO$_2$ 阴极产生的功率密度为 465mW/m^2，而 Co-MnO$_2$ 为 500mW/m^2；如果阴极因钙和钠沉淀而结垢时，功率密度从 400mW/m^2 到降低到 150mW/m^2，内电阻（R_{in}）则从 175Ω 增加到 225Ω。

对顺序连接流体流动和连续流动模式操作（级联）的 MFC，当进料低有机质负荷即 1mmol/L 乙酸盐合成污水时，仅第一个 MFC 能够稳定操作 72h；进 5mmol/L 乙酸盐原料足以保持前四个 MFC 稳定，而 10mmol/L 乙酸盐足以保持所有 MFC 有稳定的功率密度。对 1mmol/L 乙酸盐进料，COD 从 69mg/L 降低到 25mg/L，移去 64%；对 5mmol/L 乙酸盐进料 COD 从 319mg/L 降低到 34mg/L，移去 90%；对 10mmol/L 乙酸盐进料 COD 从 545mg/L 降低到 264mg/L，移去 52%。流速的波动使下游 MFC 的性能提高。当平行连接时，其电力、功率输出两倍于和电流 10 倍于串联连接。这些结果指出，MFC 的级联能够应用于补充、改进或替代生物滴流床过滤器。

对电极分离连续流动无膜 MFC，两个分离的室用通道连接，电解质连续从阳极流到阴极，带动质子传输，其质子传输效率为 0.9086cm/s，最大输出电压为 160.7mV（用 1000Ω 电阻器），峰功率密度为 24.33mW/m²，可溶性 COD 移去效率达到 90.45%。

多阳极/阴极 MFC 使用两种理想流动模式［活塞流（PF）和完全混合（CM）］，在污水处理和发电上进行比较获得的结果证明，PF-MFC 产生的电力和库伦效率（CE）高于 CM-MFC，但 PF-MFC 产生的电力沿流动路径变化，沿 PF-MFC 的基质浓度梯度是产生电力的推动力。用实际生活污水试验上流双室 MFC，用需氧活性污泥（混合培养）和枯草芽孢杆菌菌株作为生物催化剂。对接种枯草芽孢杆菌菌株的 MFC，COD 的移去速率稍高于混合培养活性污泥（90%对 84%），而产生的最大功率显著高于混合培养（270mW/m² 对 120mW/m²）。这说明阳极室中接种细菌类型对电力产生有显著影响。把流化床膜生物电化学反应器连接到 MFC，用以处理奶酪厂污水。该集成系统使 COD 降低 90%，悬浮固体降低 80%，因此使 MFC 产生电力电位变得能量中性了。

有关 MFC 中的生物阴极的内容在前面做了相当详细表述，这里不再重复。

9.3.5　MFC 移去营养物质

离开阳极室的污水一般富含氮和磷化合物。但这些营养化合物能够在 MFC 中有效地移去，特别是使用生物阴极室时。这增强了流出水流的质量，这些营养物质可以氨或锰氨磷酸盐的形式［称为鸟粪石（MgNH₄PO₄·6H₂O）］回收。鸟粪石是镁铵磷酸盐（MAP）的结晶体，具有相等浓度的 Mg、铵（NH₄）和 P 与 6 个水分子结合。鸟粪石矿物的纯度取决于 Mg：N：P 比例是否接近 1：1：1。

9.3.5.1　氮的移去

众所周知，以硝化-脱硝反应移去生物氮是非常耗能、耗碳和耗成本的。硝化是指氨曝气氧化转化成亚硝酸盐（NO₂⁻）和硝酸盐（NO₃⁻），反硝化是指硝酸盐异化还原成氮气。后一过程需要电子授体，一般为有机化合物，以使细菌能够从硝酸盐/亚硝酸盐还原反应中获得能量。硝酸盐从有机化合物接受电子被还原为氮气（如常规脱硝过程）。在电子传输过程中使用硝酸盐作为化合物化学池（BES）中的末端电子受体。使用有机物（如乙酸盐）作为电子源的硝酸盐还原，产生的正电位为 0.98V。为脱硝必须提供的还原电功率，在 MFC 中能够被惊人地降低，如果在阳极室直接使用细菌作为电子授体的话，例如地杆菌属物种（*Geobacter* species）具有在石墨电极直接作为硝酸盐还原的电子授体能力。近来已经把无中间 H₂ 生成的阴极脱硝与 MFC 有机碳阳极的氧化过程组合，达到脱硝目的。

研究结果证实，使用生物阴极 MFC 能够电化学脱硝，其功率输出约 8W/m³NCC（净阴极室）。对同时生产电力、碳移去和氮移去，可以使用组合的脱硝 MFC 和硝化生物反应器。在该构型中，把 MFC 阳极含氨流出物泵入外部的需氧硝化反应器，硝化液体顺序流入 MFC 的阴极进行脱硝。该系统获得的最大功率输出和最大氮移去速率分别为 34.6W/m³ 和 0.41kg(NO₃⁻-N)/(m³·d)。在生物阴极 MFC 上同时硝化和脱硝，经改变含氧量和碳/氮浓度（和比）使 MFC 反应器获得的氮移去效率达 94.1%。当联合硝化混合联盟时，在好氧生物阴极中进行氨氧化。在生物阴极 MFC 中同时曝气硝化会降低发电和产生反硝化。而且，硝化过程产生额外质子，这能够对电力的产生有贡献（因降低了欧姆电阻且保持 pH 平衡）。

氮影响 BES 性能，特别是电力生产（因阻滞微生物呼吸、调节 pH 值和电子授体/受体间的竞争）。当总氨氮浓度（TAN）高于 500mg/L 时，将严重阻滞电力的产生，使最大功率密度从 $4.2W/m^3$ 降低到 $1.7W/m^3$（TAN 从 500mg/L 增加到 4000mg/L）。也就是说，高浓度自由氨氮对阳极呼吸细菌活性有阻滞作用。在连续操作的 MFC 中，氨也要起阻滞作用，当 TAN 从 3500mg/L 增加到 10000mg/L 时，最大功率密度从 $6.1W/m^3$ 下降到 $1.4W/m^3$。

影响 MFC 中氮移去性能的主要因素是：溶解氧（DO）浓度、pH 值、碳氮比（C/N）和阳极过程产生的电力。高水平 DO 和高 pH 值条件阻滞脱硝过程。中性 pH 条件适合于 MFC 硝化-脱硝过程。由于阴极过程受阳极过程释放电子数目的影响，碳氮比成为影响过程性能的主要参数。高碳氮比对脱硝似乎比较好，虽然较高碳氮比并不完全有利，因有异化脱硝的可能性，从而影响 MFC 性能。氨回收也是可能的，如果阴极有高 pH 值条件和曝气并有顺序的酸溶液吸收。

9.3.5.2　MFC 移去磷

磷通常以鸟粪石形式从污水中移去。可用若干方法控制从污水回收鸟粪石：化学添加剂或二氧化碳气提或电解。通常通过加入化学碱增加 pH 值，如 NaOH、$Mg(OH)_2$ 和 $Ca(OH)_2$，或通过曝气或二氧化碳气体提高性能。很少研究使用 MFC 来移去或回收磷。早先使用消化的污水污泥把磷酸铁转化为正磷酸盐，介质中加入镁和氨调节 pH，致使鸟粪石的生成。正磷酸盐回收得率 48%，而从纯磷酸铁水合物和消化污泥回收的得率为 82%。在新近研究中，MFC 移磷是附带性的，在空气阴极液体边，由于大量高浓度磷沉淀物与使用猪场污水作为 MFC 进料。因沉淀物中也含有高浓度 Mg，因此设想也是以鸟粪石的形式移去磷（因阴极附近的 pH 值高于阳极边）。鸟粪石沉淀仅发生于阴极表面，磷移去率为 70%～82%。因氧还原，局部区域 pH 值增加促进了鸟粪石的生成。在 MFC 单元中，组合鸟粪石生成和氢气生产可增强过程效益，能以高总能量效率（73%±4%）移去可溶性磷酸盐 40%，且氢气生产速率达 0.7～$2.3m^3(H_2)/(m^3 \cdot h)$。这指出，用 MFC 生成鸟粪石回收磷同时回收氢气将使能量得到显著的补偿，使鸟粪石回收操作的成本有明显降低。用 MFC 回收鸟粪石的限制是，可利用含高浓度氨和硫酸盐的高强度污水。因此，该过程适合于处理奶牛场、农田和动物饲养作业的污水。为在该过程中形成鸟粪石，Mg 的供应和优化 pH 条件也是重要的。最后，鸟粪石的合适化学计量比组成对它质量和适合于作肥料以及创收是很重要的。另外，鸟粪石在膜和电极材料上的沉淀是 MFC 的一个重要问题，可能需要合适地控制 pH 条件和给出流动构型。

9.3.6　MFC 移去金属

在污水中存在的金属离子，一般不能够降解成无害的终端产品，需要用特殊的方法来处理。而且这些含基团的重金属，氧化还原电位高，可以使用作为电子受体以减少沉淀物。如果并合 MFC，不仅能够移去废水中的重金属离子，而且可作为回收重金属的方法使用。异化金属还原，是微生物用于节能的一个过程，经氧化有机或无机电子授体和还原金属或金属胶体而完成。微生物还原金属会使微生物产生电化学梯度，为生长提供所需化学能。能够还原金属的微生物研究已经成为重点，因这能够促进受重金属或放射污染地区的生物修复。这些微生物能够集成于发展微生物燃料电池。为了发挥解毒和发电优点，了解异化金属还原机理是重要的。使用 MFC 阴极室移去金属离子有大量报道。例如，在氧还原生物阴极中以 $Co(OH)_2$ 形式回收钴，在优化溶解氧 0.031mmol/L 的条件下，不仅生产电力 $1.5W/m^3$，钴的最高回收速率也达 0.079mmol/(L·h)，$Co(OH)_2$ 得率为 0.24mol/mol COD ［初始的 pH 5.6 和 Co（Ⅱ）

浓度 0.508mmol/L]。这似乎是一个以环境友好方式回收氢氧化钴的可行方法。

9.3.7 源分离

对整个污水流进行处理并不是一个优化方法，应该回收营养物种并使再循环最大化。对某些情形，为回收营养物质和再使用，其中所含尿能够先行分离收集和加工，这个过程称为源分离。已认识到它是利用资源的一种有效方法，但这与资源回收方式和过程选择有关。选用的过程应该是能量有效的，要优于污水处理工厂的处理或回收，且过程是经济可行的。营养（氮和磷）资源回收浓缩尿的技术包含：生成鸟粪石、抽提吸收氨、蒸发缩小体积、部分冷冻或反渗透或离子交换。余留污水的营养物质减少，可在污水处理工厂中进行处理。

9.3.7.1 尿作为能源

在 MFC 中，尿能够在能量原料源头进行分离。人尿由尿素（6～18g/d）、尿酸（1.8g/d）、肌酐（0.5～0.8g/d）、氨基酸（0.12g/d）、肽类（0.5g/d）组成。可变数量的乳酸、柠檬酸、胆红素和卟啉、酮体（乙酰乙酸；β-羟基丁酸酯；丙酮）以及少量己糖（葡萄糖）和戊糖（阿拉伯糖）也可以存在于正常尿液中。由于尿素和尿酸不容易为细菌利用，在除去这些后，估算的有机物质总干重（生物可降解）为 0.78g/(人·d)。所以，尿中 1g 糖类、肽类、蛋白质或氨基酸的平均卡路里值为 2.08 kcal。在单一室 MFC 中，循环一天尿中 COD 的移去效率 25%～40%，进行有效降解，循环 2d 35%～60%，循环 4d 60%～75%。在间歇模式循环中，检测到铵离子的增加达 5g(NH$_4$-N)/L，Ca^{2+} 和 Mg^{2+} 以鸟粪石形式沉淀。在阴极表面通常发现有钾鸟粪石和羟基磷灰石。使用 Pt 基和无 Pt 阴极的无膜 MFC，操作超过 1000h，阳极溶液 pH 值从 5.4～6.4 增加到 9（因尿素水解）。因此阳极性能降低，尽管阴极不受影响，说明 MFC 性能受阳极限制。溶液电导率增加到初始值的 3 倍。无 Pt 阴极 SC-MFC 初始电流为 0.13～0.15mA，稳定电流为 0.1mA。Pt 基阴极 SC-MFC 初始电流 0.18～0.23mA，逐渐降低到 0.13mA。这些数据说明，是尿素水解引起的高 pH 值降低了阳极反应和 SC-MFC 总性能。实际上无 Pt 阴极与 Pt 基阴极的性能是可以比较的，这为未来发展提供了成本有效的替代方案。使用合成尿在微型反应器（1mL）中进一步研究级联 MFC，把 8 个 MFC 连接起来，研究级联效应 17 天。开始时低流速 0.09mL/h 和最高流速 1mL/h。输出峰功率在 36μW 量级，相当于 39.6W/m^3（归一化值）。这些微反应器 MFC 能够满足数字手表、LED 和小摩托的能量需求。

9.3.7.2 人粪便和其他废物的能量

人类的粪便污水可作为 MFC 中的基质来生产电力。其总化学需氧量、可溶性化学需氧量和 NH$_4^+$ 移去效率分别达到 71%、88% 和 44%（在两室 MFC 中操作超过 190h）。最大功率密度 70.8mW/m^2，暗示用 MFC 技术处理人类粪便污水是可行的和合适的。使人类粪便污水发酵作为预处理，则功率密度提高 47%（22mW/m^2，与不做预处理时为 15mW/m^2）。使用三个空气阴极的升级 MFC，产生的功率输出达到 787.1mW，功率密度 240mW/m^2。

为处理化粪池污水，发展出一个容易操作的多插拔 MFC。当三个单元平行连接时，功率密度为 (142±6.71)mW/m^2，初步计算的系统成本约 25 美元，该系统每天能够为 6W LED 灯提供电力 4h，且仍有大的改进潜力。可插拔单元的目的是池堆放大，因为池堆中只要有一个单元停止生产电力它就有可能完全失败，而替换或维护 MFC 不是一件小事情。一个以肥料进料的 MFC 系统，长期操作超过 171d，目标是有最大初始电力生产。其最大功率密度、电荷效率、总 COD 移去分别为 $(14.11\pm0.20)W/m^3$、$9.87\%\pm2.48\%$ 和 $(8302\pm856)mg/L$。使用牲畜粪肥作阳极基质，组合膜电极单一室 MFC 的最大功率密度为 $0.2W/m^2$；刷型阳极双室 MFC 是 $0.3W/m^3$。对使用结构改性电极材料的 MFC，用牛粪混合水获得的功率密度 $15.1W/m^3$（双阴极电极 MFC）和 $16.3\ W/m^3$（盒式电极 MFC）。研究证明，湿度 <80% 的牛粪是可作为 MFC 燃料使用的。混合喂养 MFC 与水稻质子（PMFC）MFC 比较，功率密度高 3 倍。所有上述的结果指出，人类和动物排泄物和其他废物作为 MFC 原料或基质使用都具有很大潜力，能够对现场废物进行管理的同时持续和有效地生产电力。城市固体废物中的液体废物也能够使用作为有曝气阴极双室 MFC 的基质，具有生物降解和生产生物电力的潜力。例如，对初始 COD 和 pH 值分别为 30g/L 和 7.8 的基质，进料最低浓度 COD 为约 35g/L 时，达到的最高能量得率为每天 8～9J/g COD。最大和平均 COD 移去效率分别为 94% 和 87%，指出这类液体废物的优良生物降解特性，达到的 COD 移去速率为每天 $1.2～1.9kg(COD)/m^3$。

9.3.8　现时的挑战和潜在的机遇

前面已经讨论了可持续处理污水且产生能量的微生物燃料电池技术。但是，能够真正实现和实践，仍然需要克服若干障碍。主要是：低功率密度，低污染物降解速率（与常规污水处理工艺比较）、差的空气阴极性能、相关的材料成本以及环境影响。为使 MFC 这项有趣技术成为现实，下面分析讨论现时状态、新近发展和理想 MFC 所需的属性。

9.3.8.1　COD 移去速率

在 MFC 中的移去碳营养和其他污染物的速率是非常低的。为满足 MFC 中从成本上看有效的污水处理目标，有机物质移去速率应达到每天 $5～10kg(COD)/m^3$ BES 或 MFC 反应器（0.5 美元/m^3 左右）。而现在文献给出的值（不同原料，包括合成污水、生活污水、初级流出物、垃圾渗滤液和粪浆）在每天 $0.0053g(COD)/L$ 和 $5.57g(COD)/L$ 之间。因获得数据的 MFC 反应器工作体积非常小，使估算的大规模 MFC 性能有非常高的不确定性。例如，长反应时间（慢动力学速率）意味着需要较大反应器体积，使投资和维护成本增加。研究结果清楚地表明，MFC 生存的两关键问题是：①长的流体停留时间，指出低过程降解动力学；②在系统中真实污水显示差的性能。但是，用于生物电力生产，厌氧污泥（MFC 产生的）是比传统活性污泥更好的原料，最大功率输出达 $38.1W/m^3$。固体停留时间 8d 时，总 COD 移去约 60%。MFC 产生的这个能量足以补偿操作成本的约 30%～50%。而且集成的 MFC 和活性污泥系统，其实际操作能够超过 400d。移去 53% 的 COD。研究指出，阴极生物结垢被确认是 MFC 低性能的一个潜在原因，MFC 比较适合于使用消化液来进行最后的净化。另外，为确定 MFC 在真实世界中应用的实际潜力，进行进一步原位条件研究是很重要的。

9.3.8.2　低功率密度

报道的功率密度相当不一致，范围在 $0.0018～2W/m^2$（$0.2～200W/m^3$）之间。新近的研究努力已经看到电力生产容量的显著增长，增加了 6 倍。一些研究获得的功率密度非常高，但这些结果需要进行验证，因为使用的反应物体积和电极表面非常小，不确定性很大。报道最高的功率密度是 $2.87kW/m^3$（或 $4.3W/m^2$ 或 $16.4A/m^2$），这是使用了新分离器材料和 U 形电流收集器获得的结果。每天移去 COD 速率（相对 MFC 体积）为 $93.5kg(COD)/m^3$，有高的库伦效率（83.5%），总能量效率在 21%～35% 之间（与操作电压有关）。对移去 COD

速率（相对 MFC 体积），有报道每天 54kg(COD)/m³ 的（远高于希望值）；也有报道每天 3.78kg(COD)/m³ 和 5.57kg(COD)/m³。应该注意，获得的高功率密度是用啤酒污水和垃圾渗滤液获得的，而对实际生活污水这是达不到的。系统构型、电极电路构架、膜和电极材料是提高功率密度的重要因素。这说明，为获得高功率密度，更多努力应该放在有效反应器构型上。同时，对电子传输中生物膜和它们代谢功能的进一步了解，能够帮助强大而有弹性的 MFC 系统的发展。

9.3.8.3　空气阴极性能和生物阴极的发展

动力学限制也适用于阴极性能，阴极质子和 OH⁻ 传输对保持 MFC 的离子平衡和电子流动是非常关键的。pH 不平衡显著影响 MFC 生产电力。低阴极还原活性使 OH⁻ 从催化剂层到主体液体的传输速率很低。阻碍 ORR（氧还原反应）机制电子传输的问题，可使用生物阴极来解决，这同时也消除了对昂贵催化剂的需求。但是，保持生物电极的活性却成了另外一个问题。如果能够发展 MFC 以利用生物阴极来增强它们与环境的相关性，并增加它们在污水处理中的功能（如营养物质的移去），则这样的系统能够变成比较持续和自给自足。

9.3.8.4　与其他有益过程的集成

MFC 的简单和环境条件操作使它们适合于修复不同环境。MFC 可以与现有污水处理系统集成，不管是主动还是被动系统，以获得清洁电力。MFC 作为经初级处理或厌氧消化过程后的一个加工单元，甚至也可使用作为移去有机化合物的单独过程［图 9-25（a）～（d）］。MFC 与现有污水处理和管理系统的集成，从脱中心系统到公用系统（中心化系统）再到工业部门系统，目的是增加能量和资源利用效率。对脱中心水平，MFC 可容易地并合进入现有的化粪池以生产生物气体和生物电力［图 9-25（a）中所示］。对大系统，MFC 提供宽范围的可能性，并合进入现有污水处理系统（初级处理前、在活性污泥系统中和厌氧消化系统后）。例如，MFC 可直接浸没在活性污泥槽中单独存在，也能够放在厌氧消化后处理消化上层清液［图 9-25（c）］。应该注意，集成过程可能承受新的操作和新的维护问题，这需要做适当考虑。下面列举几个实例。

把实验室规模（1.5L）厌氧消化（AD）初级废水处理与实验室规模（0.1L）微生物燃料电池的次级处理集成。用该集成系统处理污水的结果指出，MFC 产生电功率容量为 7mW/L，尽管 AD 已经抽取了富甲烷生物气体（每千克 COD 0.2～0.3L CH₄）；处理后流出物满足国际标准安全环境排放标准：<300mg BOD/L，<105CFU/100mL，而氮水平适合于农业应用［1～1.2g(NH₃-N)/L］。在另外一个例子中，虽然 MFC 处理 AD 流出物的功率输出持续时间不超过 12h，但 AD 流出物作为 MFC 基质能够产生稳定的电流(42±8)W/m³。试验中溶液 pH 也对性能有显著影响。这两个例子说明，AD 流出物作为 MFC 基质是有利的；MFC 可与常规污水处理系统集成。

MFC 也能够与潟湖、曝气池和湿地污水处理系统集成［图 9-25（b）］。对合成和真实污水用集成自曝气潟湖 MFC 系统处理（有或无电力管理系统）的结果说明，集成系统构型提高 COD 移去 21%（对合成污水）和 54%（对乳业污水）；集成处理系统的运行时间超过一年，证明它是牢固的和是一个可持续的方法。以间歇和连续模式操作的两个 3.7L 构造湿地与 MFC 集成（CW-MFC）的系统处理啤酒污水，在把空气扩散头并合到曝气阴极中后，对间歇操作系统，平均移去 71.5%COD（初始浓度 3190～7080mg/L），初始峰功率密度 12.83μV/m²。阴极曝气显著增强 CW-MFC 性能；对连续操作系统，COD 移去平均速率 76.5%［流入物 COD

浓度(1058±420.89)mg/L]。在另外一个例子中，基质垂直流动构造湿地与三个不同类型生物阴极材料［不锈钢筛网（SSM）、碳布（CC）和颗粒活性炭（GAC）］集成。GAC-SSM 生物阴极产生最高功率密度（55.05mW/m²）；人工湿地与 MFC 集成的结果极其波动，与亮/暗循环相对应。

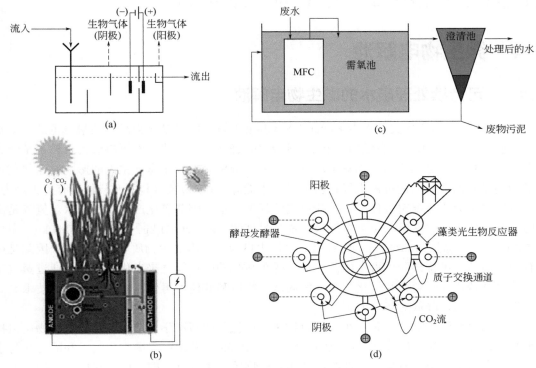

图 9-25　MFC 应用于废水处理的例子

（a）MFC 与脱中心和遥远社区中的化粪池系统集成；（b）MFC 与湿地集成，适合于小社区废水处理系统；（c）MFC 浸在大规模中心废水处理系统中的活性污泥系统中；（d）MFC 与工业应用中的海藻-光生物反应器支持的酵母发酵罐集成

9.3.8.5　MFC 中的高级处理

　　任何新技术都应该做很好的比较，希望比现有的更好。微生物燃料电池 MFC 能够提供除了节约能量外的优越福利，包括高级处理。对 MFC，很多研究的重点是移去金属，但也应该评价属于放射性化合物的其他毒性和微污染物以及医药和个人护理产品。其移去机理随系统而变，与过程化学有关。对这个领域的研究需要扩展，以适应现已确定的这些污染物的移去，以及 MFC 可靠的实际能力和容量。

　　总而言之，微生物燃料电池显示出是一条具有缓解污水处理和环境保护日益增长能源需求的可持续路径。在 MFC 中固有的产电微生物群落具有降解污水的能力。虽然过去十多年的研究努力已经使 MFC 的功率密度提高了若干数量级，为促进这些系统的大规模实际应用仍然需要有进一步的突破。为了 MFC 技术有重要而显著的发展，优先考虑如下事项：①为使 MFC 能够成本有效的生产电力，应该发展能够同时满足电极表面积和低成本的构造的材料；②未来研究和过程发展的重点应该放在获得实际污水的经验上；③应该从熟知和可接受单位中报告试验结果，以进行不同构型间的比较；④为最大化利益，应该放适当注意在了解电子释放-传输-接受机理和发展阳极-阴极构架中的新构型，以最小化电子传输损失；⑤为确证发展的关键领域，重点应该发展微生物燃料电池技术的生命循环影响分析。

大规模系统示范是紧迫需要的，因它们代表了需要以系统方法解决的新挑战和局限性。MFC 技术的未来充满着令人兴奋的机遇和挑战，需要在科学和工程领域有更大发现和进展，克服壁垒和发展出可持续能量收获的生物电化学污水处理技术。

9.4　微生物电解池

9.4.1　可持续处理废水的微生物电解池

在 2003 年，诺贝尔奖获得者 Richard Smalley 说过"能量是人类面对的最严重的单一挑战"。绝大多数能量来自化石燃料（石油、煤炭和天然气），这些是不可持续的资源，某一刻总会被完全耗尽。这些资源增加对全球气候、人类健康和世界生态产生大的影响，这促使研究者为满足我们增长的能量需求寻找新的可再生能源。氢作为燃料和能源载体具有巨大潜力，燃烧氢气并不会排放温室气体、产生酸雨或消耗臭氧层，因其氧化产物仅仅是水。氢气是高效的，在气体燃料中它的单位重量能量含量是最高的，达 120MJ/kg，汽油为 44MJ/kg，甲烷是 50MJ/kg，乙醇是 26.8MJ/kg。而且氢气可衍生自很宽范围的生物质和生活废料，因此是成本有效、清洁、可持续和可再生的。但是，现在 96% 的商业氢气来自化石燃料，通过蒸气重整、热化学转化（热解）和气化生产。发展从生物质和其他可再生能源生产氢气的技术是高度优先的，目的是降低对环境的影响。

微生物电解池（MEC）是一种从有机物质生产氢气的新科学方法，使用的有机物质包括污水和其他可再生源。MEC 由两个独立研究组于 2005 年发现：美国宾州大学和荷兰瓦赫宁根大学。在 MEC 中，电化学活性细菌氧化有机物质产生二氧化碳、电子和质子。细菌把电子传输给阳极，质子释放到溶液中。然后电子通过导线传导到阴极并与溶液中的自由质子结合。但这并不会自发发生。为了在阴极使电子与质子结合产生氢气，MEC 反应器需要在生物辅助条件下（pH=7、T=30℃、p=11.01×10⁵Pa）从外部供应电压。这个电压输入由提供的电力完成。然而，MEC 仅需要相对低的能量输入（0.2～0.8V），而常规典型水电解则需要 1.23～1.8V。两室 MEC 的示意图给于图 9-26 中。

在使用乙酸作为基质的情形中，MEC 两个室中的电极反应分别为：

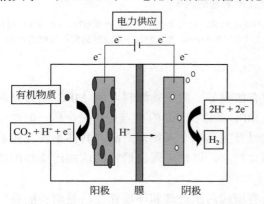

图 9-26　典型两室 MEC 结构和操作示意图

$$阳极：\qquad C_2H_4O_2+2H_2O \longrightarrow 2CO_2+8e^-+8H^+ \tag{9-22}$$

$$阴极：\qquad 8e^-+8H^+ \longrightarrow 4H_2 \tag{9-23}$$

MEC 常用产生的电流、氢气生产速率、氢气回收和能量回收来进行分析评价。电流一般归一化到电极表面积（m²）或反应器体积（m³），这比单一电流（mA 或 A）能够更好地比较不同反应器。电流直接关系到氢气生产速率，因为到阴极的电子最终都要转化为氢气。高表面积电极的使用、接近电极空间、不同膜材料和改进的反应器都能够快速增加 MEC 的电流密度和氢气回收。

现在人们认为污水是可获得有价值产品和能量的有用资源。虽然尚有疑问，但从经济、环境和技术前景看，MEC 似乎比 MFC 提供更实质性的利益。但是，MEC 的可靠性极大地取决于从其获得的产品：氢气、甲烷、乙醇、过氧化氢等。特别是氢气，它是许多战略工业部门的关键性资源（冶金、肥料、化学和石油化学工业等），它的高能量得率使它可以成为未来的能量载体。

BES 是一种电化学系统，其中至少有一个电极反应包含有与微生物的电化学相互作用。最通常的是它的阳极反应，需要有一定的微生物存在，通常是指阳极呼吸细菌（ARB），它有能力从室温降解基质并传输电子给固体电极。

图 9-13 是 MFC 和 MEC 工作原理的示意表述。在生物阳极的反应，对 MEC 和 MFC 是十分类似的。电子，ARB 代谢副产物之一，以及质子和 CO_2，它被传输到阳极和流过外电路再到阴极。当 BES 以 MFC 方式操作时，氧（或其他氧化剂）在阴极和电子流自由地反应为体系提供能量。在 MEC 中，为引发电极反应需要功率源（因阴极没有氧化剂）。MEC 基本操作原理也示于图 9-26 中。

9.4.2 电极、膜和反应器构型

未来 MEC 设计的成功，极大地取决于合适材料的选择，它们应该在适合于活性元素的特殊要求（阳极、阴极和膜）和在反应器特殊环境条件下工作。这些材料最低应该满足下面的要求：①中等至高的电导率，以使电荷（电子和离子）循环尽可能容易，增强反应速率和使供应给 MEC 的能量有效使用。电导率是潜在电极材料的最重要单一特征。另外，内电阻，它直接取决于电极、电解质和膜的电导率，对 MEC 的可行性也是非常重要的。②生物、化学和物理稳定性，构建材料的性质最理想的是，不应该受存在微生物、极端 pH、高离子浓度、电位（腐蚀）等的影响。③经济可行，在实验室规模运行时这要求并不重要，但当考虑商业样机和大规模应用时，它确实是一个关键问题。投资和操作成本必须最小，使用便宜材料、优化制造工艺和反应器构型。④高比表面积，阳极和阴极反应都是非均相反应，因此电极的表面积应该最大化，以优化反应速率。

9.4.2.1 阳极，经典构建材料和新近发展

碳基材料满足上述的多个特殊要求，因此成为最广泛使用的电极材料。但是，它们不总是便宜的，价格变化很大（从 1000 美元/m^2 的碳布到 10～50 美元/m^2 的碳筛网）。它们的电导率与金属比较是低的，虽然使用金属电流收集器能够补偿这个弱点。非碳基材料如钛和不锈钢也已经作为 BES 阳极进行了试验，虽然其电导率优于碳基材料，但性能常常是差的，因为小表面积和表面性质不合适，也即不太适合于生物膜的生长。所有这些都限制它们在大规模反应器中的使用，似乎比较适合于基础研究，例如阳极生物群落的生物电化学行为研究、物理化学和操作参数对 MEC 性能影响的研究等。

碳基材料，包括石墨纤维、碳毡和石墨板，不仅普遍使用于实验室规模试验中，并已经顺序转移到半中试和中试规模的 MEC 中。颗粒活性炭和石墨颗粒，因它们固有的大表面积，也已经作为阳极材料使用。但它们的构型仍然存在严重局限性；因颗粒间和与电流收集器间电接触很差，电导率是低的；而且存在阻塞的危险，特别是在处理含颗粒物质的真实污水

（WW）时。

碳纳米管具有中空结构，其壁由一个碳原子厚的碳薄片构成，碳薄片具有超常的电和机械性质。它们作为 MEC 阳极具有巨大的潜力，因为有大的比表面积、优良稳定性和电导率。但是，它们也有许多严重缺点，最重要的是对细胞有毒性，这意味着在大规模应用前它们必须进行改性。石墨烯是一类碳基材料，也即发展出由"石墨烯海绵"和不锈钢构成的电流收集器，显示有好的电性质。用它们制作阳极是容易的和相对低廉的（2mm 厚石墨烯面成本为 4 美元/m²），因此具有大规模应用的发展潜力。用电化学还原石墨烯氧化物可制作新阳极，这也是制作高性能阳极的一种实际、简单和可靠的方法。

在研究发展阳极材料的同时，也发展出多种表面处理方法，如用氨、热、酸、表面活性剂等进行处理；又如进行电化学氧化、电化学还原和火焰氧化处理，主要是增强阳极表面性质（例如增加表面积）、促进微生物黏附和电子传输、增强电极生物兼容性。

9.4.2.2　阳极，找寻合适催化剂

使用作为阳极的大多数碳基材料也适合于作为阴极材料，尽管需要一些改性。最重要的需求是，在低过电位下推动氢演化反应（HER）。这个反应确认也会在常规电解系统中发生，为此通常要使用贵金属（如铂、钯）催化剂（由于它们的稳定性和优良的催化活性）。但是，它们是非常贵的，使用于低附加值和低生产率活动（如 WW 处理）是很不经济的。Ni 基材料、MoS₂ 基材料、不锈钢合金和其他过渡金属合金，都已被证明能够替代 Pt 基阴极。它们的特点是容易合成、便宜、稳定和低过电位；而且，它们已经被用于半中试和中试规模实验中。使用这类阴极的 MEC 显示与 Pt 基阴极类似的性能或甚至更好，只要催化剂直接暴露于阳极合成媒介中。然而当使用真实 WW 时，催化剂类型似乎是较少重要，此时 WW 特征成为过程性能的决定性因素。使用 MoS₂ 基阴极处理 WW，可能是 Pt 基好性能和不锈钢低成本间的一个合理折中。

另外一个低成本催化剂是使用非金属催化剂，如氮掺杂活性炭，它能够提供可接受催化活性和稳定性，因此可大规模应用。把碳纳米管和石墨烯作为阳极材料的应用在不断增加，并已成功替代高成本阴极材料。

MEC 的温和操作条件（中性 pH、环境温度、低离子浓度和无机组分）对催化活性是有害的。一些微生物有能力作为电子受体使用于阴极生产氢气，能把缺点转化成机遇，提供低成本生物阴极来替代非生物阴极，而且使用生物阴极的氢生产速率和能量效率可以优于非生物阴极，虽然其优异性还有争议。

9.4.2.3　MEC 中离子交换膜的使用，双和单一室构型

第一个使用 MEC 生产氢的实验研究使用了离子交换膜（IEM），用以分离阳极和阴极电解质。使用 IEM 的主要优点是：使优化阴极侧操作条件（如低 pH 值、高离子浓度等）且不影响阳极微生物群体有了可能，也使获得相对洁净氢气成为可能。然而，IEM 也成为电荷循环的一个壁垒，增加了内电阻，并对反应器性能产生有害影响。IEM 必须匹配使用特殊的阴极液（含缓冲液和盐类以限制阴极 pH 值的增加和提高电导率），因此对经济可行性或环境友好是不利的。因阴极液管理及其分散问题需要有外部辅助设备和外部能量，这样对这个方法的可持续发展产生危害。阻止 pH 值过度增加还可用替代技术，例如把阳极液循环到阴极室。但这个策略可能成为阻止使用 IEM 的主要原因，也即为了获得高纯度尾气而要优化操作条件和防止阴极边不希望生物质的增殖。

为优化氢体积生产速率而又不影响生产气体的质量，提出了在 MEC 中使用膜电极装配体（MEA）的概念。这使 MEC 只能以单一液体室（单一室 MEC 构型）进行操作。这在理论上有可能使氢气体积生产速率翻番（但需要 MEC 性能保持恒定）。但该构型在避免过电位上是失败的，因过电位与跨膜 pH 梯度相关。实践证明，其过电位问题大于双室 MEC。

无膜概念的发展说明，用 MEC 生产氢气，膜不是必需的。无膜构型使内电阻降低，MEC 设计变得简单。所以，更适合于场地应用。但是，对阳极和阴极环境没有分离的情形，MEC 阴极生产的氢气可能会发生进一步转化，使 MEC 性能受到显著影响：第一，阴极氢可能在阳极再氧化，导致氢循环现象上升，也就是人为地增加了系统电流和降低能量效率。第二，如果同类型的乙酸微生物增殖不受限制，氢气也会被转化为乙酸，然后在阳极消耗导致发生类似于氢循环的现象。研究指出，在无膜 MEC 总循环电流中，这两个现象可能占据一个显著分数，是该构型的一个重要弱点。第三，无膜 MEC 可能促进氢自养产甲烷菌的增殖，消耗氢和产生甲烷，降低尾气纯度。已经设计出为阴极和阳极环境提供一定程度分离的方案，包括无纺布和微孔膜，不过在长期操作中它们的结垢问题尚未研究过。仍然不清楚的是，这些材料是否能够完全避免与生物氢再使用相关的一些问题。

9.4.2.4　以电极和反应器构型提高 MEC 性能

评估 MEC 效率的一个非常重要参数是电压效率，从它能够看出 MEC 是否可以作为电源使用。能够粗糙地定义热力学能量输入中加入能量的数量，这为 MEC 实际设计放大提供电位的初步计算。优化电压效率的方法包括：①选用低电阻电极和膜材料；②提高催化剂活性；③优化反应器构型和电极构型。下面主要讨论通过优化电极构型和反应器构架来提高 MEC 性能（电压效率）的方法。

增加电极表面积是提高 MEC 性能的一个明显和明智的方法；通常导致较低的活化损失，因此获得较高电压效率。把 MEC 阳极分成两个，放置于阴极的两边［因此使阴极有效面积增加一倍，图 9-27（a）所示］，能够使溶液、电极极化和生物膜电阻分别降低 33%、35% 和 78%，氢气生产速率增加 118%。把它使用作为玉米秸秆发酵过程酸化废水的后处理方法，能量效率达 166%（仅考虑了电功率）。反过来，在阳极两边放置阴极以增加阴极有效表面积［图 9-27（b）左］，这个安排虽然增加电流密度和净的气体生产，但也增加了因氢自养活性的氢气损失。因此，无膜 MEC 的优化池构型应该由夹在两阳极间单一阴极和气体收集室间构成［图 9-27（b）右］。

为产电生物质增殖以增加可利用表面积的另一个方法是，使多孔三维（3D）电极的阳极厚度增加。但电流的增加并不直接与阳极厚度的增加成比例关系。非常厚的阳极确实会限制阳极呼吸细菌（ARB）在阴极进一步生长，因此限制了电流密度的增加，MEC 较少有效。这指出，一个有效的 MEC 设计应该是高表面积阳极（促进 ARB 增殖）和低电极厚度（最小化无活性面积）间的权衡和折中。因此，一个有 50mL 阳极体积和相对薄 3D 阳极（5～10mm，石墨毡）和高孔隙率（促进质量和电荷的传输）的 MEC，其体积效率能够达到最大。

使用多孔 3D 电极，尽管有高表面积的明显好处，但也可能发生高电流密度时阳极基体中的传质限制。为避免这种促进传质，可让多孔阳极［3mm 厚石墨毡，图 9-27（c）］直接充满阳极液而不仅是平行流过其表面（连续进料的 MEC 通常是这样安排的），这样电流密度和库伦效率都会有显著的增加。但遗憾的是，该方法有可能引起系统上的问题，在处理含颗粒物质的真实污水（WW）时有阻塞和生物结垢的危险。

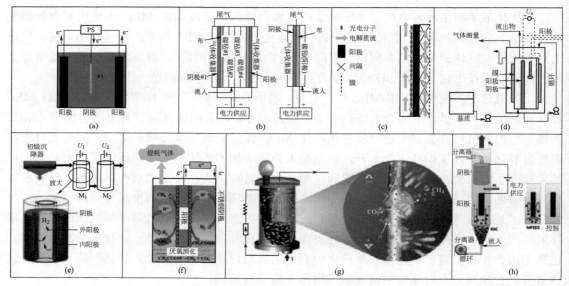

图 9-27　研究中的典型 MEC

（a）阳极分离以增加电极表面积；（b）放置于阴极间的多层阳极（左），常规无膜构型（右）；（c）水流通过多孔阳极流动和从膜离开的 MEC；（d）阳极装配在塑料棒上的管式 MEC，膜和阴极搭在外管上；（e）串联连接的两个管式单元的 MEC，每一个单元由阳极在外管和阴极在反应器内构成；（f）以不锈钢壁厌氧消化器作阴极的 MEC；（g）阴极由多孔镍基中空纤维膜构成，它也作为过来流出物的膜，阳极是石墨纤维刷；（h）阳极由颗粒活性炭构成的 MEC，颗粒被流化能够独立地与对流收集器（石墨块）接触，阴极由不锈钢筛网构成

　　到今天，大多数处理污水和生产氢气的 MEC 反应器使用的都是管式或板式设计。管式设计非常普遍（至少在 MFC 中），因为圆柱形反应器具有近于优化的横截面，死体积最小。管式设计的池可以是两个圆柱形管子，内管配置阳极，膜和阴极搭在外管上［图 9-27（d）］。圆柱形设计可应用于无膜型反应器［图 9-27（e）］，此时阳极放置于外管，气体收集室在反应器内部。这个反应器设计可处理真实污水。

　　除常规管式和板式设计外，近几年中还出现一些新设计，具有一些特殊优点。例如，以不锈钢壁厌氧消化器（沼气池）作为阴极的 MEC［图 9-27（f）］，用于提级沼气池生产的生物气体（降低 CO_2 量）。为处理特别低有机强度溶液，一个有意思的新 MEC 设计是：使用导电多孔的镍基中空纤维膜作为过滤流出物的阴极和分离膜［图 9-27（g）］。该反应器生产富甲烷生物气体和产生氢气泡，低阴极电位和氢气泡帮助降低膜的结垢。另外一个替代反应器构型设计，称为微生物流化床电极电解池（MFEEC）［图 9-27（h）］，其阳极由颗粒活性炭构成（增强阳极生物质）。为避免阻塞问题，颗粒被流化，因此它们与电流收集器接触，独立地释放累积的电荷。

9.4.3　实验室或半中试规模 MEC 用于污水处理

　　自发现生物催化电解能够生产氢气以来，实验室研究的大多数重点是发展新电极和新池构型、探索 MEC 性能的局限性、评估各种生物因素的影响。这些研究多使用研究者能够控制的合成基质。但也早已认识到，需要使用真实污水来评估该技术在真实世界中的潜力。

9.4.3.1　MEC 处理生活 WW

　　第一个使用 MEC 处理生活污水（dWW）是在 2007 年，该 MEC 是有 300mL 体积阳极室的双室 MEC［图 9-28（a）］，间歇进料（停留时间 30～108h），施加的操作电压 0.2～0.6V；产出的是高质量流出物（BOD 低于 7mg/L），几乎完全移去了 COD（87%～100%）。这个相对高处理效率与低氢产率（理论最大值的约 10%）形成鲜明对比，这是由于基质转化为电力的转化率很低，氢气通过管道损失了。

单室设计 MEC 也适合于处理 dWW。单室设计 MEC 的优点是：反应器体积要小很多，且无须独立的电解液。对一个有气体扩散阴极的连续流动单一室 MEC（阳极室体积 100mL），COD 移去总速率为 44%～67%，最大产氢速率每天 0.3L(H$_2$)/L（约 20% 得率）；该 MEC 的操作条件是：液体停留时间低至 3h，施加电压范围 0.5～1.0V，能量消耗速率低于常规曝气处理。但是，当在较大规模上进行重复［3.3L 阳极室，图 9-28（b）］时，产氢速率［每天约 0.01L(H$_2$)/L］尖锐地下降，仅在高液体停留时间（HRT）时才显示显著的 COD 移去。更糟糕的是，MEC 的能耗快速增加，可能的原因是高氢循环速率和进料流低的 COD 浓度。升规模的其他实验结果都是比较令人鼓舞的。对 10L（阳极室）单一室 MEC，由两个串联连接的 5L 单元构成，以 dWW 作进料。给出的 COD 移去效率 60%～76%，移去每克 COD 能耗为 0.9W·h，产氢速率达每天 0.05L(H$_2$)/L。

单一室构型板式设计 MEC 也可使用圆柱形设计，并进行了试验。在由两个 2L 管式模块串联连接［图 9-28（c）］构成的连续流单一室 MEC，处理 dWW 时使流入物有机污染物降解达 85%，能耗低于典型曝气处理，但产氢气速率相对较低［每天 0.045L(H$_2$)/L］。

对 dWW 进料 MEC 能够达到的最大效率进行了计算，并对 MEC 的操作参数，包括污水强度、施加电压、反应器构型、液体停留时间、有机负荷速率（OLD）等，进行了考察。为获得显著量的氢气，需要施加的最小电压为 0.4～0.6V，施加电压超过 0.8V 并不会使电流密度有显著提高，但威胁到能量的回收。为获得高质量流，需要高 HRT（>30h，间歇）。但当 HRT 在 3～10h（连续）范围时，可优化产氢速率和能耗，同时保持可接受水平的 COD 移去速率。重要的是，要注意到，优化施加的电压与 OLD 相关，污水 COD 浓度也是影响反应器总性能的重要因素。低强度 WW（低于约 250mg(COD)/L）通常对池性能产生有害影响，导致低的电流密度、库伦效率（CE），且几乎不产氢和高能耗；而 360～400mg/L 浓度范围 COD 能够显著提高 MEC 总性能。把 OLD 增加到每天 1000～2000mg(COD)/L 以上时（注意：OLD 取决于 HRT 和 WW 强度），产氢速率和能耗能够被优化。据计算，对 OLD 高于 100mg(COD)/(L·d)，MEC 在能耗上开始与常规曝气竞争，而 OLD 高于约 700mg(COD)/(L·d)，为获得满足 WW 标准的流出物，需要有两个串联操作的 MEC 单元。

9.4.3.2　MEC 处理工业 WW 和其他类型 WW

工业产生的 WW（例如造纸、食品和精炼工厂），其组成和浓度变化是很大的。很大程度上，MEC 总性能和阳极微生物群落是由 WW 性质决定的。两个以土豆和乳液 WW 进料的 MFC（单一室，28mL）改变为 MEC 操作模式时，土豆废水（WW）进料的 MEC 显示稳定的电流和生物气体生产速率，但对乳液 WW 进料，MEC 不产生电流或气体。原因在于土豆 WW 含相对高浓度挥发性脂肪酸（VFA）和高电导率，并在阳极微生物群落中含产电物种。含更多复杂有机物质的乳液 WW，诱导更多不同群落微生物的增殖，但产电微生物的比例要小很多。因此使用 MEC 处理土豆 WW 是可行的，其 COD 移去和产氢速率分别为 80% 和每天 0.74L(H$_2$)/L（液体停留时间 48h，间歇，施加电压 0.9V）。

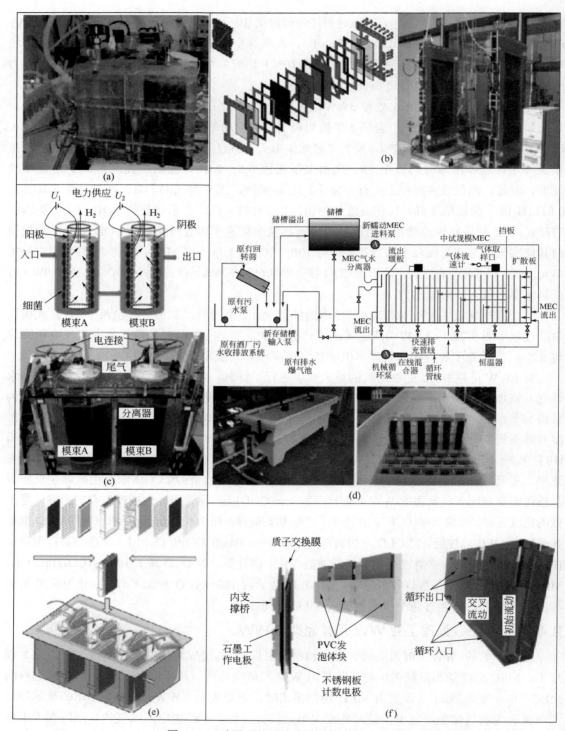

图 9-28　适用于处理真实废水的 MEC 类型

（a）处理 dWW 的双室 MEC；（b）处理 dWW 的单室 MEC，左边是暴露的 MEC 构型；（c）处理 dWW 的管式 MEC；（d）中试 MEC 的工艺流程图，处理酿酒废水——24 个电极模块做成（上），反应器俯视图（左下），反应器内一个模块（右下）；（e）处理 dWW 的中试 MEC 示意图，由 6 个模块做成，上图应该是模块视图；（f）处理 dWW 的中试 MEC 示意图，由 3 个模块做成，图显示初始样机（左），而后的改进用 PVC 泡沫板降低阳极室死空间（中），改进流区（右）

猪类（牲畜）污水（WW）也是产氢的合适基质，尽管它的降解性低且所含的氮和碳间不平衡。在 28mL 单一室 MEC 中间歇操作（20～42h）时，有相对高产氢速率（每天约 $1L(H_2)/L$），虽然能量使用率相对较低 [$0.8kW \cdot h/kg(COD)$]，COD 移去也很慢，间歇操作循环高于 180h 才能达到 75%的 COD 移去。对有类似设计的 MEC，使用葡萄酒酿造厂 WW 进料，连续模式操作，COD 移去为 47%，产氢速率为每天 $0.17L(H_2)/L$，能耗 $1.4kW \cdot h/kg(COD)$。有意思的是，对同样的池以生活污水作进料时，产氢速率和 COD 移去有大幅提高（分别为每天 $0.28L(H_2)/L$ 和 58%），但能量使用率也降低到 $2kW \cdot h/kg(COD)$。

对污水类型和阴极催化剂选择如何影响 MEC 性能进行的研究发现，总性能更多地取决于 WW 特性而不是所使用的催化剂。与预期的不同，工业 WW 进料系统比食品加工 WW 进料系统有更好质量的流出物和产生更多的气体。但其大部分有机物质是通过非阳极依赖路径降解的。精炼厂 WW 也可作为 MEC 的燃料，对脱油 WW 进料系统，在 COD 移去速率上是可以与生活 WW 进料系统比较的。但是，对不同来源的精炼厂 WW，较高 pH 值和较低 COD 浓度将导致低的电流密度。

在处理暗发酵流出物时，可在第二段过程使用 MEC，因为它们的灵活性和克服热力学壁垒的潜力。在处理垃圾渗滤液时使用预发酵步骤，能够使电流密度和电子移去（产氢）提高约 9 倍，BOD 移去速率 83%，比无预发酵处理时高 5%以上。在把粗甘油转化为氢气时也可使用两步过程，但第二步的 MEC 移去 COD 较低（<33%），只能在进料稀释 50%和 MEC 上施加的电压增加到 1.0V 时才能达到 40%的 COD 移去。与纯或粗甘油直接进料 MEC 比较，低库仑效率（CE，<25%）和低氢回收速率（<10%）导致低产氢速率 [$<0.05L(H_2)/(L \cdot d)$]。糖蜜 WW 进料的乙醇-氢共生产发酵反应器流出物，在两步工艺中作为无膜 MEC 的进料是比较合适的，施加的电压仅 0.6V，间歇模式操作达到的产氢速率为 $1.41L(H_2)/(L \cdot d)$；但在把流出物进料到 MEC 前，必须补充营养缓冲溶液。同样，在把来自干酪乳清发酵反应器流出物连续进料到 50mL（阳极室体积）无膜 MEC 前，为防止产氢的总崩溃，也需要补充含乙酸盐和盐类溶液。

污水污泥，是一种能够从污水处理工厂（WWTP）大量获得的一种副产物，也可作为产氢 MEC 的基质使用。这说明了 MEC 技术在 WWTP 中使用的可能范围。在把剩余活性污泥（WAS）发酵（超声预处理）期间累积的 VFA，作为 28mL 无膜 MEC 阳极进料，间歇循环操作 24～48h，达到的产氢速率 $1.7L(H_2)/(L \cdot d)$，因此具有高的能量效率（162%）和可溶性 COD 移去速率 50%，稀释两倍时增加到 60%。WAS 的化学（碱）预处理能够增强 WAS 水解，这是增加进料中 VFA 浓度的一个有效方法，因此能够提高产氢速率。

9.4.4　中试规模 MEC 处理 WW

为了评估 MEC 设计的稳定性和牢固性，在中试规模中验证实验室结果是很有必要的。这也是为了在长时间范围内考核性能及相关 WW 组成和特性对其影响，试验关键组件（电极、膜、电流收集器等）的耐久性。为了提供经济和环境可行性的证据，也需要进行场地试验。用 MEC 处理真实 WW 的第一个中试，MEC 反应器体积 1000L，单一室 MEC，由 24 个垂直于流动方向的一组独立模块组成。电极由低成本材料做成（不锈钢筛网；石墨纤维刷阳极）[图 9-28（d）]。MEC 用酒厂 WW（COD 浓度 0.7～2.0g/L）进料以连续（HRT 24h）模式试验。为防止 pH 值变得过低，补充缓冲液或用水稀释。在启动和当进料中挥发性脂肪酸过低时，也需补充乙酸盐。处理后，MEC 达到的可溶性 COD 平均移去 62%，生物气体产率保持在约 $0.2L(H_2)/(L \cdot d)$。产生的生物气体主要由 CH_4（86%）和 CO_2 以及痕量的氢组成。中试试验的主要发现是，温度在电流密度、尾气组成和气体产生速率上是决定性的关键因素。

为处理 dWW 建造并操作的 MEC 工厂，反应器体积 120L，停留时间 HRT=24h。这个工厂由 6 个独立的双室 MEC 模块［用低成本材料如不锈钢（阴极）、低成本微孔膜替代聚合物膜］构成［图 9-28（e）］。在启动时同样需要补充乙酸盐和施加相对高电压，以获得可测量的产氢速率。COD 平均移去速率和产气速率分别为 34% 和 $0.015L(H_2)/(L \cdot d)$。可注意到，双室 MEC 构型可促进富氢生物气体的生产，甲烷浓度相对较低（约 1.8%）。工厂流出物的平均 pH 值为 6.7（从未下降到 6 以下），无须校正 pH 或使用缓冲液。MEC 工厂的电能回收偶尔能够达到 100%，平均为 70%，能量处理成本为 2.3kJ/g(COD)，低于曝气处理的等当值，2.5～7.2kJ/g(COD)。工厂用 dWW 操作了 12 个月，操作温度范围宽（1～22℃）。获得的结果指出，低温下生物过程仍能继续，温度对 MEC 性能影响是不清楚的（虽然性能的变化可能也包含有温度效应）；操作期间 COD 移去保持在接近 34%，但平均产氢和电能回收下降达 50%。尽管有损失（即能量回收并不能够补偿能量输入），但有机污染物移去总能量成本仍然低于曝气处理。随着设计的进一步改进，达到能量中性或甚至正能量 dWW 处理是可能的。

反应器设计各种改进对 MEC 性能影响的因素进行了评估，包括降低死空间、修改流动区域、改变 HRT 或有机负荷速率等。所用 MEC 的阳极和阴极室是独立的，且被质子交换膜分离，每个室都被进一步划分为三个室［图 9-28（f）］。阳极室体积 30L，后来被 PVC 发泡体板填充降低到 16L，用以研究死空间的影响。在连续操作期间，池操作的 HRT 在 15～44h 之间（进料是生活污水处理工厂初级流出物），达到的 COD 移去速率为 67%，但大多数 COD 经非产电机理移去；可能是厌氧发酵和产甲烷菌的作用［因高反应器温度（25～36℃）］。当用不锈钢筛网阴极替代不锈钢板阴极后，反应器总内阻力有惊人的降低，这是由于几何表面积有大的增加。

上述的这些中试规模研究指出，MEC 大规模使用的限制因素是工程和反应器设计问题而不是生物学的问题。这突出说明了，MEC 商业化前景是乐观的。事实上 MEC 处理污水的实践和商业使用已经是触手可及了。例如，Ecovolt，Cambrian Innovation 推出的主打产品是一种生物电化学辅助厌氧消化器，可使用 MEC 来稳定与增强厌氧消化工艺和提高生物产气体量。其他公司如 Emefcy 也开始生产商业应用 BES 系统。MEC 技术的商业应用兴趣也能够从专利申请数量得到证实，主要是 MEC 反应器设计、提高产氢气的技术方法和反应器特殊部件，也包括有用 MEC 来获得化学产品。

9.4.5 经济和环境考虑

MEC 要成为实际和可持续的 WW 处理技术，必须或者至少满足如下要求：①技术可行性。必须使生产的流出物质量满足区域和法律标准。②经济可行性。投资成本（占用土地、制造、安装、辅助装备）或操作成本（能量消耗、劳动力成本、化学添加等）要降低到与常规处理可以比较的水平。③环境可行性。必须与环境保护政策兼容。下面简要论述 MEC 技术大规模应用的经济和环境问题。

9.4.5.1 经济学

之所以用 MEC 技术处理 WW，毫无疑问其原因是，与常规处理比较带来的能量节约。

如把这些能量节约转化为货币形式，当氢气价格保持在相对高值（6美元/kg）时，MEC处理dWW进料带来的能量回收值估计高达0.19美元/kgCOD。有意思的是，当用酒厂WW进料到同样的MEC时，其能量平衡虽然是负的，但仍然有净的资金回报0.06美元/kgCOD。应该注意到该估算中仅考虑了MEC消耗的电能和生产氢气间的平衡。

与曝气处理比较，MEC的一个优点是，生产的生物质数量相对较低（毫无疑义这是一个重要特色），因为WAS管理占到WW处理总成本的重要部分。在同时考虑MEC能量平衡和处理污泥能量需求时的一个简化分析，获得的结论是应该把MEC作为dWW TP曝气处理前的预处理技术使用，能耗的降低达约20%。如给定dWW TP中使用能量占操作成本的50%，该能力节约使消耗成本有显著降低。

尽管有这种令人鼓舞的计算，高投资成本是BES系统商业化的主要壁垒。据估算，用实验室设计材料建造MEC的投资成本可能比AD高800倍，其中铂基阴极和膜（Nafion）就占到总投资成本的85%（阴极500欧元/m^2；膜400欧元/m^2）。这正好说明，实验室系统使用材料的高成本导致其后续研究的重点是要发展替代材料。已经注意到，不锈钢、镍或MoS_2基阴极性能与铂基阴极类似，成本却有显著降低（空白或MoS_2涂层不锈钢SS304为57美元/m^2；镍625为370美元/m^2），尽管负载这些催化剂的碳布成本（占阴极总成本的80%）仍然是一个限制因素，使这些替代物较少盈利。已经清楚的是，生物催化剂能够有效地替代常规非生物阴极，且成本较低，但其长期的稳定性仍需提供进一步的证实。

对双室构型MEC，膜的成本是一个重要因素。因此提出在BES系统性中使用低成本的Ultrex膜（110欧元/m^2）或Zirfon可渗透离子型膜（45欧元/m^2）替代昂贵的Nafion膜。在单一室构型MEC中可以使用许多便宜的非离子选择膜作为分离器（防止电极间电接触）。

表述这些数据的主要目的是要让读者对一些影响MEC大规模使用的重要因素有一般的了解，而不是要作为完整的成本分析。要讨论的关键问题是，技术上商业可行的MEC境遇情况怎样？也就是说，从经济观点分析，使其成为有吸引力技术MEC需要有怎样的性能水平？虽然就MEC发展的技术现状要回答是困难的，但已经可以有一些想法。例如，在假设投资成本100欧元/m^2（包括电极、电流收集器和膜），操作成本0.05欧元/移去1kg COD［给定电力成本0.06欧元/(kW·h)］和氢气价格0.35欧元/m^3条件下，如要使收入超过成本，MEC系统的内电阻需要降低<60mΩ/m^2和电流密度>20A/m^2。如前面分析已经指出，MFC的可行性远比MEC要低，而MEC大规模应用的前景远好于MFC。对在现有dWWTP中使用MEC技术前景分析估算指出，电流密度>5A/m^2和能耗<0.9kW·h/kg COD可作为判断MEC是否适用于利用特殊dWWTP生产氢气的一个准则，也就是说，只要MEC反应器成本不超过1200欧元/m^3就适用。在该分析估算中，不仅考虑了与MEC相关的直接成本，也考虑了所有辅助设施的成本，如氢气储槽、气体压缩机和整流器等。

9.4.5.2　MEC的生命循环评估和环境影响

科学的MEC设计应该是能够与其他能源生产或WW处理技术竞争的，不仅在技术和经济层面，而且也在环境层面。生命循环评估是评价产品和技术在整个生命循环（从最初的原材料到使用结束的分散）中环境影响的国际标准化方法。重要的是，它提供了一种比较类似产品或技术的有用方法，如AD的环境因子方面、陆地生态毒性、酸化和臭氧层损耗，这些在MEC中通常是不考虑的，但极可能是相关的。因此，为对MEC系统进行生命循环评估（LCA），首先要编列一个关系到MEC的LCA因素的清单，包括系统边界、输入、输出、效应、评估等。在对高速厌氧处理、MEC 和生产过氧化氢产品的 MEC 等技术的环境影响比较中获得的结论是，虽然 MFC 与常规 AD 并没有大的差别，但 MEC 替代常规化学生产能够提供重要的环境利益，且这个利益足够大，因此该结果与生命周期清单中一些较少稳定因素的变化（如结构材料、能源母体等）变得无关了。这再一次说明，从 MEC 获得的利益要多于 MFC。但必须注意到，分析中假设了 MFC 和 MEC 的操作电流密度都是很大（如 $1000A/m^3$）的，该值与用 WW 为基质时在真实 MFC 和 MEC 上获得的电流密度值高很多；而且考虑的是生产高附加值的过氧化氢的 MEC。因此，很有必要进一步分析 MEC 技术从 WW 提取能量的环境利益。

9.4.6 MEC 使用展望：挑战和未来前景

9.4.6.1 应用瓶颈：工业和生活污水

高有机物浓度工业污水（WW）的使用常能使 MEC 获得高产气速率和降低能耗。但是，其组成不总是能够很好平衡的，特别缺乏营养素，进料前需要加以补充。高 COD 浓度 WW 的加工处理常使不希望的产甲烷微生物增殖和生物质的过度生长，因此限制了电子到阳极的传输。在这些情况下，MEC 很难与其他能量生产技术如 AD 的竞争。AD 技术是成熟技术，用于处理 WW 是可靠的、牢固的和便宜的。全世界已经有数以千计的设施在运转。但 AD 流出物的质量通常是很差的，含有高浓度的有机物，对嗜热 AD 则更是这样。因为它们可能使流出物中含有高浓度 VFA，使移去乙酸盐和产氢受到短链 VFA 的阻滞。在这样的条件下，使用 MEC 作为后处理技术是能够帮助提高流出物质量的，同时还能回收能量。

生活污水（dWW）的有机物浓度通常低于工业污水，这对阳极边释放电子比较有效。另外，dWW 中含有较多平衡营养素，这可能为 MEC 的后处理带来额外的挑战。的确，对移去进料中显著数量的营养素 MEC 通常是失败的。所以，此时 MEC 的流出物可能无法满足移去氮和磷的地区标准。然而，已经发展出有能力移去氮、氨甚至磷（鸟粪石）的新型 MEC，只是需要比常规 MEC 有复杂的反应器和额外的辅助设备（为管理氨和鸟粪石），所以使投资成本增加。因此，MEC 似乎不可能替代 dWW TP 中曝气处理技术，至少在其大规模应用早期阶段是这样。但重要的问题可能是，常规 MEC 可使用作为曝气处理的预处理，回收 WW 的一些化学能和改善工厂的能量平衡。

9.4.6.2 改进 MEC 现实性：氢气、甲烷和其他替代物使用

前面讨论了 MEC 面对的各种挑战，性质上多数是技术-经济性。除了这些外，氢气的性质可能成为 MEC 发展的重要壁垒。因为氢气扩散速率高，很难把其限制在密闭空间中，致使氢的低回收速率，甚至毁坏 MEC 的构建材料（如使不锈钢变脆）。另外，在实际工厂中，产生的氢气需要压缩和储存，而这两个操作是高成本的，对净操作成本产生很大影响。最后也是最重要的，对无膜设计 MEC，阴极产生的氢气如果抽取不足够快速，可能发生氢循环现象和促进产乙酸菌的活性，使 MEC 性能遭到严重毁坏。

一种观点认为，应该促进而不是避免 MEC 阴极产甲烷，因产甲烷有比产氢好的一些优点，且可帮助部分克服产氢的一些问题：①甲烷容易管理和存储，不像氢气那样受限制。②无膜 MEC 有利于产甲烷菌的增殖，于是氢循环（如果发生）不会再对性能构成威胁。在这个意义上用产甲烷 MEC 替代产氢 MEC 就解决了氢的那些问题。换句话说，产甲烷可作为加速 MEC 技术商业发展的一种策略，同时也能优化产氢 MEC 的设计。③产甲烷 MEC 可与厌氧分解器

（AD）集成形成一种组合技术。MEC 在 AD 中的直接应用，确实能够增强生物气体生产，缓解 AD 的某些限制，如稳定 AD，因在过负荷和启动阶段（产甲烷菌的代谢是慢的）时它加速 VFA 的氧化。而且 MEC 能够应用于修复已经发生严重过程失败的系统。虽然其关键影响似乎来自保留的生物质而不是与电极的电化学相互作用。厌氧反应器中的高氨浓度是过程失败的另一个普遍原因。已经发展出"水下微生物脱盐池"，它有能力原位回收氨，降低厌氧分解池中氨的浓度，如以产电模式操作，也可作为产氢产甲烷装置使用。

对用有价值化学品如乙酸盐、乙醇、甲酸或过氧化氢替代产氢和产甲烷是有巨大兴趣的。但是，精细化学品生产——随后使用于食品或医药工业中——可能在 WW TP 环境内引起健康和安全问题。提高能量和燃料气体生产（氢气或甲烷）的措施似乎比较实际，其他收入来源的限制也较少，至少在 MEC 发展第一阶段是这样。因为：①WW 可作为安全、便宜且普遍存在的电子源；②产品容易在工厂中使用；③气体回收相关技术是成熟的；④生产的生物气体通常是高质量的，与 AD 和暗发酵工艺生产相比较 CO_2 含量低。而精细化学品生产似乎比较适合于应用于特殊区域，也即对阳极液特征可很好控制的情形。

提高 MEC 现实性一种选择是，把燃料气体生产（氢或甲烷）与其他作用组合起来。已经提出的若干应用设计是：①氢气生产组合金属回收；②产甲烷组合移去 WW 中硫化物；③燃料气体生产组合移去和回收营养素；④增强 AD；⑤脱盐组合产氢；⑥CO_2 捕集组合产氢；⑦电力和氢气共生产。所有这些潜在应用已经吸引相当多注意，这类组合似乎有能力增强 MEC 技术的环境和经济可行性。当然还有很多研究工作要做。

9.4.6.3　电流和放大

MEC 过程的放大不可避免地意味着要处理相对大电流。MEC 中的电压损失（即无效性）直接取决于电流，因此这个参数的管理将对 MEC 成功和可放大设计有重要影响。

常规电化学反应器放大到工业容量，通常采用两种策略：增加电极表面积，或把各单个池池堆化。第一种策略关系到两种因素：①必须要在电压损失最小和保持投资低成本上进行解决；电压损失通常随反应器加大而增加，但大单元能够降低单位制造成本。②电极大小增加，机械稳定性和电极失形（实验室规模中它不是问题）可能成为一个问题；这意味着确定优化电极大小，使制造成本低且不影响其机械和电化学性质，对发展商业 MEC 设计是非常重要的。第二种策略（单一池池堆化）需要仔细考虑如何进行电连接单个池。很清楚，平行连接能促进实现小处理设施中的控制策略。但是，对较大设施，该策略需要管理大的电流，这会使电设备和电路投资成本有相当增加。为避免产生大电流，必须串联一定数量单元形成 MEC 池堆，目的是降低循环电流。还有一些其他问题与这个构型相关。例如，池堆中一个单元发生故障会使整个池堆不能运行。所以，当对单个池进行池堆化时，其挑战是要确定每个池堆需要的 MEC 单元数目，以优化工厂中总包循环电流，且不损害其可操作性。

9.4.6.4　MEC 作为微电网中的能量存储系统

微电网（EM）是一组相互连接的电负荷和分布电源，可使电力从发电机直接分布到终端消费者。研究者、政策制定者和公众普遍被 EM 吸引了巨大兴趣，因它们可促进与再生能源的集成，以及使整个发电系统比较有灵活性、可控制性和成本有效。

EM 中的关键元素之一是能量存储系统。当 EM 以"海岛"模式操作（不与总电网连接）时，存储系统能够在能量盈余时存储能量以作为峰需求时使用。普遍使用的存储系统有电池和超级电容器。EM 也能够从水电解器中取得好处，用氢存储能量。很清楚，MEC 能够在 EM

中使用，以类似的方式为 EM 和 MEC 带来利益。另外，对于降低 WW 中的有机污染物，MEC 能够替代高成本的存储系统（电池和超级电容器）。当 MEC 生产的气体不在区域内消费时，可以输入到天然气网中再长距离运输到最后使用地区。通过气体和电网间界面，降低了电网的传输拥塞。MEC 能够从电力供应低谷期间的低价格中受益。不管怎样，用可再生能源生产能量和 WW 的数量和组成都是不可预测的，需要有效地组合这两个系统，对系统的合适控制策略是不可或缺的。

总而言之，虽然 MEC 是远未成熟的技术，但它们有潜力替代常规污水处理技术。从对 MEC 技术实际应用的现时挑战和未来前景分析，能够获取如下重要见解：①已经发展出广泛范围的电极材料，尽管它们的实际应用要取决于生物兼容性和经济性。②MEC 是一种牢靠的新电化学技术，可用于处理宽范围的有机物质。③当 MEC 用生活污水进料时，可达到高于 75%的 COD 移去，而能耗低于传统常规技术。但氢回收通常是低的。④工业污水含有较高有机物质浓度，能够获得较高产氢速率。但在进料到 MEC 前，需要进行一些改变。⑤MEC 利用其优势有能力把电力转化成燃料气体，提供电网和气体网间的联系，帮助降低电力传输网的拥塞。⑥MEC 技术是可行的，未来前景是光明的，最近几年中，已经发展若干中试规模反应器，获得了第一批商业经验。⑦重要的挑战仍然存在，关系到 MEC 的大投资成本，这是它实现商业化的主要壁垒；氢气本身也是一个重要的技术壁垒。如果不很好管理在阴极边的氢气，可能导致不希望微生物的快速增殖，使反应器总性能受到影响。⑧产甲烷 MEC 能够替代产氢 MEC，有利于加速整个 MEC 技术的商业发展。

9.5 直接液体燃料电池

9.5.1 引言

直接液体燃料电池（DLFC）能够定义为直接转化存储于液体燃料中的化学能为电能的电化学装置。DLFC 是一种可行的清洁和有效的能量生产技术，供运输和便携式应用。该技术近来吸引了世界范围的注意。DLFC 可作为便携式电子装置的电源，如手机、笔记本电脑及其他电子装置。液体燃料与气体燃料如氢气比较，在运输、存储和管理方面具有明显的优势，也即 DLFC 与氢 PEMFC 相比也具有这些优点。同时液体燃料的单位质量密度相对较高。在 DLFC 中广泛使用的液体燃料包括：甲醇、乙醇、乙二醇、2-丙醇、1-丙醇、甘油、甲酸盐溶液、硼氢化钠溶液、碳水化合物溶液等许多。它们具有高的能量密度，例如甲醇、乙醇和 2-丙醇的能量密度分别为 6.09kW·h/kg、8.00kW·h/kg 和 8.58kW·h/kg，而其他液体燃料的能量密度与汽油的能量密度 11kW·h/kg 是可以比较的。

近来研究者的关注度不断增加的 DLFC 包括，直接甲醇燃料电池（DMFC）、直接乙醇燃料电池（DEFC）、直接乙二醇燃料电池（DEGFC）、直接甲酸盐燃料电池（DFFC）和直接硼氢化钠燃料电池（DBFC），这是由于它们都具有各自的独特优点。其中直接甲醇燃料电池是研究发展相对较多且是比较成熟的一类，可以甲醇水溶液直接进料，也可以甲醇蒸气进料，还可以重整为氢气后再进料。这类燃料电池在前面已经做了相当详细叙述，这里不再重复。对使用其他液体燃料的 DLFC 同样可以水溶液进料，如沸点不太高也可以蒸气进料，当然也能够以蒸气重整产生的氢气进料。下面只介绍以水溶液形式进料的情形，也就是真正的直接液体进料燃料电池。

首先是液体醇类，有多种使用醇类作燃料的燃料电池，它们都正在发展中，包括低温（<100℃）和高温（>400～500℃）的系统；使用质子、OH⁻和氧离子传导电解质的系统，以及以液体或气体进料的系统等。在直接使用各种液体燃料的燃料电池中，甲醇是最可行和优先的，因它是最简单的醇和比其他醇燃料容易氧化。因此，在过去二三十年中对直接甲醇燃料电池（DMFC）已经被广泛地研究。但是 DMFC 技术面对诸如缓慢阳极反应动力学和甲醇横穿等技术问题。甲醇固有性质使它具有毒性和挥发性，大量使用时对消费者不是很好忍受的。与此不同的是，乙醇的毒性远低于甲醇；它比甲醇（6.1kW·h/kg）有更高的比能量（8.0kW·h/kg），和它能够从生物质或甚至农业废物大量生产。更加重要的是，乙醇生产过程排放的 CO_2 能够为植物生长所利用，所以，乙醇是一种可持续的碳中性燃料。因此应该说，乙醇是液体燃料中最合适作燃料电池燃料的。乙醇燃料电池可分为直接和间接两种。在间接乙醇燃料电池中，醇首先转化成氢和 CO，然后直接使用作为高温燃料电池的燃料（当使用于低温燃料电池时，必须把 CO 转化为氢和 CO_2，使其含量低于 10×10^{-6}）。间接醇燃料电池实际上是氢燃料电池，只是以乙醇作原料而已。直接乙醇燃料电池以乙醇水溶液直接进料的燃料电池，是真实的直接醇类燃料电池。除了甲醇和乙醇外，在醇燃料中还有乙二醇。

使用聚合物电解质膜的这三类直接醇燃料电池的电化学反应，如图 9-29 所示，在图中也给出了相应的操作温度范围。能够看到，对 H_2、CH_3OH、C_2H_5OH 和 $(CH_2OH)_2$ 完全氧化所包含的电子数目分别为 2、6、12 和 10。对聚合物膜电解质的操作温度为 20～120℃，而对陶瓷基电解质为 600～800℃。对使用 OH⁻ 或 O^{2-} 传导电解质的 DEFC 情形，乙醇与这些离子在阳极/电解质界面上的反应产生二氧化碳和电子，此外还有其他中间物/部分氧化乙醇产物。从图中还能够观察到，使用醇燃料的水净生成，对质子传导电解质情形是在阴极，而对 OH⁻ 和氧离子传导电解质情形，则是在阳极。另外，对质子传导和 OH⁻ 传导电解质燃料电池，水是

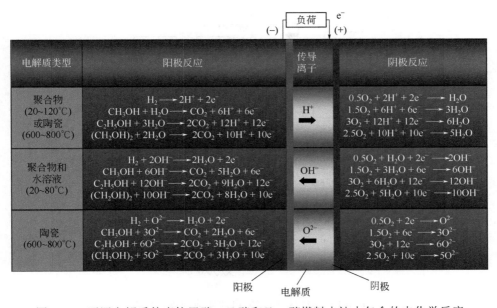

图 9-29　不同电解质的直接甲醇、乙醇和乙二醇燃料电池中包含的电化学反应

作为反应物分别参与了阳极和阴极的电化学反应。三种在燃料电池中使用的醇燃料的性质和转化效率与氢燃料比较于表 9-6 中。一个直接醇碱燃料电池 4 池池堆示意图给于图 9-30 中。

表 9-6　醇燃料和氢的性质与转化效率

性质	氢气	甲醇	乙醇	乙二醇
分子式	H_2	CH_3OH	C_2H_5OH	$(CH_2OH)_2$
$-\Delta G^{\ominus}$ /(kJ/mol)	237	702	1325	1180
$-\Delta H$ /(kJ/mol)	286	726	1367	1192
能量密度，LHV/(kW·h/kg)	33	6.09	8.00	5.29
能量密度，LHV/(kW·h/L)	0.00296	4.80	6.32	5.80
$E_{池}^{\ominus}$ /V	1.23	1.21	1.14	1.22
$n_{实际}$	2	4	4	8
$n_{理论}$	2	6	12	10
存储的能量/[(A·h/kg)/(A·h/L)]	26802/2.40	3350/2653	2330/1841	3458/3855
$\varepsilon_{池}^{可逆}$ /%	83	97	97	99
ε_f /%	100	67	33	88
ε_V /%[①]	57	41	44	41
$\varepsilon_{池}$ ($\varepsilon_{池}^{可逆}\varepsilon_f\varepsilon_V$)/%	47	27 41[②]	14 43[②]	36 41[②]

① 假设操作池电压对氢为 0.7V，对醇为 0.5V。

② 完全电化学反应发生传输所有电子情形。

注：1．$E_{池}^{\ominus}$，可逆池低压；$\varepsilon_{池}^{可逆}$，理论电效率（或可逆池效率）；ε_f，法拉第或电流效率；ε_V，池低压效率；$\varepsilon_{池}$，池总效率。

2．$n_{实际}$，氧化反应中实际传输的电子数目；$n_{理论}$，完全氧化反应理论上传输的电子数目。

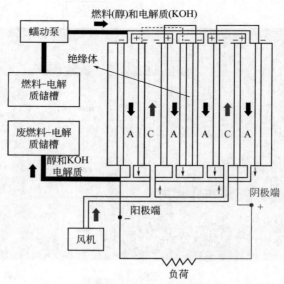

图 9-30　碱直接醇燃料电池 4 池池堆示意图

A—阳极室；C—阴极室

9.5.2　直接乙醇燃料电池

直接乙醇燃料电池（DEFC）可以使用不同的电解质，按使用电解质的不同，DEFC 可以分类为三类，即酸 DEFC、碱 DEFC 和碱-酸（陶瓷）DEFC，如图 9-31 所示。下面分别叙述之。

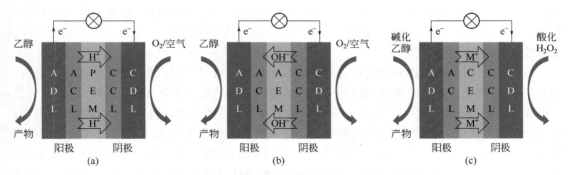

图 9-31　三类直接乙醇燃料电池示意表述

（a）酸 DEFC；（b）碱 DEFC；（c）碱-酸（陶瓷）DEFC

9.5.2.1　酸 DEFC

典型的酸 DEFC 一般使用阳离子交换膜（PEM）如 Nafion 作电解质。也是由夹在阳极和阴极中间的电解质膜（形成膜电极装配体 MEA）和双极板构成。MEA 具有多层结构，由顺序的阳极扩散层（ADL）、阳极催化剂层（ACL）、质子交换膜（PEM）、阴极催化剂层（CCL）和阴极扩散层（CDL）组成。以 PEM 作为核心组件，其功能是传导质子从阳极到阴极，在物理上作为阳极和阴极间的分离器。CL 一般由催化剂［对乙醇氧化反应（EOR）一般是 PtSn，对氧还原反应（ORR）一般是 Pt］和离子交联聚合物（一般是 Nafion）构成，为电化学反应提供三相边界（TPB）。DL 一般有两层：碳布或碳纸做的反扩散层（BL）；通常由憎水聚合物（特别是 PTFE）和碳粉混合物组成的微多孔层（MPL）。下面分别讨论酸 DEFC 的工作原理、池性能、EOR 产物、系统效率以及系统成本。

（1）工作原理　乙醇通过流动场供应给阳极 CL 并在那里被氧化，理论上产生电子、质子和二氧化碳：

$$CH_3CH_2OH+3H_2O \longrightarrow 2CO_2+12H^++12e^- \quad E^\ominus=0.09V \tag{9-24}$$

在阴极，氧/空气通过流动场供应给阴极，经 DL 传输到阴极 CL，在那里氧与质子（通过 PEM 从阳极传导到阴极）和来自外电路电子反应生成水，按照如下反应式：

$$O_2+4H^++4e^- \longrightarrow 2H_2O \quad E^\ominus=1.23V \tag{9-25}$$

方程（9-24）的 EOR 和方程（9-25）的 ORR 组合给出酸 DEFC 的总反应：

$$CH_3CH_2OH+3O_2 \longrightarrow 2CO_2+3H_2O \quad E^\ominus=1.14V \tag{9-26}$$

但是，即便使用现在最好的阳极催化剂，乙醇也不能够被完全氧化。乙醇的电氧化 EOR 的主要产物是乙醛和乙酸，摩尔比接近 1∶1：

$$CH_3CH_2OH+1/2H_2O \longrightarrow 1/2CH_3COOH+1/2CH_3CHO+3H^++3e^- \tag{9-27}$$

因此，对现在的酸 DEFC，其实际总反应是：

$$CH_3CH_2OH+3/4O_2 \longrightarrow 1/2CH_3COOH+1/2CH_3CHO+H_2O \tag{9-28}$$

（2）性能　酸 DEFC 的引人注目的特色是，系统装置，包括所有组件，都可借鉴于 PEMFC。虽然在为酸 DEFC 发展 EOR 催化剂上倾注了巨大的努力，但池性能仍然是低的，即便在高操作温度下（例如 90℃），其功率密度达到只有 96mW/cm²。酸 DEFC 的低性能主要是由于酸介质中 EOR 的缓慢动力学和高的活化损失。为此，发展酸 DEFC 重点应该是寻找和合成高活性 EOR 高活性催化剂。

（3）EOR 的产物　乙醇电氧化是复杂的多步反应，可经由 C1 路线（氧化乙醇到 CO_2）和 C2 路线（氧化乙醇到乙酸/乙醛）进行。对乙醇的完全氧化，每个乙醇分子释放 12 个电子，而乙醇到乙酸和乙醛的不完全氧化，分别只释放 4 个和 2 个电子。酸 DEFC 的实践证明，乙醇氧化物是乙醛、乙酸和 CO_2 的混合物，而在酸介质中产生的 CO_2 数量是小的（<5%）。因此，在酸介质中，EOR 主要产物是摩尔比 1:1 的乙醛和乙酸。如已知的，乙酸是非毒性的，高度溶解于水，较少腐蚀性，广泛使用作为重要化学试剂和工业化学品，例如，它大量被用于生产聚对苯二甲酸乙二醇酯、乙酸纤维素、聚乙酸乙烯酯、合成纤维，也使用作为食品添加剂、酸度调节剂和调味品。因此，乙酸作为 EOR 最后产物是可以接受的。但一个主要产物乙醛是则不希望的。乙醇电氧化到乙醛，每个乙醇仅释放 2 个电子，致使 Faradic 效率损失 83.3%。另外，乙醛有毒性，长时间使用具有刺激性，且可能致癌。所以，要解决的关键问题是要使乙醇进行 12 电子氧化。

（4）系统效率　除性能外，评价燃料电池的另外一标准是能量转换效率。如在第 2 章燃料电池热力学中讨论的，可用三个特殊效率：①热力学效率（η_t）也即能量的理论转换效率，$\eta_t = \Delta G^\ominus / \Delta H$。在 10atm、298.15K 下，$\Delta G^\ominus = -1325kJ/mol$，$\Delta H = -1367kJ/mol$。因此，酸 DEFC 的热力学效率为 97%。②电压（伏特）效率（η_E）是由电极电位定义的，$\eta_E = E_池/E_0$。对酸性介质中的直接乙醇燃料电池，操作电压 $E_池$ 一般为 0.5V，可逆电池电压 E_0 是 1.14V。因此酸 DEFC 的电压效率是 44%。③Faradic 效率（η_F）是由乙醇不完全氧化引起的，其定义为 $\eta_F = n_a/n_t$。n_a 是 EOR 实际释放的电子数目（4 个），n_t 是 EOR 理论释放的电子数目（12 个）。因 EOR 在酸介质中的主要产物是乙醛和乙酸，且比例为 1:1，于是酸 DEFC Faradic 效率约为 25%。

从三个效率可以获得酸 DEFC 的总能量转换效率：$\eta_{FC} = \eta_t \eta_E \eta_F$。利用表 9-6 中的数据可以得到，使用现有催化剂操作在 0.5V 时的酸 DEFC 总能量转换效率仅 11%，远低于酸 DMFC 的 37%。很清楚，其能量转换效率低的主要原因是乙醇的不完全氧化。所以，要特别强调，对酸 DEFC 发展高选择性 EOR 催化剂的重要性。

（5）成本　阻碍酸 DEFC 广泛商业化的一件关键事情是系统的高成本。图 9-32 给出了酸 DEFC 的估算成本。可以看到，酸 DEFC 的估算成本高达 3369 美元/kW，约为 PEMFC 成本（177 美元/kW）的 20 倍。单位功率的高成本不仅是由于高负荷 Pt 基催化剂（一般为 4.0mg/cm²，而 PEMFC 仅为 0.5mg/cm²），而且也是由于酸 DEFC 的低功率密度（现在 79.5mW/cm²）。另外，酸 DEFC 使用的电解质膜 PEM（一般是 Nafion）也是昂贵的（约 675 美元/m²）。图 9-32 也指出，制作酸 DEFC 的主要成本来自催化剂和膜。这再一次说明，合成成本有效催化剂和 PEM 是制作酸 DEFC 的最关键问题。

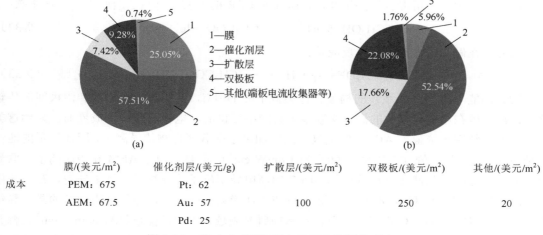

图 9-32　酸（a）和碱（b）DEFC 估算的成本

成本	膜/(美元/m²)	催化剂层/(美元/g)	扩散层/(美元/m²)	双极板/(美元/m²)	其他/(美元/m²)
	PEM：675	Pt：62			
	AEM：67.5	Au：57	100	250	20
		Pd：25			

9.5.2.2　碱 DEFC

已经证明，碱 DEFC 的性能要远高于酸 DEFC。使用阴离子交换膜（AEM）或碱溶液作为电解质时，直接乙醇燃料电池性能有大幅提高，主要是因为在碱介质中 EOR 和 ORR 有较快动力学，即便使用的是非贵金属催化剂（功率密度在 60℃高达 185mW/cm²）。另外，如 9-31 中所示，在酸介质中水分子从阳极拖曳到阴极并移出，而在碱介质中电荷载体（OH⁻）是把乙醇和水分子拖曳回到阳极并移出，这消除了乙醇和水的横穿。为此，近来碱 DEFC 的吸引力不断增加。

图 9-31（b）说明碱 DEFC 的代表性结构，由被 AEM 分离的阳极和阴极组成。碱 DEFC 中一般使用季铵化烃类 AEM 作为阴离子交换膜（一般是 Tokuyama A201），其功能是：把传导的 OH⁻ 从阴极传输到阳极，和作为分离器分离阳极和阴极。两个 CL 通常由催化剂和离子交联聚合物（如 A3）混合物构成，形成 EOR 和 ORR 的 TBP。在碱介质中 EOR 和 ORR 的常用催化剂分别是 Pd 基催化剂和 FeCo 催化剂。而阳极扩散层 DL 通常使用镍发泡体，以促进水溶液中的传质；而阴极总是使用碳布或碳纸。下面分别描述其工作原理、池性能、EOR 产物、系统效率和成本。

（1）工作原理　燃料溶液流入阳极流动场经阳极 DL 传输到阳极 CL，乙醇被氧化，理论上应该完全氧化，产生电子、水和二氧化碳：

$$CH_3CH_2OH+12OH^- \longrightarrow 2CO_2+9H_2O+12e^- \quad E_a^\ominus=-0.74V \tag{9-29}$$

燃料溶液中的水连同 EOR 产生的水，扩散通过膜到达阴极，而产生的电子经负荷外电路到阴极。在阴极，氧/空气流入阴极流动场经阴极 DL 传输到阴极 CL，在那里氧与电子和来自阳极的水组合生成 OH⁻：

$$O_2+2H_2O+4e^- \longrightarrow 4OH^- \quad E_c^\ominus=0.40V \tag{9-30}$$

产生的 OH⁻ 透过膜传导到阳极进行 EOR。EOR 的方程（9-29）和 ORR 的方程（9-30）组合给出碱 DEFC 的总反应：

$$CH_3CH_2OH+3O_2 \longrightarrow 2CO_2+3H_2O \quad E^\ominus=1.14V \tag{9-31}$$

应该注意到，使用现有的催化剂，在碱介质 EOR 的主要产物是乙酸而不是二氧化碳：

$$CH_3CH_2OH+5OH^- \longrightarrow CH_3COO^-+4e^-+4H_2O \qquad (9\text{-}32)$$

因此，在碱 DEFC 的实际总反应是：

$$CH_3CH_2OH+O_2+OH^- \longrightarrow CH_3COO^-+2H_2O \qquad (9\text{-}33)$$

（2）性能　碱 DEFC 系统的构架设计类似于酸 DEFC，其中离子在阳极和阴极间的传输路径是由分散在电催化剂中的离子交联聚合物网络提供的，电极与膜间形成界面。显然这类燃料电池系统完全依赖于 AEM，经电极中的膜和离子交联聚合物传导离子，因此显示的池性能是极端低的（最高峰功率密度于 60℃为 1.6mW/cm^2）。主要原因是 AEM 和相应离子交联聚合物的低电导率。显然要重点发展碱 DEFC 的高电导率离子传导材料。近来证明，在乙醇中添加碱（例如 NaOH 和 KOH）能够使碱 DEFC 性能大幅度提高，即便使用现有的离子导体和催化剂。尽管碱 DEFC 仍然是一个相对新的研究领域，但池性能已经从 60mW/cm^2 大幅升高到 185mW/cm^2。这个突破完全是由于添加了碱，不仅使离子电导率大为增加而且也使 EOR 动力学进一步加快。

（3）EOR 的产物　分析指出，用现有催化剂，在碱介质中 EOR 的主要产物是乙酸。在酸介质，乙醛是活性中间物不是最后产物。因此，乙醇电氧化占优势的是 C2 路径。乙醇电氧化到乙酸以四电子路径进行，这意味着碱 DEFC 的 Faradic 效率损失高达 66.7%（乙醇氧化到 CO$_2$ 释放 12 个电子）。所以，乙醇到 CO$_2$ 的完全氧化也仍然是碱 DEFC 的一个重要挑战。

（4）系统效率　如酸 DEFC 那样，碱 DEFC 有同样的理论总效率，其热力学效率也是 97%。如操作电压设置为 0.5V，碱 DEFC 的电压效率也是 44%。因碱介质 EOR 的主要产物是乙酸，但有部分 CO$_2$，使电流效率（CCE）从 6% 改变为 30.6%。因此，碱 DEFC 的 Faradic 效率在 37%～54% 之间。于是，在 0.5V 操作的碱 DEFC 的总能量转换效率在 16%～23% 之间，仍然低于酸 DMFC 的效率 37%，但比酸 DEFC 高了约 2 倍。能量转换效率的损失主要也是由于乙醇的不完全氧化。如果达到乙醇 12 电子完全电氧化，两类 DEFC 的总能量转换效率可达 43%，这与酸 DMFC 是可以比较的。为此，很多研究努力是要合成高选择性催化剂以提高 EOR 的 CO$_2$ 选择性。例如，合成的碳负载 PtRh 催化剂，在碱介质中有高 CO$_2$ 选择性，并指出乙醇在 Rh 表面有优先解离 C—C 键的路径。但是，在真实燃料电池系统中，与直接 12 电子的电氧化仍然有距离。进一步寻找和发展新催化剂材料，不仅要针对 EOR 高活性的目标，而且也要针对 EOR 高选择性的目标。

（5）成本　碱 DEFC 的竞争优点是材料上的低成本。图 9-32（b）给出估算的碱 DEFC 成本，约为 615 美元/kW，远低于酸 DEFC 的成本 3369 美元/kW。这是由于碱 DEFC 使用的是非铂催化剂和相对便宜的碱电解质膜。其较高的功率密度（185mW/cm^2）也是低成本的原因之一。所以，低成本碱 DEFC 在商业上比昂贵酸 DEFC 更具竞争性。

9.5.2.3　新系统设计——碱-酸 DEFC

除上述的限制因素外，酸和碱媒介的 DEFC 性能的一个重要限制参数是热力学上的，理论上它们的电压是低的，1.14V。近来提出的新概念 DEFC，是由碱阳极、阳离子交换膜和酸阴极构成的碱-酸 DEFC（AA-DEFC），如图 9-31（c）中所示。在这类燃料电池中使用的阳极和阴极电解质溶液分别是乙醇-NaOH 混合物和含过氧化氢的硫酸。进行的电化学反应分别为：

阳极：$\qquad C_2H_5OH+5NaOH \longrightarrow CH_3COONa+4Na^++4e^-+4H_2O \qquad (9\text{-}34)$

阴极：
$$2H_2O_2+2H_2SO_4+4e^- \longrightarrow 2SO_4^{2-}+4H_2O \qquad (9-35)$$

总反应：$C_2H_5OH+5NaOH+2H_2O_2+2H_2SO_4 \longrightarrow CH_3COONa+2Na_2SO_4+8H_2O \qquad (9-36)$

这类 AA-DEFC 使用的阳极、电解质和阴极材料分别是涂层 Ni 发泡体的 PdNi/C、一定厚度的 Nafion 膜和在碳布上的涂层 Pt/C。由于该系统把氧化剂从氧改变为过氧化氢，并进一步酸化过氧化氢，使 DEFC 的理论电压最终增加到 2.52V。这样，在 25μm 厚 Nafion 膜在 60℃达到的峰功率密度为 360mW/cm^2。到目前为止，这代表了 DEFC 的最高性能。虽然这个功率密度值看起来非常可行，但是，该新系统中有两个关键的问题，即物种横穿和过氧化氢分解（因特殊原料对阴极的需求和过程中形成的产物，也即缺乏可循环能力）。特别是，物种横穿将产生混合电位并降低池性能，而过氧化氢分解招致阴极电位的显著损失，使池性能急剧降低。为解决过氧化氢分解的问题，对 AA-DEFC 提出了双功能电极构架，且已证明，新电极构架不仅缓解了过氧化氢分解的问题，而且增强了反应物/产物的传质。应该注意到，虽然这个系统的理论电压高达 2.52V，但仍然有进一步提高池性能的空间，因为该系统中具有与过氧化氢氧化剂密切相关的独特特色，使其有高体积功率密度。这类燃料电池电源包特别适合于空间或水下应用，因为在那里实际上没有空气氧可利用。另外，虽然新概念燃料电池系统显示出比常规 DEFC 在性能上有大幅提高，但是该新池中的一些基础问题，如物种横穿和过氧化氢分解，需要进一步研究解决。

9.5.2.4 有关乙醇基燃料电池技术的其他问题

乙醇，作为液体燃料，有高能量密度和能够从谷物和其他生物质资源大量生产。它的运输和储存公用基础设施已经存在，或新公用基础设施是能够容易补充完成的。所以，与其他燃料电池比较，DEFC 对许多应用是非常有吸引力的，包括便携式电源、备用和偏远地区电源、运输和固定发电厂应用。但是，DEFC 技术仍然处于发展的早期阶段，许多研究是在实验室小规模系统进行的，离商业化仍然比较远。到现在为止，仅有很少的 DEFC 池堆和系统在样机水平进行了示范（使用 PEM 基酸 DEFC，乙醇溶液直接进料）。示范样机的大小范围从数瓦到数千瓦。下面做简单介绍。

美国 Cheyenne 的 NDC Power 样机是使用无铂催化剂的直接乙醇燃料电池，正在便携式应用中商业化该技术，功率范围 3～250W。池堆的操作寿命>3700h，电压降解速率 40μV/h，无须催化剂再生。其性能得到了 NDC Power 102 WEOS 直接乙醇燃料电池堆操作结果的证实，在 40℃ 和 80℃输出的峰功率密度分别为 48mW/cm^2 和 72mW/cm^2。NDC Power 建立的最大池堆是 EOS 1kW，是由 36 池构成的直接乙醇燃料电池，操作寿命超过 1200h。图 9-33 显示该池堆的照片和其功率-电流特征［使用 15%（质量分数）的乙醇水溶液作为进料］。

由德国制造的世界上第一个小样车在 2007 年欧洲版 Shell Eco-Marathon 上进行了示范，使用直接乙醇燃料电池提供功率。DEFC 池堆大小 2kW，有 60 个池，电压 40V，每一个池的活性表面积 18cm×18cm。DEFC 池堆使用高性能无铂催化剂（Hypermec 3-seies）电极，由意大利制造商 Acta Spa 制造。在 80℃用乙醇作燃料时催化剂产生的峰功率密度为 250mW/cm^2，低电流负载时燃料电池耐用性大于 3000h。

为发展直接乙醇燃料电池，美国军队与 NDC Power 结成了伙伴关系。为 Middletown 的 Iowa 军队弹药厂（IAAP）生产中等和大口径弹药，如坦克弹药，NDC Power 正试验 10kW 乙醇燃料电池样机（见图 9-34），如果系统成功，该 DEFC 能够为 IAAP 设施提供在 3～5 年内使用的电功率。

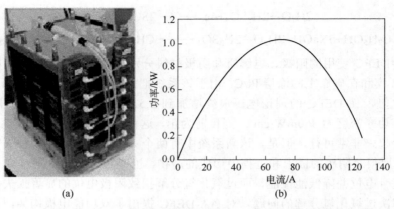

图 9-33　NDC Power 建造的 1kW DEFC 池堆（a）和池堆的功率-电流特性（b）

图 9-34　NDC Power 为美国军队弹药厂（IAAP）建造的 10kW DEFC 池堆样机照片

9.5.2.5　小结和未来展望

乙醇作为燃料电池燃料使用是很吸引人的。与其他燃料电池比较，直接乙醇燃料电池对多种应用是非常有吸引力的，包括运输、便携式电源、分布式电源、备用和偏远地区电源以及作为大规模固定发电厂。乙醇运输和分布的公用基础设施在大多数国家已经存在。乙醇的能量密度是 6.32kW·h/L，而与之比较的氢为 0.003kW·h/L，乙二醇为 5.80kW·h/L。乙醇包含 13%的氢。乙醇能够从范围广泛的生物质资源生产，包括甘蔗、玉米、草、木头和稻草。对甘蔗和许多纤维素物质，能量输出输入比是非常高的。乙醇的全球产量每年至少 900 亿升。

乙醇是可持续的碳中性运输燃料，对便携式和移动应用是理想的。因为与氢和甲醇相比较，具有多重优点：较高能量密度和容易运输、储存和管理。但是，酸 DEFC PtRu 催化剂和 Nafion 膜的使用，仅显示低的性能（90℃，96mW/cm²）。当酸电解质用碱电解质替代时，甚至在使用非铂催化剂情况下，池性能大幅度提高（185mW/cm²）。此外，碱 DEFC 还具有两个竞争性优点：高效率和低成本。碱 DEFC 具有这些特出优点，主要是因为在燃料溶液中加入了液体碱。但添加碱可能给燃料电池带来若干问题：①因碱和空气中 CO_2 间的反应产生碳酸盐，这会降低碱电解质膜的离子电导率；②碳酸盐沉淀也降低多孔电极的憎水性，因此打破水和氧间的传质平衡；③碱性膜在强碱环境中显示差的化学稳定性。解决这些问题则要避免液体碱的参与，即发展完全依赖于固体阴离子传导电解质膜的无碱 DEFC。

乙醇的完全电化学氧化需要释放 12 个电子。所以，在实际上，其电化学氧化动力学是非常缓慢的，导致不完全氧化和形成许多中间产物和中毒催化剂。低温 DEFC（操作在接近 100℃ 或更低）通常发生的是四电子传输反应。尽管它们可应用于生产电力和化学品，因乙醇的不完全转化（到 CO_2）不仅导致 Faradic 效率的损失，而且也限制了 DEFC 的应用范围。不管怎样，多个直接乙醇燃料电池系统仍然在发展中。DEFC 的阳极催化剂是大多数直接乙醇燃料电池发展的关键技术。另外，酸 DEFC 还存在有乙醇横穿、催化剂中毒和短寿命时间的问题。DEFC 仍然处于发展的早期阶段，离真正商业化仍然有很长距离要走。到目前止，仅有很少的 DEFC（采用直接乙醇溶液进料）在样机水平（基于 PEM 基燃料电池）上进行了示范，大小范围从数瓦到数千瓦。所以，DEFC 进一步发展方向的重点应该在，工程化高电导率传导阴离子材料和高活性高选择性催化剂。

9.5.3　直接乙二醇燃料电池

　　直接乙二醇碱燃料电池（碱 DEGFC）与直接乙醇碱燃料电池（碱 DEFC）的装置结构上没有大的差别，只是进料换成了乙二醇溶液。如图 9-35 所示。碱 DEGFC 也是便携式、移动和固定应用的最可行电源之一，主要是因为它以可持续的燃料运行，其关键材料也相对便宜。以不同液体燃料运行的碱性直接液体燃料电池（DLFC）对可持续的能源技术是可行的，主要是由于在碱性介质中，阳极和阴极的快速电化学动力学提高了性能。在多种液体燃料中，乙醇应该是最合适的燃料，因为它是可持续的和碳中性的运输燃料。但是，与直接乙醇燃料电池（DEFC）相关的一个关键问题是，即便是最好的电催化剂要在低于 100℃时断裂乙醇中的 C—C 键也是极端困难的，因此乙醇电氧化反应（EOR）的主要产物是乙酸。如前所述，乙醇完全氧化到二氧化碳的电子传输数目为 12，而实际上乙醇部分氧化

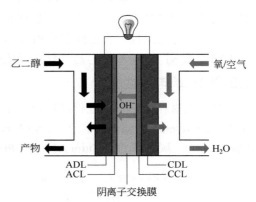

图 9-35　直接乙二醇碱燃料电池
组成和操作示意图

到乙酸的电子传输数目仅为 4。也就是乙醇在碱 DEFC 中的电子传输速率（ETR）仅为 33%，远低于 Faradic 效率（100%）。因此，为提高 ETR，一个极为重要的问题是寻找具有高 ETR 的液体燃料替代乙醇。对这，乙二醇（EG）是一种好的选择，因为它氧化的主要产物是草酸（释放 8 个电子），ETR 达到 80%，远高于碱 DEFC。乙二醇有较高的沸点（198℃），挥发性也远低于乙醇，有潜力成为能量存储系统的能量载体。乙二醇可从可再生能源经电化学方法合成。所以，直接乙二醇碱燃料电池（DEGFC）受到的注意不断增加，而且已经取得大的进展。

9.5.3.1　工作原理

　　如图 9-35 所示，DEGFC 装置由膜和夹住它的阳极和阴极 [电极装配体（MEA）] 以及流动场板构成。MEA 由阳极扩散层（DL）、阳极催化剂层（CL）、阴离子交换膜（AEM）、阴极 CL 和阴极 DL 组成。在阳极上，乙二醇燃料溶液进入阳极流动场经阳极 DL 传输到阳极 CL，在 CL 上发生电氧化反应，理论上应该产生电子、水和二氧化碳：

$$HOCH_2—CH_2OH+10OH^- \longrightarrow 2CO_2+8H_2O+10e^- \quad E_a^\ominus=-0.81V \qquad (9-37)$$

　　实际上，乙二醇电氧化反应的主要产物是草酸，也即乙二醇只部分电氧化产生电子、水和草酸：

$$HOCH_2—CH_2OH+10OH^- \longrightarrow (COO^-)_2+8H_2O+8e^- \quad E_a^\ominus=-0.69V \qquad (9-38)$$

　　在阴极上，传输过来的氧/空气在阴极 CL 上发生氧还原反应（ORR）：

$$O_2+2H_2O+4e^- \longrightarrow 4OH^- \qquad E_c^{\ominus}=0.40V \qquad (9\text{-}39)$$

产生的 OH^- 通过膜迁移到阳极进行乙二醇电氧化反应。结合方程（9-37）或（9-38）和方程（9-39）给出乙二醇电氧化总反应：

完全氧化： $HOCH_2{-}CH_2OH+\dfrac{5}{2}O_2 \longrightarrow 2CO_2+3H_2O \qquad E^{\ominus}=1.21V \qquad (9\text{-}40)$

部分氧化： $HOCH_2{-}CH_2OH+2O_2+2OH^- \longrightarrow (COO^-)_2+4H_2O \qquad E^{\ominus}=1.09V \qquad (9\text{-}41)$

乙二醇在碱性介质中的电催化氧化是一个复杂反应，其中间产物、产物和副产物可能使电催化剂中毒。因此催化剂是 DEGFC 的最关键组件，一般使用 Pt 基、Pd 基和 Au 基电催化剂，载体一般是碳材料。也对多金属催化剂和复合载体进行了不少研究，以进一步提高电催化剂性能，包括活性、稳定性和耐用性都需要进一步增强。另外，也应该重视非贵金属/金属氧化物，如 Ni 和 Co，作为乙二醇在碱性介质中的电化学氧化催化剂。

9.5.3.2　单电池性能

对给定材料，燃料电池性能仅取决于池设计参数和操作参数。在近几年中，功率密度已经从 $1.3mW/cm^2$ 大幅度提高到 $112mW/cm^2$。例如，使用 PtRu/C 作为阳极电催化剂（负荷 $4.0mg/cm^2$）、膜为厚度 240μm AEM 和 Pt/C 作为阴极（负荷 $1.0mg/cm^2$）制作了碱直接醇燃料电池（DAFC），如图 9-36 中所示。以各种多元醇溶液作为燃料进行了试验，以溶液（含 1.0mol/L 醇燃料+1.0mol/L KOH）运行时，按获得功率密度大小，醇类的排序如下：乙二醇>甘油>甲醇>赤藓糖醇>木糖醇。对 Pt/C 阴极催化剂的碱 DEGFC 的 OCV 约 0.8V，峰功率密度在 50℃时为 $9.5mW/cm^2$；当阴极催化剂改用 Ag/C 后，虽然 OCV 比 Pt/C 阴极低了 0.15V，但乙二醇浓度可大幅增加，因此功率密度反而提高了（$>40mA/cm^2$）。使用 Ag/C 电催化剂的碱 DEGFC 可使用高浓度乙二醇进料，这对便携式应用特别有意义。

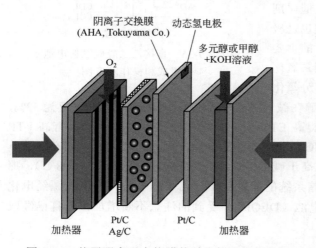

图 9-36　使用阴离子交换膜的碱直接醇燃料电池

（图中标注：阴离子交换膜 (AHA, Tokuyama Co.)　动态氢电极　多元醇或甲醇+KOH溶液　O_2　Pt/C　Ag/C　Pt/C　加热器　加热器）

使用 Pd-Ni/C 阳极（$1.0mg/cm^2$）、厚度 28μm 的 AEM（Tokuyama A201）和非铂 HYPERMEC 阴极（$1.0mg/cm^2$），设计、制作和试验了碱 DEGFC。结果指出，操作温度和反应物浓度对池性能有大的影响；优化后的峰功率密度在 60℃时为 $67mW/cm^2$（进料含 1.0mol/L 乙二醇和 7.0mol/L KOH 溶液，流速 2.0mL/min；阴极进料干纯氧流速 $100cm^3/min$）；燃料电池性能的提高主要是由于乙二醇氧化反应动力学的增强和碱介质增强了 ORR。

这些碱 DEGFC 单池试验结果清楚地说明，不添加液体碱电解质就不能获得令人满意的性能，因为现时技术状态的 AEM 和相应离子交联聚合物的电导率是低的。因此，提高碱 DEGFC 性能最有效方法是，在燃料溶液中添加液体碱电解质。但是，如前面在 DEFC 中已经叙述过的，添加液体碱电解质会带来若干问题。而解决这些问题的办法是：使燃料电池操作纯粹依赖于固态电解质和相应的传导 OH⁻ 的离子交联聚合物，也即所谓无碱或无液体电解质碱燃料电池。因此未来的研究方向应该是发展高电导率 AEM 材料。

9.5.3.3 新系统设计

此外，有一些以乙二醇运行的其他类型燃料电池，包括固体氧化物燃料电池（SOFC）、氧化还原燃料电池、微/纳米流动燃料电池以及使用乙二醇作为能量载体的能量存储系统。

（1）以乙二醇运行的固体氧化物燃料电池　除低温型直接乙二醇燃料电池外，乙二醇也可直接进料到固体氧化物燃料电池（常规 Ni-YSZ 金属陶瓷阳极）中。在各种燃料中（包括乙二醇、甘油、乙醇和甲烷），以乙二醇运行的 SOFC 在碳沉积方面是最好的。以乙二醇蒸气操作 SOFC 达到的峰功率密度在 750℃时为 $1.2W/cm^2$，与氢气操作 SOFC 的功率密度是可比较的，且在 $400mA/cm^2$ 电流密度下运行 200h，池电压没有显著衰减。因此，SOFC 使用乙二醇来发电是可行的。

（2）以乙二醇运行的氧化还原燃料电池　研究人员提出了以燃料（乙二醇）和氧化剂（氧）在阳极和阴极产生的各自氧化还原偶的氧化还原燃料电池，如图 9-37 中所说明的。被 Nafion 膜分离的阳极和阴极都是由石墨毡（以沸腾浓硝酸预处理 15min）构成的。使用两个氧化还原偶，Fe（Ⅱ）/Fe（Ⅲ）和 V（Ⅳ）/V（Ⅴ），作为阳极和阴极。在阳极，氧化还原离子（Fe^{2+}）释放电子被氧化：

$$Fe^{2+} \longrightarrow Fe^{3+} + e^- \qquad E_a^{\ominus} = 0.77V \text{（vs. SHE）} \qquad (9-42)$$

释放的电子通过外电路达到阴极。经膜传输的质子达到阴极，在阴极，氧化还原离子（VO_2^+）接受电子被还原：

$$VO_2^+ + 2H^+ + e^- \longrightarrow VO^{2+} + H_2O \qquad E_c^{\ominus} = 1.00V \text{（vs. SHE）} \qquad (9-43)$$

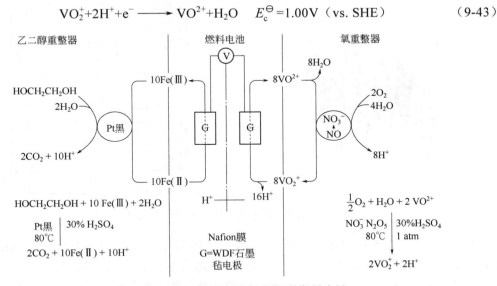

图 9-37　以乙二醇运行的氧化还原燃料电池

发电后的产物，在阳极的 Fe^{3+} 和阴极的 VO_2^+，将被乙二醇和氧在各自的反应器中充电：

反应器 1#：　　$HOCH_2CH_2OH + 10Fe^{3+} + 2H_2O \longrightarrow 2CO_2 + 10Fe^{2+} + 10H^+$ 　　　（9-44）

反应器 2#：　　$\dfrac{1}{2}O_2 + 2VO^{2+} + H_2O \longrightarrow 2VO_2^+ + 2H^+$ 　　　（9-45）

组合方程（9-44）和方程（9-45）得到总反应：

$$HOCH_2CH_2OH + \frac{5}{2}O_2 \longrightarrow 2CO_2 + 3H_2O \tag{9-46}$$

能够看到，该乙二醇燃料电池总反应与常规乙二醇燃料电池是相同的。初步结果指出，电压为197mV时的峰功率密度为9.9mW/cm³（单位石墨毡体积）。应该指出，这个乙二醇氧化还原燃料电池，其电子电化学传输到外电路进行脱偶的乙二醇电化学氧化，它与常规DEGFC相比有若干优点：①这类氧化还原燃料电池可把乙二醇几乎完全氧化到二氧化碳也即ETR约100%，提高了Faradic效率；②该燃料电池系统的功率输出取决于电化学反应器中氧化还原偶的转化速率，有获得高性能的潜力；③这个燃料电池系统避免了常规燃料电池系统中与电催化剂相关的所有关键问题；④制备这个燃料电池电极只使用碳材料，使燃料电池耐用性很好。虽然可行，但其性能在广泛商业化应用前需要大大提高。因此，未来的注意应该放在发展膜材料和优化结构设计和操作参数，以大幅提高功率输出。

（3）以乙二醇运行的微/纳米流燃料电池　制作和试验了以乙二醇为燃料和溶解氧为氧化剂的碱性微/纳米流燃料电池，如图9-38所示。该池的阳极催化剂为负载在均匀半球状聚苯胺上的Au-Pd，阳极电解质为（0.5mol/L/1.0mol/L/2.0mol/L 亚甲基乙二醇+0.3mol/L KOH）；阴极电解质为（溶解于0.3mol/L KOH中的氧）。流速分别为11mL/h和3mL/h。该燃料电池显示稳定的层流，对0.5mol/L乙二醇操作，OCV约0.4V，而以1.0mol/L和2.0mol/L乙二醇操作时为0.53V。试验结果显示，电流密度在若干循环后保持恒定。

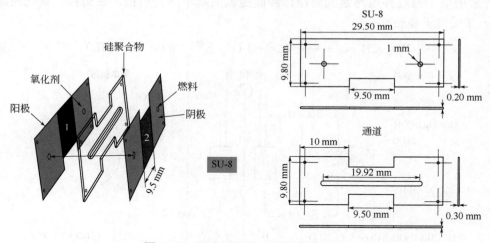

图9-38　微流体燃料电池设计和尺寸

研究人员还设计和构建了碱性无膜纳米流燃料电池，使用流过电极（flow-through electrode），用若干燃料以吹空气模式运行（单个的或混合的），如甲醇、乙醇、乙二醇和丙三醇，如图9-39所示，阳极是Cu-Pd核壳电催化剂。当纳米流燃料电池以0.1mol/L亚甲基乙二醇（在0.3mol/L KOH中）流速3mL/h和氧饱和0.3mol/L KOH溶液流速6mL/h操作时，室温下达到的峰功率密度为18.95mW/cm²，该值远高于上述微流乙二醇燃料电池。原因主要是应用了高活性表面（450m²/g）多孔纳米发泡体流过电极和使用溶解氧-空气组合作为氧化剂。

上述研究指出，以乙二醇运行的微/纳米流燃料电池在微功率装置和电化学传感器中有应用的潜力。

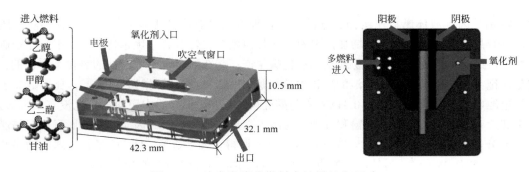

图 9-39　纳米微流体燃料电池设计和尺寸

（4）乙二醇能量载体——碳中性能量循环系统

乙二醇在 Pd/Pd 基电催化剂上氧化的主要产物是草酸/草酸盐，因为一方面 Pd/Pd 虽有高选择性但在低温断裂 C—C 键是极端困难的；另一方面，已经证明使用光催化过程能够把草酸/草酸盐转化为乙二醇。于是，乙二醇和草酸/草酸盐间的相互转化使乙二醇可以作为能量存储系统中的能量载体。为此，提出了使用乙二醇为能量载体的碳中性能量循环系统概念。原理上，电功率的产生可通过乙二醇到草酸（草酸盐）的电催化氧化，再利用太阳能经光催化还原草酸（草酸盐）成乙二醇，能量被储存于乙二醇中。乙二醇到草酸/草酸盐以及其高选择性完全氧化到二氧化碳的反应焓变分别为 $-941kJ/mol$ 和 $-1185kJ/mol$：

$$HOCH_2—CH_2OH + \frac{5}{2}O_2 \longrightarrow 2CO_2 + 3H_2O \quad \Delta_r H = -1185kJ/mol \tag{9-47}$$

或

$$HOCH_2—CH_2OH + 2O_2 + 2OH^- \longrightarrow (COO^-)_2 + 4H_2O \quad \Delta_r H = -941kJ/mol \tag{9-48}$$

这指出，乙二醇选择性氧化到草酸/草酸盐释放的能量是使其完全氧化到二氧化碳释放能量的 79%。而乙二醇选择性氧化反应的吉布斯自由能 $\Delta_r G$ 为 $-845kJ/mol$，致使理论能量转化效率（热力学效率）达到 90%。再者，碱性 DEGFC 能够使用 Pt/C、Pt-Ru/C 或 Fe-Co-Ni/C 阳极电催化剂、无机材料（$NaCo_2O_4$）为固体电解质和无须阴极催化剂，在 70℃ 以 10%（质量分数）乙二醇 +10%（质量分数）KOH 为燃料和干纯氧作氧化剂进行运行。结果发现，在所有三种不同阳极催化剂燃料电池中，Pt/C 阳极电催化剂获得最高 OCV 0.75V 和最高峰功率密度 $32mW/cm^2$（在电流密度为 $90mA/cm^2$ 时）。应该指出，当使用非贵金属催化剂（Fe-Co-Ni/C）时，燃料电池在电流密度为 $90mA/cm^2$ 时的峰功率密度为 $27mW/cm^2$。对密闭可再生能量储存系统中的草酸/草酸盐还原，提出的一个方法是光催化过程。另外，草酸/草酸盐还原到乙二醇也能使用电化学方法来达到。

总之，碱性直接乙二醇燃料电池 DEGFC 在广泛商业应用成为可能之前，其性能必须有大幅度的提高。为此需要对下述问题找出解决办法：①最主要的挑战是如何得到乙二醇到二氧化碳的 10 电子直接电催化氧化；②电极设计必须优化，这里的关键问题取决于对多层结构传输现象的了解；③液体电解质对现有电催化和膜材料在长期操作期间的影响也需要了解和解决；④为设计和优化碱性直接乙二醇燃料电池，科学坚实的数值方法也应该发展以导引未来的努力。

9.5.4　直接甲酸盐燃料电池

直接液体燃料电池（DLFC）是可行的清洁和有效能量生产技术，吸引了世界范围的注意，特别是因为液体燃料在运输、存储以及管理方面具有比氢明显的优点。在各种液体燃料中，甲酸盐近来受到注意不断增加，因为它与其他燃料比较有若干优越特征：①甲酸盐是碳中性燃料，经光合成技术能够容易地从二氧化碳生产；②在碱介质中甲酸盐的氧化是容易的，特别是在钯上；③甲酸盐燃料电池的理论电位高达 1.45V（空气/氧作为氧化剂），比甲醇和乙醇燃料电池电位分别高 0.24V 和 0.31V；④与酸介质不同，在碱介质中甲酸盐氧化没有中毒效应；⑤甲酸盐容易以固态存储、运输和管理，易溶于水形成液体燃料。因此，为发展直接甲酸燃料电池（DFFC）进行了很多努力，并获得快速发展取得了显著进展，DFFC 最新技术的功率密度在 60℃为 591mW/cm^2。另外，甲酸也可作为电化学能量存储系统的能量载体。

9.5.4.1　DFFC 的基础描述

与前面的直接液体碱燃料电池类似，DFFC 的结构也由被阴离子交换膜（AEM）分离的阳极和阴极组成。在阳极，作为燃料的甲酸盐碱混合溶液流入阳极流动通道，经阳极扩散层（DL）传输到阳极催化剂层（CL），在 CL 中甲酸离子被氧化产生电子、水和碳酸根离子：

$$HCOO^- + 3OH^- \longrightarrow CO_3^{2-} + 2H_2O + 2e^- \qquad E_a^\ominus = -1.05V \qquad (9\text{-}49)$$

在燃料溶液中的水以及甲酸根氧化反应（FOR）产生的水，经 AEM 扩散到阴极 CL，阳极反应产生的电子通过外电路传输到阴极。在阴极，阴极流动场中的氧经阴极 DL 传输到阴极 CL，在阴极 CL 上发生氧还原反应（ORR），产生氢氧根离子：

$$\frac{1}{2}O_2 + H_2O + 2e^- \longrightarrow 2OH^- \qquad E_c^\ominus = 0.40V \qquad (9\text{-}50)$$

产生的 OH$^-$ 经 AEM 传导到阳极作为 FOR 的反应物。组合方程（9-49）和方程（9-50），得到这类燃料电池系统的总反应：

$$HCOO^- + \frac{1}{2}O_2 + OH^- \longrightarrow CO_3^{2-} + H_2O \qquad E^\ominus = 1.45V \qquad (9\text{-}51)$$

可以看到该理论电压显著高于 DMFC（1.23V）和 DEFC（1.14V）。

甲酸盐在碱性介质中的电氧化反应可为固体催化剂加速，特别是贵金属钯和铂。在铂上，甲酸盐电氧化按三路径进行，且甲酸盐活性随电解质组成而变，按下面的顺序增加：Li$^+$<Na$^+$<K$^+$。研究也指出，碳酸盐对甲酸盐在阳极的氧化速率有影响：①低电流密度（<25mA/cm^2）时，碳酸盐浓度增加对池电压有正效应；②阴极过电位随碳酸盐沉积而增加，但该负面效应被对阳极正面效应所补偿；③在 25mA/cm^2 时，当电解质从 KOH 变化到 NaOH 时增加过电位约 75mV；④碳酸盐增加甲酸盐氧化的交换电流密度。但与甲酸在酸性介质中的电催化氧化比较，发生的程度显著要轻很多。

在钯上，甲酸盐的电催化活性远高于铂，而且在 Pd 表面没有像 Pt 表面那样的强键合中间物。因此，钯被广泛地使用作为甲酸盐电催化氧化的材料。Pd 催化剂能够使直接甲酸盐燃料电池（DFFC）使用空气操作，甚至无须支撑电解质如 KOH。对其他液体燃料如乙醇和乙二醇，在燃料溶液中必须添加碱才能达到燃料电池的高性能。而使用甲酸盐无须添加碱就能够使 DFFC 运行（使用钯催化剂），对 HCOOK 在 60℃ 达到的峰功率为 144mW/cm^2，而 HCOONa 为 125mW/cm^2。当使用钯合金催化剂（Pd-Au/C）时，DFFC 的峰功率密度比 Pd/C 催化剂高 15%。对未来，也应该在碱 DFFC 中使用非贵金属电催化剂。

9.5.4.2　DFFC 单池设计和性能

燃料电池性能不仅取决于电催化剂和膜材料，而且也取决于燃料电池结构设计参数（因反应物传质、离子和电子的传输都要通过燃料电池的结构通道）和关系到燃料电池功率输出的操作参数。尽管 DFFC 仍然是新出现的技术，但其功率密度已经有实质性的提高，从约 50mW/cm² 提高到 591mW/cm²。例如，已经制作出使用 Pd/C（4.0mg/cm²）和 Ag/C（8.0mg/cm²）阳极和阴极催化剂和 40mm 聚苯并咪唑基电解质膜的 5.0cm² DFFC。在 80～120℃、HCOOK 和 2.0mol/L KOH 混合燃料溶液以 6.0mL/min 进料、纯氧氧化剂流速 200cm³/min 条件下操作，120℃ 和 6.0mol/L HCOOK 燃料溶液下获得的最高功率密度约 160mW/cm²。因碱性介质中在 Pd 上的电氧化动力学随温度有显著的增加。又如，发展了不添加碱和在低温下运行的 DFFC，以 1mol/L HCOOK 作燃料和纯氧作氧化剂，燃料电池在温度 23℃ 和 50℃ 时获得的功率密度分别为 64mW/cm² 和 106mW/cm²。另外，当从纯氧改变为空气时，功率密度分别降低为 27mW/cm² 和 76mW/cm²，见图 9-40（a）。对燃料电池进行的恒电流放电研究发现，池电压逐渐下降，但能够恢复，如图 9-40（b）中所示。电化学分析进一步指出，在 pH 值在 9～14 范围时，甲酸盐氧化与 pH 值无关。其原因是，DFFC 能够在燃料溶液中不添加碱条件下运行。

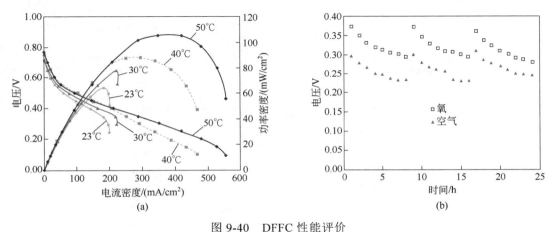

图 9-40　DFFC 性能评价

（a）电压-功率曲线；（b）恒电流放电行为

制作了高性能 DFFC，以 Pd（2.0mg/cm²）和 Pt（2.0mg/cm²）作阳极和阴极催化剂以及 AEM（Tokuyama A201）作为电解质膜（燃料盐类型：HCOOK 和 HCOONa；氧化剂类型：空气和纯氧；碱浓度：0mol/L，1mol/L 和 2mol/L；温度：40℃ 和 60℃）。对操作参数影响的研究结果说明，该燃料电池开路电压（OCV）为 0.931V，峰功率密度在 60℃ 和 1.0mol/L HCOOK 和 2.0mol/L KOH 燃料和纯氧作为氧化剂时为 144mW/cm² 见图 9-41（a）。经优化阳极 CL 制备方法——组合膜上喷洒涂装和 DL 上粉刷涂装，和优化催化剂负荷，再优化操作参数，获得了最大功率输出，见图 9-41（b）。在 60℃ 和以 1mol/L HCOOK+2mol/L KOH 燃料和纯氧氧化剂操作时，峰功率密度达到 267mW/cm²；当不用支撑电解质（KOH）时，功率密度降低到 157mW/cm²；当改成使用空气时，进一步降低到 105mW/cm²。有意思的是，该燃料电池结构不仅能够使用甲酸盐而且也能使用其他燃料运行，如乙醇和乙二醇，见图 9-41（c）。近来，制作和试验了无 Pt DFFC，以 Pd 黑作阳极、商业 Fe-CO（ACTA Hypermec 4020）为阴极和 AEM（Tokuyama A201）为电解质膜。获得的性能说明，在 20℃ 和以 1mol/L HCOOK+2mol/L KOH 为燃料和纯氧为氧化剂时，燃料电池峰功率密度为 45mW/cm²。另外，使用空气使峰功率密度降低到 35mW/cm²，当燃料溶液中移去支撑电解质时，进一步降低到 18mW/cm²。还发展和试验了由 Pd/C 阳极、改性聚砜膜和非贵金属 Fe-Co 阴极构成的单池 DFFC。结果说明，在 80℃，添加碱和不添加碱时的峰功率密度分别为 250mW/cm² 和 130mW/cm²。在 60℃ 和 100mA/cm² 电流密度下操作 134h，池电压没有显著下降。简而言之，用钯阳极催化剂、AEM（Tokuyama A201）和 Pt 阴极催化剂制作的燃料电池，以燃料-电解质进料模式操作得到最高功率密度。在未来，应特别注意了解通过燃料电池结构的物种传输机理和特征，然后设计出能够以高速率传输的反应物、离子和电子的电极。

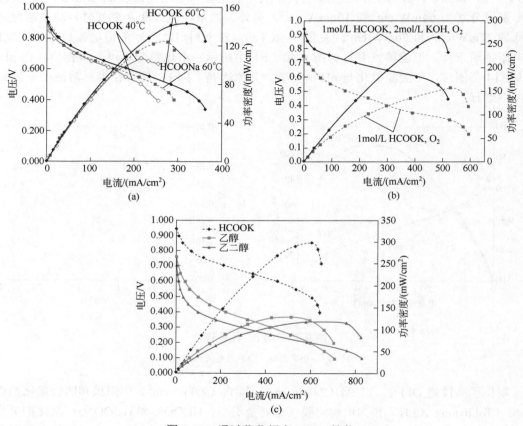

图 9-41　通过优化提高 DFFC 性能

（a）操作参数优化；（b）结构设计参数优化；（c）以不同液体燃料运行结果比较

9.5.4.3　新系统设计

除常规甲酸盐燃料电池外，近来出现以甲酸盐运行的新型燃料电池，包括甲酸盐-过氧化氢燃料电池、无膜甲酸盐燃料电池、微流动燃料电池，以及以甲酸盐作为能量载体的电化学能量存储装置。

（1）甲酸盐-氢过氧化物燃料电池　提出了由碱阳极、阳离子交换膜（CEM）和酸阴极构成的甲酸盐-过氧化氢燃料电池，如图 9-42（a）中所示。在阳极上，甲酸盐离子与过氧化物离子反应产生电子、水和碳酸盐离子。释放的电子经外电路来到阴极。在阴极上，氢过氧化物与质子和电子反应生成水：

$$H_2O_2+2H^++2e^- \longrightarrow 2H_2O \quad E_c^\ominus =1.78V \tag{9-52}$$

而作为电荷载体的钠离子渗透通过膜到达阴极。因此，这类燃料电池的总反应为：

$$HCOO^-+H_2O_2+OH^- \longrightarrow CO_3^{2-}+2H_2O \quad E^\ominus =2.83V \tag{9-53}$$

理论电压达到 2.83V，这比用空气/氧作为氧化剂的 DFFC 高 1.38V。该燃料电池的膜电极装配体（MEA）是由 Pd-Au/Ni 发泡电极和预处理过的 Nafion 115 膜构成的。性能试验结果指出，燃料电池 OCV 为 1.51V，在 60℃时峰功率密度 331mW/cm²，最大电流密度 924mA/cm²，远高于以空气/氧操作的常规 DFFC。另外，对结构设计和操作参数进行优化后（阳极 CL 的金属负荷为 2.0mg/cm²，阴极 CL 的 Pt 负荷为 2.0mg/cm²；溶液组成 1.0mol/L HCOONa+3.0mol/L NaOH），在 60℃得到的峰功率密度为 591mW/cm²。

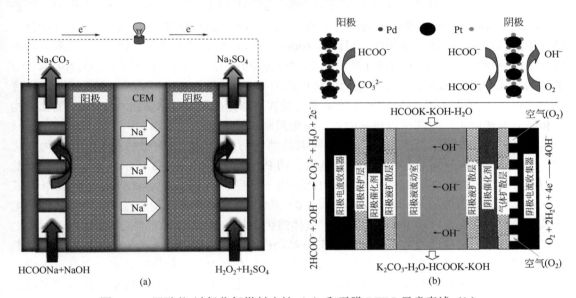

图 9-42　甲酸盐-过氧化氢燃料电池（a）和无膜 DFFC 示意表述（b）

近来，制作和试验了以过氧化氢作为氧化剂的无液体电解质 DFFC。在阳极上，因燃料溶液中碱的结果，甲酸盐与氢氧化物离子反应可产生电子、水和碳酸氢盐：

$$HCOO^-+2OH^- \longrightarrow HCO_3^-+H_2O+2e^- \quad E_a^\ominus =-1.05V \tag{9-54}$$

在阴极，过氧化氢在碱性介质中发生还原反应：

$$H_2O_2+2e^- \longrightarrow 2OH^- \quad E_c^\ominus =0.87V \tag{9-55}$$

产生的氢氧化物离子迁移通过 AEM 到阳极，发生 FOR。因此，这类燃料电池的总反应为：

$$HCOO^-+H_2O_2 \longrightarrow HCO_3^-+H_2O \quad E^\ominus =1.92V \tag{9-56}$$

已经证明，该燃料电池的理论电压达到 1.92V，比用空气/氧作氧化剂的高 0.47V。其 MEA 由 Pd/C 基阳极（2.0mg/cm²）、Pt/C 基阴极（2.0mg/cm²）和 AEM（Kokuyama A201）构成。在 40℃用 1.0mol/L 甲酸盐水溶液（没有碱）流速 1.0mL/min 和 15%过氧化氢水溶液流速 3.0mL/min 下，该无液体电解质燃料电池的峰功率密度为 23mW/cm²，最大电流密度 180mA/cm²。

可以看到，仍然有足够的空间来提高池性能，因实际和理论电压间有大的差别。应该指出，氢过氧化物在化学和电化学上是不稳定的，特别是在碱性介质中，容易分解成水和氧，因此形成两相逆流。过氧化氢分解的速率可经 pH 值、过氧化氢浓度、水溶液稳定和电极材料的电化学性质的优化来降低。因此，与过氧化氢分解相关的问题在未来应该能够得到解决。

（2）无膜甲酸盐燃料电池　直接 DFFC 中也可以是无电解质膜的，也就是所谓的无膜 DFFC。它比常规无膜燃料电池简单，因为是非混合的层流。需要用高选择性电催化剂，特别是 Pd/C（1.0mg/cm²）阳极和 Pt/C（1.0mg/cm²）阴极催化剂。如前所述，在碱性介质中 Pt 对甲酸盐的电氧化活性比较低，因此甲酸盐电催化氧化反应不发生于阴极上。含 HCOOK 和 KOH 的混合燃料溶液进料到阳极和阴极催化剂层（CL）间的储存室中。通过室的燃料溶液流不仅支撑氢氧化物迁移，而且也把反应物配送到阳极 CL。如图 9-42（b）中所示，无膜 DFFC 是用 5cm² 和 2mm 厚的流动室制作的。用含 2.0mol/L HCOOK 和 2.0mol/L KOH 的混合燃料溶液以 0.5mL/min 流速和纯氧以流速 100cm³/min 进料到流动通道操池时，该无膜燃料电池有 1.1V 的 OCV，在 60℃时的比功率达 75mW/mg(Pd)。使用非贵金属 MnNiCoO₄/N-MWCNT 催化剂替代 Pt/C 阴极时，无膜甲酸盐燃料电池的 OCV 仍能达到 1.05V，在 50℃时功率密度约 90mW/cm²。在燃料电池中使用流动室确实能够避免无效和高成本 AEM 的使用，简化池构型和降低系统成本。但两个电极间的巨大间隙限制了功率输出的提高。

（3）微流动甲酸盐燃料电池　碱性微流动燃料电池以甲酸钠为燃料和次氯酸钠为氧化剂，其阳极和阴极分别是电沉积在碳纸基质上的 Pd 和 Au，如图 9-43 所示。该微流动甲酸盐燃料电池的操作是：让阳极电解液（1.2mol/L 甲酸盐+1.6mol/L NaOH）和阴极电解液（0.67mol/L 次氯酸钠+2.8mol/L NaOH）以 2.0～300.0μL/min 流速范围流过多孔电极。燃料电池显示稳定的共层流（co-laminar），没有气体演化或其他扰动，OCV 稳定在 1.37～1.42V 之间。已证明，在室温的峰功率密度达到 52mW/cm² 和总能量转化效率达 30%。这个微流动燃料电池同时达到了高功率密度和高燃料利用率，因此有高的总能量转化效率。另外可推测，通过优化燃料电池结构和发展高活性电催化剂，其性能可进一步增强。近来，还制作了纸上微流动燃料电池，以甲酸盐为燃料和过氧化氢为氧化剂运行。如图 9-44（a）中所示，使用典型的 Y 形设计制作出该类燃料电池，其共层流是通过毛细作用驱赶燃料和氧化剂向上流动实现的。与无膜层流燃料电池一样，在两股流动之间没有物理膜壁垒。优化操作参数（包括 HCOOK 浓度、KOH 浓度和过氧化氢浓度）后发现：优化的浓度分别为 5.0mol/L HCOOK 和 30%（质量分数）H₂O₂，添加 KOH 的效应是不显著的。用这优化的浓度，串联和并联构型两个池的 OCV 分别为 1.05V 和 0.6V，得到的峰功率密度为 2.5mW/mg(Pd)。再把结构设计和操作参数优化，包括侧向柱尺寸、电流收集器和阴极组成（进口的宽和长分别为 0.5cm 和 1.0cm 和以钢网作为电流收集器），池峰功率密度达到 2.53mW/cm²。从图 9-44（b）能够看到，串联构型的两个池可为发光二极管或手提计算器供电。另外，微流动甲酸盐燃料电池在医疗点诊断设备和其他电化学传感器中也有大的应用潜力。

（4）甲酸盐作为能量存储装置的能量载体的　甲酸盐和二氧化碳之间是可以相互转化的，因此甲酸盐可作为可再生能量存储系统的内控载体。近来，提出了集成二氧化碳电化学还原和甲酸盐的能量存储装置，在同一个装置中甲酸盐可转化为能量，如图 9-45（a）所示，该装置类似于可充电电池。在原理上，使用太阳能和风能的可再生电力可被存储于甲酸盐溶液中，也即用电力经电化学还原（电解模式）把碳酸盐转化为甲酸盐，甲酸盐再以燃料电池模式产生电力,如图 9-45 (b) 中所说明的。由于装置完全以被动模式在阳极和阴极上操作,在室温峰功率密度仅为 2.5mW/cm²。除了用电催化剂的电化学方法外,二氧化碳到甲酸盐的还原也可用特殊类型酶催化剂的电催化方法达到,这组合了化学过程和光电化学方法。当然,这个能量存储装置在广泛商业化成为可能前必须要有很大的改进和提高。

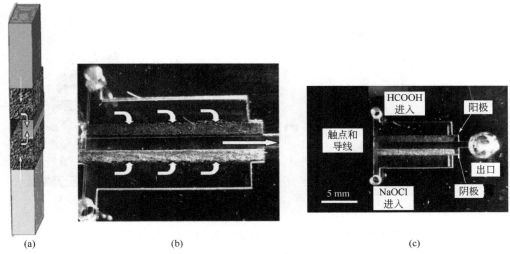

图 9-43　穿流多孔电极的微流体甲酸盐燃料电池

(a) 示意图;(b) 装配多孔钯和金电极池的影像;(c) 装配池的标记影像

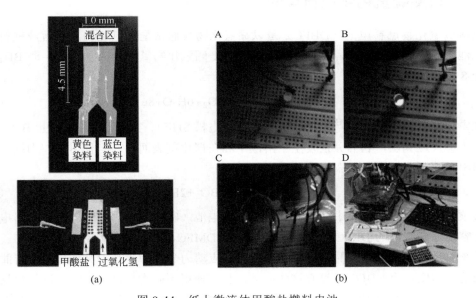

图 9-44　纸上微流体甲酸盐燃料电池

(a) Y 形设计;(b) 演示 [三个 (A、B、C) 发光二极管和手持计算器]

作为新出现的能量技术,DFFC 在近几年中有快速进展。虽然取得了很大进展,但在改进和提高 DFFC 性能上仍然有很大的空间,需要进一步发展高性能、成本有效膜和电催化材料和优化燃料电池的结构设计和操作参数。特别是:①发展高温高电导率、高耐用性和成本有效碱性膜和可溶于溶剂的离子交联聚合物，用以制备催化剂层；②合成高活性、高耐用性和非贵金属电催化剂，用于碱性介质中甲酸盐的氧化；③了解物种通过燃料电池结构的传输机理和特征；④优化设计和优化燃料电池结构，以增强传质、离子和电子传输速率；⑤优化燃料电池操作参数，最大化燃料电池系统的功率输出。

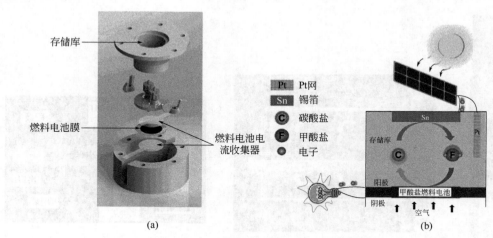

	Pt	Pt网
Sn	锡箔
C	碳酸盐
F	甲酸盐
	电子

图 9-45　以甲酸盐为能量载体的电化学能量存储系统

（a）示意图；（b）工作原理

9.5.5　直接硼氢化物燃料电池

直接硼氢化物燃料电池（DBFC）是以硼氢化物（通常是硼氢化钠）水溶液进料的碱性燃料电池系统。理想情况下，DBFC 的阳极反应是硼氢化物氧化反应（BOR）即 BH_4^- 的直接和完全 8 电子氧化：

$$BH_4^- + 8OH^- \longrightarrow BO_2^- + 6H_2O + 8e^- \tag{9-57}$$

其标准电位在 pH=14 时为 $E^\ominus$=1.24V（对标准氢电极 SHE）。实际上，这个理想 BOR 与 BH_4^- 的均相水解反应竞争，它们分别发生于溶液中和在催化剂表面上。当使用氧作为氧化剂时，理论 DBFC 电压为 1.64V，总 DBFC 反应如下：

$$BH_4^- + 2O_2 \longrightarrow BO_2^- + 2H_2O \tag{9-58}$$

必须说明，在一个阶段中，对直接液体燃料电池（DLFC）的兴趣高于 H_2 燃料电池，由于存储容易。感兴趣的 DLFC 有很多，如前述的 DMFC、DEFC、DEGFC 和 DFFC。但是，这些系统总是有这样或那样的问题，如慢阳极反应动力学（因此必须高贵金属负荷催化剂）和低的功率密度。而 DBFC 并没有这些问题，且可使用不同类型氧化剂，如过氧化氢。对这些体系，使用酸性阳极电解质可使理论池电压上升到 3.01V。随之而来的是膜电极装配体（MEA）两边的 pH 值梯度要引起界面电位、反应物横穿和电解质互混等实际问题。因此一般仍然使用氧或空气作为氧化剂，也即是所谓直接硼氢化钠燃料电池 DBFC。其结构和操作原理以及设计的主要问题示于图 9-46 中。

DBFC 利用硼氢化钠作为燃料。硼氢化钠含氢>10.5%（质量分数）。如把 BH_4^- 作为电活性离子且有 8 个电子参加电化学反应，其理论比能量密度为 9.3W·h/g，而 DMFC 中的甲醇仅为 6.2W·h/g。这使 DBFC 对便携式装置如手机和电脑应用具有吸引力。DBFC 电化学反应所传输的离子可以是 OH⁻或阳离子 H⁺或 Na⁺，这与设计的池构型和所用电解质密切相关。对类似于 AFC 和 PEMFC 设计的 DBFC 已经进行了试验。当使用的电解质膜为 Nafion 膜时，用空气作氧化剂时达到的功率密度为 $290mW/cm^2$，而以过氧化氢作为氧化剂达到的功率密度为 $600mW/cm^2$。与传统的燃料电池设计比较，DBFC 有一些优点，但是 BH_4^-容易水解，招致如下一些主要问题：燃料损失、燃料阳极上氢的演化反应、燃料（BH_4^-）横穿、缺乏有足够燃料电氧化和氧化剂电还原活性的合适催化剂以及硼氢化钠的高成本等问题。在 DBFC 大规模商业化前，这些问题必须解决。特别是阳极产氢和氢气逸出，也必须有足够快氢氧化速率以匹配 BH_4^-的快速产氢的催化剂。另外，DBFC 的池堆化也是一个主要问题，也是因为阳极 BH_4^-水解和阴极过氧化氢分解产生的气体演化。但最重要的是阳极，不仅需要有无传质限制和低电阻而且必须具有合适 BOR 本征电催化活性和足够好的氢气管理以及稳定性。这可以通过阳极电催化剂材料的选择、设计和优化孔结构来解决。当然分离器以及阴极也是 DBFC 的基本元素，毫无疑问也是需要研究和发展的，以使 DBFC 体系达到商业成熟。简言之，DBFC 中最合适的膜应该是传导 OH⁻和最小 BH_4^-渗透的膜，这个关键步骤有望从膜化学领域进展获得解决。而阴极，应该考虑使用非贵金属阴极催化剂。

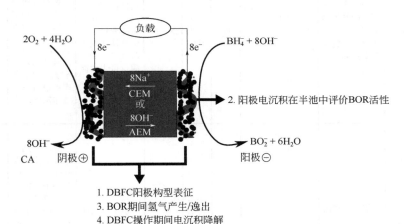

图 9-46　DBFC 结构和操作原理以及涉及的主要问题

表 9-7 给出了一些新概念燃料电池主要构成、燃料、特性优缺点的总结。

表 9-7　新概念燃料电池总结

类型	膜和介质	阳极和阴极催化剂	基板材料	燃料	传导离子	毒物	操作温度/℃	特点	缺点	功率密度/(mW/cm²)	技术成熟程度
直接乙醇燃料电池	① 固体 Nafion ② 碱介质 ③ 碱-酸介质	阳极：负载在碳上的 PtRu；阴极：负载在碳上的 Pt	石墨	液体乙醇水溶液	H⁺	CO	室温～120	紧凑大小；环境友好燃料；高燃料体积能量密度；相对低燃料毒性；相对高质量能量密度；燃料容易存储和配送；简单的热量管理	低功率密度；对 CO 高度敏感；低池电压和效率由于差的阳极动力学；缺乏乙醇直接氧化催化剂；高成本；燃料和水横穿	20～40	L

类型	膜和介质	阳极和阴极催化剂	基板材料	燃料	传导离子	毒物	操作温度/℃	特点	缺点	功率密度/(mW/cm²)	技术成熟程度
直接乙二醇燃料电池	① 固体Nafion ② 阴离子交换膜（AEM）	阳极：负载在碳上的Pt石墨； 阴极：负载在碳上的Pt	石墨	液体乙二醇	H⁺	CO	室温～130	紧凑大小；高燃料体积能量密度；低挥发性由于低的蒸气压和高沸点；燃料容易存储和配送；简单热量管理；简单水管理；已经有公用基础分布设施	低功率密度；低池电压和效率由于差的阳极动力学；缺乏乙二醇直接氧化的催化剂；低燃料重量能量密度；耐用性问题；高成本；燃料横穿	20～40	L
微生物燃料电池	离子交换膜	阳极：负载在碳上的P生物催化剂； 阴极：负载在碳上的Pt	N/A	任何有机物质（如葡萄糖、乙酸盐、废水）	H⁺	阴极生物细菌	29～60	燃料灵活性；生物催化剂灵活性；无须分离、抽提和制备酶催化剂；生物催化剂相对高的寿命；酶自再生的能力和容量	电子从微生物代谢物到燃料电池阳极的传输机理是有问题的；相对低的能量密度由于使用微生物活性的能量；非常低的功率密度；低库伦得率；没有灵活性的操作条件	15～65①	M
酶燃料电池	① 细胞膜； ② 离子交换膜	阳极：负载在碳上的生物催化剂； 阴极：负载在碳上的生物催化剂	N/A	有机物质（如葡萄糖）	H⁺	酶催化剂的外部物理和/或活露	小型化的能力（例如植入式医疗微尺度传感器和设备）；结构简单性；高应答时间	酶催化剂快速衰减由于在外环境中操作；对酶中毒的高度敏感性；电子从商务催化剂的反应中心到燃料电池电极的传输机理是有问题的；低的功率密度；非常低的库伦得率；低燃料灵活性；没有灵活性的操作条件	30①	M
直接碳燃料电池	① 固体钇稳定氧化锆（YSZ）； ② 熔融碳酸盐； ③ 熔融氢氧化物	阳极：石墨N/A或碳基材料； 阴极：掺杂锶的镁酸镧（LSM）	N/A	固体碳（如煤、焦、生物质）	O²⁻	灰、流	600～1000	高电效率；高体积能量密度；燃料灵活性；没有PM、NOₓ和SOₓ排放；结构简单性；高的碳封存能力和容量	排放二氧化碳；快材料腐蚀和降解；耐用性问题；对燃料杂质的敏感性；低功率密度	70～90	L

640

续表

类型	膜和介质	阳极和阴极催化剂	基板材料	燃料	传导离子	毒物	操作温度/℃	特点	缺点	功率密度/(mW/cm²)	技术成熟程度
直接硼氢化物燃料电池	① 固体 Nafion；② 阴离子交换膜（AEM）	阳极：负载在碳上的 Au、Ag、NI 或 Pt；阴极：负载在碳上的 Pt	石墨	硼氢化钠（NaBH₄）	Na⁺	N/A	20~85	紧凑大小；高燃料利用效率；高燃料重量氢含量；无二氧化碳排放；低毒性和环境友好操作	燃料横穿；高成本；低功率密度；缺乏模型化分析技术由于未知硼氢化物氧化反应机理；昂贵的催化剂；膜和催化剂的化学不稳定性；无效的阴极还原反应；无效的阳极氧化反应由于硼氢化物水解的氢演化和燃料电子的部分释放	40~50	M
直接甲酸燃料电池	固体 Nafion	阳极：负载在碳上的 Pd 或 Pt；阴极：负载在碳上的 Pt	N/A	甲酸（HCOOH）	H⁺	CO	30~60	提高了阳极氧化反应动力学；高燃料利用效率；限制了燃料横穿；燃料容易存储和配送；高功率密度；阳极氧化反应不需要水紧凑大小；结构简单性	燃料毒性；组件腐蚀问题；低燃料重量和体积能量密度；高燃料成本；低温操作	30~50	L

注：N/A，无可利用数据。

9.6　直接固体燃料电池

9.6.1　引言

　　发展中燃料电池的应用范围包括运输、固定和便携式电源。燃料电池已经进展到如下主要阶段：固定应用已经进入商业化，运输和便携式应用已经进入场地试验阶段。对气体和液体燃料，燃料电池效率一般在 40%~60% 之间，还有约 30%~40% 的燃料能量可以热量形式加以利用，而产生热量的质量与燃料电池的操作温度有关。热量被末端使用者利用进一步增加燃料电池系统的效率。燃料电池一般使用气体或液体燃料，最多的是使用氢气或合成气（可以多种方法从不同原料生产）。为进一步提高燃料利用率，也研究了直接使用固体作燃料的燃料电池，就是直接固体燃料电池（DSFC）。

　　直接固体燃料电池（DSFC）使用固体如碳作为燃料，历史上比气体或液体燃料电池吸引的投资较少。但是，气体的挥发性和液体的成本以及燃烧重化石燃料发电导致的环境影响已经导致世界研究界对 DSFC 愈来愈多的注意。直接碳燃料电池（DCFC）通过电氧化反应直接转化固体碳中的化学能为电能。燃料利用几乎是进料燃料的 100%，产物是气体，不同的相很容易分离。而气体类型燃料电池并不是这样，在池中燃料一般是有限利用，利用率低于 85%。而 DCFC 的理论效率则达到几乎 100%。这两个因素的组合，导致 DCFC 的电效率约 80%，为现时燃煤发电厂效率的两倍（对煤炭的洁净高效利用特别有吸引力），因此温室气体排放减少 50%。存储和封存的 CO_2 也减半。另外，出口尾气几乎是纯 CO_2，在压缩封存前不需要或需要很少的气体分离。所以，消耗在捕集 CO_2 上的能量和成本也显著少于气体技术。而且，能够利用各种丰富的燃料如煤、焦、焦油、生物质和有机废物。尽管有这些优点，在发展早期阶段的 DCFC 技术，在能够考虑商业化前需要解决许多复杂问题，涉及材料降解、燃料配送、反应动力学、池堆制作和系统设计。下面简要介绍 DCFC 技术。

9.6.2　直接碳燃料电池

直接碳燃料电池（DCFC）仍然处于发展婴儿阶段，仅有很少作者和组织报道了单元池或小池堆的性能参数。虽然对宽范围设计和概念进行了试验，但并没有清楚显示是否能进行设计或操作参数的优化。EPRI 对公用事业的直接煤转化燃料电池做了评估：其潜在益处相当大，如高转化效率、低价格煤炭作为燃料、副产高浓度 CO_2 利于封存、对操作系统是简单的。而且具有解决煤炭利用相关多个关键问题的潜力，与燃煤发电厂比较，仅有非常低的污染。但是，技术处于研发的早期阶段，必须进一步发展。

DCFC 把碳中化学能直接转化为电能，无须气化，其电化学反应在 600～900℃ 进行：

$$C+O_2 \longrightarrow CO_2 \qquad\qquad (9\text{-}59)$$

产生几乎纯的 CO_2，避免了使用分离技术。燃料利用几乎 100%，尽管煤炭利用前需要加工移去杂质，磨成次微米级大小。不同燃料电氧化反应的热力学性质、可逆电压和热力学效率给于表 9-8 和图 9-47 中。

表 9-8　不同燃料电氧化反应的热力学性质、可逆电压和热力学效率

反应	释放电子数 n	$-\Delta H^{\ominus}$ /(kcal/mol)	$-\Delta G^{\ominus}$ /(kcal/mol)	E_{OCV}/V		热力学效率/%	
				25℃	980℃	25℃	980℃
$H_2+\frac{1}{2}O_2 \Longrightarrow H_2O$（HHV）	2	68.14	56.69	1.23	—	83	69
$H_2+\frac{1}{2}O_2 \Longrightarrow H_2O$（LHV）	2	57.84	54.64	1.19	097	94	72
$C+\frac{1}{2}O_2 \Longrightarrow CO$	2	26.4	32.81	0.71	1.16	124	197
$C+O_2 \Longrightarrow CO_2$	4	94.05	94.26	1.02	1.03	100	100
$CO+\frac{1}{2}O_2 \Longrightarrow CO_2$	2	67.62	61.45	1.33	0.90	91	61
$CH_3OH+\frac{3}{2}O_2 \Longrightarrow CO_2+2H_2O(l)$	6	173.66	167.9	1.21	1.46	97	97
$CH_4+2O_2 \Longrightarrow 2H_2O(l)$（HHV）	8	212.91	195.6	1.06	1.06	92	100

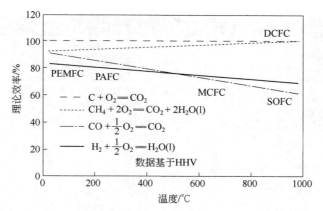

图 9-47　不同燃料电氧化理论效率与温度间的关系（也给出不同燃料电池的操作温度）

直接碳燃料电池 DCFC 有三种基本类型，它们使用的电解质分别为：熔融氢氧化物、熔融碳酸盐和氧离子传导陶瓷。配送固体碳燃料可用流化床、碳熔融金属混合物和碳熔盐混合物。

DCFC 的发展努力主要是为了更加高效利用煤炭资源，因燃煤发电厂，包括氧燃料燃烧、粉煤燃烧（PCC）、超临界煤燃烧（USCC）、集成气化组合循环（IGCC），为捕集和封存 CO_2 消耗大量能量致使发电效率仅在 30%。而 DCFC 理论或热力学效率几乎是 100%，实际的池堆效率（决定于热力学效率、燃料利用效率和电压效率）预期在约 80%，而系统总效率估算是在 60% 以上。这是燃煤发电厂效率的约 2 倍，也显著高于其他类型燃料电池。

但是 DCFC 处于技术研发的婴儿阶段，要进入商业化阶段有很长的路要走，需要付出巨大的艰苦努力。需要的解决问题包括：固体燃料配送到电极-电解质界面的模式（流化床、熔盐或熔融金属）；燃料加工和燃料质量要求（煤中灰分混合其他污染物对 DCFC 性能的影响）；了解碳氧化的电化学反应动力学和机理；池组件的腐蚀，特别是使用熔盐电解质作燃料载体时；池寿命（现在连续运行的示范寿命都太短）；降解速率和原因；材料性能和池功率密度的提高；总系统设计和技术放大等。

9.6.3　DCFC 基础描述

与其他类型燃料电池相同，DCFC 也是由阳极和阴极夹着电解质构成的。仅有的差别是阳极的燃料是固体，直接在电极上反应生成气体，总反应如方程（9-59）所示。对发展中的不同类型电解质的 DCFC，操作温度及其电极反应这些基础概念绘于图 9-48 中。另外也可以使用氢氧化物水溶液作电解质，操作温度低于 250℃。如果外部有煤气化器，效率降低到 58%。不同类型的 DCFC 树状结构给于图 9-49 中。

实际上直接碳燃料电池不能认为是新概念，早在 1896 年就建立了 DCFC 装置，如图 9-50（a）中所示。一个 1kW 的 DCFC 制备示于图 9-50（b）。

9.6.4　熔融氢氧化物 DCFC

熔融氢氧化物 DCFC 的总反应是方程（9-59），而阳极和阴极反应分别为：

阳极：
$$C + 4OH^- \longrightarrow 2H_2O + CO_2 + 4e^-　\hspace{3em}（9\text{-}60）$$

阴极：
$$2H_2O + O_2 + 4e^- \longrightarrow 4OH^-　\hspace{3em}（9\text{-}61）$$

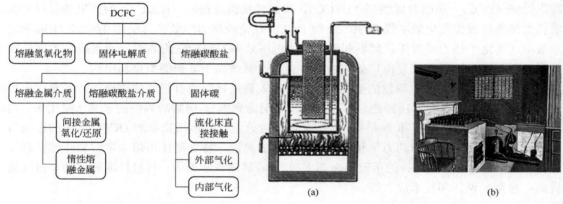

燃料/阳极	电解质	阴极	$T/°C$
固体石墨棒作为燃料和阳极 $C + 4OH^- = 2H_2O + CO_2 + 4e^-$	熔融氢氧化物 OH^- ←	空气氧化剂 $O_2 + 2H_2O + 4e^- = 4OH^-$	500~600
碳粒子作为燃料和阳极 $C + 2CO_3^{2-} = 3CO_2 + 4e^-$	熔融碳酸盐 CO_3^{2-} ←	空气氧化剂 $O_2 + 2CO_2 + 4e^- = 2CO_3^{2-}$	800
概念1 流化床中的碳粒子 $C + 2O^{2-} = CO_2 + 4e^-$	氧离子传导陶瓷电解质 O^{2-} ←	空气氧化剂 $O_2 + 4e^- = 2O^{2-}$	700~900
概念2 熔融锡+C $Sn + 2O^{2-} = SnO_2 + 4e^-$ $SnO_2 + C = Sn + CO_2$		空气氧化剂 $O_2 + 4e^- = 2O^{2-}$	
概念3 熔盐+C粒子 $C + 2O^{2-} = CO_2 + 4e^-$		空气氧化剂 $O_2 + 4e^- = 2O^{2-}$	

图 9-48　主要类型 DCFC 及其电极反应和操作温度

图 9-49　发展中不同 DCFC 技术的树枝状图

图 9-50　1896 年建造的 DCFC 构架（a）和 1kW DCFC 池堆（b）

20 世纪 90 年代中期，科学应用和研究协会有限公司（SARA）开始熔融氢氧化物型的 DCFC 的研究和发展。其优点是，氢氧化钠有高电导率和对碳有高活性。操作温度为 400~650℃。低操作温度有很多好处，但也有严重的碳酸盐生成问题。为解决这个问题，SARA 发展和优化池堆材料和设计，图 9-51 是它们设计和使用的熔融氢氧化物 DCFC 示意图。SARA 总共建造了四个样机，其设计参数和所用材料示于表 9-9 中。最后两个样机 MARK Ⅱ-D 和 MARK Ⅲ-A 在 630℃的电压和功率密度与电流特征曲线给出于图 9-52 中。可以看到，对两种样机的限制电流密度分别为 250mA/cm² 和 150mA/cm²；峰功率密度分别为 42mW/cm² 和 58mW/cm²。Fe_2Ti 阴极的寿命超过 540h，而镍发泡体衬里钢的寿命仅约 100h。开路电压在 0.75~0.8V 之间。在 50mA/cm² 下测得的 MARK Ⅲ-A 最大效率 60%。缩小阳极和阴极间的空间、增加阴极表面积、优化空气流速、改进电流收集器和阳极的接触、使用煤制碳阳极替代石墨能够大幅提高性能。

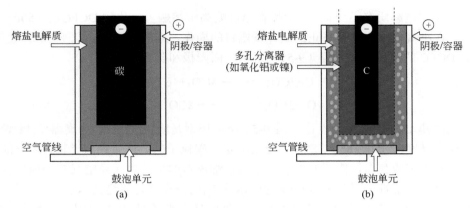

图 9-51　SARA 的 DCFC 试验样机（a）和带多孔分离器（b）

表 9-9　SARA MARK Ⅱ-D 和 MARK Ⅲ-A 样机设计参数和所用材料

样机	阴极容器形状	阴极材料	阳极	阳极表面积	电极间隔
MARK Ⅱ-D	圆柱形	镍发泡体内衬 C-1080 钢	直径 2cm，长 4.1cm	$26cm^2$	1.3cm
MARK Ⅲ-A	棱柱形	2%（质量分数）掺杂中碳钢（Fe_2Ti）	直径 7.6cm，长 412.6cm	$300cm^2$	3cm

操作温度下所用金属的高腐蚀速率导致高的降解速率。为降低操作温度和保持电解质足够熔融，使用氢氧化钠和氢氧化锂共融体。另外还有煤燃料的预处理（移去挥发性烃类和矿物质）。

为优化池几何形状，SARA 计划建新 DCFC 样机，并优化操作温度、空气湿度、气体鼓泡速率和电解质组成。寻找新分离器材料以缓解攻击性池环境以及燃料预处理。图 9-53 显示的是 SARA DCFC 商业样机概念框架设计。

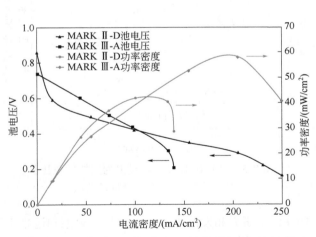

图 9-52　MARK Ⅱ-D 和 MARK Ⅲ-A 熔融氢氧化物电解质 DCFC 的电压和功率密度与电流特征曲线

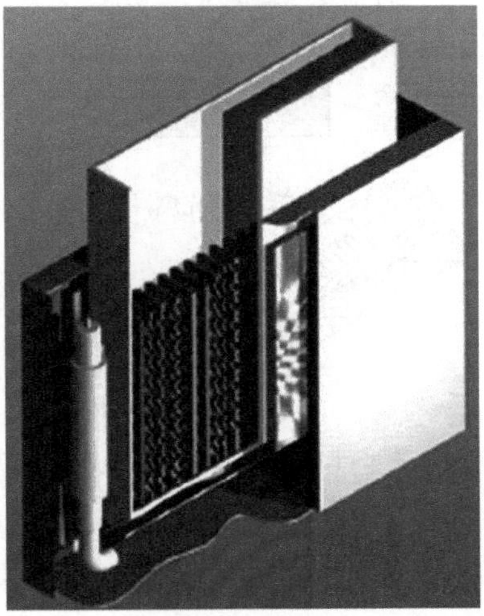

图 9-53　SARA DCFC 商业样机概念框架

9.6.5　熔融碳酸盐 DCFC

熔融碳酸盐 DCFC 与 MCFC 基本类似（电解质、电极和电流收集器）。如 MCFC 那样，以熔融碳酸盐作电解质有不少优点。但操作温度要高于熔融氢氧化物 DCFC，为 $600\sim850℃$。经改进后，在小规模上实现了真正的固体碳燃料的操作，电效率 80%，几乎 100%燃料利用。

这类 DCFC 的总反应如方程（9-59）所示，而阳极和阴极反应如下：

阳极：$$C+2CO_3^{2-} \longrightarrow 3CO_2+4e^- \tag{9-62}$$

阴极：$$O_2+3CO_2+4e^- \longrightarrow 2CO_3^{2-} \tag{9-63}$$

熔融碳酸盐 DCFC 有多种设计，图 9-54 所示构型是阴极/电解质-分离器/阳极/燃料的典型设计。操作温度在 $750\sim850℃$ 之间。使用的是含碳粒子的电解质糊状燃料，敞开的镍发泡体作为阳极和电流收集器，阴极和电流收集器是细镍粉的烧结块（经空气热处理后锂化形成对阴极反应有催化活性的材料）。放在阳极和阴极间的分离器是氧化锆毡子。

熔融碳酸盐 DCFC 可以使用多种碳燃料。图 9-55 是劳伦斯-利弗莫国家实验室（LLNL）使用炉炭黑和石油焦在 $800℃$，0.8V 下获得电压和功率密度与电流密度的特征曲线。可以看到。峰电流密度达到 $120mA/cm^2$（功率密度 $96mW/cm^2$，效率 80%），与 MCFC 相当，但效率要高很多。试验发现，碳中硫和灰分降低电流密度和电流收集器性能。熔融碳酸 DCFC 的主要技术问题有：高阴极极化、阴极性能随时间下降、金属双极板腐蚀、燃料配送困难、功率密度低、短寿命等。尽管做了很大努力改进，至多只能达到 MCFC 的水平。例如，功率密度为 $120\sim160mW/cm^2$（低于 SOFC 的 $300\sim400mW/cm^2$）。

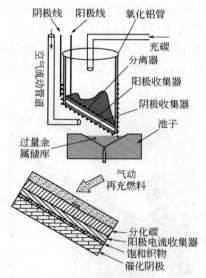

图 9-54　一种设计的 DCFC 池构型示意图

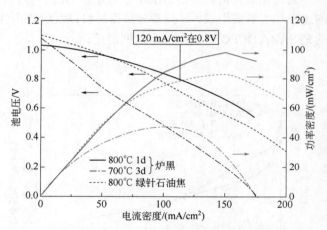

图 9-55　LLNL DCFC 以炭黑为燃料的电压和功率密度与电流密度特征曲线

历史上，LLNL 一直对熔融碳酸盐 DCFC 做研究和发展工作，在该技术单池和池堆水平示范和基础工作中取得了显著进展。推出了多种改进型设计，如图 9-56 和图 9-57 中所示。

9.6.6　氧离子传导 DCFC

氧离子传导 DCFC 利用氧离子传导电解质，类似于 SOFC。操作温度 $800\sim1000℃$，也像 SOFC 一样，进行了不断的努力来降低操作温度。该类 DCFC 最常用的电解质是氧化钇稳定的氧化锆（YSZ）。图 9-58 是通用电气（General Electric）公司设计的氧离子传导 DCFC 的示意图。在该 DCFC 上获得的 OCV 在 0.95~1.05V 范围，功率密度达 125mW/cm^2。重要问题是因银阴极的蒸发以及保持热解沉积碳和消耗碳间的平衡。

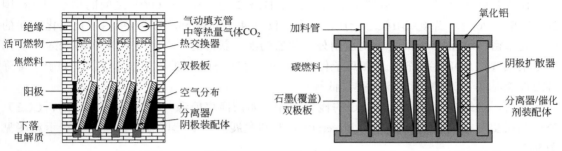

图 9-56　LLNL 的自进料 DCFC 设计　　　图 9-57　LLNL 自加料 5 池双极板池堆 DCFC
（气动加料和洁净煤热解）　　　　　　　　　设计（纯碳燃料）

有三种类别的阳离子传导 DCFC，它们间的差别仅在于阳极室设计也即碳燃料的进料方式：固体碳燃料或燃料在流化床中；燃料在熔融金属中；燃料在熔融碳酸盐中。

9.6.6.1　固体碳燃料或燃料在流化床中

对此类 DCFC，其总反应是碳和氧生成二氧化碳，而电极反应分别为：

阴极：
$$O_2+4e^- \longrightarrow 2O^{2-} \tag{9-64}$$

阳极：
$$2O^{2-}+C \longrightarrow CO_2+4e^- \tag{9-65}$$

该阳极反应的发生需要有由反应物碳、氧和离子导体（电解质）构成的三相边界，同时还需要有传导电子的材料（电流收集器）。因碳是导电的，因此电流收集器可以是燃料碳。这类三相边界的示意表述给于图 9-59 中。碳和阳极的直接电化学反应是低功率密度的（因三相点位数量少）。在碳直接电氧化生成二氧化碳过程中也会出现碳气化生成 CO 的反应，然后 CO 再进行电化学反应，尽管速率仍然是很慢的。为此提出的解决办法有四个：①气相沉积系统——先使烃类燃料在阳极室分解，直接把碳沉积在大阳极表面上；②在电解质上直接压制可消耗碳阳极系统；③碳放置于阳极室但不必与阳极或电解质直接接触，系统使用

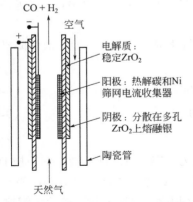

图 9-58　通用电气公司的热解碳-阳极燃料
电池，管状稳定氧化锆电解质

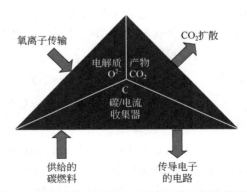

图 9-59　氧离子传导 DCFC 要求的三相边界示意图

流化床或填料床流动接触；④使用集成的外部气化系统。使用 YSZ 电解质和各种形式（颗粒、粉状和沉积的）碳为燃料的多种 DCFC 设计，多数是小面积或管式池。操作温度范围 750～1002℃。对碳是由烃类分解原位沉积的阳离子传导 DCFC，900℃时的功率密度约 55mW/cm²，仅能作为基础研究用；对碳放置于阳极近处的 DCFC，在 800～1000℃之间的功率密度范围 20～220mW/cm²，当碳离阳极远一点，功率密仅有 4～5mW/cm²；对应用内催化气化 CO 的池，功率密度 148mW/cm²；而对应用外气化器的池，获得的功率密度达 450mW/cm²（实际上是集成气化 SOFC 系统）。对阳离子传导 DCFC，有与 SOFC 的类似技术挑战。如硫中毒降解池性能，低于 700℃离子电导率过低等。

然而，已经提出大规模 DCFC 的概念设计。如洁净煤能源（clean coal energy，CCE）公司利用史坦福大学（Stanford University）专利发展 DCFC，其 DCFC 概念设计示意图见图 9-60。

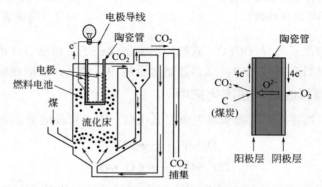

图 9-60　基于 SOFC 流化床技术 CCE 提出的 DCFC 设计

9.6.6.2　燃料在熔融金属中

偶尔，熔融金属使用作为早期燃料电池的电极。它们一般是能够传导电解质溶液中离子物种的惰性金属（如银），或者是反应性金属（如锡和铁），在电极表面氧化然后被燃料还原。对 DCFC，最感兴趣的是后者，因为它具有把氧从电解质快速转给固体碳燃料的潜力。早期作为 DCFC 熔融阳极，后来 CellTec Power 公司把锡和许多其他金属作为熔融阳极（包含有碳）申请了专利。研究最多的金属是锡，因其熔点低（232℃）而沸点（2270℃）又远超燃料电池操作温度，因此适合于作为液体阳极。

对这类氧离子传导的 DCFC 总反应，仍然是碳被氧氧化成二氧化碳，但在液体阳极和阴极中发生的电极反应则分别为：

阳极：
$$Sn + 2O^{2-} \longrightarrow SnO_2 + 4e^- \tag{9-66}$$

$$SnO_2 + C \longrightarrow Sn + CO_2 \tag{9-67}$$

阴极：
$$O_2 + 4e^- \longrightarrow 2O^{2-} \tag{9-68}$$

因此该类 DCFC 的 OCV，对纯氧为 0.805V，对空气为 0.78V。CellTec 液态锡阳极 DCFC 的操作原理示于图 9-61 中，它可以作为初级或次级电池，或燃料电池。液态锡阳极与常规 SOFC 阳极比较，没有结焦，生碳降解和硫中毒的问题。用含硫 1350×10^{-6} 的液体燃料 JP-8 操作 200h 池性能没有明显降解（见图 9-62）。其单池和池堆设计一般都是管式的（图 9-63）。

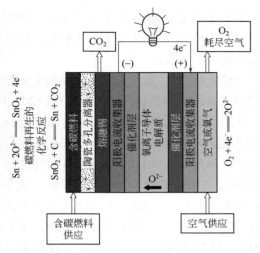

图 9-61　熔融金属阳极中碳 DCFC 的操作原理示意图

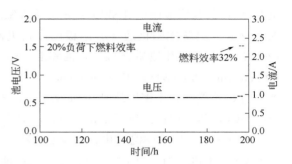

图 9-62　单一 DCFC（阳离子传导液体金属阳极）1000℃操作时的电压和燃料利用率随时间变化曲线

可在 1000℃下操作。试验使用的燃料主要是 JP-8。新设计中使用的多孔分离器可以控制阴极厚度和液体锡到池的滑移，但也能够使燃料碳不与阳极直接反应形成气体物种（这降低燃料利用率）。对 JP-8 燃料利用率为 32%，用 JP-8 燃料的操作时间超过 200h。这对军事应用是很有益处的，因为 JP-8 是军用常规燃料，有很好的可利用性。

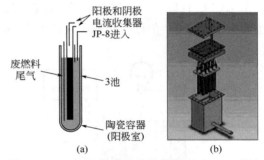

图 9-63　阳离子传导液体金属阳极 DCFC 单池重整（a）和直接燃料转化多池池堆（b）

　　CellTec 装置由于使用了多孔分离器，致使其主要技术障碍变成是阳极过度极化的损失。为此降低了其能够达到的功率密度。该装置用氢气和 JP-8 达到的功率密度分别为 160mW/cm² 和 80mW/cm²，进一步的提高是可能的。CellTec 使用氢气和天然气对其千瓦级装置在 2004 年进行了示范［得到了美国国防部先进研究项目（DARPA）的支持］，可使用废塑料和军事燃料 JP-8 运行，近来也使用生物质和煤炭进行了评价。研究证明，用 JP-8 操作时间超过 200h，燃料利用率 32%。池堆和单池有类似性能。该公司除了为 DARPA 和美国军队工作外［作为以 JP-8、柴油和普通燃料操作的场地电池充电器（便携式功率 20～100W）］，也在找寻其他应用如辅助功率（1～10kW）和公用电力（100kW 到>1MW）。已经进行了数十到数百小时试验，力图把燃料利用率提高到 60%。

9.6.6.3　燃料在熔融碳酸盐中

　　燃料在熔融碳酸盐中技术组合了 SOFC 和 MCFC，是发展中的最新设计之一。虽然有多种不同设计，但这类系统基本上由充满熔融碳酸盐浆液的阳极和碳燃料的 SOFC 构成，其操作原理给于图 9-64 中。其阳极和阴极反应分别为：

阳极：　　　　　　　　　　$C+2CO_3^{2-} \longrightarrow 3CO_2+4e^-$　　　　　　　　　　（9-69）

阴极：　　　　　　　　　$2CO_2+4e^-+O_2 \longrightarrow 2CO_3^{2-}$　　　　　　　　　（9-70）

　　该系统也可能发生碳先气化为CO，然后CO电化学转化为CO_2。但这类系统避免了MCFC中必需的CO_2循环，保护阴极不与熔融碳酸盐接触，因此可利用已经为SOFC发展的先进阴极材料；也避免了与熔融碳酸盐DCFC密切相关的阴极泛滥和腐蚀问题。

　　图9-65是这类阳离子传导单池DCFC的示意图（管式构型），金属筛网或箔作为电流收集器，催化剂为锰酸镧锶（LSM）、电解质为YSZ。循环熔融碳酸盐与燃料粒子（体积分数>30%）混合物进入电解质阳极边（有阳极电流收集器）。以乙炔炭黑为燃料时达到的功率密度为120mW/cm²，而以生物质、煤炭、焦油和混合塑料废物为燃料时的功率密度分别为70mW/cm²、110mW/cm²、80mW/cm²和40mW/cm²。经进一步的研究和发展，SRI International 设计的这类DCFC装置的功率密度达到300mW/cm²，图9-66的是它们的多管DCFC池堆样机。还有一些DCFC其他设计，包括纽扣池设计。对大多数DCFC设计，在高温下生成CO是一个问题。为克服它，使用中温氧化铈基或复合物电解质替代YSZ，以降低操作温度。为此，又产生出多种DCFC设计。例如，用钐掺杂氧化铈（SDC）/熔融碳酸盐（Li/Na共晶）电解质以固体碳操作的设计。当以熔融碳酸盐碳混合物作燃料进入阳极室，CO_2-O_2混合气体作为阴极气体，该设计在700℃获得的功率密度100mW/cm²。该复合物电解质显著高的电导率并未反映在DCFC性能上，因氧溶解于熔融碳酸盐中招致的高阳极过电位。虽然100mW/cm²功率密度小于SOFC，但已经类似于其他类型DCFC和MCFC。

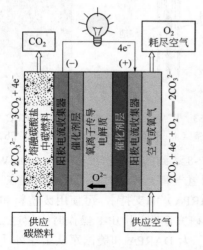

图9-64　阳离子传导阳极熔融碳酸盐混合碳燃料DCFC的操作原理示意图

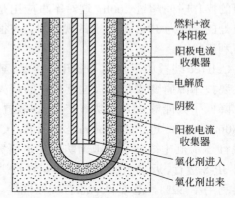

图9-65　YSZ电解质熔融燃料阴极负载单池DCFC示意表述

　　把碳直接加到熔融碳酸盐电解质中是很简单的方法，这可以使电流收集器的设计也变得简单。对这类单池DCFC使用乙炔炭黑和煤炭的功率密度已经达到120mW/cm²和110mW/cm²，SRI International的设计甚至达到300mW/cm²的功率密度。而且1200h的寿命也已经得到证明。但对6池池堆性能稍有降低。目前DCFC使用的结构材料是SOFC和MCFC那些，应该发展新的DCFC材料以进一步解决低功率密度、短寿命、慢电极动力学和燃料熔盐连续循环的挑战。由于SRI International和St.Andrews大学的出色工作使该类DCFC有好的前景。

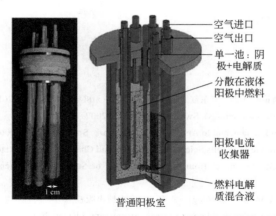

空气进口
空气出口
单一池：阴极+电解质
分散在液体阳极中燃料
阳极电流收集器
燃料电解质混合液
普通阳极室

图 9-66　SRI 设计 8 池 YSZ 电解质熔盐碳燃料的 DCFC 剖面图

　　总而言之，现在在发展的 DCFC 有五种类型：基于熔融氢氧化物电解质一种、基于熔盐电解质一种和基于氧离子传导电解质三种。对每种 DCFC 有多种设计。在高温燃料电池发展中，虽然 DCFC 受到的关注要远小于 SOFC 和 MCFC。但也有一些研究机构和大学致力于发展 DCFC。虽然 DCFC 有不少优点如高效率和高的环境利益（极有利于 CO_2 封存）等，但由于处于发展早期阶段，也暴露出不少缺点如低功率密度、高降解速率池组件腐蚀、加燃料系统、放大和低成本燃料加工要求等。因此，在 DCFC 商业化前还有很长的路要走。

参考文献

[1] Baibir F. PEM 燃料电池: 理论与实践. 李东红, 连晓峰. 译. 北京: 机械工业出版社, 2016.

[2] Marcus N. The Fuel cell World(Proceedings). Switzerland: Lucere, 2002.

[3] Srinivasan S. Fuel Cells from Fundamental to Applications. New York: Springer Press, 2006.

[4] Francon A A. Polymer Electrolyte Fuel cells Science, Application and Challenges. Boca Raton: CRC Press, 2013.

[5] Kreuer A K. Fuel Cells: Selected Entries from the Encyclopedia of Sustainability Science and Technology. New York: Springer Press, 2013.

[6] Li Y, Song J. Vehicle Stable Control Technology. 北京: 中国机械出版社, 2014.

[7] Grache J. Encyclopedia of Electrochemical Power Sources. Amsterdam: Elsvier, 2009.

[8] 翁史烈, 章俊良, 蒋峰景. 燃料电池: 原理关键材料与技术. 上海: 上海交通大学出版社, 2014.

[9] Bent S. 氢与燃料电池-新兴技术及其应用. 隋升, 郭雪岩, 李平, 译. 北京: 机械工业出版社, 2016.

[10] 王志成, 钱斌, 张惠国. 燃料电池与燃料电池汽车. 北京: 科学出版社, 2017.

[11] 陈维荣, 李奇. 质子交换膜燃料电池发电技术及其应用. 北京: 科学出版社, 2016.

[12] 李天寿. 微型燃料电池原理与应用. 北京: 科学出版社, 2011.

[13] 尹诗斌, 罗林, 荆胜羽. 直接醇类燃料电池催化剂. 徐州: 中国矿业大学出版社, 2013.

[14] 许世森, 程键. 燃料电池系统. 北京: 中国电力出版社, 2006.

[15] 管从胜, 杜爱玲, 杨玉过. 高能化学电源: 第五篇 燃料电池. 北京: 化学工业出版社, 2004.

[16] 日电气学会燃料电池发电 21 世纪系统技术调查专门委员会. 燃料电池技术. 谢晓峰, 泛星河. 译. 北京: 化学工业出版社, 2003.

[17] 李瑛, 王林山. 燃料电池. 北京: 冶金工业出版社, 2000.

[18] 毛宗强, 王诚. 低温固体氧化物燃料电池. 上海: 上海科学技出版社, 2013.

[19] 马文会, 于浩, 陈秀华. 固体氧化物燃料电池新型材料. 北京: 化学工业出版社, 2014.

[20] 王绍荣, 肖钢, 叶晓峰. 固体氧化物燃料电池: 吃粗粮的大力士. 武汉:武汉大学出版社, 2013.

[21] Omar Z Sharaf, Mehmet F Orhan. An overview of fuel cell technology: Fundamentals and applications. Renewable and Sustainable Energy Reviews, 2014, 32: 810-853.

[22] Armor J N. Key questions, approaches, and challenges to energy today. Catalysis Today, 2014, 236: 171-181.

[23] Wang Y, Chen K S, Mishler J, et al. A review of polymer electrolyte membrane fuel cells: Technology, applications, and needs on fundamental. Applied Energy, 2011, 88: 981-1007.

[24] Mekhilefa S, Saidurb R, Safari A. Comparative study of different fuel cell technologies. Renewable and Sustainable Energy Reviews, 2012, 16: 981-989.

[25] Lucia M. Overview on fuel cells. Renewable and Sustainable Energy Reviews, 2014, 30: 164-169.

[26] Tan Z F, Zhang C, Liu P K, et al. Focus on fuel cell systems in China. Renewable and Sustainable Energy Reviews, 2015, 47:912-923.

[27] Lu J, Zahedi A, Yang Ch Sh. Building the hydrogen economy in China: Drivers, resources and technologies. Renewable and Sustainable Energy Reviews, 2013, 23:543-556.

[28] Pudukudy M, Yaakob Z, Mohammad M. Renewable hydrogen economy in Asia—Opportunities and challenges: An overview. Renewable and Sustainable Energy Reviews, 2014, 30: 743-757.

[29] Andu J M, Segura J F. Fuel cells: History and updating. A walk along two centuries. Renewable and Sustainable Energy Reviews, 2009, 13: 2309-2322.

[30] Moreno N G, Molina M C, Gervasio D, et al. Approaches to polymer electrolyte membrane fuel cells (PEMFCs) and their cost. Renewable and Sustainable Energy Reviews, 2015, 52: 897-906.

[31] Tie S F, Tan C W. A review of energy sources and energy management system in electric vehicles. Renewable and Sustainable Energy Reviews, 2013, 20: 82-102.

[32] Mahlia T M I, Saktisahdan T J, Jannifar A, et al. A review of available methods and development on energy storage;

technology update. Renewable and Sustainable Energy Reviews, 2014, 33:532-545.

[33] Suberu M Y, Mustafa M W, Bashir N. Energy storage systems for renewable energy power sector integration and mitigation of intermittency. Renewable and Sustainable Energy Reviews, 2014, 35: 499-514.

[34] Antolini E. Structural parameters of supported fuel cell catalysts: The effect of particle size, inter-particle distance and metal loading on catalytic activity and fuel cell performance. Applied Catalysis B: Environmental, 2016, 181: 298-313.

[35] Pei P Ch, Chen H C. Main factors affecting the lifetime of Proton Exchange Membrane fuel cells in vehicle applications: A review. Applied Energy, 2014, 125: 60-75.

[36] Ozen D N, Timurkutluk B, Altinisik K. Effects of operation temperature and reactant gas humidity levels on performance of PEM fuel cells. Renewable and Sustainable Energy Reviews, 2016, 59: 1298-1306.

[37] Akbari E, Buntat Z, Nikoukar A, et al. Sensor application in Direct Methanol Fuel Cells (DMFCs). Renewable and Sustainable Energy Reviews, 2016, 60:1125-1139.

[38] Mehta V, Cooper J S. Review and analysis of PEM fuel cell design and manufacruring. Journal of Power Sources, 2003, 114: 32-53.

[39] Ellamla H R, Staffell I, Bujlo P, et al. Current status of fuel cell based combined heat and power systems for residential sector. Journal of Power Sources, 2015, 293: 312-328.

[40] Elmer T, Worall M, Wu S Y, et al. Fuel cell technology for domestic built environment applications: State of-the-art review. Renewable and Sustainable Energy Reviews, 2015, 42:913-931.

[41] Angrisani G, Roselli C, Sasso M. Distributed microtrigeneration systems. Progress in Energy and Combustion Science, 2012, 38: 502-521.

[42] Maghanki M M, Ghobadian B, Najafi G, et al. Micro combined heat and power (MCHP) technologies and applications. Renewable and Sustainable Energy Reviews, 2013, 28: 510-524.

[43] Liu M X, Shi Y, Fang F. Combined cooling, heating and power systems: A survey. Renewable and Sustainable Energy Reviews, 2104, 35:1-22.

[44] Qu J L, Ye F, Chen D, et al. Platinum-based heterogeneous nanomaterials via wet-chemistry approaches toward electro-catalytic applications. Advances in Colloid and Interface Science, 2016, 230: 29-53.

[45] Sulaiman N, Hannan M A, Mohamed A, et al. A review on energy management system for fuel cell hybrid electric vehicle: Issues and challenges. Renewable and Sustainable Energy Reviews,2015, 52: 802-814.

[46] Liu Y F, Lehnert W, Janßen H, et al. A review of high-temperature polymer electrolyte membrane fuel-cell(HT-PEMFC)-based auxiliary power units for diesel-powered roadVehicles. Journal of Power Sources, 2016, 311: 91-102.

[47] Aouzellag H, Ghedamsi K, Aouzellag D. Energy management and fault tolerant control strategies for fuel cell/ultra-capacitor hybrid electric vehicles to enhance autonomy, efficiency and life time of the fuel cell system. International Journal of Hydrogen Energy, 2015, 40: 7204-7213.

[48] de Troya J J, Alvarez C, Fern C, et al. Analysing the possibilities of using fuel cells in Ships. International Journal of Hydrogen Energy, 2016, 41: 2853-2866.

[49] Pollet B G, Staffell I, Shang J L. Current status of hybrid, battery and fuel cell electric vehicles: From electrochemistry to market prospects. Electrochimica Acta, 2012, 84: 235-249.

[50] Hua T, Ahluwalia R, Eudy L, et al. Status of hydrogen fuel cell electric buses worldwide. Journal of Power Sources, 2014, 269: 975-993.

[51] Wu H. A review of recent development: Transport and performance modeling of PEM fuel cells. Applied Energy, 2016, 165: 81-106.

[52] Sabri M F M, Danapalasingam K A, Rahmat M F. A review on hybrid electric vehicles architecture and energy management strategies. Renewable and Sustainable Energy Reviews, 2016, 53: 1433-1442.

[53] Ahmed A, Al-Amin A Q, Ambrose A F, et al. Hydrogen fuel and transport system: a sustainable and environmental future. International Journal of Hydrogen Energy, 2016, 41: 1369-1380.

[54] Jiao K, Li X G. Water transport in polymer electrolyte membrane fuel cells. Progress in Energy and Combustion Science, 2011, 37: 221-291.

[55] Dodds P E, Staffell I, Hawkes A D, et al. Hydrogen and fuel cell technologies for heating: A review. International Journal of Hydrogen Energy, 2015, 40: 2065-2083.

[56] Staffell I. Zero carbon infinite COP heat from fuel cell CHP. Applied Energy, 2015, 147: 373-385.

[57] Onovwionaa H I, Ugursal V I. Residential cogeneration systems: review of the current technology. Renewable and Sustainable Energy Reviews, 2006, 10: 389-431.

[58] Wu D W, Wang R Z. Combined cooling, heating and power: A review. Progress in Energy and Combustion Science, 2006, 32: 459-495.

[59] Lokurlu A, Grube T, Hohlein B, et al. Fuel cells for mobile and stationary applications—cost analysis for combined heat and power stations on the basis of fuel cells. International Journal of Hydrogen Energy, 2003, 28: 703-711.

[60] Choudhury A, Chandra H, Arora A. Application of solid oxide fuel cell technology for power generation—A review. Renewable and Sustainable Energy Reviews, 2013, 20: 430-442.

[61] Authayanun S, Im-orb K, Arpornwichanop A. A review of the development of high temperature proton exchange membrane fuel cells. Chinese Journal of Catalysis. 2015, 36: 473-483.

[62] Bozbag S E, Erkey C. Supercritical fluids in fuel cell research and development. The Journal of Supercritical Fluids, 2012, 62: 1-31.

[63] Wee J H. Carbon dioxide emission reduction using molten carbonate fuel cell systems. Renewable and Sustainable Energy Reviews, 2014, 32: 178-191.

[64] de Bruijn F. The current status of fuel cell technology for mobile and stationary Applications. Green Chemistry, 2005, 7: 132-150.

[65] Longa N V, Yang Y, Thi C M, et al. The development of mixture, alloy, and core-shell nanocatalysts with nanomaterial supports for energy conversion in low-temperature fuel cell. Nano Energy, 2013, 2: 636-676.

[66] Sharma S, Pollet B G. Support materials for PEMFC and DMFC electrocatalysts—A review. Journal of Power Sources, 2008, 208: 96-119.

[67] Taherian R. A review of composite and metallic bipolar plates in proton exchange membrane fuel cell: Materials, fabrication, and material selection. Journal of Power Sources, 2014, 265: 370-390.

[68] Liu Y Y, Yue X P, Li K X, et al. PEM fuel cell electrocatalysts based on transition metal macrocyclic compounds. Coordination Chemistry Reviews, 2016, 315: 153-177.

[69] Zamel N. The catalyst layer and its dimensionality—a look into its ingredients and how to characterize their effects. Journal of Power Sources, 2016, 309: 141-159.

[70] Vignarooban K, Lin J, Arvay A, et al. Nano-electrocatalyst materials for low temperature fuel cells: A review. Chinese Journal of Catalysis, 2015, 36: 458-472.

[71] Banham D, Ye S Y, Pei K T, et al. A review of the stability and durability of non-precious metal catalysts. for the oxygen reduction reaction in proton exchange membrane fuel cells. Journal of Power Sources, 2015, 285: 334-348.

[72] Trogadas P, Fuller T F, Strasser P. Carbon as catalyst and support for electrochemical energy conversion. Carbon, 2014, 75: 5-42.

[73] Debe M K, Schmoeckel A K, Vernstrom G D, et al. High voltage stability of nanostructured thin film catalysts for PEM fuel cells. Journal of Power Sources, 2006, 161: 1002-1011.

[74] Junga N, Chung D Y, Ryu J, et al. Pt-based nanoarchitecture and catalyst design for fuel cell applications. Nano Today, 2014, 9: 433-456.

[75] Lu Y X, Du S F, Wilckens R S. One-dimensional nanostructured electrocatalysts for polymer electrolyte membrane fuel cells—A review. Applied Catalysis B: Environmental, 2016, 199: 292-314.

[76] Wang Y J, Fang B Z, Li H, et al. Progress in modified carbon support materials for Pt and Pt-alloy cathode catalysts in polymer electrolyte membrane fuel cells. Progress in Materials Science, 2016, 82: 445-498.

[77] Kim D J, Jo M J, Nam S Y. A review of polymer-nanocomposite electrolyte membranes for fuel cell application. Journal of Industrial and Engineering Chemistry, 2015, 21: 36-52.

[78] Araya S S, Zhou F, Liso V, et al. A comprehensive review of PBI-based high temperature PEM fuel cells. International Journal of Hydrogen Energy, 2016, 41: 1-35.

[79] Zhang L W, Chae S R, Hendren Z, et al. Recent advances in proton exchange membranes for fuel cell applications. Chemical Engineering Journal, 2012, 204-206: 87-97.

[80] Perez L C, Brandao B, Sousa J M, et al. Segmented polymer electrolyte membrane fuel cells—A review. Renewable and

Sustainable Energy Reviews, 2011, 15:169-185.

[81] Couture G, Alaaeddine A, Boschet F, et al. Polymeric materials as anion-exchange membranes for alkaline fuel cells. Progress in Polymer Science, 2011 36: 1521-1557.

[82] Cheng J, He G H, Zhang F X. A mini-review on anion exchange membranes for fuel cell applications: Stability issue and addressing strategies. International Journal of Hydrogen Energy, 2015, 40: 7348-7360.

[83] Awang B, Ismail A F, Jaafar J, et al. Functionalization of polymeric materials as a high performance membrane for direct methanol fuel cell: A review. Reactive and Functional Polymers, 2015, 86: 248-258 .

[84] Li Q F, Jensen J O, Savinell R F, et al. High temperature proton exchange membranes based on polybenzimidazoles for fuel cells. Progress in Polymer Science, 2009, 34: 449-477.

[85] Tripathi B P, Shahi V K. Organic-inorganic nanocomposite polymer electrolyte membranes for fuel cell applications. Progress in Polymer Science, 2011, 36: 945-979.

[86] Dupuis A C, Proton exchange membranes for fuel cells operated at medium temperatures: Materials and experimental techniques. Progress in Materials Science, 2011, 56: 289-327.

[87] Park C H, Lee C H, Guiver M D, et al. Sulfonated hydrocarbon membranes for medium-temperature and low-humidity proton exchange membrane fuel cells (PEMFCs). Progress in Polymer Science, 2011, 36: 1443-1498.

[88] Bakangura E, Wu L, Ge L, et al. Mixed matrix proton exchange membranes for fuel cells: State of the art and perspectives. Progress in Polymer Science, 2016, 57: 103-152.

[89] Li Y, Song J, Yang J. Graphene models and nano-scale characterization technologies for fuel cell vehicle electrodes. Renewable and Sustainable Energy Reviews, 2015, 42: 66-77.

[90] Soo L T, Loha K S, Mohamad A B, et al. An overview of the electrochemical performance of modified graphene used as an electrocatalyst and as a catalyst support in fuel cells. Applied Catalysis A: General, 2015, 497: 198-210.

[91] Peng S J, Li L L, Lee J K, et al. Electrospun carbon nanofibers and their hybrid composites as advanced materials for energy conversion and storage. Nano Energy, 2016, 22: 361-395.

[92] Tang J, Liu J, Torad N L, et al. Tailored design of functional nanoporous carbon materials toward fuel cell applications. Nano Today, 2014, 9: 305-323.

[93] Iwan A, Malinowski M, Pasciak G. Polymer fuel cell components modified by grapheme: Electrodes, electrolytes and bipolarplates. Renewable and Sustainable Energy Reviews, 2015, 49: 954-967.

[94] Ravi S, Vadukumpully S. Sustainable carbon nanomaterials: Recent advances and its applications in energy and environmental remediation. Journal of Environmental Chemical Engineering, 2016, 4: 835-856.

[95] Yang Y K, Han C P, Jiang B B, et al. Graphene-based materials with tailored nanostructures for energy conversion and storage. Materials Science and Engineering R, 2016, 102: 1-72.

[96] Wang Zh J, Cao D W, Xu R, et al. Realizing ordered arrays of nanostructures: A versatile platform for converting and storing energy efficiently. Nano Energy, 2016, 19: 328-362.

[97] 欧阳洵. 氢璞燃料电池产品情况及燃料电池叉车的研制成果. 武汉: 2016 年两岸燃料电池技术与产业发展高峰论坛, 2016.

[98] 潘牧. 我国燃料电池关键部件和材料产业化发展及存在问题. 武汉: 2016 年两岸燃料电池技术与产业发展高峰论坛, 2016.

[99] 裴普成. 汽车燃料电池寿命预测方法探讨——附寿命保障技术介绍. 武汉: 2016 年两岸燃料电池技术与产业发展高峰论坛, 2016.

[100] 吴炳毅. 燃料电池模组集成发展及挑战. 武汉: 2016 年两岸燃料电池技术与产业发展高峰论坛, 2016.

[101] 阎明宇. 鼎佳能源燃料电池 应用实际与发展方向. 武汉: 2016 年两岸燃料电池技术与产业发展高峰论坛, 2016.

[102] 张明俊. 加氢站建设及运营浅析. 武汉: 2016 年两岸燃料电池技术与产业发展高峰论坛, 2016.

[103] 衣宝廉. 我国车用燃料电池发电系统产业化发展效应解决的主要问题. 武汉: 2016 年两岸燃料电池技术与产业发展高峰论坛, 2016.

[104] 杨政晃. 燃料电池技术标准与应用. 武汉: 2016 年两岸燃料电池技术与产业发展高峰论坛, 2016.

[105] 孙公权. 我国直接甲醇燃料电池与金属空气电池产业化发展及存在问题. 武汉: 2016 年两岸燃料电池技术与产业发展高峰论坛, 2016.

[106] 齐志刚. 用于电源和无人机动力系统的燃料电池产业发展. 武汉: 2016 年两岸燃料电池技术与产业发展高峰论坛,

2016.

[107] 韩敏芳. 关于 SOFC 产业发展的思考. 武汉: 2016 年两岸燃料电池技术与产业发展高峰论坛, 2016.

[108] 汤浩. 燃料电池技术: 机遇与挑战, 务实与创新. 武汉: 2016 年两岸燃料电池技术与产业发展高峰论坛, 2016.

[109] 侯中军. 高可靠燃料电池的开发. 武汉: 2016 年两岸燃料电池技术与产业发展高峰论坛, 2016.

[110] 马天才. 燃料电池汽车发展机遇与挑战. 武汉: 2016 年两岸燃料电池技术与产业发展高峰论坛, 2016.

[111] 陈致源. SOFC 系统在台湾 3 网络的发扎及应用. 武汉: 2016 年两岸燃料电池技术与产业发展高峰论坛, 2016.

[112] 顾志军. 质子交换膜燃料电池商业化的历程、机遇和挑战. 武汉: 2016 年两岸燃料电池技术与产业发展高峰论坛, 2016.

[113] 游李兴. 全球改质甲醇燃料电于辅助电力应用. 武汉: 2016 年两岸燃料电池技术与产业发展高峰论坛, 2016.

[114] 董辉. 上海攀业燃料电池产品发展现状及无人机用燃料电池技术介绍. 武汉: 2016 年两岸燃料电池技术与产业发展高峰论坛, 2016.

[115] 何广利. 神华/低碳所氢能进展情况介绍. 武汉: 2016 年两岸燃料电池技术与产业发展高峰论坛, 2016.

[116] 肖宇. 氢利用技术在全球能源互联网中的应用. 武汉: 2016 年两岸燃料电池技术与产业发展高峰论坛, 2016.

[117] 徐冬. 国电新能源院氢能燃料电池发展计划. 武汉: 2016 年两岸燃料电池技术与产业发展高峰论坛, 2016.

[118] 刘明义. 燃料电池车用氢能供应链建设与示范介绍. 武汉: 2016 年两岸燃料电池技术与产业发展高峰论坛, 2016.

[119] 王刚. 检测认证与燃料电池产业发展. 武汉: 2016 年两岸燃料电池技术与产业发展高峰论坛, 2016.

[120] 雷敏宏. 氢气供应关键的 ABC——生产, 纯化及输运与其经济. 武汉: 2016 年两岸燃料电池技术与产业发展高峰论坛, 2016.

[121] 阎明宇. 电控盘应急电力与氢重组产氢. 武汉: 2016 年两岸燃料电池技术与产业发展高峰论坛, 2016.

[122] 刘绍军. 不同条件下燃料电池汽车加氢方式介绍. 武汉: 2016 年两岸燃料电池技术与产业发展高峰论坛, 2016.

[123] 何文. 加氢站建设、运营介绍. 武汉: 2016 年两岸燃料电池技术与产业发展高峰论坛, 2016.

[124] Wang Y F, Leung D Y C, Xuan J, et al. A review on unitized regenerative fuel cell technologies, part-A: Unitized regenerative proton exchange membrane fuel cells. Renewable and Sustainable Energy Reviews, 2016, 65: 961-977.

[125] Zhang X W, Chan S H, Ho H K, et al. Towards a smart energy network: The roles of fuel/electrolysis cells and technological perspectives. International Journal of Hydrogen Energy, 2015, 40: 6866-6919.

[126] Gómez S Y, Hotza D. Current developments in reversible solid oxide fuel cells. Renewable and Sustainable Energy Reviews, 2016, 61: 155-174.

[127] Zhua A L, Wilkinsonb D P, Zhang X G, et al. Zinc regeneration in rechargeable zinc-air fuel cells—A review. Journal of Energy Storage, 2016, 8: 35-50.

[128] Kadier A, Simayi Y, Abdeshahian P, et al. A comprehensive review of microbial electrolysis cells (MEC) reactor designs and configurations for sustainable hydrogen gas production. Alexandria Engineering Journal, 2016, 55: 427-443.

[129] Escapa A, Mateos R, Martínez E J, et al. Microbial electrolysis cells: An emerging technology for wastewater treatment and energy recovery, from laboratory to pilot plant and beyond. Renewable and Sustainable Energy Reviews, 2016, 55: 942-956.

[130] Rahimnejad M, Adhami A, Darvari S. Microbial fuel cell as new technology for bioelectricity generation: A review. Alexandria Engineering Journal, 2015, 54: 745-756.

[131] Ortiz-Martínez V M, Salar-GarciM J, de los Ríos A P, et al. Developments in microbial fuel cell modeling. Chemical Engineering Journal, 2015, 271: 50-60.

[132] Doherty L, Zhao Y Q, Zhao X H, et al. A review of a recently emerged technology: Constructed wetland- Microbial fuel cells. Water Research, 2015, 85: 38-45.

[133] Kannan M V, kumar G G. Current status, key challenges and its solutions in the design and development of graphene based ORR catalysts for the microbial fuel cell applications. Biosensors and Bioelectronics, 2016, 77: 1208-1220.

[134] Gude V G. Wastewater treatment in microbial fuel cells e an overview. Journal of Cleaner Production, 2016, 122: 287-307.

[135] Choi S. Microscale microbial fuel cells: Advances and challenges. Biosensors and Bioelectronics, 2015, 69: 8-25.

[136] Milano J, Ong H C, Masjuki H H, et al. Microalgae biofuels as an alternative to fossil fuel for power generation. Renewable and Sustainable Energy Reviews, 2016, 58: 180-197.

[137] Pandey P, Shinde V N, Deopurkar R L, et al. Recent advances in the use of different substrates in microbial fuel cells toward wastewater treatment and simultaneous energy recovery. Applied Energy, 2016, 168: 706-723.

[138] Bullen R A, Arnot T C, Lakeman J B, et al. Biofuel cells and their development. Biosensors and Bioelectronics, 2006, 21: 2015-2045.

[139] Shaari N, Kamarudin S K. Chitosan and alginate types of bio-membrane in fuel cell application: An overview. Journal of Power Sources, 2015, 289: 71-80.

[140] VenkataMohan S, Velvizhi G, Modestra J A, et al. Microbial fuel cell: Critical factors regulating bio-catalyzed electrochemical process and recent advancements. Renewable and Sustainable Energy Reviews, 2014, 40: 779-797.

[141] Abrevaya X C, Sacco N J, Bonetto M C, et al. Analytical applications of microbial fuel cells Part Ⅱ: Toxicity, microbial activity and quantification, single analyte detection and other uses. Biosensors and Bioelectronics, 2015, 63: 591-601.

[142] Abrevaya X C, Sacco N J, Bonetto M C, et al. Analytical applications of microbial fuel cells Part Ⅰ: Biochemical oxygen demand. Biosensors and Bioelectronics, 2015, 63: 580-590.

[143] Li W W, Yu H Q. Stimulating sediment bioremediation with benthic microbial fuel cells. Biotechnology Advances, 2015, 33: 1-12.

[144] Hasany M, Mardanpour M M, Yaghmaei S. Biocatalysts in microbial electrolysis cells: A review. International Journal of Hydrogen Energy, 2016, 41: 1477-1493.

[145] Hernández-Fernández F J. de los Ríos A P. Salar-García M J, et al. Recent progress and perspectives in microbial fuel cells for bioenergy generation and wastewater treatment. Fuel Processing Technology, 2015, 138: 284-297.

[146] Giddey S, Badwal S P S, Kulkarni A, et al. A comprehensive review of direct carbon fuel cell technology. Progress in Energy and Combustion Science, 2012, 38: 360-399.

[147] Radenahmad N, Afif A, Petra Pg I, et al. Proton-conducting electrolytes for direct methanol and direct urea fuel cells - A state-of-the-art review. Renewable and Sustainable Energy Reviews, 2016, 57: 1347-1358.

[148] An L, Chen R. Direct formate fuel cells: A review. Journal of Power Sources, 2016, 320: 127-139.

[149] Olu P Y, Job N, Chatenet M. Evaluation of anode (electro)catalytic materials for the direct borohydride fuel cell: Methods and benchmarks. Journal of Power Sources, 2016, 327: 235-257.

[150] Watt G D. A new future for carbohydrate fuel cells. Renewable Energy, 2014, 72: 99-104.

[151] Akhairi M A F, Kamarudin S K. Catalysts in direct ethanol fuel cell (DEFC): An Overview. International Journal of Hydrogen Energy, 2016, 41: 4214-4228.

[152] Badwal S P S, Giddey S, Kulkarni A, et al. Direct ethanol fuel cells for transport and stationary applications—A comprehensive review. Applied Energy, 2015, 145: 80-103.

[153] Zakaria Z, Kamarudin S K, Timmiati S N. Membranes for direct ethanol fuel cells: An overview. Applied Energy, 2016, 163: 334-342.

[154] An L, Zhao T S, Li Y S. Carbon-neutral sustainable energy technology: Direct ethanol fuel cells. Renewable and Sustainable Energy Reviews, 2015, 50: 1462-1468.

[155] An L. Chen R. Recent progress in alkaline direct ethylene glycol fuel cells for sustainable energy production. Journal of Power Sources, 2016, 329: 484-501.

[156] Falcão D S, Oliveira V B, Rangel C M, et al. Review on micro-direct methanol fuel cells. Renewable and Sustainable Energy Reviews, 2014, 34: 58-70.

[157] Mallick R K, Thombre S B, Shrivastava N K. Vapor feed direct methanol fuel cells (DMFCs): A review. Renewable and Sustainable Energy Reviews, 2016, 56: 51-74.

[158] Mehmood A, Scibioh M A, Prabhuram J, et al. A review on durability issues and restoration techniques in long-term operations of direct methanol fuel cells. Journal of Power Sources, 2015, 297: 224-241.

[159] Branco C M, Sharma S de, Camargo M M, et al. New approaches towards novel composite and multilayer membranes for intermediate temperature-polymer electrolyte fuel cells and direct methanol fuel cells. Journal of Power Sources, 2016, 316: 139-159.

[160] Mallick R K, Thombre S B, Shrivastava N K. A critical review of the current collector for passive direct methanol fuel cells. Journal of Power Sources, 2015, 285: 510-529.

[161] Kong J F, Cheng W L. Recent advances in the rational design of electrocatalysts towards the oxygen reduction reaction. Chinese Journal of Catalysis, 2017, 38: 951-969.

[162] Schmitza A, Tranitza M, Wagner S, et al. Planar self-breathing fuel cells. Journal of Power Sources, 2003, 118: 162-171.

[163] Joon K. Fuel cells—a 21st century power system. Journal of Power Sources, 1998, 71: 12-18.

[164] Dofour A U. Fuel cells—a new contributor to stationary power. Journal of Power Sources, 1998, 71: 19-25.

[165] Panik F. Fuel cells for vehicle application in car—bringing the future closer. Journal of Power Sources, 1998, 71: 36-38.

[166] Chalk S G, Milliken J, Miller J F, et al. The US Deoartment of Energy—investing in clean transport. Journal of Power Sources, 1998, 71: 26-35.

[167] Yuan J L, Sundén B. On continuum models for heat transfer in micro/nano-scale porous structures relevant for fuel cells. International Journal of Heat and Mass Transfer, 2013, 58: 441-456.

[168] Yuan J L, Sundén B. On mechanisms and models of multi-component gas diffusion in porous structures of fuel cell electrodes. International Journal of Heat and Mass Transfer, 2014, 69: 358-374.

[169] Ferreira R B, Falcao D S, Oliveira V B, et al. Numerical simulations of two-phase flow in proton exchange membrane fuel cells using the volume of fluid method - A review. Journal of Power Sources, 2015, 277: 329-342.

[170] Liu X L, Peng F Y, Lou G F, et al. Liquid water transport characteristics of porous diffusion media in polymer electrolyte membrane fuel cells: A review. Journal of Power Sources, 2015, 299: 85-96.

[171] Hajimolanaa S A, Hussain M A, Wan Daud W M A, et al. Mathematical modeling of solid oxide fuel cells: A review. Renewable and Sustainable Energy Reviews, 2011, 15: 1893-1917.

[172] Zhang L, Li X, Jiang J H, et al. Dynamic modeling and analysis of a 5-kW solid oxide fuel cell system from the perspectives of cooperative control of thermal safety and high efficiency. International Journal of Hydrogen Energy, 2015, 40: 456-476.

[173] 陈思彤, 李微微, 王学科, 等. 相变材料用于质子交换膜燃料电池的热管理. 化工学报, 2016, 67:1-6.

[174] Agnolucci P. Prospects of fuel cell auxiliary power units in the civil markets. International Journal of Hydrogen Energy, 2007, 32: 4306-4318.

[175] Veziroglu A, Macario R. Fuel cell vehicles: State of the art with economic and environmental concerns. International Journal of Hydrogen Energy, 2011, 36: 25-43.

[176] Esperon-Miguez M, John P, Jennions I K. A review of Integrated Vehicle Health Management tools for legacy platforms: Challenges and opportunities. Progress in Aerospace Sciences, 2013, 56: 19-34.

[177] van Biert L, Godjevac M, Visser K, et al. A review of fuel cell systems for maritime applications. Journal of Power Sources, 2016, 327: 345-364.

[178] Mahmouda M, Garnett R, Ferguson M, et al. Electric buses: A review of alternative powertrains. Renewable and Sustainable Energy Reviews, 2016, 62: 673-684.

[179] Li Y, Yang J, Song J. Structure models and nano energy system design for proton exchange membrane fuel cells in electric energy vehicles. Renewable and Sustainable Energy Reviews, 2017, 67: 160-172.

[180] Werner C, Preiß G, Gores F, et al. A comparison of low-pressure and supercharged operation of polymer electrolyte membrane fuel cell systems for aircraft applications. Progress in Aerospace Sciences, 2016, 85: 51-64.

[181] Beckhaus P, Dokupil M, Heinzel A, et al. On-board fuel cell power supply for sailing yachts. Journal of Power Sources, 2005, 145: 639-643.

[182] Khandelwal B, Karakurt A, Sekaran P R, et al. Hydrogen powered aircraft: the future of air transport. Progress in Aerospace Sciences, 2013, 60: 45-59.

[183] Adamson K A. Calculating the price trajectory of adoption of fuel cell vehicles. International Journal of Hydrogen Energy, 2005, 30: 341-350.

[184] Hwang J J, Wang D Y, Shih N C, et al. Development of fuel-cell-powered electric bicycle. Journal of Power Sources, 2004, 133: 223-228.

[185] Barattoa F, Diwekara U M, Manca D. Impacts assessment and trade-offs of fuel cell-based auxiliary power units Part Ⅰ: system performance and cost modeling. Journal of Power Sources, 2005, 139: 205-213.

[186] Colella W G. Market prospects, design features, and performance of a fuel cell-powered scooter. Journal of Power Sources, 2000, 86: 255-260.

[187] Elgowainy A, Gaines L, Wang M. Fuel-cycle analysis of early market applications of fuel cells: Forklift propulsion systems and distributed power generation. International Journal of Hydrogen Energy, 2009, 34: 3557-3570.

[188] Lin B. Conceptual design and modeling of a fuel cell scooter for urban Asia. Journal of Power Sources, 2000, 86: 202-213.

[189] Sun Z Y, Li G X. On reliability and flexibility of sustainable energy application route for vehicles in China. Renewable and Sustainable Energy Reviews, 2015, 51: 830-846.

[190] Wee J H. Applications of proton exchange membrane fuel cell systems. Renewable and Sustainable Energy Reviews, 2007,11: 1720-1738.

[191] Erdinc O, Uzunoglu M. Recent trends in PEM fuel cell-powered hybrid systems: Investigation of application areas, design architectures and energy management approaches. Renewable and Sustainable Energy Reviews, 2010, 14: 2874-2884.

[192] Buonomano A, Calise F, d'Accadia M D, et al. Hybrid solid oxide fuel cells-gas turbine systems for combined heat and power: A review, Applied Energy, 2015, 156: 32-85.

[193] Bauena A, Harta D, Chase A. Fuel cellsfor distributed generation in developing countries—an analysis. International Journal of Hydrogen Energy, 2003, 28: 695-701.

[194] Zhang J, Cho H Knizley A. Evaluation of financial incentives for combined heat and power (CHP) systems in US regions. Renewable and Sustainable Energy Reviews, 2016, 59: 738-762.

[195] Patil A S, Dubois T G, Sifer N, et al. Portable fuel cell systems for America's army: technology transition to the field. Journal of Power Sources, 2004, 136: 220-225.

[196] Abdullah M O, Yung V C, Anyi M, et al. Review and comparison study of hybrid diesel/solar/hydro/fuel cell energy schemes for a rural ICT Telecenter. Energy, 2010, 35: 639-646.

[197] Agbossou K, Chahine R, Hamelin J, et al. Renewable energy systems on hydrogen for remote applications. Journal of Power Sources, 2001, 96: 168-172.

[198] Xu Q, Zhang F H, Xu L, et al. The applications and prospect of fuel cells in medical field: A review. Renewable and Sustainable Energy Reviews, 2017, 67: 574-580.

[199] Wallmark C, Alvfors P. Technical design and economic evaluation of a stand-alone PEFC system for buildings in Sweden. Journal of Power Sources, 2003, 118: 358-366.

[200] Varkaraki E, Lymberopoulos N, Zachariou A. Hydrogen based emergency back-up system for telecommunication applications. Journal of Power Sources, 2003, 118: 14-22.

[201] 李振宇, 任文坡, 黄格省, 金羽豪, 师晓玉. 我国新能源汽车产业发展现状及思考. 化工进展, 2017, 36: 2337-2343.

[202] Munuswamy S, Nakamura K, Katta A. Comparing the cost of electricity sourced from a fuel cell-based renewable energy system and the national grid to electrify a rural health centre in India: A case study. Renewable Energy, 2011, 36: 2978-2983.

[203] Shabani B, Andrews J. An experimental investigation of a PEM fuel cell to supply both heat and power in a solar-hydrogen RAPS system. International Journal of Hydrogen Energy, 2011, 36: 5442-5452.

[204] Zou Z J, Ye J H, Arakawa H. Photocatalytic water splitting into H_2 and/or O_2 under UV and visible light irradiation with a semiconductor photocatalyst. International Journal of Hydrogen Energy, 2003, 28: 663-669.

[205] Milczarek G, Kasuya A, Mamykin S, et al.Optimization of a two-compartment photoelectrochemical cell for solar hydrogen production. International Journal of Hydrogen Energy, 2003, 28: 919-926.

[206] Miller E L, Rocheleau R E, Deng X M, et al. Design considerations for a hybrid amorphous silicon/ photo electrochemical multijunction cell for hydrogen production. International Journal of Hydrogen Energy, 2003, 28: 615 -623.

[207] Sinha A S K, Sahu N, Arora M K, et al. Preparation of egg-shell type Al_2O_3-supported CdS photocatalysts for reduction of H_2O to H_2. Catalysis Today, 2001, 69: 297-305.

[208] Fierro V, Klouz V, Akdim O, et al. Oxidative reforming of biomass derived ethanol for hydrogen production in fuel cell applications. Catalysis Today, 2002, 75: 141-144.

[209] Akkermana I, Janssenb M, Rocha J, et al. Photobiological hydrogen production: photochemical efficiency and bioreactor design. International Journal of Hydrogen Energy, 2002, 27: 1195-1208.

[210] Kogan M, Kogan A. Production of hydrogen and carbon by solar thermal methane splitting I. The unseeded reactor. International Journal of Hydrogen Energy, 2003, 28: 1187-1198.

[211] Choudhary T V, Goodman D W. CO-free fuel processing for fuel cell applications. Catalysis Today, 2002, 77: 65-78.

[212] Barretoa L, Makihiraa A, Riahi K. The hydrogen economy in the 21st century: a sustainable development scenario. International Journal of Hydrogen Energy, 2003, 28: 267-284.

[213] Elama C C, Padro C E G, Sandrocket G, et al. Realizing the hydrogen future: the International Energy Agency's efforts to

advance hydrogen energy technologies. International Journal of Hydrogen Energy, 2003, 28: 601-607.

[214] Hosseini S E, Wahid M A. Hydrogen production from renewable and sustainable energy resources: Promising green energy carrier for clean development. Renewable and Sustainable Energy Reviews, 2016, 57: 850-866.

[215] Alazemi J, Andrews J. Automotive hydrogen fuelling stations: An international review. Renewable and Sustainable Energy Reviews, 2015, 48: 483-499.

[216] Santarelli M, Cali M, Macagno S. Design and analysis of stand-alone hydrogen energy systems with different renewable sources. International Journal of Hydrogen Energy, 2004, 29: 1571-1586.

[217] Salvi B L, Subramanian K A. Sustainable development of road transportation sector using hydrogen energy system. Renewable and Sustainable Energy Reviews, 2015, 51: 1132-1155.

[218] Angeli S D, Monteleone G, Giaconia A, et al. State-of-the-art catalysts for CH_4 steam reforming at low temperature. International Journal of Hydrogen Energy, 2014, 39: 1979-1997.

[219] Li Y D, Li D X, Wang G W. Methane decomposition to COx-free hydrogen and nano-carbon material on group 8-10 base metal catalysts: A review. Catalysis Today, 2011, 162: 1-48.

[220] Amin A M. Croiset E, Epling W. Review of methane catalytic cracking for hydrogen production. International Journal of Hydrogen Energy, 2011: 2904-2935.

[221] Dutta S. A review on production, storage of hydrogen and its utilization as an energy resource. Journal of Industrial and Engineering Chemistry, 2014, 20: 1148-1156.

[222] Holladay J D, Hu J, King D L, et al. An overview of hydrogen production technologies. Catalysis Today, 2009, 139: 244-260.

[223] Armor J N. The multiple roles for catalysis in the production of H_2. Applied Catalysis A: General, 1999, 176: 159-176.

[224] Pena M A, Gomez J P, Fierro J L. New catalytic routes for syngas and hydrogen production. Applied Catalysis A: General, 1996, 144: 7-57.

[225] Nahar G, Dupont V. Hydrogen production from simple alkanes and oxygenated hydrocarbons over ceria-zirconia supported catalysts: Review. Renewable and Sustainable Energy Reviews, 2014, 32: 777-796.

[226] Niaz S, Manzoor T, andith A H. Hydrogen storage: Materials, methods and perspectives. Renewable and Sustainable Energy Reviews, 2015, 50: 457-469.

[227] 赵永志，蒙波，陈霖新，等. 氢能源的利用现状分析. 化工进展, 2015, 34: 3248-3255.

[228] Polymer electrolyte membrane fuel cells. Helsinki University of Technology. http://tfy.tkk.fi/aes/AES/projects/renew/fuelcell/pem_index.html.

[229] Space applications of hydrogen and fuel cells. National Aeronautics and Space Administration. http://www.nasa.gov/topics/technology/hydrogen/ hydrogen_2009.html.

[230] Hydrogen fuel cell engines and related technologies course manual. US Department of Energy. http://www1.eere.energy.gov/hydrogenandfuelcells/ tech_validation/pdfs/fcm04r0.pdf.

[231] Horizon Fuel Cell Technologies. http://www.horizonfuelcell.com.

[232] Heliocentris. http://www.heliocentris.com.

[233] Fuel Cell Application. Murdoch University. http://www.see.murdoch.edu.au/ resources/info/Applic/Fuelcells/.

[234] Clean Energy Patent Growth Index 2012 Year in Review. Hesl in Rothenberg Farley&Mesiti P.C. http://cepgi.typepad.com/heslin_rothenberg_farley_/2013/03/clean-energy-patent-growth-index-2011-year-in-review.htm.

[235] Energy and GHG Reductions in the Chemical Industry via Catalytic Processes, IEA, May 2013. www.dechema.de/industrialcatalysis.

[236] US Energy Information Administration (EIA), Annual Energy Review 2011, September 2012. http://www.eia.gov/totalenergy/data/annual/pdf/aer.pdf.

[237] Energy Technology Perspectives, OECD/IEA, Paris, 2012. http://www.iea.org/textbase/npsum/ETP2012SUM.pdf.

[238] BP Statistical Review of World Energy, 2013. http://www.BP.com/statistical review.

[239] Zhou M. World Energy Consumption to Increase 56% by 2040 Led by Asia, bloomberg.com, July 25, 2013. http://www.bloomberg.com/news/2013-07-25/world-to-use-56-more-energy-by-2040-led-by-asia-eia-predicts.html.

[240] US EIA, Annual Energy Review, DOE/EIA-0384(2011), September 2012 (Figure1.2). http://www.eia.gov/totalenergy/data/annual/index.cfm.

[241] Ernst & Young LLP, Renewable energy accounts for nearly 50% of added capacity in US in 2012, August 21 2013. http://www.ey.com/US/en/Newsroom/News-releases/2013-21.

[242] Lewis N. Slide packages on energy. http://nsl.caltech.edu/energy.

[243] IEA, WEO-2012: April 2012 edition of the World Economic Outlook. http://www.imf.org/external/pubs/ft/weo/2012/01/index.htm.

[244] DOE. International Energy Outlook, DOE report DOE/EIA-0484(2005), 2005. www.eia.doe.gov/oiaf/ieo/index.html.

[245] K. Silverstein, Coal to gas moves are generating economic waves, in: Forbes Magazine, March 13, 2013. http://www.forbes.com/sites/kensilverstein/2013/03/13/coal-to-gas-moves-are-generating-economic-waves.

[246] Meyer G. Gas export move to ship US glut to rest of world, in: Financial Times, June 2, 2011. http://www.ft.com/cms/s/0/34fbf112-8d39-11e0-bf23-00144feab49a.html#axzz2BLwD9ygH.

[247] DOE. EIA Weekly NG Prices. http://www.eia.gov/naturalgas/weekly/.

[248] http://www.americanchemistry.com/Policy/Energy/Shale-Gas.

[249] http://blog.thomsonreuters.com/index.php/global-shale-gas-basins-graphic-of-the-day/.

[250] http://www.renewableenergyworld.com/rea/news/article/2013/08/the-solar-pricing-struggle.

[251] http://water.epa.gov/type/groundwater/uic/class2/hydraulicfracturing/upload/hf study plan 110211 final 508.pdf.

[252] http://www.pacinst.org/wp-content/uploads/2013/02/full report35.pdf.

[253] http://water.epa.gov/type/groundwater/uic/class2/hydraulicfracturing/upload/hf study plan 110211 final 508.pdf.

[254] http://llchemical.com/technology.

[255] http://energy.gov/articles/renewable-boost-natural-gas.

[256] http://www1.eere.energy.gov/solar/sunshot/andhttp://apps1.eere.energy.gov/solar/newsletter/detail.cfm?articleId=386.

[257] An impressive listing of current global energy storage projects. http://en.wikipedia.org/wiki/List of energy storage projects.

[258] https://nam.confex.com/nam/2013/webprogram/Paper7482.html.

[259] The Math Works MATLAB Manual, 2016. http://de.mathworks.com/help/.

附录

一、燃料电池系统的主要发展公司（中国大陆的公司见表 1-27）

国家或地区	公司号码#	公司名称	FC 类型	针对市场
美国	1	Acumentrics	SOFC	遥远地区电源（RAPS）、便携式军事装备、工业和住宅分布式热电联产 CHP
	2	Altergy	PEMFC	应急备用电源（EPS）
	3	Bloom Energy	SOFC	商业分布式发电、EPS
	4	Boeing	PEMFC	航空推进、辅助功率单元（APU）
	5	ClearEdge Power[①]	PEMFC、PAFC	住宅和商业分布式发电、住宅和商业分布式热电联产 CHP、EPS、APU、轻载和重载燃料电池车辆（FCEV）
	6	Delphi	SOFC	APU
	7	EnerFuel	PEMFC	住宅和商业分布式发电、住宅和商业分布式热电联产 CHP、EPS、APU
	8	First Element	PEMFC	EPS、工业和商业分布式发电、RAPS
	9	Ford	PEMFC	轻载 FCEV
	10	Fuecell Energy[②]	MCFC、SOFC	商业和工业分布式发电、商业和工业分布式热电联产 CHP
	11	General Motor	PEMFC	轻载 FCEV、重载 FCEV
	12	Infinity	PEMFC	APU
	13	Infintium	PEMFC	材料管理
	14	Microcell	PEMFC	EPS、便携式发电器、商业分布式 CHP、商业分布式冷热电三联产 CCHP
	15	Motorola	DMFC	顾客电子设备、EPS
	16	MTI Micro	DMFC	顾客电子设备、电池充电器
	17	Neah Power	DMFC	顾客电子设备、便携式发电器、便携式军事装备
	18	Nuvera	PEMFC	材料管理、APU、轻载 FCEV、住宅分布式发电
	19	Oorja	DMFC	材料管理
	20	Plug Power	PEMFC	材料管理
	21	Protonex	PEMFC、SOFC	便携式军事装备、无人驾驶飞行器（UAV）、电池充电器、APU、便携式发电器、EPS、RAPS

国家或地区	公司号码#	公司名称	FC 类型	针对市场
美国	22	ReliOn	PEMFC	EPS、RAPS
	23	Ultra Electrics AMI	SOFC	顾客电子设备、APU、电池充电器、便携式军事装备、便携式发电器
	24	Ultracell	DMFC	顾客电子设备、便携式军事装备、便携式发电器
	25	Vision	PEMFC	重载 FCEV
日本	1	Canon	PEMFC	顾客电子设备
	2	Fuji Electric	PEMFC、PAFC	工业和商业分布式发电、工业和商业分布式热电联产 CHP
	3	Hitachi	SOFC、DMFC	住宅分布式热电联产 CHP、顾客电子设备、便携式发电器
	4	Honda	PEMFC	轻载牵引车辆（LTV）、住宅分布式 CHP、轻载 FCEV
	5	IHI	PEMFC、MCFC	住宅和商业分布式发电、APU
	6	Mitsubishi	PEMFC、SOFC	轻载 FCEV、重载 FCEV、住宅和商业分布式发电、住宅和商业分布式 CHP、船舶推进
	7	NEC	DMFC	顾客电子设备
	8	Nissan	PEMFC、DMFC	轻载 FCEV
	9	Panasonic®	PEMFC、DMFC	住宅分布式 CHP、便携式发电器、顾客电子设备
	10	Sony	微生物 FC、DMFC	顾客电子设备、电池充电器
	11	Suzuki	PEMFC	轻载牵引车辆 LTV、轻载 FCEV
	12	Toshiba	DMFC、PEMFC、PAFC	顾客电子设备、电池充电器、住宅分布式 CHP、EPS
	13	Toyota	PEMFC、SOFC	轻载 FCEV、重载 FCEV、材料管理、住宅分布式 CHP
	14	Yamaha	DMFC	LTV
德国	1	Baxi Innotech	PEMFC	住宅分布式 CHP
	2	BMW	PEMFC	APU、轻载 FCEV
	3	Daimler④	PEMFC	轻载 FCEV、重载 FCEV
	4	FutureE	PEMFC	EPS、RAPS、分布式发电
	5	Heliocentris	PEMFC	玩具和教育小设备
	6	Proton Motor	PEMFC	重载 FCEV、材料管理、EPS、船舶推进
	7	Schunk	PEMFC	电池充电器、中心目标堆和系统
	8	SFC Energy	PEMFC	电池充电器、RAPS、EPS、便携式发电器、便携式军事装备
	9	Siemens	DMFC、PEMFC、SOFC	顾客电子设备、船舶推进、工业分布式 CHP
	10	Volswangen⑤	PEMFC	轻载 FCEV、重载 FCEV、APU
加拿大	1	AFCC	PEMFC	轻载 FCEV、重载 FCEV
	2	Ballard®	PEMFC、DMFC	EPS、商业分布式 CHP、RAPS、材料管理、重载 FCEV
	3	DDI Energy	SOFC	RAPS、EPS、住宅和商业分布式发电、住宅和商业分布式 CHP、APU
	4	Hydrogenics	PEMFC	RAPS、材料管理、重载 FCEV、船舶推进、航空推进、EPS、轻载 FCEV
	5	New Flyer	PEMFC	重载 FCEV
	6	Palcan	PEMFC	EPS、RAPS、便携式发电器

国家或地区	公司号码#	公司名称	FC 类型	针对市场
英国	1	AFC Energy	AFC	工业分布式发电
	2	Ceres Power	SOFC	住宅分布式 CHP、APU、便携式发电器、EPS
	3	Intelligent Energy	PEMFC	轻载 FCEV、TLV、EPS、住宅和商业分布式 CHP、顾客电子设备
	4	Morgan	PEMFC	轻载 FCEV
	5	RiverSimple	PEMFC	轻载 FCEV
韩国	1	Hyundai	PEMFC	轻载 FCEV、重载 FCEV
	2	Kia	PEMFC	轻载 FCEV
	3	LG⑦	DMFC、SOFC	顾客电子设备、工业和商业分布式 CHP
	4	Samsung	PEMFC	顾客电子设备、便携式发电器、便携式军事装备、分布式发电
瑞典	1	Cellkraft	PEMFC	RAPS、EPS、便携式军事装备
	2	myFC	PEMFC、SOFC	顾客电子设备、电池充电器
	3	Powercell	PEMFC、	APU、EPS
中国台湾	1	Anting	DMFC	顾客电子设备、电池充电器、便携式发电器
	2	APFCT	PEMFC	LTV
	3	M-Field	PEMFC	EPS、APU
丹麦	1	H₂ Logic	PEMFC	材料管理
	2	Serenergy	PEMFC、DMFC	EPS、APU、材料管理、轻载 FCEV、电池充电器、便携式发电器
	3	Topsoe FuelCell	SOFC	住宅分布式 CHP
法国	1	BIC⑧	N/A	顾客电子设备、电池充电器
	2	Peugeot	PEMFC	APU、轻载 FCEV
	3	Renault	PEMFC	轻载 FCEV
瑞士	1	Hexis	SOFC	住宅分布式 CHP
	2	MES	PEMFC	轻载 FCEV、EPS、航空推进、UAV、LTV、便携式发电器
意大利	1	SOFCpower	SOFC	住宅和商业分布式 CHP、RAPS
	2	Fait⑨	PEMFC	轻载 FCEV、重载 FCEV
比利时	1	van Hool	PEMFC	重载 FCEV
芬兰	1	Convion⑩	SOFC	住宅分布式 CHP
爱沙尼亚	1	Elcogen	SOFC	一般目的池堆
荷兰	1	Nedstack	PEMFC	EPS、RAPS、材料管理、重载 FCEV、工业和住宅分布式 CHP、LTV、轻载 FCEV
澳大利亚	1	Ceramic Fuel Cell	SOFC	住宅和商业分布式 CHP、住宅和商业分布式发电
新加坡	1	Horizon	PEMFC、DMFC	UAV、顾客电子设备、对称充电器、便携式发电器、玩具和教育小装置、RAPS、EPS、轻载 FCEV
希腊	1	Tropical	PEMFC	重载 FCEV、住宅和商业分布式 CHP、便携式发电器、轻载 FCEV、EPS、RAPS

① 在 2013 年 2 月，ClearEdge Power 收购了 UTCPower。
② 和它的分店 Versa。
③ 和它的分店 Sanyo。
④ 和它的子公司 Mercedes-Benz。
⑤ 和它的子公司 Audi 和 Skoda。
⑥ 在 2012 年 7 月，Ballard 收购了 IdaTech。
⑦ 在 2012 年 6 月，LG 收购了 Roll-Royce Fuel Cell System。
⑧ 在 2011 年 11 月，BiC 收购了 Angstrom Power。
⑨ 和它的子公司 Chrysler。
⑩ 在 2013 年 1 月，Wartsila 燃料电池活动已经移到新公司——Convion。
注：N/A，无可利用数据。

二、使用压缩氢的 PEM 基 FCV 的发展（不完全）

制造商	车辆型号	引擎类型	年份	PC 大小 /kW	FC 制造商	行驶范围 /km	燃料类型
Daimler	NECAR 1	PEM	1994	50	Ballard	130	3600psi 压缩氢
	NECAR 2（V-class）	PEM	1996	5.0	Ballard	250	4300psi 压缩氢
	NECAR 3（A-class）	PEM	1997	5.0	Ballard	400	10.5gal 液体甲醇
	NECAR 4（A-class）	PEM	1999	70	Ballard	450	液态氢
	NECAR 5（A-class）	PEM	2000	85	Ballard	450	甲醇
	NECAR-4-advanced	PEM	2000	85	Ballard	200	5000psi 压缩氢
	JeepCommander2（SUV）	90kW PEM 电池	2000	50	Ballard	190	甲醇
	Natrium（城市乡村小 van）	40kW PEM 电池	2001	54	Ballard	483	硼氢化钠
	Sprinter（van）	PEM PEM/电池	2001	85	Ballard	150	5000psi 压缩氢
	NECAR5.2（A-class）	PEM PEM/电池	2001	85	Ballard	482	甲醇
	A-class F-cell	PEM PEM/电池	2002	85	Ballard	145	700bar 压缩氢
	F600 HYGENIUS	PEM PEM/电池	2005	60	Ballard	400	氢气
	EcoVoyager	PEM/电池	2008	45	Ballard	>483	10000psi 压缩氢
	Mercedes-Benz Blue Zero F-cell	PEM/电池	2009	N/A	Ballard	>400	N/A
	Mercedes-Benz B-class F-cell	PEM	2009	90	Ballard	385	压缩氢
	Mercedes-Benz F 800（概念）	PEM/电池	2010	100	Ballard	600	压缩氢
	Mercedes-Benz F 125!（概念）	PEM/电池/混杂	2011	N/A	Ballard	952	概念
	Ener-G-Force（概念）	PEM	2012	N/A	Ballard	N/A	从存储在车辆顶部水产生的氢
Toyota	RAV（SUV）	PEM/电池	1996	20	Toyota	500	存储于氢化物中的氢
	RAV（SUV）	PEM/电池	1997	25	Toyota	300	甲醇
	FCHV-3（Kluger V/Highlander SUV）	PEM/电池	2001	90	Toyota	300	存储于氢化物中的氢
	FCHV-4（Kluger V/Highlander SUV）	PEM/电池	2001	90	Toyota	200	3600psi 压缩氢
	FCHV-5（Kluger V/Highlander SUV）	PEM/电池	2001	90	Toyota	N/A	汽油重整
	FCHV（Kluger V/Highlander SUV）	PEM/电池	2002	90	Toyota	250	5000psi 压缩氢
	FCHV-adv	PEM/电池	2008	90	Toyota	830	N/A
	FCV-R（概念）	PEM/电池	2011	N/A	Toyota	700	70MPa 压缩氢
	Miral	PEM/电池	2014	114（最大）	Toyota	700	70MPa 压缩氢
Hyundai	Santa Fe（SUV）	PEM	2000	75	UTC	160	压缩氢
	Santa Fe（SUV）	PEM/电池	2002	75	UTC	402	压缩氢
	Tucson	PEM/电池	2004	80	UTC	300	350bar 压缩氢

续表

制造商	车辆型号	引擎类型	年份	PC 大小/kW	FC 制造商	行驶范围/km	燃料类型
Hyundai	Tucson Ⅱ	PEM/超级电容器	2007	100	Hyundai	370	700bar 压缩氢
	i-Blue（概念）	PEM	2007	100	Hyundai	600	压缩氢
	TucSon ix35	PEM/超级电容器	2010	100	Hyundai	368	350bar 压缩氢
	TucSon ix35	PEM/电池	2012	100	Hyundai	594	700bar 压缩氢
Ford	P2000 HFC	PEM	1999	75	Ballard	160	压缩氢
	TH!NK FCS	PEM	2000	85	Ballard	N/A	甲醇
	Focus FCV	PEM	2000	85	Ballard	160	3500psi 压缩氢
	Advabced Focus FCV	PEM/电池	2002	85	Ballard	290	5000psi 压缩氢
	Exploter	PEM/电池	2006	60	Ballard	563	700bar 压缩氢
	Ford Edge with HySeties Drive	PEM 以 HySeties Drive 插入	2007	N/A	Ballard	282	5000psi 压缩氢
GM	Zafira（mini-van）	PEM	1998	50	Ballard	483	甲醇
	HydroGen 1	PEM/电池	2000	80	GM/Hydrogenics	400	液体氢
	Precept FCEV（概念）	PEM/电池	2000	100	GM/Hydrogenics	800	存储于氢化物中的氢
	HydroGen3	PEM	2001	94	GM/Hydrogenics	400	液体氢
	Advaced HydroGen 3	PEM	2002	94	GM/Hydrogenics	270	10000psi 压缩氢
	Sequel	PEM/电池	2005	73	GM	483	10000psi 压缩氢
	HydroGen4	PEM/电池	2007	93	GM	320	10000psi 压缩氢
	Provoq	PEM/电池	2008	88	GM	483	10000psi 压缩氢
Honda	FCX-V1	PEM/电池	1999	60	Ballard	177	存储于氢化物中的氢
	FCX-V2	PEM	1999	60	Honda	N/A	甲醇
	FCX-V3	PEM/超级电容器	2000	62	Ballard	173	3600psi 压缩氢
	FCX-V4	PEM/超级电容器	2002	85	Ballard	300	5000psi 压缩氢
	FCX Clarity	PEM	2007	100	Honda	386	5000psi 压缩氢
	FC Sport（概念）	PEM	2008	N/A	Honda	N/A	压缩氢
	Honda FCV 概念	PEM	2014	100	Honda	483	700MPa 压缩氢
VW	Bora HyMotion	PEM	2000	75	Ballard	350	液体氢
	Bora HyPower	PEM/超级电容器	2002	40	Paul Scherrer Institute	150	10000psi 压缩氢
	Touran HyMtion	PEM/电池	2007	80	VW	161	N/A
	Space Up Blue	HT-PEM/电池	2007	45	VW	250	N/A
	Tiguan HyMotion	HT-PEM/电池	2008	80	VW	200	N/A
	Passat Linyu	PEM/电池	2008	55	SAIC/Tongji Uni.	300	N/A
	Golf SportWagen HyMotipn（概念）	PEM/电池	2014	N/A	VW	499	
SAIC	Chao Yue Ⅰ（VW Santana 2000）	PEM/电池	2003	30	SAIC/Tongji Uni.	209	10MPa 压缩氢
	Chao Yue Ⅱ（VW Santana 3000）	PEM/电池	2004	35	SAIC/Tongji Uni.	217	压缩氢

制造商	车辆型号	引擎类型	年份	PC 大小/kW	FC 制造商	行驶范围/km	燃料类型
SAIC	Chao Yue Ⅲ（VW Santana 3000）	PEM/电池	2005	40	SAIC/Tongji Uni.	230	20MPa 压缩氢
	Roewe 750	PEM/电池	2007	N/A		300	压缩氢
	Roewe 950（概念）	PEM/电池	2014	43	Sunrise	400	700bar 压缩氢
Audi	A2	PEM/电池	2004	66	Ballard	220	压缩氢
	Q5 HFC	PEM/电池	2010	98	VW	N/A	700bar 压缩氢
Nissan	Rnessa（SUV）	PEM/电池	1999	10	Ballard	N/A	甲醇
	Xterra（SUV）	PEM/电池	2000	75	Balaard	N/A	压缩氢
	X-TRAIL	PEM/电池	2002	75	UTC	200	5000psi 压缩氢
	TeRRA（gn0）	PEM/电池	2012	N/A	Nissan	N/A	N/A
PSA	Hydro-Gen	PEM/电池	2001	30	Nuvera	300	压缩氢
	Taxi PAC	PEM/电池	2001	55	H Power	300	4300psi 压缩氢
	H2Origin delivery van	PEM/电池	2008	10	Intelligent Energy	300	压缩氢
Renault	FEVER Renault Laguna Estate	PEM/电池	1997	30	Nuvera	502	液体其
	Scenic FCV H2	PEM/电池	2008	90	Nissan	240	N/A
Kia	Spotage	PEM	2004	80	UTC	300	压缩氢
	Sportage Ⅱ	PEM/电池	2008	100	Hyundai	328	350 bar 压缩氢
	Borrego/Mojave FCEV	PEM/超级电容器	2008	115	Hyundai	685	700bar 压缩氢
Mazda	Demio	PEM/超级电容器	1997	20	Mazda	170	存储于氢化物中的氢
	Fremacy FCEV	PEM	2001	85	Ballard	300	甲醇
SuZuki	5X4 FCV	PEM	2008	80	GM	250	70MPa 压缩氢
Mitsubishi	Grandis FCV	PEM/电池	2008	68	Ballard	150	压缩氢
Fiat	Panda	PEM	2007	60	Nuvera	200	压缩氢
长安	Z-SHINE FCV	PEM/电池	2010	55	Shenli（神力）	N/A	压缩氢
Chevy	Eastar FCEV	PEM/电池	2010	55	Shenli	N/A	压缩氢
东风汽车	楚天Ⅰ（Citroen Fukang）	PEM/电池	2005	25	武汉理工大学	N/A	压缩氢

注：N/A，无可利用数据。